Springer

Moritz Schlick
Gesamtausgabe

Herausgegeben von

Friedrich Stadler
und
Hans Jürgen Wendel

Abteilung II: Nachgelassene Schriften
Band 1.3

Moritz Schlick

Vorlesungen und Aufzeichnungen zur Logik und Philosophie der Mathematik

Herausgegeben von
Martin Lemke und Anne-Sophie Naujoks

Eingeleitet von
Martin Lemke

 Springer

Hrsg.
Martin Lemke
Universität Rostock
Moritz-Schlick-Forschungsstelle
Rostock, Deutschland

Anne-Sophie Naujoks
Universität Rostock
Moritz-Schlick-Forschungsstelle
Rostock, Deutschland

Die Moritz Schlick Gesamtausgabe. Nachlass und Korrespondenz wird an der Moritz-Schlick-Forschungsstelle der Universität Rostock in Zusammenarbeit mit dem Institut Wiener Kreis an der Universität Wien erarbeitet und durch das Land Mecklenburg-Vorpommern und die Universität Rostock finanziell gefördert.

Moritz Schlick. Gesamtausgabe
ISBN 978-3-658-20657-4   ISBN 978-3-658-20658-1   (eBook)
https://doi.org/10.1007/978-3-658-20658-1

Die Deutsche Nationalbibliothek verzeichnet diese Publikation in der Deutschen Nationalbibliografie; detaillierte bibliografische Daten sind im Internet über http://dnb.d-nb.de abrufbar.

LATEX-Programmierung: Christian Damböck (Wien) / Martin Lemke (Rostock). Satztechnische und editorische Bearbeitung: Martin Lemke (Rostock)

Springer ist ein Imprint der eingetragenen Gesellschaft Springer Fachmedien Wiesbaden GmbH und ist ein Teil von Springer Nature
Die Anschrift der Gesellschaft ist: Abraham-Lincoln-Str. 46, 65189 Wiesbaden, Germany

Editorial

Die philosophische und wissenschaftstheoretische Entwicklung des 20. und 21. Jahrhunderts ist entscheidend und merklich durch den Logischen Empirismus geprägt, der in der Zwischenkriegszeit wesentlich von den Mitgliedern des Wiener Kreises ausgearbeitet wurde. Ein führender Kopf und Begründer des „Wiener Kreises" war der 1882 in Berlin geborene Physiker und Philosoph Moritz Schlick, der von 1911 bis 1921 zunächst an der Universität Rostock und, nach einem Jahr in Kiel, von 1922 bis zu seiner Ermordung im Jahr 1936 an der Universität Wien forschte und lehrte. Seine Arbeiten reichen von der Naturphilosophie, der Erkenntnistheorie und der Sprachphilosophie bis hin zur Ethik und Ästhetik. Viele entstanden in Wechselwirkung mit dem Denken von Albert Einstein, Bertrand Russell und Ludwig Wittgenstein. Schlicks Werke haben die moderne „Philosophy of Science" entscheidend mitgeprägt.

Mit der seit 2006 bei Springer erscheinenden kritischen Gesamtausgabe werden erstmals neben den bereits verstreut erschienenen (und inzwischen vergriffenen) Werken Schlicks auch die bislang unveröffentlichten Schriften aus dem Nachlass sowie seine Korrespondenz der Forschung und einer breiten Öffentlichkeit zugänglich gemacht. Die in der Gesamtausgabe versammelten Werke, Schriften und Briefe erlauben es, ein umfassendes Bild eines der prägenden Philosophen des 20. Jahrhunderts und einer der Leitfiguren des Wiener Kreises zu zeichnen. Zugleich wird damit ein wichtiger und bleibender Beitrag zu der lange Zeit vernachlässigten und vielfach vergessenen deutsch-österreichischen Philosophie- und Wissenschaftsgeschichte geleistet.

Die Moritz Schlick Gesamtausgabe ist das Resultat einer mehrjährigen internationalen Kooperation zwischen der Moritz-Schlick-Forschungsstelle an der Universität Rostock und dem Institut Wiener Kreis an der Universität Wien. In dankenswerter Weise wird die Arbeit dabei seit Beginn durch die Vienna Circle Foundation und das in Haarlem beheimatete Noord-Hollands Archief unterstützt.

In den Jahren 2002 bis 2009 wurde, finanziert vom österreichischen Fonds zur Förderung der wissenschaftlichen Forschung (FWF), zunächst an einer umfassend kommentierten und textkritisch bearbeiteten Neuauflage aller zu Schlicks Lebzeiten erschienenen Schriften gearbeitet.

Zu Beginn des Jahres 2011 konnte schließlich mit den Vorbereitungen für die Edition von Schlicks umfangreichem, im Noord-Hollands Archief aufbewahrten wissenschaftlichem Erbe begonnen werden. Im Rahmen des Akademienprogrammes der Bundesrepublik Deutschland wurde die Ausgabe in den Jahren 2011 bis 2016 durch die Hamburger Akademie der Wissenschaften finanziell gefördert.

Behindert wurde die Arbeit bedauerlicherweise durch Uneinigkeiten und zunehmende Streitigkeiten zwischen verantwortlichen Akteuren der Hamburger Akademie und dem Leiter der Forschungsstelle über die Projektdurchführung, die schließlich zur vorzeitigen Beendigung der Zusammenarbeit führten.

Die Ausgabe wird nunmehr nach einer erfolreichen externen Evaluation bis zum Jahr 2030 durch das Land Mecklenburg-Vorpommern und die Universität Rostock finanziert.

Dank gebührt den Herausgebern des vorliegenden Bandes und deren Helfern, die sich trotz der entstandenen Behinderungen mit großem Engagement erfolgreich ihrer Arbeit gewidmet haben. Unser besonderer Dank für seinen persönlichen Einsatz gilt dem bis 2016 amtierenden Minister für Bildung, Wissenschaft und Kultur des Landes Mecklenburg-Vorpommern, Mathias Brodkorb.

Wien, im September 2018

Friedrich Stadler   Hans Jürgen Wendel

Inhalt

Vorwort der Herausgeber

In diesem Band sind die nachgelassenen Schriften Moritz Schlicks zur Logik und Philosophie der Mathematik gesammelt, ediert und kommentiert. Keine der zu Lebzeiten veröffentlichten Schriften Schlicks war ausschließlich diesen Themen gewidmet. Man kann daraus jedoch nicht den Schluss ziehen, diese Themen hätten an der Peripherie von Schlicks Interesse gelegen. Überlegungen zur Logik und Mathematik ziehen sich durch sein gesamtes Werk, von der Habilitation, über sein Opus Magnum, der *Allgemeinen Erkenntnislehre*, bis zu seinen letzten stark von Ludwig Wittgenstein geprägten Aufsätzen in den 1930er Jahren. Es ist vielmehr so, dass Schlick Fragen der Logik und Mathematikphilosophie stets im Zusammenhang mit anderen Problemen sah und sie in seinen Publikationen deshalb nie einzeln für sich behandelte. Ausnahmen machte er vor allem für Lehrveranstaltungen und so wundert es nicht, dass fast alle Texte dieses Bandes im Umkreis von solchen entstanden sind.

In den frühen 1910er Vorlesungen stand Schlick in Bezug auf die Logik noch ganz in der Tradition des 19. Jahrhunderts. In der Mathematikphilosophie knüpft er ebenfalls dort an, orientierte sich positiv an David Hilbert sowie Henri Poincaré und kritisierte den Kantianismus ebenso scharf wie den mathematischen Empirismus und Logizismus. Anfang der 1920er Jahre, in seiner kurzen Kieler Zeit, wandte er sich zusammen mit Heinrich Scholz der modernen Logik zu. Kurze Zeit später in Wien begeisterte ihn die Philosophie Wittgensteins. Ab Ende der 1920er Jahre wurde Wittgenstein zu einem wichtigen Diskussionspartner. In dieser Rolle begleitete Schlick dessen Übergang vom *Tractatus logico-philosophicus* zu dessen Spätphilosophie. Dieser Band dokumentiert diese gesamte Entwicklung, durch ganz verschiedene Texte. Er enthält sorgfältig ausgearbeitete Vorlesungen ebenso wie rohe Notizen.

Die Arbeiten an diesem Band waren schwierig. Teils lag es an der Art der Texte, die aus korrupten, vielfach über- und umgearbeiteten, schwer lesbaren Manuskripten bestehen. Ziel dieses Bandes ist es, sie lesbar zu machen, und die Umstände der Entstehung herauszuarbeiten. Teils waren die Schwierigkeiten aber auch äußerer Art. Die Moritz-Schlick-Forschungsstelle in Rostock hatte in den letzten Jahren nicht nur Rückenwind.

Für die Unterstützung, die befruchtenden Diskussionen und den Zusammenhalt in dieser Zeit danken wir unseren Kollegen Michele Dau, Christian Hildebrandt, Nicole Kutzner, Konstantin Leschke, Michael Pohl, Cornelia Seibert, Jendrik Stelling, Friederike Tomm, und Laura Thurow. Vor allem aber möchten wir uns beim Leiter der Moritz-Schlick-Forschungsstelle Prof. Hans Jürgen Wendel für das kreative und freie Arbeitsklima und die Unterstützung bei allen fachlichen und anderen Schwierigkeiten bedanken. Ebenfalls Dank gebührt Prof. Friedrich Stadler, der aus Wien unsere Arbeit unterstützte, wo er nur konnte. Dank schulden wir auch Prof. Bertram Kienzle für die Gespräche über Frege.

Martin Lemke und Anne-Sophie Naujoks
Rostock, im Frühjahr 2018

An diesem Band haben mitgearbeitet:
Martin Lemke [Hrsg.]: Redaktion des Bandes, Textauswahl, Erschließung, Kommentar, editorische Berichte und Einleitung
Anne-Sophie Naujoks [Hrsg.]: Redaktion von *Logik*-[Kiel] und *Wahrscheinlichkeit*, Erschließung, Kommentar
Karsten Böger: Textauswahl, Erschließung und Kommentar
Konstantin Leschke, Laura Thurow: Recherchen und Kommentar
Friederike Tomm: Recherchen

Verzeichnis der Siglen, Abkürzungen, Zeichen und Indizes

Verwendete Siglen

KrV	Kant, *Kritik der reinen Vernunft*
MSGA	*Moritz Schlick Gesamtausgabe*
NT	Neues Testament

Abkürzungsverzeichnis

a. a. O.	am angeführten Ort
Abhandl.	Abhandlung
Abk.	Abkürzung
Abschn.	Abschnitt
Abt.	Abteilung
allg.	allgemein
Anm.	Anmerkung
a. d.	an der
a. o.	außerordentlicher
Aufl.	Auflage(n)
Ausg.	Ausgabe
ausgew.	ausgewählt(e)
Bd., Bde.	Band, Bände
bearb.	bearbeitet(e)
bibliogr.	bibliographisch(e)
Bl.	Blatt
bspw.	beispielsweise

bzw., bezw.	beziehungsweise
ca.	cirka
cf., cfr., conf.	vergleiche (= confer)
Chap.	Kapitel (= Chapter bzw. Chapitre)
Co.	Company
d.	das, dem, den, der, des, die
ders.	derselbe
dgl.	dergleichen
d. h.	das heißt
d. i.	das ist
dies.	dieselbe
d. J.	des Jahres
d. M.	des Monats
dt.	deutsch(e)
durchges.	durchgesehen(e)
dv.	davon
EA	Erstausgabe
ebd.	ebenda
Éd.	Herausgeber (= Éditeur)
Ed., Eds.	Herausgeber (= Editor, Editors)
eigentl.	eigentlich
eingel.	eingeleitet
einschl.	einschließlich
engl.	englisch(e)
entspr.	entsprechend(e)
erg.	ergänzt(e)
Erg.-bd(e).	Ergänzungsband, -bände
erw.	erweitert(e)
etc., etz.	et cetera
evtl.	eventuell
f.	folgende
ff.	fortfolgende
Fn.	Fußnote Schlicks
folg.	folgend(e)
Fragm.	Fragment
franz.	französisch(e)

Frhr.	Freiherr
Frl.	Fräulein
geb.	geboren(e)
gen.	genannt
ges.	gesamt(e)
gest.	gestorben
ggf.	gegebenenfalls
griech.	griechisch(e)
H.	Heft
hist.	historisch(e)
hrsg.	herausgegeben
Hrsg.	Herausgeber
ib., ibd.	ebenda (= ibidem)
insbes.	insbesondere
Inv.-Nr.	Inventarnummer
ital.	italienisch(e)
Jg.	Jahrgang
Jhd(s).	Jahrhundert(s)
Kap.	Kapitel
kgl., königl.	königlich(e)
krit.	kritisch(e)
lat.	lateinisch(e)
lt.	laut
m. a. W.	mit anderen Worten
m. E.	meines Erachtens
Ms	Manuskript
n.	nach
nachfolg.	nachfolgend(e)
N. F.	Neue Folge
Nr.	Nummer
o. D.	ohne Datum
o. g.	oben genannte
o. J.	ohne Jahresangabe
o. S.	ohne Seitenangabe
op.	opus
ordentl.	ordentlicher

orig.	original
p.	Seite (= page bzw. pagina)
phil.	philosophisch(e)
r	Blattvorderseite (= recto)
Repr.	Reprint
resp.	respektive
s.	siehe
S.	Seite
s. a.	siehe auch
Ser.	Serie
Sign.	Signatur
s. o.	siehe oben
sog.	sogenannt(e)
Sp.	Spalte
spez.	speziell
SS	Sommersemester
St.	Sankt
s. u.	siehe unten
textkrit.	textkritisch(e)
Tl(e).	Teil(e)
Tn.	Fußnote im textkritischen Apparat
Ts	Typoskript
u.	und
u. a.	unter anderem
u. ä. m.	und Ähnliches mehr
übers.	übersetzt
u. d. T.	unter dem Titel
undat.	undatiert
ursprüngl.	ursprünglich(e)
u. s. f.	und so fort
u. zw.	und zwar
usw., u. s. w.	und so weiter
v	Blattrückseite (= verso)
v.	vom, von
V.	Vers
v. a.	vor allem

v. Chr.	vor Christus
Verf.	Verfasser
vgl., vergl.	vergleiche
Vol., Vols.	Band, Bände (= Volume, Volumes)
vorl.	vorliegende(n)
WS, W. S.	Wintersemester
z.	zum, zur
Z.	Zeile
z. B.	zum Beispiel
zit.	zitiert
ZS	Zwischensemester
z. T.	zum Teil

Verwendete Zeichen und Indizes

Schlicks Fußnoten werden entsprechend ihrer jeweiligen Form durch hochgestellte arabische Ziffern mit Klammern [1] bzw. durch hochgestellte Zeichen mit Klammern, wie z. B. [*] oder [†], gekennzeichnet, *textkritische Fußnoten* durch hochgestellte lateinische Kleinbuchstaben [a], *Herausgeberfußnoten* durch hochgestellte arabische Ziffern [1]. Treten in textkritischen Fußnoten *Metafußnoten* auf, so wird dem Buchstaben der textkritischen Fußnote entweder ein Buchstabe (so wäre [a–c] bspw. die dritte textkritische Metafußnote in der textkritischen Fußnote [a]) bzw. eine Ziffer hinzugefügt (so stünde [b–2] für die zweite Metafußnote des Herausgebers in der textkritischen Fußnote [b]). Im textkritischen Apparat werden die ⟨Originaltexte von Schlick⟩ durch Winkelklammern und eine andere Schrifttype hervorgehoben.

Wird in den *Registern* auf Anmerkungen Schlicks verwiesen, findet sich neben der Seitenangabe der Zusatz „Fn.", beim Verweis auf textkritische Anmerkungen steht der Zusatz „Tn.".

Die Angabe von *Paginierungen* erfolgt im laufenden Text durch das Symbol | und die Angabe der Seite als Marginalie. Widersprechen die im Manuskript vorhandenen Seitenzahlen der üblichen Zählweise, so steht in der Marginalie links die Zählung der Herausgeber und rechts die Seitenzahl entsprechend der Zählung von Schlick; findet sich im Original auf einer Seite keine Zählung, so wird dafür „-" gesetzt. Wurde ein Text von Schlick durchgängig nicht paginiert, so steht in der Marginalie lediglich die Zählung der Herausgeber. In Fußnoten erfolgt die Seitenangabe |₁ direkt beim Paginierungssymbol.

Unterschiedliche Druckfassungen bzw. *verschiedene Textüberlieferungen oder -varianten* werden durch eine zusätzliche Sigle in der Marginalie kenntlich gemacht (so stünde bspw. „A 5" für Seite 5 der ersten Auflage oder „Ts 3" würde Blatt 3 des entsprechenden Typoskripts bezeichnen).

⟨*Einfügungen*⟩ oder *Streichungen* ⟨⟩ [a] (der gestrichene Text findet sich in diesem Fall in der textkritischen Fußnote [a]) werden durch

8

Winkelklammern symbolisiert. Größere gestrichene Passagen können – wenn ihr Umfang die Möglichkeiten des textkritischen Apparates übersteigt – auch zwischen doppelten Winkelklammern ⟨⟨in einer kleineren Schriftgröße⟩⟩ innerhalb des Haupttextes stehen. Bei den ebenfalls zwischen Winkelklammern stehenden ₁⟨*Umstellungen*⟩ geben die tiefgestellten Indizes die ursprüngliche Reihenfolge der Worte bzw. Textteile an. Bei Umstellungen längerer Textpassagen wird mittels einer zugeordneten textkritischen Fußnote außerdem auf den ursprünglichen Ort des Textes verwiesen.

⌊*Ersetzungen*⌋ stehen zwischen eckigen Halbklammern, ₐ⌊*alternative Textvarianten*⌋, d. h. Worte oder Wortgruppen, die Schlick – ohne den ursprünglichen Text zu streichen bzw. ohne erkennbare Bevorzugung einer der Varianten – hinzugefügt hat, sind noch dazu mit einem tiefergestellten Index versehen; handelt es sich dabei jeweils nur um ein Wort, entfallen diese Klammern und die Kennzeichnung erfolgt lediglich durch einen hochgestellten Kleinbuchstaben. ⌈*Ersetzungen*⌉, die, auf gesonderten Zetteln stehend, über den bereits vorhandenen Text geklebt wurden, stehen zwischen umgedrehten eckigen Halbklammern. Der gestrichene oder ersetzte Text wird in jedem Fall in einer textkritischen Fußnote beigefügt.

Findet sich in einem Text eine – ggf. auch nicht eindeutig zuzuordnende – *Randbemerkung*, wird diese Stelle durch eine senkrechte Wellenlinie ⟨ᵃ markiert. Der Wortlaut der Randbemerkung findet sich in der dazugehörigen textkritischen Fußnote.

Eine *unsichere Lesart* wird als […]⁇ dargestellt, die Kennzeichnung eines *nicht lesbaren Wortes* erfolgt durch [?] bzw. bei mehreren Worten durch [??]. Auf eine *sprachliche oder grammatikalische Eigenart* sowie eine *nicht getilgte Wortwiederholung* wird im Einzelfall durch [*sic!*] verwiesen.

[*Zusätze*] der Herausgeber bzw. aufgelöste Abkürzungen oder Wortvervollständigungen[1] in Schlicks Texten stehen – wenn nicht anders gekennzeichnet – in eckigen Klammern.

An zahlreichen Manuskript- bzw. Typoskriptstellen hat Schlick ein Wort oder einen Textteil in *Klammern* gesetzt. Er verwendete

---

1 So wird bspw. „Phil." vervollständigt zu „Phil[osophie]", aus „Erk.-th." wird „Erk[enntnis]th[eorie]" oder aus dem Namenskürzel „K's" wird „K[ant]s".

dafür drei Zeichenformen (oftmals auch unterschiedliche Farben), die hier als (...), [...] bzw. {...} wiedergegeben werden. Ob diese Arten von Auszeichnung als Hinweis für eine spätere Streichung bzw. Hervorhebung oder anderweitige Verwendung dienen sollten bzw. welche Wertigkeit den unterschiedlichen Klammerformen (bzw. Farben) zukam, wird – wenn möglich – im editorischen Bericht beschrieben.

Alle anderen, für einen hier nicht aufgeführten Sonderfall von den Herausgebern verwendeten Zeichen werden im editorischen Bericht bzw. mittels textkritischer Fußnoten erklärt.

Einleitung

In diesem Band sind Schlicks unveröffentlichte Schriften und Vorlesungen zur Logik und Mathematikphilosophie gesammelt. Alle Stücke dieses Bandes, bis auf eines, sind im Umkreis von Lehrveranstaltungen entstanden. Den mit Abstand größten Teil nehmen die bei-

und Erkenntnistheorie ein. Erstere ist 1913, letztere 1934/35 entstanden. Die kleineren Stücke dieses Bandes lassen sich dazwischen einordnen. Dieser Band bildet also Schlicks gesamte Laufbahn ab. Fast alle Stücke sind im Umkreis von Lehrveranstaltungen angefertigte Einführungen und sprechen daher eine Vielzahl von Problemen an, ohne sie sehr zu vertiefen. Das gilt besonders für die beiden erwähnten Vorlesungen und die Kieler und Wiener Manuskripte zur Logik. Nur ein nicht einmal vier Druckseiten starkes Stück beschäftigt sich mit einem Spezialproblem, der Wahrscheinlichkeitslogik. Es ist darum auch das einzige, das nicht einer Lehrveranstaltung zugeordnet werden konnte.

Wegen dieser Besonderheit soll hier darauf verzichtet werden, Schlicks Einführungen eine weitere Einführung in die Mathematikphilosophie und Logik voran zu stellen. Dieser Band ist nicht gut dazu geeignet, von vorne bis hinten der Reihe nach gelesen zu werden. Daher möchte diese Einleitung eine Art roten Faden angeben, indem sie den wissenschaftshistorischen Zusammenhang zwischen den Stücken herstellt. Über den Fußnotenapparat deiser Einleitung können die entsprechenden Stellen in diesem Band gefunden werden.

© Springer Fachmedien Wiesbaden GmbH, ein Teil von Springer Nature 2019
M. Lemke und A.-S. Naujoks (Hrsg.), *Moritz Schlick. Vorlesungen und Aufzeichnungen zur Logik und Philosophie der Mathematik*, Moritz Schlick. Gesamtausgabe,
https://doi.org/10.1007/978-3-658-20658-1_1

Inv.-Nr.	Titel	Entstehung	Lehr-veran-staltung	Seite
4, A. 5 a	[Die philosophischen Grundlagen der Mathe-matik]	1913	1913, 1915, 1916/17, 1919/20, 1924/25	91
10, A. 23	Wahrscheinlichkeit	1925–1927		251
15, A. 49-4	Logik – [Kiel]	1921/22	geplant für 1922/23	229
15, A. 48	Logik – [Wien]	1927/28	1927/28	265
28, B. 7	Logik und Erkenntnis-theorie	1934/35	1911/12, 1913/14, 1920/21, 1923, 1924/25, 1930, 1934/35	351

Abb. 1. Die Hauptstücke dieses Bandes und die zugehörigen
Lehrveranstaltungen.

Die Physik machte bei der mathematischen Beschreibung der Welt
ende des neunzehnten Jahrhunderts große Fortschritte. Man denke nur an die Maxwell'sche Theorie der Felder sowie die Lorentz-
kontraktion und die Entwicklung des Begriffes des Inertialsystems
durch Ludwig Lange, die dann die Entwicklung der beiden Relati-
vitätstheorien durch Einstein vorbereiteten. Die Anwendung der Mathematik in der Physik und Chemie, aber auch in den durch die Indu-
strialisierung blühenden Ingenieurwissenschaften, warf die Frage auf,
in welchem Verhältnis die Mathematik zur empirisch zugänglichen
Welt steht. Handelt sie von ihr oder eher von geistigen Entitäten oder
gar einem höheren Sein? Und wenn sie nicht von der Erfahrungswelt
handelt, wieso ist sie dann auf diese anwendbar? Das waren genau die
Fragen, denen Schlick in den beiden großen Vorlesungen dieses Bandes, aber auch im Spezialstück zur Wahrscheinlichkeit nachging.[1]

Aber auch die Mathematik selbst entwickelte sich weiter. Neben
der für die Physik besonders wichtigen nichteuklidischen Geometrie

[1] Siehe dazu in diesem Bd. ab S. 83, S. 247 und S. 337

12

wurden im 19. Jahrhundert die Mengenlehre und die Theorie der Zahlenräume, die Axiomatisierung der Arithmetik und die modernere Logik entwickelt. Hieraus ergab sich Fragen, wie etwa die, welche Mittel bei der Erweiterung der Mathematik gestattet sein sollten. Wie müssen die neuen Begriffe definiert werden? Welche Beweismittel sind erlaubt, um mit diesen Definitionen zu arbeiten? Neben den schon genannten Vorlesungen behandelte Schlick diese Fragen besonders in seinen beiden mit *Logik* überschriebenen Stücken.[2]

Die Mathematikphilosophie Kants

Diese Fragen und Probleme vererbte aber bereits Immanuel Kant dem neunzehnten Jahrhundert mit seiner *Kritik der reinen Vernunft*. Dabei ging es Kant eigentlich um die Frage, ob Erkenntnisse – vor allem metaphysische – ohne Hilfe von Erfahrung begründet werden können. In den von ihm selbst geprägten Begriffen fragte Kant: Sind synthetische Urteile a priori möglich?[3] Er bejahte das und entnahm seine Beispiele fast ausnahmslos aus der Mathematik.[4]

Urteile a priori sind nach Kant solche, die ohne Erfahrung begründet werden können. Darum ist es auch nicht möglich, sie durch Erfahrungsbefunde gleich welcher Art zu widerlegen. Sie gelten also notwendig. Zudem sind sie streng allgemein. Das bedeutet, dass im Beweis für den Spezialfall auch der für den allgemeinen Fall enthalten ist.[5]

Ein Beispiel Kants für ein Urteil, das a priori begründet werden kann, war, dass alle Körper ausgedehnt sind. In der Definition kommt nach Kant schon vor, dass Körper ausgedehnt sind. Das Urteil ist darum unter allen Umständen und demnach notwendig wahr, allerdings erweitert es die Erkenntnis nicht, da es nur Teile der Definition von „Körper" wiederholt. Logische Gesetze wie etwa Modus Barbara der aristotelischen Syllogistik[6] sind ebenfalls analytisch. Sie gelten

---

2 Siehe dazu in diesem Bd. ab S. 225 und S. 257

3 Kant, *KrV*, B 2 und B 22.

4 A. a. O., B 14 ff.

5 A. a. O., B 3 ff.

6 Alle A sind B. Alle B sind C. Also sind alle A auch C.

wegen ihrer Form und nicht wegen ihres Inhaltes.[7] Streng allgemein gelten logische Sätze auch, weil ihre Gültigkeit an jedem beliebigen Spezialfall demonstriert werden kann, da es im Beweis allein auf die logische Form ankommt.

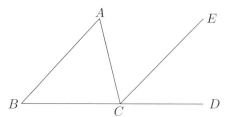

Abb. 2. Reproduktion der Konstruktionszeichnung von Euklids Beweis des Satzes von der Innenwinkelsumme im Dreieck. Es handelt sich zwar um ein bestimmtes Dreieck, auf seine Eigenheiten kommt es beim Beweis aber nicht an.

Synthetische Urteile, wie etwa der Satz von der Innenwinkelsumme im Dreieck, verhalten sich nach Kant anders. Dass die Innenwinkelsumme im Dreieck zwei rechten Winkeln gleicht, ist nicht schon im Begriff „Dreieck" enthalten.[8] Kant hatte dabei die alte Euklidische Definition aus den *Elementen* vor Augen, nach der ein Dreieck ist, was von drei Strecken umfasst wird.[9] Von Winkeln ist in der Euklidischen Definition nicht die Rede und von einer Summe ebenfalls nicht. Eine Analyse des Begriffes genügt also nicht, um zum Satz der Innenwinkelsumme zu gelangen. Der Satz ist darum nach Kant synthetisch und erweitert die Erkenntnis. Dennoch gilt er notwendig, weil seine Verneinung zu Widersprüchen führt.[10] Zudem gilt er streng allgemein, denn der Satz könnte an jedem beliebigen Dreieck demonstriert werden. Euklid führte den Beweis tatsächlich genau so. Er zeigte, dass die Verneinung des Satzes zu einem Widerspruch führt, indem er zwar einen Spezialfall für ein

---

7 A. a. O., B 79.

8 A. a. O., B 744–748.

9 Euklid, *Elemente*, I, D 19–21. Der Satz von der Innenwinkelsumme ist dort I, L 22.

10 Kant, *KrV*, B 10, B 14–B 17, zu dem hier gewählten Beispiel siehe B 744 f.

Dreieck untersuchte, aber von dessen Besonderheiten beim Beweis keinen Gebrauch machte.[11]

Kant erklärte die Möglichkeit synthetischer Urteile a priori dadurch, dass sie nicht von den Dingen der Erfahrungswelt handeln, sondern von der Beschaffenheit unseres Erkenntnisvermögens:

„Geometrie ist eine Wissenschaft, welche die Eigenschaften des Raums synthetisch und doch a priori bestimmt. Was muß die Vorstellung des Raums denn sein, damit eine solche Erkenntnis von ihm möglich sei? Er muß ursprünglich Anschauung sein; denn aus einem bloßen Begriffe lassen sich keine Sätze, die über den Begriff hinausgehen, ziehen, welches doch in der Geometrie geschieht ([...]). Aber diese Anschauung muß a priori, d. i. vor aller Wahrnehmung eines Gegenstandes, in uns angetroffen werden; mithin reine nicht empirische Anschauung sein. [...]
    Der Raum stellet gar keine Eigenschaft irgend einiger Dinge an sich, oder sie in ihrem Verhältnis auf einander vor, d. i. keine Bestimmung derselben, die an den Gegenständen selbst haftete, [...] Der Raum ist nichts anderes, als nur die Form aller Erscheinungen äußerer Sinne, d. i. die subjektive Bedingung der Sinnlichkeit, unter der allein uns äußere Anschauung möglich ist."[12]

Für Kant war auch die Arithmetik synthetisch und a priori. Er hielt sich allerdings mit Beispielen viel bedeckter als bei der Geometrie. Sein Hauptargument für den synthetischen Charakter der Arithmetik war vor allem, dass sie nicht analytisch ist:

„Man sollte anfänglich zwar denken: daß der Satz 7+5=12 ein bloß analytischer Satz sei, der aus dem Begriffe einer Summe von Sieben und Fünf nach dem Satze des Widerspruches erfolge. Allein, wenn man es näher betrachtet, so findet man, daß der Begriff der Summe von 7 und 5 nicht weiter enthalte, als die Vereinigung beider Zahlen in eine einzige, wodurch ganz und gar nicht gedacht wird, welches diese einzige Zahl sei, die beide zusammenfaßt. Der Begriff von Zwölf ist keineswegs dadurch schon gedacht, daß ich mir bloß jene Vereinigung von Sieben und Fünf denke, und ich mag meinen Begriff von einer solchen möglichen Summe noch so lange zergliedern, so werde ich doch darin die Zwölf nicht antreffen."[13]

Bemerkenswert ist, dass es im neunzehnten Jahrhundert beinahe keine Mathematiker gab, die Kants Philosophie als Grundlage ihrer Arbeit verwendet haben. Einer der wenigen war Johann Heinrich Ernst

---

11 Euklid, *Elemente*, I, L 22.

12 Kant, *KrV*, B 40 ff. Für die Zeit siehe B 49 f.

13 A. a. O., B 15, vgl. aber auch B 104.

Rehbein, der 1795 den *Versuch einer neuen Grundlegung der Geometrie* veröffentlichte. Es handelte sich dabei um eine Bearbeitung der Euklidischen *Elemente* in den Begriffen der *Kritik der reinen Vernunft*. Ludwig Goldschmidt veröffentlichte 1897 eine an Kant angelehnte Wahrscheinlichkeitsrechnung[14] und begab sich damit auf mathematisches Terrain, das Kant in seinen Beispielen ausgespart hatte. Es gab auch einige von Kant beeinflusste Universitätslehrer wie z. B. Jakob Friedrich Fries oder Johann Friedrich Kiesewetter. Ersterer lehrte Elementarmathematik, letzterer Logik. Alle Genannten blieben jedoch für die Entwicklung der Mathematik nahezu wirkungslos und wurden auch von Schlick nicht berücksichtigt.

Mit Kant selbst setzte Schlick sich dagegen gründlich und sehr kritisch auseinander. Schlick lehnte synthetische Urteile a priori bereits 1910 in seiner ersten Rostocker Vorlesung über *Erkenntnistheorie und Logik* ab:

„Die Stellung, die man nach genauer Prüfung aller Verhältnisse zu Kant einnehmen muss, wird sich bei den positiven Entwicklungen ganz von selbst ergeben. Dabei wird sich dann herausstellen, dass die Behauptung des Empirismus ganz zu Recht besteht, dass nämlich alle synthetischen Urteile a posteriori sind, oder, anders ausgedrückt, eine Erweiterung unserer Erkenntnis des Wirklichen kann niemals stattfinden durch blosse Vernunft, sondern allein durch Erfahrung."[15]

Er wiederholte diese Vorlesung von 1910 an regelmäßig und passte sie immer wieder an, bis 1934/35 ein völlig anderer Text entstanden war, der auch in diesen Band eingegangen ist.[16] An dieser Kritik an Kant und dem Bekenntnis zum Empirismus hielt er dabei stets fest.[17]

Für einen Empiristen gibt es keine andere Möglichkeit Erkenntnisse zu begründen als durch Erfahrung. Wenn die Mathematik Erkenntnisse enthält, dann muss sie für einen Empiristen aus der Erfahrung begründet werden.

---

14 Goldschmidt, *Die Wahrscheinlichkeitsrechnung – Versuch einer Kritik.*

15 Inv.-Nr. 2, A. 3a, Bl. 96 (*MSGA* II/1. 1).

16 Zu Entwicklung der Vorlesung siehe in diesem Band ab S. 337 und den entsprechenden editorischen Berich in *MSGA* II/1. 1.

17 In diesem Bd. S. 107, S. 149 f. und S. 164 ff. sowie S. 507.

Der mathematische Empirismus

Wenn Kant von Geometrie sprach, dann meinte er stets die Euklidische. Schon kurz nach Kant zeigte sich aber, dass auch andere Geometrien denkbar sind, ohne dass sich Widersprüche ergeben. Diese unterscheiden sich z. B. dadurch von der Euklidischen, dass das Parallelenaxiom nicht gilt. Es besagt, dass, wenn irgendeine Gerade g und irgendein nicht auf ihr liegender Punkt P gegeben ist, dann gibt es durch P genau eine Gerade h, die g nicht schneidet.

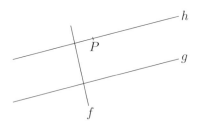

Abb. 3. Parallele Linien nach Euklids *Elementen*.

Carl Friedrich Gauß war einer der ersten, die sahen, dass weder dieses Axiom noch seine Verneinung aus den übrigen Sätzen der Geometrie abgeleitet werden kann. Die Annahme, das Axiom wäre falsch, führt also nicht zu einem Widerspruch. Gauß folgerte daraus:

„Ich komme immer mehr zu der Überzeugung, dass die Nothwendigkeit unserer Geometrie nicht bewiesen werden kann. [...] Vielleicht kommen wir in einem anderen Leben zu Einsichten in das Wesen des Raumes, die uns jetzt unerreichbar sind. Bis dahin muss die Geometrie nicht mit der Arithmetik, die rein a priori steht, sondern etwas mit der Mechanik in gleichen Rang setzen."[18]

„Gerade in der Unmöglichkeit zwischen Σ [Geometrie mit Parallelenaxiom] und S [ohne dieses Axiom] a priori zu entscheiden, liegt der klarste Beweis, daß Kant Unrecht hatte zu behaupten, der Raum sei nur Form der Anschauung."[19]

Nur, was notwendig gilt, kann nach Kant a priori sein. Demnach wären mathematische Urteile, wenn Gauß Recht hatte, zwar synthetisch, aber a posteriori. So bereitete Gauß den mathematischen

18 Gauß, *Werke*, Bd. XIII, S. 201.
19 A. a. O., S. 224.

Empirismus vor, den in Deutschland vor allem Hermann von Helmholtz, in Österreich Ernst Mach, und in England John Stuart Mill vertraten. Vor allem mit Helmholtz setzte sich auch Schlick 1913 in seiner hier abgedruckten Vorlesung *Die philosophischen Grundlagen der Mathematik* auseinander. [20]

Helmholtz ging in seiner Kritik an Kant noch weiter als Gauß. Letzterer hatte nur festgestellt, dass das die Verneinung des Parallelenaxioms nicht im Widerspruch zur übrigen Geometrie steht. Das Axiom ist also nicht logisch notwendig. Nun könnte man erwidern, dass nach Kant geometrische Gesetze solche der reinen Anschauung sind. Sie müssen demnach nicht logisch sondern nur anschaulich notwendig sein. Um diesen Einwand zu beheben, versuchte Helmholtz zu zeigen, dass auch andere Geometrien zu unserer Anschauung passen und das Axiom daher nicht einmal anschaulich notwendig ist. [21] Als Beispiel wählte er die sphärische Geometrie:

„Es wird dies genügen, um zu zeigen, wie man auf dem eingeschlagenen Wege aus den bekannten Gesetzen unserer sinnlichen Wahrnehmungen die Reihe der sinnlichen Eindrücke herleiten kann, welche eine sphärische oder pseudosphärische Welt [Das Parallelenaxiom gilt in ihr nicht.] uns geben würde, wenn sie existierte. [...] Wir können deshalb auch nicht zugeben, dass die Axiome unserer Geometrie in der gegebenen Form unseres Anschauungsvermögens begründet wären, oder mit solchen irgendwie zusammen hingen." [22]

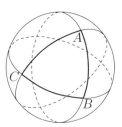

Abb. 4. Dreiecke auf einer Kugeloberfläche haben nicht
die Innenwinkelsumme von zwei rechten Winkeln.

20 Zu Mill siehe S. 113, 162, 180, zu Helmholtz ist die gesamte Vorlesung ab S. 91 heranzuziehen.

21 Vgl. dazu in diesem Bd. S. ??–133.

22 Helmholtz, *Über den Ursprung und die Bedeutung der geometrischen Axiome*, S. 3.

Die sphärische Geometrie untersucht die geometrischen Eigenschaften von Kugeloberflächen. Einer Geraden entspricht dort ein Großkreis oder Umfang. Das Parallelenaxiom gilt dort ebenso wenig wie der Satz von der Innenwinkelsumme im Dreieck, denn beide Sätze sind äquivalent.

Schlick benutzte Helmholtz' Argument in seiner Vorlesung von 1913 jedoch gegen und nicht für den mathematischen Empirismus. Denn wenn verschiedene geometrische Theorien mit unseren Erfahrungserlebnissen in Einklang gebracht werden können, dann kann die Erfahrung auch keine davon als richtig auszeichnen.[23] Dieses Argument hatte er von Jules Henri Poincaré übernommen:

„Wir kennen im Raume geradlinige Dreiecke, deren Winkelsumme zwei Rechten gleich ist. Aber wir kennen ebensowohl krummlinige Dreiecke, deren Winkelsumme kleiner ist als zwei Rechte. Die Existenz der einen ist nicht zweifelhafter als die der anderen. Den Seiten der ersteren den Namen Gerade zu geben heißt: die eukldische Geometrie annehmen; den Seiten der letzteren den Namen gerade geben, heißt: die nicht-euklidische Geometrie annehmen, [...] Es ist klar, daß die Erfahrung eine solche Frage nicht beantworten kann; [...]."[24]

Bei der Arithmetik lagen die Probleme anders. Hier gab es keine konkurrierenden und einander widersprechenden Theorien. Gauß hielt die Arithmetik darum ebenso wie Kant für a priori. Helmholtz weitete seine Kritik jedoch auch auf die Arithmetik aus:

„Ich habe mich bemüht, in früheren Aufsätzen nachzuweisen, dass die Axiome der Geometrie keine a priori gegebenen Sätze seien, dass sie vielmehr durch Erfahrung zu bestätigen und zu widerlegen wären. [...]

Nun ist es klar, dass die auch von mir vertretene empiristische Theorie, wenn sie die Axiome der Geometrie nicht mehr als unbeweisbare und keines Beweises bedürftige Sätze anerkennt, sich auch über den Ursprung der arithmetischen Axiome rechtfertigen muss, die zur Anschauungsform der Zeit in der entsprechenden Beziehung stehen."[25]

Helmholtz betrachtete Zählen als ein Experiment zur Prüfung arithmetischer Gesetze und sah in der Mathematik eine Naturwissenschaft neben Physik, Chemie und Biologie, die echte Erkenntnisse

---

23 In diesem Bd. ab S. 130 und S. 149.

24 Poincaré, *Der Wert der Wissenschaft*, S. 44.

25 Helmholtz, *Zählen und Messen erkenntnistheoretisch betrachtet*, S. 17.

über die empirische Wirklichkeit enthält. John Stuart Mill ging so weit zu behaupten, dass sogar die Gegenstände, von denen die Mathematik handelt, in der empirisch zugänglichen Welt vorkommen:

"Since, then, neither in nature, nor in the human mind, do there exist any objects exactly corresponding to the definitions of geometry, while yet that science cannot be supposed to be conversant about non-entities; nothing remains but to consider geometry as conversant with such lines, angles, and figures, as really exist; and the definitions, as they are called, must be regarded as some of our first and most obvious generalizations concerning those natural objects. [...]" [26]

"[...] there is in every step of an arithmetical or algebraical calculation a real induction, a real inference of facts from facts; and that what disguises the induction is simply its comprehensive nature, and the consequent extreme generality of the language. All numbers must be numbers of something: there are no such things as numbers in the abstract. *Ten* must be ten bodies, or ten sounds, or ten beatings of the pulse." [27]

Ernst Mach vertrat ebenfalls einen mathematischen Empirismus, ging jedoch nicht so weit wie Mill. Er erklärte das Inventar der Mathematik nicht zu Gegenständen aus der Erfahrungswelt, sondern unterschied zwischen praktischer und theoretischer Geometrie. Mach meinte aber, dass die theoretische Geometrie durch Idealisierung aus der praktischen entstanden sei:

„Die physikalisch-metrischen Erfahrungen werden wie alle Erfahrungen, welche die Grundlage einer experimentellen Wissenschaft bilden, begrifflich idealisiert. Das *Bedürfnis*, die Tatsachen durch einfache, durchsichtige, logisch leicht zu beherrschende Begriffe darzustellen, führt hierzu. Es gibt einen absolut starren, räumlich ganz unveränderlichen Körper, eine vollkommene Gerade, eine absolute Ebene so wenig, als es ein vollkommenes Gas, eine vollkommene Flüssigkeit gibt. [...] Die *theoretische* Geometrie braucht diese Abweichungen [die der Geometrie von der Erfahrung] überhaupt nicht zu beachten, indem sie eben die Objekte voraussetzt, welche die Bedingungen der Theorie vollkommen erfüllen, wie die theoretische Physik. Hat die *praktische* Geometrie sich aber mit wirklichen Objekten zu beschäftigen, so ist sie in diese Notwendigkeit versetzt, wie die praktische Physik, die Abweichungen zu berücksichtigen." [28]

---

26 Mill, *Logic*, II, V, § 1.

27 A. a. O., § 2, Siehe aber auch in diesem Bd. ab S. 113

28 Mach, *Erkenntnis und Irrtum*, S. 382.

Die von Gauß[29] entwickelte Fehlerrechnung und die Aproximations-geometrie Felix Kleins[30] waren der mathematische Apparat, um auch die Abweichungen mathematisch zu beherrschen.

Schlick und Einstein übernahmen Machs Trennung von prak-tischer und theoretischer Geometrie. Beide hatten auch einen in-tensiven Briefwechsel und trafen sich mehrmals. Einstein schrieb an Schlick nachdem dieser ihm seine Schrift über das Relativitätsprinzip gesandt hatte:

„Ich habe gestern Ihre Abhandlung erhalten und bereits vollkommen durchstu-diert. Sie gehört zu dem Besten, was bisher über Relativität geschrieben wor-den ist. Von philosophischer Seite scheint überhaupt nichts annähernd so Klares über den Gegenstand geschrieben zu sein. Dabei beherrschen Sie den Gegen-stand materiell vollkommen. Auszusetzen habe ich an Ihren Darlegungen nichts. Das Verhältnis der Relativitätstheorie zur Lorentzschen Theorie ist ausgezeichnet dargelegt, wahrhaft meisterhaft ihr Verhältnis zur Lehre Kants und seiner Nach-folger. Das Vertrauen auf die apodiktische Gewissheit der a synthetischen Urteile a priori wird schwer erschüttert durch die Erkenntnis der Ungültigkeit auch nur eines einzigen dieser Urteile."[31]

Daran schlossen sich viele weitere Briefe und einige persönliche Tref-fen an. Der mathematische Teil der von Einstein entwickelten allge-meinen Relativitätstheorie arbeitet mit Tensoren, die die Krümmung der Raumzeit beschreiben. Der ebene Euklidische Raum ist nur ein Spezialfall der Theorie und auch nicht der Fall, der mit der empi-risch gegebenen Welt übereinstimmt. In Einsteins berühmten Vor-trag „Über Geometrie und Erfahrung" von 1921 heißt es:

„Insofern sich die Sätze der Geometrie auf die Wirklichkeit beziehen, sind sie nicht sicher und insofern sie sicher sind, beziehen sie sich nicht auf die Welt."[32]

Es ist nicht verwunderlich, dass Schlick 1925/26 im mündlichen Vor-trag seiner Vorlesung über *Die philosophischen Grundlagen der Ma-thematik* Einstein zwei Sitzungen lang ausgiebig würdigte, während dieser in der Manuskriptvorlage von 1913 gar noch gar nicht erwähnt

---

29 Gauß, *Theoria combinationis observationum erroribus minimis obnoxiae.*

30 Klein, *Elementarmathematik*, Bd. 3.

31 Albert Einstein an Moritz Schlick, 14. Dezember 1915.

32 Einstein, *Über Geometrie und Erfahrung*, S. 3 f.

wird.[33] Aber schon im Manuskript findet sich eine der Einstein'schen sehr ähnliche Formulierung. In der schrieb Schlick aber zusätzlich, die Geometrie sei, insofern sie eine sichere Wissenschaft ist, analytisch.[34]

Damit wandte sich Schlick zwar nicht gegen den Empirismus insgesamt, wohl aber gegen den mathematischen Empirismus und gegen Kant. Dass die Mathematik analytisch und somit Logik ist, wurde im 19. Jahrhundert von den Logizisten, wie etwa Frege, Louis Couturat oder Bertrand Russell, vertreten. Man sollte also meinen, dass Schlick, was es die Mathematik betrifft, Logizist gewesen wäre. Aber im Gegenteil, er kritisierte Anfang der 1910er Jahre den Logizismus und zwar zusammen mit dem mathematischen Platonismus. Diese Kritik wiederholte er auch 1927 und 1934/35 mit neuen Argumenten.[35]

Der mathematische Platonismus

Nach Platon sind mathematische Gegenstände wie Zahlen, Linien oder geometrische Formen ungeschaffen, ewig und unveränderlich. Im Liniengleichnis kommen sie auf der zweithöchsten Stufe des Seienden vor.[36] Das Verhältnis von Mathematik und Erfahrungswelt ist bei Platon das von Abbild und Vorbild, wobei die Mathematik die Vorbilder liefert. Konstruktionsvorgänge und Zeichnungen wie z. B. in den *Elementen* des Euklid lehnte er dagegen ab.[37] In diesem letzten Punkt stimmte auch Schlick völlig mit ihm überein.[38]

Bernard Bolzano knüpfte in seiner *Wissenschaftslehre* 1837 am Platonismus an und ging davon aus, dass es zu sprachlichen Begriffen stets einen von ihm so genannten „Inbegriff" gibt, auf den er

---

33 In diesem Bd. ab S. 83

34 In diesem Bd. S. 126.

35 Zur Kritik von 1927/28 siehe in diesem Bd. S. 314, Block (89) und S. 325, Block (109). Zur Kritik der 1930er Jahre siehe ab S. 380, S. 383–164.

36 Platon, *Staat*, 509 d–511 b. Neben dem *Staat* (527 a–530 b) sind *Menon* und *Timaios* Platons wichtigste Schriften zur Philosophie der Mathematik.

37 A. a. O., 529 c–530 b

38 In diesem Bd. S. 131–133, S. 154 ff. und vor allem S. 553.

sich bezieht.[39] Die Inbegriffe waren Bolzanos Gegenstück zu Platons Ideen. Kurz vor seinem Tod 1848 stellte er die *Die Paradoxien des Unendlichen*, die Geburtsschrift der modernen Mengenlehre, fertig. Darin führte er Mengen als besondere Inbegriffe ein:

„Es ist der Begriff, der dem Bindewort *und* zugrunde liegt, den ich jedoch, wenn er so deutlich hervortreten soll, als es die Zwecke der Mathematik sowohl als auch der Philosophie in unzähligen Fällen erheischen, am füglichsten durch die Worte: *ein Inbegriff gewisser Dinge* oder *ein aus gewissen Teilen bestehendes Ganze*, glaube ausdrücken zu können, [...].

Einen Inbegriff, den wir einem solchen Begriffe unterstellen, bei dem die Anordnung seiner Teile gleichgültig ist (an dem sich also nichts für uns Wesentliches ändert, wenn sich bloß diese ändern), nenne ich *Menge*; und eine Menge deren Teile alle als *Einheiten* einer gewissen Art A, d. h. als Gegenstände, die dem Begriff A unterstehen, betrachtet werden, heißt eine *Vielheit A*.“[40]

Nach Bolzano kann zu jedem Begriff eine Menge gebildet werden, die alles enthält, worauf der Begriff zutrifft. Was er „Teile“ einer Menge nannte, sind im sich später etablierenden Jargon deren Elemente. Entscheidend für die Mathematik war nun, die Mächtigkeiten von Mengen zu vergleichen, ohne sich in die Widersprüche zu verstricken, die sich besonders bei unendlichen Mengen ergaben.[41] Dafür orientierte sich Bolzano nicht an Platon, sondern an David Hume.

Nach Hume bestehen zwei unterschiedlich lange Linien auch aus unterschiedlich vielen Punkten und zwar nach dem Verhältnis ihrer Längen. Er dachte sich dabei Punkte als Einheiten, aus denen Linien bestehen.[42] Um Längenverhältnisse exakt zu bestimmen genügt es nun, die Punkte der Linien einander eindeutig zuzuordnen. Das ist das sogenannte Humesche Prinzip:

"We are possessed of a precise standard, by which we can judge of the equality and proportion of numbers; and according as they correspond or not to that standard, we determine their relations, without any possibilty of error. When two numbers are so combined, as that the one has always an unit answering to every unit of the other, we pronounce them equal; and it is for want of such a standard

---

39 Bolzano, *Wissenschaftslehre*, § 19. Schlick befasste sich hiermit sehr ausführlich, siehe in diesem Bd. S. 381.

40 Bolzano, *Paradoxien des Unendlichen*, § 3 ff.

41 A. a. O., § 12.

42 Vgl. Hume, *Treatise*, I, Prt. 2.

of equality in [spatial] extension, that geometry can scarce be esteemed a perfect and infallible science." [43]

Bolzano schlug vor, so Paare aus den Elementen von Mengen zu bilden, dass ihre Elemente wechselseitig eindeutig zugeordnet werden. [44] Er verglich Mengen im heute etablierten Jargon durch eine bijektive Zuordnung ihrer Elemente. Das führte jedoch zu einem Problem:

Wie Hume und auch schon Descartes fasste Bolzano Linien als Scharen bzw. Mengen von Punkten auf. Aber schon in den *Elementen* des Euklid können unbegrenzt viele Punkte auf einer Linie konstruiert werden, z. B. indem man sie immer wieder teilt. Auch Aristoteles wies bereits darauf hin, dass Seinkönnen und Sein bei unveränderlichen Entitäten dasselbe sind. [45] Da Bolzano Linien als Mengen und mithin als Inbegriffe auffasste, galt Aristoteles' Feststellung auch für sie. Linien sind also Punktscharen mit unendlich vielen Punkten. Nach dem Humeschen Bijektionsprinzip, sind folglich alle Linien gleich mächtig.

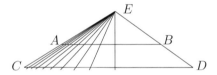

Abb. 5. Ausnutzung von Strahlen mit einem gemeinsamen Ursprung E um jeden Punkt von AB genau einem von CD zuzuordnen und umgekehrt. Folglich sind AB CD gleich mächtige (äquivalente) Punktmengen.

Nun gilt das auch für solche Linien, bei denen die eine Teil einer anderen ist. Doch das widersprach dem achten Grundsatz der alten Euklidischen Elementargeometrie, nach dem das Ganze größer als sein Teil ist. [46] Von diesem Satz hingen etliche weitere Beweise aus den *Elementen* des Euklid ab. Die Annahme unendlicher Mengen, das Humesche Bijektionsprinzip und der achte Grundsatz sind also nicht miteinander vereinbar. Bolzano opferte den achten Grundsatz

43 A. a. O., I, Prt. 3, I.

44 Bolzano, *Paradoxien des Unendlichen*, § 20 ff.

45 Aristoteles, *Physik*, 203 b, 28.

46 Euklid, *Elemente*, I, G 8.

für Mengen. Richard Dedekind ging in den 1870ger Jahren sogar noch einen Schritt weiter und charakterisierte unendliche Mengen gerade dadurch, dass der achte Grundsatz für sie nicht gilt:

„Ein System [eine Menge] S heißt *unendlich*, wenn es einem echten Theile seiner selbst ähnlich [gleich mächtig] ist; im entgegengesetzten Falle heißt S ein *endliches* System." [47]

Es ist bei unendlichen Mengen nicht möglich, Listen mit der bijektiven Zuordnung anzugeben. Georg Cantor entwickelte darum ebenfalls in den 1870er Jahren das Rechnen mit endlichen und unendlichen Mächtigkeiten (Kardinalitäten). Er begnügte sich dabei damit, eine Zuordnungsvorschrift anzugeben, die die Eigenschaften einer Bijektion für gleiche Mächtigkeiten erfüllt. Sein berühmtes Diagonalverfahren ist ein Beispiel dafür. [48] Dabei zeigte sich nun aber, dass es Mengen gibt, die mächtiger sind als die ohnehin schon unendliche Menge der natürlichen Zahlen. Die Menge aller auf einer Linie liegenden Punkte oder die reellen Zahlen sind Beispiele solcher Mengen. [49] So konnte Cantor die abzählbar unendliche Mächtigkeit der natürlichen Zahlen von der überabzählbar unendlichen Mächtigkeit der reellen Zahlen unterscheiden. Letztere nannte er auch „Kontinuum".

Ein Problem, das Cantor nicht lösen konnte, und das später auch Bedeutung für die Mathematikphilosophie erlangte, war die sogenannte Kontinuumshypothese. [50] Als Frage formuliert: Welche Mächtigkeit hat ein Kontinuum? Hat es die direkt auf Mächtigkeit der der natürlichen Zahlen folgende oder eine höhere? Schlick hat

---

[47] Dedekind, *Was sind und was sollen die Zahlen?*, § 5, Abschn. 64.

[48] Cantor an Dedekind, 29. November und 7. Dezember 1873. Das Diagonalverfahren nutzte er in den Aufsätzen *Über eine Eigenschaft des Inbegriffs aller reellen algebraischen Zahlen* und *Über eine elementare Frage der Mannigfaltigkeitslehre* aus, um zu zeigen, dass es Mengen gibt, die mächtiger sind als die Menge der rationalen Zahlen sind. Siehe dazu auch in diesem Bd. ab S. ??.

[49] Das ist das Ergebnis des zweiten Diagonalarguments und 1890 in dem Aufsatz *Über eine elementare Frage der Mannigfaltigkeitslehre* veröffentlicht. Die Mathematischen Details finden sich in dem auch von Schlick verwendeten Band *Über das Wesen der Mathematik* (S. 65 f.) von Aurel Voss. Siehe dazu in diesem Bd. ab S. ??.

[50] Cantor, *Ein Beitrag zur Mannigfaltigkeitslehre*.

die Lösung dieser Frage ebenso wenig miterleben können wie Cantor, wenn man diese Lösung überhaupt eine solche darf.[51]

Man kann dem Widerspruch zwischen dem Hume'schen Bijektionsprinzip, dem achten Grundsatz und der Annahme unendlicher Mengen auch entgehen, indem man solche Mengen ablehnt. Diese Lösung hatte Hume selbst gewählt. Da Punkte bei ihm eine Größe haben, bestehen alle Linien aus endlich vielen Punkten. Damit wäre die Geometrie aber diskret. Ältere Überlegungen dazu stammen von Aristoteles. Er beschrieb das Unendliche als das, was nicht fertig werden kann. Alles, was in Wirklichkeit existiert, ist aber abgeschlossen und damit fertig. Also kann Unendliches nicht in Wirklichkeit existieren.[52] Aristoteles wies jedoch auch darauf hin, dass sich bestimmte Vorgänge stets wiederholen lassen. So z. B. das Zählen oder das Teilen einer Linie.[53] Wird z. B. eine Linie in drei gleiche Abschnitte geteilt, dann können die Drittel ihrerseits dreigeteilt werden usw. Nach jeder Dreiteilung ist immer eine weitere möglich. Nach jedem Teilen liegen zwar mehr aber stets doch endlich viele Abschnitte vor. Die unendliche Reihe von der Dreiteilungen ist nur dem Vermögen oder der Potenz nach unendlich, sie kann jedoch nicht verwirklicht oder aktualisiert werden. Denn dazu müsste etwas Unendliches abgeschlossen werden können, was Aristoteles Definition von „unendlich" widerspräche.[54]

usw.

Abb. 6. Konstruktion der Cantormenge.

---

51 Kurt Gödel bewies 1937 in *The Consistency of the Axiom of Choice and of the generalized Continuum-Hypothesis with the Axioms of Set Theory*, dass die Kontinuumshypothese mit dem Rest der Mengenlehre vereinbar ist, Paul Cohen bewies 1962 in *Set Theory and the Continuum Hypothesis* dasselbe von der Verneinung der Hypothese. Sie ist also ebenso logisch Unabhängig vom Rest der Mengenlehre, wie das Parallelenaxiom von der übrigen Geometrie.

52 Das Argument ist bei Aristoteles etwas verteilt, vgl. *Physik*, 204a–207a7.

53 Zu den Details des Konstruktionsvorganges siehe Euklid, *Elemente*, VI, A 1.

54 Aristoteles, *Physik*, 207b.

Für Cantor war das unerheblich. Er bildete die sogenannte Cantormenge nicht durch den Vorgang wiederholter Dreiteilungen, sondern ihm genügte es, ihre Definition anzugeben.[55] Diese Menge entstünde, wenn man ein beliebiges Intervall der reellen Zahlen oder eine Strecke unendlich dreiteilt und das mittlere Teil jeweils auslöscht. Cantor hielt unendliche Mengen stets für aktual unendlich und verteidigte diese Auffassung in mehreren veröffentlichten Schriften, aber auch in vielen Briefen.[56] Denn genau wie für Bolzano, hielt er sie für Gegenstücke zu Platons Ideen:

„Unter einer Mannigfaltigkeit oder Menge verstehe ich nämlich allgemein jedes Viele, welches sich als Eines denken läßt, d. h. jeden Inbegriff bestimmter Elemente, welcher durch ein Gesetz zu einem Ganzen verbunden werden kann, und ich glaube hiermit etwas zu definieren, was verwandt ist mit dem Platonischen εἶδος oder ιδέα [...]."[57]

Als Ideen wären Mengen zeitlos und unveränderlich. Damit fielen auch bei Ihnen Sein und Seinkönnen zusammen. Das ist aber die Voraussetzung um Aristoteles' Unterschied zwischen aktual und potentiell unendlichen Größen machen zu können. Denn potentiell unendlich ist nach Aristoteles, was ohne Grenze fortgesetzt werden kann. Die Mengenlehre war für Bolzano und Cantor stets mit der Metaphysik verbunden. Letzterer ging sogar so weit, die Mengenlehre gar nicht als Teil der Mathematik zu betrachten:

„Die allgemeine Mengenlehre, welche Ihnen sowohl in der Schrift: ‚Zur Lehre vom Transfiniten' wie auch in dem 1ten Artikel der begonnenen Arbeit: ‚Beiträge zur Begründung der transfiniten Mengenlehre' in ihren Principien entgegentritt, gehört durchaus zur Metaphysik. Sie überzeugen sich hiervon leicht, wenn sie die Kategorien der Kardinalzahl und des Ordnungstypus, dieser Grundbegriffe der Mengenlehre, auf den Grad ihrer Allgemeinheit prüfen und außerdem bemerken, dass bei ihnen das Denken völlig rein ist, so dass der Phantasie nicht der geringste Spielraum eingeräumt ist."[58]

---

55 Cantor, *Über unendliche lineare Punktmannigfaltigkeiten V*, § 10, Anhang.

56 Cantor, *Beiträge zur Begründung der transfiniten Mengenlehre*, Tapp, *Kardinalitäten und Kardinäle*.

57 Cantor, *Über unendliche, lineare Punktmannigfaltigkeiten*, 3, Anm. 1.

58 Georg Cantor an P. Thomas Esser, 15. Februar 1896.

Cantor arbeitete mit einer ganz unbeschränkten Mengenbildung oder Komprehension. Ihm genügte, dass man eine Definition angeben kann, damit die Menge der Gegenstände, auf die sie zutrifft existiert. Dadurch müsste auch die Menge existieren, die alles enthält, was eine Menge ist, die Menge aller Mengen, oder kurz: Allmenge. Nun gibt es zu jeder Menge auch die Menge aller ihrer Teilmengen, das ist ihre Potenzmenge. Die Teilmengen der Potenzmenge gehören zur Allmenge, denn sie sind selbst Mengen. Demnach wäre die Allmenge mindestens so mächtig wie ihre Potenzmenge, denn sie enthielte deren Elemente. Cantor bewies jedoch, dass die Potenzmenge jeder Menge mächtiger als diese Menge ist.[59] Das ist ein Widerspruch. Er war Cantor zwar bekannt, war aber kein Anlass für ihn, seine Theorie auch nur im Geringsten abzuändern. Stattdessen führte er eine weitere Sorte unendlicher Mengen ein:

„Gehen wir von dem Begriff einer bestimmten Vielheit (eines Systems, eines Inbegriffs) von Dingen aus, so hat sich mir die Notwendigkeit herausgestellt, zweierlei Vielheiten (ich meine immer bestimmte Vielheiten) zu unterscheiden. Eine Vielheit kann nämlich so beschaffen sein, daß die Annahme eines ‚Zusammenseins‘ aller ihrer Elemente auf einen Widerspruch führt, so daß es unmöglich ist, die Vielheit als Einheit, als ‚ein fertiges Ding‘ aufzufassen. Solche Vielheiten nenne ich absolut unendliche oder inkonsistente Vielheiten."[60]

Zu den absolut unendlichen oder inkonsistenten Mengen rechnete Cantor neben der Allmenge auch Gott und verlegte ihre Untersuchung in das Gebiet der Theologie.[61]

Cantors Doktorvater, Leopold Kronecker, kritisierte dessen Arbeiten heftig. Er wollte die gesamte Mathematik auf der Arithmetik und diese auf den Ordinalzahlen aufbauen. Ordinalzahlen waren für ihn die Zahlen, die beim Zählen dem Gezählten zugeordnet werden. Man kann durch Zählen aber keine unendlichen und schon gar keine überabzählbar unendliche Zahlen erreichen. Die Ordinalzahlen sind nur potentiell unendlich. Zweitens argumentierte Kronecker, dass es beim Zählen nicht auf die Reihenfolge der Zahlen ankäme. Die

---

59 Georg Cantor an Richard Dedekind, 3. August 1899 sowie 30. August 1899.

60 Georg Cantor an Richard Dedekind, 28. Juli 1899.

61 Vgl. Georg Cantor Briefwechsel mit P. Thomas Esser, 15. Februar 1896.

Gesamtheit der für das Zählen benötigten Ordinalzahlen bleibt unabhängig von ihrer Reihenfolge unverändert, es werden weder weniger noch mehr.[62]

Cantor hielt dieses Argument für zirkulär.[63] Schlick schloss sich ihm an, hielt aber eine ganz ähnliche Argumentation von Helmholtz für besser.[64] Schlick war also, wie Kronecker, ein Gegner des absolut Unendlichen. Sein Hauptargument hiergegen übernahm er jedoch von Poincaré in die 1913er Vorlesung:

> „Sind die Dinge in unbegrenzter Anzahl vorhanden, d. h. ist man andauernd der Gefahr ausgesetzt, neue und unvorhergesehene Dinge auftauchen zu sehen, so kann es vorkommen, daß das Auftauchen eines neuen Dinges zur Abänderung der gemachten Klassifikation nötigt, und deshalb ist man der Gefahr der Antinomien ausgesetzt.
>
> Das aktual Unendliche gibt es nicht, das haben die Cantorianer vergessen, und deshalb gerieten sie in Widersprüche."[65]

Wenn es Gegenstände gäbe, die der Erfahrung verborgen sind, wie kann man dann Wissenschaft von solchen Gegenständen treiben? Platon musste eine unsterbliche Seele annehmen, um zu erklären, wie Mathematik möglich ist.[66] Für den katholischen Geistlichen Bolzano und den streng gläubigen Cantor mag das annehmbar gewesen sein. Schlick war zwar wie Cantor protestantisch getauft,[67] ihn befriedigte Platons Lösung des Erkenntnisproblems jedoch zu keiner Zeit und er tat sie immer wieder als Mythos oder mystisch ab.[68] Den Zugriff auf das höhere Sein durch eine Art von intuitiver Erkenntnis, wie Bergson sie beschrieb, lehnte Schlick rigoros ab.[69] Für Schlick gab es keinen Weg, etwas über höheres, der Erfahrung verborgenes

---

62 Kronecker, *Über den Zahlbegriff*, § 1 f.

63 Cantor, *Mitteilung zur Lehre vom Transfiniten*, S. 384.

64 Siehe dazu in diesem Bd. S. 187–189.

65 Poincaré, *Wissenschaft und Methode*, S. 179. Siehe aber auch in diesem Bd. S. 215.

66 Platon, *Menon* und dort besonders 85 e.

67 Vgl. *MSGA* IV/1, S. 25, 41 und 63.

68 Siehe dazu 1918/1925a *Erkenntnislehre* (*MSGA* I/1, S. 383) und in diesem Bd. S. 103, S. 381 und S. 410.

69 Siehe dazu in diesem Bd. ab S. 404.

Sein herauszufinden. Das wäre mit seinem Empirismus unvereinbar gewesen. Schon 1913 schrieb er dazu einen ganzen Aufsatz:

„Wenn in der Gegenwart wieder so viele hochbegabte und begeisterte Männer aufstehen, die die philosophische Methode in Gegensatz stellen zur naturwissenschaftlichen, die kein Genüge finden an der immer nur ordnenden, verarbeitenden, Relationen stiftenden Wissenschaft, welche nichts Neues schaffen will, sondern ihre Aufgabe gerade darin sieht, in allem möglichst Altes und Bekanntes wiederzufinden – wohlan, so mögen sie sich der Intuition hingeben, doch sie dürfen dies nicht für Philosophie erklären, nicht Erlebnisse für Erkenntnisse ausgeben; sie mögen gestehen, daß sie künstlerische, nicht intellektuelle Befriedigung suchen und genießen."[70]

Ein großer Teil der Vorlesung von 1934/35 aus diesem Band schöpfte noch aus diesem Aufsatz.[71] Bemerkenswert ist auch, dass die Wirkung des mathematischen Platonismus gerade umgekehrt war, wie die Mathematikphilosophie Kants. Letztere war mathematisch wirkungsarm, philosophisch jedoch desto wirkungsvoller. Die Entwicklung der Mengenlehre aus dem Platonismus war dagegen für die Mathematik überaus folgenreich. Als Philosoph blieb Bolzanos Wirkung überschaubar und Cantor wurde als Metaphysiker fast gar nicht ernst genommen.

Der Logizismus

Der Logizismus ist wie der mathematische Empirismus aus der Kritik an Kant entstanden, nahm jedoch Teile der ursprünglich am Platonismus orientierten Mengenlehre auf. Er wich den synthetischen Urteilen a priori nicht aus, indem er mathematischen Urteilen absprach a priori zu gelten, sondern indem er zu zeigen versuchte, dass sie analytisch sind, denn damit hätte man auch gezeigt, dass sie logische Sätze sind. Diese verdanken ihre Wahrheit aber nicht ihrem Zutreffen auf ein höheres ideales Sein oder der Struktur unseres Erkenntnisvermögens, sondern ganz allein ihrer Form.

George Boole veröffentlichte 1847 *The mathematical analysis of logic*. Schon am Titel wird deutlich, dass es ihm um die Untersuchung der Logik mit mathematischen Mitteln ging. An anderer Stelle erläuterte er das noch genauer:

---

70 1913a *Intuitive Erkenntnis*, S. 487 f. (MSGA I/4).

71 In diesem Bd. S. 401–418.

"The design of the following treatise is to investigate the fundamental laws of those operations of the mind by which reasoning is performed; to give expression to them in the symbolical language of a Calculus, [...]." [72]

Gottlob Freges Vorgehen war gerade umgekehrt. Er versuchte die Arithmetik aus der Logik abzuleiten, statt die Logik mathematisch zu erforschen. Da er die Logik wie Kant für analytisch hielt, hätte sich so ergeben, dass die ganze Arithmetik diesen Charakter hat, sofern diese Ableitung ebenfalls mit der Logik allein erfolgte. In Freges Worten:

„Die Wahrheiten der Arithmetik würden sich dann [wenn sie aus logischen Gesetzen bewiesen sind] zu denen der Logik ähnlich verhalten wie die Lehrsätze zu den Axiomen der Geometrie. [...] Angesichts der gewaltigen Entwicklung der arithmetischen Lehren und ihrer vielfachen Anwendungen wird sich dann freilich die weit verbreitete Geringschätzung der analytischen Urtheile und das Märchen von der Unfruchtbarkeit der reinen Logik nicht halten lassen." [73]

Frege kritisierte an Kants Auffassung, nach der die Arithmetik synthetisch a priori ist, dass arithmetische Gleichungen nicht aus der reinen Anschauung begründet werden können:

„Kant erklärt sie [die Gesetze der Arithmetik] für unbeweisbar und unmittelbar klar wie Axiome. [...] Und ist es denn unmittelbar einleuchtend, dass $135664 + 37863 = 173527$ ist? Nein! Und eben dies führt Kant für die synthetische Natur dieser Sätze an. Es spricht aber vielmehr gegen ihre Unbeweisbarkeit, denn wie sollen sie anders eingesehen werden als durch einen Beweis, da sie unmittelbar nicht einleuchten. Kant will die Anschauung von Fingern oder Punkten zur Hilfe nehmen, wodurch er in Gefahr geräth, diese Sätze gegen seine Meinung als empirisch erscheinen zu lassen; [...] Haben wir denn überhaupt eine Anschauung von 135664 Fingern oder Punkten? Hätten wir sie und hätten wir eine von 37863 Fingern, so müsste die Richtigkeit unserer Gleichung sofort einleuchten, wenigstens für Finger, wenn sie unbeweisbar wäre; aber dies ist nicht der Fall.

Kant hat offenbar nur kleine Zahlen im Sinn gehabt. Dann würden Formeln für große Zahlen beweisbar sein, die für kleine durch Anschauung unmittelbar einleuchten. Aber es ist misslich einen grundsätzlichen Unterschied zwischen kleinen und grossen Zahlen zu machen; besonders da eine scharfe Grenze nicht zu ziehen sein möchte. Wenn die Zahlformeln etwa von 10 an beweisbar wären, so würde man mit Recht fragen: warum nicht von 5 an, von 2, von 1 an?" [74]

---

72 Boole, *An Investigation of The Laws of Thought*, S. 1.

73 Frege, *Grundgesetze der Arithmetik*, § 17.

74 Frege, *Grundlagen der Arithmetik*, § 5.

Bertrand Russell knüpfte an die Arbeiten Booles und Freges an, dehnte jedoch Freges arithmetischen Logizismus auf die ganze Mathematik aus. An den Anfang seiner *Principles of Mathematics* setzte er 1903 folgende Ankündigung:

"The present work has two main objects. One of these, the proof that all pure mathematics deals exclusively with concepts definable in terms of a very small number of fundamental logical concepts, and that all its propositions are deducible from a very small number of fundamental logical principles [...]" [75]

Russell hatte dabei jedoch ein Problem zu lösen, dass Frege von Cantor geerbt hatte. Frege hatte nämlich für seine *Grundgesetze der Arithmetik* Cantors uneingeschränkte Mengenbildung übernommen. [76] Statt von Mengen oder Klassen sprach Frege jedoch vom Umfang eines Begriffes und erlaubte den Umfang zu jedem beliebigen Begriff zu bilden.

Frege kannte Cantors Ausführungen zu den Antinomien und absolut unendlichen Mengen nicht, weil der dafür aufschlussreiche Briefwechsel Cantors, noch nicht ediert war. Russell selbst fand unabhängig von Cantor eine Antinomie in Freges Arbeit und unterrichtete ihn unmittelbar vor dem Erscheinen der *Grundgesetze der Arithmetik*. Das veranlasste Frege, seiner Arbeit einen Anhang hinzuzufügen:

„Es handelt sich um mein Grundgesetz (V). Ich habe mir nie verhehlt, dass es nicht so einleuchtend ist, wie die andern, und wie es eigentlich von einem logischen Gesetze verlangt werden muss. Und so habe ich denn auch im Vorworte zum ersten Bande S. VII auf diese Schwäche hingewiesen. Ich hätte gerne auf diese Grundlage verzichtet, wenn ich irgendeinen Ersatz dafür gekannt hätte. Und noch jetzt sehe ich nicht ein, wie die Arithmetik wissenschaftlich begründet werden könne, wie die Zahlen als logische Gegenstände gefasst und in die Betrachtung eingeführt werden können, wenn es nicht – bedingungsweise wenigstens – erlaubt ist, von einem Begriffe zu seinem Umfange überzugehn.[...]

Herr Russell hat einen Widerspruch aufgefunden, der nun dargelegt werden mag. [...] Fassen wir nun den Begriff ins Auge *Klasse, die sich selbst nicht angehört!* Der Umfang dieses Begriffes, falls man von ihm reden darf, ist demnach die Klasse der sich selbst nicht angehörenden Klassen. Wir wollen sie kurz die Klasse K nennen. Fragen wir nun, ob diese Klasse K sich selbst angehöre! Nehmen wir zuerst an, sie thue es! Wenn etwas einer Klasse angehört, so fällt es

75 Russell, *Principles of Mathematics*, S. V.

76 Vgl. S. 27.

unter den Begriff, dessen Umfang die Klasse ist. Wenn demnach unsere Klasse sich selbst angehört, so ist sie eine Klasse, die sich selbst nicht angehört. Unsere erste Annahme führt also auf einen Widerspruch mit sich. Nehmen wir zweitens an, unsere Klasse K gehöre sich selbst nicht an, so fällt sie unter den Begriff, dessen Umfang sie selbst ist, gehört also sich selbst an. Auch hier wieder ein Widerspruch!"[77]

Um diese und weitere Antinomien auszuschalten und gleichzeitig am Logizismus festhalten zu können, entwickelte Russell zusammen mit Alfred North Whitehead in der *Principia Mathematica* die Typentheorie. Sie gingen davon aus, dass Antinomien durch Zirkelfehler entstehen, die in einer für das logizistische Programm geeigneten Formelsprache nicht formulierbar sein dürfen.

"An analysis of the paradoxes to be avoided shows that they all result from a certain kind of vicious circle. The vicious circles in question arise from supposing that a collection of objects may contain members which can only be defined by means of the collection as a whole."[78]

Poincaré kritisierte die Typentheorie mit Argumenten, die sich auch Schlick Ende 1927/28 zu eigen machte.[79] Zunächst war seine Analyse des Problems aber nicht viel anders als diejenige Russells:

„E ist die Menge aller Zahlen, die man durch eine endliche Anzahl von Worten definieren kann, ohne den Begriff der Menge E selbst einzuführen. Ohne diesen letzteren Zusatz würde die Definition von E einen circulus vitiosus enthalten; man kann E nicht durch die Menge E selbst definieren. Nun haben wir oben die Zahl N zwar mittelst einer endlichen Anzahl von Worten definiert, aber wir haben uns dabei auf den Begriff der Menge E gestützt. Das ist der Grund, weshalb N der Menge E nicht angehören kann. [...] Die Definitionen also, welche als nicht-prädikativ betrachtet werden müssen, sind demnach diejenigen, welche einen circulus vitiosus enthalten."[80]

Statt eine Typentheorie zu entwickeln, schlug Poincaré jedoch vor, auf nicht-prädikate Definitionen zu verzichten. An der Typentheorie kritisierte er vor allem das Reduzibilitätsaxiom, das Russell wie folgt erklärte:

---

77 Frege, *Grundgesetze*, Bd. II, S. 253 f.

78 Russell/Whitehead, *Principia Mathematica*, S. 39.

79 In diesem Bd. S. 314, Block (89) und S. 325, Block (109).

80 Poincaré, *Wissenschaft und Methode*, S. 174.

"This assumption is called ‚axiom of reducibility' and may be stated as follows: ‚There is a type (r say) of a-functions such that, given any a-function, it is formally equivalent to some function of the type in question.' If this axiom is assumed, we use functions of this type in defining our associated extensional function. Statements about all a-classes (i. e. all classes defined by a-functions) can be reduced to statements about all a-functions of the type τ. So long as only extensional functions of functions are involved, this gives us in practice results which would otherwise have required the impossible notion of ‚all a-functions.' One particular region where this is vital is mathematical induction. The axiom of reducibility involves all that is really essential in the theory of classes. It is therefore worth while to ask whether there is any reason to suppose it true." [81]

Poincaré meinte, man könne ohne Widerspruch annehmen, dieses Axiome wäre falsch.[82] Dann wäre es aber nicht notwendig und demnach auch nicht a priori und folglich auch nicht analytisch. Kurz: Es wäre kein logisches Gesetz. Doch die Mathematik auf der Logik zu begründen war der Anspruch der Logizisten. Poincaré folgerte, dass sich die Logizisten bei der Auswahl von Axiomen nur an die Intuition halten könnten.

„Er [Russell] wird Kriterien einführen müssen, auf Grund derer man entscheiden kann, ob eine Definition zu kompliziert oder zu umfassend ist, und diese Kriterien werden sich nur durch einen Appell an die Intuition begründen lassen.

Jedenfalls muß die Logistik revidiert werden, und man wird kaum angeben können, was sich noch wird retten lassen. Ich brauche nicht hinzuzufügen, daß es sich hier nur um den Cantorismus und um die Logistik handelt; die wahre Mathematik, d. h. diejenige, die zu etwas Ersprießlichen führt, kann sich ungestört auf Grund ihrer eigenen Prinzipien weiter entwickeln, ohne sich um die Stürme zu kümmern, die um sie her toben, [...]"[83]

Auch Russell selbst äußerte sich ab 1919 skeptisch, ob es sich bei dem Reduzibilitätsaxiom um ein logisches Gesetz handelt:

"Viewed from this strictly logical point of view, I do not see any reason to believe that the axiom of reducibility is logically necessary, which is what would be meant by saying that it is true in all possible worlds. The admission of this axiom into a system of logic is therefore a defect, even if the axiom is empirically true." [84]

---

81 Russell, *Introduction to Mathematical Philosophy*, S. 191.

82 Poincaré, *Wissenschaft und Methode*, S. 163–174.

83 Poincaré, *Wissenschaft und Methode*, S. 173.

84 Russell, *Introduction to Mathematical Philosophy*, S. 192 f.

Neben dem mengentheoretischen Problem hatte der mathematische Logizismus nach Ansicht des frühen Schlick auch den Platonismus von seinen Vorgängern geerbt.[85] Tatsächlich gab es gewisse Gemeinsamkeiten, denn bereits Frege ließ logische Gegenstände zu, die nicht in der Erfahrungswelt vorkommen:

„Wir können zwischen physischen und logischen Gegenständen unterscheiden, womit freilich keine erschöpfende Eintheilung gegeben werden soll. Jene sind im eigentlichen Sinne wirklich; diese sind es nicht, aber darum nicht minder objectiv; sie können zwar nicht auf unsere Sinne wirken, aber durch unsere logischen Fähigkeiten erfasst werden. Solche logische Gegenstände sind unsere Anzahlen; und es ist wahrscheinlich, dass auch die übrigen Zahlen dazu gehören."[86]

Um logische Gegenstände zu leugnen, hätten aus Freges Sicht die logischen Gesetze selbst geleugnet werden müssen, denn aus ihnen folgt, dass es diese Gegenstände gibt. Dazu gehörte besonders jenes Grundgesetz (V) – die uneingeschränkte Mengenbildung – demzufolge es zu jedem Begriff die Menge oder den Umfang all dessen gibt, worauf der Begriff zutrifft. Daher war Russells Einwand für Frege so verheerend. Denn er entzog der Arithmetik den Gegenstandsbereich, indem er das Grundgesetz angriff, das ihn sicherstellen sollte. Russell vertrat um die Jahrhundertwende eine metaphysisch schwächere Position als Frege oder gar Cantor oder Platon. Er setzte INCantor, Georg Ferdinand Ludwig (1845–1918)—emph aber immer noch einen gestuften Aufbau des Seienden voraus:

"Numbers, the Homeric gods, relations, chimeras and four-dimensional spaces all have being, for if they were not entities of a kind, we could make no propositions about them. Thus being is a general attribute of everything, and to mention anything is to show that it is.
   Existence, on the contrary, is the prerogative of some only amongst beings. To exist is to have a specific relation to existence – a relation, by the way, which existence itself does not have. This shows, incidentally, the weakness of the existential theory of judgement – the theory, that is, that every proposition is concerned with something that exists."[87]

---

85 1910b *Wesen der Wahrheit*, S. 406 (*MSGA* IV/1).

86 Frege, *Grundgesetze der Arithmetik*, § 74.

87 Russell, *Principles of Mathematics*, S. 449 f.

Die Abstufung war bei Russell gerade umgekehrt wie bei den Platonisten: Alles, worüber man etwas sagen kann, ist. Existenz ist nur einigem davon vorbehalten. Um Mathematik zu treiben, würde es genügen von logischen Gegenständen sprechen zu können, sie also ohne Widersprüche sprachlich zu fassen. Ihre Existenz muss nicht angenommen werden. Schlick rechnete den Logizismus in seiner Habilitationsschrift trotzdem zum Platonismus[88] und kritisierte beide unisono mit den bereits erwähnten Argumenten. In seiner Vorlesung von 1913 kritisierte er wieder beide Ansätze zusammen, jedoch mit der Vermutung Poincarés, dass durch die Annahme des aktual Unendlichen zugleich die Antinomien entstünden.[89] Vor allem aber konnte er 1913 mit der formalen Logik, dem Hauptwerkzeug des Logizismus, nichts anfangen. Schlick hielt sie für unfruchtbar, unnötig kompliziert und ohne Gewinn für die Exaktheit. Zudem meinte er, die formale Logik hätte zu falschen Resultaten geführt.[90] 1918 in seiner *Allgemeinen Erkenntnislehre* ging er noch weiter:

„Und da in sechs von unseren übrig gebliebenen sieben Modis solche Urteile vorkommen, so bleibt nur eine einzige Art des Syllogismus, welcher allein das wichtige Amt zufällt, den gegenseitigen Zusammenhang strenger Wahrheiten herzustellen, und auf die daher unsere Betrachtung sich beschränkt: es ist der Modus Barbara, [...].
Als Beispiel eines strengen Zusammenhanges wissenschaftlicher Wahrheiten kommt natürlich in erster Linie wieder die Mathematik in Betracht. In ihr werden die einzelnen Sätze durch jene Prozesse miteinander verknüpft, welche Beweisen und Rechnen heißen. Sie sind nichts anderes als ein Aneinanderreihen von Syllogismen im Modus Barbara."[91]

Diese Ansicht korrigierte er jedoch schon drei Jahre später. 1921 wurde Schlick auf Betreiben Einsteins und Heinrich Scholzens nach Kiel berufen. Der Kontakt zu Scholz sollte auch später nicht mehr abreißen. In der kurzen Kieler Zeit begannen Schlick und Scholz sich mit der formalen Logik zu beschäftigen. Die These aus der *Allgemeinen Erkenntnislehre*, man könne die gesamte Logik auf Syllogistik

---

88 1910b *Wesen der Wahrheit*, S. 406 ff. (*MSGA* I/4).

89 In diesem Bd. S. 215.

90 Siehe in diesem Bd. ab S. 197.

91 1918a *Erkenntnislehre*, S. 86 (*MSGA* I/1, S. 326 f.).

und dort nur auf einen Modus zurückführen, gab Schlick auf.[92] Das Problem, dessentwegen er seine Position änderte, ist sehr alt und geht auf die Antike Auffassung von Wahrheit zurück. So heißt es etwa in Platons *Kratylos*:

„*Sokrates:* Also gibt es doch eine wahre Rede und eine, die falsch ist.
Hermogenes: Freilich.
Sokrates: Nicht wahr, die, welche sagt, wie Seiendes wirklich ist, ist wahr, die aber sagt, wie es nicht ist, ist falsch.
Hermogenes: Jawohl.
Sokrates: Also ist es möglich, in der Rede zu sagen, was ist, und es auch nicht zu sagen.
Hermogenes: Freilich."[93]

Hieraus ergibt sich, dass Aussagen wie „Alle A sind B" nur wahr sein können, wenn es auch As gibt, die zugleich Bs sind. Denn sonst wäre die Aussage wahr, jedoch ohne ein Seiendes, vom dem sie sagt, wie es ist. Darum gilt nach dieser Auffassung, was auch in der klassischen auf Aristoteles zurückgehenden Syllogistik galt: Aus dem universellen Urteil „Alle A sind B" folgen die beiden partikulären Urteile „Ein A ist B" und „Ein B ist A". Das ist die conversio per accidens und in der Syllogistik als Beweisschritt zugelassen.

Das Problem sind Allsätze bei denen A einen leeren Umfang hat, wie der Satz „Alle Mörder sind böse." Wenn man darauf besteht, dass dieser Satz wahr ist, auch wenn es keine Mörder gibt, dann kann er nicht implizieren, dass „Ein Mörder ist böse" wahr ist. Denn dieser Satz wäre aus Mangel an Mördern falsch. Die conversio per accidens wäre dann nicht gültig.

Die Frage, wie mit leeren Begriffen umzugehen sei, beschäftigte schon die mittelalterliche Logik.[94] Auch Gottfried Wilhelm Leibniz stellte von den 1670er Jahren an immer wieder neue logische Kalküle auf.[95] Dass er sie immer wieder verwarf lag daran, dass er beide Formen nicht ableiten konnte. Erst im 19. Jahrhundert beschäftigte

---

92 In diesem Bd. S. 239–243.

93 Platon, *Kratylos*, 385b.

94 Vgl. z. B. Albert von Sachsen, *Logica*, Regula X.

95 Vgl. die auch von Schlick erwähnte Sammlung Coutourats, *La Logique de Leibniz* und den darin verarbeiteten Manuskriptsatz LH IV, 7a–g.

sich Ernst Schröder wieder mit dem Problem in seinem logischen Kalkül und verwarf beide Schlussformen:

> „*Vom Standpunkt unserer Theorie* müssen wir nun aber eine Anzahl von diesen (syllogistischen) Modi für *inkorrekt* erklären, darunter namentlich *alle* diejenigen *Schlüsse, vermittels welcher aus lauter universalen Prämissen ein partikuläres gefolgert wird.*"[96]

Frege schloss sich dem an und analysierte universelle Urteile so, dass „Alle A sind B" besagt: Für alle x gilt, wenn x ein A ist, dann ist es auch ein B. Das ist auch wahr, wenn A leer ist. Denn es gibt dann nichts, was die Aussage widerlegen könnte, indem es zwar A, aber nicht zugleich B ist. In den Kalkülen Schröders und Freges und darauf aufbauend bei Russell galt also die conversio per accidens nicht.

Hieraus ergaben sich mehrere Probleme: Erstens war Kants Einschätzung, dass die Logik seit Aristoteles keinen Schritt vor oder zurück mehr habe tun können und müssen, widerlegt.[97] Die Logik war weder abgeschlossen noch davor gefeit, dass ihre Gesetze einst verworfen werden könnten. Diese These hatte auch schon Poincaré aufgestellt.[98]

Zweitens war die Lage für die Logik nun dieselbe wie bei Nichteuklidischen Geometrien. Statt nur einer einzigen Logik gab es mehrere miteinander unvereinbare, aber in sich widerspruchsfreie Theorien. Mit logischen Mitteln allein war eine Entscheidung für oder gegen die eine oder andere nicht möglich.

Schlicks Kieler Aufzeichnungen brachen bei der Feststellung, dass die moderne und die klassische Logik wegen der conversio per accidens unvereinbar sind, mit Fragezeichen ab.[99] Aus dem in Wien 1927 entstandenen Stück zur Logik geht jedoch deutlich hervor, dass Schlick sich in dieser Hinsicht an Russell und Frege orientierte.[100] Argumente für diese Entscheidungen sind im Nachlass leider nicht zu

---

96 Schröder, *Vorlesungen über die Algebra der Logik*, S. 220.

97 Kant, *KrV*, B VIII. Vgl. hierzu auch in diesem Bd. S. 231.

98 Poincaré, *Wissenschaft und Methode*, S. 162 f.

99 In diesem Bd. S. 239–243.

100 In diesem Bd. S. 298, Block (63).

finden. In einem Brief an Ernst Cassirer beschrieb Schlick zumindest seine veränderte Sicht auf die moderne Logik:

„Im allgemeinen möchte ich noch sagen, daß ich selbst mit der ,Allgemeinen Erkenntnislehre', auch der zweiten Auflage, sehr unzufrieden bin.[101] Sie hebt lange nicht scharf genug die unerschütterlichen Grundlagen, auf die es mir eigentlich ankommt, aus den Betrachtungen mehr sekundärer Dignität heraus, und ist mir in wesentlichen Punkten nicht bestimmt und radikal genug. Deswegen hatte ich bei der Überarbeitung auch so große Hemmungen, daß das Buch 3 Jahre im Buchhandel fehlte. Ich bin seitdem durch die Schule der Logik Russells und Wittgensteins hindurchgegangen und stelle seitdem an das philosophische Denken so verschärfte Anforderungen, daß ich die meisten philosophischen Erzeugnisse nur mit größter Selbstüberwindung lesen kann."[102]

Psychologismus

Es ist denkbar, die Logik, ähnlich wie Helmholtz das für Mathematik versuchte, auf der Erfahrung zu begründen. Man erhielte dann einen logischen Empirismus. Da es in der Logik um das Denken geht, müsste die empirische Wissenschaft vom Denken, also die Psychologie, die Logik begründen. Diese Ansicht ist der Psychologismus und er war im neunzehnten Jahrhundert bis in die 1910er Jahre hinein überaus heftig umstritten. Exemplarisch auch für die Polemik in dieser Debatte sind Theodor Ziehens Ausführungen:

„Die Vertreter der dieser ,logistischen' Richtung, wie ich sie nennen möchte, haben dann weiterhin sogar umgekehrt die auf Psychologie gegründete Logik und Erkenntnistheorie als ,psychologistisch' zu diskreditieren versucht. [...] Da letztere Richtung wenigstens mit wissenschaftlicher Gründlichkeit verfährt, will ich die Hauptsätze dieser Logistik hier einer kurzen Kritik unterziehen, zumal diese Richtung – abgesehen von zahlreichen einzelnen Irrtümern – die Erkenntnistheorie auf eine total falsche Bahn zu führen droht und z. T. schon geführt hat."[103]

In seinen hieran anschließenden Ausführungen warf Ziehen den Logistikern vor, dass sie ideale Einheiten zu Begriffen annehmen, die jenseits der Erfahrungswelt existieren. Er rechnete sie ebenso wie

---

101 1925a *Erkenntnislehre* (*MSGA* I/1).

102 Moritz Schlick an Ernst Cassirer, 30. März 1927.

103 Ziehen, *Erkenntnistheorie*, S. 411

auch Schlick vor zum Platonismus. Ziehen bezog sich dabei jedoch auf Edmund Husserl als Hauptgegner. Dieser hatte den Psychologismus Wilhelm Wundts zuvor heftig kritisiert.[104] Wundt sah jedoch in der Debatte nur eine Erscheinung des wesentlich älteren Gegensatzes zwischen Empirismus und Rationalismus:

> „Indem auf diese Weise der sogenannte Psychologismus mit der empirischen, der Logizismus mit der rationalen Richtung der Philosophie zusammenhängt, weisen jedoch diese Beziehungen zugleich darauf hin, daß es sich hier nicht um selbständige Gegensätze handelt, sondern um Teilerscheinungen eines allgemeineren Widerstreits philosophischer Lehrmeinungen, wie er früh schon aus den eigentümlichen Unterschieden der allgemeinen Methoden wissenschaftlicher Forschung hervorgegangen ist. Versteht man unter Psychologismus diejenige Tendenz in der Philosophie der Gegenwart und der jüngsten Vergangenheit, die in der psychologischen Analyse des Inhalts der Erfahrung die wesentliche Aufgabe der Philosophie erschöpft sieht, so ist es klar, daß er nur einen Versuch darstellt, die gesamte Philosophie und damit die Wissenschaft überhaupt auf die reine Erfahrung, wie sie in den unmittelbaren Tatsachen unseres Bewußtsein enthalten ist, zurückzuführen."[105]

Wundt war nicht der Ansicht, die logischen Gesetze könnten aus der Psychologie begründet werden. Er schrieb stattdessen an den Anfang seiner Erkenntnislehre:

> „Die wissenschaftliche Logik hat Rechenschaft zu geben von denjenigen Gesetzen des Denkens, welche bei der Erforschung der Wahrheit wirksam sind. Durch diese Begriffsbestimmung erhält die Logik ihre Stellung zwischen der Psychologie, der allgemeinen Wissenschaft des Geistes, und der Gesamtheit der übrigen theoretischen Wissenschaften. Während die Psychologie uns lehrt, wie sich der Verlauf unserer Gedanken wirklich vollzieht, will die Logik feststellen, wie sich derselbe vollziehen soll, damit er zu richtigen Erkenntnissen führe. [...] Hiernach ist die Logik eine normative Wissenschaft ähnlich der Ethik."[106]

Solche und ähnliche Ausführungen finden sich auch in anderen gängigen Logikbüchern der Jahrhundertwende wie etwa bei Christoph Sigwart[107] oder in dem von Schlick häufiger verwendeten *Wörterbuch der philosophischen Begriffe*.[108] Wundt meinte jedoch, dass

---

104 Vgl. Husserl, *Philosophie als strenge Wissenschaft*.

105 Wundt, *Psychologismus und Logizismus*, § 1.

106 Wundt, *Erkenntnislehre*, S. 1.

107 Vgl. Sigwart, *Logik*, § 1.

108 Vgl. Eisler, *Wörterbuch der philosophischen Begriffe*, Stichwort „Logik".

die Entstehung und der Grund für den normativen Charakter der Logik psychologisch untersucht werden können:

„Durch die gestellte Aufgabe ist uns der Weg vorgezeichnet, den wir zu nehmen haben. Wir werden ausgehen von der psychologischen Entwicklung des Denkens, wobei wir uns zugleich von den Eigenthümlichkeiten Rechenschaft zu gaben suchen, welche die logischen Gedankenverbindungen gegenüber andern Formen der Verbindung und des Verlaufs der Vorstellungen darbieten. Nachdem wir auf diese Weise die Entstehungsweise des logischen Denkens und die nächsten Gründe seines normativen Charakters untersucht haben, werden wir die allgemeinen Denkformen, die Begriffe, Urtheile und Schlussfolgerungen, mit Rücksicht auf ihre logische Function zu zergliedern sein."[109]

Ein besonders Scharfer Kritiker der Psychologismus war Frege.

„Ob ein Mensch den Gedanken, daß $2 \times 2 = 4$ ist, für wahr hält oder für falsch, mag von der chemischen Zusammensetzung seines Gehirns abhängen, aber ob dieser gedanke wahr ist, kann nicht davon abhängen. [...]
    Die Gedanken gehören nicht, wie die Vorstellungen der einzelnen Seele an (sind nicht subjektiv), sondern sind unabhängig vom denken, stehen jedem in gleicher Weise (objektiv) gegenüber; sie werden durch Denken nicht gemacht, sondern nur erfasst. [...] Aus der nichtseelischen Natur der Gedanken folgt, daß jede psychologische Behandlung der Logik von Übel ist."[110]

„Wäre die Zahl eine Vorstellung, so wäre die Arithmetik Psychologie. Das ist sie so wenig, wie etwa die Astronomie es ist. Wie diese sich nicht mit den Vorstellungen der Planeten, sondern mit den Paneten selbst beschäftigt, so ist auch der Gegenstand der Arithmetik keine Vorstellung. Wäre die Zwei eine Vorstellung, so wäre es zunächst nur die meine. Die Vorstellung eines andern ist schon als solche eine andere. Wir hätten dann vielleicht Millionen Zweien."[111]

In seiner Hablitationsschrift widersprach Schlick dieser Kritik noch:

Der Fehler der Unabhängigkeitslehre [Schlicks Sammelbegriff für die logizistischen und platonistischen Wahrheitstheorien] beruht auf einer ungehörigen Scheidung von Vorstellung und Vorstellungsgegenstand. Bei konkreten Vorstellungen, greifbarer Objekte zum Beispiel, hat dieselbe guten Sinn, denn ich unterscheide ein Buch, das vor mir auf dem Tische liegt, von der Vorstellung des Buchs; aber

---

109 Wundt, *Erkenntnislehre*, S. 8

110 Frege, *Logik*, S. 68 f. Zu Freges Kritik siehe auch seine *Grundlagen der Arithmetik*, S. V.

111 A. a. O., § 27.

bei abstrakten Vorstellungen fallen Gegenstand und Inhalt zusammen, d. h. der Gegenstand der Vorstellung findet sich nirgends anders als in dieser selbst.[112]

1907/08 war Schlick Student bei Gustav Störring, einem Schüler Wundts, und nahm auch als Probant an Störrings Studien teil. Störring war jedoch genau wie sein Lehrer der Ansicht, dass Logik im Gegensatz zur Psychologie normativ ist.[113] In seiner Vorlesung über *Grundlagen der Erkenntnistheorie und Logik*[114] von 1911 kritisierte Schlick den mathematischen Psychologismus:

„Aber selbstverständlich wäre es ganz absurd, die Mathematik aus diesem Grunde auf psychologische Forschungen gründen zu wollen. Es hat ja eine entwickelte Mathematik von absolut exacter Gültigkeit gegeben, lange ehe irgend jemand daran dachte, wissenschaftliche Psychologie zu treiben."[115]

„Es ist für uns jetzt von besonderer Wichtigkeit, alles auszuschalten, was nicht direct zur reinen Logik gehört, denn es ist für die Erkenntnislehre durchaus notwendig, das Logische von allem Psychologischen und Erkenntnistheoretischen reinlich zu trennen."[116]

Von seiner Kritik an einer psychologischen Begründung der Logik wich Schlick nicht mehr ab. In dem erhaltenen Stück über Logik aus der Kieler Zeit merkte er Freges Kritik am Psychologismus ausdrücklich an. 1927/28 notierte er im selben Zusammenhang groß an den Rand seiner Aufzeichnungen: „Frege besser als Husserl". Noch in seiner Vorlesung von 1934/35 setzte er sich gleich am Anfang in den ersten Absätzen sehr kritisch mit Wundt auseinander.[117]

---

112 1910b *Wesen der Wahrheit*, S. 407 (*MSGA* I/4).

113 Störring, *Untersuchungen über das Bewusstsein der Gültigkeit* und *Beiträge zur Lehre vom Bewusstsein der Gültigkeit*. Siehe hierzu aber auch die Einleitungen von *MSGA* I/1 und II/1. 1.

114 Inv.-Nr. 2, A. 3a, (*MSGA* II/1. 1)

115 Inv.-Nr. 2, A. 3a, Bl. 12 (*MSGA* II/1. 1).

116 A. a. O., Bl. 38. Siehe aber auch in diesem Bd. ab S. 265.

117 Zu Schlicks Kritik am Psychologismus siehe in diesem Bd. S. 179, S. 265 und S. 352.

Das Hilbertprogramm

Neben Poincaré lobte Schlick Anfang der 1910er Jahre vor allem David Hilbert für dessen methodisches Vorgehen. In seiner 1913er Vorlesung las er sogar den Anfang von dessen *Grundlagen der Geometrie* vor.[118] Hilbert führte die Grundbegriffe der Geometrie ein, indem er Axiome aufstellte, die Beziehungen zwischen diesen Begriffen herstellten.

„I 1. Zwei voneinander verschiedene Punkte A, B bestimmen stets eine Gerade a.
II 1. Wenn A, B, C Punkte einer Geraden sind und b zwischen A und C liegt, so liegt B auch zwischen C und A.
III 1. Wenn A, B zwei Punkte auf einer geraden a und ferner A' ein Punkt auf derselben oder einer anderen geraden a' ist, so kann man auf einer gegebenen Seite der Geraden a' von A' aus *einen* und *nur einen* Punkt B' finden, so daß die Strecke AB der Strecke $A'B'$ kongruent oder gleich ist, [...]"[119]

Euklid und die antike Mathematik kannten zwar Axiome, aber die geometrischen Grundbegriffe wurden dennoch zusätzlich durch klassische Definitionen bestimmt. Hilbert war aber nicht der erste, der die Axiome verwendete, um mathematische Begriffe einzuführen. Schon Gottfried Wilhelm Leibniz hatte in einigen seiner Kalküle das Identitätszeichen so eingeführt.[120] In anderen Kalkülen gab er dagegen mit dem Ersetzbarkeitsprinzip eine klassische Definition des Identitätszeichens.[121] Dass es sich bei dieser axiomatischen Methode um eine besondere Weise des Definierens handelt, beschrieb Joseph Gergonne etwa 150 Jahre später und gab ihr dabei auch den Namen:

„Solche Sätze, die einem der Wörter, aus denen sie bestehen mittels der bekannten Bedeutung der anderen ein Verständnis geben, könnten implizite Definitionen

---

118 In diesem Bd. S. 158
119 Es handelt sich hier um eine Auswahl von Axiomen aus Hilberts *Grundlagen der Geometrie*, siehe dort § 1–5
120 Leibniz, LH IV, 7 c.
121 A. a. O., LH IV, 7 b, Defin. 1.

genannt werden, im Gegensatz zu den gewöhnlichen Definitionen, die man explizite nennt."[122]

Eine Besonderheit impliziter Definitionen ist, dass sie häufig unterbestimmt sind. Meist treffen sie auf mehr Gegenstände zu, als beim Definieren intendiert waren. Schlick hat das bereits 1910 deutlich gesehen:[123]

„Wenn in einem Lehrbuch der Geometrie die Grundbegriffe des Punktes, der Geraden und der Ebene durch Postulate definiert werden, so weiss man dadurch von diesen Begriffen nur, in welchen Beziehung sie zueinander stehen, [...] es wäre tatsächlich denkbar, dass z. B. unter den Begriff des Punktes, wie er durch die implicite Definition definiert ist, etwa Taschenuhren oder Dampfschiffe fielen, sofern nur [...] Beziehungen bestehen, wie sie in dem Axiomensystem niedergelegt sind. Wenn nun auch nicht gerade Taschenuhren und Dampfschiffe, so gibt es doch tatsächlich eine Menge anschauliche Gebilde, die nicht Punkte, Geraden und Ebenen im gewöhnlichen, anschaulichen Sinne sind, von denen aber nichtsdestoweniger die Axiome der gewöhnlichen Geometrie sämtlich gelten, die also unter den Begriff der Punkte, Geraden und Ebenen fallen, wie er durch die impliciten Definition bestimmt wird. Es macht dem Mathematiker keine Schwierigkeit, Gebilde aufzufinden, die in denselben Beziehungen zueinander stehen wie die Punkte, Geraden und Ebenen der gewöhnlichen Anschauung. Beispiel: Kugelgebüsch."[124]

Ein Kugelgebüsch ist eine Menge von Kugeln, die sich einen Punkt auf ihren Oberflächen teilen. Dieser Punkt spielt keine weitere Rolle und wird ausgeschlossen. Die Oberflächen dieser Kugeln erfüllen nun alle Axiome, die in der Euklidischen Geometrie für Ebenen gelten und die Schnittkreise der Kugeln verhalten sich wie Geraden. Selbst das Parallelenaxiom gilt.[125] Anschaulich, so war Schlicks Argument, tun sie das aber nicht, da die Schnittkreise nicht gerade und Kugeloberflächen nicht eben sind.[126]

---

122 Gergonne, *Essai sur la theorie des définitions*, S. 23.

123 In 1918/1925 a *Erkenntnislehre* führt er es ebenfalls aus (*MSGA* I/1, S. 574 und S. 727).

124 *Grundzüge der Erkenntnislehre und Logik*, Inv.-Nr. 2, A. 3a, Bl. 67 (*MSGA* II/1. 1).

125 Vgl. Weber/Wellstein, *Encyklopädie der Elementar-Mathematik*, § 8.

126 In diesem Bd. S. 159.

Schlick sah in der Unterbestimmtheit impliziter Definitionen jedoch kein Problem und fand sich darin bestätigt, dass die Anschauung Kants und damit synthetische Urteile keine Rolle spielen und es allein auf die durch die Axiome hergestellten Beziehungen zwischen den Begriffen ankommt.[127] 1918 in der *Erkenntnislehre* fand er eine griffige Formulierung:

„So kommen wir zu dem Resultat, daß die Geometrie nicht nur als reine Begriffswissenschaft, sondern auch als Wissenschaft vom Raume, nicht ausgeht von synthetischen Sätzen a priori, sondern von Konventionen [...], also von impliziten Definitionen."[128]

Diese Formulierung ist die Verdichtung einer Auffassung, die Schlick bereits bei Poincaré fand und fast wortwörtlich auch in die hier abgedruckte 1913er Vorlesung aufnahm:[129]

„Die geometrischen Axiome sind also weder synthetische Urteile a priori noch experimentelle Tatsachen. Es sind auf Übereinkommen beruhende Festsetzungen; [...] Mit anderen Worten: die geometrischen Axiome ([...]) sind nur verkleidete Definitionen. Was soll man dann aber von der Frage denken: Ist die Euklidische Geometrie richtig? Die Frage hat keinen Sinn. Ebenso könnte man fragen, ob das metrische System richtig ist und die älteren Maß-Systeme falsch sind, ob die Cartesiusschen Koordinaten richtig sind und die Polar-Koordinaten falsch. Eine Geometrie kann nicht richtiger sein wie eine andere; sie kann nur bequemer sein."[130]

Damit eine Gruppe Axiome überhaupt etwas definieren kann, ist aber erforderlich, dass diese widerspruchsfrei ist. Denn andernfalls würde alles Beliebige aus den Axiomen folgen. Hilbert konnte für seine geometrischen Axiome die Widerspruchsfreiheit nachweisen. Er konnte auch zeigen, dass das bereits besprochene Parallelenaxiom unabhängig von den übrigen Axiomen ist. Dasselbe gelang ihm für das Archimedische Axiom.[131] Dies besagt, jede endliche Strecke

---

127 In diesem Bd. ab S. 159.

128 1918a *Erkenntnislehre*, S. 302 (*MSGA* I/1, S. 737 f.).

129 In diesem Bd. S. 143.

130 Poincaré, *Wissenschaft und Methode*, S. 52 f.

131 Hilbert, *Grundlagen der Geometrie*, § 9–12.

durch jede ihrer Teilstrecken übertroffen werden könne, wenn man diese nur oft genug verlängerte. [132]

Damit war für diese Axiome gezeigt, dass weder sie noch ihre Verneinungen mit dem Rest der Geometrie in Widerspruch oder einer Folgerungsbeziehung stehen. Wenn sie aber nicht notwendig gelten, konnten sie für Kants Begriffe auch nicht analytisch sein. Poincaré hat sie auch nicht so genannt. Er begnügte sich damit, dass Axiome Festsetzungen und damit verkleidete Definitionen sind. [133] Schlick sagte in seiner Vorlesung von 1913 und auch in der *Erkenntnislehre*, die Geometrie wäre analytisch, weil ihre Gesetze streng logisch aus den Axiomen abgeleitet werden können. [134]

Doch auch der Satz „Sokrates ist sterblich" lässt sich aus den Annahmen „Sokrates ist ein Mensch" und „Alle Menschen sind sterblich" streng logisch ableiten. Er ist aber weder analytisch noch gilt er notwendig oder absolut. Ein Satz, der Axiomen seine Wahrheit verdankt, ist nur dann analytisch, wenn es die Axiome ebenfalls sind. Demnach sollten mathematische Axiome analytisch sein. Doch weder das Archimedische noch das Parallelenaxiom noch Hilberts übrigen Axiome erfüllen die Kantischen Kriterien für analytische Urteile.

Schlick äußerte sich in den erhaltenen Schriften zu diesem Problem nicht. Nur für die Axiome der Arithmetik merkte er 1913 an, dass sie analytisch sind, weil sie Festsetzungen sind. [135] Damit ging er über Kant, aber auch über den Logizismus hinaus. Denn in Kants Einteilung der Urteile war nicht vorgesehen, dass ein Satz allein dadurch, dass er festgesetzt wird, analytisch ist und auch der Logizismus hielt nicht beliebige Sätze durch ihre Festsetzung als Axiome für analytisch.

---

132 Das Archimedische Axiom wird in den *Elementen* des Euklid für Exhaustationsbeweise in X, L 1 und XII, L 2 verwendet, dort aber nicht ausformuliert. Es gilt in der klassischen Geometrie nicht nur für Linien, sondern beliebige endliche Größen. Archimedes verwendete es in seiner Schrift *Über Kugel und Zylinder* (*Opera Omnia*, Bd. I, S. 9).

133 Poincaré, *Wissenschaft und Methode*, S. 52 f.

134 In diesem Bd. S. 126 sowie 1918 a/1925 *Erkenntnislehre* (*MSGA* I/1, S. 738).

135 In diesem Bd. ab S. 175.

Egal welchen Status die Axiome haben, ihre Widerspruchsfreiheit muss erwiesen sein, da sonst nach dem ex falso quodlibet beliebige Sätze aus ihnen folgen würden. Hilbert bewies die Widerspruchsfreiheit der Geometrie, indem er ein arithmetisches Modell angab, das alle Axiome erfüllte. Dadurch setzte er die Widerspruchsfreiheit der Arithmetik voraus. Dieser Beweis stand damals jedoch noch aus. Er hielt 1900 auf dem internationalen Mathematikerkongress in Paris seinen berühmten Vortrag über „Mathematische Probleme". Die Kontinuumshypothese, die Cantor nicht lösen konnte, stellte er darin an den Anfang der Liste. Der zweite Posten war der noch ausstehende Widerspruchsfreiheitsbeweis für die Arithmetik:

„Wenn es sich darum handelt, die Grundlagen einer Wissenschaft zu untersuchen, so hat man ein System von Axiomen aufzustellen, welche eine genaue und vollständige Beschreibung derjenigen Beziehungen enthalten, die zwischen den elementaren Begriffen jener Wissenschaft stattfinden. Die aufgestellten Axiome sind zugleich die Definitionen jener elementaren Begriffe und jede Aussage innerhalb des Bereiches der Wissenschaft, deren Grundlagen wir prüfen, gilt uns nur dann als richtig, falls sie sich mittelst einer endlichen Anzahl logischer Schlüsse aus den aufgestellten Axiomen ableiten läßt. Bei näherer Betrachtung entsteht die Frage, ob etwa gewisse Aussagen einzelner Axiome sich untereinander bedingen und ob nicht somit die Axiome noch gemeinsame Bestandteile enthalten, die man beseitigen muß, wenn man zu einem System von Axiomen gelangen will, die völlig von einander unabhängig sind.

Vor allem aber möchte ich unter den zahlreichen Fragen, welche hinsichtlich der Axiome gestellt werden können, dies als das wichtigste Problem bezeichnen, zu beweisen, daß dieselben untereinander widerspruchslos sind, d.h. daß man auf Grund derselben mittelst einer endlichen Anzahl von logischen Schlüssen niemals zu Resultaten gelangen kann, die miteinander in Widerspruch stehen.

In der Geometrie gelingt der Nachweis der Widerspruchslosigkeit der Axiome dadurch, daß man einen geeigneten Bereich von Zahlen construirt, derart, daß den geometrischen Axiomen analoge Beziehungen zwischen den Zahlen dieses Bereiches entsprechen und daß demnach jeder Widerspruch in den Folgerungen aus den geometrischen Axiomen auch in der Arithmetik jenes Zahlenbereiches erkennbar sein müßte. Auf diese Weise wird also der gewünschte Nachweis für die Widerspruchslogigkeit der geometrischen Axiome auf den Satz von der Widerspruchslosigkeit der arithmetischen Axiome zurückgeführt.

Zum Nachweise für die Widerspruchslosigkeit der arithmetischen Axiome bedarf es dagegen eines direkten Weges."[136]

136 Hilbert, *Mathematische Probleme*, S. 264 f.

Dieses und auch die übrigen Probleme der Mathematik sollten nach Hilbert mit endlichen Mitteln lösbar sein.

„Wir erörtern noch kurz, welche berechtigten allgemeinen Forderungen an die Lösung eines mathematischen Problems zu stellen sind: ich meine vor Allem die, daß es gelingt, die Richtigkeit der Antwort durch eine endliche Anzahl von Schlüssen darzuthun und zwar auf Grund einer endlichen Anzahl von Voraussetzungen, welche in der Problemstellung liegen und die jedesmal genau zu formuliren sind. Diese Forderung der logischen Deduktion mittelst einer endlichen Anzahl von Schlüssen ist nichts anderes als die Forderung der Strenge in der Beweisführung. In der That die Forderung der Strenge, die in der Mathematik bekanntlich von sprichwörtlicher Bedeutung geworden ist, entspricht einem allgemeinen philosophischen Bedürfnis unseres Verstandes und andererseits kommt durch ihre Erfüllung allein erst der gedankliche Inhalt und die Fruchtbarkeit des Problems zur vollen Geltung. Ein neues Problem, zumal, wenn es aus der äußeren Erscheinungswelt stammt, ist wie ein junges Reis, welches nur gedeiht und Früchte trägt, wenn es auf den alten Stamm, den sicheren Besitzstand unseres mathematischen Wissens, sorgfältig und nach den strengen Kunstregeln des Gärtners aufgepfropft wird." [137]

„Diese Überzeugung von der Lösbarkeit eines jeden mathematischen Problems ist uns ein kräftiger Ansporn während der Arbeit; wir hören in uns den steten Zuruf: Da ist das Problem, suche die Lösung. Du kannst sie durch reines Denken finden; denn in der Mathematik giebt es kein Ignorabimus!" [138]

Axiomatisierungsversuche der Arithmetik mit endlichen Mitteln gab es 1900 bereits. Freges *Grundgesetze* [139] waren einer davon, führten aber zu den bereits erläuterten Widersprüchen. Richard Dedekind und Guiseppe Peano hatten ebenfalls Versuche unternommen. [140] Sie definierten die natürlichen Zahlen, indem sie zunächst festlegten, dass die Eins eine ist. Weiter setzten sie durch Axiome fest, dass jede Zahl einen Nachfolger hat, der selbst eine Zahl ist. Dieses rekursive Vorgehen führte zur Zwei, zur Drei, deren Nachfolger usw. Die Axiome sorgten auch für Symmetrie, Reflexivität und Transitivität des Gleichheitszeichens. Peano ergänzte seine Axiome zunächst noch um eine klassische Definition, die aber nur die Notation der Zahlen

---

137 A. a. O., S. 257.

138 A. a. O., S. 262.

139 Frege, *Grundgesetze der Arithmetik*.

140 Dedekind, *Was sind und was sollen die Zahlen?* sowie Peano, *Arithmetices principia, nova methodo exposita*.

mit arabischen Zeichen regelte und zur Sache selbst nichts beitrug. Eines dieser Axiome war das Prinzip der vollständigen Induktion. Poincaré beschrieb deren Grundgedanken wie folgt:

„Wenn eine Eigenschaft für die Zahl 1 richtig ist, und wenn man feststellt, daß sie auch für $n + 1$ richtig ist, vorausgesetzt, daß sie es für n ist, so wird sie auch richtig für alle ganzen Zahlen sein." [141]

Er hielt dieses Prinzip im Gegensatz zu Hilbert nicht für ein logisches Gesetz und argumentierte: [142] Angenommen, ein Beweis über eine Reihe von Zahlen wäre mit der vollständigen Induktion geführt. Es ist also für die erste dieser Zahlen gezeigt, dass sie die nachzuweisende Eigenschaft besitzt. Die Folgezahl, egal welche es ist, bekommt die Nummer 2, die nächste die Nummer 3 usw. Da der Beweis wie gesagt bereits geführt ist, ist ebenfalls gezeigt, dass wenn ein Glied der Reihe mit der Nummer n diese Eigenschaft hat, auch beim nächsten Glied mit der Nummer $n + 1$ diese Eigenschaft vorliegt. Nun lässt sich weiter schließen, dass auch der nächste Fall $n + 1 + 1$ dieselbe Eigenschaft hat usw. Die Induktion läuft also über alle Zahlen der Reihe, die sich durch fortschreitendes Nummerieren beginnend von der Nummer 1 aus erreichen lassen.

Nun kann man von jedem beliebigen Induktionsschritt auch rückwärts und schließlich wieder zu der ersten Zahl der Reihe gelangen. Man ginge dann vom Fall mit der Nummer n zurück zu $n - 1$ usw. Das wäre aber nicht möglich, wenn es einen Induktionsschritt in der Reihe gäbe, für dessen Nummer n gelte, dass $n = n - 1$. In diesem Fall bliebe man bei n stehen und gelangte nicht mehr zu Fall 1 zurück. So eine Zahl $n = n - 1$ gäbe es aber gerade dann, wenn n unendliche Werte annehmen würde. Die vollständige Induktion setzt nach Poincaré voraus, dass Nummern wie $n = n - 1$ in der Reihe nicht auftreten, denn sie wären durch die Induktion nicht erreichbar. Der Beweis wäre dann gerade nicht über alle Zahlen der Reihe geführt, weil die so nummerierten Fälle unberücksichtigt geblieben

---

141 Poincaré, *Wissenschaft und Methode*, S. 135.

142 Das Argument ist bei Poincaré etwas im Text verteilt und sehr knapp formuliert, vgl. *Wissenschaft und Methode*, S. 147 f. und S. 157 f. Siehe auch Schlicks Ausführungen von 1913, in diesem Bd. ab S. 216.

wären. Damit die vollständige Induktion alle Fälle einer Reihe erreichen kann, müssen die Nummern, mit denen ihre Glieder nummeriert
werden, und die Reihe selbst äquivalent, also gleich mächtig, sein.
Das ist nach Poincaré eine weitere Voraussetzung:

> „Beide Definitionen [die der Zahlenreihe und die der Nummern der Induktions-
> schritte] sind nicht identisch; zweifellos sind sie einander äquivalent, aber nur
> infolge eines synthetischen Urteils a priori; von der einen zur anderen kann man
> nicht durch rein logische Prozesse übergehen."[143]

Louis Couturat versuchte den Beweis für den Fall zu führen, dass
die Zahlenreihe den natürlichen Zahlen entspricht.[144] Hilbert selbst
postulierte 1899 die Vollständigkeit der Zahlenreihe durch die arithmetischen Axiome und damit die Äquivalenz beider.[145] Schlick kritisierte Poincaré 1913 mit dem Argument, dass vollständige Induktion
nichts weiter als fortgesetztes Schließen sei.[146] Schlick und Hilbert
hatten einen Briefwechsel hierzu, von dem uns leider nur eine Antwort Hilberts von 1914 erhalten ist:

> „Das intellektuelle Unbehagen, dass Sie [Schlick] empfunden haben, ist sehr
> berechtigt. Über die vollst[ändige] Indukt[ion] habe ich, wie Sie mit recht be-
> merkten, eine ganz andere Auffassung als P[oincaré] [...] Meine von P[oincaré]
> kritisierte Abh[andlung] stellt jedoch nur einen vorläufigen versuch meinerseits
> dar und ich glaube nicht im Entferntesten, den ganzen Berg der schwierigen
> Probleme, die da liegen, gelöst zu haben – insofern hat P[oincaré] ganz Recht."[147]

1923 räumte auch Hilbert ein, dass ein rein logischer Übergang in
das Unendliche problematisch ist.[148] Kurt Gödel konnte 1930 zeigen,
dass der Beweis für die Widerspruchsfreiheit der Arithmetik mit den
Mitteln ihrer Axiome nicht geführt werden kann.[149] Hilberts dama-
ligem Assistenten Gerhard Gentzen gelang 1936 ein Beweis in einer

143 Ebd.
144 Vgl. Couturat, *De l'infini mathématique* und in diesem Bd. S. 188.
145 Hilbert, *Über den Zahlbegriff*, Axiom IV, 2.
146 In diesem Bd. S. 215.
147 David Hilbert an Moritz Schlick, 31. Januar 1914.
148 Hilbert, *Logische Grundlagen der Mathematik*, S. 154 f.
149 Gödel, *Über formal unentscheidbare Sätze der Principia Mathematica und verwandter Systeme.*

reicheren Metatheorie.[150] Darin setzte er eine besonders starke Form der vollständigen Induktion ein, die es erlaubte, bis zu unendlichen Ordinalzahlen zu induzieren. Das sind gerade solche Zahlen, für die gilt, dass $n = n - 1$. Ob das Hilbertprogramm in den 1930er Jahren durch Gödels Arbeit gescheitert war und Gentzen die Mittel, die das Programm vorgab, überstrapazierte, hing davon ab, was man unter einem Beweis mit endlichen Mitteln verstand. Schlick ging auf diese Frage in den hier abgedruckten Schriften nicht ein.

Eine weitere, für das zwanzigste Jahrhundert folgenreiche Axiomatisierung legte Ernst Zermelo 1908 für die Mengenlehre vor. Statt wie Cantor zu definieren, was eine Menge ist,[151] regelte Zermelo durch Axiome die Eigenschaften der Elementbeziehung und definierte so die Bedeutung von „∈" und nicht von „Menge". Das Ziel seiner Arbeit beschrieb er so:

> „Die Mengenlehre ist derjenige Zweig der Mathematik, dem die Aufgabe zufällt, die Grundbegriffe der Zahl, der Anordnung und der Funktion in ihrer ursprünglichen Einfachheit mathematisch zu untersuchen und damit die logischen Grundlagen der gesamten Arithmetik und Analysis zu entwickeln; sie bildet somit einen unentbehrlichen Bestandteil der mathematischen Wissenschaft. Nun scheint aber gegenwärtig gerade diese Diziplin in ihrer ganzen Existenz bedroht durch gewisse Widersprüche oder ‚Antinomien', die sich aus ihren scheinbar denknotwendig gegebenen Prinzipien herleiten lassen. [...]
> In der hier vorliegenden Arbeit gedenke ich nun zu zeigen, wie sich die gesamte von G. Cantor und R. Dedekind geschaffene Theorie auf einige wenige Definitionen und auf sieben anscheinend voneinander unabhängige ‚Prinzipien' oder ‚Axiome' zurückführen läßt. Die weitere, mehr philosophische Frage nach dem Ursprung und dem Gültigkeitsbereiche dieser prinzipien soll hier noch unerörtert bleiben. Selbst die gewiß sehr wesentliche ‚Widerspruchslosigkeit' meiner Axiome habe ich noch nicht streng beweisen können, sondern mich auf den gelegentlichen Hinweis beschränken müssen, daß die bisher bekannten ‚Antinomien' sämtlich verschwinden, wenn man die hier vorgeschlagenen Prinzipien zugrunde legt."[152]

Die Zermelo'sche Mengenlehre mit leichten Modifikationen ist heute noch der Standard. 1908 war sie ein Angriff auf Poincarés Behauptung, die Annahme aktual unendlicher Mengen führe zu den bei

---

150 Gentzen, *Die Widerspruchsfreiheit der reinen Zahlentheorie*.

151 In dieser Einleitung S. 27.

152 Zermelo, *Untersuchungen über die Grundlagen der Mengenlehre*, S. 261 f.

Cantor und Frege aufgetretenen Antinomien. Zermelo versuchte die Antinomien dadurch auszuschalten, dass er die zuvor ungeregelte Komprehension einschränkte. Er erlaubte nicht, Mengen nach beliebigen Aussagen oder Gesetzen zu bilden, sondern es musste eine mengentheoretische Aussage sein. Zudem konnte durch diese Aussage nur eine Menge aus einer anderen ausgesondert und nicht aus dem Nichts erschaffen werden.

„Axiom III. Ist die Klassenaussage $\mathfrak{S}(x)$ definit für alle Elemente einer Menge M, so besitzt M immer eine Untermenge $M_{\mathfrak{S}}$, welche alle diejenigen Elemente x von M, für welche $\mathfrak{S}(x)$ wahr ist, und nur solche als Elemente enthält." [153]

Mit Zermelos Mitteln konnte man also nicht wie noch bei Frege oder Cantor die Menge aller dreielementigen Mengen bilden, sondern nur noch die Menge aller dreielementigen Teilmengen einer bereits gegebenen Menge M. Um abzusichern, dass er genügend Mengen zur Verfügung hatte, legte Zermelo in einem weiteren Axiom fest, dass es eine leere Menge gibt. [154] Im sogenannten Unendlichkeitsaxiom erlaubte er mit dieser Menge als Grundbaustein mindestens eine unendlich große Menge zu bilden.

„Axiom VII. Der Bereich [all dessen, wovon die Mengenlehre handelt] enthält mindestens eine Menge Z, welche die Nullmenge als Element enthält und so eschaffen ist, daß jedem ihrer Elemente a ein weiteres Element der Form $\{a\}$ entspricht, oder welche mit jedem ihrer Elemente a auch die entsprechende Menge $\{a\}$ als Element enthält." [155]

Zermelos Potenzmengenaxiom erlaubte zudem die Bildung der Menge aller Teilmengen zu jeder beliebigen Menge. [156] Nun hatte Cantor bereits gezeigt, dass keine Menge so mächtig wie ihre Potenzmenge ist. Demnach muss die unendliche Menge weniger Elemente als ihre Potenzmenge haben, die demnach überabzählbar unendlich groß ist. Zermelo konnte also Cantors Theorie der abzählbar und überabzählbar unendlichen Mengen auch mit seiner abgeschwächten Axiomatik bewahren.

---

153 Ebd.
154 Ebd. Axiom II.
155 Ebd.
156 Ebd. Axiom IV.

Bis heute ist es nicht gelungen, Widersprüche oder gar Antinomien aus Zermelos Axiomen abzuleiten. Um Poincarés Behauptung
endgültig zu widerlegen war jedoch ein Beweis nötig, der zeigte,
dass Zermelos Axiomatisierung keine Widersprüche implizierte. Der
Beweis gelang ihm 1930, jedoch nur für ein Axiomensystem, dem
ausgerechnet das Unendlichkeitsaxiom fehlte.[157] Poincaré war also
noch nicht widerlegt. Mit diesem Axiom wäre der Beweis auch nicht
möglich gewesen, wie Kurt Gödel fast zeitgleich mit seinem zweiten
Unvollständigkeitssatz zeigte.[158] Nach diesem Satz ist Zermelos System mit allen Axiomen entweder inkonsistent oder die Konsistenz ist
mit den Mitteln des Systems selbst nicht beweisbar.

Schlick ging auf Zermelos Arbeiten nicht ein. Das ist durchaus
bemerkenswert, da Zermelo gerade die von Schlick gelobte axiomatische Methode verwendete, um die Kritik Poincarés zu erwidern, die
auch Schlick sich zu eigen gemacht hatte. Es ist zudem wahrscheinlich, dass Schlick Zermelo wenigstens flüchtig kannte. Er war bis
1897 Assistent bei Schlicks Doktorvater Max Planck in Berlin und
ging dann zu Hilbert nach Göttingen. Schlick hielt sich dort ebenfalls
von 1904 bis 1905 auf.[159] Der Grund dafür, dass Zermelo zumindest in der 1913 konzipierten Vorlesung unerwähnt blieb, war wohl,
dass Schlick die Ausführungen über die Grundlegung der Mengenlehre fast vollständig einem kleinen Band von Aurel Voss entnahm.[160]
Dieser erschien zeitgleich mit Zermelos Arbeit und konnte sie so aus
redaktionellen Gründen nicht berücksichtigen.

Der Intuitionismus

Es ist ebenfalls erstaunlich, dass Schlick sich, verglichen mit allen
anderen Positionen, kaum mit den schärfsten Kritikern am Hilbertprogramm auseinandersetzte. Er erwähnte den Intuitionismus nur
an sehr wenigen Stellen. Der Haupt- und zunächst auch alleinige

---

157 Zermelo, *Über Grenzzahlen und Mengenbereiche.*

158 Gödel, *Über formal unentscheidbare Sätze der Principia Mathematica und
verwandter Systeme.*

159 Siehe die Zeittafel in Iven, *Moritz Schlick – Die frühen Jahre.*

160 Voss, *Über das Wesen der Mathematik.*

Vertreter dieser Richtung war Luitzen Brouwer. Das Verhältnis zwischen Brouwer und Hilbert war auch persönlich überaus schwierig und durch die antideutsche Stimmung in Europa nach dem Ersten Weltkrieg – von der Brouwer selbst ganz frei war – war es noch verwickelter.

Brouwer promovierte bereits mit einer Arbeit über die Grundlagen der Mathematik. Darin versuchte er zu beweisen, was Poincaré bereits beim Prinzip der vollständigen Induktion anklingen ließ. Er hielt die Logik nicht für unabhängig von der Mathematik.[161] Er lobte die anschauliche Konstruktionsgeometrie, wie sie in den *Elementen* des Euklid vorkam und kritisierte die axiomatische Methode Hilberts.[162] Weiterhin lehnte er die unendlichen Kardinalzahlen Cantors ab.[163] In dieser Hinsicht stimmte er also mit Poincaré und Kronecker überein. 1918 verdichtete er seine Kritik zu zwei Thesen:

„Seit 1907 habe ich in mehreren mengentheoretischen und philosophischen Schriften die beiden folgenden Thesen verteidigt:

1. daß das Komprehensionsaxiom, auf Grund dessen alle Dinge, welche eine bestimmte Eigenschaft besitzen, zu einer Menge vereinigt werden (auch in der ihm später von Zermelo gegebenen beschränkteren Form) zur Begründung der Mengenlehre unzulässig bzw. unbrauchbar sei und der Mathematik notwendig eine konstruktive Mengendefinition zugrunde gelegt werden müsse;

2. daß das von Hilbert 1900 formulierte Axiom von der Lösbarkeit jedes Problems mit dem logischen Satz vom ausgeschlossenen Dritten äquivalent sei, mithin, weil für das genannte Axiom kein zureichender Grund vorliege und die Logik auf der Mathematik beruhe und nicht umgekehrt, der logische Satz vom ausgeschlossenen Dritten ein unerlaubtes mathematisches Beweismittel sei [...]“[164]

Stattdessen gab Brouwer eine Konstruktionsvorschrift an, nach der Mengen durch einen Vorgang gebildet werden können. Er brach damit völlig mit Cantor und Bolzano, bei denen Mengen qua Definition existieren und zeitlos und unveränderlich sind. Brouwer ging in seiner Definition von den Ziffern aus und betrachtete Mengen

---

161 Brouwer, *Over de grondslagen der wiskunde*, S. 125–132.

162 A. a. O., S. 137.

163 A. a. O., S. 144 ff.

164 Brouwer, *Intuitionistische Mengenlehre*, S. 203 f.

als ein Gesetz, das den Ziffern Zeichen zuordnet. So konnte Brouwer gewährleisten, dass keine Menge mächtiger ist, als Ziffern darstellbar sind.[165] Damit setzte er auch Poincarés Überlegungen zur vollständigen Induktion um.

Hiervon ausgehend konstruierte Brouwer ein Argument gegen den Satz vom ausgeschlossenen Dritten (terium non datur), das auf der Ziffernfolge bei den Dezimalstellen von π beruhte.[166] Nach Brouwer gilt dieser Satz nur im endlichen Bereich:

„Meiner Überzeugung nach sind das Lösbarkeitsaxiom und der Satz vom ausgeschlossenen Dritten beide falsch und ist der Glaube an sie historisch dadurch verursacht worden, daß man zunächst aus der Mathematik der Teilmengen einer bestimmen endlichen Menge die klassische Logik abstrahiert, sodann dieser Logik eine von der Mathematik unabhängige Existenz a priori zugeschrieben und sie schließlich auf Grund dieser vermeintlichen Apriorität unberechtigterweise auf die Mathematik der unendlichen Mengen angewandt hat."[167]

Auch Schlick hatte in seiner 1913er Vorlesung das aktual Unendliche kritisiert, erwähnte aber weder Brouwer noch den Intuitionismus. Erst im mündlichen Vortrag von 1924/25 zu der ursprünglich 1913 konzipierten Vorlesung ging er sehr knapp darauf ein.[168] In den um 1921 in Kiel entstandenen Notizen zur Logik findet sich zum Intuitionismus nicht mehr als die Feststellung, dass er den Satz vom ausgeschlossenen Dritten ablehnte.[169] Dasselbe gilt für die etwas später entstandenen Aufzeichnungen zur Wahrscheinlichkeitslogik.[170]

1921 schrieb Hermann Weyl, ursprünglich ein Schüler Hilberts, einen Aufsatz „Über die neue Grundlagenkrise in der Mathematik". Darin fasste er die Kritik Brouwers zusammen und spitzte sie polemisch zu:

„In der Tat: jede ernste und ehrliche Besinnung muß zu der Einsicht führen, daß jene Unzuträglichkeiten in den Grenzbezirken der Mathematik als Sympto-

---

165 A. a. O., S. 214 f.

166 Ebd. und *Über die Bedeutung des Satzes vom ausgeschlossenen Dritten in der Mathematik*, § 2.

167 Brouwer, *Intuitionistische Mengenlehre*, S. 204, Anm.

168 In diesem Bd. S. 177.

169 In diesem Bd. S. 238.

170 In diesem Bd. S. 251.

me gewertet werden müssen; in ihnen kommt an den Tag, was der äußerlich glänzende und reibungslose Betrieb im Zentrum verbirgt: die innere Haltlosigkeit der Grundlagen, auf denen der Aufbau des Reiches ruht."[171]

Besonders scharf kritisierte er die Komprehension, also den Übergang von einem Begriff zu seinen Umfang:

„Durch den Sinn eines klar und eindeutig festgelegten Gegenstandsbegriffs mag wohl stets den Gegenständen, welche des im Begriffe ausgesprochenen Wesens sind, ihre Existenzsphäre angewiesen sein; aber es ist darum keineswegs ausgemacht, daß der Begriff ein umfangsdefiniter ist, daß es einen Sinn hat, von den unter ihn fallenden existierenden Gegenständen als einem an sich bestimmten und begrenzten, ideal geschlossenen Inbegriff zu sprechen. Dies schon darum nicht, weil hier die ganz neue Idee des Existierens, des Daseins, hinzutritt, während der Begriff nur von einem Wesen, einem So-sein handelt. Zu dieser Voraussetzung scheint allein das Beispiel des wirklichen Dinges im Sinne der realen Außenwelt, welche als eine an sich seiende und an sich ihrer Beschaffenheit nach bestimmte geglaubt wird, verführt zu haben."[172]

Hilbert reagierte auf die Kritik heftig:

„Weyl und Brouwer verfehmen die allgemeinen Begriffe der Irrationalzahl, der Funktion, ja schon der zahlentheoretischen Funktion, die Cantorschen Zahlen höherer Zahlklassen usw.; der Satz, daß es unter unendlich vielen ganzen Zahlen eine kleinste gibt, und sogar das logische ,Tertium non datur' [...] nein: Brouwer ist nicht, wie Weyl meint, die Revolution, sondern nur die Wiederholung eines Putschversuches mit alten Mitteln [...]

Das Ziel, die Mathematik sicher zu begründen, ist auch das meinige; ich möchte der Mathematik den alten Ruf unanfechtbarer Wahrheit, der ihr durch die Paradoxien der Mengenlehre verloren zu gehen scheint, wiederherstellen. Aber ich glaube, daß dies bei voller Bewahrung des Besitzstandes möglich ist. Die Methode, die ich dazu einschlage ist die axiomatische, ihr Wesen ist dieses."[173]

Bei den um Hilbert versammelten Mathematikern setzte eine hektische Publikationstätigkeit ein. Zum Beispiel promovierte Wilhelm Ackermann 1924 bei Hilbert mit einem Beweis für die Widerspruchsfreiheit des Satzes vom ausgeschlossenen Dritten.[174] Der Streit verebbte jedoch in den 1930er Jahren mit Gödels bereits erwähnten

---

171 Weyl, *Über die neue Grundlagenkrise in der Mathematik*, S. 39.

172 Ebd., S. 42.

173 Hilbert, *Neubegründung der Mathematik*, S. 160.

174 Ackermann, *Begründung des „tertium non datur" mittels der Hilbertschen Theorie der Widerspruchsfreiheit.*

Unvollständigkeitssätzen und dem metatheoretischen Beweis Gentzens für die Widerspruchfreiheit der Arithmetik. Schlick war indessen schon 1927 der Meinung, Ludwig Wittgenstein hätte die Grundlagenkrise bereits durch seinen bereits 1918 vollendeten *Tractatus logico-philosophicus* überwunden.

Der Tractatus logico-philosophicus

Schlick hatte seine Skepsis gegenüber der modernen Logik bereits in Kiel aufgegeben.[175] Nach seinen Wechsel nach Wien konnte er diese Entwicklung zusammen mit neuen Kollegen fortsetzen. Der Mathematiker Hans Hahn hatte sich besonders für Schlicks Berufung nach Wien eingesetzt.[176] 1924 richtete Schlick dort auf Wunsch mehrerer Studenten Diskussionsabende ein. Dazu kamen neben Hahn der Mathematiker Kurt Reidemeister und später Karl Menger. Hahn hatte aber schon seit 1907 zusammen mit Otto Neurath und Philipp Frank und zweitweise auch Richard von Mises einen regelmäßigen Diskussionszirkel im Caféhaus gepflegt.[177] Diese Gruppe wurde ebenfalls vom Schlickzirkel absorbiert. Schlicks Zirkel begann 1924 mit der Lektüre und Diskussion von Wittgensteins *Tractatus logico-philosophicus*.[178] In diesem Zusammenhang ergab sich auch ein erster Kontakt zwischen beiden:

„[...] als Bewunderer Ihres tractatus logico-philosophicus hatte ich schon lange die Absicht, mit Ihnen in Verbindung zu treten. [...] Im Philosophischen Institut pflege ich jedes Wintersemester regelmäßig Zusammenkünfte von Kollegen und begabten Studenten abzuhalten, die sich für die Grundlagen der Logik und Mathematik interessieren, und in diesem Kreise ist Ihr Name oft erwähnt worden, besonders seit mein Kollege der Mathematiker Prof. Reidemeister über Ihre Arbeit einen referierenden Vortrag hielt, der auf uns alle großen Eindruck machte. Es existiert hier also eine Reihe von Leuten – ich selbst rechne mich dazu –, die von der Wichtigkeit und Richtigkeit Ihrer Grundgedanken überzeugt sind, und

---

175 Siehe dazu in diesem Bd. ab S. 225.

176 Zu den Umständen der Berufung siehe Stadler, *Studien zum Wiener Kreis*, S. 568 f.

177 Vgl. Stadler, *Studien zum Wiener Kreis*, S. 693, zur Frühphase des Wiener Kreises a. a. O., S. 168–225.

178 A. a. O., S. 225–233.

wir haben den lebhaften Wunsch, an der Verbreitung Ihrer Ansichten mitzuwirken."[179]

Wittgenstein lehnte die Anfrage ab und meinte, das Buch müsse schon für sich selbst sorgen. Er ging in seinem *Tractatus* davon aus, die von Frege und Russell ursprünglich für die Begründung der Mathematik geschaffene Logik wäre das adäquate Beschreibungsmittel der Welt. Er legte dabei Freges Unterscheidung von Sinn und Bedeutung zu Grunde. Frege fasste Sätze als Namen der Wahrheitswerte auf:

„Wir haben gesehen, daß zu einem Satze immer dann eine Bedeutung zu suchen ist, wenn es auf die Bedeutung der Bestandtheile ankommt; und das ist immer dann und nur dann der Fall, wenn wir nach dem Wahrheitswerthe fragen.

So werden wir dahin gedrängt, den Wahrheitswerth eines Satzes als seine Bedeutung anzuerkennen. Ich verstehe unter dem Wahrheitswerthe eines Satzes den Umstand, daß er wahr oder daß er falsch ist, Weitere Wahrheitswerthe giebt es nicht."[180]

Nach Frege hätten die Sätze „Wien liegt an der Donau" und $2 + 2 = 4$ dieselbe Bedeutung, nämlich das Wahre. Denselben Sinn haben diese Sätze deswegen jedoch nicht, denn der Sinn eines Satzes war für Frege der mit ihm verbundene Gedanke:

„Ist dieser Gedanke nun als dessen [eines Satzes] Sinn oder als dessen Bedeutung anzusehen? Nehmen wir einmal an, der Satz habe eine Bedeutung! Ersetzen wir nun in ihm ein Wort durch ein anderes von derselben Bedeutung, aber anderem Sinne, so kann dies auf die Bedeutung des Satzes keinen Einfluß haben. Nun sehen wir aber, daß der Gedanke sich in solchem Falle ändert; denn es ist z. B. der Gedanke des Satzes ‚der Morgenstern ist ein von der Sonne beleuchteter Körper' verschieden von dem des Satzes ‚der Abendstern ist ein von der Sonne beleuchteter Körper'. Jemand, der nicht wüßte, daß der Abendstern der Morgenstern ist, könnte den einen Gedanken für wahr, den anderen für falsch halten. Der Gedanke kann also nicht die Bedeutung des Satzes sein, vielmehr werden wir ihn als den Sinn aufzufassen haben."[181]

Frege meinte, dass jeder grammatisch richtig gebildete Satz einen Sinn hätte:

179 Moritz Schlick an Ludwig Wittgenstein, 25. Dezember 1924.

180 Frege, *Über Sinn und Bedeutung*, S. 33 f.

181 Frege, a. a. O., S. 5 f.

„Aber nicht nur eine Bedeutung, sondern auch ein Sinn kommt allen rechtmässig aus unsern Zeichen gebildeten Namen zu. Jeder solche Name eines Wahrheitswertes drückt einen Sinn, einen Gedanken aus. Durch unsere Festsetzungen ist nämlich bestimmt, unter welchen Bedingungen er das Wahre bedeute.“ [182]

Wittgenstein war in seinem *Tractatus* anderer Ansicht. Für ihn war es durchaus möglich, dass ein Satz zwar grammatisch rechtmäßig gebildet ist, ihm es aber dennoch an Sinn mangelt:

„5.4733 Frege sagt: Jeder rechtmäßig gebildete Satz muss einen Sinn haben; und ich sage: Jeder mögliche Satz ist rechtmäßig gebildet, und wenn er keinen Sinn hat, so kann das nur daran liegen, dass wir einigen seiner Bestandteile keine Bedeutung gegeben haben. (Wenn wir auch glauben, es getan zu haben.)“ [183]

Als Beispiel gab er den Satz „Sokrates ist identisch“ an. Denn „ist identisch“ wird darin als Attribut gebraucht. Für diesen Gebrauch wurde ihm jedoch keine Bedeutung gegeben. Für Wittgenstein können nur Sätze einen Sinn haben, die etwas von der Welt darstellen, das sind die Elementarsätze und die aus ihnen gebildeten Wahrheitsfunktionen abzüglich der logischen Sätze.

„2.221 Was das Bild darstellt, ist sein Sinn.
2.222 In der Übereinstimmung oder Nichtübereinstimmung seines Sinnes mit der Wirklichkeit, besteht seine Wahrheit oder Falschheit.
2.223 Um zu erkennen, ob das Bild wahr oder falsch ist, müssen wir es mit der Wirklichkeit vergleichen.
6.124 Die logischen Sätze beschreiben das Gerüst der Welt, oder vielmehr, sie stellen es dar. Sie ‚handeln‘ von nichts. Sie setzen voraus, dass Namen Bedeutung, und Elementarsätze Sinn haben: Und dies ist ihre Verbindung mit der Welt.“ [184]

Sätze der Ethik, Ästhethik und Metaphysik erfüllten für Wittgenstein genau dies nicht:

„6.41 Der Sinn der Welt muss außerhalb ihrer liegen. In der Welt ist alles, wie es ist, und geschieht alles, wie es geschieht; es gibt in ihr keinen Wert - und wenn es ihn gäbe, so hätte er keinen Wert. Wenn es einen Wert gibt, der Wert hat, so muss er außerhalb alles Geschehens und So-Seins liegen. Denn alles Geschehen und So-Sein ist zufällig. Was es nichtzufällig macht, kann nicht in der Welt

---

182 Frege, *Grundgesetze der Arithmetik*, § 31 f.

183 Wittgenstein, *Tractatus logico-philosophicus*.

184 Ebd.

liegen, denn sonst wäre dies wieder zufällig. Es muss außerhalb der Welt liegen.
6.42 Darum kann es auch keine Sätze der Ethik geben. Sätze können nichts Höheres ausdrücken.
6.421 Es ist klar, dass sich die Ethik nicht aussprechen lässt. Die Ethik ist transzendental. (Ethik und Ästhetik sind Eins.)
6.53 Die richtige Methode der Philosophie wäre eigentlich die: Nichts zu sagen, als was sich sagen lässt, also Sätze der Naturwissenschaft - also etwas, was mit Philosophie nichts zu tun hat -, und dann immer, wenn ein anderer etwas Metaphysisches sagen wollte, ihm nachzuweisen, dass er gewissen Zeichen in seinen Sätzen keine Bedeutung gegeben hat. Diese Methode wäre für den anderen unbefriedigend - er hätte nicht das Gefühl, dass wir ihn Philosophie lehrten - aber sie wäre die einzig streng richtige.
7 Wovon man nicht sprechen kann, darüber muss man schweigen."[185]

Völlig konsequent wurde Wittgenstein Dorfschullehrer in Niederösterreich. Schlick bemühte sich zwar um ein Treffen, dieses kam jedoch erst 1927 in Wien zustande.[186] Man könnte meinen, Schlicks Philosophie hätte sich unter dem Einfluss des *Tractatus* gewandelt. Doch das trifft fast nur auf die Argumente zu. Die meisten seiner seit langem vertretenden Positionen zur Mathematik konnte er im *Tractatus* wiedererkennen.

Offensichtlich ist, dass Wittgensteins Ablehnung der Metaphysik unvereinbar mit den Platonismus von Cantor und Bolzano war. Aber auch die logischen Gegenstände, die für Frege das Inventar der Mathematik sind, gingen für Wittgenstein nicht in die Sachverhalte der Welt ein. Von ihnen können sinnvolle Sätze nicht handeln.

„5.32 Alle Wahrheitsfunktionen sind Resultate der successiven Anwendung einer endlichen Anzahl von Wahrheitsoperationen auf die Elementarsätze.
5.4 Hier zeigt es sich, dass es ‚logische Gegenstände‘, ‚logische Konstanten‘ (im Sinne Freges und Russells) nicht gibt."[187]

Frege konnte dem *Tractatus* nicht viel abgewinnen, während Wittgenstein Hochachtung vor Freges Arbeit hatte, weil er Kant auf seiner schwachen Seite attackierte.[188] Auch Schlick hatte in seiner

185 Ebd.

186 Siehe dazu in diesem Bd. ab S. 337.

187 Wittgenstein, *Tractatus*.

188 Geach, *Gottlob Frege, Logical Investigations*, Preface.

Habilitationsschrift Freges, Cantors und Bolzanos Positionen abgelehnt, wenn auch eher aus erkenntnistheoretischen Gründen.[189] Er vertrat seit 1913 und auch noch 1924/25, dass die mathematischen Sätze analytisch sind. Sein Argument für diese Position war, dass sie rein logisch, also ohne Hilfe von Anschauung aus Festsetzungen, den Axiomen, abgeleitet werden. Dazu mussten die Axiome aber selbst analytisch sein. Im *Tractatus* werden die mathematischen Sätze mit logischen Schlussregeln gleichgesetzt:

„6.2 Die Mathematik ist eine logische Methode. Die Sätze der Mathematik sind Gleichungen, also Scheinsätze.
6.21 Der Satz der Mathematik drückt keinen Gedanken aus.
6.211 Im Leben ist es ja nie der mathematische Satz, den wir brauchen, sondern wir benützen den mathematischen Satz nur, um aus Sätzen, welche nicht der Mathematik angehören, auf andere zu schließen, welche gleichfalls nicht der Mathematik angehören.
6.223 Die Frage, ob man zur Lösung der mathematischen Probleme die Anschauung brauche, muss dahin beantwortet werden, dass eben die Sprache hier die nötige Anschauung liefert.“[190]

Schlick hatte die Anschauung bereits 1913 in seiner Vorlesung über die *Philosophischen Grundlagen der Mathematik* abgelehnt. Hahn lieferte noch einmal dafür weitere Argumente in seinem auf einen Vortrag zurückgehenden Aufsatz über die *Krise der Anschauung*.

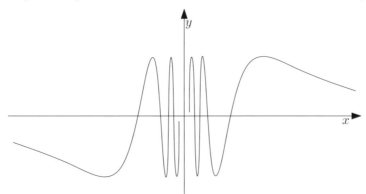

Abb. 7. Um den Ursprung oszillierende, ihn aber nie erreichende Kurve der Funktion $f(x) = \sin(\frac{1}{x})$.

189 Siehe dazu das Zitat aus der Habilitationsschrift auf S. 41.
190 Wittgenstein, *Tractatus*.

„[...] man zeigt unschwer, daß dieses geometrische Gebilde, trotz seines linienhaften Charakters, nicht durch die Bewegung eines Punktes erzeugt werden kann: es ist keine Bewegung eines Punktes denkbar, die den bewegten Punkt in einer endlichen Zeitspanne durch alle Punkte dieses Gebildes hindurch führen würde. [...]

Und da die Anschauung sich in so vielen Fragen als trügerisch erwiesen hatte, da es immer wieder vorkam, daß Sätze, die der Anschauung als durchaus gesichert galten, sich bei logischer Analyse als falsch herausteIlten, wo wurde man in der Mathematik immer skeptischer; es brach immer mehr die Überzeugung durch, daß es nicht anginge, irgendeine mathematische Disziplin auf Anschauung zu gründen; es entstand die Forderung nach völliger Eliminierung der Anschauung aus der Mathematik, die Forderung nach völliger Logisierung der Mathematik."[191]

Schlick verwendete Hahns Beispiele und die darauf aufbauende Argumentation aber weder in seinen Publikationen noch in den in diesem Band abgedruckten Texten. Dafür finden sie sich sämtlich, jedoch ohne Nennung der Quelle, bei Schlicks Mitarbeiter Friedrich Waismann in dessen *Einführung in das mathematische Denken*.

Auch für seine Skepsis gegenüber Whiteheads und Russells Typentheorie konnte Schlick in Wittgensteins *Tractatus* neue Argumente finden. 1927/28 übernahm er sie auch in seine Aufzeichnungen:[192]

„3.331 Von dieser Bemerkung sehen wir in Russells ‚Theory of Types' hinüber: Der Irrtum Russells zeigt sich darin, dass er bei der Aufstellung der Zeichenregeln von der Bedeutung der Zeichen reden musste.

3.332 Kein Satz kann etwas über sich selbst aussagen, weil das Satzzeichen nicht in sich selbst enthalten sein kann (das ist die ganze ‚Theory of Types').

3.333 Eine Funktion kann darum nicht ihr eigenes Argument sein, weil das Funktionszeichen bereits das Urbild seines Arguments enthält und es sich nicht selbst enthalten kann. Nehmen wir nämlich an, die Funktion $F(fx)$ könnte ihr eigenes Argument sein; dann gäbe es also einen Satz: ‚$F(F(fx))$' und in diesem müssen die äußere Funktion F und die innere Funktion F verschiedene Bedeutungen haben, denn die innere hat die Form $\varphi(fx)$, die äußere die Form $\psi(\varphi(fx))$. Gemeinsam ist den beiden Funktionen nur der Buchstabe ‚F', der aber allein nichts bezeichnet. Dies wird sofort klar, wenn wir statt ‚$F(F(u))$' schreiben ‚$(\exists\varphi) : F(\varphi u).\varphi u = Fu$'. Hiermit erledigt sich Russells Paradox."[193]

---

191 Hahn, *Krise der Anschauung*, S. 154.

192 Siehe dazu auch in diesem Bd. S. 302, Block (73) sowie S. 331, Block (114).

193 Wittgenstein, *Tractatus*.

Schlick meinte 1927/28, Wittgenstein hätte den Streit zwischen Intuitionismus und den Anhängern des Hilbertprogramms entschieden.[194] An Einstein schrieb er:

„Ich weiß nicht, ob es Sie interessiert, aber ich möchte Ihnen doch gern mitteilen,
dass ich jetzt mit der grössten Begeisterung bemüht bin, mich in die Grundlagen der *Logik* zu vertiefen. Die Anregung dazu verdanke ich hauptsächlich dem
Wiener Ludwig Wittgenstein, der einen [...] ‚Tractatus logico-philosophicus‘ geschrieben hat, den ich für das tiefste und wahrste Buch der neueren Philosophie
überhaupt halte. Allerdings ist die Lektüre äusserst schwierig. Der Verfasser, der
nicht die Absicht hat, je wieder etwas zu schreiben, ist eine Künstlernatur von
hinreißender Genialität, und die Diskussion mit ihm gehört zu den gewaltigsten
geistigen Erfahrungen meines Lebens. Seine Grundanschauung scheint mir die
Schwierigkeiten des Russellschen Systems spielend zu überwinden, und im Prinzip auch die ganze Grundlagenkrise der gegenwärtigen Mathematik. Ich glaube
viel gelernt zu haben und kann kaum sagen, wie primitiv und unreif meine Erkenntnistheorie mir jetzt erscheint."[195]

In seinen um dieselbe Zeit entstandenen Wiener Aufzeichnungen zur
Logik führte Schlick etwas genauer aus, weshalb er die Grundlagen-
fragen der Mathematik für gelöst hielt.[196] Er bezog sich dabei auf
Stelle aus dem *Tractatus*, in der Wittgenstein zwischen Allgemeinheit und Allgemeingültigkeit unterschied:

„6.1231 Das Anzeichen des logischen Satzes ist *nicht* die Allgemeingültigkeit.
Allgemein sein, heißt ja nur: zufälligerweise für alle Dinge gelten. Ein unverallgemeinerter Satz kann ja ebensowohl tautologisch sein, als ein verallgemeinerter."[197]

Es ist durchaus wahrscheinlich, dass es nicht nur Schlicks Ausdeu-
tung des *Tractatus* war, hierdurch wäre der Grundlagenstreit zwischen Intuitionisten und den Anhängern Hilberts gelöst. Es könnte
durchaus Wittgensteins eigene Ansicht gewesen sein, denn im
Juli 1927, kurz vor der Entstehung der Aufzeichnungen von 1927/28,
kam es zu einen Treffen zwischen Schlick und Wittgenstein, dessen
Themen Carnap überlieferte:

194 In diesem Bd. S.291, Block (50).
195 Moritz Schlick an Albert Einstein, 14. Juli 1927.
196 Siehe dazu in diesem Bd. ab S. 257 und besonders S. 291, Block (50).
197 Wittgenstein, *Tractatus*.

„Mit W[ittgenstein] bei Schlick. Wieder über Esperanto. Dann über Intuitionismus, schließlich liest er uns Wilhelm Busch vor."[198]

Gottlob Frege hat für seine mathematische Logik, die Begriffsschrift, Leibnizens Ersetzbarkeitsprinzip, als Definition des Gleichheitszeichens verwendet.[199] Nach diesem Prinzip ist, genau dasjenige identisch, wovon dieselben wahren Aussagen gemacht werden können:

„Defin 1. Dieselben sind diejenigen, deren einer durch den anderen bei Erhaltung der Wahrheit [salva veritate] ersetzt werden kann. Wenn es ein A und ein B gibt und A in einem wahren Satz vorkommt und ein neuer Satz entsteht, indem an einer beliebigen Stelle dafür jenes B ersetzt wird und dieser ebenso wahr ist und dies immer so weiter in jedem beliebigen wahren Satz gelingt, dann werden A und B dieselben genannt. Und umgekehrt, wenn A und B dieselben sind, dann gelingt die Ersetzung wie beschrieben."[200]

Auch Russell und Whitehead haben das Ersetzbarkeitsprinzip in ihre *Principia* aufgenommen. Wittgenstein dagegen lehnte Identitätsaussagen rigoros ab:

„5.5301 Dass die Identität keine Relation zwischen Gegenständen ist, leuchtet ein. Dies wird sehr klar, wenn man z.B. den Satz ‚$(x) : fx . \supset . x = a$' betrachtet. Was dieser Satz sagt, ist einfach, dass nur a der Funktion f genügt, und nicht, dass nur solche Dinge der Funktion f genügen, welche eine gewisse Beziehung zu a haben. Man könnte nun freilich sagen, dass eben nur a diese Beziehung zu a habe, aber, um dies auszudrücken, brauchten wir das Gleichheitszeichen selber. 5.5302 Russells Definition von ‚$=$' genügt nicht; weil man nach ihr nicht sagen kann, dass zwei Gegenstände alle Eigenschaften gemeinsam haben. (Selbst wenn dieser Satz nie richtig ist, hat er doch Sinn.) 5.5303 Beiläufig gesprochen: Von zwei Dingen zu sagen, sie seien identisch, ist ein Unsinn, und von Einem zu sagen, es sei identisch mit sich selbst, sagt gar nichts."[201]

Der Mathematiker Frank Ramsey hatte den *Tractatus* schon sehr früh studiert und seinen Verfasser bereits in den frühen 1920er Jahren getroffen. Eine Zeit lang war er auch Gast in Schlicks Wiener

---

198 Stadler, *Studien zum Wiener Kreis*, S. 474.

199 Frege, *Begriffsschrift*, § 8.

200 Leibniz, *Non inelegans specimen demonstrandi in abstractis*, Defin1.

201 Wittgenstein, *Tractatus*.

Zirkel und wurde 1927 seinerseits von Schlick besucht.[202] Ramsey war einer der wenigen Diskussionspartner, die Wittgenstein duldete, obwohl er dessen Auffassungen zur Identität nicht teilte. Ramsey definierte das Identitätszeichen auf folgende Weise:[203]

$$x = y \Leftrightarrow (\varphi)(\varphi x \equiv \varphi y)$$

Diese Formel besagt, dass x und y genau dann identisch sind, wenn alle auf x zutreffenden Prädikate oder Funktionen φ auch auf y zutreffen und umgekehrt. Man erkennt hier den Kern Leibnizens Ersetzbarkeitsprinzip wieder. Nur müssen hier nicht auf identische Dinge dieselben Sätze, sondern dieselben Prädikate zutreffen. Ramsey nutzte den gestuften Aufbau der Logik aus, den die Typentheorie Russells konsequent ausformulierte. In der ersten Stufe kann nur über Variablen, die für Gegenstände stehen, quantifiziert werden. Prädikate sind Mengen solcher Gegenstände. In der zweiten Stufe kann dann mit Hilfe von Prädikatvariablen wie „φ" über diese Mengen quantifiziert und damit auch die Definition der Identität formuliert werden. Wittgenstein kritisierte Ramsey und versuchte zu zeigen, dass Identitätsaussagen sinnlos seien.

"Your [Ramseys] mistake becomes still clearer in its consequences; viz. when you try to say ‚there is an individual' you are aware of the fact that the supposition of there being no individual makes $(\exists x)x = x$ E ‚absolute nonesense'. But if is to say ‚there is an individual' $\sim E$ says: ‚there is no individual'. Therefore from $\sim E$ follows that E is nonsense. Therefore $\sim E$ must be nonsense itself, and therefore again so must be E."[204]

Schlick arbeitete sich 1927/28 in diese Diskussion ein und versuchte sich auch selbst an einer Definition der Identität.[205] 1934/35 lehnte er in seiner Vorlesung über Logik und Erkenntnistheorie Identitätsaussagen dagegen als sinnlos ab.[206] Ramsey charakterisierte

---

202 Stadler, *Studien zum Wiener Kreis*, S. 900.

203 Moritz Schlick an Ludwig Wittgenstein, 15. August 1927.

204 Ludwig Wittgenstein an Frank P. Ramsey, Juni 1927.

205 Siehe dazu in diesem Bd. S. 309, Block (88).

206 Siehe dazu in diesem Bd. S. 561.

Wittgensteins Mathematikphilosophie Ende 1928 in einem Brief an Adolf Fraenkel, der auch Schlick vorlag:

"I thought, that by using Wittgensteins work the need for the axiom uf reducibility could be avoided, but he had no such idea an though all those parts of analysis which use the axiom of reducibility were unsound. His conclusions were more nearly those of the moderate intuitionists, what he thinks now I do not know." [207]

Wahrscheinlichkeitslogik

Hans Reichenbach hatte 1925 selbst eine Wahrscheinlichkeitslogik vorgelegt, nachdem er Schlick bereits 1920 dazu aufgefordert hatte, etwas über Wahrscheinlichkeit zu schreiben. Reichenbach definierte darin einen dem materialen Konditional sehr ähnlichen Junktor. Die Formel „$\alpha \ni_{0,75} \beta$" drückte für Reichenbach aus, dass in 75% aller Fälle, in denen α wahr ist, auch β wahr ist. Bei logisch voneinander unabhängigen Aussagen wäre der Wert $0,5$ und es gäbe dann keine Möglichkeit, β aus α vorherzusagen, weil β dann in 50% der Fälle wahr wäre, in denen es α ist. „$\alpha \ni_1 \beta$" entspräche dem klassischen materialen Konditional. Hier wäre in jedem Fall, in dem α wahr wäre, auch β wahr. „$\alpha \ni_0 \beta$" würde dagegen sagen, dass β in jedem Fall falsch ist, in dem α wahr ist.

Reichenbach führte die klassischen Wahrheitswerte und damit auch die Logik der Wahrheitsfunktionen als Extrema einer allgemeineren Wahrscheinlichkeitslogik mit einem ganzen Kontinuum von Wahrheitswerten zwischen wahr und falsch ein. Schlick schrieb über solche Versuche bereits in seiner Habiliationsschrift:

„[...] Logik und Wissenschaft haben zu allen Zeiten anerkannt, daß niemals den Wahrheiten, sondern nur den Wahrscheinlichkeiten verschiedene Grade zukommen. Wer die Wahrheit so definiert, daß sie diesem Postulat nicht entspricht, der hat nicht wirklich *den* Begriff definiert, den man in Wissenschaft und Leben immer meinte, wenn man von Wahrheit sprach, und den man auch fürder meinen wird. Auch scheint mir die Vorstellung viel befriedigender, daß wir uns dem Wahren immer mehr nähern, als daß wir es stets in den Händen halten, daß es sich aber währenddessen fortwährend ändert." [208]

---

207 Frank P. Ramsey an Adolf Fraenkel, 26. Januar 1928.
208 1910b *Wesen der Wahrheit*, S. 390–424 (*MSGA* I/4).

Schlick beantwortete Reichenbachs Ansichten nicht durch eine Publikation, sondern fertigte nur die in diesem Band abgedruckten Notizen an.[209] Doch 1931 schrieb er an Carnap:

„Reichenbachs Aufsatz über Kausalität in den Naturwissenschaften habe ich gestern gelesen. Er scheint mir ziemlich kümmerlich, sodass ich keine Lust zu einer Antwort habe. Aber es sollte doch einmal jemand etwas über Reichenbachs verdrehte Wahrscheinlichkeitsideen schreiben – oder hältst Du es nicht für wichtig genug?"[210]

Es ist aber nicht so, dass Schlick meinte, Logik und Wahrscheinlichkeitsrechnung wären voneinander zu trennen und letztere wäre ein rein mathematisches Thema. In seiner großen Vorlesung über *Die philosophischen Grundlagen der Mathematik*[211] erwähnte Schlick Wahrscheinlichkeit nicht. Stattdessen schrieb er 1916 in einer Rezension von Johannes von Kries' *Logik*:

„Den wesentlichen Inhalt seiner wohlbekannten (1886 erschienenen) Schrift über die Prinzipien der Wahrscheinlichkeitsrechnung hat er mit Recht in diese Darstellung der Logik hineingearbeitet; [...]"[212]

Schlick scheint also bereits in den 1910er Jahren einen Zusammenhang zwischen Wahrscheinlichkeitsrechnung und Logik gesehen zu haben; nur eben nicht den, welchen Reichenbach in seinem Aufsatz von 1925 herstellte. Wittgenstein versuchte in seinem *Tractatus* zu zeigen, dass auch Wahrscheinlichkeitsaussagen Wahrheitsfunktionen von Elementarsätzen sind. Für ihn war die zweiwertige Logik kein Sonderfall der Wahrscheinlichkeitslogik, sondern Wahrscheinlichkeitsaussagen ergaben sich aus der zweiwertigen Logik:

„4.464 Die Wahrheit der Tautologie ist gewiss, des Satzes möglich, der Kontradiktion unmöglich. (Gewiss, möglich, unmöglich: Hier haben wir das Anzeichen jener Gradation, die wir in der Wahrscheinlichkeitslehre brauchen.)
5.1 Die Wahrheitsfunktionen lassen sich in Reihen ordnen. Das ist die Grundlage der Wahrscheinlichkeitslehre.
5.101 Die Wahrheitsfunktionen jeder Anzahl von Elementarsätzen lassen sich in einem Schema folgender Art hinschreiben:

---

209 Siehe dazu in diesem Bd. ab S. 247.

210 Moritz Schlick an Rudolf Carnap, 19. September 1931.

211 In diesem Bd. ab S. 91.

212 1916i *Rezension/Kries*, S. 383 f. (*MSGA* I/4).

$(WWWW)(p,q)$	Tautologie	(Wenn p, so p, und wenn q, so q.) $(p \supset p? \supset q)$
$(\mathcal{F}WWW)(p,q)$	in Worten:	Nicht beides p und q. ($\sim (p.q)$)
$(W\mathcal{F}WW)(p,q)$	" "	Nicht q so p. ($q \supset p$)
$(WW\mathcal{F}W)(p,q)$	" "	Nicht p so q. ($p \supset q$)
$(WWW\mathcal{F})(p,q)$	" "	p oder q. ($p \vee q$)
$(\mathcal{F}\mathcal{F}WW)(p,q)$	" "	Nicht q. ($\sim q$)
$(WW\mathcal{F}\mathcal{F})(p,q)$	" "	Nicht p. ($\sim p$)
$(\mathcal{F}WW\mathcal{F})(p,q)$	" "	p oder q, aber nicht beide. ($p. \sim q : \vee :\sim p.q$)
$(W\mathcal{F}\mathcal{F}W)(p,q)$	" "	Wenn p so q, und wenn, q, so p. ($p \equiv q$)
$(W\mathcal{F}W\mathcal{F})(p,q)$	" "	p
$(\mathcal{F}W\mathcal{F}W)(p,q)$	" "	q
$(\mathcal{F}\mathcal{F}\mathcal{F}W)(p,q)$	" "	Weder p noch q. ($\sim p. \sim q$ oder $p \mid q$)
$(\mathcal{F}\mathcal{F}W\mathcal{F})(p,q)$	" "	p und nicht q. ($p. \sim q$)
$(\mathcal{F}W\mathcal{F}\mathcal{F})(p,q)$	" "	q und nicht p. ($q. \sim p$)
$(W\mathcal{F}\mathcal{F}\mathcal{F})(p,q)$	" "	q und p. ($q.p$)
$(\mathcal{F}\mathcal{F}\mathcal{F}\mathcal{F})(p,q)$	Kontradiktion	p und nicht p; und q und nicht q. ($p. \sim p. \sim q. \sim q$)

Diejenigen Wahrheitsmöglichkeiten seiner Wahrheitsargumente, welche den Satz bewahrheiten, will ich seine Wahrheitsgründe nennen.

5.15 Ist Wr die Anzahl der Wahrheitsgründe des Satzes ‚r‘, Wrs die Anzahl derjenigen Wahrheitsgründe des Satzes ‚s‘, die zugleich Wahrheitsgründe von ‚r‘ sind, dann nennen wir das Verhältnis: Wrs : Wr das Maß der Wahrscheinlichkeit, welche der Satz ‚r‘ dem Satz ‚s‘ gibt.

5.151 Sei in einem Schema wie dem obigen in No. 5.101 Wr die Anzahl der ‚W‘ im Satze r; Wrs die Anzahl derjenigen ‚W‘ im Satze s, die in gleichen Kolonnen mit ‚W‘ des Satzes r stehen. Der Satz r gibt dann dem Satze s die Wahrscheinlichkeit: $Wrs : Wr$.

5.1511 Es gibt keinen besonderen Gegenstand, der den Wahrscheinlichkeitssätzen eigen wäre.“[213]

Nach Wittgenstein würde jeder Elementarsatz p jedem beliebigen anderen Elementarsatz q die Wahrscheinlichkeit $0,5$ geben. Denn sie sind logisch unabhängig voneinander. Aus der Wahrheit oder Falschheit keines Elementarsatzes kann nach Wittgenstein auf die Wahrheit oder Falschheit irgendeines anderen Elementarsatzes geschlossen werden. Erst zwischen Wahrheitsfunktionals verknüpften Aussagen wären Wahrscheinlichkeitsaussagen möglich. Wäre z. B.

213 Wittgenstein, *Tractatus*.

der Satz $(p \lor q)$ wahr, dann ist es auch der Satz $(p \supset q)$ mit einer Wahrscheinlichkeit von Zwei zu Drei. Denn zwei der drei Wahrheitsgelegenheiten des ersten Satzes sind Gelegenheiten, zu denen auch der zweite wahr ist. Diese Auffassung von Wahrscheinlichkeit ist eine Weiterentwicklung derjenigen Bolzanos:

„Betrachten wir nämlich in einem einzelnen Satze A oder auch in mehreren A, B, C, D, ... gewisse Vorstellungen i, j, ... als veränderlich, und sind in letzteren Falle die Sätze A, B, C, D, ... hinsichtlich dieser Vorstellung in dem Verhältnis einer Verträglichkeit: so wird es öfters ungemein wichtig, das Verhältnis zu erfahren, in welchem die Menge der Fälle, darin A, B, C, D, ... für alle wahr werden, zur Menge derjenigen Fälle stehet, in welchen neben ihnen auch noch ein anderer Satz M wahr wird. Denn wenn wir die Sätze A, B, C, D, ... für wahr halten: so lehrt uns das eben genannte Verhältnis, in welchem die Menge der Fälle, worin A, B, C, D, ...wahr werden, zur Menge derjenigen stehet, wo neben Ihnen noch M wird, ob wir auch M für wahr annehmen sollen oder nicht. [...] Ich erlaube mir also diese Verhältnis zwischen den angegebenen Mengen die vergleichungsweise Gültigkeit des Satzes M hinsichtlich auf die Sätze A, B, C, D, ... oder die Wahrscheinlichkeit, welche dem Satze m aus den Voraussetzungen A, B, C, D, ... erwächst, zu nennen. [...]"[214]

Die entgegengesetzte und die von Reichenbach vertretene Auffassung wurde in den 1910er Jahren vor allem durch Richard von Mises populär gemacht. Auch er ging wie Bolzano von Mengen aus. Dazu setzte er eine beliebige Folge voraus, deren Glieder Punkte in einem Raum zugeordnet werden. Wenn der Raum nur sechs Punkte hätte, dann könnte das wiederholtes Werfen eines Würfels abbilden. Mit einem kontinuierlichen Raum lassen sich Messungen darstellen. Wahrscheinlichkeit erklärte von Mises als einen Grenzwert:

„Es sei A eine beliebige Punktmenge des Merkmalraumes und N_A die Anzahl derjenigen unter den ersten N Elementen der Folge, deren Merkmal ein Punkt von A ist; dann existiere für jedes A der Grenzwert:

$$\lim_{n \to \infty} \frac{N_A}{N} = W_A$$

Diesen Grenzwert nennen wir [...] die ‚Wahrscheinlichkeit für das Auftreten eines zu A gehörigen Merkmals innerhalb des Kollektives K'."[215]

---

214 Bolzano, *Wissenschaftslehre*, § 161.

215 Mises, *Grundlagen der Wahrscheinlichkeitsrechnung*, § 1.

Ein „Kollektiv" war für von Mises eine Folge von zugeordneten Merkmalen.[216] Es entsprach also einer Messreihe oder eine Folge von Würfen eines Würfels. Um die Wahrscheinlichkeit von A in einer Folge von Ereignissen wenigstens abschätzen zu können, genügte es nach von Mises, einfach die Vorkommnisse von A unter den Gliedern der Folge abzuzählen. So gesehen ist auch diese Fassung der Wahrscheinlichkeit auf die zweiwertige Logik zurückführbar. Denn es genügt festzustellen, ob das Eintreffen von A der Fall ist oder eben nicht. 1932 übernahm auch Reichenbach diese Ansicht für einen neuen Entwurf seiner Wahrscheinlichkeit und schickte diesen an Schlick.[217]

„Die Auffassung, dass die Wahrscheinlichkeit einer einzelnen Aussage zukommt, ist vor tieferer Kritik nicht haltbar, weil der Wahrscheinlichkeitsgrad für eine Einzelaussage nicht verifiziert werden kann; und man hat ja deshalb die Häufigkeitsdeutung der Wahrscheinlichkeit entwickelt, in welcher die Wahrscheinlichkeit durch den Limes einer Häufigkeit gemessen wird. Gewöhnlich sagt man, dass man hier die Häufigkeit von Ereignissen zählt; aber indem man jedem Ereignis den Satz zuordnet, dass das betreffende Ereignis eintrifft, kann man hier auch von der H-Häufigkeit von Sätzen sprechen. Unter diesem Gesichtspunkt aber scheint es, dass die Häufigkeitsdeutung der Wahrscheinlichkeit eine stetige Logik entbehrlich macht; denn sie führt den Wahrscheinlichkeitsgrad auf eine Zählung von Wahrheitswerten der zweiwertigen Logik zurück."[218]

Schlick antwortete Reichenbach:

„Ich danke Ihnen ferner herzlich für Ihre ‚Wahrscheinlichkeitslogik'. Ich habe sie gleich durchgesehen, wenn zunächst auch nur flüchtig, und glaube mit besonderer Freude und Befriedigung zu erkennen, dass auf Ihrem jetzigen Standpunkte der grosse Stein des Anstosses, über den ich nicht hinweg konnte, vollständig beseitigt ist. Es scheint mir, dass jetzt im wichtigsten Punkte durchaus Einigkeit zwischen uns herrscht. Auch nach Ihrer Auffassung gelangt man jetzt, soviel ich sehe, zum Begriffe der Wahrscheinlichkeit durch eine Abzählung von Fällen, und das ist mir ganz aus dem Herzen gesprochen; [...] Sie konstruieren jetzt im Grunde auch die Wahrscheinlichkeit aus Kombination von Wahr und Falsch, genau wie wir es tun. Ihre Wahrscheinlichkeitslogik scheint mir einfach die [gu]te alte zweiwertige Logik zu sein, angewandt auf Satzfolgen. Da ist alles in Ordnung; wenn man das mehrwertige Logik nennen will, habe ich gar nichts dagegen."[219]

---

216 von Mises, *Grundlagen der Wahrscheinlichkeitsrechnung*, § 1 f.

217 Hans Reichenbach an Moritz Schlick, 24. November 1932.

218 Reichenbach, *Wahrscheinlichkeitslogik*, S. 39.

219 Moritz Schlick an Hans Reichenbach, 17. Januar 1933.

Aber auch Wittgenstein änderte seine Position aus dem *Tractatus*. Anfang Januar 1930 in einem Gespräch mit Schlick unterschied Wittgenstein zwei Arten von Wahrscheinlichkeit:

„Meine Auffassung über Wahrscheinlichkeit muss jetzt eine andere sein, weil sich meine Auffassung der Elementarsätze von Grund auf geändert hat. Die Wahrscheinlichkeit ist eine interne Beziehung zwischen Sätzen. [...] Die Wahrscheinlichkeit wird dann gebraucht, wenn unsere Beschreibung der Sachverhalte unvollständig ist. [...] Ein ganz anderer Fall liegt vor bei den Fällen der Versicherung: Hier handelt es sich um Wahrscheinlichkeit a posteriori. Das hat überhaupt nichts mit Wahrscheinlichkeit zu tun."[220]

Interne Beziehungen zwischen Elementarsätzen sind nach Wittgenstein solche, die zwischen Elementarsätzen ohne Vermittlung bestehen. Im *Tractatus* war die Wahrscheinlichkeit noch eine externe Beziehung. Denn dort konnten erst Wahrheitsfunktionen von Elementarsätzen einander wahrscheinlich oder unwahrscheinlich machen, während die Elementarsätze ganz und gar unabhängig voneinander gelten. Zu Frühlingsanfang desselben Jahres präzisierte Wittgenstein diese neue Sicht noch:

„Die ‚Wahrscheinlichkeit' kann zwei ganz verschiedene Bedeutungen haben. 1. Wahrscheinlichkeit eines Ereignisses; 2. Wahrscheinlichkeit der Induktion. [...] Es ist eine Erfahrungstatsache: Wenn ich mit einem Würfel 100mal werfe, kommt eine 1 vor. Wenn ich nun 99mal geworfen habe und keine 1 vorgekommen ist, so werde ich sagen: Höchste Zeit, daß eine 1 vorkommt; ich wette daß jetzt eine 1 kommt. Die Wahrscheinlichkeitsrechnung sagt, daß dieser Schluß nicht berechtigt ist. Ich glaube, daß er doch berechtigt ist: Es ist nämlich sehr ‚wahrscheinlich', daß jetzt eine 1 kommt, aber wahrscheinlich nicht im Sinne der Wahrscheinlichkeitsrechnung, sondern im Sinne der Wahrscheinlichkeit einer Induktion."[221]

Waismann arbeitete die beiden Bemerkungen Wittgensteins in seinem Aufsatz aus und schrieb:

„Das Wort Wahrscheinlichkeit hat zwei verschiedene Bedeutungen. Entweder man spricht von der Wahrscheinlichkeit eines Ereignisses – in diesem Sinn wird das Wort in der Wahrscheinlichkeitsrechnung verwendet – oder man spricht von

---

220 McGuinness, *Wittgenstein und der Wiener Kreis*, S. 93 f.
221 A. a. O., S. 98 f.

der Wahrscheinlichkeit einer Hypothese oder eines Naturgesetzes. In diesem letzten Sinn ist die Wahrscheinlichkeit nur ein anderes Wort für die Zweckmäßigkeit dieser Hypothese oder dieses Naturgesetzes, [...]"[222]

Es gab also zwei Lager: Reichenbach und seine Berliner Kollegen orientierten sich vor allem an von Mises, während in Wien eher Bolzanos Überlegungen – abgesehen von seinem Platonismus – einflussreich waren. 1929 trafen sich beide Gruppen auf der „Ersten Tagung für die Erkenntnislehre der exakten Wissenschaften" in Prag.[223] Schlick war bei dieser Tagung jedoch nicht anwesend, da er sich in Stanford aufhielt. Carnaps erster an Schlick übermittelter Eindruck von der Tagung war:

> „Die Prager Tagung war wirklich sehr erfreulich und ein grosser Erfolg. 2-300 Zuhörer bei unsern Vorträgen, und lebhaftes Interesse der Mathematiker und Physiker. Lange, lebhafte Diskussionen mit sehr erfreulichem Niveau, wie es sicher sonst auf philos[ophischen] Tagungen nicht üblich ist."[224]

Eine Annäherung beider Positionen kam auf der Tagung jedoch nicht zustande. 1933 veröffentlichte Andrei Nikolajewitsch Kolmogorow eine Axiomatisierung der Wahrscheinlichkeitsrechnung auf Deutsch beim Springerverlag in Berlin. Diese wurde in der Debatte merkwürdiger Weise gar nicht beachtet. In seiner letzten Vorlesung über „Logik und Erkenntnistheorie" zwei Jahre später war Schlick der Meinung, dass die Auffassungen Bolzanos und von Mises' zu einer ausgereiften Theorie der Wahrscheinlichkeit ergänzt werden müssten. Er führte jedoch nicht detailliert aus, wie das möglich wäre. Sicher hätte er dazu Bolzanos Überlegungen von dessen Platonismus ablösen müssen, den er in derselben Vorlesung heftig kritisierte.[225]

Die Diskussion um die Wahrscheinlichkeitstheorie wurde deshalb so intensiv geführt, weil sie für zwei zu jener Zeit aktuelle Probleme der Wissenschaft bedeutsam war. Das erste Problem war die Quantenmechanik. Diese Theorie erwies sich in den 1920er und

---

222 Waismann, *Logische Analyse des Wahrscheinlichkeitsbegriffs*, S. 228.

223 Siehe dazu Stadler, *Studien zum Wiener Kreis*, ab S. 376 ff.

224 Rudolf Carnap an Moritz Schlick, 30. September 1929.

225 Zu dem Kapitel über Wahrscheinlichkeit in siehe in diesem Bd. ab S. 567, zu seiner Kritik an Bolzano siehe ab S. 381.

1930er Jahren als sehr erfolgreich. Doch besonders Werner Heisenberg konnte zeigen, dass ihre wichtigsten Gesetze nur den Charakter von Wahrscheinlichkeitsaussagen haben können.[226]

Das zweite Problem war das der unvollständigen Induktion. Es bestand darin, dass aus einer Reihe von Einzelbeobachtung keine allgemeinen Aussagen gefolgert werden können. Es führt kein logisch gültiger Schluss von Spezialfällen zum universellen Urteil. Eine Hoffnung, vor allem der Gruppe um Reichenbach, war es, wenigstens mit angebbarer Wahrscheinlichkeit Induktionsschlüsse ziehen zu können.

Die Überwindung der Metaphysik

Schlick war Empirist und akzeptierte keine andere Quelle der Erkenntnis als die Erfahrung. Wittgenstein akzeptierte keine anderen sinnvollen Sätze als Wahrheitsfunktionen von Elementarsätzen. Tautologien hat er dabei ausdrücklich ausgenommen, denn auch wenn sie Wahrheitsfunktionen und aus Elementarsätzen zusammengesetzt sind, sind sie unabhängig von der Welt stets wahr. Das Sinnkriterium ergibt sich fast von selbst, wenn man Schlicks und Wittgensteins Positionen verbindet. Es ergibt so, dass genau die Sätze einen Sinn haben, deren Wahrheitswert sich empirisch bestimmen lässt. In seinem *Tractatus* deutete Wittgenstein bereits an, dass eine Beschränkung auf sinnvolle Sätze eine Beschränkung auf die empirischen Wissenschaften gleichkäme:

„6.53 Die richtige Methode der Philosophie wäre eigentlich die: Nichts zu sagen, als was sich sagen lässt, also Sätze der Naturwissenschaft - also etwas, was mit Philosophie nichts zu tun hat -, und dann immer, wenn ein anderer etwas Metaphysisches sagen wollte, ihm nachzuweisen, dass er gewissen Zeichen in seinen Sätzen keine Bedeutung gegeben hat. Diese Methode wäre für den anderen unbefriedigend – er hätte nicht das Gefühl, dass wir ihn Philosophie lehrten – aber sie wäre die einzig streng richtige"[227]

Im Dezember 1929 formulierte er in einem Gespräch mit Schlick das Sinnkriterium:

---

226 Auf die naturphilosophischen Konsequenzen der Wahrscheinlichkeitstheorie gehen die Einleitungen von *MSGA* II/2.1 und II/2.2 gründlicher ein.

227 Wittgenstein, *Tractatus*.

Die andere Auffassung, die ich vertreten möchte, sagt: Nein, wenn ich den Sinn des Satzes nie vollständig verifizieren kann, dann kann ich mit dem Satz auch nichts gemeint haben.[228]

Carnap formulierte das Sinnkriterium gleich viermal als Frage in seinem Aufsatz zur „Überwindung der Metaphysik durch logische Analyse der Sprache":

„Zweitens muss für den Elementarsatz S des betreffenden Wortes [dessen Bedeutung zu klären ist] die Antwort auf folgende Frage gegeben sein, die wir in verschiedener Weise formulieren können.
1. Aus welchen Sätzen ist S ableitbar, welche Sätze sind aus S ableitbar?
2. Unter welchen Bedingungen soll S wahr, unter welchen falsch sein?
3. Wie ist S zu verifizieren?
4. Welchen Sinn hat S?"[229]

Im selben Aufsatz zeigte Carnap, dass die Kernaussagen von Martin Heideggers Antrittsvorlesung *Was ist Metaphysik* das Sinnkriterium nicht bestehen, weil die in ihnen enthaltenen Wörter nach seinem Kriterium keine Bedeutung hätten. Diese antimetaphysische Ausrichtung des Sinnkriteriums war gewollt. In der Schlick gewidmeten Programmschrift des Wiener Zirkels heißt es:

„Diese Methode der logischen Analyse ist es, die den neuen Empirismus und Positivismus wesentlich von dem früheren unterscheidet, der mehr biologisch-psychologisch orientiert war. Wenn jemand behauptet: ,es gibt keinen Gott', ,der Urgrund der Welt ist das Unbewußte', ,es gibt eine Entelechie als leitendes Prinzip im Lebewesen', so sagen wir ihm nicht: ,was du sagst, ist falsch'; sondern wir fragen ihn: ,was meinst du mit deinen Aussagen?' Und dann zeigt es sich, daß es eine scharfe Grenze gibt zwischen zwei Arten von Aussagen. Zu der einen gehören die Aussagen, wie sie in der empirischen Wissenschaft gemacht werden; ihr Sinn läßt sich feststellen durch logische Analyse, genauer: durch Rückführung auf einfachste Aussagen über Wissenschaftliche Weltauffassung. Die anderen Aussagen, zu denen die vorhin genannten gehören, erweisen sich als völlig bedeutungsleer, wenn man sie so nimmt, wie der Metaphysiker sie meint."[230]

Wenn sich die Sätze der philosophischen Hauptdisziplinen Metaphysik, Ethik und Ästhetik als sinnlos erweisen, dann stellt sich die Fra-

---

228 McGuinness, *Wittgenstein und der Wiener Kreis*, S. 47.

229 Carnap, *Die Überwindung der Metaphysik durch logische Analyse der Sprache*, S. 221 f.

230 *Wissenschaftliche Weltauffassung. Der Wiener Kreis*, Abschnitt H.

ge, was von der Philosophie eigentlich noch bleibt. Carnap versuchte in seinem Aufsatz eine Antwort:

„Was bleibt für die Philosophie überhaupt noch übrig, wenn alle Sätze, die etwas besagen [einen Sinn haben] empirischer Natur sind und zur Realwissenschaft gehören? Was bleibt, sind nicht Sätze, keine Theorie, kein System, sondern nur eine Methode, nämlich die der logischen Analyse. Die Anwendung dieser Methode haben wir in ihrem negativen Gebrauch im Vorstehenden gezeigt: Sie dient hier zur Ausmerzung bedeutungsloser Wörter, sinnloser Scheinsätze. In ihrem positiven Gebrauch dient sie zur Klärung der sinnvollen Begriffe und Sätze, zur logischen Grundlegung der Realwissenschaften und Mathematik."[231]

Metaphysik war für Carnap ebenso wie Lyrik und Musik der Ausdruck eines Lebensgefühls ohne jeden Erkenntnisanspruch.[232] Das Sinnkriterium war selbst im Wiener Kreis nicht unumstritten. Karl Popper gehörte zwar nicht direkt dazu, sondern war eher am Rand der zwiebelartig aufgebauten Gruppe einzuordnen. Schlick gab dennoch die gekürzte und überarbeitete Fassung seines Manuskripts über *Die zwei Grundprobleme der Erkenntnistheorie* als *Logik der Forschung* in der Schriftenreihe des Zirkels heraus. Darin bemerkte Popper, dass Allaussagen der Naturwissenschaften – also die sprachlichen Fassungen von Naturgesetzen – nicht vollständig verifiziert werden können. Denn es ist wegen des Induktionsproblems nicht möglich sie aus Einzelbeobachtungen zu verifizieren.[233] Popper empfahl darum, nicht Sätze auszuschließen, wie es das Sinnkriterium vorgab, sondern Formulierungen potentieller Naturgesetze auszuzeichnen. Er schlug dafür vor, die Verifikation durch die durch die Falsifikation zu ersetzen. Denn naturwissenschaftliche Allaussagen können schon durch die Angabe eines Gegenbeispiels falsifiziert werden, obwohl keine Verifikation möglich ist. Popper ersetzte also das Sinnkriterium durch ein Abgrenzungskriterium, das naturwissenschaftliche Aussagen auszuzeichnen vermochte.

Schlick reagierte in seiner Vorlesung über *Logik und Erkenntnistheorie* unmittelbar hierauf, indem er einräumte, dass Allaussagen

---

231 Carnap, *Die Überwindung der Metaphysik durch logische Analyse der Sprache*, S. 237 f.

232 A. a. O., S. 238–241.

233 Popper, *Logik der Forschung*, S. 9–11, siehe dort besonders Anm. 4 und 7.

zwar nicht verifiziert werden könnten und demnach streng genommen keinen Sinn hätten, wohl aber Regeln seien, nach denen verifizierbare Einzelausssagen über Spezialfälle gebildet werden könnten. Würden diese Einzelaussagen verifiziert, dann hat sich die Regel und damit die Allaussage bewährt.[234]

Ein weiteres Problem waren die mathematischen Sätze. Schlick hatte schon 1913 in seiner Vorlesung über Mathematikphilosphie im Zusammenhang mit seiner Kritik an Kant und dem mathematischen Empirismus eingeräumt, dass die Erfahrung uns keine bestimmte geometrische Theorie aufzwänge, sondern jede beliebige widerspruchsfreie geometrische Theorie verwendet werden könnte. Wir verwenden dann diejenige, bei der sich die einfachsten Naturgesetze ergeben. Damit hatte er eingeräumt, dass die Sätze der Mathematik ebenfalls sinnlos sind, denn sie bestehen das empirische Sinnkriterium nicht. Hier wählte Schlick genau dieselbe Lösung wie schon bei den Allaussagen und erklärte die Sätze der Mathematik zu Regeln. Sie sind jedoch nicht Regeln zum bilden verifizierbarer Einzelaussagen, sondern die einer logischen Grammatik. Die Geometrie ist nach dieser Auffassung die Grammatik der Raumworte und die Arithmetik die der Zahlworte. Beide sind Regelwerke zum Bilden von sinnvollen Aussagen.[235]

In der Vorlesung von 1934/35 rückte die alte kantische Einteilung der Urteile in solche a priori und a posteriori, analytisch oder synthetisch sind in den Hintergrund. Diejenige zwischen sinnlosen und sinnvollen Sätzen ersetzte sie. Bei den sinnlosen unterschied Schlick zwischen den Regeln der logischen Grammatik und solchen, die tatsächlich ohne jeden wissenschaftlichen Wert sind.[236]

Das Sinnkriterium wurde aber selbst von Unterzeichnern der Programmschrift des Wiener Kreises angegriffen. Karl Menger promovierte 1924 bei Hans Hahn und wurde 1927 der Nachfolger von Kurt Reidemeister in Wien. In der Zwischenzeit lehrte er auf Einladung Brouwers in Amsterdam. Im März 1928 lud Menger Brouwer nach Wien ein, zwei Vorträge zu halten. Wittgenstein war eben-

---

234 Siehe dazu in diesem Bd. ab S. 426 und S. 498.
235 Siehe dazu in diesem Bd. ab S. 470.
236 Siehe dazu in diesem Bd. ab S. 337.

falls eingeladen und kam. Nach der Überlieferung haben Brouwers Ausführungen ihn derart herausgefordert, dass er wieder intensiv begann, sich mit Philosophie zu beschäftigen.[237] Schlick schrieb dazu:

„Vor kurzem hat Brouwer zwei Vorträge in Wien gehalten. Sie waren aber weniger interessant, als das, was Wittgenstein, der bei beiden zuhörte, uns nachher im Caféhaus darüber sagte."[238]

Brouwer führte in seinem ersten Vortrag sehr allgemein in seinen Intuitionismus ein und trug Argumente aus seinen Aufsätzen vor. Er ergänzte sie jedoch um Überlegungen zur Sprache und das Verhältnis der Mathematik zu ihr. Seine Auffassung von Sprache war dabei völlig anders als diejenige Wittgensteins aus dem *Tractatus*:

„Nun gibt es aber für Willensentscheidungen, insbesondere für durch die Sprache vermittelte Willensübertragungen, weder Exaktheit, noch Sicherheit. Und diese Sachlage bleibt ungeschmälert bestehen, wenn die Willensübertragung sich auf die Konstruktion rein mathematischer Systeme bezieht."[239]

Wittgenstein bestand im *Tractatus* darauf, dass alles, was sich überhaupt sagen lässt, klar gesagt werden könne. Die Philosophie hatte für ihn nur die Aufgabe, alles Unklare auszuschalten.[240]

Karl Menger schrieb 1933 hingegen ein kleines Buch mit dem Titel *Moral, Wille und Weltgestaltung. Grundlegung zur Logik der Sitten*. Im Untertitel spielte er zwar auf Kant an, im Text setzte er sich aber mit Wittgenstein auseinander und scheint ihm zunächst zu folgen:

„Eine darüber [Werturteile in der Ich-Form, wie etwa: Ich wünsche, dass die Sonne scheint] hinausgehende Schau für das Wesen von Gut und Böse, eine Evidenz für das Liebenswerte, eine Intuition für das Gebiet des Sollens und das Reich der Werte mit seiner Hierarchie, einen eigenen Sinn für das, was jenseits und unabhängig von den geschilderten Umständen mit Wertaussagen gemeint ist, oder für das was sie sonst bedeuten, haben wir nicht und werden deshalb mit

---

237 Stadler, *Studien zum Wiener Kreis*, S. 449 ff.

238 Moritz Schlick an Rudolf Carrnap, 27. April 1928.

239 Brouwer, *Mathematik, Wissenschaft, Sprache*, S. 155.

240 Wittgenstein, *Tractatus*, 4.113–4.116.

niemanden, der für seine Person derlei zu besitzen behauptet, über die auf diese Fähigkeit gestützten Ergebnisse diskutieren."[241]

Das hielt ihn jedoch nicht davon ab, logische Analysen von Werturteilen vorzunehmen, die diese nicht zum Verschwinden brachten. Denn er hielt die rigorose Ablehnung von Werturteilen für ebenso wenig begründbar wie die Werturteile selbst:

„Sind also die Fragen, die wir beiseite schieben, und die Antworten, die andere auf die Fragen geben, *sinnlos*? Auch diese Frage werden wir weder bejahen noch verneinen, sondern nicht behandeln. Denn wehe dem, der Aussagen als sinnlos erklärt! Er gleicht einem Mann, der, um seinen Feind zu vernichten, den er in einem unentrinnbaren Sumpf erblickt. statt seines Weges zu gehen, sich mit gezücktem Dolch in den Sumpf stürzt."[242]

Menger verzichtete darauf, seine Schrift in den *Schriften zur wissenschaftlichen Weltauffassung*, die Schlick und Philipp Frank herausgaben, zu veröffentlichen. Trotzdem kannte Schlick Mengers Arbeit.[243] Wie er sie bewertete, ist jedoch nicht überliefert. In seiner Vorlesung von 1934/35 hielt er jedoch am Sinnkriterium fest.[244]

Tendenzen zu einer einer liberaleren Position lassen sich jedoch auch schon 1934 bei Carnap nachweisen. In seiner *Logischen Syntax der Sprache* formulierte er das sogenannte Toleranzprinzip gegen jede Forderung, nach der bestimmte Sprachformen und Schlussformen, wie etwa sinnlose Sätze oder bei Brouwer das Tertium Non Datur, ausgeschlossen werden sollen:

„Unsere Einstellungen zu Forderungen dieser Art sei allgemein formuliert durch das *Toleranzprinzip: wir wollen nicht Verbote aufstellen, sondern Festsetzungen treffen.* [...] *In der Logik gibt es keine Moral.* Jeder mag seine Logik, d. h. seine Sprachform, aufbauen wie er will. Nur muß er, wenn er mit uns diskutieren will, deutlich angeben, wie er es machen will, syntaktische Bestimmungen geben, anstatt philosophischer Erörterungen."[245]

---

241 Menger, *Moral, Wille und Weltgestaltung*, S. 93.

242 Ebd.

243 Siehe die drei Briefe von Karl Menger an Moritz Schlick von November 1933 bis Anfang 1934.

244 Siehe dazu in diesem Bd. S. 432.

245 Carnap, *Logische Syntax der Sprache*, S. 44 f.

Kurt Gödel stand der Wiener Gruppe um Karl Menger besonders nahe und saß in Schlicks Zirkel, während dort über den *Tractatus* diskutiert wurde.[246] 1931, nachdem er seinen Beweis für die beiden bereits mehrfach erwähnten Unvollständigkeitssätze vorgelegt hatte, war er selbst Hauptperson in einer der Sitzungen und konnte seine Ergebnisse dort noch einmal ausführlich erläutern und philosophisch ausdeuten.[247] 1934 hörte er Teile der in diesem Band abgedruckten Vorlesung Schlicks über *Logik und Erkenntnistheorie*. Er besuchte dabei mindestens die Sitzungen, in denen Schlick die Möglichkeit intuitiver Erkenntnis ablehnte und den Platonismus kritisierte.[248]

Gödel begann in den 1940er Jahren in den Vereinigten Staaten an einem ontologischen Gottesbeweis zu arbeiten, der in der formalen Sprache formuliert war, die eigentlich die Klarheit der Wissenschaft garantieren und frei von jeder Metaphysik sein sollte. Die erste und zentrale Annahme des Beweises ist dabei, dass jedes Prädikat entweder für eine positive oder negative Eigenschaft steht. In der letzten Fassung des Beweises deutete Gödel positiv im moralisch ästhetischen Sinn.[249] Das kann als direkter Angriff auf Wittgensteins Philosophie und das Programm des Wiener Kreises angesehen werden.

Auch Schlicks langjähriger Brief- und Kieler Diskussionspartner, Heinrich Scholz, legte 1941 einen Band mit dem Titel *Metaphysik als strenge Wissenschaft* vor. Darin arbeitete er eine Identitätstheorie aus, die sich an Leibniz orientierte. Er versuchte darin zu zeigen, dass die Sätze der Identitätslogik, die Wittgenstein als sinnlos ablehnte, sowohl metaphysisch als auch wissenschaftlich sind.

Schlick wurde 1936 ermordet und konnte auf diese Entwicklungen nicht mehr reagieren. Wenn es so etwas wie ein Motto gibt, unter dem Schlicks Überlegungen zur Logik und Mathematikphilo-

---

246 Vgl. dazu Gustav Bergmanns Erinnerungen, in: Uebel/Stöltzner, *Wiener Kreis*, S. 643.

247 Stadler, *Studien zum Wiener Kreis*, S. 345.

248 In diesem Bd. S. 401–418. Siehe auch Kurt Gödel Mitschrift in *Notebook*, Max 0 Philosophie I, Folder 63, Ms.-S. 3-11. Eine Abschrift wurde freundlicherweise von Eva-Maria Engelen zur Verfügung gestellt.

249 Gödel, *Collected Works*, Bd. III, S. 403–427.

sophie standen, dann ist es eine Stelle von Leibniz, die er in allen Stücken dieses Bandes, außer dem von 1925 zur Wahrscheinlichkeit, erwähnte: [250]

„Indessen ist man diesem Weg [der Characteristica Universalis und der logischen Formalisierung der Wissenschaftssprache] nicht gefolgt, weil er ein wenig unbequem ist und man auf ihm langsam und bedächtigem Schrittes gehen muss. Ich glaube aber, es ist dies nur deshalb so, weil man die Ergebnisse nicht gesehen hat. Man hat nicht bedacht, von welcher Bedeutung es sein würde, die Prinzipien der Metaphysik, der Physik und der Ethik mit derselben Gewissheit aufstellen zu können wie die Elemente der Mathematik. [...]

Das einzige Mittel, unsere Schlussfolgerungen zu verbessern, ist, sie ebenso anschaulich zu machen, wie es die der Mathematiker sind, derart, dass man seinen Irrtum mit den Augen findet und, wenn es Streitigkeiten unter Leuten gibt, man nur sagen braucht: Calculemus! ohne eine weitere Förmlichkeit, um zu sehen wer Recht hat."[251]

250 Vgl. dazu in diesem Bd. S. 91, S. 230, S. 269, Block (7) und S. 510.
251 Leibniz, LH IV 7A, Bl. 53.

Die philosophischen Grundlagen der Mathematik

Editorischer Bericht

Zur Entstehung

Schlick hat seine Vorlesung über die „Philosophischen Grundlagen der Mathematik" 1913 erstmalig gehalten[1] und wiederholte sie insgesamt fünf Mal. Dafür hatte er ein Manuskript[2] als Vorlage ausgearbeitet. 1925/26 fand die letzte Vorlesung nach dem Manuskript statt. Hiervon ist zusätzlich eine Nachschrift des mündlichen Vortrages erhalten.[3] Wer sie anfertigte, ist nicht mehr zu ermitteln.

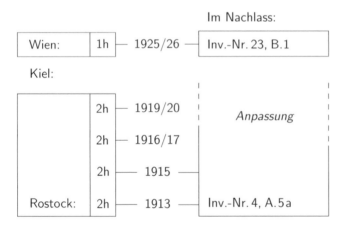

Abb. 8. Wiederholungen der Vorlesung zur Mathematikphilosophie und die dazugehörigen Nachlassstücke

1 Vgl. dazu auch Inv.-Nr. 85, C. 27-1.

2 Inv.-Nr. 4, A. 5 a.

3 Inv.-Nr. 23, B. 1.

Schlick hatte die Vorlesung in manchen Jahren einstündig und in anderen zweistündig angelegt. Das hat er schon 1913 im Manuskript berücksichtigt, indem er es in zwei etwa gleich große Teile gliederte. Der erste Teil behandelt Fragen der Geometrie, der zweite solche der Arithmetik und der Mengenlehre. Deswegen enthält die Mitschrift einstündigen des Vortrages von 1925/26 nur die Ausführungen zur Geometrie.

Das Manuskript bietet einen beinahe vollständigen Überblick über die mathematikphilosophischen Debatten des 19. Jahrhunderts. Besonders gründlich befasste sich Schlick mit Immanuel Kant, Karl Friedrich Gauss, Hermann von Helmholtz, Gottlob Frege, Bertrand Russell, Georg Cantor, Henri Poincaré und David Hilbert.

Da die Vorlesung in der Philosophie und nicht etwa in der Mathematik angekündigt war, konnte Schlick oft nur oberflächlich auf mathematische Details eingehen. Dafür hat er, wie häufig in seinen Vorlesungen, auf kleinere Handbücher und Einführungen zurückgegriffen. Die Details zur Euklidischen und nichteuklidischen Geometrie hat er z. B. Roberto Bonolas *Die nichteuklidische Geometrie* entnommen. Mehrere Sitzungen der Vorlesungen bestritt er wohl fast ganz aus diesem Buch. Die Ausführung zur Arithmetik und ihrer mengentheoretischen Grundlegung stammen aus Aurel Vossens *Über das Wesen der Mathematik*, Jonas Cohns *Voraussetzungen und Teile des Erkennens* und Heinrich Webers und Josef Wellsteins *Encyclopädie der Elementar-Mathematik*.

Dennoch hat Schlick die Vorlesung nicht allein aus dem Manuskript bestritten. Häufig werden Ausführungen mit der Bemerkung „Erläutern!" abgebrochen. Aus der Mitschrift von 1925/26 geht hervor, dass Schlick hier an der Tafel mit Skizzen und häufig auch mit zusätzlicher Literatur gearbeitet hat. Das zeigt sich auch am Manuskript. Gelegentlich sind die Erläuterungen nachträglich als Zeichnungen, Rechnungen oder Zitate auf den Rückseiten der Blätter angefügt.

Viele der behandelten Themen hatte Schlick schon in der 1910er Vorlesung über die „Grundzüge der Erkenntnistheorie und Logik" und in seiner Habilitationsschrift[4] angerissen. Auch nach der letzten Vorlesung 1925/26 endete für ihn die Beschäftigung mit diesen Themen nicht.[5] Zwei Problemkreise standen sowohl im Manuskript als auch in der späteren Mitschrift im Mittelpunkt von Schlicks Ausführungen:

Er versuchte das Verhältnise der mathematischen Theorien zur von den Naturwissenschaften untersuchten Erfahrungswelt zu klären. Dazu schrieb er eine bemerkenswerte Formulierung in die Vorlesung, die sich später ähnlich bei Einstein wiederfinden sollte.

„Zusammenfassung: insofern die Geometrie eine strenge Wissenschaft ist, ist sie analytisch, beruht auf reinem Denken. [...] Insofern die Geometrie synthetisch ist, nämlich als phys[ische] Geometrie, als Wissenschaft von anschaulichen Gebilden, ist sie a posteriori."[6]

Einsteins Fassung stammt von 1921 aus seinem berühmten Vortrag über *Geometrie und Erfahrung*:

„Insofern sich die Sätze der Geometrie auf die Wirklichkeit beziehen, sind sie nicht sicher und insofern sie sicher sind, beziehen sie sich nicht auf die Welt."[7]

Schlick hatte durch viele Briefe, aber auch persönlich engen Kontakt zu Albert Einstein. Er verdankte nicht zuletzt ihm seine spätere Berufung nach Kiel.[8] Im mündlichen Vortrag von 1925/26 widmete er ihm fast zwei ganze Vorlesungen[9] und wich dadurch vom alten 1913er Manuskript ab. Es ist nicht unwahrscheinlich, dass er das auch schon vor 1925/26 getan hat. Denn mit *Raum und Zeit in der gegenwärtigen Physik*[10] hatte er bereits 1917 zu diesem Thema publiziert. Seine Beschäftigung mit der Relativitätstheorie begann aber schon etliche Jahre zuvor.[11] Ob es für die beiden abweichenden Vorlesungen eine Vorlage gab, ließ sich leider nicht mehr ermitteln.

---

4 Inv.-Nr. 2, A. 3a, (*MSGA* II/1. 1) bzw. 1910b *Wesen der Wahrheit*.

5 Siehe dazu in diesem Bd. ab S. 257 und S. 337.

6 In diesem Bd. S. 164.

7 Einstein, *Geometrie und Erfahrung*, S. 3 f.

8 Siehe dazu in diesem Bd. ab S. 225.

9 Siehe dazu in diesem Bd. ab S. 165.

10 1917a *Raum und Zeit* (*MSGA* I/2).

11 Siehe dazu die Einleitungen von *MSGA* I/1 und I/2.

Das zweite große Problem war für Schlick die Begründung von mathematischen Sätzen. Wenn sie empirisch nicht widerlegt werden können, dann können sie so auch nicht begründet werden. Darum lehnte Schlick, obwohl er ansonsten Empirist war,[12] den Empirismus für die Mathematik ab. Er hielt sie dagegen wie Kant für a priori. Im Gegensatz zu Kant lehnte er die synthetischen Urteile a priori ab.[13] Ihm blieb darum nichts anderes übrig als mathematische Sätze für analytisch zu halten.[14] Im ersten geometrischen Teil der Vorlesung findet sich keine Begründung für die Analytizität. Diese wird nur sehr knapp im arithmetischen zweiten Teil der Vorlesung gegeben.

Dieser Teil behandelte dieselben beiden Probleme wie der geometrische, wobei hier das Verhältnis der Mathematik zur Naturwissenschaft erheblich zurücktritt. Hinzu kam noch eine Beschäftigung mit der Mengenlehre Cantors und dem Unendlichen in der Mathematik. In diesem Teil der Vorlesung wird auch Schlicks Nähe zu Henri Poincaré überdeutlich. Er lehnte wie dieser aktual unendliche Mengen ab und meinte wie dieser, die Antinomien der Mengenlehre gingen vom Unendlichen aus. Er folgte Poincaré auch darin, dass mathematische Axiome, ganz gleich ob aus der Geometrie oder Arithmetik, Konventionen sind. Für die arithmetischen Axiome sagte er, wenn auch sehr knapp, sie wären analytisch, weil sie Konventionen sind.[15] Damit ging er über Kant hinaus, der die Analytizität von Sätzen auf deren logische Form und nicht auf ihre Stellung in einer Theorie zurückführte.

Da Schlick ab 1924 in seinem Zirkel Wittgensteins *Tractatus logico-philosophicus* studierte,[16] war zu erwarten, dass nicht nur Einstein, sondern auch Wittgenstein den mündlichen Vortrag von 1925/26 beeinflusst haben könnte. Dem ist jedoch nicht so, zumindest in der Mitschrift ist nichts dergleichen nachweisbar. Sie enthält zwar einige, im Gegensatz zum 1913er Manuskript optimistische Bemerkungen zur Logik, doch Schlick bezog sich dabei ausdrücklich auf

---

12 Inv.-Nr. 2, A. 3a, Bl. 96 (*MSGA* II/1. 1).

13 Siehe dazu die Einleitung dieses Bandes.

14 In diesem Bd. S. 107, S. 149 f. und S. 164 ff. sowie S. 507.

15 In diesem Bd. ab S.175.

16 Siehe dazu in diesem Bd. ab S. 257.

Bertrand Russell. Die neue Sicht auf die Logik hatte er nicht erst von Wittgenstein, sondern brachte sie schon von Kiel nach Wien mit.[17] In seinem mündlichen Vortrag hoffte er, dass Russells Ansatz zur Grundlegung der Mathematik sich schließlich als äquivalent zu demjenigen David Hilberts erweisen würde. Im Manuskript von 1913 zog er Hilbert dagegen vor. Hier wirkte vermutlich noch seine Kritik an Russell aus seiner Habiltationsschrift nach.[18]

Zur Überlieferung

Wie bereits erwähnt, ist die Vorlesung durch zwei Stücke überliefert. Das Manuskript von 1913[19] war die Vorlage aller Vorlesungen aus Schlicks eigener Hand und das Typoskript[20] die Nachschrift eines unbekannten Hörers des mündlichen Vortrages von 1925/26.

Das Manuskript hat das für Schlicks frühe Vorlesungen typische Format von ca. 285 × 220 mm und ist ursprünglich nur einseitig sehr eng beschrieben gewesen. Die Bögen tragen jedoch die Spuren mehrfacher Überarbeitung. Es gibt etliche Markierungen und Anstreichungen, die Umstellungen, Streichungen und Einschübe markieren. Die meisten Einschübe sind erst im Laufe der Jahre hinzugekommen und finden sich auf der Rückseite, da die Vorderseite ohne Rand beschrieben ist.

Das Typoskript von 1925/26 besteht aus 49 beidseitig beschriebenen Bögen im Format von 350 × 210 mm. Es gibt vereinzelte Anmerkungen und Korrekturen mit schwarzem Stift. Ein Vergleich zeigte, dass sie wohl nicht von Schlick stammen. Es handelt sich dabei um griechische Wörter oder orthographische Korrekturen. Mit Kopierstift wurden nachträglich einige Zeichnungen eingefügt. Der Platz dafür wurde bereits beim Tippen ausgespart.

Die Überlieferungssituation ist ähnlich wie bei der Vorlesungsreihe über Logik und Erkenntnistheorie, die Schlick von 1910 bis 1935

---

17 Siehe dazu in diesem Bd. ab S. 225.

18 1910b *Wesen der Wahrheit* (*MSGA* I/4), siehe dazu aber auch die Einleitung zu diesem Band.

19 Inv.-Nr. 4, A. 5a.

20 Inv.-Nr. 23, B. 1.

regelmäßig wiederholte.[21] Auch sie hatte ursprünglich ein Manuskript als Vorlage, das um 1910 entstanden ist.[22] 1935 ließ er ein umfangreiches Typoskript seines gesprochenen Vortrages anfertigen.[23] Er hatte die Vorlesung in den 25 Jahren seit dem Verfassen des Manuskripts derart häufig umgearbeitet, dass das Typoskript und das ursprüngliche Manuskript nicht mehr als Verschriftlichungen desselben Textes angesehen werden können.

Das ist bei der hier abgedruckten Vorlesung jedoch anders. Das Typoskript ist wesentlich schlechter ausgearbeitet als das Manuskript. Es ist auf keinen Fall die wortgetreue Wiedergabe des gesprochenen Textes. Es besteht zum Großteil nicht einmal aus zusammenhängenden Sätzen, sondern aus Stichworten und Wortgruppen. Der Grad der Ausformulierung schwankt und ist bei philosophischen Passagen höher als bei den mathematischen. Man bekommt so den Eindruck, dass der Hörer, der die Mitschrift anfertigte, mal mehr und mal weniger von den Ausführungen verstanden hat. Es ist davon auszugehen, dass Schlicks mündlicher Vortrag in dem Typoskript verkürzt und gefiltert, wenn nicht gar verfremdet überliefert ist. Gleichwohl, das verraten die typischen Anstreichungen mit blauem und rotem Buntstift, hat Schlick das Typoskript mindestens einmal gelesen.

Editorische Entscheidungen

Der hier abgedruckte Text folgt weitestgehend dem Manuskript. Das Typoskript wurde nur verwendet, um das Manuskript zu ergänzen. Abweichende Formulierungen zwischen beiden sind nicht gekennzeichnet. Allein durch die Verkürzung ganzer Passagen zu Stichpunkten entstünde hierdurch eine Flut von Kommentaren, die die Lesbarkeit des von Schlicks eigener Hand verfassten Textes stark einschränken würden. Dem stünde aber kaum ein Gewinn an Information gegenüber. Denn, wie oben erläutert, die Abweichungen der

---

[21] Siehe dazu in diesem Bd. ab S. 337 und den editorischen Bericht zu den „Grundzügen der Erkenntnistheorie und Logik" von 1911 in MSGA II/1.1.

[22] Inv.-Nr. 2, A. 3a (*MSGA* II/1.1).

[23] Inv.-Nr. 28, B. 7.

Formulierungen gegenüber dem Manuskript sind dem Hörer geschuldet.

Das Typoskript ist in vierzehn römisch nummerierte Vorlesungen gegliedert. Zum Teil stimmt diese Gliederung mit Markierungen im Manuskript von 1913 überein. Das Manuskript enthält aber noch weitere Marken an weiteren Stellen. Schlick verwendete z. B. Striche, Kästchen und Kreise, in verschiedenen Farben. Es ist davon auszugehen, dass es sich dabei um Gliederungen des Vorlesungstextes aus den vorigen Jahren handelt. Das erklärt auch, warum das vorliegende Manuskript, wie auch die anderen frühen Vorlesungsmanuskripte, keine Gliederung in Absätzen aufweist. Offensichtlich hat Schlick beim Schreiben des Textes keine feste Einteilung des vorzutragenden Stoffes auf die einzelnen Termine im Auge gehabt, sondern diese Jahr für Jahr neu vorgenommen. Dabei befinden sich die einzelnen Marken durchaus an Stellen, bei denen es inhaltliche Umbrüche gibt. Die Gliederung des vorliegenden Textes folgt, abgesehen von den ganz wenigen schon in der ersten Fassung gesetzten Absätzen, diesen Markierungen und klärt im Kommentar über die Art der Markierung auf.

Um die Zuordnung von Manuskript und Typoskript zu erleichtern, wurden an den Text zusätzliche Randbemerkungen ähnlich den ohnehin vorhandenen Paginierungen angefügt. Diese geben mit einer römischen Zahl an, welche der vierzehn Vorlesungen 1925/26 an der jeweiligen Stelle begann. Manchmal war das nicht exakt möglich. Zum Beispiel hat Schlick große Passagen des Manuskripts in zusammengefasster Form in der IX. und X. Vorlesung von 1925/26 vorgetragen, ist dabei aber nicht der Reihenfolge des Manuskriptes gefolgt. Dadurch lässt sich das Ende der IX. und der Anfang der X. Vorlesung nicht auf genau eine Stelle im Manuskript festlegen. Seitengenaues Zuordnen von Manuskript und Typoskript war darum ebenfalls nicht möglich.

Wo das Typoskript dem Inhalt nach über das Manuskript hinausgeht oder abweicht, wurden erläuternde Fußnoten eingeschoben, die den zusätzlichen Text oder Textvarianten aus dem Typoskript und meist auch Skizzen enthalten. Vorlesung XIII und XIV finden sich nur im Typoskript von 1925/26. Sie sind in den abgedruckten Text des Manuskriptes als zusätzliche Blöcke an die Stelle eingeschoben, wo Schlick das Manuskript verließ und den abweichenden Text vortrug. Man beachte den Kommentar an den Trennlinien der Blöcke. Zu den Blöcken insgesamt sei auf die editorischen Prinzipien verwiesen.

Da es sich bei dem Manuskript um die Vorlage für einen mündlichen Vortrag handelte und ein mündlicher Vortrag keine Fußnoten enthält, wurde darauf verzichtet, Schlicks Bemerkungen am unteren Rand des Blattes als Fußnoten von seiner Hand wiederzugeben. Markierungen im Text wie etwa „*)" oder „⇓", die auf diese Bemerkungen verweisen, können nämlich ebenso gut als Einschübe gedeutet werden, die aus Platzgründen an den unteren Rand gesetzt wurden, denn das Stück ist randlos beschrieben. Da sie sich anders als Fußnoten fast immer nahtlos in den Text einfügen, sind sie wohl auch von Schlick überwiegend als Einschübe gedacht gewesen. In den wenigen anderen Fällen wurden sie als Randbemerkungen behandelt. Aus dem textkritischen Kommentar an solchen Einschüben geht stets hervor, wo und wie diese Passagen im Manuskript mit dem Haupttextkörper verbunden sind.

[Die philosophischen Grundlagen der Mathematik][1]

|[2] Gegenstand liegt auf der Grenze zweier Erkenntnisgebiete: Phi-
losoph[ie] [und][a] Math[ematik]. Um über unser Thema uns klar
zu werden u[nd] die Probleme deutlich zu sehen, die wir lösen
wollen, müssen wir das Verhältnis zwischen Math[ematik] u[nd]
Phil[osophie] betrachten. D[ie] Formulierung des Themas setzt
bereits besonderes Verhältnis voraus. Phil[osophie] soll der Math[ematik] als *Grundlage* dienen. Dies scheint paradox und fragwürdig. Math[ematik]: die exacteste, Phil[osophie]: die unsicherste der Wissenschaften. Wäre nicht das Umgekehrte gescheiter?
Man hat ähnliches versucht. Spinoza: mos geometricus[3]; Leibniz: mathesis universalis ⟨calculemus⟩[b][4]; moderne Logistik (Ost-

---

a Im Original: ⟨+⟩   **b** Mit Bleistift

1 Das Manuskript (Inv.-Nr. 4, A. 5a) trägt keine Überschrift. Die Vorlesungen,
die Schlick auf Grundlage des Manuskripts in den Sommersemestern 1913 und
1915 sowie den Wintersemestern 1916/17 und 1919/20 in Rostock hielt, wurden
jedoch unter diesem Titel angekündigt.

2 Die zusätzliche römische Paginierung gibt die Einteilung der Vorlesung nach
der Mitschrift von 1925/26 wieder, soweit sie sich dem Manuskript zuordnen
ließ. Siehe dazu den editorischen Bericht, sowie Inv.-Nr. 23, B. 1.

3 Lat.: „geometrische Sitte (Methode)". Spinoza orientierte sich beim Aufbau
seiner Ethik an den *Elementen* des Euklid. Vgl. dazu Spinoza, *Ethica Ordine
Geometrico Demonstrata*.

4 *Mathesis Universalis* ist einer der Titel, die Leibniz seinen Formalisierungsver-
suchen gab. Andere sind *Characteristica Universalis*, *Calculus Universalis* oder
Calculus Rationator usw. (vgl. Leibniz, *Die philosophischen Schriften*, Bd. VII,
S. 3 –228). Die mit dem *calculemus* verbundene Stelle stammt jedoch aus der
Ars Inveniendi: „Unterdessen wurde dieser Weg [die Formalisierungbder Wissen-
schaftssprache] nicht verfolgt, weil er ein etwas unbequemer ist und man auf ihm
mit langsamen und vorsichtigen Schritten gehen muss. Ich glaube jedoch, dies

wald).[5] Aber gesetzt selbst, dergleichen wäre möglich (ich werde Ihnen aber später, wenn die Zeit es erlaubt, nachweisen, dass diese Gedanken sich in dieser Form *nicht* strenge durchführen lassen), so wäre doch damit noch lange nicht die Phil[osophie] auf die Math[ematik] zurückgeführt, es wären die philosoph[ischen] Wahrheiten nicht aus rein math[ematischen] Wahrheiten abgeleitet, sondern es wäre blos eine Methode, die in der Math[ematik] zur Erkenntnisgewinnung führt, auf andere Erkenntnisgebiete übertragen. Wenn ich die Laute der chinesischen Sprache durch latein[ische] Schriftzeichen wiedergebe, so habe ich nicht die chines[ische] Sprache auf die lateinische gegründet und zurückgeführt, sondern ich habe mich nur in beiden Sprachen derselben *Methode* der Lautwiedergabe bedient. Das ist etwas ganz anderes. Man kann die Phil[osophie] nicht auf die Math[ematik] gründen, aus dem einfachen Grunde, weil die Math[ematik] eine *Special*wissenschaft ist, d. h. sie hat es nur mit einem beschränkten Gebiet von Wahrheiten zu tun, eben denen, die wir *mathemat[ische]* nennen. Die Philosophie dagegen: allgemeine Wissenschaft.[c][6]

c Am Ende des Satzes in rot: ⟨×⟩

ist nur deshalb so, weil die Ergebnisse nicht gesehen wurden. Es wurde nicht bedacht, welche Bedeutung es hätte, die Grundsätze der Metaphysik, Physik und Ethik mit gleicher Gewissheit aufstellen zu können wie die Elemente der Mathematik. [...]
  Das einzige Mittel, unsere Folgerungen zu verbessern, ist, wenn sie ebenso offensichtlich, wie es die der Mathematiker wären, nämlich so, dass man seinen Irrtum mit den Augen findet und, wenn es Streitigkeiten unter Leuten gibt, man nur zu sagen hätte: ‚Rechnen wir!' [calculemus!] ohne eine weitere Förmlichkeit, um zu sehen wer Recht hat."

5 Ostwald, *System der Wissenschaften*, S. 269: „Seitdem habe ich die ([...]) Entdeckung gemacht, daß die Logik, die besser und allgemeiner *Mannigfaltigkeitslehre* zu nennen ist, eine noch allgemeinere Wissenschaft ist als die Mathematik, so daß sie in dem obigen System [Ostwalds Einteilung der Wissenschaften] den *ersten* Platz zu beanspruchen hat."

6 Der vorangegangene Absatz ist im mündlichen Vortrag von 1925/26 verändert: „Gibt es auch in der Philosophie selbst Gebiete, die exakt genug sind, um darauf mathematische Ansichten zu begründen. Oft sind Sätze ganz klar, aber ihre Begründung ist noch im Dunkel. Das könnte auch in der Phi[lo]sophie so sein. In der Logik hat man es versucht. Der Gedanke lag nahe, die Begründung der Mathe-

Hat es mit allen Wahrheiten, ja mit der Wahrheit überhaupt.[d]
Jeden Satz kann man vom philosoph[ischen] Standpunkt aus betrachten, zum Gegenstand philos[ophischen] Nachdenkens machen – es ist aber nicht möglich, jeden Satz auf mathemat[ische]
5 Weise zu behandeln, in math[ematischer] Form darzustellen. Z. B.
wenn ich sage: der Hamlet ist schöner als der Sommernachts-
traum ...[e]

Eben weil die Philosophie es mit den allgemeinsten Fragen zu
tun ⟨hat⟩, deshalb müssen alle specielleren Fragen sich philoso-
10 phisch begründen lassen, sofern man überhaupt letzte Gründe für
sie finden kann. Begründen heisst in der Wissenschaft überhaupt:
das Speciellere auf das Allgemeinere zurückzuführen, und wenn
das Allgemeinste eben immer das Philosophische ist, so muss
jede Wissenschaft, jede Wahrheit in irgend einem Sinne philo-
15 soph[ische] Grundlagen haben.[f]

(Aber das will ich etwas näher erläutern, damit uns auch
klar wird, was wir eigentlich unter philos[ophischen] Grundlagen zu verstehen haben. Betrachten wir eine beliebige spezial-
wissenschaftliche Frage. Der Mediziner fragt nach der Ursache
20 einer Krankheit. Findet sie in Bacillen. Diese Antwort genügt
ihm schon in manchen Fällen. Will er aber mit der Erkenntnis
weiter dringen, so fragt er: *warum* bedingt das Vorhandensein
der Bacterien Krankheit? Er findet, dass sie giftige Stoffe ab-
scheiden. Dies ist eine physiologische Frage. Aber er will weiter
25 wissen, wie kommt das? Dazu muss er die Lebensbedingungen
der Bacillen im allgemeinen untersuchen, d. h. er muss sich ins
Gebiet der *Biologie* begeben. Fragt er noch weiter, so kommt er
in die *Chemie*, weiter in die Physik. Von hier aus entweder direct zur Philosophie, oder auf dem Umwege über die Mathematik
30 (Raum und Zeit).[g]

---

d Dem Satz fehlt das Verb   **e** Am Ende des Satzes in rot: ⟨–⟩   **f** Am Ende
des Satzes in rot: ⟨–⟩   **g** Am Ende des Satzes in rot: ⟨|⟩

matik mit logischen Mitteln zu suchen. Mit Absicht von Mathematik her strenge
Form zu finden, dies vielleicht der Weg, der so oft geforderten Form der Philo-
sophie führt. Ich glaube, dass in der [T]at etwas derartiges in der gegenwärtigen
Wissenschaft vor sich geht." (Inv.-Nr. 23, B. 1, S. 2)

Sie sehen: jede Wissenschaft baut sich auf gewissen Grundbegriffen auf, und *deren* Untersuchung ist dann Aufgabe einer allgemeineren, der nächsthöheren, nächstumfassenden Wissenschaft, und dieser Weg führt dann schnell in die allgemeinste, die Philosophie. Helmholtz: jede wissenschaftliche Frage führt, weit genug verfolgt, in die Erkenntnistheorie, die ja ein Zweig der Philosophie ist, vielleicht sogar die ganze berechtigte Phil[osophie] ausmacht.)[h][7]

Denn jede wissenschaftl[iche] Frage ist in letzter Linie eine Erkenntnisfrage, Wissensch[aft] will ja nichts weiter als Erkennen.[i]

Wenn man also immer weiter nach den Gründen fragt und den Gründen der Gründe, so kommt man zuletzt stets an die Frage: Was ist denn eigentlich Erkennen, wie kommt es zustande? Wie kommt es zustande in den Naturwissenschaften, wie in den Geisteswissensch[aften], wie in der Mathematik? Und dies letztere ist unser Problem: wie gelangen wir in der Math[ematik] zum Erkennen? M[it] a[nderen] W[orten]: die phil[osophischen] Grundlagen der Math[ematik] untersuchen, heisst: *Theorie der math[ematischen] Erkenntnis* treiben.[j]

Wir haben jetzt gesehen, wie man überhaupt dazu kommt, eine philos[ophische] Grundlegung der Math[ematik] zu suchen, und nicht etwa umgekehrt an die Möglichkeit einer math[ematischen] Grundlegung der Phil[osophie] glauben darf. Aber damit ist die Bedenklichkeit noch nicht erledigt, von der ich zu Anfang sprach, wie nämlich die unsicherste aller Wissenschaften, die Phil[osophie], das Fundament abgeben soll für die sicherste, die Math[ematik]. Darauf ist folgendes zu antworten. Die

---

h Klammern mit Kopierstift, am Ende der Klammer in rot: ⟨–⟩   **i** Am Ende des Satzes in rot: ⟨–⟩   **j** Am Ende des Satzes in rot: ⟨|⟩

7 Schlick schrieb Helmholtz diese Äußerung auch an anderer Stelle zu. Vgl. dazu 1910b *Wesen der Wahrheit*, S. 465 (*MSGA* I/4); Inv.-Nr. 161, A. 121a, Bl. 3 (*MSGA* II/2.1); Inv.-Nr. 2, A. 3a, Bl. 5 (*MSGA* II/1.1). Enriques schreibt sie Helmholtz in seinen *Problemen der Wissenschaft*, S. 73 f. ebenfalls zu. Diese Äußerung ließ sich aber bisher weder in den Schriften von Helmholtz, die Schlick für diese Vorlesung herangezogen hat, noch aus dessen anderen Schriften nachweisen.

Sicherheit der Math[ematik] ⟨⟩ᵏ – zum mindesten grosser Gebiete der Math[ematik] ist über jeden Zweifel absolut erhaben. Dass 2 x 5 = 10, oder dass ich jede Quadratzahl als Summe einer Reihe aufeinander folgender ungeraden Zahlen darstellen kann –
5 das sind schlechthin wahre Sätze, und ihre absolute Genauigkeit und Wahrheit kann durch keine phil[osophische] Begründung in irgend einer Weise erhöht oder gesichert werden. Sie kann aber auch – und das ist das Wichtige, durch keine phil[osophische] Untersuchung *erschüttert* werden. Die Math[ematik] ist eben ein in
10 sich vollkommen festes und sicheres Gebäude, ganz unabhängig davon, was wir über ihre philos[ophischen] Grundlagen ermitteln.ˡ

Sie sehen also: Wenn wir nun an die phil[osophischen] Untersuchungen der Grundlagen der Math[ematik] herangehen und es
15 stellte sich heraus, dass wir zu absolut exacten unbezweifelbaren Resultaten nicht gelangen können (– ich sage nicht, dass es in unserem Falle so sein wird –, aber mit der *Möglichkeit* muss man bei phil[osophischen] Untersuchungen eben immer rechnen –) so würde das der Math[ematik] gar nichts schaden, die Wahrheit
20 der math[ematischen] Erkenntis wäre dadurch nicht in Frage gestellt.ᵐ

Es wäre durchaus kein Widerspruch, dass wir absolut sichere math[ematische] Erkenntnisse besitzen, aber nur unsichere philos[ophische] Erkenntnis von den Gesetzen auf denen die Math[e-
25 matik] eigentlich ruht, die letzten Gründe sind ja oft in ein Dunkel gehüllt, das schwer zu durchdringen ist, während das, was auf ihnen ruht, völlig sonnenklar vor Augen liegen kann. ⟨Wenn die richtige Begründ[un]g gefunden, muss sie ebenso sicher sein wie die Math[ematik] selbst.⟩ⁿ

30 Nun könnte man sagen – und manche Mathematiker sagen es auch: Wenn die Sache so steht, wenn die Math[ematik] die ⟨Garantie ihrer⟩ Richtigkeit und Sicherheit gleichsam in sich selber trägt – was sollen wir uns da in diese schwierigen und möglicherweise erfolglosen philos[ophischen] Untersuchungen über ihre

---

k ⟨ist⟩   **l** Am Ende des Satzes in rot: ⟨–⟩   **m** Am Ende des Satzes in rot: ⟨–⟩   **n** Einschub von der Rückseite und in rot: ⟨–⟩

Grundlagen stürzen? Wir begnügen uns mit dem, was wir in der Math[ematik] selbst finden und haben gar keinen Anlass, weiter nach tieferen Gründen zu suchen.[o]

Dieser Standpunkt ist möglich, und man kann sich schliesslich in jeder Wissenschaft auf ihn stellen; überall kann man sagen: Ich halte mich an das fest Gegebene und Bewährte und lasse mich nicht ein auf die heiklen Fragen nach philos[ophischer] Begründung.[p]

Aber dieser Standpunkt scheint mir eines echt wissenschaftlichen Geistes nicht würdig, denn es liegt im Wesen der Erkenntnis, dass sie bis zu den allerletzten Grenzen vordringen will und sich an keinem früheren Punkte beruhigt; und gerade die grossen Forscher haben sich mit Vorliebe diesen letzten, principiellen Fragen zugewandt, die schon in das Gebiet der Phil[osophie] gehören.[q]

Denn die grössten Forscher waren zugleich auch immer philosoph[ische] Köpfe, oder fast immer. Gewiss, *nötig* ist es nicht für den Mathematiker oder den exact[en] Naturforscher, sich mit diesen philos[ophischen] Problemen nach den letzten Grundlagen zu beschäftigen, man *kann* die Einzelwissenschaften auch vollkommen beherrschen und anwenden und Bedeutendes in ihnen leisten, ohne nach diesen letzten Principien zu fragen – aber ich glaube, wirklich im Innersten *verstehen* kann man sie ohne das nicht. Wer eine wissenschaftl[iche] Tätigkeit nicht blos ausüben will, sondern sich auch Rechenschaft darüber geben möchte, was seine Tätigkeit letzten Endes bedeutet, was ihr Sinn verleiht und was ihr innerstes Wesen ausmacht, der muss in gewissem Grade Philosoph sein, der muss sich kümmern um die philos[ophischen] Principien, die in jede Wissenschaft eingehen, und er wird das selbst dann tun, wenn er glaubt, dass ihm die philos[ophischen] Bemühungen nicht zu einem absolut sicheren, unanfechtbaren Resultate führen werden. Er wird trotzdem das Bedürfnis haben, sich die Probleme irgendwie zurechtzulegen und sich, wenn nötig, mit blos wahrscheinlichen Antworten begnügen.[r] Auch das wäre

o Am Ende des Satzes in rot: ⟨–⟩ **p** Am Ende des Satzes in rot: ⟨–⟩ **q** Am Ende des Satzes in rot: ⟨–⟩ **r** Der Satz ist im Original in rot mit ⟨◯◯⟩ markiert

ja ein Fortschritt. Und irgend welche Klarheit wird sich ja auch auf diesem Gebiete erlangen lassen. Ich hoffe Ihnen nun zeigen zu können, dass sogar ein recht hoher Grad von Klarheit über die Grundl[agen] d[er] Math[ematik] sich erreichen lässt.[s]

5 Die Phil[osophie] ist ja doch nicht eine durch und durch unsichere Wissenschaft, sondern es gibt auch in ihr vollkommen zweifellose und exacte Wahrheiten – ich brauche blos an die Sätze der Logik zu erinnern, und wir werden gerade sehen, dass die Grundlagen der Math[ematik] hauptsächlich *logischer* Natur sind.[t]

10 Wir können also mit der besten Hoffnung an unser Unternehmen herantreten; und es ist nicht ein Unternehmen, an dem der Vertreter der Math[ematik] oder der math[ematischen] Naturwissensch[aft] kalt und gleichgültig vorübergehen könnte, sondern es ist etwas, an dem er das lebhafteste Interesse haben muss, wenn 15 er von echt wissenschaftlichem Geiste durchdrungen ist und zum wahren, völligen Verständnis gelangen möchte. Ohne das Interesse an den letzten Principienfragen bleibt man doch mehr oder weniger ein Banause in der eignen Wissenschaft.[u]

Soviel über die Bedeutung unseres Themas für den Mathema-20 tiker. Aber die Frage nach den Grundl[agen] d[er] Math[ematik] ist nicht etwa blos wichtig für den, der ein besonderes mathemat[isches] Interesse hat, sondern ihre Bedeutung reicht ausserordentlich viel weiter, ihr kommt in der Philosophie eine geradezu fundamentale Rolle zu. Wer überhaupt in das Wesen der 25 menschlichen Erkenntnis eindringen will, muss vor allem dem math[ematischen] Erkennen seine Aufmerksamkeit zuwenden. Die Math[ematik] bietet ja die glänzendsten Beispiele absolut sicherer und allgemeingültiger Erkenntnis dar, und es ist deshalb einleuchtend, dass gerade mit der Erforschung *dieser* Erkenntnisart 30 die Hauptarbeit der Erkenntnistheorie überhaupt geleistet ist. So nimmt also unser Problem in der philos[ophischen] Erkenntnislehre überhaupt einen centralen Platz ein. Einen wie wichtigen Platz, können Sie z. B. daran erkennen, dass *Kant* seine gesamte Erkenntnislehre, seine gesamte theoretische Philosophie

---

s Am Ende des Satzes in rot: ⟨−⟩   **t** Am Ende des Satzes in rot: ⟨−⟩   **u** Am Ende des Satzes in rot: ⟨═⟩

gegründet hat auf die Philos[ophie] der Mathematik. Hier, sagte er, in der Math[ematik] (und reinen Naturwissenschaft), haben wir einen Schatz absolut sicherer und allgemeingültiger Erkenntnisse vor uns,[8] hier müssen wir deshalb angreifen [um]? zu einem exacten, fest gefügten System der Philos[ophie] zu gelangen! Und damit hatte Kant ja auch ganz recht. Wer [nicht mit]? den math[ematischen] Erkenntnissen vor allem sich abzufinden weiss, der kann keine dauernde, unangreifbare philosophische [Arbeit]? schaffen – der soll seine Finger überhaupt von der Philosophie lassen. Es ist daher auch kein Zufall, dass die grossen Fortschritte in der Philosophie fast immer von solchen Denkern erzielt wurden, die sich irgendwie an der Mathematik zu orientieren vermochten. ₂⟨Plato (μηδεις αγεωμετρητος εισιτω),[9] Demokrit, Descartes, Leibniz,[10]⟩ ₁⟨Es kommt noch das psychologische Moment hinzu[,] dass das mathemat[ische] Denken eine überaus gute Schulung für strenges und exactes Denken überhaupt bildet und den so geschulten Philosophen vor verschwommenen Begriffsbildungen und blossen Phantastereien bewahrt. Wir werden später sehen, dass die wunderbare Strenge der Math[ematik] ganz und gar auf ihrem rein *log[ischen]* Gehalt beruht; die mathemat[isch]-naturwissenschaftliche Bildung ist daher ohne Zweifel viel besser geeignet, zu streng log[ischem] Denken zu erziehen als die philolog[isch]-historische, denn sowohl die Geschichte wie auch die Sprachwissenschaft haben es im wesentlichen mit mehr oder minder zufälligen, unlogischen Gebilden zu tun. Wieviel römische

8 Vgl. Kant, *KrV*, B X–XII.

9 Griech.: „Kein Zutritt für den in der Geometrie Unkundigen". Diese Inschrift soll sich am Eingang von Platons Akademie befunden haben. Bei Platon gibt es jedoch keine Quelle dazu. Siehe dazu Busse, *Eliae Commentaria*, S. 118.

10 Das mathematische Opus des Demokrit war umfangreich, ist aber leider nicht erhalten (vgl. Diogenes Laertius, *vitae philosophorum*, IX, 45 –50). Descartes' *Geometrie* führt die Geometrie auf Algebra zurück. Leibniz ist aufbauend auf Descartes zusammen mit Newton der Erfinder der Infinitesimalrechnung (Leibniz, *Mathematische Schriften*, Bd. 5 und Newton, *The Method of Fluxions and Infinite Series*). Kant stützt sich in seiner *Kritik der reinen Vernunft* immer wieder auf die Mathematik als Beispiel für seine Kernthese, nach der es synthetische Urteile a priori gibt (z. B. in *KrV*, B 744 –748).

Kaiser es gab, oder was für ein Geschlecht ein griechisches Wort
hat, das kann ich nicht durch ⟨rein logische⟩ Schlüsse ermitteln, sondern ich muss es eben lernen.ᵛ⟩ Alles dies führe ich an,
damit Sie daraus entnehmen, dass man wirklich an dem Le-
bensnerv der Philosophie rührt, wenn man sich mit den Fragen nach den Grundlag[en] d[er] Math[ematik] beschäftigt. Für
den Mathematiker sind diese Probleme interessant | und wich- ₂
tig, für den Philosophen aber ist es schlechthin unerlässlich, sich
mit ihnen zu beschäftigen. ₂⟨Die math[ematische] Erkenntnis ist
aber nicht blos ein Typus oder Musterbild, von dem aus ⟨⟩ʷ sich
⟨der Philosoph⟩ auf den übrigen Erkenntnisgebieten am besten
orientieren kann, sondern es ist sozusagen *die* Erkenntnis, ϰατ
ἐξοχήν,¹¹ d. h. im allgemeinen hat unser Erkennen nur dort den
höchsten Gipfel erreicht und erfüllt erst dann seinen eigentlichen
Zweck, wenn es sich in math[ematische] Form kleiden lässt. Kant
hat gesagt, dass alle Naturlehre nur insofern ⌊reine⌋ˣ Wissenschaft
ist, als sie Mathematik enthält¹² – und wenn man diesen Ausspruch richtig versteht, ist er vollkommen zutreffend. Denn alles
im Universum – das ist der unerschütterliche Glaube der Wissenschaft – ist ⟨⟩ʸ exacten Gesetzen unterworfen, Gesetze aber
lassen sich streng quantitativ genau, allein in math[ematischer]
Form aussprechen. Deshalb ist reine Erkenntnis der Vorgänge im
Universum nur dadurch möglich, dass alles auf Mass und Zahl
zurückgeführt wird – und das geschieht eben durch die mathemat[ische] Methode. Den alten Pythagoräern schwebte gewiss etwas Richtiges vor, als sie behaupteten, das Wesen aller Dinge
bestände in Zahlen. Und der grösste Mathematiker der neueren
Zeit, Gauss, hat seine Meinung von der Bedeutung und dem Werte der math[ematischen] Erkenntnis auch am besten in einer mytholog[ischen] Formel ausdrücken zu können geglaubt, indem er

v Rote Klammern   **w** ⟨man⟩   **x** ⟨wahre⟩   **y** ⟨[streng]ˀ⟩

11 Wörtl. „der höchste Gipfel", wird jedoch meist im Sinne von „schlechthin"
gebraucht.

12 Kant, *Anfangsgründe*, S. 470: „Ich behaupte aber, daß in jeder besonderen
Naturlehre nur so viel *eigentliche* Wissenschaft angetroffen werden könne, als
darin *Mathematik* anzutreffen ist."

sagte, ὁ ϑεὸς ἀριϑμετίζει,[13] d. h. die eigentliche Beschäftigung Gottes besteht im Rechnen.[14] Die Theologen und Metaphysiker aller Zeiten haben sich ja oft die Frage vorgelegt, womit die Götter sich eigentlich beschäftigen und mehr oder weniger geistreiche Antworten darauf, z. B. Gott verbringt seine Zeit damit sich selbst zu denken u.s.w. Und wenn Gauss sagt: Gott treibt Arithmetik, so ist das blos ein poetischer Ausdruck dafür, dass alles in der Welt den Gesetzen der *Zahl* gehorcht.[z]

Wer also nicht weiss, worauf das zahlenmässige, das math[ematische] Erkennen beruht, dem muss die ganze Naturerkenntnis, die Erk[enntnis] des Universums, letzten Endes dunkel bleiben.⟩

₁⟨Aber auch ganz abgesehen von der Wichtigkeit und Bedeutung, die unser Gegenstand für Math[ematiker] und Philosophen besitzt, ist er auch ganz an sich von ausserordentlichem Interesse für jeden denkenden Menschen. Es handelt sich keineswegs um Dinge, die dem Gedankenkreis der Gebildeten ganz fern liegen, vielmehr kann jeder täglich auf Fragen stossen, die unserem Problemkreis angehören. Wenn es sich um die einfache Aufgabe handelt, den Bruch $\frac{1}{3}$ als Dezimalbruch darzustellen, so ist diese Aufgabe unlösbar, denn 0,33333... ist niemals genau $= \frac{1}{3}$, wohl aber reicht es unendlich nahe an $\frac{1}{3}$ heran. Erläutern. Das führt auf das wichtige Problem des Unendlich Kleinen und damit auf das Problem des Unendlichen überhaupt mit seinen zahllosen Paradoxien, über das wohl jeder Mensch schon irgendwie nachgedacht hat und das in der Philosophie immer eine grosse Rolle spielte. Schon die blosse Definition der unendlichen Grösse ist höchst paradox: Grösse, die einem ihrer Teile gleich ist (Bei-

z Am Ende des Satzes in rot: ⟨–⟩

13 Griech.: „Gott rechnet".

14 Vgl. Wilhelm Baum an Alexander von Humboldt, 28. Mai 1855 über Gauss: „[A]ber er behielt doch immer dabei die Freiheit und Grösse seines Geistes, die zweifelloseste Ueberzeugung seiner persönlichen Fortdauer, die festeste Hoffnung auf dann noch tiefere Einsicht in die Zahlenverhältnisse, die Gott in die Materie gelegt habe und die er dann auch vielleicht in den intensiven Grössen werde erkennen können, denn ὁ θεὸς ἀριθμετίζει sagte er."

spiel: Reihe d[er] Zahlen, Reihe der *geraden* Zahlen).[15] Dieses
Rätsel – wir werden später noch viel wunderbarere kennen lernen – muss die Phil[osphie] d[er] Math[ematik] auflösen. — ■[a]
Aber wir brauchen gar nicht ins Unendliche zu gehen, um wun-
5 dersame Probleme zu finden; schon die gewöhnlichen Zahlen, mit
denen wir in der Schule rechnen gelernt haben, bergen manches
Rätsel. Was ist eigentlich eine negative Zahl? eine irrationale,
eine imaginäre? Haben diese Begriffe wirklich logische Berech-
tigung, und worin besteht sie? ₄⟨In der Schule wurde uns die
10 Bedeutung dieser Zahlen einigermassen plausibel gemacht, aber
ein strenger philosoph[ischer] Nachweis was sie eigentlich sind,
wurde nicht geführt.⟩ ₃⟨Berühmte Mathematiker haben gesagt:
sie sind *nicht* berechtigt; in Wirklichkeit gibt es nichts als ganze
positive Zahlen.⟩[16]

15 Sehr viel weiter reichende Probleme begegnen uns in der Geometrie. Denn die Geometrie hat es mit räumlichen Gebilden zu
tun, und es treten hier alle die Schwierigkeiten hinzu, die mit der
Raumvorstellung verknüpft sind. Was ist überhaupt der Raum?
Was ist der Inhalt dieser Vorstellung? Welches ihre Entstehung?
20 Das sind Fragen, die man sich vorlegen muss, wenn man das
Wesen der Geometrie wirklich verstehen will. Warum hat unser
Raum 3 Dimensionen, und wäre es denkbar, dass er etwa mehr
hätte? Welche Bedeutung, welcher Sinn kommt den Räumen von
4 und mehr Dimensionen zu, von denen ja bekanntlich nicht nur
25 die Spiritisten, sondern auch die Mathematiker reden. Wenn es
gilt, die Eigenschaften des Raumes zu fixieren, so stösst man auf
eine Fülle math[ematisch]-philos[ophischer] Probleme. Diese Ei-

---

a Diese Markierung ist anders als die bisherigen Absatzmarkierungen nicht
nachträglich eingefügt, sondern schon in der ersten Fassung vorhanden. Ihre
Bedeutung ist unklar.

15 Dedekind, *Was sind und was sollen die Zahlen?*, §5, Abschn. 64.: „Ein System
S heißt *unendlich*, wenn es einem echten Theile seiner selbst ähnlich ist; im
entgegengesetzten Falle heißt S ein *endliches* System."

16 Leopold Kronecker soll in seinem Vortrag auf der Naturforscherversammlung
1886 in Berlin gesagt haben: „Die ganzen Zahlen hat der liebe Gott gemacht, alles
andere ist Menschenwerk." Zu den näheren Umständen siehe Weber, *Kronecker*,
S. 19.

genschaften finden ihren Ausdruck in den *Axiomen* der Geometrie, und die Frage nach dem Ursprung und der Bedeutung der geometr[ischen] Axiome[17] ist auch eins von den Problemen, an denen das grössere Publicum mit Recht Anteil genommen hat, weil man die ausserordentliche Tragweite dieser Dinge richtig empfindet.[b]

Sie gehören direct zu den Dingen, die nicht blos Sache der Gelehrten sind, sondern Allgemeingut der höher Gebildeten, wie etwa das Interesse an der Copernikanischen Weltanschauung oder an den Röntgenstrahlen oder am Radium etwas ganz allgemeines ist. Wer sich je mit Geometrie beschäftigt hat – und das ist ja jeder, der zur Schule gegangen ist, hat sich wohl einmal mit Verwunderung gefragt: Woher haben wir eigentlich diese Axiome, woher wissen wir, dass es zwischen 2 Punkten nur eine gerade Linie gibt?[18] Wie kommen wir zu dieser unmittelbaren Evidenz, zu der unerschütterlichen Überzeugung von der Richtigkeit dieser Sätze? Und wir müssen auch fragen: Sind sie überhaupt richtig? Die imposante [Unwidersprechlichkeit][?], mit der die geometr[ischen] Grundsätze sich aufdrängen, ohne dass wir wissen, *warum* wir sie für wahr halten – die erregt ein Staunen, das jeder Denkende einmal empfunden hat, und aus solch einem Staunen, ϑαῦμα, entspringt alle Philosophie, wie bereits Aristoteles gesagt hat.[19] Sind diese Axiome aus der Erfahrung abgelesen? Dann ist kaum erklärlich, wie man ihnen von jeher absolut genaue Gültigkeit und Notwendigkeit hat zuschreiben können. Sagt

b Am Ende des Satzes in rot: ⟨–⟩

17 *Der Ursprung und die Bedeutung der geometrischen Axiome* ist ein auch gedruckt erschienener Vortrag von Helmholtz, auf den Schlick im Folgenden genauer eingeht.

18 Vgl. dazu Hilbert, *Grundlagen der Geometrie*, § 2, I,1, aber auch Proklos, *Kommentar*, S. 333 f.: „Das wusste der Verfasser der Elemente [Euklid] wohl und darum verlangte er in der ersten Forderung [*Elemente*, I, F1], von jedem beliebigen Punkt zu jedem beliebigen Punkt eine Gerade zu ziehen, da stets nur eine Gerade und nicht zwei die Punkte verbinden können." Tatsächlich verlangt die Euklidische Forderung (*Elemente*, I, F1) das nicht ausdrücklich.

19 Griech.: „staunen". Vgl. dazu Aristoteles, *Metaphysik*, I/2, 982 b 12.

man aber, sie stammen nicht aus der Erfahrung, so ist es nicht minder rätselhaft, wie wir dazu kommen, sie aufzustellen.[c]

|Hier stehen wir wirklich vor fundamentalen Tatsachen, mit ⅠⅠ. deren Aufklärung sich zugleich Licht über das ganze menschliche Erkenntnisvermögen verbreiten muss. *Platon*[d] wusste sich nicht anders zu helfen als durch die Annahme, dass unser Wissen um die geometrischen Axiome aus einem anderen Leben stamme, das wir vor unserer Geburt in einer anderen Sphäre, im Reiche der Ideen, gelebt hätten, dass[e] wir dort Erfahrungen über die reinen geometr[ischen] Gebilde gesammelt hätten, und das wir ⟨⟩[f] an diese auch in unserem jetzigen Dasein noch eine Erinnerung bewahrten.[g 20]

Je weniger uns solche mytholog[ische] Antwort befriedigt, um so schwieriger ist es, eine Lösung zu finden, *die* uns befriedigt.[h]

Zum Glück hat es aber die gemeinsame Arbeit einer Reihe von Forschern in der neueren Zeit ⟨⟩[i] doch so weit gebracht, dass wir diesen Fragen nicht mehr ganz ratlos gegenüberstehen, sondern uns ein recht deutliches Bild davon machen können, wie die Sache wirklich zusammenhängt.⟩[j]

Sie sehen jedenfalls: wir haben vor uns ein ausserordentlich grosses Arbeitsfeld mit den interessantesten Problemen und die uns zur Verfügung stehende Zeit wird gerade ausreichen, um alles wirklich Wesentliche von den schönen Untersuchungen mitzuteilen, die man diesen Fragen gewidmet hat und eine sorgfältige Entscheidung darüber zu treffen, welches denn nun die richtigen

---

c Am Ende des Satzes in rot: ⟨–⟩   **d** Rot unterstrichen   **e** Schlick schreibt: ⟨das⟩   **f** ⟨uns nur⟩   **g** Am Ende des Satzes in rot: ⟨–⟩   **h** Am Ende des Satzes in rot: ⟨–⟩   **i** ⟨haben⟩   **j** Am Ende des Satzes in rot: ⟨–⟩

20 Vgl. dazu Platon, *Menon*, 85 d –86 b.

Resultate sind.⟨⟩ᵏ

Wir haben es also zu tun mit den Grundlagen der Math[ematik], mit ihren allerelementarsten Problemen, nicht mit complizierten math[ematischen] Aufgaben, die sich nur durch eine grosse Summe mathemat[ischen] Wissens und Übung im Rechnen lösen 5
lassen. Wir bedürfen vielmehr für unsere Zwecke blos der schlichten Fähigkeit ganz einfachen, ganz streng logischen Denkens. Es kommt nur darauf an, uns die math[ematischen] Grundbegriffe mit absoluter Deutlichkeit vor Augen zu stellen und uns ihr Wesen und ihre Bedeutung absolut klar zu machen. Glückliche Lage: 10
fast keine Voraussetzung math[ematischer] oder phil[osophischer] Kenntnisse – mit Ausnahme derjenigen, die jeder besitzt, der überhaupt die Universität besucht. In besonderen Fällen, wo ich auf speciellere math[ematische] oder philos[ophische] Dinge eingehen muss, werde ich das zum Verständnis notwendige jeweils 15
mitteilen und vor Ihnen entwickeln, sodass nichts vorausgesetzt zu werden braucht.

₂⟨Im Princip werden also Untersuchungen nicht schwierig, sondern sehr einfach sein; wir haben es ja gerade mit den allereinfachsten Begriffen zu tun, die sich nur denken lassen. Was 20
könnte einfacher sein als der Begriff der Zahl 1 oder der geraden Linie? Auf dem ersteren ruht schliesslich die ganze Arithmetik, auf dem zweiten die Geometrie. Freilich [bringt]⁷ die ausserordentliche Einfachheit zugleich eine ausserordentliche Höhe der Abstraction mit sich, das Denken in diesen fundamentalen Be- 25
griffen entfernt sich weit vom Denken des gewöhnlichen Lebens,

---

k ⟨Hoffe auch einiges über die Grundlagen der *angewandten* Math[ematik] noch sagen zu können, d. h. über die phil[osophischen] Principien, die in Betracht kommen bei der Anwendung der Math[ematik] auf die Natur, auf die physische Welt. Die Math[ematik] ist ja streng genommen eine reine Geisteswissenschaft, ihre Gegenstände sind nichts Wirkliches, sondern lauter ideale Gebilde, die der Mensch sich selbst ausgedacht hat. Dennoch wird Math[ematik] unaufhörlich mit Erfolg angewandt auf die Natur, die physischen Erscheinungen. Und die Frage, wie das eigentlich zugeht und wie es möglich ist, ist von höchstem philos[ophischen] Interesse, in ihr liegen die Wurzeln einer der fundamentalsten Fragen überhaupt, nämlich der nach dem Verhältnis des Geistes zur Natur. ◯ᵏ⁻ᵃ⟩ **Der Text wurde mit einem Bleistift gestrichen, der folg. Abschnitt beginnt auch bei Schlick eingerückt.** **k-a Mit Rotstift**

weil der Mensch im Alltage sein Denken mit concreten Dingen zu beschäftigen pflegt. Aber die Schwierigkeit, die darin liegen mag, wird leicht dadurch überwunden, dass man ganz langsam Schritt für Schritt zu immer höheren Abstractionen fortschreitet [und]? sich allmählich daran gewöhnt. Hat man das einmal getan, so geniesst man dann um so mehr den grossen Vorteil der Klarheit und Genauigkeit des Denkens, der nur eben bei diesen allereinfachsten Begriffen möglich ist und man erkennt daran, dass gerade umgekehrt das Denken mit mehr concreten Gegenständen, von denen die meisten übrigen Wissenschaften handeln, unermesslich viel schwieriger wäre, wenn man die gleiche Strenge und Exactheit dabei verlangen wollte. Kurz: das streng logische Denken ist auf dem Gebiete, das wir hier behandeln wollen nicht etwa am schwierigsten, sondern am leichtesten. Dies wollte ich doch nicht unterlassen zu bemerken, da leider ein falsches Vorurteil verbreitet ist über die Dunkelheit und Schwierigkeit des Gebiets, auf das wir uns hier [begeben]? wollen. Die Math[ematik] gilt ja merkwürdigerweise den meisten Menschen als ein unwegsames Gefilde, und ungefähr ebenso geht es mit der Erkenntnistheorie; vor der Erkenntnistheorie der Math[ematik], wo also diese beiden Gebiete zusammenstossen, haben daher viele einen ganz besonderen Respect und eine ganz besondere Furcht. Demgegenüber wollen wir uns die Tatsache vor Augen halten, dass bei der Frage nach den philos[ophischen] Grundlagen der Math[ematik] nicht ausserordentlich complicierte Gebilde Gegenstand der Untersuchung sind, sondern die allereinfachsten Begriffe. Gerade wegen ihrer Klarheit können wir ihnen viel tiefer auf den Grund gehen als anderen Begriffen. Tiefe aber nicht = Dunkelheit.⟩ ₁⟨Was [nun]? *Bücher* betrifft, durch die Sie sich einen Überblick verschaffen könnten über unseren Problemkreis, so gibt es überhaupt keine, die den ganzen Gegenstand zusammenfassend in irgendwie befriedigender Weise behandeln. Viele bedeutende Forscher aber haben sich in ihren Schriften mehr oder weniger zusammenhängend über die Probleme geäussert und haben sie von besonderen Standpunkten aus zu lösen versucht. Die Bücher, in denen diese Lösungsversuche sich finden, werde ich im Laufe der Vorlesung bei specielleren Fragen Gelegenheit haben zu zitieren.⟩

105

3 | Zur Einleitung und Vorbereitung auf das Kommende mit wenigen Worten die Meinung *Kants* über die philos[ophischen] Grundlagen der Math[ematik] darstellen. ⟨[^l] Aus verschied[enen] Gründen: 1. die grosse historische Bedeutung, denn die Philos[ophie] Kants ist am einflussreichsten und bekanntesten gewe-   5
sen. Aber das ist für uns hier nicht so wichtig als die sachliche Bedeutung. 2. ⟨⟩[^m] ⌊um⌋[^n] an einem Beispiel zu zeigen, wie überhaupt so eine Theorie der math[ematischen] Erk[enntnis] aussieht, 3: (wichtigster Punkt) um gewisse Problemstellungen kennen zu lernen, die heute ebenso gut wie zu Kants Zeiten als ein   10
vorzüglicher Ausgangspunkt der Betrachtungen dienen können. Es ist K[ant] nicht gelungen, die grossen Fragen der Phil[osophie] der Math[ematik] richtig zu lösen, aber er hat sie in ⟨⟩[^o] höchst exacte und brauchbare Form gebracht, die es möglich macht, die Probleme am richtigen Ende anzufassen. Und er hat dabei ge-   15
wisse Bezeichnungen angewandt, die jetzt ⟨⟩[^p] ganz allgemein gebraucht werden und mit denen wir uns schon aus diesem Grunde genau bekannt machen müssen. Mit ihrer Hilfe lassen sich auch gewisse häufig wiederkehrende Gedanken sehr bequem ausdrücken. ⟨[^q] 2 klassische Unterscheidungen hat K[ant] vorgenom-   20
men, indem er die Urteile in verschiedene Klassen teilt. Was ist ein Urteil? Sinn eines Satzes, einer Aussage. Erläutern. 1. *Analyt[isch]* [und][^?] *synthet[isch]*. Erläutern: Alle Körper sind ausgedehnt, kein Kranker ist gesund. Alle Radien eines Kreises sind gleich (nämlich nach der Definition des Kreises). Synthet[isch]:   25
Alle Körper sind schwer. Viele Kranke haben Fieber. Die Mondbahn ist nahezu ein Kreis. ⟨[^r] 2. a priori, a posteriori.[21] Apriori

l Mit Bleistift: ⟨Logik⟩   **m** ⟨überhaupt⟩   **n** ⟨einmal⟩   **o** Punktiert unterstrichen: ⟨eine⟩   **p** ⟨auch⟩   **q** Mit Kopierstift: ⟨Erkenntnis Urteil⟩   **r** Mit Kopierstift: ⟨Erl.-Erweit⟩

21 Kant, *KrV*, B 10 f.: „In allen Urtheilen, worin das Verhältnis eines Subjects zum Prädicat gedacht wird [...] ist dieses Verhältniß auf zweierlei Art möglich. Entweder das Prädicat B gehört zum Subject A als etwas, was in diesem Begriffe A (versteckter Weise) enthalten ist; oder B liegt ganz außer dem Begriff A, ob es zwar mit demselben in Verknüpfung steht. Im ersten Fall nenne ich das Urtheil analytisch, in dem andern synthetisch. [...] Z. B. wenn ich sage: alle Körper sind ausgedehnt, so ist dies ein analytisches Urtheil. Denn ich darf nicht über den

heisst: unabhängig von der Erfahrung *in dem Sinne*[s]: Man sieht die Wahrheit, die Gültigkeit des Urteils ein, ohne jedesmal die Erfahrung zu befragen. Also *nicht* in dem Sinne, dass das Urteil vom Menschen überhaupt ohne Erfahrung gefällt werden könnte,

5 fix und fertig angeboren wäre. Das Wort a priori bezieht sich auf den Ursprung der Urteile, aber nicht auf den *psychologischen, sondern auf den logischen.*[t] Erläutern. Alles Denken hebt an mit der Erfahrung, aber daraus folgt nicht, dass es auf der Erfahr[un]g *beruht*, aus ihr stammt.[22] A posteriori heissen die Urteile, die ⟨⟩[u]

10 ganz auf der Erfahrung beruhen. Erkennungszeichen der apriorischen Urteile: Allgemeinheit und Notwendigkeit.[v][23]

| Durch Kreuzung der beiden Einteilungen entstehen 4 Klas-   III. sen von Urteilen: 1. Analyt[isch] a priori, 2. (analyt[isch] apost[eriori]); 3. synthet[isch] aprior[i], 4. synthet[isch] apost[eriori]. Man

15 hat behauptet, es gebe überhaupt keine Urteile a priori, alle Urteile würden nur auf Grund der Erfahrung gefällt (Ostwald).[24]

---

s Gepunktete Unterstreichung   **t** Mit Bleistift unterstrichen   **u** ⟨aber⟩   **v** Am Ende des Satzes in rot: ⟨○⟩

Begriff, den ich mit dem Wort Körper verbinde, hinausgehen, um die Ausdehnung als mit demselben verknüpft zu finden, sondern jenen Begriff nur zergliedern, d. i. des Mannigfaltigen, welches ich jederzeit in ihm denke, mir nur bewußt werden, um dieses Prädicat darin anzutreffen; es ist also ein analytisches Urtheil. Dagegen, wenn ich sage: alle Körper sind schwer, so ist das Prädicat etwas ganz anderes, als das, was ich dem bloßen Begriff eines Körpers überhaupt denke. Das Hinzufügen eines solchen Prädicats gibt also ein synthetisches Urtheil."

22 Kant, *KrV*, B 1: „Wenn aber gleich alle unsere Erkenntniß *mit* der Erfahrung anhebt, so entspringt sie darum doch nicht eben alle *aus* der Erfahrung."

23 Kant, *KrV*, B 3 f.: „Erfahrung lehrt uns zwar, daß etwas so oder so beschaffen sei, aber nicht, daß es nicht anders sein könnte. Findet sich also erstlich ein Satz, der zugleich mit seiner Nothwendigkeit gedacht wird, so ist er ein Urtheil a priori; [...] Erfahrung giebt niemals ihren Urtheilen wahre oder strenge, sondern nur angenommene und comparative Allgemeinheit (durch Induction), so daß es eigentlich heißen muß: so viel wir bisher wahrgenommen haben, findet sich von dieser oder jener Regel keine Ausnahme. Wird also ein Urtheil in strenger Allgemeinheit gedacht, d. i. so, daß gar keine Ausnahme als möglich verstattet wird, so ist es nicht von der Erfahrung abgeleitet, sondern schlechterdings a priori gültig. [...] Nothwendigkeit und strenge Allgemeinheit sind also sichere Kennzeichen einer Erkenntniß a priori, und gehören auch unzertrennlich zu einander."

24 Ostwald, *Betrachtungen*, S. 51 f.: „Für den heutigen Naturforscher giebt es

Diese Behauptung beruht auf einer Verwechslung des log[ischen] und des psycholog[ischen] Ursprungs – wir sehen also, wie wichtig diese Unterscheidung ist. Erläutern.

Wie die analyt[ischen] Urt[eile] a priori, so geben auch die synthet[ischen] Urt[eile] a posteriori zu keiner Verwunderung Anlass.

Es bleiben die synthet[ischen] Urt[eile] a priori. Welches ist ihr Ursprung? Wie sind sie möglich? Dies Kant's Problem.[25] Es sind das also *notwendige* und *allgemeingültige* Wahrheiten, die von einem Begriff mehr aussagen, als in seiner Definition enthalten ist – oder vielmehr vom Gegenstande des Begriffs, von den Dingen, die unter den Begriff fallen. Auf den ersten Blick scheinen sie unmöglich zu sein, denn man sieht gar nicht ein, woher in aller Welt uns eine Kenntnis über Gegenstände kommen soll, von denen wir niemals irgend eine Erfahrung gehabt haben. Dennoch, sagt K[ant], gibt es unzweifelhaft synthet[ische] Urt[eile] a priori. Z. B. jedes Ereignis hat eine Ursache. Im Begriffe eines Ereignisses, Vorgangs ist nicht als Merkmal enthalten, dass es die Wirkung einer Ursache ist.[26] Und doch behaupten wir ganz allgemein, dass jeder Vorgang in der Welt, mag er sein, welcher er will – wir brauchen ihn gar nicht zu kennen – eine Ursache hat. Dies Urteil wäre also, wenn es wirklich notwendig und ausnahmslos gültig wäre, ein synthet[isches] Urteil a priori. Aber hier kann man noch zweifeln. Man kann sagen, wir seien doch nicht

keine Erkenntniß *a priori* und daher auch kein apodiktisches Wissen. [...] Auf Kant's Hauptfrage: Wie sind synthetische Urtheile *a priori* möglich? antworten wir: Urtheile *a priori* sind überhaupt nicht möglich und alles Wissen stammt aus der Erfahrung."

25 Kant, *KrV*, B 13: „Es liegt also hier ein gewisses Geheimnis verborgen, dessen Aufschluß allein den Fortschritt in dem grenzenlosen Felde der reinen Verstandeserkenntnis sicher und zuverlässig machen kann: nämlich mit gehöriger Allgemeinheit den Grund der Möglichkeit synthetischer Urteile a priori aufzudecken, [...]."

26 Ebd.: „Man nehme den Satz: Alles, was geschieht, hat seine Ursache. In dem Begriff von etwas, das geschieht, denke ich zwar ein Dasein, vor welchem eine Zeit vorhergeht etc., und daraus lassen sich analytische Urtheile ziehen. Aber der Begriff einer Ursache liegt ganz außer jenem Begriffe, und zeigt etwas von dem, was geschieht, Verschiedenes an, ist also in dieser letzteren Vorstellung gar nicht mit enthalten."

eigentlich absolut sicher, dass kein Vorgang ursachlos sei, das Urteil sei vielleicht gar nicht gültig, wir können es vielleicht doch nicht a priori mit absoluter Gewissheit fällen, *sicher* richtig sei das Urt[eil] nur dort, wo es a post[eriori] gefällt wird, d. h., wo
5 uns die *Erfahrung* gelehrt hat, dass ein bestimmter Vorgang eine bestimmte Ursache hatte. Nur eine Gewöhnung verführe uns, es auch in Fällen für richtig anzusehen, von denen wir noch *keine* Erfahrung haben, sichere Garantie für seine Richtigkeit hätten wir dort nicht. Während man hier also zweifeln könnte, ob wirk-
10 lich ein gültiges synthet[isches] Urt[eil] a priori vorliegt (K[ant] selber zweifelt nicht), so ⌊muss⌋ᵂ doch nach Kant ⟨⟩ˣ jedermann ohne allen Zweifel sofort zugeben, dass wir andre wahre synthet[ische] Urt[eile] a priori ganz sicher besitzen, nämlich die *mathemat*[ischen]. Dass sie a priori sind, erkennt man an ihrer Not-
15 wendigkeit und Allgemeingültigkeit. Z. B. Satz von der Gleichheit der Basiswinkel im gleichschenkl[igen] Dreieck.[27] Der Satz *muss* von *jedem* Dreieck gelten, auch von solchen, die etwa nach 1000 Jahren gezeichnet werden; ich bin überzeugt, dass er von allen gilt, nicht blos von denen, bei denen ich durch Ausmessung seine
20 Gültigkeit festgestellt habe. Und der Satz ist nach Kant synthetisch, weil in dem Begriff des gleichschenkligen Dreiecks, in der Definition nichts von gleichen Winkeln vorkommt. Ähnlich: dass 2 Gerade keinen Raum einschliessen. Und ähnlich in allen Fällen. Auch Arithmetik: $5 + 7 = 12$. Erläutern.[28] Wie ⟨⟩ʸ ist nun das
25 zu erklären? Wie kommt es, dass ich über die Verhältnisse eines

w ⟨ist es⟩   **x** ⟨für⟩   **y** ⟨kann⟩

27 Bei Kant ist es der Satz von der Innenwinkelsumme. Vgl. *KrV*, B 744 f.

28 Kant, *KrV*, B 15: „Man sollte anfänglich zwar denken: daß der Satz $7 + 5 = 12$ ein bloß analytischer Satz sei, der aus dem Begriffe einer Summe von Sieben und Fünf nach dem Satze des Widerspruches erfolge. Allein, wenn man es näher betrachtet, so findet man, daß der Begriff der Summe von 7 und 5 nicht weiter enthalte, als die Vereinigung beider Zahlen in eine einzige, wodurch ganz und gar nicht gedacht wird, welches diese einzige Zahl sei, die beide zusammenfaßt. Der Begriff von Zwölf ist keineswegs dadurch schon gedacht, daß ich mir bloß jene Vereinigung von Sieben und Fünf denke, und ich mag meinen Begriff von einer solchen möglichen Summe noch so lange zergliedern, so werde ich doch darin die Zwölf nicht antreffen."

Dreiecks auf dem Mars etwas aussagen kann, dass ich die Gesetze räumlicher Figuren weiss, die ich gar nicht kennen lernen kann, an Stellen des Raumes, wo ich nie gewesen bin und nie hinkommen werde? Woher weiss ich, dass nicht etwa auf dem Sirius die gleichschenkligen Dreiecke lauter ungleiche Winkel haben? Kant antwortet darauf: diese wunderbare Tatsache ist nur auf *eine* Art erklärlich: Wenn die räumlichen Verhältnisse der Dinge Eigenschaften der Dinge wären, die ganz unabhängig sind vom Menschen, der die räumlichen Gesetzmässigkeiten erkennt, so wäre es absolut unverständlich, wie eine streng gültige Erkenntnis zustande kommen kann,[29] denn wie sollten wir etwas aussagen können über Eigenschaften von Dingen, die uns ganz fern und fremd sind wie etwa Dreiecke auf dem Mars? Die räumlichen Verhältnisse, schliesst K[ant], sind *nicht* Eigenschaften der Dinge, die ganz unabhängig von ⟨ᶻ den Dingen selber innewohnen, nicht Eigenschaften der Dinge *an sich*, sondern Eigenschaften derᵃ Art, wie die Dinge uns erscheinen, Besonderheiten der Art, wie wir die Dinge anschauen, kurz, Eigenschaften unseres Anschauungsvermögens: der Raum ist eine *Form* unserer Anschauung.[30] Ziemlich schwer zu verstehen für den, der diesen Gedanken zum ersten Mal aussprechen hört. Der Raum, in dem die Welt sich befindet, scheint doch etwas selbständig Existierendes zu sein; die räumlichen Verhältnisse der Dinge, ihre Entfernungen voneinander, ihre Gestalt, – das scheinen doch durchaus objective Eigenschaften der Dinge selber zu sein, ganz unabhängig bestehend von unserer Auffassungsweise. Und nun sagt K[ant]: der Raum ist etwas Subjectives, eine blosse Form unserer Anschauung, unserer

---

z Mit Kopierstift: ⟨uns⟩   **a** ⟨unserer⟩

29 Kant, *KrV*, B 38: „Der Raum ist kein empirischer Begriff, der von äußeren Erfahrungen abgezogen worden. Denn damit gewisse Empfindungen auf etwas außer mir bezogen werden (d. i. auf etwas in einem anderen Orte des Raumes, als darin ich mich befinde), imgleichen damit ich sie als außer und neben einander, mithin nicht bloß verschieden, sondern als in verschiedenen Orten vorstellen könne, dazu muß die Vorstellung des Raumes schon zum Grunde liegen."

30 Kant, *KrV*, B 42: „Der Raum ist nichts anderes, als nur die Form aller Erscheinung äußerer Sinne, d. i. die subjective Bedingung der Sinnlichkeit, unter der allein uns äußere Anschauung möglich ist."

Vorstellung; und wenn es Wesen gäbe, die ganz anders organisiert sind als der Mensch, ganz andre Sinne besitzen u. s. w., so würden die[b] Dinge der Welt ihnen nicht räumlich erscheinen, sondern ganz anders, in einer für uns schlechthin unvorstellbaren Weise.[31]

5 Ich kann Ihnen den Gedanken von der Subjectivität der Raumvorstellung vielleicht durch einen Vergleich etwas näher bringen. Der naive Mensch hält die *Farbe* der Gegenstände für objective Eigenschaften der Dinge, aber Sie wissen, das sind sie nicht. Erläut[ern]. Wie uns vermöge der Einrichtung unseres Sehapparates 10 ganz bestimmte Schwingungen als ein ganz bestimmtes Rot, so erscheinen uns auch vermöge der besonderen Organisation unserer Sinne alle Dinge in einem Raum eingeordnet mit ganz bestimmten Gesetzmässigkeiten. Und diese Gesetzmässigkeiten finden ihren Ausdruck in den geometrischen Axiomen. Wenn diese 15 Meinung Kants richtig wäre, so leuchtet in der Tat ein, wie wir die absolute Gültigkeit der geometr[ischen] Wahrheiten mit Sicherheit behaupten können. Denn sie sind ja dann nur der Ausdruck einer Gesetzmässigkeit, die uns selbst innewohnt, die wir allen Dingen gleichsam aufprägen, die zur Wahrnehmung gelangen. Es 20 ist also eine Gesetzlichkeit unseres eignen Geistes, dass wir ein gleichschenkliges Dreieck nicht anders als mit gleichen Basiswinkeln denken können und dass wir nirgends ein gleichsch[enkliges] Dreieck wahrnehmen können, ohne ⟨es⟩ zugleich mit gleichen Basiswinkeln wahrzunehmen – geradeso, wie wir Licht von einer 25 bestimmten Wellenlänge gar nicht anders empfinden können als *rot*. Wenn wir also die Gesetzmässigkeit der räumlichen Figuren gleichsam mit uns herum tragen, weil sie in unserem Wesen be-

---

b ⟨dieselben⟩

---

31 Kant, *KrV*, B 43: „Weil wir die besonderen Bedingungen der Sinnlichkeit nicht zu Bedingungen der Möglichkeit der Sachen, sondern nur ihrer Erscheinungen machen können, so können wir wohl sagen, daß der Raum alle Dinge befasse, die uns äußerlich erscheinen mögen, aber nicht alle Dinge an sich selbst, sie mögen nun angeschaut werden oder nicht, oder auch von welchem Subject man wolle. Denn wir können von den Anschauungen anderer denkenden Wesen gar nicht urtheilen, ob sie an die nämlichen Bedingungen gebunden seien, welche unsere Anschauung einschränken und für uns allgemein gültig sind."

gründet ist, so ist es ⟨⟩ᶜ kein Wunder, dass alle Figuren, denen wir
überhaupt begegnen können, dieser Gesetzmässigkeit gehorchen
müssen, denn unser eigenes Wesen, unser Anschauungsvermögen
ist ja der Grund davon, und unseres eignen Wesens können wir
uns ja nicht entäussern.ᵈ

Diese Gesetzlichkeit, die wir allem sinnlich Wahrnehmbaren
aus uns selbst aufprägen, indem wir es eben wahrnehmen oder
vorstellen, nannte K[ant] die *reine Anschauung*. Nach ihm also
ist es dies Vermögen der reinen Anschauung, welches ⟨⟩ᵉ die synthet[ischen] Urt[eile] a priori möglich macht, die, wie er behauptet, die math[ematischen] Wahrheiten sind. Vergleich mit den
synthet[ischen] Urt[eilen] a posteriori. Auch diese beruhen auf
Anschauung, aber auf der empirischen, d. h. erfahrungsmässigen.
ἐμπειρία.³² Z. B. die Mondbahn ist [elliptisch]ᶠ, oder: das spec[ifi-
sche] Gewicht des Silbers ist 10, 7 – das muss ich durch wirkliches Anschauen, durch Beobachtung mit Hilfe der Sinne feststellen. Die empirische Anschauung lehrt mich immer blos etwas
über den gerade beobachteten Fall, niemals etwas Notwendiges
und Allgemeingültiges. Die *reine* Anschauung aber lehrt mich
allgemeingültige und notwendige Beziehungen, weil sie eine Gesetzmässigkeit meines eignen Geistes ist, die deshalb notwendig
allen Vorstellungen dieses Geistes anhaften muss. Sie ist gleichsam eine höhere, feinere Art der Anschauung; ich brauche mir nur
gewisse räumliche Gebilde vorzustellen, und ich sehe mit zwin-
gender Notwendigkeit ihre Gesetzmässigkeit ein, die ich durch die
empirische Anschauung, aus der Erfahrung, niemals würde ablesen können: die Erfahrung zeigt mir ja niemals wirkliche gerade
Linien oder wirkliche Flächen, sondern immer nur Annäherungen
daran. Dieser *rein[en]* Anschauung also verdanken nach Kant
die synthet[ischen] Urteil[e] a priori ihr Dasein, ihre Möglichkeit.
Sie sehen: diese K[ant]sche Lehre führt zu weitgehenden Consequenzen über die Beschaffenheit des menschlichen Geistes, und
es hängt sehr viel für die ganze Philos[ophie] davon ab, ob sie

c ⟨ganz selbstverständlich⟩   d Am Ende des Satzes: ⟨○⟩   e ⟨uns⟩   f
⟨kreisförmig⟩

32 Griech.: „Erfahrung".

richtig ist oder nicht. Um sie aber prüfen zu können, müssen wir
uns mit dem Wesen der geometrischen Gebilde erst ganz vertraut
machen. Wir müssen die wahren Eigenschaften des Raumes erst
genau kennen, bevor wir entscheiden, ob er eine Anschauungsform ist, oder was sonst. Einstweilen scheint die Kantsche Lehre
von der Geometrie ja ganz plausibel – aber weniger befriedigend
ist seine Phil[osophie] der Arithmetik.[g] – Bei der Verkennung der
Rolle der Zeit ist K[ant] der sonst so streng vermiedenen Voraussetzung des psycholog[ischen] und logischen zum Opfer gefallen.
Zeit continuierlich, Zahlen discontinuierlich. | 4

    Der K[ant]schen Theorie zur Verdeutlichung als Contrast die
empiristische entgegenstellen. *Mill* hält die math[ematischen] Ur-
t[eile] für synthet[isch] a posteriori.[33]

| Also weder für analytische, noch für synthet[ische] a pr[iori]   IV.
implicite. Bezeichnet Gegner als a pr[iori]-Philosophen. Machen
wir uns klar, was das in der Arithmet[ik] und Geometrie bedeutet.
Die Sätze über Zahlen aus der Erfahrung abgelesen und folglich
nur soweit gültig, als die Erf[ahrung] reicht. Beispiel:

Wenn jedesmal beim Zusammenbestehen von $1+2$ Dingen ein
viertes von selbst entstünde, würden wir dann wirklich glauben,
es sei $2+1=4$? Nein. Es würde auch zu Widersprüchen führen,
⟨⟩[h] weil der Begriff der Einheit überhaupt ein relativer ist. Ich
kann den aus 2 u[nd] 1 gebildeten Gegenstand als 1 auffassen, und
dann kommt nichts neues hinzu. Das Verhalten der Dinge wäre

---

g ⟨Mathematik⟩   **h** ⁙⁙⁙⁙⁙

33 Eine so formulierte Stelle lässt sich bei Mill nicht nachweisen. Siehe jedoch
folgende Stelle (Mill, *Logic*, II, V, § 1): "[I]t is customary to say that the points,
lines, circles, and squares which are the subject of geometry, exist in our concep-
tions merely, and are parts of our minds; which minds, by working on their own
materials, construct an *à priori* science, the evidence of which is purely mental,
and has nothing whatever to do with outward experience. By how so ever high
authorities this doctrine may have be sanctioned, it appears to me psychologically
incorrect."

also von der willkürlichen Art meines Auffassens abhängig. Geometrie. Es gibt in der Natur keine wirklichen Linien und Punkte ohne Ausdehnung[.] [34] Man könnte sagen: sie existieren als Vorstellungen in unserm Geiste, und die Geometrie sei die Wissenschaft blosser räumlicher Vorstellungen – das ist nicht richtig, 5 denn Punkte und Linien sind unvorstellbar. Also, sagt Mill, die Geometrie hat *nicht* geistige Gebilde zum Gegenstande; da sie es aber doch auch nicht mit einem blossen Nichts zu tun hat, so bleibt nur übrig, dass die geometr[ischen] Sätze Wahrheiten sind, die von wirklich existierenden Gebilden gelten, von phy- 10 sischen Objecten, d. h. Gebilde, die nicht genau Linien, Punkte oder Kugeln sind, sondern nur *annähernd*. [35] (*minimum visible* [36]) *Induction*. [37] ⟨Axiome: *1*. Grössen, die einer dritten gleich, sind untereinander gleich; *2*. Gleiches zu Gleich[em] addiert gibt gleiches. [38] [*Wenig tief*]?⟩ [i] 15

Ausser den Ansichten von Kant und Mill ist nur noch die dritte möglich, dass nämlich die math[ematischen] Sätze *analyt[ische]* Urteile sind. Diese Meinung wurde von vorkantischen Philosophen oft vertreten. Hume. Natürlich ⟨⟩ [j] ohne Verwendung

---

i Zwischen den Zeilen mit Bleistift. Darauf folgt in rot: ⟨◯⟩   j ⟨nicht⟩

34 Euklid, *Elemente*, I, D1 und D2: „Punkt ist, dessen Teil nichts ist. Linie aber ist breitenlose Länge."

35 Mill, *Logic*, II, V, § 1: "Since, then, neither in nature, nor in the human mind, do there exist any objects exactly corresponding to the definitions of geometry, while yet that science cannot be supposed to be conversant about non-entities; nothing remains but to consider geometry as conversant with such lines, angles, and figures, as really exist; and the definitions, as they are called, must be regarded as some of our first and most obvious generalizations concerning those natural objects."

36 Ebd.: "Our idea of a point, I apprehend to be simply our idea of the *minimum visible*, the smallest portion of surface which we can see."

37 Nach Mill ist die Induktion das Verfahren jeder Wissenschaft. Zur Arithmetik heißt es: "[...] there is in every step of an arithmetical or algebraical calculation a real induction, a real inference of facts from facts; [...]" (a. a. O. II, VI, § 2)

38 Euklid, *Elemente*, I, A1 und A2: „Was demselben gleich ist, ist auch einander gleich. Wenn Gleichem Gleiches hinzugefügt wird, sind die Ganzen gleich."

des Ausdrucks „analytisch".[39] Diese Ansicht würde die absolute Strenge und Gültigkeit der Math[ematik] auf die allereinfachste Weise erklären: sie wäre schlechthin selbstverständlich. Wie wichtig die Entscheidung der Frage ist, habe ich schon angedeutet. Von ihr hängt das ganze Gebäude der Philosophie überhaupt ab. Ehe wir die Frage nach dem Ursprung und den Grundlagen der math[ematischen] Erkenntnis beantworten können, müssen wir zuerst genau wissen, ob sie analyt[isch] oder synthet[isch], a priori oder a posteriori ist. Und um dies entscheiden zu können, gibt es nur einen Weg: die fundamentalen geometr[ischen] Sätze vornehmen und ihren Sinn und Inhalt auf das genaueste prüfen. Diese Prüfung wollen wir vornehmen an Hand der historischen Entwicklung, aus didaktischen Gründen. *Erläutern*[k]. ⟨⟩[l] Die ersten geometrischen Gesetzmässigkeiten wurden rein empirisch gefunden, durch physische Ausmessung. Wir wissen aber schon, dass wir daraus nicht ohne weiteres auf den erfahrungsmässigen Ursprung der Axiome in dem Sinne schliessen dürfen, dass sie ⟨⟩[m] Urteile a posteriori wären. Man lernte sie an der Hand von Erfahrungen kennen; daraus folgt aber nicht, dass ihre Gültigkeit allein auf der Erfahrung beruhte, dass der Grund ihres Geltens in der Erfahrung zu suchen ist. Die Geometrie ist unseres Wissens zuerst bei den alten Ägyptern in nennenswerter Weise entwickelt worden, und zwar zu einem ausschliesslich praktischen Zwecke wie griechische Schriftsteller überliefern und die Ägyptologie er-

k Mit Kopierstift unterstrichen   l Mit Kopierstift: ⟨Geometrie zuerst⟩   m ⟨synthet⟩

39 Kant, *Prolegomena*, S. 272: „*Hume*, als er den eines Philosophen würdigen Beruf fühlte, seine Blicke auf das ganze Feld der reinen Erkenntniß a priori zu werfen, in welchem sich der menschliche Verstand so große Besitzungen anmaßt, schnitt unbedachtsamer Weise eine ganze und zwar die erhebliche Provinz derselben, nämlich reine Mathematik, davon ab in der Einbildung, ihre Natur und so zu reden ihre Staatsverfassung beruhe auf ganz andern Principien, nämlich lediglich auf dem Satze des Widerspruchs; und ob er zwar die Eintheilung der Sätze nicht so förmlich und allgemein oder unter der Benennung gemacht hatte, als es von mir hier geschieht, so war es doch gerade so viel, als ob er gesagt hätte: reine Mathematik enthält blos *analytische* Sätze, Metaphysik aber synthetische a priori."

geben hat. Nilüberschwemmungen.[40] Papyrus Rhind (British Museum) ⟨1700 v. Ch⟩[n], von A. Eisenlohr 1877 übersetzt und erklärt $\pi = 3,16$.[41] Inhalt des gleichschenkl[igen] Dreiecks:

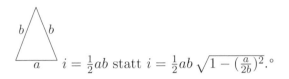

$i = \frac{1}{2}ab$ statt $i = \frac{1}{2}ab\sqrt{1 - (\frac{a}{2b})^2}$.[o]

Erst die Griechen [trieben][p] Geometrie um ihrer selbst willen, d. h. als Wissenschaft. Beweisen = Ableiten schwieriger Sätze aus einfachen. Schliesslich: Zurückgehen auf die letzten Sätze, aus denen *alle* anderen abgeleitet werden konnten. Diese ungeheure Tat ist das Werk Euklids, um 300 v. Chr.⟨[q]| in Alexandria. ⟨[r] Die jahrhundertelangen Arbeiten seiner Vorgänger brachte er durch sein großes Werk, die στοιχεῖα,[42] zum Abschluss, in dem er ein vollständiges und zusammenhängendes *System* der Geometrie aufstellte, das auf ganz bestimmten, ausdrücklich formulierten Grundlagen ruht. Diese sind: 1. ὄροι[43] oder Definitionen,

n Mit Bleistift vom Rand   **o** Diese Zeile wurde wegen der besseren Lesbarkeit aus dem Text sperariert. Im Original schließt dieser Text an die Zeile oben an und wir von der Zeile dar lückenlos fortgesetzt.   **p** ⟨förderten⟩   **q** Mit Bleistift: ⟨330 –275⟩[q-1]   **r** Mit Bleistift doppelt unterstrichen: ⟨*Strenge*⟩

q-1 Die Lebensdaten stammen aus Bonola, *Die nichteuklidische Geometrie*, § 1. Die ersten drei Kapitel davon sind eine Zusammenfassung von Engel/Stäckel, *Die Theorie der Parallellinien von Euklid bis auf Gauss*. Die folgenden Ausführungen Schlicks stützen sich auf beide Schriften.

40 Vgl. Herodot, *Historien*, II, 109 sowie Cantor, *Vorlesungen über die Geschichte der Mathematik*, Bd. 1, S. 19.

41 Vgl. Cantor, *Vorlesungen über die Geschichte der Mathematik*, Bd. 1, S. 53 –73. Siehe dazu außerdem Voss, *Über das Wesen der Mathematik*, S. 8. Cantor bezieht sich dabei auf Eisenlohr, *Mathematisches Handbuch der alten Aegypter*, S. 123 ff.

42 Das ist der griechische Titel der *Elemente* des Euklid.

43 Griech.: „Vorbedingungen".

2. αἰτήματα[44] oder Postulate, und 3. κοιναὶ ἔννοιαι,[45] ⟨[s] [t]
Definitionen:

1. Σημεῖόν ἐστιν, οὗ μέρος οὐθέν. Ein Punkt ist, was keinen
   Teil hat.
2. Γραμμὴ δὲ μῆκος ἀπλατές[.] Eine Linie ist Länge ohne Breite.
3. Εὐθεῖα γραμμή ἐστιν, ἥτις ἐξ ἴσου τοῖς ἐφ᾽ ἑαυτῆς σημείοις
   κεῖται[.] Eine Gerade ist eine Linie, die zu ihren Punkten
   gleichmässig liegt ex aequo.
4. Ἐπιφάνεια δέ ἐστιν, ὃ μῆκος καὶ πλάτος μόνον ἔχει. Eine
   Fläche ist, was nur Länge und Breite hat.
5. Eine Ebene ist eine Fläche, die gleichmässig zu ihren Geraden liegt.
6. Parallel sind Geraden, welche in derselben Ebene liegen und
   nach beiden Seiten ins unendliche verlängert, auf keiner
   Seite sich treffen.[46]

Fünftes Postulat: in manchen Ausgaben 11. oder 13. Axiom: „Es soll gefordert werden: wenn eine Gerade, die 2 [andre]?
Geraden schneidet, mit ihnen auf derselben Seite innere Winkel
bildet, die zusammen kleiner sind als 2 Rechte, so schneiden sich
diese beiden Geraden, wenn man sie ins unendliche verlängert,
auf der Seite, auf der diese Winkel liegen"[47] ⟨Äquivalente Formen: 1) Durch einen Punkt nur eine Parallele. 2) Winkelsumme
d[es] Dreiecks⟩[48]

---

s Mit Bleistift: ⟨*Axiome*⟩   **t** Mit Kopierstift: |

44 Griech.: „Forderungen".

45 Griech.: „Gemeinbegriffe".

46 Die griechischen Stellen folgen dem von Iohann Ludwig Heiberg rekonstruier-
ten Text aus den *Opera Omnia*, Bd. 1. Schlick lässt hier die nach Heibergs
Zählung dritte Definition aus, nummeriert jedoch fortlaufend, sodass seine dritte
Definition nach Heibergs Zählung die vierte ist usw. Die Übersetzungen konnten
bisher keiner bestimmten Ausgabe zugeordnet werden, passen aber zu Johann
Ephraim Scheibels auch thematisch einschlägiger „Vertheidigung der Theorie der
Parallellinien nach dem Eucleides" in *Zwey Abhandlungen*. Vgl. dort z. B. 3. mit
§ 27.

47 Dieses Postulat ist der Vorläufer des sogenannten „Parallelenpostulats" oder
später oft auch „Parallelenaxiom". Vgl. Euklid, *Elemente* I, P5.

48 Im mündlichen Vortrag von 1925/26 ist die untenstehende Skizze an dieser

Siebentes Axiom: „was sich deckt, ist gleich" (Begriff der Congruenz)[49]

E[uklid] beweist, dass 2 Gerade[n] parallel sind, wenn die Wechselwinkel gleich sind (etc), zum Beweis der Umkehrung gebraucht er das Postulat V.[50][u]

Kritik der Definitionen. Zurückgehen auf das anschaulich Gegebene. Das scheint schliesslich jede Definition zu müssen. Was aber Punkt, Gerade, Ebene ist, sieht man besser *direct* aus der Anschauung. *Wesen* und *Zweck* der Definition überhaupt. Zweck: Verwendung zu Beweisen. Es ist aber höchst zweifelhaft, ob gerade aus den von Euklid angegebenen Merkmalen und keinen anderen alle folgenden Schlüsse gezogen werden. Die dem *Archimedes* zugeschriebene Definition, die Gerade sei die kürzeste Linie zwischen 2 Punkten, ist völlig unbrauchbar.[51] Allgemeine Schwierigkeit jeglichen Definierens. Später kommen wir darauf zurück.

Trotz der Unvollkommenheiten, die den Euklid[ischen] Grundlagen der Geometrie anhaften, hat doch bis in die allerneuste Zeit hinein niemand daran Anstoss genommen, aus dem einfa-

---

u Am Ende des Satzes in rot: ⟨◯⟩

Stelle eingefügt. Siehe dazu Inv.-Nr. 23, B. 1, S. 11. Vermutlich hat Schlick an dieser oder einer ähnlichen Tafelskizze den Beweis nach den *Elementen* (I, L22) des Euklid erklärt.

49 Euklid, *Elemente* I, A7: „Was aufeinander passt, ist einander gleich."

50 A. a. O., I, L18: „Wenn eine gerade Linie beim Schnitt mit zwei geraden Linien einander gleiche innere Wechselwinkel bildet, sind diese Linien einander parallel." Zur Umkehrung mit dem entsprechenden auf dem fünften Postulat ruhenden Beweis vgl. *Elemente*, I, L20.

51 Archimedes stellt seiner Schrift *Über Kugel und Zylinder* die Annahme voran: „Von allen Linien mit denselben Grenzpunkten ist die Gerade die kürzeste." (vgl. Archimedes, *Opera Omnia*, Bd. I, S. 9)

chen Grunde, weil die Sätze so vollkommen einleuchtend und evident erschienen – alle mit Ausnahme des V. Postulats. An diesem
Parallelenpostulat hat man frühzeitig herumkuriert. Wir müssen
jetzt sagen, es war ein grosses Glück, dass unter den Grund-
5 lagen der Euklid[ischen] Geometrie wenigstens dieser eine Satz
nicht so absolut selbstverständlich schien, denn sonst wäre man
überhaupt nicht darauf verfallen, die Gültigkeit der Grundsätze
irgendwie in Zweifel zu ziehen, und die ausserordentlichen Fortschritte der geometrischen Wissenschaft und der Philosophie d[er]
10 Mathematik wären nicht zustande gekommen. Deshalb hat sich
die grosse Fortentwicklung besonders an das Parallelenaxiom angeschlossen, obgleich sie ebenso gut an beliebige andre geometrische Grundsätze der Geometrie hätte anknüpfen können.

  Wertvolle Angaben über frühe Beweisversuche bei *Proclus*
15 *410 –485*, im Kommentar zum 1. Buch des E[uklid]. Man besser-
te an der Definition der Parallelen herum. *Posidonius*ᵛ (1. Jahr-
h[undert] v. Chr.) *schlug vor: 2 Gerade[n] sind parallel,*ʷ wenn sie
gleichen Abstand haben. Weist hin auf Hyperbel und Conchoïde,
$\frac{y^2 x^2}{(y+b)^2} + y^2 = a^2$[.] Treffen niemals ihre Asymptote ohne doch
20 äquidistant zu sein. Ist ähnliches nicht vielleicht auch bei *Ge-*
raden möglich? *Proklus* besteht auf der Möglichkeit asymptoti-
scher Geraden.⟨Warnt ausdrücklich vor der allzu leichtfertigen
Berufung auf die Selbstverständlichkeit.⟩[52] Um aber nachzuweisen, dass beide Definitionen, die des Posidonius und die des Eu-
25 klid, *dasselbe* definieren, muss man beweisen, dass 2 Geraden in
einer Ebene, die sich nicht treffen, gleichen Abstand haben oder,
dass der Ort der Punkte, die von einer Geraden gleichen Abstand haben, eine Gerade ist. Um aber dies zu beweisen, bedarf
man des Euklidischen Postulats. Viele Mathemat[iker] bemühten
30 sich in dieser Weise vergeblich, den Stand der Dinge zu verbessern, indem sie die Par[allele] als aequidistante Gerade de-

---

v Mit Kopierstift unterstrichen   **w** Mit Kopierstift unterstrichen

52 Vgl. Proclus, *In primum Euclidis Elementorum Librum Commentarii*, B 100 ff.
sowie B 110 f. Schlick entnahm diese Ausführung jedoch aus Bonola, *Die nicht-*
euklidische Geometrie, § 5.

finierten – aber schliesslich gab man diese Versuche als erfolglos auf. Ich übergehe die weitere Geschichte der Beweisversuche des Par[allelen]-Axioms bei den Arabern, in der Renaissancezeit, u.s.w. u[nd] verweise auf R. Bonola, Die nichteuklid[ische] Geometr[ie].[53] Sehr [wichtig]? *J. Wallis (1616 –1703).*[x] Er bewies das V. Postulat, indem er dabei den Satz voraussetzte, dass es ähnliche Figuren von verschiedener Grösse gäbe.[54] In der Tat, man braucht blos anzunehmen, dass sich z. B. 2 verschieden grosse Dreiecke mit gleichen Winkeln zeichnen lassen, so kann man daraus das V. Postulat beweisen.[55] Kann dieser Satz als selbstverständlich und völlig evident gelten? Manchem schien es so, z. B. Laplace, von dem ich gleich noch reden werde. Zunächst aber muss ich zwei weitere Männer erwähnen, deren Forschungen der Entdeckung der neuen Geometrien und damit der philosoph[ischen] Untersuchung der math[ematischen] Grundbegriffe ausserordentlich viel vorgearbeitet haben.

Gerolamo Saccheri (1667–1753). $\langle$ na$\overset{\square}{e}$vus $\rangle$[y] Schrieb ein Buch, das zum grössten Teil dem Beweise unseres Satzes gewidmet ist. $\langle$ 1733 $\rangle$[z][56] Er versucht es so, dass er annimmt das Postulat sei *falsch* und dann nachsieht, ob er zu Widersprüchen kommt. Es ge-

x Mit Kopierstift unterstrichen   **y** Mit Bleistift   **z** Mit Bleistift

53 Vgl. Bonola, *Die nichteuklidische Geometrie*, S. 8 –14.

54 Bei Wallis heißt es: „Zu jeder Figur gibt es eine ähnliche von beliebiger Größe." Siehe dazu Bonola, *Die nichteuklidische Geometrie*, § 9 sowie die Übersetzung des Originaltextes in Engel/Stäckel, *Die Theorie der Parallellinien von Euklid bis auf Gauss*, S. 21 –36.

55 Vgl. dazu Bonola, *Die nichteuklidische Geometrie*, § 11 –17, sowie Engel/Stäckel, *Die Theorie der Parallellinien von Euklid bis auf Gauss*, S. 35 –39 und S. 42 –135.

56 Dies ist das Erscheinungsjahr von Saccheris *Euclides ab omni nævo vindicatus: sive conatus geometricus quo stabiliuntur prima ipsa universæ gometriæ principia*. Das kleine von Schlick in den Text gezeichnete Quadrat bezieht sich auf die Grundfigur (dort Fig. 1), an der die Beweise durchgeführt werden. Die entsprechenden Beweise in moderner Notation sind in Bonola, *Die nichteuklidische Geometrie*, S. 20 –37 zusammengefasst. Die von Schlick herangezogene Übersetzung findet sich in Engel/Stäckel, *Die Theorie der Parallellinien von Euklid bis auf Gauss*.

lingt ihm zu beweisen, dass die Winkelsumme des Dreiecks nicht *grösser* sein kann als 2 R[echte]. Und er *glaubte* bewiesen zu haben, dass sie auch nicht *kleiner* sein kann. (Immer unter der Voraussetzung der Falschheit des Postulats)[a] Leider ist dieser letztere Beweis falsch. Es würde zu weit führen, das darzulegen; er mischt das Unendliche[b] in unerlaubter Weise ein. Der misglückte [*sic!*] Versuch S[accheri]s zeigt, dass ⟨⟩[c] es ihm nicht gelang, Widersprüche nachzuweisen, die mit der Annahme der Falschheit des Postulats verbunden sein möchten. Und dies führte dann ⟨später⟩ auf die Vermutung, dass solche Widersprüche *überhaupt nicht* existieren, dass also das Postulat unbeweisbar ist.[57]

2) Joh[ann] Hein[rich] Lambert, 1728 –1777. „Theorie der Parallellinien", erst 1786 durch J. Bernoulli veröffentlicht.[58] Von seinen Resultaten folgendes bemerkenswert: Wenn man die Ungültigkeit des Postulats annimmt, also die Winkelsumme < 2 R[echte], so ist der „Defect" proportional dem Flächeninhalt des Dreiecks. *Erläut[ern]. Polygon.*[59] | Hiermit hängt eng zusammen die Entdeckung Lamberts, dass mit dem Fallenlassen des Postulats die Möglichkeit einer absoluten Grössenmessung verbunden wäre. In der gewöhnlichen Geometrie sind die Begriffe gross und klein nur relativ, d. h. die Grössen von *Längen*. Würde alles in der Welt

---

a In Kurzschrift **b** Schlick schreibt: ∞ **c** ⟨man nicht [?]⟩

57 Dieser Beweis ergibt sich aus den Arbeiten von Gauss und Lobatschewski. Vgl. Bonola, *Die Nichteuklidische Geometrie*, § 94.

58 Lambert, *Theorie der Parallellinien*, in: Engel/Stäckel, *Die Theorie der Parallellinien von Euklid bis auf Gauss*, S. 152 –207. Zusammengefasst in Bonola, *Die nichteuklidische Geometrie*, S. 38 –45.

59 Lambert geht von einem Viereck mit drei rechten Winkeln aus und untersucht drei mögliche Annahmen zum vierten Winkel. Der könnte 1. rechtwinklig, 2. stumpf oder 3. spitz sein. 1. führt zur Geometrie nach Euklid, 2. erweist Lambert als einen Widerspruch und über 3. gelangt er zu der Annahme, dass die Summe der Innenwinkel des Dreiecks – anders als bei Euklid (*Elemente*, I, L22) – kleiner als zwei rechte Winkel ist. Lambert kann daraus auf alle Polygone verallgemeinern, dass die Abweichung (der Defekt) der Innenwinkelsumme von $\frac{n-2}{n}$ rechten Winkeln proportional zur Fläche des Polygons ist. Vgl. Lambert, *Theorie der Parallellinien*, in: Engel/Stäckl, *Die Theorie der Parallellinien von Euklid bis auf Gauss*, S. 152 –207 sowie Bonola, *Die nichteuklidische Geometrie*, S. 38 ff.

im gleichen Massstab vergrössert oder verkleinert, so wäre noch
alles genau ebenso. Dagegen ⌊haben⌋ᵈ z. B. *Winkel* auch in der
gewöhnlich[en] Geometrie absolute Grösse. Änderten sie sich, so
würden wir es bemerken. Bei der Lambertschen Hypothese aber
würden wir auch Strecken absolut messen können. In folgender   5
Weise z. B. Gleichseitige Dreiecke von verschiedener Grösse sind
nicht ähnlich, haben verschiedene „Defecte", folglich verschiedene Winkel. Zu jedem Winkel gehört also eine ganz bestimmte
absolute Länge der entsprechenden Dreiecksseite, und die Grösse
des Winkels kann ⌊dazu⌋ᵉ dienen, das absolute Längenmass zu de-   10
finieren. – ⟨philos[ophische] Bedeutung⟩ᶠ Alles dies musste man
annehmen, wenn man das V. Postulat als falsch gelten lassen wollte. Wem also diese merkwürdigen Annahmen als offenbar *falsch*
erschienen, der konnte das Postulat als bewiesen gelten lassen.
Lambert selbst glaubte *nicht*, es bewiesen zu haben. Jene An-   15
nahmen schienen zwar höchst paradox, fast unsinnig, … aber
falsch?�g
    Ein anderer Geometer, der alle bis dahin unternommenen Be-
weisversuche geprüft und verworfen hat, sagt schliesslich von diesen Annahmen und von dem Postulate: „Dass so etwas widersin-   20
nig ist, wissen wir nicht infolge strenger Schlüsse oder vermöge
deutlicher Begriffe von der geraden und der krummen Linie, vielmehr durch die Erfahrung und durch das Urteil unserer Augen." (*Klügel*)ʰ⁶⁰ Synthet[isches] Urteil *a posteriori*. – Durch diese Untersuchungen konnte für den wahrhaft kritischen Geist das   25
Par[allelen]ax[iom] (Erl[äutern].) nicht als bewiesen gelten – andrerseits war auch seine Unbeweisbarkeit nicht bewiesen. Dennoch
führten die vielen verunglückten Versuche naturgemäss zu der
Überzeugung, dass es nicht beweisbar sei und dass man den Satz

---

d ⟨sind⟩   **e** ⟨als Mass der betr. Länge⟩   **f** Über dem Gedankenstrich mit
Bleistift notiert   **g** Am Ende des Satzes in rot: ⟨○⟩   **h** Im Original eckige
Klammern

60 Bis hier zusammengefasst aus Bonola, *Die nichteuklidische Geometrie*, S. 40 –
45. Das Zitat stammt aus Klügels Dissertation *Conatuum praecipuorum theoriam
parallelarum demonstrandi recensio, quam publico examini submittent*. Schlicks
Übersetzung aus dem Lateinischen folgt Engel/Stäckel, *Die Theorie der Parallellinien von Euklid bis auf Gauss*, S. 144.

– oder einen gleichwertigen – eben ohne Beweis annehmen müsse. *Also nicht etwa zu der Überzeugung, dass der Satz auch falsch sein könne.*[i] – Die grossen Mathemat[iker] des 18. Jahrhunderts gaben sich damit zufrieden, dass die Richtigkeit des Satzes mit dem Begriff der *Ähnlichkeit* unzertrennlich verbunden sei. Dass es ähnliche Figuren gebe, sei fast ebenso selbstverständlich wie, dass es *gleiche* Figuren gebe. Laplace ⟨† 1827⟩ sagt z. B. 1824 folgendes: „Die Versuche der Geometer, das Postulat Euklids über die Parallelen zu beweisen, waren bisher wertlos. Allerdings hegt niemand Zweifel an diesem Postulat und den Lehrsätzen, die Eukl[id] daraus abgeleitet hat. Der Begriff des Raumes schliesst also[j] eine besondere Eigenschaft ein, die an sich selbstverständlich ist und ohne die man die Eigenschaften der Parallelen nicht streng begründen kann. Die Vorstellung der begrenzten Ausdehnung z. B. des Kreises enthält nichts, was von seiner absoluten Grösse abhängt. Verkleinern wir jetzt in Gedanken seinen Halbmesser, so werden wir unbezwinglich (Zwang der „reinen Anschauung") dazu gebracht, im selben Verhältnis seinen Umfang und die Seiten aller einbeschriebenen Figuren zu verkleinern. Diese Proportionalität scheint mir ein natürlicheres Postulat zu sein als das von Eukl[id]."[61]⟨⟩[k] Derselben Meinung war der berühmte Mathemat[iker] *Legendre*, der in Wirklichkeit eigentlich nichts geleistet hat, was über die erwähnten Resultate hinausginge, aber den Beweisen eine [sehr]? einfache und elegante Form zu geben verstanden hat. Sein Beweis für den Satz von der Winkelsumme:

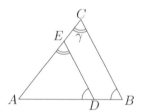

i Ursprünglich war nur ⟨*nicht*⟩ unterstrichen, nachträglich die ganze Passage mit Kopierstift   **j** Ursprüngl. Unterstreichung eingeklammert: ⟨(—)⟩   **k** ⟨Es ist richtig, dass man es bei den [?]⟩

61 Bonola, *Die nichteuklidische Geometrie*, S. 47 f.

123

Es sei $\angle A + \angle B + \angle C < 2\,R$. Mache $\angle D = \angle B$, dann ist, dass im Viereck $ECBD$ die Winkelsumme $< 4\,R$, $E > C$. [*sic!*] E ist also eine wohlbestimmte abnehmende Function von AD. AD ist also vollkommen bestimmt, wenn man die Masszahlen der Winkel A, B, E kennt. Das aber ist nach Legendre widersinnig, weil man von der Länge einer Strecke nur reden kann, wenn man die Masseinheit [*sic!*] .[162] – Dieser Beweis [beruht][?] also auf dem Postulat: Es gibt keine absolute Masseinheit. —[m]

VI. | Nach den Bemühungen zweier Jahrtausende wurde endlich im 19[.] Jahrhundert ein entscheidender Schritt getan, der die Philosophie der Math[ematik] sehr viel weiter führte und zwar gleich von mehreren Mathematikern ⟨⟩[n] unabhängig voneinander: *Gauss*, Schweikart, dessen Neffe Taurinus, *Lobatschefsky*, und *Bolyai*. Besonders die 3 unterstrichenen° wurden die Be-

5

10

---

l Der Satz bricht hier unvermittelt ab   m Im Original überlanger Gedankenstrich   n ⟨auf einmal⟩   o Hier im Text hervorgehoben

62 Die Ausführungen zu Legendre stammen vollständig aus Bonola, *Die nicht-euklidische Geometrie*. Siehe dort S. 51 f.: „Im Dreieck ABC nehme man an, es sei

$$\angle A + \angle B + \angle C < 2 \text{ Rechte.}$$

Durch D auf der Seite AB ziehe man die Transversale DE so, daß der Winkel $\angle ADE$ dem Winkel $\angle B$ gleich ist. Im Viereck $DBCE$ ist die Summe der Winkel kleiner als vier Rechte, also $\angle AED > \angle ACB$. Der Winkel des Dreiecks ADE bei E ist also eine wohlbestimmte (abnehmende) Funktion der Seite AD oder, was dasselbe ist, die Länge der Seite AD ist vollständig bestimmt, wenn man (in rechten Winkeln) die Maßzahl des Winkels E und der beiden Winkel A und B kennt. Aber dies Ergebnis ist nach *Legendre* widersinnig, weil die Länge einer Strecke keine Bedeutung hat, wenn man die Maßeinheit nicht kennt, auf die sie bezogen ist, und die Natur der Frage in keiner Weise auf eine derartige Einheit hinweist. Daher fällt die Hypothese:

$$\angle A + \angle B + \angle C < 2 \text{ Rechte}$$

und folglich wird man haben:

$$\angle A + \angle B + \angle C = 2 \text{ Rechte}$$

Aber aus dieser Gleichheit folgt leicht der Beweis des euklidischen Postulats. Die Methode von Legendre ruht also auf dem Postulat von Lambert, das die Existenz einer absoluten Einheit verneint."

124

gründer der nichteuklidischen Geometrie. Sie kamen schliesslich zu der Ansicht, *1.* dass das Postulat unbeweisbar sei, d. h. nicht aus den übrigen Axiomen folge – und sie bewiesen das auch, wenigstens Lobatsch[ewski], wenn auch nicht absolut streng – und 2. dass man es auch gar nicht als richtig anzunehmen brauche, dass man also Geometrie wissenschaftlich sinnvoll wirklich treiben könne unter der Voraussetzung, dass man durch einen Punkt *mehrere* Parallelen ziehen könne. Als erster erfasste wohl *Gauss* die neuen Gedanken, doch veröffentlichte er nichts davon, weil er das „Geschrei der Böotier" [63] fürchtete. Er kam dazu durch seine Versuche, das Par[allelen]-Postulat zu beweisen. Es heisst in einem Brief (Dec[ember] 1799) „Ich bin in meinen Arbeiten darüber weit vorgerückt, allein der Weg, den ich eingeschlagen habe, führt nicht sowohl zu dem Ziele, das man wünscht ... als vielmehr dahin, die Wahrheit der Geometrie zweifelhaft zu machen. (höchst bemerkenswerter Satz, auf den wir noch zurückkommen müssen. Was heisst es, die Geometrie ist *wahr*?) [p] Zwar bin ich auf manches gekommen, was bei den meisten schon für einen Beweis gelten würde, aber was in meinen Augen so gut wie nichts beweist. Z. B., wenn man beweisen könnte, [q] dass ein geradliniges Dreieck möglich sei, dessen Inhalt grösser wäre als jeder gegebenen Fläche, so bin ich imstande, die ganze Geometrie völlig strenge

---

p Im Original eckige Klammern   **q** Das Zitat ist bis hier mit Kopierstift am Rand markiert

63 Carl Friedrich Gauss schrieb an Friedrich Wilhelm Bessel (Brief vom 27. Januar 1829) über seine Zurückhaltung in Bezug auf seine Arbeiten zum Parallelenaxiom: „Auch über ein anderes Thema, das bei mir schon fast 40 Jahre alt ist, habe ich zuweilen in einzelnen freien Stunden wieder nachgedacht; ich meine die ersten Gründe der Geometrie; ich weiss nicht, ob ich mit Ihnen je über meine Ansichten darüber gesprochen habe. Auch hier habe ich manches noch weiter consolidirt, und meine Ueberzeugung, dass wir die Geometrie nicht vollständig *a priori* begründen können, ist wo möglich noch fester geworden. Inzwischen werde ich wohl noch lange nicht dazu kommen, meine *sehr ausgedehnten* Untersuchungen darüber zur öffentlichen Bekanntmachung auszuarbeiten, und vielleicht wird dies auch bei meinen Lebzeiten nie geschehen, da ich das Geschrei der Boeoter scheue, wenn ich meine Ansicht *ganz* aussprechen wollte." (aus: *Briefwechsel zwischen Gauss und Bessel*, S. 490) Vgl. aber auch Bonola, *Die nichteuklidische Geometrie*, § 33.

zu beweisen. Die meisten würden nun wohl jenes als ein Axiom gelten lassen; ich nicht; es wäre ja wohl möglich, dass, so entfernt man auch die Eckpunkte des Dreiecks im Raume voneinander annähme, doch der Inhalt immer unter einer gegebenen Grenze wäre."[64] In der Tat, ein *Widerspruch* mit irgend welchen sonstigen geometrischen oder anderen Sätzen liegt nicht vor. So leiteten jene Mathematiker eine Unmenge von Sätzen ab, die natürlich von den Sätzen der gewöhnlichen Geometrie verschieden war, aber unter sich niemals in Widerspruch traten. Es existierte also ein vollkommen consequentes, in sich logisch widerspruchsfreies geometrisches System, das vom euklidischen verschieden war und daher von Gauss Nichteuklidische Geometrie genannt wurde.[65]

⟨Riemannsche Geometrie⟩[r] Dass dies System in *keiner* seiner Consequenzen zum Widerspruch führen konnte, wurde freilich erst etwas später mit *absoluter* Strenge bewiesen.[66] Man kann also eine in sich widerspruchslose und consequente Wissenschaft der Geometrie treiben, ohne doch das Parallelenaxiom als richtig anzunehmen. Was folgt daraus? Etwa, dass es falsch ist? dass die Anschauung, die doch seine Richtigkeit zu lehren scheint, uns etwas falsches lehrt? So fragte man sich, und so müssen wir uns fragen. Wir können darauf schon jetzt antworten. Die Falschheit folgt *nicht*. Es folgt nur, 1. dass die Annahme der Ungültigkeit des P[arallelen]-P[ostulats] nicht im Widerspruch steht mit den übrigen Axiomen der Geometrie, also aus ihnen nicht ableitbar ist. Oder, wie man sagt: *unab*hängig von ihnen. Steht vor allem nicht im Widerspruch mit den Axiomen, die das Wesen der geraden Linie ausdrücken. Z. B. durch 2 Punkte bestimmt zu sein.[67]

r Einschub mit Kopierstift

64 Carl Friedrich Gauss an Wolfgang Bolyai, 16. Dezember 1799. (*Briefwechsel zwischen Gauss und Bolyai*, S. 36 f.) Genau dieses Zitat findet sich auch in Bonola, *Die nichteuklidische Geometrie*, § 32.

65 Vgl. Bonola, *Die nichteuklidische Geometrie*, § 32 ff.

66 Vgl. Bonola, *Die nichteuklidische Geometrie*, § 66. Die anschließenden Ausführungen legen zudem nahe, dass Schlick hier an Hilberts *Grundlagen der Geometrie* dachte, siehe dort § 10.

Das P[arallelenaxiom] folgt nicht aus der Natur der Geraden. 2.
folgt, dass eine von der gewöhnlichen abweichende Geometrie jedenfalls *denkbar* ist. Ob auch *vorstellbar*, das ist dadurch noch
nicht entschieden und auch nicht so leicht zu entscheiden. Wesen dieses Unterschiedes. ?ˢ – Wir wollen jetzt untersuchen, ob
durch die Ergebnisse der Nichteukl[idischen] Geometrie irgend
welche Schlüsse auf die Richtigkeit der *Kant*schen Anschauung
gezogen werden können.⁶⁸ Historische Tatsache: Die Vollender
der N[icht]-E[uklidischen Geometrie], Helmholtz und Riemann
– von denen gleich noch zu reden [ist] – hielten K[ant]s Lehre
ohne weiteres für widerlegt.⁶⁹ Denn, so schlossen sie, wären die

---

s Mit Kopierstift: ⟨[??]⟩

67 Vgl. Hilbert, *Grundlagen der Geometrie*, § 1.

68 Schon Gauss war der Meinung, dass Kant widerlegt und der Raum nicht nur
Form der Anschauung ist, weil es, so Gauss, nicht a priori möglich ist, zwischen
euklidischer und nichteuklidischer Geometrie zu entscheiden. Siehe dazu seinen
Brief an Bolyai vom 16. März 1832 (*Briefwechsel zwischen Gauss und Bolyai*,
S. 112).

69 Helmholtz, *Über Ursprung und Bedeutung der geometrischen Axiome*, S. 30:
„Die geometrischen Axiome sprechen also gar nicht über Verhältnisse des Raumes allein, sondern gleichzeitig auch über das mechanische Verhalten unserer fe-
stesten Körper bei Bewegungen. Man könnte freilich auch den Begriff des festen geometrischen Raumgebildes als einen transcendenten Begriff auffassen, der
unabhängig von der wirklichen Erfahrung gebildet wäre, [...]. Unter Hinzunah-
me eines solchen nur als Ideal concipierten Begriffs der Festigkeit könnte dann
ein strenger Kantianer allerdings die geometrischen Axiome als a priori durch
transcendentale Anschauung gegebene betrachten, die durch keine Erfahrung
bestätigt oder widerlegt werden könnten, [...]. Dann müssen wir aber behaupten, dass unter dieser Auffassung gar keine synthetischen Sätze im Sinne Kant's
wären. Denn sie würden dann nur etwas aussagen, was aus dem Begriffe der zur
Messung nothwendigen festen geometrischen Gebilde analytisch folgen würde,
da feste Gebilde nur als solche anerkannt werden könnten, die jenen Axiomen
genügen. Nehmen wir aber zu den geometrischen Axiomen noch Sätze hinzu,
die sich auf die mechanischen Eigenschaften der Naturkörper beziehen, [...] dann
erhält ein solches System einen wirklichen Inhalt, der durch Erfahrung bestätigt
oder widerlegt werden, eben deshalb aber auch durch Erfahrung gewonnen werden kann."
Bei Riemann ließ sich eine direkt auf Kant bezogene Äußerung bisher nicht
nachweisen. In seiner Habilitationsschrift *Über die Hypothesen, welche der Geometrie zu Grunde liegen* (S. 134) heißt es jedoch, dass die Grundtatsachen, auf

math[ematischen] Axiome a priori, so müssten sie absolut notwendig und allgemeingültig sein, Ausnahmen müssten unmöglich sein. Nun zeigt aber die N[icht]-E[uklidische Geometrie], dass das Paral[lelen]ax[iom] nicht notwendig gültig ist, denn es gibt ja eine Geometrie *ohne* dies Axiom: folglich ist die Gültigkeit der Axiome nicht a priori gewiss, es sind Urteile *a poster[iori]*, Erfahrungswahrheiten. Denn was für das P[arallelen]-Ax[iom] dargetan wurde, muss wohl auch für die übrigen angenommen werden. (In der Tat kann man beliebige andre Axiome für ungültig erklären. Erläutern. Nichtarchimed[ische] Geometr[ie].)[70] ⟨[t] Ist das wirklich bewiesen? Nein. Dass die Verneinung des Par[allelen]-Axioms nicht zu Widersprüchen mit den andern Axiomen und Definitionen führt, beweist nur, das[s] es aus ihnen nicht analytisch[l] abgeleitet werden kann. Wir sahen ja früher, dass man die analytischen Urteile daran erkennt, dass sie nur mit Hilfe des Satzes vom Widerspruch aus den Definitionen abgeleitet werden können. Das geht hier also nicht, die Annahme der Falschheit führt nicht zum Widerspruch mit der Definition der Geraden und der Parallelen, welche Euklid gibt. Folglich ist d[as] Par[allelen]ax[iom] *nicht* ein analyt[isches] Urteil, nicht aus der Definition allein deducierbar. ⟨⟩[u]

Man kann natürlich in die Definition der Parallelen die Bedingung aufnehmen, dass sie dem Par[allelen]ax[iom] genügen – dann hat man aber nicht die Parallelen im allgemeinen, sondern eben die Parallelen der gewöhnlichen, Euklid[ischen] Geometrie definiert, und dann folgt allerdings alles weitere rein analytisch.

---

t Mit Kopierstift: ⟨[??]⟩   **u** Mit Kopierstift gestrichen: ⟨Es ist e[in] *synthet[isches]* Urteil.⟩ Am Ende des Satzes in rot: ⟨◯⟩

denen sich die Geometrie zu stützen hat, empirischer Natur seien.

70 Das sogenannte archimedische Axiom besagt, dass jede Größe durch ein ganzzahliges Vielfaches einer kleineren Größe übertroffen werden kann. Es ist durch seine Anwendung bei den Exhaustationsbeweisen in Euklids *Elementen*, X, L1 und XII, L2 sowie in Archimedes *Über Kugel und Zylinder*, Satz 1 überliefert. David Hilbert bewies in den *Grundlagen der Geometrie*, dass sowohl das Parallelenpostulat als auch das archimedische Axiom logisch unabhängig vom Rest der Geometrie sind.

Darüber aber, ob das Urteil a priori oder a post[eriori] ist, beweist die N[icht]-E[uklidische Geometrie] zunächst noch gar nichts. Es ist ja gar nicht nötig, und Kant [hat] es nie behauptet, dass das Gegenteil eines apriorischen Urteils *undenkbar* sei, d. h. dass
5 man nicht so tun könne als sei es wahr, und durch ein streng logisches Verfahren neue Sätze daraus analytisch ableiten könne. Wohl aber darf das Gegenteil eines apriorischen Urteils nicht anschaulich vorstellbar sein, wenn Kant damit recht haben soll, dass es aus reiner Anschauung entspringt. Hierüber aber ist, wie ge-
10 sagt, noch nichts ausgemacht. ⟨andererseits auch *K[ant]s* Meinung nicht bewiesen⟩ᵛ Die Vollender der nichteuklid[ischen] Geometrie machten aber diese Unterscheidungen nicht. Sie sagten blos: entweder notwendig ⟨ᵂ, dann a priori, oder nicht notwendig, dann a posteriori. Sie bedachten nicht, dass ein Unterschied
15 ist zwischen anschaulicher Notwendigkeit und begrifflicher Notwendigkeit. Das anschaulich notwendige braucht nicht begrifflich notwendig zu sein, d. h. es kann auch anders denkbar sein, obwohl nicht anders vorstellbar.

|[71] Gauss: Brocken, Hoher Hagen, Inselsberg 69, 85, 197 km.   VII.
VIII.
20 Lobatschewski: Parallaxen γ der Fixsterne. $\gamma = 2\,h - (\alpha + \beta)$ [72]

---

v Mit Kopierstift in Kurzschrift   **w** ⟨nicht anders denkbar⟩

71 Der mündliche Vortrag in den Sitzungen 1925/26 folgte im folgenden Abschnitt inhaltlich völlig dem Manuskript, nicht jedoch in der Reihenfolge. Daher ist eine seitengenaue Zuordnung der Mitschrift zum Manuskript nicht möglich.

72 Schlick spielte hier auf die Legende an, Gauss habe bei dieser Triangulation versucht, eine Abweichung der Innenwinkelsumme des Dreiecks von zwei rechten Winkeln zu finden. Doch Gauss erkannte selbst, dass die zu seiner Zeit erreichbare Messgenauigkeit dazu nicht ausreichte. Vgl. dazu seinen Brief an Olbers vom 1. März 1827 (in: *Olbers, sein Leben und seine Werke*, Bd. 2, Abth. 2, S. 471 f.).
 Lobatschewski entwickelte eine Pangeometrie, in der Dreiecke von zwei rechten Winkeln abweichende Innenwinkelsummen haben können. Diese Abweichung entspricht einer Konstante, deren Wert für die empirischen Verhältnisse, so Lobatschewskis Idee, durch Vermessung der Fixsternparallaxe bestimmt werden könnte. Vgl. dazu Bonola, *Die nichteuklidische Geometrie*, § 45.
 Die Mitschrift des Vortrages von 1925/26 (Inv.-Nr. 23, B. 1, S. 28) enthält eine genauere Erläuterung mit Skizze: „Erdbahn; in Mitte Sonne; Visiere von Erdbahn von zwei Punkten zu Stern; messe beide Winkel; und suche wie weit sie von $180°$ abweichen. Was fehlt, das ist die Parallaxe des Sterns s – Winkel oben."

6 | Gesetzt, diese Beobachtungen hätten ein positives Resultat gehabt, hätten eine Abweichung der Winkelsumme von $2R$ ergeben[:] Wäre damit, wie jene grossen Mathematiker glaubten, wirklich die Falschheit der Euklid[ischen] Geometrie bewiesen? Was hat man denn gemessen? Die Winkel zwischen Lichtstrah- 5 len. Ist das dasselbe wie die Winkel zw[ischen] geraden Linien? Nur dann, wenn man die geradlinige Ausbreitung des Lichts voraussetzt. *Muss* man das? ist[x] das etwas absolut Sicheres? Nein, denn die geradlinige Ausbreit[ung] des Lichts ist nur eine Erfahrungstatsache, und nichts stände folgendem Schlusse im We- 10 ge: Da die Winkelsumme $2R$ beträgt, die Messung aber kleinere Winkel ergibt, so ist es Erfahrungstatsache, dass die Lichtausbreitung nicht genau geradlinig erfolgt, sondern die Strahlen sind ein wenig gekrümmt. Die Beobachtungen könnten also auf 2 verschiedene Weisen, durch 2 verschiedene Hypothesen erklärt werden: 15 eine physikalische über die Lichtstrahlen, und eine mathemat[ische] über die geltende Geometrie, über die Natur des Raums. (Poincaré)[73] Entscheidung unmöglich. Beide oder vielmehr alle 3

x Kleinschreibung nach dem Original

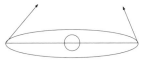

73 Eine exakt gleichlautende Stelle lässt sich bei Poincaré nicht nachweisen. Nachdem Poincaré die nichteuklidische Geometrie diskutierte, machte er jedoch folgende Bemerkung: „[...] die einen behaupten, daß die Erfahrung ihn [den Raum] uns aufzwingt, die anderen wiederum meinen, wir werden geboren mit unserem völlig fertigen Raume; nach den vorausgegangenen Betrachtungen sieht man sehr wohl, was an Wahrheit und was an Irrtum in jeder dieser beiden Meinungen steckt." (Poincaré, *Wissenschaft und Methode*, S. 102)
   An anderer Stelle führte Poincaré in Anschluss an eine Auseinandersetzung mit Lobatschewskis Arbeiten aus: „Es ist ist also unmöglich, ein konkretes Experiment zu erdenken, das im Euklidischen System der Geometrie interpretiert werden könnte, nicht aber im Lobatschewskischen Systeme; demnach darf ich schließen: Keine Erfahrung wird jemals mit dem Euklidischen Postulate im Widerspruch sein; ebenso aber andererseits: Keine Erfahrung wird jemals im Widerspruch mit dem Lobatschewskischen Postulate sein." (Poincaré, *Wissenschaft und Hypothese*, S. 76 f.)

130

Geometrien lassen sich mit den Tatsachen in Übereinstimmung bringen: keine ist *wahrer* als die andre, die Frage ist falsch gestellt, sondern es ist nur die eine *bequemer* als die andre; für unsere tatsächlichen Beobachtungen offenbar die Euklidische, wären
5 unsere Erfahrungen aber anders, so wären nichteuklid[ische] bequemer, weil sich dann physikal[ische] Hypothesen über die Lichtausbreitung erübrigten. ₂⟨Alle Messungen und Beobachtungen beziehen sich niemals auf den Raum selber – wie könnte man den beobachten? – sondern auf *Körper*[.] Und hier schliesst sich
10 gleich die philosophisch so ausserordentlich wichtige Frage an, ob man das überhaupt trennen kann, oder ob nicht vielleicht alle unsere Aussagen über den Raum gar nichts andres sind, gar keinen andern Sinn haben, als Aussagen über die Beziehungen physischer Körper zueinander zu sein. In diesem Falle wäre P[oincaré]s
15 Behauptung der Gleichwertigkeit der Geometrien doch nicht in jedem Sinne absolut richtig.[74] Aber rein theoretisch genommen ist sie zweifellos wahr. Es *ist* möglich, jede Beobachtung mit jeder der 3 Geometr[ien] in Einklang zu bringen.⟩
   ₁⟨Philosophisch von höchster Bedeutung: die [Erfahr[un]g][y]
20 schreibt uns keine bestimmte Geometrie mit ⟨log[ischer]⟩ Notwendigkeit vor, wir können nicht eindeutig unser geometrisches Wissen ihr entnehmen. Es ist bis zu einem gewissen Grade in unser Belieben gestellt, es ist etwas subjectives dabei. Dies Ergebnis nicht ungünstig für die Kantische Auffassung, nach der ja auch
25 der Raum und seine Gesetzmässigkeit etwas Subjectives sein sollen. *Ja, der Kantianer kann eigentlich jetzt erst recht triumphieren; kann sagen: Ihr habt gezeigt, dass die Euklid[ische] Interpre-*

---

y Ersetzung mit Kopierstift, ursprünglich: ⟨Natur⟩

74 Poincaré, *Der Wert der Wissenschaft*, S. 44: „Wir kennen im Raume geradlinige Dreiecke, deren Winkelsumme zwei Rechten gleich ist. Aber wir kennen ebensowohl krummlinige Dreiecke, deren Winkelsumme kleiner ist als zwei Rechte. Die Existenz der einen ist nicht zweifelhafter als die der anderen. Den Seiten der ersteren den Namen Gerade zu geben heißt: die euklidische Geometrie annehmen; den Seiten der letzteren den Namen Gerade geben, heißt: die nichteuklidische Geometrie annehmen, [...] Es ist klar, daß die Erfahrung eine solche Frage nicht beantworten kann; [...]."

tation immer möglich ist,[z] dass nichts zur Annahme einer andern Geometrie logisch zwingen kann: die Euklid[ische] Geom[etrie] aber ist allein anschaulich vorstellbar – deshalb müssen wir ihr doch einzigartige Bedeutung zuschreiben, sie allein kann für die Darstellung der Wirklichkeit in Betracht kommen – die andern Geometr[ien] haben nur die Bedeutung geistreicher Gedankenexperimente, sie zeigen das logisch Mögliche, sie zeigen, dass andre geometr[ische] Systeme denkbar sind, dass eben die geometr[ischen] Wahrheiten nicht blos analytisch sind – alles in bester Übereinstimmung mit der Kantschen Lehre, und nichts spricht gegen den *weiteren* Satz von Kant, dass der Eukl[idischen] Geom[etrie] *anschauliche* Notwendigkeit zukommt. Kant sei also glänzend gerechtfertigt. So hätten diese metageometrischen Speculationen ganz im Gegensatz zur Meinung ihrer Urheber die Kantsche Lehre bestätigt, statt sie zu widerlegen. Hieran ist ganz zutreffend: alle diese Ergebnisse widerlegen durchaus *nicht* die K[ant]sche Meinung – darin irrten jene Mathematiker – aber damit ist noch nicht gesagt, dass sie nicht doch falsch sein könnte. Um ihre Richtigkeit darzutun, müsste erst noch gezeigt werden, dass wirklich eine absolute anschauliche Notwendigkeit bei der Entstehung der mathemat[ischen] Sätze mitspielt, und dass der vorliegende Tatbestand nur durch die Kantsche Annahme, also durch eine reine Anschauung u[nd] so w[eiter] erklärt werden kann. Alles das ist aber *nicht* bewiesen. Die Frage bleibt noch offen.⟩ ⟨Zur Lös[un]g d[ieser] Frage zusehen, wie weit man *ohne* Anschauung kommt⟩[a] Ehe wir nun weitere wichtige Schlüsse ziehen, muss ich die Ergebnisse der Forschungen von Riemann und Helmholtz kurz darstellen, die von einer anderen Seite an die Probleme herantraten, um sie zu lösen. Wir sprachen bisher von den Eigenschaften räumlicher Gebilde – wir haben nicht gesagt, Eigenschaften *des Raumes.* R[iemann] und H[elmholtz] suchten nun sozusagen den Raum selber begrifflich, mathemat[isch] zu fassen. Begrifflich, d. h. möglichst ohne Benutzung der Anschauung, denn je mehr wir die Anschauung in der Geometrie benutzen, de-

z Mit Kopierstift unterstrichen   **a** Einschub mit Kopierstift vom Blattende sto weniger sind wir des streng logischen Zusammenhangs sicher. Später mehr darüber. Es gibt nun einen Weg, Geometrie, d. h. Wissenschaft vom Raume zu treiben, auf dem man sämtliche Beweisführungen ganz ohne die Anschau[un]g leisten kann: der Weg des *Rechnens*, die *analytische Geometrie*. Diesen Weg schlug Riemann ein.[75] Erläutern.[76] Was ist nun der Raum? Eine Mannigfaltigkeit von Punkten.[77] Was ist ein Punkt? Nur der Anschauung zu entnehmen. Den Gedanken an das Anschauliche wollen wir aber vermeiden, sagen deshalb: ein Etwas, ein *Element*, das durch 3 Striche, 3 Zahlen bestimmt ist. Dass es 3 sind, wieder nur der

75 Gemeint ist Riemann, *Über die Hypothesen, welche der Geometrie zugrunde liegen.* Die Überlegung zur Ausschaltung der Anschauung findet sich dort jedoch nicht, sondern bei Helmholtz, *Ursprung und Bedeutung der geometrischen Axiome*, S. 7: „Ich führe diese Ueberlegungen hier zunächst nur an, um klar zu machen, auf welche Schwierigkeiten wir bei der vollständigen Analyse aller von uns gemachten Voraussetzungen nach der Methode der Anschauung stossen. Ihnen entgehen wir, wenn wir die von der neueren rechnenden Geometrie ausgearbeitete analytische Methode auf die Untersuchung der Principien anwenden. Die ganze Ausführung der Rechnung ist eine rein logische Operation; sie kann keine Beziehung zwischen den der Rechnung unterworfenen Grössen ergeben, die nicht schon in den Gleichungen, welche den Ansatz der Rechnung bilden, enthalten ist. Die erwähnten neueren Untersuchungen sind deshalb fast ausschliesslich mittelst der rein abstracten Methode der analytischen Geometrie geführt worden."

76 Im mündlichen Vortrag von 1925/26 hatte Schlick hier ein Beispiel und eine Skizze ergänzt: „Wie macht man es nun, dass man bei geometrischen Beweisen den Rekurs auf die Anschauung auschließt? Methode der analytischen Geometrie; Errechnung nicht ablesen aus der Figur. Wir denken uns einen Punkt, ich kann jedem Punkt ein besonderes x und ein besonderes y zuordnen. Möglichkeit mit Hilfe von Zahlentripeln, die geometrischen Verhältnisse zu begreifen. Nicht Punkte, sondern Zahlentripel."

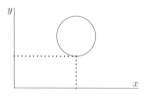

77 Bei Riemann ist der Raum eine n-Fach ausgedehnte Mannigfaltigkeit von Punkten. Vgl. dazu Riemann, *Über die Hypothesen, welche der Geometrie zugrunde liegen*, I, 1 und III, 1.

Anschauung entnommen. Wir bilden also den Begriff der Mannigfaltigkeit von n Dimensionen. Continuität: So klein wir auch den Unterschied der Masszahlen der Coordinaten wählen: immer sollen den dazwischen liegen[den] Werten auch noch Elemente entsprechen. Congruenzbedingungen. Erläutern. Feste Körper. H[elmholtz] und R[iemann] fanden, dass zu diesem Zwecke eine gewisse Grösse constant sein muss (Function der Coordinaten), welche leider Krümmungsmass genannt wird.[78] Erläutern an Flächen; Gauss. Ebene, Kugel, Pseudosphäre. ⟨geradeste Linie⟩ $\kappa = \frac{1}{\rho_1 \rho_2}$ [79] 3 Dimens[ionen] $\kappa > 0$ sphärischer Raum, $\kappa < 0$ pseudo-

[78] Helmholtz, *Ursprung und Bedeutung der geometrischen Axiome*, S. 12 f.: „*Riemann* zeigte [...], daß die wesentliche Grundlage jeder Geometrie der Ausdruck sei, durch welchen die Entfernung zweier in beliebiger Richtung voneinander liegender, und zwar zunächst zweier unendlich wenig voneinander entfernter Punkte gegeben wird. Für diesen Ausdruck nahm er aus der analytischen Geometrie die allgemeine Form, welche derselbe erhält, wenn man die Art der Abmessungen, durch welche der Ort jedes Punktes gegeben wird, ganz beliebig läßt. Er zeigte dann, daß diejenige Art der Bewegungsfreiheit bei unveränderter Form, welche dem Körper in unserem Raume zukommt, nur bestehen kann, wenn gewisse, aus der Rechnung hervorgehende Größen, die bezogen auf die Verhältnisse an Flächen sich auf das *Gauss*sche Maß der Flächenkrümmung reduzieren, überall den gleichen Wert haben. Eben deshalb nennt *Riemann* diese Rechnungsgrößen, wenn sie für eine bestimmte Stelle nach allen Richtungen hin denselben Wert haben, das Krümmungsmaß des betreffenden Raumes an dieser Stelle." Siehe dazu auch Riemann, *Über die Hypothesen, welche der Geometrie zugrunde liegen*, II, 2.

[79] In der Mitschrift des mündlichen Vortrages von 1925/26 fehlen die Formeln. Dafür enthält sie eine Skizze mit einer kurzer leider sehr korrupt überlieferten Erläuterung (Inv.-Nr. 23, B. 1, S. 23): „Fläche mit negativem Krümmungsmaß: Pseudosphäre. Figur, wo überall Deckung ist, nur eine Singularität: Scharfe Kante; kann von oben überall nach unten verschieben [*sic!*]."

sph[ärisch][80] Beltrami: *Abbildung*[b] des pseudosph[ärischen] Raumes ⟨[c] von 3. Dimension auf das Innere einer Euklid[ischen] Kugel,
so dass: jede geradeste Linie des pseudosph[ärischen] Raumes einer geraden Linie in der Kugel entspricht; jeder ebenste[n] Fläche
des ps[eudosphärischen] R[aumes] einer Ebene in der Kugel.[81] Die
Oberfläche der letzteren entspricht den unendlich fernen Punkten des ps[eudosphärischen] R[aumes]. Seine verschied[enen] Teile
sind in ihrem Kugelabbild um so mehr verkleinert, je näher sie
der Kugeloberfläche liegen, und zwar in der Richtung der Kugel-
radien stärker als in den Richtungen senkrecht dazu. Gerade Linien in der Kugel, die sich ausserhalb ihrer Oberfläche schneiden
entsprechen geradesten Linien des ps[eudosphärischen] R[aumes],
die sich nirgends schneiden. Noch auf beliebig viele andre Arten
kann man den Lobatschewskischen Raum ⌊in⌋[d] dem euklidischen
abbilden: ⟨Möglichkeit d[er] Abbildung beweist Widerspruchslo-
sigkeit⟩[82]

b Blau unterstrichen   **c** ⟨*Beltrami*⟩   **d** ⟨auf⟩

80 Diese Formeln für das Krümmungsmaß finden sich nicht genau so in der
bis hier von Schlick verwendeten Literatur, aber in beinahe jedem Lehrbuch der
analytischen Geometrie.

81 An dieser Stelle findet sich in der Mitschrift des mündlichen Vortrags von
1925/26 (Inv.-Nr. 23, B. 1, S. 24) die folgende Zeichnung:

82 Vgl. Beltrami, *Saggio di interpetrazione della geometria non-euclidea*.
An dieser Stelle findet sich in der Mitschrift des mündlichen Vortrags von 1925/26
(Inv.-Nr. 23, B. 1, S. 24) zusätzlich folgende Zeichnung:

Raum	– Teil des Raumes oberhalb d[er] Fundamentalebene
Ebene	– Kugel, die die F[undamental]-E[bene] rechtwinklig schneidet
Gerade	– Kreis, der die F[undamental]-E[bene] rechtwinklig schneidet
Kugel	– Kugel
Kreis	– Kreis
Winkel	– Winkel
Entfernung zweier Punkte	– Logarithmus einer bestimmten Größe
u.s.w.	– u.s.w.

e

IX.
X.

|[83] Ähnlich kann auch der Riemannsche (sphärische) Raum durch unendlich viele Punkttransformationen im Euklidischen abgebildet werden. Auf diese Weise kann man sich die geometrischen Verhältnisse in diesen Räumen deutlich machen. ⟨Riemann stellt fest, „dass eine mehrfach ausgedehnte Grösse verschiedener Massverhältnisse fähig ist, und der Raum also nur einen besondern Fall einer dreifach ausgedehnten Grösse bildet. Hiervon ist eine notwendige Folge, dass die Sätze der Geometrie sich nicht aus allgemeinen Grössenbegriffen ableiten lassen, sondern dass diejenigen Eigenschaften, durch welche sich der Raum von andern 3fach ausgedehnten Grössen unterscheidet, nur aus der Erfahrung[f] entnommen werden können. Hieraus entsteht die Aufgabe, die einfachsten Tatsachen aufzusuchen, aus denen sich die Massverhältnisse des Raumes bestimmen lassen. ... Diese Tatsachen sind wie alle Tatsachen nicht notwendig, sondern nur von empirischer Gewissheit; sie sind Hypothesen; man kann also ihre Wahrscheinlichkeit, welche innerhalb der Grenzen der Beobach-

5

10

15

20

e Der folgende Abschnitt bis zum Ende des Blattes ist im Original durch eine Linie vom vorhergehenden Text abgetrennt.   **f** Mit Kopierstift: ⟨Anschauung?⟩

83 Der mündliche Vortrag in diesen Sitzungen folgte im folgenden Abschnitt inhaltlich dem Manuskript, nicht jedoch in der Reihenfolge. Deshalb ist eine seitenweise Zuordnung von Mitschrift und Manuskript nicht möglich.

tung allerdings sehr gross ist, untersuchen, und hiernach über die Zulässigkeit ihrer Ausdehnung jenseits der Grenzen der Beobachtung, sowohl nach der Seite des unmessbar Grossen, als auch der Seite des unmessbar Kleinen, urteilen."⟩[84g] Aber Helmholtz behauptet noch mehr: er sagt, man kann sich die Geometrien dieser Räume auch anschaulich vorstellen. Damit wäre allerdings Kant widerlegt. Denn dann wäre ja unsere Anschauung in der Tat nicht zwangsweise an ⟨⟩[h] bestimmte räumliche Gesetzmässigkeiten, die euklidische nämlich, gebunden. Die Frage, die Gauss und Lobatsch[ewski] experimentell entscheiden wollten, lautet nun: in was für einem Raum leben wir? Und da lehrt nun die Erfahrung, und diese allein, dass wir in einer Euklid[ischen] Welt uns befinden. Zur Verdeutlichung, da wir uns die Verhältnisse in 2 Dimensionen leichter anschaulich machen können, macht H[elmholtz] die Fiction flächenhafter Wesen, die auf einer Kugelfläche oder einer Pseudosphäre leben und keinen Raum ausser jener Fläche kennen. Und nun meint H[elmholtz], auch wir, mit dem Anschauungsvermögen und den Sinnesorganen, die wir besitzen[,] könnten uns die nichteuklid[ischen] Räume *vorstellen*, d. h. „die Reihe der sinnlichen Eindrücke ausmalen, die man haben würde," wenn man sich in so einem Raume befände.[85] Wir können uns nun in der Tat genau ausmalen, „wie einem Beobachter, dessen Augenmass und Raumerfahrungen sich *gleich den unsrigen* im ebenen Raume ausgebildet haben, die Gegenstände einer pseudosphär[ischen] Welt erscheinen würden, falls er in eine solche ⟨⟩[i] eintreten könnte."[86] Mit Hilfe der Transformationsformeln kann

---

g Von der Rückseite hierher mit rotem Stern   **h** ⟨ganz⟩   **i** ⟨Welt⟩

---

84 Riemann, *Über die Hypothesen, welche der Geometrie zu Grunde liegen*, siehe dort den „Plan der Untersuchung".

85 Helmholtz, *Ursprung und Bedeutung der geometrischen Axiome*, S. 8: „Unter dem viel gemissbrauchten Ausdrucke ‚sich vorstellen' oder ‚sich denken können, wie etwas geschieht' verstehe ich – und ich sehe nicht, wie man etwas Anderes darunter verstehen kann, ohne allen Sinn des Ausdrucks aufzugeben –, dass man sich die Reihe der sinnlichen Eindrücke ausmalen könne, die man haben würde, wenn so etwas in einem einzelnen Falle vor sich ginge."

86 Dieses und das folgende Zitat stammen aus Helmholtz, *Über den Ursprung*

das ja genau festgestellt werden. „Ein solcher Beobachter würde die Linien der Lichtstrahlen oder die Visierlinien seines Auges fortfahren als gerade Linien anzusehen, wie solche im ebenen Raume vorkommen, und wie sie in dem kugeligen Abbild des pseudosphär[ischen] Raumes wirklich sind. Das Gesichtsbild der Objecte im ps[eudosphärischen] R[aum] würde ihm deshalb denselben Eindruck machen, als befände er sich im Mittelpunkt des Beltrami'schen Kugelbildes. Er würde die entferntesten Gegenstände dieses Raumes in endlicher Entfernung (Das reciproke negative Quadrat dieser Entfernung wäre das Krümmungsmass des pseudosph[ärischen] R[aum]s) rings um sich zu erblicken glauben, nehmen wir beispielsweise an, in 100 Fuss Abstand. Ginge er aber auf diese entfernten Gegenstände zu, so würden sie sich vor ihm dehnen, und zwar noch mehr nach der Tiefe als nach der Fläche; hinter ihm aber würden sie sich zusammenziehen. Er würde erkennen, dass er nach dem Augenmass falsch geurteilt hat – Sähe er zwei gerade Linien, die sich nach seiner Schätzung miteinander parallel bis auf diese Entfernung von 100 Fuss | wo ihm die Welt abgeschlossen scheint, hinausziehen, so würde er, ihnen nachgehend, erkennen, dass sie bei dieser Dehnung der Gegenstände, denen er sich nähert, auseinanderrücken, je mehr er an ihnen vorschreitet; hinter ihm dagegen würde ihr Abstand zu schwinden scheinen, sodass sie ihm beim Vorschreiten immer mehr divergent und immer entfernter voneinander erscheinen würden. Zwei gerade Linien aber, die vom ersten Standpunkte aus nach einem und demselben Punkte des Hintergrundes in 100 Fuss Entfernung zu convergieren scheinen, würden dies immer tun, soweit er ginge, und er würde ihren Schnittpunkt nie erreichen. Nun können wir ganz ähnliche Bilder unserer wirklichen Welt erhalten, wenn wir eine grosse Convexlinse von entsprechender negativer Brennweite vor die Augen nehmen, oder auch nur 2 convexe Brillengläser, die etwas prismatisch geschliffen sein müssten, als wären sie Stücke aus einer zusammenhängenden grösseren Linse. Wenn wir uns mit einer solchen Linse vor den Augen bewegen, gehen ganz ähnliche Dehnungen der Gegenstände, auf die wir zugehen, vor,

und die Bedeutung der geometrischen Axiome, S. 26 –28.

wie ich sie für den pseudosph[ärischen] Raum beschrieben habe. Wenn nun jemand eine solche Linse vor die Augen nimmt,
nicht einmal eine Linse von 100 Fuss, sondern eine viel stärkere
von nur 60 Zoll Brennweite, so merkt er im ersten Augenblick
5 vielleicht, dass er die Gegenstände genähert sieht. Aber nach we-
nigem Hin- und Hergehen schwindet die Täuschung, und er beurteilt trotz der falschen Bilder die Entfernungen richtig. Wir haben allen Grund zu vermuten, dass es uns im ps[eudosphärischen]
R[aum] bald ganz ebenso gehen würde, wie es bei einem ange-
10 henden Brillenträger nach wenigen Stunden schon der Fall ist.
Kurz der ps[eudosphärische] R[aum] würde uns verhältnismässig
gar nicht sehr fremdartig erscheinen; ... Die entgegengesetzten
Täuschungen würde ein *sphärischer Raum* von 3 Dimensionen
mit sich bringen, wenn wir *mit dem im Euklidischen Raum er-*
15 *worbenen Augenmasse* in ihn eintreten. Wir würden entferntere
Gegenstände für entfernter und grösser halten, als sie sind; wir
würden auf sie zugehend finden, dass wir sie schneller erreichen,
als wir nach dem Gesichtsbilde annehmen mussten. Wir würden
aber auch Gegenstände vor uns sehen, die wir nur mit divergi-
20 renden Gesichtslinien fixieren können; dies würde bei allen denjenigen der Fall sein, welche von uns weiter als der Quadrant eines grössten Kreises entfernt sind. Diese Art des Anblicks würde
uns kaum sehr ungewöhnlich vorkommen, denn wir können denselben auch für irdische Gegenstände hervorbringen, wenn wir
25 vor das eine Auge ein schwach prismatisches Glas nehmen, dessen dickere Seite der Nase zugekehrt ist. Auch dann müssen wir
die Augen divergent stellen, um entfernte Gegenstände zu fixieren. Das erregt ein gewisses Gefühl ungewohnter Anstrengung
in den Augen, ändert aber nicht merklich den Anblick der ge-
30 sehenen Gegenstände. – Den seltsamsten Teil des Anblicks der
sphärischen Welt würde aber unser eigner Hinterkopf bilden, in
dem alle unsere Gesichtslinien wieder zusammenlaufen würden,
so weit sie zwischen andern Gegenständen frei hindurch gehen
könnten, und welcher den äussersten Hintergrund des ganzen
35 perspektivischen Bildes ausfüllen müsste. – – – Es wird dies
genügen um zu zeigen, wie man auf dem eingeschlagenen Wege aus den bekannten Gesetzen unserer sinnlichen Wahrnehmun-

gen die Reihe der sinnlichen Eindrücke herleiten kann, welche eine sphär[ische] oder pseudosph[ärische] Welt uns geben würde, wenn sie existierte. Auch dabei treffen wir nirgends auf eine Unfolgerichtigkeit oder Unmöglichkeit, ebenso wenig wie in der rechnenden Behandlung der Massverhältnisse. Wir können uns den Anblick einer pseudosphärischen Welt ebenso gut nach allen Richtungen hin ausmalen, wie wir den Begriff entwickeln können. Wir können deshalb auch nicht zugeben, dass die Axiome unserer Geometrie in der „gegebenen Form unseres Anschauungsvermögen begründet wären, oder mit einer solchen irgendwie zusammenhängen."[87] ... – Dass auch die Gesetze der Bewegung, der Mechanik, bei der Übertragung auf solche Räume nicht zu Widersprüchen führen, hatte *Lipschitz* bewiesen.[88] – Anders meint H[elmholtz] dann, stehe es mit der 3dimensionalität des Raumes: die Unmöglichkeit der Vorstellung einer 4. Dimension sei in der Tat eine Eigenschaft unseres Anschauungsvermögens.[89][j] – Was ist durch die Ausführungen wirklich bewiesen?[90] Zunächst gro-

j Am Ende des Satzes in rot: ⟨◯⟩

87 Helmholtz, *Über den Ursprung und die Bedeutung der geometrischen Axiome*, S. 26 –28.

88 Schlick bezieht sich hier weniger auf Lipschitzens *Untersuchungen über die ganzen homogenen Functionen von* n *Differentialien*, sondern vielmehr auf Helmholtzens *Über den Ursprung und die Bedeutung der geometrischen Axiome*, S. 21 f.: „Es liesse sich nun noch fragen, ob auch die Gesetze der Bewegung und ihre Abhängigkeit von den bewegenden Kräften ohne Widerspruch auf die sphärischen oder pseudosphärischen Räume übertragen werden können. Diese Untersuchung ist von Herrn Lipschitz in Bonn durchgeführt worden. Es lässt sich in der That der zusammenfassende Ausdruck aller Gesetze der Dynamik, das Hamilton'sche Princip, direct auf Räume, deren Krümmungsmass nicht gleich Null ist, übertragen. Also auch nach dieser Seite hin verfallen die abweichenden Systeme der Geometrie in keinen Widerspruch."

89 Helmholtz, *Über den Ursprung und die Bedeutung der geometrischen Axiome*, S. 28 f.: „Da alle unsere Mittel sinnlicher Anschauung sich nur auf einen Raum von drei Dimensionen erstrecken, und die vierte Dimension nicht bloss eine Abänderung des Vorhandenen, sondern etwas vollkommen Neues wäre, so befinden wir uns schon wegen unserer körperlichen Organisation in der absoluten Unmöglichkeit, uns eine Anschauungsweise einer vierten Dimension vorzustellen."

90 Schlick setzte sich bereits ab 1908 mit der Dimensionalität des Raumes aus-

be Missverständnisse zurückweisen: *Laas*: „Wie die sph[ärische]
Oberfläche von Körpern 3 Dimensionen voraussetzt, so der sphär[ische] Raum *vier*, was für unsere Anschauung unmöglich ist."[91]

B. Erdmann: „wie die Kugelfläche nur in dem 3fach ausgedehnten Raume darstellbar ist, so fordert jenes Gebilde zu seiner Veranschaulichung eine Ausgedehntheit von 4 Dimensionen."[92]

W. Wundt: „Solche Räume aber, zu denen sich unser Anschauungsraum ebenso verhalten würde, wie sich zu diesem beliebige Gebilde in ihm, Oberflächen und Linien verhalten, können wir uns nicht nur nicht vorstellen, sondern wir können auch nicht einmal durch Abstraction zu dem Begriff derselben gelangen. Vielmehr besteht das Verfahren, durch welches wir die Begriffe solch transcendentaler Räume bilden, in der Anwendung von Analogieschlüssen ..."[93] – Aber darum handelt es sich ja durch-

einander. Dabei befasste er sich vorwiegend mit Ansätzen aus der Psychologie. Siehe dazu Inv.-Nr. 1, A. 1, Bl. 5 ff. (in: *MSGA* II/1. 1).

91 Diese Stelle lautet im Zusammenhang bei Laas, *Idealismus und Positivismus*, Bd. 3, S. 587: „Wie die sphärische u. s. w. Oberfläche von Körpern drei Dimensionen voraussetzt, so der sphärische u. s. w. Raum vier: vier rechtwinklig auf einander stehende Achsen; was für unsere thatsächliche Anschauung und die Form, in der die Dinge uns erscheinen, unmöglich ist."

92 Die Stelle im Zusammenhang lautet in Erdmann, *Die Axiome der Geometrie*, S. 79: „Die Constructionsbedingungen für jenes räumliche Gebilde ergeben sich, sobald wir die anschauliche Darstellung der Kreislinie und der Kugelfläche in Betracht ziehen. Wie nämlich der Kreis trotz seiner einfachen Ausdehnung zu seiner Construction eine zweifache Ausdehnung, im allgemeinen die Ebene verlangt, und wie die Kugelfläche nur in dem dreifach ausgedehnten Raume darstellbar ist, so fordert jenes Gebilde zu seiner Veranschaulichung eine Ausgedehntheit von vier Dimensionen. Dieselbe lässt sich deshalb in Wirklichkeit nicht ausführen; dennoch lassen sich die Principien ihrer Construction mit Hilfe der Analysis begrifflich soweit entwickeln, dass sich für unser discursives Denken eine Reihe beachtenswerter Analoga jener Ausgedehntheit mit unserem Raum ergibt."

93 Das gesamte Zitat lautet in Wundt, *Logik*, Bd. 1, S. 494: „Solche Räume aber, zu denen sich unser Anschauungsraum ebenso verhalten würde, wie sich zu diesem beliebigen Gebilde in ihm, Oberflächen oder Linien verhalten, können wir uns nicht nur nicht vorstellen, sondern wir können auch nicht einmal durch Abstraction zu dem Begriff derselben gelangen. Vielmehr besteht das Verfahren, durch welches wir die Begriffe solch transcendenter Räume bilden, in der Anwendung von Analogieschlüssen, welche wir auf die Fähigkeit gründen, die Eiaus nicht! Erläut[ern]. ⟨Dasselbe Missverständnis bei Mach, Erk[enntnis] und Irrt[um]. S. 392.[k 94]

2 Einwände

　1. Riehl: Raum = Form des Bewegungssinns (kinesthet[ische] Empf[indung])

　2. J. Cohn, 248: Absolute Länge (Russell: absolute Winkel, kein Einw[and])[95]

Gegenstandslos geworden durch Erkenntnis

---

k Der Einschub bis hier mit Bleistift, der Rest mit Kopierstift geschrieben

genschaften einzelner Raumgebilde abstrahirend von bestimmten thatsächlichen Raumbeziehungen derselben untersuchen zu können."

94 In Machs *Erkenntnis und Irrtum* wird auf S. 392 nur erläutert, wie der geometrische Raum auf den Farbenraum übertragen werden kann. Auf S. 394 heißt es sogar: „Die hier mit dem Raum in Analogie gesetzten Mannigfaltigkeiten sind wie das Farbensystem ebenfalls dreifach, oder bieten eine geringere Zahl von Variationen dar. Der Raum selbst enthält in sich Flächen als zweifache, Linien als einfache Mannigfaltigkeiten, zu welchen der Mathematiker in seiner verallgemeinernden Sprache noch die Punkte als 0-fache zählen könnte. Es ist aber auch keine Schwierigkeit die analytische Mechanik, wie es geschehen ist, als analytische Geometrie von 4 Dimensionen – die Zeit als vierte betrachtet – aufzufassen. Überhaupt legen die in Bezug auf die Koordinaten konformen Gleichungen der analytischen Geometrie dem Mathematiker den Gedanken nahe, derartige Betrachtungen auf eine beliebige größere Zahl von Dimensionen auszudehnen." Vgl. dazu auch a.a.O., S. 415.

95 Cohn, *Voraussetzungen und Ziele des Erkennens*, S. 247 f.: „Im Riemannschen Raume gibt es wie auf der Kugel eine absolute Länge, nach deren Durchmessung auf der Geraden ein Punkt wieder an seine alte Stelle gelangt. Der Raum ist also hier endlich, und wir haben zwar keine exzeptionellen Punkte, wohl aber exzeptionelle Punktpaare. [...] Dagegen bleibt die Abhängigkeit des Parallelenwinkels von der Entfernung und damit eine absolute Raumkonstante bestehen. Die Entfernung bekommt also auch hier eine absolute Bedeutung, die Form ist von der Größe nicht mehr unabhängig, die Quantität ist nicht mehr relativ. Dies widerstreitet doch wohl dem Begriffe eines Ordnungssystems, das jede beliebige Setzung seiner konstituierenden niederdimensionalen Ordnungen erlaubt. Indessen hat Russell gegen eine solche Argumentation einen sehr scheinbaren Einwand vorgebracht. In unserer und, wie es scheint, in jeder Geometrie gibt es ein absolutes Winkelmaß. Ist aber mit der apriorischen Bedeutung des Raumes irgend eine absolute Größe verträglich, so ist nicht einzusehen, warum eine andere absolute Größe dies nicht sein sollte. Doch scheint mir auch dieses Argument nicht unwiderleglich."

a) Einheit von Physik und Geometrie
b) des Conventionscharakters der Axiome⟩[l]

H[elmholtz] hat in der Tat nachgewiesen, dass wir uns eine nichteuklid[ische] *Welt* mit unsern euklid[ischen] Sinnesorganen vorstellen können; er zeigte eben, dass wir uns dazu nur gewisse Deformationen der Gegenstände der euklid[ischen] Welt vorzustellen brauchen. Dass wir das können, bezweifelt aber niemand; es ist selbstverständlich, dass wir uns die Körper beliebig bewegt und beliebig verzerrt vorzustellen vermögen.[m] Darf man ⌊sagen⌋[n]: haben wir uns damit den sphär[ischen] oder pseudosphär[ischen] *Raum* vorgestellt? Offenbar nicht, denn wir haben uns nur bestimmte Verhaltungsweisen von Körpern anschaulich vorgestellt. Ebenso wenig aber kann ich sagen: ich habe mir den Euklid[ischen] Raum vorgestellt, denn die von H[elmholtz] beschriebenen Wahrnehmungen sind ja unzweifelhaft so, wie sie in einer nichteuklid[ischen] Welt sein würden. Also weder das eine noch das andre, und wir kommen mit einem Male zu der Erkenntnis, die, so wie man sie sich einmal klar gemacht hat, völlig selbstverständlich erscheint: wir können uns *den Raum* überhaupt nicht vorstellen, weder den euklid[ischen] noch irgend einen andern, sondern nur Körper, räumlich geordnete Sinnesempfindungen. ⟨⟩[o] ≀[p] Der Raum ist gleichsam ein Ordnungssystem, mit Hilfe dessen wir uns in der Welt orientieren. Ob wir uns mit Hilfe eines euklid[ischen] oder eines nichteuklidischen Systems darin orientieren, ob wir also sagen: wir leben in einem euklid[ischen], ⟨⟩[q] oder anderm Raume, steht in unserm Belieben – alles ist gleich möglich; nur müssen wir in jedem Falle unsere physikal[ischen] Definitionen und Sätze danach einrichten. Wenn wir fragen, ob die euklid[ische] oder die nichteuklid[ische] G[eometrie] richtig ist ⟨für unsere Welt⟩, so ist diese Frage ebenso sinnlos (Poincaré), als wollten wir fragen, ob das metrische Masssystem, oder das englische (Fuss und Zoll) richtig ist? Sie

l An dieser Stelle durch den nachträglich mit Bleistift angefügten Verweis: ⟨verte⟩ **m** Mit Bleistift: ⟨*opt*⟩ **n** ⟨fragen⟩ **o** ⟨Es steht ganz⟩ **p** Mit Bleistift ⟨[?] 501⟩ **q** ⟨oder sphärischen,⟩

sind beide gleich richtig, nur das eine *bequemer* als das andre.[96]
Ebenso mit den Geometrien. Das Euklid[ische] Ordnungssystem
gibt für die uns umgebende Welt einfachere physikal[ische] Gesetze. *Das lehrt uns die Erfahrung.* Für später behalten wir uns
dies [wichtige]?[r] Resultat im Auge. Erläuterung: Relativität des   5
Zeitmasses. So ist auch der Raum nichts Absolutes, Starres, sondern etwas durch und durch *Relatives*, dessen Gesetzlichkeit uns
in keiner Weise irgendwie mit Notwendigkeit aufgedrungen wird,
sondern wir können sie festsetzen, ebenso wie wir als Masseinheit
das Meter oder Fuss festsetzen können. Convention. Übereinkunft   10
⌊[s] – (ʻDamit sind wir nun zu Ergebnissen gelangt, durch die die
Kantsche Philosophie der Math[ematik] wirklich widerlegt wird.
Höchst wichtig. Sorgfältig auseinandersetzen, weil nirgends klar
dargestellt:

1. H[elmholtz] bewies, dass Nichteuklid[ische] *Welt* (nicht   15
   Raum) anschaulich vorstellbar ist und glaubte damit Kant
   widerlegt zu haben.[97] Aber damit allein ist Kant nicht widerlegt, denn diese Welt lässt sich stets auffassen als ⌊eine
   Euklidische⌋[u], in der die Körper gewisse Formänderungen
   erleiden; und es könnte sehr wohl sein, dass ein innerer   20
   Zwang uns *nötigte*, die Sache in der letzteren Weise aufzufassen. Dies wäre dann die *reine*[v] Anschauung, der die
   Euklidische Form unentrinnbar aufgeprägt wäre, und Kant

---

r Es könnte auch ⟨richtige⟩ heißen   **s** Mit Kopierstift: ⟨Brocken Inselsberg⟩   **t**
Klammer mit Bleistift   **u** ⟨in einem Euklidischen Raum befindlichen⟩   **v**
Unterstreichung mit Bleistift

---

96 Poincaré, *Wissenschaft und Methode*, S. 52 f.: „Die geometrischen Axiome
sind also weder synthetische Urteile a priori noch experimentelle Tatsachen. Es
sind auf Übereinkommen beruhende Festsetzungen; [...] Mit anderen Worten: die
geometrischen Axiome ([...]) sind nur verkleidete Definitionen. Was soll man dann
aber von der Frage denken: Ist die Euklidische Geometrie richtig? Die Frage hat
keinen Sinn. Ebenso könnte man fragen, ob das metrische System richtig ist und
die älteren Maß-Systeme falsch sind, ob die Cartesiusschen Koordinaten richtig
sind und die Polar-Koordinaten falsch. Eine Geometrie kann nicht richtiger sein
wie eine andere; sie kann nur bequemer sein."

97 Siehe S. 127, Anm. 69.

hätte recht.⟨Riehl, Raum [??]⟩ [98] ⟨Euklidicität ist etwas *Hinzugedachtes.*⟩

2. Diese Möglichkeit wird ausgeschlossen durch die Einsicht, dass die „Raum"anschauung gar nichts weiter ist als die Anschauung der Körper, dass sich beides überhaupt nicht unterscheiden lässt, dass es eine reine Anschauung von Gesetzmässigkeiten des *Raumes* mithin überhaupt nicht gibt, und dass diese folglich nicht a priori dem Geiste innewohnen kann. Das Räumliche im allgemeinen ist sicherlich Anschauungsform im Sinne Kants, aber sie ist unbestimmt, amorph, die Axiome der Geometrie lassen sich nicht aus ihr entwickeln. Sie werden nur *begrifflich* erfasst.⟩

Näheres Durchdenken und Betrachten von verschiedenen Seiten unumgänglich nötig. Helmholtz hat im wesentlichen die Lösung der Frage ganz richtig gegeben; er erkannte vor allem die Unmöglichkeit, die physi⟨kal⟩ischen Sätze von den geometrischen zu trennen. Er sagt am Schluss seines Vortrages über den Ursprung und die Bedeutung der geometr[ischen] Axiome: „Schliesslich möchte ich nun noch hervorheben, dass die geometr[ischen] Axiome gar nicht Sätze sind, die nur der reinen Raumlehre angehörten. Sie sprechen ... von *Grössen*. Von Grössen kann man nur reden, wenn man irgend welche Verfahren kennt und im Sinne hat, nach denen man diese Grössen vergleichen, in Teile zerlegen und messen kann. Alle Raummessung und daher überhaupt alle auf den Raum angewendeten Grössenbegriffe setzen also die Möglichkeit

---

98 Schlick befasste sich 1909 in *Lehre vom Raum in der gegenwärtigen Philosophie* mit Riehls Verteidigung von Kant (*Philosophischer Kritizismus*, Bd. 2.), aber dieser Einwand stammt nicht von Riehl, sondern Lotze (Inv.-Nr. 1, A. 1, Bl. 13, in: *MSGA* II/1. 1): „Hiergegen hat man nun den naheliegenden Einwand erhoben – zuerst hat das wohl Lotze getan, und neuerdings wird er immer wieder wiederholt –, daß wenn uns jene Empfindungen und physikalischen Erfahrungen, wie sie im nichteuklidischen Raume stattfinden müßten, tatsächlich gegeben wären, wie wir sie niemals auffassen würden als durch die Eigenschaften unseres Wohnraumes bedingt, sondern wir würden, so sagen sie, nach wie vor den Euklidischen Raum für den einzig wirklichen? halten und jene Erfahrungen durch physikalische Hypothesen zu erklären suchen und solche Hypothesen würden in jedem Falle, wenn auch compliciert, so doch immer möglich sein." Vgl. hierzu Lotze, *Metaphysik*, S. 266.

der Bewegung von Raumgebilden voraus, deren Form und Grösse man trotz der Bewegung für unveränderlich halten darf. Solche Raumformen pflegt man in der Geometrie allerdings nur als geometrische Körper, Flächen, Winkel, Linien zu bezeichnen, weil man von allen andern Unterschieden physikalischer und chemischer Art, welche die Naturkörper zeigen, abstrahiert; aber man bewahrt doch die eine physikal[ische] Eigenschaft derselben: die Festigkeit. Für die Festigkeit der Körper und Raumgebilde haben wir doch kein andres Merkmal, als dass sie, zu jeder | Zeit und an jedem Orte und nach jeder Drehung aneinander gelegt, immer wieder dieselben Congruenzen zeigen wie vorher. Ob sich aber die aneinander gelegten Körper nicht selbst beide im gleichen Sinne verändert haben, können wir auf rein geometrischem Wege, ohne mechanische Betrachtungen hinzuzunehmen, gar nicht entscheiden. – Wenn wir es zu irgend einem Zwecke nützlich fänden, so könnten wir in vollkommen folgerichtiger Weise den Raum, in welchem wir leben, als den scheinbaren Raum hinter einem Convexspiegel mit verkürztem oder zusammengezogenem Hintergrunde betrachten; oder wir könnten eine abgegrenzte Kugel unseres Raumes, jenseits deren Grenzen wir nichts wahrnehmen, als den unendlichen pseudosph[ärischen] Raum betrachten. Wir müssten dann nur den Körpern, welche uns als fest erscheinen, und ebenso unserm eignen Leibe gleichzeitig die entsprechenden Dehnungen und Verkürzungen zuschreiben, und würden allerdings das System unserer mechanischen Principien gleichzeitig gänzlich verändern müssen; denn schon der Satz, dass jeder bewegte Punkt, auf den keine Kraft wirkt, sich in gerader Linie mit unveränderter Geschwindigkeit fortbewegt, passt auf das Abbild der Welt im Konvexspiegel nicht mehr. Die Bahnlinie wäre zwar noch gerade, aber die Geschwindigkeit abhängig vom Orte. – Die geometr[ischen] Axiome sprechen also gar nicht über Verhältnisse des Raumes allein, sondern gleichzeitig auch über das mechanische Verhalten unserer festesten Körper bei Bewegungen." ... [99] Also H[elmholtz] hatte bereits die grosse Einsicht gewonnen, dass die geometrischen Axiome mit der physischen

---

[99] Helmholtz, *Über Ursprung und Bedeutung der geometrischen Axiome*, S. 29 f.

Welt in unauflösbarer Weise verknüpft sind; sie handeln nicht vom rein Räumlichen; es gibt keine Anschauung eines von allem Physischen entblössten Raumes. ⟨Newton: Fundatur igitur geometria in praxi mechanica, et nihil aliud est quam mechanica universalis pars illa, quae artem mesurandi accurate proponit ac demonstrat.⟩ [100] Der Raum ist etwas, wovon man nur relativ zu den *Dingen* reden kann, die ihn erfüllen. Der absolute, leere Raum ist ein Wort ohne Sinn. Diese Einsicht ermöglicht die Lösung der Frage nach der wahren Grundlage des geometrischen Wissens. [w]

Genauer und schöner noch als von Helmholtz sind die Consequenzen dieser Einsicht gezogen worden von Poincaré, von dessen schönen Ausführungen ich sogleich einiges mitteilen werde. Zunächst aber an unserm Beispiel der Parallelen erklären. . . . Um das Par[allelen]-Axiom einzusehen, muss ich mir die Gerade sehr weit verlängert denken. Wie tue ich das? Entweder durch Lichtstrahlen oder durch Vorstellung einer Operation mit einem Lineale, das ich entlang schiebe. Treffen sich die Linien, so sind 2 Möglichkeiten: 1. kann ich sagen, die Linie ist krumm; das Lineal war vielleicht von vornherein krumm, oder hat sich während der Verschiebung deformiert. 2. ich nehme die Riemannsche Geometrie an. Die Anschauung („Augenmass") lehrt mich nichts, denn die Messung ist viel genauer. So hängt jedes Axiom mit Physischem zusammen; die Axiome handeln eben von anschaulichen Grössen, und nur Physisches ist anschaulich vorstellbar, der reine Raum ist es nicht. Es gibt daher keine Möglichkeit die Gleichheit zweier Raumgrössen, etwa die Congruenz zweier Figuren, zu definieren. Wann sind zwei Strecken oder 2 Figuren *gleich*? Wenn man sie aufeinander legen kann. Um dies zu tun, muss man die eine zur andern hinbewegen, und zwar so, dass sie nicht deformiert wird, dass sie sich selbst gleich bleibt; um aber zu entscheiden,

---

w Am Ende des Satzes mit Kopierstift: ⟨◯⟩

100 Newton, *Principia Mathematica Philosophiae Naturalis*, Praefatio: „Die Geometrie ist folglich in der praktischen Mechanik begründet und nichts anderes als jener Teil der allgemeinen Mechanik, welcher die Kunst des sorgfältigen Messens darlegt und schildert." (Übers. Hrsg.)

ob dies der Fall ist, müssen wir schon wissen und messen können, was gleich ist, also circulus vitiosus. *Der Begriff der räumlichen Gleichheit erhält für uns nur dadurch einen Sinn, dass es gewisse Körper gibt, von denen die Erfahrung uns lehrt, dass wir zu keinen Widersprüchen kommen, wenn wir ⌊festsetzen⌋ˣ, dass* 5 *diese Körper immer als gleich ⌊gelten⌋ʸ sollen, ob sie sich nun an diesem oder jenem Orte, in Ruhe oder in Bewegung befinden mögen*ᶻ – wobei allerdings noch gewisse Voraussetzungen erfüllt sein müssen, z. B. das, was wir als constante Temperatur bezeichnen. Solche Körper nennen wir *feste.* ⌊ᵃ Mit ihrer Hilfe definieren 10 wir die Gleichheit in der Praxis. Pariser Normalmeter. Poincaré bemerkt richtig: in einer Welt, in der es nur Flüssigkeiten gäbe, könnte man die Congruenz nicht definieren durch „zur Deckung bringen." [101] So sind also gleiche Raumgrössen nur definiert durch feste Körper, also durch physisches Verhalten. Nur relativ zu die- 15 sen hat der Begriff der ⟨räumlichen⟩ Gleichheit Sinn. Wenn alles in der Welt sich in der Nacht um das 1000fache vergrösserte oder verkleinerte, so würden wir nichts davon merken. Ja, wir müssen in aller Strenge sagen: es ist überhaupt nichts geschehen. Weiter: Grössenänderung blos in einer Richtung, sodass Win- 20 kel und Ähnlichkeit nicht erhalten bleiben, könnte durch keine Messung oder Beobachtung bemerkt werden. Kreise = Ellipsen, Würfel = Parallelepipede etc. Noch weiter: beliebige Deformationen. Spiegelbilder in Zerrspiegeln. Nur erkennbar, weil die wirkliche Welt daneben besteht. Ändern sich unser Körper und unse- 25 re Sinnesorgane mit, die uns sonst als Messinstrumente dienen, so wird keine Änderung bemerkt. Beliebige Punkttransformationen. Das ist die Relativität des Raumes. „In diesem ursprünglich gestaltlosen Kontinuum (von 3 Dimens[ionen]) kann man sich ein Netz von Linien und Flächen denken. Man kann weiter da- 30 hin übereinkommen, die Maschen dieses Netzes als untereinander

---

x ⟨annehmen⟩   **y** ⟨betrachtet⟩   **z** Am Rand des Manuskripts durch mit Bleistift gezeichnete Balken markiert   **a** Mit Kopierstift: ⟨*starr*⟩

101 Eine gleichlautende, dieses Beispiel verwendende Stelle ließ sich bei Poincaré bisher nicht nachweisen. Vgl. jedoch Poincaré, *Wissenschaft und Hypothese*, S. 46.

gleich zu betrachten, und nur durch diese Übereinkunft wird das messbar gewordene Continuum der euklidische oder ein nicht-euklid[ischer] Raum."[102] Nichts *zwingt* uns, keine innere Notwendigkeit und keine Erfahrung, irgend ein Ordnungssystem, etwa das euklidische ⌊als einzig zulässiges anzunehmen⌋[b]. Warum rechnen wir dennoch allein mit der Euklid[ischen] Geometrie? Weil sie die einfachste ist, in sich sowohl, als auch bei physikal[ischen] Anwendungen. Dies letztere lehrt uns allerdings die Erfahrung. Also *Conventionen* sind die Axiome, geleitet durch Erfahrung. Bei den Grundsätzen der exacten Naturwissenschaft finden wir ähnliches; Beispiel: Zeitmessung durch Erddrehung. Ebensowenig wie eine unmittelbare Anschauung der Gleichheit von Raumgrössen haben wir eine solche von Zeitgrössen. –

⟨Relativitätsprinzip⟩[c] Wir sprechen nun zusammenfassend das Ergebnis aus: Eine reine Anschauung vom Raume, die uns eine bestimmte Geometrie aufzwänge; die geometr[ischen] Axiome sind daher *nicht* Urteile a priori im Sinne Kants; sie beruhen vielmehr auf Übereinkunft, es sind zunächst blosse Festsetzungen – d. h. *Definitionen*. Sage ich z. B.: durch einen Punkt ausserhalb einer Geraden kann man nur *eine* Parallele zu ihr ziehen, *so definiere ich damit blos die Euklidische Gerade*, ich setze fest, dass ich das Euklid[ische] Ordnungssystem zur Naturbeschreibung benutzen will. Wenn ich aber behaupte, dass es gewisse anschauliche Objecte gibt – d. h. für uns: physische Gebilde – die jenen Definitionen unter allen Umständen entsprechen, so ist das nun eine synthetische Behauptung a posteriori; denn wir sahen ja, dass damit etwas behauptet wird über das Verhalten physischer Gegenstände, vor allem der festen Körper, Verschiebung eines Lineals u. s. w., und über die Regeln der Bewegung der Körper, über das Resultat von Messungen etc. lehrt uns nur die Erfahrung etwas.[d]

Nun meinte man aber bisher, wenn man von Geometrie sprach, immer eine Wissenschaft von anschaulichen Gebilden: *diese* ist

b ⟨zu bevorzugen⟩   **c** Mit Kopierstift   **d** Am Ende des Satzes mit Kopierstift: ⟨○⟩

102 Vgl. Poincaré, *Wert der Wissenschaft*, S. 43.

eine Erfahrungswissenschaft, ihre Axiome sind Sätze a posteriori, sie ist ein Teil der Physik (Newton, Enriques etc) – ᵉ Dem strengen Kantianer scheint aber noch ein Ausweg offen zu sein.ᶠ: Vielleicht haben wir, da nicht vom Raume, so doch vom festen, starren Körper eine reine apriorische Anschauung, sodass also die ⁵ Anschauung uns z. B. den Begriff der Gleichheit von Strecken ohne weiteres lehrte, ohne dass wir Messungen nötig hätten. – ⟨ᵍ

Aber diese Hypothese würde, wie auch Helmholtz schon bemerkt hat, keineswegs den Zweck erfüllen, den Kants Philosophie der Mathe[matik] ursprünglich erfüllen sollte; sie wäre unbeweisbar und vor allem absolut unnötig, sie würde keine ⟨⟩ʰ ¹⁰ wirklichen Tatsachen erklären, und es hätte daher nicht den geringsten Zweck, sie aufzustellen. Wir hätten zwar eine apriorische Anschauung von euklidischen Körpern, aber sie würde uns gar nichts nützen, denn um zu entscheiden, ob irgend ein gegebener physischer Körper jenem angeborenen Ideal des festen ¹⁵ Körpers entspricht, müssten wir doch wieder nurⁱ die empirische Anschauung, die Messung, benutzen. Jedes Kind weiss ja, dass wir auf keine andre Weise etwa die Gleichheit zweier Strecken (Abstände zweier Körperpunkte) mit einiger Sicherheit ²⁰ feststellen können. Der physischen Welt würden wir also mit unserer reinen Anschauung ganz ratlos gegenüberstehen, sie würde gar keine Anwendung finden können – es würde eine vollkommen überflüssige Eigenschaft des menschlichen Geistes, ein Geschenk, das uns die Natur mitgegeben hätte, blos damit wir des ²⁵ Vergnügens teilhaftig werden, Euklidische Geometrie treiben zu können. Ein Geschenk, für das sich die nicht mathemat[isch] Begabten übrigens schönstens bedanken würden. Derartiges zu behaupten, wäre natürlich Kant gar nicht eingefallen, denn wie aus seinem ganzen philosoph[ischen] Werke hervorgeht, hatte er im- ³⁰ mer nur eine auf ⟨die⟩ physischen Gebilde anwendbare Geometrie

---

e Groß und in blau: ⟨I⟩. Diese Markierung kommt noch zwei Mal auf dem Folgeblatt vor (S. 151), ihre Bedeutung konnte nicht aufgelöst werden.　f Im Original übergroßer Abstand an dieser Stelle　g Bleistiftnotiz: ⟨Helmholtz 30 403⟩ᵍ⁻¹ 　h ⟨unbezweifelbaren⟩　i Im Original: ⟨nur nur⟩

g-1 Gemeint ist die bereits auf S. 127 in Anm. 69 ziterte Stelle.

im Auge. Ja, die Hypothese stände sogar mit der Kantschen Ansicht im Widerspruch, denn – und dies hat ebenfalls bereits Helmholtz bemerkt – die Euklid[ischen] Axiome wären in diesem Falle gar nicht synthetische Sätze, sondern analytische. Sie würden
aus dem Begriff des festen Körpers durch den Satz vom Wider-
spr[uch] folgen.[103] Ein starrer Körper wäre ja eben ein solcher, der
sich in seiner Gestalt, seinen Bewegungen etc. den Euklid[ischen]
Axiomen gemäss verhält. Wo man ein andres Verhalten fände,
würde man eben sagen: die Körper haben sich deformiert, sie
waren nicht fest. Das Erstaunliche, Unerklärliche bei den synthet[ischen] Urteilen a priori – wenn es welche gibt – war ja eben,
dass sie etwas aussagen über Dinge, von denen wir noch keine
Erfahrung gehabt, | und dass dennoch alle künftigen Erfahrun-   9
gen notwendig diese Aussagen genau bestätigen müssen. Daran
erkennt man eben die synthet[ischen] Urteile. Hier liegt die Sache
aber ganz anders. Irgend welche Erfahrungen könnten die Axiome
jetzt überhaupt gar nicht bestätigen oder widerlegen; ich muss
die Axiome immer als richtig annehmen, und scheinbare Abweichungen durch Deformationen der Körper erklären – es wären
aber analytische Urteile, die den Begriff des starren Körpers definieren. Genau wie im früheren Beispiel: „Alle K[örper] sind ausgedehnt."[j][104] Synthet[ische] Urteile a pr[iori] [gibt es über den
reinen Raum gar nicht]ᵏ, weil wir über den blossen Raum selber überhaupt keine Erfahrungen machen ⟨⟩ˡ: wir können nur
physische Erfahrungen machen. Wenn ich ein Dreieckᵐ zeichne
oder ausschneide oder forme, so habe ich nicht einen mathematischen, sondern einen physischen Gegenstand vor mir, und wie
sich der verhalten wird, das weiss ich nicht a priori. Die reine Anschauung soll nach K[ant] die Erfahrung möglich machen, vom

---

j Groß und in blau: ⟨I⟩   **k** ⟨kann es über den reinen Raum gar nicht geben⟩   **l**
⟨können⟩   **m** Im Original: ⟨△⟩

103 Siehe S. 127, Anm. 69.
104 Vgl. Kant, *KrV*, B 5 f.

blossen Raume aber habe ich keine Erfahrung.⟨⟩ⁿ Wir schliessen
mit Newton und Helmholtz, dass die Geometrie im gewöhnlichen
Sinne ein Teil der Physik ist, oder, wie man jetzt sagt: *angewandte* Mathematik. Helmholtz nannte sie deshalb: physische
Geometrie.[105] Newton: Begründung der Messkunst.[106]° – Wichtiger neuer Punkt: Wir nehmen die räumlichen Verhältnisse mit
Hilfe *verschiedener* Sinne wahr. Helmholtz redete eigentlich nur
immer vom Gesichtssinn. ⟨ᵖ Man hat nun behauptet, der Gesichtssinn sei gar nicht die eigentliche Quelle unserer Raumanschauung, sondern der Bewegungssinn. Muskelsinn. Kinaesthe-
tische Empfindungen. Erläutern. Riehl. Heymans.[107] Völlig unmögliche Theorie. Der Versuch, die Raumanschauung aus diesem

n Nachträglich gestrichener Einschub von der Rückseite mit Kopierstift: ⟨Kant
sah richtig, daß die Apriorität der Anschaungs*form* die synthet[ischen]
Urt[eile] a pr[iori] erklären würde: die Gegenstände müssen sich dann ihr einordnen [*sic!*] und erhalten ihr Gesetz aufgeprägt[,] wenn man die *ganze* Anschauung der Gegenstände, der festen Körper als a priori ansieht, so erklärt
das nichts mehr[.]⟩   **o** Groß und in blau: ⟨I⟩   **p** Über der Zeile mit Bleistift:
⟨Gesichtssinn Heymans [??],⟩ zudem mit Kopierstift in der Zeile: ⟨Form⟩

105 Helmholtz, *Ueber den Ursprung und Sinn der geometrischen Sätze*, S. 648 f.:
„Physikalische Gleichwerthigkeit ist also eine vollkommen bestimmte eindeutige
objective Eigenschaft der Raumgrössen, und offenbar hindert uns nichts durch
Versuche und Beobachtung zu ermitteln, wie physikalische Gleichwerthigkeit eines bestimmten Paares von Raumgrössen abhängt von der physikalischen Gleichwerthigkeit anderer Paare solcher Grössen. Dies würde uns eine Art von Geometrie geben, die ich einmal für den Zweck der gegenwärtigen Untersuchung physische Geometrie nennen will, um sie zu unterscheiden von der Geometrie, die
auf die hypothetisch angenommene transcendentale Anschauung des Raumes gegründet wäre. Eine solche rein und absichtlich durchgeführte physische Geometrie
würde offenbar möglich sein und vollständig den Charakter einer Naturwissenschaft haben."

106 Siehe S. 147, Anm. 100.

107 Heymans, *Gesetze und Elemente des wissenschaftlichen Denkens*, S. 218
–220: „Zur Beantwortung der Frage, welche von diesen drei Möglichkeiten angenommen werden muss, erinnern wir erstens an die wichtige schon früher erwähnte
Tatsache, dass auch Blindgeborene zum vollen Verständnis der Geometrie gelangen können. Aus dieser Thatsache geht hervor, dass jedenfalls die Bewe-
gungsempfindungen für sich zur Entstehung und Ausbildung räumlichen Wissens die genügenden Daten bieten. [...] Eine Annahme der ursprünglich gegebenen räumlichen Ordnung der Gesichtseindrücke ist demnach zur Erklärung

Sinne abzuleiten, ist Heymans absolut misslungen. Die kinästeht[i-schen] Daten höchst unscharf, ungeeignet zur Ableitung stren-ger Axiome. Die Raumvorstellung höchst verschwommen; man kann nicht einmal behaupten, der kinaesthet[ische] Raum habe
5 3 Dimensionen. Ganz sicher sind die andern Sinne in gewalti-gem, wahrscheinlich viel höherem Masse am Zustandekommen beteiligt, besonders *Tast-* und *Gesichts*sinn. Überaus interessan-tes Problem des *psychologischen* Ursprungs der Raumvorstel-lung; gehört nicht direct zu unserm Thema, obwohl es zur Be-
10 handlung unserer erkenntnistheoretischen Aufgabe sehr vorteil-haft wäre, auch über die psychologische Seite der Fragen zur Klar-heit zu kommen. *Zeitmangel*[.] Endgültige, vollständige Lösung noch nicht gefunden. Nur einige allgemeine Bemerkungen. Vor allem richtige Formulierung: Nicht handelt es sich um eine Er-
15 klärung der Raumvorstellung aus unräumlichen Elementen, nicht um ein Aufbauen des Räumlichen aus Unräumlichem (Erläutern, dass es auch unräumliche psych[ische] Elemente gibt), denn das Räumliche an den Empfindungen ist zweifellos etwas Ursprüngli-ches, wie die Intensität, oder Qualität einer Farbe. Das ist ge-
20 genwärtig absolut anerkannt; – sondern die Frage lautet: Wie kommt es, dass wir auf Grund unserer Empfindungen alle Ge-genstände einordnen in ein dreidimensionales $\langle\rangle^{q}$ homogenes, iso-tropes Continuum, wie wir das tun? Denn von den Gegenständen sind uns nur die Empfindungen gegeben. Die Beantwortung muss
25 im wesentlichen experimentellen Untersuchungen überlassen blei-

---

q ⟨stetiges⟩

der thatsächlichen räumlichen Auffassung derselben unnöthig. Dass aber diese Annahme auch unrichtig ist, wird m. A. n. in entscheidender Weise durch Beob-achtungen an operierten Blindgeborenen bewiesen."

Von Riehl übernahm Heymans, dass der Richtungssinn in drei Gefühle zerlegt werden kann: Zug der Schwere, seitliche Bewegung sowie Bewegung vorwärts und rückwärts. Daraus ergeben sich dann die drei Raumdimensionen (ebd, S. 226 – 229). Heymans versuchte hieraus einige geometrische Gesetze abzuleiten, darun-ter das Parallelenaxiom: „Auch das Parallelenaxiom lässt sich demnach aus den Daten des Bewegungssinnes nach der Hypothese Riehl's analytisch ableiten." (ebd. S. 240 f.) Schlicks Kritik an Riehl und Heymans ist im ganzen Zusammen-hang in der Einleitung von *MSGA* I/2, (S. 29 –32) zusammengefasst.

ben. Sicher ist: es findet ein Zusammenarbeiten der verschiedenen
Sinne statt. Auch Blinde haben Raumvorstellungen. Jeder Sinn
hat gleichsam seinen eigenen Raum, die dann zur Deckung gebracht werden müssen. Höchst überraschend, aber unzweifelhaft
richtig: Der Raum eines unbeweglichen Einäugigen ist ⟨2 dimensi- 5
onal⟩ der *Riemann*sche, seine Geometrie ist nicht die Euklidische. Alle Geraden schneiden sich 2 mal und laufen in sich selbst
zurück. Paradoxes Resultat: Riemannsche Welt dem Gesichtssinn
mit Leichtigkeit anschaulich vorstellbar, die Euklidische dagegen
nicht. Dies halte man sich ja vor Augen im Streit über die An- 10
schaulichkeit der metamathematischen Gebilde. Klares Ergebnis:
der Euklidische Raum, wie jeder, *begriffliche* Construction. – Der
Einwand, Helmholtz habe nur den Gesichtssinn in Betracht gezogen, bestätigt also bei genauerer Verfolgung gerade das, was
H[elmholtz] beweisen wollte. – Ich bezeichnete eben den reinen 15
Gesichtsraum *eines* Auges als zweidimensional; das ist nur dann
streng richtig, wenn man von der sog[enannten] Akkommodati-
on absieht. Erläutern. Ich will nur kurz erklären, warum auch
unser Gesichtsraum in Wahrheit 3 Dimensionen hat: 3 Bestimmungsstücke: Seitenbewegung, Senkrechtbewegung des Augap- 20
fels, Accommodation und Convergenz der Augaxen. Wären beide
unabhängig voneinander, so hätte der Gesichtsraum 4 Dimensionen (Poincaré). [108] —r

    |[109] Wir wollen einen Augenblick einhalten, um uns der Trag-
weite der erhaltenen Resultate ganz bewusst zu werden. Dann 25
erheben sich einige Bedenken oder Fragen, mit denen wir uns
beschäftigen müssen. Was man gewöhnlich unter Geometrie versteht, ist ein Teil der Physik. Physische Geom[etrie]. „geometr[ische] Geometrie" („Erdmessung") Wie steht es aber dann mit
der vielgerühmten math[ematischen] Exactheit der Geometrie? 30

---

r Im Original überlanger Gedankenstrich und mit Kopierstift: ⟨○⟩

108 Vgl. Poincaré, *Wissenschaft und Hypothese*, S. 56 und Anm. 36 auf S. 281.

109 Der mündliche Vortrag in diesen Sitzungen folgte im folgenden Abschnitt
inhaltlich dem Manuskript, nicht jedoch die Reihenfolge. Eine seitengenaue Zuordnung der Mitschrift zum Manuskript ist daher nicht möglich.

Die absolute *Strenge* ist unzweifelhaft vorhanden. Dass die Winkelsumme im Dreieck der Euklid[ischen] Geometrie 2 R beträgt, ist ebenso sicher wie der Satz $2 \times 2 = 4$. Wir müssen untersuchen: wo steckt eigentlich die Exactheit der geom[etrischen]
5 Beweise? Kant behauptete ja, sie stecke in der „rein[en] Anschauung" und stamme aus ihr, denn die geometr[ischen] Beweise würden geführt durch Ablesen aus der Anschauung der Figuren.[110] Diese würden Schritt für Schritt construirt, Hilfslinien gezogen u. s. w. Von der Möglichkeit jener Linien belehrt mich
10 nur die Anschauung. ₂⟨Wenn K[ant] mit dieser Meinung recht hätte, so wäre es nach unseren bisherigen Resultaten mit der absoluten Strenge der Geom[etrie] allerdings vorbei⟩ ₁⟨Ist diese Ansicht richtig? Wir wollen zuerst sehen, ob eine andre Ansicht *möglich* ist, und welche.⟩ Es wäre möglich, dass die Strenge der
15 Math[ematik] ganz allein beruht auf dem logischen, folgerichtigen *Zusammenhang* der Lehrsätze untereinander, und nur insofern besteht, als dieser Zusammenhang der Axiome und Sätze in Frage kommt, dagegen nicht besteht, wenn es sich um den anschaulichen Inhalt, um die physische Bedeutung jener Sätze
20 handelt. Dies bedarf der Erläuterung. Was verstehen wir unter log[ischem] Zusammenhang? Eine Anzahl von Sätzen, so beschaffen, dass die einen aus den anderen folgen, d. h. wahr sind, wenn jene wahr sind. Wenn es wahr ist: 1., dass alle Menschen sterblich sind, 2., dass Sokrates ein Mensch ist, so ist auch 3. wahr, dass
25 Sokr[ates] sterben wird. Der 3. Satz eine Folge der beiden ersten. Syllogismus. Der Schluss ist absolut notwendig und streng, weil der Obersatz den Schlusssatz schon versteckt enthält; man kann ihn nicht aussprechen, ohne die Wahrheit der Conclusio schon zu kennen. Man hat deshalb dem Syll[ogismus] allen log[ischen] Wert

---

110 Kant, *KrV*, B 40 f.: „Geometrie ist eine Wissenschaft, welche die Eigenschaften des Raums synthetisch und doch a priori bestimmt. [...] Wie kann nun eine äußere Anschauung dem Gemüte beiwohnen, die vor den Objecten selbst vorhergeht, und in welcher der Begriff der letzteren a priori bestimmt werden kann? Offenbar nicht anders, als so fern sie bloß im Subjecte, als die formale Beschaffenheit desselben von Objecten affiziert zu werden, und dadurch unmittelbare Vorstellung derselben d. i. Anschauung zu bekommen, ihren Sitz hat, also nur als Form des äußeren Sinnes überhaupt."

abgesprochen, weil er keine neue Erkenntnis liefert. Er hat aber doch grossen wissenschaftl[ichen] Wert. Macht es möglich, alles in einem Satze versteckt Enthaltene herauszuschälen, zum Bewusstsein zu bringen (Prüfung v[on] Hypothesen etc)[.] Ausser dem Syllogismus gibt es *keinen* strengen Schluss, keinen log[ischen]   5
Zusammenhang[.][111]

Dieser log[ische] Zusammenhang von Sätzen kann ganz unabhängig vom Inhalt der Sätze betrachtet [werden]. Alle M sind P, S ist M; S ist P ⟨[s] gilt immer, was auch S, P, M sein mögen. Nun bestehen alle math[ematischen] Beweise aus solchen Schluss-   10
ketten, in denen ein Syllogismus an den andern gereiht ist – nur werden manche als selbstverständlich der Kürze halber ausgelassen. Die Obersätze sind die Axiome oder Definitionen, oder bereits bewiesene Lehrsätze – woher aber stammen die Untersätze? Kant: aus Construction und Anschauung. – Beispiel – ⟨[t] Wäre   15
die Benutzung der Anschauung zur Gewinnung der Untersätze wirklich unvermeidlich, so wäre die absolute Sicherheit und Notwendigkeit des Folgens der Lehrsätze aus den Axiomen (Definitionen) in Frage gestellt. Ist der Appell an die ⟨räumliche⟩ Anschauung wirklich nötig, um den log[ischen] Zusammenhang eines   20
Lehrsatzes mit den Axiomen herzustellen? Hierauf erhalten wir Antwort, wenn wir an die analyt[ische] Geometrie denken, welche alle geometr[ischen] Sätze in rein arithmet[ische] umwandelt, durch blosses Rechnen ohne die Raumanschauung zu Hilfe zu nehmen. Man hat es ja blos mit Gleichungen und Zahlentripeln   25
zu tun. Die Anschauung wird nur benutzt, wenn es sich darum handelt, die Zahlengleichungen in ihre anschauliche Bedeutung zurückzuübersetzen. Aber die Beweisführung, die log[ische] Ableitung, ist davon vollkommen unabhängig und ihre Strenge und Notwendigkeit ist die der reinen Zahlenlehre, der Arithme-   30

---

s Mit Bleistift: ⟨Induktion⟩   **t** In grün: ⟨[–]⟩. Diese Markierung soll offenbar den Einschub einer Skizze kenntlich machen. Leider ist im Manuskript nichts Entsprechendes überliefert.

111 Schlick führte das genauer in seiner 1911er Vorlesung aus (Inv.-Nr. 2, A. 3a, Bl. 70 f.). Siehe weiterführend dazu und zu den detaillierten Nachweisen *MSGA* II/1. 1.

tik. Aber auch unabhängig von der Methode der analyt[ischen] Geometrie möchte man sich von den Verhältnissen Rechenschaft geben, und für uns ist dies Bedürfnis besonders dringend, da wir die philos[ophische] Natur des arithmet[ischen] Verfahrens noch nicht erforscht haben. Um wirklich die Anschauung völlig auszu-schalten, muss man versuchen, die gewöhnlich aus der Zeichnung abgelesenen Untersätze aus der blossen Definition der Figur abzu-leiten, d. h. ⟨rein log[isch]⟩ nachzuweisen, dass ein so und so defi-niertes Gebilde solche und solche ganz bestimmten Eigenschaften besitzt. Wenn es sich als unmöglich erweist, den Satz in dieser Weise darzutun, so bleibt nichts andres übrig, als ihn als Axiom anzunehmen. Dies Verfahren hat streng consequent durchgeführt *David Hilbert.* Er gelangt so zu einem absolut strengen System der Geometrie, oder vielmehr einem ⟨⟩ᵘ System von Sätzen, wel-che das log[ische] Gerippe der gewöhnl[ichen] Geometrie bilden.[112] Diese Sätze sind rein analytisch auseinander abgeleitet, vermöge jener Syllogismen, bilden also ein absolut sicheres Gefüge – ha-ben aber dafür den Nachteil, dass sie nicht den Anspruch machen, von bestimmten anschaulichen Gebilden zu gelten, d. h. von den Gebilden, die wir uns im Geiste oder durch eine Zeichnung vor-stellen, wenn von Geraden, Ebenen, Dreiecken u. s. w. die Rede ist. Damit jeder Rekurs auf die Anschauung vermieden wird und dadurch alles ausgeschlossen wird, was der streng logischen Not-wendigkeit im Wege sein könnte, darf kein Versuch gemacht wer-den, die Grundbegriffe der Geometrie in der gewöhnlichen Weise zu definieren, etwa nach Art des Euklid, denn wir sahen ja, dass jede Definition, wenn sie nicht ins Unendliche führen soll, bei irgend etwas Undefinierbarem halt machen muss, dessen Bedeu-tung jeder *unmittelbar* | kennt, d. h. aus der *Anschauung.* Hilbert definiert also die geometr[ischen] Grundbegriffe nur insofern, als er sagt: sie sollen *etwas* sein, von dem die Axiome gelten. Die Axiome sind aber Sätze, die bestimmte Beziehungen zwischen den Grundbegriffen aussagen; es wird also von den Grundbegrif-

u ⟨log[ischen]⟩

112 Gemeint sind Hilberts *Grundlagen der Geometrie.*

fen nur ausgesagt, dass sie in bestimmten Beziehungen zueinander stehen; was sie *sind* im anschaulichen Sinne, was der *Inhalt* dieser Begriffe ist, wird *nicht* gesagt. ⟨Implicite Definition, Def[inition] durch {$^{\text{Postulate}}_{\text{Axiome}}$. (Enriques)[113] *Dies von allgemeinster Bedeutung*, nicht blos Geometr[ie], vor allem auch *Arithm*[etik].⟩ Solcher Grundbegriffe nimmt H[ilbert] *3* an – wenigstens 3 substantivische: Punkt, Gerade und Ebene (Man könnte natürlich statt dessen auch 3 andre wählen, doch sind diese besonders practisch), und eine Reihe von *Beziehungen*, die durch Adjectiva oder Verba ausgedrückt werden wie „zwischen", der Punkt *A liegt auf* der Geraden *b* u. s. w. Auch bei diesen Worten soll man nicht an ihren anschaulichen Sinn denken, sondern nur festhalten, dass sie eine bestimmte Beziehung bezeichnen – nur vorausgesetzt, dass dasselbe Wort immer *derselben* Beziehung zukommt. Ich will nun den Anfang des Hilbertschen Werks vorlesen, um Ihnen einen deutlichen Begriff von dem Verfahren zu geben.[114]

⟨Ob dies wirklich *alle* notwendigen Axiome sind, ist principiell gleichgültig, wichtig ist nur, dass es nicht etwa unendlich viele sind. Eine Anschauung = unendl[ich] viele Axiome.⟩ Alle hieraus abgeleiteten Sätze gelten nun von allen Begriffen, die den Axiomen genügen – wie auch sonst ihre Beschaffenheit sein mag. Das Wort *Punkt* z. B. könnte also beliebige Gegenstände bezeichnen: Taschenuhren oder Soldaten, oder selbst Farben oder abstracte Gedanken – auch von all diesen würden die abgeleiteten Sätze gelten, wenn sich nur andre Gegenstände finden liessen, die zu

113 Vgl. Enriques, *Probleme der Wissenschaft*, III, § 7.

114 Hilbert, *Grundlagen der Geometrie*, Einleitung und § 1: „Die Geometrie bedarf – ebenso wie die Arithmetik – zu ihrem folgerichtigen Aufbau nur weniger und einfacher Grundsätze. Diese Grundsätze heißen Axiome der Geometrie. [Die Aufstellung der Axiome der Geometrie und die Erforschung ihres Zusammenhanges ist eine Aufgabe, die seit Euklid in zahlreichen vortrefflichen Abhandlungen der mathematischen Literatur sich erörtert findet.] Die bezeichnete Aufgabe läuft auf die logische Analyse unserer räumlichen Anschauung hinaus. Die vorliegende Untersuchung ist ein neuer Versuch, für die Geometrie ein vollständiges und möglichst einfaches System von Axiomen aufzustellen und aus denselben die wichtigsten geometrischen Sätze in der Weise abzuleiten, daß dabei die Bedeutung der verschiedenen Axiomgruppen und die Tragweite der aus den einzelnen Axiomen zu ziehenden Folgerungen klar zutage tritt."

jenen in den geforderten Beziehungen stehen. So lässt sich also das Anschauliche in der Geometrie von dem rein Logischen, ⟨Begrifflichen⟩ ganz scharf und völlig trennen. Darin liegt einer der allerbedeutendsten Fortschritte der modernen Erkenntnis-
5 theorie. Das Begriffliche: ein Gefüge von fest zusammenhängenden Sätzen, die mit absoluter Strenge und Notwendigkeit auseinander folgen, und insofern schlechthin „wahr" sind. Das Anschauliche aber, was die Geometrie zur Wissenschaft vom räumlichen, zur physischen, zur geometrischen Geometrie macht, spielt nur
10 die Rolle eines anschaulichen Beispiels der allgemeinen Sätze, so wie in unserm Syllogismus die Begriffe Sokrates, sterblich und Mensch nur Beispiele für die allgemeinen Begriffe S, M, P sind. Da wir nun von den anschaulichen, physischen Gebilden niemals mit absoluter Gewissheit behaupten können, dass sie den Axio-
15 men genügen, so muss also die geometr[ische], physische Geometrie als Erfahrungswissenschaft bezeichnet werden, die demnach nicht teil hat an der sprichwörtlichen mathemat[ischen] Genauigkeit.ᵛ

Es ist nicht unwichtig, durch tatsächliche Beispiele die Irrele-
20 vanz der anschaulichen Bedeutung der geometr[ischen] Grundbegriffe für die Gültigkeit der Sätze darzutun. 1. Wir wissen schon, wenn wir durch eine beliebige Punkttransformation alle Gebilde des Raumes in ganz verzerrte umformen, dass dann alle Sätze richtig bleiben, wenn wir mit dem Wort „Gerade" ganz bestimm-
25 te krumme Linien bezeichnen, mit dem Worte „Ebene" ganz bestimmte krumme Flächen. Mit dem Worte „Punkt" müssen wir allerdings immer noch Punkte benennen. 2. In der sog[enannten] projectiven Geometrie kann man die Begriffe „Punkt" und „Gerade" vertauschen. 3. Parabolisches Kugelgebüsch. Erläutern.¹¹⁵

---

v Am Ende des Satzes mit Kopierstift: ⟨◯⟩

115 Vgl. Weber/Wellstein, *Encyklopädie der Elementar-Mathematik*, § 8. Ein (parabolisches) Kugelgebüsch ist ein Nichtstandardmodell für Euklidische Geometrie. Innerhalb dieses Modells spielen Kreise die Rolle von Geraden und Kugeln die von Ebenen. Weber und Wellstein nutzen diese Konstruktion, um zu zeigen, „daß man eine im Wortlaut ihrer Lehrsätze mit der gewöhnlichen Geometrie übereinstimmende Geometrie aufbauen kann, deren ‚Ebenen' und ‚Geraden' von

(„Parallel" heissen 2 Scheingeraden, die als Gebilde des Euklid[i-schen] Raumes betrachtet (Kreise) sich in ⃝ berühren, denn sie bestimmen eine Scheinebene und haben keinen Punkt gemeinsam.) Diese Beispiele lassen sich ins unendliche vermehren. Wir können Geometrien ersinnen, in denen mit dem Wort „Punkt" das bezeichnet wird, was wir in der gewöhnlichen Geometr[ie] *Kugel* nennen, oder *Kreis*, oder auch ein *Punktpaar*, u. s. w. Die Punkte brauchen nicht einmal Raumobjecte zu sein; wir haben schon gesehen, dass man etwas so abstractes wie ein Zahlentripel als „Punkt" definieren kann. (ᵂWellstein p 83: „Das sinnliche Aussehen der Grundgebilde, z. B. das Vorherrschen der Längendimension bei der Geraden, die vollkommene Gestalt der Kugel, die aesthetisch so ansprechende Form der Ellipse – alles das hat für die Geometrie als solche nicht den geringsten Wert")[116] ⟨Eine ausserordentlich wichtige Bemerkung ist hier allerdings zu machen. ⟨(Science et méthode 161 f)⟩ˣ[117] Man kann nicht aufs geradewohl Axiome aufstellen und sagen: diese Axiome sollen mir einen bestimmten Begriff definieren. Da kann es nämlich passieren, dass es solche Begriffe überhaupt nicht gibt. Das ist offenbar dann der Fall, wenn die Axiome sich widersprechen, wenn sie von dem Begriff Beziehungen verlangen, die miteinander gar nicht vereinbar sind. Unter *Existenz* verstehen wir in der Ma-

5

10

15

20

---

w Diesen Abschnitt klammerte Schlick mit den Zeichen ⟨‖‖⟩ ein. Die Bedeutung dieser Klammerung ließ sich nicht auflösen.   **x** Mit Bleistift

den gewöhnlichen vollkommen verschieden sind." Schlick erwähnt dieses Beispiel gleichfalls in *Grundzüge der Logik und Erkenntnistheorie*, S. 67 (*MSGA* II/1. 1).

116 A. a. O., S. 82.

117 Die folgenden Ausführungen sind eine Zusammenfassung von Poincaré, *Wissenschaft und Methode*, S. 137 f.: „Wenn wir also ein System von Postulaten haben, und wenn wir beweisen können, daß diese Postulate keinen Widerspruch enthalten, dann werden wir das Recht haben, diese Postulate als Definitionen eines der Begriffe zu betrachten, die darin vorkommen. [...] Der Beweis dafür, daß eine Definition keinen Widerspruch enthält gelingt meistens durch Berufung auf ein Beispiel: man versucht das Beispiel eines Gegenstandes zu formulieren, welcher der Definition genügt. [...] Wir werden gewiß sein, daß die Postulate einander nicht widersprechen, weil es Fälle gibt, in denen sie alle auf einmal zutreffen."

themat[ik] oder überhaupt bei Begriffen, nichts andres als Widerspruchslosigkeit. Man muss also ausdrücklich *beweisen*, dass
die Axiome (oder eigentlich muss man sie Postulate nennen, vor
dem Beweise) sich nicht widersprechen. Dies kann auf 2 Wegen:^y
5   *1.* Man zieht aus den Axiomen sämtliche möglichen Folgerungen
und sieht nach, ob unter diesen welche sind, die sich widersprechen. Dies Verfahren hat keine praktische Bedeutung, weil fast
immer die Zahl der möglichen Folgerungen ∞ ist, und der Beweis
daher niemals geführt werden könnte. *2.* Man zeigt einen Begriff
10 als Beispiel auf, von dem man auf irgend eine Weise sicher weiss,
dass er den Postulaten genügt, dann ist die Widerspruchslosigkeit bewiesen. Hilbert zeigt, dass es Zahlenpaare oder Zahlentripel gibt, die sämtlichen Postulaten genügen und führt so den
Beweis.[118] Es kann aber der Fall eintreten (dies wird für uns in
15 der Arithmetik von Wichtigkeit sein), dass wir nicht imstande
sind, die Widerspruchslosigkeit zu beweisen; dann müssen wir sie
ohne Beweis hinnehmen. Das entspricht aber dann einem neuen
Axiom, und zwar scheint dies dann ein wirkliches Urteil a priori
sein zu müssen, weil es ja mehr aussagt, als in den Definitionen
20 enthalten ist.⟩^z

In der Geometrie, so wie sie gewöhnlich gelehrt wird, z. B. in
den Elementen des Euklid, kommt die erkenntnistheoretische [?]
so enorm wichtige Scheidung zwischen begriffl[ichem] Zusammenhang und anschaulichem Gehalt nicht zum Ausdruck. Der be-
25 griffliche Aufbau ist ein apriorisches System, die anschaulichen
Inhalte, durch die er illustriert wird, machen den Gegenstand
einer Erfahrungswissenschaft aus. Hilbert hat in seinem Buch jene apriorische Wissenschaft entwickelt, es ist nun ein berechtig-
ter Wunsch, auch die physische, geometr[ische] [*sic!*] Geometrie
30 unabhängig davon selbständig aufzubauen in einer Weise, die ihrem Wesen als Erfahrungswissenschaft angepasst ist. In der alten,
an Euklid anschliessenden Darstellungsweise werden beide Seiten
der Sache vermischt, man sucht von dem Physischen, Anschau-

---

y Der Satz bricht im Original so ab   **z** Einschub von der Rückseite des
Blattes

118 Vgl. Hilbert, *Grundlagen der Geometrie*, § 9 f.

lichen, zu dem Begrifflichen zu gelangen durch *Grenzübergänge*. Erläutern. Dies Verfahren ist unzulässig.

₂⟨Will man also wahrhaft und ohne Selbstbetrug physische Geometrie treiben, so darf man keine Grenzübergänge zum Untersinnlichen vornehmen, sondern muss z. B. den Linien gewisse Dicke und Breite, den Flächen gewisse Unebenheiten zuschreiben etc. (erinnern an J[ohn] Stuart Mill),[119] man muss auch alle Gebilde als endlich annehmen etc. Ist es möglich, auf diese Weise überhaupt zu einer wissenschaftl[ichen] Geometrie zu gelangen? Ja. Grosses Verdienst von M[oritz] Pasch („Vorlesungen" 1882)[120] ⟨Wellstein p 26⟩ „Natürliche Geometrie".[121] Punkt = kleiner Körper, Linien, Flächen = dünne physische Gebilde, doch kann man sie im Princip auch dick annehmen. Zwei Punkte bestimmen nur dann eine Gerade, wenn sie nicht zu nah aneinander liegen. Eine Strecke hat nur eine endliche Zahl von Punkten. u. s. w.

Felix Klein, Approximationsgeometrie.[122] Da die Gebilde der physischen Geom[etrie] nie *genau* gemessen, 2 Strecken nie genau einander gleich gemacht werden können, so werden ihre Sätze am besten in Ungleichungen ausgesprochen; z. B. der Satz vom gleichschenkl[igen] Dreieck: „Wenn 2 Seiten eines Dreiecks sich um weniger als eine gewisse Länge ε unterscheiden, so unterscheiden sich die beiden gegenüberliegenden Winkel um weniger als eine Grösse τ, die von ε nach einem bestimmten Gesetze abhängt".[123] Dies Gesetz kann man exact angeben, wird τ in Graden gemessen, so ist $\tau < 61\frac{\varepsilon}{a}$, wo a die Länge der Seite ist, bis auf den Fehler ε genau bekannt ist.

₁⟨Hier möchte ich eine Bemerkung nachholen. Wenn ich auch bisher auf die Mangelhaftigkeit des Anschauungsvermögens stets

---

119 Gemeint sind die vorangegangenen Ausführungen auf S. 114 f.

120 Pasch, *Vorlesungen über neuere Geometrie.*

121 Vgl. Weber/Wellstein, *Encyklopädie der Elementar-Mathematik*, S. 25 f. Dort werden auch die *Vorlesungen über neuere Geometrie* von Pasch erwähnt. Der Ausdruck „Natürliche Geometrie" stammt aus eben jenen Vorlesungen.

122 Klein, *Elementarmathematik*, Bd. 3.

123 Der zitierte Satz vom gleichschenkligen Dreieck ließ sich in den Schriften Kleins bisher nicht nachweisen.

Gewicht gelegt habe, so könnte es doch scheinen, es lehre uns die Anschauung tatsächlich doch immer dasselbe wie das begriffliche Ableiten und Beweisen, nur sei das letztere rein theoretisch wegen der unangreifbaren Strenge einwandsfreier. Demgegenüber
5 möchte ich jetzt hervorheben, dass die Anschauung nicht etwa blos an Genauigkeit dem begrifflich[en] Beweise nachsteht, sondern dass wir in manchen Punkten zu absolut falschen Resultaten kämen, wenn wir uns auf sie verliessen. Beispiele: 2 Parallelen schneiden sich nur in *einem* unendlich fernen Punkte (E[duard]
10 v[on] Hartmann! vollkommen stetige Curven ohne Tangenten. etc.)⟨¹²⁴⟩

Wir haben bisher immer sehr geringschätzig von der Anschauung sprechen müssen. Lehrt sie uns wirklich nur ungenaue Wahrheiten? Gibt es nicht vielleicht auch in der Geometrie gewisse
15 Wahrheiten, die entweder absolut richtig sind oder gar nicht, und bei denen es keinen Sinn hätte, von nur annähernder Gültigkeit zu reden? Über solche Sätze könnte die Anschauung, die Erfahrung uns mit vollkommener Strenge unterrichten, weil hier möglicherweise ungenaue Erfahrungen zur Begründung strenger
20 Sätze ausreichen könnten. In der Tat gibt es solche Sätze, z. B. kann man nicht sagen, der Raum hat annähernd 3 Dimensionen, denn er kann nur 2 oder 3 oder 4 etc haben, nicht aber 2, 1. Die gewöhnliche Geometrie, die sog[enannte] metrische, setzt eine quantitative Bestimmtheit ihrer Gebilde voraus. Die Strecken
25 und Flächen haben eine bestimmte *Grösse*, die durch Anschauung und Messung niemals genau festzustellen ist. Unter den Axiomen sind aber nur ganz bestimmte, die den Grössenbegriff voraussetzen, etwas über Grössenverhältnisse sagen. Man kann von diesen absehen, kann sie fallen lassen und nur nach den Ge-
30 setzmässigkeiten fragen, die aus den übrigen Axiomen folgen. Da besteht die Hoffnung, dass wir diese Axiome mit Gewissheit aus der Anschauung entnehmen könnten. Auf diese Weise gelangen wir ⟨zunächst⟩ zu dem Begriff der projectiven Geometrie, die nur

---

124 Hartmann argumentierte in seiner *Kategorienlehre* (*Ausgewählte Werke*, Bd. X, S. 262 ff.) dafür, dass zwei parallele Linien sich in genau einem unendlich fernen Punkt schneiden und nicht etwa in zweien.

diejenigen Eigenschaften der Figuren behandelt, die durch Projection auf beliebige Ebenen nicht verändert werden. Aber die projective Geometrie setzt immer noch die Begriffe der Geraden und Ebenen voraus, von denen wir, wie sich | zeigt, doch eine *genaue* Anschauung haben müssten, um ihr qualitatives Verhalten zueinander mit Sicherheit einzusehen, und die besitzen wir nicht. Man kann aber noch weiter gehen und fragen: ist nicht vielleicht eine Geometrie möglich, „die diese Begriffe und damit überhaupt den Begriff der mathemat[ischen] Curven und Flächen gänzlich entbehrt und nur das aussagt, was man über Linien und Flächen im allgemeinen sagen kann?" (Wellstein, p. 32)[125]

Es gibt in der Tat solch eine Wissenschaft. Wenn man von allem Quantitativen, von allen Grössen- und Richtungsverhältnissen absieht, so bleibt noch etwas übrig, über das man Aussagen machen kann: d[en] Zusammenhang der Continua. Analysis situs ⟨Leibniz⟩, Zusammenhangslehre.[126] Beispiele. Schnitte. Gordischer Knoten, etc. Riemann. Äusserst schwierige Beweise. Wenig ausgebildet. Vielleicht drücken die Sätze der Analys[is] sit[us] wirklich dasjenige aus, was in der unserm Geiste eingepflanzten Raumanschauung enthalten ist. Wenn wir aber die Sätze aussprechen wollen, so sehen wir auch da, dass wir der Anschauung dazu nicht *bedürfen*. Wenn das Continuum erst einmal definiert ist, so folgen jene Sätze analytisch.[a]

Zusammenfassung: insofern die Geometrie eine strenge Wissenschaft ist, ist sie analytisch, beruht auf reinem Denken. Dieses lehrt uns niemals etwas neues, sondern kann nur combinieren und umformen. Die Lehrsätze sind ja nur Umformungen der in den

---

a Mit Kopierstift: ⟨Ordnung⟩

125 Weber/Wellstein, *Encyklopädie der Elementar-Mathematik*, S. 32: „Wir haben an den Begriffen der Geraden und der Ebene in der gewöhnlichen Geometrie soviel auszusetzen gehabt, daß, ehe wir zu einer reineren Geometrie aufzusteigen suchen, die Frage am Platze ist, ob wohl eine Geometrie möglich ist, die diese Begriffe und damit überhaupt den Begriff der mathematischen Kurven und Flächen gänzlich entbehrt und nur das aussagt, was man über Linien und Flächen im allgemeinen sagen kann. Gibt es da Sätze von hinreichendem Interesse?"

126 Leibniz, *Analysis Situs*. Schlick bezieht sich hier jedoch wieder auf Weber/Wellstein, *Encyklopädie der Elementar-Mathematik*, S. 33.

Axiomen enthaltenen Wahrheiten. Diese sind nicht synthet[ische] Sätze, sondern Definition[en]. Insofern die Geometrie synthetisch ist, nämlich als phys[ische] Geometrie, als Wissenschaft von anschaulichen Gebilden, ist sie a posteriori. In der Geom[etrie] gibt es keine synthet[ischen] Urteile a priori. Alles *neue* (und das wird ja immer durch synthetische Urteile wahrgenommen)[b] stammt aus der Anschauung (der empirischen) und ist nicht *notwendig*, kein absolut sicheres Wissen. Alles absolut Sichere stammt aus dem Denken, und bezieht sich nie auf etwas neues; das Denken kann keine Erkenntnis schaffen, sondern nur *in Beziehung* setzen und die Regeln der Verknüpfung angeben.

_____ [127] (1)

|[c] *XIII. Vorlesung, 1. III. 1926*   XIII, 40

1) Physikalische 2) Mathematische Geometrie: reinformale, keine inhaltliche Bedeutung

ad 1) Physische Geometrie bleibt dem eigentlichen Wesen der Geometrie ferne. Gehört nicht mehr zu reinen Gebilden der Mathematik, Zweig der Physik. In der späteren Physik wird sie nicht mehr trennbar sein von der anderen Physik. Helmholtz: Physische Geometrie so weit sie Wissenschaft vom Raum ist. Man hat es hier mit der Lehre von Wirklichkeiten oder mit Beziehungen von Wirklichem zu tun. Philosophische Behandlung dieser Art von Geometrie nur soweit dass wir einige Grundbegriffe näher anschauen.

b Klammerbemerkung in Kurzschrift   **c** Auf S. 40 beginnt die XIII. Vorlesung nach dem mündlichen Vortrag von 1925/26

127 Der 1925/26 mündlich vorgetragene Text der XIII. und XIV. Vorlesung wich erheblich vom Manuskript ab. Er ist alternativer Schluss des ersten geometrischen Teils der gesamten Vorlesungsreihe. Daher ist die Mitschrift (Inv.-Nr. 23, B. 1) beider Vorlesungen hier eingeschoben, obwohl sie grammatisch, orthografisch und stilistisch überaus korrupt ist. Es handelt sich hier in den wenigsten Fällen um von Schlick verfasste Formulierungen, sondern um die Mitschrift seines gesprochenen Wortes durch einen Dritten. Das 1913 von Schlick selbst angefertigte Manuskript (Inv.-Nr. 4, A. 5a) wird ab S. 178 fortgesetzt.

Begriff des Punktes: Bedeutet: nur die Grenze eines sehr kleinen Körpers – minimum visible[128] – dieser Begriff dient zur Übertragung der geometrischen Begriffe auf die physikalischen. Komplizierter: Begriff der geraden Linie. Bei Kant: Gerade etwas,
das uns durch Anschauung a pr[iori] von vornherein gegeben ist. 5
Wir wissen aus a pr[iori] Anschauung, wann eine Gerade gerade
ist. können dies dann mit empirischer Anschauung sehen. Dies
irrtümlich, Begriff der Geraden entsteht aus physikalischer Erfahrungen. Wir müssen irgend wie in der Natur Beispiele haben:
z. B.: Lichtstrahlen: sie eine Quelle der Vorstellung der Geraden. 10
Lichtstrahlen gerade Linien. Definition durch die Gerade festgelegt werden kann. *sic!* In gegenwärtiger Physik wird diese Definition auch zu Grunde gelegt. Die A. R. T.[129] sagt: Lichtstrahl
wird gekrümmt. Dies ist ein gefährlicher Ausdruck. Er bleibt eine gerade Linie; wie wir ihn darstellen in physischer Geometrie; 15
nur wenn wir anderen Kategorien daraus anwenden[,] hat er andere Eigenschaften als die Euklidische Gerade. Strenge müssten
wir sagen: Er bleibt Gerade, nur bleibt er in der Nähe der Sonne
keine Euklid[ische] Gerade. Diese Darstellung ist irreführend.[130]

131

20

128 Siehe S. 114 f.

129 Die Abk. steht für „Allgemeine Relativitätstheorie".

130 Das ist Einsteins eigene Darstellungsweise. Siehe dazu Einstein, *Über das Relativitätsprinzip und die aus demselben gezogenen Folgerungen*, § 20. Siehe aber auch die Einleitung von *Über den Einfluß der Schwerkraft auf die Ausbreitung des Lichtes*. In § 4 bestimmte Einstein sogar den Krümmungswinkel von Lichtstrahlen.

131 Vermutlich zeigt die Darstellung, wie das Licht eines Sterns durch eine Schwere Masse *S* gekrümmt wird. Sie spielt damit auf die Sonnenfinsternis vom 29. Mai 1919 an, bei der Einsteins Relativitätstheorie bestätigt werden konnte. Siehe dazu die Einleitung von *MSGA* I/2.

Lichtstrahl unter normalen Umständen eine Definition der Geraden. Eine andere Definition: Gerade als Rotationsachse eines Körpers. Körper lasse ich rotieren. Loch hindurch mit Draht; Draht bleibt unbewegt.

5 Was bei gedrehtem Körper nicht an Drehung teilnimmt, das ist auch eine Definition der Geraden. (Physische). Dann: sie ist die Linie in der ein Körper, der keinen Kräften ausgesetzt ist, zu Boden fällt. Wichtig: dass | die Definition der Geradlinigkeit durch XIII, 41
10 physische Verhältnisse gemacht wird. Es ist nicht so, dass wir von vornherein die Anschauung der Geraden besässen, sondern umgekehrt, bestimmte Linien sind ausgezeichnet, dadurch, dass viele Naturprozesse sich in dieser Linie abspielen. Wenn z. B. die Lichtstrahlen bestimmte Krümmung hätten, dann würde uns
15 diese Krümmung als etwas ausgezeichnetes, als gerade erscheinen. Gerade ist nur der Ausdruck einer bestimmten Auszeichnung. Dies kann sogar experimentell bewiesen werden. Wenn man zuerst durch eine Brille schaut, erscheinen die geraden Linien krumm.[132] Trägt man sie länger, verliert sich das. Die Linien
20 ändern sich nicht mehr bei einer Kopfwendung, weil man sich daran gewöhnt, dass die Lichtstrahlen dann in so einer Linie gehen.

Wundt sah die Geraden infolge einer Krankheit krumm. Gewöhnte sich dann daran, sah es dann normal, obwohl die Ver-
25 zerrung auf der Netzhaut geblieben war.[133] *Gerade hat nichts unmittelbar anschauliches. Sondern schon etwas Intellektuelles, durch das wir das in der Sinneswahrnehmung Gegebene interpretieren.* Dies noch viel deutlicher bei dem Begriff der Kongruenz: räumliche Gleichheit. Zurückzuführen auf Gleichheit der Strecke.

132 Vgl. dazu in diesem Bd. S. 138.

133 In Kap. 14 seiner *Grundzüge der physiologischen Psychologie* befasste sich Wundt ausführlich mit dem Sehen und der Raumwahrnehmung.

Hier zeigt es sich so recht, dass wir keine unmittelbare Anschauung für die Gleichheit haben, wir definieren nur. Poincaré so, ähnlich auch Helmholtz: Wir vergleichen Strecken; dies ist der Grundbegriff der metrischen Geometrie.

Woher weiss ich, dass diese beiden Strecken gleich sind? Kantianer könnte sagen: ich sehe das. Wir behaupten, durch unmittelbare Anschauung könnte ich nur Strecken vergleichen, die nebeneinander liegen. Es bleibt nichts über, als die Strecken unmittelbar zu vergleichen. Diese Definition ist ganz gut; in Lehrbüchern nur nicht konsequent durchgeführt. Gleich ist nach Euklid, was sich deckt.[134] Mit welchem Recht sage ich, dass Strecken, die ich mit dem Massstab messe, gleich sind? Sie haben sich beim Transport vielleicht verändert.[135] Gleichheit von Strecken an verschiedenen Orten der Tafel kann ich ohne ein letztes Datum nicht behaupten ohne einen Zirkel. Müsste immer voraussetzen, dass ich schon wusste, was Gleichheit ist. Es bleibt nur übrig, folgender Weg: Definition: Wir nennen zwei Strecken gleich, wenn ich eine bestimmte Art von Masstab nehme, und wenn mit diesem gemessen die Strecken gleich sind. Nur möglich durch Umweg über den physischen | Körper ist der Begriff der räumlichen Gleichheit zu definieren. Er *ist*[d] ein physischer Begriff. Von solchen Körpern setze ich fest: sie sollen zur Definition der Gleichheit dienen. Einstein: *Wir wollen den Inbegriff zweier an einem praktisch starren Körper befestigten Marken Gleichheit nennen.*[136]

Theoretisch könnte man auch Gummi nehmen. Es wäre möglich; diese Definition wäre aber sehr unzweckmässig, weil dann merkwürdige physische Gesetzmässigkeiten herauskämen. Normalmeter aus Platin und Iridium behält Festigkeit. Kommen so gut, aber nicht ganz gut aus. [E]s ergeben sich so wie die Temperatur sich ändert Abweichungen. Wir nehmen keinen vorhandenen Körper als gleich an. Sondern nehmen einen und bringen

XII, 42

---

d Gesperrt

134 Vgl. Euklid, *Elemente*, I, G7.

135 Das ist das Prinzip des starren Körpers. In Euklids *Elementen* ist es I, G1. Zu dem Prinzip siehe auch 1918/1925 a *Erkenntnislehre* (MSGA I/1, S. 615).

136 Einstein, *Über Geometrie und Erfahrung*, S. 8 f.

dann Korrekturen an; (Bei höherer Temperatur kleiner etc.). Der auf diese Weise ideale starre Körper wird angeschlossen an das, was Einstein praktisch starr nannte.[137] Diese Definition ist eine Konvention im Sinne Poincarés. Daher willkürlich; könnten auch andere anwenden. Wir können nur Körper untereinander vergleichen. Habe nicht a priori den Begriff der Gleichheit. Ich kann behaupten, die Körper wechseln von Minute zu Minute[,] man kann es nicht widerlegen, denn wir könnten ja mit wechsel. Niemand kann die Unrichtigkeit der Behauptung annehmen. (Auf empirischen Wege.) Und dies ist wohl ein Zeichen, dass es keinen Sinn hat, es zu bezeichnen, Grösse hat nur einen Sinn, wenn man vergleichen kann. Wichtiger: Poincaré: wir könnten uns auch vorstellen, dass nicht die ganze Welt sich so verändert, sondern nur von oben nach unten, man sollte denken, dies liesse sich prüfen. Es geht aber auch nicht, ist auch unwiderlegbar. Wir müssten Breite und Länge messen, dabei Massstab drehen, wir würden wieder nichts merken. Die Veränderung kann auch beliebig verzerrt werden. Auch dies könnten wir nicht merken, sobald nur etwas bleibt: dass die Gegenstände die topologischen Zusammenhänge des Raumes und der Gegenstände erhalten.

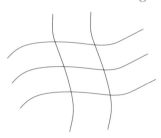

Flächen durch Tafel: dadurch Zellen von 8 Ecken. Durch Definition festzusetzen: jede Zelle ist der anderen gleich; habe keine Möglichkeit dafür Ungleichheit zu zeigen. Käme nur zu einer sehr komplizierten Physik. Aber durchführbar wäre es. Auch dies zeigt, dass es bei Begriff der Gleichheit bloss auf das ankommt, was in diesem verzerrten Weltbild erhalten bleibt: Die jeweilige Koinzidenz der Körperpunkte.

137 Ebd.

| Was sich vorher berührte, das berührt sich auch jetzt. Was ich in der Welt an räumlichen Unterschieden wahrnehmen kann, ist nur zu beschreiben mit Hilfe solcher Koinzidenzen von Punkten der Gegenstände. Davon macht die allgemeine Relativitätstheorie Anwendung. Bei ihr kommen nur solche vor, nimmt ausserdem noch an, dass in kleineren Bezirken noch anderen Gesetzmässigkeiten gelten.[138] Eine kleine Rolle spielt die Anschauung doch: die wirkliche Geometrie ist so gewählt, dass der unmittelbare Eindruck nicht gestört wird. Aber es ist die „empirische" Anschauung, nicht die „reine". Der Beweis der Relativität des Raumes zeigt, dass wir Gleichheit des Raumes als physischen Begriff auffassen müssen. Ich wähle Körper, die sich für die Anschauung schon starr verhalten, und nicht Gummi. Dadurch wird dann die Definition der Gleichheit zu Grunde gelegt. Sind gleiche Strecken solche, die praktisch zu den einfachsten Gesetzen führen, wie Relativitätstheorie, dann müssen wir sagen: die beste Geometrie ist keine Euklidische, sondern eine nicht-Euklidische. Ich kann festsetzen: Erdoberfläche soll eine Fläche sein. Niemand kann das widerlegen. Muss nur beweisen, dass die Massstäbe, mit denen ich die Erde messe, dass diese eigentümliche Veränderungen erleiden.

138 Etwas klarer wird das an folgender Stelle von 1921: „Die ‚Kongruenz' wird festgestellt durch Beobachtung des Zusammenfallens [Koinzidenz] materieller Punkte. Alle physikalischen Messungen lassen sich auf dieses selbe Prinzip zurückführen, da bei allen unsern Instrumenten jede Ablesung mit Hilfe von Koinzidenzen beweglicher Teile mit Skalenpunkten usw. bewerkstelligt wird. Der Helmholtzsche Satz läßt sich daher zu der Wahrheit erweitern, daß physikalisch überhaupt keine andern Geschehnisse konstatierbar sind als Begegnungen von Punkten, und Einstein hat daraus konsequent den Schluß gezogen, daß alle physikalischen Gesetze im Grunde nur Aussagen über solche Koinzidenzen enthalten dürfen." (1921c *Erläuterungen/Helmholtz*, in: *MSGA* I/5, S. 285)

Erde; kleiner und grosser Kreis; Radius des grossen Kreises nicht krumme Linie der Erde: die Hypothese liesse sich festhalten: die Erde ist eine Ebene. Sie sehen daraus, dass es für unsere Kulturstufe nicht gut ist, Gleichheit als physikalisch zu erklären. Alle
5 Erscheinungen, astronomische etc, liessen sich einordnen in die Hypothese: die Erde ist eine Ebene. Wie ist es mit der Erdumsegelung? Wenn ich immer weiter laufe, komme ich zu demselben Punkt zurück? Streng logisch beweist auch dies nicht, dass die Erde eine Kugel ist.

10 1) Wir kommen zwar, wenn wir die Erde umreisen, in solche Umgebung zurück, die wir schon kennen; aber die Behauptung, dass diese selbe Umgebung identisch dieselbe ist, das kann man nicht beweisen; kann nur sagen: es ist die gleiche Gegend. Man müsste annehmen: Erdfläche eine Ebene, auf der sich in
15 Abständen das Gleiche immer wiederholt. Empirisch lässt sich nicht beweisen, dass die Gegend nur gleich ist, aber nicht dieselbe. *Gleichheiten lassen sich empirisch feststellen, Identitäten nicht.*[e] Sie sind etwas Begriffliches.

| Dieselbe oder die gleiche Gegend: gewissermassen Sache der   XIII, 44
20 Definition. Hängt davon ab, ob die Erde eine Kugel oder eine Ebene ist. Hier nicht so wichtig, aber bei anderen Dingen, die schwieriger sind, viel wichtiger. Bei Einsteins Theorie: Schon sehr wichtig: Welt in sphärischem Raum, abgeschlossen; da – diese Überlegung praktische Anwendung.

25   *XIV. Vorlesung, 8. III. 1926*

Für empirische Geometrie: Sätze synthetisch a posteriori. Rein begriffliches Gebilde: Analytische Urteile. Im rein begrifflichen Gebilde hat die Raumanschauung keinen Platz. Was das synthetisch a priori wäre, würde in den logischen Sätzen stecken. An
30 Begriff der Gleichheit klar gemacht, dass man zu vernünftiger Beschreibung der räumlichen Eigenschaften nur dann kommt, wenn man sich an empirische Körper anschliesst. Tut man dies nicht, grosse Willkür. Wenn wir den Anschluss an die Wirklichkeit nicht mit beliebig ausgewählten Körpern vollziehen, dann haben wir es

e Doppelt unterstrichen

mit einer nicht-eindeutigen Beschreibung der Verhältnisse durch verschiedene Geometrien zu tun. [139]

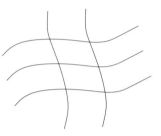

Alle Kanten sollen gleich sein und die Linien sollen als Gerade definiert werden, so kommt man zu einer widerspruchsfreien Beschreibung der Natur. Nur Physik ist dann eine merkwürdige. Zellen sind kleiner geworden, weil die Linien definitionsgemäss gleich sind. Relativitätstheorie machte davon Gebrauch. So beschreiben wir aber nicht die Wirklichkeit, sondern so, indem wir Körper auswählten.

Schliessen Ebene an dieses System an; Erde dann so definiert: als Ebene, Fläche – wird zu einer Linie – Erdoberfläche kann man als eine Ebene betrachten. Man braucht nur anzunehmen, dass sich die Lichtstrahlen in solchen Flächen bewegen, die wir

---

139 In der *Allgemeinen Erkenntnislehre* findet sich eine Erläuterung hierzu: „Zwei Wahrnehmungsgegenstände, die im Gesichts- oder Tastraum sich berühren (ein Lokalzeichen gemeinsam haben), müssen transzendenten [mathematischen] Dingen entsprechen, die in dem objektiven Ordnungsschema einen ‚Punkt' gemeinsam haben, denn sonst würden einem und demselben Ort eines Wahrnehmungsraumes zwei Orte des transzendenten Raumes zugeordnet sein, was der Eindeutigkeit widerspräche." (1918a/1925 *Erkenntnislehre*, in: MSGA I/1, S. 612) Vgl. aber auch 1917a *Raum und Zeit* (MSGA I/2, S. 274 ff.).

Ebenen nennen. Was wir anschaulich feststellen können durch so eine Weltumsegelung, ist nur, dass wir in Gegenden kommen, die gerade so aussehen; wir können auch sagen, dass sich in gewissen Gegenden das Gleiche wiederholt; *dass* die Gegenden identische sind, *kann ich in der Erfahrung nicht feststellen. Unterscheidung zwischen Gleichheit und Identität in Erfahrung nicht festzustellen, nur ein Begriff.* Nach Einstein Welt so gebaut: Welt mit starren Körpern festgelegt. Kommen zu der Aussage: Welt im Grossen nicht Euklidisch, ungefähr sphärische | Struktur. Riemannscher Raum. Der nicht unendlicher Grösse ist, sondern nur ein endliches Volumen hat. Gehe ich in gerader Linie da fort, was durch Messen so bezeichnet werden muss, komme ich schliesslich wieder in dieselbe Gegend zurück, von der ich ausgegangen bin.

    Wie ist das vorstellbar? Muss mir nur vorstellen: dass ich immer wieder in die Gegend komme, die so aussieht, wie die frühere. Vorstellbar: heisst, man kann sich sinnlich ausmalen, was man erleben würde, wenn man bestimmte Dinge vor sich hat. Dass ich genau die gleichen Erlebnisse mache: kann ich mir bestimmt vorstellen, dass es nicht nur die gleichen, sondern auch identisch dieselben – nicht erfahrungsgemäss, sondern nur begrifflich feststellbar. Es ist nichts Unvorstellbares dabei, nichts, was nicht sinnlich wahrnehmbar wäre, wenn wir den Raum als sphärischen betrachten. Dass das identisch ist, ist eine begriffliche Hinzufügung, die auf jeden Fall erlaubt ist.

    Helmholtz sagte noch von 4. Dimension: dass sie nicht vorstellbar sei.[140] Wir können uns sinnlich ausmalen[,] dass die Welt 4 Dimensionen habe. Könnten wir bestimmt Erlebnisse über das Entstehen und Vergehen der Körper machen – Körper können an bestimmten Raumstellen entstehen und vergehen; dann könnten wir uns Welt 4dimensional denken. Im Grunde geht unsere Vorstellungskraft viel weiter, als eine engherzige Philosophie annehmen möchte. Gewohnheiten können wir anders interpretieren. Es dürfte klar geworden sein, was unter physikalischer Geometrie zu verstehen ist. Und dass wir es da mit einer reinen Erfahrungswissenschaft zu tu haben. Auf viele Weisen kann zugeordnet werden.

140 Siehe dazu ab S. 140.

XIV, 45

Die natürlichste Weise: Geometrie mit starren Körpern, ist die, die wir meinen, wenn wir von Raummessung in altem Sinne sprechen – Ägypter und Griechen.

Ein Wort über formale Geometrie, die sich darauf beschränkt, gewisse Axiome aufzustellen, ohne Folgerungen daraus zu ziehen – ohne dass man sich dabei etwas vorstellen muss. Man suchte mit Beweisen ohne Anschauung auszukommen. Das suchte schon Euklid – aber was in den Axiomen und Definitionen stand, ist nicht ohne Anschauung zu bewältigen. Da hat die moderne Geometrie den Weg eingeschlagen, dass sie überhaupt nichts sagt über den gegenständlichen Charakter der Grundgebilde, sondern die Axiome als inhaltsleere Dinge betrachtet. Nur etwas, das in bestimmten Beziehungen steht, von dem die Axiome gelten. Hilbert dies am besten ausgebaut. Reines Begriffssystem, Figuren dienen nur, die Ideen zu fixieren, handelt nur von Dingen, die in gewissen Beziehungen zueinander stehen. | Hilbert: „Die Grundlagen der Geometrie.“ [141]

Wir denken uns drei Systeme von Dingen. Die Dinge des ersten Systems:

1) A, B, C, – Punkte

2) a, b, c, – Linien

3) α, β, γ, – Ebenen.

Diese Buchstaben bezeichnen nichts Anschauliches mehr.

Nun – neben, über, unter etc. liegen – damit werden diese Dinge verbunden. Rein formalisiert. Alle Worte in Gerade, Punkt, inhaltlos. Nur: sie sollen immer dasselbe bezeichnen. Was sie im Übrigen bedeuten, gleichgiltig. Es darf ja nichts bedeuten, sonst bin ich aus reiner Geometrie heraus. Logik sagt aber: es geht nicht an, beliebige Grundbegriffe an die Spitze eines solchen Systems zu stellen. Logik sagt: wenn ich einen Begriff definiere, durch ein Axiomensystem – implizierte Definition – so definiert das System nur dann etwas, wenn sich die Begriffe untereinander nicht widersprechen. Sobald aber ein Widerspruch kommt, dann wird ein Begriff durch sie nicht definiert. Diese Bedingung muss erfüllt sein. Diese Widerspruchslosigkeit der Axiome müsste bewiesen

XIV, 46

141 Siehe dazu ab S. 157

werden.

Es gehört der Nachweis der Widerspruchslosigkeit der Grundsätze dazu. Hilbert hat sie bewiesen. Unter gewissen Voraussetzungen bewiesen: Wies Gegenstände auf, welche in den von den
Axiomen geforderten Beziehungen stehen.

Unter Punkt verstand er ein Tripel von drei realen Zahlen,
weiter nichts. Ebene hat eine lineare Gleichung zwischen drei
veränderlichen Grössen. Gerade: ein Paar von solchen Gleichung.

Von Raum etc. nicht die Rede. Nur von Zahlen und Gleichungen. Die drei Dinge sind an sich als existierend zu betrachten,
wenn die Zahlenlehre widerspruchslos ist. Allerdings war diese
wieder etwas rein Begriffliches; das Zahlensystem. Und es wird
vorausgesetzt, dass das Zahlensystem selbst widerspruchsfrei ist.
Hat Widerspruchslosigkeit der Geometrie zurückgeführt auf die
Widerspruchslosigkeit der Arithmetik. Wir können das Thema in
gewissem Sinne als abgeschlossen betrachten. Alle Bestimmungen
über Gegensatz zwischen formaler und physischer Geometrie gehen uns nichts an, Kantianer besitzt eine Anschauung von einem
besonderen Raum, den es daneben auch geben solle. Nur das negative Urteil wird zu korrigieren sein, – was ich für unmöglich
halte – dass es noch einen neuen, den Kantischen Raum gibt.
Aber alles andere ist erledigt. Es be|steht eine Übereinstimmung   XIV, 47
zwischen den Forschern, die die Dinge verstehen. Wenn man es
nicht versteht, kann man auch zu anderen Resultaten kommen.
Ganz anders mit Arithmetik.

Obgleich Zahl viel einfacher als räumliche Grösse, philosophische Begründung der Arithmetik besonders schwierig. Vielleicht
gerade deshalb, weil sie so einfach. Desto mehr kann man in die
Tiefe dringen. Das ganz Tiefe zu erfassen ist immer viel schwerer.
Aussichtsreich erscheint mir, das für die Geometrie verwendete
Verfahren auf die Arithmetik anzuwenden. Zahl: nicht anschauliches Ding, nicht Abstraktionsprodukt; Dinge die so definiert
werden wie die Dinge in der Geometrie: durch Grundsätze der
Axiome. Axiome muss man annehmen, als Definition der Zahlen. Dies Verfahren ist möglich; wir kennen Axiomensysteme, die
das Wesen der Zahlen wiedergeben. Peanos System; daraus kann

man sämtliche Eigenschaften der Zahlen ableiten.[142] Man kann zeigen, dass alle Aussagen über Zahlen sich zurückführen lassen auf Aussagen über positive ganze Zahlen. 0, 1, 2, 3, 4, ... gelingt es, dies zu definieren, dann alles erledigt. Die Grundgedanken des berühmten Kronecker. Die anderen Zahlen nur Umwege über Aussagen über kompliziertere Verhältnisse zu einfachen; dies noch halb mathematische Aufgabe. Nun Frage zu beantworten, sind die arithmetischen Urteile synthet[isch] a pr[iori], analyt[isch], oder synthet[isch] a post[eriori]? Das letztere haben wir abgelehnt bei Mill. Könnte man Zahlen so auffassen wie das System Peanos, dann wären es analytische Urteile. Alle Sätze können dann aus der Definition der Zahl abgeleitet werden. Dazu ist nötig, das so ein System widerspruchsfrei ist, dies Aufgabe, die zuletzt gelöst werden musste.

Axiome des Peano:

1) Was ist eine Zahl?
2) Was ist der Nachfolger einer Zahl?
3) Nachfolger einer Zahl ist eine Zahl.
4) Zwei Zahlen sind gleich, wenn die Nachfolger gleich sind.
5) Jede Eigenschaft, der 0, die auch der Nachfolger jeder Zahl mit dieser Eigenschaft besitzt, kommt allen Zahlen zu.

Daraus kann ich alles ableiten. Aber Frage: Definieren diese Axiome wirklich etwas? [D]azu müsste Widerspruchsfreiheit definiert werden. Hilbert zeigt dies. Er hat Beweis abgeschlossen, der dies zeigt. Aber dieser Beweis hat wiederum gewisse Hacken [*sic!*]. Macht Gebrauch von den logischen Grundsätzen. Diese können wieder vor die Frage gestellt werden: sind sie widerspruchsfrei?[143]

Wir kommen da zu einer eigentümlichen Verquickung zwischen Fragen der Logik und der Mathematik. Moderne Ansicht: Mathematik nur ein Zweig der Logik. Hier heftiger Streit der Meinungen. | Auch heute noch verschiedene Auffassungen vom Wesen der Zahl. Verwandte Anschauung von Kant: Zahlenreihe etwas Anschauliches, das wir intuitiv im weitesten Sinne gegeben haben.

XIV, 48

---

142 Siehe dazu in diesem Bd. S. 197 und 218.

143 Gemeint ist hier wohl, dass Hilberts Beweis das Prinzip der vollständigen Induktion vorraussetzt. Poincaré kritisiert das. Siehe dazu ab S. 215.

Diese Mathematiker bezeichnet man als Formalisten, die die Mathematik als Logik ansehen. Prozess, der durch Hilbert Abschluss fand. Man kann ihn als Arithmetisierung der Mathematik bezeichnen. Diese soll weiter formalisiert, logiziert werden.

Besondere Bedeutung dieses Kampfes: Dass er nur an gewissen mathematischen Problemen ausgekämpft wird. Formalisieren: Mathematischer Begriff besteht dann, wenn er widerspruchsfrei definiert ist.

Intuitionisten: Das genügt nicht, wir brauchen mehr dazu. Aus allgemein philosophischen Prinzipien kann man sich auf eine Seite stellen. Endgiltige Entscheidung liegt hier noch nicht vor.[144] Wir sehen noch nicht; nicht vollkommen klar, über die Grundlagen der Arithmetik. Aber, einer der beiden Wege führt doch wohl zum Ziel. 3 Wege: realistischer Weg: Zahlen werden in merkwürdiger Weise in Anschluss an die Wirklichkeit definiert: Russell. Zahlen werden definiert als Klassen von Gegenständen; Begriff von Gegenständen wird vorausgesetzt. Man muss einen der drei Wege wählen. Oder Vereinigung herstellen.[145]

Ich glaube persönlich, dass die Ansicht der Formalisten, deren Zahlenbegriff zusammenfallen wird mit dem Zahlbegriff der Realisten. Und dass man zeigen wird: die Eigenschaften der Wirklichkeit, die Russell voraussetzt, dass diese rein logische Eigenschaften der Gegenstände sind.

Bei der Arithmetik ist dies insofern anders, die Geometrie unterscheidet sich in eine physische und eine rein formale; dort ist dieser Unterschied nie aufgetreten. Wir sind von vornherein überzeugt, dass die gewöhnliche Zahlenreihe auf die Wirklichkeit angewendet werden muss. Dass Nichtanwendbarkeit daher unmöglich erscheint. Ob die Zahleigenschaften etwas an den Dingen sind, was bloss Eigenschaften unseres Bezeichnens der Dinge durch Begriffe ist – hier Frage, ob das den Dingen zukommt oder

---

144 Der Intuitionismus wird im 1913er Manuskript nicht erwähnt. Auch sonst waren Bemerkungen von Schlick dazu rar. Siehe in diesem Bd. S. 238 und die Einleitung.

145 Russell definierte die Zahl Eins als Klasse und zwar als die Klasse aller Klassen mit genau einem Element. Schlick kritisierte dieses Vorgehen 1913 noch heftig (siehe dazu ab S. 201). Man beachte auch den direkt anknüpfenden Absatz.

nicht – belanglos. Wenn das richtig ist – wäre die logische mit der realistischen Lehre vereinigt. Die arithmetischen Urteile wären analytisch. Dies wäre dann entgiltig bewiesen, auch wenn man Hilberts Beweis nicht als endgiltig ansieht. Die Formalisierung des Mathematischen wäre bis zum letzten Punkt vorgedrungen. Die philosophische Aufgabe wäre erfüllt, weil sie mit logischen Mitteln geführt wird. Damit Aufgabe eines Philosophen geleistet. | Philosophie besteht nicht nur darin, die Mathematik zu formalisieren, sondern die ganze Welt.[146] Es wird wohl jeder davon überzeugt sein, dass es so etwas wie eine Philosophie der Arithmetik gibt. Sie kann als ein Beweis dienen, dass die Philosophie nicht etwas ganz Unnützes ist und immer zu spät kommt.

[147]

In der Arithmetik wollen wir diesen letzten Punkt gleich zuerst erledigen. Die Kantsche Behauptung, dass zur Auffindung der arithmet[ischen] Wahrheiten eine Anschauung nötig sei, und dass sie folglich synthet[ischer] Natur wären, ist schon oft widerlegt, besonders schön von *Couturat*, in einem Aufsatz über K[ant]s Philosoph[ie] d[er] Math[ematik].[148] $7 + 5 = 12[.]$ Der Begriff der Summe von $5+7$ enthalte nichts weiter als die Vereinigung beider Zahlen in eine[r] einzige[n]; welches aber diese Zahl sei, darüber enthalte er nichts, wir müssten vielmehr aus diesem Begriff „herausgehen", um zur 12 zu gelangen. In Wahrheit liegt nicht blos Gleichheit, sondern Identität vor. Beweis für $4 + 3 = 7$

$$4+3 = 4+(2+1) = (4+2)+1; 4+2 = 4+(1+1) = (4+1)+1 = 5+1;$$
$$4 + 3 = (5 + 1) + 1 = 6 + 1 = 7 \ \langle \text{Leibniz} \rangle^{\text{f}}$$

f Mit Kopierstift

146 Im Manuskript von 1913 findet sich keine vergleichbare Äußerung. Im Gegenteil, vgl. das Kieler Stück zur Logik, in diesem Bd. S. 234.

147 Hier endet die Mitschrift des mündlichen Vortrages von 1925/26. Im Anschluss wird das Manuskript von 1913 fortgesetzt.

148 Vgl. Couturat, *La philosophie des mathématiques de Kant*. Siehe dort den Beweis auf S. 256.

Vorausgesetzt ist hierbei $a+(b+1)=(a+b)+1$; dieser Satz muss entweder als Axiom oder als Definition der Summe betrachtet werden; wovon später [*sic!*].[g]

Kant meint, besonders bei grossen Zahlen trete die synthet[ische] Natur der Sätze recht in Erscheinung, aber das ist nun ganz unrichtig, denn von grossen Zahlen haben wir doch viel weniger eine Anschauung als von kleinen.[149] Kant ist hier offenbar einer Verwechslung psycholog[ischer] und logischer Verhältnisse zum Opfer gefallen. Dass alle möglichen Denkacte zusammenkommen müssen, um das Resultat abzuleiten, ist klar, aber daraus folgt nicht, dass es nicht logisch doch schon in den vorausgesetzten Begriffen und Sätzen enthalten wäre. Wenn jeder arithmet[ischer] Satz ein synthet[isches] Urteil a priori ist, so gibt es deren unendlich viele – das ist K[ant] unheimlich vorgekommen, und er nennt sie deshalb nicht Axiome, sondern Zahlformeln – aber der Name tut nichts zur Sache; in Wahrheit kann man doch unmöglich annehmen, dass unendlich viele solcher Sätze unmittelbar durch Anschauung uns gegeben wären. K[ant] gibt von einigen Grundsätzen der Arithmet[ik] zu, dass sie nur analyt[isch] seien, und gibt als Beispiel den Satz $a + b > a$.[150] Aber wenn dieser Satz analytisch ist, dann müsste es $7 + 5 = 12$ erst recht sein, denn das $>$ Zeichen ist sicher etwas complicierteres als das $=$ Zeichen, das ja blos Identität ausspricht. Wenn ich nicht weiss, was für eine Zahl $a + b$ ist, dann weiss ich auch nicht, ob sie größer ist als a. Diese Widersprüche bei K[ant] zeigen schon, dass er innerlich nicht sicher war. An einer Stelle gibt er direct zu, dass die math[ematischen] Wahrheiten sich analytisch

---

g Am Ende des Satzes mit Kopierstift: $\langle\bigcirc\rangle$

149 Damit knüpfte Schlick an Freges Kritik an: „Haben wir denn überhaupt eine Anschauung von 135664 Fingern oder Punkten? Hätten wir sie und hätten wir eine von 37863 Fingern, so müsste die Richtigkeit unserer Gleichung sofort einleuchten, wenigstens für Finger, wenn sie unbeweisbar wäre; aber dies ist nicht der Fall. Kant hat offenbar nur kleine Zahlen im Sinn gehabt. Dann würden Formeln für große Zahlen beweisbar sein, die für kleine durch Anschauung unmittelbar einleuchten." (Frege, *Grundgesetze der Arithmetik*, § 5)

150 Vgl. Kant, *KrV*, B 16 f.

aus gewissen Grundsätzen ableiten lassen, und er habe nur sagen
wollen, dass diese Axiome synthet[ische] Sätze a priori seien und
dass durch sie allein der Mathemat[ik] der synthet[ische] Charakter verliehen würde. – Darüber sind wir uns also von vornherein klar, dass nicht jeder einzelne Satz der Arithmet[ik] synthe-   5
tisch und a priori ist – aber auch das wissen wir schon, dass die
arithmet[ischen] Wahrheiten nicht etwa samt und sonders synthet[ische] Sätze a posteriori sind, wie Mill meinte; diese extrem
empiristische Ansicht liess sich mit wenigen Worten abtun, und
ich habe das gleich in einer der ersten Vorlesungen getan. So-   10
viel ist also sicher, dass die ganze Wissenschaft der Arithm[etik]
sich rein logisch aus gewissen Definitionen und Axiomen ableiten lässt. Anlass zu philosoph[ischen] Problemen geben eben nur
diese Grundsätze und Grundbegriffe.

Was wir in der Geometrie uns erst mühsam erarbeiten mus-   15
sten: die Trennung des Begrifflichen und des Anschaulichen, das
ist in der Arithmetik schon von vornherein ausgeführt, eigentlich
ehe sie beginnt. Niemand, der ganz naiv an die Sache heran-
tritt, zweifelt, dass wir es bei den Zahlen mit reinen Begriffen zu
tun haben, die nicht sinnlich, anschaulich vorstellbar sind. Wir   20
können uns 5 Objecte vorstellen, die *5* als solche niemals. Die Zahlen dienen zur Bezeichnung anschaulicher Gegenstände, sind aber
selbst keine, im Gegensatz zu den Gebilden der gewöhnlichen
Geometrie. Es liegen also hier die Verhältnisse einfacher; es fällt
das Problem der Anwendbarkeit der Mathematik auf die Wirk-   25
lichkeit für die Arithmetik zwar nicht ganz weg, besitzt aber lange
nicht die Schwere und Bedeutung wie in der Geometrie. Es gibt
nicht verschiedene Arithmetiken, man kann nicht fragen: welches
ist die richtigste oder geeignetste? sondern es gibt nur eine. Der
Unterschied zwischen beiden Zweigen der Math[ematik] ist also   30
fundamental. Er hat Gauss zu dem berühmten Ausspruch veranlasst: ⟨„Nach meiner innigsten Überzeugung hat die Raumlehre
zu unserm Wissen der selbstverständlichen Wahrheiten eine ganz
andre Stellung als die reine Grössenlehre; es geht unserer Kenntnis von jener durchaus diejenige vollständige Überzeugung (also   35
auch von ihrer absoluten Wahrheit) ab, welche der letzten eigen

180

ist; ...⟩ʰ Wir müssen in Demut zugeben, dass, wenn die Zahl *bloss* unseres Geistes Product ist, der Raum auch ausser unserm Geiste eine Realität hat, der wir a priori ihre Gesetze nicht vollständig vorschreiben können."[151] Wir befinden uns also der Arithmet[ik]
5 gegenüber in einem grossen Vorteil, und es ist deshalb besonders merkwürdig, dass die radicaleⁱ empiristische Theorie die Arithmet[ik] mit der Geometrie auf gleiche Stufe stellen und auch ihre Gesetze aus erfahrungsmässigen Anschauungen ableiten wollte. Aber die Theorie von J. Stuart Mill haben wir ja längst erledigt.
10 Für uns ist es sicher, dass die Arithmetik in der Hauptsache logischer Zusammenhang ist, denn wenn das schon für die Geometrie der Fall war, so gilt es sicherlich a fortiori von der Arithmetik, bei der doch von einem anschaulichen Gehalt, wie gesagt, kaum die Rede sein kann. Es fragt sich nur, ob nicht in den Grundgebil-
15 den doch irgendwo ein anschaulicher Rest steckt, und wir müssen bei der Untersuchung der Grundlagen der Arithm[etik] auf das sorgfältigste danach suchen. Dass die Anschauung etwa in der Weise in die Arithm[etik] hineinspiele, wie Kant sich das dachte – diese Meinung habe ich schon früher zurückweisen können.
20 ⟨⟩ʲ W. R. Hamilton: Science of pure time.[152] Die Zahlen haben mit der Zeit nicht das geringste zu tun. Die einzige Ähnlichkeit bestände höchstens darin, dass die Zahlen, wenn man auch die Brüche, irrationalen und transcendenten dazu nimmt, ein eindimensional[e]s Continuum bilden, als welches wir auch die Zeit zu
25 betrachten pflegen. Aber damit ist natürlich in keiner Weise ein innerer Zusammenhang gegeben. –

Nach dem, was wir in der Philosophie der Geometrie anführten, könnte es selbstverständlich erscheinen, dass wir zur Definition der arithmetischen Grundbegriffe ganz dieselbe Methode
30 anwenden müssten wie dort, nämlich die durch ein Postulatensys-

---

h Einschub von der Rückseite, im Anschluss geht das Zitat jedoch weiter   **i** ⟨streng⟩   **j** ⟨Sir⟩

151 Carl Friedrich Gauss an Friedrich Wilhelm Bessel, 9. April 1830.

152 Hamilton, *Theory of Conjugate Functions, or Algebraic Couples; with a Preliminary and Elementary Essay on Algebra as the Science of Pure Time.* Vgl. dazu auch Voss, *Über das Wesen der Mathematik*, Anm. 1 auf S. 30 f.

tem. Wir müssten also sagen: unter „Zahl" verstehen wir einen Begriff, von dem die und die Axiome gelten. Diese Art der Definition war die einzige, die nicht erfordert, dass man gewisse letzte undefinierte und undefinierbare Begriffe als bekannt voraussetzt. Aber in der Arithmetik entschliesst man sich zu diesem Definitionsverfahren nicht leicht, weil es hier, wenigstens auf den ersten Blick, wirklich nicht so zu sein scheint, dass man mit gutem Gewissen den einen Grundbegriff der Arithm[etik], aus dem die andern sich ableiten, als absolut klar auch ohne Definition annehmen kann. Das ist der Begriff der Einheit.[k] Aus der 1 setzen sich ja alle andern Zahlen zusammen. Was man meint, wenn man von *einem* Gegenstande spricht im Gegensatz zu einer Vielheit, das ist absolut klar, obgleich wir niemals ein Ding von andern absolut scharf abgrenzen | können. Z. B. *Ein* Mensch. Was gehört dazu? Kleidung, Haare, Nägel? Siamesische Zwillinge. Trotz dieser Unsicherheit, oder vielmehr gerade *weil* es uns freisteht, das Eine nach Belieben abzugrenzen, ist der Begriff der Einheit völlig bestimmt, einer Definition nicht bedürftig, ja eine notwendige Voraussetzung *aller* Begriffsbildungen. Reiner Verstandesbegriff. Kategorie. Aber das bedarf der näheren Untersuchung. Das sehen wir schon daraus,[l] dass manche Denker die Eins noch definieren, auf noch einfachere Begriffe zurückführen wollen. Um uns Klarheit zu verschaffen, müssen wir kurz die hauptsächlichen Meinungen prüfen, die über das Wesen und die Definition der Zahl aufgestellt worden sind. Obwohl die extrem empirist[ische] Ansicht von vornherein ausscheidet, müssen wir die Theorien doch einteilen in empiristische und rationalistische. Die ersteren gehen zur Erklärung des Zahlbegriffs doch auf psychologische Prozesse zurück, auf Erfahrungen, die man beim Zählen ⟨⟩[m] macht u. s. w. die letzteren wollen alles rein logisch aus reinen Begriffen ableiten. 1: Kronecker, Helmholtz, 2: Cantor ⟨Leibniz⟩,[n] Peano, Russell, Couturat. In der Mitte: *Dedekind*. Empiristische Theorie, im wesentlichen nach Helmholtz: Gründet die Zahl auf den psycholog[ischen]

---

k Einschub von der Rückseite: ⟨Einheit ist ja blos ein Relationsbegriff, ist nur durch Beziehungen definiert und wie die Exactheit es fordert.⟩   **l** Im Original: ⟨darraus⟩   **m** ⟨von Objecten⟩   **n** Mit Bleistift

Process des Zählens. Es „ist ein Verfahren, welches darauf beruht, dass wir uns imstande finden, die Reihenfolge, in der Bewusstseinsacte zeitlich nacheinander eingetreten sind, im Gedächtnis zu behalten." „zeitlich" Anklang an Kant. *⁾ „Die Zahlen dürfen wir zunächst als eine Reihe willkürlich gewählter Zeichen betrachten, für welche nur eine bestimmte Art des Aufeinanderfolgens als die gesetzmässige oder nach gewöhnlicher Ausdrucksweise „natürliche" von uns festgehalten wird."[154] 1, 2, 3, 4, 5 ... wir nennen diese Zeichen die Reihe der *Ordinal*zahlen. Haben *keine* andern Eigenschaften als die durch Definition ihnen zugewiesenen. 6 ist das Zeichen, das auf 5 folgt, weiter nichts. Die Reihe hat einen bestimmten *Sinn*; die Folge ist eindeutig, nicht umkehrbar. D. h. es soll die 6 auf die 5 folgen, nicht aber 5 auf 6: die Relation zw[ischen] 5 und 6 ist nicht dieselbe wie zw[ischen] 6 u[nd] 5. Auf jede Zahl folgt eine andre, nicht aber geht jeder Zahl eine andre vorher, nämlich bei der 1. Negative Zahlen sind also in dieser Definition nicht enthalten. ₂⟨Helmholtz weist hier ⟨hin⟩ auf die Nichtumkehrbarkeit der Zeit. Vergangenheit und Zukunft

---

*⁾ „Ich betrachte die Arithmetik oder die Lehre von den ganzen Zahlen, als eine auf psychologischen Tatsachen aufgebaute Methode, durch die die folgerichtige Anwendung eines Zeichensystems (nämlich der Zahlen) von unbegrenzter Ausdehnung und unbegrenzter Möglichkeit der Verfeinerung gelehrt wird."[153]

153 Voss, *Über das Wesen der Mathematik*, S. 72.

154 Helmholtz, *Zählen und Messen erkenntnistheoretisch betrachtet*, S. 21: „Das Zählen ist ein Verfahren, welches darauf beruht, dass wir uns im Stande finden, die Reihenfolge, in der Bewusstseinsacte zeitlich nach einander eingetreten sind, im Gedächtniss zu behalten. Die Zahlen dürfen wir zunächst als eine Reihe willkürlich gewählter Zeichen betrachten, für welche nur eine bestimmte Art des Aufeinanderfolgens als die gesetzmässige, oder nach gewöhnlicher Ausdrucksweise ‚natürliche' von uns festgehalten wird. Die Bezeichnung der ‚natürlichen' Zahlenreihe hat sich wohl nur an eine bestimmte Anwendung des Zählens geknüpft, nämlich an die Ermittelung der Anzahl gegebener reeller Dinge. Indem wir von diesen eines nach dem andern dem gezählten Haufen zuwerfen, folgen die Zahlen bei einem natürlichen Vorgang auf einander in ihrer gesetzmässigen Reihe. Mit der Reihenfolge der Zahlzeichen hat dies nichts zu thun; wie die Zeichen in den verschiedenen Sprachen verschieden sind, so könnte auch ihre Reihenfolge willkürlich bestimmt werden, wenn nur unabänderlich irgend eine bestimmte Reihenfolge als die normale oder gesetzmässige festgehalten wird."

stehen psychologisch nicht im gleichen Verhältnis zur Gegenwart: Erinnerung besteht nur für die Vergangenheit.⟩ [155] ₁⟨Endlich sollen sämtliche Zahlen voneinander verschieden sein, d. h. jeder Stelle der Zahlreihe soll ihr *besonderes* Zeichen zukommen. Die Reihe ist also nicht periodisch, niemals kehrt dieselbe Zahl wieder. Mit Hilfe des dekad[ischen] Systems wird es möglich, mit nur 10 verschiedenen Zifferzeichen doch beliebig viele Zahlzeichen zu schaffen.⟩°

Definitionen: *gleich* heissen 2 Zahlen, wenn sie identisch sind:[156] es ist dasselbe Zeichen $2 \times$ hingeschrieben. Sind 2 Zahlen ungleich, so nehmen sie in der Reihe verschiedene Stellen ein. Die eine heisst *höher*, die andre *niederer*. Aus diesen Definitionen folgen leicht einige Sätze: *1.* $a = b$, $b = c$; $a = c$[.] Sind 2 *Zahlen* einer 3ten gleich, so sind sie untereinander gleich. Dasselbe Zeichen $3 \times$ geschrieben. *2.* Von 2 ungleichen Zahlen ist eine höher, die andre niedriger, folglich, wenn $a > b$, $b < a$. *3.* $a > b$, $b > c$; $a > c$. *4.* ⫶ $a = b$, $b > c$; $a > c$ ⫶⫶ $a > b$, $b = c$, $a > c$ ⫶⫶ Hierbei ist, wie gesagt, vorausgesetzt, dass dasselbe Zeichen nicht mehrmals, also an verschiedenen Orten der Zahlenreihe, auftritt. –

o Am Ende des Satzes mit Kopierstift: ⟨○⟩

155 A. a. O., S. 22: „In der Zahlenreihe sind Vorwärtsschreiten und Rückwärtsschreiten nicht gleichwerthige, sondern wesentlich verschiedene Vorgänge, wie die Folge der Wahrnehmungen in der Zeit, während bei Linien, die im Raume dauernd und ohne Änderung in der Zeit bestehen, keine der beiden möglichen Richtungen des Fortschreitens vor der andern ausgezeichnet ist. Thatsächlich wirkt in unserem Bewusstsein jeder gegenwärtige Act desselben, sei es Wahrnehmung, Gefühl oder Wille, zusammen mit den Erinnerungsbildern vergangener Acte, nicht aber zukünftiger, die zur Zeit im Bewusstsein noch gar nicht vorhanden sind, und der gegenwärtige Act ist uns bewusst als specifisch verschieden von den Erinnerungsbildern, die neben ihm bestehen. Dadurch ist die gegenwärtige Vorstellung in einem der Anschauungsform der Zeit angehörigen Gegensatz als die der nachfolgenden vorausgegenagene gegenübergestellt, ein Verhältniss, welches nicht umkehrbar ist, und dem nothwendig jede in unser Bewusstsein eintretende Vorstellung unterworfen ist. In diesem Sinne ist die Einordnung in die Zeitfolge die unausweichliche Form unserer inneren Anschauung."

156 Vgl. dazu Helmholtz, *Zählen und Messen erkenntnistheoretisch betrachtet*, S. 24, aber auch Frege, *Grundgesetze der Arithmetik*, S. IX.

Auf jede Zahl n folgt eine davon verschiedene n'. n' ist einzig und vollkommen bestimmt ⟨durch Def[inition]⟩, was auch n sein mag. Wir setzen jetzt fest, dass wir diese Zahl n' auch bezeichnen wollen durch $(n + 1)$. Dies ist also die Definition der Operation (oder des Zeichens) $+1$).[p] ⟨Also z. B.: $2 = 1 + 1$, $3 = 2 + 1$⟩[q] Die Klammer bedeutet, dass das Ganze *eine Zahl* sein soll. Die auf n' folgende Zahl $(n')'$ ⌊muss⌋[r] ich nun ganz analog bezeichnen – dies sind also blosse Zeichenerklärungen, Definitionen – mit $n'+1 = (n+1)+1$, und ich setze nun fest, dass ich diese Zahl auch mit $n + 2$ bezeichnen will, definiere also dadurch die Operation $+2$. Ich habe also $(n+1)+1 = n+2$, oder, da ich für 2 auch das Zeichen $1+1$ eingeführt habe, $(n+1)+1 = n+(1+1)$. Associatives Gesetz der Addition. Ähnlich definiere ich dann die Operation $+3$ durch $(n+2)+1 = n+3$ und beweise $(n+2)+1 = n+(2+1)$ u. s. w. und gelange schliesslich, wenn m eine beliebige Zahl ist, zu $(n+m)+1 = n+(m+1)$. — $(n+m)$ bezeichnet man als *Summe* von m und n. Es ist aber zunächst nicht das, was man gewöhnlich unter Summe versteht, nämlich die Anzahl der Objecte, die man erhält, wenn man zwei Haufen von Objecten zusammenwirft, deren Anzahlen n und m sind. Hier nur Ordnungszahlen. Erläutern. Aus unsern Voraussetzungen, aus unserer Definition der Zahlenreihe folgt ohne weiteres, dass es immer eine Zahl $m+n$ gibt, und zwar nur eine; denn die Operationen, durch die wir zu dieser Zahl gelangen, lassen sich stets ausführen, und jede hat definitionsgemäss *eine* ganz bestimmte Zahl zum Ergebnis. Sind also a und b zwei Zahlen, so gibt es immer eine Zahl, und *nur* eine, c, sodass $a + b = c$. Ob $b + a$ dasselbe ist, wissen wir vorläufig noch nicht, und wir wollen es ⌊bald⌋[s] beweisen. Zunächst aber das Assoziationsgesetz verallgemeinern. Zu beweisen $(a + b) + c = a + (b + c)$. Setze ich $(a+b)$ statt n, und c statt m, so ist $\boxed{(a + (b + c))} + 1 = (a+b)+(c+1)$.[t] Ferner, wenn ich a statt n setze, und $(b+c)$ statt m, : $\boxed{(a + (b + c))} + 1 = a+((b+c)+1) = a+(b+(c+1))$. Nehmen wir einmal an, der zu beweisende Satz gelte für c[,] so sind

p Klammersetzung folgt dem Original **q** Vom unteren Rand des Blattes **r** ⟨werde⟩ **s** ⟨jetzt⟩ **t** Im Original sind die Außenklammern eckig gesetzt, so z. B. ⟨$[(a + b) + c]$⟩

die umrahmten Ausdrücke dieselben Zahlen, und es ist folglich $(a+b)+c+1 = a+(b+(c+1))$, d. h. er gilt dann auch für $c+1$. Da er aber für $c = 1$ gilt, so auch für $c = 2$, folglich für $c = 3$ u. s. w. *Princip der vollständigen Induction oder Schluss von n auf n+1.* Ähnlich kann man beweisen, dass analoges auch für mehr als 3 Zahlen gilt, und dass die Klammern bei der Addition als belanglos fortgelassen werden können. Aber die Reihenfolge der Zahlen darf zunächst *nicht* verändert werden. Jetzt beweisen wir, dass auch sie gleichgültig ist. Zuerst wird bewiesen durch V[ollständige]-I[nduktion], dass $1 + a = a + 1$ $\langle n = 1\ m = a \rangle$ᵘ Ist richtig für 1, und für $a + 1$, *wenn* für a. Dann beweisen wir durch V[ollständige]-I[nduktion], das[s] $b + a = a + b$.

(2) ————————————————————————————————————— ᵛ

$$(1) \qquad \underline{a + 1 = 1 + a}$$

$$n = 1$$

$$m = a$$

$$(1 + a) + 1 = 1 + (a + 1)$$

$${}^{\times}(1 + a) + 1 = 1 + (a + 1)$$

$$\underline{b + a = a + b}$$

$$n = a$$

$$m = b$$

$$(a + b) + 1 = a + (b + 1)$$

$$^{\times}(b + a) + 1 = a + (1 + b) \quad \rightarrow \text{nach (1)}$$

$$b + (a + 1) = (a + 1) + b$$

————————————————————————————————————— 15

Commutationsgesetz. Gleichfalls für beliebig viele Summanden gültig. Auch folgende Sätze lassen sich leicht beweisen: Verschie-

u Mit Kopierstift   **v** Auf der Rückseite des Blattes findet sich die folgende Nebenrechnung für den oben stehenden Absatz.

dene Zahlen zu gleichen Zahlen addiert – oder gleiche Zahlen zu verschiedenen Zahlen addiert geben verschiedene Summen. – Sehr leicht kann man jetzt die Multiplikation definieren, die nur eine wiederholte Addition ist, und die Potenzierung: wiederholte

5 Multiplikation. – Übergang zur Cardinalzahl. Wir denken uns eine Menge wohlunterschiedener Gegenstände – Kirschen, Birnen, griech[isches] Alphabet, oder auch die Zahlzeichen selber. Wir ordnen diesen Objecten die Ordnungszahlen zu, nacheinander, *in ihrer natürlichen Reihenfolge* – heften jedem eine Nummer

10 an, ohne eins auszulassen oder zu wiederholen. Wenn alle Objecte mit Ordnungszahlen versehen sind, so nennen wir die letzte von diesen, n, die Cardinalzahl oder die *Anzahl* der Gegenstände. Wir nennen diese Operation: Zählen der Objecte. Nach der Definition ist die Anzahl der Zahlen von 1 bis n inclusive: n, denn

15 jede Ordinalzahl entspricht sich offenbar selbst – natürlich nur, wenn sie in ihrer regulären Ordnung genommen sind. Durch das Zählen wird den gezählten Objecten eine bestimmte *Ordnung* zuerteilt. Es fragt sich, ob die Cardinalzahl von dieser Ordnung unabhängig ist. Des Beweises bedürftig (E. Schröder, 1873).[157]

20 Kronecker macht in seiner Abhandlung über den Zahlbegriff über diesen Satz einige Bemerkungen, die man meist als einen Beweis aufgefasst hat. Dem Wortlaut nach kann er auch gemeint haben, dass die Unabhängigkeit der Anzahl von der Ordnung eine Erfahrungstatsache sei.[158] Erblickt man in Kr[onecker]s Worten

---

157 Schröder, *Lehrbuch der Arithmetik und Algebra für Lehrer und Studirende*, Bd. 1, S. 14: „Die zur Entscheidung über die Gleichheit oder Ungleichheit der beiderseitigen Anzahlen einzuschlagende Methode enthält aber ein willkürliches Element, insofern dabei über die Anordnung oder Reihenfolge der paarweisen Zusammenfassung jener beiden Arten von Einheiten nichts festgesetzt ist. Deshalb ist, um alles völlig strenge zu machen, noch eine Untersuchung darüber nöthig, ob, wenn sich zwei Anzahlen bei irgend einem Verknüpfungsmodus der Einheiten beider Gattungen als ungleich (oder gleich) herausstellen, dies auch bei irgend einem andern Verknüpfungsmodus der Fall ist."

158 Kronecker, *Über den Zahlbegriff*, § 2: „Fasst man irgend welche Elemente, die mit den Buchstaben $a, b, c, d, \ldots$ bezeichnet werden mögen, gedanklich zu einem System zusammen, aber so, dass auch die Reihenfolge der Elemente dabei fixirt wird, so sind z. B. die beiden Systeme (a, b, c) und (c, a, b) von einander verschieden. Und in der That sind auch, wenn man für a, b, c irgend wel-

einen Beweisversuch, so ist er missglückt,[w] worauf die Kritiker Kr[onecker]s (Cantor) gleich hingewiesen [haben].[159] Helmholtz hat einen besseren Beweis gegeben, den ich kurz andeuten will. Den Buchstaben $\alpha, \beta, \gamma \ldots$ werden die Zahlen 1, 2, 3 ... zugeordnet. Nun kann ich, ohne die Menge der verwendeten Zahlen zu ändern, 2 benachbarte Buchstaben vertauschen.[160] Durch viele solcher Vertauschungen kann ich aber jede beliebige Ordnung herstellen – folglich gebrauche ich immer dieselbe[n] Ordnungszahlen, welches auch die Ordnung der Buchstaben sein mögen. Die meisten, auch Couturat (De l'infini p. 316) halten den Beweis für exact.[161] Ich möchte aber darauf hinweisen, dass hier der Begriff der Cardinalzahl 2 und ihre Unabhängigkeit von der Ordnung vorausgesetzt wird. Was man hier voraussetzt, ist zwar vollkommen evident, und niemand zweifelt an der Legitimität, aber es fragt sich doch, ob es in den Definitionen enthalten oder

w Im Original: ⟨misglückt⟩

che von einander verschiedene Zahlen nimmt und dann einen Punkt im Räume, dessen drei rechtwinklige Coordinaten durch die Werthe $x = a$, $y = b$, $z = c$ bestimmt sind, durch das System (a, b, c) die zwei Punkte (a, b, c) und (c, a, b) von einander verschieden. Wenn nun aber irgend zwei Systeme $(a, b, c, d, ...)$, $(a', b', c', d', ...)$ ‚äquivalent' genannt werden, sobald es möglich ist, das eine in das andere dadurch zu transformiren, dass man der Reihe nach jedes Element des ersten Systems durch je eines des zweiten Systems ersetzt, so besteht die nothwendige und hinreichende Bedingung für die Aequivalenz zweier Systeme in der Gleichheit der Anzahl ihrer Elemente, und die Anzahl der Elemente eines Systems $(a, b, c, d, ...)$ characterisirt sich hiernach als die einzige ‚Invariante' aller untereinander äquivalenten Systeme."

159 Cantor, *Mitteilung zur Lehre vom Transfiniten*, S. 384: „Zum Schluß hebe ich hervor, daß mir der Beweis des Hauptsatzes (S. 268 [in Kroneckers Aufsatz *Über den Zahlbegriff*]) in dem Kroneckerschen Gedankengange nicht stringent zu sein scheint; es soll dort gezeigt werden, daß die ‚Anzahl' von der beim Zählen befolgten Ordnung unabhängig ist. Wenn man den Beweis genau verfolgt, so findet sich, daß darin in andrer Form derselbe Satz vorausgesetzt und gebraucht wird, welcher bewiesen werden soll; es liegt also das Versehen einer petitio principii vor." Siehe auch im selben Aufsatz S. 379.

160 Vgl. Helmholtz, *Zählen und Messen erkenntnistheoretisch betrachtet*, Theorem IV und S. 32.

161 Vgl. dazu Couturat, *De l'infini mathématique*. Couturat kritisierte zuerst die empiristischen Theorien und verteidigte seine rationalistische Ansicht.

aus der Anschauung der Vertauschungsprocesses | entnommen ist. 13
Ich glaube, dass der Begriff der 2 in all diesen Definitionen un-
ausgesprochen schon verwendet und vorausgesetzt wird. Die Zuordnung der Zahlen zu Objecten, durch welche die Cardinalzahl
5 definiert wird, soll ja *paar*weise geschehen, der Begriff der Zuordnung setzt den Begriff des Paares, der Cardinalzahl 2 voraus.
Auch bei der Construction der Reihe der Ordinalzahlen, wo man
jede durch die vorhergehende definiert, muss man doch augenscheinlich den Begriff der Anzahl 2 (die eine, die andre, beide)
10 deutlich besitzen, wenn man ihn vielleicht auch nicht benennt.
Diese Überlegung spricht zugunsten des H[elmholtz]schen Beweises, denn sie zeigt, dass er hier keine *neuen* Voraussetzungen
einführt – aber sie lässt uns diese ganzen grundlegenden Entwicklungen in etwas zweifelhaftem Licht erscheinen.

15 Höchst wichtig: Notwendige Voraussetzung des Beweises der
Unabhängigkeit der Anzahl von der Ordnung der Elemente: die
Menge muss *endlich* sein, d. h. man muss bei der Abzählung zu
einer *letzten* Zahl kommen. Diese Bedingung ist schon in der
Definition der Cardinalzahl vorausgesetzt. Jede Cardinalzahl ist
20 also bei dieser Definition notwendig *endlich*. Eine Menge von Gegenständen, bei der die Zuordnung zu keiner letzten Zahl führt,
heisst *unendlich*. Es gibt also in dieser Theorie keine unendlichen Cardinalzahlen – und auch keine unendliche Ordinalzahl,
denn jeder C[ardinalzahl] entspricht ja hier ohne weiteres eine
25 O[rdinalzahl]. Also kein *actual Unendliches*. Wo man vom Unendl[ichen] spricht, meint man das potentiell U[unendliche,] d. h.
nur Redeweise für einen Tatbestand: Unabschliessbarkeit eines
Prozesses: Statt eines Zieles gibt man nur die Art des Fortschreitens in der Richtung auf ein unerreichbares Ziel an. – Das
30 A[ctual]-U[nendliche] existiert für diese Theorie nicht heisst: unendlich grosse Zahlen fallen nicht unter diese Definition der Zahl.
In der Tat wären ja unendlich viele Definitionsacte erforderlich,
wir können also die Def[inition] auf diesem Wege niemals ausführen. Ob es andre Wege, andre Definitionsarten, andre Theorien
35 der Zahl gibt, durch die man *doch* A[ctual]-U[nendliches] definieren kann, ist hierdurch nicht entschieden und bleibt zu untersuchen.

Cardinalzahlen: *grösser* und *kleiner*, während Ord[inal]z[ahl] nur *höher* oder *niedriger*. Man kann nun, durch Betrachtung bestimmter Abzählungsoperationen, die Addition und ihre Gesetze für die Card[inal]-Zahlen herleiten, indem man auch die Addition von dem Ordnungsgedanken befreit, der ursprünglich in ihre Def[inition] einging – ich will das hier aber nicht ausführen. – Warum haben wir diese ganze Theorie als empiristisch bezeichnet? Helmholtz selbst nennt sie so; er sagt, er wolle für die Arithm[etik] etwas Ähnliches leisten wie für die Geometrie, deren Axiome er für Erfahrungstatsachen erklärt hatte.[162] Dennoch bemüht er sich, wie wir sahen, alles streng logisch zu beweisen, er sagt nicht einfach: die arithmet[ischen] Axiome sind Erfahrungswahrheiten, sondern beweist sie aus den Definitionen. Er tut dies so sorgfältig, damit umso deutlicher die Stelle hervortrete, wo er wirklich die Erfahrung ins Spiel treten lässt – und das ist offenbar bei der Def[inition] der Cardinalzahl, die durch Anwendung der Ord[inal] Zahlen auf wirkliche in der Erfahrung gegebenen Objecte zustande kam.[163] Ausserdem weist H[elmholtz] allerdings auch gleich zu Anfang auf eine Tatsache der inneren, psycholog[ischen] Erfahrung hin, indem er sagt, das Zählen beruhe darauf, dass wir die Reihenfolge von Bewusstseinsacten im

---

162 Helmholtz, *Zählen und Messen erkenntnistheoretisch betrachtet*, S. 17: „Ich habe mich bemüht, in früheren Aufsätzen nachzuweisen, dass die Axiome der Geometrie keine a priori gegebenen Sätze seien, dass sie vielmehr durch Erfahrung zu bestätigen und zu widerlegen wären. [...] Nun ist es klar, dass die auch von mir vertretene empiristische Theorie, wenn sie die Axiome der Geometrie nicht mehr als unbeweisbare und keines Beweises bedürftige Sätze anerkennt, sich auch über den Ursprung der arithmetischen Axiome rechtfertigen muss, die zur Anschauungsform der Zeit in der entsprechenden Beziehung stehen.“

163 Helmholtz versuchte vorzuführen, dass eine Klasse von gezählten, also mit Ordinalzahlen versehenen Objekten, durch eine Operation in jede beliebige Reihenfolge gebracht werden kann, ohne weitere oder weniger Ordinalzahlen zu verwenden. Im Anschluss daran führte er aus: „Dies führt uns zunächst zum Begriff der Anzahl der Elemente einer Gruppe [Kardinalzahl]. Wenn ich die vollständige Zahlenreihe von 1 bis n brauche, um jedem Element der Gruppe eine Zahl zuzuordnen, so nenne ich n die Anzahl der Glieder der Gruppe.“ (Helmholtz, *Zählen und Messen erkenntnistheoretisch betrachtet*, S. 32) Für Helmholtz kann es darum nicht mehr Kardinal- als Ordinalzahlen geben.

Gedächtnis behalten,[164] und in diesem Rekurs auf das Gedächtnis liegt ja allerdings eine empirische Voraussetzung, aber eine von so allgemeiner Natur, dass sie gar nichts Besondres ist, das dieser Theorie eigentümlich wäre. Denn wenn wir nicht irgend etwas irgendwie mit Sicherheit im Gedächtnis behalten könnten, wäre überhaupt kein Denken, kein Erkennen, ja nicht einmal ein einheitliches Bewusstsein möglich. Erläutern.[165] Also davon können wir absehen. Man hat gegen diese Ableitung der Cardinal- aus der Ordinalzahl allerlei Einwendungen gemacht. (Couturat)[166] Der Begriff der Card[inal]-Zahl werde schon versteckt vorausgesetzt. Wenn man reale Objecte das eine Mal in der einen, das andre Mal in der andern Ordnung zählt, so müssen die Objecte dazu gewissen empirischen Bedingungen genügen, was auch H[elmholtz] hervorhebt: sie dürfen in der Zwischenzeit nicht miteinander verschmelzen – oder sich teilen etc.[167] Es ist Sache des Zählenden, Sache des Experimentes ⟨Gedächtnis⟩ und der Erfahrung, darauf zu achten, dass die gezählten Dinge sich auch richtig verhalten. Gesetzt nun, man fände bei den verschiedenen Abzählungen nicht dieselbe Zahl, so würde man doch niemals annehmen, dass die Anzahl der Objecte von der Ordnung abhängig sei, sondern dass man sich geirrt hat bei der Feststellung der Einheit und Identität der Objecte, oder dass mehrere verschmolzen sind oder sich geteilt haben. Das heisst aber: dies ganze Experiment des Abzählens wirklicher Dinge ist überflüssig – sein Ausfall würde ja doch meine Meinung über die Cardinalzahl nicht

---

164 A. a. O., S. 21.

165 Zur Einheit des Bewusstseins vgl. Inv.-Nr. 2, A. 3a, Bl. 24 f. (*MSGA* II/1. 1) und 1910b *Wesen der Wahrheit*, S. 477 f. (*MSGA* I/4).

166 Von Couturat wurden in *De l'infini* (S. 305 –335) vor allem die empiristischen Grundlegensversuche der Arithmetik und besonders die von Helmholtz kritisiert.

167 Helmholtz, *Zählen und Messen erkenntnistheoretisch betrachtet*, S. 33: „Nur müssen diese Objekte, wenigstens so lange das Ergebnis einer ausgeführten Zählung gültig sein soll, gewissen Bedingungen tatsächlich genügen, damit sie zählbar seien. Sie dürfen nicht verschwinden, oder mit anderen verschmelzen, es darf keines sich in zwei teilen, kein neues hinzukommen [...]. Ob diese Bedingungen bei einer bestimmten Klasse von Objekten eingehalten seien, läßt sich natürlich nur durch Erfahrung bestimmen."

ändern: ich zähle in Wahrheit gar nicht reale Dinge, sondern eine
ideale Reihe von Einheiten. Und ob mit den gezählten Dingen
nicht inzwischen eine störende Veränd[e]rung vorgegangen [ist],
das kann ich überhaupt nur dadurch feststellen, dass ich sie mit
der blos gedachten Reihe von Einheiten vergleiche, die mit sich   5
selbst identisch bleiben. Die Objecte selbst brauchen sogar nicht
dieselben zu bleiben, sie können sich ändern, durch andre ersetzt
werden, wenn nur an die Stelle von *einem* immer wieder *eins*
tritt, wenn nur die Zahl der Einheiten erhalten bleibt. „Also nicht
das Bestehenbleiben der concreten Objecte, sondern dasjenige   10
der abstracten Einheiten, welche sie repräsentieren, sichert die
Unveränderlichkeit der Anzahl" (Couturat p 325).[168] Kurz: man
zählt gar nicht die wirklichen Dinge *als solche*, sondern nur *als*
Einheiten. Die Menge der Einheiten ist aber nichts andres als was
wir Cardinalzahl nennen – man hat also diesen Begriff nicht aus   15
der Ordinalzahl abgeleitet, sondern ihn vorausgesetzt. Es wäre
also der Begriff der Ordinalzahl doch nicht ursprünglicher als der
der Card[inal]-Zahl. – Man könnte nun aber bei der entwickelten Theorie ganz absehen von dem Verhältnis der Card[inal-]
zur Ord[inal]-Zahl; für die reine Math[ematik] kommt er ja gar   20
nicht in Frage, sondern man kann einfach sagen: ich betrachte
eben in der Math[ematik] alle Zahlen als Ord[inal] Zahlen. Dem
steht nichts im Wege. Dann ist diese Ansicht aller empirist[ischen]
Elemente entkleidet. Nur bei Anwendung der Arithm[etik] auf
Zählung und Messung von Gegenständen träte der Empirismus   25
hervor. Da ist er aber auch ganz am Platze. Genau wie in der Geometrie, jetzt fragt sich nur, ob die entwickelte Theorie auch richtig
ist, ob wir wirklich alle Zahlen als Ord[inal] Z[ahlen] auffassen
müssen; dann käme also der Cardinalzahl nur eine empirische
Bedeutung zu, und sie liesse sich nicht ganz rein logisch ablei-   30
ten. Ausser dieser Möglichkeit sind noch andre denkbar. Einmal
könnte die Theorie sich vielleicht so abändern und ergänzen las-

---

168 Schlick übersetzte hier aus dem Original. Dort heißt es: „Ce n'est donc
pas la permanence des objects concretes, mais celle de unités abstraites qu'ils
représentent, qui assure l'invariance du nombre de la collection donnée." (*De*
l'infini, S. 325)

sen, dass aus ihr doch die Card[inal]z[ahl] ohne Cirkel hervorgeht
– oder aber es könnte sich herausstellen, dass die Theorie der Zahl
besser in der Weise aufgefasst wird, dass man ausgeht vom Begriff
der Card[inal] Zahl, und zunächst diesen definiert und dann imstande ist, von ihm aus auch die Ord[inal]zahl zu definieren – oder
drittens könnte es sein, dass man ganz ebenso wohl mit dem einen
wie mit dem andern Begriff anfangen und den andern mit gleicher Leichtigkeit daraus ableiten kann, sodass also logisch keiner
der beiden Begriffe ursprünglicher wäre. ⟨Die Anhänger der Cardinalzahlen erheben gegenüber den Vertretern der Ordinalzahlen hervor, dass unnötigerweise der Ordnungsbegriff eingeführt
werde; der Zahlbegriff sei von ihm unabhängig. Wer mit d[er]
Cardinalzahl anfängt muss *höher* u[nd] *niederer* durch $\geq$ und
$\leq$ definieren.⟩[x] Welcher Begriff *psychologisch* der ursprüngliche
ist, d. h. ob sich im Bewusstsein des einzelnen oder der Menschheit zuerst die Cardinal- oder die Ord[inal]zahl ausgebildet hat
– das interessiert uns hier gar nicht. Wir fragen vielmehr: welcher von beiden Begriffen ist *logisch* der ursprünglichere, d. h.
der einfachere, aus möglichst wenig Voraussetzungen ableitba-
re? Die Theorien, die ich als die rationalistischen bezeichnete,
behaupten nun, im Gegensatz zu Kronecker– Helmholtz, – dass
die Cardinalz[ahl] die einfachere sei, sich auf weniger Voraussetzungen aufbauen lasse. Um uns ein Urteil zu bilden, müssen wir
nun erst einmal diese andern Theorien betrachten, die trotz ihres
Namens im Grunde auch nicht rationalistischer sind als die gerei-
nigte H[elmholtz]sche Ansicht, denn auch diese ist ja ihrem Kerne nach rein rationaler, d. h. logischer Zusammenhang. Äusserlich
tritt allerdings bei den nun zu besprechenden Theorien der deduc-
tive, rationale Character mehr in die Erscheinung, weil sie, wie
wir gleich sehen werden, vom allgemeinsten ausgehen, von den
umfassendsten Begriffen, und daraus die einzelnen Zahlen herleiten wollen, währen[d] Helmholtz und Kronecker umgekehrt von
der schlichten Eins ausgingen und aus ihr allmählich die übrigen
Zahlen aufbauten. Die modernen Ausgestaltungen dieser Theorien machen den Anspruch, den Begriff der Zahl so allgemein

---

x Von der Rückseite mit Kopierstift

zu definieren, dass auch unendlich[y] grosse Z[ahlen] ohne weiteres davon umfasst werden, dass also unsere gewöhnlichen endlichen Z[ahlen], mit denen wir in der Praxis und auch im allgemeinen in der Math[ematik] allein zu tun haben, als eine ganz kleine Unterklasse einer viel allgemeineren Gattung erscheinen. Ob ihnen das wirklich gelingt, werden wir ja bald beurteilen können. – Wenn ich an die zahlreichen Arbeiten und dicken Bücher denke, die die moderne Philosophie der Arithmetik entwickeln, so scheint es mir beinahe hoffnungslos, Ihnen einen wirklich tiefen Einblick in die Mannigfaltigkeit der Theorien zu geben, die über diese allereinfachsten Begriffe aufgestellt sind. Denn die Z[ahlen] gehören doch zu den einfachsten d[ie] d[ie] Wissenschaft kennt. | In so vielfachen Formen sind die rationalistischen Ansichten über das Wesen der Zahl aufgetaucht. Nicht nur hat jeder Denker seine besondere, sondern manche haben sogar mehrere Theorien hintereinander vertreten, indem sie selbst immer wieder die Überzeugung von der Unzulänglichkeit ihrer früheren Ansichten gewannen. So ist es sogar dem bedeutendsten dieser Denker gegangen: Russell. Unter diesen Umständen lohnt sich ein Eingehen auf Einzelheiten nicht. Indem ich nur das wirklich Wichtige und Charakteristische herausgreife, wird es doch leicht sein, ein deutliches und abgeschlossenes Bild davon zu geben, was diese Versuche und Forschungen eigentlich für Ziele haben und wie sie sie zu erreichen suchen. Zur Verdeutlichung will ich historisch ein klein wenig zurückgreifen, auf G. Frege (D[ie] Grundlagen d[er] Arithmetik. Eine log[isch]-math[ematische] Untersuchung über d[en] Begriff der Zahl. 1884) Vorläufer der modern[en] Bestrebungen. Es handelt sich also um Reduction der Arithmet[ik] auf Logik.[169] In der Logik hat man es nun mit solchen allgemeinen Begriffen zu tun wie Identität, oder Subsumption eines Begriffes unter eine Gattung (Socrates=Mensch) – das ist eine Relation oder Beziehung – und aus solchen Allgemeinheiten soll nun der Zahlbegriff constru-

---

y Im Original: ⟨∞⟩

169 Bei Frege heißt es in den *Grundlagen der Arithmetik*, § 87: „Demnach würde die Arithmetik nur eine weiter ausgebildete Logik, jeder arithmetische Satz ein logisches Gesetz, jedoch ein abgeleitetes sein."

iert werden. Frege ist nun noch nicht so kühn, gleich die Zahl im allgemeinen definieren zu wollen. Fängt mit der *Null* an: „Einem Begriff kommt die Zahl 0 zu, wenn allgemein, was auch a sei, der Satz gilt, dass a nicht unter diesen Begriff fällt."[170] (Subsumtion, Negation, was auch immer) Es ist wohl in der Tat kein Zweifel, dass man das Nichts als Negation des Etwas im allgemeinen definieren kann, und man kann wohl auch die Null dem Nichts gleichsetzen – ob man damit allerdings der Rolle ganz gerecht wird, die die Null in der Arithmet[ik] spielt, ist eine andre Frage, die wir aber hier bei Seite lassen können. Definition der Eins: „Wenn dies nicht der Fall, $\langle\rangle^z$ und wenn aus den Sätzen ‚a fällt unter B' und ‚b fällt unter B' allgemein folgt, dass a und b dasselbe sind, so kommt dem Begriff B die Zahl *Eins* zu"[171] (Subsumtion, Identität) Aber wird hier nicht doch versteckt die 1 vorausgesetzt? oder gar die 2, da dies ja von 2 Elementen a und b die Rede ist? Ich will aber die Kritik noch aufsparen, bis wir von den neuesten Theorien sprechen, in denen uns ganz ähnliche Definitionen begegnen. Definition der 2: „Einem Begriff kommt die Zahl 2 zu, wenn er nicht Null ist, nicht Eins ist, sondern Verschiedenes, und wenn, falls man eins von den Verschiedenen festhält, das Übrige, d. h. das von diesem Verschiedene, identisch ist."[172] (Zwei = Eins und Eins). Sie sehen, wie schwer es ist, festzustellen, ob man nicht unbewusst einen Cirkel begangen hat. Das hat man auch eingesehen und hat sich gesagt: das liegt an der Sprache. Ein Werkzeug, für den praktischen Verkehr der Menschen entwickelt und dafür ausreichend, nicht aber für absolut genau wissenschaftliche Feststellungen. Darauf beruht die Überlegenheit der sog[enannten]

---

z ⟨ist⟩

170 Frege, *Grundlagen der Arithmetik*, § 55: „[...] einem Begriffe kommt die Zahl 0 zu, wenn allgemein, was auch a sei, der Satz gilt, dass a nicht unter diesen Begriffe falle. In ähnlicher Weise könnte man sagen: einem Begriffe F kommt die Zahl 1 zu, wenn nicht allgemein, was auch a sei, der Satz gilt, dass a nicht unter F falle, und wenn aus den Sätzen ‚a fällt unter F' und ‚b fällt unter F' allgemein folgt, dass a und b dasselbe sind."

171 Ebd.

172 Ebd.

exacten Wissenschaften über die andern, dass sie sich nicht der Worte, sondern der mathemat[ischen] Zeichensprache bedienen. Auch in die Logik eine solche einführen, damit man nicht blos die math[ematischen], sondern beliebige Sätze in exacter Form darstellen kann.[a]

Frege Boole (Mathematical Analysis of Logic, bereits *1847*) ⟨*Leibniz*⟩[b] *E. Schröder. Peano* Pasigraphie, Logistik.[173]

$a \in b$: a gehört zur Gattung (Klasse) b

$a \cap b$: Dinge, die zugleich a und b sind (*log*[isches] *Product*)

$a \cup b$: Dinge, die entweder a oder b sind (*log*[ische] *Summe*)

$p \supset q$ wenn Urteil p wahr ist, so ist auch q wahr, p schliesst q ein

$p \cap q$ = gleichzeitige Behauptung von p und q

$p \cup q$ = entweder p oder q ist wahr (Disjunction)

Man hat auf diese logist[ische] Methode grosse Hoffnungen gesetzt, und manche (Ostwald) erwarten immer noch viel von der Begriffsschrift. Wir können aber schon voraussagen, dass man keine allzu grosse Hoffnungen an die neue Bezeichnungsweise knüpfen darf – denn es handelt sich eben blos um eine Bezeichnungsweise. Wie Poincaré ganz richtig bemerkt, bekommt der Begriff, den wir durch das Wörtchen „wenn" bezeichnen, nicht plötzlich neue wunderbare Eigenschaften, wenn wir ihn durch das Zeichen $\supset$ darstellen.[174] Die Chinesen besitzen eine Begriffs-

---

a Am Ende des Satzes in Blau: ⟨◯⟩   **b** Mit Kopierstift

173 Alle genannten Autoren haben sich an einer formalen Grundlegung der Logik versucht: Frege in der *Begriffsschrift*, Boole in dem bereits von Schlick genanntem Buch, Leibniz in dem Nachlasskonvolut LH IV/7, das zu Schlicks Zeit bereits teilweise in Coutourats *La Logique de Leibniz* abgedruckt war, Schröders in den *Vorlesungen über die Algebra der Logik*, Peano unter anderem in *Arithmetices principia, nova methodo exposita* und *Formulaire de Mathematique*.

174 In Poincarés *Wissenschaft und Methode* heißt es hingegen (S. 145 f.): „Das ist aber noch nicht alles; die Logik der Urteile Russells ist eigentlich das Studium der Gesetze, nach welchen sich die Kombinationen der Konjunktionen ‚wenn, und, oder', und der Negation ‚nicht' bilden. Das ist eine bedeutende Erweiterung

schrift, die von der Sprache unabhängig ist – und doch wird man kaum behaupten können, dass sie zu exacteren Denkresultaten kommen als wir. Wir besitzen vollkommen exacte mathemat[ische] Wissenschaften, obgleich die Erklärung der Grundbe-
griffe und der Zusammenhang der Sätze immer nur mit Hilfe von Worten dargestellt und mitgeteilt werden kann – die Sprache muss also doch wohl sehr gut geeignet sein, exacte Begriffe zu übermitteln[.] In allen mathemat[ischen] Büchern sind ja die Formeln durch verbindenden Text unterbrochen, der sie erst erklärt.
Dieser verbindende Text fehlt nun in den math[ematischen] Abhandlungen der Logistiker (z. B. *Peano*'s Formulaire des mathématiques)[175][,] vergebens aber sucht man nach irgend welchen Vorteilen der neuen Schreibweise – man findet nur Nachteile: *1.* Schwer verständlich. Es gibt auf der Erde nur wenige Ein-
geweihte – und es ist zu befürchten, dass auch diese die Formeln erst in die gewohnte Sprache zurückübersetzen, um sie zu verstehen. *2.* An Exactheit und Schärfe ist nichts gewonnen, denn ganz dieselben Resultate erhält der gewöhnliche Sterbliche auch ohne Logistik. *3.* Die bisher ausgebildeten Methoden haben sogar zu
falschen Resultaten geführt; man hat sich in Widersprüche verwickelt, und die Führer der logist[ischen] Methode sind jetzt dabei, neue Grundlagen für die ganze Lehre zu suchen und hoffen so, die Widersprüche umgehen zu können. *4.* Man vergisst, dass am Anfang ja schliesslich doch auf die Wortsprache zurückgegangen
werden muss – denn wie wollte man sonst jemandem die Bedeutung der verwendeten Zeichen erklären? Es kommt nur darauf an, am geeignetsten Punkte von der alltäglichen Sprache zu Rechnungssymbolen überzugehen, und in der gewöhnlichen Mathematik scheint dieser Punkt besser gefunden zu sein als in der
Logistik, denn ohne – wie gesagt – sich durch grössere Strenge

---

der alten Logik. [...] Die Theorie des Syllogismus ist immer nur die Syntax der Konjunktion ‚wenn‘ und vielleicht der Negation. Indem Russell zwei andere Konjunktionen ‚und‘ und ‚oder‘ hinzufügt, eröffnet er der Logik ein neues Gebiet.“

175 Peanos *Formulaire de Mathematique* enthält genau wie Freges *Begriffsschrift* oder Russells und Whiteheads *Principa Mathematica* durchaus erläuternden Text zwischen den Formeln. Allein für das Führen eines Beweises ist das dort nicht nötig.

auszuzeichnen, erscheinen 5. die Beziehungen in der logist[ischen] Darstellung nicht etwa einfacher und durchsichtiger, sondern ausserordentlich compliciert. Beispiel: Burali-Forti braucht 27 Gleichungen, um zu beweisen, dass 1 eine Zahl ist. Er definiert:

$$1 = \iota\, T'\{Ko \cap (u,k) \in (u \in Un)\}.^{176}$$

(3)

Whitehead (Couturat 63)[177] ?[d]

$$1 = Cls \smallfrown u \ni (u- = \wedge : x \in u \cdot y \in u \cdot \backsim_{x,y} \cdot y = x)$$

1 ist die Klasse (die Kardinalzahl) der Klassen u (die nicht Null sind) von der Art, daß, wenn x und y Elemente von u sind, sie notwendigerweise identisch sind.[e]

Definition der Kardinalzahl durch Abstraktion. Sie ist ⟨nicht⟩ das, was allen als „gleichzahlig" bezeichneten Klassen gemeinsam ist, sondern die Klasse der gleichzahligen Klassen.

Russell:[178]   9 Grundbegriffe.

20 Axiome

Sind nun auf diese Weise wenigstens die Cirkeldefinitionen vermieden, denen wir entgehen wollten? Offenbar nicht. Doch nun systematischer verfahren: die rationalist[ische] Theorie der Zahl

---

c An dieser Stelle des Manuskripts wird mit ⟨verte⟩ auf die Rückseite verwiesen. Auf der Rückseite finden sich jedoch mehrere Notizen. Dieser Block umfasst die gesamte Rückseite. Im Anschluss setzt das Manuskript normal fort.   **d** Mit Kopierstift: ⟨1 = Cls⟩   **e** Bis hier mit Bleistift, ab hier mit Kopierstift   **f** Hier endet der Einschub von der Rückseite

176 Vgl. Burali-Forti, *Una questione sui numeri transfiniti*. Die Sätze des Aufsatzes sind fortlaufend nummeriert. Die Definition findet sich dort in § 8 als Satz 26 und der Satz, es handle sich bei 1 um eine Zahl ($1 \in N_0$), ist Satz 27. Vgl. auch Poincaré, *Wissenschaft und Methode*, S. 141 –145.

177 Whitehead ist hier wohl wegen der *Principia Mathematica* erwähnt, die er zusammen mit Russell verfasste. In Abschnitt *52 wird die Eins als Klasse aller Einheitsklassen definiert. Die Definition der Eins unten stammt aus Couturat, *Die philosophischen Prinzipien der Mathematik*, S. 63.

178 Gemeint sind das logische Vokabular und die Axiome (primitive propositions) in Russells und Whiteheads *Principia Mathematica*.

darstellen, in deren Dienst die logist[ische] Methode getreten ist. Natürlich nur in grossen Zügen und *ohne* die log[istische] Methode. Hauptsächlich nach *Russell* (Whitehead) *Couturat.* Deren Werke. Russell geht aus – indem er die später zu erwähnenden Be-
5 stimmungen von *Cantor* etwas modificiert – vom Begriff der *Klasse.* Inbegriff beliebiger Gegenstände. Definition: entweder durch Angabe der einzelnen Gegenstände, die dazu gehören sollen ⟨^g, oder durch Angabe eines Begriffs, des sog[enannten] Klassenbegriffs ⟨^h. Beispiel: die in diesem Zimmer befindlichen Menschen.
10 ⟨Eine Klasse ist wohldefiniert, wenn es möglich ist, von jedem beliebigen Gegenstand anzugeben, ob er dazu gehört oder nicht (π gehört nicht zur Klasse der algebraischen Zahlen)^i⟩ In der Tat höchst allgemeiner Begriff, denn irgend einer Klasse kann man ja alles Existierende – oder sogar Nichtexistierende einordnen.
15 Die allgemeinste, umfassendste Klasse ist die des *Etwas*, die ja schlechthin *alles* umfasst. Schon hier stossen wir auf eigentümliche Schwierigkeiten, die den Logistikern unendliche Mühe gemacht haben. Ist „Etwas" oder „Klasse" der allgemeinere Begriff? Offenbar der Begriff der Klasse, denn „Etwas" fällt ja unter diesen
20 Begriff, denn es ist ja eine unter vielen Klassen, nämlich die allgemeinste. Andrerseits ist aber sicher das „Etwas" der allgemeinere Begriff, denn er umfasst ja den Begriff der Klasse, weil eine Kl[asse] auch „etwas" [ist]. Die beiden Begriffe sind offenbar auch nicht einfach identisch, denn wenn man von Klassen redet, will
25 man doch offenbar noch irgend etwas andres, etwas mehr sagen, als dass man von irgend etwas rede. Auch auf anderm Wege hat sich gezeigt, dass der Begriff der Klasse aller Klassen einen Widerspruch enthält, obgleich man es ihm gar nicht ansieht, denn es scheint doch, dass man von *allen* Gegenständen, die es nur gibt,
30 reden dürfe. Das ist aber nicht der Fall. Hier spielt das actual Unendliche hinein. (Aber selbst bei endlichen Klassen treten unvorhergesehene Widersprüche auf. Beispiel: ⟨Richard⟩^j 179 Frage:

---

g ⟨endlich⟩   **h** ⟨unendlich⟩   **i** Klammerbemerkung in Kurzschrift   **j** Mit Kopierstift

179 Gemeint ist das von Jules Richard formulierte Paradox. Siehe dazu auch S. 214, Anm. 198.

Welches ist die kleinste der ganzen Zahlen, die nicht durch einen Satz von weniger als 40 Worten definiert werden können? Die Klasse der so definierten ganzen Zahlen ist sicher endlich, denn die Zahl der deutschen Worte ist endlich. Folglich gibt es sicher ganze Zahlen, die *nicht* so definiert werden können, und unter diesen sicher eine kleinste. Etc. Also ist der Begriff einer solchen Zahl widerspruchsvoll. Sie sehen, hier ist die höchste Vorsicht geboten. Man darf nicht etwa sagen: die Zahl existiert nicht, sondern: es ist unsinnig, von ihr zu reden. Die logist[ischen] Theorien der Zahl sind bisher gescheitert, weil es ihnen nicht gelang, ihre Klassen widerspruchsfrei zu definieren. Wir werden bald sehen, wo der Fehler bei solchen sinnlosen Definitionen steckt.)^k Doch jetzt gehe ich erst in der Darstellung der Theorie weiter. Ausser dem Begriff Klasse verwendet Russell als Grundbegriff noch den der Relation.[180] Gleichfalls höchst allgemein, denn was fällt nicht alles unter den Begriff der Beziehung. Definition der Ähnlichkeit von Klassen: sie sind ähnlich, wenn es eine Relation gibt, die jedes einzelne Glied der einen Kl[asse] einem und nur einem der andern zuordnet. (R[ussell] meint, diese Zuordnung sei definibel, ohne den Begriff der Einheit oder gar der Zwei vorauszusetzen; doch davon sogleich)[181] Eine Beziehung R heisst eineindeutig, wenn aus xRy und xRy' folgt $y = y'$ und aus xRy und $x'Ry$: $x = x'$. Die Klasse aller einander ähnlichen Klassen heisst die *Cardinal- zahl* dieser Klassen. Die einzelnen verschiedenen Cardinalzahlen müssen nun natürlich | einzeln definiert werden: ganz ähnlich wie Frege: *0* ist die Klasse der Klassen, die keinen Gegenstand enthalten. *Eins* ist die Klasse der Klassen, die so beschaffen sind,

---

k Klammern mit Kopierstift

180 Vgl. Russell, *Principles of Mathematics*, S. 23 –26.

181 A. a. O, S. 113: "Under what circumstances do two classes have the same number? The answer is, that they have the same number when their terms can be correlated one to one, so that any one term of either correspondends to one and only one term of the other. This requires that there should be some one-one relation whose domain is the one class and whose converse domain is the other class. [...] Thus it is possible, without the notion of unity, to define what is meant by a one-one relation."

dass, wenn x und y zu dieser Klasse gehören, x und y identisch sind. ⟨Hier sind also die Zahlen ganz unabhängig von der *Ordnung* definiert.⟩ Die Addition wird aus der logischen Addition hergeleitet. $a \cup b$ = Klasse derjenigen Dinge, die a *oder* b sind. Wenn die
5 beiden Klassen kein Glied gemeinsam haben ⟨sind sie exclu[?]¹,⟩ so geht die log[ische] Summe in die arithmet[ische] über. Man muss von der Addition der Klassen ausgehen, und kann nicht etwa mit der Definition von $1+1$ anfangen, denn da der Ordnungsbegriff nicht vorausgesetzt wird, so ist die erste 1 von der zweiten
10 gar nicht unterscheidbar, und man müsste setzen $1 + 1 = 1$, wie etwa ⌊Unsinn + Unsinn = Unsinn⌋ᵐ. Sie sind nur unterscheidbar als Zahlen von verschiedenen Klassen, $1 + 1$ ist die aus 2 Klassen, die je nur einen Gegenstand enthalten. – Wie steht es nun mit der Gültigkeit dieser Definitionen? (Auf die weitere Ausge-
15 staltung der Theorie, Multiplication etc. will ich nicht eingehen.) Russell und Couturat behaupten, sie enthielten keine Zirkel,¹⁸² obgleich da von *einein*deutiger Beziehung, von *einem* Gegenstande, *einer* Klasse schon geredet wird, um die 1 zu definieren. Sie sagen nämlich, der unbestimmte Artikel „ein" habe nur einen
20 ganz verschwommenen Sinn. In diesem undeutlichen Sinne sei jeder Gegenstand *einer*, Einheit im strengen Sinne der Zahl aber komme nur einer *Klasse* zu und werde eben durch diese Begriffsbestimmung ⌊erst⌋ exact definiert. Aber diese Erklärungen helfen doch nicht darüber hinweg, dass gerade zum Zwecke der exacten
25 Definition die Einheit der Klasse und die Einheit des einen Gegenstandes den sie enthält, im wirklich strengen Sinne vorausgesetzt werden. Also zweifellos Zirkel. Die Definition der Cardinalzahl durch die Klasse enthält überhaupt immer einen Zirkel (J[onas]

I Es könnte sowohl ⟨exclusiv⟩ als auch ⟨excludiert⟩ heißen   **m** ⟨Menschen + Menschen = Menschen⟩

182 Couturat, *Die philosophischen Prinzipien der Mathematik*, S. 50: „Ebenso kommt zwei Einheitsklassen die gleiche Zahl, die man 1 (eins) nennen wird, zu. Nochmals, man darf nicht glauben, daß diese Definition der Zahl eins einen Zirkelschluß darstellt, denn die Definition der Einheitsklasse ruht ausschließlich auf der Identitätsbeziehung." Vgl. dazu auch Russell, *Principles of Mathematics*, S. 113 –119.

Cohn, p. 167) [183] Wie wir sahen, sind Klassen entweder inhaltlich durch Begriffe definiert, oder umfänglich durch Aufzählung der zu ihnen gehörenden Gegenstände. *Erläutern.* Beispiel: Alle um 12 Uhr nachts in der Stadt befindlichen Menschen. Die *Zahlen* sind aber nach dieser Theorie *umfänglich* definierte Klassen. Sie waren ja definiert durch die Ähnlichkeit von Klassen, und um diese festzustellen, muss man ja Glied für Glied einzeln betrachten, d. h. den ganzen *Umfang* ins Auge fassen. Wenn man also eine inhaltlich definierte Klasse durch eine Zahl bezeichnen will, so muss man ihre Glieder nachträglich einzeln aneinanderreihen – kurz man muss das Abzählverfahren anwenden, das in der empirist[ischen] Theorie eine Rolle spielte und das den Zahlbegriff als Ordnungszahl bereits voraussetzt. Der Umfang einer Klasse lässt sich eben nur durch eine Zahl angeben, und wenn man diese durch jenen definieren will, so ist das ein Cirkel. Im Begriff der Klasse ist derjenige der Zahl also enthalten und vorausgesetzt. Der einzig consequente Weg, vom Begriff der Klasse zum Begr[iff] der Zahl zu gelangen ⟨besteht folglich darin⟩[,] dass man vom Begriff der Klasse dasjenige weglässt, was ausser dem Zahlbegriff noch darin enthalten ist, d. h. man *abstrahiert* davon. Das ist also nicht ein logischer Process, durch den der Begr[iff] der Zahl construiert würde, sondern ein psychologisches Verfahren, um den Zahlbegriff herauszuholen und uns klar zu machen, den wir im Begr[iff] der Klasse bereits *mitdenken*.

---

183 Cohn, *Voraussetzungen und Ziele des Erkennens.*, S. 167: „Nach Russells eigener Lehre können Klassen entweder inhaltlich oder durch Begriffe oder umfänglich durch Verbindung mit ‚und', durch numerische Konjunktion, definiert werden. Zahlen sind, werden. Zahlen sind, wie bereits nachgewiesen wurde, umfänglich definierte Klassen. Wenn man eine inhaltlich definierte Klasse, etwa alle jetzt lebenden Deutschen, durch eine Zahl bezeichnen will, so muß man ihre Glieder nachträglich durch numerische Konjunktion zusammenfassen; d. h. der inhaltlich definierte Klassenbegriff dient nur zur Auffindung und Erkennung jedes einzelnen Gliedes des Klassenumfangs. Bei Zahlen kommen also inhaltlich definierte Klassen nicht in betracht. Die Zahl ist – so muß nun Russells Definition umgeformt werden – eine beliebige, durch den Klassenbegriff bedeutete Klasse, bei der die Klasse durch numerische Konjunktion definiert ist. Eine Zahl aber durch numerische Konjunktion zu definieren ist offenbar ein Zirkel."

Diesen Weg hat nun bereits derjenige eingeschlagen, durch dessen Ideen die Russell'sche Theorie erst angeregt wurde: G. Cantor. Seine Untersuchungen und Resultate sind von grosser Wichtigkeit für die Philosophie d[er] Mathematik – ich muss das Wesentlichste davon mitteilen. Für den Begriff der Zahl und des Unendlichen von gleicher Bedeutung. Schöpfer der Mengenlehre und der sog[enannten] transfiniten Zahlen. *Menge* ist „jede Zusammenfassung M von bestimmten wohlunterschiedenen Objecten m unserer Anschauung oder unseres Denkens zu einem Ganzen." $M = \{m\}$[184] „Mächtigkeit oder Cardinalzahl von M nennen wir den Allgemeinbegriff, welcher mit Hilfe unseres activen Denkvermögens dadurch aus der Menge M hervorgeht, dass von der Beschaffenheit ihrer verschiedenen Elemente m und von der Ordnung ihres Gegebenseins abstrahiert wird." Resultat dieses zweifachen Abstractionsactes: $\overline{\overline{M}}$. „Da aus jedem einzelnen Elemente m, wenn man von seiner Beschaffenheit absieht, eine ‚Eins' wird, so ist die Cardinalzahl $\overline{\overline{M}}$ selbst eine bestimmte aus lauter Einsen zusammengesetzte Menge, die als intellectuelles Abbild … der gegebenen Menge M in unserm Geiste Existenz hat. Zwei Mengen $M + N$ sind äquivalent: $M \sim N$, $N \sim M$, wenn es möglich ist, sie gesetzmässig in eine derartige Beziehung zueinander zu setzen, dass jedem Element der einen von ihnen ein und nur ein Element der andern entspricht."[185]

C[antor] definiert dann die Summe, das Product etc. von Mengen, dass der so definierte Begriff der Mächtigkeit in der Tat alle die Eigenschaften hat, die wir der Cardinalzahl zuschreiben, also mit dem, was wir gewöhnlich Zahl nennen, wirklich identisch ist. Die ganze Reihe der endlichen Zahlen mit allen ihren Eigenschaften lässt sich auf diese Weise ableiten. Doch nun die Hauptsache: die Definitionen ruhen alle auf dem Begriff der gliedweisen Zu-

---

184 Dieses und die beiden anschließenden Zitate des Absatzes stammen aus Cantor, „Beiträge zur Begründung der transfiniten Mengenlehre".

185 Hierbei handelt es sich um die Definition von Äquivalenz oder Gleichmächtigkeit durch eine beidseitig eindeutige Abbildung zwischen Mengen. Diese Definition wurde zuerst von Bolzano verwendet. Siehe dazu Bolzano, *Paradoxien des Unendlichen*, § 20 ff.

ordnung, und diese Operation ist nicht beschränkt auf endliche Mengen, sondern auch auf unendliche anwendbar. Folglich gelten die Definitionen, z. B. die der Aequivalenz, auch für unendliche (transfinite) Mengen. Cantor redet also von unendlich grossen Cardinalzahlen und beweist eine Reihe von Sätzen über sie. Er behauptet also die Existenz des Actual-Unendl[ichen], denn er nimmt ja die unendl[ichen] Mengen als abgeschlossen an, indem er ihnen bestimmte Cardinalzahlen zuschreibt. Wir werden sogleich untersuchen, ob er damit recht hat, oder ob er vielleicht seinen – unzweifelhaft richtigen – Rechnungen eine Deutung unterlegt, die nicht erlaubt ist. Zunächst aber wollen wir uns an Beispielen klar machen, dass der Begriff der Aequivalenz sich auch für unendl[iche] Mengen als streng gültig erweisen lässt. – Bei endl[ichen] Mengen kann man die Zuordnung, die zur Feststellung der Aequivalenz führt, wirklich vollziehen, denn es ist dazu nur eine endliche Anzahl von Schritten nötig. Bei transfiniten Mengen geht das nicht, ist aber auch nicht erforderlich, wenn man nur ein *Gesetz* angeben kann, vermöge dessen man die Zuordnung für jedes *beliebige* Glied ohne Hinderniss ausführen kann. Die Menge aller (ganzen positiven) Zahlen lässt sich so ohne weiteres der Menge der geraden Zahlen oder der Menge der Quadratzahlen eindeutig zuordnen. Da diese einen Teil der Reihe der natürl[ichen] Zahlen bilden, so sehen wir, das eine unendliche Menge einem ihrer Teile äquivalent sein kann. Dies scheidet sie streng von den endl[ichen] Mengen und kann zur Definition benutzt werden. Mächtigkeit oder Cardinalzahl der natürl[ichen] Zahlen: $\aleph_0$. Alle Mengen, die ihr gleichmächtig, aequivalent sind, heissen *abzählbar*. Der Laie würde glauben, jede unendl[iche] Menge müsste abzählbar sein, denn was steht im Wege, dass ich ein beliebiges Glied mit 1 bezeichne, ein beliebiges andres mit 2 u. s. f.? Cantor hat aber bewiesen, dass das nicht richtig ist. Die Menge der Punkte einer noch so kleinen Strecke, die Menge aller reellen Zahlen eines noch so kleinen Intervalls ist *nicht* abzählbar, d. h. es gibt *kein* Gesetz, das eine eindeutige Zuordnung zur Zahlenreihe zustande brächte.

(4) _____ n

Menge der Zahlen zwischen 0 und 1 ebenso gross wie die zwischen 0 und ∞, denn man kann dann zuordnen:

$$x' = \frac{1}{1-x} \qquad x = \frac{x'}{x'+1}$$

Eine abzählbare Menge abzählbarer Mengen ist selbst abzählbar. Hieraus hat man folgern können, dass es beliebig viele transzendente Zahlen gibt, denn das Kontinuum ist nicht abzählbar.

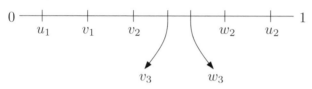

jedes v_k ist ein u_k

jedes w_l ist ein u_l

$u_1\, u_2\, u_3\, \ldots$ eine beliebige nach Indices geordnete also abzählbare Menge von Punkten der Strecke 0 1. Etwa $u-1 < u-2$. Dann liegt im Intervall von $u_1\ldots u_2$ wieder ein Punkt der Strecke, der der Menge *nicht* angehört.

v_1 erstes u zwischen u_1 und u_2

w_1 erstes u zwischen v_1 und u_2 etc.

Die v_k bilden eine mit den Indizes steigende, die w_l eine fallende Reihe. Entweder der Prozess bricht ab, weil in dem Intervall kein u mehr vorhanden, dann ist der Satz [bewiesen]? oder er geht in [?], dann existieren Grenzwerte, der v_k, w_l $v \leqq w$. v kann aber nicht der Menge angehören. Wäre es der Fall, so müsste $v = u_{k1}$ sein, wo h_1 ein *bestimmter* Index. Andrerseits ist aber $v > v_h = u_{h_1}$ also $u_{k_1} > u_{h_1}$, für noch so grosse h oder h_1, das ist aber ein Widerspruch, da u_{k1} *bestimmt* und h beliebig gross genommen werden kann. (Voss 65)[o 186]

n Verweis mit ⟨verte⟩ auf die Rückseite, teilweise mit Kopierstift   **o** Mit Kopierstift

186 Voss, *Über das Wesen der Mathematik*, S. 64 ff.: „Was lässt sich etwa über die Zahlen, die zwischen 0 und 1 enthalten sind, sagen? Bezeichnet man eine solche mit x und setzt:

$$x' = \frac{1}{1-x} \qquad x = \frac{x'}{x'+1}$$

so sind die Zahlen x' eindeutig den Zahlen x zugeordnet, sie durchlaufen aber das ganze Intervall $0 - \infty$, während die x sich zwischen $0 - 1$ bewegen, d. h. die Menge der Zahlen zwischen 0 und 1 ist ebenso groß wie die Menge der Zahlen zwischen 0 und ∞. [...] Eine erste Anwendung dieser [...] Erkenntnis war, daß es beliebig viele transzendente Zahlen gibt."

[Fußnote 1.) auf S. 65 f.:] „[...] Es seien u_1, u_2, u_3 ... die Abszissen einer *beliebigen*, nach den Indizes *geordneten*, d. h. abzählbaren Menge von der Strecke $0, 1$ angehörenden Punkten und etwa $u_1 < u_2$, dann liegt im Intervall u_1, u_2 sicher ein Punkt der Strecke, der dieser Menge nicht angehört. – Denn es sei v_1 der erste Punkt aus der Reihe der u, welcher *zwischen* u_1 und u_2 fällt, w_1 der erste *alsdann* zwischen v_1, u_2; v_2 der erste dann zwischen v_1, w_1; w_2 der erste wieder zwischen v_2, w_1 befindliche; v_k der erste zwischen v_{k-1}, w_{k-1}, w_l der erste *darauf* zwischen v_l, w_{l-1}.

So bilden die v_k eine mit den Indizes *steigende*, die w_l eine mit denselben *fallende* Reihe, und jedes v_k ist ein u_{k_1}, jedes w_l ein u_{l_1}. Nun sind zwei Fälle möglich. *Entweder* bricht dieser Prozeß ab, weil *innerhalb* des betreffenden Intervalls *kein* Punkt der Reihe der u fällt; dann ist der Satz bewiesen. *Oder* es geht ohne Ende fort; dann *existieren* die *Grenzwerte* v, w der v_k, w_l, und es ist $v \leqq w$.

Aber der Punkt v kann der abzählbaren Menge nicht angehören. Wäre dies der Fall, so müßte $v = u_{k_1}$ sein, wo k_1 ein ganz *bestimmter* Indx. Andererseits ist aber $v > v_h = u_{h1}$, also $u_{k1} > u_{h1}$ für jeden noch so großen Wert von h oder h_1; dies ist aber unmöglich, da man h_1 in der steigenden Reihe u immer so groß machen kann, daß $u_{h_1} > u_{k_1}$ ist.

[...] Einfacher ist ein arithmetischer Beweis durch das *Cantorsche Diagonalverfahren*. Eine abzählbare Menge von zwischen 0 und 1 liegenden Zahlen:

$$a_1, a_2, a_3, \ldots$$

ist durch eine Reihe von Dezimalbrüchen

$$
\begin{array}{ccccc}
0, & \alpha_{11} & \alpha_{12} & \alpha_{13} & \ldots \\
0, & \alpha_{21} & \alpha_{22} & \alpha_{23} & \ldots \\
0, & \alpha_{31} & \alpha_{32} & \alpha_{33} & \ldots \\
\cdot & \cdot & \cdot & \cdot & \cdot \\
\cdot & \cdot & \cdot & \cdot & \cdot
\end{array}
$$

dargestellt, in der jede Ziffer α_{ik} einen völlig bestimmten Wert hat, falls man die Fälle ausschließt, in denen sämtliche α_{ik} von einem bestimmten Index k an gleich 9 sind. Nun ist der Bruch

$$0 \quad \beta_1 \quad \beta_2 \quad \beta_3 \quad \ldots$$

Beweis

$$
\begin{array}{ccccc}
0, & \underline{2} & 3 & 5 & 4 \\
0, & 3 & \underline{4} & 7 & 6 \\
0, & 5 & 2 & \underline{4} & 3 \\
0, & 6 & 3 & 2 & \underline{7} \\
\hline
0, & 3 & 5 & 5 & 8
\end{array}
$$

Eigenschaften von $\aleph_0$: $\aleph_0 + v = \aleph_0$, $\aleph_0 + \aleph_0 = \aleph_0[,]$ $\aleph_0 \cdot \aleph_0 = \aleph_0 =$
$\aleph_0^v$ Die *nicht* abzählbaren Mengen haben *andere* Cardinalzahlen:
es gibt unendlich viele verschiedene $\aleph_0, \aleph, \ldots$ in inf[initum]. Diese
bilden eine Klasse; es gibt aber unendlich viele Klassen transfi-
niter Zahlen, unendlich viele Klassen solcher Klassen u. s. f. Alles
von Cantor bewiesen. *Beweis der Abzählbarkeit der Menge aller*
rationalen Zahlen. Erläutern.[p 187]

In einem beliebig kleinen Intervall gibt es beliebig viele Ratio-
nalzahlen (die Menge ist „überall dicht"). Dennoch hat sie gleichsam Lücken; wir können die Irrationalzahlen einfügen – und zwar
in jedem noch so kleinen Intervall unendlich viele ⟨auch überall
dicht⟩[.] Aber auch diese, also die Menge aller algebraischen Zahlen ist abzählbar. Nehmen wir aber auch noch alle transcendenten Zahlen hinzu, so ist die Menge nicht mehr abzählbar, sie

---

p Am Ende des Satzes mit blauem Buntstift: ⟨○⟩

dessen Ziffern β_i immer von 9 und α_{ii} verschieden gewählt werden, in der
abzählbaren Reihe der a nicht enthalten."

187 Schlick hat hier vermutlich Cantors erstes Diagonalargument erläutert, das
dieser in den Aufsätzen *Über eine Eigenschaft des Inbegriffs aller reellen algebrai-*
schen Zahlen und *Über eine elementare Frage der Mannigfaltigkeitslehre* ausnutz-
te, um die Überabzählbarkeit der rellen Zahlen zu beweisen. Seine Erläuterung
stammen, da er Vossens *Das Wesen der Mathematik* S. 64 ff. bereits vorher zusammenfasste aus seiner zweiten Quelle über Cantors Arbeit, nämlich aus Cohn,
Voraussetzungen und Ziele des Erkennens, S. 191 ff.

Das Diagonalargument basiert darauf, dass sich die rationalen Zahlen ebenso
wie die natürlichen in je eine Matrix bringen lassen, wenn man diese diago-
nal aufsteigend füllt werden. Dabei zeigt sich dann, dass jedem Feld mit einer
natürlichen Zahl der einen Matrix genau eine rationale Zahl in entsprechenden
Feld der anderen Matrix zugeordnet werden kann. Es gibt demnach eine bijektive
Zuordnung zwischen natürlichen und rationalen Zahlen und deswegen sind beide
Mengen gleich mächtig.

hat eine andre Mächtigkeit als $\aleph_0$, nämlich die des *Continuums*. Perfecte Menge. ⟨Voss: 69 Eine Menge zwischen 0 u[nd] 1 kann eine endliche Anzahl von Punkten enthalten, jeder ist dann *isoliert*. Enthält sie eine unendliche Anzahl, so muss es mindestens einen Punkt geben, in dessen Nähe sich ∞ P[unkte] d[er] Menge befinden (Häufungs- od[er] Grenzpunkt). Er braucht nicht zur Menge zu gehören. 0-Punkt für $\frac{1}{2^n}$. Tut er es, so heisst *die Menge* in bezug auf ihn *abgeschlossen*. Sie heisst überhaupt abgeschlossen, wenn jeder ihrer Häufungspunkte ihr selbst angehört. Sie heisst *perfekt*, wenn ihre sämtlichen Punkte Grenzpunkte sind. Kontinuum: Zusammenhängende perfekte Menge.⟩[q][188] Zwischen der Mächtigkeit der Zahlenreihe und der des Continuums liegen keine andern Mächtigkeiten, jene ist also gleichsam die zweite.[189] Die Punkte einer Linie, einer Fläche, eines ⟨n-, ω-dimensionalen⟩[r] Raumes sind Mengen von gleicher Mächtigkeit. Erläutern. – Die transfinite Mengenlehre ist ein wohlbegründeter Zweig der Math[ematik], ihre Sätze sind höchst interessant und wichtig und finden in der Functionentheorie nützliche Anwendungen – es scheint also, als sei das bis dahin alles der Mathemat[ik] verbannte actual-

q Mit Kopierstift von der Rückseite   **r** Mit Kopierstift

	1	2	3	4	5	...
1	1	2	4	6	10	...
2	3	5	7	11	...	
3	6	8	12	...		
4	9	13	...			
5	14	...				
...	...					

	1	2	3	4	5	...
1	1/1	2/1	3/1	4/1	5/1	...
2	1/2	2/2	3/2	4/2	...	
3	1/3	2/3	3/3	...		
4	1/4	2/4	...			
5	1/5	...				
...	...					

188 Der Einschub findet sich in Voss, *Über das Wesen der Mathematik*, S. 69.

189 Es handelt sich um die Kontinuumshypothese. In dieser Formulierung findet sie sich in Cohn, *Voraussetzungen und Ziele des Erkennens*, S. 92.

Unendliche zu voller Legitimität erhoben. Cantor selbst hat seiner Entdeckung grosse philosoph[ische] Bedeutung beigelegt und
in der Zeitschrift f[ür] Philosophie (besonders 1887) in mehreren Artikeln den Begriff des act[ual] Unendl[ichen] vom rein philosoph[ischen] Standpunkte aus verteidigt.[190] Manche sind ihm
gefolgt, z. B. Couturat, der 1896 ein dickes Buch über das Unendl[iche] in d[er] Math[ematik] veröffentlichte;[191] andere, besonders auch manche Mathematiker, z. B. Poincaré, haben sich ab-
lehnend verhalten, und ich glaube mit Recht.[192] Den rein mathemat[ischen] Gehalt der Untersuchungen muss jedermann anerkennen, der philosoph[ischen] Interpretation braucht man aber
nicht beizustimmen. Wir können nun aber leicht nachweisen, dass
die Behauptung der Existenz des A[ctual] Unendl[ichen] nur eben
eine philosoph[ische] Interpretation der Ergebnisse ist, die unabhängig ist von dem rein mathemat[ischen] Gehalt der Mengenlehre, und von diesem nicht notwendig gefordert wird. C[antor]
führt alle seine Beweise über die transfiniten Mengen, indem er
sich eineindeutige Zuordnungen zwischen ihren Elementen hergestellt denkt oder dartut, dass solche nicht möglich sind. Muss
er dazu die Mengen als fertig gegeben, als *vollendete* Unendlichkeiten, als A[ctual]-U[nendlich] voraussetzen? Offenbar nicht. Um
die Glieder der Mengen aufzufinden und die Zuordnung zu vollziehen, braucht er nichts als das Bildungsgesetz der Mengen und das
Zuordnungsgesetz. Beispiel: „Abzählbarkeit" bedeutet nur das
Bestehen eines Gesetzes zur eindeutigen Zuordnung, nicht aber,
dass diese Zuordnung zu Ende geführt werden kann. (Cohn)[193]

Dass eine trans|finite Menge einem ihrer Teile gleichmächtig   16

---

190 Vgl. Cantor, „Über verschiedene Standpunkte in Bezug auf das aktual Unendliche" sowie „Mitteilung zur Lehre vom Transfiniten I –VIII".

191 Schlick meinte wohl Couturat, *De l'infini*. Siehe aber auch *Die Philosophischen Prinzipien der Mathematik*, S. 64 –71.

192 Vgl. Poincaré, *Wissenschaft und Methode*, S. 169 –180. Siehe aber auch die
Einleitung dieses Bandes.

193 Cohn, *Voraussetzungen und Ziele des Erkennens*, S. 193: „Dadurch schwindet auch die Paradoxie des Satzes, daß bei unendlichen Mengen das Ganze einem
eigentlichen Teile äquivalent ist. […] Man lasse sich nicht dadurch täuschen, daß
man die Zahlenreihe und ihr äquivalente Mengen abzählbar nennt. Denn dieses

ist, bedeutet nur: Das Bildungsgesetz, das eine Teil (z. B. alle Quadratzahlen[s]) einer Menge (z. B. alle natürl[ichen] Zahl[en])[t] definiert, definiert zugleich eine Menge, die der ersten eindeutig zugeordnet werden kann. Zwei transf[inite] Mengen haben die- selbe Cardinalzahl $\aleph_0$ heisst nur: sie sind beide abzählbar – das ist aber etwas ganz anderes als wenn wir von endlichen Mengen sagen: sie haben die gleiche Anzahl. Blicken wir jetzt auf die De- finition der Cardinalzahl oder Mächtigkeit, so scheint jetzt sehr fraglich, ob sie überhaupt für unendl[iche] Mengen gilt, denn sie setzt ja die Vorstellung der abgeschlossenen Menge voraus. Diese können wir aber niemals haben – die Def[inition] ist also ungültig. Zu den Beweisen gebraucht man sie aber auch gar nicht, son- dern es genügt die Vorstellung endlicher Mengen, verbunden mit der des po[te]ntiell-Unendl[ichen]. Die Existenz (d. h. die Wider- spruchslosigkeit) des Act[ual] Unendl[ichen] ist also *nicht* darge- tan. Die transfinit[en] Zahlen sind nur aufzufassen als abgekürzte Sprechweisen für die Gesetzmässigkeiten der endl[ichen] Zahlen. Hier liegt der Einwand nahe: die unendl[ichen] Mengen sind doch tatsächlich abgeschlossen gegeben: jede endl[iche] Strecke ist ei- ne Punktmenge 2ter Mächtigkeit – und die gibt es doch. Darauf ist zu antworten: Strecken (Flächen, Körper) sind als anschauli- che Gebilde gegeben – enthalten nicht Unendliches. Punkte sind nicht sinnlich wahrnehmbar. Das Unendliche kommt erst hinein bei dem Versuch, die Eigenschaften des anschaulichen Continu- ums begrifflich, durch Zahlen, nachzuahmen. Unendliche Zah- lenreihen, wie sie zu dieser Darstellung gebraucht werden, sind niemals abgeschlossen gegeben – Begriffe sind ja überhaupt nicht gegeben, sondern entstehen immer erst durch die Definition, dar- in besteht ja ihr Sein. In der reinen Arithmetik sind Gegenstände erst dann und nur insofern *vorhanden*, als sie durch Definition erzeugt sind. Mengen[,] die durch geometrische oder physische

5

10

15

20

25

30

---

s Im Original: ⟨□Zahlen⟩   **t** Im Original eckig geklammert

---

Wort bedeutet nur, daß sich jedem Gliede der Menge eine Zahl der natürlichen Zahlenreihe eineindeutig zuordnen lässt, nicht etwa, daß die Abzählung zu Ende geführt werden kann."

Abgrenzung gegeben sind, gehören ins Gebiet der angewandten Math[ematik]. Das sind Fragen, die nicht mehr in die Philosophie d[er] Math[ematik] gehören. Bei Cantor kommt das nicht richtig zum Ausdruck, weil er die Zahlen ursprünglich definiert aus der Vorstellung von Mengen realer Objecte. Wir sehen jetzt das Mangelhafte dieser Definition. Das eigentliche Wesen der Zahlen besteht eben doch – gerade wie bei den geometr[ischen] Grundbegriffen, darin, dass sie Begriffe sind, die zueinander in gewissen Beziehungen stehen, die durch die Sätze der Arithmetik ausgesprochen werden. —$^{u\ 194}$

Es gibt aber nun noch andre Teile der Mengenlehre, wo der Begriff des Act[ual] Unendl[ichen] gar nicht zu umgehen und deshalb völlig sicher begründet erscheint: Ordnungszahlen. Zunächst Ord[nungs]-*Typen*. Ordnungstypen $= \overline{M}$. Eine Menge heisst (einfach) *geordnet*, wenn ein Gesetz besteht, welches angibt, welches von 2 beliebigen Elementen der Menge das niedere, und das höhere ist[.] $m \prec m'\ m' \succ m$. Ist eine Menge N einer Menge $\langle$geordnet$\rangle$ M aequivalent, so lässt sich N gleichfalls entsprechend ordnen, M und N heissen dann ähnlich, und sie haben denselben Ordnungstypus. Eine endliche Menge hat stets nur *einen* Ord[nungs]typ[us], d. h. wie man sie auch ordnet, sie bleibt sich selbst ähnlich. Bei unendl[ichen] Mengen ist das anders. Beispiel: Menge der rational[en] Zahlen zwischen 0 und 1. In der früher beschriebenen Weise geordnet, war sie abzählbar, d. h. der natürl[ichen] Zahlenreihe ähnlich; nach der Grösse geordnet, ist sie nicht ähnlich, hat kein erstes Glied, also andrer Typus. $\omega =$ Ordnungstypus der natürl[ichen] Zahlenreihe. Eine Menge $\langle M \rangle$ heisst *wohl*geordnet, wenn sie ein erstes Glied hat und wenn auf eine beliebige Teilmenge M' von M ein Element m' unmittelbar folgt, sodass zwischen M' und m' kein andres Element von M liegt. Die Ord[nungs]-typen der wohlgeordneten Menge nennt C[antor] *Ordnungszahlen*. Erläutern. Für diese ist $1 + \omega = \omega$;

---

u Gedankenstrich im Original überlang

194 Der gesamte anschließende Absatz ist eine Zusammenfassung von Cohn, *Voraussetzungen und Ziele des Erkennens*, S. 194 –199.

$\omega + 1$ ein *neuer* Ord[nungs]-typus. Commutatives Gesetz nicht erfüllt. Analog $2\omega = \omega$, *nicht* $= \omega \cdot 2$. $2 \cdot \omega = \{m_1 n_1 \ m_2 n_2 \ldots\}$ $\omega \cdot 2 = \{m_1 m_2 \ldots n_1 n_2 \ldots\}$. Hier scheinbar wirklich abgeschlossene Unendlichkeit. Scheinen aber in der Arithmetik wirklich vorzuliegen. Beispiel: Reihe $\frac{1}{2}, \frac{2}{3}, \frac{3}{4} \ldots \frac{n-1}{n} \ldots$ ist vom Typus ω, nähert sich immer mehr der 1, ohne sie zu erreichen. Nehmen wir die 1 hinzu, so haben wir den Typus $\omega + 1$. ⟨Achilles erreicht die Schildkröte doch⟩[195] Hierauf ist zu sagen: Um zu der 1 zu gelangen, braucht man keineswegs die unendliche Reihe bis zu Ende zu durchlaufen, müsste man das, so wäre die 1 in der Tat unerreichbar; man hat aber die 1 vorher schon *anders* definiert.[v]

$1 = \frac{n}{n} = \lim\limits_{n \to \infty} \left(\frac{n-1}{n}\right)$ kommt *hinter* jedem $\frac{n-1}{n}$; das bedeutet nicht, sie müssen alle gegeben sein, sondern es sagt nur etwas aus über die Ordnungsstelle eines beliebigen Bruchs, *wenn* er gegeben ist. Wenn man sagt, *alle* Glieder einer Menge vom Typus ω gehen einer ausserhalb der Reihe stehenden Zahl voran, ⟨so heißt es⟩[w] dass jedes beliebige Glied der Grösse nach jeder Zahl voraugeht, nicht aber, dass die Glieder den einzigen Weg zur Erreichung dieser Zahl bilden. – Ähnliches gilt nun allgemein[.] Die sog[enannten][x] transfiniten Zahlen bedeuten in keinem Falle abgeschlossene Unendlichkeiten, sondern sie sind aufzufassen als bestimmte Redeweisen, durch die gewisse Gesetzmässigkeiten endlicher Zahlen (Zuordnungen) ausgedrückt werden sollen. Man muss sich auch darüber klar sein, dass es willkürlich ist, die Begriff[e] $\aleph_0$ oder ω etc. als *Zahlen* zu bezeichnen; sie sind etwas ganz anderes als das, was man ursprünglich Zahlen nennt. Obgleich also C[antor] von dem Sinne seiner Entdeckungen sich eine falsche Vorstellung machte, so sind doch alle seine Resultate sinnvoll, weil er mit seinem Instinkt bei seinen Beweisen doch immer nur das Potentiell-Unendl[iche] verwendet. ⟨Die actual unendl[ichen] Zahlen scheiden damit aus der Arithmet[ik] aus. Manche (Kronecker) wollen überhaupt nur positive ganze Zah-

v Am Ende des Satzes in Blau: ⟨○⟩   **w** Mit Bleistift   **x** Sehr unleserlich, möglicherweise gestrichen

195 Vgl. Diels/Kranz, *Vorsokratiker*, 29 A 26 sowie Aristoteles, *Physik*, 239 b.

len anerkennen und die übrigen verwerfen.[196] Aber davon ist man jetzt zurückgekommen. Der Streit über die negativen, irrationalen, imaginären Zahlen und Brüche dreht sich jetzt darum, ob sie ohne Zuhilfenahme neuer Principien aus den natürlichen Zahlen abgeleitet werden können, d. h. durch die Definition der natürlichen Zahlenreihe schon mitgesetzt sind, oder nicht. Die Ableitungsversuche aus der Def[inition] der Zahl halte ich für missglückt[y]. Auf zwei Wegen gelangt man zur Einführung der neuen Zahlen: 1. Anwendung auf geometr[ische] oder phys[ische] Gegenstände, 2. durch die Forderung der Ausführbarkeit der arithmet[ischen] Operationen – Erläutern. Man kann nicht einfach fordern, sondern muss die Widerspruchslosigkeit beweisen und wenn man dargetan hat, dass die neuen Gebilde denselben formalen Beziehungen genügen wie die natürl[ichen] Zahlen, so kann man sie auch Zahlen nennen und in der gewöhnlichen Weise mit ihnen rechnen. Princip der Permanenz der formalen Gesetze (Hankel).⟩[z] Bei ihm sind die Mengen durch wirklich gültige Definitionen definiert. Anders die Klassen der Logistiker. Damit die Def[inition] einer Klasse Sinn habe, muss sie das [sein]?, was man nach Poincaré *praedicativ* nennt. Das sind solche, welche gestatten, von einem beliebigen Elemente zu sagen, ob es zu der Klasse gehört oder nicht, *ohne dass* man dabei Bezug zu nehmen braucht auf alle andern Elemente der Klasse. Nichtpraedicativ aber sind solche Definitionen von Klassen, bei denen die Zugehörigkeit eines belieb[igen] Elements zu der Kl[asse] durch die Def[inition] abhängig gemacht wird von den übrigen Elementen derselben Klasse – oder, mit andern Worten, nichtpraed[icativ] ist eine Def[inition], die den Begriff der Klasse, den sie definieren soll, versteckt schon als fertig voraussetzt.[197] Beispiel: ⟨Russell: Menge M der Mengen, die sich nicht selbst enthalten. Enthielte sich M als Element, so

---

y Im Original: ⟨misglückt⟩   **z** Einschub von der Rückseite

196 Vgl. Kronecker, *Über den Begriff der Zahl*. In § 5 führt Kronecker vor, wie die negativen und gebrochenen Zahlen mit Gaussens Kongruenzrechnung vermieden werden können. Vgl. dazu aber auch hier wieder Cohn, *Voraussetzungen und Ziele des Erkennens*, S. 183.

197 Vgl. Poincaré, *Wissenschaft und Methode*, S. 174.

wäre es ein Widerspruch, denn es soll ja nach der Def[inition] enthalten sein. [Enthielte sich *M* als Element] nicht, so wäre es ein Element, u[nd] *m* enthielte sich selbst. Richard: Menge *E* der durch eine endliche Zahl von⟩ª¹⁹⁸ Kleinste Zahl, die nicht durch einen Satz von weniger als 40 Worten definierbar ist. Die 5 Frage setzt voraus, dass die in der Def[inition] erwähnte Klasse unveränderlich ist und dass sie bereits feststeht und fest umgrenzt ist bevor wir die Zahlen daraufhin untersuchen, ob sie dazu gehören oder nicht. Das ist aber nicht der Fall. Die Classification ist erst dann abgeschlossen, wenn wir alle Sätze von weniger als 10 40 Worten (sie sind in endlicher Anzahl) untersucht haben, ihren Sinn eindeutig festgestellt haben und diejenigen ausgemerzt haben, die *keinen* Sinn besitzen. Nun gibt es aber unter diesen Sätzen solche, die erst einen Sinn bekommen, wenn die Classification beendet ist – diejenigen nämlich, in denen von der Clas- 15 sif[ication] selbst die Rede ist. Kurz, die Classification ist nicht fertig, bevor die Auswahl der Sätze nicht vollendet ist, und die Sätze können nicht alle ausgewählt werden, bevor nicht die Classif[ication] vollendet ist – d. h. aber, beides kann *niemals* vollendet werden, die Def[inition] verlangt unmögliches, sie ist selbst 20 unmöglich, d. h. sinnlos. Ähnlich *Epimenides.*¹⁹⁹ Dies war noch eine endliche Klasse; bei unendlichen kommen ähnliche Sinnlo-

---

a Mit Kopierstift von der Rückseite. Die Stelle bricht auch im Original hier ab.

198 Vgl. Russell, *Mathematical Logic*, S. 223. Der abgebrochene Satz bezieht sich auf die Paradoxie von Jules Richard aus *Les Principes des Mathèmatiques et le Probléme des Ensembles*. Darin wird angenommen, *E* wäre die Menge aller endlich definierten Dezimalzahlen. Dabei werden die Definitionen lexikalisch geordnet und die definierten Dezimalzahlen entsprechend nummeriert. In der Liste der Dezimalzahlen wird die n-te Ziffer p der n−ten Dezimalzahl um 1 erhöht, wenn $p \neq 8$ und $p \neq 9$, sonst wird p durch 1 ersetzt. Die Liste ergibt nun eine neue Dezimalzahl, die aber in der ursprünglichen Liste nicht enthalten gewesen sein kann, denn sie unterscheidet sich von jeder n−ten Dezimalzahl an der n-ten Stelle. Dennoch ist sie eben durch endlich viele Wörter definiert worden.

199 Gemeint ist die Lügnerantinomie: Der Kreter Epimenides sagte, alle Kreter wären Lügner. Die Antinomie entsteht bei Frage, ob Epimenides recht hat. (NT, *Paulus an Titus*, 1, 12)

sigkeiten noch viel häufiger vor. Wer an das Actual-Unendl[iche] glaubt und in den Definitionen *wirklich* davon Gebrauch macht, muss ⟨an⟩ diesen Widersprüchen scheitern, und die Logistiker, die mit Hilfe ganz allgemein logischer Begriffe eine Def[inition] der Zahl aufstellen wollten, die unendl[iche] und endl[iche] Zahlen in gleicher Weise umfasst und die endl[ichen] sogar als einen ganz besondern Specialfall erscheinen lässt, sind gründlich gescheitert. – Aus alle dem ergibt sich: Wer den Zahlbegriff logisch aufbau-en und philosophisch begründen will, der darf nicht ⟨versuchen⟩ von vagen Allgemeinheiten aus⟨zu⟩gehen, erst den Zahlbegriff im allgemeinen definieren und von ihnen zu den einzelnen Zahlen vordringen, sondern er muss verfahren wie die Ordinaltheorie von Kronecker und Helmholtz: er muss mit der Einheit begin-nen und aus ihr die andern Zahlen successive zusammensetzen. Will er auch von Cardinalzahlen reden, so kann er die Cantorsche Definition benutzen, die aber dann nur für endliche Zahlen gilt. Nur für den Ausgangspunkt, eben für die Setzung der Eins und der elementaren arithmet[ischen] Operationen, kann man noch eine strengere logische Begründung erstreben. Da nun alle Ver-suche, die 1, die Null und andre einfachste arithmetische Be-griffe ohne Cirkel zu definieren, gescheitert sind, weil in der Lo-gik gewöhnlich schon fortwährend von Zahlbegriffen die Rede ist (ein, einige, alle u. s. w.), so ist *Hilbert* auf den genialen Gedan-ken gekommen, die logischen und die arithmet[ischen] Grund-begriffe gleichzeitig, auf einmal und gemeinsam zu begründen. Wir kennen schon H[ilbert]s Methode. Undefinierte Grundbegrif-fe, zunächst nur durch Symbole bezeichnet, dann durch Axiome definiert. |, =[,] |||, |==, |||| etc. Dass die Axiome widerspruchs-frei sind, beweist H[ilbert] ungefähr durch folgende Schlussweise: Er zeigt, dass durch Anwendung der Axiome auf widerspruchs-freie Voraussetzungen immer nur widerspruchsfreie Folgerungen sich ergeben. Ist man daher nach n Operationen auf keinen Wi-derspr[uch] gestossen, so gibt auch die $(n+1)$ste keinen. Folglich kommt man *nie* auf Widersprüche. Prinzip d[er] vollst[ändigen] Induction. An diesem Punkte setzt | die Kritik von Poincaré ein, der allen logischen Definitionsversuchen der Zahl sehr skeptisch gegenübersteht. Er behauptet, das Pr[inzip] d[er] vollst[ändigen]

17

Ind[uction] dürfe hier nicht angewendet werden, denn es müsste entweder erst bewiesen, oder als neues Axiom vorausgesetzt werden. Im letzteren Falle lässt sich die Widerspruchslosigkeit der Axiome natürlich nicht mehr in der angegebenen Weise beweisen, und der ganze Versuch ist hinfällig. Von dem Pr[inzip] d[er] vollst[ändigen] Induction selbst aber behauptet P[oincaré], es lasse sich überhaupt nicht beweisen, es müsse als Axiom vorausgesetzt werden, u[nd] zwar als synthet[ischer] Satz a priori.[200] Denselben Einwand macht P[oincaré] gegen alle übrigen Theorien der Zahlen, die die Arithmetik rein analytisch aus Definitionen heraus ableiten wollen. Sie [können][b] die Widerspruchslosigkeit ihrer Def[initionen] od[er] Axiome nicht beweisen, ohne das Pr[inzip] d[er] vollst[ändigen] Induction irgendwie versteckt oder offen vorauszusetzen und damit ein Axiom anzunehmen, das nicht zur blossen Def[inition] des Zahlbegriffs dient, sondern etwas Neues ausspricht, aber ein synthet[ischer] Satz ist, und natürlich a priori.

b ⟨müssen⟩

200 Poincaré, *Wissenschaft und Methode*, S. 157 f.: „Die möglichen Anwendungen des Induktionsprinzipes sind unzählig; nehmen wir z. B. eine der von uns oben dargelegten Anwendungen, bei der man zu beweisen versucht, daß ein gewisses System von Axiomen nicht zu einem Widerspruche führen kann. [...]
Wenn man den n^{ten} Schluß gezogen hat, so sieht man, daß man noch einen weiteren ziehen kann, und das ist der $n + 1^{\text{te}}$; die Zahl n dient hier zum Zählen einer Reihe von sukzessiven Operationen [...]. Die Art und Weise, wie wir die Zahl n hier betrachtet haben, schließt also eine Definition der endlichen ganzen Zahl ein, und diese Definition ist die folgende: *eine endliche ganze Zahl ist eine solche, die durch sukzessive Addition erhalten werden kann, und bei der niemals n gleich $n - 1$ ist.* [...]
Wir beweisen, daß es beim $n + 1^{\text{ten}}$ Schlusse keinen Widerspruch geben kann, wenn ein solcher beim n^{ten} Schlusse nicht auftrat, und wir schließen daraus, daß niemals ein Widerspruch auftreten kann. ‚Ja' wird man sagen, ‚ich habe das Recht so zu schließen, weil die ganzen Zahlen der Definition nach solche Zahlen sind, für die ein derartiger Schluss berechtigt ist'; indessen hierbei wird eine andere Definition der ganzen Zahl vorausgesetzt, und zwar die folgende: *eine ganze Zahl ist eine solche, für welche die rekursive Schlussweise erlaubt ist*; [...]
Beide Definitionen sind nicht identisch; zweifellos sind sie einander äquivalent, aber nur infolge eines synthetischen Urteils a priori".

Ehe wir zu dieser Behauptung von P[oincaré] Stellung nehmen, wollen wir noch einmal die besprochenen Theorien als Ganzes überblicken. Wir sehen, dass diese Theorien, wenn es auch nicht bei allen gleich deutlich zum Ausdruck kommt, doch ihrem
5 Kerne und eigentl[ichen] Sinne nach der Forderung zu genügen trachten, die wir bereits in der Geometrie für die Grundlagen d[er] Math[ematik] aufgestellt hatten, nämlich die Zahlen nicht zu definieren durch irgend einen anschaulichen Inhalt, sondern durch Angabe der Beziehungen, in denen sie untereinander ste
10 hen, d. h. durch ein Axiomensystem. In allen besprochenen Theorien kommt der Relationscharacter der Zahl mehr oder weniger deutlich zum Ausdruck. Wenn man den wahren Gehalt der Klassen- oder der Ordinaltheorie rein herausstellt, so sieht man, dass in allen Fällen das Wesen der Zahl in letzter Linie bestimmt
15 wird durch Grundsätze, die die Beziehungen der Zahlen zueinander, zum Begriff der Klasse u. s. w. angeben. Am deutlichsten wird das noch in der Ordinaltheorie, wo man von der Einheit als indefiniblem und daher völlig inhaltleerem Begriff ausgeht (denn es ist ja ganz willkürlich, was man für Gegenstände als
20 Einheit zusammenfasst) und die andern Zahlen dann successive durch ihre Beziehung zur vorhergehenden definiert. Deshalb ist die Ordinaltheorie schon von vornherein vorzuziehen der relative Character der Eins und der übrigen Zahlen tritt bei ihr sehr deutlich in Erscheinung. Im übrigen sind natürlich die Urteilsyteme,
25 durch welche die Zahlen in den verschied[enen] ⌊Theorien⌋^{c} definiert werden, verschiedene. Fragen wir aber: welche ist richtig? die Cantorsche oder die Helmholtzsche?, so braucht keine von beiden falsch zu sein. Die implicite Def[inition] kann ihrer Natur nach immer auf verschiedene Weise geschehen. Erläutern: Belie
30 bige Folgerungen können als Axiom angenommen und dafür die früheren Axiome als Folgerungen dargestellt werden. Die Klarstellung des Zusammenhangs der arithmet[ischen] Grundsätze untereinander ist eine ziemlich schwierige, bis jetzt noch nicht abschliessend gelöste Aufgabe. Die beste Form, in der man die
35 Grundsätze der Arithmet[ik] aufstellen und damit die Grundbe-

---

c ⟨Systemen⟩

griffe defin[ieren] kann, ist nach dem Gesagten die, welche sich an die ordinale Theorie anschliesst. In klarer und einfacher Gestalt angegeben von *Peano*. 5 Axiome:

„1. 0 ist eine ganze Zahl[,]

2. 0 folgt auf keine g[anze] Z[ahl]

3. Das auf eine g[anze] Z[ahl] folgende ist eine g[anze] Z[ahl]

4. Ganze Zahlen sind gleich, wenn die auf sie folgenden es sind.

5. Wenn eine Klasse die Zahl 0 enthält und so beschaffen ist, dass sie, wenn sie eine Z[ahl] *n* enthält, auch die darauf folgende enthält, so enthält sie *alle* g[anzen] Zahlen" [201]

(Pr[inzip] d[er] vollst[ändigen] Ind[uktion]) ⟨Russell: 9 Grundbegriffe, 20 Grundsätze⟩[d] Hieraus lässt sich die Arithm[etik] ableiten. Will man dies Axiomensystem als Def[inition] der Zahlen auffassen, so muss man beweisen, dass es widerspruchslos ist. Poincaré sagt, der Beweis ist *unmöglich*.[202] Kann 1. nicht durch Aufzeigung eines Beispiels geführt werden $0, 1, 2$ genügen den Axiomen $1, 2, 4, 5$, um aber dem Ax[iom] 3 zu genügen, muss auch 3 eine g[anze] Z[ahl] sei[n] und den Axiomen genüge[n] und so fort: Man kann die Widerspruchslosigkeit nicht für einige Zahlen beweisen, ohne sie für *alle* zu beweisen, also vergebliches Bemühen. Der 2. Weg wäre, zu schliessen, in der bei Hilbert vorhin erwähnten Weise – dies wäre aber Anwendung des Satzes 5, der gerade bewiesen werden sollte. Und daraus zieht dann P[oincaré] seine Schlüsse, darauf baut er seine Verteidigung Kants. Freilich nur noch eine leise Spur der Kantschen Lehre ist noch bewahrt.[203] Arithmet[ik] zwar nicht Gesetz der Zeit als

d Mit Kopierstift

201 Vgl. Peano, *Arithmetices principia, nova methodo exposita.*

202 Vgl. das Argument gegen die Voraussetzungen des Induktionsprinzip in Anm. 200. Poincaré kritisierte Hilberts Versuche die Widerspruchsfreiheit der Arithmetik zu beweisen auf dieser Grundlage: „Die Hilbertsche Schlußweise setzt also nicht nur das Induktionsprinzip voraus, sie setzt außerdem voraus. daß uns das Prinzip nicht als einfache Definition gegeben ist, sondern als synthetisches Urteil a priori. Kurz: Eine Beweisführung ist notwendig. Die einzig mögliche Beweisführung ist die rekurrente Beweisführung." (*Wissenschaft und Methode*, S. 168 f.)

203 Eine direkte Verteidigung Kants lässt sich bei Poincaré nicht nachweisen.

Anschauungsform des inneren Sinnes – d[as] Princip d[er] Induction aber doch der Ausdruck einer inneren Gesetzmässigkeit des
Geistes. Dann würde uns also die Arithmet[ik] (und folglich auch
die Geometrie, wie früher dargetan) wirklich neue Erkenntnisse vermitteln, die math[ematische] Wissenschaft wäre mehr als
ein blosses Herausholen von Folgerungen aus willkürlichen Festsetzungen und Definitionen. So erwünscht dieses Resultat auch
sein mag – ich zweifle, dass es richtig ist. Poincaré's Schlüsse
wenigstens scheinen mir nicht beweisend zu sein. Er betrachtet den Schluss von n auf $n + 1$ als einen wirklichen Inducti-
onsschluss im Sinne der Logik – *nicht* als vollständige Induction. Diese Anschauung ist sicher *nicht* richtig. Wahre Induction: eine Reihe *unabhängiger* Fälle, die einzeln erfahren werden; hier aber folgen die einzelnen Schritte *deductiv* aufeinander,
voneinander *abhängig*.[204] P[oincaré] fasst die einzelnen Denkakte
beim Beweise als gesonderte psychische Erfahrungen auf – das
sind sie, aber in dem Sinne, in dem *alles*, was wir denken, eben
dadurch Erfahrung ist, von uns erfahren wird. Das ist selbstverständlich, aber es folgt gar nichts weiter daraus. Wir sahen
ja: ohne alle Erfahrung ist kein Denken möglich, nicht einmal
analytische Urteile, aber die *Gültigkeit* der analytischen Urteile
beruht nicht auf der Erfahrung. So beruht auch die Gültigkeit
des Schlusses von n auf $n + 1$ nicht auf den inneren Erfahrungen, die beim Vollzug der einzelnen Schritte gemacht werden,
sondern auf dem log[ischen] Zusammenhang. ⟨P[oincaré] meint,
Inductionsprincip fordere unendlich viele Schlüsse.[205] Nicht richtig. I[nduktions]pr[inzip] nur für unendliche Zahlen. Man kann
geradezu die endl[ichen] Zahlen definieren, indem man sagt, es

Vermutlich meinte Schlick, dass Poincaré das Prinzip der vollständigen Induktion
synthetisch a priori nannte. Vgl. dazu *Wissenschaft und Methode*, S. 167 f.

204 Vgl. dazu Poincaré, *Wissenschaft und Methode*, S. 168 f.: „Die Hilbertsche
Schlussweise setzt also nicht nur das Induktionsprinzip voraus, sie setzt außerdem
voraus, daß uns dieses Prinzip nicht als einfache Definition gegeben ist, sondern
als synthetisches Urteil a priori."

205 Bei Poincaré lässt sich eine gleich lautende Stelle nicht nachweisen. Vermutlich ist das Schlicks Deutung des Arguments in Anm. 200.

sind die, für welche das I[nductions]pr[inzip] gültig ist.⟩ᵉ Mit
der Erkenntnis der wahren Natur dieses Princips ist aber der
hauptsächliche Stein des Anstosses aus dem Wege geräumt. Wir
brauchen das Princip überhaupt nicht unter die Axiome aufzu-
nehmen. Wir können es dennoch zum Beweise der Widerspruchslosigkeit der Axiome verwenden ⟨(Hilbert)⟩, weil es weiter gar
nichts ist als eine Anwendung des gewöhnlichen syllogistischen
Schliessens, ohne welches überhaupt keine Schlüsse gezogen werden können und ohne das überhaupt kein Denken stattfinden
kann. Es wäre nun sehr schön, wenn ich am Schluss ein Axiomensystem angeben und seine Widerspruchslosigkeit beweisen
könnte, von dem es absolut sicher wäre, dass es den gesamten Bau
der Arithmet[ik] zu tragen vermag – aber das ist eine bisher noch
ungelöste Aufgabe. Selbst wenn die Zeit es erlaubte, hätte es doch
keinen grossen Zweck, Ihnen meine Gedanken darüber vorzutragen, welche Gestalt nun ein solches endgültiges System haben
müsste, solange solch System [*sic!*] nicht wirklich gefunden und
die Untersuchungen darüber endgültig abgeschlossen sind. ₂⟨Z. B.
die Frage, ob eine kleine Anzahl von Axiomen ausreicht, oder ob
man besser zur Definition jeder einzelnen Zahl ein *neues* Axiom einführt.⟩ ₁⟨Viel wichtiger aber als die tatsächliche Aufstellung der⟩ letzten grundlegenden Sätze ist ja ⟨⟩ᶠ die Einsicht, *dass*
ein solches System von Sätzen *möglich* ist – und dies haben wir
wenigstens zur höchsten Wahrscheinlichkeit erhoben – aus dem
die ganze Arithmet[ik] abgeleitet werden kann. Diese Einsicht ist
dann gleichbedeutend mit der Erkenntnis, dass die Zahlen freie
Schöpfungen unserer Gedanken sind, in denen sich nicht irgend
welche Gesetze unseres Geistes oder der Natur offenbaren,[206] sondern die gar keine andre Gesetzmässigkeit besitzen als die, welche
wir selbst hineingelegt haben – sowie etwa das Schachspiel nur in

---

e Von der Rückseite mit Kopierstift   **f** ⟨aber⟩

206 Hier wendete sich Schlick gegen Dedekind, *Was sind und was sollen die Zahlen?*, S. VII f.: „Indem ich die Arithmetik (Algebra, Analysis) nur einen Theil der Logik nenne, spreche ich schon aus, daß ich den Zahlbegriff [...] für einen unmittelbaren Ausfluss der reinen Denkgesetze halte. [...] Die Zahlen sind freie Schöpfungen des menschlichen Geistes, [...]."

der Anwendung vorher willkürlich festgesetzter Regeln besteht. Dem klaren philos[ophischen] Auge erscheint so die Math[ematik] als ein Spiel mit selbstgemachten Symbolen. Manchen freilich erscheint es wie eine Lästerung, wenn man so von der nützlichsten und anwendungsreichsten Wissenschaft redet – ⟨⟩[g] Aber diese haben vom wahren Wesen der Wissenschaft keine richtige Vorstellung. Wissenschaft ist im wahren philosophischen Sinne immer wirklich Spiel, das heisst, etwas das man unbekümmert um allen Nutzen [*sic!*] Anwendungen um seiner selbst willen betreibt, aus Freude an der Sache. Ich hoffe, dass es mir gelungen ist, in Ihnen etwas Freude an den Sachen zu erwecken, mit denen wir uns hier beschäftigt haben, und dass Sie einige Anregung empfangen haben, den besprochenen Problemen, und denen, die dahinter liegen, weiter nachzugehen. Es war nicht meine Absicht, Ihnen nur fertige Tatsachen mitzuteilen, die Sie blos dem Gedächtnis einzuverleiben brauchten, sondern der Hauptzweck war, zum Selbstdenken anzuregen. Das scheint mir überhaupt der höchste Zweck des Universitätsunterrichts zu sein: es kommt, wie Kant es ausgedrückt hat, nicht darauf an, eine Philosophie zu lernen, sondern darauf, philosophieren zu lernen.[207] Wenn unsere Beschäftigung mit den Grundlagen der Math[ematik] Ihnen in diesem Sinne genützt hat, so können wir mit dem Ergebnis wohl zufrieden sein.

g ⟨denn die Math[ematik] hat uns durch das Mittel der Physik die ganze Natur beherrschen gelehrt.⟩

207 Kant, *KrV*, B 865: „Es ist aber doch sonderbar, daß das mathematische Erkenntnis, so wie man es erlernt hat, doch auch subjektiv für Vernunfterkenntnis gelten kann, und ein solcher Unterschied bei ihr nicht so, wie bei dem philosophischen stattfindet. Die Ursache ist, weil die Erkenntnisquellen, aus denen der Lehrer allein schöpfen kann, nirgend anders als in den wesentlichen und echten Prinzipien der Vernunft liegen, und mithin von dem Lehrlinge nirgend anders hergenommen, noch etwa gestritten werden können, und dieses zwar darum, weil der Gebrauch der Vernunft hier nur in concreto, obzwar dennoch a priori, nämlich an der reinen, und eben deswegen fehlerfreien, Anschauung geschieht, und alle Täuschung und Irrtum ausschließt. Man kann also unter allen Vernunftwissenschaften (a priori) nur allein Mathematik, niemals aber Philosophie (es sei denn historisch), sondern, was die Vernunft betrifft, höchstens nur philosophieren lernen."

Logik – [Kiel]

Editorischer Bericht

Zur Entstehung und Überlieferung

1921 ergab sich für Schlick die Möglichkeit, von Rostock nach Kiel berufen zu werden. Diese Gelegenheit ging auf die Bemühungen Heinrich Scholzens und Albert Einsteins zurück. Dort sollte er vor allem über Logik, Naturphilosophie und Geschichte der Philosophie lesen.[1] Ab dem Wintersemester 1920/21 begann Schlick seine Lehrtätigkeit in Kiel, behielt aber seinen Wohnsitz in Rostock noch bei. Allerdings wurde er bereits im Herbst des darauf folgenden Jahres nach Wien berufen. Dadurch lehrte er nur zwei Semester in Kiel. In dieser kurzen Zeit muss der Kontakt zu Scholz eng gewesen sein. Scholz bedauerte Schlicks Wechsel nach Wien außerordentlich und der Briefwechsel sollte noch viele Jahre bestehen bleiben.

„Lieber Herr Schlick. Sie können sich nicht denken, wie sehr der ‚Wert‘ meines Lebens gesunken ist, seit Sie nicht mehr in Kiel sind. Seit Ihrem Weggang habe ich hier nur noch ganz selten einmal ein philosophisches Gespräch von der Art führen können, wie ich's mit Ihnen täglich hatte oder wenigstens haben konnte."[2]

Schlick hatte noch in Kiel für das Wintersemester 1922/23 ein Seminar mit dem Titel „Logische Probleme" angekündigt, es aber wegen des Wechsels nach Wien nicht mehr halten können. Das vorliegende Stück[3] ist wohl in Vorbereitung zu dieser Lehrveranstaltung entstanden. Es passt jedenfalls inhaltlich genau zum Ankündigungstitel.

---

1 Heinrich Scholz an Moritz Schlick, 16. Februar 1921 sowie Heinrich Scholz an Albert Einstein, 9. März 1921.

2 Heinrich Scholz an Moritz Schlick, 27. Mai 1923.

3 Inv.-Nr. 15, A. 49-4.

Auch die Einleitung des Stückes ergibt nur in einem Vortrag vor Studenten Sinn. Denn Schlick ging darin ausführlich auf die Bedeutung der Logik für das philosophische Studium ein.

Aus Wien sind uns vor 1927 keine thematisch passenden Lehrveranstaltungen überliefert. Eine Entstehung zu diesem späten Zeitpunkt muss jedoch ausgeschlossen werden. Nach seinem Wechsel nach Wien begann Schlick nämlich, Studenten und Kollegen zu wöchentlichen Sitzungen in die Boltzmanngasse einzuladen.[4] In der Gruppe begannen Sie 1924 den *Tractatus logico-philosophicus* Ludwig Wittgensteins zu studieren. Im selben Jahr schrieb Schlick seinen ersten Brief an Wittgenstein und bat um einige Exemplare von dessen *Tractatus*.[5] Von da an lassen alle Arbeiten von Schlick zur Logik die Einflüsse Wittgensteins erkennen. Das vorliegende Stück ist jedoch noch ganz frei davon und damit vor dem ersten Kontakt mit Wittgensteins Arbeit entstanden. Es kann jedoch auch nicht vor dem Wechsel nach Kiel entstanden sein, denn die für die zwanziger Jahre typischen handbeschriebenen Bögen im doppelten, weil ungebundenen Compactformat[6] sind von Schlick nicht in Rostock verwendet worden. Das vorliegende Stück dürfte also aus Schlicks kurzer Kieler Zeit stammen.

In den frühen 1910er Jahren und auch noch in seiner *Allgemeinen Erkenntnislehre*[7] wollte Schlick die gesamte Logik auf die Syllogistik des Aristoteles zurückführen.[8] Er sah in den modernen Kalkülen auch zunächst keinen Vorteil, da dieselbe Exaktheit auch wortsprachlich erreicht werden könne, denn am Ende müsse auch ein Kalkül mit Mitteln der Wortsprache definiert werden.[9]

Am Ende des Stückes werden die klassische Syllogistik und die moderne formale Logik in einer Tabelle so gegenübergestellt, dass sichtbar wird, dass die eine nicht auf die andere zurückgeführt werden kann. Denn innerhalb dieser Logiken gelten abweichende Schluss-

---

4 Siehe dazu in diesem Bd. ab S. 257.

5 Moritz Schlick an Ludwig Wittgenstein, 25. Dezember 1924.

6 17 × 21,6 cm.

7 1918 a/1925 *Erkenntnislehre* (*MSGA* I/1, S. 324).

8 Siehe auch in diesem Bd. S. 156 sowie Inv.-Nr. 2, A. 3a, Bl. 62 (*MSGA* II/1.1).

9 In diesem Bd. S. 196.

regeln. Nach Frege und Russell folgt aus „Alle A sind B" nicht mehr „Einige A sind B", während dies über die conversio per accidens und die conversio simplex nach der alten Logik abgeleitet werden kann. Leider bricht das Stück genau an dieser Stelle auf dem fünften Bogen ab. Es gibt also keinen philosophischen Kommentar zur diesem nur technisch festgestellten Ergebnis.[10]

Schlicks Sicht auf die Logik hatte sich also schon vor 1924 und der Lektüre des *Tractatus logico-philosophicus* geändert. Auf Interesse am Thema weist auch sein noch früherer stenographierter Exzerpt von Gottlob Freges *Begriffsschrift* hin.[11] Auch Scholzens Hinwendung zur Logik und Beschäftigung mit Frege fällt in die Zeit, die Schlick und er gemeinsam im Kiel unterrichteten. Scholz schrieb später über diese Zeit:

„Nachdem ich hier meine Religionsphilosophie publiziert hatte, entdeckte ich 1921 durch einen Glücksfall auf der Kieler Bibliothek die ‚Principia Mathematica'. Ich sah sofort, daß ich hier das gefunden hatte, was ich so lange vergeblich gesucht hatte."[12]

In den anschließenden Jahren verfasste Scholz eine *Geschichte der Logik* und in dem sich bis in die dreißiger Jahre fortsetzenden Briefwechsel halten beide sich über ihre Arbeiten zur Logik auf dem Laufenden.[13] Leider ist uns aus den Kieler „Gesprächen" der beiden nichts überliefert.

---

10 Siehe hierzu die Einleitung ab S. ??.

11 Inv.-Nr. 21, A. 82.

12 Scholz, Nachlass im Universitätsarchiv Münster.

13 Heinrich Scholz an Moritz Schlick, [Fragment von 1923/24] und 16. Februar 1931 sowie Moritz Schlick an Heinrich Scholz, 30. November 1931.

Zur Überlieferung und Edition

In Schlicks Nachlass finden sich die drei Konvolute Inv.-Nr. 15, A.49-1, -2 und -3, die bei der Archivierung als „Membra disjecta" überschrieben wurden. Sie enthalten Notizen zur Logik, die größtenteils aus den zwanziger Jahren stammen. Allerdings sind sie weder inhaltlich noch nach der Entstehungszeit geordnet. Frühe Stücke stehen dort neben alten und solche zur Syllogistik stehen neben Stücken mit Wahrheitswerttabellen usw. Das vorliegende Stück fand sich in diesen Konvoluten verteilt. Da es über eine Seitenzählung verfügt und inhaltlich fortlaufend aufgebaut ist, konnte es den Konvoluten entnommen und als eigener Text wieder zusammengefügt werden. Es hat die neue Inventarnummer 15, A. 49-4 erhalten.

Das Stück ist, wie viele Handschriften Schlicks aus den zwanziger Jahren, auf Bögen im doppelten Kompaktformat (17 x 21,6 cm) gehalten. Vermutlich hatten diese Papiere schon vor Benutzung einen Falz in der Mitte, um sie im Kompaktformat binden zu können. Das Stück besteht aus fünf dieser Bögen.

Trotzdem zerfällt das Stück in eine Reihe von Gliederungen, Übersichten, Schaubilder und kurzen Kommentaren. Es ist also nicht überall ein zusammenhängender Haupttextkörper erkennbar. Das machte eine Aufbereitung des Stückes mit Hilfe des Blockapparates nötig.

Das Stück ist zwar nur „Logik" überschrieben, diese Überschrift wurde aber um den Zusatz des Entstehungsortes ergänzt, da in Wien ein Stück mit gleicher Überschrift entstanden ist. [14]

---

14 Siehe dazu in diesem Bd. ab S. 257.

Logik – [Kiel] ⟨ᵃ

Unsere Zeit eine Zeit des Übergangs. Nichts abgerundet. Bauen Zukunft aus Bruchstücken der Vergangenheit. Auseinandersetzung mit ihr, z. B. klass[isches] Altertum, für uns immer noch Beispiel eines in sich ruhenden Zeitalters. So die Lebenskultur, so die Wissenschaft. Psychologie, klass[ische] Mechanik. Alles spiegelt sich in *Philosophie.* Von Aristot[eles] bis Neuzeit trotz Unzulänglichkeit stabil. Charakteristisch für solche Zeiten, dass man von dem Zukünftigen, auch wo es fertig daliegt, nicht ohne weiteres Besitz ergreifen kann. Kämpfen, durchsetzen, auseinandersetzen. Es bleibt lange nur aus dem Alten verständlich. So ists mit der zukünftigen Philosophie. Den meisten unbekannt, sie wühlen im Vergangenen, erklären Phil[osophie] = Geschichte ihrer selbst.[1] Die Ph[ilosophie] d[er] Zukunft erwächst aus der *Logik.* Auch in ihr Übergang. Aber bevor wir davon sprechen, *halt* bei dem Satz: Logik ist Wurzel der Philosophie!

Logik ungeheure Bedeutung, Kern des phil[osophischen] Studiums. ⟨ᵇ Inhalt, Zweck, Wert, Bedeutung, Verhältnis zur Philosophie. ₂⟨ Der beklagenswerte anarchistische Zustand der Phil[osophie] ist bekannt ⟨ᶜ – einziges Gegenmittel: Ausbildung der *Logik.*

---

a ⟨Erkennen Aussagen Sätze Form reine Formen⟩   **b** In Kurzschrift: ⟨weil sie die *Methode* liefert⟩   **c** Mit Bleistift: ⟨Wissenschaft Kunstlehre Normenlehre⟩ ᶜ⁻¹

c-1 Zur Kunstlehre vgl. Sigwart, *Logik*, Bd. 1, § 1, zur Normenlehre vgl. Wundt, *Logik*, Bd. 1, S. 1.

1 Hegel, *Vorlesungen über die Geschichte der Philosophie*, S. 49: „Ich bemerke nur noch dies, daß aus dem Gesagten erhellt, daß das Studium der Geschichte der Philosophie Studium der Philosophie selbst ist, wie es denn nicht anders sein kann. [...] Sonst, wie wir dies in so vielen Geschichten der Philosophie sehen, bietet sich dem ideenlosen Auge freilich nur ein unordentlicher Haufen von Meinungen dar."

Wie einst die Naturwissenschaft (Physik) aus dem Stadium des Meinungsstreits in festes Wissen übergeführt wurde durch die mathemat[ische] Methode (Galilei)[2], so *heute* die Phil[osophie] durch *log[ische]* ⟨mehr als Gleichnis, denn math[ematische] Methode *ist* logische⟩. Wendepunkt. ⟨Kinderlallen.⟩[3] Gewaltige Entscheidungen, aufregendes Schauspiel.

Leibniz: calculemus.[4] Logik nicht bloss Spitzfindigkeit, sondern mächtiges, unentbehrliches Mittel.⟩₂ ₁⟨Eindruck in der Schule: trocken. *Def[inition]*: Lehre vom richtigen Denken?[5] Scheinbar sehr nützlich, in Wahrheit überflüssig: Tiere, Handwerker, Politiker, Menschen vor Aristoteles (Begründer d[er] Logik) ⟨[d] Collegium logicum: „Dann lehrt man euch manchen Tag, dass, was ihr sonst auf einen Schlag getrieben, wie Essen [und] Trinken frei, 1, 2, 3 dazu nötig sei."[6] Erziehung: 1) rein theoret[isches] Interesse,

---

d Mit Bleistift: ⟨384–322⟩

2 Galilei, *Il Saggiatore*, S. 19: „La Filosofia è scritta in questo grandissimo libro, che continuamente ci stà aperto innanzi à gli occhi (io dico l'universo), ma non si può intendere se prima non s'impara à intender la lingua, e conoscer i caratteri, ne'quali è scritto. Egli è scritto in lingua matematica, e i caratteri son triangoli, cerchi, & altre figure Geometriche, senza i quali mezi è impossibile à intenderne Umanamente parola; senza questi è un aggirarsi vanamente per Un'oscuro laberinto."

Übers: „Die Philosophie steht in diesem großen Buch geschrieben, dem Universum, das unserem Blick ständig offenliegt. Aber das Buch ist nicht zu verstehen, wenn man nicht zuvor die Sprache erlernt und sich mit den Buchstaben vertraut gemacht hat, in denen es geschrieben ist. Es ist in der Sprache der Mathematik geschrieben, und deren Buchstaben sind Dreiecke, Kreise und andere geometrische Figuren, ohne die es dem Menschen unmöglich ist, ein einziges Wort davon zu verstehen; ohne diese irrt man in einem dunklen Labyrinth umher." (Fölsing, *Galileo Galilei – Prozeß ohne Ende*, S. 14)

3 Vgl. Aristoteles, *Metaphysik*, 993 a.

4 Vgl. auch in diesem Band S. 91.

5 Vgl. Wundt, *Erkenntnislehre*, S. 1 oder auch Sigwart, *Logik*, § 1 oder in Eislers *Wörterbuch der philosophischen Begriffe* unter dem Stichwort „Logik".

6 „Mein theurer Freund, ich rath' euch drum/ Zuerst Collegium Logicum./ Da wird der Geist euch wohl dressirt,/ In spanische Stiefeln eingeschnürt,/ Daß er bedächtiger so fort an/ Hinschleiche die Gedankenbahn,/ Und nicht etwa, die Kreuz und Quer,/ Irrlichteliere hin und her./ Dann lehret man euch manchen

2) ⟨*Übung* im Scharfsinn.⟩ 3) Kenntnis der Regeln erforderlich in den *kritischen* Fällen, schwierigsten Grenzpunkten (Vergleich mit Anatomie [und] Physiologie). *Gerade dies das Gebiet der Philosophie.* In den Einzelgebieten kennt sich der *Fachmann aus ohne* Logik, Phil[osophie] ist kein Spezial*fach*, hier sind wir alle Dilettanten.⟩ *Examen*. Freilich die *alte* Logik dazu ungeeignet.

——————————————————————————— ^e (5)

$$\left.\begin{array}{l} \lambda \acute{o}\gamma o\varsigma \\ \dot{\epsilon}\pi\iota\sigma\tau\acute{\eta}\mu\eta \\ \tau\acute{\epsilon}\chi\nu\eta \end{array}\right\} \lambda o\gamma\iota\varkappa\acute{\eta}$$

——————————————————————————— (6)

Hat 2300 Jahre gelebt, wird vergessen werden. Aber wir in der *Übergangs*zeit müssen an sie anknüpfen.

Philosophen wissen kaum davon. *Kants* [und] *Hegels* *⟩ Urteil über Aristot[[elische]]? Logik,[7] *Leibniz'* Bedeutung übersahen

*⟩ Inhalt [kommt]? von Aristoteles [und] hat seitdem keine wissenschaftliche Ausbildung erlangt.

e Randbemerkung

Tag,/ Daß, was ihr sonst auf einen Schlag/ Getrieben, wie Essen und Trinken frei,/ Eins! Zwei! Drei! dazu nöthig sei." (Goethe, *Faust – Erster Theil*, in: WA I/14, S. 90 f., Z. 1911–1921)

7 Kant, *KrV*, B VIII: „Daß die *Logik* diesen sicheren Gang schon von den ältesten Zeiten her gegangen ist, läßt sich daraus ersehen, daß sie seit dem *Aristoteles* keinen Schritt rückwärts hat tun dürfen, wenn man ihr nicht etwa die Wegschaffung einiger entbehrlicher Subtilitäten, oder deutlichere Bestimmung des Vorgetragenen, als Verbesserung anrechnen will, welches aber mehr zur Eleganz, als zur Sicherheit der Wissenschaft gehört."

Hegel, *Vorlesungen zur Geschichte der Philosophie*, S. 292: „Er ist als der Vater der Logik angesehen worden; seit Aristoteles' Zeiten hat die Logik keine Fortschritte gemacht. Diese Formen teils über Begriff, teils über Urteil, Schluß kommen von Aristoteles her, eine Lehre, welche bis auf den heutigen Tag beibehalten und keine weitere wissenschaftliche Ausbildung erlangt hat, sie sind ausgesponnen und dadurch formeller geworden. Das Denken in seiner endlichen Anwendung hat Aristoteles aufgefaßt und bestimmt dargestellt. Er hat sich wie ein Naturbeschreiber verhalten bei diesen Formen des Denkens, aber es sind nur die endlichen Formen bei dem Schließen von einem auf das andere, es ist Naturgeschichte des endlichen Denkens."

sie. Schicksal l[f] der Logik gleich dem der anderen Wissenschaften: unfruchtbar in den Händen der Philosophen, zum Leben erweckt durch Spezialforscher, Mathematiker. Selbst intern logische
Fragen nicht bewältigt: *Euathlus*,[8] Lügner,[9] *Zeno* Achilles [und]
Schildkröte.[10] Unzulänglichkeit (nicht Falschheit) der alten Logik l[g] lange gefühlt, dennoch musste man Lehrbücher der Logik
schreiben – was enthielten sie? 1) Psycholog[ische] Betrachtungen über Denken 2) Betrachtung über Definition der Logik, ihr
Wesen [und] Verhältnis zur Philosophie oder Psychologie 3) Methodenlehre der Wissenschaften. ⟨[auch wir alles drei]?⟩ Bei Kant
[und] bis zur Gegenwart Einteilung in Elementar- [und] Methodenlehre. Dies in der Erkenntnis, dass die übliche Logik nichts
beiträgt zur Erklärung der Erkenntnisgewinnung in den Wissenschaften. Diese geschieht durch Verfahren, das wir *Induktion* [un-
vollständige][h] nennen werden. „Deduktive" – „induktive" Logik.
2 In Wahrheit ist | die letztere etwas ganz Verschiedenes, Zusam-
menfassung beider durch das *eine* Wort Logik willkürlich [und]
ungerechtfertigt.[11]

Beginnen weder mit Definition noch mit allgemeinen Betrach-
tungen über Gegenstand [und] Aufgabe, sondern mit *Aristoteles*.
Beileibe nicht „historische Einleitung", l[i] sondern nur vorläufiges
Material [und] Beispiel. Nach Th[eodor] Gomperz[12]

---

f Mit Kopierstift über der Zeile: ⟨Logik von den Stoikern eingeführt, geteilt in
Dialektik [und] Rhetorik⟩ g ⟨Erkenntnistheoret[ische] [und] metaphys[ische]
Logik⟩[g-1] h Im Original eckige Klammern i Mit Kopierstift: ⟨3⟩

g-1 Zur erkenntnistheoretischen Logik siehe Schuppe, *Erkenntnistheoretische
Logik* und zur metaphysischen Logik siehe die Wundt, *Logik*. Bd. 1 und darin
besonders die Einleitung.

8 Vgl. hierzu Höfler *Grundlehren der Logik und Psychologie*, § 84.

9 Ebd.

10 Vgl. Gomperz, *Griechische Denker – Eine Geschichte der antiken Philosophie*,
Bd. 1, S. 159 und Aristoteles, *Physik*, 239 b.

11 Vgl. 1918 a *Allgemeine Erkenntnislehre* (*MSGA* I/1, S. 345 f.).

12 Die beiden folgenden Übersichten finden sich sehr ähnlich in Gomperz, *Griechische Denker – Eine Geschichte der antiken Philosophie*, Bd. 3, S. 34 und S. 32.

2 *Quellen:* 1: Dialectische Disputationen (Schule, Gericht, Volksversammlung).

2: Mathematik. (Axiome, Definitionen, Lehrsätze, Beweise.[j]

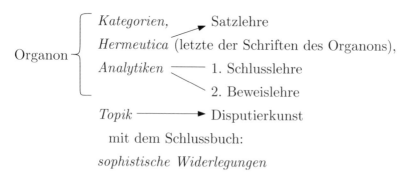

Organon
- *Kategorien,* → Satzlehre
- *Hermeutica* (letzte der Schriften des Organons),
- *Analytiken* — 1. Schlusslehre
  - 2. Beweislehre

Topik ———→ Disputierkunst

mit dem Schlussbuch:

sophistische Widerlegungen

⌊*Hermeneutika I:*⌋[k] Geschriebenes Wort = Zeichen des gesprochenen Wortes = Zeichen einer Vorstellung = Abbild eines Gegenstandes.[13] Nicht jeder Gedanke ist wahr oder falsch, sondern nur gewisse: Urteile ebenso *Kombination* von Worten. Ihre Bedeutung beruht auf Übereinkommen, nicht jedes Wort hat *für sich* Bedeutung („das", „seiner", „Erfinden der Glühlampe")
I. Analytiken I: Ein Satz ist eine Aussage, welche etwas von etwas bejaht oder verneint. Ein Begriff ist das, in was ein Satz aufgelöst wird.[14]
Vorher noch:

Satz   1. allgemein oder   2. beschränkt oder   3. unbestimmt
        all[gemein]   [sing[ulär]][l]   partic[ulär]

Was ist Satz oder Urteil? Das, was den Worten, Gedanken, [bestimmten][?] Dingen gemeinsam.

---

j Die geöffnete Klammer schließt nicht. Die anschließende Übersicht ist mit einem Balken am Rand markiert.   k ⟨*I.* Analytiken⟩   l ⟨part[ikulär]⟩

13 Siehe hierzu Block (6) auf S. 235.
14 Siehe hierzu Block (8) auf S. 236.

Einteilungen: 1)   Bejahung, Verneinung
2)   allgemein, unbestimmt, beschränkt
3)   stattfinden, notwendig stattfinden, statt-
finden-können

– πᾶσα πρότασίς ἐστιν ἢ τοῦ ὑπάρχειν ἢ τοῦ ἐξ ἀνάγχης ὑπάρχειη ἢ τοῦ ἐνδέχεσθαι ὑπάρχειν ...[15]

(7) _____

transzendentale, metaphysische, psychologische, symbolische, er-k[enntnis]-theoretische

(8) _____ m

Unterschied zwischen *Definitionen* und *Finden einer bestehenden Definition*. Bedeutung festsetzen oder festgesetzte Bedeutung finden.

(9) _____ n 16

Prantl zitieren[17]	Prantl, 4 B[ände]
Frege gegen Psychologismus	Ziehen
Logik *immer* symbolisch	F[riedrich] Überweg,
	System der Logik ist stark
	historisch°
	R[obert] Adamson,
	short history of logic

m Im Original durch Linie getrennt   **n** Mit Kopier- und Bleistift am Ende des Blattes   **o** Anmerkung ab „System" in Kurzschrift

15 Die gesamte Stelle im Zusammenhang findet sich bei Aristoteles, *Erste Analytik*, 25a: „Jeder Satz sagt entweder ein *einfaches* Sein, oder ein *nothwendiges* Sein oder ein *statthaftes* Sein aus und ein Satz kann in Bezug auf diesen Zusatz entweder bejahend oder verneinend lauten; ferner können sowohl die bejahenden wie die verneinenden Sätze entweder allgemein oder beschränkt oder unbestimmt lauten."

16 Im Folgenden handelt es sich um eine Aufstellung von Logikbüchern:
Gottlob Frege, *Grundlagen der Arithmetik*
Carl Prantl, *Geschichte der Logik im Abendlande*
Theodor Ziehen, *Lehrbuch der Logik*
Friedrich Ueberweg, *System der Logik*
Robert Adamson, *A Short History of Logic*
Zu Freges Psychologismuskritik siehe in diesem Band auch Fußnote 2 auf S. 265.

17 Gemeint ist wohl Prantl, *Geschichte der Logik im Abendlande*. Aus dem Zusammenhang ist jedoch nicht erkennbar, was Schlick hier zitieren wollte.

|**Hermeneutica** (de interpretatione) ⟨Lehre vom *Satz* (nicht psy- ₃
chologisch)⟩ ᵖ

 1: Geschriebenes Wort = Zeichen des gesprochenen Worts =
 Zeichen einer Vorstellung = Abbild des Gedankens.

 Nicht jeder Gedanke ist wahr oder falsch, *⁾ sondern nur

---

*⁾ „Bei ∨ [und] ∧ handelt es sich um Verbindung [und] Trennung.“

p Mit Bleistift

18 Bei der folgenden Übersicht handelt es sich um Zusammenfassungen von
Ausschnitten der Kapitel 1, 4 und 5 aus Aristoteles, *Hermeneutik*, 16 a – 17 a.
Schlicks Nummerierung folgt dabei den Kapiteln bei Aristoteles:
 zu 1: „Die gesprochenen Worte sind die Zeichen von Vorstellungen in der Seele
und die geschriebenen Worte sind die Zeichen von gesprochenen Worten [...] aber
die Vorstellungen in der Rede, deren unmittelbare Zeichen die Worte sind, sind
bei allen Menschen dieselben und eben so sind die Gegenstände überall dieselben,
von welchen diese Vorstellungen die Abbilder sind. [...] So wie nun das einemal
[*sic!*] ein Gedanke auftritt, ohne wahr oder falsch zu sein, und das anderemal in
der Weise, dass er nothwendig das eine oder das andere ist, so ist es auch mit den
Worten; denn bei dem Falschen und Wahren handelt es sich um eine Verbindung
oder Trennung. Die Hauptworte und die Zeitworte gleichen jenem Gedanken,
bei welchem keine Verbindung oder Trennung statt hat; z. B. Mensch, oder:
Weisses, sofern diesen nichts hinzugefügt wird. Ein solches Wort ist weder falsch
noch wahr, aber es ist ein Zeichen von etwas; denn auch das Wort Bockhirsch
bezeichnet etwas, allein es ist weder wahr noch falsch, solange man nicht das
Sein oder Nicht-sein damit verbindet, sei es überhaupt oder für eine bestimmte
Zeit.“
 zu 4: „Eine Rede besteht aus Worten, welche in Folge Uebereinkommens etwas
bedeuten und wo auch die einzelnen Theile der Rede etwas besonderes bezeichnen; sie ist aber nur eine Aussage, und nicht schon eine Bejahung oder Verneinung. [...] Nicht jede Rede enthält aber einen Ausspruch, sondern nur die, in
welcher das Wahr- oder Falsch-sein enthalten ist, was nicht bei jeder Rede der
Fall ist. So ist z. B. das Gelübde zwar eine Rede, aber es ist weder wahr, noch
falsch.“
 zu 5: „Die Reden sind entweder eine *einfache* Aussage, wenn sie etwas von
Etwas aussagen, oder wenn sie etwas von Etwas verneinen [...].“
 Siehe hierzu auch Ziehen, *Lehrbuch der Logik*, S. 605: „Auch bei Aristoteles
vermißt man eine scharfe Unterscheidung zwischen psychologischem und logischem Urteil. In der Regel fasst er beide als ἀπόφανσις oder λόγος ἀπόφατιχός
zusammen [...].“

gewisse: ⟨ᑫ Aussage = (Urteil) = ἀπόφανσις [19], λόγος ἀπόφατι-χός. [20]

Ebenso Worte ⟨und Wortkombinationen⟩:

Bockhirsch τραγέλαφος [21] weder wahr noch falsch.

Ihre Bedeutung beruht auf Übereinkunft. Nicht jedes Wort hat ⟨ʳ *für sich* Bedeutung („des" „seiner" [„schon"]? „Der Erfinder der Glühlampe")

4: Nicht jede Rede (Satz) enthält Aussagen (ἀπόφανσις), z. B. *Frage* (Gebet)

5: Einfache Aussagen entweder *Bejahung* oder *Verneinung*

(11)   _____ ˢ

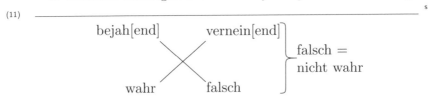

(12)   _____

I. Analytiken *1.* Satz ist eine Aussage, die etwas von etwas anderem bejaht oder verneint:

1) allgemein

2) beschränkt (singulär)

3) unbestimmt (partikulär)

Ein Begriff ist das, in was ein Satz aufgelöst wird [22]

---

q Am Rand untereinander: ⟨Satzzeichen Satz Sinn Sachverhalt⟩   r Am Rand mit Kopierstift: ⟨kategorematisch synkategorematisch⟩   s Mit Kopierstift am Rand

19 Griechisch: „Urteil", siehe hierzu Prantl, *Geschichte der Logik im Abendlande,* Bd. 1, S. 140–143.

20 Griechisch: „logisches Urteil", siehe hierzu a. a. O., S. 550.

21 Bei einem Bockhirsch handelt es sich um ein Fabeltier der griechischen Antike. Aristoteles verwendete dieses Beispiel im ersten Kapitel der *Hermeneutik* um zu erklären, dass eine Benennung möglich ist, ohne dass dem Benannten ein Sein zukommen muss.

22 Aristoteles, *Erste Analytik,* 24 a–24 b: „Ein *Satz* ist nun eine Aussage, welche etwas von einem Anderen bejaht oder verneint; er lautet entweder allgemein oder beschränkt oder unbestimmt. [...] Einen *Begriff* nenne ich das, in was ein Satz aufgelöst wird [...]."

236

Onto[ogisch:] Satz d[es] Widerspruchs: Es ist unmöglich, dass dasselbe [Prädikat]⁷ zugleich und in derselben Beziehung zukomme und nicht zukomme:ᵘ

τὸ γὰρ αὐτὸ ἅμα ὑπάρχειν τε χαὶ μὴ ὑπάρχειν ἀδύνατον τῶ αὐτῶ χαὶ χατὰ τὸ αὐτὸ. (Met[aphysik] b 19)²³ ⟨Am Rand mit Kopierstift: ⟨(p. ~ p)⟩⟩ᵛ

Analyt[ica] pr[iora] II, 2 53 b 15: τὸ αὐτὸ ἅμα εἶναί τε χαὶ οὐχ εἶναί. τοῦτο δ' ἀδύνατον.²⁴

Log. Es ist unmöglich zugleich zu bejahen [und] zu verneinen

Entgegengesetzte Urteile nicht zugleich wahr

Satz v[om] Widerspruch f[ür] Zukunft

Logik hat keine Axiome

Psychologisch: Satz v[om] Widerspruch

Immer gleichzeitig:

1) Tatbestand
2) psycholog[isches] Urteil
3) [sprachl[icher] Satz]ʷ

Die Aussage, das Logische, ist das allen dreien Gemeinsame.

Satz des ausgeschlossenen Dritten: Von allem ist entweder Bejahung oder Verneinung wahr

Hermeneutika 7: Von widersprechenden Urteilen muss ein[es] wahr, das andere falsch sein.²⁵

---

t Im Original durch Linie abgetrennt   **u** Satz ab „Es ist unmöglich … " in Kurzschrift   **v** Am Rand mit Kopierstift   **w** ⟨Aussage.⟩

23 Schlick stellte dem griechischen Zitat die Übersetzung voran. Genauer lautet es in Adolf Lassons Übersetzung um 1907 in Aristoteles, *Metaphysik*, 1005 b 19: „Es ist ausgeschlossen, daß ein und dasselbe Prädikat einem und demselben Subjekte zugleich und in derselben Beziehung zukomme und auch nicht zukomme."

24 Aristoteles, *Erste Analytik*, 53 b 15: „Zunächst erhellt, dass aus wahren Vordersätzen nichts Falsches geschlossen werden kann, daraus, dass wenn aus dem Sein von A nothwendig das Sein von B folgt, auch nothwendig ist, dass wenn B nicht-ist, auch A nicht-ist. Wenn nun A wahr ist, so muss auch B wahr sein, oder es würde folgen, dass dasselbe zugleich sein und nicht sein könnte, was doch unmöglich ist."

25 Aristoteles, *Hermeneutik*, 17 a–18 a: „So weit nun widersprechende Urtheile über ein Allgemeines allgemein lauten, muss eines von beiden Urtheilen wahr

Ausgesagtes muss *demselben Typ* angehören, sonst keine Aussage, sondern *Unsinn*.[26]

falsch = nicht wahr ⟨[x]

wahr = nicht falsch

$\sim (p.\sim p)$

4 |Satz des ausgeschlossenen Dritten: wenn p falsch, dann $\bar{p}$ wahr

   Leugnung   1   durch Intuitionisten[27]

              2   durch Meinong[28] ⟨[y]

Satz des Widerspruchs sagt: *wenn p* ⟨⟩[z] *wahr, dann* $\bar{p}$ *falsch* ⟨zeitlos⟩[a]

---

x Mit Kopierstift: ⟨$p\vee \sim p$⟩   **y** Daneben mit Kopier- und Bleistift: ⟨(Typen) rundes Viereck⟩   **z** ⟨, dann⟩   **a** Es ist nicht ersichtlich, wohin genau dieser Einschub gehört.

---

und das andere falsch sein und dies gilt auch für widersprechenden Urtheile von Einzelnen [...]."

26 Russell, *Mathematical Logic*, S. 247: "This is the axiom of the 'identification of variables'. It is needed when two separate propositional functions are each known to be always true, and we wish to infer that their logical product is always true. This inference is only legitimate if the two functions take arguments of the same type, for otherwise their logical product is meaningless. In the above axiom, x and y must be of the same type, because both occur as arguments to Φ."

27 Siehe hierzu Brouwer, „Über die Bedeutung des Satzes vom ausgeschlossenen Dritten in der Mathematik, insbesondere in der Funktionentheorie", in: *Journal für die reine und angewandte Mathematik*, Nr. 154, S. 1–7 und *Intuitionistische Zerlegung mathematischer Grundbegriffe*, S. 251–256.

28 Nach Meinong kommen den Gegenständen in der realen Welt eine unendliche Anzahl an Bestimmungen zu. Für reale Gegenstände trifft das tertium non datur zu, doch für „unvollständige", also unbestimmte Gegenstände nicht. Meinongs Beispiel für einen unbestimmten Gegenstand ist Blaues. Siehe hierzu Meinong, *Über Möglichkeit und Wahrscheinlichkeit*, S. 171: „Blaues ist, für sich betrachtet, so wenig ausgedehnt oder unausgedehnt, als umgekehrt das Ausgedehnte, für sich betrachtet, blau oder nicht blau heißen dürfte. Nennt man also einen Gegenstand A in bezug auf einen Gegenstand B dann bestimmt, wenn von A mit Recht behauptet werden darf, entweder, daß es B ist, oder daß es B nicht ist, dann ist Blaues in bezug auf Ausdehnung unbestimmt, und das im Satz vom ausgeschlossenen Dritten enthaltene, bei Wirklichem und Bestehendem, wie wir sahen, bewährte Prinzip, daß jeder Gegenstand in bezug auf jeden Gegenstand bestimmt sein müsse, hat beim Gegenstand Blaues in abstracto keine rechtmäßige Anwendung mehr."

Satz der doppelten Verneinung:

$$\text{falsch} = \text{nicht wahr}$$
$$\text{wahr} = \text{nicht falsch}$$
$$\text{nicht wahr} = \text{nicht (nicht falsch)}^{\text{b}} = \text{falsch}$$

Satz der Identität, kommt nicht vor[.] Sinn: 2 Zeichen bedeuten dasselbe[29]

c   (14)

„alle" schließt 0 ein
„einige" [schließt] [0] aus
$$= \text{„es gibt"}^{30}$$
alle S sind P = *wenn* etwas S ist, so ist es P
es braucht aber nichts ein S zu sein.
Dann kann *nicht* aus „a" „i" gefolgert werden

①	Bejahung pos[itiv]	Verneinung neg[ativ]	
②	Allgemein univer[sell]	beschränkt sing[ulär]	unbestimmt particul[är]
③	Stattfinden *assert*[orisch]	Notwendig *apod*[iktisch]	Stattfinden-können *problemat*[isch]
④	*Kat*[egorie]	*Begr*[iff]	*Ding*

---

b Klammern mit Bleistift   **c** Im Original durch Linie getrennt

29 Bei Frege Inhaltsgleichheit. Sie kann sowohl zwischen Namen im gewöhnlichen Sinn stehen, als auch zwischen Sätzen. Im ersten Fall entspricht sie der klassischen Identität, im zweiten der Äquivalenz. Vgl. dazu Frege, *Begriffsschrift*, § 8.

30 Frege, *Grundlagen der Arithmetik*, § 53: „Es ist ja Bejahung der Existenz nichts anderes als Verneinung der Nullzahl."

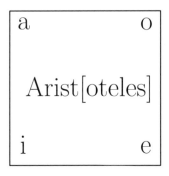

a o

Arist[oteles]

i e

31

Apuleius
Boëthius : a conträr e

con[trä]r

contradi[ctorisch]

dict[orisch]

sub-
alt[ern]

sub-
alt[ern]

SaP

SeP

etc

i subconträr O

32

i ist nur zu *e* kontradiktorisch, wenn es heisst: „es gibt"

Müssen	nicht können
α	ε
Können	nicht müssen
ι	ω

33

31 Man beachte die Beschriftung dieses logischen Quadrates: a, o, i, e. Vgl. Ueberweg, *System der Logik*, § 72.

32 Vgl. Ueberweg, *System der Logik*, ebd.

33 Vgl. Höfler, *Grundlehren der Logik und Psychologie*, § 47.

I. Analytiken: Begriffe sind das, in was eine Aussage aufgelöst werden kann. Auflösen = Analyse durch partielles Variieren

positiv

negativ

relativ   Vater, Onkel

absolut

Individualbegriffe (scheinbar: der gegenwärtige Präsident
der Rep[ublik] Öst[erreich])
auch Mengen, ausser wenn man sagt „eine Menge"

Allgemeinbegriff: Name jedes   Mensch
Dinges allein: → omnes   Bibliothek
                                ist *beides*
Kollektivbegriff [Name] einer
Kollektion: → cuncti

Distributivbegriff

Konkret: Name eines Dinges: Tisch, grün

Abstract: Namen einer Eigenschaft: Grünheit

Vorzeigen und Beschreiben

Definieren und Finden einer gebräuchlichen Definition

(16)

| Ein allwissender Geist würde nur bejahende Singularurteile ge-   5
brauchen. Verneinung, alle, einige etc. sind blos künstlich ein-
geführte Unbestimmtheiten, durch sie allein wird Logik nötig[34]
⟨Singuläre Urteile haben ganz anderen Bau als allgemeine.⟩
„Wenige Bücher sind zugleich belehrend [und] unterhaltend"
Form: *i* Sinn: *o*
Exklusive Urteile:

d Im Original durch Linie abgetrennt

34 Vgl. Schlicks Vorlesung über „Erkenntnistheorie und Logik", Inv.-Nr. 2, A. 3a,
Bl. 49 (*MSGA* II/1. 1).

Nur unmoral[ische] Menschen predigen Rassenhass
= Kein moral[ischer] M[ensch] pred[igt] R[assenhass]

Exceptive Aussagen: Alle Planeten ausser zweien sind ausserhalb
der Erdbahn
Synthetisch (erweiternd) Analytisch (erläuternd) Tautologisch
Einfach, zusammengesetzt.
Klassifikatorisch, normativ, existenzial, impressional, erzählend,
erklärend
Konjunktion (S ist P_1, u[nd] P_2) Kopulativ (S_1 u[nd] S_2 sind P),
divisiv (S ist teils P_1 teil P_2)

(17) _____ e

Distribution eines Begriffes heisst, dass ⟨etwas über⟩ seinen *Ganzen* Umfang ⟨⟩[f] ausgesagt wird

e	-Aussagen	distribuieren	das ⟨Subjekt *und*⟩ Prädikat, a-und i-Aussagen nicht
a	-Aussagen	[distribuieren]	das Subjekt
o	-Aussagen	[distribuieren]	das Prädikat
i	-Aussagen	[distribuieren]	*weder* Subj[ekt] *noch* Präd[ikat]

a	mit	e	und	o	*unverträglich*
e	mit	a	und	i	[unverträglich]
o	mit	a			[unverträglich]
i	mit	e			[unverträglich]

Könnte „i" nicht auch „alle" bedeuten so wäre es mit o identisch.

1) Kontradiktorisch: eins wahr, eins falsch
2) Konträr, nicht beide wahr, aber beide können falsch sein
3) Subkonträr nur eins falsch, [aber nicht beide] richtig
4) Subaltern. $\mathcal{W}$ oder $\mathcal{F}$. das Besondere richtet sich nach dem
   allgemeinen, nicht umgekehrt

e Im Original durch Linie abgetrennt   **f** ⟨gewonnen⟩

Wahr	A	E	I	O
A	$\mathcal{W}$	$\mathcal{F}$	$\mathcal{W}$	$\mathcal{F}$
E	$\mathcal{F}$	$\mathcal{W}$	$\mathcal{F}$	$\mathcal{W}$ [35]
I	?	$\mathcal{F}$	$\mathcal{W}$	?
O	$\mathcal{F}$	?	?	$\mathcal{W}$

---

35 Diese Tabelle zeigt, wie sich das Urteil in der Zeile verhalten würde, wenn man voraussetzt, dasjenige der Spalte wäre wahr. Die Fragezeichen der ersten beiden Spalten müssten nach der klassischen Logik mit „$\mathcal{W}$" ausgefüllt werden. Der Schluss von A zu I lässt sich aus der conversio per accidens und der conversio simplex ableiten. In der Logik Freges und Russels gelten diese Schlüsse dagegen nicht. Die Fragezeichen zeigen, dass Schlick dieser Unterschied bewusst war, jedoch brechen seine Aufzeichnungen hier ab.

Wahrscheinlichkeit

© Springer Fachmedien Wiesbaden GmbH, ein Teil von Springer Nature 2019
M. Lemke und A.-S. Naujoks (Hrsg.), *Moritz Schlick. Vorlesungen und Aufzeichnungen
zur Logik und Philosophie der Mathematik*, Moritz Schlick. Gesamtausgabe,
https://doi.org/10.1007/978-3-658-20658-1_4

Editorischer Bericht

Zur Entstehung

1920 bat Hans Reichenbach, Schlick möge etwas zur Wahrscheinlich-keit erarbeiten.[1] Schlick tat dies zunächst nicht. 1925 veröffentlichte Reichenbach selbst seinen Aufsatz „Die Kausalstruktur der Welt und der Unterschied von Vergangenheit und Zukunft". Darin führte er einen dem materialen Konditional (Implikation) ähnlichen Junktor „$\ni$" ein. Die Formel „$\alpha\ni_{0,8}\beta$" drückt dort aus, dass in 8 von 10 Fällen, in denen α wahr ist, auch β wahr ist. Bei logisch voneinan-der unabhängigen Aussagen wäre der Wert 0,5, es gäbe dann keine Möglichkeit β aus α vorherzusagen.

„$\ni_1$" ist der Extremfall, in dem der Junktor sich genau so wie ein materiales Konditional, also wie eine Wahrheitsfunktion verhält. Wahrheit und auch Falschheit wären nach Reichenbachs Auffassung also ein Extremwert der Wahrscheinlichkeit. Diese Auffassung lehnte Schlick bereits in seiner Habilitationsschrift ab:

„Ohne das geringste Zögern weisen wir die zweite Ansicht zurück, denn Logik und Wissenschaft haben zu allen Zeiten anerkannt, daß niemals den Wahrheiten, sondern nur den Wahrscheinlichkeiten verschiedene Grade zukommen. Wer die Wahrheit so definiert, daß sie diesem Postulat nicht entspricht, der hat nicht wirklich *den* Begriff definiert, den man in Wissenschaft und Leben immer meinte, wenn man von Wahrheit sprach, und den man auch fürder meinen wird."[2]

In dem vorliegenden Stück[3] ging Schlick auf den bereits erwähnten Aufsatz Reichenbachs von 1925 ein und kritisierte ihn. Folglich kann

---

1 Hans Reichenbach an Moritz Schlick, 29. November 1920.

2 1910b *Wesen der Wahrheit*, S. 390–424 (*MSGA* I/4).

3 Inv.-Nr. 10, A. 23.

er erst später entstanden sein. Da Schlick sich in dem 1931 erschienenen Aufsatz „Kausalität in der gegenwärtigen Physik",[4] noch einmal wesentlich gründlicher mit Reichenbachs Positionen auseinandersetzte, ist eine Entstehung noch in den 1920er Jahren anzunehmen. Zudem fanden am 5. Januar und 22. März 1930 bei Schlick zwei Diskussionen zwischen ihm und Ludwig Wittgenstein statt, in denen Wittgenstein zwei Arten von Wahrscheinlichkeit unterschied.[5] Von dieser Unterscheidung findet sich in diesem Stück jedoch noch nichts. Auch die Wahrscheinlichkeitstheorie aus Wittgensteins *Tractatus logico-philosophicus* berücksichtigte Schlick nicht.[6] Die Diskussion über den *Tractatus* begann im Schlick-Zirkel jedoch schon 1924.[7] Außerdem trägt das Stück am Ende unfertig ausgearbeitete Notizen zum Funktionskalkül, die sich fertig ausgearbeitet in Arbeiten von 1927/28 wiederfinden.[8]

Das vorliegende Stück ist also mit großer Wahrscheinlichkeit deutlich vor Ende der 1920er Jahre entstanden. Da Reichenbach seinen Aufsatz 1925 veröffentlichte, ist dieses Stück nur unwesentlich jünger. Anders als bei allen anderen Stücke dieses Bandes gibt es jedoch keine Lehrveranstaltung, der es zugeordnet werden könnte. Die Datierung und die Umstände der Entstehung lassen sich darum auch anhand des Wiener Lehrverzeichnisses nicht genauer beschreiben. Im Briefwechsel aus den fraglichen Jahren gibt es ebenfalls keine Hinweise über dieses Stück. Es ist durchaus möglich, dass Schlick es später, z. B. beim Abfassen seines Aufsatzes über „Kausalität in der gegenwärtigen Physik", noch einmal verwendete, sicher nachweisen lässt sich aber auch dies nicht.

---

4 1931a *Kausalität* (*MSGA* I/6, S. 237–290).

5 Siehe zur an dieses Stück anschließenden Debatte siehe die Einleitung in diesem Bd. ab S. ??.

6 Wittgenstein, *Tractatus*, 4.464–5.1511.

7 Siehe dazu in diesem Bd. ab S. 225.

8 Siehe dazu in diesem Bd. ab S. 257.

Zur Überlieferung und Edition

Dieses Stück reiht sich auch nach seiner Form und dem Inhalt seines zweiten Teils in die Notizen ein, die Schlick in den 1920er Jahren zur Logik angefertigt hat. Es ähnelt also den bei der Archivierung zusammengestellten und „Membra disjecta" überschriebenen Konvoluten.[9] Wie diese ist es im doppelten, weil ungebundenen Compactformat[10] gehalten. Ebenfalls hat es wie diese keinen Haupttextkörper, sondern besteht aus einzelnen Abschnitten, Tabellen und in diesem Stück besonders aus Stichworten. Das machte, wie bei einigen anderen Stücken, eine Aufarbeitung im Blockapparat nötig.

Dass vieles nur in Stichworten gehalten ist, erschwerte zudem die erläuternde Kommentierung. Der Substantivische Stil, wie etwa in „Definition von Gesetz und Zufall durch relative Häufigkeiten", erlaubte nur Vermutungen dazu, ob es sich um ein verkürztes Zitat, ein Exzerpt oder Schlicks eigene Ansicht handelt. Um nicht Gefahr zu laufen, den Text zu interpretieren, ist der erläuternde Kommentar eher zurückhaltend ausgefallen.

---

9 Inv.-Nr. 15, A. 49-1, -2, -3 und -4.
10 17 x 21,6 cm.

Wahrscheinlichkeit

Neue ⟨⟩ᵃLogik ohne Satz exclusi tertii?

2 Gründe dafür (beide unzureichend)

1) Intuitionistische Mathematik[1]

2) „Wahrscheinlichkeitslogik"

Wahr [und] Falsch *nicht* Grenzwerte d[er] Wahrscheinlichkeit, weil ein Satz wahr oder falsch ist [und] *ausserdem* wahrscheinlich. Also sind Alternativ- [und] Wahrscheinl[ichkeits]-Logik nicht ⟨⟩ᵇ gleichberechtigt.

---

c (1)

Nicht subjektiv, sondern object[ives] Verhältnis von Aussagen zueinander.

Bolzano (1781–1848) Wissenschaftslehre 1837 4 Bde[2]

Alle Sätze Ausschnitte [lassen ⟨viele⟩]⁷ *Möglichkeiten* zu. p kann zu q ⟨⟩ᵈ ... in dem Verhältnis stehen, dass es Umstände gibt, die sowohl p als auch q ⟨⟩ᵉ wahr machen. q: N ist in Wien; p: N ist in Universität. Die Umstände können diskreter Art [und] abzählbar sein.

---

a ⟨(Wahrscheinlichkeits-)⟩   **b** ⟨[?]⟩   **c** Hier ist auch im Original eine Trenn-linie   **d** ⟨q, r, s⟩   **e** ⟨q, r, s ...⟩

1 In der intuitionistischen Aussagenlogik gilt der Satz vom ausgeschlossenen Dritten (principium exclusi tertii) nicht. Vgl. hierzu Brouwer, *Über die Bedeutung des Satzes vom ausgeschlossenen Dritten in der Mathematik, insbesondere in der Funktionentheorie.*

2 Bolzano, *Wissenschaftslehre*, 4. Bd. Sulzbach: Seidel 1837.

$$\text{Wahrscheinlichkeit,} \atop \text{die } q \text{ dem } p \text{ gibt} \quad := \quad \frac{\text{Zahl der Umstände, die } p \text{ und } q \text{ wahr machen.}}{\text{Zahl d[er] Umst[ände], die } q \text{ wahr machen.}}$$ [3]

Stimmen sie überein, so *folgt p aus q*, d. h.: $q \to p$ *ist wahr* also *nicht p* ist wahr.

$$\text{Reichenbach: } q \underset{w}{\ni} p \; \textit{kein} \text{ Implikationsverhältnis.}$$ [4]

„*q* impliziert *p* ein bischen." (sie haben einige W[ahrheits]-möglichkeiten gemeinsam) „beinahe": sie *haben viele gemeinsam.*
In Urne 100 weisse, 50 rote Kugeln

q : ich ziehe eine Kugel. in 150 Fällen wahr
q : ich ziehe eine rote K[ugel]. in 50 Fällen wahr. $\left. \right\} w = \frac{1}{3}$
   (Ich ziehe eine Kugel, und die ist rot)

Tautologie ⟶ Möglichkeit ⟶ Kontradiktion
Notwendig   unmöglich

um so mehr, je mehr $\mathcal{W}$ in der
[Kolumne]^{f} vorkommen. $\wr^{g}$

Haben p und q überhaupt gemeinsame Wahrheitsmöglichkeiten, so macht das eine das andere *möglich*. (Verträglichkeit mit Naturgesetzen) $p \longrightarrow q, r, s...\wr^{h}$ (empirische Möglichkeit) gleichmögliche Fälle. $\wr^{i}$

---

f ⟨Tabelle⟩   **g** Sehr groß in einem Kasten am Rand: $\left\langle \frac{\text{Zufall}}{\text{Gesetz}} \right\rangle$ **h** Darunter am unteren Rand: ⟨Naturgesetze⟩   **i** Am Unteren rechten Rand: ⟨Häufigkeit: *Limes.*⟩

3 Hierbei handelt es sich um das Bayessche Gesetz. Siehe hierzu: Bayes/Price, "An Essay towards solving a Problem in the Doctrine of Chances", in: *Philosophical Transactions of the Royal Society of London*, Nr. 53, 1763, S. 370–418.

4 Vgl. hierzu Reichenbach, „Die Kausalstruktur der Welt und der Unterschied zwischen Vergangenheit und Zukunft". Reichenbach führt hier erstmalig die Wahrscheinlichkeitsimplikation an logischen Junktoren ein.

„Gesetzmäßigkeit des Zufalls"

$$\left| \left\langle \begin{array}{l} \text{empirische (=individuell)} \\ \text{logische (=specifische)} \end{array} \right\} Allgemeinheit \right\rangle^{\text{j}} \qquad _2$$

Statistische Gesetze, Kausalgesetze, Anwendungsproblem[5]
Definition von Gesetz und Zufall durch ⟨relat[ive]⟩ Häufigkeiten.
Definition „gleichwahrscheinlicher Fälle" durch gleiche relative
Häufigkeiten.

Schwierigkeiten des *Limes* durch psycholog[ischen] *Entschluss*
[überwunden]$^{?\,\text{k}}$ Satz des Widerspruchs für Sätze über *Zukunft*.

Funktionen kalkül

_____ ˡ (2)

$\varphi(x)\ \varphi(a)$ muss *sinnvoll* sein. ⟨Nichtraucher (Vesuv, Aetna)⟩ Operator, Operand.

$\left\langle^{\text{m}} \quad \varphi a\ \&\ \varphi b\ \&\ \varphi c\ \&\ \text{.......}\ \&\ \varphi k = (x)\varphi x \qquad\qquad \text{immer wahr}\right.$

$\qquad\quad \varphi a \vee \varphi b \vee \varphi c \vee \text{.......} \vee \varphi k = (\exists x)\varphi x \quad \text{manchmal wahr}$

	φa	φb	φc	...	φk	$(x)\varphi x$	$(\exists x)\varphi x$	$(\exists x)\overline{\varphi x}$	$(x)\overline{\varphi x}$	
	$\mathcal{W}$	$\mathcal{W}$	$\mathcal{W}$	...	$\mathcal{W}$	$\mathcal{W}$	$\mathcal{F}$	$\mathcal{F}$	$\mathcal{F}$	„alle"
						$\mathcal{F}$	$\mathcal{W}$	$\mathcal{W}$	$\mathcal{F}$	„min-
2^n						$\mathcal{F}$	$\mathcal{W}$	$\mathcal{W}$		des-
						$\vdots$	$\vdots$	$\vdots$	$\vdots$	tens-
	$\mathcal{F}$	$\mathcal{F}$	$\mathcal{F}$	...	$\mathcal{F}$	$\mathcal{F}$	$\mathcal{F}$	$\mathcal{W}$	$\mathcal{W}$	einige"
						1	2	3	4	

j Einschub am oberen rechten Rand der Seite   **k** Könnte auch ⟨überwinden⟩ heißen   **l** Hier ist auch im Original eine Trennlinie   **m** ⟨*Individuen.*⟩

5 Schlick könnte hier Bezug nehmen auf Zilsel, *Das Anwendungsproblem. Ein philosophischer Versuch über das Gesetz der großen Zahlen und Induktion.*

gebundene Variable 1 und 3 sind kontradiktorisch[6]
2 und 4 [sind kontradiktorisch][n] $(x)\varphi(x)$ *dasselbe* wie $(y)\varphi(y)$

$$scheinbare \text{ Variable: Peano}^{[7]} \int_{a}^{b} \varphi(x)\mathrm{d}x$$

formale Implication: $(x)(\varphi x \to \psi x)$
„Cato tötete Cato" gibt 3 Funktionen:[8]
   1) Cato tötete
   2) von Cato getötete werden
   3) sich selbst töten
1) x tötete C[ato]. 2) C[ato] tötete y 3) x tötete x

---

n Im Original Auslassungszeichen: ⟨ıı⟩

6 Die Nummern beziehen sich auf die Tabelle oben.
7 Weitere Ausführungen dazu in diesem Bd. S. 293.
8 Vgl. Frege, *Begriffsschrift*, § 9.

Logik – [Wien]

Editorischer Bericht

Zur Entstehung

Nachdem Schlick nach seiner kurzen Kieler Zeit den Ruf nach Wien annahm, hatte sich sehr schnell ein Zirkel von Studenten und Kollegen um ihn geschart, der sich auf Einladung Schlicks Donnerstags in der Boltzmanngasse traf. Um diesen Kern wuchs in während der 1920er Jahre der Wiener Kreis.[1] Auf Anregung des Wiener Mathematikers Kurt Reidemeister begann sich der Zirkel 1924 mit dem *Tractatus logico-philosophicus* Ludwig Wittgensteins zu beschäftigen.[2] Schlick schrieb im selben Jahr einen Brief an Wittgenstein und bat darin um die Zusendung einiger Exemplare des *Tractatus*.[3] Dieser lehnte die Bitte mit der Bemerkung ab: „das Buch müsse seinen Weg schon selbst machen".[4] Schlick und sein Kreis diskutierten dieses fast durch die gesamten zwanziger Jahre. Bis zum Ende der des Jahrzehnts blieb Schlicks Kontakt mit Wittgenstein auf Briefwechsel beschränkt. Schlick versuchte Wittgenstein zunächst vergeblich in Ottertal, etwa 90 km von Wien, zu besuchen. Zu einem ersten Treffen kam es jedoch erst im Frühjahr 1927 in Wien. Schlick war von Wittgenstein hingerissen.[5] Das illustriert ein Brief, den er im Sommer 1927 an Albert Einstein schrieb:

1 Zu dem Umständen von Schlicks Berufung nach Wien siehe Stadler, *Studien zum Wiener Kreis*, S. 568 f., zur Vorgeschichte in Wien a. a. O., S. 168–187 und zur Konstitution des Gesprächszirkels S. 225–251.

2 A. a. O., S. 225–233.

3 Moritz Schlick an Ludwig Wittgenstein 25. Dezember 1924.

4 Ludwig Wittgenstein an Moritz Schlick, 7. Januar 1925.

5 Nedo, *Ludwig Wittgenstein*, Einführung, S. 27. Stadler, *Studien zum Wiener Kreis*, S. 470 f.

„Ich weiß nicht, ob es Sie interessiert, aber ich möchte Ihnen doch gern mitteilen, dass ich jetzt mit der grössten Begeisterung bemüht bin, mich in die Grundlagen der *Logik* zu vertiefen. Die Anregung dazu verdanke ich hauptsächlich dem Wiener Ludwig Wittgenstein, der einen [...] ‚Tractatus logico-philosophicus‘ geschrieben hat, den ich für das tiefste und wahrste Buch der neueren Philosophie überhaupt halte. Allerdings ist die Lektüre äusserst schwierig. Der Verfasser, der nicht die Absicht hat, je wieder etwas zu schreiben, ist eine Künstlernatur von hinreißender Genialität, und die Diskussion mit ihm gehört zu den gewaltigsten geistigen Erfahrungen meines Lebens. Seine Grundanschauung scheint mir die Schwierigkeiten des Russellschen Systems spielend zu überwinden, und im Prinzip auch die ganze Grundlagenkrise der gegenwärtigen Mathematik. Ich glaube viel gelernt zu haben und kann kaum sagen, wie primitiv und unreif meine Erkenntnistheorie mir jetzt erscheint."[6]

Das hier abgedruckte Stück[7] ist das Ergebnis dieser Einarbeitung in die Formale Logik und gleichzeitig ein Kommentar zum *Tractatus logico-philosophicus*. Hierbei passierten Schlick auch einige Fehler und Missverständnisse der formalen Logik. Zum Umgang damit siehe die editorischen Entscheidunngen am Ende dieses Berichts. Besonders bei den formalen Details schöpft Schlick aber auch aus dem 1927 erschienenen *Mathematik und Logik* von Heinrich Behmann.[8]

Eine frühere Entstehung des vorliegenden Textes ist darum nicht möglich.

Ab 1929 diskutierte Schlick regelmäßig mit Wittgenstein.[9] Dabei revidierte Wittgenstein manche der Positionen des *Tractatus* oder betonte sie wenigstens anders. Das zeigt sich auch in den späteren Arbeiten Schlicks. Von diesem Einfluss ist das vorliegende Stück jedoch noch ganz frei, so dass eine Entstehung vor 1929 angenommen werden muss.

Auch wenn die Datierung recht genau möglich ist, lassen sich der Anlass und die Umstände die Entstehung nicht genau rekonstruieren. Sehr wahrscheinlich ist, dass es im Umfeld einer Lehrveranstaltung entstand, die uns zwar nicht durch das Vorlesungsverzeichnis, jedoch durch den Briefwechsel mit Carnap verbürgt ist:

6 Moritz Schlick an Albert Einstein, 14. Juli 1927.

7 Inv.-Nr. 15, A. 48.

8 Zur Rezeption des Buches im Wiener Kreis siehe auch Moritz Schlick an Rudolf Carnap, 20. November 1927.

9 McGuinness (Hrsg.), *Wittgenstein und der Wiener Kreis*.

„In meiner Logikvorlesung habe ich vor Weihnachten einen kritischen Überblick über die traditionelle Lehre gegeben, jetzt beginnt nun der positive Aufbau, bei dem ich von Frege ausgehen werde."[10]

Einige Wochen später änderte Schlick seine Pläne:

„Mein Logikkolleg macht mir wirklich Freude, beschäftigt allerdings meine Gedanken so sehr, daß ich oft darüber wach liege. Ich suche es ganz auf der Grundlage von Wittgenstein aufzubauen. Es erweckt bei den Hörern viel mehr Interesse und Verständnis, als ich erwartet habe."[11]

Der Aufbau des Stückes entspricht diesem Bericht sehr gut. Das erste Drittel ist fast ausschließlich Wittgenstein gewidmet. Danach verglich Schlick Russells Logik mit dem *Tractatus* und beendete das Stück mit einer Kritik an Freges Aufsatz „Über Sinn und Bedeutung". Ob das Stück vorbereitend, parallel oder als eine Art Ergebnisprotokoll jenes Kollegs entstanden ist, lässt sich nicht mehr feststellen. Wegen der vielen Überarbeitungen ist sogar alles auf einmal möglich.

Bemerkenswert ist die für Schlick sehr ungewöhnliche Unterteilung in teils recht kurze Paragraphen. Das scheint eher gegen eine Verwendung in der Lehre und eher für die Vorbereitung einer Publikation zu sprechen. Eines schließt das andere jedoch nicht aus. Ganze Teile von Vorlesungen als Vorarbeiten für Publikationen zu nutzen war für Schlick eine normale Vorgehensweise. Zum Beispiel zeigt näherer Vergleich der 1910er Vorlesung über die „Grundzüge der Logik und Erkenntnistheorie" mit der *Allgemeinen Erkenntnislehre*, dass die Vorlesung als eine Vorarbeit angesehen werden kann.[12] Für die Verwendung in der Lehre spricht, dass große Teile des Stückes gar nicht aus Text, sondern aus Tabellen und Übersichten bestehen, die man sich viel eher an der Tafel mit mündlichen Erläuterungen als in einem Buch vorstellen kann. Eine Publikation zur Logik aus

---

10 Moritz Schlick an Rudolf Carnap, 4. Januar 1928.

11 Moritz Schlick an Rudolf Carnap, 29. Januar 1928.

12 *Grundzüge der Erkenntnislehre und Logik*, Inv.-Nr. 2, A. 3a, Bl. 1 (*MSGA* II/1. 1). Siehe dazu aber auch MSGA I/1, S. 69 f. Eine ähnliches Beispiel ist der Vortrag "Form and Content", bei dem es Schlick nicht gelang, ihn in eine befriedigende Publikation zu überführen. Siehe dazu die entsprechende Einleitung und den editorischen Bericht in *MSGA* II/1. 2.

der Sicht Wittgensteins hat Schlick auch wohl deshalb nicht ge-
plant, weil sein Mitarbeiter Waismann zu jener Zeit bereits daran
arbeitete.[13]

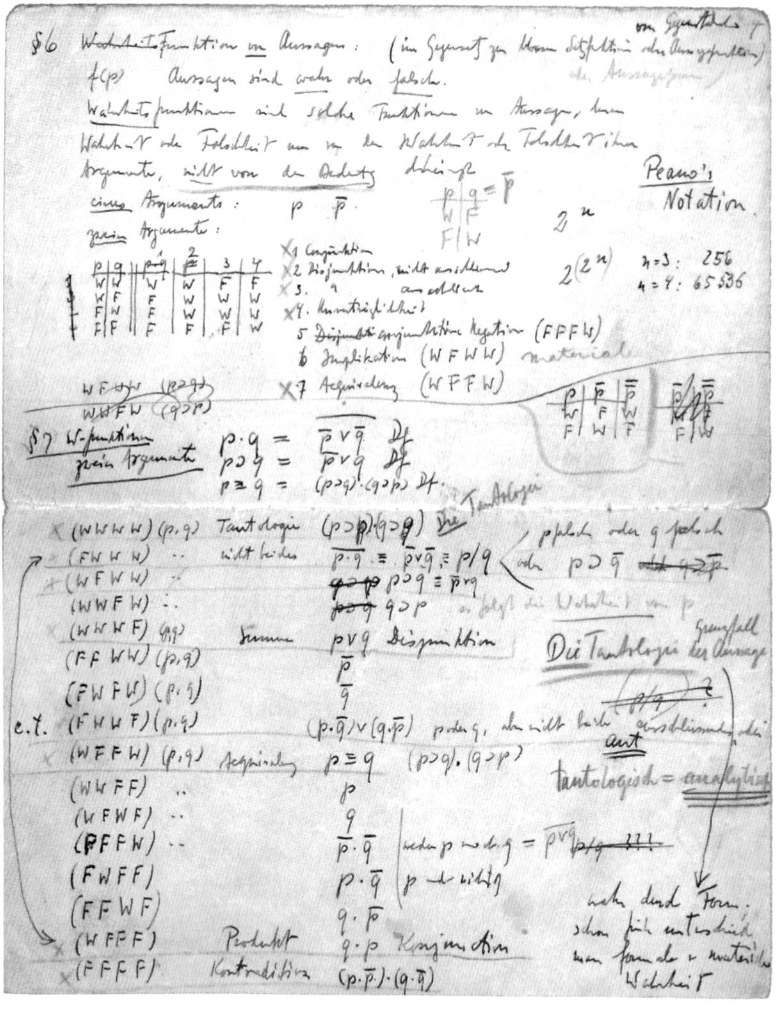

Abb. 9. Reproduktion von Bl. 4 des vorliegenden Stückes. Im Original sind

13 Rudolf Carnap an Moritz Schlick 21. Februar 1928. Nach vielen Umarbeitungen, Korrekturen bis hin zum Zerwürfnis mit Wittgenstein erschien Waismanns
Sprache, Logik Philosophie erst nach dem Zweiten Weltkrieg. Siehe dazu auch
in diesem Bd. ab S. 337.

Blei-, Kopier- sowie mehrere Buntstifte und Füllhalter unterscheidbar.

Das Stück trägt selbst für Schlicks Stücke aus den 1920er Jahren überaus viele Überarbeitungsspuren und es ist nicht einmal ausgeschlossen, dass Schlick noch bis in die dreißiger Jahre hinein Ergänzungen und Änderungen an seinen ursprünglichen Ausarbeitungen vorgenommen hat. Zumindest kennen wir dieses Vorgehen vom 1910er Manuskript über Erkenntnistheorie und Logik.[14] Diese Vorlesung wiederholte Schlick immer wieder bis daraus 1935/36 das in diesem Band abgedruckte Typoskript entstanden ist.[15] Einige der Übersichten und Tabellen dort erinnern zudem sehr an das vorliegende Stück.

Es steht aber auch selbst nicht ohne Vorarbeiten dar. Es ist die Zusammenfassung älterer Notizen zur Logik, die über die gesamten 1920er Jahre entstanden sind. Ein Großteil davon wurde ohne Ansehen der Entstehung und des inhaltlichen Zusammenhangs nachträglich bei der Archivierung in Konvoluten Inv.-Nr. 15, A. 49-1, -2 und -3 zusammengefasst.[16] Eine weitere Vorlage dürfte die zweite Hälfte von Inv.-Nr. 10, A. 23 sowie Inv.-Nr. 15, A. 49-4 sein.[17]

Zur Überlieferung

Das Stück ist, wie viele Handschriften Schlicks aus den zwanziger Jahren, auf Bögen im doppelten Kompaktformat (17 × 21,6 cm) gehalten. Vermutlich hatten diese Papiere schon vor Benutzung einen Falz in der Mitte, um sie im Kompaktformat binden zu können. Es umfasst 36 von Schlick nummerierte Blätter, die teils einseitig, teils beidseitig beschrieben sind, sodass sich insgesamt 42 beschriebene Seiten ergeben. Das Stück ist zusätzlich in 22 Paragraphen

---

14 Siehe den editorsichen Bericht zu den *Grundzügen der Logik und Erkenntnistheorie*, Inv.-Nr. 2, A. 3a (MSGA II/1. 2).

15 Siehe in diesem Bd. ab S. 337 und S. 351–632

16 Siehe dazu in diesem Bd. ab S. 225.

17 Siehe dazu in diesem Bd. ab S. 247 und S. 225.

mit eigenen Überschriften gegliedert und diese sind nochmals durch weitere Überschriften unterteilt. Wie bereits erwähnt, ist das Stück etliche Male überarbeitet und geändert worden. Dadurch ergibt sich folgendes Bild:

1. Kleinere Textpassagen, Formeln, Beweise, Ableitungen, Übersichten, Tabellen und Skizzen wechseln einander in loser Folge ab.
2. Diese einzelnen Passagen stehen oft nicht in einem direkten inhaltlichen Zusammenhang. Deswegen trennte Schlick sie häufig durch Kasten, Rahmen, Linien oder Abstände voneinander ab.
3. Die einzelnen Passagen wurden immer wieder umgearbeitet, erweitert und korrigiert. Häufig genügte der ursprünglich für eine Passage vorgesehene Platz nicht, sodass Schlick an anderen Stellen des Blattes oder auf den Rückseiten weitergearbeitet hat. Inhaltlich zusammengehörige Textabschnitte sind also oft über das Blatt verteilt.
4. Nur gelegentlich enthält das Manuskript Hinweise in Form von Symbolen oder Pfeilen darauf, in welcher Reihenfolge die einzelnen Abschnitte zu lesen sind. Aus der Aufteilung der Blätter ergibt es sich ebenfalls nicht.
5. Die Umarbeitungen lassen sich nur teilweise wegen der Verwendung verschiedener Farben und Stifte der Reihenfolge nach rekonstruieren. Schwarze Tinte herrscht jedoch vor.
6. Nicht jede Passage und jeder Gedanke ist fertig ausgeführt. Zum Beispiel bricht Schlick Beweise häufig ab und probiert sie an anderer Stelle mit einem anderen Verfahren neu.
7. Manche Teile sind sehr sorgfältig ausgearbeitet, manche scheinen in großer Eile entstanden zu sein. Vielfach handelt es sich um verknappte Sätze, denen Hilfsverben, Artikel und Präpositionen fehlen.
8. Das alles führt dazu, dass es sich nicht um einen zusammenhängenden und von oben nach unten lesbaren Text handelt. Dadurch gibt es im Manuskript keinen klaren Unterschied zwischen Textkörper, Fußnoten, nachträglichen Einfügungen und Randbemerkungen. Eine solche Einteilung könnte, wenn überhaupt, nur willkürlich getroffen werden.

Editorische Entscheidungen

Diese Befunde erschwerten die Erschließung des Textes. Daher wurde das gesamte Stück in Textblöcke gegliedert. Zu diesem Instrument siehe die editorischen Prinzipien dieses Bandes. Für dieses Stück wurden zudem folgende Kriterien angewendet:

1. Jeder von Schlick neu begonnene Paragraph beginnt in einem neuen Textblock. Die Überschrift des Paragraphen ist von Schlick nicht einheitlich formatiert worden. Manchmal scheinen sie auch nachträglich hinzugefügt zu sein. Alle Überschriften wurden für den Druck gleich fett formatiert. Besonderheiten, wie z. B. farbige Unterstreichungen, werden jedoch textkritisch kommentiert.
2. Die Paragraphen sind oft nochmals in Themen eingeteilt, die eigene hervorgehobene Überschriften haben. Auch hier beginnt stets ein neuer Textblock und auch hier wurde die Hervorhebung vereinheitlicht. Dazu werden Besonderheiten der Hervorhebung zusätzlich kommentiert.
3. Die Zeilenzählung, die bei Schaubildern und Tabellen ohnehin überflüssig ist, wurde aufgeben.

Das erste Blatt wurde von Schlick vollständig überarbeitet, jedoch nicht gestrichen. Auch das Blatt wurde nicht neu nummeriert. So finden sich auf Blatt 2 die überarbeiteten Paragraphen des ersten Blattes. Aus Gründen der Lesbarkeit wurde das hier nicht mit Ersetzungen und Umstellungen aufgelöst, sondern die ersten beiden Blätter wurden genau so wiedergegeben, wie sie von Schlick angefertigt wurden. Daraus ergibt sich, dass einige Paragraphen doppelt vorhanden sind. Dem Kommentar an den Blöcken ist zu entnehmen, welches die Fassung erster und welches diejenige letzter Hand ist.

Für die erläuternde Kommentierung wurden neben der Literatur auch die bereits erwähnten Konvolute Inv.-Nr. 15, A. 49-1, -2 und -3 herangezogen und auszugsweise abgedruckt, wo sie über den hier vorhandenen Text hinausgehen.

Schlick unterliefen aus heutiger Sicht nicht wenige Fehler besonders im Bereich der formalen Logik. Diese werden in der Regel nicht berichtigt, da die gesamte MSGA nur den Entstehungszusammenhang berücksichtigt. Wenn sich also rekonstruieren lässt, wie ein Fehler entstanden ist oder woher Schlick ihn übernahm, wird das im Kommentar beschrieben, sonst wird wie in allen anderen Bänden der MSGA keine Rücksicht darauf genommen, ob und wo Schlick sich aus heutiger Sicht irrte.

Die logische und mathematische Symbolik wurde so wie Schlick sie verwendet übernommen. Sie folgt der jeweils von Schlick verwendeten Literatur. Da Schlick selbst ausführliche Übersichten über die Zeichen anlegt, war eine zusätzliche Erläuterung im Text nur ausnahmsweise nötig. Siehe dazu aber auch den im Anhang des Bandes befindlichen Glossar aller verwendeter mathematischen und logischen Symbole.[18]

---

18 In diesem Bd. S. 637

Logik – [Wien]

§ 1 Gegenstand: Zeichensystem als Bild der Wirklichkeit.[1]

Kritik des Psychologismus [a] bedeutet, daß es sich nicht um das Denken als psychische Funktion handelt.[2] Andere Zeichen als

---

a ⟨Frege besser als Husserl⟩

1 Vgl. dagegen in diesem Bd. S. 237, Block (24).

2 Vermutlich wollte Schlick hier Mill kritisieren, denn in Inv.-Nr. 15, A. 49-1, Bl. 6 schrieb er ausführlicher:

⟨Psychologismus. nach *Husserl. Frege* schon viel besser (Zahlbegriff.)

Mill: Logik ist Teil vom Kreis der Psychologie, wie Teil zum Ganzen, wie Kunst zur Wissenschaft. Ihre theoret[ischen] Grundlagen verdankt sie gänzlich der Psychologie[.]

Dagegen *Kant* (Jäsche): „In der Logik ist die Frage nicht nach gefälligen, sondern nach notwendigen Regeln – nicht wie wir denken, sondern wie wir denken sollen."

(Festlegung?) der wirklichen causalen Umstände, nach denen *Evidenz* auftritt.

Erster Einwand: Logik auf Psychologie oder einer anderen Wissenschaft zu gründen wäre ein Circel, weil sie Logik schon voraussetzt. Aber dann müsste auch Logik unmöglich sein. Nicht als Prämisse wird das Logische vorausgesetzt, sondern als Prinzip verwendet.⟩

Die von Schlick zitierten Stellen stammen aus Mill, *System der deductiven und inductiven Logik*, § 2, Fn. 3 sowie Kant, *Logik. Ein Handbuch zu Vorlesungen*, S. 14.

Husserl schrieb zum Psychologismus: „[...] darin besteht allseitige Einigkeit, daß die Psychologie eine Tatsachenwissenschaft ist und somit eine Wissenschaft aus Erfahrung. [...] Demgegenüber scheint nichts offenkundiger, als daß die ‚rein logischen' Gesetze insgesamt *a priori* gültig sind. Nicht durch Induktion, sondern durch apodiktische Evidenz finden sie Begründung und Rechtfertigung. [...] Mag sich, wer in der Sphäre allgemeiner Erwägungen stecken bleibt, durch die psychologistischen Argumente täuschen lassen. Der bloße Hinblick auf irgend eines

Vorstellungen und Urteile stehen diesen logisch gleich. Nicht Lehre von den „Formen des richtigen Denkens", sondern von der „Form überhaupt". Form = dasjenige, was allen Zeichensystemen („Sprachen"), die dasselbe ausdrücken, gemeinsam ist. Konstruktion der vollkommenen Sprache = Herausstellung der *reinen Form*.

(2) ⎯⎯⎯⎯⎯⎯⎯⎯⎯⎯⎯⎯⎯⎯⎯⎯⎯⎯⎯⎯⎯⎯⎯⎯⎯⎯⎯ b

§ 2 Gründe zur Entwicklung der „symbolischen Logik":

Leibniz zu philosophischen Zwecken.[3] Frege zu mathematischen. Vermeidung *unentdeckter* Voraussetzungen. 〈Wichtig für die Entscheidung der Frage nach dem analytischen oder synthetischen Charakter der Mathematik.〉[4] Enthymeme. Hilberts Axiom: ⊿[5] Vermeidung der Paradoxa. Exaktheit durch Nachbildung der math[ematischen] Methode? ?ᶜ Einführung von Zeichen (Algebra)? Aber, *zuerst* Bestimmtheit der Begriffe, *dann* sind Zeichen möglich [und] nützlich. Algebraische Methode nicht Grund, sondern *Folge* der Exaktheit.

b Die auf Blatt 1 befindlichen Paragraphen 2–5 werden ab Blatt 2 noch einmal überarbeitet, ohne gestrichen zu sein. Die Fassungen letzter Hand sind darum ab Block (7) zu finden.   **c** 〈Herbart〉

der logischen Gesetze, auf seine eigentliche Meinung und Einsichtigkeit, mit der es als Wahrheit an sich erfaßt wird, müßte der Täuschung ein Ende machen." (Husserl, *Prolegomena zur reinen Logik*, S. 60–64)

An früheren Stellen warf Schlick jedoch auch Kant vor, Logik und Psychologie ungebührlich zu vermengen. Siehe dazu in diesem Band S. 179 und S. 232.

Bei Frege (*Grundlagen*, § 27) heißt es: „Wäre die Zahl eine Vorstellung, so wäre die Arithmetik Psychologie. [...] Wäre die Zwei eine Vorstellung, so wäre es zunächst nur die meine. Die Vorstellung eines Andern ist schon als solche eine andere. Wir hätten dann vielleicht viele Millionen Zweien. Man müßte sagen: meine Zwei, deine Zwei, eine Zwei, alle Zweien. Wenn man latente oder unbewußte Vorstellungen annimmt, so hätte man auch unbewußte Zweien, die dann später wieder bewußte würden. Mit den heranwachsenden Menschen entstünden immer neue Zweien, und wer weiß, ob sie sich nicht in Jahrtausenden so veränderten, daß $2 \times 2 = 5$ würde. [...] Es wäre wunderbar, wenn die allerexakteste Wissenschaft sich auf die noch zu unsicher tastende Psychologie stützen sollte."

3 Siehe dazu in diesem Bd. S. 91 und S. 230.

4 Siehe dazu in diesem Band S. 149–164.

5 Es handelt sich um § 3, Axiom II, 4 aus Hilberts *Grundlagen der Geometrie*:

^{d} (3)

§ 3 ⟨Namen⟩

^{e} (4)

§ 4 Aussagen Urteile als Gleichungen? $S = P$ Einige Äpfel sind rot(e Äpfel) (Lotze)^{f} ganz unmöglich. Unterscheidung von Subjekt [und] Prädikat unzweckmäßig.[6]

„Gold schwerer als Eisen", „Eisen leichter als Gold", „Bei Platää siegten die Griechen über die Perser." Die Aussage p ist ein Bild einer Tatsache (eines Sachverhalts), sie ist ein Zeichen für das *Bestehen* einer Tatsache. „Im *Satz* drückt sich die Aussage (der Gedanke) sinnlich wahrnehmbar aus."[7] *Wahr und Falsch*. Funktion und Argument:

Gold [ist] schwerer als Eisen	Gold [ist] schwerer als Eisen
Blei [ist schwerer als Eisen]	[Gold ist schwerer als] Al
	[Gold ist schwerer als] Ag

Wir verlassen einstweilen die Analyse der Aussagen mit ihren Schwierigkeiten und wenden uns zur Betrachtung der Kombination von Aussagen.

---

d Der ursprüngliche Text von § 3 wurde nachträglich als § 4 neu nummeriert und unter § 3 die neue Überschrift aber kein weiterer eingefügt. Siehe dazu Block (8).   **e** Ursprüngliche Version von § 4 von Bl. 1. Die Fassung letzter Hand beginnt in Block (9).   **f** Im Original eckig geklammert

„Es seien A, B, C drei nicht in gerader Linie gelegene Punkte und a eine Gerade in der Ebene ABC, die keinen der Punkte A, B, C trifft: wenn dann die Gerade a durch einen Punkt der Strecke AB geht, so geht sie gewiß auch entweder durch einen Punkt der Strecke BC oder durch einen Punkt der Strecke AC."

6 Lotze führte nicht alle Urteile und nicht einmal alle partikularen auf Identitätsaussagen der Form „$S = P$" zurück, sondern nur die kategorischen auf partikuläre Identitätsurteile: „Unser Ergebniß wäre jetzt dies: die kategorischen Urtheile von der Form: S ist P, sind im Gebrauch zulässig, weil sie immer als particulare in dem Sinne unserer Bezeichnung gedacht werden, als solche aber schließlich identische sind." (Lotze, *Logik*, S. 82, vgl. aber auch S. 75–81)

7 Wittgenstein, *Tractatus*, 3.1.

Elementarsatz behauptet das Bestehen eines Sachverhalts und besteht aus *Namen*, ist eine Verkettung, ein Zusammenhang von Namen. Hätten wir alle Elementarsätze, so wüssten wir alles, brauchten keine Logik. Die Logik ist „überflüssig", gibt keine Erkenntnis.[8]

(5)   g

§ 5 Konstante (bestimmte) ₐ⌊**Aussagefunktionen**⌋[h]: ⟨[i]

$\sim p$	Negation	$\overline{p}$
	Disjunktion, logische Summe	$p \vee q$
	Conjunktion, [logisches] Produkt	$p.q$
		$\equiv\, \sim (\sim p. \vee . \sim q)$
		$\equiv \overline{\overline{p} \vee \overline{q}}$
	Implikation	$p \supset q \equiv \overline{p}. \vee .q$

(6)   j

p	q	$p \vee q$
$\mathcal{W}$	$\mathcal{W}$	$\mathcal{W}$
$\mathcal{W}$	$\mathcal{F}$	$\mathcal{W}$
$\mathcal{F}$	$\mathcal{W}$	$\mathcal{W}$
$\mathcal{F}$	$\mathcal{F}$	$\mathcal{F}$

g Ursprüngliche Version von § 5 von Bl. 1. Die Fassung letzter Hand beginnt in Block (11). **h** ⟨Wahrheitsfunktionen⟩ **i** ⟨Peano Russell⟩[i-1] **j** Tabelle mit Bleistift

i-1 Gemeint ist vermutlich die Notationsweise von Peano. Russell und Whitehead nutzten sie in dem ersten Band der *Principia Mathematica* und wiesen dort auf S. 4 hin. Peano stellte diese Notationsweise in *Formulaire de Mathematique*, S. I–VIII vor.

8 Hier bezog sich Schlick wieder auf den *Tractatus*: „4.26 [...] Die Welt ist vollständig beschrieben durch die Angaben aller Elementarsätze plus der Angabe, welche von ihnen wahr und welche falsch sind. [...]
5.43 [...] Alle Sätze der Logik sagen aber dasselbe. Nämlich nichts."

|§ 2 Gründe der Entwicklung der „symbolischen Logik". 2

1. Leibniz zu philosophischen Zwecken. (Couturat: La Logique de Leibniz)[9]
2. zu mathematischen Zwecken:
   a) Vermeidung unbemerkter Voraussetzungen (Frege) Enthymeme. Entscheidung, ob Mathematik analytisch oder synthetisch. ⟨*Frege zitieren*⟩[10]

k Ab hier beginnen die Fassungen letzter Hand von § 2 – § 5.

9 *La Logique de Leibniz* von Couturat ist eine Zusammenstellung von Leibnizens logischen Schriften, die von Russell und Frege benutzt wurde. Dort gibt es jedoch keine Stelle, an der Leibniz etwas über den Zwecke des logischen Vorgehens sagt. Dazu passt eher: „Constat non tantum omnes Veritates in rerum natura et mente Autoris Dei omnium conscii esse determinatas, sed etiam determinatum esse, quid a nobis ex notitius quas iam habemus colligi possit, sive absoluta certitudine, sive maxima quae ex datis haberi possit probabilitate.

Est vero in nostra potestate, ut in colligendo non erremus, si scilicet quoad argumentandi forma rigide observamus regulas Logicas, quoad materiam vero nullas assumamus propositiones, quarum vel veritas, vel major ex datis probilitas, non sit iam antea rigorose demonstrata. Quam methodum secuti Mathematici, admirando cum successu." (Leibniz, *De Logica nova condenda*, S. 3)

Übers: „Es steht fest, dass nicht nur alle Wahrheiten in der Natur der Dinge und im Geiste des allwissenden Gottes, des Urhebers, bestimmt sind, sondern es ist auch bestimmt, was wir aus den Kenntnissen, die wir schon haben, erschlossen werden könnte, sei es mit völliger Sicherheit oder nur mit größter Wahrscheinlichkeit.

Es liegt aber in unserem Vermögen, uns beim Erschließen nicht zu irren, wenn wir nämlich bei der Form des Argumentierens die Regeln der Logik strengstens beachten, beim Inhalt aber keine Aussagen annehmen, von denen weder die Wahrheit, noch die aufgrund des Gegebenen größere Wahrscheinlichkeit schon vorher streng bewiesen wäre. Dieser Methode sind die Mathematiker mit zu bewunderndem Erfolg nachgegangen."

10 Schlick könnte folgende Stelle im Sinn gehabt haben: „Es kommt nun darauf an, den Beweis [eines mathematischen Satzes] zu finden und ihn bis auf die Urwahrheiten zurückzuführen. Stösst man auf diesem Wege nur auf die allgemeinen logischen Gesetze und auf Definitionen, so hat man eine analytische Wahrheit, wobei vorausgesetzt wird, dass auch die Sätze in Betracht gezogen werden, auf denen etwa die Zulässigkeit einer Definition beruht. Wenn es aber nicht möglich ist, den Beweis zu führen, ohne Wahrheiten zu benutzen, welche nicht allgemei-

b) Vermeidung der Paradoxien[11] (Russell) (Die Eigenschaft, ein typischer Franzose zu sein, kommt nur wenigen zu. Da aber die Eigenschaft des typischen Franzosen definitionsgemäß die sind, welche den meisten Franzosen zukommen, so kommt den typischen Franzosen nicht die Eigenschaft zu, ein typischer Franzose zu sein.)[1]

Exaktheit durch Nachbildung der Mathematischen Methode? Herbart,[12] Einführung von Zeichen (Algebra) *folgt* erst der (Bestimmtheit [und]) Schärfe der Begriffe, algebraische Methode nicht *Grund*[,] sondern *Folge* der Exaktheit.

(8) _____ [m]

§ 3 Namen = Urzeichen für Gegenstände oder „Individuen". Denn nur individuelle Wirklichkeit ist echter Gegenstand, allgemeine Gegenstände und „logische Gegenstände" gibt es nicht, wie wir bald sehen werden.[13] Namen = „*einfache* Zeichen". ⟨3.201⟩[n 14]

---

l Geklammerter Text in Kurzschrift   m Auf Bl. 2 ergänzte Version von § 3   n Anführungszeichen und Einschub mit Kopierstift

ner logischer Natur sind, sondern sich auf ein besonderes Wissensgebiet beziehen, so ist der Satz ein synthetischer." (Frege, *Grundlagen*, § 3)

11 Ausführlich ab Block (95) in diesem Stück.

12 Weder in Herbarts *Hauptpunkte der Logik*, noch in anderen Schriften Herbarts lässt sich eine entsprechende Stelle nachweisen.

13 Schlick kommt auf diese Frage in diesem Stück nicht mehr zurück. Die These, es gäbe solche Gegenstände, stammt von Frege: „Wir können zwischen physischen und logischen Gegenständen unterscheiden, womit freilich keine erschöpfende Eintheilung gegeben werden soll. Jene sind im eigentlichen Sinne wirklich; diese sind es nicht, aber darum nicht minder objectiv; sie können zwar nicht auf unsere Sinne wirken, aber durch unsere logischen Fähigkeiten erfasst werden. Solche logische Gegenstände sind unsere Anzahlen; und es ist wahrscheinlich, dass auch die übrigen Zahlen dazu gehören." (Frege, *Grundlagen*, § 74)

Schlick bezog sich hier zudem auf Wittgensteins Kritik: „5.4 Hier zeigt es sich, dass es ‚logische Gegenstände', ‚logische Konstante' (im Sinne Freges und Russells) nicht gibt." (Wittgenstein, *Tractatus*)

14 „3.2 Im Satze kann der Gedanke so ausgedrückt sein, dass den Gegenständen des Gedankens Elemente des Satzzeichens entsprechen. 3.201 Diese Elemente nenne ich ‚einfache Zeichen' und den Satz ‚vollständig analysiert'. 3.202 Die im Satze angewandten einfachen Zeichen heißen Namen." (Ebd.)

(In unserer Sprache ist der einzige Name: „dies"[.]) „Die Bedeutungen von Urzeichen können durch Erläuterungen erklärt werden. Erläuterungen sind Sätze, welche die Urzeichen enthalten. Sie können also nur verstanden werden, wenn die Bedeutungen dieser Zeichen bereits bekannt sind." 3.263°[15] Der Name l^p vertritt die ⟨wirklichen⟩ Gegenstände[,] die Form, das Logische, wird nicht vertreten, sondern ist im Satz selber vorhanden. (4.0312: Mein Grundgedanke ist, dass die ‚logische Konstanten' nicht vertreten)[q][16]

——————————————————————————————[r] (9)

§ 4 **Aussagen** (4.0311: Ein Name steht für ein Ding, ein anderer für ein anderes Ding und untereinander sind sie verbunden, so stellt das Ganze – wie ein lebendes Bild – den Sachverhalt dar.)[s][17]

Elementarsatz 4.21[18] ⟨Kein Beispiel annähernd >„Dies" und „Das" gleichzeitig.<⟩ Alle unsere Aussagen sind kompliziert, in Elementarsätze auflösbar, die nur von *Wirklichem* reden.[19] Worte, die nicht Namen, Urzeichen sind, sind synkategorematisch „unvollständige Symbole". Dies später zu begründen (gegen Pla-

o Mit Kopierstift   **p** ⟨kategorematisch⟩. Hierzu noch an den unteren Rand in Kurzschrift: ⟨[Der Name]hat trotzdem nur im Satz Bedeutung, da aber bedeutet er für sich allein etwas.⟩   **q** Klammerbemerkung in Kurzschrift   **r** Überarbeitete Version von § 4; zur Urfassung siehe (4).   **s** Zitat in Kurzschrift

15 „3.26 Der Name ist durch keine Definition weiter zu zergliedern: er ist ein Urzeichen." (Ebd.)

16 „4.0312 Die Möglichkeit des Satzes beruht auf dem Prinzip der Vertretung von Gegenständen durch Zeichen. Mein Grundgedanke ist, dass die „logischen Konstanten" nicht vertreten. Dass sich die *Logik* der Tatsachen nicht vertreten lässt." (Ebd.)

17 Wittgenstein, *Tractatus*, 4.0311.

18 „4.21 Der einfachste Satz, der Elementarsatz, behauptet das Bestehen eines Sachverhaltes." (Ebd.)

19 „2.021 Jede Aussage über Komplexe lässt sich in eine Aussage über deren Bestandteile und in diejenigen Sätze zerlegen, welche die Komplexe vollständig beschreiben. 4.51 Angenommen, mir wären alle Elementarsätze gegeben: Dann lässt sich einfach fragen: Welche Sätze kann ich aus ihnen bilden? Und das sind alle Sätze und so sind sie begrenzt." (Ebd.)

to)[.]²⁰ Die Logik redet von Wirklichem, ohne etwas darüber zu sagen.

3 |Fundamentaler Unterschied zwischen Urzeichen (Namen) und Zeichen für Aussagen (*Sätzen*, gesprochen, geschrieben etc): Der Satz ist *artikuliert* (hat eine logische Struktur), der Name ist formlos (Daher hat der Name nur im Satze Bedeutung.)ᵗ Der Name ist *einfach*, der Satz ein komplexes Symbol, – aber nicht ein blosser Haufen von Wörtern, sondern ein *geformtes* Ganzes. Der Satz ist insofern Symbol des Sachverhalts, als „sich seine Elemente, die Wörter, auf bestimmte Weise zueinander verhalten." (3.14)²¹ Das Satzsymbol ist selbst eine Tatsache; nur eine Tatsache kann eine andere symbolisieren, einen Sinn ausdrücken, ein blosser Name, oder ein Haufen von Namen, kann es nicht.⟨Satz ist nicht (zusammengesetzter) Name (für „das Wahre"), wie Frege meinte.⟩ Der fundamentale Unterschied wird in der Schrift verschleiert: Wortbilder sehen so aus wie Satzbilder. Nicht das Satzsymbol drückt einen Tatbestand aus, sondern: dass die Elemente des Symbols in bestimmten Beziehungen stehen, drückt das Bestehen der Tatsache aus.²² Es geht um Zeichen für Gegen-

---

t Im Original eckig geklammert

20 Schlick ging nur im Zusammenhang mit dem Existenzquantor noch einmal auf Platon ein. Siehe Block (59). Platon behandelt Benennung im *Kratylos*. Hermogenes wendet sich dort an Sokrates:
„Kratylos hier, oh Sokrates, behauptet, jegliches Ding habe seine von Natur ihm zukommende Benennung, und das sei ein Name, wie einige unter sich ausgemacht haben etwas zu nennen, indem sie es mit einem Teil ihrer besonderen Sprache anrufen; sondern es gäbe eine natürliche Richtigkeit der Wörter [...]." (383 a, b)
Hermogenes eigener Standpunkt ist dagegen: „Ich meinesteils, Sokrates, habe schon oft mit diesem und vielen andern darüber gesprochen und kann mich nicht überzeugen, daß es eine andere Richtigkeit der Worte gibt, als die sich auf Vertrag und Übereinkunft gründet." (384 c, d)
Sokrates gibt Kratylos recht, da sich Namen auf die von uns unabhängigen Urbilder ihrer Träger beziehen. (390 d, e)
21 Wittgenstein, *Tractatus*, 3.14.
22 Schlick bezog sich in den vorigen Sätzen auf die Position Freges und Wittgensteins Kritik daran:

stände (Sachen, Individuen) und für Tatsachen, nicht für die logischen Formen. ⟨Es gibt keine Logik der Logik.⟩ Diese werden durch die logische Form des Satzsymbols selbst wiedergegeben. Über die logische Form kann man nicht sprechen, sie lässt sich nicht symbolisieren. Und *braucht* nicht symbolisiert zu werden, da sie selbst die Form jeder Sprache ist.[23] Eben deshalb ist sie das einzige, was mitteilbar ist[.]

Jener der Grundgedanke Wittgensteins. Die Folgerung habe ich unabhängig davon auf etwas anderem Wege gefunden. *Vielleicht wichtigster* Satz *der Erkenntnistheorie.*[u] Die Form ist das, was bei jeder Übersetzung erhalten bleibt, eben darum allein mitteilbar, weil jede Mitteilung Übersetzung findet. Jetzt sprechen wir nicht mehr von Elementarsätzen, sondern Sätze[n] und Tatsachen.[24]

---

u Hervorhebung durch übergroße Abstände am Anfang und Ende

„[...] dass auch von allen rechtmässig aus ihnen zusammengesetzten Namen dasselbe gilt. Aber nicht nur eine Bedeutung, sondern auch ein Sinn kommt allen rechtmässig aus unsern Zeichen gebildeten Namen zu. Jeder solche Name eines Wahrheitswertes drückt einen Sinn, einen Gedanken aus. Durch unsere Festsetzungen ist nämlich bestimmt, unter welchen Bedingungen er das Wahre bedeute." (Frege, *Grundgesetze der Arithmetik*, § 31 f.)

Im *Tractatus* heißt es dazu: „3.141 Dass das Satzzeichen eine Tatsache ist, wird durch die gewöhnliche Ausdrucksform der Schrift oder des Druckes verschleiert. Denn im gedruckten Satz z.B. sieht das Satzzeichen nicht wesentlich verschieden aus vom Wort. (So war es möglich, dass Frege den Satz einen zusammengesetzten Namen nannte.)

3.1431 Sehr klar wird das Wesen des Satzzeichens, wenn wir es uns, statt aus Schriftzeichen, aus räumlichen Gegenständen (etwa Tischen, Stühlen, Büchern) zusammengesetzt denken. Die gegenseitige räumliche Lage dieser Dinge drückt dann den Sinn des Satzes aus.

3.1432 Nicht: ‚Das komplexe Zeichen ‚aRb' sagt, dass a in der Beziehung R zu b steht', sondern: *Dass* ‚a' in einer gewissen Beziehung zu ‚b' steht, sagt, *dass* aRb." (Wittgenstein, *Tractatus*)

23 „4.12 Der Satz kann die gesamte Wirklichkeit darstellen, aber er kann nicht das darstellen, was er mit der Wirklichkeit gemein haben muss, um sie darstellen zu können – die logische Form. Um die logische Form darstellen zu können, müssten wir uns mit dem Satze außerhalb der Logik aufstellen können, das heißt außerhalb der Welt." (Ebd.)

24 Vermutlich hatte Schlick seinen Aufsatz „Erleben, Erkennen, Metaphysik"

(10)   v

Beinahe jeder beliebige Gegenstand in unserer Welt hat genug logische Form, alles auszudrücken; z. B. ein Stuhl in unserem Zimmer. Ich kann ihm 25 verschiedene Lagen geben und jeder einen Buchstaben des Alphabets entsprechen lassen – dann kann ich mit ihm alles sagen.

Ein Telegrammkodex setzt ganz ein einfaches Wort für einen Satz komplizierter Struktur, aber es kann nur durch einen Kommentar verstanden werden, es bezeichnet vermittelst des Kommentars; der Elementarsatz aber bezeichnet *ohne* Kommentar durch sich selbst.

(11)

§ 5 Analyse der Aussagen. („Urteilstheorie")

(12)   w

Ist die „Verbindung" Identität, sind Urteile *Gleichungen?* $S = P$? „Einige Äpfel sind rot(e Äpfel)" (Lotze) Unhaltbar. Unterscheidung von Subjekt [und] Prädikat unzweckmäßig.

(13)

> *Cato tötete Cato*[25]
> Gold schwerer als Eisen
> Eisen leichter als Gold
> Bei Platää siegten Griechen über Perser

---

v Text der Rückseite dieses Blattes, genaue Zuordnung unmöglich   **w** In § 4 durch Rahmen abgetrennt und durch den Hinweis ⟨Siehe vorige Seite „Identitätstheorie"⟩ hier eingeschoben.

vor Augen. Darin heißt es: „Alle Erkenntnis ist also ihrem Wesen nach Erkenntnis von Formen, Beziehungen, und nichts anderes. Nur formale Beziehungen in dem definierten Sinn sind der Erkenntnis, dem Urteil im rein logischen Sinne des Wortes zugänglich. Dadurch aber, daß alles Inhaltliche, nur dem Subjekt Angehörige, nicht mehr darin vorkommt, haben Erkenntnis und Urteil zugleich den einzigartigen Vorteil gewonnen, daß nunmehr ihre Geltung auch nicht mehr auf das Subjektive beschränkt ist." (*MSGA* I/6, S. 42) Eine nicht unähnliche, aber weit weniger pointierte Stelle findet sich auch in 1918/1925a *Allgemeine Erkenntnislehre* (*MSGA* I/1, S. 233).

25 Dieses Beispiel stammt aus Freges *Begriffsschrift*, § 9. Siehe dazu auch in diesem Band S. 254.

Frege meint, man kann stets „ist eine Tatsache" als Prädikat auffassen. (Behauptungszeichen ⊢ p)²⁶ Aber ein Satz kann nicht seine eigene Wahrheit ausdrücken. *Funktion* (Aussagefunktion) und *Argument.* $f(x)$ ⟨Ganz unten Wahrheitsfunktion⟩ˣ

――― ʸ (14)

über elementare Sache ist schwer zu sprechen, jetzt sprechen wir über *irgendwelche* Ausnahmen p, q, r.

――― (15)

|§ 6 ⟨⟩ᶻ **Funktion *von* Aussagen:** (im Gegensatz zur blossen ₄ Satzfunktion ⟨von Gegenständen⟩ oder Aussagefunktion ⟨oder Aussageform⟩ᵃ) $f(p)$ Aussagen sind *wahr* oder *falsch*.

*Wahrheits*funktionen sind solche Funktionen von Aussagen, deren Wahrheit oder Falschheit nur von der Wahrheit und Falschheit ihrer Argumente, *nicht* von der Bedeutung abhängt.

――― ᵇ (16)

eines *Arguments:* $p \; \bar{p}$

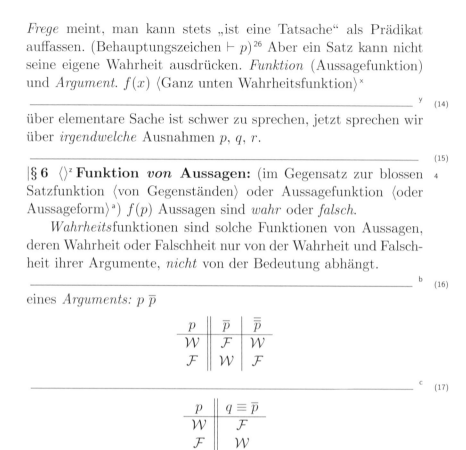

p	$\bar{p}$	$\bar{\bar{p}}$
$\mathcal{W}$	$\mathcal{F}$	$\mathcal{W}$
$\mathcal{F}$	$\mathcal{W}$	$\mathcal{F}$

――― ᶜ (17)

p	$q \equiv \bar{p}$
$\mathcal{W}$	$\mathcal{F}$
$\mathcal{F}$	$\mathcal{W}$

――― (18)

zweier *Argumente:*

x Mit Kopierstift   **y** In Kurzschrift am unteren Ende des Blattes, genaue Zuordnung nicht möglich   **z** ⟨Wahrheits⟩   **a** Mit Bleistift   **b** Rot umrandet   **c** Tabelle mit Bleistift am Rand angefügt

26 Frege schrieb dagegen: „Man könnte versucht sein, das Verhältnis des Gedankens zum Wahren nicht als das des Sinnes zur Bedeutung, sondern als das des Subjekts zum Prädikate anzusehen. Man kann ja geradezu sagen: ‚Der Gedanke, daß 5 eine Primzahl ist, ist wahr.‘ Wenn man aber genauer zusieht, so bemerkt man, daß damit eigentlich nicht mehr gesagt ist als in dem einfachen Satz ‚5 ist eine Primzahl‘. [...] Daraus ist zu entnehmen, daß das Verhältnis des Gedankens zum Wahren doch mit dem des Subjekts zum Prädikate nicht verglichen werden darf." (Frege, „Über Sinn und Bedeutung", S. 34 f.)

p	q	1	2	3	4
$\mathcal{W}$	$\mathcal{W}$	$\mathcal{W}$	$\mathcal{W}$	$\mathcal{F}$	$\mathcal{F}$
$\mathcal{W}$	$\mathcal{F}$	$\mathcal{F}$	$\mathcal{W}$	$\mathcal{W}$	$\mathcal{W}$
$\mathcal{F}$	$\mathcal{W}$	$\mathcal{F}$	$\mathcal{W}$	$\mathcal{W}$	$\mathcal{W}$
$\mathcal{F}$	$\mathcal{F}$	$\mathcal{F}$	$\mathcal{F}$	$\mathcal{F}$	$\mathcal{W}$

*1. Conjunktion[d]
*2. Disjunktion, nicht ausschliessend
*3. Disjunktion, ausschliessend
*4. Unverträglichkeit
 5. conjunktive Negation $(\mathcal{FFFW})$[27]
 6. Implikation $(\mathcal{WFWW})$ ⟨materiale⟩[e]
*7. Äquivalenz $(\mathcal{WFFW})$

(19) _____ f

Peano's *Notation.*[28]

$$2^n$$
$$2^{(2^n)} \quad n = 3 \quad : 256$$
$$n = 4 \quad : 65536$$

(20) _____

§7 Wahrheitsfunktionen zweier Argumente

$$p.q \ = \ \overline{\overline{p} \vee \overline{q}} \qquad\qquad Df$$
$$p \supset q \ = \ \overline{p} \vee q \qquad\qquad Df$$
$$p \equiv q \ = \ (p \supset q)[.](q \supset p) \qquad\qquad Df$$

d Die Nummern bis 4. beziehen sich auf die Nummern in den Spalten der Tabelle über der Liste. Die mit Stern versehenen Zeilen (bei Schlick in blau: ×) beziehen sich auf die entsprechenden Zeilen der großen Tabelle in Block (21). **e** Mit Bleistift **f** Notizen am Rand des Blattes

27 Diese Kolonnen von $\mathcal{W}$ und $\mathcal{F}$ stellen die Wahrheitswerte dar, die der Ausdruck in einer Wahrheitswerttabelle, in der das erste Argument die Werte $(\mathcal{WWFF})$ und das zweite die Werte $(\mathcal{WFWF})$ annimmt.

28 Vermutlich beziehen sich die Rechnungen auf Wahrheitswerttabellen. Die Tabelle einer Wahrheitswertfunktion mit n Argumenten hätte mind. 2^n Zeilen und es gibt mind. $2^{(2^n)}$ Möglichkeiten, eine solche Tabelle auszufüllen. Siehe dazu auch in diesem Bd. S. 520.

276

[principium] e[xclusi] t[ertii]

	(p,q)			
*(WWWW))	(p,q)	Tautologie	$(p \supset p).(q \supset q)$	*die* Tautologie, Grenzfall der Aussage wahr durch Form. Schon früh unterschied man formale und materiale Wahrheit. tautologisch = *analytisch*.
*(FWWW))	(p,q)	nicht beides	$p.q \equiv \bar{p} \vee \bar{q} \equiv p \mid q$	p falsch oder q falsch oder $p \supset \bar{q}$
*(WFWW))	(p,q)		$q \supset p$	es folgt, die *Wahrheit* von p
(WWFW))	(p,q)		$p \supset q \equiv \bar{p} \vee q$	
*(WWWF))	(p,q)	Summe	$p \vee q$	Disjunktion, p
(FFWW))	(p,q)		$\bar{p}$	
(FWFW))	(p,q)		$\bar{q}$	
(FWWF))	(p,q)		$(p.\bar{q}) \vee (\bar{p}.q)$	p oder q, aber nicht beides anschließendes „oder" *aut*
*(WFFW))	(p,q)	Aequivalenz	$p \equiv q \quad (p \supset q).(q \supset p)$	
(WFWF))	(p,q)		p	
(WWFF))	(p,q)		q	
(FFFW))	(p,q)		$\bar{p}.\bar{q}$	Weder p noch q $= \overline{p \vee q}$
(FFWF))	(p,q)		$p.\bar{q}$	p und nicht q
(FWFF))	(p,q)		$\bar{p}.q$	
*(WFFF))	(p,q)	Produkt	$q.p$	Konjunktion
*(FFFF))	(p,q)	Kontradiktion	$(p.\bar{p}).(q.\bar{q})$	

29 Die Sterne der ersten Spalte beziehen sich auf Block (18). Die zweite Spalte ist im Original unvollständig ausgefüllt, hier aber vollständig ergänzt. Vgl. Wittgenstein, *Tractatus*, 5.101.

(22)

$|\S\,8\ \langle\rangle^{\mathrm{g}}$ **Sog[enannte] logische Grundsätze.**

principium exclusi tertii:	$p \vee \overline{p} \equiv p \supset p$ aus e.t. Seite 4[h]
Widerspruch:	$\overline{p.\overline{p}} \equiv p \mid \overline{p}$
doppelte Negation:	$\overline{\overline{p}} \equiv p$
Transposition:	$(p \supset q) \equiv (\overline{q} \supset \overline{p})$
	$(p \equiv q) \equiv (\overline{p} \equiv \overline{q})$
	$p.(q \supset r) \equiv p.(\overline{r} \supset \overline{q})$
Gesetz der Tautologie:	$p \equiv p.p$
	$p \equiv p \vee p$
Absorption:	$(p \supset q) \equiv (p \equiv p.q)$
Permutation:	$q \supset (p \equiv p.q)$
Vertauschung:	$p \vee q \equiv q \vee p$
	$p.q \equiv q.p$
Distribution:	$p.(q \vee r) \equiv (p.q) \vee (p.r)$
	$a(b+c) = ab + ac$
	$p \vee (q.r) \equiv (p \vee q)(p \vee r)$
	$p \vee (q \vee r) \equiv p \vee q \vee r$

Sie sind *alle Tautologien*, analytische Urteile.

(23)   i

Zur Implikation:

Eine falsche Aussage impliziert
eine beliebige Aussage: $\quad\overline{p} \supset (p \supset q)$
Eine wahre Aussage wird von einer
beliebigen Aussage impliziert: $\quad\overline{q} \supset (p \supset q)^{\mathrm{j}}$

Als Beispiele nur *Aussagen, nicht Funktionen!*

g ⟨Theorie der Deduction⟩   **h** Siehe Block (21)   **i** Durch Rahmen abgetrennt   **j** Vermutlich sollte es ⟨$q \supset (p \supset q)$⟩ heißen.

Beweis von $\overline{p} \supset (p \supset q)$

p	q	$\overline{p}$	$p \supset q$	$\overline{p} \supset (p \supset q)$
$\mathcal{W}$	$\mathcal{W}$	$\mathcal{F}$	$\mathcal{W}$	$\mathcal{W}$
$\mathcal{W}$	$\mathcal{F}$	$\mathcal{F}$	$\mathcal{F}$	$\mathcal{W}$
$\mathcal{F}$	$\mathcal{W}$	$\mathcal{W}$	$\mathcal{W}$	$\mathcal{W}$
$\mathcal{F}$	$\mathcal{F}$	$\mathcal{W}$	$\mathcal{W}$	$\mathcal{W}$

Russell: Alles durch *nicht* und *oder* (*vel*)
Sheffer:[m]   durch Incompatibilität. $(\mathcal{FWWW})$[30]

$$p \mid q \;=\; \overline{p.q} \;=\; \overline{p} \vee \overline{q}$$

$$\overline{p} \;= p \mid p \quad Df$$
$$p \supset q \;= p \mid \overline{q} \quad Df$$
$$p \vee q \;= \overline{p} \mid \overline{q} \quad Df$$
$$p.q \;= \overline{p \mid q} \quad Df$$

Es ist $(p \mid q) \equiv (q \mid p)$,   permut[ativ],
                                              aber
aber: $(p \mid q) \mid r \not\equiv p \mid (q \mid r)$ nicht assoc[iativ] ⟨siehe Seite 9⟩[n]

---

k Einschub von der Rückseite an diese Stelle mit dem Hinweis ⟨verte!⟩ in Kopierstift   **l** Durch Linie getrennt   **m** Im Original: ⟨Scheffer⟩   **n** Mit rotem Stift, gemeint ist Block (47) in diesem Stück

30 Die Alternation (oder) zusammen mit der Negation (nicht) aber auch der Shefferstrich (Incompatibilität) alleine sind funktional vollständige Mengen von Wahrheitsfunktionen. Siehe dazu Russell/Whitehead, *Principia*, S. 91–97; Sheffer, *A Set of five Independent Postulates for Boolean Algebras*.

(26) ——————————————————————————————————— o

$$\bar{p} = p \mid p$$

$$p \supset q = p \mid \bar{q} = p \mid (q \mid q)$$

$$p \lor q = \bar{p} \mid \bar{q} = (p \mid p) \mid (q \mid q)$$

$$p.q = \overline{p \mid q} = (p \mid q) \mid (p \mid q)$$

$$(p \equiv q) = (p \supset q)(q \supset p) = (p \mid \bar{q})(q \mid \bar{p})$$

$$= \{p \mid (q \mid q)\}_I . \{q \mid (p \mid p)\}_{II}$$

$$= (\{I\} \mid \{II\}) \mid (\{I\} \mid \{II\})$$

(27) ——————————————————————————————————— p

6 | *Behmann, Rechenregeln* [31]

o Von der Rückseite dieses Blattes mit Kopierstift **p** Ersatz für den im Original gestrichenen Block (28)

31 Schlick exzerpierte hier aus Behmanns *Mathematik und Logik*: „Die für die äquivalente Umformung gegebener Verknüpfungsformen maßgebenden Sachverhalte mögen wegen ihrer praktischen Wichtigkeit, als *Rechenregeln* formuliert, [...] hier noch im Wortlaut Platz finden:
Satz von der doppelten Negation. Doppelte Verneinungsstriche über demselben Bestandteil können nach Belieben gesetzt oder weggelassen werden.
Vereinigungssatz. Innerhalb einer Disjunktion oder Konjunktion können nach Belieben Klammern gesetzt oder weggelassen werden.
Vertauschungssatz. Die Reihenfolge der Glieder einer Disjunktion oder Konjunktion ist beliebig.
Verschmelzungssatz. Tritt in einer Disjunktion oder Konjunktion ein Glied mehrmals auf, so braucht es nur einmal gesetzt zu werden.
Satz von der Auflösung der Negation. Die Negation einer Disjunktion ist äquivalent der Konjunktion der Negationen der einzelnen Glieder; die Negation einer Konjunktion ist äquivalent der Disjunktion der Negation der einzelnen Glieder.
Distributionssatz. Eine Konjunktion von Disjunktionen kann äquivalent als eine Disjunktion von Konjunktionen geschrieben werden und entsprechend eine Disjunktion von Konjunktionen als eine Konjunktion von Disjunktionen, und zwar erhält man die Oberglieder der neuen Form dadurch, daß man aus den Obergliedern der alten auf alle möglichen Arten je ein Unterglied auswählt." (Behmann, *Mathematik und Logik*, S. 13)

280

1.) Satz der doppelten Verneinung.
2.) Vereinigungssatz
   Innerhalb einer Disjunktion oder Konjunktion können nach
   Belieben Klammern gesetzt oder weggelassen werden.[q]
3.) Vertauschungssatz
   Die Reihenfolge der Glieder einer Disjunktion oder Konjunktion ist beliebig.[r]
4.) Verschmelzungssatz
   Tritt in einer Disjunktion oder Konjunktion ein Glied mehrmals auf, so braucht es nur einmal gesetzt zu werden.[s]
5.) Satz der Auflösung der Negation
   $\overline{p.q} \equiv \overline{p} \vee \overline{q}; \overline{p \vee q} \equiv \overline{p}.\overline{q}$
6.) Distributionssatz
   $p.(q \vee r) \equiv (p.q) \vee (p.r)$
   $p \vee (q.r) \equiv (p \vee q)(p \vee r)$
7.) Ein *wahres Konjunktionsglied* kann man nach Belieben hinzufügen oder weglassen, ebenso ein *falsches Disjunktionsglied*
   Das logische Produkt einer Tautologie [und] eines Satzes sagt dasselbe wie der Satz; folglich ist es identisch mit ihm.

[t] (28)

Primitive Propositions bei Russell. Assumed without proof.[32]
1.) Anything implied by a true premise is true
2.) $p \quad p \supset q \quad q$[33] *nicht* symbolisch dargestellt durch
   $\{p.(p \supset q)\} \supset q$[,] denn das letztere gilt auch, wenn p falsch.
3.) $(p \vee p) \supset p$ Taut[ologie]
4.) $q \supset (p \vee q)$ Add[ition]
5.) $(p \vee q) \supset (q \vee p)$ Perm[utation]
6.) $p \vee (q \vee r) \supset q \vee (p \vee r)$ [*sic!*]   Assoc[iativität]
7.) $(q \supset r) \supset [(p \vee q) \supset (p \vee r)]$ Sum[me]

q Satz stenografiert   r Satz stenografiert   s Satz stenografiert   t Im Original gestrichen und durch Block (27) ersetzt

32 Russell und Whitehead bauten die Aussagenlogik axiomatisch auf und setzten darum einige Formeln unbewiesen als allgemeingültig voraus. Vgl. *Principia*, S. 12 ff.

33 Das soll vermutlich die Schlussfigur des Modus Ponendo Ponens darstellen, die Schlick nicht mit jenem aussagenlogischen Schema gleichgesetzt wissen wollte.

Satz von der *Auflösung der Negation* (Umschreibung der Unverträglichkeit) $p \mid q \equiv \overline{p} \vee \overline{q}$ $\quad : p.q \equiv \overline{p} \vee \overline{q}$

ferner (Umschreibung von weder p noch q: $\overline{p}.\overline{q}$) : $\overline{p \vee q} \equiv \overline{p}.\overline{q}$

(29) _____

§9 Von den Beweisen

Die Elementarsätze sagen *alles* aus, was in der Welt besteht. Alle übrigen Aussagen sind nur Auszüge davon[34]

(30) _____ u

Beweis von $p \vee (q.s)_{P1} \equiv (p \vee q)(p \vee s)_{P2}$:[v]

p	q	s	$q.s$	$P1$	$p \vee q$	$p \vee s$	$P2$	$P1 \equiv P2$
$\mathcal{W}$	$\mathcal{W}$	$\mathcal{W}$	$\mathcal{W}$	$\mathcal{W}$	$\mathcal{W}$	$\mathcal{W}$	$\mathcal{W}$	$\mathcal{W}$
$\mathcal{W}$	$\mathcal{F}$	$\mathcal{W}$	$\mathcal{F}$	$\mathcal{W}$	$\mathcal{W}$	$\mathcal{W}$	$\mathcal{W}$	$\mathcal{W}$
$\mathcal{F}$	$\mathcal{W}$	$\mathcal{W}$	$\mathcal{W}$	$\mathcal{W}$	$\mathcal{W}$	$\mathcal{W}$	$\mathcal{W}$	$\mathcal{W}$
$\mathcal{F}$	$\mathcal{F}$	$\mathcal{W}$	$\mathcal{F}$	$\mathcal{F}$	$\mathcal{F}$	$\mathcal{W}$	$\mathcal{F}$	$\mathcal{W}$
$\mathcal{W}$	$\mathcal{W}$	$\mathcal{F}$	$\mathcal{F}$	$\mathcal{W}$	$\mathcal{W}$	$\mathcal{W}$	$\mathcal{W}$	$\mathcal{W}$
$\mathcal{W}$	$\mathcal{F}$	$\mathcal{F}$	$\mathcal{F}$	$\mathcal{W}$	$\mathcal{W}$	$\mathcal{W}$	$\mathcal{W}$	$\mathcal{W}$
$\mathcal{F}$	$\mathcal{W}$	$\mathcal{F}$	$\mathcal{F}$	$\mathcal{F}$	$\mathcal{W}$	$\mathcal{F}$	$\mathcal{F}$	$\mathcal{W}$
$\mathcal{F}$	$\mathcal{F}$	$\mathcal{F}$	$\mathcal{F}$	$\mathcal{F}$	$\mathcal{F}$	$\mathcal{F}$	$\mathcal{F}$	$\mathcal{W}$

(31) _____ w

Beweis von $\overline{p} \supset (p \supset q)$

p	q	$\overline{p}$	$p \supset q$	$\overline{p} \supset (p \supset q)$
$\mathcal{W}$	$\mathcal{W}$	$\mathcal{F}$	$\mathcal{W}$	$\mathcal{W}$
$\mathcal{W}$	$\mathcal{F}$	$\mathcal{F}$	$\mathcal{F}$	$\mathcal{W}$
$\mathcal{F}$	$\mathcal{W}$	$\mathcal{W}$	$\mathcal{W}$	$\mathcal{W}$
$\mathcal{F}$	$\mathcal{F}$	$\mathcal{W}$	$\mathcal{W}$	$\mathcal{W}$

u Durch Strich abgetrennt   **v** Die tiefgestellten Indizes $\langle P1 \rangle$ und $\langle P2 \rangle$ beziehen sich auf die Tabelle im Beweis.   **w** Im Original gestrichen. Ein anderer Beweisversuch desselben Satzes befindet sich in Block (37).

34 Vgl. Wittgenstein, *Tractatus*, 4.26 sowie Block (4).

$[Beweis\ von]\ \overline{p.q} \equiv \overline{p} \vee \overline{q}$:

p	q	$p.q$	$\overline{p.q}$	$\overline{p}$	$\overline{q}$	$\overline{p} \vee \overline{q}$
$\mathcal{W}$	$\mathcal{W}$	$\mathcal{W}$	$\mathcal{F}$	$\mathcal{F}$	$\mathcal{F}$	$\mathcal{F}$
$\mathcal{W}$	$\mathcal{F}$	$\mathcal{F}$	$\mathcal{W}$	$\mathcal{F}$	$\mathcal{W}$	$\mathcal{W}$
$\mathcal{F}$	$\mathcal{W}$	$\mathcal{F}$	$\mathcal{W}$	$\mathcal{W}$	$\mathcal{F}$	$\mathcal{W}$
$\mathcal{F}$	$\mathcal{F}$	$\mathcal{F}$	$\mathcal{W}$	$\mathcal{W}$	$\mathcal{W}$	$\mathcal{W}$

$|\,(\mathrm{I})p \supset q$:

7

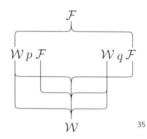

35

x Im Original gestrichen und nicht beendet   **y** Durch Rahmen vom Rest getrennt und mit $\langle(\mathrm{I})\rangle$ gekennzeichnet

35 Dieses Beweisverfahren stammt aus Wittgensteins *Tractatus*: „6.1203 Um eine Tautologie als solche zu erkennen, kann man sich, in den Fällen, in welchen in der Tautologie keine Allgemeinheitsbezeichnung vorkommt, folgender anschaulichen Methode bedienen: Ich schreibe statt ‚p', ‚q', ‚r' etc. ‚$\mathcal{W}p\mathcal{F}$', ‚$\mathcal{W}q\mathcal{F}$', ‚$\mathcal{W}r\mathcal{F}$' etc. Die Wahrheitskombinationen drücke ich durch Klammern aus, z. B.:

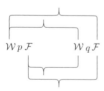

und die Zuordnung der Wahr- oder Falschheit des ganzen Satzes und der Wahrheitskombinationen der Wahrheitsargumente auf folgende Weise:

(34)

$\overline{p}$:

(35)   z

$\overline{p.\overline{p}}$:

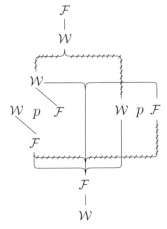

Grosser Nachteil p ist *dasselbe* wie p. Deshalb schreibt Wittgenstein auch q statt p.[a][36]

z Streichungen $\langle$➝➝➝➝➝$\rangle$ in den Diagrammen hier und in Block (37) wurden durch Schlick selbst vorgenommen   **a** In Kurzschrift

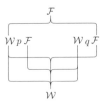

36 Schlick strich in dem Diagramm, weil die Wahrheitswerte von „p" und „$\overline{p}$" nicht unabhängig voneinander variiert werden können. Das ist nur bei verschiedenen Satzbuchstaben wie „p" und „q" möglich. Korrekt:

p	$\bar{p}$	$p.\bar{p}$	$\overline{p.\bar{p}}$
$\mathcal{W}$	$\mathcal{F}$	$\mathcal{F}$	$\mathcal{W}$
$\mathcal{F}$	$\mathcal{W}$	$\mathcal{F}$	$\mathcal{W}$

(36)

$p.q$:

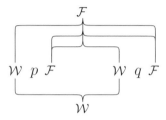

(37)

$\bar{p} \supset (p \supset q)$ *(in (I)*^{b} $\bar{p}$ *statt* p *und* $p \supset q$ *statt* q): *^{37}

b (I) bezieht sich auf den ebenso gekennzeichneten Block (33)

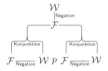

37 Schlick strich auch hier wieder, weil „p" und „$\bar{p}$" nicht unabhängig variiert werden dürfen. Vgl. Block (35). Korrekt:

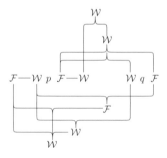

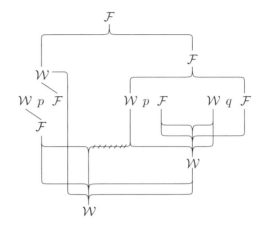

(38)

8 | **Beweise**[38]

$$\overline{\curlyvee} = \curlywedge \qquad \overline{\curlywedge} = \curlyvee$$

$$\curlyvee . \curlyvee = \curlyvee \qquad \curlyvee . \curlywedge = \curlywedge \qquad \curlywedge . \curlywedge = \curlywedge$$

$$\curlyvee \vee \curlyvee = \curlyvee \qquad \curlyvee \vee \curlywedge = \curlyvee \qquad \curlywedge \vee \curlywedge = \curlywedge$$

$$\curlyvee \supset \curlyvee = \curlyvee \qquad \curlyvee \supset \curlywedge = \curlywedge \qquad \curlywedge \supset \curlyvee = \curlyvee \qquad \curlywedge \supset \curlywedge = \curlyvee$$

$$\curlyvee \equiv \curlyvee = \curlyvee \qquad \curlyvee \equiv \curlywedge = \curlywedge \qquad \curlywedge \equiv \curlywedge = \curlyvee$$

(39)

c

Beispiel I: $p \supset ((p \supset q) \supset q))$ oder $\overline{p} \vee \{\overline{(\overline{p} \vee q)} \vee q\} = \overline{p} \vee \overline{(\overline{p} \vee q)} \vee q$

$$p = \curlyvee, q = \curlyvee \quad p = \curlyvee, q = \curlywedge \quad p = \curlywedge, q = \curlywedge \quad p = \curlywedge, q = \curlyvee$$

$$\overline{p} \vee \{\overline{(\overline{p} \vee q)} \vee q\} = \overline{p} \vee \overline{(\overline{p} \vee q)} \vee q$$

$$\{(\overline{p} \vee p)(\overline{p} \vee \overline{q})\} \vee q = (\overline{p} \vee p \vee q)(\overline{p} \vee \overline{q} \vee q) = \curlyvee$$

c Dieser Block ist über das Blatt verteilt

38 „$\curlyvee$" und „$\curlywedge$" sind bei Behmanns Aussagewerte und stehen für „Wahrheit" und „Falschheit". Mit den Rechenregeln aus Block (27) können die Formeln äquivalent ineinander umgeformt werden. Vgl. Behmann, *Mathematik und Logik*, S. 14 f.

Beispiel II: ⅂ᵉ

$$(p \supset q) \supset \{(p \vee r) \supset (q \vee r)\}$$

Folgt q aus p, so folgt q oder r
aus p oder r. (Eine Implikation
bleibt wahr, wenn man zum
Vordersatz und zum Nachsatz
dieselbe – wahre oder falsche –
Aussage disjunktiv hinzufügt.)

$$\overline{(\overline{p} \vee q)} \vee \{\overline{(p \vee r)} \vee (q \vee r)\}$$
$$(p.\overline{q}) \vee \{(\overline{p}.\overline{r}) \vee (q \vee r)\}$$
$$(p.\overline{q}) \vee \{(\overline{p} \vee q)(\overline{r} \vee q)\} \vee r$$
$$(p.\overline{q}) \vee ((\overline{p} \vee q \vee r)(\overline{r} \vee q \vee r))$$
$$(p \vee \overline{p} \vee q \vee r)(p \vee \overline{r} \vee q \vee r)(\overline{q} \vee \overline{p} \vee q \vee r)(\overline{q} \vee \overline{r} \vee q \vee r) = \curlyvee$$

Normalform:
Summe von Disjunktionen = konjunktive Normalform
Disjunktion von Summen = disjunktive Normalform³⁹

$$\overline{p.q.r} = \overline{p.q} \vee \overline{r} = \overline{p} \vee \overline{q} \vee \overline{r}$$

Wahres Konjunktionsglied oder falsches Disjunktionsglied nach
Belieben hinzufügen oder weglassen.ᶠ
|Eine disjunktive Normalform lässt sich in eine konjunktive über- ₉
führen und umgekehrt: z. B.:

$$(p.q) \vee (r.s) = (p \vee r)(q \vee r)(p \vee s)(q \vee s)$$
$$(p \vee q)(r \vee s) = (p.r) \vee (q.r) \vee (p.s) \vee (q.s)$$

d Block befand sich aus Platzgründen ursprünglich über Block (39) ist jedoch
als zweites Beispiel gekennzeichnet   **e** ⟨*Sum.*⟩   **f** Dieser Satz und die Formel
darüber mit Kopierstift

39 Vgl. den Distributionssatz in Block (27).

(41) _____ g

1) Übergang von $(p.q) \vee r$ zu $(p.q) \vee (r.s)$.

$(r.s) = t$, dann $[p \vee (r.s)^t].[q \vee (r.s)^t] = (p \vee r)(p \vee s)(q \vee r)(q \vee s)$

$(p \vee q)r$ zu $(p \vee q)(r \vee s)$ ganz analog.

(42) _____

So lassen sich die zwei Schreibweisen der *Aequivalenz* ineinander überführen:

$$(p \equiv q) \equiv (p.q) \vee (\overline{p}.\overline{q}) \equiv (\overline{p} \vee q)(\overline{q} \vee p) \equiv (p \supset q)(q \supset p)$$
$$(p.q) \vee (\overline{p}.\overline{q}) \equiv (p \vee \overline{p}).(q \vee \overline{p})(p \vee \overline{q})(q \vee \overline{q})^{\text{h}}$$

Ein *wahres Konjunktions*glied (hier $p \vee \overline{p}$, $q \vee \overline{q}$) kann man nach Belieben hinzufügen oder weglassen, ebenso ein *falsches Disjunktions*glied.

Erweitertes Schlussprinzip:

$$\overline{(\overline{p} \vee q)} \vee \overline{(\overline{q} \vee r)} \vee (\overline{p} \vee r) = (p \supset q) \supset \{(q \supset r) \supset (p \supset r)\}$$

Wenn p aus q folgt, so folgt, wenn r aus q folgt, r aus p.[40] Wenn q aus p folgt, so folgt, wenn r aus q folgt, r aus p. ⟩[i]

(43) _____ j [41]

Beweis:

$$\overline{(p \supset q)} \vee \{\overline{(q \supset r)} \vee (p \supset r)\}$$
$$\overline{(p \supset q)} \vee \overline{(q \supset r)} \vee (p \supset r)$$
$$\overline{\{(p \supset q)(q \supset r)\}} \vee (p \supset r)$$

---

g Einschub von der Rückseite an diese Stelle   **h** Streichungen durch Schlick   **i** ⟨*Syllogismus*⟩   **j** Durch Rahmen abgetrennt

40 Das gilt nicht. Gegenbeispiel: p ist wahr, aber r und q sind falsch.

41 Der Beweis lässt sich keinem Satz zuordnen.

k   (44)

$$p \supset (p \supset r)$$
$$\overline{q} \vee (\overline{p} \vee r)$$
$$\overline{(q.p)} \vee r$$

l   (45)

Fünf Beweismethoden[42]

1) Freges Schema
2) Wittgensteins Schema
3) Einsetz[un]g von $\mathcal{W}$ und $\mathcal{F}$.
4) Normalform
5) Aus primitive propositions

k Anmerkung am Rand, womöglich eine Nebenrechnung   **l** Durch Rahmen abgetrennt

42 Gemeint sind wohl die Beweismethoden für die Aussagenlogik. Alle bis auf diejenige Freges hat Schlick in diesem Stück verwendet.
  zu 1) Hiermit ist vermutlich das Notationsschema in Freges *Begriffsschrift* gemeint. Neben der besonderen Notation kommen darin mehrere zulässige Beweisschritte vor: Der Modus Ponendo Ponens (*Begriffsschrift*, § 5) für die Aussagenlogik, das Ersetzbarkeitsprinzip für die Identität (A. a. O., § 8 und § 20 f.), die üblichen Quantorenregeln (A. a. O., § 11 f.) und die vollständige Induktion (A. a. O., § 23).
  zu 2) Vgl. Block (33).
  zu 3) Vgl. Block (30).
  zu 4) Vgl. Block (38).
  zu 5) Vgl. Block (28).

(46)   ᵐ

$$\overline{p} \vee \overline{q} \vee r \equiv \overline{(p.q)} \vee r \equiv p \supset (q \supset r) \equiv (p.q) \supset r$$

„Aus p folgt, dass aus q r folgt" $\equiv$ aus p und q folgt r.

$$\{(p \mid q) \mid r\} \mid s \equiv \{(\overline{p} \vee \overline{q})r\} \mid s$$
$$(p \mid q) \mid (r \mid s) \equiv (p.q) \vee (r.s)$$
$$p \mid \{q(r \mid s)\} \equiv \overline{p} \vee \{q.(\overline{r} \vee \overline{s})\}$$

(47)   ⁿ

Nicod's principle:[43]

$$[p \mid (q \mid r)] \mid \{[t \mid (t \mid t)] \mid [(s \mid q) \mid ((p \mid s) \mid (p \mid s))]\}$$

oder

$$(p \supset (q.r)) \supset \{t \supset [(t.s \mid q) \supset (p \supset s)]\}^{[44]}$$

(48)   ᵒ

$\lfloor$*Satz des Widerspruches:*$\rfloor^{\text{p}}$ $p \mid (p \mid p)$

---

m Diese Ableitung steht hier unkommentiert und ohne offensichtlichen Bezug zum übrigen Text und ist mit einer Linie vom folgenden Block abgetrennt.   **n** Durch Linie vom vorherigen Text getrennt   **o** Durch Rahmen abgetrennt   **p** ⟨principium exclusi tertii⟩

43 Nicod führte wie Sheffer alle Junktoren auf einen zurück. Vgl. dazu Block (25). Zudem reduzierte er alle aussagenlogischen Axiome auf ein einziges Prinzip. Siehe *Formal II* und *III* in Nicod, *A Reduction in the Number of the Primitive Propositions of Logic*.

44 Beide Ausdrücke sind nicht äquivalent.

(49)

|§ **10** „generelle Aussagen“ [q] 10

bisher Aussagekalkül

Aussagefunktion:	$\hat{x}$ *ist weise*	$\varphi\hat{x}$
Ein *beliebiger* Wert hiervon:	x ist weise	φx
Ein *bestimmter* [Wert] hiervon:	Sokrates ist weise	φa

x muss einem bestimmten *Wertebereich* angehören, φx muss sinnvoll sein. Ist φx *wahr*, so sagt man x A⌊genügt dem φx⌋ [r] [.]
Alle Individuen x des Bereiches genügen $\varphi\hat{x}$:

$$\varphi a.\varphi b.\varphi c. \ldots \varphi k \equiv (x)\varphi x \ (\varphi x \text{ immer wahr})$$

⟨⟩ [s]
Mindestens eins genügt $\varphi\hat{x}$:

$$\varphi a \vee \varphi b \vee \varphi c \vee \ \ldots \ \vee \varphi k \equiv (\exists x)\varphi x \ (\varphi x \text{ manchmal wahr})$$

Generelle Aussagen: d. h.:

[t] (50)

Beide Operatoren bedeuten empirische Allgemeinheit, ≀ [u] die einzelnen Aussagen müssen für sich vorgefunden sein (*exterminal*). Es ist *nicht* angängig zu schreiben z. B. $(p)(p \vee \overline{p})$, denn hier ergibt sich die Wahrheit aus der Form selbst, während Aussagen mit generellen Operatoren auf Grund der Wirklichkeit wahr sind, es sind keine Tautologien.

q Vermutlich ist das die Überschrift des Paragraphen. Es könnte aber auch eine Randbemerkung sein. **r** ⟨befriedigt φx⟩ **s** ⟨$(x)\varphi x$ ist *dasselbe*⟩ **t** Block von der nächsten und übernächsten Seite hierher verschoben und dort durch blauen Stift abgetrennt **u** ⟨Wittgenstein: 6.1231⟩ [u-1]

u-1 „6.1231 Das Anzeichen des logischen Satzes ist *nicht* die Allgemeingültigkeit. Allgemein sein, heißt ja nur: zufälligerweise für alle Dinge gelten. Ein unverallgemeinerter Satz kann ja ebensowohl tautologisch sein, als ein verallgemeinerter.“ (Wittgenstein, *Tractatus*)

Damit fällt der Unterschied der „*finiten*" und der „*transfiniten*" Logik dahin. In der Mathematik wird der Streit so entschieden, dass bei strengem Aufbau (x) und $(\exists x)$ *nicht vorkommen*.
Es gibt dort keine empirische Allgemeinheit. „Es gibt eine Zahl
von den [und] den Eigenschaften" ist Unsinn, weil „Zahlen" keine individuellen Gegenstände sind. In einer guten Symbolik muss
die Zahl als variable Form auftreten, [und] man kann daher gar
nicht schreiben: „es gibt eine Zahl ..." So löst sich der Widerstreit
zwischen Formalismus [und] Intuitionismus. [45]

Eigentlich darf man nicht schreiben: $(x)(\sin^2 x + \cos^2 x) = 1$

---

45 Das Problem schilderte bei Hilbert wie folgt aufgeworfen: „Wo geschieht
nun zum ersten Mal das Hinausgehen über das konkret Anschauliche und Finite? Offenbar schon bei Anwendung der Begriffe ‚alle' und ‚es gibt'. Mit diesen
Begriffen hat es folgende Bewandtnis: Die Behauptung, daß alle Gegenstände
einer endlichen vorliegenden überblickbaren Gesamtheit eine gewisse Eigenschaft
besitzen, ist logisch gleichwertig mit einer Zusammenfassung mehrerer Einzelaussagen durch ‚und'; z. B. alle Bänke in diesem Auditorium sind hölzern heißt
soviel als: diese Bank ist hölzern und jene Bank ist hölzern und ... und die Bank
dort ist hölzern. [...]" (Hilbert, *Logische Grundlagen der Mathematik*, S. 154 f.)

Eine Allquantifikation ist im Endlichen (Finiten) nur eine lange Konjunktion, eine Existenzquantifikation eine Disjunktion, also eine Verknüpfung mit ein-
schließendem „oder". Hieraus folgert Hilbert dann rein aussagenlogisch folgende
Äquivalenzen:

$$\overline{(a)}A(a) \text{ äq } (\exists a)\overline{A(a)}$$

$$\overline{(\exists a)}A(a) \text{ äq } (a)\overline{A(a)}$$

„Diese Äquivalenzen werden aber gewöhnlich in der Mathematik auch bei unendlich vielen Individuen ohne weiteres als gültig vorausgesetzt; damit aber verlassen
wir den Boden des Finiten und betreten das Gebiet der transfiniten Schlußweise. Wenn wir ein Verfahren, das im Finiten zulässig ist, ohne Bedenken stets
auf unendliche Gesamtheiten anwenden würden, so öffneten wir damit Irrtümern
Tor und Tür. Es ist dies die gleiche Fehlerquelle, wie wir sie aus der Analysis
genugsam kennen: wie dort die Übertragung der für endliche Summen und Produkte gültigen Sätze auf unendliche Summen und Produkte nur erlaubt ist, wenn
eine besondere Konvergenzuntersuchung die Schlußweise sichert, so dürfen wir
auch die unendlichen logischen Summen und Produkte [...] nicht wie endliche
behandeln; [...]" (Hilbert, *Logische Grundlagen der Mathematik*, S. 155)

(51)

	φa	φb	φc	...	φk	$(x)\varphi x$	$(\exists x)\varphi x$	$(\exists x)\overline{\varphi x}$	$(x)\overline{\varphi x}$
	$\mathcal{W}$	$\mathcal{W}$	$\mathcal{W}$	$\mathcal{W}$	$\mathcal{W}$	$\mathcal{W}$	$\mathcal{W}$	$\mathcal{F}$	$\mathcal{F}$
	...	...	...	...	$\mathcal{W}$	$\mathcal{F}$	$\mathcal{W}$	$\mathcal{W}$	$\mathcal{F}$
	...	...	...	...	$\mathcal{W}$	$\mathcal{F}$	$\mathcal{W}$	$\mathcal{W}$	$\mathcal{F}$
2^k	...	...	...	...	$\mathcal{W}$	$\mathcal{F}$	$\mathcal{W}$	$\mathcal{W}$	$\mathcal{F}$
	...	...	...	...	...	...	mindestens einige		...
	...	...	...	...	...	...	...	...	...
	$\mathcal{F}$	$\mathcal{F}$	$\mathcal{F}$	$\mathcal{F}$	$\mathcal{F}$	$\mathcal{F}$	$\mathcal{F}$	$\mathcal{W}$	$\mathcal{W}$
						(1)	(2)	(3)	(4)

ᵛ (52)

Das dies *alle* Sätze sind, kann ich dem Produkt nicht ansehen, ich muss es durch das Zeichen besonders ausdrücken.

(53)

Russell glaubt fälschlich, dass hier neue Definitionen der Negation nötig seien.[46] *Nicht (1)*ʷ *und (4)[,] sondern (2) und (4) sind contradiktorisch, ebenso (1) und (3)[.]*

(54)

„scheinbare" Variable: Peano. $\int_a^b \varphi(x)dx$. *Man kann nichts für* x *einsetzen.* $(x)\varphi x$ *ist dasselbe wie* $(y)\varphi y[.]$ *Es gibt keine wirklichen Variablen, alle sind scheinbar[.]* ⟨*Russell, p.* XVIII.⟩ˣ[47] *Schreibweise:*

ᵛ Durch Rahmen abgetrennt   ʷ Die Zahlen beziehen sich auf die nummerierten Spalten der Tabelle und Block (51)   ˣ Vom unteren Rand der Seite

46 Vgl. Russell/Whitehead, *Principia*, S. 16: "For reasons which will be explained in Chapter II, we do not take negation as a primitive idea when propositions of the forms (x) . ϕx and $(\exists x)$. ϕx are concerned, but we *define* the negation of (x) . ϕx, i.e. of ,ϕx is always true,' as being ,ϕx is sometimes false,' *i.e.* ,$(\exists x)$. $\sim \phi x$,' and similarly we *define* the negation of $(\exists x)$. ϕx as being (x) . $\sim \phi x$."

47 "The distinction between real and apparent variables, which occurs in Frege and in *Principia Mathematica*, is unnecessary. Whatever appears as a real variable in *Principia Mathematica* is to be taken as an apparent variable whose scope is the whole of the asserted proposition in which it occurs." (Russell/Whitehead, *Principia*, S. XVIII)

$(x)(\varphi x \supset \psi x)$	φx impliziert immer ψx *(formale Implikation)*
$(x)\varphi x \supset \psi x$	Wenn $\varphi[x]$ immer wahr, dann gilt ψ für x.

Letzteres sind, da beide x keine Verbindung miteinander haben, besser geschrieben: $(x)(\varphi x) \supset \psi y[.]$

(55)

11 | $(\exists x)(\varphi x)$ Das Symbol $\exists$ muss immer mit einem x verknüpft sein: $(\exists \alpha)$ ist Unsinn. (Existenz der Dinge an sich, von denen wir keine Eigenschaft aussagen können!) $\exists$ ist keine Eigenschaft (ontologischer Gottesbeweis!)[48] Zu diesem Fall ist unsere Symbolik gut, sie ermöglicht nicht, den Unsinn zu *schreiben*.

„Behauptung einer Aussagefunktion" ist Unsinn, was Russell in der 1. Aufl[age] nicht bemerkt hat.[49] $\vdash \varphi x$ bedeutet $(x)\varphi x$. (x) und $(\exists x)$ [sind] *Operatoren*, φx heißt dann *Operand*.

2 Sätze:

1) Was von allem gilt, gilt von einem beliebigen: $\langle$dictum de omni$\rangle$[y] $((x)\varphi x) \supset (\varphi a))$ $\langle\rangle$[z]

2) Wenn a die Eigenschaft φ hat, so gibt es ein x mit der Eigenschaft φ: $((\varphi a) \supset (\exists x)\varphi x)$

Aus (1) und (2) folgt $[(x)\varphi x] \supset [(\exists x)\varphi x]$ $\langle\rangle$[a]

---

y Mit Kopierstift   **z** Streichung mit Kopierstift: $\langle$Das gilt nur, wenn etwas existiert.$\rangle$ **a** Mit Kopierstift gestrichen: $\langle$Das gilt nur, wenn etwas existiert.$\rangle$

48 Schlick bezog sich hier auf Freges Kritik am ontologischen Gottesbeweis: „Es ist ja Bejahung der Existenz nichts anderes als Verneinung der Nullzahl. Weil Existenz Eigenschaft des Begriffes [und nicht der unter ihn fallenden Gegenstände] ist, erreicht der ontologische Beweis von der Existenz Gottes sein Ziel nicht. Ebenso wenig wie die Existenz ist aber die Einzigkeit Merkmal des Begriffes ‚Gott'. Die Einzigkeit kann nicht zur Definition dieses Begriffes gebraucht werden, wie man auch die Festigkeit, Geräumigkeit, Wohnlichkeit eines Hauses nicht mit Steinen, Mörtel und Balken zusammen bei seinem Baue verwenden kann." (Frege, *Grundlagen*, § 53)

49 Russell und Whitehead schrieben ab der zweiten Auflage: "Another point about which there can be no doubt is that there is no need of the distinction between real and apparent variables, nor of the primitive idea ‚assertion of propositional function."' (Russell/Whitehead, *Principia*, S. XIII)

| Nicht Aussagen können „manchmal" oder „immer" wahr sein, sondern nur Aussagefunktionen. Sätze in denen die Worte „alle", „einige", „jeder", „ein", „der" vorkommen, müssen mit Hilfe von *Aussage*funktionen analysiert werden. Nach Russell (Introduction 158) kann man mit Aussagefunktion[en] gar nichts weiter machen als ihnen $\langle\rangle^{\text{b}}$ *für alle Fälle* oder *für einige Fälle* Wahrheit zuschreiben.[50] Es gibt kein Einhorn: (x ist ein Einhorn) ist nicht wahr. Russell hält die Sätze der Logik für Behauptungen, dass gewisse Aussagefunktionen immer wahr sind, wie etwa $(p \vee q) \supset (q \vee p)[.]$

Wittgenstein S. 126:[51] Statt „es gibt keine logischen Konstanten" kann man ungenau sagen: „die Eine logische Konstante ist das, was alle Sätze gemein haben, ihrer Natur nach: die allgemeine Satzform. Die Beschreibung der allgemeinen Satzform ist die Beschreibung des einen und einzigen allgemeinen Urzeichens der Logik."

---

b $\langle$„manchmal" oder „im[mer]"$\rangle$ **c** Absatz mit größerem Abstand zu vorherigem Text am unteren Rand des Blattes

50 Auf der genannten Seite heißt es: "There are, in the last analysis, only two things that can be done with a propositional function: one is to assert that it is true in *all* cases, the other to assert that it is true in at least one case, or in *some* cases (as we shall say, assuming that there is to be no necessary implication of a plurality of cases). All the other uses of propositional functions can be reduced to these two. [...]

Or, again, the statement ‚there are no unicorns' is the same as the statement ‚the propositional function ‚x is not a unicorn' is true in all cases."' (Russell, *Introduction*, S. 158)

51 Die Seitenzahl bezieht sich auf die englisch-deutsche Ausgabe des *Tractatus* von 1922: „5.47 Es ist klar, dass alles, was sich überhaupt von vornherein über die Form aller Sätze sagen lässt, sich auf einmal sagen lassen muss. Sind ja schon im Elementarsatze alle logischen Operationen enthalten. Denn ‚fa' sagt dasselbe wie ‚$(\exists x)fx.x = a$'. Wo Zusammengesetztheit ist, da ist Argument und Funktion, und wo diese sind, sind bereits alle logischen Konstanten. Man könnte sagen: Die Eine logische Konstante ist das, was alle Sätze, ihrer Natur nach, mit einander gemein haben. Das aber ist die allgemeine Satzform. 5.472 Die Beschreibung der allgemeinsten Satzform ist die Beschreibung des einen und einzigen allgemeinen Urzeichens der Logik. "

(58)   d

13 | $(\exists x)\varphi x \equiv \varphi a \vee \varphi b \vee \varphi c...\varphi k$ „manchmal" wahr, „immer" wahr,
von Funktionen, [nie]$^{?\,e}$ von Aussagen. Es gibt keine Gespenster:
„x ist ein Gespenst" ist immer falsch. Es gibt beschränkte Menschen: „x ist ein Mensch [und] beschränkt" ist manchmal wahr.
Scheinbare Variable $\int_a^b (x)dx$.

„Existenz" in $\langle\rangle^f$ philosophischer, alltäglicher (wissenschaftlicher) Bedeutung, lässt sich durch keine Aussage fassen.

(59)   g

Die Philosophie (Realismusproblem) spricht so, als wäre Exis-
tenz eine Eigenschaft[.] $\varphi x = $ „x ist wirklich" $\langle^h$ Jetzt für x Gegenstände einsetzen. Unwirklich kann man nicht einsetzen, es ist
nicht da. Logik spricht nur von Wirklichem, aber sie sagt nichts
darüber. Sonst Platonismus. [Kentauren]$^?$, viereckiger Kreis.^{52}

Existentialurteile immer schon Problem.

Nur empirische Realität, nicht transzendente aussagbar.^{53}

Würde φx bedeuten x ist wirklich, so wäre φx *immer wahr*,
also tautologisch, sagt also *nichts*. Descartes kann nicht meinen:
„Aber das Ich hat (im Gegensatz zu anderen Dingen) die Eigenschaft zu *sein*"!^{54} Existenz auf *Wahrheit* zurückgeführt.

---

d Genaue Zuordnung nicht möglich   **e** Es könnte auch $\langle$wie$\rangle$ heißen   **f**
$\langle$ontologischer$\rangle$ **g** Block auf der Rückseite des Blattes, mit $\langle$verte$\rangle$ an diese
Stelle gesetzt   **h** $\langle\varphi a \vee \varphi b \vee \varphi c...\varphi k\rangle$

52 Vgl. Block (9).

53 In 1918/1925a *Erkenntnislehre* zitierte Schlick in diesem Zusammenhang
Riehl: „,'Wirklich sein' und 'in den Zusammenhang der Wahrnehmung gehören'
bedeutet ein und dasselbe'. Diese Fassungen haben den großen Vorzug, daß in
ihnen als fundamentaler Punkt die Notwendigkeit gebührend hervorgekehrt wird,
die Bestimmung des Realen irgendwie an das unmittelbar Gegebene anzuschlie-
ßen (nämlich an die Empfindung). Damit ist zugleich die Unmöglichkeit einer rein
logischen Definition des Wirklichkeitsbegriffes richtig zum Ausdruck gebracht."
(*MSGA* I/1, S. 466 und Riehl, *Beiträge zur Logik*, S. 25)

54 Eine übereinstimmende Stelle kann bei Descartes nicht nachgewiesen werden. Das Ich ist bei Descartes eine denkende Substanz. Sobald diese denkt, sie
existiere, ist das Gedachte wahr. (Descartes, *Meditationes*, § 23 und § 18)

296

Sätze über die Verknüpfung wahrer [und] scheinbarer Variablen:
1) Was von allen gilt, gilt von beliebigem: $(x)\varphi x \supset \varphi a$
2) Wenn a die Eigenschaft φ hat, so gibt es einen Gegenstand mit der Eigenschaft φ: $\varphi a \supset (\exists x)\varphi x$

Aus (1) und (2): $(x)\varphi x \supset (\exists x)\varphi x$

§11 Formale Implication.

(α) A: Alle S sind P. $(x)(\varphi x \supset \psi x)$

       I: Einige S sind P. $(\exists x)(\varphi x.\psi x)^j$

(β) E: Kein S ist P. $(x)(\varphi x \supset \overline{\psi}x)$

       O: Einige S sind nicht P. $(\exists x)\varphi x.\overline{\psi}x$

$\}^k$

Die scheinbar einfachen Sätze der Aristot[elischen] Logik sind dies durchaus nicht[.] ⟨Nur dies, nicht $(x)\varphi x$[,] entspricht dem aristot[elischen] A-Urteil, da „alle S" nicht bedeutet alle x, für die das Prädikat P sinnvoll ist, sondern diejenigen x, die S sind[.]⟩ˡ

Formale Implication

$(x)(\varphi x \supset \psi x)$ Alle ⟨x, die⟩ φ ⟨sind⟩, sind ψ.   (A)

$(x)(\varphi x \supset \overline{\psi}x)$ Kein φ ist ψ (E)

$(\exists x)(\varphi x \supset \psi x)$ Einige φ ist ψ (I)

$(\exists x)(\varphi x \supset \overline{\psi}x)$ Einige φ sind nicht ψ (O)

Unterschied zwischen $(x)\varphi x$ und $(x)\varphi x \supset \psi x$. Der Satz „Alle Menschen sind sterblich" will nicht eine zufällige Eigenschaft von

---

i Genaue Zuordnung nicht möglich. Eine nahezu identische Stelle findet sich in Block (49).   j Im Original fehlten die Klammern für die Gebiete der Quantoren.   k ⟨$(x)\{\varphi x \equiv \psi x\}$ Alle S sind alle P.⟩   l Einschub von der Rückseite   m Auf Bl. 11 hat Schlick schon einmal diesen Paragraphen begonnen und dann gestrichen. Dieser Block enthält die gestrichene Fassung. Der Grund für die Streichung war wohl die fehlerhafte Übersicht. In ⟨(I)⟩ müsste es heißen: ⟨$(\exists x)(\varphi x.\psi x)$⟩; in ⟨(II)⟩: ⟨$(\exists x)(\varphi x.\overline{\psi}x)$⟩.

55 Ab hier folgt der Aufbau des Stückes über eine weite Strecke der *Principia Mathematica* von Russell und Whitehead. Hier und in den folgenden Blöcken werden die parallelen Stellen nachgewiesen soweit möglich. Zu diesem Block vgl. Russell/Whitehead, *Principia*, S. 21.

Individuen, sondern eine [sachliche]? Beziehung zwischen Eigenschaften ausdrücken. „Mensch" muss definiert werden und durch φx[.]

(63)

^{n}

Peano und Frege: Grosser Unterschied zw[ischen] „Sokrates ist sterblich": φa und „Alle Menschen sind sterblich" $(x)(\varphi x \supset \psi x)$[.]

Da Implikation immer wahr, wenn Vorderglied falsch, folgt aus α u[nd] β[,] dass, wenn es kein S gibt (φx falsch), [dann] (α) und (β) wahr ist. „Alle S sind P" ist auch anwendbar auf die S, die *nicht* P sind. Wenn x ein S ist, dann ist es ein P. Dies ist auch dann wahr, wenn x *kein* S ist. Sonst würde die reductio ad absurdum nicht gültig sein, denn sie benutzt Implikation, deren Vordersatz sich später als falsch herausstellt. (Gesetzt, x habe die Eigenschaft φ – dann folgt .... Aber x hat gar nicht die Eigenschaft φ[.])

14 Wollten wir den Fall, dass kein x ⟨mit der Eigenschaft φ⟩ vorhanden ist, ausschliessen, so | müssten wir Alle S sind P definieren:

$$(x)\{\varphi x \supset \psi x\}.(\exists x)\varphi x$$

$$[\varphi x \supset \psi x \text{ ist immer wahr}, \varphi x \text{ manchmal}]$$

dies wäre sehr ungeschickt, denn wie sollten wir $(x)(\varphi x \supset \psi x)$ in Worten ausdrücken? Dies letztere kommt sehr viel öfter vor. Aus „Alle S sind P" folgt nicht „Einige sind P". $(x)\varphi x \supset \psi x \supset (\exists x)(\varphi x.\psi x)$ ist *nicht* gültig (keine Tautologie), folglich ist die Regel der *conversio per accidens falsch*, ebenso Modus Darapti:

Alle M sind P

[Alle] M sind S
_____

einige S sind P

⎫⎬⎭ falsch, wenn es kein M gibt

---

n Block ist im Original durch Trennlinie vom vorhergehenden Text getrennt

Falsch werden: Subalternation, conversio per a[ccidens], Darapti$_{III}$, Felapton$_{III}$, Bamalip$_{IV}$, Fesapo$_{IV}$ [56]

(Sokrates ist ein Mensch) $\supset$ (Sokrates ist sterblich) wird als Spezialfall einer formalen Impliaktion instinktiv gefühlt. Materiale Implikationen werden überhaupt nicht als solche gefühlt. [??] nur im ersten Fall können wir wirklich etwas schließen.

_____ (64)

Alle S sind alle P: $(x)(\varphi x \equiv \psi x) = (x)\{(\varphi x \supset \psi x)(\psi x \supset \varphi x)\}$
Alle S sind einige P: $(x)(\varphi x \supset \psi x)(\exists x)(\psi x.\overline{\varphi x})$
Einige S sind einige P: $(\exists x)(\varphi x.\psi x)(\exists x)(\varphi x.\overline{\psi x})(\exists x)(\overline{\varphi x}.\psi x)$
Einige S sind alle P: $(\exists x)(\varphi x \supset \psi x)(x)(\varphi x \supset \psi x)$

_____ (65)

formale Äquivalenz: $(x)\{\varphi x \equiv \psi x\}$ d.h. $\varphi \hat{x}$ [57] und $\psi \hat{x}$ haben *dieselbe Extension.* Wären alle Kugeln der Welt rot, ⟨und umgekehrt⟩, so könnte man in allen Aussagen „rot" [und] „kugelförmig" unbeschadet der Richtigkeit vertauschen.

$\varphi \hat{x}$ und $\psi \hat{x}$ haben dieselbe Extension, heisst, jedes Wort z, das φ befriedigt, befriedigt auch ψ, und umgekehrt.

Die Wissenschaft hat es nur mit Extensionen zu tun, heisst dasselbe wie: alle Aussagen sind Wahrheitsfunktionen.

_____ (66)

| „*generelle Sätze*"° Die Sätze mit scheinbaren Variablen nennen wir *1. Ordnung*[,] entsprechend die ohne 0ter Ordnung. ₁₅

Eigentlich müssten wir jetzt den Calcul auf Sätze 1. Ordnung ausdehnen.

_____ 58 (67)

§ 12 **Beziehungen:**
Funktion [mit] einem Argument: Begriff
[Funktionen mit] mehreren [Argumenten:] Bezieh[un]g
Wir unterscheiden

o Überschrift nachträglich eingefügt

56 Die römischen Ziffern stehen für die Figur, aus der der jeweilige Syllogismus stammt.

57 „$\varphi \hat{x}$" kann als Menge all dessen, was φ erfüllt, verstanden werden. Vgl. Russell/Whitehead, *Principia*, S. 25.

58 Vgl. Russell/Whitehead, *Principia*, S. XIX.

a) Gegenstände (Namen) particulars Individuen
b) Begriffe und Beziehungen. universals ⌊Universalien⌋[p]

(68)

	a	b	c	d	e
a	•	•			
b	•		•		
c					
d			•		
e		•				59

(69)

⌊Individuum⌋[r] ist etwas, das nur Argument sein kann (aber nicht muss[,] umgekehrt [muss] jedes Argument ein Gegenstand sein)[.] Scheinbare Ausnahmen (Frege) „Der Morgenstern ist die Venus".[60] Wird hier nicht „die Venus" ausgesagt, wie Planetsein ausgesagt *wird* in „der Morgenstern ist ein Planet"? Nein! Im zweiten Fall ist „ist" Kopula, im ersten Zeichen der „Identität", d. h. es drückt aus, dass 2 Namen die gleiche Bedeut[un]g haben „Venus = Morgenstern sind 2 Namen für dasselbe Ding"

(70)

Bezieh[un]g = Begriff mit 2 Argumenten a schlägt b, a ist rechts von b, a ist gleichzeitig mit b, a ist später als b, a ist Vater von b, a liebt b, a unterweist b. $f(x,y)$ $\langle\rangle$[s] „x steht in der Beziehung R

p ⟨Allgemeinbegriff⟩   **q** Mit Kopierstift am Rand   **r** ⟨Gegenstand⟩   **s** ⟨oder lieber, um für Beziehungen nicht den gleichen Buchstaben zu verwenden $R(x,y)$, natürlich verschieden von $R(y,x)$, $R(\hat{x}\hat{y})$⟩

59 Das Diagramm passt nicht zur Tabelle. Es gilt nach dem Diagramm $c \longrightarrow b$ und nach der Tabelle $c \longleftarrow b$.

60 „Es liegt nun nahe, mit einem Zeichen (Namen, Wortverbindung, Schriftzeichen) außer dem Bezeichneten, was die Bedeutung des Zeichens heißen möge, noch das verbunden zu denken, was ich den Sinn des Zeichens nennen möchte, worin die Art des Gegebenseins enthalten ist. Es würde danach in unserem Beispiele zwar die Bedeutung der Ausdrücke „der Schnittpunkt von a und b" und „der Schnittpunkt von b und c" dieselbe sein, aber nicht ihr Sinn. Es würde die Bedeutung von „Abendstern" und „Morgenstern" dieselbe sein, aber nicht der Sinn." (Frege, „Über Sinn und Bedeutung", S. 26 f.) Vgl. aber auch *Begriffsschrift*, § 8.

zu y" xRy nicht so gut, weil auf mehrgliedrige Beziehungen nicht anwendbar[.] $R(x, y, z)$[:] x gibt dem y das z.

lieben
$(x)\varphi(x, y)$

$(y)\{(x)\varphi(x, y)\}$	$(\exists y)\{(x)\varphi(x, y)\}$
$(\exists x)\varphi(x, y)$	
$(y)\{(\exists x)\varphi(x, y)\}$	$(\exists y)\{(\exists x)\varphi(x, y)\}$

geliebt werden
$(y)\varphi(x, y)$

$(x)\{(y)\varphi(x, y)\}$	$(\exists x)\{(y)\varphi(x, y)\}$
$(\exists y)\varphi(x, y)$	
$(x)\{(\exists y)\varphi(x, y)\}$	$(\exists x)\{(\exists y)\varphi(x, y)\}$

z. B. x liebt y

Unter den Eigenschaften φ, ψ ist keine *logisch* ausgezeichnet, ebenso keine Beziehung (*auch nicht die Identität*[t]), *Definitionen* gehören nicht zum Gegenstand[.]

_____ [61]   (71)

| Die Klammern sind überflüssig, wenn sie durch Konvention über   16
Reihenfolge der Operatoren ersetzt werden. Es gelten [ferner][?] die
Regeln:

1) $(x)(y)\varphi xy \equiv (y)(x)\varphi xy$ oder einfach $(x, y)\varphi xy \equiv (x, y)\varphi(xy)$
2) $(\exists x)(y)\varphi xy \equiv (\exists y)(\exists x)\varphi xy$ oder [einfach]
   $(\exists x, y)\varphi xy \equiv (\exists x, y)\varphi xy.$
3) $(\exists x)(y)\varphi xy \supset (y)(\exists x)\varphi xy$ aber nicht umgedreht!

_____   (72)

Es bedeute R: „wenn y echter Bruch, dann x echter Bruch $> y$[.]"

  (I) $(y)(\exists x)Rxy$: für jeden echten Bruch y gibt es einen größeren x,

 (II) aber $(\exists x)(y)Rxy$: es gibt einen echten Bruch x, der grösser ist als jeder e[chte] Bruch y, *falsch*!

oder Rxy = Gerade x ist parallel zu Gerade y: dann bedeutet

t Doppelt blau unterstrichen

61 Vgl. Russell/Whitehead, *Principia*, S. 22.

I: für jedes y gibt es eine Parallele x aber

II: es gibt eine Gerade x, die zu allen y parallel ist, ⟨falsch!⟩ ᵘ

62

§ 13 Klassen (vorläufige Behandlung)

Klasse oder Menge ist ein Symbol für ⌊alle⌋ᵛ Argumente, die einer Aussagefunktion $\varphi\hat{x}$ genügen. Die Funktion *bestimmt* eine Klasse α. *Jede* Aussagefunktion bestimmt eine Klasse od[er] Menge, diese kann aber auch 0 sein.⁶³ (Hieraus folgt, dass „Klasse" nicht *dasselbe* ist wie die darin enthaltenen Glieder. Ebenso ist die Klasse[,] die nur 1 Glied enthält, nicht dieses Glied selbst.) [?] formal-äquivalente Funktionen *bestimmen dieselbe* Klasse. ξ⁶⁴ ist das, „was *formal-äquivalenten Funktionen gemeinsam ist.*" Unvollständiges Symbol, nicht selbst zu definieren, sondern die Bedeutung der Aussagen angeben, in denen es vorkommt. Geschrieben: $\hat{x}(\varphi x)$

$$\text{Sinn} \ = \text{Inhalt}$$

$$\text{Bedeutung} \ = \text{Unfang}$$

x ist ein *federloser Zweifüssler*

x ist ein *vernünftiges Wesen*

} Die beiden Begriffe haben verschiedenen *Sinn*, aber dieselbe *Bedeutung*.

Aber dies kann nur eintreten, wenn sich die Gleichheit der Bedeutung *empirisch* herausstellt. (im anderen Falle lässt sich beides nicht gültig entscheiden) – dann haben sie aber gar nicht dieselbe Bedeutung, denn es ist begriffliche Unterscheidung möglich.

u Mit Kopierstift   **v** ⟨die⟩

62 Vgl. Russell/Whitehead, *Principia*, S. XXXIX sowie S. 23 ff.

63 Schlick bezeichnet hier mit „0" die leere Menge.

64 „ξ" steht für die Extension von Prädikaten. Siehe dazu Schlicks Erläuterungen in Block (74).

| Ist $\alpha = \hat{z}(\varphi z)$, so ist $\varphi\alpha$ *Unsinn* (Typentheorie) 3.332: Kein [17] Satz kann etwas über sich selbst aussagen, weil das Satzzeichen nicht in sich selbst enthalten sein kann.[65]

$\psi(\varphi z)$ und φz sind verschiedene *Formen*. In $\varphi(\varphi z)$ *können* die beiden φ nicht dieselbe Funktion bezeichnen, sondern es tritt nur derselbe Buchstabe auf. Schreibe ich das Funktionszeichen noch einmal als Argument hin, so *ist* es nicht dasselbe.

$$x \text{ ist Glied der Klasse } \alpha : \quad x \in \alpha \quad \overline{x \in \alpha}$$

$$\alpha \in \xi \quad \alpha \text{ ist eine Klasse}$$

$$x \in \hat{z}(\varphi z) \equiv .\varphi x$$

⟨$\alpha = \hat{z}(\varphi z)$ Keine Definition sondern Abkürzung.⟩[w]

(φx ist wahr) ist äquivalent (x ist ein Glied der durch $\varphi\hat{z}$ bestimmten Klasse)[.] Es können nicht 2 oder mehrere Klassen dieselben Glieder haben, sonst ist es eben nur *eine* Klasse.

Russell: $\hat{x}(x \in \alpha) = \alpha$ bedeutungsleer für uns.[66] Wir können jetzt stets an Stelle der extensionalen Funktion Klassen schreiben[.] Hier hatte alte *Logik* richtigen Instinkt[.]

[67] (74)

§ 14 Relationen = ⟨Symbol für⟩ die Extension von Beziehungen, wie ξ für Extension von Begriffen. $\xi R y = \xi\hat{x}\hat{y}\varphi(x,y)\eta =_{Df} \varphi(\xi\eta)$ Relation, bestimmt durch $\varphi(x,y) : \hat{x}\hat{y}$ *Klasse von Paaren*

Das Paar xy ist verschieden von dem Paar yx, es hat einen Richtungssinn (geordnetes Paar)[.] xRy oder $R(x,y)$ $R \in$ Rel[ation] $= R$ ist eine Relation. $(R = S) \equiv (x,y)\{xRy \equiv xSy\}$

w Mit Kopierstift

65 „3.332 Kein Satz kann etwas über sich selbst aussagen, weil das Satzzeichen nicht in sich selbst enthalten sein kann (das ist die ganze 'Theory of Types')." (Wittgenstein, *Tractatus*)

66 Bei Russell und Whitehead ist eine Klasse α identisch mit der Klasse aller Elemente x von α. Klassen sind durch ihre Elemente vollständig bestimmt. Vgl. *Principia*, S. 25.

67 A. a. O., S. 26.

(75)

Converse Relation $\check{R}$, wenn $(x,y)\{(xRy) \supset (y\check{R}x)\}$ oder $\check{R} = \hat{x}\hat{y}(yrx)$ $Df.$ ⟨[??]⟩

Reflexiv: (xRx) ⟨[??]⟩

Symmetrisch: $R = \check{R}$

Asymmetrisch: $(xRy) \supset_{x,y} \overline{(yRx)}$

Transitiv: $\{(xRy)(yRz)\} \supset_{x,y,z} (xRz)$

(76)

Extensional ist eine Eigenschaft, wenn sie für alle formal äquivalenten Funktionen dieselbe ist.

(77)

18 | **§ 15 Kalküle der Klassen** ⟨⟩^{z}

logisches Produkt zweier Klassen: determinierende Funktion ⟨⟩^{a}

$\varphi x.\psi x$, $\hat{x}(\varphi x.\psi x)$ oder $\hat{x}(x \in \alpha.x \in \beta) = \alpha \cap \beta$ Df ⟨^{b}

gemeinsame Glieder

logische Summe: determinierende Funktion $\varphi x \vee \psi x$

$$\hat{x}(\varphi x \vee \psi x) = \hat{x}(x \in \alpha.x \in \beta) = \alpha \cup \beta$$
$$x \in (\alpha \cap \beta) \equiv (x \in \alpha)(x \in \beta)$$
$$x \in (\alpha \cup \beta) \equiv (x \in \alpha) \vee (x \in \beta) ⟨^c$$

(78)

Negation einer Klasse $(-\alpha)$ sind die (*einsetzbaren, bedeutungsvollen*) Glieder, für welche $x \in \alpha$ falsch, also $\overline{x \in \alpha}$ oder $x\overline{\in}\alpha$:

$$-\alpha = \hat{x}(x\overline{\in}\alpha) \quad Df$$

x Durch Linie abgetrennt   **y** Dieser Block findet sich auf der Rückseite des Blattes ohne genauer in den Paragraphen eingeordnet werden zu können.   **z** ⟨Relationen⟩   **a** ⟨$\varphi x.\psi x$⟩   **b** ⟨Durchschnitt⟩   **c** ⟨Vereinigung⟩   **d** Durch Linie abgetrennt

68 A. a. O., S. 26 f.

69 A. a. O., S. 27.

70 Ebd.

$\langle\rangle^{e}$ Verknüpfung der Negation einer Klasse mit der Negation einer Aussage

$$x \in -\alpha \equiv x\overline{\in}$$

f (79)

Implikation entspricht *Inklusion*:

$$(x)(x \in \alpha \supset x \in \beta) \equiv \alpha \subset \beta \quad (Df) \text{ „}\alpha \text{ ist in } \beta$$

enthalten[.]"

Der Äquivalenz entspricht die Identität:

$$\alpha \subset \beta . \beta \subset \alpha \equiv (x)\{(x \in \alpha) \equiv (x \in \beta)\}$$
$$\alpha = \beta$$

(80)

Einige Rechenregeln[71]

$$p.q = \overline{\overline{p} \vee \overline{q}} \; : \alpha \cap \beta = -(-\alpha \cup -\beta)$$

„Die α u[nd] β gemeinsamen Glieder sind die Negation von $-\alpha$ und $-\beta[.]$"

$$((p \supset q)(q \supset r)) \supset (p \supset r)$$
$$((\alpha \subset \beta)(\beta \subset \gamma)) \supset (\alpha \subset \gamma) \qquad \text{Syllogismus Barbara}^{72}$$

Bei *individuellem* Untersatz lautet der Syllogismus

$$((x \in \beta)(\beta \subset \gamma)) \supset (x \in \gamma) \qquad \qquad \text{Sterblichkeit des}$$
$$\text{Sokrates in Klassenschrift.}$$

---

e $\langle[?]\rangle$ **f** Durch Linie abgetrennt

71 A. a. O., S. 28.

Peano: $x \in \beta$ ist *nicht* ein spezieller Fall von $(\alpha \subset \beta)$. Sehr wichtig![73] denn $(\alpha \subset \beta) \equiv (x)\{(x \in \alpha) \to (x \in \beta)\}$[g]

$\alpha = -(-\alpha)$	$\alpha \subset \beta. \equiv . -\beta \subset -\alpha$
$\alpha = \alpha \cap \alpha$	$\alpha = \alpha \cup \alpha$

(81) ———————————————————————————————————— 74

$\langle\rangle$[h] Kalkül der Relation:

$R \dot\cap S = \hat{x}\hat{y}(xRy.xSy) \quad Df$	R und S = Durchschnitt
$x(R\dot\cap S)y \equiv xRy.xSy$	
analog $R\dot\cup S = \hat{x}\hat{y}(xRy \vee xSy)$	R plus S [=] Vereinigung
$\dot- R = \hat{x}\hat{y}(\overline{xRy})$	Negation
$R\dot\subset S = (x,y)\{(xRy) \supset (xSy)\}$	R sub S [=] Subsumption R Teilrelation von S

(82) ———————————————————————————————————— 75

20 | Eine Klasse *existiert*, wenn sie mindestens ein Glied hat:

$$\exists! \alpha = (\exists x)(x \in \alpha) \qquad\qquad Df$$

g Schlick hat nachträglich $\langle \supset \rangle$ durch $\langle \to \rangle$ ersetzt. **h** $\langle \S 16 \rangle$

72 Die Formeln drücken die Transitivität der Teilmengenbeziehungaus. Diese macht sich auch der Syllogismus Barbara nach einer mengentheoretischen Analyse zu Nutze.

73 Schlick zitierte nicht nach Peano, sondern nur indirekt nach Russell und Whitehead. Nachdem diese ebenfalls das Beispiel von Sokrates angeführt haben, schreiben sie in der *Principia*: "This, as was pointed out by Peano, is not a particular case of '$\alpha \subset \beta.\beta \subset \gamma. \supset .\alpha \subset \beta$', since '$x\epsilon\beta$' is not a particular case of '$\alpha \subset \beta$'. This point is important, since traditional logic is here mistaken." (Russell/Whitehead, *Principia*, S. 28)

74 A. a. O., S. 29.

75 Ebd.

Λ = Nullklasse, definiert durch irgendeine Aussagefunktion, die *immer falsch ist*.	V = Allklasse, definiert durch irgendeine Aussagefunktion, die *immer wahr* ist.
$\Lambda = \hat{x}(x \neq x)$	$V = \hat{x}(x = x)$
$(x)(x \in V)$	$(x)(x \overline{\in} \Lambda)$

α ist die Nullklasse, heisst: α *existiert* nicht: $(\alpha = \Lambda) \equiv \overline{\exists}!\alpha$

[76] (83)

für Relationen:

$$\dot{\exists}!R = (\exists x, y)(xRy)$$

$$\dot{\Lambda} = \hat{x}\hat{y}(x \neq x . y \neq y)$$

$$(x, y)\overline{(x\dot{\Lambda}y)}_+$$

$$(R = \dot{\Lambda}) \equiv (\overline{\dot{\exists}}!R)$$

$\dot{V}$ die immer *bestehende*, $\dot{\Lambda}_+$ die nie bestehende Relation.

für jeden Typus eine eigene All- und Nullklasse.

77 (84)

§ 16 Identität und Beschreibung:

$x = y$ x u[nd] y verschiedene Zeichen für denselben Gegenstand. Benutzen wir immer nur *ein* Zeichen, so wird Identität *unnötig*. Leibniz' principium identitatio indiscernibilium führt zu der Definition:[78]

$$\lfloor x = y =_{Df} (\varphi)(\varphi x \equiv \varphi y)\rfloor^{\text{j}}$$

i Durch Strich getrennt   **j** $\langle x = y =_{Df} (\varphi)(\varphi x \supset \varphi y)\rangle^{\text{j-1}}$

j-1 Die Fassung mit der Implikation „$\supset$" statt der Äquivalenz „$\equiv$" geht nicht auf

76 Ebd.

77 A. a. O., S. 57 f.

78 Prinzip der Identität von Ununterscheidbarem. Vgl. Couturat (Hrsg.), *La Logique de Leibniz*, S. 228 f. und Leibniz, *Noveau Essays*, II, ch. 27, § 1, 3.

⟨suppositio materialis, notatio primum⟩ [k][79]

⟨Definitionen gehören nicht zum Gegenstand.⟩[l] Wittgensteins
Kritik. Jedenfalls nicht, selbst Eigenschaft der Dinge.[80]

k mit Bleistift   **l** Einschub des Satzes vom unteren Rand mit Pfeil an diese
Stelle

Leibniz zurück. Bei Leibniz ist es mit dem lateinischen Gegenstück der Äquivalenz
formuliert. Vgl. dazu Leibniz *Die philosophischen Schriften*, S. 218. Die durch die
Implikation abgeschwächte Variante findet sich jedoch in Freges *Begriffsschrift*
§ 20. In § 8 sagt Frege aber, dass die Ersetzung in beide Richtungen möglich
ist, was der originalen Äquivalenz entspricht. Siehe hierzu auch Block (110).
Man benötigt für alle Beweise jedoch nur die Implikation, wenn man wie Frege
zusätzlich annimmt, dass für alle x gilt: $x = x$.

79 Vgl. z. B. *Supposition* in Eislers *Wörterbuch philosophischer Begriffe*: „Bei
der materialen Supposition steht also ein Wort für sich, seinen Laut, selbst, bei
der formalen steht das Wort für das Bezeichnete."

80 Schlick hatte hier wohl mehreres vor Augen. Zum einen die Kritik Wittgensteins an Freges Bestimmung der Identität: „5.4733 Frege sagt: Jeder rechtmäßig
gebildete Satz muss einen Sinn haben; und ich sage: Jeder mögliche Satz ist
rechtmäßig gebildet, und wenn er keinen Sinn hat, so kann das nur daran liegen,
dass wir einigen seiner Bestandteile keine Bedeutung gegeben haben. (Wenn wir
auch glauben, es getan zu haben.) So sagt ‚Sokrates ist identisch' darum nichts,
weil wir dem Wort ‚identisch' als Eigenschaftswort keine Bedeutung gegeben haben. Denn, wenn es als Gleichheitszeichen auftritt, so symbolisiert es auf ganz
andere Art und Weise – die bezeichnende Beziehung ist eine andere, – also ist
auch das Symbol in beiden Fällen ganz verschieden; die beiden Symbole haben
nur das Zeichen zufällig miteinander gemein. [...]
5.5303 Beiläufig gesprochen: Von zwei Dingen zu sagen, sie seien identisch,
ist ein Unsinn, und von Einem zu sagen, es sei identisch mit sich selbst, sagt gar
nichts." (Wittgenstein *Tractatus*)
Außerdem bezog er sich auf eine Auseinandersetzung zwischen Wittgenstein und Ramsey. Ramsey definiert genau wie Schlick oben „$x = y$" durch
„$(\varphi)(\varphi x \equiv \varphi y)$". Schlick teilte Wittgenstein auf dessen Bitte hin Ramseys
Überlegungen im August 1927 mit (Moritz Schlick an Ludwig Wittgenstein,
15. August 1927). Wittgenstein muss aber bereits anderweitig Mitteilung von
Ramseys Überlegungen gehabt haben, denn er schreibt bereits im Juni jenen
Jahres an Ramsey und versucht zu zeigen, dass Aussagen wie „$x = y$" sinnlos
sind: "Your [Ramseys] mistake becomes still clearer in its consequences; viz. when
you try to say 'there is an individual' you are aware of the fact that the supposition of there being no individual makes $(\exists x)x = x$ E 'absolute nonesense'.
But if 'E' is to say 'there is an individual' '$\sim E$' says: 'there is no individual'.

_____ m (85)

$$\varphi a \;\equiv\; \underline{(x)(\varphi x \supset (x = a)}^{\,n}$$
$$\equiv\; (x)[(x = a) \vee \varphi x]$$
$$\equiv\; (x)[(x = a) \supset \varphi x]$$
$$\equiv\; (\exists x)[(x = a)\varphi x]$$

_____ 81 (86)

$$x = x: \quad \text{reflexiv}$$
$$(x = y) \equiv (y = x): \quad \text{symmetrisch}$$
$$(x = y)(y = z) \supset (x = z): \quad \textit{transitiv}$$
$$(x = y) \supset (\varphi x \equiv \varphi y)$$

_____ o (87)

Behmann S. 19: Während unter den Eigenschaften von Dingen keine logisch ausgezeichneten sind, gibt es unter den Beziehungen zwischen Dingen eine von rein logischer Natur: die Identität.[82]

_____ 83 (88)

m Block von einer freien Stelle auf dem Blatt mit Pfeil hierher eingeschoben. Der Zusammenhang mit dem umstehenden Text ist unklar. Der vorhergehende Block setzt in Block (88) fort.   **n** Streichung durch Schlick   **o** Block in Kurzschrift und durch Rahmen abgetrennt

Therefore from '$\sim E$' follows that 'E' is nonsense. Therefore '$\sim E$' must be nonsense itself, and therefore again so must be 'E." (Ludwig Wittgenstein an Frank P. Ramsey, Juni 1927)

81 Vgl. Russell/Whitehead, *Principia*, S. 22 f.

82 Bei Behmann heißt es: „Während unter den Eigenschaften von Dingen keine logisch ausgezeichneten sind – es sei denn solche, die mit Notwendigkeit allen Dingen oder keinem Ding zukommen – gibt es unter den Beziehungen zwischen Dingen eine von rein logischer Natur, nämlich die *Identität*." (Behmann, *Mathematik und Logik*, S. 19)

Nach Russell wichtig für „Beschreibung"

$$x = \text{Mörder des Müller}$$

Die „Identität" des Verbrechers ist nicht festgestellt. Beschreibung = Satz mit bestimmten Artikel ⟨*im Singularis*⟩[.] Der Sohn des Müller[.] | „Der Soundso" findet nur Anwendung, wenn *nur ein x* da ist, das eine bestimmte Aussagefunktion befriedigt. „Der Hut, den Napoleon bei Waterloo trug"[,] „x wurde bei Waterloo von Napoleon auf dem Kopf getragen." Sei $\varphi\hat{x}$ eine Aussagefunktion, dann bezeichnen wir *das x*, welches sie befriedigt, mit

$$(\imath x)(\varphi x) = (\text{das } x, \text{ welches } \varphi\hat{x} \text{ befriedigt})$$

Es wird aber *nicht so definiert*[.]

$\hat{x}(\varphi x)$ die x, die $\varphi\hat{x}$ befriedigen, immer anwendbar, aber $(\imath x)(\varphi x)$ ist nur anwendbar, wenn es *ein* und *nur ein x* gibt, das $\varphi\hat{x}$ befriedigt. Wird nur *indirekt definiert*, wie auch $\hat{x}(\varphi x)$. Dabei setzen wir die Bedeutung von „eins" nicht voraus. Das x, welches $\varphi\hat{x}$ befriedigt, existiert:

Russell: $\quad \mathsf{E}!(\imath x)(\varphi x) \;=\; (\exists \mathfrak{c})\{(x)(\varphi x \equiv [x = \mathfrak{c}])\} \qquad Df$

Es gibt ein $\mathfrak{c}$, so dass φx wahr für $x = \mathfrak{c}$,

aber sonst nicht.

$$\text{oder } \mathsf{E}!(\imath x)(\varphi x) \;\equiv\; (\exists\mathfrak{c})\varphi\mathfrak{c}.\{\varphi x \supset_x (x = \mathfrak{c})\}^{\text{p}}$$

$$\mathsf{E}!(\imath x)(\varphi x) \;\equiv\; (\exists\mathfrak{c})\varphi\mathfrak{c}.\{\varphi x.\varphi y \supset_{x,y} (x = y)\}$$

$$\mathsf{E}!(\imath x)(\varphi x) \;\equiv\; (\exists\mathfrak{c})\varphi\mathfrak{c}.\{(x{\neq}\mathfrak{c} \supset_x \overline{\varphi}x\}$$

Hier muss das Identitätszeichen fort.

Wir schreiben[84]

$$\mathsf{E}!(\imath x)(\varphi x) \;=\; (\exists x)\varphi x.\overline{(\exists x, y)}(\varphi x.\varphi y)$$

---

p Hier sind im Original runde Klammern, Angleichung durch die Hrsg.

83 Vgl. Russell/Whitehead, *Principia*, S. 30 ff.

84 Diese Bemerkung mit der anschließenden Formel ist Schlicks Hinzufügung,

Russell: Scott $= (\imath x)(x$ schrieb Waverl[e]y).[85] Wir schreiben kürzer: Der Gegenstand, der die Beziehung R zu y hat: $R'y = (\imath x)(xRy)$ („R von y") Ist eine *beschreibende* Funktion. Gegenstands-[,] nicht Aussagefunktion

q 86 (89)

Funktionen von Gegenständen x Referent y Relatum.

$\hat{x}(xRy) = \overrightarrow{R'y} =$ Klasse der Referenten von y hinsichtlich R

$\hat{y}(xRy) = \overleftarrow{R'x} =$ Klasse der Relata von x hinsichtlich R

$R =$ Vater-Kind oder Mutter-Kind, dann

$\qquad \overrightarrow{R'y} =$ Eltern von y

$\qquad \overleftarrow{R'y} =$ Kind von x,

$\qquad$ natürlich auch $\overrightarrow{R'x} =$ Eltern von x.

r (90)

$$\alpha \upharpoonright R \; = \hat{x}\hat{y}(x \in \alpha . xRy) \qquad\qquad Df \; \upharpoonright^{\text{s}}$$
$$R \upharpoonright \beta \; = \hat{x}\hat{y}(xRy . y \in \beta) \qquad\qquad Df$$
$$\alpha \upharpoonright R \upharpoonright \beta \; = \hat{x}\hat{y}(x \in \alpha . xRy . y \in \beta) \qquad Df$$
$$\alpha \uparrow \beta \; = \hat{x}\hat{y}(x \in \alpha . y \in \beta)$$

Die letzte „zerlegbare Relation"; x hat eine von y unabhängige Eigenschaft, y eine von x unabhängige Eigenschaft.

q Von Bl. 18 hierher verschoben   **r** Einschub von der Rückseite von Bl. 18 an diese Stelle   **s** ⟨beschränkter Bereich⟩

der Teil darüber stammt vollständig aus der *Principia*, S. 31. Schlicks Formel ist rechts von „=" widersprüchlich. Aus ihr folgt nämlich: $\mathrm{E}!(\imath x)(\varphi x) = (\exists x)\varphi x . \overline{(\exists x)}(\varphi x)$ und damit ein Satz und seine Negation.

85 „$(\imath x)(x$ schrieb Waverley)" ist ein Schema, das selbst keinen Wahrheitswert hat, sondern für genau das x steht, auf das es zutrifft, Waverley geschrieben zu haben. Davon ausgehend wird der Satz „Scott is the author of Waverley" als jene Identitätsaussage zwischen dem Namen „Scott" und der Beschreibung „$(\imath x)(x$ wrote Waverley)" rekonstruiert. Vgl. Russell/Whitehead, *Principia* S. 31 f. Siehe dazu auch Russell *Introduction*, S. 173 ff.

86 Vgl. Russell/Whitehead, *Principia*, S. 33.

(91)

Der *Bereich* einer Beziehung zu etwas ist die Klasse der Gegenstände, die in dieser Beziehung stehen:

$$\hat{x}\{(\exists y)xRy\} = D'R \ Df$$

$$\hat{y}\{(\exists x)xRy\} = \mathsf{Ɑ}'R = \text{converser Bereich}$$

$$= \text{Bereich der conversen v[on] R}$$

$$D'R \cup \mathsf{Ɑ}'R = C'R \text{ „feld“}$$

$\overrightarrow{R'}y$ von *einem* Gegenstand y D$'R$ *von allen* y.

(92)

22 |§ 17 **Begriffe von Begriffen und Klassen von Klassen.**

a ist weise	ergibt	x ist weise	$= \varphi x$	φa
a ist hässlich	ergibt	x ist hässlich	$= \psi x$	ψa
a lebt in Griechenland	ergibt	x lebt in Griechenland	$= \chi x$	χa
...	...	...		...

Sätze 0ter Ordnung. Variables φ Aussagen über a gibt ganz andere Collection von Aussagen[,] als wenn ich x [variiere]$^?$[.]

(93)

$\varphi x =$ Funktion von 2 Variablen: $\langle\rangle^{\text{u}}$ und x, oder besser $\varphi\hat{x}$ und x[.] Wir können bilden $(\varphi)\varphi a$, $(\exists\varphi)\varphi a$, Sätze: φa bedeutet die Eigenschaft der Eigenschaft „dem Ding a zukommen“[.] φ *Sokrates* wählt die Sätze $\langle 0^{\text{ter}}\rangle$ Ordnung aus, die von Sokrates handeln[.]

Das Neue, was durch die *Variable* φ eingeführt, ist neue Klassifikation, nicht neues Material. Die einzelnen Werte sind Sätze 0ter Ordnung. ⟨Es kommen keine scheinbaren Variablen und keine Funktionen darin vor.⟩ $\langle\rangle^{\text{v}}$ Sätze 0ter Ordnung sollen durch ! angedeutet werden[.]

t Von Bl. 18 hierher verschoben   **u** ⟨φ⟩   **v** ⟨Dagegen sind $(x)\varphi x$ und $(\exists x)\varphi x$ 1ter Ordnung⟩. Im Original ist nur die zweite Hälfte des Satzes ohne ⟨Dagegen sind⟩ gestrichen. Diese Wendung allein ergibt hier aber keinen Sinn.

87 A. a. O., S. 34.

88 A. a. O., S. 38 f. und S. 51.

$$p = \varphi!x \quad \varphi!x = \text{Funktion von } \varphi,$$

deren Werte Aussagen 0ter Ordnung sind

Jede Aussage 0ter Ordnung ist ein Wert der Funktion $\varphi!x$, folglich

$$(p)f(p) \equiv (\varphi, x)f(\varphi!x)\cancel{(\exists p)fp}^{\text{w}}$$
$$(\exists p)f(p) \equiv (\exists\varphi, x)f(\varphi!x)$$

Durch die Operatoren entstehen Aussagen. Wird aber die Operation nun auf einen Teil der variablen Eigenschaften φ angewandt, so entstehen Begriffe von Begriffen $F(\varphi x)[,]$ Begriffe zweiter Stufe $(\varphi, \chi)F(\varphi, \psi, \chi)$: für irgendwelche Eigenschaften φ und χ gibt ... z. B. constante Funktion (Aussage): $\wr^{\text{x}}$

$$(\varphi, \psi)[\{(x)(\varphi x \supset \psi x)(\exists x)\varphi x\} \supset (\exists x)\psi x]$$

———————————————————————————————————— (94)

Zwei Begriffe haben denselben Typus, wenn ihre Stammbäume [kongruent]$^{?\text{y}}$ sind[.]

313

23 |**§ 18 Logische [Paradoxien]**ᶻ

1) Skeptisches Argument: „Ich weiss nichts." (Ähnlich: [Möglich-keit]ʸ der Erk[enntnis]theorie)

2) Alle Aussagen sind wahr oder falsch (auch dieser Satz des ausgeschl[ossenen] Dr[itten] selbst) hier stimmt es.

4) Der Lügner: „Alles, was ich sage, ist falsch."ᵃ

5) Definition des typischen Franzosen (Russell) hat alle die Eigen-schaften, die den meisten Franzosen zukommen. Die Eigen-schaft, ein typischer Franzose zu sein, wird den meisten nicht zukommen.

6) Kleinste Zahl, die durch nicht weniger als 30 deutsche Worte definierbar.

7) Krokodilschluss: „Du wirst mein Kind nicht wiedergeben".

8) $\beta = \hat{\alpha}\overline{(\alpha \in \alpha)}$ heterologisch autologisch (Weyl)[90]

w Streichung durch Schlick   **x** ⟨*analog Klassen.*⟩   **y** Es könnte auch ⟨kom-plement⟩ heißen   **z** ⟨Typen⟩   **a** Dieser Punkt ist auch im Original mit „4)" nummeriert

89 Vgl. Russell/Whitehead, *Principia*, S. 60–63.

90   Schlick bezog sich in diesem Paragraphen vermutlich auf eine Liste von Paradoxien in der *Principia*:

zu 1) Wer nichts weiß, kann nicht einmal das wissen. „Ich weiß, dass ich nichts weiß" ist ein geflügeltes Wort und geht zurück auf Platons *Apologie*, 22 a.

zu 2) Es ist unklar, wo hier die Paradoxie auftritt.

zu 4) Bei Russell heißt es: "Epimenides the Cretan said that all Cretans were liars, and all other statements made by Cretans were certainly lies. Was this a lie? The simpliest form of this contradiction is afforded by the man who says 'I am lying'; if he is lying, he is speaking the truth, and vice versa." (Russell/Whitehead, *Principia*, S. 60) Siehe auch in diesem Bd. S. 214.

zu 5) Diese Antinomie findet sich nicht auf der Liste der *Principia*, jedoch in Russells *Introduction to Mathematical Philosophy*: "Take such an everyday statement as '*a* is a typical Frenchman'. How shall we define a 'typical' Frenchman? We may define him as one 'possessing all qualities that are possessed by most Frenchmen'. But unless we confine 'all qualities' to such as do not involve a reference to any totality of qualities, we shall have to observe that most Frenchmen are *not* typical in the above sense, and therefore the definition shows that to be not typical is essential to a typical Frenchman. This is not a logical contradiction, since there is no reason why there should be any typical Frenchmen; but it illustrates the need for seperating off qualities that involve reference to a totality of qualities from those that do not." (Russell, *Introduction*, S. 189)

zu 6) Bei Russell sind es neunzehn Silben: "The number of syllables in the English names of finite integers tends to increase as the integers grow larger, and must gradually increase indefinitely, since only a finite number of names can be made with a given finite number of syllables. Hence the names of some integers must consist of at least nineteen syllables, and among these there must be a least. Hence 'the least integer not nameable in fewer than nineteen syllables' must denote a definite integer; in fact, it denotes 111, 777. But 'the least integer not nameable in fewer than nineteen syllables' is itself a name consisting of eighteen syllables; hence the least integer not nameable in fewer than nineteen syllables can be named in eighteen syllables, which is a contradiction." (Russell/Whitehead, *Principia*, S. 61 f.)

zu 7) Diese Paradoxie hat Schlick vermutlich aus Prantls *Geschichte der Logik im Abendlande*. Er verwendete dieses Buch bereits früher, wie z. B. in diesem Band S. 234. Bei Prantl heißt es: „Ein Krokodil hat ein Kind geraubt und verspricht dem Vater desselben die Zurückgabe, sofern er errathe, welchen Entschluss betreffs der Rückgabe oder Nicht-Rückgabe das Krokodil gefasst habe. Räth nun der Vater auf Nicht-Rückgabe, so ist das Krokodil rathlos, was es thun solle, denn gibt es dem Vater das Kind zurück, so hat jener falsch gerathen und darf darum das Kind nicht bekommen, enthält es ihm aber dasselbe vor, so hat jener recht gerathen und soll deswegen das Kind bekommen. Räth der Vater aber auf Rückgabe, so setzt er sich der Gefahr aus, dass eben deswegen das Krokodil behaupte, den Entschluss der Nicht-Rückgabe gefasst zu haben, um wegen falschem Rathens das Kind ihm verweigern zu können." (Prantl, *Geschichte der Logik im Abendlande*, S. 493)

zu 8) „$\beta = \hat{\alpha}\overline{(\alpha \in \alpha)}$" ist die Definition der Menge aller Mengen, die sich nicht selbst enthalten, die sogenannte Russellsche Antinomie. Bei Russell heißt es dazu: "Let ω be the class of all those classes which are not members of themselves. Then, whatever class x may be, 'x is a ω' is equivalent to 'x is not an ω'." (Russell, *Mathematical Logic*, S. 223. Siehe aber auch in diesem Bd. S. 213)

Mit „heterologisch" und „autologisch" bezieht sich Schlick auf die der Russellschen sehr ähnliche Antinomie von Grelling und Nelson: „Sei $\varphi(M)$ dasjenige Wort, das den Begriff bezeichnet, durch den M definiert ist. Dieses Wort ist entweder Element von M oder nicht. Im ersten Falle wollen wir es ‚autologisch' nennen, im anderen ‚heterologisch'. Das Wort ‚heterologisch' ist nun seinerseits entweder autologisch oder heterologisch. Angenommen, es sei autologisch; dann ist es Element der durch denjenigen Begriff definierten Menge, den es selbst bezeichnet, es ist mithin heterologisch, entgegen der Annahme. Angenommen aber, es sei heterologisch;

Allen gemeinsam: Zirkeldefinition einer Klasse, in der auf diese selbst Bezug genommen wird.[91] Poincaré: unabschliessbare Teilung in Klassen[,] *nicht prädikative Definition* enthalten.[92] Sinn erst, wenn Klassifikation abgeschlossen, also *nie*, also *sinnlos*. „Totalität" existiert nicht, wenn Ausweg über *alle Glieder* sinnlos[.] Anwendung des Prinzips des circulus vitiosus auf Aussagefunktionen.

(96) ———————————————————————————————— b

dann ist es nicht Element der durch den Begriff definierten Menge, den es selbst bezeichnet, es ist mithin nicht heterologisch, wiederum entgegen der Annahme." (Grelling/Nelson, „Bemerkungen zu den Paradoxien von Russell und Burali-Forti", S. 103 f.)

91 "In all the above contradictions (which are merely selections from an indefinite number) there is a common characteristic, which we may describe as self-reference or reflexiveness. [...] In each contradiction something is said about *all* cases of some kind, and from what is said a new case seems to be generated, which both is and is not of the same kind as the cases of which *all* were concerned in what was said. But this is the characteristic of illegitimate totalities, as we defined them in stating the vicious-circle principle." (Russell/Whitehead, *Principia*, S. 61 f.)

92 Ponicaré warf den Logizisten vor, zur Vermeidung von Paradoxien Annahmen zu machen, die nicht logischer Natur sind, sondern der Intuition entspringen: „Wie dem auch sein möge, jedenfalls erkennt man aus vorstehenden Gründen, weshalb Russell zögerte, sich [zwischen zigzag theory, theory of limitation of size und ‚no class' theory] zu entscheiden, und man ersieht, welche Modifikationen er an den fundamentalen Prinzipien anzubringen beginnt, die er bisher anerkannt hatte. Er wird Kriterien einführen müssen, auf Grund deren man entscheiden kann, ob eine Definition zu kompliziert oder zu umfassend ist, und diese Kriterien werden sich nur durch einen Appell an die Intuition begründen lassen." (Poincaré, *Wissenschaft und Methode*, S. 173)

Stattdessen hielt Poincaré nicht-prädikative Definitionen für die Ursache der Paradoxien in der Mathematik: „E ist die Menge aller Zahlen, die man durch eine endliche Anzahl von Worten definieren kann, *ohne den Begriff der Menge E selbst einzuführen*. Ohne diesen letzteren Zusatz würde die Definition von E einen circulus vitiosus enthalten; man kann E nicht durch die Menge E selbst definieren. Nun haben wir oben die Zahl N zwar mittelst einer endlichen Anzahl von Worten definiert, aber wir haben uns dabei auf den Begriff der Menge E gestützt. Das ist der Grund, weshalb N der Menge E nicht angehören kann. [...] *Die Definitionen also, welche als nicht-prädikativ betrachtet werden müssen, sind demnach diejenigen, welche einen circulus vitiosus enthalten.*" (Poincaré, *Wissenschaft und Methode*, S. 174) Siehe zudem in diesem Bd. ab S. 212.

316

I. Stufe (Argument Individuen)
1. Ordnung: keine Funktion als [??] Variable. prädicatis
   $\varphi!x\ (y)f(x,y) = \text{Matrix}$
2. Ordnung: Funktion 1. Ordnung als [??] Variable.
   $F = (y)f(\varphi z, x)$[93]
3. Ordnung: Funktion 2. Ordnung als [??] Variable.
   $\Phi = (F)\psi(Fx, y)$

ᶜ (97)

Irgend eine Variable darf nur einen Typus durchlaufen (diesen aber vollständig)[.]

94 (98)

|§ 19 **Typentheorie** Prinzip des circulus vitiosus: Was die *Ge-* 24
samtheit einer Klasse voraussetzt, kann kein Glied der Klasse selbst sein.[95]

φx bezeichnet unbestimmt φa, φb, φc etc., es bedeutet eins von diesen. $\varphi\hat{x}$ ist das (die Funktion), die ihre Werte unbestimmt bezeichnet, [*sic!*] φx ist einer, (unbestimmter) der Werte der Funktion $\varphi\hat{x}$. φx hat nur eine wohldefinierte Bedeutung, wenn φa, φb ... wohldefiniert sind. Daher kann man eine Funktion unter ihren [Werten]ᵈ nichts haben, was die Funktion schon voraussagt, denn sie ist nicht bestimmt, bevor ihre Werte bestimmt sind. Die einzelnen Werte (Aussagen) einer Funktion setzen diese nicht voraus. Trotzdem müssen sie nicht einzeln (extensional) gegeben sein, sondern intensional, so dass ich von jedem Gegenstand weiss, ob er die Funktion erfüllt oder nicht.

b Mit Kopierstift und teilweise in Kurzschrift   **c** Am unteren Rand mit Tinte ohne offensichtlichen Zusammenhang zu anderen Textteilen   **d** ⟨Argumenten⟩

93 Der Allquantor (y) läuft hier merkwürdig leer, da die Variable y nicht in seinem Gebiet vorkommt. Vermutlich liegt ein Schreibfehler vor.

94 Vgl. Russell/Whitehead, *Principia*, S. 37–41.

95 "[...] given any set of objects such that, if we suppose the set to have a total, it will contain members which presuppose this total then such a set cannot have a total." (Ebd., S. 37)

Es gibt keine Aussagen der Form φx, wo x einen Wert hat, den $\varphi\hat{x}$ voraussetzt. $\varphi(\varphi\hat{x})$ bedeutungsloses Zeichen, $\varphi\hat{x}$ kein „*möglicher Wert*" von φx. Nicht missverstehen: $\varphi(\varphi\hat{x}) = $ Unsinn[,] weil das Subjekt nicht vorhanden.

„Der Wert von φ mit dem Argument $\varphi\hat{z}$ ist wahr" $=$ falsch, nicht Unsinn. Beispiel: $\hat{x}$ ist ein Philosoph $= \varphi(\varphi\hat{x})$; $\varphi(\text{Kant}) = $ Kant ist ein Philosoph. $\varphi(\varphi x) = $ ‚Kant ist ein Philosoph' ist ein Philosoph $= $ Unsinn. Dagegen „<u>Der Wert der Funktion $\hat{x}$ ist ein Philosoph mit dem Argument ‚Sokrates ist Philosoph' ist wahr</u>"[e] $= \lfloor\text{Unsinn}\rfloor^{f}$ $\varphi(\text{Kant})$ heisst: „Kant ist Philosoph", *nicht* „die Funktion $\hat{x}$ ist Philosoph mit dem Argument Kant ist wahr." Das Unterstrichene *gibt es nicht*, deshalb ist es nicht wahr. Unterschied zu dem Fall der formalen Implikation.[96]

(99) g 97

$(x)\varphi x$ bedeutet φx ist wahr für alle ₐ$\lfloor$„*möglichen*"$\rfloor^{h}$ Werte von x. $(x)\varphi x$ ist kein erlaubter Wert von x $\varphi\{(x)\varphi x\}$ sinnlos. Scheinbare Ausnahme: $\hat{p}$ ist falsch[,] $(p)(p$ ist falsch$)$ scheint nicht sinnlos, sondern *falsch* zu sein. $[(p)(p$ ist falsch$)]$ ist falsch, hier steht die eckige Klammer an Stelle von $\overline{p}^{i}$, was doch unmöglich sein sollte.

25 | Der Widerspruch kann nach Russell nur gelöst werden, wenn „falsch" beide Male etwas Verschiedenes bedeutet: wahr 1. Ordnung, wahr 2. Ordnung etc.[98]

e Unterstreichung wie bei Schlick, da Schlick sich im folgenden Text auf den unterstrichenen Satz bezieht.　f ⟨falsch⟩　g Block durch Trennstrich abgetrennt　h ⟨„erlaubten"⟩　i Das Schriftbild lässt auch ⟨$\hat{p}$⟩ als mögliche Lesart zu.

96 Bei Russell und Whitehead heißt es: "When it is said that e. g. '$\varphi(\varphi\hat{z})$' is meaningless, and therefore neither true or false, it is necessary to avoid misunderstanding. If '$\varphi(\varphi\hat{z})$' were interpreted as meaning 'the value for $\varphi\hat{z}$ with the argument ‚$\varphi(\varphi\hat{z})$', is true,' that would be not meaningless, but false." (A. a. O., S. 41)

97 A. a. O., S. 41–48.

98 "Thus if we call the sort of truth that is appropriate to $(x)\varphi x$ '*second truth*' we may define '$\{(x)\varphi x\}$ has second truth' i. e. '$(x)(\varphi x$ has first truth)'." (A. a. O., S. 42)

Definition „$\{(x)\varphi x\}$ ist wahr 2. Ordnung"

$\qquad = $ jeder Wert von $\varphi\hat{x}$ ist wahr 1. Ordnung

$\qquad = (x)(\varphi x$ist wahr 1. Ordnung)

Ähnlich $\{(\exists x)\varphi x\}$ ist wahr 2. Ordnung

$\qquad = (\exists x)(\varphi x$ist wahr 1. Ordnung)

Genau das Gleiche gilt von „*und*", „*oder*", „*nicht*" *etc.* Sie haben streng genommen verschiedene Bedeutungen für verschiedene Typen.

$(x)(x$ menschlich $\supset x$ sterblich) hat Wahrheit 2. Ordnung $= (x)[x$ menschlich $\supset (x$ sterblich ist wahr 1. Ordnung)] d. h. Wahrheit heisst bei generellen Sätzen etwas Anderes. Die Bedeutung der Wahrheit von φa ist eine andere als die von $(x)(\varphi x \supset \psi x)$.

$\qquad$ *Negation* genereller

$\qquad$ Urteile ist definiert: $\overline{(x)\varphi x} = (\exists x)\overline{\varphi x}$

$\qquad$ *Disjunktion* [genereller

$\qquad$ Urteile ist definiert:] $(x)\varphi x \vee (y)\psi x = (x, y)(\varphi x \vee \varphi y)$

$\qquad\qquad$ für φx oder p war sie vorher definiert.

$\qquad\qquad$ alle diese bedeuten etwas anderes.

Nicht nur kann keine Funktion $\varphi\hat{z}$ sich selbst oder irgend etwas von sich selbst abgeleitet als Argument haben, sondern auch keine Funktion $\psi\hat{z}^{j}$ oder etwas daraus abgeleitetes, wenn es Argumente a gibt, für die φa und ψa beide sinnvoll sind. Dies kommt daher, dass Funktionen wesentlich *unbestimmt* sind und dass sie in einer *bestimmten* Aussage [so vorkommen]? müssen. $(x)\varphi x$ ist eine Funktion von $\varphi\hat{z}$, sobald dies bestimmt ist, wird jenes eine Aussage. $(x)\varphi x$ bedeutet φx in allen Fällen, hat also nur Sinn,

---

j An dieser Stelle befindet sich ein kleines Kreuz, als ob Schlick eine Einfügung oder eine Nebenbemerkung machen wollte. Es findet sich aber keine entsprechend markierte andere Stelle im Stück.

wenn es „Fälle" gibt, wenn φ etwas unbestimmtes ist, folglich kann ich für φ nur *Funktionen*, nichts Bestimmtes einsetzen[;] $(x)a$ ist sinnlos, oder $(x)p$. Dies Beispiel zeigt, dass dort, wo eine Funktion sinnvoll als Argument steht, nichts anderes als eine Funktion stehen kann, *und umgekehrt*: „$\varphi\hat{x}$ ist ein Mensch" ist sinnlos, weil die Unbestimmtheit der Funktion nicht eliminiert ist, es ist keine Aussage. Funktion ist blosse Form, die der Erfüllung harrt. – Jener Satz erfüllt sie nicht. Nur etwas bestimmtes kann ein Mensch sein, nicht etwas wesentlich Unbestimmtes. (Unsere oben gemachten Aussagen [betreffen]? das *Symbol* $\varphi\hat{z}$, sind also wirkliche Aussagen über etwas Bestimmtes.)

26 | Die Argumentation gilt nicht für die Aussage „$(x)\varphi x$ ist ein Mensch", denn $(x)\varphi x$ ist etwas Bestimmtes. Hier liegt der Grund darin, dass eine Aussage nichts Einfaches ist, sondern Glieder enthält. Ein Satz über eine Aussage ist nur sinnvoll, wenn er in Aussagen über die Bestandteile aufgelöst werden kann[;] das ist aber in der Kombination „$(x)\varphi x$ ist ein Mensch" nicht möglich. Eine in *einem Satz auftretende* Aussage ist ein „unvollständiges Symbol" [hiervon]? später.

(100) ——————————————————————————————— 99

Hierarchie Sowohl das Prinzip des circulus vitiosus wie die directe Betrachtung lehren, dass Funktion[en]? $\langle\rangle^k$ eines Objekts a nicht Funktionen voneinander sein können. Aber die Hierarchie ist kompliziert.

ξ-Funktionen sind solche (φ)[,] die ξ sinnvoll als Argument haben können[.] (Eigenschaften, die ξ sinnvoll zugesprochen werden können[.]) [Wir betrachten $f(\varphi\hat{z},\xi)$ und bilden $F = (\varphi)(\varphi\hat{z},\xi)$. F kann keine der φ sein, da es ja die Gesamtheit der φ voraussetzt. F ist aber Funktion von ξ, folglich sind die φ nicht *alle* Funktionen, in denen f vorkommen kann,$]^l$ folglich sind die ξ-

---

k $\langle$nur$\rangle$ **l** Ursprünglich enthielt der Absatz andere Formeln: $\langle$Wir betrachten $f(\varphi\hat{z},\xi)$ und bilden $f(\varphi)(\varphi\hat{z},\xi)$. f kann keine der φ sein, da es ja die Gesamtheit der φ voraussetzt. f ist aber Funktion von ξ, folglich sind die φ nicht *alle* Funktionen, in denen f vorkommen kann,...$\rangle$

99 Vgl. Russell/Whitehead, *Principia*, S. 48–51.

Funktion eine illegitime $\langle$Totalität$\rangle^m$, existiert nicht. Welche Kollektion von ξ-Funktionen wir auch nehmen mögen, immer gibt es noch welche, die nicht dazu gehören. *Daher müssen die ξ-Funktionen selbst in Typen geteilt werden.*

Die Gesamtheit der Variablen sind in allen Sätzen mit *alle* oder *einige* vorausgesetzt; d. h. Sätze mit *scheinbaren Variablen.* Aber auch in anderen Sätzen sind oft ⌊scheinbare⌋ⁿ Variablen verborgen: „Müller ist krank" = „es gibt einige Körperfunktionen Müllers, die schlecht funktionieren". „Müller ist gesund" = „*alle* Funktionen Müllers sind in Ordnung". – „Sokrates ist sterblich" (1): es gibt einen Zeitpunkt, wo er stirbt. (2) „Sokrates" ist uns durch Beschreibung gegeben. Beschreibungen aber enthalten scheinbare Variablen. Elemente (0ter Ordnung): „dies und das sind ähnlich" $\langle$(erlebte Farben)$\rangle$

Aussagen mit scheinbaren V[ariablen] entstehen auf jeden Fall aus Aussagenfunktionen. $(x)\varphi x$ entsteht aus $\varphi\hat{x}$. Die eingehenden Werte von $\varphi\hat{x}$ enthalten ⌊*nicht*⌋° die Variable x. Enthalten sie andere, z. B. y, so können wir auf Funktion zurückgehen, die y als wirkliche Variable enthält u.s.w. So müssen wir zuletzt bei Funktionen so vieler Variablen ankommen, als Stationen notwendig waren. Diese nennen wir die *Matrix* $\langle\rangle^p$ der ursprünglichen Aussage [und] aller anderen daraus durch Generalisierung ableitbaren Funktionen und Aussagen. Matrix enthält keine scheinbaren Variablen. Von ihnen gehen wir für die Typenteilung aus[.]

$\frac{}{}$ 100   (101)

|*Erste Art von Matrizen:* φx, $\psi(x,y)$, $\varphi(x,y)$, $\chi(x,y,z)$, wo x, y, 27 z. Individuen (d. h. weder Aussagen noch Funktionen)[.] Sie sind *wirkliche Gegenstände*, also nicht Quasigegenstände oder unvollständige Symbole, die bei Analyse verschwinden. Da diese Funktionen keine scheinb[aren] Variablen enthalten und nur Individuen als Argumente, so setzen sie *keine Totalität* voraus.

m Mit Kopierstift   **n** $\langle$*verborgene*$\rangle$ **o** $\langle$keine$\rangle$ **p** $\langle$aller$\rangle$

100 A. a. O., S. 51.

$(y)^q\psi(x,y)$, $(\exists y)\psi(x,y)$, $(y,z)\chi(x,y,z)$ setzen *Totalität nur von Individuen* voraus.

(102)

	Funktionen	
	1. Ordnung:	*keine Funktionen* als
		scheinbare V[ariablen]
I Stufe		sie setzen nur Individuen
Funktion von		als Variable voraus
Individuen		
	2. Ordnung:	Funktionen 1. Ordnung als
		scheinb[are] V[ariablen]
	3. [Ordnung:]	etc.
	...	

(103) ——————————————————————————— [101]

1. Ordnung: $\varphi!\hat{x}$, irgendein Wert $\varphi!x$

„Prädication Funktion von Individuen"

$\varphi!x$ ist eine Funktion von 2 Variablen: φ (oder $\varphi!\hat{z}$) und x

$(x)\varphi!x$ [ist eine Funktion] von 1 Variable: $\varphi!z$

Solange φ unbestimmt bleibt, ist $\varphi!x$ eine Funktion, die zwei Variable[n] ($\varphi!\hat{z}$ und x) enthält, *aber keine scheinbaren V[ariablen]*. Wird aber φ bestimmt, so können die Werte der entstehenden Funktion unter Umständen Individuen als scheinb[are] V[ariablen] involieren, so z. B. wenn $\varphi!x$ bedeutet $(y,z)\psi(x,y,z)$[.]

$\varphi!a$ ist Funktion der 1 Variable $\varphi!\hat{z}$[.]

$\varphi!a \supset \psi!b$ ist Funktion der 2 V[ariablen] $\varphi!\hat{z}$ und $\psi!\hat{z}$ etc.

(104) ——————————————————————————— [r 102]

Funktionen 2. Ord[nung] von *Individuen* entstehen aus $f!(\varphi!z,x)$ durch Generalisierung von φ: $(\varphi)f!(\varphi!z,x)$

q Im Original fehlen die Quantorenklammern **r** Block am Rand durch Rahmen abgetrennt

101 Ebd.

102 A. a. O., S. 53.

So erhalten wir Matrizen *2. Ordnung*, z. B. $f(\varphi!z)$ $F(\varphi!z, \psi!z)$ $G(\varphi!z, x)$ etc.

Matrizen, weil keine scheinbaren V[ariablen] darin. Jede solche Matrix von mehr als 1 Variable gibt Anlass zur Bildung von Funktionen:

$$(\varphi)^s F(\varphi!z, \psi!z), \quad \text{Funktion von } \psi$$
$$(x)G(\varphi!z, x), \quad \text{Funktion von } \varphi \quad \Big\} \; 2.\,\text{Ordnung}$$
$$(\varphi)G(\varphi!z, x), \quad \text{Funktion von } x$$

$f!(\hat{\varphi}!\hat{z}) = $ prädikative Funktion von Funktion[en] 1. Ordnung
|*Matrizen 2. Ord[nun]g* sind Funktionen, die keine scheinb[aren]   28
Variablen enthalten und als Argumente nur die Individuen und Funktionen 1. Ord[nun]g (Individuen *nicht nötig*)[.] Funktionen 2. Ord[nun]g sind solche, die aus *Matr*[izen] *2. Ordn*[ung] durch Generalisierung entstanden. [*sic!*] Eine Funktion ist *praedikativ*, wenn ihre Ordnung um 1 höher ist als die Ordnung ihres höchsten Arguments.

(I) $f!(\hat{\varphi}!\hat{z})$ prädikative F[unktion] 2. Ord[nun]g.
   Ihr Wert $f!(\varphi!\hat{z})$ ist eine Funktion zweier Variablen: $f!$ und $\varphi!$[.] Setzen wir für $f!$ bestimmte Werte, so erhalten wir z. B. $\varphi!a$ $(x)\varphi!(x)$ $(\exists x)\varphi!x$ u.s.w.

(II) ferner z. B. $f!(\varphi!\hat{z}, x)$[;] dies ist, wenn wir für x einen Wert einsetzen, eine prädicative F[unktion] von $\varphi!\hat{z}$, falls $f!$ keine F[unktion] erster Ordnung als scheinb[are] V[ariable] enthält, und wir geben $\varphi!$ einen Wert, so erhalten wir prädikative Fu[nktionen] x: So wenn $f!(\varphi!z, x) = \varphi!x$, so gibt Einsetz[en] von φ die praedikative Fu[nktion] $\varphi!x$. Aber wenn $f!$ F[unktion] 1. Ord[nung] als scheinb[are] V[ariable] enthält, so gibt Einsetz[en] von φ Funktion 2. Ordnung von x.

---

s Im Original fehlen die Klammern der Allquantifikation

103 A. a. O., S. 52 f.

(III) F[unktionen] 2. Ordnung von Individuen entstehen durch Generalisierung von φ aus $f!(\varphi!z, x) : (\varphi)f!(\varphi!z, x)$.

(106) ——————————————————————————————— t 104

Alle Funktionen können aus prädicativen Funktionen und scheinbaren V[ariablen] hergestellt werden: z. B. F[unktionen] 2. Ordnung eines Individuums x haben die Form $(\varphi)f!(\varphi!\hat{z}, x)$ oder $(\exists\varphi)f!(\varphi!, x)$ oder $(\varphi, \psi)f!(\varphi!\hat{z}, \psi\hat{z}, x)$ etc. Letztere Form kann aufgefasst werden als $(\varphi)F!(\varphi!z, x)$.

Allgemein: eine *nichtpraedikative* F[unktion] $n$ter Ord[nun]g wird aus einer *praedikat[iven]* F[unktion] n^{ter} Ord[nun]g erhalten durch Generalisierung aller V[ariablen]: $(n-1)$ter Ord[nun]g.

(107) ——————————————————————————————— u 105

Jetzt ist die Aufgabe gelöst, $\langle\rangle^v$ ζ-Funktionen zu definieren, die eine legitime Totalität besitzen, nämlich die *prädikativen*[.] Sie setzen keine Totalität voraus als die den $\langle\rangle^w$ Argumente [*sic!*] [und] solche, die von den Argumenten ausgesagt werden.

Enthält eine Funktion als scheinb[are] V[ariable] eine Funktion, so kann sie nicht definiert werden, $\langle\rangle^x$ bevor eine Totalität von Funktionen definiert ist. Die *prädikat[iven] Funktion[en]* $\langle[??]\rangle$ haben Individuen als Argumente und enthalten keine $\langle\rangle^y$ F[unktionen] als scheinb[are] Variable.

(108) ——————————————————————————————— 106

29 | *Aussagenhierarchie*^{z} analog. Enthalten [natürlich]$^?$ *nur scheinb-[are] V[ariablen]*[.]

---

t Durch Strich abgetrennt   u Block durch kurze Trennlinie vom oben stehenden Text abgetrennt   v ⟨die⟩   w Individuen   x ⟨before⟩   y ⟨sch[einbaren]⟩   z Im Original ist ⟨Aussagen⟩ zusätzlich unterstrichen

104 A. a. O., S. 53 f.

105 A. a. O., S. 54.

106 A. a. O., S. 51 ff. sowie S. 55. Die nullte Ordnung kommt bei Russell nicht vor.

0ter	Ord[nun]g enthalten keine Funktionen [und] scheinb[are] Variablen
1ter	[Ordnung] enthalten keine Funktionen und nur Individuen als scheinb[are] V[ariablen]

→sind Werte von Funktionen 1ter Ord[nun]g.

2ter	[Ordnung] enthalten Funktionen 1. Ordnung als scheinb[are] V[ariablen]
3ter	[Ordnung] enthalten Funktionen 2. [Ordnung als scheinbare Variablen]

Lügner erster Ordnung.
$(p)\{(p$ ist eine immer gemachte Aussage⟨erster Ordnung⟩)
$\supset (p$ ist falsch)$\}$

Ein typ[ischer] Franzose hat die *praedikativen* Eigenschaften der meisten Franzosen. [107] (109)

§ 20 Reduzibilitätsaxiom

$$(\exists\psi)\{\varphi x \equiv_x \psi!x\} \quad ?^a$$

Es gibt immer eine *prädikative* F[unktion], die einer beliebigen F[unktion] formal äquivalent ist. Beispiel. „Prädikat" eines Gegenstandes heisse eine prädikative Funktion, die für den Gegenstand wahr ist. Die Prädikate sind dann nicht *alle* Eigenschaften. [108]

---

a Mit Kopierstift: ⟨Für *eine* Variable⟩

107 A. a. O., S. 56 ff.

108 "This assumption is called 'axiom of reducibility' and may be stated as follows: 'There is a type (r say) of a-functions such that, given any a-function, it is formally equivalent to some function of the type in question.' If this axiom is assumed, we use functions of this type in defining our associated extensional function. Statements about all a-classes (i. e. all classes defined by a-functions) can be reduced to statements about all a-functions of the type τ. So long as only extensional functions of functions are involved, this gives us in practice results which would otherwise have required the impossible notion of 'all a-functions'. One particular region where this is vital is mathematical induction. The axiom of reducibility involves all that is really essential in the theory of classes. It is therefore worth while to ask whether there is any reason to suppose it true." (Russell, *Introduction to Mathematical Philosophy*, S. 191)

„Napoleon hatte alle Eigenschaften eines großen Generals."
„Napoleon hatte alle Prädikate eines großen Generals." $\langle\rangle^{\text{b}}$
$f(\varphi!\hat{z}) = $ „$\varphi!\hat{z}$ ist ein Prädikat eines großen G[enerals]"[.]
$(\varphi)\{f(\varphi!\hat{z}) \supset \varphi!\text{Nap[oleon]}\}$ Dies ist kein Prädikat, da es eine Totalität von Prädikaten supponiert.

Denselben Satz kann ich über jeden gross[en] G[eneral] aussprechen, aber ⌊er schreibt ihm keine⌋^{c} prädikat[iven] ⌊Eigenschaften⌋^{d} zu. Das Axiom behauptet, dass es stets ein Prädikat gibt, das dem obigen Satz aequivalent ist. Z. B. log[ische] Summe der Geburtsdaten. Wenn eine Klasse von Gegenständen eine Eigenschaft irgend einer Ordnung gemeinsam haben, so haben sie stets auch ein *Prädikat* gemeinsam.

Die Gründe *für* die Annahme des Axioms sind *intuitiv*[.] [109]

[Die Gründe] *gegen* [die Annahme des Axioms] sind *logisch*[.]
Ja, man kann Fall konstruieren, wo es nicht stimmt. [110] Existieren Klassen, so ist's beweisbar, dass $\varphi x \equiv x \in \alpha$, [und]$^?$ $x \in \alpha$ ist prädikative Funktion. | Das Axiom wird unnötig, wenn alle Funktionen Wahrheitsfunktionen[.] Die Funktion kann in ei-

---

b $\langle = \varphi\rangle$ **c** $\langle$so gelange ich nur zu$\rangle$ **d** $\langle$Aussagen$\rangle$

109 Vgl. dazu Block (89).

110 Vgl. dazu Wittgensteins Kritik an dem Axiom aus dem *Tractatus*:
„6.1232 Die logische Allgemeingültigkeit könnte man wesentlich nennen, im Gegensatz zu jener zufälligen, etwa des Satzes: ‚Alle Menschen sind sterblich'. Sätze wie Russells ‚Axiom of Reducibility' sind nicht logische Sätze, und dies erklärt unser Gefühl: Dass sie, wenn wahr, so doch nur durch einen günstigen Zufall wahr sein könnten. 6.1233 Es lässt sich eine Welt denken, in der das Axiom of Reducibility nicht gilt. Es ist aber klar, dass die Logik nichts mit der Frage zu schaffen hat, ob unsere Welt wirklich so ist oder nicht."
In Schlicks Nachlass findet sich zudem eine Abschrift eines Briefes von Frank Ramsey an Abraham Fraenkel vom 26. Januar 1928: "I thought that by using Wittgensteins work the need for the axiom of reducibility could be avoided, but he had no such idea and thought that all those parts of analysis which use the axiom of reducibility were unsound. His conclusions were more nearly those of the moderate intuitionists; what he thinks now I do not know."
Auch Russell selbst hatte Bedenken zum rein logischen Charakter des Axioms: "The axiom, we may observe, is a generalised form of Leibniz's identity of indiscernibles. Leibniz assumed, as a logical principle, that two different subjects must differ as to predicates. Now predicates are only some among what we called ‚predicative functions', which will include also relations to given terms, and

nem Satz nur durch ihre Werte vorkommen. $f!(\varphi!z)$ entsteht aus $F(p, q, r...)$ durch Einsetzen von $\varphi!a$, $\varphi!b$ etc, wo F durch $\vee$, ., $\supset$ etc[.] gebildet. Sind alle Funktionen F Wahrheitsfunktionen, so

$$(p \equiv q) \supset (f(p) \equiv f(q)),$$
$$(p \equiv q) \supset (p = q)$$

^{e} (110)

Leibniz: eadem sunt, quae sibi mutuo substitui possunt, salva veritate.[111]

e Einschub am Rand der Seite, womöglich als Kommentar auf die Formeln oben

various properties not to be reckoned as predicates. Thus Leibniz's assumption is a much stricter and narrower one than ours. [...]

Viewed from this strictly logical point of view, I do not see any reason to believe that the axiom of reducibility is logically necessary, which is what would be meant by saying that it is true in all possible worlds. The admission of this axiom into a system of logic is therefore a defect, even if the axiom is empirically true." (Russell, *Introduction*, S. 192 f.)

111 Übers: „Dieselben sind diejenigen, welche wechselseitig füreinander ersetzt werden können, ohne dass die Wahrheit dabei Schaden nimmt." Die Stelle kann so nicht bei Leibniz nachgewiesen werden. Es gibt zwar verschiedene sehr ähnliche Formulierungen, aber nicht genau diese. Vgl. dazu Couturat, *La logique de Leibniz*, S. 317 und Leibniz, *Die philosophischen Schriften*, Bd. 7, S. 218.

Schlick zitierte hier nach Frege: „Wenn unsere Vermutung richtig ist, daß die Bedeutung eines Satzes sein Wahrheitswert ist, so muß dieser unverändert bleiben, wenn ein Satzteil durch einen Ausdruck von derselben Bedeutung, aber anderem Sinne ersetzt wird. Und das ist in der Tat der Fall. Leibniz erklärt geradezu: ‚Eadem sunt, quae sibi mutuo substitui possunt, salva veritate'." (Frege, „Über Sinn und Bedeutung", S. 34)

(111)

Ich kann jeden wahren Satz für jeden anderen wahren einsetzen, sie sind also derselbe Satz, haben dieselbe Bedeutung[112]

Frege: das Wahre, das Falsche. Verschiedener Sinn, aber dieselbe Bedeutung.[113]

Dass das Red[uzibilitäts]axiom unnötig [sind]?, nicht leicht allgemein zu zeigen (nur für jeden Fall einzusehen), aber plausibel zu machen[.]

(112)

§ 21 Alle Aussagen sind *Wahrheitsfunktionen* der Elementarsätze (Wittgenstein)[114]

$$(f \equiv_x \varphi) \supset [F(f) \equiv_x F(\varphi)] \quad \| F(f) \text{ extensional}$$

Das, wovon die Aussagen handeln, geht in keine Funktion ein, sondern nur ihre logische Form, ihre Wahrheit [und] Falschheit. Für Frege haben die Sätze gleicher Bedeutung wenigstens noch verschiedenen Sinn, so dass Erkenntnis generell erscheint, aber wir leugnen den Unterschied zwischen Sinn [und] Bedeutung, oder interpretieren ihn anders.[115]

Frege: Zunächst *Sinn der Worte.*

---

112 A. a. O., S. 35: „Wenn nun der Wahrheitswert eines Satzes dessen Bedeutung ist, so haben einerseits alle wahren Sätze dieselbe Bedeutung, andererseits alle falschen."

113 A. a. O., S. 34: „So werden wir dahin gedrängt, den Wahrheitswert eines Satzes als seine Bedeutung anzuerkennen. Ich verstehe unter dem Wahrheitswerte eines Satzes den Umstand, daß er wahr oder daß er falsch ist. Weitere Wahrheitswerte gibt es nicht. Ich nenne der Kürze halber den einen das Wahre, den anderen das Falsche. Jeder Behauptungssatz, in dem es auf die Bedeutung der Wörter ankommt, ist also als Eigenname aufzufassen, und zwar ist seine Bedeutung, falls sie vorhanden ist, entweder das Wahre oder das Falsche."

114 „5 Der Satz ist eine Wahrheitsfunktion der Elementarsätze. (Der Elementarsatz ist eine Wahrheitsfunktion seiner selbst.)" (Wittgenstein, *Tractatus*)

115 „Es liegt nun nahe, mit einem Zeichen (Namen, Wortverbindung, Schriftzeichen) außer dem Bezeichneten, was die Bedeutung des Zeichens heißen möge, noch das verbunden zu denken, was ich den Sinn des Zeichens nennen möchte, worin die Art des Gegebenseins enthalten ist. " (Frege, „Über Sinn und Bedeutung", S. 27 f.)

Beim gewöhnlichen Gebrauch der Worte ist das, wovon man spricht, ihre Bedeutung. Führt man die Worte eines anderen ⟨direkt⟩ an, so ⟨⟩^f redet man von den Worten als Zeichen. Die eignen Worte bedeuten die Worte des Anderen, [und] erst dann haben sie gewöhnliche Bedeutung. Zeichen von Zeichen. Jeden Schritt durch „..." charakterisiert. Er sagte: „Du bist ein Esel."

$2 + 2$ oder $3 + 1$	$(\bullet\bullet)(\bullet\bullet) - (\bullet\bullet\bullet)(\bullet)$	4
Zeichen (Wort)	Sinn	Bedeutung
Netzhautbild	reelles Bild	Objekt
subjektiv	[?]^g	objectiv (wirklich)

Will man weder vom Wort (*Zeichen*), noch von der *Bedeutung*, sondern vom *Sinn* sprechen, so sagt man „der Sinn des Ausdrucks ‚Esel' "^h In der oratio obliqua spricht man vom *Sinn* der Worte des Anderen. „Er sagte, ich sei ein Esel." Es kommt für die Wahrheit dieses Satzes nicht auf die Wahrheit des Nebensatzes an, sondern nur auf seinen *Sinn*. Unterscheiden wir *gewöhnliche* [und] *indirekte* Bedeutung eines Wortes und *gewöhnlichen* und *indirekten* Sinn, so ist die *indirekte Bedeutung sein gewöhnlicher Sinn*. Unterschied gegen *Vorstellungen* Diese sind *subjektiv*. Bucephalus. Der *Sinn* eines Zeichens im Gegensatz zu seinen Vorstell[un]gs[repräsentationen]? ist nicht „Teil oder [Modus]? der Einzelsache" ‖[,] „denn man wird wohl nicht leugnen können, dass die Menschheit einen *gemeinsamen* Schatz von Gedanken hat, den sie von einem Geschlechte auf das andere überträgt." ‖ (Sinn [und] Bedeutung S. 29) Von Sinn kann man *schlechtweg* sprechen, bei der *Vorstellung* muss man hinzufügen, wem sie angehört. Wir merken uns, dass ‖   ‖^i das einzige Argument für Objectivität des Sinnes.[116]

---

f ⟨bedeuten⟩   **g** Hier stehen ⟨subjectiv⟩ und ⟨objectiv⟩ leider so übereinander geschrieben, dass nicht zu entscheiden ist, was Schlick hier zuletzt eingetragen hat.   **h** Im Original fehlen die schließenden Anführungszeichen   **i** Gemeint ist der oben zwischen diese Zeichen geklammerte Satz

116 Der ganze Absatz ist ein Exzerpt aus Freges „Über Sinn und Bedeutung", S. 29.

Eine *Aussage* enthält einen Gedanken („Ich verstehe darunter nicht das subjektive Tun des Denkens, sondern den objektiven Inhalt, der gültig ist, gemeinsames Eigentum von vielen zu sein.")[117] Ist der Gedanke Sinn oder Bedeutung der Aussage? Wir ersetzen ein Wort darin durch ein anderes von verschiedenem Sinn, aber gleicher Bedeutung. Dann ändert sich der Gedanke, folglich ist er *Sinn*, nicht Bedeutung[.] $2 + 2 = 4 \quad 3 + 1 = 4$

$$\left.\begin{array}{l} \text{Der Komponist des Fidelio} \\[1ex] \text{Der Komponist der Eroica} \end{array}\right\} \text{war ein genialer Musiker.}$$

S. 33: „Wir haben gesehen, dass zu einem Satze immer dann eine Bedeutung zu suchen ist, wenn es auf die Bedeutung der Bestandteile ankommt; und das ist immer dann und nur dann der Fall, wenn wir nach dem *Wahrheitswerte* fragen."[118] ⟨In der Literatur z. B. kommt es nur auf den Sinn an, für den aesthetischen Genuss, nicht auf die Wirklichkeit, Bedeutung.⟩[j] „So werden wir dahin gedrängt, den *W*[*ahrheits*]*wert* eines Satzes als seine *Bedeutung* anzunehmen."[119] *das Wahre, das Falsche* | In der Tat bleibt die *Wahrheit* des obigen Beispiels erhalten, wenn wir Worte derselben Bedeutung[,] aber anderen Sinnes einsetzen.

Sinn entspricht der Intension, Bedeutung der Extension. *Gibt es Sinn*, wie Frege es meint, [und] geht er als Argument in die Funktion ein, dann sind sicher nicht alle Funktionen W[ahrheits]-funktionen.

Wir sagen [Will man überhaupt von Sinn sprechen, so ist er][k] die subjektive Vorstellung oder [Denktätigkeit]?. Die Bedeutung ist der Tatbestand[.]

---

j Einschub von der Rückseite   **k** ⟨der Sinn ist⟩

117 Vgl. A. a. O., S. 32. Das Zitat in der Klammer ist dort Fußnote 5.
118 A. a. O., S. 33.
119 Frege, „Über Sinn und Bedeutung", S. 34.

Scheinbar intensionale Funktionen:

„p handelt von a" „A glaubt p"[,] „Newton entdeckte den Satz: alle Himmelskörper sind der Schwere unterworfen."

„Es ist sehr merkwürdig, <u>dass es nur 5 reguläre Körper gibt</u>"[.] S^m

$\varphi x = x$ ist ein regulärer Körper[.]

$f(\varphi) =$ es ist merkwürdig, dass φ nur 5 Dingen zukommt.

$\psi x = x$ ist ein Tetraeder oder Hexaeder oder Octaeder oder Dodekaeder oder Ikosaeder.

$\varphi x \equiv \psi x$ aber scheinbar $f(\varphi)$ *nicht* aequivalent $f(\psi)$, denn $f(\psi)$ ist trivial[.]

Lösung: In gesprochenen, geschriebenen, gedachten Sätzen (sie alle sind *Satzzeichen*) kommen Aussagen im log[ischen] Sinne *niemals* vor als Bestandteile, wie in Wahrheitsfunktionen. Nicht als Vehikel von wahr und falsch, sondern als Tatsachen.

Wittgenstein: 3 Zeilen, Russell 300.[120]

Müller sagt p, Schulze glaubt p, a kommt in p vor. Die Worte des Müller, oder die psycholog[ischen] Vorgänge in ihm, bilden einen Teil seiner Person. Unter den Vorstellungen von A kommt die Vorstellung a vor.

I Block durch Trennstrich vom Text oben getrennt   m Unterstrichene Passage mit blauem Stift umrahmt und in blau mit $\langle S \rangle$ gekennzeichnet. Siehe dazu den folgenden Block.   n Block durch Trennstrich vom Text oben getrennt

120 Schlick bezog sich auf folgende Stelle bei Wittgenstein: „3.33 In der logischen Syntax darf nie die Bedeutung eines Zeichens eine Rolle spielen; sie muss sich aufstellen lassen, ohne dass dabei von der Bedeutung eines Zeichens die Rede wäre, sie darf nur die Beschreibung der Ausdrücke voraussetzen.
3.331 Von dieser Bemerkung sehen wir in Russells ‚Theory of Types' hinüber: Der Irrtum Russells zeigt sich darin, dass er bei der Aufstellung der Zeichenregeln von der Bedeutung der Zeichen reden musste.
3.332 Kein Satz kann etwas über sich selbst aussagen, weil das Satzzeichen nicht in sich selbst enthalten sein kann (das ist die ganze ‚Theory of Types')." (Wittgenstein, *Tractatus*)

Behauptung einer Aussage *gänzlich* verschieden von Behauptung *über* Aussagen, ⟨letztere ist [Behauptung] über Satzzeichen⟩
$p = \varphi a$ das Satzzeichen enthält a.

„Ich wundere mich darüber, dass der Satz $S°$ = wenn diese
besonderen Gedanken meinen Geist bewegen, habe ich das Gefühl
der Verwunderung."

Dass jene Gedanken eine Aussage *bedeuten*, lässt sich nicht
formulieren.

32a | Müller sagt p. Schulze glaubt p. a kommt in p vor. Ich wundere
mich über p.

Die Worte oder psychologischen Vorgänge bilden Teil der Person. *Reale Vorgänge*, Tatsachen. Zeichen auf dem Papier.

In gesprochenen, geschriebenen, gedachten Sätzen (sie sind
alle *Zeichen*) kommen Aussagen im log[ischen] Sinne überhaupt
nicht als Bestandteile vor. $p = \varphi a$ das Zeichen a ist Teil des ganzen Zeichens: Unter den Vorstellungen von A kommt a vor. „Beim
Auftreten gewisser psychischer Prozesse (Gedanken) wundere ich
mich."

Behaupt[un]g einer Aussage ist *gänzlich* verschieden von Behaupt[un]g *über* Aussagen. Letztere ist immer nur Behauptung
über Repräsentanten, *Zeichen*. ⟨⟩[p] Ich kann nur von *Wirklichem*
reden, nicht von Aussagen. Diese kann ich nur *machen*.

Aber geht denn in unsere Behauptung nicht ein, dass es sich
um Zeichen für Aussagen (unvollständige Symbole, Quasigegen-
stände) handelt? Nein, diese Beziehung der [Zuordnung][?] ist unausdrückbar, wir können nicht Beziehung zwischen Wirklichkeit
[und] log[ischen] Aussagen formulieren.

Das, was alle Sprache schon vorraussetzt, kann nicht durch
Sprache formuliert werden. *Also unser Satz ist richtig.*[q]

Von etwas sprechen, es ausdrücken, beschreiben, heisst: seine
Struktur abbilden. Die Struktur *zeigt* sich.[121] Der Satz sagt nicht

---

o Gemeint ist der unterstrichene Satz in Block (113)   **p** ⟨Rede⟩   **q** Vermutlich
meint er Satz (S) aus Block (113)

121 Dass sich etwas zeigt, aber nicht gesagt werden kann, ist ein immer wie-
derkehrendes Motiv in Wittgensteins *Tractatus*, so z. B.: „4.122 Wir können in
gewissem Sinne von formalen Eigenschaften der Gegenstände und Sachverhalte

etwas über die Struktur ⟨der Wirklichkeit⟩, sondern ⟨⟩ʳ weist sie auf. Die Tatsache, dass er die Struktur hat ˢ

Paradoxon $p = q$. Atomsätze in der Tat logisch ununterscheidbar[.] Wir verstehen *die Bedeut[un]g* eines Satzes nur aus seiner *Form*. Diese allein mitteilbar. *„Sinn" nicht*, sondern nur [*Structuren*]ʔ.

Erlebnis. Metaphysik. Grammophonplatte. Implizite Definition. [?]log[ische] Konstante.

Wahrheitsfunktionen sagen *weniger* als Atomsätze, geben nur Ausschnitt, Spielraum. Logik [ist] kürzend auswählend, analytisch.

Kein log[ischer] Zusammenhang zwischen Atomsätzen. Wissenschaft stellt scheinbar solche her. *Induktion*. gibt es nicht, ebensowenig Methodologie logisch[.]

| Wir können ⟨⟩ᵗ nur die Struktur der Tatsachen durch Zeichen abbilden (von etwas sprechen, es ausdrücken, beschreiben, heisst: seine Struktur abbilden), wir können nicht vom Wesentlichen der Sprache (der Gedanken, der Aussagen) selbst sprechen, und nicht von der Beziehung der Zeichen zur Wirklichkeit. Dies ist nicht ausdrückbar, muss direkt [auf[ge]zeigt]ʔ werden. Das führt zum Wesen des Logischen zurück. ³³

[?] Aussagen bezeichnen nicht vermöge des Inhalts, sondern vermöge der Form, Struktur.

Was ist mitteilbar? Sinn nicht, [er] ist also nichts Objektives ([geg.]ʔ Frege)[,] Metaphysik, Einzelwissenschaft, Philosophie.

Konsequenz: Kein Unterschied zwischen Funktion und Klassen. $\langle (\varphi x \equiv_x \psi x) \supset (f(\varphi \hat{z}) \equiv f(\psi \hat{z}); (\varphi x \equiv \psi x) \supset (\varphi \hat{x} = \psi \hat{x}) \rangle$

---

r ⟨bildet⟩   **s** Satz bricht ohne Verb ab   **t** ⟨nicht⟩

bzw. von Eigenschaften der Struktur der Tatsachen reden, und in demselben Sinne von formalen Relationen und Relationen von Strukturen. [...] Das Bestehen solcher interner Eigenschaften und Relationen kann aber nicht durch Sätze behauptet werden, sondern es zeigt sich in den Sätzen, welche jene Sachverhalte darstellen und von jenen Gegenständen handeln."

Aequivalenz von Schwere und Trägheit (Einstein benützte charakteristischerweise das Wort Aequivalenz, ohne moderne Logik zu kennen[.])[122]

Wahrheitsfunktionen (Molekularsätze) sagen *weniger* als alle Atomsätze, geben nur einen Ausschnitt. Logik kürzend, auswählend, nur analytisch.

Kein log[ischer] Zusammenhang zwischen Atomsätzen. Die Wissenschaft spricht aber unaufhörlich so, als ob er da wäre. Induktion. Kausalität. „Logik" der Induktion gibt es nicht. Völlig verschieden.

Auch Methodologie (Logik d[er] Geisteswissenschaften etc[.]) gehört nicht hierher. Alles in Erkenntnistheorie.

---

122 Gemeint ist das Äquivalenzprinzip der allgemeinen Relativitätstheorie. Siehe dazu Einstein, *Lichtgeschwindigkeit und Statik des Gravitationsfeldes*, § 1 f.

Logik und Erkenntnistheorie

© Springer Fachmedien Wiesbaden GmbH, ein Teil von Springer Nature 2019
M. Lemke und A.-S. Naujoks (Hrsg.), *Moritz Schlick. Vorlesungen und Aufzeichnungen zur Logik und Philosophie der Mathematik*, Moritz Schlick. Gesamtausgabe,
https://doi.org/10.1007/978-3-658-20658-1_6

Editorischer Bericht

Zur Entstehung

Das vorliegende Stück ist die Nachschrift einer Vorlesungsreihe über *Logik und Erkenntnistheorie* aus dem Wintersemester 1934/35. Doch bereits 1911, ganz am Anfang seiner Lehrtätigkeit in Rostock, hat Schlick Vorlesungen zu diesem Thema gehalten. Schlick wiederholte die Reihe von 1911 bis 1935 insgesamt sieben mal. Uns liegen jedoch nur nur die Vorschrift von 1911[1] und Nachschriften von von 1934/35 vor.[2] Um die alte Manuskriptvorlage über alle die Jahre verwenden zu können, hat Schlick sie durch zahlreiche nachträgliche Markierungen, Randbemerkungen, Streichungen usw. immer wieder angepasst. Die letzte datierbare Ergänzung verweist auf Schlicks eigenen Aufsatz „Positivismus und Realismus" von 1932.[3] Da er 1932 und 1933 keine Vorlesung zum Thema hielt, hat er diese Anmerkung höchstwahrscheinlich erst bei den Vorbereitungen für das Wintersemster 1934/35 angefertigt. Tatsächlich lässt sich in der Nachschrift des mündlichen Vortrags die entsprechende Stelle auch nachweisen.[4] Daraus ergibt sich, dass Schlick das 1911er Manuskript auch 1934/35 noch verwendete.

---

1 Inv.-Nr. 2 A.3a (*MSGA* II/1.1).

2 Hier abgedruckt ist Inv.-Nr. 28, B.7.

3 1932a, (*MSGA* I/6 S. 323–362). Siehe hierzu auch den editorischen Bericht zu *Grundzüge der Erkenntnistheorie und Logik* in *MSGA* II/1.1

4 In diesem Bd. S. 443.

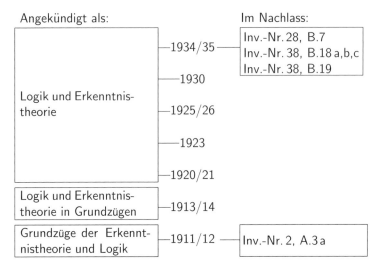

Abb. 10. Wiederholungen der Vorlesung zur Erkenntnistheorie und Logik und die zugehörigen Nachlassstücke.

Der Text der hier abgedruckten Nachschrift hat sich zwar aus dem Manuskript von 1911 entwickelt, ist aber dennoch bereits so stark umgearbeitet, dass er als eigenständiges Stück betrachtet werden muss. Die Erkenntnistheorie nimmt in der Mitschrift von 1934/35 wesentlich weniger Raum ein, dafür die Logik desto größeren. Dieser Unterschied ist so gravierend, dass beide Stücken in verschiedenen Bänden der MSGA abgedruckt sind. Das alte Manuskript stellt vor allem die Erkenntnistheorie in den Vordergrund, während die Nachschrift vor allem die Logik in den Mittelpunkt rückt.

Schlicks Perspektive auf die Logik hatte sich spätestens in seiner kurzen Kieler Zeit verschoben.[5] Das zeigt sich auch an dieser Vorlesung. Anfang der 1910er Jahre konnte Schlick den Neuerungen der formalen Logik, die sich aus Alfred North Whiteheads, Bertrand Russells und Gottlob Freges Arbeiten ergaben, noch wenig abgewinnen und wollte alle Schlüsse auf klassische Syllogistik zurückführen.[6] Ab 1921 stellte er jedoch die moderne Logik der alten so gegenüber,

---

5 Siehe dazu in diesem Bd. ab S.225.

6 Vgl. dazu Inv.-Nr. 2, A.3a, Bl. 62 (*MSGA* II/1.1) sowie in diesem Bd. S. 156 und S. 196. Diese Auffassung findet sich auch noch in 1918a/1925 *Allgemeine Erkenntnislehre* (*MSGA* I/1) S. 323.

dass von einer Rückführung nicht die Rede sein konnte.[7] Ab 1920/21 änderte er auch den Titel und kündigte die Reihe unter „Logik und Erkenntnistheorie an."

Ende der 1920er Jahre verschob sich das Gewicht nochmals in Richtung Logik. 1927/28 fertigte Schlick ein in diesem Band ebenfalls abgedrucktes Stück zur Logik an, aus dem klar hervorgeht, dass er auf der Seite der modernen Logik stand. Vor allem aber, dokumentiert es, wie sehr er sich am *Tractatus logico-philosophicus* Ludwig Wittgensteins orientierte.[8] Ab 1929 fanden zwischen Schlick und Wittgenstein regelmäßige Treffen statt. Dabei fertigte Schlicks Mitarbeiter Friedrich Waismann einige Mitschriften an, die uns noch erhalten sind.[9] Waismann arbeitete seit Ende der 1920er Jahre an auch einer allgemeinverständlichen Darstellung von Wittgensteins Philosophie. Dieses Buch sollte in der Reihe zur Wissenschaftlichen Weltauffassung erscheinen, die Schlick zusammenn mit Phillip Frank herausgab.[10] Das Buch wurde von Schlicks Zirkel sehr erwartet. Z. B. schrieb Carnap 1928:

„Ich hoffe sehr, dass Waismann doch bald dazu kommt, seine Abhandlung über Wittgenstein fertig zu machen. Das wäre doch sehr wichtig für die Entwicklung der Logik. Die meisten Logiker wissen ja nichts von Wittg[enstein]."[11]

Sechs Jahre später, im Frühjahr 1934, berichtete Schlick optimistisch an Carnap, dass Waismanns Buch zu Weihnachten, schon zu einem Drittel fertig gewesen sei und nun unmittelbar vor dem Abschluss stünde.[12] Zwei Monate später dämpfte er die Erwartungen. Das Buch sollte nun in jenem Sommer mit Wittgensteins Hilfe fertig werden.[13] Ursache der Verzögerung waren Unstimmigkeiten zwi-

---

7 Siehe dazu in diesem Bd. ab S. 229 sowie ab S. 225.

8 Siehe dazu in diesem Bd. S. 257.

9 McGuinness (hrsg.), *Wittgenstein und der Wiener Kreis.*

10 Moritz Schlick an Phillip Frank, 02. Mai 1931 sowie Phillip Frank an Moritz Schlick, 01. Oktober 1931.

11 Rudolf Carnap an Moritz Schlick 21. Februar 1928.

12 Moritz Schlick an Rudolf Carnap, 12. März 1934.

13 Moritz Schlick an Rudolf Carnap, 10. Mai 1934.

schen Wittgenstein und Waismann.[14] Carnap berichtete aber 1934 an Schlick, dass sich Waismann und Wittgenstein darauf geeinigt hätten, dass ersterer bei Unstimmigkeiten freie Hand bekäme.[15] Das scheint den Konflikt aber nicht beigelegt zu haben. Im Sommer jenes Jahres schrieb Schlick wieder an Carnap:

„Die letzte Entwicklungsphase des Waismannschen Buches ist die, dass es gar nicht von ihm, sondern von Wittg[enstein] selbst geschrieben wird! Ich weiß noch nicht wie Waismann diese neue Wendung aufnimmt, da ich ihn nur telephonisch sprechen konnte."[16]

Carnap fragte um Weihnachten nochmals nach Waismanns Buch. Schlick beantwortete zwar den Brief, ging auf diese Frage aber überhaupt nicht mehr ein.[17] Diese Episode verdeutlicht, wie die Verhältnisse zwischen Schlick, Wittgenstein und Waismann waren, da Waismann über Entscheidungen zu dem gemeinsamen Buch nur durch Schlick informiert wurde.

Die hier abgedruckte Nachschrift der Vorlesung von 1934/35 kann selbst über große Strecken als eine Einführung in Wittgensteins Philosophie der 1930er Jahre für Studenten gelten. Allerdings ist diese Einführung nicht von einem neutralen Standpunkt aus geschrieben, sondern sie wendet Wittgensteins Philosophie auf die Probleme an, die Schlick während seiner ganzen Karriere – eben seit jener ersten Vorlesung von 1911 – beschäftigten.

Dazu gehörte z. B. die Frage, ob es intuitive Erkenntnis gibt. Nachdem Schlick in der 1911er Vorlesung nur kurz darauf einging, veröffentlicht er 1913 einen Aufsatz über dieses Problem.[18] Er begann einen größeren Abschnitt der Vorlesung von 1934/35 mit einer Zusammenfassung dieses Aufsatzes und lehnte die Möglichkeit solcher Erkenntnis ebenso wie 1911 und 1913 ab. Neu war jedoch, dass

---

14 Aus späteren Briefen lässt sich der Konflikt erahnen. Siehe dazu Ludwig Wittgenstein an Friedrich Waismann, 19. Mai 1936 sowie Friedrich Waismann an Ludwig Wittgenstein, 27. Mai 1936.

15 Rudolf Carnap an Moritz Schlick, 13. Mai 1934.

16 Moritz Schlick an Rudolf Carnap, 24. Juli 1934.

17 Rudolf Carnap an Moritz Schlick, 27. Dezember 1934.

18 1913a *Gibt es intuitive Erkenntnis?* (*MSGA* I/4).

Schlick seine Kritik mit dem Sinnkriterium begründete. Dieses Kriterium kristallisierte sich Ende der 1920er Jahre nach der Lektüre des *Tractatus* in Schlicks Zirkel heraus und wurde auch von Wittgenstein selbst verwendet.[19] Der Grundgedanke des Kriteriums ist, dass die normale Sprache erlaubt, einen Überhang grammatisch korrekter aber sinnloser Sätze zu produzieren.[20] Der Sinn eines Satzes ist nach dem Kriterium die Methode, mit der er sich vollständig verifizieren lässt. Sinnlose Sätze, so die Diagnose vieler Mitglieder des Wiener Kreises, stammen vielfach aus der Metaphysik, Ethik und Ätshetik. Davon ausgehend kritisierte Schlick auch andere philosophische Strömungen, wie etwa die Phänomenologie der Husserlschen Schule, die Metaphysik Bergsons oder Martin Heideggers.

Er nahm in der Vorlesung von 1934/35 auch die Überlegungen zur Mathematikphilosophie der 1911er Vorlage wieder auf. Sie sind sogar etwas umfänglicher als noch 1911 und finden sich über die gesamte Vorlesung eingestreut.[21] Womöglich bediente sich Schlick hier bei seiner Vorlesung über *Die Philosophischen Grundlagen der Mathematik* von 1913.[22] Viele Übereinstimmungen legen das nahe. Anfang der 1910er Jahre orientiert er sich jedoch noch allein an Hilbert und Poincaré. 1934/35 griff er zusätzlich Wittgensteins Grammatikvergleich auf. Geometrie ist demnach die Grammatik der Raumworte, Arithmetik die der Zahlworte usw.[23] Als Sätze der Grammatik sind mathematische Sätze Regeln, die unsere Sprache bestimmen. So konnte Schlick auch erklären, warum sie das Sinnkriterium verfehlen, ohne, dass er den Wert dieser Sätze für die Wissenschaft leugnen musste. Gerade diese Ausführungen finden sich dann auch fast identisch formuliert in Waismanns Aufzeichnungen für das ge-

---

[19] Vgl. dazu die Mitschrift Waismanns eines Gesprächst mit Wittgenstein von Dezember 1919 in McGuinnes [Hrsg.] *Wittgenstein und der Wiener Kreis*, S.47

[20] Zur Debatte über das Sinnkriterium siehe auch den Abschnitt zur Überwindung der Metaphysik in der Einleitung dieses Bandes.

[21] Vgl. z. B. in diesem Bd. S. 487, S. 503, S. 535, S. 553, S. 564, S. 595 und S. 600.

[22] Inv.-Nr. 4, A.5a, in diesem Band ab S. 83.

[23] Vgl. dazu in diesem Bd. S. 553.

plante Buch über Wittgensteins Philosophie.[24]

In der Vorlesung von 1911 befasste sich Schlick auch mit dem Induktionsproblem und ging der Frage nach, ob es sich bei der unvollständigen Induktion nicht wenigstens um einen Wahrscheinlichkeitsschluss handelt.[25] Ob Wahrheit und Falschheit Extremwerte der Wahrscheinlichkeit sind, ist eine Frage, die sich Schlick auch in seiner Habilitationsschrift stellte. Er verneint die Frage dort und wich auch später nicht mehr davon ab.[26]

Hans Reichenbach veröffentlichte Mitte der 1920er Jahre Ansätze einer Wahrscheinlichkeitslogik, auf die Schlick zuerst mit Notizen und später mit einem Aufsatz reagierte.[27] 1931 erklärt er sich in seinem Aufsatz über „Kausalität in der gegenwärtigen Physik" in dieser Frage mit Friedrich Waismanns „Logischer Analyse des Wahrscheinlichkeitsbegriffs" einverstanden. In dieser Analyse arbeitete Waismann die Thesen Wittgensteins aus, die uns auch in einer von Waismanns Mitschriften eines Gesprächs zwischen Schlick und Wittgenstein erhalten sind.[28] Nach dieser Auffassung gibt es zwei Arten von Wahrscheinlichkeit: solche, die sich aus relativen Häufigkeiten ergibt, das ist die der Wahrscheinlichkeitsrechnung und die Wahrscheinlichkeit von Hypothesen. Diese kann einer durch Induktion erratenen Aussage zukommen.[29]

Die Zusammenfassung jenes Aufsatzes von 1931 zur „Kausalität in der gegenwärtigen Physik" in Zusammenhang mit einer Kritik an Reichenbachs Wahrscheinlichkeitslogik nahm in der hier abgedruckten Vorlesung einen ganzen Abschnitt ein. Dabei ging Schlick auch ausführlich auf das Problem ein, dass allgemeine Aussagen der

---

24 Vgl. Waismann, *Logik, Sprache, Philosophie*, S. 82 ff.

25 Inv.-Nr. 2, A.3a, Bl. 62, (*MSGA* II/1.1).

26 1910b *Das Wesen der Wahrheit nach der modernen Logik*, S. 424 (*MSGA* I/4).

27 Siehe dazu in diesem Bd. ab S. 247.

28 Gespräche vom 05. Januar 1930 sowie vom 22. März 1930, enthalten in McGuinness (Hrsg), *Wittgenstein und der Wiener Kreis*.

29 Vgl. dazu 1934a *Das Fundament der Erkenntnis* (*MSGA* I/6) S. 505–507, *Logik der Forschung*, S. 9–14. sowie in diesem Bd. ab S. 489. Die gesamte Debatte ist in der Einleitung dieses Bandes ab S. ?? beschrieben.

Form „Alle Schwäne sind weiß" nicht vollständig verifizierbar sind. Dadurch haben sie genau genommen keinen Sinn. Das kritisierte auch Karl Popper in seiner 1934 erschienenen *Logik der Forschung*.[30] Popper zitierte in diesem Zusammenhang ebenfalls aus Schlicks Aufsatz von 1931, aus dem bereits genannten Aufsatz Waismanns und erwähnte auch Wittgenstein. Er schlug vor, die Verifikation durch die Falsifikation zu ersetzen. Dann könnten allgemeine Aussagen, sofern sie falsifizierbar sind, ihren empirischen Charakter behalten.

Als Herausgeber der *Logik der Forschung* kannte Schlick den Einwand und ging auch in der hier vorliegenden Vorlesung direkt darauf ein.[31] Er nannte zwar Popper nicht dem Namen nach in der Vorlesung, bemerkte aber die Aktualität des Einwandes. Seine von Wittgenstein übernommene Lösung ist, dass Allaussagen Regeln sind, um verifizierbare und damit sinnvolle Einzelaussagen zu bilden.[32] So müssen diese Aussagen trotz Sinnlosigkeit ebenso wie die der Mathematik nicht als wertlos abgelehnt werden. Schlicks allgemeines Urteil über Poppers Arbeit war gemischt:

„Das Buch von Popper ist im Druck, der Umbruch hat schon begonnen. Es ist eine außerordentlich kluge Arbeit, aber ich kann sie doch nicht mit ganz reiner Freude lesen. Dabei glaube ich sogar, dass er – bei wohlwollender Interpretation – sachlich fast überall recht hat. Aber seine Darstellung scheint mir irreführend. Denn in dem unbewussten Bestreben, seine eigene Leistung möglichst originell hervortreten zu lassen, macht er aus wirklich ganz unwichtigen, ja teilweise nur terminologischen Abweichungen von unserem Standpunkt prinzipielle Gegensätze (er hält sie wirklich dafür), und dadurch wird die Perspektive ganz verzerrt. [...] Die jetzige Fassung ist ja erträglich, aber viele eigensinnige Übertreibungen habe ich doch nicht verhindern können. Mit der Zeit wird sein Selbstbewusstsein schon geringer werden."[33]

Carnap stimmte Schlicks Urteil zu.[34] Auch er war ein wichtiger Einfluss und Gesprächspartner für Schlick, auch wenn er sich 1934/35

---

30 Vgl. dazu Popper, *Die beiden Grundprobleme der Erkenntnistheorie*, S. XIII.

31 Schlick kannte Poppers Arbeit spätestens seit 1933. Siehe dazu Otto Lange an Ferdinand Springer, 16. Mai 1933 (Julius Springer Archiv, Inv.-Nr. B/F/132) sowie Moritz Schlick an Phillip Frank, 09. Juni 1933.

32 Vgl. dazu Moritz Schlick an Rudolf Carnap, 05. Juni 1934.

33 Moritz Schlick an Rudolf Carnap, 01. November 1934.

34 Rudolf Carnap an Moritz Schlick, 27. Dezember 1934.

nicht mehr in Wien, sondern in Prag aufhielt. Beide führten einen Briefwechsel zur Frage, was „grundsätzlich/prinzipiell verifizierbar" bedeutet. Heißt es, dass die Verifikation unter geltenden Naturgesetzen möglich sein muss, oder genügt es schon, wenn sie logisch möglich, also widerspruchsfrei denkbar ist.[35] Schlick neigte anders als Carnap der letzten Ansicht zu und nahm das auch in die Vorlesung mit auf.[36]

Zudem orientierte sich Schlick bei der Erläuterung des Sinnkriteriums und seiner Auswirkungen für die zeitgenössische Metaphysik an Carnaps Aufsatz über die „Überwindung der Metaphysik durch logische Analyse der Sprache".[37] Selbst die Beispiele aus Martin Heideggers 1929 gehaltenen Antrittsvorlesung[38] hat er vielleicht von dort übernommen. Allerdings verwendete auch Wittgenstein dieselben Beispiele in einem Diktat für Schlick.[39] Ob Wittgenstein, Carnap, Schlick oder jemand ganz anderes das Beispiel in die damalige Diskussion einbrachte, ließ sich bisher nicht klären. Auch bei vielen anderen Beispielen, Formulierungen und Argumenten des engeren Umfeldes von Schlick aus jener Zeit lässt sich nicht mehr rekonstruieren, wer wen beeinflusste. In jedem Fall hat es aber spätestens ab Frühsommer 1932 keine direkte Kommunikation zwischen Carnap und Wittgenstein gegeben, da beide sich heftig überworfen hatten.[40]

Das Ende des Stückes besteht aus einer Einführung in den formalen Logikkalkül, die sich sehr ähnlich auch in dem hier abgedruckten Stück von 1927/28 findet.[41] Schlick ergänzte sie um eine knappe Zusammenfassung Clarence Irving Lewis' Theorie der strikten Implikation[42] und Jan Łukasiewicz dreiwertiger Aussagenlogik.[43]

---

35 Moritz Schlick an Rudolf Carnap, 01. November 1934, 20. Januar 1935 sowie Rudolf Carnap an Moritz Schlick, 27. Dezember 1934 und 20. Januar 1935.

36 In diesem Bd. S. 477.

37 In diesem Bd. S. 450.

38 Heidegger, *Was ist Metaphysik?*

39 TS 301. Vgl. Baker (hrsg.), *The Voices of Wittgenstein*, S. 74.

40 Ludwig Wittgenstein an Moritz Schlick, 06. Mai 1932.

41 Siehe dazu in diesem Bd. ab S. 257

42 Lewis, *Symbolic Logic*.

Er arbeitete damit neue Ansätze der Logik aus den frühen 1930er Jahren in die Vorlesung ein. Bemerkenswert hieran ist, dass diese Kalküle logische Konstruktionen untersuchen, die keine Wahrheitsfunktionen sind. Bei Łukasiewicz gibt es sogar „unbestimmt" als Wahrheitswert. Diese Entwicklungen sind mit Wittgensteins *Tractatus* ganz und gar unvereinbar, denn der fordert ausdrücklich, dass alle Sätze Wahrheitsfunktionen von Elementarsätzen sind. [44]

Gödels Unvollständigkeitssätze berücksichtigte Schlick dagegen ebenso wenig, wie die Versuche die Widerspruchsfreiheit der Arithmetik zu beweisen. [45] Dabei war diese Frage 1913 und 1925 für Schlick noch enorm wichtig. [46] Das ist bemerkenswert, da Gödel zumindest Teile der Vorlesungen gehört hatte. [47] Womöglich meinte er noch wie Ende der 1920ger Jahre, dass Wittgenstein das Problem bereits gelöst hätte. [48]

Alle diese Hinzufügungen, Änderungen und Neuerungen gegenüber dem 1911er Manuskript, das über weite Strecken nur noch als Themenlieferant diente, erklären, warum Schlick seine Hilfskräfte Käthe Steinhardt und Josef Rauscher Nachschriften hat anfertigen lassen. Der dabei betriebene Aufwand war nicht unerheblich.

Zur Überlieferung

Uns sind insgesamt drei Typoskripte erhalten. Das hier abgedruckte Stück[49] ist dasjenige von Josef Rauscher. Es ist genau genommen der Kohledurchschlag eines Typoskripts, dessen Original leider nicht

---

43 Vgl. Łukasiewicz, *Philosophische Bemerkungen zu mehrwertigen Systemen des Aussagekalküls* und *Philosophical Remarks on Many-Valued Systems of Propositional Logic*.

44 Wittgenstein, *Tractatus*, 5.

45 Siehe dazu den Abschnitt zum Hilbertprogramm in der Einleitung dieses Bandes.

46 Siehe dazu in diesem Bd. ab S. 177 und 175.

47 Die Mitschrift ist in Gödels Nachlass als, *Notebook*, Max 0 Philosophie I, Folder 63, Ms.-S. 3-11 erhalten.

48 In diesem Bd. S.291, Block (50).

49 Inv.-Nr. 28, B.7.

überliefert ist und umfasst 257 Bögen im DIN A4 Format. Es ist im Gegensatz zur Version Steinhardts[50] sehr gründlich ausformuliert.

Kurt Gödel hatte zumindest die ersten Sitzungen der Vorlesungen besucht und eine eigene Mitschrift angefertigt.[51] Das erlaubte eine Gegenprobe des vorliegenden Textes. Er stimmt mit Gödels Aufzeichnungen überaus genau überein. Es ist also davon auszugehen, dass Rauschers Typoskript dem Text, den Schlick vortrug, im Gegensatz zu anderen erhaltenen Nach- und Mitschriften sehr genau folgt.[52] Steinhardts Typoskript ist dagegen in einem verknappten substantivischen Stil gehalten. Inhaltlich stimmt es jedoch ebenfalls völlig mit der Version von Rauscher überein. Sogar die hervorgehobenen Textpassagen entsprechen einander. Demnach schöpfen sie aus einer gemeinsamen Vorlage oder standen direkt in einer anderen leider nicht mehr rekonstruierbaren Beziehung zueinander.

Die hier abgedruckte Fassung von Rauscher hat einige handschriftliche Ergänzungen, die sich jedoch nur auf die logische Notation oder Korrekturen von Tippfehlern beschränken. Sie stammen, der Schrift nach zu urteilen, wahrscheinlich nicht von Schlick. Einige wenige, meist grammatisch oder stilistisch eigenwillige Textstellen sind mit farbigen Buntstiften unterstrichen. Das ist war typisch für Schlick. Das dritte Typoskript ist sehr unvollständig zusammen mit einigen handschriftlichen Notizen in Schlicks Nachlass erhalten.[53] Es stimmt mit den letzten paar Seiten der anderen beiden Fassungen bis auf einige Formulierungsvarianten überein. Zusätzlich ist jedoch eine Seite mit Literaturangaben angehängt. Diese eine Seite ist am Ende abgedruckt.[54] In allen überlieferten Fassungen ist die Vorlesung in acht Kapitel aufgeteilt, die aber im Vortrag wohl nicht acht Sitzungen entsprachen.

---

50 Inv.-Nr. 38, B.18 a,b,c.

51 Kurt Gödel, *Notebook*, Max 0 Philosophie I, Folder 63, Ms.-S. 3-11. Eine Abschrift wurde uns freundlicherweise von Eva-Maria Engelen zur Verfügung gestellt.

52 Vgl. dazu in diesem Band ab S. 83.

53 Inv.-Nr. 38, B.19.

54 In diesem Bd. S. 633.

Ob der Vortrag von 1934/35 vollständig durch das Typoskript überliefert ist, lässt sich nicht mit völliger Sicherheit entscheiden. Dagegen spricht, dass die abgedruckte Nachschrift am Ende eines Blattes abbricht und kein ausgesprochenes Schlusswort oder eine Zusammenfassung enthält. Dafür spricht, dass das Stück am Ende eines Satzes abbricht und nicht erhalten ist, wie es weitergehen könnte. Versuche den Text probeweise vorzulesen und daraus die nötige Vortragszeit hochzurechnen, ergaben, dass es bei je zwei Stunden Vorlesung je Woche, etwa 12–15 Wochen gedauert hätte, den Text vorzutragen. Der hier abgedruckte Text könnte also ein gesamtes Semester ausgefüllt haben.

Editorische Entscheidungen

Die Erschließung und Erfassung machte kaum zusätzliche Entscheidungen nötig. Es gibt einige wenige offensichtliche Tippfehler, wie etwa „hiebei" statt „hierbei". Diese wurden stillschweigend korrigiert. Gelegentlich ist das Durchschlagpapier nicht richtig in die Maschine eingelegt worden, sodass am Ende der Zeile ein halber oder auch mal ein ganzer Buchstabe fehlt. Auch das wurde stillschweigend korrigiert. Die verwendete Schreibmaschine verfügte nicht über Umlaute von Großbuchstaben. Im Original steht z. B. „Ueberlegung" statt „Überlegung". Da es sich um eine rein technische Beschränkung handelt und der Text ohnehin nicht aus Schlicks Hand stammt, sind zur besseren Lesbarkeit stillschweigend Umlaute gesetzt worden.

Allein bei der erläuternden Kommentierung ergaben sich einige Besonderheiten. Man merkt dem Text an, dass er die Verschriftlichung eines mündlichen Vortrages ist. Typisch für Vorlesungen gibt es viele Wiederholungen, um den Stoff der vermutlich vergangenen Sitzungen neu ins Gedächtnis zu rufen oder um denselben Sachverhalt noch einmal in anderen Worten zu erklären. Hierdurch hätten viele der erläuternden Kommentare immer wieder neu gesetzt werden können. Darauf wurde verzichtet und Querverweise verwendet.

Wie bereits erwähnt, war Wittgenstein der größte fremde Einfluss auf den Inhalt der Vorlesung. Der Abgleich von Wittgensteins Nachlass mit der Vorlesung ergab einige überraschende Befunde: In Schlicks Nachlass finden sich auch einige Abschriften von Wittgensteins Manuskripten, darunter Teile von Wittgensteins MSS 114 von 1932.[55] Wie erwartet, gibt es einige Entsprechungen zum vorliegenden Stück. Erstaunlich ist jedoch, dass es nur sehr wenig Überschneidungen mit dem 1933 entstandenen „Diktat für Schlick" gibt.[56] Dieses Diktat entstand im mit Wittgenstein verbrachten Urlaub in Istrien und ist im Wesentlichen eine Maschinenschrift des Manuskriptes MS 140 aus Wittgensteins Nachlass.[57] Es ist sehr straff geschrieben und zeichnet eher eine große Linie, ohne sich in Details zu verlieren. Schlick bezieht sich viel häufiger auf Details von Wittgensteins Philosophie, die dort nicht zu finden sind. Der Abgleich mit den anderen Nachlassstücken Wittgensteins zeigte, dass es große Übereinstimmungen mit dem Typoskript TSS 212 gibt.[58] Auch TSS 212 ist um 1932 entstanden, wobei MSS 114 nach Michael Nedo eine Vorarbeit dafür ist.[59] Zudem ist MSS 114 in die sogenannte „Philosophische Grammatik" eingegangen.[60]

---

[55] In Schlicks Nachlass Inv.-Nr. 183, D.5.

[56] In von Wrights Katalog von Wittgensteins Nachlass TS 302 (D 302) Bei Schlick Inv.-Nr. 183, D.3, abgedruckt in Baker (hrsg.), *The Voices of Wittgenstein*, S. 1–275. Zur Entstehungsgeschichte der Diktate siehe auch Iven, „Wittgenstein und Schlick. Zur Geschichte eines Diktats" in Bd. I der Schlick Studien.

[57] Kircher, *Untersuchungen zu Wittgensteins „Diktat für Schlick"*.

[58] *Bergen Electronic Edition* (*BEE*, MSS 114).

[59] Nedo (hrsg.), *Wiener Ausgabe*, Bd. 11, S. VIII.

[60] Rhees (hrsg.), *Philosophische Grammatik*.

Die editorischen Prinzipen der *MSGA* sehen vor, nach der Entstehung zu kommentieren. Darum stellte sich die Frage, ob Schlick jenes Typoskript TSS 212 bei der Entstehung der Vorlesung kannte. Der Briefwechsel zwischen Schlick und Wittgenstein gibt wenig her. Ein Hinweis ist ein Brief Wittgensteins vom Sommer 1935, worin er ein sehr „unordentliches Manuskript" erwähnt.[61] Unordentlich trifft durchaus auf TSS 212 zu, Manuskript eher nicht. Möglich ist, dass die Rede von „Manuskript" ein Lapsus Wittgensteins ist. Dass er Schlick die handschriftliche Vorarbeit MSS 114 geschickt hat, ist nicht verbürgt, aber auch nicht auszuschließen. TSS 212 ist auch eine Vorarbeit für das sogenannte „Big Typescript". Das hat Wittgenstein ab Ostern 1933 in Wien diktiert.[62] Das ist nun wiederum weder ein Manuskript noch unordentlich.

Auch wenn Schlick jenes TSS 212 nie in der Hand gehabt haben sollte, bleibt Wittgenstein ein Einfluss, der nicht zuletzt auch mündlich auf Schlick eingewirkt hatte.[63] Da uns nur wenige Gespräche überliefert sind, wurde bei der Kommentierung als Ersatz für die Mündlichkeit neben MSS 114 vor allem auch auf TSS 212 zurückgegriffen, obwohl Schlick es vermutlich nicht kannte. Beide sind nach der diplomatischen Abschrift der *Bergen Electronic Edition* zitiert. Die dort verwendeten Zeichen für alternative Formulierungen, Streichungen, Einschübe usw. wurden beibehalten.

---

61 Ludwig Wittgenstein an Moritz Schlick, 31. Juli 1935.

62 Nedo (Hrsg.), *Wiener Ausgabe*, Bd. 11, S. VII.

63 Das Umgekehrte gilt wohl auch.

Logik und Erkenntnistheorie

1

Die Logik wird gewöhnlich als die „Lehre vom Denken", die Erkenntnistheorie als die „Lehre vom Erkennen" bezeichnet.[1] Obwohl die Worte „denken" und „erkennen" schon im täglichen Leben häufig vorkommen, so dass wir eigentlich wissen sollten, was eine „Lehre vom Denken" für eine Aufgabe hat, worin ihr Wesen besteht, so ergeben sich bei näherer Betrachtung doch Schwierigkeiten, was man darunter verstehen soll, weil die Worte schon im täglichen Leben eine verschiedene Verwendungsweise haben. Die Worterklärungen allein genügen uns also nicht. Wir werden auch die Vorstellung von der Logik, wie wir sie uns durch die Beschäftigung in der Schule damit gebildet haben, korrigieren müssen.

Wir wollen uns nicht auf Worte festlegen lassen, auf eine genaue Definition, müssen aber, um überhaupt beginnen zu können, uns klar werden, was hier getan werden soll.

Fragen wir nach Zweck oder Aufgabe einer wissenschaftlichen Beschäftigung, so meinen wir damit denjenigen, den der damit verbunden hat, der eine solche Disziplin überhaupt in Angriff nimmt. – Will man präzisieren, was die Lehre vom Denken tut und was sie bezweckt, so stösst man auf eigentümliche Schwierigkeiten, die nicht auftreten, wenn man den Gegenstand einer anderen Wissenschaft bestimmen will (es lässt sich leicht sagen,

---

1 Diese Erklärung verwendete Schlick seit den 1910er Jahren, vgl. dazu *Grundzüge der Erkenntnislehre und Logik*, Inv.-Nr. 2, A. 3a, Bl. 1 (*MSGA* II/1. 1). In dem Stück *Logik* von Anfang der 20er Jahre (Inv.-Nr. 15, A. 49-4) tritt sie wieder auf (siehe dazu in diesem Bd. S. 230). Sie findet sich auch in Eislers *Lexikon der philosophischen Begriffe* unter dem Stichwort „Logik". Nur in dem stark von Wittgenstein geprägten Stück zur Logik vom Ende der zwanziger Jahre (Inv.-Nr. 15, A. 48) beschrieb Schlick die Logik anders, siehe dazu in diesem Bd. S. 265, Block (1).

was den Gegenstand der Zoologie, der Botanik, u. a. Wissenschaften bilden soll); es handelt sich hier oft um Fragen, auf die wir erst durch Überlegung geführt werden. An dieser eigentümlichen Situation erkennen wir, das wir uns hier auf *philosophischem Gebiet* befinden. Es verhält sich bei philosophischen Betrachtungen immer so, dass es schwer ist, irgendwo zu beginnen und dass man erst am Schluss weiss, was man getan hat und warum man es getan hat. Immerhin kann man nicht beginnen, ohne auf ein bestimmtes Ziel ge|richtet zu sein. – Das Merkwürdige bei den *philosophischen Bemühungen* ist es, dass *die Beschäftigung an sich, das Problem selbst zum Problem wird, sich auf sich selbst richtet.* Das eigentümliche Schwanken, die Unsicherheit bei den philos[ophischen] Bemühungen ergibt sich schon äusserlich, da man nicht auf bestimmte Lehrmeinungen als fest anerkannte Inhalte (wie z. B. in der Physik, der Mathematik) hinweisen kann, kaum zwei Philosophen derselben Meinung sind; der Grund dafür aber liegt tiefer, im eigentlichen Charakter allen philosophischen Tuns.

Wir nehmen es als gegeben hin, dass wir es bei den Bemühungen um die *Logik und Erkenntnistheorie mit philosophischen Bemühungen* zu tun haben. Wir vergegenwärtigen uns nun, wie das Verhältnis von Logik und Erkenntnistheorie in den üblichen Darstellungen ist und wie sie innerhalb der Philosophie gestellt erscheinen. Es wird gewöhnlich so dargestellt, als ob die Philosophie in verschiedene Teile zerfallen würde: Logik, Erkenntnistheorie, Ethik, …, wobei meist die Logik und Erkenntnistheorie am Anfang stehen. Mehrmals wird auch die Logik ausgeschieden, weil man sagt, sie sei noch gar keine philosophische, sondern „propädeutische" Disziplin (alles dessen, was man vorher gelernt haben muss, um dann die Philosophie in Angriff nehmen zu können); hier werden Logik und Psychologie vereinigt, um gleichsam als Vorhalle der Philosophie betrachtet zu werden.[2] *Logik und Psychologie* passen überhaupt nicht zusam-

2 Ähnlich heißt es bei Wundt: „Die formale Logik wird von ihren Vertretern als eine propädeutische Wissenschaft zur Philosophie bezeichnet. Es soll dadurch für sie der Vorteil entstehen, dass sie dem Streit der philosophischen Systeme

men, *dürfen nicht systematisch zusammengefasst werden*; man
kann sie nur zusammenstellen wie jedes menschliche Bemühen
überhaupt (wenn man Logik und Psychologie als die propädeuti-
schen Disziplinen zusammenstellt,[3] so ist das so, wie wenn man
Malerei und Segelflug zusammenstellen würde); dieser Punkt ge-
währt uns einen wichtigen Einblick in den eigentlichen Bereich,
mit dem die Logik es zu tun hat. Dass die Psychologie, die doch
Einzelforschung betreibt, überhaupt noch zur Philosophie gerechnet wird, hat nur einen historischen, keinen sachlichen Grund.[4]

| Wir lehnen auch alle Bemühungen ab, Logik und Erkenntnis-
theorie zu vereinigen, deshalb, weil die *Philosophie sich nicht in
einzelne Fächer* zerlegen lässt; sie ist nicht eine Wissenschaft von
der Art, dass man sie in einzelne Abteilungen zerlegen kann. *Logik und Erkenntnistheorie stehen zur Philosophie in einem ganz
anderem Verhältnis als dem eines Teiles zum Ganzen*; sie sind
auch nicht Vorbereitungen für etwas anderes, das sich dann anschliesst und Philosophie heisst. Die Philosophie ist etwas Unteil-
bares, dennoch betrachten wir die Bemühungen der Logik und
der Erkenntnistheorie als philosophische und werden im Laufe
unserer Überlegungen sehen, was damit gemeint ist. Vielleicht
wird uns sogar die Zusammenstellung und wieder auch die Un-

entrückt sei. Dieser Vorteil wird aber nur auf Kosten ihres wissenschaftlichen
Charakters erreicht." (*Logik*, S. 6)

3 Siehe auch hier wieder Wundt: „Durch die gestellte Aufgabe ist uns der
Weg vorgezeichnet, den wir zu nehmen haben. Wir werden ausgehen von der
psychologischen Entwicklung des Denkens, wobei wir uns zugleich von den Eigenthümlichkeiten Rechenschaft zu gaben suchen, welche die logischen Gedankenverbindungen gegenüber andern Formen der Verbindung und des Verlaufs der
Vorstellungen darbieten. Nachdem wir auf diese Weise die Entstehungsweise des
logischen Denkens und die nächsten Gründe seines normativen Charakters untersucht haben, werden wir die allgemeinen Denkformen, die Begriffe, Urtheile
und Schlussfolgerungen, mit Rücksicht auf ihre logische Function zu zergliedern
sein." (a. a. O., S. 8)

4 In der seit 1911 gehaltenen Vorlesung über *Grundzüge der Erkenntnislehre
und Logik* nahm Schlicks Kritik an der Psychologisierung der Logik sehr breiten
Raum ein. Siehe dazu Inv.-Nr. 2, A. 3a, Bl. 9–12 (*MSGA* II/1. 1). Zu Schlicks
Kritik an der Psychologisierung der Logik siehe aber auch in diesem Bd. S. 179
sowie S. 265.

terscheidung von Logik und Erkenntnistheorie später fragwürdig
erscheinen. Es ist dies eine traditionelle Sache und inwiefern die
übliche Bezeichnungsweise (durch die nur auf den Inhalt dessen
hingewiesen werden soll, was hier betrieben wird) berechtigt sein
wird, wird sich von selbst zeigen.[5]   5

Wir halten uns zunächst an die Bedeutungen, in denen diese Worte verwendet worden sind, knüpfen unsere Bemühungen
irgendwie an die Tradition; bei jeder solchen Anknüpfung aber
ist es dann umso schwerer, den Fortschritt über die traditionellen Probleme hinaus zur Geltung zu bringen. Dies hängt mit   10
der Gesamtlage der philosophischen Bemühungen in der Gegenwart zusammen. Auch in der Philosophie leben wir in einer Art
Übergangszeit, auch auf diesem Gebiete macht sich eine Krisis
geltend und wir müssen die Zukunft der Philosophie aus den
Bruchstücken der Vergangenheit aufbauen; wir müssen uns in   15
der Gegenwart immer noch an Fragestellungen aus längst vergangenen Zeiten orientieren, die schon überwunden sein sollten.
Unser ganzes Geistesleben ist darauf eingestellt, den traditionellen Schutt wegzuräumen, sich zur Klarheit, zum richtigen Standpunkt durchzuringen. – Der Logiker und Erkenntnistheoretiker   20
muss sein Gebäude aufrichten, ohne Rücksicht auf das zu nehmen, was aus der Vergangenheit geblieben ist. Liest man aber die
⁴ phi|losophischen Bücher, so findet man immer wieder die Verbin-
dung mit den Problemen, die die Menschheit durch so lange Zeit
beunruhigt haben und man sieht sich veranlasst, Stellung zu neh-   25
men. Daher wird unser Gebäude hier nicht in der Luft errichtet,
sondern auf den Grund gestellt, der von den grossen Denkern der
Philosophie einmal gebaut worden ist.

---

5 In der Vorlesung von 1911 heißt es dagegen noch: „Wenn ich vorhin sagte, die Erkenntnistheorie sei die Wissenschaft von der Wissenschaft, so stimmt
dies hiermit überein, denn sie ist eben die Wissenschaft von den Voraussetzungen, welche alle Wissenschaften machen müssen, um überhaupt anfangen zu zu
können und vorwärts zu kommen. Man kann das Verhältnis zwischen Logik und
Erkenntnistheorie auch so ausdrücken, dass man sagt: die Logik untersucht die
formalen Bedingungen, die Erkenntnistheorie die materialen Bedingungen des
Erkennens." *Grundzüge der Erkenntnislehre und Logik*, Inv.-Nr. 2, A. 3a, Bl. 7 f.
(*MSGA* II/1. 1).

Wir knüpfen hier an das an, was wir die „alte Logik" nennen können, die auf *Aristoteles* zurückgeht und auch an alles Philosophische, das dadurch entstanden ist. Die *Aristotelische Logik* ist *in ihrer Art vollkommen und abgeschlossen*, wie aus einem Guss.
5 Vor kurzem noch lehrte man bloss die aristotelische Logik, die man einfach mit einigen Bemerkungen versah; jetzt ist die Situation verändert; *wir betrachten von vornherein die Aristotelische oder Namenlogik als einen ganz kleinen, in sich abgeschlossenen Bezirk, den eigentlich uninteressanteren Teil des in Wirklichkeit*
10 *viel weiteren Reiches der Logik.*

Die alte aristotelische Logik stellt innerhalb der traditionellen Philosophie ein gewisses starres Gebäude dar, von dem man gelegentlich gesagt hat, dass es in sich so vollkommen und fest gefügt war, dass es über 2000 Jahre bestanden hat und eigentlich noch
15 heute besteht. Kant sagte in der „Kritik d[er] r[einen] Vernunft":

> Die Logik hat seit Aristoteles keinen Schritt rückwärts
> tun dürfen; merkwürdig ist noch an ihr, dass sie bis
> jetzt auch keinen Schritt vorwärts hat tun können,
> also allem Anschein nach geschlossen und vollendet
20 > ist.[6]

Als Kant diese Worte schrieb, gab es in der kurfürstl[ichen] Bibliothek zu Hannover seit über 100 Jahren *Aufzeichnungen zu einer neuen Logik von Leibniz* und aus diesen Aufzeichnungen hat sich in der neueren Zeit die Ausweitung der Logik vollzogen,
25 die *die Logik zu einem wichtigen und vollkommenen Faktor in der Philosophie* gemacht hat, sie aus ihrer Starre erlöst hat.[7] Heute sind gerade *von der Logik her die grundlegenden Einsichten der neueren Philosophie entstanden.* Die Situation ist jetzt eine ganz andere wie noch vor kurzer Zeit und dennoch gehen viele auch
30 heute noch | an dem ungeheuren Geschehen ahnungslos vorüber. 5
Wir stehen den logischen Bemühungen mit einem viel grösseren

---

6 Kant, *KrV*, B VIII. Vgl. hierzu auch in diesem Bd. S. 231.

7 Leibnizens logischer Nachlass ist in Hannover noch immer unter der Signatur LH IV 7 zu finden ist. Erst im 19. Jahrhundert ist er teilweise von Couturat in *La Logique de Leibniz* publiziert worden.

Interesse gegenüber, als der um die Philosophie besorgte Denker tun konnte, dem nur die aristotelische Logik bekannt war.

Schon im Altertum wurde *gegen die Logik, so wie sie von Aristoteles geschaffen wurde, der Vorwurf erhoben, dass sie eigentlich etwas Überflüssiges sei*, keine praktische Anwendungsmöglichkeit habe, oder doch nur eine sehr künstliche. Sie sei zwar eine Lehre vom Denken, verhilft aber in Praxis und Wissenschaft nicht dazu, richtig zu denken (denn der, der richtig denkt, kann es auch tun ohne Logik studiert zu haben); die Regeln und Formeln, wie sie Aristoteles zusammengestellt hat, sind nur Übungsbeispiele, nicht geeignet, das zu erreichen, was wir anstreben. *Es wird der Logik also vorgeworfen, dass sie darin besteht, eine Kunst des Denkens zu sein*; so ist die Logik im Altertum auch aufgefasst worden, sie ist ja aus der Rhetorik hervorgegangen (der Lehre vom überzeugenden Sprechen), sie ist geschaffen worden, um so sprechen zu können, dass die Rede überzeugend wirkt, die Rede also zur Überredung wird.[8]

Der grössere Vorwurf, der der traditionellen Logik zu Beginn der neueren Philosophie gemacht wurde, ist der, dass sie *unfruchtbar* sei, nicht den Zweck erfüllt, von dem man erwarten sollte, dass sie ihn erfülle: da die Logik eine Lehre vom Denken ist und das Denken der Erkenntnis dienen soll, so sollte die Logik ihre Aufgabe so erfüllen, dass sie das Denken zur Erfüllung dieses Zweckes fähig macht; die Logik sollte uns also im tägl[ichen] Leben behilflich sein und in der Wissenschaft Methoden geben, mit deren Hilfe wir Erkenntnisse gewinnen.[9] Hierzu aber ist *die*

---

8 Schlick schließt sich hier Prantls Einschätzung über die *Geschichte der Logik im Abendlande* an (S. 11 f. sowie S. 413 f. und besonders S. 505–527).

9 Mauthner, *Sprache und Logik*, Bd. 3, S. 261: „Die Logik stellt, wie die Grammatik, allgemeine Regeln auf. Die Grammatik der eigenen Sprache lehrt nicht, wie man sprechen soll oder wird, sondern nur, wie man spricht oder gesprochen hat, wofür sich eben nur der Grammatiker interessiert. [...] Die Logik lehrt nun ebenso, nicht wie man denken soll oder wird, sondern nur wie man denkt oder gedacht hat, was doch nur den Logiker interessiert. Nützlich kann uns nur eine Logik der Fremden werden. Wir selbst sind bei unserer eigenen Denktätigkeit um so weiter von der Anwendung der Logik entfernt, je sachlicher wir uns an die Denkaufgabe halten." Siehe dazu auch Wittgensteins *Tractatus*: „4.0031 Alle Philosophie ist ‚Sprachkritik'. (Allerdings nicht im Sinne Mauthners.)"

Logik, so wie sie getrieben wurde, tatsächlich nicht imstande; *sie lehrt uns nicht, wie man zu Erkenntnissen gelangt.* Man sagt daher, dass sie der Erkenntnis-Theorie die Anleitungen geben solle, wie man Erkenntnisse gewinnen kann.

Die Vorwürfe, die man der alten Logik gemacht hat, sind berech|tigt. Wenn wir uns dennoch mit ihr beschäftigen, hat das nicht nur die Gründe, dass man ein so altes Lehrgebäude kennenlernen muss, sondern wir haben das besondere Interesse daran, dass *die heutige Logik über diesen Vorwurf hinausgewachsen* ist und gerade von ihr die Anregung zu der grossen Reform der Philosophie gekommen ist (das allerdings auf einem sehr schwierigen und komplizierten Wege); wir können hoffen, dass wir heute beim Studium der Logik etwas wirklich Philosophisches und nicht bloss Formeln lernen.

Dem Vorwurf, dass die Logik unfruchtbar ist, lässt sich am einfachsten dadurch entgehen, dass man sagt, dass die Logik gar nicht den Zweck verfolgt, Erkenntnisse zu gewinnen. Wir verfolgen *zunächst rein theoretische Ziele*, wenn wir uns in der Logik mit den Gesetzen des richtigen Denkens beschäftigen. Es freut uns, diese Gesetze zu erforschen und zusammenzustellen; es ist die Freude eines Spielers, die Freude an einer blossen Ordnung von Dingen, der Verfolgung gewisser Gesetzmässigkeiten.[10] Ob daraus praktische Anwendungen beim wirklichen Nachdenken resultieren, lassen wir ausser acht. Das ist ein vollkommen gerechtfertigter Standpunkt; die Wissenschaft interessiert sich oft für die merkwürdigsten Dinge (die Bahn des Sirius und seiner Begleiter z. B.), ohne an die praktische Anwendung zu denken, sie ist um ihrer selbst willen da. So kann man auch die Logik in gewissem Sinne als Wissenschaft bezeichnen und die Beschäftigung mit ihr rechtfertigen; dies gilt aber nur für denjenigen, der Logiker sein möchte, der wissenschaftlich strebt, sich aus blosser Freude am Gegenstand für diese Sätze interessiert. Bei den meisten Menschen aber ist das wissenschaftliche Interesse, wenn auch vorhanden, doch nicht so stark, denn die Materie kann als trocken

---

10 Dieser Gedanke findet sich gründlich in Schlicks Aufsatz „Vom Sinn des Lebens" (*MSGA* I/6, S. 99–125 und besonders S. 106 f.) ausgeführt.

bezeichnet werden. Auch wir würden diese spielerischen Dinge nicht an sich selbst so sehr schätzen, wenn sie nicht indirekt dazu führen würden, auch anderes zu verstehen, also nicht noch einen philosophischen Sinn hätten. *Hier wird die Logik in erster Linie philosophisch betrieben, also im | Hinblick auf philosophische Vorteile, die man von der Beschäftigung mit ihr hat.* Gerade dieser philosophische Vorteil der Logik wurde Jahrhunderte hindurch geleugnet; man sagte immer, dass das philosophische Nachdenken, das lebendige Denken über die Welt durch die Logik nicht geordnet werde. Speziell Bacon hat der ganzen Scholastik Unfruchtbarkeit vorgeworfen (eine Anspielung darauf findet sich auch in Goethes Faust, „collegium logicum") und dieser Vorwurf war in gewissen Grenzen berechtigt, trifft aber nur die Logik, wie sie damals bekannt war und gewisse Gebiete der neueren Logik.[11] Die Logik kann ganz weittragende Konsequenzen haben – es kommt nur darauf an, wie man sich mit ihr beschäftigt.

Erst durch Leibniz ging die Logik aus den Händen der bloss spekulativen Philosophen über in die Hände der Mathematiker

---

11 Bei Bacon heißt es im *Novum Organon*, I, Aph. LXIII: „[...] ubi Aristotelis *physica* nihil aliud quam dialecticae voces plerusque sonet: quam etiam in *metaphysicis* sub solenniore nomine, et ut magis scilicet realis, non nominalis, retractavit. Neque illud quenquam moveat, quod in libris ejus *De animalibus*, et in Problematibus, et in aliis suis tractatibus, versatio frequens sit in experimentis. Ille enim prius decreverat, neque experientiam ad constituenda decreta et axiomata rite consuluit; sed postquam pro arbitrio suo decrevisset, experientiam ad sua placita tortam circumducit et captivam; ut hoc etiam nomine magis accusandus sit, quam sectatores ejus moderni (scholasticorum philosophorum genus) qui experientiam omnino deseruerunt."

Übers: „[...] sobald die *Physik* des Aristoteles sich nicht anders als in dialektischen Ausdrücken ruft und vor allem hören lässt, und was auch sich in der *Metaphysik* unter feierlichem Namen wiederholt, und zwar so als ob sie eher real als nominal wäre. Es wird keinen täuschen, dass er in seinen Büchern *De Animalibus* und seinen Problemen und Abhandlungen oft von Beobachtungen spricht. Er hatte sie nämlich beschlossen und keine Beobachtungen richtig zur Aufstellung der Beschlüsse und Axiome verwendet, sondern erst nachdem er sie nach seinem Gutdünken beschlossen hatte, führte er die Experimente gefesselt und mit verrenkten Gliedern zu seinem Gefallen herum. Daher ist er noch mehr anzuklagen, als seine modernen Anhänger (das Geschlecht der Scholastiker), welche die Beobachtung völlig vergessen haben."

Zu Goethe siehe in diesem Bd. *Logik*, S. 230.

(Leibniz der Erfinder der Differentialrechnung); die Tragweite dessen wurde völlig verkannt und es blieb lange Zeit hindurch überhaupt unbekannt.

Dadurch, dass die Mathematiker, zuerst bei ihren eigenen Problemen, *auf gewisse* logische Probleme aufmerksam wurden (dies war erst in neuerer Zeit und speziell in England der Fall) *hat die Logik der heutigen Tage sich völlig verwandelt*; die aristotelische Logik ist nur mehr ein kleiner (und nicht der interessanteste) Teil von ihr. Eine der wichtigsten Fragen der sog[enannten] Erkenntnistheorie schien immer die Frage nach der Gewissheit der Erkenntnis zu sein („gibt es absolute Gewissheit?" etz.) d. i. die Frage, mit welcher Gewissheit man Aussagen über die Welt machen kann. An dieser Frage hatte man sich seit Platon orientiert – und *die Erkenntnisse, an denen man sich orientierte, wenn man von Sicherheit sprechen wollte, waren die mathematischen Erkenntnisse.* Auch zur Zeit Kants orientierte man sich an Hand der Mathematik, wie sichere Erkenntnis überhaupt zu gewinnen sei; der Gedanke, dass die mathematischen Erkenntnisse als absolut sicher gelten, war in der Kant'schen Philosophie grundlegend. Früher hatte man mit der Logik eigentlich nichts Rechtes anzufangen gewusst – im Augenblick aber, wo sie dazu benützt wird, um bei mathematischen Erkenntnissen eine Rolle zu | spielen, fällt der Logik wieder die grosse Funktion zu, die sie noch vor ein bis zwei Jahrzehnten nicht hatte.[12]

Schon in der langen Zeit, in der die Logik eigentlich schlummerte und auch in unserem Jahrhundert noch, wurden Lehrbücher der Logik geschrieben, in denen noch nichts von dem neuen Geist zu spüren ist und die keinen Fortschritt über Aristoteles hinaus bedeuten, eher als ein Rückschritt bezeichnet werden müssen (z. B. Sigwart, B. Erdmann, Wundt); diese Werke sind in gewisser prinzipieller Hinsicht unvollkommener, weniger geschlossen, verworren und rein logisch weniger befriedigend als die einfache

---

12 Schlick spielte im ersten Teil des Absatzes auf die Arbeiten Russells und Whiteheads an. Er kommentierte sie ausführlich in den 1920er Jahren. Siehe dazu in diesem Bd. ab S. 268. Zu Schlicks intensiver Auseinandersetzung mit Kants Mathematikphilosophie siehe die Vorlesung zur Philosophie der Mathematik von 1919 in diesem Bd. S. 97, S. 105–113 sowie S. 127–147.

Darstellung von Aristoteles. Da die blosse Darstellung dieser logischen Schlussregeln, der verschiedenen Arten von Urteilen etc. nicht weit führt und kein grosses Interesse erwecken kann, *hat man in die Logik allerhand hineingebracht, das wir heute als Verunreinigung der Logik empfinden müssen*; z. B. die allgem[eine] Methodenlehre; auch hat man die Frage der Gewinnung naturwissenschaftlicher Erkenntnisse mit hineingenommen; das sind aber Fragen ganz anderer als die Fragen reiner Logik, mit denen Aristoteles sich beschäftigt hat. Es wurde also in der Logik mit der induktiven Methode gearbeitet und der aristotel[ischen] Logik die sog[nannte] *induktive Logik* gegenübergestellt (am berühmtesten die von *J[ohn] S[tuart] Mill.*) [13]

Dass man so Verschiedenartiges in die Logik hineingetragen hat, wäre an und für sich nicht so schlimm gewesen, das Übel ist nur, dass man dieses gänzlich Verschiedene für ganz Gleichartiges gehalten hat, das man nun die „einzelnen Teile der Logik" gliederte.

Wie schon früher erwähnt, ist auch die Zusammenstellung von Logik und Psychologie in der sog[enannten] „Propädeutik" unzweckmässig und erweckt falsche Vorstellungen über das Verhältnis dieser beiden Gegenstände. Die psychologische Betrachtung des Denkens hat mit dessen logischer Betrachtung gar nichts zu tun; es wurden Betrachtungen über die Definitionen der Logik und deren Verhältnis zur Philosophie und Psychologie vermengt mit der Methodenlehre der Wissenschaften, was u. a. zu terminologischen Missbräuchen geführt hat; man | spricht heute von einer Logik der Soziologie, Logik der Geisteswissenschaften etc.; wobei es sich doch um blosse Methodenlehren handelt, was mit der Logik überhaupt nichts zu tun hat. So entstand grosse philos[ophische] Unklarheit und Verdrehung, die die Lösung

13 Schlick meinte hier Sigwarts *Logik*, Erdmanns *Logik – Logische Elementarlehre* sowie Wundts *Logik – Eine Untersuchung der Principien der Erkenntnis und der Methoden wissenschaftlicher Forschung* sowie Mills *A System of Logic, Ratiocinative and Inductive, being a connected view of the principles of evidence and the methods of scientific investigation.* Schlick schloß sich in seinem Urteil über diese Werke Heinrich Scholzens *Geschichte der Formalen Logik* (S. 17 f.) an.

der philos[ophischen] Probleme unmöglich macht. Diese Vermengung und Verderbnis der Logik ist heute gänzlich überwunden; man muss sich aber dennoch damit beschäftigen, da die Gedankengänge, die dazu geführt haben, heute noch immer Verwirrung stiften.

Vorwegnehmend soll nun ein wesentliches Merkmal betont werden: die Logik, die dem reinen Begriff der Logik entspricht, wird am besten charakterisiert durch das zugefügte Adjektivum der *formalen Logik*. Damit ist gesagt, dass die Logik es in irgendeinem Sinne mit den sog[enannten] „Formen des Denkens" zu tun hat, im Gegensatz zum Inhalt, mit welchem das Denken sich beschäftigt. Die Logik des Aristoteles ist bereits diese formale Logik, also das, was wir allein unter diesem Namen bezeichnen wollen.[14]

Betrachten wir verschiedene Sätze, die wir untereinander in Beziehung setzen können, so sieht man, dass es unter den Beziehungen solche gibt, die man nur auf ihre Form hin betrachten kann, ganz ohne Rücksicht auf den Inhalt; weil es nicht auf den Gegenstand ankommt, sondern nur darauf, *wie* wir von dem Gegenstand sprechen.

Wir können uns das am Beispiel eines Aristotelischen Syllogismus klar machen: alle A sind B; alle B sind C; nun wird geschlossen: alle A sind C. In diesem bekannten Schlussmodus sind die Buchstaben deshalb als solche gesetzt, weil diese Formel eine allgemeine sein soll, d. h. die Formel bleibt richtig, was immer man an die Stelle von A, B, C, setzen mag. Es wird hier also offenbar nicht von bestimmten Dingen geredet (nicht von Menschen, Sterblichkeit, etz.), sondern wenn die Prämissen gelten, dann gilt auch der Schluss-Satz.

Z. B. „Alle Menschen sind fehlbar,
      Gelehrte sind Menschen
      Also sind die Gelehrten auch fehlbar"
ist eine Anwendung dieser Formel; *in der Formel selbst ist keine Rede von be|sonderen Gegenständen, sondern von irgendwelchen*

---

14 Diese Einschätzung übernahm Schlick aus Scholzens *Geschichte der formalen Logik*, S. 3.

Gegenständen – das und nichts anderes soll es heissen, wenn wir sagen, dass sich die Logik mit den „Formen“ und nicht mit dem Inhalt des Denkens befasst.

Die reine Logik befasst sich also mit den formalen Aussagen, damit, wie unsere Aussagen beschaffen sein müssen, damit die Gültigkeit unseres Denkens erhalten bleibt. 5

Um vom Inhalte des Denkens sprechen zu können, bedarf es einer eigenen Wissenschaft und wir wollen vorläufig unverbindlich feststellen, dass es die *Erkenntnis-Theorie* ist, *die sich mit den Inhalten des Denkens befasst* (so wird gewöhnl[ich] gesagt); die 10 Erk[enntnis] Th[eorie] aber befasst sich nicht mit irgendwelchen Inhalten, sondern stellt in Bezug auf den Inhalt ganz besondere Fragen. Die Logik beschäftigt sich also mit den Formen des Denkens, die Erkenntnistheorie mit dem Inhalt des Denkens. Dafür, was man mit „Formen des Denkens“ im Gegensatz zum Inhalt 15 des Denkens meint, können noch verschiedene andere Beispiele angeführt werden:

eine doppelte Verneinung ist eine Bejahung – das gilt jedenfalls, ganz gleichgültig, um was für Sätze es sich dabei handeln möge; es kommt also allein auf die Form an, in der man die Sätze 20 spricht.

Oder: *eine Disjunktion ist wahr, wenn ein einziges ihrer Glieder wahr ist*; das gilt auch ganz unabhängig davon, was diese Sätze im einzelnen aussagen (entweder es regnet heute oder es regnet morgen oder es schneit übermorgen oder Caesar wurde 25 im Jahre 44 ermordet oder es gibt 9 grosse Planeten, oder ... etc.)

Diese Aneinanderreihung ist erlaubt, ganz gleich, wovon man spricht. – Es ist das etwas Äusserliches, es wird nie etwas behauptet, sondern nur etwas über die Form der Sätze festgestellt. 30 Daran können wir uns klar machen, was es heisst, wenn wir einem Satze einen „formalen“ Charakter zusprechen. *Durch diese Beschäftigung mit den Formen aber wird uns das Wesen der philos[ophischen] Probleme klar, über die wir mittels Urteilen sprechen.* 35

Die Kritik, dass die Logik nichts über die Welt aussagt, ist
11 unmittelbar | richtig für die Art und Weise, wie man sich mit die-

362

sen Formen beschäftigt hat – man tat es eben nicht philosophisch genug! Wenn man sich aber darüber klar wird, was diese Formen eigentlich bedeuten, in denen wir denken, sprechen, – dann sieht man ein, dass die Beschäftigung damit gar nicht wichtig genug erscheinen kann; viele grosse Probleme können dadurch gelöst oder aus der Welt geschafft werden.[15]

Wenn man von einer „formalen" Logik spricht, so müssen diesem kennzeichnenden Adjektivum andere entsprechen: man muss auch eine Logik haben, die nicht formal ist und in der Tat wurde bis vor kurzem eine Beschäftigung mit gewissen Fragen gepflegt, die Logik genannt wurde, die aber nicht eigentlich Logik war. – Man hat unter „Logik" eine zeitlang „mehr" verstehen wollen, als die blosse Beschäftigung mit den Formen; man behandelte diejenigen Lehren mit darunter, die dem Philosophischen als der Kern der philos[ophischen] Wissenschaft schienen, die Metaphysik (so ist es speziell bei Hegel: Logik-Metaphysik; diese beschäftigte sich mit dem „wahren Wesen", etc.). Die in der Logik vorkommenden Worte werden vom Metaphysiker umgedeutet, anders verstanden. Das ist dann eine sog[enannte] *Identifizierung des Denkens mit dem Sein, so dass die Logik eine Lehre vom Wesen der Wirklichkeit* wird.[16] Das ist aber eine *gänzlich willkürliche und in sich widerspruchsvolle Vermengung. Das* Wort Logik in dieser willkürlichen und weiten Weise zu verwenden, ist eigentlich

---

15 Vgl. dazu Schlicks Vortrag "Form and Content" von 1932 (Inv.-Nr. 181, A. 202, *MSGA* II/1.2, S. 258 ff.).

16 Hegel, *Enzyklopädie der philosophischen Wissenschaften im Grundrisse*, § 465: „Diejenigen, welche von der Philosophie nichts verstehen, schlagen zwar die Hände über den Kopf zusammen, wenn sie den Satz vernehmen: Das Denken ist das Sein. Dennoch liegt allem unserem Thun die Voraussetzung der Einheit des Denkens und des Seins zugrunde. Diese Voraussetzung machen wir als vernünftige, als denkende Wesen."

Schlicks Kritik daran ist derjenigen Wundts sehr ähnlich: „Nicht minder muss die wissenschaftliche Logik die Voraussetzung einer Identität von Denken des Denkens und Seins oder auch nur eines Parallelismus der Existenz- und Erkenntnisformen zurückweisen. Denn jede dieser Annahmen stellt an die Logik die Forderung, einen metaphysischen Satz als oberstes Axiom anzuerkennen, welcher durch seinen Inhalt unvermeidlich dazu führt, das Wirkliche aus den Denkformen zu construiren." (*Logik*, S. 6)

seit Hegel nicht mehr üblich. Hingegen ist es manchmal noch gebräuchlich, der formalen Logik eine *erkenntnistheoretische Logik* gegenüberzustellen, weil die Logik sonst zu unnütz erscheint, man will, dass die Beschäftigung mit der Logik auf etwas anderes hinweist, sich von etwas anderem ableitet, so wird die Logik im Zusammenhang mit der Erkenntnistheorie behandelt, selbst als etwas erkenntnistheoretisches angesehen.[17]

Das wird dann so formuliert, dass es heisst, dass das, womit die Logik sich beschäftigt, einer erkenntnistheoretischen Grundlage bedürfe (das ist die Ansicht von Wundt in seiner grossen Methodologie der wissenschaftlichen Forschung.) *Die erkenntnistheoretischen Logiker meinen, dass man die Formen des Denkens nicht betrachten könne, ohne dabei immer auch auf den Inhalt einzugehen – wir | lehnen auch diesen Standpunkt ab.*[18] *Die Logik bedarf wohl in gewissem Sinne einer Begründung, aber diese hat einen ganz anderen Charakter als das, was man sonst unter der erkenntnistheoretischen Begründung einer Wissenschaft versteht.* Auch im tägl[ichen] Leben frägt man ja, woher man weiss, dass etwas wahr ist und kann darüber gewisse Feststellungen machen. Bei den logischen Fragen aber kann man nicht dieselbe Methode anwenden, die sich im tägl[ichen] Leben und in der Wissenschaft anwenden lässt. Daher ist in dem Sinne, wie es von den Vertretern der erk[enntnis]theor[ethischen] Richtung der Fall war, nicht

---

17 Auch hier schloss Schlick sich Scholzens Urteil an: „Die erschütterndste Umdeutung hat der Begriff der Logik im Aristotelischen Sinne unstreitig durch Hegel erfahren. Die Hegelsche ‚Wissenschaft der Logik‘ [...] hängt mit der Logik im Aristotelischen Sinne nur noch durch das Zerrbild zusammen, das sie im zweiten Bande von dieser Logik entwirft [...]. Und wie sollte sich auch ein Aristoteliker in eine ‚Logik‘ hineindenken können, die mit der Aufhebung der beiden fundamentalen Sätze des ausgeschlossenen Widerspruchs und des ausgeschlossenen Dritten beginnt!" (*Geschichte der formalen Logik*, S. 18)

18 Bei Wundt heißt es z. B.: „Die wissenschaftliche Logik hat Rechenschaft zu geben von denjenigen Gesetzen des Denkens, welche bei der Erforschung der Wahrheit wirksam sind. Durch diese Bestimmung erhält die Logik ihre Stellung zwischen Psychologie, der allgemeinen Wissenschaft des Geistes, und der Gesammtheit der übrigen theoretischen Wissenschaften. [...] *die Logik bedarf der Erkenntnistheorie zu ihrer Begründung und der Methodenlehre zu ihrer Vollendung.*" (*Logik*, S. 1 f.)

von einer „Begründung der Logik" zu sprechen. Wir halten daran fest, dass man *die Logik* auch *rein formal betreiben kann* und werden zeigen, dass man das auch tun *muss*.

(Wir werden die Gründe, warum die metaphysische und erk[enntnis]theor[ethische] Logik ausgeschaltet werden muss, später noch näher prüfen; vor allem aber werden wir uns mit den wichtigen sachlichen Gründen beschäftigen, aus denen eine andere missverständliche Auffassung der Logik, die psycholog[ische] Logik, vollkommen überwunden wurde.)

Wir müssen die formale Logik noch einer anderen Auffassung gegenüberstellen, die zu Beginn unseres Jahrhunderts und früher schon eine grosse Rolle gespielt hat, jetzt aber vollkommen überwunden ist: die *psychol[ogische] Auffassung der Logik.*[19] *Diese beruht auf einem einleuchtenden Scheinschluss:* die Logik untersucht die Formen des Denkens; das Denken aber ist ein psychischer Vorgang, daher gehört die Logik in die Psychologie. Wenn dem so wäre, so würde die Logik vom Fortschritt der Psychologie abhängig sein und man müsste grosse psycholog[ische] Kenntnisse besitzen, bevor man sich mit der Logik beschäftigen könnte (schon Aristoteles, der Begründer der Logik, hat keine weitgehenden psychologischen Kenntnisse gehabt; ein solches Gebäude wie das der Aristotelischen Logik hätte man nie aufrichten können ohne Kenntnis der Psychologie, wenn die Logik wirklich psycholog[isch] basiert wäre). In der neueren Zeit ist in der Logik nie von psych[ologischen] Prozessen die Rede; wohl von „denken" und „schliessen", aber nicht von „Bewusstseinsvorgängen"; dabei haben die Worte „denken" und „schlies|sen" in logischer Betrachtung überhaupt nicht die psychol[ogische] Bedeutung, oder nur in sehr indirekter Beziehung; so jedenfalls, dass die *Regeln der Logik nicht Gesetze der Psychologie* sind. Und dennoch hat man eine zeitlang die Meinung vertreten zu müssen geglaubt, dass logische Gesetze natürliche Gesetze des Denkens sind, die logischen Gesetze also gewisse Regelmässigkeiten im Ablauf unserer Bewusstseinsvorgänge (der Denkvorgänge näml[ich]) darstellen.

13

---

19 Zu Schlicks früherer Kritik an der Psychologisierung der Logik siehe auch in diesem Bd. S. 179 sowie S. 265.

Dass diese Auffassung eine ganz unmögliche ist, kann man sich durch viele Argumente klar machen: Psychologisch betrachtet, können sich die Denkvorgänge auf verschiedenste Weise abspielen (verschieden bei verschiedenen Personen, verschieden auch bei ein- und derselben Person zur verschiedenen Zeiten); es hängt alles von den Umständen ab. Führt man z. B. eine Rechnung aus, so spielen die dabei auftretenden Bewusstseinsvorgänge eine Rolle (man sieht Zahlen vor sich, etc.) – dass die logischen Regeln davon unabhängig sind, ist klar. – Man kann z. B. auch in verschiedenen Sprachen über dasselbe nachdenken. Weiter kommt es auch vor, dass man falsch denkt und dieses falsche Denken unterliegt sicher auch den Gesetzen des Denkens (die Naturgesetze, eben Gesetze gewisser Bewusstseinsabläufe sind). – Die Aufgabe der Psychologie ist es, sowohl das richtige, wie auch das falsche Denken in Gesetzen darzustellen; sie muss z. B. sagen können, warum eine Person falsch gedacht hat. Beides also ist für den Psychologen „denken" und beides muss von ihm behandelt werden; da handelt es sich um Naturgesetze, für die der Unterschied richtig und falsch noch keine Rolle spielt, da beides erklärt werden muss. Anders in der *Logik: sie stellt die Regeln für das richtige Denken auf; es sind keine Naturgesetze des tatsächlichen Denkverlaufes, sondern Regeln, nach denen ein Denkverlauf als richtig oder falsch beurteilt wird.*[20]

20 Höfler argumentierte in *Logik und Erkenntnistheorie* ebenso. Für ihn war die Psychologie die Lehre von den psychischen Erscheinungen. Die psychischen Erscheinungen können im Gegensatz zu den physischen innerlich wahrgenommen werden (§ 2 f.). Davon ist das Denken ein Teil (§ 9). Wie Schlick unterscheidet Höfler richtiges und falsches Denken; er schrieb (§ 12): „Gegenstand der Logik ist das ‚richtige Denken'."

Sehr ähnlich formulierte selbst der Psychologe Wundt: „Die Wissenschaftliche Logik hat Rechenschaft zu geben von denjenigen Gesetzen des Denkens, welche bei der Erforschung der Wahrheit wirksam sind. Durch diese bestimmung erhält die Logik ihre Stellung zwischen der Psychologie, der allgemeinen Wissenschaft des Geistes, und der übrigen theoretischen Wissenschaften. Während die Psychologie uns lehrt, wie sich der Verlauf unserer Gedanken wirklich vollzieht, will die Logik feststellen, wie sich derselbe vollziehen soll, damit er zu richtigen Erkenntnissen führe." (*Logik*, S. 1)

Wir nehmen als *Beispiel das Schachspiel*: Man schiebt auf einem Brett mit Quadraten Figuren hin und her; Figuren und Brett können aus verschiedenstem Material sein – das Schachspiel als solches ist immer dasselbe. Es wird auch nicht die Bewegung des Hin- und Herziehens gelehrt, die schon ein Kind von selbst kann, sondern die *Regeln*, nach denen es geschehen soll.

Genau so ist es mit dem Denken: die Psychologie beschäftigt sich mit dem Denken in der Weise, in der sich jemand mit dem Schachspiel be|schäftigt, der die Mechanik der Bewegung untersucht oder die Materialien.

Der Logiker aber interessiert sich nur für die Regeln, nach denen gedacht werden soll, wenn man richtig denken will.
So wie das Schachspiel nicht mechanisch begründet werden kann, wenn es auch aus mechanischen Bewegungen besteht, so kann die Logik nicht auf Psychologie begründet werden. *Die Logik hat also nichts mit der Frage der realen Vorgänge des Denkens zu tun, sondern mit der Frage nach der Geltung des Denkens*, welche Regeln es befolgen muss, damit es richtig ist. Daraus, dass das Denken zweifellos als psychischer Vorgang angesehen werden muss, folgt in keiner Weise, dass wir unter den Gesetzen des Denkens psychol[ogische] Gesetze meinen müssen; es *handelt sich vielmehr um die Regeln, denen dieses Denken gehorcht; also nicht um Naturgesetze, sondern um Normen.*[21] Man hat die Logik

---

21 Wittgenstein verfolgte einen sehr ähnlichen Gedanken in dem Manuskript Ms 114 von 1933. Dabei war für ihn ihn Logik und Grammatik dasselbe: „Man kann natürlich die Sprache als einen Teil eines psychologischen Mechanismus betrachten. Am einfachsten ist das, wenn man den Sprachbegriff auf Befehle einschränkt. [...] Kann man sagen die Grammatik beschreibe die Sprache; die Sprache, jenen Teil des psychologischen — psycho-physischen Mechanismus mittels dessen wir durch das Aussprechen von Worten gleichsam wie durch das Drücken auf die Knöpfe einer Tastatur eine menschliche Maschine für uns arbeiten machen?" (112 r, v)
Einige Seiten weiter heißt es: „Kann man denn auch von einer Grammatik reden, sofern eine Sprache dem Menschen durch ein reines Abrichten gelehrt

eine „normative" Wissenschaft genannt: dieser Ausdruck ist nicht ganz glücklich gewählt; der Begriff der Norm ist etwas schwierig und die Verwendung dieses Wortes hat für die Logik oft zu bösen Missverständnissen geführt: man hat dann die Logik auf eine Stufe gestellt mit der Ethik (der Lehre vom richtigen Handeln) und auch mit der Ästhetik. [22] Es lässt sich da aber keine Analogie aufstellen, weil die logischen Fragen ganz anders behandelt werden müssen. *Die Logik will nicht den Charakter von Vorschreibungen haben, sondern ist etwas, das beschreibt.* Wir vermeiden das Wort „Norm" auch in der Wissenschaft; sie kann uns nichts vorschreiben oder befehlen, sie kann uns nur etwas sagen. Befehlen ist ein Begriff, der in der Wissenschaft nie eine Rolle spielen kann; die Logik kann auch nicht sagen: du sollst so und so denken, sondern sie sagt, wie das richtige Denken ist und es bleibt dem Einzelnen überlassen, wie er denken will. (Im Altertum war die Logik, die ja aus der Rhetorik hervorging, mit Fragen dieser Art verquickt). Die Redeweise von der Norm ist also, wenn auch nicht falsch, so doch irreführend.

Manchmal wurde die Logik auch eine Kunstlehre genannt in dem Sinne, dass die | Logik Anleitungen gibt, wie man verfahren soll, wenn man richtig denken will. Es sind dies alles unsachliche

wird? Es ist klar, daß ich da das Wort ‚Grammatik' nur in einem ‚degenerierten' Sinn gebrauchen kann […]. Ein abgerichtetes Kind oder Tier kennt auch noch keine Philosophie — Probleme der Philosophie." (116 r)

Und noch etwas weiter: „Sind die Regeln des Schachspiels willkürlich? Denken wir uns, es stellte sich heraus, daß nur das Schachspiel, die Menschen unterhalte & befriedige. Dann sind doch diese Regeln, wenn der Zweck des Spiels erfüllt werden soll, nicht willkürlich." (117 r)

22 Wundt, *Logik*, S. 1: „Während die einzelnen Wissenschaften die tatsächliche Wahrheit, jede auf dem ihr zugewiesenen Gebiete, zu ermitteln bestrebt sind, sucht die Logik für die Methoden des Denkens, die bei diesen Forschungen zur Anwendung kommen, die allgemeingültigen Regeln festzustellen. Hiernach ist sie eine normative Wissenschaft, ähnlich der Ethik". Schlick schließt sich dabei Ziehens Position aus dessen *Lehrbuch der Logik* (§ 2) an: „Richtig ist hieran nur, daß sich aus der Logik, indem sie die Abhängigkeit der Richtigkeit der Denkergebnisse von den Denkvorgängen untersucht und feststellt, auch Regeln für das richtige Denken ergeben. Es wäre jedoch ganz willkürlich, wenn man diesen praktischen Zweck als das Ziel aller logischen Untersuchungen betrachten und ihn daher in die Definition der Logik aufnehmen wollte."

Hinzufügungen, die das Wesen der Logik nicht klarer machen. Wir sagen einfach, dass die Logik die richtigen Formen des Denkens angibt und fragen nicht weiter, ob das zu einer Kunst- oder anderen Lehre führt. Wesentlich ist, dass die Logik es nicht mit dem eigentlichen, wirklichen Vollzug der psychischen Prozesse, des Denkens, zu tun hat, sondern sagt, wann das Denken Geltung hat, also richtig ist. Auch vom erk[enntnis]theor[etischen] Standpunkt aus ist es wichtig, das festzuhalten.[23]

Seit Kant war man zu der Einsicht gekommen, dass *auch die Theorie des Erkennens keine psychologische Disziplin* ist;[24] denn obwohl die Erkenntnis eine Klasse von psychischen Vorgängen betrifft, *handelt* es *sich* nicht *darum*, wie die einzelnen Vorgänge sich abspielen, in denen die Erkenntnis sich vollzieht, sondern *wie diese Erkenntnisvorgänge zur gültigen Erkenntnis, zur Wahrheit führen. Logik und Erkenntnistheorie haben es beide mit den Regeln zu tun, nach denen das Denken vor sich gehen muss, um Gültigkeit zu haben.*

Es wird gesagt, dass es sich in der Logik um die formalen Regeln, bei der Erkenntnislehre um die inhaltlichen oder materialen Voraussetzungen des richtigen Denkens handelt. Für die Logik trifft das zu; es muss aber erst untersucht werden, ob das auch für die Erkenntnistheorie zutrifft; denn man kann mit Recht fragen, ob es denn überhaupt möglich ist, eine besondere Erkenntnistheorie zu entwickeln, die alle Erkenntnis auf ihre Gültigkeit prüfen kann. Schon früher hat man Einwände dagegen erhoben, deren wichtigster der ist, dass man fragen kann, was dann eigentlich die übrigen Wissenschaften machen? Alle Wissenschaften haben

---

23 Diese Position vertrat z. B. Sigwart: „Von der Tatsache aus, dass ein wesentlicher Teil unseres Denkens den Zweck verfolgt, zu Sätzen zu gelangen, welche gewiss und allgemeingültig sind, und dass dieser Zweck durch die natürliche Entwicklung des Denkens häufig verfehlt wird, entsteht die Aufgabe sich über die Bedingungen zu besinnen, unter welchen jener Zweck erreicht werden kann, und danach die Regeln zu bestimmen, durch deren Befolgung er erreicht wird. Wäre diese Aufgabe gelöst, so würden wir im Besitze einer Kunstlehre des Denkens sein, welche Anleitung gäbe zu gewissen allgemeinengültigen Sätzen zu gelangen. Diese Kunstlehre nennen wir Logik." (Sigwart, *Logik*, S. 1)

24 Vgl. Kant, *KrV*, B 170.

doch die Aufgabe, die Hypothesen, die sie aufstellen, auf ihre Richtigkeit, d. h. auf ihre Wahrheit und Geltung zu prüfen. Soll es daneben nun noch eine besondere Wissenschaft geben, die sich mit dieser Prüfung allein und ganz allgemein befasst? Und wodurch unterscheidet sich diese, eben die Erkenntnistheorie, dann von den anderen Wissenschaften?

Dass man eine zeitlang die Erkenntnistheorie als besondere Wissenschaft abge|grenzt hat, meinte, dass sie in dieser Art als Grundlage nötig sei, war nur veranlasst durch den anarchischen Zustand der Probleme der Philosophie, der so alt ist, wie die Philosophie selbst. *Tatsache ist, dass man keine genaue Grenze ziehen kann zwischen der Methode der einzelnen Wissenschaften und den philosophischen Bemühungen um die Gültigkeit der Erkenntnis.* Wir werden diese Fragen daher anders behandeln, als es in neuerer Zeit traditionell geworden ist (erst ein Teil logisches, dann ein Teil erk[enntnis]theor[etisches] Wissenschaftsgebiet), nämlich *nicht abgesondert*;[25] wir können unsere Beschäftigung mit der Erkenntnistheorie vorläufig so schildern: die Erkenntnistheorie wird aus den Nebenbemerkungen bestehen, die wir zu den Problemen der Logik machen werden. Sie wird keine besondere Wissenschaft bilden, sondern eine gewisse Seite unserer Bemühungen darstellen. Denn wenn man die Erkenntnistheorie feierlich als besondere Wissenschaft erklärt, bekommt man kein adäquates Bild von dem, was sie tut und leistet. *Also wird die Erledigung der sog[enannten] erk[enntnis]theor[etischen] Fragen sich nebenher ergeben, wenn wir von den Problemen des Denkens sprechen.*

---

25 In der Vorlesung *Grundzüge der Erkenntnislehre und Logik* von 1910 heißt es dagegen noch: „Es mag richtig sein, dass sich an einigen Punkten der logische Gesichtspunkt nicht ganz scharf sondern lässt von dem erkenntnistheoretischen, dass also das Formale nicht ganz unabhängig ist vom Materialen, und daraus ergeben sich dann gewisse kleine Schwierigkeiten, die wir dann vielleicht später noch berühren müssen. Im Allgemeinen aber ist es sicherlich richtig, dass eine deutliche Scheidewand besteht zwischen Inhalt und Form des Denkens, also zwischen erkenntnistheoretischen und logischen Bedingungen des Wahrheitsfindens." (Inv.-Nr. 2, A. 3a, Bl. 8, *MSGA* II/1. 1)

Man hatte gemeint, dass sich bei den einzelnen Wissenschaften der Fortschritt der Erkenntnis gleichsam von selbst einstelle,
man aber überhaupt nicht mit der Philosophie beginnen könne,
wenn nicht erst die Frage erledigt sei, was man überhaupt erkennen kann und was nicht, auf welchem Wege also Erkenntnisse
gewonnen werden können und müssen. Ausdrücklich wurde diese
Meinung erstmals von *John Locke* ausgesprochen (*er sagte, dass
man sich über die Kräfte der menschlichen Vernunft noch nicht
klar geworden sei, diese erst untersucht werden müssten*); seither
stehen Gedankengänge dieser Art immer in Ansehen und man
beschäftigte sich so sehr mit den sog[enannten] erk[enntnis]theo-
r[etischen] Fragen, dass schliesslich die ganze Philosophie zur Erkenntnistheorie wurde. Der Gedanke also, dass, was man
über erk[enntnis]theor[etische] Fragen sagen kann, alles sei, was
man über philosophische Fragen überhaupt sagen kann, steht seit
Locke im Vordergrund der philos[ophischen] Bemühungen. Es waren auch Rückschläge zu verzeichnen; Hegel z. B. hat die Erkenntnistheorie überhaupt geleugnet; in der Gegenwart sind solche
Spekulationen | wieder modern, welche auf die Erkenntnistheorie
überhaupt verzichten und gleich mit Metaphysik beginnen.[26]

---

26 Schlick dürfte sich auf folgende Stelle bei Locke bezogen haben: "This was
that which gave the first rise to this Essay concerning the understanding. For
I thought that the first step towards satisfying several inquiries the mind of
man was very apt to run into, was, to take a survey of our own understandings,
examine our own powers, and see to what things they were adapted. Till that was
done I suspected we began at the wrong end, and in vain sought for satisfaction in
a quiet and sure possession of truths that most concerned us, whilst we let loose
our thoughts into the vast ocean of Being; as if all that boundless extent were
the natural and undoubted possession of our understandings, wherein there was
nothing exempt from its decisions, or that escaped its comprehension." (Locke,
Essay Concerning Human Understanding, § 7)

Zu Hegel folgende Stelle: „Aber die Untersuchung des Erkennens kann nicht
anders als erkennend geschehen; bei diesem sogenannten Werkzeuge heisst dasselbe untersuchen, nicht anders als es erkennen. Erkennen wollen aber, ehe man
erkenne, ist eben so ungereimt, als der weise Vorsatz jenes Scholasticus, schwim-
men zu lernen, ehe er sich ins Wasser wage." (Hegel, *Enzyklopädie*, § 10)

In der Vorlesung über die *Grundzüge der Erkenntnislehre und Logik* ging
Schlick noch gründlicher auf Locke und Hegel ein (Inv.-Nr. 2, A. 3a, Bl. 4 f.,
MSGA II/1. 1).

Wir stehen einer erkenntnistheoretischen Auffassung näher (wenn Erk[enntnis]Theorie auch nicht als Einzelwissenschaft aufgefasst werden soll); *sie ist nicht nur zur Erledigung philosophischer Fragen zweckmässig, sondern für jeden, der in der Wissenschaft zu den allgemeinsten Fragen vordringen will, also auf Grenzgebieten arbeitet, wo die Wissenschaften sich in Regionen begeben, die weit abliegen von den alltäglichen Sätzen und denen, mit denen die Wissenschaft beginnt.* Erkenntnistheoretische Fragen sind schwer explizit abzusondern; wir wollen uns gleich bestimmte Fragen vorlegen und da angreifen, um den Weg zur Logik weiterzufinden. *Wir wollen die Logik aufbauen und dabei mit erkenntnis*theoretischen Bemerkungen begleiten: das kennzeichne den Geist, in welchem wir uns mit den grossen Fragen und Problemen der Philosophie beschäftigen wollen.

Wir fragen: was heisst überhaupt Erkennen? Das Denken ist jedenfalls ein Mittel zum Erkennen, indem das Denken doch auf Erkennen abzielt. In welcher Weise spielt das Denken nun dabei eine Rolle, welche Regeln muss es befolgen, um zum Erkennen zu führen?

₁₈ | 1. Kapitel: *Was heisst „erkennen"?*   ₂₀

Es ist eigentlich natürlich, dass diese Frage an den Anfang gestellt wird und doch nehmen sehr häufig Erkenntnistheoretiker und Philosophen es als selbstverständlich an, dass wir uns vollkommen klar darüber sind, was wir meinen, wenn wir von „Erkenntnis" sprechen. So kommt man dann zu gefährlichen Sprechweisen, in denen schon Voraussetzungen enthalten sind, die erst geprüft werden müssen (Redeweisen wie: „da ist das Bewusstsein und draussen ist die Welt ... "); wir fragen ganz voraussetzungslos: wann sprechen wir im tägl[ichen] Leben von Erkennen? Wann in der Wissenschaft? Wir werden Beispiele von Erkenntnissen angeben (eine ganze Stufenfolge einfacher bis höherer Art) und uns klar werden, was daran das Charakteristische ist; wir werden die Züge an jenen Beispielen aufzudecken suchen, vermöge derer sie als Erkenntnisse bezeichnet werden. Wenn wir uns mit philoso-

phischen Fragen beschäftigen wollen, ist es nötig, sich das vorerst klar zu machen, denn wenn wir ein Wort, dessen Bedeutung fest und konsolidiert erscheint, auf anderen Gebiete (z. B. das philosophische) übertragen, sind wir uns gewöhnlich nicht mehr klar, ob
5 überhaupt Gelegenheit gegeben ist, dieses Wort in demselben Gebrauche anzuwenden, ob dieselbe Situation vorliegt, in der man dieses Wort regelmässig anwenden kann. – Dasjenige, das uns als Beispiel gegeben sein kann, wird immer irgendein Satz sein; denn *Erkenntnis ist immer in Worten formuliert.* Z. B. enthält
10 der Satz: „Sokrates war der Lehrer des Platon" eine Erkenntnis, denn wenn dieser Satz wahr ist, erfährt man etwas Bestimmtes über das Verhältnis dieser beiden Philosophen; *man weiss eine Tatsache mehr, als man vorher gewusst hat.*[27] *Im tägl[ichen] Leben nennen wir die Festtellung einer Tatsache zweifel*los eine
15 Erkenntnis. Auch der Satz:

„Der Montblanc ist 4810 m hoch"

stellt eine Tatsache fest, spricht also eine Erkenntnis aus. *Was ist nun das Gemeinsame an diesen beiden Sätzen? Sie teilen uns etwas mit, was wir vorher nicht gewusst haben, sie drücken etwas
20 aus und darum erblicken wir in ihnen* | *eine Erkenntnis.*   19
Wir führen nun andere Beispiele an, allgemeinere Sätze:

„Es gibt auf der Erde über 8000m hohe Berge",

oder:

„Die Erde bewegt sich um die Sonne".

25 In diesem Satze wird uns etwas ganz Bestimmtes mitgeteilt; dieser Satz hat einen anderen Charakter, in ihm wird eine Tatsache etwas anderer Art behauptet; ebenso in dem Satze von Kepler:

---

27 Dass es Erkenntnisse nur in sprachlicher Form gibt, kommt bereits in der Vorlesung von 1911 vor (Inv.-Nr. 2, A. 3 a, Bl. 4, *MSGA* II/1. 1). Großen Raum nimmt dieser Gedanke auch ein in der *Allgemeinen Erkenntnislehre* ein (1918/1925 a *Erkenntnislehre, MSGA* I/1, S. 7–9 und S. 235). Dass Urteile Tatsachen bezeichnen, findet sich gleichfalls dort (S. 222 f.).

„Der Radiusvektor durchstreicht in gleichen Zeiten gleiche Flächen".[28]

Hier hat man schon ein Naturgesetz vor sich (auch bei dem ersteren Satze wäre es so, wenn man noch hinzufügen würde „..... in einer Ellipse".)[29] Es scheint zwischen Sätzen, die blosse Tatsachen aussprechen und Sätzen, die in höherem Sinne wissenschaftliche Erkenntnisse aussprechen, also Naturgesetzen, keine scharfe Grenze zu sein. Ausgesprochen wissenschaftlichen Charakter hat auch der Satz:

„Die Luft ist ein Gemenge von N, O und CO_2".

Er teilt eine Tatsache mit, die vor 200 Jahren noch nicht bekannt war; es müssen erst die Begriffe N und etz., die im tägl[ichen] Leben nicht vorkommen, gebildet werden. – Um viele, verschiedene Typen von Erkenntnissen beisammen zu haben, nehmen wir als Beispiel nun wieder einen Satz aus dem tägl[ichen] Leben:

„Tollkirschen sind giftig".

Dieser Satz teilt eine Tatsache aus praktischen Gründen mit (damit man weiss, wie man sich bezügl[ich] dieser Früchte zu verhalten hat); man kann ihn aber auch als Naturgesetz ansprechen (da die Regelmäßigkeit ausgedrückt wird; immer wenn ein Mensch diese Früchte isst, hat das diese und diese Folgen), eine Tatsache der Physiologie; jedesfalls teilt dieser Satz eine Erkenntnis mit.

Wir haben für „erkennen" nun verschiedene Beispiele angeführt, die dem tägl[ichen] Leben oder der fraglosen Wissenschaft entnommen sind, alles Sätze, von denen man sagen kann, dass sie Erkenntnisse darstellen. Wir werden später noch untersuchen, in welchem Sinne man in der Philosophie von einer „Erkennt|nis" spricht und es wird sich zeigen, was für eine Funktion das Wort „Erkenntnis" in allen diesen Fällen hat. Wenn wir den Wandel des Wortes „erkennen" bis in die Philosophie hinein

---

28 Das ist das zweite Kepler'sche Gesetz.
29 Das ist das erste Kepler'sche Gesetz.

verfolgen wollen, so ist es gut, beim Gebrauche des tägl[ichen] Lebens zu beginnen.

Bei unseren Beispielen wurden gerade Sätze der Art nicht aufgenommen, bei denen die Philosophen gewöhnlich anzufangen pflegen, wie „Alle Erkenntnis stammt aus der Erfahrung"[30] oder die Sätze der Mathematik, z. B. 2 mal 2 = 4, oder „Die Winkelsumme in einem Dreieck ist gleich zwei Rechte"; die Verhältnisse bei solchen Sätzen liegen ziemlich dunkel, wir können uns daran schwer klar machen, was „Erkenntnis" ist, also nicht die Grundidee, auf die es ankommt; wir werden diese Sätze später besonders zu untersuchen haben.

Alle die von uns als Beispiele für Erkenntnisse angeführten Sätze haben zunächst das Gemeinsame, dass sie eben Sätze sind; an diesen müssen wir nun wieder etwas Gemeinsames finden, wodurch sie eben alle als Erkenntnisse charakterisiert sind. Wir gehen vorerst den Weg einer bekannten Möglichkeit, wir wollen näml[ich] versuchen, das, was wir Erkenntnis nennen, dadurch zu beschreiben, dass wir den Zweck angeben, dem das Erkennen dient.

(Dadurch, dass wir den Zweck angeben, können wir oft Dinge definieren, uns klar werden, wie ein Wort zu verwenden ist; z. B. „Ein Flugzeug ist eine Apparat, der dazu dient, um zu fliegen").

Wozu brauchen wir also die Erkenntnisse des tägl[ichen] Lebens? Wozu dienen sie? Schon der primitive Mensch hat zur blossen Fristung seines Daseins Erkenntnisse nötig, weil er ohne sie sein Verhalten nicht einrichten könnte; um überhaupt existieren zu können, muss er wissen, wie er sich Zufälligkeiten gegenüber (schon den feindl[ichen] Einflüssen gegenüber, die ihm die Natur entgegenstellt) verhalten soll. Z. B. ist die Erkenntnis „Schlangenbiss ist giftig" geeignet, den Menschen zu bewahren; weitere solche Erkenntnisse sind Zusammenhang zw[ischen] Säen und Ernten, Brotbereitung, etz. – Also ist der *ursprüngliche Zweck der Erkenntnis, unser Verhalten so einzurichten, dass wir auf*

---

30 Kant, *KrV*, B I.

Gefahren vorbereitet sind, bez[iehungsweise] Hilfsmittel der Natur richtig ausnützen.

21 | Wir pflegen gewöhnlich zu sagen, dass Tiere Erkenntnis in diesem Sinne nicht besitzen (höchstens rudimentär); sie werden durch Instinkte zum richtigen Verhalten geleitet. Worin liegt also das Besondere unserer Erkenntnis? *Wenn man einen solchen Satz ausspricht, der eine Erkenntnis beinhaltet, so hat man mit Worten operiert und diese Worte haben die Funktion, auf etwas hinzuweisen* (Tollkirschen, Schlange, etz.), uns an bestimmte Gegenstände zu erinnern. Man kann auch sagen, *dass die Worte dazu dienen, die Gegenstände zu vertreten*: Wir operieren mit den Worten, anstatt mit den Gegenständen selbst; denn in den meisten Fällen ist es nicht möglich, den Anderen vor die Wirklichkeit selbst zu führen. So bedient man sich, um die Erkenntnis, die man will, hervorzurufen, anstatt der Gegenstände selbst *Stellvertreter*, die eben die Worte sind.[31]

Die meisten Philosophen sagen nun, dass diese Worte dazu dienen, bestimmte Vorstellungen hervorzurufen; das ist in gewissem Sinne richtig. Wenn man aber die Vorstellung für das Wesentliche hält und davon ausgeht, so gerät man in der Erkenntnistheorie und in der Logik in grösste Verwirrung; daher müssen wir der „Vorstellung" mit grösster Vorsicht und Skepsis gegenübertreten.[32]

Das Wesentliche ist, dass beim Erkennen und auch beim Denken eine Stellvertretung der Dinge, von denen man redet, durch

---

31 Hier verknüpfte Schlick eigene ältere Überlegungen mit solchen Wittgensteins. Der erste Teil des Absatzes mit der markanten Formulierung „operieren" findet sich sehr ähnlich in der *Allgemeinen Erkenntnislehre* (1918/1925a *Erkenntnislehre, MSGA* I/1, S. 253). Die Stellen mit der Formulierung „vertreten" finden sich bei Wittgenstein bereits im *Tractatus logico-philosophicus*: „3.221 Die Gegenstände kann ich nur nennen. Zeichen vertreten sie. Ich kann nur von ihnen sprechen, sie aussprechen kann ich nicht. Ein Satz kann nur sagen, wie ein Ding ist, nicht was es ist." Im Nachlass Wittgensteins kommen ab 1933 ebenfalls beide Formulierungen (z. B. in Ms 114, 61 v, 121 r, 77 r und 105 r) vor, so dass hier von wechselseitiger Beeinflussung auszugehen ist.

32 In *Grundzüge der Erkenntnislehre und Logik* ging Schlick gründlich auf das Verhältnis von Begriffen und Vorstellungen ein (Inv.-Nr. 2, A. 3 a, Bl. 23 f., *MSGA* II/1. 1).

etwas anderes stattfindet. Der stellvertretende Faktor, auf den es ankommt, muss nicht durch Worte, er kann auch durch Bilder, Zeichen u.a. gegeben sein.

Jeden Gegenstand, der für einen anderen steht, so dass er ihn ⁵ *vertreten kann, nennt man ein Zeichen.*

Mit den Sätzen, die uns mit Hilfe von Zeichen Erkenntnisse vermitteln, wird eine gewisse Beziehung ausgesagt zum Zwecke, dass der Mensch sich richtig verhält. *Das Wichtige der Erkenntnis ist, dass der Mensch durch sie vorbereitet ist, dass er durch sie* ¹⁰ *Voraussagen machen kann.*

Eine der wichtigsten Fragen der Erkenntnistheorie ist die, wie Voraussagen in der Welt überhaupt möglich sind. Künftige Ereignisse sind ja noch nicht | geschehen, man weiss nichts von ihnen, ²² sie waren noch nicht da; dennoch kann man über diese Ereig- ¹⁵ nisse, von denen man in bestimmtem Sinne nichts weiss, bis zu einem gewissen Grade Voraussagen machen und *je genauer die Voraussagen, desto grösser ihr Erkenntniswert.*

> „Wenn ich z. B. sage: „Dieses Brot wird mich nähren",
> so ist diese Voraussage für mich wichtig; ich muss das
> ²⁰ wissen, auch dass es nicht giftig ist, etz.)ᵃ".

Solche Voraussagen sind dadurch möglich, dass in der Welt eine gewisse Ordnung herrscht. (Wir meinen damit, dass eine Substanz, die so und so aussieht, sich so anfühlt, z. B. wie Brot, immer dieselben Eigenschaften behält, also mich nähren wird); diese ²⁵ Ordnung ist Voraussetzung dafür, dass Erkenntnis und Prognose zusammenhängen. Erkenntnisse sind also die Mittel dazu, um Voraussagungen zu machen. *Dass wir Erkenntnis in die Form der Voraussage kleiden können, ist ein wichtiger Punkt* (der in der älteren Erkenntnistheorie meist übersehen wurde.) Der Übergang ³⁰ von der Erkenntnis im tägl[ichen] Leben zu der Erkenntnis in der Wissenschaft besteht nun in folgendem: Die Wissenschaft ist ja, rein theoretisch gesprochen, unabhängig von der Praxis; der Forscher kümmert sich also nicht um die Auswertbarkeit seiner Forschung, sondern nur darum, wie es sich wirklich verhält, er will

---

a Klammer öffnet im Original nicht

nur die Wahrheit erkennen, oder anders gesagt, wir wollen nur
die Ordnung in der Welt feststellen und es interessiert den Forscher nicht mehr, wie, zu welchem Zwecke, etz. diese Erkenntnis
zustandekam. Wir wollen also in beiden Fällen voraussagen; im
tägl[ichen] Leben zu praktischen Zwecken, in der Wissenschaft   5
ohne Zweck.

Dass die Erkenntnis also dadurch charakterisiert wird, dass sie
ein Mittel ist, um Voraussagen zu machen, ist selbst Erkenntnis
und zwar eine sehr wichtige in der Theorie dieser Fragen.

Man könnte auch sagen, dass Erkenntnis darin bestehe, dass   10
wir die Wahrheit suchen, man nenne Erkenntnis also einen Satz,
der wahr ist. Der Begriff der Wahrheit aber ist sehr schwer zu
erläutern und darum ist es besser, von Voraussicht zu sprechen;
23 sie ist ein leichter erkennbares Merkmal der Er|kenntnis.[33] Wenn
wir nun sagen, dass Erkenntnis ein Mittel ist, um die Ordnung   15
in der Welt festzustellen, so ist damit noch gar nichts darüber
gesagt, dass es die uns umgebende Welt, die Natur, überhaupt
gibt; es ist hier noch gar keine Entscheidung über irgendwelche
philosophische Fragen vorausgesetzt, es gilt unabhängig von jeder
philosophischen Ansicht, muss sich in jede, die widerspruchsfrei   20
sein soll, einordnen lassen.

Um sich überhaupt in der Welt orientieren zu können, muss
man sich ständig vorbereiten (wenn man z. B. eine Reise nach
Paris machen will, studiert man Pläne und Beschreibungen, ...)
muss also Vertreter für die Gegenstände haben. Zeichen, die durch   25
die Ordnung, in der sie stehen, die Ordnung in der Welt abbil-
den. Erkenntnis dient also dazu, die in der Welt vorliegenden
Ordnungen aufzudecken und das geschieht nicht dadurch, dass
wir mit den Tatsachen der Welt operieren, an sie selbst herange-

---

33 A. a. O.: „Begriffe sind weder wahr noch falsch, sondern höchstens anwendbar
oder nicht anwendbar; was aber eine Erkenntnis sein soll, muss wahr sein. *Das*
Wahre und Erkenntnis sind geradezu Synonyma. [Hervorhebung Hrsg.] Wahrheit
oder Falschheit kann man aber nur von einer Klasse von Gebilden praedicieren
und das sind diejenigen Gebilde, die man in der Logik Urteile nennt." (Inv.-Nr. 2,
A. 3a, Bl. 27, *MSGA* II/1. 1) Der hervorgehobene Satz ist jedoch schon in jenem
Manuskript von Schlicks Hand nachträglich blau gestrichen. In welchem Jahr
zwischen 1910 und 1935 das geschehen ist, lässt sich nicht rekonstruieren.

hen, *sondern diese Ordnung lässt sich an Vertretern, an Zeichen feststellen.*[34]

Wir müssen uns den Ereignissen anpassen, wir können sie nicht mit innerer Arbeit regulieren. Will man aber Ereignisse ₅ voraussagen, so muss man sich Vertreter denken, eine Skizze davon entwerfen, ein Bild davon machen (ein Bild des jüngsten Gerichtes, beispielsw[eise]) – Durch die Vertretung der Wirklichkeit durch Zeichen wird es dem Menschen möglich, die Welt zu beherrschen und das kann man dann als ein Abbild der Wirk- ₁₀ lichkeit bezeichnen; in diesem Sinne ist *Erkenntnis ein Abbild der Wirklichkeit.*

Das Wort „abbilden“ ist selbst ein bildlicher Ausdruck, dessen nähere Bedeutung wir noch festzustellen haben werden.

Wieso wird mit einem Satz wie „Sokrates war der Lehrer des ₁₅ Platon“ eine Ordnung hergestellt? Dieser Satz sagt nur demjenigen etwas, der weiss, dass „Sokrates“ und „Platon“ die Namen von Personen sind; zwischen diesen ist nun eine Beziehung gesetzt, dadurch, dass man sagt, der eine war der Lehrer des anderen; sie sind nun nicht mehr unverbunden, man weiss über sie ₂₀ mehr als früher. Auch mit dem Satze „Tollkirschen sind giftig“ wird eine gewisse Be|ziehung ausgesagt zwischen Krankheitser- 24 scheinungen und Tollkirschen; der Genuss der Tollkirsche wird zu etwas anderem in Beziehung gesetzt. Wir brauchen diese Ordnungen, um uns auf Künftiges, Unvorhergesehenes vorzuberei- ₂₅ ten. *Dort, wo es sich um praktische Anwendung handelt, kommt es darauf an, das Unbekannte oder zunächst noch Unverstande-*

---

34 In seiner Habilitationsschrift schrieb Schlick hierzu: „Aber man muß nicht glauben, daß deswegen nun die Gesamtvorstellungen die Rolle der gesuchten Zeichen erfüllen könnten, die wir zur Ordnung der Elemente nötig haben, das wäre weit gefehlt. Die zusammengesetzten Vorstellungen sind Zeichen für geformte Inhalte, aber nicht Zeichen für die Form der Inhalte, und solche suchen wir. Es kann kein Zweifel sein, in welchen psychischen Erscheinungen wir sie finden: es sind die Urteile. Alle Urteile dienen uns zur Bezeichnung der Form des in der Erfahrung Gegebenen, in demselben Sinne, wie Empfindungen und Vorstellungen uns den Inhalt der Erfahrung bezeichnen. Der grammatische Satz dient uns seinerseits wiederum als Zeichen für das Urteil.“ (1910b *Wesen der Wahrheit*, S. 462, *MSGA* I/4)

ne zum Bekannten zu machen, die Fremdheit der stattfindenden Begegnungen aufzuheben oder zu mildern.

> (Man weiss z. B. auch durch den Satz „Sokrates war
> der Lehrer des Platon" voraus, dass man in Platons
> Werken Einflüsse des Sokrates finden wird).

Bei den mehr wissenschaftlichen Beispielen liegen die Verhältnisse noch klarer; wenn man z. B. sagt, dass die Erde sich um die Sonne dreht, kann man auch viele Voraussagen machen, die sich dann als richtig erwiesen haben, z. B. die scheinbare ellipsoide Bahn der Fixsterne.

Wir wollen uns nun näher vergegenwärtigen, wie die Widerspiegelung der Ordnung in der Wirklichkeit durch die Erkenntnisse geschieht: wir haben schon gesehen, dass sie so erfolgt, dass an *Stelle der Gegenstände selbst Repräsentanten* treten, die wir *Zeichen nennen*. Das lässt sich auf verschiedenste Weise mit den verschiedensten Materialien wiederholen; *man kann dieselben Dinge auf die verschiedenste Weise ordnen*; wir können ja alle diese Sätze in den verschiedensten Sprachen aussprechen, aber auch aufschreiben, in ein Diktaphon diktieren, etz., *wir können also dieselben Sätze auf verschiedene Weise ausdrücken, d. h. wir können das Material, aus denen die Sätze hergestellt sind, beliebig wählen* (z. B. Laute, Tinte, Unebenheiten auf einer Grammophonplatte, psychologische Prozesse in Form von Gedanken, die sich in uns abspielen, etz.) [35] – *dabei ist kein prinzipieller Unterschied*; es sind das alles verschiedene Möglichkeiten, die auf der gleichen Stufe stehen, *verschiedene Zeichen, die die gleiche Bedeutung haben*. Dieser merkwürdige Tatbestand hat zu bedeutsamen philosophischen und erkenntnistheoretischen Einsichten Anlass gegeben (schon bei Platon). [36] Wenn es nicht darauf an-

---

35 Wittgenstein, *Tractatus*: „4.014 Die Grammophonplatte, der musikalische Gedanke, die Notenschrift, die Schallwellen, stehen alle in jener abbildenden internen Beziehung zueinander, die zwischen Sprache und Welt besteht. Ihnen allen ist der logische Bau gemeinsam." Ein weiteres Beispiel gibt Schlick in *Logik*, Inv.-Nr. 15, A. 48, in diesem Bd. S. 274, Block (10).

36 Vermutlich hatte Schlick an den Platons, Dialog *Euthydemos* (298 d) ge-

kommt, woraus diese Zeichen bestehen, so|scheint es, dass noch   25
etwas anderes dabei sein müsste, worauf es nun eben ankommt,
als ob hinter den Zeichen noch etwas stecken müsste, ein Etwas, das als ein besonderes Wesen dahintersteht und durch diese
5   verschiedenen Gebilde (wie gesprochene Sätze, Reihe von Schriftzeichen, Einkerbungen etc.) erst bezeichnet wird und dass man
dieses Etwas dann erst als einen Satz im logischen Sinne bezeichnen könne. Es handle sich da nur um verschiedene Arten, um ein-
und dieselbe Funktion auszuüben. *Man hat* also *angenommen,*
10 *dass noch etwas von den Zeichen verschiedenes da sein müsse,*
um die Funktion des Hinweisens auszuüben und hat das dann den
„Begriff" genannt (bei Platon die „Idee") – es erhebt sich nun
die Frage, was so ein Begriff ist? Das blosse Wort, der Schall,
die Einkerbung kann es nicht sein – man nimmt daher an, dass
15 es etwas gleichsam Dahinter-stehendes sei, etwas sinnlich nicht
Wahrnehmbares (darauf hat Platon besonderes Gewicht gelegt).
So kam *Platon* dazu, *ein eigenes „Reich der Begriffe"* zu schaffen.
Neuere Logiker haben dieses Reich der Begriffe akzeptiert (wenn
auch in weniger mystischer Weise) und so wird von einem „Reich
20 des idealen Seins", „Reich des Bewusstseins" etc. gesprochen, also die Ansicht vertreten; dass es neben der Wirklichkeit noch ein
Reich der Begriffe gibt.[37] Bolzano spricht von dem „Satz-an-sich"
(im Gegensatz zu Sätzen, die gesprochen werden, von verschiedenen Personen gedacht werden, ...) Begriff, Urteil, Schluss sollten
25 also die Klassen der eigentümlichen Wesen sein, die in diesem seit

dacht, in dem verschiedene Bedeutungen des Wortes „Vater" pointiert ausge-
nutzt werden: „Sage mir, hast du einen Hund? – Und das einen recht bösen,
sprach Ktesippos. – Hat er auch Junge? – Ja, sprach er, ebensolche. – Deren
Vater ist also doch der Hund. – Jawohl, sprach er, ich habe selbst gesehen, wie
er die Hündin beschwängerte. – Wie nun, ist der Hund nicht dein? – Freilich,
sagte er. – Und so wie dein, ist er auch Vater; so daß der Hund dein Vater wird
und du der jungen Hunde Bruder."

37 Platon widmet das sechste Buch des *Staates* den Ideen. Schlick kritisiert
den Platonismus ausführlicher in der *Allgemeinen Erkenntnislehre* (1918/1925a
Erkenntnislehre, MSGA I/1, S. 189–195). Siehe dazu auch die 1913er Vorlesung
über *Die philosophischen Grundlagen der Mathematik*, in diesem Bd. ab S. 103.
1927/28 kritisiert er Platon ebenfalls. Siehe dazu in diesem Bd. S. 271, Block
(9). Siehe außerdem auch die Einleitung dieses Bandes.

Platon aufgerichteten Reich der Begriffe existieren und so wurde die Logik dann oft als die Wissenschaft definiert, die sich mit diesem Reich der Begriffe beschäftigt. [38]

Platon lehrte also, dass es eine Welt über unserer Sinnenwelt gebe, die sich von dieser, in der alles fliesst, vollkommen dadurch unterscheidet, dass in ihr alles fest und bestimmt ist; daher ist dieses Reich der Begriffe für Platon zugleich das vollkommenste Reich, das Reich der Erkenntnis und des eigentlichen Seins [39] [εἴδη] [b]).

Diese letzten Wendungen werden von der neueren Logik nicht mitgemacht, die | Logik wird nicht ins Metaphysische übersetzt; es hat sich aber von der Lehre des Platon immer noch der Rest erhalten, dass man von Begriffen, Sätzen, als von besonderen Wesenheiten spricht.

Wie das nun zu denken sei, dass es ausser der wirklichen Welt noch die Begriffe und Sätze gibt, kann man sich z. B. an der Ma-

---

b Im Original findet sich hier eine Klammer mit einer Lücke, in der die Ergänzung von Hand vorgenommen werden sollte.

38 Bei Bolzano heißt es z. B: „Wie ich aber in der Benennung: ‚ein ausgesprochener Satz' den Satz selbst offenbar von seiner Aussprache unterscheide; so unterscheide ich in der Benennung: ‚ein gedachter Satz' den Satz selbst auch noch von dem Gedanken an ihn. Dasjenige, was man sich unter dem Worte *Satz* nothwendig vorstellen muß, um diese Unterscheidung gemeinschaftlich mit mir machen zu können; was man sich unter einem Satze denkt, wenn man noch fragen kann, ob ihn auch Jemand ausgesprochen oder nicht ausgesprochen, gedacht oder nicht gedacht habe, das ist eben das, was ich einen *Satz an sich* nenne, und auch selbst dann unter dem Worte *Satz* verstehe, wenn ich es der Kürze wegen ohne den Beisatz: *an sich*, gebrauche." (*Wissenschaftslehre*, § 19)

In einer anderen Schrift heißt es: „Um dies auf eine jedem einleuchtende Weise zu zeigen, erlaube ich mir die Frage aufzuwerfen, ob an den Polen der Erde nicht auch sich Körper, flüssige sowohl als feste, befinden, Luft, Wasser, Steine u. dgl., ob diese Körper nicht nach gewissen Gesetzen aufeinander einwirken [...], und ob dieses alles erfolge, auch wenn kein Mensch noch irgendein anderes denkendes Wesen da ist, das beobachtet? Bejaht man dies (und wer müßte es nicht bejahen?): dann gibt es auch Sätze und Wahrheiten an sich, die alle diese Vorgänge ausdrücken, ohne daß irgend jemand sie denkt und kennt." (*Paradoxien des Unendlichen*, S. 16)

39 Vgl. Platon, *Staat*, Buch VI.

thematik klar machen: man spricht z. B. vom Reich der Zahlen (diese sind ja auch Begriffe), von Linien, Kreisen, etz.; das gibt es alles in der Wirklichkeit nicht; wo existieren sie also? Platon antwortet darauf: in einem „überhimmlischen Reich"; es gibt da die Drei, die Zehn, die exakten Würfel als wirkliche Wesen und wir haben davon nur die Vorstellungsbilder, wenn wir an sie denken.

Wenn wir an dieses Reich nun nicht glauben, so bleibt immer noch die Frage: „Was ist eigentlich eine Zahl?", „Was ist dieser und dieser Begriff?" etz. Das so entstehende Problem, *die Frage nach der Seinsart der Begriffe, ihr logisches Verhältnis zur Wirklichkeit, bezeichnet man als das „Platonische Problem" und dieses hat in der Erkenntnistheorie aller Zeiten eine grosse Rolle gespielt.*[40]

Wir werden nun zu überlegen haben, ob hinter dieser Frage nicht etwas anderes steckt, das erst durch eine Umformulierung zutage kommt und so der Klärung leichter zugänglich ist.

Vor noch nicht langer Zeit wurde auf diese Platonische Frage eine ganz bestimmte Antwort erteilt, die man als die des „*Psychologismus*" bezeichnet; diese Ansicht hat ein Jahrhundert lang eine grosse Rolle gespielt und besteht darin, dass es kein Rätsel sei, was man als die *Begriffe* anzusehen habe, sie *seien* eben die *Vorstellungen*. Nach dieser *psychologischen Auffassung der Logik* sind also die *Begriffe nichts anderes als psychische Gebilde*. Wir werden nun zu zeigen haben, dass diese (auch in die üblichen

---

40 Für Bolzano gibt es Inbegriffe, die sich zu den Begriffen wie die Sätze an sich zu den Sätzen verhalten. Mathematische Mengen sind Inbegriffe, bei denen es auf die Anordnung der Teile (Elemente) nicht ankommt. Vgl. dazu die *Paradoxien des Unendlichen*, § 1–3.

Daran anknüpfend entwickelt z. B. Georg Cantor eine platonistische Mengenlehre: „Unter einer Mannigfaltigkeit oder Menge verstehe ich nämlich allgemein jedes Viele, welches sich als Eines denken läßt, d. h. jeden Inbegriff bestimmter Elemente, welcher durch ein Gesetz zu einem Ganzen verbunden werden kann, und ich glaube hiermit etwas zu definieren, was verwandt ist mit dem Platonischen εἶδος oder ιδέα … ." (*Über unendliche lineare Punktmannigfaltigkeiten 3*, Anm. 1)

Zu Schlicks Auseinandersetzung mit diesen Auffassungen siehe *Logik* (Inv.-Nr. 15, A. 48) in diesem Bd. S. 270, Block (8). Zur Schlicks früherer Auseinandersetzung mit Cantor siehe in diesem Bd. S. 103, S. 181–198 sowie S. 203 sowie die Einleitung.

Lehrbücher der Psychologie, Höfler, etz. übergegangene)[41] Ansicht eine ganz irrige ist und wie man zu ihr gelangen konnte:
Laute, Schriftzeichen, etz. sind alle etwas Zufälliges; unter allen
Darstellungsarten | aber scheint eine ausgezeichnet, unentbehrlich
zu sein, nämlich die durch psychische Prozesse; eine Darstellungsweise kann immer durch die andere ersetzt werden; es scheint
aber unerlässlich, dass sie alle noch von Vorstellungen begleitet
sind, die dabei das nicht Zufällige zu sein scheinen. Das lässt sich
auch so ausdrücken: die verschiedenen anderen Darstellungsweisen sind nur dadurch Bilder des Tatbestandes, dass ich mir dabei
etwas denke. Es ist zuzugeben, dass mit dieser Ausdrucksweise
etwas richtiges getroffen wird, wir wenden uns aber gegen ihre
Interpretation: *der Irrtum des Psychologismus ist es zu glauben,*
dass die Vorstellungen oder Gedanken nun die eigentlichen Zei-
chen seien, die mit den Begriffen identisch sind. (So dass der
Begriff eines Pferdes etwa, die vollkommen klar gemachte Vorstellung eines Pferdes ist).[42]

Aber schon aus der einfachen Überlegung, dass die Vorstellungen untereinander auch alle verschieden sind, folgt, dass der
Begriff nicht die Vorstellung sein kann; es gibt auch verschiedene Möglichkeiten ein- und dasselbe vorzustellen und wir fragen
doch gerade nach diesem ein- und demselben, dem Begriff, der
hinter allen den Symbolen der Vorstellungen steht. Andrerseits
kann man sich eine „allgemeine" Vorstellung überhaupt nicht bil-
den, wie schon Berkeley richtig gesehen hat.[43] Man kann z. B. ein

---

41 Höfler, *Grundlehren der Logik und Psychologie*, S. 13: „Was im strengen
Sprachgebrauche der verschiedenen Wissenschaften unter ‚Begriff' verstanden
wird, ist: 1. Eine Vorstellung, nicht ein Wort, auch nicht ein Ding außerhalb des
Denkens."

42 Wesentlich ausführlicher formuliert findet sich diese Kritik in der *Allgemeinen
Erkenntnislehre* (1918/1925a *Erkenntnislehre, MSGA* I/1, S. 180 ff.).

43 Bei Berkeley heißt es: "Again, great and small, swift and slow, are allowed
to exist nowhere without the mind; being entirely relative, and changing as the
frame or position of the organs of sense varies. The extension therefore which
exists without the mind is neither great nor small, the motion neither swift
nor slow; that is, they are nothing at all. But, say you, they are extension in
general, and motion in general. Thus we see how much the tenet of extended

Pferd nur stehend oder liegend, weiss oder schwarz oder braun,
etz. vorstellen, aber nicht alles das auf einmal; daher kann schon
aus diesem einfachen Grunde die Vorstellung „Pferd" nicht der
Begriff „Pferd" sein, kann es auch niemals werden. (Bei dem
Psychologisten Benno Erdmann finden sich viele Kapitel über
die sog[enannte] „Abstraktion", wodurch das Wesen des Begriffes
erläutert werden soll; es heisst da, dass es im Wesen des Begriffes
liege, Vorstellungen hervorzurufen und diese geläuterten Vorstellungen seien dann der Begriff.) *Die Vorstellungen, die wir mit*
gewissen Worten verbinden, spielen beim Denken dieselbe Rolle
wie das Wort selbst oder die Schriftzeichen.[44] Die Begriffe sollen vollkommen fest und bestimmt sein, die Vorstellungen sind
es nicht und können es nicht sein. Sind | aber alle anschaulich
denkbaren, beschreibbaren Zeichen, die wir beim Denken und
Erkennen benützen, durcheinander ersetzbar, so scheint nur der
von Plato eingeschlagene Ausweg möglich zu sein, dass näml[ich]
ausser den sichtbaren Zeichen, die die Funktion ausüben, noch
etwas anderes da ist: der Begriff oder der Satz oder das Urteil an
und für sich und dass die Logik es nun damit zu tun hätte.

moveable substances existing without the mind depends on that strange doctrine
of abstract ideas." (*A Treatise concerning the Principles auf Human Knowledge*,
§ 11) Vgl. auch 1918/1925a *Erkenntnislehre* (*MSGA* I/1, S. 174 f.).

44 Bei Erdmann, *Logik*, S. 65, heißt es: „Abstrakte Gegenstände entstehen in
jedem Wesen, dem sich in wiederholten Wahrnehmungen gleiche Bestimmungen
des Wahrgenommenen darbieten."

A. a. O., S. 73: „Die abstrakten Gegenstände sind in unserem entwickelten Be-
wußtsein der Regel nach benannte, d. h. mit spezifischen Wortvorstellungen als
deren Bedeutungsinhalte assoziativ verflochten. Aber weder ihr Ursprung noch
ihr Bewußtseinsbestand ist an Wortvorstellungen gebunden."

A. a. O., S. 79: „Zur Voraussetzung hat sie sprachliche oder genetisch formulierte Abstraktion, daß dem Hörenden oder Lesenden die direkten Wahrnehmungs-
inhalte für die sachliche Abstraktion fehlen, daß jedoch die Bedeutungen der
Worte, die zur Mitteilung dienen, von ihm verstanden werden, d. h. ihm entweder bekannt sind oder aus dem Zusammenhang des Mitgeteilten zufließen.
[...] Während die zur Charakteristik dieser Gegenstände dienenden Worte gehört
oder gelesen werden, werden deren Bedeutungen, soweit sie zur Bestimmung des
mitgeteilten abstrakten Gegenstandes dienen, reproduziert."

Dass alle äusserlich sichtbaren Zeichen nur auf einen Gegenstand, einen Begriff hindeuten (die „Zwei" oder die „Pferdheit") und dieser seinerseits erst auf die Wirklichkeit hindeutet.

2		
II	Begriff „2"	(jenseitiger
zwei		Gegenstand)

So entsteht nun das Platonische Problem, wo diese Begriffe eigentlich sind, was sie sind?

Kurze Andeutung der Lösung dieses Problems: das Mittelglied, der „Begriff" ist überflüssig, wir brauchen ihn nicht, wenn wir nur wissen, dass *alle Zeichen dieselbe Funktion ausüben; diese Angabe genügt*, es bedarf keines weiteren Gebildes, das nur diese Zeichenfunktion hat und unveränderlich ist. *Wir sprechen von begrifflicher Funktion und nicht von „Begriff"* in der Weise, dass der ein Gegenstand wäre, nach dessen Natur man fragen kann. Die Erklärung, dass die Zeichen diese und diese Funktion haben, ersetzt den Begriff.[45] Bei vielen Worten, wie z. B. bei dem Worte „Substanz" u. a. ist es unmöglich, zu beantworten, welches der Gegenstand ist, der durch diese Worte bezeichnet wird. Man muss sich durch indirekte Erläuterungen klar machen, was mit bestimmten Aussagen, in denen diese Worte vorkommen, gemeint ist, dann weiss man genau, wie wir diese Worte in unserer Sprache verwenden. Es ist *häufig unmöglich, ein Wort für sich allein zu definieren; wir müssen den Sinn der Sätze angeben, in*

---

45 Vgl. dagegen Schlicks Position in der *Allgemeinen Erkenntnislehre*: „Begriffe sind also nicht Vorstellungen, sind nicht reale psychische Gebilde irgendwelcher Art, überhaupt nichts Wirkliches, sondern nur etwas Gedachtes, das wir uns an Stelle der Vorstellungen mit fest bestimmtem Inhalt gesetzt denken. Wir schalten mit Begriffen so, als ob es Vorstellungen mit völlig genau umrissenen Eigenschaften wären, die sich stets mit absoluter Sicherheit wiedererkennen lassen. Diese Eigenschaften heißen die Merkmale des Begriffes, und sie werden durch besondere Bestimmungen festgelegt, die dann in ihrer Gesamtheit die Definition des Begriffes ausmachen. [...] Durch die Definition sucht man also das zu erreichen, was man in der Wirklichkeit der Vorstellungen niemals vorfindet, aber zum wissenschaftlichen Erkennen notwendig gebraucht, nämlich absolute Konstanz und Bestimmtheit." (1918/1925a *Erkenntnislehre, MSGA* I/1, S. 179 f.)

denen das betreffende Wort vorkommt. Die Frage „Was *ist* ein Begriff?" ist irreführend. *Der Fehler des Platonismus ist der, dass man meint, es müsse jedem Substantivum ein aufweisbarer Gegenstand entsprechen.* Man verfällt | leicht in den Fehler des Pla-   29
5   tonismus, wenn man glaubt, dass die Worte logisch alle dieselbe Funktion haben (obwohl ihre Funktion eine ganz verschiedene ist). Die älteren Logiker fragten nur nach den Gegenständen, die Substantiven entsprachen (es wurde nicht nach dem Gegenstand von Worten wie „vielleicht" oder „gehen" gefragt). Auch die Un-
10   terscheidung von Subjekt und Prädikat, die damit zusammen-zuhängen scheint, ist eine rein sprachliche Unterscheidung. Wir können in gewissem Sinne sogar sagen, dass *die sog[enannten] unlösbaren Probleme nichts anderes sind als Fragen, zu denen wir uns durch die Sprache verführen lassen*; sie entstehen aus dem
15   Missbrauch der Sprache.[46] Wir finden das Missverständnis, dass jedem Substantivum ein Gegenstand entsprechen müsse, überall dort, wo von Begriffen, Zahlen, etz. als von idealen logischen Gebilden gesprochen wird. Der spätere *Psychologismus* bedeutet gegen den Platonismus direkt noch einen Rückschritt. Durch seine
20   *Überwindung*, die *Bolzano zu danken* ist, geriet man wieder in den Platonismus hinein; dieser neuere Platonismus aber ist nicht so gefährlich wie der ursprüngliche. In seiner „Wissenschaftslehre" (4 B[ände]) trennt Bolzano die „Begriffe-an-sich" und den „Satz-an-sich" von den Vorstellungen.[47] Das ist richtig gedacht,

---

46 Bei Wittgenstein heißt es im *Tractatus*: „4.003 Die meisten Sätze und Fragen, welche über philosophische Dinge geschrieben worden sind, sind nicht falsch, sondern unsinnig. Wir können daher Fragen dieser Art überhaupt nicht beantworten, sondern nur ihre Unsinnigkeit feststellen. Die meisten Fragen und Sätze der Philosophen beruhen darauf, dass wir unsere Sprachlogik nicht verstehen. (Sie sind von der Art der Frage, ob das Gute mehr oder weniger identisch sei als das Schöne.) Und es ist nicht verwunderlich, dass die tiefsten Probleme eigentlich keine Probleme sind."

47 Bolzano *Wissenschaftslehre*, § 48: „Wer gehörig begriffen hat, was ich einen Satz an sich nenne [vgl. in diesem Bd. S. 383 und die Einleitung], dem kann ich das, was eine *Vorstellung an sich*, oder zuweilen auch nur schlechtweg eine *Vorstellung*, auch eine *objective* Vorstellung mir heißt, am Besten und Kürzesten dadurch verständlich machen, daß ich sage, es sey mir alles dasjenige, was als Bestandteil in einem Satze vorkommen kann, für sich allein aber noch keinen

aber falsch formuliert; (diese Ausdrucksweise führt neuerdings zum Platonismus) und so wurde die Logik wieder in unrichtiger Weise verbaut.

$$Q$$
$$P \qquad\qquad\qquad B \quad \text{(Satz an sich)} \quad {}_{48}$$
$$O$$
$$T$$

Den verschiedenen Anwendungsweisen des Wortes „erkennen" ⁵
ist gemeinsam, dass wir jede Erkenntnis in einem Satze ausspre-
chen können, und dieser Satz hat dann die wesentliche Eigenschaft, dass er uns etwas mitteilt; also *Erkenntnis ist immer Mit-*
teilung. Ausdruck (auch wenn wir uns selbst erkennen, verhält
es sich analog; wir haben etwas in eine Form gebracht, in der es ¹⁰
mitgeteilt, ausgedrückt werden kann).⁴⁹

Beispiele: „Es gibt über 8000 m hohe Berge."
„Der Montblanc ist mit Schnee bedeckt".

³⁰ | Inwiefern können wir diese Mitteilung von Tatsachen „Erkennt-
nisse" nennen? Das Anzeichen dafür, dass Erkenntnis vorliegt,

---

Satz ausmacht [...]." – Von der objektiven unterschied Bolzano die subjektive Vorstellung: „[Subjektive] Vorstellung also in dieser Bedeutung ist der allgemeine Name für die Erscheinungen in unserem Gemüthe, [...] sofern es nur keine Urtheile oder Behauptungen sind. [...] Jede [subjektive] Vorstellung [...] setzt irgendein lebendiges Wesen als das *Subject* in welchem sie vorgeht voraus; [...] die subjective Vorstellung ist etwas *Wirkliches* [...] Nicht also die zu jeder subjectiven Vorstellung gehörige *objective* oder *Vorstellung an sich*, worunter ich ein nicht in dem Reiche des Wirklichen zu suchendes Etwas verstehe [...]. Diese objective Vorstellung bedarf keines *Subjectes* [...] und bestehet – zwar nicht als etwas *Seyendes*, aber doch als ein Gewisses *Etwas*, auch wenn kein einziges denkendes Wesen sie auffassen sollte."

48 Es ist unklar, was diese Übersicht darstellen soll.

49 Wittgensteins erläuterte in seinem Manuskript von 1932: „[...] was ist das Kriterium dafür, daß es—er— das neue Gebilde — // das Neue // ein *Satz* ist? Denken wir uns einen solchen Fall. Wir lernen etwa eine neue Erfahrung kennen, das *Bremseln* des elektrischen Schlages, & sagen, es sei unangenehm. Mit welchem Recht nenne ich diese neu gebildete Aussage einen ‚Satz'? Nun, mit welchem Rechte habe ich denn von einer neuen ‚Erfahrung' geredet, oder von einer neuen ‚Muskelempfindung'? Doch wohl, nach Analogie meines früheren Gebrauchs dieser Wörter." (Ms 114, 81 v 2)

ist, dass jemand etwas erfährt, das wahr ist und das er früher nicht gewusst hat. Dazu gehört immer eine *Beschreibung.* Wir können also bei der Feststellung von Tatsachen von einer „beschreibenden Erkenntnis" sprechen; fast alle Sätze, die wir im tägl[ichen] Leben aussprechen, erfüllen die Funktion, etwas auszudrücken, mitzuteilen, sind solche *beschreibende Erkenntnisse*; dies ist die *primitivste Form der Erkenntnis.* Alle historischen Beschreibungen z. B. geben Tatsachen wieder, geben beschreibende Erkenntnis wieder.

Wie geben Sätze Tatsachen wieder? Wie kann man mit Hilfe der altgewohnten Zeichen etwas Neues mitteilen?

Das Mittel der Beschreibung des Neuen ist die neue Reihenfolge und Zusammensetzung der Zeichen.

Eine beschreibende Erkenntnis entsteht, wenn man die Worte konventionsmässig verwendet; die einzelnen Teile der Tatsachen werden mit den dafür üblichen Namen bezeichnet und dann in einer für den besonderen Fall üblichen Weise vereinigt (Dazu ist selbstverständlich nötig, die Bedeutung der Worte zu kennen – und das nennt man ja eine Sprache verstehen.)

Beispiel: „Es befinden sich 10 Menschen in diesem Zimmer"

Menschen
10
sich befinden (räumlicher Terminus)
im
Zimmer.

Schon für die blosse Feststellung von Tatsachen ist es nötig, dass man imstande ist, die üblichen Namen einzusetzen, der Erkenntnisprozess besteht also offenbar darin, dass das, was man erkennt, schon bekannt war. *Bei der Erkenntnis* kommt also jedesfalls eine *Benennung* vor; es muss aus dem Ausdruck bereits hervorgehen, welche Tatsache es ist, die da festgestellt wird; dabei handelt es sich deshalb um Erkenntnis, weil das, was festgestellt wird, irgendwie eingeordnet scheint. [50]

---

50 Es ist eine der zentralen Thesen der Schlick'schen Erkenntnistheorie, dass Er-

31 | Wenn ich feststelle: „Dies ist ein Tintenfass", so findet eine Benennung statt, bei welcher das Wesentliche ist, dass es sich um ein Wort handelt, das durch die Sprache dafür eingeführt ist; man kann dadurch verschiedene Voraussagen machen, was man an diesem Gegenstand beobachten kann.

Um auf diese Weise Tatsachen feststellen zu können, muss man sehr viele Worte in die Sprache einführen; es hängt von unseren Bedürfnissen ab, wofür wir Namen haben und wofür nicht. Die Mannigfaltigkeit der möglichen Tatsachen spiegelt sich in dem Reichtum der Worte, die eine Sprache hat. Die blosse Benennung durch ein gebräuchliches Wort ist dann ein Mittel, um Voraussagungen machen zu können, damit ist die Bedingung des Erkennens bei der bloss beschreibenden Erkenntnis erfüllt. *Um die beschreibende Erkenntnis leisten zu können, muss man bereits im Besitze von Wortbedeutungen sein.* Die Frage, *mit wievielen Klassen von Worten man in der Sprache auskommt*, ist vom rein praktischen Gesichtspunkte aus zu entscheiden. Ohne jede Konvention ist Beschreibung offenbar nicht möglich; es muss irgendeine Festsetzung (Namengebung) getroffen sein. Wie eine solche Beschreibung aussieht, richtet sich nach der zufälligen Einrichtung der Sprache, in der man die Beschreibung ausführt (man muss dazu bis zu einem Mindestgrad wissen, wie das, was man benennt, aussieht); Um die Beschreibung durchführen zu können, muss man wissen, was für Worte für bestimmte Gegenstände gebraucht werden, oder man muss solche Worte mindestens festsetzen (Geheimsprache); *man muss also im Besitze bestimmter Zeichen sein und diese Zeichen anwenden können.* Das ist nur dadurch möglich, dass man es einmal *gelernt* hat; *jede Sprache muss*

kennen das Wiedererkennen von Bekanntem ist. Zur Entwicklung des Gedankens bei Schlick siehe 1918/1925 a *Erkenntnislehre* (*MSGA* I/1); dort die Einleitung ab S. 15 sowie S. 150: „Allen drei Stufen dieses Erkennens ist gemeinsam, daß dabei ein Objekt wiedererkannt wird, daß in etwas Neuem etwas Altes wiedergefunden wird, so daß es nun mit einem vertrauten Namen bezeichnet werden kann. Und der Prozeß ist abgeschlossen, wenn der Name gefunden ist, welcher dem erkannten Gegenstand ganz allein zukommt, und keinem andern. Eine Sache erkennen heißt im gewöhnlichen Leben in der Tat weiter nichts als ihr den rechten Namen geben."

gelernt werden. Lernen ist Erfahrungen sammeln. Von vornherein kann niemand wissen, worauf sich ein Zeichen bezieht; *ohne die Konvention zu kennen, die sich auf die Zuordnung bezieht, kann man nichts benennen.* (Man könnte die Zuordnung der Zeichen zu den Gegenständen allenfalls auch raten). Aus dieser trivial klingenden Tatsache folgt etwas philosophisch sehr Weittragendes: die *Unmöglichkeit* gewisser philos[ophischer] Richtungen wie der des *Apriorismus* (unmöglich, denn Zeichen können | nicht von selbst, von Natur aus zu den Gegenständen gehören.)[51]   32

Die Verbindung der Zeichen mit den Gegenständen ist etwas willkürlich Festgesetztes, das man gelernt haben muss. Daraus folgt schon die Grundlage der empiristischen Philosophie.[52]

Soll also Beschreibung möglich sein, so muss etwas vorher Festgesetztes bestehen, oder, wie man auch sagen kann, etwas durch die Erfahrung bestimmtes. Also ist *selbst für die einfachste beschreibende Erkenntnis ein Wiedererkennungsakt notwendig.* (Wie ein solcher zustandekommt, ist Sache der Psychologie.) Der einfachste Fall einer beschreibenden Erkenntnis ist bezeichnen irgend eines erlebten Sinneseindruckes; dazu ist aber nötig, dass man z. B. eine unbekannte Farbe immerhin als Farbe erkennt. Der Wiedererkennungsakt ist die Voraussetzung für die Möglichkeit der Verwendung der Sprache.

---

51 Der Apriorismus geht davon aus, dass man Erkenntnisse ohne Rückgriff auf Erfahrungen begründen kann. Zum Beispiel hielt Kant die Mechanik Newtons für synthetisch a priori. Schlick wendete sich bereits in den 1910er Jahren gegen diese Auffassung, siehe dazu in diesem Bd. S. 149 f. sowie S. 164 ff.

Auch Wittgenstein kritisierte diese Auffassung im *Tractatus:* „2.224 Aus dem Bild allein ist nicht zu erkennen, ob es wahr oder falsch ist. 2.225 Ein a priori wahres Bild gibt es nicht."

52 Wittgenstein erläuterte 1932 am Beispiel: „Man könnte nun sagen: Der, welcher die Bedeutung des Wortes ,blau' vergessen hat & aufgefordert wurde, einen blauen Gegenstand aus anderen auszuwählen, fühlt beim Ansehn dieser Gegenstände, daß die Verbindung zwischen dem Wort ,blau' & jenen Farben nicht mehr besteht (daß sie unterbrochen ist). Und die Verbindung wird wieder hergestellt, wenn wir ihm die Erklärung des Wortes wiederholen. Aber wir konnten die Verbindung auf mannigfache Weise wieder herstellen: Wir konnten, auf einen blauen Gegenstand zeigen & sagen ,das ist blau', oder ihm sagen ,erinnere Dich an Deinen blauen Fleck', oder wir sagten das Wort ,blue', etc.." (Ms 114, 58 r)

Den Zweck der Erkenntnis im tägl[ichen] Leben, uns vorzube-
reiten, erfüllt schon die Beschreibung; man führt für etwas Neues
eben neue Namen ein und kann es später wiedererkennen. Bald
aber kommt man im Leben an den Punkt, wo man genügend
Worte anhand hat, um alles (tatsächlich vorkommende) Neue   5
beschreiben zu können; man kann durch nichts mehr überrascht
werden, in dem Sinne, dass man es nicht beschreiben könnte (in
einem anderen Sinne gibt es natürlich immer wieder neue Gegenstände (Auto, Radio, Flugzeug, etz.), die man aber immer
hätte vollständig beschreiben können).   10

Neuartige Dinge mit neuen Worten zu belegen, ist praktisch;
man könnte diese Worte aber auch durch komplizierte Beschrei-
bungen ersetzen und so ist es klar, dass viele Worte in unserer
Sprache – logisch gesprochen – überflüssig sind.

Es entsteht nun die *Frage*, mit welchen Worten wir im Not-   15
fall auskommen könnten, *welche Worte oder Begriffe absolut un-*
entbehrlich sind? (Man kann diese Frage in der Geschichte der
Philosophie gleichsetzen der Frage nach den sog[enannten] Kategorien des Denkens.) Dies ist die Frage, die wir zu beantworten

33 | suchen, wo immer in der Welt, in der Wissenschaft, es sich um   20
Erkenntnis handelt; *denn jede erklärende Erkenntnis besteht dar-*
in, dass wir die Anzahl der zunächst zur Beschreibung verwen-
deten Worte oder Begriffe verringern.[53] Es geschieht dies durch
die Einsicht, dass man nicht ganz bestimmte, besondere Worte
für eine gewisse Tatsache braucht, sondern diese Worte durch   25
einen Komplex anderer Worte ersetzen kann und darin besteht
zunächst die Erkenntnis.

Was heisst *etwas erklären?* Es heisst, *etwas, das wir sonst mit*
ganz bestimmten Worten zu bezeichnen pflegen, mit Hilfe anderer

---

53 Dieser Gedanke ist bereits in Schlicks Aufsatz 1910 a *Begriffsbildung*, S. 125 ff.
(*MSGA* I/4) und in 1918/1925 a *Erkenntnislehre* (*MSGA* I/1, S. 159–164) aus-
führlich besprochen worden. Dort findet sich die hier gewählte Formulierung auf
S. 162 fast genau so wieder, nur sind es dort „Prinzipien" statt „Worte und
Begriffe". Dies hier gewählte Version findet sich aber bereits in der Vorlesung
Grundzüge der Erkenntnislehre und Logik von 1910 (Inv.-Nr. 2, A. 3a, Bl. 31,
MSGA II/1. 1). Das unten anschließende Beispiel findet sich ebenfalls an den
genannten Stellen.

Worte so auszudrücken, dass die Beschreibung eigentlich noch vollkommener ist.

Z. B. das Wesen der „Wärme" erklären, heisst, alles, was wir sonst mit „Wärme" beschreiben, nun mit anderen Worten beschreiben, näml[ich] mit „Chinetische Energie der kleinsten Teilchen". Damit wird noch mehr gesagt und gezeigt, dass sich alle Aussagen über „Wärme" in dieser Sprache ausdrücken lassen.)^c

Sowohl bei der beschreibenden, wie auch bei der erklärenden Erkenntnis kommt es darauf an, *dass man einen neuen Gegenstand mit alten Worten bezeichnet, dass das Neue durch alte Zeichen beschrieben wird; das ist das Gemeinsame beider Arten der Erkenntnis. Das Neue wird auf das Alte zurückgeführt.*

Prinzipiell liegt immer dasselbe vor: die Tatsachen werden durch Zeichen beschrieben. Werden die verschiedenen Bestandteile der Tatsachen mit den dafür üblichen, durch die Sprache festgelegten Worte (die übliche Wort-Kombination) bezeichnet:

Beschreibung.

Arbeitet man mit Zeichen (mit gebräuchlichen, denn ein Zeichen, das noch nicht gebraucht worden ist, ist ja keines) die für diesen besonderen Fall noch nicht gebraucht wurden und von denen sich herausstellt, dass sie zur Beschreibung dieses Tatbestandes auch reichen:

Erklärung.

Weiters kann man sagen: *Beschreibung liegt vor, wenn durch die Bezeichnung die Zahl der Zeichen nicht verringert wird. Kommt man aber mit weniger Worten | oder Zeichen aus, als bei einer* solchen *Beschreibung sonst üblich ist, dann hat man die Tatsache erklärt,* man hat sie auf etwas anderes, schon Bekanntes, zurückgeführt (z. B. die Wärmeerscheinung auf Bewegungserscheinungen.) *Sowohl bei Beschreibung als auch bei Erklärung*

---

c Klammer öffnet auch im Original nicht

handelt es sich um Erkenntnis. Bei jeder *erklärenden Erkennt-nis* liegt also *eine Zurückführung des Neuen auf das Alte vor, eine Reduktion* (und zwar eine symbolische Reduktion, denn es handelt sich um einen Denkvorgang, wir operieren nur mit Zei-chen); dieses aufeinander–Zurückführen ist eine Verallgemeine-rung des Gebrauches der Zeichen. *Die Erklärung besteht in der Zurückführung des Besonderen auf das Allgemeine*; man kann immer mehr Tatsachen mit immer weniger Zeichen beschreiben. Die Erklärung besteht darin, dass die in der Wirklichkeit beste-hende Buntheit der Welt verschwindet, im Zeichensystem ausge-glichen wird; anders bei der beschreibenden Erkenntnis.[54] Durch die Verwendung in einer Erklärung bekommen die Zeichen einen grossen Anwendungsbereich, sie werden zur Bewältigung der Be-schreibung von mehr Phänomenen verwendet.

Der *Unterschied zwischen Beschreibung und Erklärung* ist *kein ganz scharfer*, sondern *mehr fliessend; die äussersten Grenzen beiderseits* sind *aber sehr weit voneinander entfernt* (von einer einfachen Erkenntnis wie „das ist blau" bis zu den schwierigsten Erkenntnissen der theoretischen Physik, die in wenigen Worten eine grosse Mannigfaltigkeit beschreibt.)

In gewissem Sinne sind beide diese Erkenntnisse Beschreibun-gen. Die Entdeckung, dass man *jede Erkenntnis unter den allge-meinen Begriff des Beschreibens unterordnen kann*, ist nicht neu; sie wurde nur zuerst falsch formuliert. Die berühmteste derartige Erläuterung stammt von dem Physiker und Mathematiker Kirch-hoff (berühmte Vorrede zur „Mechanik"): Er stellt es als die Auf-gabe der Wissenschaft hin, dass sie nicht zu erklären, nur zu be-

---

54 In 1918/1925 a *Erkenntnislehre* heißt es: „Daß das Wesen des Erkennens restlos in einer derartigen Zurückführung aufgeht, ist von manchen Philosophen eingesehen und zugegeben worden. Aber es fehlt an solchen, die mit dieser Ein-sicht Ernst gemacht und die letzten Konsequenzen aus ihr gezogen hätten." (*MSGA* I/1, S. 160 f.) Ähnlich formulierte er bereits in 1910 a *Begriffsbildung*, S. 125 f. (*MSGA* I/4): „Die Wissenschaft ist fortwährend bestrebt, alle Erschei-nungen durch möglichst wenige allgemeine Gesetze darzustellen; denn eine Er-klärung wird natürlich um so vollkommener heißen müssen, je kleiner die Zahl der Elemente ist, auf die sie das zu Erklärende reduziert."

schreiben habe.[55] Das ist aber die Aufstellung eines falschen Gegensatzes zwischen Erklärung einerseits und Beschreibung and-
rerseits; die Erklärung | ist auch eine Art Beschreibung. Das hat 35
Kant richtig gesehen; er sagte, die Wissenschaft könne von den
5 Vorgängen der Welt nichts anderes geben als eine Beschreibung.[56]
Erklärung ist eine Beschreibung auf neue Weise mit alten Zei-
chen.

Bei jeder Erklärung werden gewisse Worte als überflüssig eliminiert. (Man braucht z. B. das Wort „Licht" nicht mehr, wenn
10 man das Licht als Photonen von einer bestimmten Schwingungs-
frequenz erklärt hat.)

Die wissenschaftliche Erkenntnis ist aber nicht dazu da, um
die Worte der tägl[ichen] Sprache zu eliminieren, sondern um
zu zeigen, wie Neues auf Bekanntes zurückgeführt werden kann,
15 *inwieweit es möglich ist, die letzten Elemente der Welt aufzu-*
zeigen, auf die alles andere zurückzuführen ist, *das Weltbild da-*
durch zu vereinfachen und zu vereinheitlichen. Die Einsicht, dass
man immer weniger Worte gebraucht, um die Mannigfaltigkeit
der Welt zu beschreiben, ist eine alte, aber nie gut formulier-
20 te Einsicht. – Das Streben zu einer einfachen Beschreibung der
Welt zurückzugehen, äussert sich schon in den Bemühungen der
alten Philosophen und Forscher, die immer den Grundstoff der
Welt suchten, kam in ihrem Wunsche zum Ausdruck, die Mannigfaltigkeit der Erscheinungen, der Stoffe, die man in der Welt
25 vorfindet, mit Hilfe ganz weniger Grundstoffe zu erklären (d. h.

---

55 Kirchhoff, *Vorlesung zur Mechanik*, S. 1: „Die Mechanik ist die Wissenschaft
von der Bewegung; als ihre Aufgabe bezeichnen wir: die in der Natur vor sich
gehenden Bewegungen vollständig und auf einfachste Weise zu beschreiben. [...]
Es soll die Beschreibung der Bewegung eine vollständige sein [...] es soll eben
keine Frage, die in Betreff der Bewegung gestellt werden kann, offen bleiben. [...]
Es ist von vorn herein sehr wohl denkbar, dass Zweifel darüber bestehen können,
ob eine oder eine andere Beschreibung gewisser Erscheinungen die einfachere
ist; es ist auch denkbar, dass eine Beschreibung gewisser Erscheinungen, die
heute unzweifelhaft die einfachste ist, die man geben kann, später, bei weiterer
Entwicklung der Wissenschaft, durch eine noch einfachere ersetzt wird." Diese
Stelle zitiert Schlick auch in 1918/1925 a *Erkenntnislehre* (*MSGA* I/1, S. 215).
56 Vgl. Kant, *KrV*, B 787.

von den vielen Stoffen zu reden, sich dabei aber nur auf diesen Grundstoff zu beziehen.)

„Elemente der Welt": bei *Thales* nur das Wasser; bei *Empedokles*: Feuer, Wasser, Luft, Erde (plus Kombinationsworte). Aristoteles nimmt zu diesen vier Elementen noch den Äther hinzu.[57] – Derselbe Grundgedanke ist auch in der neueren Chemie wirksam (nur ist hier anstatt von 4 jetzt von 92 Elementen die Rede und anstatt von Mischungen von Verbindungen.)

Prinzipiell derselbe Vorgang ist auch in der Geschichte vorhanden: wenn z. B. von einer bestimmten Person gesagt wird, dass sie der Urheber einer Revolution war, so besteht der Erkenntnisakt darin, dass an Stelle dieser Person ein neuer Komplex von Zeichen tritt; sie wird unter den Begriff „Urheber | dieser Revolution" subsumiert.

Wir befassen uns hier nicht mit einer Erkenntnislehre der Geisteswissenschaften oder der Naturwissenschaften, sondern mit den allgemeinen Gesichtspunkten, den Erkenntnisvorgang betreffend und können da feststellen, dass sowohl bei der beschreibenden, wie bei der erklärenden Erkenntnis Voraussetzung ist, dass wir Zeichen anzuwenden verstehen. Sehr *wichtig* ist dabei, *die Verbindung der verschiedenen Glieder miteinander einzusehen; dessen, was da erkannt wird, mit dem, als was es erkannt wird.* Das drückt sich in der Logik darin aus, dass *jeder Ausdruck, jedes Urteil, jeder Satz ein zusammengesetztes Gebilde ist*; Erkenntnis kann also nie durch ein einzelnes Wort ausgesprochen werden, nur durch eine *Verbindung zwischen zwei verschiedenen Gliedern* und *diese wird in symbolischer Weise durch den Satz hergestellt.*

In der älteren Logik (Aristoteles) wird das so dargestellt, dass *jedes Urteil aus Subjekt und Prädikat zusammengesetzt ist*[58] und es könnte nun so scheinen, dass das Subjekt das ist, was erklärt wird und das Prädikat das, als was es erkannt wird; wenn das auch meist so zu sein scheint, ist *das aber keineswegs eine ganz allgemeine Form, in der wir Erkenntnis darstellen müssen.*

---

57 Beinahe dieselbe Zusammenfassung findet sich bei Aristoteles in der *Metaphysik*, 983 b 20–984 a 16.

58 Vgl. Aristoteles, *Erste Analytik*, 24 b f.

Z. B. stellt der Satz: „Die Griechen haben Troya zerstört" eine Erkenntnis dar und ist in Subjekt-Prädikat-form gehalten; man kann diesen Satz aber auch umkehren und diese Erkenntnis nun so aussprechen: „Troya wurde von den Griechen zerstört". Trotzdem Subjekt und Prädikat vertauscht sind, sind diese Sätze ganz inhaltsgleich; Subjekt und Prädikat für die Erkenntnis nicht wichtig.

Man kann also durch eine blosse grammatische Umformung Subjekt und Prädikat vertauschen und es ändert sich an der Aus-
sage nichts. *Aus der zufälligen Form darf man nicht zu weitgehende Schlüsse auf den Erkenntnis*gehalt ziehen; die grammatische Form ist nicht die logische Form, die | ein Satz hat. (Bei der zu- ³⁷
sammengesetzten Form, die ein Satz haben muss, müssen nicht gerade Subjekt und Prädikat die Glieder sein, so einfach liegt die
Sache nicht). Die sprachliche Form darf uns also nicht verleiten, Schlüsse auf die logische Form, auf die Erkenntnis zu ziehen. Deshalb nehmen wir *in der formalen Logik* auch *keine Rücksicht auf die Form, in welcher die verschiedenen Bestandteile des Satzes miteinander verknüpft sind*, um nicht dadurch irregeführt zu werden (dieser Gedankengang war den älteren Logikern vollkommen fremd.)

Wesentlich ist, dass ein Ausdruck vorhanden ist, in dem die Erkenntnis formuliert wird; das, was erkannt wird und die Erkenntnis müssen in einer Aussage unterschieden werden (die Un-
terscheidung muss nicht grammatischer Art sein). Wir haben also einerseits die Tatsache, von der die Erkenntnis handelt und andererseits die Erkenntnis selbst; man kann sagen, dass eine ist Bild des anderen (Bild in dem Sinne, dass eine Entsprechung stattfindet); die Erkenntnis ist ein Bild der Wirklichkeit. Sowohl die
Erkenntnis (als ein geschriebener oder gesprochener Satz, etc.) *als auch das, was erkannt wird, muss in der Wirklichkeit vorhanden sein.* Zwischen beiden besteht eine *eigentümliche Beziehung, die nicht vielleicht schon von Natur aus vorhanden* ist, *sondern nur vermöge der vorher getroffenen Konvention*; also keine Beziehung vermöge innerer Verwandtschaft, sondern vermöge der Festsetzungen über Worte und Wortbedeutungen, die man vorher

getroffen hat.[59] Diese Festsetzungen werden im Laufe der Entstehung der natürlichen Sprache entwickelt.

Schon bei der Abwehr der Ansicht des Psychologismus haben wir gesagt, dass der Satz auch aus Vorstellungen bestehen kann (wie aus jedem anderen Material), also aus psychischen Gebilden, die sich sozusagen im Bewusstsein abspielen; das ist aber nur einer von vielen mit diesem gleichbedeutenden Fällen. Das psychische Gebilde erhält ja erst einen Sinn, wenn man ihm eine Bedeutung verleiht, so dass es als Zeichen fungieren kann (es muss natürlich | jemand da sein, der diese Bedeutung erteilt und in diesem Sinne ist die Anwesenheit eines Bewusstseins wichtig.)

Wir haben gesagt, dass das Ziel des Forschers ist, *die gesamte Welt mit einem Minimum an Zeichen zu beschreiben.* Da kann man nun verschiedene Ansichten unterscheiden: 1) *alle Zeichen gehören einer Art an: Monismus.* 2) *Wir haben zwei Arten von Zeichen: Dualismus.* 3) *Wir verwenden zur Beschreibung der Welt mehrere Zeichenarten: Pluralismus.* (Diese verschiedenen Ansichten haben alle ihre Vertreter in der Philos[ophie]) Der Fehler der früheren erkenntnistheoretischen Versuche war der, dass man von vornherein annahm, schon zu wissen, was mit dem Wort „Erkenntnis" gemeint ist, ohne sich über seine Verwendungsweise klar zu sein und so begann man zu gelehrt und wissenschaftlich und kam zu komplizierten Theorien.

Die fundamentalste Tatsache zum Verständnis des Erkenntnisprozesses ist, dass Erkenntnis jedesfalls die Anwendung einer Sprache voraussetzt und die Sprache kann man nur anwenden, wenn man sie gelernt hat.

Es ist nun die Frage, ob unsere Beschreibung der Erkenntnisse vollständig ist, d. h. wir keinen wesentlichen Fall vergessen haben. Wir haben nur besondere Fälle ausgenommen, wo das Wort „Erkenntnis" noch in der Wissenschaft vorkommt, z. B. bei mathemat[ischen] oder logischen Erkenntnissen. Bei *mathemati-*

---

59 Wittgenstein um 1933: „Ich kann allerdings die Festsetzung von Wortbedeutungen vergleichen der Festsetzung einer Projektionsart— // Projektionsmethode //, wie der zur Abbildung räumlicher Gebilde (‚der Satz ist ein Bild'); dies ist ein guter Vergleich [...]." (Ms 114, 65 r)

schen und logischen Erkenntnissen aber hat dieses Wort einen prinzipiell anderen Gebrauch, weil es sich in diesen Fällen nicht um Wirklichkeitserkenntnis handelt, sondern um den Gebrauch von Zeichen (in der Mathematik von Zahlenzeichen, in der Logik von Zeichen überhaupt).[60] Wir sprechen hier nur von dem, was man in der Wirklichkeit feststellen kann (darauf kommt es ja auch am meisten an), fragen nur nach Wirklichkeitserkenntnis. Durch diese Einschränkung begehen wir keinen Fehler, denn wir werden dazu gelangen, *nur* von dieser *Wirklichkeitserkenntnis* als von der *eigentlichen Erkenntnis* zu sprechen. Der Philosoph ist also zunächst an der Wirklichkeitserkenntnis interessiert.

| Wir betrachten noch andere Auffassungen des Erkenntnis- [39] prozesses, wie sie uns in der Gegenwart oft entgegentreten (es ist dies der Punkt, an dem sich die Geister gewöhnlich scheiden und die gänzlich verschiedenen Auffassungen und Richtungen gehen eben hier in der Erkenntnistheorie auseinander).

Es wurde von vielen Denkern behauptet, dass man mit der beschreibenden Erklärung nicht auskomme. Man argumentiert so, dass man sagt, der Mensch könne auch für sich selbst Objekt werden (Comte: „Die Psychologie ist unmöglich, weil die Erkenntnis des eigenen Bewusstseins unmöglich ist").[61]

Der Erkenntnisakt besteht doch in einem Kontakt der Beziehungen zwischen verschiedenen Gliedern: diese Beziehung aber kann hergestellt werden, ganz ohne von einem Erkennenden, einem Subjekt zu sprechen.

Wir haben das *Hauptgewicht auf die Beziehung zwischen Satz und Wirklichkeit* gelegt, *von der in der Welt bestehenden Ordnung gesprochen.* Bei unseren bisherigen Betrachtungen erschien unwichtig, dass dieser Beziehung beim Erkennen, die Ordnung in der Welt von jemandem gestiftet wird, nämlich von uns selber. Nun pflegt man sich aber vorzustellen, dass hier etwas zu kurz kommen könnte: jene auch logische Beziehung zwischen dem Erkennenden und dem, was erkannt wird: es scheint, dass es doch in erster Linie auf die Beziehung zwischen der erkennen-

---

60 Ausführlicher in 1918/1925a *Erkenntnislehre* (*MSGA* I/1, S. 706).

61 Vgl. hierzu Comte, *System of positive Polity*, Bd. 4, S. 647.

den Person und dem zu erkennenden Objekt ankomme. *Man spricht* hier *gewöhnlich von einem erkennenden Subjekt, einem Ich, einem Bewusstsein, in dem sich die Erkenntnis abspielt* und meint damit beginnen zu müssen, dass man sich mit dieser Beziehung beschäftigt, die zwischen dem Erkennenden und dem Erkannten statthat. Hier bedient man sich aber bereits komplizierter philosophischer Termini; der Begriff des Subjekts z. B. ist überhaupt ein ziemlich spät im Denken auftretender Begriff. Im gewöhnl[ichen] Leben kommt dieser Unterschied viel einfacher zustande in der Unterscheidung zwischen verschiedenen Personen, zwischen Ich und Du und diese sind durch die äussere Erscheinung, den Körper begrenzt.[62] Die Worte „Ich“, „Persönlichkeit“, „Bewusstsein“ werden in der Philosophie gewöhnlich schon in nicht | ganz einwandfreier Weise eingeführt, nämlich ohne sich darüber klar geworden zu sein, weil man schon zu wissen meint, was es heisst, z. B. das „Ich“ als Subjekt erkennen, etz. – Es ist naiv, den Ausgangspunkt in der Weise vom Ich, vom Subjekt zu nehmen, als ob wir schon alle genau wüssten, was das bedeutet: in einem gewissen Sinne, im tägl[ichen] Leben wissen wir ja auch, was das bedeutet: das ist aber gerade nicht der Sinn, in dem dieser Terminus gebraucht wird, wenn man philosophiert. Diese Schwierigkeit aber lässt sich vermeiden, wenn man diesen Terminus vermeidet; man kann von dem gewöhnlichen Gebrauch des Wortes „erkennen“ ausgehen und eine andere Richtung einschlagen, diejenige näml[ich], in der sich unsere bisherige Betrachtungen des Erkenntnisvorganges bewegt haben. Erkenntnis ist immer Zurückführen des einen auf das andere; man stellt etwas auf Grund von Ähnlichkeiten fest, es handelt sich nie um irgendeinen Gegenstand, sondern um einen Gegenstand, den man schon kennt und nun weiter einordnet. Das zunächst Unbekannte wird als Bild, weiter als Bild eines bestimmten Gegenstandes erkannt: um alles das ausführen zu können, muss man das Bild anschauen, sich davon Kenntnis verschaffen, was eigentlich vorliegt; das geschieht, indem man möglichst viele sinnliche Eindrücke zu ge-

---

62 In 1918/1925a *Erkenntnislehre* knüpfte Schlick an diese Überlegung eine Kritik des Cartesischen Dualismus von Leib und Seele an (*MSGA* I/1, S. 421 ff.).

winnen sucht; man trachtet genau wahrzunehmen, um die Beschreibung liefern zu können und dann eine Erklärung geben zu können.

Man kann nun leicht darauf verfallen, zu meinen, dass die-
se sinnlichen Eindrücke die Hauptsache seien, dass man also
mit der Wahrnehmung das Wesentliche der Erkenntnis geleistet
hat. Man vergisst dabei, dass die Erkenntnis erst nach dem allen
kommt, in der Beschreibung, der Erklärung liegt und hält für das Wichtigste am Erkenntnisprozess die unmittelbare Berührung, die man vom Gegenstande haben muss. Das drückt sich auch in der Etymologie aus: daher wird das Wort „anschauen" häufig als Synonimum [*sic!*] für das Wort „Erkennen" gebraucht oder auch Worte, wie „erfassen", „begreifen", also Bilder, die dem Tastsinn entnommen sind.

|Dieser Gedankengang, dass der direkte Kontakt zwischen dem Erkennenden und dem Gegenstande, der erkannt werden soll, das Wichtigste ist, kann ja als sehr naheliegend bezeichnet werden und wir wollen nun untersuchen, was daran richtig und was falsch ist.[63]

Das Wort „erfassen" wird unaufhörlich verwendet, in philos[o-phischen] Lehrbüchern und Abhandlungen können wir lesen: „Das Erkennen ist ein Erfassen ...",[64] aber wir sind mit dieser Erklärung nicht zufrieden: blosses erfassen, begreifen, betasten, als Synonima für erkennen bleiben Bilder einer ganz primitiven Stufe (in dieser Weise sucht sich ein Baby mit seiner Umgebung vertraut zu machen – aber eine Urkunde in fremder Sprache, eine chemische Verbindung, kann man durch „erfassen", durch in-die-

---

63 Von hier an bis S. 418 ist die Vorlesung sehr eng an Schlicks Aufsatz 1913a *Intuitive Erkenntnis* angelehnt (*MSGA* I/4).

64 Ueberweg, *Grundriss der Geschichte der Philosophie*, Teil 4, § 50: „Nicht selbst Gegenstandstheorie, aber eine unerläßliche Ergänzung derselben bietet die Untersuchung des Erfassens der Gegenstände. Was man erkennt, sind nicht Objekte, die im Erkennen nur ‚beurteilt', sondern Objektive, die im Erkennen ‚geurteilt' werden, oder Tatsachen im weitesten Sinne. Und das Erkennen ist ein Erfassen der Tatsachen, nicht per accidens, sondern vermöge der Natur der erfassenden Urteile, jener Natur, die man längst Evidenz nennt." Überweg entnahm dies Meinongs *Untersuchungen zur Gegenstandstheorie und Psychologie*.

Hand nehmen nicht erkennen.) Dennoch pflegt man zu sagen: wenn man einen warmen Gegenstand anfühlt, lernt man doch kennen, was Wärme ist; oder, durch das blosse anschauen von Farben weiss man, was Farbe ist, erkennt man das Wesen der Farbe. Und diese „Ansicht" wird von der heutigen Philosophie noch vertreten. Durch die Wahrnehmung wird gleichsam „eine Verbindung zwischen dem erkennenden Subjekt und dem zu erkennenden Objekt" geschaffen – dadurch wird man leicht dazu gebracht, zu glauben, dass Erkenntnis in der Herstellung einer solchen, möglichst innigen Verbindung besteht. Die Aussage: „Die Erde bewegt sich in einer Ellipse um die Sonne" ist gewiss eine Erkenntnis, die aber sicher nicht durch Berührung mit der Erde zustande kommt. Die Vertreter der hier zur Untersuchung stehenden Ansicht aber helfen sich, indem sie sagen, dass man von Erde und Sonne doch auch nur durch Berührung wisse, nämlich durch Berührung mit dem Licht.[65] – Gewiss muss man von Gegenständen, die man erkennen will, schon überhaupt etwas wissen, sie müssen uns sozusagen schon irgendwie gegeben sein, man muss *Kenntnis* von ihnen haben; *dieser erste Aktus aber gibt uns die Gegenstände nur, um die es sich später handelt: das Erkennen beginnt erst nachher.* Trotzdem aber bleiben viele hartnäckig dabei, dass die durch das Erkennen gestiftete

---

65 Schlick hatte wohl Husserl und Bergson vor Augen. So schrieb Husserl beispielsweise in *Prolegomena*, S. 128 f.: „Die Wahrheit [...] ist nicht Phänomen, sondern sie ist Erlebnis in jedem total geänderten Sinn, in dem ein Allgemeines, eine Idee ein Erlebnis ist. [...] Aber das Rote ist nicht Spezies Rot. Das Konkretum hat die Spezies auch nicht als (‚psychologischen‘, ‚metaphysischen‘) Teil in sich. [...] Jener Teil ist nicht Röte, sondern ein Einzelfall von Röte. [...] Und so, wie wir, auf das Konkret-Einzelne hinblickend, doch nicht dieses, sondern das Allgemeine, die Idee meinen, so gewinnen wir im Hinblick auf mehrere Akte solcher Ideation die evidente Erkenntnis von der Identität dieser idealen, in den einzelnen Akten gemeinten Einheiten."
In Bergsons *Einführung in die Metaphysik*, S. 5, ist zu lesen: „Selbst die konkretesten der Naturwissenschaften, die Wissenschaften vom Leben, halten sich an die sichtbare Form der Lebewesen, ihrer Organe, ihrer anatomischen Bestandteile. Sie vergleichen die Formen miteinander, führen die komplizierteren auf die einfacheren zurück, studieren endlich die Funktionen des Lebens in dem, was sozusagen ihr sichtbares Symbol ist."

Beziehung, dass der Erkennende etwas erkennt, als das Eigentliche, Wichtigste zu betrachten sei, | dass man also etwas wirklich   42
erkennt durch diesen unmittelbaren Akt des Anschauens oder
Innewerdens, also durch die *Intuition* (von intueri, anschauen;
5   dieses Wort ist also ein pars pro toto, es wird vom unmittelbaren
Anschauen zu einem allgemeinen Gebrauch übertragen). Es wird
also gesagt, dass in der Intuition, dem Anschauen, die wirkliche
Erkenntnis geleistet wird; der erste, unmittelbarste Akt des Erkennens ist wahrzunehmen, also wahrnehmen = erkennen. Diese
10   Ansicht findet sich in vielen philosophischen Systemen. Das Wort
„wahrnehmen" aber ist schon ein kompliziertes Wort, das in der
Sprache des tägl[ichen] Lebens nicht vorkommt. Man gebraucht
eigentlich nur die einzelnen Unterabteilungen dieses Wortes, z. B.
sehen, hören, etz. – Auch diese Ausdrucksweise aber ist relativ
15   kompliziert und der primitive Mensch sagt sicher nicht „Ich sehe
einen Baum", sondern „Da ist ein Baum".[66]

*Die Worte „sehen", „hören", etz. werden nur dann verwendet, wenn man einen Gegensatz andeuten will zwischen dem,
was man mit den eigenen Sinnesorganen wahrnimmt und dem,*
20   *was andere Personen wahrnehmen. Erst wenn die Abhängigkeit
dessen, was da irgendwie vorhanden ist, von den eigenen Sinnesorganen festgestellt wird, kann der Begriff des Wahrnehmens
überhaupt gebildet werden* und das tritt relativ spät ein. – Es ist
hier schon durch die grammatische Form eine komplizierte Si-
25   tuation vorausgesetzt, denn *„wahrnehmen"* ist ein Verbum und
beim *Gebrauch eines solchen Wortes steckt schon das erkennende Subjekt darin* (*ich* nehme wahr, *ich* sehe); in der scheinbar
harmlosen Annahme, dass Wahrnehmen = Erkennen ist, steckt
schon eine komplizierte Voraussetzung; man spricht dann von
30   dem erkenntnistheoretischen Subjekt etz. und schafft so schwierige philos[ophische] Situationen.

---

66 Diese Kritik findet sich außer in dem Aufsatz 1913a *Intuitive Erkenntnis*
(*MSGA* I/4) auch in der Vorlesung *Grundzüge der Erkenntnislehre und Logik*,
Inv.-Nr. 2, A. 3a, Bl. 24 ff. (*MSGA* II/1. 1) und in 1918a *Erkenntnislehre* (*MSGA*
I/1, S. 295 f.).

Noch durch etwas anderes lässt sich erklären, wie die Ansicht
zustande kommt, dass die Intuition die Grundlage des Erkennens
sei: es wird gesagt, dass die wissenschaftliche, also beschreibende
oder erklärende Erkenntnis eine zu äusserlich am Gegenstande
bleibende sei. Diese wissenschaftliche Erkenntnis wird im Gegen- 5
satze zur intuitiven, die *discursive Erkenntnis* genannt (man läuft
43 |gleichsam um den Gegenstand herum, beschreibt ihn mit Hilfe
aller möglichen Zeichen). Mit der Beschreibung bleibt man außerhalb der zu erkennenden Objekte; eine Beschreibung berührt ja
den Gegenstand nicht, scheint also eine mehr neutrale Beziehung 10
zu sein, durch die man mit dem zu erkennenden Objekt nicht so
sehr bekannt wird. Ebenso ist es mit der Erklärung, die ja nur eine
besondere Art der Beschreibung ist, die näml[ich] mit einem Minimum von Zeichen. Im tägl[ichen] Leben kommt es vor, dass man
den Wunsch hat, eine Beschreibung durch die Wahrnehmung zu 15
ersetzen (z. B. Bericht über ein gutes Theaterstück, Beschreibung
einer herrlichen Landschaft); Ansichten des tägl[ichen] Lebens
aber können meist nicht ins Philosophische übertragen werden,
sonst ergibt das ganz schiefe Situationen. Der Intuitionsphilosoph
meint nun also, dass die Beschreibung nicht alles gebe, dass sie 20
zum letzten Gegenstand der Erkenntnis nichts nütze und will mit
dem Gegenstande eine innigere Bekanntschaft machen, als das
durch blosse Beschreibung möglich ist (dabei wird vergessen, dass
man mit dem Gegenstande ja schon Bekanntschaft geschlossen
hat). Am meisten wurde den Naturwissenschaften das äusserliche 25
Beschreiben der Gegenstände zum Vorwurf gemacht. *Das Ziel des
Intuitionsphilosophen ist also, sich mit den Gegenständen vollkommen vertraut zu machen, selbst in sie einzudringen. Fast alle Metaphysiker* gehören zu den Bekennern des Intuitionismus.
Der berühmteste Metaphysiker der Gegenwart, *Henri Bergson*, 30
stellt sogar die discursive Erkenntnis als die wissenschaftliche der
philosophisch-intuitiven gegenüber. Bergson sagt, die philosophische Erkenntnis will sich durch Aufbietung der Intuition in das
Objekt selbst versetzen.[67]

---

67 Bergson schrieb in seiner *Einführung in die Metaphysik*, S. 1: „Wenn man
die Definition der Metaphysik oder die Auffassung des Absoluten untereinander

Da man seine Worte definieren kann wie man will, so ist gegen die *Verwendung des Wortes „Erkenntnis" für das, was die Intuition umfasst, nichts zu sagen.* Wir können und müssen aber darauf aufmerksam machen, dass das Wort *„Erkenntnis"* dann *in ganz anderer Weise verwendet wird als in der Wissenschaft und auch ganz anders, als man dieses Wort im tägl[ichen] Leben gebraucht*; in beiden letzteren Fällen würde es auch gar nichts nützen, wenn man mit dem Gegen|stande identisch würde; ₄₄ wenn der Wilde sich auch in das Feuer hineinversetzen könnte, so wüsste er doch nicht, wie er Feuer herstellen soll; oder, wenn der Physiker selbst zu Licht würde, könnte er dann nicht als Physiker und Mensch erkennen, was das Wesen des Lichtes ist. Es ist anzunehmen, dass das Gold nicht selbst weiss, was Gold ist, sondern das weiss nur der Forscher, der die Erkenntnis so versteht, wie wir dies Wort verstehen, als discursive Erkenntnis)[d].

Der Intuitionist fügt noch hinzu, dass die discursive Erkenntnis zur intuitiven Erkenntnis im Verhältnis des Mittels zum Zweck stehe, dass die discursive Erkenntnis etwas versuche, das ihr nicht ganz gelingt; sie komme nicht so weit, wie der Philosoph möchte, müsse bei der blossen Beschreibung haltmachen. Diese Darstellung nimmt also an, dass es sich hier um zwei verschiedene Wege zum selben Ziel handelte; das ist aber keinesfalls richtig. *Bei der Intuition handelt es sich um etwas völlig Verschiedenes, um etwas, das der Erkenntnis im allgemeinen und wissenschaftlichen Sinne nicht beitragen kann und umgekehrt, die discursive Erkenntnis kann nicht beitragen zum philosphischen „Einswerden" mit den Dingen.*

---

d Klammer öffnet im Original nicht

vergleicht, so bemerkt man, daß die Philosophen trotz ihrer augenfälligen Divergenzen darin übereinstimmen, daß sie zwei im tiefsten verschiedene Weisen, einen Gegenstand zu erkennen, unterscheiden. Die erste setzt voraus, daß man um diesen Gegenstand herumgeht, die zweite, daß man in ihn eindringt. Die erste hängt von dem Standpunkt ab, auf den man sich begibt, und von den Symbolen, durch die man sich ausdrückt. Die zweite geht von keinem ‚Gesichtspunkt' aus und stützt sich auf kein Symbol." In seinem Aufsatz 1913a *Intuitive Erkenntnis* setzte Schlick sich ausführlicher mit Bergson auseinander (*MSGA* I/4).

Die Intuition wird von ihren Vertretern auf verschiedene Weise beschrieben: Bergson spricht, wie schon erwähnt, vom „Einswerden mit dem zu erkennenden Gegenstand".[68] Auch Schopenhauer sagt, dass die Erkenntnis im gewöhnl[ichen] Sinne um die Dinge aussen herumgehe, so wie man um ein Haus herumgeht und vergleicht die philosophische Erkenntnis mit dem Hineingehen in das Haus.[69] Also auch hier wieder der *Fehler, dass zwischen disc[ursiver] Erkenntnis und Intuition kein prinzipieller Unterschied gemacht wird*, denn dieser Vergleich stellt es so dar, als ob es sich in beiden Fällen um dasselbe handeln würde, das eine nur der Anfang, das andere das Ende desselben Weges wäre.

Wir wollen nun überlegen, wie man zu dieser Verwechslung kommt und wohin sie führt: dass wir die Gegenstände kennen lernen, geschieht mit Hilfe unserer Sinne, die Wirklichkeit scheint dem Subjekt zunächst nur durch | die Wahrnehmung gegeben zu sein. Wir stellen so eine Beziehung her zwischen Subjekt und Objekt und diese scheint nun die grundlegende zu sein; so kommt man zu der Idee, dass, wie immer man sich dem Gegenstande nähern möge, fundamental bleibt sich dem Gegenstande direkt, immer inniger zu nähern.

Hat man aber schon eingesehen, dass es sich bei Erkenntnis in irgendeinem Sinne um Abbildung handelt, so weiss man, dass der Gegenstand ersetzt wird, man operiert mit Symbolen; ist das geschehen und kennt man die Naturgesetze, so kann man Zukünftiges voraussagen.[70] In der Abbildung sieht man voraus,

---

68 Genau diese Formulierung verwendete Bergson nicht. Vgl. jedoch S. 404.

69 In seiner Vorlesung *Schopenhauer und Nietzsche* ging Schlick hierauf ausführlich ein (Inv.-Nr. 7, A. 10a/b, *MSGA* II/5. 1, S. 419 f.). Vgl. dazu auch Schopenhauer, *Die Welt als Wille und Vorstellung*, II, § 17 (Werke (ZA) W I/1, S. 142).

70 In der Vorlesung *Die Grundzüge der Erkenntnistheorie und Logik* von 1910 hieß es dagegen noch: „Dass eine Art Abbilden stattfindet, ist nun die gewöhnlichste Meinung der naiven, noch nicht durch philosophische Reflexion gereinigten Gemüter. Aber bereits ein geringes Mass philosophischen Nachdenkens zeigt, dass unsere Vorstellungen und Urteile ganz unmöglich Abbilder der Gegenstände und Tatsachen in dem Sinne sein können, wie etwa ein Portrait ein Bild einer Person ist – wenigstens nicht, wenn es sich um Gegenstände ausser-

wie die Wirklichkeit sich verhalten wird und die Sicherheit, mit
der man das kann, ist eine ziemlich bedeutende. *Dienen diese von*
der Wirklichkeit entworfenen Bilder im tägl[ichen] Leben und in
der Technik der praktischen Verwertung, so lesen wir aus ihnen
5 *ab, wie die Wirklichkeit sich verhalten wird und das ist eben das*
Wesen der Voraussagen, dass in ihnen Erkenntnisse stecken. –
Bei der rein theoretisch-wissenschaftlichen Aussage aber kommt
es nur darauf an, eine solche Voraussage, eine Erkenntnis zu ge-
winnen und zwar mit einem Minimum an Zeichen; wissen wir,
10 dass das Bild ein treues ist, so sind wir damit zufrieden, dies
ist schon das *Ziel der rein wissenschaftl[ichen] Erkenntnis.* Was
nachher kommt, *die Anwendung des Bildes, ist nicht mehr eine*
Erkenntnis, sondern praktischer Zweck, Sache des Lebens; man
geht dann, wie bei allen Anwendungen, vom Bilde wieder zur
15 *Wirklichkeit zurück.*[71]

Die Philosophie sucht zunächst auch nur reine Erkenntnisse
zu gewinnen, also ein *Bild* von der Wirklichkeit (wie man dies
dann später anwenden kann, ist eine andere Sache) und *die Theo-*
rie der Erkenntnis besteht also in der Theorie dieser Abbildung

---

halb unseres Bewusstseins handelt. [...] Sieht man dies aber ein, so bleibt nur die
Auffassung übrig, dass unsere Urteile und Begriffe die Rolle von Zeichen spielen,
die den Tatsachen und Dingen zugeordnet sind [...]." (Inv.-Nr. 2, A. 3a, Bl. 33 f.,
MSGA II/1. 1)

Ähnlich auch in der *Allgemeinen Erkenntnislehre*: „Der wahre Erkenntnisbegriff, wie er uns jetzt aufgegangen ist, hat nichts Unbefriedigendes mehr. Nach
ihm besteht das Erkennen in einem Akte, durch den in der Tat die Dinge gar
nicht berührt oder verändert werden, nämlich im bloßen Bezeichnen. Eine Abbildung kann niemals ihre Aufgabe vollkommen erfüllen, sie müßte denn ein zweites
Exemplar des Originals, eine Verdoppelung sein; ein Zeichen aber kann restlos
das von ihm Verlangte leisten, es wird nämlich bloß Eindeutigkeit der Zuordnung
von ihm verlangt." (1918/1925 a *Erkenntnislehre*, *MSGA* I/1, S. 302 f.)

71 Vgl. dagegen auch hier wieder Schlicks frühere Position in der *Allgemeinen Er-*
kenntnislehre: „So zerschmilzt der Begriff der Übereinstimmung vor den Strahlen
der Analyse, insofern er Gleichheit oder Ähnlichkeit bedeuten soll, und was von
ihm übrig bleibt, ist allein die eindeutige Zuordnung. In ihr besteht das Verhältnis
der wahren Urteile zur Wirklichkeit, und alle jene naiven Theorien, nach denen
unsere Urteile und Begriffe die Wirklichkeit irgendwie ‚abbilden' könnten, sind
gründlich zerstört." (1918/1925 a *Erkenntnislehre*, *MSGA* I/1, S. 256)

und sonst in nichts. Hier bekommt das *Bild* also eine neue *Funktion*, verschieden von derjenigen, die es im tägl[ichen] Leben hat.

Im tägl[ichen] Leben hat das Bild die Aufgabe, die Wirklichkeit zu ersetzen (Photographien z. B.); ist die Sache selbst da, dann ist das Bild nicht mehr notwendig. Ebenso ist es in der Technik (ist die Brücke fertig, kann die Zeichnung zerrissen werden, die dazu diente, sie herzustellen.)

| Schon in der Kunst hat das Bild eine andere Funktion; das Bild soll da die Wirklichkeit nicht ersetzen, das wäre nicht der eigentliche Sinn der Kunst; es kommt da ja gerade darauf an, etwas darzustellen. Das gerade ist ja der tiefe Sinn der Kunst, dass sie fort will von der Wirklichkeit; die Darstellung ist ihr das einzige Adäquate. Die Abbildung in der Kunst ist ganz verschieden von der des tägl[ichen] Lebens; aber sie entspricht der Art der Abbildung bei der reinen Erkenntnis, denn diese will auch nicht die Wirklichkeit selbst, nur sie darstellen, mit einem Minimum von Symbolen. Das Bild muss prinzipiell mit einem Minimum an Symbolen auskommen, das ist das Ziel des Forschers, darin besteht ja gerade seine Eigenart.

Die reine Erkenntnis und die Darstellung in der Kunst sind beides Darstellungen um ihrer selbst willen. Die Forscher, Künstler, sind zufrieden, wenn es ihnen gelingt, die Wirklichkeit auf eine ganz bestimmte Weise darzustellen. *Hier hat das Bild eine ganz andere Funktion als die Aufgabe, die Wirklichkeit zu ersetzen.*

Verwechselt man nun diese beiden so verschiedenen Darstellungsarten (Darstellung um ihrer selbst willen – Ersatz der Wirklichkeit) und sagt, das Bild sei immer besser, je treuer es die Wirklichkeit darstelle, so kommt man in konsequenter Verfolgung dieses Gedankens für das beste Bild zu einem Abklatsch der Wirklichkeit, zu dem Absurdum, dass es am besten wäre, eine zweite Wirklichkeit daneben zu setzen (in diesem Sinne wäre die Photographie viel besser als die künstlerische Skulptur.) Das ist eine vollkommen missverständliche Auffassung der *Funktion des Abbildens in Kunst und Wissenschaft: das Bild soll nicht die Wirklichkeit ersetzen, sondern die Wirklichkeit darstellen*, eben auf eine besondere Weise.

408

Man will ja nicht die Welt schaffen (abgesehen davon, dass das nicht möglich ist), sondern die Welt erkennen (und das ist möglich). Im tägl[ichen] Leben braucht man das Bild nur solange, als man nicht zur Wirklichkeit übergehen kann; in Kunst und Wissenschaft aber will man diesen Übergang gar | nicht mehr machen. Dort, wo es sich um Lebensfragen handelt, will man die Wirklichkeit (ein gemaltes Brot nährt nicht); in Wissenschaft und Kunst aber ist es die Darstellung, worauf es ankommt.

Der Philosoph hat Unrecht, der von der discursiven Erkenntnis weitergehen will zum Gegenstand selbst: es ist das ja ein ganz anderer Schritt, sich an der Wirklichkeit zu erfreuen, sie zu erleben; *Erleben hat nichts mit Erkennen zu tun*; in der Erkenntnis handelt es sich um gewisse, besondere Darstellungsweisen der Wirklichkeit; der Intuitionist hätte nur recht, wenn in diesem Falle das Bild auch nur Ersatz wäre. Dieser Irrtum führt nun dazu, zwei gänzlich verschiedene Dinge als Erkenntnis zu bezeichnen.[72]

Durch die eben angestellten Überlegungen können wir uns nun ein Urteil bilden über die Rolle der Intuition beim Erkenntnisprozess, können abschätzen, ob die Philosophen recht haben, die die Intuition an den Anfang, oder die, die sie an das Ende jeder Philosophie stellen. *Durch blosses Anschauen der Gegenstände kann man nicht jenen Zweck erreichen, der eine Darstellung dieser Gegenstände erlaubt.* Die Lehre von der intuitiven Erkenntnis als der philosophischen beruht auf einem Missverständnis der abbildenden Funktion der Erkenntnis; (sowie auf d[em] Gedanken, dass die Erkenntnis eine unmittelbare Berührung des Subjekts mit dem Objekt mit sich bringen muss).

Es ist zunächst also eine terminologische Angelegenheit, wenn man das unmittelbare Innewerden bei der Wahrnehmung als Erkenntnis bezeichnen will; das ist nicht falsch, aber unzweckmässig. Falsch aber ist es, wie wir gesehen haben, wenn man meint, dass die intuitive Erkenntnis dasselbe leistet, wie die discursive Erkenntnis, oder gar noch in einem höheren Masse, dass sie beide

---

72 Vgl. hierzu Schlicks Aufsatz 1926a *Erleben* (*MSGA* I/6, S. 49 f.). Neben Bergson und Schopenhauer kritisierte Schlick dort auch Alfred Edward Taylor wegen einer Verwechslung von Erleben und Erkennen.

Wege zum selben Ziele sind. Diese Wege gehen sogar in entgegengesetzter Richtung auseinander, denn was man wünscht, wenn man das unmittelbare Gegebensein will, ist etwas ganz anderes, als was man wünscht, wenn man Erkenntnis anstrebt. Es kann vielleicht wichtiger, erfreulicher, schöner sein, die Gegenstände selbst zu geniessen, als sie darzustellen, aber darum handelt es sich nicht, sondern | um das, was Erkenntnis ist.

Es gibt zwei Formen der intuitionistischen Lehre: dass der Erkennende ein Teil des Objektes werden, oder es in sich aufnehmen muss; dann ist er ganz mit ihm verbunden, denn die innigste Relation ist ja Identität. Wir haben eingesehen, dass dies nicht der Wunsch der Erkennenden, sondern der Wunsch des Erlebenden sein kann; der Erkennende will möglichst viel von der Wirklichkeit durch eine symbolische Darstellung beherrschen. – Die deutlichste Ausprägung hatte der intuitionistische Erkenntnisbegriff im Mittelalter, in der Mystik, für die alle Erkenntnis darin gipfelt, mit Gott eins zu werden.[73] Innerhalb der theoretischen Philosophie ist diese Ansicht mehr verwunderlich und nur so zu erklären, dass dafür die missverständliche Auffassung der Bildfunktion beim Erkennen verantwortlich gemacht wird (wie z. B. bei Kant). In der neueren Philosophie aber tritt wieder der rein mystische Zug auf, der erleben mit erkennen verwechselt und die Beziehung zw[ischen] Subjekt und Objekt für die wichtigste beim Erkennen hält.

Noch ein weiteres Missverständnis ist schuld daran, wenn das Ziel der Intuition und das Ziel der discursiven Erkenntnis verwechselt werden, dass man überhaupt für beide denselben Namen gebraucht, trotzdem es sich doch um ganz verschiedene Prozesse handelt. Man strebt bei der Erkenntnis gerne immer nach der sogen[annten] *absoluten Sicherheit* und da scheint es nun, dass die discursive Erkenntnis als komplizierter Prozess leichter dem Irrtum ausgesetzt ist (man hat dabei erst Gleiches zu finden, dann auf einander zu reduzieren mit Hilfe von Symbolen, die vorher anderen Darstellungen gedient haben, etc.). Man sagt richtig, dass

---

73 Schlick spielte hier auf Meister Eckhart an. Genauer ist das in der Vorlesung von 1910 ausgeführt, siehe Inv.-Nr. 2, A. 3 a, Bl. 32 (*MSGA* II/1. 1).

Erkenntnisprozesse dieser Art irgendwie dem Zweifel ausgesetzt sind, ihr Resultat nie als ganz sicher bezeichnet werden kann. Wenn man aber nun das, was Unsicherheit verschuldet, auszuschalten sucht, was der reinen, ungetrübten Erkenntnis vielleicht im Wege steht, dann bleibt die blosse Intuition, das Anschauen oder Dasein der Gegenstände, | das keine Erkenntnis beinhaltet.   49

Eine in der deutschen Philosophie sehr ausgebreitete Richtung, die *Phaenomenologie*, glaubt, dass mit der blossen Intuition eine spezifisch philosophische Erkenntnistheorie gefunden sei, die nicht Metaphysik geben soll (wie bei Bergson), sondern eine Grundlegung der Erkenntnisse überhaupt. Diese Schule geht im wesentlichen auf Husserl zurück.[74] Man glaubt, dass ein besonderer Aktus erfolgt, die Methode besteht in einem sich-Versenken in den Gegenstand, dessen Ergebnis dann ist, dass man z. B. unterscheidet, dass rot nicht grün ist, was eine Farbe ist, etz. – Andere, auf diese phaenomenologische Art gefundene „Erkenntnisse" sind, dass zwischen rot und grün noch andere Farben liegen, dass orange der Qualität nach zwischen rot und gelb liegt, dass rot nicht schwarz ist. Man hat von der Methode, die diese weittragenden Erkenntnisse liefert, eine so gute Meinung, dass man glaubt, sie sei der Anfang einer ganz neuen Philosophie, die ohne alle symbolisierenden und mathematisierenden Methoden zu strengen, endgültigen Erkenntnissen gelangt. (Husserl hat sehr viele Schüler und man arbeitet schon 20 Jahre an der Ausbreitung dieser Philosophie, die aber ausser den vorstehenden überraschenden Ergebnissen noch kein anderes Resultat lieferte.) –

Es liegt schon im Aufbau dieser Philosophie ein Widerspruch gegen ihren Grundgedanken: die im Wege der Intuition gewonnenen Erkenntnisse werden doch in Aussagen formuliert, Aussagen aber bestehen aus Worten, Symbolen; es handelt sich also bei aussprechen einer intuitiven Erkenntnis um eine Übertragung in Symbole. Das Verlangen, ohne Symbole auszukommen, würde bedeuten, dass man überhaupt nichts sagt! Die alten Mystiker des Mittelalters waren mit ihrer Behauptung, dass man die durch die Intuition gewonnenen Erkenntnisse (das Eins-werden mit Gott)

---

74 Vgl. dazu 1913a *Intuitive Erkenntnis*, S. 475 (*MSGA* I/4).

nicht ausdrücken könne, viel konsequenter. Wenn der Phaenomenologe aber seine Erkenntnis ausspricht: „Rot ist nicht schwarz", so wird etwas ausgedrückt, ein Tatbestand mitgeteilt, also handelt es sich um das, was wir Tatsachenfeststellung oder beschreibende Erkenntnis genannt | haben. Es ist zuerst etwas da, das man dadurch erkennt, dass man es schon vorher gesehen und mit einem Namen bezeichnen gelernt hat; der neue Farbeindruck wird eingeordnet auf Grund früherer Erfahrungen – also ein discursiver Erkenntnisprozess, wenn auch primitiver Art, eine Erfahrungserkenntnis. Solange man die Farbe nur erlebt, kein Wort dafür gebraucht, noch denkt, nichts hinzufügt, kann von Erkenntnis nicht die Rede sein; es ist ein Erlebnis, blosses Vorhandensein, Intuition. (Wenn ich sage: „ich sehe blau", so ist dies schon das Resultat einer Reflexion). Will man das „Erkenntnis" nennen, so wendet man dieses Wort jedesfalls in einer merkwürdigen und sonst nicht üblichen Weise an. *Der Phaenomenologe bezeichnet die Farbe, sagt etwas über sie aus, also liegt schon eine primitivste Form discursiver Erkenntnis vor*; das Gegebensein der Gegenstände ist Voraussetzung dafür, dass die Erkenntnis überhaupt einsetzen kann. Es liegt also eine Reihe von primitiven Verwechslungen vor, die bei den einzelnen Philosophen mehr oder minder bewusst gemacht werden.

(Wenn man sagt „Rot ist nicht Schwarz", so handelt es sich nicht wie bei dem Satze „hier ist blau" um eine einfache Erkenntnis, sondern überhaupt nur um eine Festsetzung der Regeln unserer Farbworte, also um eine Feststellung des Sprachgebrauches im logischen Sinn).

Bergson ist am ehesten zu verteidigen, da er die wissenschaftliche Erkenntnis vollkommen anerkennt und *ausserdem* noch dieses sich-Hineinversetzen als echt philosophische Erkenntnis bezeichnet; es werden da wenigstens noch Unterschiede gemacht. Viel schlimmer ist es, wenn intuitive und discursive Erkenntnis durcheinandergemengt werden, das Wort „Erkenntnis" also in ganz verschwommener Weise gebraucht wird; wir können das an den verschiedensten Beispielen sehen, wie:

„ ... das Erkennen ist eine jener letzten Gegebenheiten, die sich
nicht auf etwas anderes reduzieren lassen, die wir daher
nicht definieren können; es ist also ein Urphaenomen ...
es ist eine völlig einzigartige Berührung, in die ein Seiendes mit einem anderen Seienden tritt, indem es das andere
berührt, | ... sie setzt notwendig voraus, dass das eine Sei- 51
ende ein personales, also ein bewusst-Seiendes ist ... das
Objekt wird vom Subjekt erfasst in einer Weise, die nur
das Subjekt, aber nicht das Objekt verändert ..." [75]

Hier wird gar nicht erklärt, was das alles bedeuten soll, was „Subjekt", „Objekt", „Berührung" etc. eigentlich heisst. Kant sah es
als grosses Problem, wie die Dinge so erfasst werden können; er
kommt im Laufe seiner Untersuchungen dazu zu sagen, dass die
Dinge den Stempel des Bewusstseins aufgeprägt erhalten. [76] –

Der Unterschied der oben zitierten Ausdrucksweisen gegenüber Bergson ist deutlich zu merken. Bergson sagt „wir werden
eins mit dem Objekt, indem wir es erkennen"; [77] das sagten auch

---

75 Hildebrand, *Der Sinn philosophischen Fragens und Erkennens*, § 1: „Das Erkennen ist eine jener letzten Gegebenheiten, die sich nicht auf irgend etwas anderes reduzieren lassen, die wir darum nicht ‚definieren', auf die wir nur indirekt
hinweisen können. [...] Es ist eine völlig einzigartige Berührung, in die ein Seiendes mit einem anderen Seienden tritt, indem es dasselbe erkennt. Sie ist nicht wie
eine kausale Berührung bei Gegenständen verschiedenster Art möglich, sondern
sie setzt notwendig voraus, daß das eine Seiende ein personales Subjekt ist, ein
bewußt Seiendes. Und das Erkennen ist weiterhin eine einseitige Berührung, in
der das Objekt von dem Subjekt erfaßt wird, m. a. W. eine Berührung, die nur
eine Veränderung im Subjekt und nicht im erkannten Objekt bedeutet."

76 Die Metapher vom Stempel und dem Aufprägen findet sich bei Kant nicht.
Vgl. jedoch *KrV*, B XV–XIII sowie A 29 ff.

77 Bergson, *Einführung in die Metaphysik*, S. 1 f.: „Es sei z. B. die Bewegung
eines Dinges im Raum gegeben. Ich nehme sie auf verschiedene Weise wahr,
je nach dem – bewegbaren oder nicht bewegbaren – Standpunkt, von dem aus
ich sie ansehe. Ich drücke sie ferner auf verschiedene Weise aus, je nach dem
System von Achsen oder Merkpunkten, auf das ich sie beziehe, d. h. je nach
dem Symbolen, in die ich sie übersetze. Und ich nenne sie relativ aus diesen
beiden Gründen: in dem einen wie in dem anderen Fall stelle ich mich ausserhalb
des Objektes selbst. Wenn ich dagegen von einer absoluten Bewegung spreche,
bedeutet dies, dass ich dem bewegten Objekt ein Inneres und gleichsam seelische
Zustände zuschreibe; es bedeutet ferner, dass ich diese Zustände mitempfinde

---

die alten Mystiker. – Wir sagen nicht, dass wir mit dem Objekt eins werden; wenn wir uns freuen, so sind wir freudig, die Freude ist ein realer Bestandteil von uns; wenn wir erkennen, sind wir Erkennende, u. s. f., aber das sind alles nur bildhafte Ausdrucksweisen; es ist gemeint, dass wir mit dem Objekt nicht   5
eins-werden, es bleibt uns fremd, wir berühren es bloss. –

Oder: „Intuition bedeutet die leibhaftige Präsenz eines Gegenstandes, wie sie jede Wahrnehmung zum Unterschied vom
blossen Meinen besitzt und zweitens tritt dazu die volle und
anschauliche Entfaltung des Seins, seines Inhaltes ...“[78]   10

Diese Art Ausführungen kann man nicht auf irgendeine wissenschaftliche Erkenntnis anwenden; es sind alles nur Worte, die uns
im Verständnis der Erkenntnis nicht weiterbringen.

Oder: „Intuition bedeutet jene Gegebenheit, die nur bei anschaulich erfassbaren, notwendigen Seinsinhalten möglich ist, bei   15
Intelligibilitäten ...“[79]

und dass ich mich durch eine Anstrengung der Einbildungskraft in sie versetze, ich werde dann, je nachdem der Gegenstand beweglich oder unbeweglich ist, je nachdem er eine oder die andere Bewegung annimmt, nicht dasselbe empfinden. Und was ich empfinde, wird weder von dem Gesichtspunkte, den ich dem Objekt gegenüber einnehmen könnte, abhängen, da ich in dem Objekt selbst sein werde, noch von den Symbolen, durch welche ich es übersetzen könnte, da ich ja auf alle Übersetzungen verzichtet habe, um das Original zu besitzen. Kurz, die Bewegung wird nicht von aussen – und in gewillter Weise von mir aus – erfasst werden, sondern von innen her, in sich selbst. Ich werde ein Absolutes haben.“

78 Hildebrand, *Der Sinn philosophischen Fragens und Erfassens*, § 4: „Im weite-
ren Sinn bedeutet Intuition bzw. intuitive Gegebenheit eines Gegenstandes oder
Sachverhaltes 1. die leibhafte Präsenz desselben, wie sie jedes Wahrnehmen im
Unterschied von jedem bloßen Meinen oder selbst jedem bloßen Vorstellen be-
sitzt. [...] 2. Zu diesem ersten Merkmal der intuitiven Gegebenheit der leibhaften
Präsenz tritt als zweites die volle, anschauliche Entfaltung und Ausbreitung des
Soseins eines Inhaltes.“

79 Ebd.: „Intuition bzw. intuitive Gegebenheit im engeren Sinn bedeutet jene
Gegebenheit, die nur bei anschaulich erfaßbaren notwendigen Soseinseinheiten
– den echten Wesenheiten in unserem Sinn – und den entsprechenden in ihnen gründenden Wesenssachverhalten möglich ist. Sie ist also eine Gegebenheit,
die nicht nur leibhafte Präsenz und anschauliche Ausbreitung des Soseins ein-
schließt, sondern auch eine nur bei diesen anschaulich offenbaren, notwendigen
Soseinseinheiten gegebene, einzigartige Intelligibilität.“

Wie immer man zur Aufstellung solcher Bestimmungen kommen mag – wir sind uns klar, dass die wirkliche Klärung, die durch die Erkenntnis im tägl[ichen] Leben und in der Wissenschaft vor sich geht, ganz anders erfolgt. Wir wollen nicht nur in grossartigen Termini über Erkenntnis reden, sondern wirklich wissen, was Erkenntnis ist. Zu diesem Zwecke machen wir uns klar, was die Sätze, die eine Erkenntnis enthalten, für einen Sinn haben.

| Wir können auch noch sagen: *die Verwechslung der Intuition mit der discursiven Erkenntnis ist eine Verwechslung des Kennens mit dem Erkennen.* Wir lernen die Dinge durch Intuition kennen, aber daran muss sich noch ein Prozess schliessen, der zum Erkennen führt. Das blosse Wissen um einen Gegenstand ist noch kein Wissen über den Gegenstand; das erstere muss natürlich vorausgehen. Beim Kennen muss man in der Tat mit dem Gegenstand in Berührung treten (durch ein Sinnesorgan); bei der Erkenntnis ist es nicht nötig.

Intuition ist eine notwendige Voraussetzung für die Erkenntnis, aber noch nicht selbst Erkenntnis (dabei setzt das Wort „kennen" eigentl[ich] schon mehr voraus als Intuition, näml[ich] ein Subjekt.) Beim blossen Kennen hat man nur ein Glied; beim Erkennen zwei Glieder (das, was erkannt wird und das, als was es erkannt wird).

Das Erkennen hat einen bestimmten Zweck, den, uns in der Welt zurecht zu finden; es ist in diesem Sinne etwas Nützliches, schafft eine Ordnung, vereinfacht das Bild der Welt, während die Intuition uns dazu gar nichts nützt

> (das Blau z.B. ist einfach da und weiter ist nichts; wenn sich etwas daran schliesst, so ist es schon ein discursiver Prozess).

Die Erkenntnis ist nützlich, die Intuition höchstens erfreulich. – Die Intuition kann auch keineswegs als Erklärung bezeichnet werden, so wie alle Erkenntnis auf höherer Stufe. – Ein Hauptunterschied zwischen Intuition und discursiver Erkenntnis (der auch für die Logik höchst bedeutungsvoll ist) ist ferner: *Discursive Erkenntnis ist ausdrückbar, Intuition ist prinzipiell unausdrückbar.* Da aber Erkenntnisse überliefert werden können und müssen, so

415

kann schon aus diesem Grunde allein Intuition nicht Erkenntnis sein.

Wir nehmen noch eine terminologische Feststellung vor, um mögliche Verwechslungen zu vermeiden: wenn wir sagen, dass Intuition keine Erkenntnis ist, so meinen wir Intuition in dem beschriebenen Sinne. Man kann | das Wort „intuitive Erkenntnis" noch in einem anderen, einem guten Sinne gebrauchen: wenn man nämlich eine Art psychologischen Zustandekommens der Erkenntnis so bezeichnet, die einzelnen Schritte, wie wir auf das Bezeichnen mit Symbolen kommen: oder wenn uns plötzlich aus unbekannten psychologischen Gründen etwas einfällt, z. B. dass die Wärme als eine Bewegung der kleinsten Teilchen aufzufassen ist, etz. – Wie man auf diese Gedanken kommt, ist eine psychologische Frage: wieso z. B. diese psychischen Prozesse bei dem grossen Forschen eintreten, bei anderen nicht. Wenn also die Erkenntnis durch einen mehr oder minder bewussten Einfall zustandekommt und nicht durch Ableitung, durch einen Denkprozess, so nennt man das auch „Intuition"

> (hier ist das Wort allerdings etymologisch nicht ganz richtig verwendet; sollte heissen „durch Intuition erarbeiten").

Diese Gedanken und Einfälle treten oft mit grosser Lebhaftigkeit auf und man sagt dann „er ist sich intuitiv dessen bewusst geworden ... ", das ist eine durchaus erlaubte Sprechweise, eine erlaubte Verbindung des Wortes „Intuition" mit dem Worte „Erkenntnis". In diesem Sinne aber bedeutet das Wort Intuition keine andere Art der Erkenntnis, sondern nur eine psycholog[ische] Art, wie man zu einer discursiven Erkenntnis kommt (es muss also der Prozess der Discursion nicht stattfinden, es kann auch ein plötzlicher Einfall an seine Stelle treten). Über die Art und Weise aber zu sprechen, wie man zu einer discursiven Erkenntnis gelangt, über die psychologischen Prozesse, die dazu führen, gehört nicht in das Gebiet der Logik und Erkenntnistheorie, sondern in eine Psychologie des Entdeckens etwa, des wissenschaftlichen Forschens. –

416

Es hat für die Erkenntnistheorie weittragende Konsequenzen,
wenn man sich klar gemacht hat, was die Erkenntnis eigentlich
ist; denn durch das von uns bisher Gesagte erledigen sich viele
Probleme und Fragen von selbst. Erkenntnis ist also etwas, wobei es auf eine discursive Beschreibung ankommt. Wir erkennen
einen Tatbestand dadurch, dass wir einen sprachlichen Ausdruck
bilden, welcher ihn beschreibt; dazu ist nötig, dass wir im Besitze
von Symbolen sind, von Worten, und dass diesen eine bestimm-
te Bedeutung zu|kommt, wir also gelernt haben, diese Worte in
bestimmter Weise zu gebrauchen.[80] Eine Reihe von Worten bildet dann einen Satz dadurch, dass nicht nur die einzelnen Worte
eine Bedeutung haben, sondern auch die Art und Weise ihrer
Zusammenstellung einen bestimmten Sinn (man kann Worte ja
auch sinnlos zusammenstellen; auch sinnlos und sogar grammatisch richtig). *Erkenntnis besteht darin, dass wir die Tatbestände
der Welt durch gewisse andere Tatbestände, eben unsere Aussagen, Sätze, Urteile, abbilden und das ist dadurch möglich, dass
wir mit den Worten und der Kombination von Worten gewisse
Bedeutungen verbinden,* d. h. also, *dass wir die Regeln kennen,
nach denen die Worte verwendet werden.*[81]

(Wir begnügen uns hier mit einer gewissen Tiefe der
Betrachtungen; es können noch nicht alle Fragen beantwortet werden; es soll nur das Wesentliche gesehen

80 Dass jede echte Erkenntnis symbolisch und nicht intuitiv ist, ist die Kernthese
von Schlicks Aufsatz 1913a *Intuitive Erkenntnis* (*MSGA* I/4). Bergson vertrat
dagegen die Auffassung, dass echte metaphysische Erkenntnis niemals symbolisch
ist. Vgl. Bergson, *Einführung in die Metaphysik*, S. 1–3.

81 Sehr ähnlich bei Wittgenstein im *Tractatus*: „2.1 Wir machen uns Bilder der
Tatsachen. / 2.141 Das Bild ist eine Tatsache. / 2.15 Dass sich die Elemente
des Bildes in bestimmter Art und Weise zu einander verhalten, stellt vor, dass
sich die Sachen so zu einander verhalten. Dieser Zusammenhang der Elemente
des Bildes heiße seine Struktur und ihre Möglichkeit seine Form der Abbildung."
  Die Idee, dass es Regeln sind, die eine Tatsache eine andere darstellen lassen,
findet sich bei Wittgenstein ab 1932: „Ich nenne Regeln der Darstellung nicht
Konventionen, wenn sie sich dadurch rechtfertigen lassen, daß die Darstellung,
wenn sie ihnen gemäß ist, mit der Wirklichkeit übereinstimmt. So ist die Regel,
‚male den Himmel heller als irgend etwas, was von ihm sein Licht empfängt'
keine Konvention." (Ms 115, 34)

417

werden, woraus die Beantwortung tiefergehender Fragen abgeleitet werden kann. Die Formulierungen werden also nicht jene letzte Strenge haben, die höchste Anforderungen verlangen könnten. Das ist bei einem so umfassenden Überblick nicht möglich und auch nicht nötig.)

Wir brechen jetzt die Frage, worin die Erkenntnis eigentlich besteht, ab und beschäftigen uns nun mit der Art und Weise, wie ein sprachlicher Satz dazukommt, eine Erkenntnis darzustellen.

55 |2. Kapitel: *Von der Wahrheit und von dem Sinn der Aussagen.* 10

Nicht jeder sprachliche Satz ist eine Erkenntnis, ja, nicht jeder hat überhaupt die Möglichkeit dazu, sondern nur diejenigen, die, wie Aristoteles es schon ausgedrückt hat, wahr oder falsch sein können. Damit hat Aristoteles das, was man Satz, Urteil, (im logischen Sinne) nennt, sehr gut charakterisiert.

„Eine Aussage ist das, was wahr oder falsch sein kann".[82]

---

82 Das geht auf Aristoteles' *Hermeneutik*, 17 a 2 sowie dessen *Erste Analytik*, 24 a 16 zurück. Aristoteles sprach jedoch nicht von Aussagen, sondern von *darstellender Rede.* Wittgenstein formulierte 1933 sehr ähnlich: „Die Erklärung: ,Satz sei alles, was wahr oder falsch sein kann' bestimmt den Begriff des Satzes in einem besondern Sprachsystem als das, was in diesem System Argument einer Wahrheitsfunktion sein kann. Und wenn wir von dem sprechen, was der Satzform als solcher wesentlich ist, // sprechen, was den Satz zum Satz macht, // so sind wir geneigt die Wahrheitsfunktionen zu meinen. ,Satz ist alles, was wahr oder falsch sein kann' heißt dasselbe wie: ,Satz ist alles, was sich verneinen läßt.'" (Ms 114, 86 v, r)

In 1910b *Wesen der Wahrheit* stand Schlick der Aristotelischen Bestimmung noch kritisch gegenüber, da sie das Wesen des Urteils nur bildhaft bestimme (S. 458, *MSGA* I/4). Es heißt auf S. 463 stattdessen: „Alle Urteile dienen uns zur Bezeichnung der Form des in der Erfahrung Gegebenen, in demselben Sinne, wie Empfindungen und Vorstellungen uns den Inhalt der Erfahrung bezeichnen. Der grammatische Satz dient uns seinerseits wiederum als Zeichen für das Urteil."

418

Das gilt z. B. nicht von Befehls- oder Fragesätzen: „Geh ins Nebenzimmer und hole mir ein Buch", dieser Befehlssatz kann nicht
wahr oder falsch sein; ebenso nicht der Fragesatz: „Willst du mir
ein Buch holen?" Diese Sätze haben guten Sinn, ohne wahr oder
falsch zu sein, aber eben einen anderen. Als Sätze dieser Art führt
Aristoteles auch das Gebet an; er sagt: „Wenn ich zu den Göttern
flehe und ihnen Wünsche vortrage, so ist dieses Flehen auch kein
Satz, der wahr oder falsch sein kann". Es ist eben ein anderer
Satz, hat einen anderen Sinn, als Erkenntnis auszudrücken.

Man kann den Satz „Willst du mir ein Buch holen"
auch umformulieren in den Satz „Ich möchte gern wissen, ob du mir das Buch holen willst" und dies ist
nun ein Satz, der wahr oder falsch sein kann (denn es
könnte ja sein, dass ich es gar nicht wissen will); es
ist dann aber ein ganz anderer Satz und nicht mehr
die vielleicht auf die Form einer gewöhnlichen Aussage reduzierte Frage; denn in beiden Sätzen handelt es
sich gar nicht um dasselbe: in der Frage ist nur die Rede von einem Buch, einer Sache also, in dem zweiten
Satze aber von mir, meinem Bewußtseinszustand.

*Der Sinn einer Frage besteht darin, eine Antwort zu fordern,
dass sie durch eine Antwort ergänzt werden muss. Der Sinn eines
Befehls besteht darin, dass er, in gewisser Weise, Erfolg haben
kann oder nicht.*

*Aber für eine Aussage, die eine Erkenntnis enthält, ist es cha-
rakteristisch, dass sie wahr oder falsch sein kann.* Schon Aristoteles hat in dieser Weise die Sätze von einander abgegrenzt ([e] und
in viel besserer Weise als manche späteren Versuche, die Urteile
abzugrenzen, sind.

| Wir müssen nun weiter fragen und zwar danach, was es be-   56
deutet, dass etwas „wahr" oder „falsch" sei? Diese Frage kann
verschieden gestellt werden; in mehr formaler Weise, dann gehört
sie in das Gebiet der Logik und in mehr materialer Weise, dann

---

e Klammer schließt im Original nicht

gehört sie in das Gebiet der Erkenntnistheorie. – Die Frage, was wir eigentlich unter „wahr" verstehen, ist im wesentlichen zur Hauptfrage der Philosophie geworden; sie hat (wie wir sehen werden, zu Unrecht) einen gewissen mystischen Beiklang.

Wir suchen nun ein Kriterium der Wahrheit. Wenn man sagt, „das ist eine allgemeine Wahrheit", so meint man, dass es eine wahre Aussage ist; wollen wir nun wissen, was eine wahre Aussage ist, so handelt es sich darum, eine Definition der Wahrheit aufzustellen. Das kann keine allzugrossen Schwierigkeiten bereiten, denn der Gebrauch der Worte „wahr" und „falsch" ist im täglichen Leben häufig und sie haben da, wie auch in der Wissenschaft dieselbe Bedeutung. Wir haben ja fortwährend wahre von falschen Aussagen zu scheiden. Wir müssen ja feststellen, ob sich jemand irrt, oder eine Lüge sagt (= etwas Falsches aussagt); dafür muss es Kriterien geben. Was wir mit „wahr" oder „falsch" meinen, muss sich ja leicht aus dem Zwecke ablesen lassen, dem die Aussage dient. Wir haben bisher nur gesagt, dass Erkenntnis in einem Satze formuliert werden muss und dass es unformulierte Erkenntnis gar nicht gibt (da das Wesen der Erkenntnis in der Abbildung besteht, muss ja irgendein geformtes Material da sein). Erkenntnisse werden dargestellt in Aussagen. Aber nicht jede Aussage ist Erkenntnis, *sondern wir nennen nur die „wahren" Aussagen eine Erkenntnis* (später werden da viell[eicht] noch weitere Einschränkungen gemacht werden); das ist die Frage einer gewissen Festsetzung der Worte „wahr" und „falsch". *Es gibt also keine Erkenntnis, die nicht eine wahre Aussage wäre.*[83] Hingegen nennen wir *jeden Irrtum oder jede Lüge eine „falsche" Aussage.*

Darüber, wie wir die Worte „wahr" und „falsch" verwenden, können wir | eigentlich nicht mehr sagen, als wir alle ohnedies wissen; diese Worte im tägl[ichen] Leben schon mit so grosser Sicherheit angewendet, dass es gar nicht möglich wäre, sie derart anzuwenden, wenn man nicht wüsste, was man darunter versteht. Es ist auch kein so grosses Gewicht darauf zu legen, eine scharfe Definition der Wahrheit zu geben und man kann auch nur durch Umschreibungen zu gewissen Formulierungen verhelfen.

---

83 Vgl. hierzu auch 1910b *Wesen der Wahrheit*, S. 432 (*MSGA* I/4).

Bei *Kant* z. B. wird die *Definition der Wahrheit als selbst-verständlich vorausgesetzt* und zwar in dem Sinne, dass Wahrheit in einer *Übereinstimmung mit der Wirklichkeit bestehe.*[84] Da das Wort Übereinstimmung aber in sehr verschiedener Weise ge-
5 braucht werden kann, also einen sehr grossen Anwendungsbereich auf verschiedene Fälle hat, ist mit dieser Definition der Wahrheit (die schon eine alt-ehrwürdige ist und die man ja ruhig so aussprechen kann) nicht viel gesagt. Hören wir diese Definition aber, so denken wir schon von selbst an jene gewissen
10 Übereinstimmungen, die für den besonderen Fall in Betracht kommen. Welcher Art ist nun diese Übereinstimmung? Wir nennen ja das Bild von der Wirklichkeit, das uns die Erkenntnis darstellt, dann wahr, wenn es mit der Wirklichkeit übereinstimmt: wir müssen also untersuchen, wie sich der Satz, der die Aus-
15 sage enthält, oder sie darstellt, zur Wirklichkeit verhält. Der sprachliche Ausdruck besteht ja aus Worten, die irgendwie kombiniert sind und diese sollen nun einen Tatbestand ausdrücken; das geschieht dadurch, dass wir den Worten eine ganz bestimmte Bedeutung beigelegt haben, übereingekommen sind, bestimm-
20 te Worte unter bestimmten Umständen zu verwenden. Es sind für die Worte und die verschiedene Art ihrer Zusammensetzung gewisse Regeln des Gebrauches festgelegt (meist nicht explizit, sondern durch den Usus der Sprache). Wir haben von den grammatischen Regeln, die sich nur mit der Zusammensetzung der
25 Worte beschäftigen und mit nichts anderem die logischen Regeln zu unterscheiden.[85] Zu diesen gehört ganz besonders die Festset-

---

84 Kant, *KrV*, A 58/B 82: „Die Namenerklärung der Wahrheit, daß sie nämlich die Übereinstimmung der Erkenntnis mit ihrem Gegenstande sei, wird hier geschenkt, und vorausgesetzt." Zu Schlicks Kritik an dieser Auffassung siehe 1910 b *Wesen der Wahrheit*, S. 432 (*MSGA* I/4).

85 Schlick spielte hier auf den Unterschied zwischen Grammatik im herkömmlichen Sinn, als der Lehre von der Bildung und Flexion der Worte und vom Satzbau, und Wittgensteins Idee einerl logischen Grammatik an. Diese soll den Weltbezug der Sprache garantieren. Wittgenstein erklärte das 1933 in dem Manuskript „Philosophische Grammatik" am Beispiel der Geometrie: „Der Zusammenhang der Geometrie mit Sätzen des praktischen Lebens, die von Strichen, Farbgrenzen, Kanten, Ecken etc. handeln ist nicht der, daß sie über ähnliche Din-

zung, was für Erfahrungen wir machen müssen, damit die bestimmten Worte am Platze sind (das Wort „weiss" ist einer ganz
bestimmten Erfahrung zugeordnet; das Urteil „das | ist weiss" ist
dann deshalb wahr, wenn das Wort „weiss" nur erfahrungs- und
festsetzungsgemäss verwendet ist und die Worte nach den Regeln
kombiniert sind). Es handelt sich also um eine Erkenntnis, wenn
die in den Aussagen vorkommenden Worte in der richtigen Weise
verwendet sind; hier wird das Wort „wahr" auf das Wort „richtig"
zurückgeführt, d. h. dass die zu der Aussage verwendeten Worte gemäss den Regeln angewendet sind, die für den Gebrauch
der Sprache für diese Fälle festgelegt sind. Wir können also sagen: *Wahrheit: Übereinstimmung in den Regeln zur Anwendung*
der Sprache: Falschheit: falsche Anwendung eines Wortes, d. h.
Nichtbefolgung der festgesetzten Anwendungsregeln der Sprache,
der Regeln, durch die das Wort erst zu einem Worte der Sprache
geworden ist.[86]

Man kann das eben Gesagte auch auf jedes andere Symbol
übertragen; z. B. eine Zeichnung ist richtig, wenn man die Sym-

ge spricht, wie diese Sätze, wenn auch über ideale Kanten, Ecken, etc., sondern
der, zwischen diesen Sätzen & ihrer Grammatik. Die angewandte Geometrie ist
die Grammatik der Aussagen über die räumlichen Gegenstände. Die sogenannte
geometrische Gerade verhält sich zu einer Farbgrenze nicht wie etwas Feines zu
etwas Grobem, sondern wie Möglichkeit zur Wirklichkeit." (Ms 114, 15 r, v)

Allgemeiner heißt es etwas weiter: „Das, was uns am Zeichen interessiert,
die Bedeutung die für uns maßgebend ist, ist das, was in der Grammatik des
Zeichens niedergelegt ist. Wir fragen: Wie gebrauchst Du das Wort, was machst
Du damit? – das wird uns lehren, wie Du es verstehst. Die Grammatik, das sind
die Geschäftsbücher der Sprache, aus denen alles zu ersehen sein muß, was nicht
begleitende Empfindungen betrifft, sondern die tatsächlichen Transaktionen mit
der Sprache." (a. a. O., 60 r, v)

86 Schlicks Definition der Wahrheit in seiner Habilitationsschrift über *Das We-*
sen der Wahrheit nach der modernen Logik, S. 466: „Das erkenntnistheoretische
Wesen der Urteile ist nun so weit klargelegt, daß es ein leichtes sein wird, zu
ermitteln, worin denn die Eigenschaft der *Wahrheit* eigentlich besteht, die bisher
für uns immer noch nichts weiter war als der verborgene Grund der ausnahmslo-
sen Verifikation. [...] Ein Urteil ist wahr, wenn es einen bestimmten Tatbestand
eindeutig bezeichnet." (*MSGA* I/4) Siehe dazu auch die *Allgemeine Erkenntnis-*
lehre (1918 a *Erkenntnislehre*, *MSGA* I/1, S. 423–427).

bole richtig angewendet hat, die Zuordnung der Zeichen zu den Tatbeständen so durchgeführt hat, wie festgesetzt war.

Man kann die Übereinstimmung oder Nichtübereinstimmung mit dem auszusagenden Tatbestand so erklären, dass man sagt, es handelt sich um eine Befolgung oder Nichtbefolgung der Regeln bei Anwendung der Sprache. (Es gibt auch Regeln, die innerhalb der Sprache gelten; das ergibt dann aber keine material-, sondern nur formal-richtige oder falsche Aussage.) Die Begriffe der Wahrheit und Falschheit hängen damit zusammen, was eine Aussage bedeutet; die Aussage hat eine Bedeutung, oder ist sinnvoll, wenn die Regeln richtig angewendet sind. Für alle philos[ophischen] Fragen ist es sehr wichtig, sich zu überlegen, wie man zu dem Sinn einer Aussage kommt, also von den blossen Zeichen auf die Bedeutung der Aussage kommen kann.

Woher wissen wir nun, ob die Regeln, die den Gebrauch der Worte und Sätze beherrschen, richtig befolgt sind?

Wir haben gesagt, dass die Aussagen uns führen sollen, uns an ein gewisses Ziel bringen: wir haben dann also eine wahre Aussage vor uns, | wenn sie uns an das richtige Ziel bringt. An der Unbrauchbarkeit für einen gewissen Zweck erkennt man ja, dass eine Aussage falsch war.

> Z.B.: Ich muss mich auf die Aussage: „Rom liegt 25 Schnellzugstunden von Wien entfernt", verlassen, wenn ich zu einer bestimmten Zeit in Rom sein muss. Wäre die Aussage falsch, die Zeitdauer der Reise etwa 48 Stunden, so käme ich zu spät, hätte also meinen Zweck nicht erreicht.

Wir gebrauchen also die Wahrheit, um mit unseren Aussagen etwas anfangen zu können, um uns in der Welt orientieren zu können. Das ist der einzige Grund des Wertes der Wahrheit, darum schätzen wir sie allein. In der Philosophie aber wird das meist verkannt, indem man da von der Wahrheit als einem Werte an sich spricht; es wird da das Wahre, das Gute, das Schöne aufgestellt und danach 3 verschiedene Teile der Philosophie unterschieden; die Zusammenstellung der Wahrheit als Wert im selben Sin-

ne mit dem Guten und Schönen aber, ist eine ganz unlogische.[87]
Die Wahrheit ist nur deshalb wertvoll, weil sie uns nützt (würde
uns der Irrtum nützen, so würde man den Irrtum als wertvoll
bezeichnen; es gibt sogar Leute, die das behaupten und gelegentlich kommt das ja wirklich vor, in dem Falle z. B., wenn zwei
falsche Aussagen sich gegenseitig kompensieren); es ist also ein
*wichtiges Kriterium für die Wahrheit eines Urteils, dass es sich
bewähren muss*; die Nützlichkeit ist aber nicht das Letzte: denn
ein *wahres Urteil zeichnet sich vor dem falschen auch aus, bevor
es angewendet wurde.*

Wäre das Erreichen der Ziele, die man sich gesetzt hat, das
einzige Kriterium, an dem man die Wahrheit erkennen könnte,
dann müsste die Wahrheit damit zusammenfallen und man müsste sagen: *„Wahr sind solche Sätze, welche sich bewähren"*. Es gibt
nun in der Gegenwart eine berühmte philosophische Richtung, die
sich diese Definition der Wahrheit zum Prinzip gemacht hat und
eine ganze Philosophie darauf gründete; es ist das der *Pragmatismus* (Vertreter: W. James, ein energischer und bedeutender
Denker, Peirce, F. C. S. Schiller, Oxford, der extremste und Dewey, schon gemilderte Ansichten.)

Der Pragmatismus soll uns hier nur ein Beispiel sein, um die
richtige Anwen|dung des Wortes „Wahrheit" zu erläutern. (Es
gibt verschiedene Nuancen des Pragmatismus). Der Pragmatist
sagt, dass die Wahrheit einer Aussage in nichts anderem besteht,
als dass diese Aussage sich bewährt; wenn sie aufhört, sich zu
bewähren, dann hört auch ihre Wahrheit auf; dies letztere behauptet besonders Schiller; demnach könnte ein Urteil also seine
Wahrheit ändern (wir werden zeigen, dass das ein schwerer logischer Irrtum ist).[88] – Ein Urteil nur deshalb wahr zu nennen,
weil es sich bewährt, ist an und für sich schon eine vage Ausdrucksweise: wann will man denn sagen, dass es sich bewährt?

---

87 Vgl. 1910b *Wesen der Wahrheit*, S. 421–427 ff. (*MSGA* I/4).

88 Vgl. Schiller, *Studies in Humanism*, S. 154–181. Schlicks Kritik an Schiller
folgte hier seiner ausführlichen Auseinandersetzung mit Dewey und Schiller in
1910b *Wesen der Wahrheit*, S. 422–426 (*MSGA* I/4).

424

Es lässt sich dies nur auf einem komplizierten Wege feststellen: dann kann man auch ein Ziel mehr oder weniger erreichen, oder durch verschiedene, widersprechende Urteile dasselbe erreichen, etz. –

5 Schon da zeigt sich ein grosser Nachteil der pragmatischen Richtung, der wir auch ansonsten gar nicht beipflichten können. Charakteristisch ist auch eine gewisse verschwommene Ausdrucksweise (bei oft richtigen Gedanken). James z. B. drückt sich so aus, dass er immer von der Wahrheit der Begriffe und Vorstellungen 10 spricht; das ist aber ganz unmöglich! Denn Begriffe und Vorstellungen können überhaupt nicht wahr oder falsch sein (z. B. ein Kreis ist wahr! Ein Tintenfass ist wahr!) *sondern nur Aussagen* (ᶠ wie es schon Aristoteles richtig gesehen hat.⁸⁹ Man kann im tägl[ichen] Leben viele Fälle nachweisen, wo Irrtum heilsam 15 und lebensfördernd ist – dennoch halten die Pragmatiker daran fest, dass Wahrheit das Lebensfördernde ist, die Bewährung der Aussage. (Wenn man dem Pragmatiker da widerspricht, so muss man dennoch nicht der Ansicht recht geben, die besagt, dass die Menschen einer Menge von Illusionen (= Irrtümer) bedürfen, um 20 überhaupt leben zu können.) Wir können in der *Nützlichkeit der Aussagen kein ausreichendes Merkmal für ihre Wahrheit* sehen. Denn in der Wissenschaft und Philosophie bleiben wir bei der Abbildungsfunktion der Aussagen stehen; der Denker oder | Forscher geht vom Bild nicht zur Wirklichkeit weiter, interessiert 25 sich also nicht für die Nützlichkeit des Bildes. Es gibt dann allerdings eine Eigenschaft der richtigen Bilder, dass sie nützlich sind: dazu dienen sie dann. Man kann die Richtigkeit der Bilder wohl an ihrer Nützlichkeit erkennen, aber nicht durchgängig und regelmässig (da auch Irrtümer möglich sind). 30 *Die Nützlichkeit ist nicht das letzte Kriterium für die Wahrheit, sondern nur eine Folge der Wahrheit!*

61

f Klammer schließt im Original nicht

89 Vgl. hierzu James, *Pragmatism* und Schlicks Kritik in 1910 b *Wesen der Wahrheit*, S. 419 (*MSGA* I/4).

Unter der Wahrheit eines Bildes können wir nur seine Richtigkeit verstehen, abgesehen davon, ob es in einem besonderen Falle lebensfördern oder lebenshemmend wirkt. Gegen die Ansicht des Pragmatismus, dass man die Richtigkeit immer nur in der Nützlichkeit erkennen kann, lässt sich zweierlei einwenden; vor allem das, dass es auf die einmalige Bestätigung nicht ankommt; denn ein Bild muss sich fortwährend oder immerwährend als nützlich erweisen, auch in den verschiedensten Lagen, wenn diese Bewährung ein Kriterium für die Richtigkeit sein soll; eine immerwährende und vollständige Bewährung unterscheidet sich wesentlich von einer einmaligen Bewahrheitung, welch letztere aber für den Pragmatiker auch schon entscheidend sein müsste.

Das Kriterium der Bewährung kann also wohl verwendet werden, aber nur mit grosser Vorsicht. – Es gibt ferner noch andere Weisen, um die Richtigkeit eines Urteils, eines Bildes also, gleichsam zu erkennen, unabhängig von seiner Bewährung für das Praktische. Dabei sei auf die Fälle hingewiesen, in denen wir uns mit grosser Zuversicht erkühnen, eine Aussage für bestimmt wahr zu erklären, noch bevor sie sich bewährt hat; es ist dies der Fall bei den *Naturgesetzen* (z. B. Berechnungen beim Bau einer Maschine, etz., die mit grosser Sicherheit gemacht werden). Auf einen etwaigen Einwand, dass dies wieder nichts anderes hiesse, als dass die Aussage sich bewähren wird, kann man nun fragen: „Warum bewährt sie sich?" Darum eben, weil die Wahrheit richtig getroffen war, der Zusammenhang zwischen der Abbildung und dem Tatbestand richtig ist dadurch, dass man die richtigen Regeln angewendet hat. Unter der Vor|aussetzung, dass die allgemeinen Gesetze richtig sind, sind auch die Ableitungen daraus richtig. *Das beweist aber, dass wir nicht in jedem Falle auf die Bewährung warten müssen, sondern schon voraussagen können, dass ein Satz sich bewähren wird* und die Eigenschaften, auf Grund deren wir eben sagen, dass es sich bewähren wird, sind es, die gleichzeitig für seine Wahrheit massgebend sind und ihn von der Falschheit unterscheiden.

Der Pragmatist aber bleibt dabei, dass die Bewährung oder Verifikation (= Wahrmachung) das einzige Kriterium für die Wahrheit sei. James sagt: „Ein Urteil ist nicht wahr, sondern es

426

wird jeweils wahr gemacht."[90] Diese Wendung ist sehr bedenklich
und kann zu einem völligen Missverstehen der Logik führen; denn
die Wahrheit wird da zu etwas gemacht, das man einem Urteil
rein äusserlich zu– oder absprechen kann (es würde hier z. B. der
Satz vom Widerspruch gar nicht gelten.) *Ein Urteil kann nicht*
abwechselnd wahr sein; nicht heute wahr und morgen falsch, son-
dern eine Aussage ist entweder wahr oder falsch und es hat kei-
nen Sinn, da noch eine Zeitbestimmung hinzuzufügen. Letzteres
würde den Regeln der Anwendung der Worte widersprechen. Man
kann sagen, dass *die Wahrheit etwas Zeitloses* ist und dem wird
der Pragmatiker gar nicht gerecht; durch ihre Unterscheidung
von verschiedenen Graden der Wahrheit verbauen sich die Pragmatiker das eigentliche Verständnis für das logische Wesen der
Aussagen. Ein– und dasselbe Urteil kann also nicht zu einer Zeit
wahr und zu einer anderen falsch sein. Z. B. scheint der Satz:
„Auf dem Tisch liegt ein Stück Papier", wenn das Papier hier
liegt, wahr zu sein, aber falsch, wenn es weggenommen würde;
so verhält es sich aber nicht: dieser Satz hat die Präsensform
und in der Präsensform eines Verbums liegt ein (wenn auch versteckter) Hinweis auf den Zeitpunkt, in welchem der Satz ausgesprochen wurde; denn „es liegt" = es liegt jetzt. Spricht man
diesen Satz aber dann später aus, so bedeuten dieselben Wor|te   63
nicht mehr denselben Satz und das eben deshalb, weil ein ganz
bestimmter Zeitpunkt mitgedacht war. Es ist dies eine für die Logik und Erkenntnistheorie sehr wichtige, aber meist übersehene
Feststellung, dass *ein aus genau denselben Worten bestehender*
Satz, dessen Worte auch in genau derselben Reihenfolge verwen-
det sind, doch je nach den Umständen einen verschiedenen Sinn
haben kann. Es kommt immer darauf an, welcher Sinn dem Satze
durch den Gebrauch der Sprache gegeben wird.[91] In jedem Satze

---

90 James, *Pragmatism*, S. 201: "The truth of an idea is not a stagnant property
inherent in it. Truth happens to an idea. It becomes true, is made true by events.
Its verity is in fact an event, a process: the process namely of its verifying itself,
its verification." Das Zitat und Schlicks ausführliche Kritik findet sich in 1910b
Wesen der Wahrheit, S. 420 ff. (*MSGA* I/4).

91 Wittgenstein erklärte das am Beispiel der Verneinung: „Wenn gefragt würde:

z. B., der eine Zeitbestimmung enthält, gehört es zum Sinn des Satzes, dass diese Worte zu einer bestimmten Zeit ausgesprochen werden und je nachdem zu welcher Zeit sie ausgesprochen werden, haben diese Worte eine verschiedene Bedeutung und das muss immer mit berücksichtigt werden. In der Präsensform eines Satzes ist also die Zeitbestimmung schon mitgedacht.

> Man könnte z. B. einen solchen Satz wie: „Auf dem Tisch liegt ein Stück Papier" auch wie folgt übersetzen: „Auf dem Tische liegt Mittwoch, den 30. X. 1934 um $9^{30\,h}$ ein Stück Papier", dann hat man logisch alles in den Satz hineingenommen, was dazu gehört und dieser Satz ist auch noch nach einer Stunde und später wahr.

Ein Satz kann also immer nur wahr oder falsch sein und es ist sinnlos, zu fragen, wann ein Satz wahr ist, ob er immer wahr sei, oder nur teilweise, etc. – Solche Fragen kann man in Bezug auf die Wahrheit nicht stellen, denn *das Wort „wahr" wird laut Festsetzung so gebraucht, dass ihm Zeitlosigkeit zukommt.* Die Zeitbestimmung, die bei Sätzen eine Rolle spielt, steckt also schon *im* Satze und nicht erst in der Aussage über seine Wahrheit (das ist ein sehr wichtiger Punkt der Logik, der vom Pragmatismus übersehen wird).

Es ist das auch sehr wichtig für den Satz des Widerspruches. Selbst scharfsichtige Logiker haben gelegentlich vergessen, dass wir erst genau auf den Sinn eines Satzes achten müssen, um zu wissen, ob er wahr oder falsch ist; und dass der Satz dann weiters wahr oder falsch *ist* und nicht zu verschiedenen Zeiten verschiedene Wahrheitsgrade haben kann.

Unter einem „Satz" verstehen wir hier nicht nur das äussere Gebilde für sich (die Worte, in denen der Satz formuliert ist oder

ist die Negation — Verneinung in der Mathematik etwa in $\sim 2 + 2 = 5$ die gleiche wie die nicht-mathematischer Sätze? so müßte erst bestimmt werden was als Charakteristikum der — dieser Verneinung als solcher aufzufassen ist. Die Bedeutung eines Zeichens liegt ja in den Regeln nach denen es verwendet wird — die seinen Gebrauch vorschreiben." (Ms 114, 4 r)

die Zeichen, in denen | der Satz formuliert ist oder die Zeichen, in 64
denen er aufgeschrieben ist, etz.); das sind nur die sog[enannten]
Satzzeichen. Wir verstehen unter „Satz" das Satzzeichen, verbun-
den mit der Bedeutung, dem Sinn, verbunden also mit den Regeln
5 *des Gebrauchs.*[92] Wir müssen also jedesfalls zwischen äusserer
Form und Sinn des Satzes unterscheiden: letzterer hängt eben
davon ab, wie man die Worte gebraucht.

Ein Beispiel aus der Geschichte der Philosophie ist der Satz,
den Kant zur Erläuterung der analytischen Urteile verwendet.[93]

10 „Alle Körper sind ausgedehnt"; man kann diesen Satz
nur verstehen, wenn man weiss, wie man das Wort
„Körper" gebrauchen will, d. h. es muss eine Definition des Wortes „Körper" vorliegen, bevor man den
Sinn dieses Satzes kennt. Hat man festgesetzt, dass
15 das Wort Körper nur für etwas Ausgedehntes verwendet werden soll, dann gehört die Ausdehnung zum Begriffe des Körpers, daher sagt der Satz „Alle Körper
sind ausgedehnt" etwas Selbstverständliches, denn er
reflektiert nur, was in der Definition schon ausgespro-
20 chen war, er enthält keine Erkenntnis und kann nur

---

92 Schlick folgte hier zunächst Wittgensteins *Tractatus*: „3.12 Das Zeichen,
durch welches wir den Gedanken ausdrücken, nenne ich das Satzzeichen. Und
der Satz ist das Satzzeichen in seiner projektiven Beziehung zur Welt." Vgl.
dazu auch in diesem Bd. S. 267, Block (4).

Im *Tractatus* heißt es hingegen weiter: „3.13 [...] Im Satz ist also sein Sinn
noch nicht enthalten, wohl aber die Möglichkeit, ihn auszudrücken. (‚Der Inhalt
des Satzes' heißt der Inhalt des sinnvollen Satzes.) Im Satz ist die Form seines
Sinnes enthalten, aber nicht dessen Inhalt."

Bei Waismann heißt es im „Diktat" von 1930: „Das Satzzeichen ist das sinnlich
Wahrnehmbare am Satz." (McGuinness, *Wittgenstein und der Wiener Kreis*,
S. 236)

Ab etwa 1933 heißt es auch in Wittgensteins Manuskripten über „Philosophische Grammatik": „Wir sagen ‚Der Satz ist keine bloße Lautreihe, er ist mehr';
[...] ‚Also ist das, was den sinnvollen Satz von bloßen Lauten unterscheidet der
hervorgerufene Gedanke' [...] Ich sage es sei das System der Sprache, welches den
Satz zum Gedanken macht und ihn uns zum Gedanken macht." (Ms 114, 140 r, v)

93 Vgl. Kant, *KrV*, B 10–B 12.

richtig sein, unabhängig davon, ob es Körper überhaupt gibt oder nicht. Definiert man aber das Wort
„Körper" durch Angabe ganz anderer Merkmale und
lässt es offen, ob solche Körper auch ausgedehnt sind
oder nicht, dann ist der Satz „Alle Körper sind ausge-   5
dehnt" nicht selbstverständlich und enthält eine Erkenntnis.

(Man muss dann erst nachsehen, ob ein so und so de-
finierter Körper auch das Merkmal der Ausdehnung
hat und dabei treten wieder Schwierigkeiten auf, da   10
man nie weiss, ob man alle Körper dieser Art untersuchen kann). [94]

Diese beiden Sätze also sind, trotzdem sie denselben Wortlaut
haben, ganz verschiedene Sätze, denn sie haben einen ganz verschiedenen Sinn. (Es wäre ein blosser Zufall, wenn sich heraus-   15
stellen würde, dass die 1. Definition immer zutrifft, wenn die
2. Definition zutrifft und umgekehrt). Dennoch sind hier Unklar-
heiten aufgetreten (die man sich bei einiger Kenntnis der logischen Analyse gar nicht erklären kann), indem man sagte, dass
die Bedeutung eines Satzes schwankt, je nachdem, was man sich   20
dabei denkt. Das würde heissen, dass die *Unterscheidung zwischen analytischen und synthetischen Urteilen* (die *eine ganz
scharfe* ist und auf die auch Kant grosses Gewicht gelegt hat)
keine strenge, sondern eine fliessende sei! *Es kommt gewiss darauf*
65   *an, was man sich bei einem Worte | oder Satze denkt: denkt man*   25
*aber etwas anderes, dann handelt es sich schon um einen ande-
ren Satz*: der Satz besteht ja gerade darin, dass man sich bei den
Worten etwas denkt. Es können sich ja zwei Sätze von verschiedener Bedeutung zufällig derselben Worte bedienen. – Man kann
nicht sagen, dass ein- und derselbe Satz (als sinnvolles Gebilde,   30
das etwas aussagt) entweder selbstverständlich ist oder eine neue
Erkenntnis enthält, wahr oder falsch sein könnte, je nachdem,
was man sich dabei denkt. Bei einem Satz als sinnvollem Gebilde

[94] Ebd.

kommt es wohl gerade darauf an, was man sich dabei denkt: sind diese Gedanken verschieden, so ist es auch der Satz.[95]

Die Sätze aus denselben Worten sind verschieden, je nachdem wann und wo sie ausgesprochen werden. Wird ein Satz wo anders ausgesprochen, so hat er auch einen anderen Sinn („Hier liegt ein Stück Papier" mit verschiedenen hinweisenden Gesten ist nicht derselbe Satz, wenn auch dieselben Worte auftreten). Bei der Beurteilung des Sinnes eines Satzes muss man also sehr aufmerksam vorgehen, *denn dieselben Wortkomplexe* (wenn man sich auf Sätze beschränkt, in denen Worte vorkommen) *können ganz verschiedenen Sinn haben, also ganz verschiedene Sätze sein.* Man muss also immer darauf achten, ob man tatsächlich denselben Satz vor sich hat oder nur dieselben Satzzeichen. Jeder Satz ist ein Komplex (oder eine Kombination) von Zeichen. Ein Satzzeichen (äusserer Satz) hat dann Sinn, wenn man in Bezug auf die verschiedenen in dem Komplex vorkommenden Zeichen eine bestimmte Anwendungsregel gegeben hat, also die Umstände festgelegt sind, unter denen diese Zeichen verwendet werden können.[96]
Man kann eine solche Festsetzung als eine Sprachregel im allge-

---

95 Frege erläuterte in *Über Sinn und Bedeutung*, S. 32: „Ist dieser Gedanke nun als dessen [des Satzes] Sinn oder als dessen Bedeutung anzusehen? Nehmen wir einmal an, der Satz habe eine Bedeutung! Ersetzen wir nun in ihm ein Wort durch ein anderes von derselben Bedeutung, aber anderem Sinne, so kann dies auf die Bedeutung des Satzes keinen Einfluß haben. Nun sehen wir aber, daß der Gedanke sich in solchem Falle ändert; denn es ist z. B. der Gedanke des Satzes ‚der Morgenstern ist ein von der Sonne beleuchteter Körper' verschieden von dem des Satzes ‚der Abendstern ist ein von der Sonne beleuchteter Körper'. Jemand, der nicht wüßte, daß der Abendstern der Morgenstern ist, könnte den einen Gedanken für wahr, den anderen für falsch halten. Der Gedanke kann also nicht die Bedeutung des Satzes sein, vielmehr werden wir ihn als den Sinn aufzufassen haben." Zu Schlicks Kritik hieran siehe in diesem Band S. 300, Block (69) und S. 328, Block (112).

96 Zum Zusammenhang von Regeln schrieb Wittgenstein 1933: „Die Regeln, welche aussagen — sagen, daß die & die Zusammenstellungen von Worten — Wörtern keinen Sinn ergibt, sind sie mit den Festsetzungen für das Schachspiel zu vergleichen, daß es, z. B., keine Spielstellung ist, wenn zwei Figuren auf demselben Feld stehen, oder eine Figur auf der Grenze zweier Felder, etc.? Diese Sätze sind wieder ähnlich gewissen Handlungen; wie wenn man z. B. ein Schachbrett aus einem größeren Stück eines karierten Papiers herausschnitte. Sie ziehen eine Grenze." (Ms 114, 88 v–89 r)

meinsten Sinn bezeichnen. Zu den Regeln, die die Bedeutung der Worte festlegen und von denen es in erster Linie abhängt, ob ein Satz wahr oder falsch ist, gehören an erster Stelle die logischen Regeln (und nicht die Regeln der Sprachgrammatik); man muss vor allem wissen, wann man ein Wort benützen kann. 5

66 | *Aussagen sind sinnvolle Satzzeichen, weil ihnen ein Sinn gegeben worden ist. In erster Linie müssen die internen Sprachregeln festgesetzt werden* (die grammatischen und logischen) *und vor allem ausserdem die Anwendungsregeln.* (Hier ist der Schlüssel zur Aufklärung der philosophischen Missverständnisse, speziell 10 der metaphysischen).[97]

Wir können bei diesen Betrachtungen ohne ihrer Allgemeinheit zu schaden, von einem sprachlichen Ausdruck sprechen; aber Erkenntnis liegt überall da vor, wo Ausdruck irgendeiner Art da ist, wo eine Wirklichkeit in irgendeinem Zeichensystem (ganz allgem[ein] in irgendeiner Sprache abgebildet ist. *Jede Erkenntnis* 15 *ist eine Aussage; das gilt aber nicht umgekehrt: nicht jede Aussage ist eine Erkenntnis, sondern nur diejenigen, die wahr sind.* Aussagen, die keine Erkenntnis sind, können *entweder falsch* oder *nichtssagend* sein (und es ist eine rein terminologische Angelegenheit, ob man die nichtssagenden auch für „wahr" bezeichnen 20 will).

Dann gibt es noch Sätze, die wohl wie Aussagen aussehen, aber keine sind: die *sinnlosen Sätze; sie sind nur eine Zusammenstellung von Worten ohne Bedeutung.* 25

Ähnlich erläuterte auch Schlick schon in 1918a *Erkenntnislehre*: „Läßt man diese [eine regelwidrig zugeordnete] Bezeichnung zu, so tritt eben die oben beispielsweise geschilderte Mehrdeutigkeit ein, die Zuordnungsregeln, die der Wahrung der Eindeutigkeit dienen sollen, werden verletzt, Verwirrung und Widerspruch werden gestiftet. An dieser Mehrdeutigkeit wird erst erkannt, daß ein Tatbestand, dem das falsche Urteil rechtmäßig zugeordnet werden könnte, gar nicht existiert, und es ist daher ganz in der Ordnung, in ihr das Kennzeichen der Falschheit zu erblicken." (*MSGA* I/1, S. 259 f.)

97 Carnap widmete diesem Problem seinen Aufsatz „Die Überwindung der Metaphysik durch logische Analyse der Sprache". Schlick hatte diesen Aufsatz vermutlich in seinen Unterlagen, als er das Sinnkriterium und die davon ausgehende Metaphysikkritik im Vortrag erläuterte. Siehe dazu besonders in diesem Bd. ab S. 450.

Falsche Aussagen sind nicht sinnlos, man kann von ihnen die blossen Wortkombinationen unterscheiden, die ohne Bedeutung, sinnleer, sind, also gar keine Aussagen. Der Umkreis der Schein-aussagen ist viel grösser, als man gemeinhin annimmt (es gehören dazu z. B. eine ganze Reihe philos[ophischer] Bücher und Syste-me, die nichts weiter sind als solche Aneinanderreihungen von Worten).⁹⁸

Es ist nicht immer leicht festzustellen, ob eine Wortkombina-tion eine Aussage darstellt oder nicht; man kann dies nur im Kon-text beurteilen, in welchem dieser Satz steht (d. h. im Zusammen-hang mit der gegenwärtigen Sprache), ob da Anwendungsregeln für einen solchen Satz vorgesehen sind. Eine solche Untersuchung erfordert, dass man auf das ganze Sprachsystem | zurückgeht, in welchem die Aussage gemacht wird.

Es gibt keine *an-sich* sinnvollen oder sinnlosen Sätze, sondern nur innerhalb der Logik, innerhalb des Sprachzusammenhanges.⁹⁹

In dem Sinne, dass ein Zeichen nur vermöge willkürlicher Festsetzungen (willkürlich = nicht-naturgegeben) etwas bedeuten kann, *sind alle Festsetzungen unserer Sprache etwas Wandelba-res* (nicht was die Worte an sich, sondern die Wortbedeutungen betrifft). Dass diese *auf Konvention beruhen, ist sehr wichtig für das Verständnis der Logik, denn diese hat es mit den Regeln zu tun, durch die die Sprache erst zu einer solchen wird, das Zeichen*

---

98 Die Begriffe „Scheinproblem" und „Scheinsatz" sind Carnaps Aufsatz „Die Überwindung der Metaphysik durch logische Analyse der Sprache" entlehnt, der ihnen den fünften Abschnitt widmet.

99 Vgl. dagegen Schlicks alte Position von 1928 in diesem Bd. S. 271, Block (9). In Waismanns „Diktat" heißt es auch noch 1930: „Ein Wort ist alles das, wovon der Sinn des Satzes abhängt und was Sätze miteinander gemein haben können." (McGuinness, *Wittgenstein und der Wiener Kreis*, S. 237)

Hier hingegen ähnelt Schlicks Position derjenigen Wittgensteins von 1933: „Die Erklärung: ‚Satz sei alles, was wahr oder falsch sein kann' bestimmt den Begriff des Satzes in einem besonderen Sprachsystem als das, was in diesem Sy-stem Argument einer Wahrheitsfunktion sein kann." (Ms 114, 86 v – 87 r) „‚Sinn haben' bedeutet die Zugehörigkeit zu einem bestimmten System. [...] Wenn ich sagte für uns sei Sprache nicht das, was einen bestimmten Zweck erfülle, son-dern den Begriff bestimmen gewisse Systeme die wir ‚Sprachen' nennen [...]." (Ms 114, 115 r, v)

erst zu einem Symbol wird. (Zu diesen Regeln gehören eben auch die so wichtigen Anwendungsregeln der Worte und Sätze.)

Solange wir uns mit diesen Regeln beschäftigen, treiben wir etwas ganz anderes, als wenn wir die Sprache anwenden. Wir müssen bei jeder Sprache einen scharfen Unterschied machen zwischen den Regeln, durch welche die Sprache reguliert wird: zwischen syntaktischen, grammatischen, logischen und Anwendungsregeln; diese letzteren schildern eine wirkliche Situation, in welcher eine Wortkombination gebraucht werden kann. – *Von diesen Regeln müssen wir dann das wirkliche Sprechen oder Er-kennen unterscheiden, das Schildern irgendwelcher Tatbestände, die in der Welt vorliegen; also die Anwendung der Sprache.*

Was dieser Anwendung vorhergeht, der Aufbau und die Prü-fung der Regeln, ist das eigentliche Geschäft des Philosophen und soweit man diese Prüfung der Regeln mit der Logik zusammen-fallen lassen kann, kann man die Logik überhaupt mit der Philo-sophie zusammenfallen lassen.[g]

Solange wir uns mit der Prüfung der Regeln befassen, sind wir in einem Gebiet, wo Erkenntnis noch nicht angefangen hat, son-dern nur die Vorbereitung dazu, die Bereitstellung der Mittel, um dann die Erkenntnisse formulieren zu können. Diese Beschäfti-gung, die sich auf die Art und Weise | richtet, wie die Worte und Sätze den Tatsachen zugeordnet sind, ist die eigentliche philo-sophische Domäne, die des Logikers, die sich ganz und gar von der wissenschaftlichen Tätigkeit unterscheidet, die darin besteht, von der Welt Aussagen zu machen, die Sprache dann anzuwen-den, um Erkenntnisse auszudrücken. – *Wo wir über die Sprache sprechen, befinden wir uns auf philosophischem Gebiet.*

An dem wichtigsten Punkte aber, wo die prinzipiellsten Er-kenntnisse gewonnen werden, müssen wir uns meist darüber klar werden, *wie* man über die Wirklichkeit sprechen will. Das muss der Forscher gerade bei den schwierigsten Problemen tun: er muss vom eigentlichen Forscherbetrieb, dem Erkennen, übergehen zum Philosophieren, er muss anstatt der Frage nach der Wahrheit der

---

g Dieser Absatz ist mit rotem Buntstift angestrichen

Aussagen, sich die Frage nach dem Sinne der Aussagen zurecht-
legen.

*Die Fragestellung nach dem Sinn der Sätze darf nicht mit
der nach der Wahrheit der Sätze verwechselt werden;* durch Verwechslungen dieser Art entstanden die meisten Probleme der Philosophie, die den Geist der Menschen beunruhigt haben. Die Metaphysik entsteht dadurch, dass man sich dieser Verwechslung
nicht bewusst wird. Wir dürfen nicht die Frage nach dem Symbolismus, danach, wie Zeichen verwendet werden sollen, mit Tat-
sachenfragen verwechseln.[100]

Solange wir uns in Untersuchung der Sprachregeln (im allgem[einen] Sinne, Symbolismus inclus[ive] Anwendungsregeln) befinden, handelt es sich um das Problem des Sinnes, die eigentl[iche]
philos[ophische] Tätigkeit. Geht man zur Anwendung der Sprache über, handelt es sich um Erkenntnis und das Problem ist
dann das der Wahrheit oder Falschheit.[h]

Logik und Philosophie haben es mit dem Sinne, also mit der
blossen Möglichkeit zu tun, Aussagen zu machen, die Sprache
anwenden zu können. Die da aufgestellten Regeln entscheiden also darüber, ob eine Aussage überhaupt befähigt ist, irgendeinen
Tatbestand abzubilden. Wir wollen ja den | Symbolismus so ein- 69
richten, dass man schlechterdings von allem, was uns irgend begegnen kann, Mitteilung machen kann. Der Grundgedanke beim
Erkennen ist ja dieser, dass das uns nicht überraschen soll und
so soll die Sprache eben eingerichtet sein. Wir wollen wissen, wie
wir uns zu Neuem einzustellen haben; daher brauchen wir für den
Ausdruck der Erkenntnis also einen so allgemeinen Symbolismus,
dass wir überhaupt alles damit sagen können.

Die Sprache ist ein solcher allgemeiner Symbolismus und die
Mittel, um alles ausdrücken zu können, sind merkwürdigerweise
sehr einfach. Wir kommen mit einem geringen Minimum an Zei-

---

h Dieser gesamte Absatz ist im Original rot hervorgehoben

100 Dazu schrieb Wittgenstein 1933: „Man kann auch — oft zeigen, daß ein
Satz metaphysisch gemeint ist, indem man fragt: ‚Soll was Du behauptest eine Erfahrungstatsache sein? Kannst Du Dir denken (vorstellen), daß es anders
wäre?'" (Ms 114, 93 r)

chen aus. (Die Frage, ob sich ein Symbolismus überhaupt so einrichten lässt, dass man ganz sicher ist, alles damit ausdrücken zu können, soll hier nicht berührt werden).[101] Um Alles ausdrücken zu können, halten wir den Symbolismus so allgemein als nur möglich ist. Wir haben es also bei der Betrachtung aller Sprachen (Symbolismen, Zeichensysteme) daher immer mit Möglichkeiten zu tun, weil die Regeln so eingerichtet sein müssen, dass man alles mögliche damit ausdrücken kann. Solange wir diese Regeln selbst betrachten, haben wir es noch nicht mit den Tatbeständen der Welt zu tun, wir interessieren uns dann also nicht für Wirklichkeiten, sondern nur für Möglichkeiten.

Die eigentliche Domäne der Philosophie ist also die der Möglichkeiten, die Domäne der Wissenschaft ist die der Wirklichkeit.

Wir machen bei den Symbolen des Denkens nur den Unterschied zwischen dem, was der Wirklichkeit entspricht und dem, was nicht der Wirklichkeit entspricht. Wir nennen alle Sätze, denen etwas in der Wirklichkeit entspricht, „wahr", die anderen „falsch". Wir sehen nach, ob die Sprachregeln befolgt worden sind, ob der Ausdruck angemessen war kraft der Regeln, durch welche die Anwendung, die Formulierung der Sprache geschieht.

Eine wahre Aussage also ist eine solche, bei der die Regeln der Sprache, sowie auch die Regeln der Anwendung befolgt sind. Sinn und Wahrheit hän|gen also zusammen.[102]

Eine Aussage ist sinnvoll, wenn sie einen möglichen Tatbestand beschreibt, den Regeln der Sprache genügt. Eine Aussage ist wahr, wenn ihr etwas in der Wirklichkeit entspricht, wenn sie den Regeln der Sprache gemäss richtig angewendet ist.

Nur durch das Auftauchen gewisser Scheinprobleme scheint es kompliziert zu sein, was man unter Wahrheit zu verstehen hat.

101 Dem ging Carnap in „Über die physikalische Sprache als Universalsprache der Wissenschaft" nach.

102 Schlick hielt z. B. die Regeln der Koinzidenzmethode für Regeln der Anwendung, vgl. dazu 1917a *Raum und Zeit* (*MSGA* I/2, S. 614). Wittgenstein schrieb 1933 dazu: „Die *Methode* des Messens (des Messens einer Länge z. B.) verhält sich zu einer bestimmten Messung genau so, wie der Sinn eines Satzes zu seiner Wahr- oder Falschheit." (Ms 114, 93 r, v)

Ein Satz ist dann wahr, wenn das, was er ausspricht, sich in der Wirklichkeit vorfinden lässt, sonst ist er eben nicht wahr.

Es handelt sich darum, wirkliche Aussagen von Scheinaussagen zu unterscheiden; wir müssen also fragen, wodurch wir jene Wort-(Zeichen- oder Symbol)-Kombinationen, die einen Sinn haben, vor jenen auszeichnen können, wo dies nicht der Fall ist? Es ist das eigentlich eine Festsetzung darüber, was wir unter einer Aussage verstehen. Wir unterscheiden, ob ein vorliegender Satz aneinandergereihte Worte, eine Aussage darstellen oder nicht. Man kann dies nur dann, wenn man weiss, was diese Worte bedeuten sollen. Weiss man es noch nicht, dann sind es noch gar keine Worte, sondern nur Zeichen, deren Bedeutung man nicht kennt.

Aber auch nicht alle Worte, deren Bedeutung wir kennen, bilden in jeder Aneinanderreihung einen Satz. Es bestehen dafür gewisse Regeln, zu denen auch die Regeln der Grammatik gehören. *Bei den grammatischen Regeln muss man diejenigen unterscheiden, die für den Sinn des Satzes wesentlich sind und jene, die es nicht sind* (z. B. gehört zu einem Verstoss gegen letztere die Verwechslung eines Artikels; „Der Papier liegt auf das Tisch" ist grammatisch falsch, aber logisch in Ordnung).[103]

Auf die Frage, unter welchen Umständen eine Aussage einen Satz darstellt, wirklich etwas mitteilt, also logisch erlaubt ist, deshalb einen innerhalb der Sprache gestatteten Zeichenkomplex bildet, kann man nur dann antworten, wenn | man den Sinn des 71 Satzes selbst weiss. – *Das Kriterium dafür, dass ein Satz Sinn*

---

103 Wittgenstein schrieb 1933 dazu: „Die Grammatik, das sind die Geschäftsbücher der Sprache, aus denen alles zu ersehen sein muß, was nicht begleitende Empfindungen betrifft, sondern die tatsächlichen Transaktionen mit der Sprache. [...] Zur Grammatik gehört nicht, daß dieser Erfahrungssatz wahr, jener falsch ist. Zu ihr gehören alle Bedingungen (die Methode) des Vergleichs des Satzes mit der Wirklichkeit. Das heißt, alle Bedingungen des Verständnisses (des Sinnes)." (Ms 114, 60 r, v)

Carnap sprach statt von logischer Grammatik von logischer Syntax und benannte auch sein Buch so. Schlick schwankte zwischen beiden Bezeichnungsweisen. Im zwar erst 1936 erschienenen, aber etwa zeitgleich zu dieser Vorlesung entstandenen Aufsatz 1936b *Meaning* ging Schlick noch einmal ausführlicher auf die logische Grammatik ein (*MSGA* I/6, S. 711 ff.).

hat, ist nur dies, dass man ihn kennt: weiss man, dass etwas Sinn hat, so muss man ihn auch angeben können.[104]

Es ist die wichtigste Aufgabe der Philosophie, fortwährend die Richtigkeit der Sprache zu prüfen, darüber zu wachen, dass alles, was gesagt wird, auch einen guten Sinn hat. – Es ist einer Formulierung oft schwer anzusehen, ob es sich um eine Sinn- oder um eine Tatsachenfrage handelt; nicht ohne weiteres zu sehen, ob irgendein in der Welt vorliegender Tatbestand erfragt oder beschrieben wird oder wir nur von Konventionen sprechen. In der gewöhnlichen Sprache ist es auch oft nicht leicht erkennbar, dass manche Worte verschiedene Bedeutung haben, wie z. B. das Wort „ist" (dass auch Hegel das nicht erkannte, führte in seiner Philosophie zu fundamentalen Irrtümern).[105] Es ist für die philos[ophischen] Probleme charakteristisch, dass sie alle durch Unachtsamkeit betreffs der Regeln für den Gebrauch der Worte zustandekommen und die Erkenntnis-Theorie betrachtet es als ihre wichtigste Aufgabe, diese Verwirrung aufzuklären und damit die philos[ophischen] Probleme zu bewältigen. Die Frage nach dem Sinn der Sätze hat also eine sehr weitreichende Bedeutung; dass es sich hier um eine Kernfrage der Philosophie handelt, hat man erst in unserer Zeit richtig gesehen; jetzt steht die Logik im Zentrum der Philosophie, ja, ist in gewissem Sinne die Philosophie, weil wir erkannt haben, dass die grossen philosophischen Probleme logischer Natur sind, dass sie durch logische Analyse, also durch Besinnung über die symbolischen- oder Sprechregeln aufgelöst werden können.

Wenn wir nach dem Sinn eines Satzes fragen, so kann die Antwort darauf wieder nur durch einen oder mehrere Sätze gegeben werden.[106] Die Funktion der Sätze im tägl[ichen] Leben und in

---

104 Wittgenstein schrieb 1932: „Den Sinn eines Satzes verstehen // kennen //, kann nur heissen: die Frage ‚was ist sein Sinn' beantworten können." (Ts 212, 51)

105 Diese Kritik findet sich bereits ähnlich bei Schelling (vgl. *Münchener Vorlesungen*, S. 133 f.) und später auch bei Carnap (vgl. *Überwindung der Metaphysik*, § 6).

106 Dazu schrieb Wittgenstein 1933: „Man kann auch sagen: Die Meinung fällt aus der Sprache heraus; denn wenn man fragt,— gefragt wird, was ein Satz

der Wissenschaft ist offenbar gerade die, dass sie selbst sagen, was sie meinen: dass dies der Fall ist, ist eine Eigentümlichkeit der Sprache, die sich in Sätzen ausdrückt. Mit dem blos|sen Wort ist ₇₂ noch kein Sinn mitgeteilt; das Wort kann eine bestimmte Bedeu-
5 tung haben, aber damit ist nichts beschrieben, nichts behauptet, kein Tatbestand ausgedrückt. Je nachdem [wie] wir die festgesetzten Regeln der Sprache anwenden, wird der Sinn der Sätze verändert; *die Anordnung der Worte gehört mit zum Sinne des Satzes.* Die Sprache ist also durch die Anordnung der Worte im
10 Satze imstande, den Sinn des Satzes mitzuteilen.

Hier könnte sich aber die Frage erheben, wie man denn überhaupt nach dem Sinn des Satzes fragen kann, wenn die Funktion der Aussage darin besteht, diesen Sinn mitzuteilen? (Oft wiederholt man, nach dem Sinn gefragt, den Satz nochmals, bloss
15 deutlicher – und das ist ein ganz legitimes Verfahren). Man kann tatsächlich nach dem Sinne einer Aussage nur dann fragen, wenn der Satz für mich noch gar keine Aussage war, sondern bloss ein akustisches oder optisches Gebilde; *die Frage nach dem Sinn eines Satzes ist die Frage, welcher Aussage ein bestimmter Zei-*
20 *chenkomplex entspricht.* (Diese Frage tritt oft auf bei komplizierten Sätzen der Wissenschaft, z. B. mathemat[ischen] oder philos[ophischen] Sätzen). Mit der Frage nach dem Sinn eines Satzes darf also nicht vorausgesetzt sein, dass der Satz schon einen Sinn hat. Es kann ja auch sein, dass es bis zu einem gewissen Grade
25 freisteht, den Sinn eines Wortes festzusetzen; so ist es z. B. immer bei der Bestimmung der Grundbegriffe der Wissenschaft; Worte, die im tägl[ichen] Leben und vielleicht auch in der Wissenschaft schon eine bestimmte Bedeutung haben, werden da noch in einem ganz bestimmten Sinne präzisiert. Ein Beispiel hierfür ist
30 die Festlegung (Definition) des Begriffes der Masse durch Newton, später dann durch Einstein;[107] oder auch die Festlegung des Begriffes der Gleichzeitigkeit an verschiedenen Orten durch Ein-

---

meint, (so) wird dies wieder durch einen Satz gesagt.—//; denn die Frage, was ein Satz meint, wird durch einen Satz beantwortet." (Ms 114, 33 r)

107 Vgl. Newton, *Principia*, Def. 1 und Einstein, *Die Grundlage der allgemeinen Relativitätstheorie*, § 16.

stein. Es steht der Wissenschaft also frei, besondere Definitionen einzuführen.

Die Frage ist also so zu stellen: für welche Aussage, welches Urteil steht denn eigentlich ein bestimmter Satz? Wie kann man von einer blossen Zei|chenkombination zu demjenigen übergehen, was dabei gemeint ist? Diese Ausdrucksweise aber ist nicht unbedenklich insoferne, als dabei unterschieden wird zwischen den aus Lauten oder Schriftzeichen bestehenden Sätzen und dem Urteil oder der Aussage, die dahintersteht. (Wir kommen dazu auch, dass wir ein- und dieselbe Sache auf verschiedene Art ausdrücken können; dass die Sprachen verschieden und der Sinn doch derselbe sein können). *Wir unterscheiden also zwischen der äusseren Form, dem Satzzeichen und dem eigentlichen, sinnvollen Satz.*

Hier kann man leicht in verschiedene Irrtümer verfallen: Man muss genau beachten, dass mit der Frage, was mit einem Satze gemeint sei, nicht nach einem psychischen Vorgang gefragt werden kann, der etwa die Worte begleitete; gegen diese letztere Ansicht, die des Psychologismus, wurde erstmalig Stellung genommen von Berkeley, der in seiner Kritik ausführte, dass der Begriff nicht die Vorstellung sein könne und der Sinn des Satzes nicht die psycholog[ischen] Prozesse, die sich beim Hören abspielen; ferner, dass es „Allgemeinvorstellungen" überhaupt nicht gebe, wie wir auch im Früheren schon ausgeführt haben. *Der Urteilsakt kann also unmöglich als psychische Realität aufgefasst werden.* Ein weiterer Fehler wäre es zu fragen, *was* und *wo* diese Sätze nun eigentlich sind? Denn diese Fragestellung führt uns zum platonischen Problem; man kommt dann näml[ich] zu der Sprech- und Denkweise, die in dem Sinne des Satzes gleichsam einen Schatten sieht, der hinter dem Satze steht oder ihn wie eine ätherische Aureole umgibt; oder dass wir, wenn wir von der sprachlichen Formulierung absehen, den „Satz-an-sich" vor uns haben, wie dies Bolzano ausgedrückt hat. Die Platonische Frage, wo die Begriffe sind, kommt noch in verschiedenen anderen falschen Formulierungen zum Ausdruck; z. B. in der Meinongs: „Die Sätze haben ein Sein, das als Bestehen bezeichnet werden kann", [108] oder Lotze: „Die Sätze ha-

---

[108] Für Meinong gab es zwei Arten des Seins: Existenz und Bestehen. Gegen-

ben ein Sein-Gelten", u. a.[109] – Wir dürfen aber nicht fragen, was ein Begriff ist, sondern | nur danach, wie man ihn anwendet. *Die* 74 *Bedeutung eines Wortes kann man angeben durch Angabe seiner Verwendungsweise.* (Das Substantivum „Begriff" ist irreführend, weil man sich darunter ein Wesen vorstellt. Auch bei einem Satze ist weiter nichts da als der gesprochene oder geschriebene Satz; es steht kein metaphysisches Wesen eines Satzes dahinter. *Das, was wir eigentlich fragen, wenn wir nach dem Sinne suchen, ist die Frage nach der Anwendungsweise.* Alle verschiedenen sprachlichen Sätze, die gleichen Sinn haben, werden unter denselben Umständen angewendet und darin liegt das ihnen Gemeinsame. Das Gemeinsame also ist die Verwendungsweise, d. h. alle diese Sätze sollen für ein- und denselben Tatbestand gelten, vermöge der Regeln, die in den logischen Konventionen festgelegt sind.

Der Begründer der modernen Ansichten in der Logik ist der scharfsinnige Mathematiker *Gottlob Frege*; aber trotzdem er Ausserordentliches geleistet hat, war auch er sich nicht darüber klar, was eigentlich die Bedeutung des Wortes ist. Er meint, *die Bedeutung eines Wortes sei der Gegenstand, den es bezeichnet.* Frege selbst macht dagegen gewisse Einwände, sucht ihnen aber dann zu begegnen. *Tatsächlich gebrauchen wir die Sprache nicht so, dass die Bedeutung des Wortes der von ihm bezeichnete Gegenstand sein kann.*[110]

Beispiel: Was bedeutet das Wort Hektor? Es ist der Name eines trojanischen Helden und es wird uns überliefert: „Achill erschlug den Hektor". Bedeutet „Hektor" die Person? Wäre dem so, so müsste man auch sagen können: „Achill erschlug

---

stände in Raum und Zeit existieren. Unter Sätzen verstand Meinong deren Aussage, nicht die Zeichenkolonne und diese kann bestehen, wenn sie war ist. Vgl. Meinong, „Über Gegenstandstheorie höherer Ordnung", S. 377–394.

109 Diese Formulierung ließ sich bei Lotze bisher nicht nachweisen, sehr ähnliche Formulierungen finden sich jedoch in dessen *Logik*, § 317 ff.

110 Vgl. Frege, *Über Sinn und Bedeutung*. Das anschließende Beispiel von der Venus wird dort auf S. 37 f. erläutert. Siehe dazu auch in diesem Bd., S. 430. 1927/29 setzte sich Schlick ausführlicher mit Freges Position auseinander. Siehe dazu in diesem Bd. ab S. 328, Block (112).

die Bedeutung des Wortes Hektor", aber das ist unmöglich,
also kann die Bedeutung des Wortes nicht der Gegenstand
sein, den es bezeichnet.

Oder: Frege sagt, die Bedeutung des Wortes „Abendstern" sei die
Venus. Wäre das aber so, dann hätten die Worte „Abendstern" und „Morgenstern" dieselbe Bedeutung! Die Venus
selbst ist nicht die Bedeutung dieses Namens; man müsste
hinzufügen, wann man die Venus so, wann anders nennen
will.

Die Bedeutung besteht also in der Angabe der Verwendung und
nicht in dem Gegenstande selbst. Dieser letzte Irrtum entsteht
durch die Verwechslung | zwischen Bedeutung des Namens und
Träger des Namens. Und dasselbe wie für die Worte gilt auch
von der Bedeutung der Sätze.

Wenn wir fragen, was ein Satzzeichen (die hingeschriebenen
oder gesprochenen Worte) eigentlich bedeutet, welcher sein Sinn
ist, so wird die Aufklärung meist in einem neuen Satze gegeben.
In der Mehrzahl der Fälle sind wir damit auch zufrieden und
das gewöhnl[ich] deshalb, weil wir die Ausdrucksweise des zweiten Satzes vielleicht eher gewöhnt sind als die des ursprünglichen
Satzes. Es ist dabei vorausgesetzt, dass uns gewisse Sprechweisen schon geläufig sind, denn sonst würde uns die Angabe einer
Erklärung, die aus Sätzen besteht, nichts nützen.

Es entsteht nun aber die Frage, wie es sich diesbezügl[ich]
verhält, wenn man überhaupt noch keine Sprache besitzt? Es ist
dies *eine Hauptfrage der Philosophie, wie man zum Gebrauche*
der Worte kommt, wie man lernt, dass ein gewisser Satz bei einer
ganz bestimmten Gelegenheit angewendet wird. Man muss sich da
klar machen, wie die Sprache gelernt wird; es geschieht dies zuerst (z. B. beim Kinde) so, dass die Anwendung der Symbole in
verschiedenen Fällen vorgenommen oder demonstriert wird und
dass dann im Gedächtnis behalten werden muss, wie das Wort
zum Gegenstand, der Satz zum Tatbestand gehört, was damit
gemeint ist. *Die einfachste Art, wie man Worten ihre Bedeutung*
verleihen kann, ist die hinweisende Gebärde (deiktische Defini-

tion, von [δείχνυμι]ⁱ¹¹¹); die Schwierigkeiten, die Hinweisung eindeutig zu machen, werden in der Praxis leicht überwunden. Manche glauben nun, dass alle Worte durch Hinweis erklärt werden
können; so z. B. der heilige Augustinus.¹¹² Es ist dies aber nicht
5 möglich, da es ja Worte gibt, die nicht Eigenschaften von sinnlich
wahrnehmbaren Dingen oder solche selbst sind; z. B. alle Verba,
die abstrakte Tätigkeiten bedeuten, Worte wie „Gerechtigkeit",
„weil", „nicht", u. v. a. – Trotzdem ist die Methode, mit deren
Hilfe wir die Bedeutung auch solcher Worte er|lernen, im Grun- 76
10 de dieselbe (Es kann ja allgemein eine Situation herbeigeführt

i Im Typoskript wurde hier eine Aussparung für die handschriftliche Ergänzung
gelassen.

111 Griech.: „Ich zeige".

112 Vgl. Augustinus, *Confessiones* I, 8: „Non enim docebant me maiores homi-
nes, praebentes mihi verba certo aliquo ordine doctrinae sicut paulo post litteras,
sed ego ipse mente quam dedisti mihi, deus meus, [...] cum ipsi appellabant rem
aliquam et cum secundum eam vocem corpus ad aliquid movebant, videbam et
tenebam hoc ab eis vocari rem illam quod sonabant cum eam vellent ostendere.
ita verba in variis sententiis locis suis posita et crebro audita quarum rerum signa
essent [...]."
Übers: „Es unterrichteten mich nämlich nicht Erwachsene, indem sie mir nach
einer bestimmten, fest geordneten Lehre Wörter sagten, wie kurz danach bei
den Buchstaben, sondern ich selbst lernte sie durch den Geist, den du, mein
Gott mir gegeben hast, [...] wenn man irgendeine Sache nannte und wandte man
sich bei dem Worte mit dem Körper danach, so sah ich es und behielt, dass
das Ding von ihnen genannt wird, wie sie sagten, wenn sie es zeigen wollten. So
eignete ich mir allmählich die Worte in ihrer verschiedenen Bedeutung, in ihrer
verschiedenen Stellung und bei ihrer häufigen Verwendung an, welche Sachen die
Wörter bezeichneten [...]."
Auch Wittgenstein ging mehrfach auf Augustinus ein. Er schrieb z. B. 1933:
„Augustinus, wenn er vom Lernen der Sprache redet, redet nur davon, wie wir den
Dingen Namen beilegen, oder die Namen der Dinge verstehen. Das *Benennen*
scheint hier das Fundament & Um & Auf der Sprache zu sein. [...] Aber das
Spiel, welches Augustinus beschreibt, ist allerdings ein Teil der Sprache. Denken
wir, ich wollte aus Bausteinen, die mir ein Andrer zureichen soll, einen Bau
aufführen; so könnten wir zuerst ein Übereinkommen dadurch treffen, indem ich,
auf einen Baustein zeigend, sage: ‚das ist eine Säule', auf einen andern : ‚das
heißt 'Würfel", – ‚das heißt 'Platte'', u.s.w.. Und nun riefe ich die Wörter ‚Säule',
‚Platte' etc. aus in der Ordnung, wie ich die Steine brauche." (Ms 114, 48 v–49 r).
Vgl. aber auch Ms 114, 120 v; Ts 212, 93 ff.; Ms 140, 39 v.

und diese dann durch einen Satz bezeichnet werden, von dem man schon eine Reihe von Worten kennt und die übrigen dann durch Beziehung erklärt; das kann mehrmals wiederholt werden; z. B. „Es ist kalt, *weil* das Feuer im Ofen nicht brennt").[113] Die Regeln der Sprache werden also selbst mit Hilfe der Anwendung der Sprache gelernt; diese Anwendung ist es, worauf die Sprache zurückgeht[j], darum kann auch *der Sinn eines Satzes nur dadurch erfasst werden, dass man auf seine Anwendung zurückgeht.* Kann man nicht angeben, wie ein Satz mit bestimmten Umständen in Verbindung zu bringen ist, so hat man auch mit dieser Wortreihe noch keinen Sinn verbunden. *Die Sätze kommen nur so zu einer Verbindung mit der Wirklichkeit, dass man angibt, unter welchen Umständen sie wahr und unter welchen Umständen sie falsch sind.* Hat man der Sprache nicht auf diese Weise Bedeutung gegeben, so hat sie keine Bedeutung. *Die Sprache erhält Sinn nur dadurch, dass man sie mit ihrer Anwendung konfrontiert; man muss also auf Erfahrung hinweisen können – und in diesem Sinne ist die Erfahrung die Grundlage alles dessen, was man überhaupt sagen und erkennen kann.*

(Diese Einsicht hat natürlich weittragende Konsequenzen; pflichtet man ihr bei, so hat man damit schon eine ganze Reihe philos[ophischer] Systeme als unmöglich abgelehnt.)

Die Frage der Bedeutung und des Sinnes ist eine Kapitalfrage der Philosophie geworden, dadurch, dass man die Tatsache missdeutet hat, dass ein Zeichen, ein Satz nur dann einen Sinn hat,

---

j Im Original: ⟨zurückgehrt⟩

113 Vgl. dazu Schlicks Aufsatz 1932a *Positivismus*: „Das Definieren kann nicht ins Unendliche weitergehen, wir kommen also schließlich zu Worten, deren Bedeutung nicht wieder durch einen Satz beschrieben werden kann; sie muß unmittelbar aufgewiesen werden, die Bedeutung des Wortes muß in letzter Linie gezeigt, sie muß gegeben werden. Es geschieht durch einen Akt des Hinweisens, des Zeigens, und das Gezeigte muß gegeben sein, denn sonst kann ich nicht darauf hingewiesen werden." (*MSGA* I/6, S. 328)

wenn wir damit eine Bedeutung verbunden haben. Man behauptet näml[ich], es läge etwas ganz besonderes in dem Verhältnis
zwischen dem Wort und dem, was es bedeutet. Es scheint so, als
ob zum Geben der Bedeutung ein psychologischer Prozess erforderlich wäre, dass das Hinweisen des Zeichens auf das Bezeichnete
als ein geistiger Akt aufgefasst werden könnte, der zum Zeichen
hinzu|kommen muss. Diese Art Sprechweise ist, wenn auch nicht
direkt unrichtig, so doch gefährlich, da sie zu Scheinproblemen
führt, die dem Platonischen Problem ähnlich sind.

Man nennt diese besondere geistige Funktion des Bedeutens,
von der man sagt, dass sie hinzutreten müsse, damit ein Satz
einen Sinn hat, dieses Hinweisen auf den bezeichneten Gegenstand, in der Philosophie die *intent[ionale] Beziehung*. Es ist die
Lehre von *Franz Brentano*, dass das Wesen des Psychischen darin
bestehe, auf etwas hinzuweisen, dass also das intentionale Sein für
das Psychische charakteristisch sei, das Fordern einer Ergänzung,
des sogen[annten] intentionalen Gegenstandes. Spricht man z. B.
von vorstellen, so müsse etwas da sein, das vorgestellt wird, hat
man das Gefühl einer Erinnerung, so muss man sich an etwas
erinnern, u. s. f. – Brentano benützt dieses Hinweisen auf einen
Gegenstand, um eine ganze Psychologie darauf zu gründen.[114]
Es wird hier davon ausgegangen, dass bei allem, was wir „psy-
chisch" nennen, ein geistiger Akt zugrundeliegt, also auch bei
allen Bedeutungen; von diesem letzteren ist diese Richtung eigentlich ausgegangen. – Wir hatten uns schon klar gemacht, dass

114 Brentano, *Psychologie vom empirischen Standpunkte*, S. 124 f.: „Jedes psychische Phänomen ist durch das charakterisiert, was die Scholastiker des Mittelalters die intentionale (auch wohl mentale) Inexistenz eines Gegenstandes genannt haben, und was wir, obwohl mit nicht ganz unzweideutigen Ausdrücken,
die Beziehung auf einen Inhalt, die Richtung auf ein Objekt (worunter hier nicht
eine Realität zu verstehen ist), oder die immanente Gegenständlichkeit nennen
würden. Jedes enthält etwas als Objekt in sich, obwohl nicht jedes in gleicher Weise. In der Vorstellung ist etwas vorgestellt, in dem Urteile ist etwas anerkannt
oder verworfen, in der Liebe geliebt, in dem Hasse gehaßt, in dem Begehren
begehrt usw. Diese intentionale Inexistenz ist den psychischen Phänomenen ausschließlich eigentümlich. Kein psychisches Phänomen zeigt etwas Ähnliches. Und
somit können wir die psychischen Phänomene definieren, indem wir sagen, sie
seien solche Phänomene, welche intentional einen Gegenstand in sich enthalten."

die Beziehung zwischen Wort und Sinn nicht in einem solchen undurchsichtigen Verhältnis wie Wort–Intuition liegt, sondern dass es sich dabei um nichts anderes handelt, als um die Regeln der Anwendung, die für diese Worte oder Sätze bestehen. Aber die Metaphysik hat sich des Problems der Bedeutung sofort bemächtigt und es so behandelt, als ob es sich hier nicht um eine syntaktische Frage, sondern um eine Tatsache, ein Sein handeln würde; so gibt es in der Gegenwart eine Reihe von Richtungen, die von der Bedeutung, dem Sinne ausgehen, als von etwas Eigentümlichen, einer Funktion, durch die der Geist charakterisiert sei. – Die Auflösung der sogen[annten] intentionalen Beziehung ist aber, wie wir gezeigt haben, eine ganz einfache. Besonderes Verdienst um die Abschaffung dieser ganzen Problematik im Sinne einer durchgreifenden Klärung hat *Ludwig Wittgenstein* (derzeit Cambridge), dessen Leistungen für das Verständnis | der Logik und damit für die Auffassung der Philosophie überhaupt von grösster Bedeutung sind. Er hat zuerst gezeigt, dass wir zur Bedeutung eines Wortes einfach dadurch kommen, indem wir uns klar machen, wie es angewendet wird.[115] Man kann nicht sagen, dass zum Verwenden so etwas gehöre, wie psychische Vorgänge.

> Man könnte sich z. B. einen Menschen denken, der viel mit anschaulichen Bildern arbeitet, dessen Denkvorgänge im arbeiten mit solchen Bildern arbeitet, dessen Denkvorgänge im arbeiten [*sic!*] mit solchen Bildern besteht [*sic!*] (die er hin- und herschiebt, so wie andere mit Worten, Tönen, Zeichen arbeiten): dann könnte aber von Vorstellen nicht mehr die Rede sein, es wäre eben ein Hantieren mit Bildern, die Vorst[ellungen] wären bloss das Sprachenmaterial.

Es ist in der Tat das Wesentliche des Zeichensystems, dass ein Akt, verschieden von den Zeichen, vor sich geht; dieser Akt aber ist das Anwenden unter gewissen Umständen; und das ist alles, was über die Bedeutung gesagt werden kann; also ein Wort

---

115 Vgl. Wittgenstein: „Die Bedeutung eines Zeichens liegt ja in den Regeln nach denen es verwendet wird— die seinen Gebrauch vorschreiben." (Ms 114, 4 r)

„bedeutet" etwas heisst, es wird unter bestimmten Umständen angewendet.[116]

Was intentional gesagt wird, kann alles in eine andere Sprache übersetzt werden, die nicht mehr Anlass gibt zu einer Psychologie wie der Brentanos[117] oder zu einer Metaphysik wie bei vielen modernen Denkern. Wenn wir die Belastung durch die philosophische Sprechweise abschütteln, die vielen Vorurteile zu überwinden trachten, wird uns klar (es ist durch verschiedenste Beispiele einleuchtend darzustellen), dass es die Anwendung ist, diese Entsprechung, die Benützung, die das Wesentliche ist, das dem Worte seine Bedeutung, dem Satze den Sinn gibt (und wobei von psychischen Prozessen gar nicht die Rede zu sein braucht.)[118]

Wir wollen nun in anderer Weise nach dem Sinne fragen: wann kann man sagen, dass man einen Satz verstanden hat? Der Sinn des Satzes ist ja dasjenige, was man verstehen muss und die Frage nach dem Sinne ist dasselbe wie die nach dem Verständnis. Das Verständnis wird dadurch herbeigeführt, dass wir die Bedeutung der Worte berücksichtigen und die Art und Weise, wie die Worte zusammengestellt sind. Die Sprache hat ja so viele Möglich|keiten, die Worte zu kombinieren. Wir können uns die Bedeutung eines Wortes in Definition gegeben denken:[119]

---

116 Wittgenstein erläuterte das 1933 an Beispielen: „Wenn ‚das Wort 'gelb' verstehen' heißt, es anwenden können, so ist die gleiche Frage: wann kannst Du es anwenden? Redest Du von einer Disposition? Ist es eine Vermutung? [...] Wenn ‚die Bedeutung eines Wortes verstehen' heißt, die Möglichkeiten seiner grammatischen Anwendung kennen, so kann die Frage entstehen— ist die Frage denkbar: ‚Wie kann ich dann gleich wissen, was ich mit 'Kugel' meine, ich kann doch nicht die ganze Art der Anwendung des Worts auf einmal im Kopf haben?' " (Ms 114, 43 r, v)

117 Brentano, *Psychologie vom empirischen Standpunkte.*

118 Sehr ähnlich argumentierte auch Wittgenstein 1933: „Immer wieder ist man in Versuchung, einen symbolischen Vorgang durch einen besondern psychischen Vorgang erklären zu wollen; als ob die Psyche ‚in dieser Sache viel mehr tun könnte', als die Zeichen. [...] Die Beschreibung des Psychischen muß sich ja wieder als Symbol verwenden lassen. Hierher gehört, daß es eine wichtige Einsicht ist in das Wesen der Zeichenerklärung, daß sich das Zeichen durch seine Erklärung ersetzen läßt." (Ms 114, 71 v)

119 In seiner früheren Vorlesung *Grundzüge der Erkenntnislehre und Logik* hat

Im gewöhnlichen Sprachgebrauch ist das Zurückgehen von den Worten zu den Bedeutungen einfach; man muss nur wissen, wie sie verwendet werden und das hat man als Kind gelernt. Wird aber ein Wort verschieden davon gebraucht, oder versteht man es gar nicht, dann sucht man gewöhnlich in einem Buche nach einer Definition des Wortes. Eine solche kann nur darin bestehen, dass ein Wort durch andere Worte erläutert wird, dass also eine bestimmte Situation beschrieben wird, durch die man imstande ist, das neue Wort zu gebrauchen. Die einfachste Art der Definition ist die *explizite Definition*: sie ist die Ersetzung eines alten (komplizierteren) durch ein neues (einfacheres) Zeichen: diese Ersetzung hat nur dann Sinn, wenn das neue Zeichen praktischer ist: z. B. in der Mathematik oder Mechanik. Das neue Zeichen soll dasselbe bedeuten wie das alte, eines kann überall durch das andere ersetzt werden (dies und nichts anderes sagt uns das Gleichheitszeichen in der Mathematik.)

(In den Logikbüchern stehen diesbezügl[ich] gewöhnlich Kunstbegriffe, die praktisch-technischer Natur sind und nichts mit Logik zu tun haben; diese interessieren uns hier nicht, wir richten unsere Aufmerksamkeit nur auf das in Frage stehende Prinzip.)

Beim Definieren kommen wir in unserer Sprache zu einer gewissen Grenze; aber da hört das Definieren nicht auf, sondern nur das Definieren durch die Wortsprache; man muss dann z. B. hinzeigen oder erklärt wohl durch Worte, die man aber, gleichsam durch Gesten in Verbindung bringen muss. *Man muss, um die Sprache überhaupt auf die Wirklichkeit anzuwenden, nicht aus der Sprache heraustreten, aber aus der Wortsprache heraus in eine Gebärdensprache hinein: hinweisende Definition; wenn man die Worte durch Einführung einer Situation erklärt.*[120] Der

Schlick an dieser Stelle einen mehrere Seiten umfassenden Abschnitt Definitionslehre vorgesehen. Darin erläuterte er den Unterschied von impliziter und expliziter Definition (Inv.-Nr. 2, A. 3a, Bl. 35–45, *MSGA* II/1. 1). Vgl. dazu aber auch die Einleitung in diesen Band sowie ab S. 157. Von den hier anknüpfenden Bemerkungen zu den Grenzen der Definition ist in den früheren Arbeiten noch nicht die Rede.

120 Wittgenstein schrieb hierzu 1933: „Denken wir an eine Gebärdensprache,

Gebrauch gewisser Worte ergibt sich aber nur durch Hinweis auf ganze Situationen und nicht auf einzelnes; bei vie|len Wor- ten ist es überhaupt nicht leicht möglich, sie auf diese Weise zu erklären (Worte wie „vielleicht", „denn", „nicht" u. ä.). Es ist selbstverständlich, dass das Wort nur dadurch mit der übrigen Wirklichkeit in Beziehung gebracht werden kann, dass wir wissen, wie das Wort verwendet wird. Dabei verhält es sich nicht so, dass die alltägliche Sprache wegen ihrer fliessenden Übergänge unvollkommen wäre; sie ist sehr brauchbar, lässt aber eben den Missbrauch zu und dieser wird meist in der Philosophie gemacht, wo man über den eigentlichen Bezirk hinausgeht, für den die Sprache gemacht ist. Man muss eben mit der grössten Vorsicht zu Werke gehen, wenn man den Bereich der Sprache erweitert; gibt man den Worten neue Bedeutungen, was ja erlaubt und möglich ist, so muss man genau festlegen, was damit gemeint ist, also wie sie verwendet werden sollen; so genau eben, als es für den besonderen, mit einer bestimmten Fragestellung oder Aussage verbundenen Zweck eben erforderlich ist.

Wenn wir ein Wort definieren, so heisst das eigentlich, dass wir vom Worte zur Wirklichkeit zurückschreiten; man erklärt das Wort durch andere Worte und diese wieder durch hinweisende Definition. Führt man das aus, so weiss man, wie der Satz mit der Wirklichkeit in Verbindung gebracht ist, wann man ihn anwenden kann, unter welchen Umständen man ihn als wahr, unter welchen man ihn als falsch bezeichnen würde. Offenbar ist der Sinn des Satzes nur dann verstanden, wenn man bis zu diesem Punkte gelangt ist, kann man diese Situation nicht angeben, dann hat man den Satz nicht verstanden, er bleibt eine blosse Wortreihe, der keine Bedeutung zukommt.[121] Man nennt eine

mit der wir uns Menschen verständlich machen, die keine Wortsprache mit uns gemein haben. Fühlen wir hier auch das Bedürfnis aus der Sprache heraus zu treten, um ihre Zeichen mit der Wirklichkeit zu verbinden— verknüpfen? — // Fühlen wir nun — da auch das Bedürfnis, zur Erklärung der Zeichen jener Sprache aus ihr herauszutreten?" (Ms 114, 69 v)

121 Wittgenstein verknüpfte das Verstehen eines Satzes mit seiner Anwendung: „Wir reden von dem Verständnis eines Satzes als der Bedingung dafür, daß wir ihn anwenden können." (Ms 114, 38 r)

solche Vergegenwärtigung der Umstände, unter denen ein Satz wahr ist oder solcher, unter denen er falsch ist, eine *Verifikation* (resp. Falsifikation): *es ist der Prozess, durch den man die Wahrheit oder Falschheit eines | Satzes feststellt.* (Wenn hier von „Verifikation" gesprochen wird, so soll damit immer zugleich auch Falsifikation gemeint sein). Man hat den Sinn eines Satzes also verstanden, wenn man weiss, wie die Entscheidung darüber zu treffen ist, ob der Satz wahr oder falsch ist; man muss aber nicht gerade jetzt imstande sein, diese Unterscheidung auszuführen; das Wesentliche ist, dass man weiss, wie sie auszuführen wäre (und dieser Punkt ist sehr wichtig für Logik und Erk[enntnis-]Th[eorie]) – Was versteht man darunter, dass der Sinn eines Satzes gegeben ist durch die Methode oder Möglichkeit seiner Verifikation?[122] Wenn wir nach dem Sinne eines Satzes gefragt werden, so müssen wir auf die Definitionen zurückgehen, oder

---

122 Schlick formulierte hier das sogenannte Sinnkriterium. Sehr ähnlich hat er es bereits in *Form and Content* formuliert (Inv.-Nr. 181, A. 207, *MSGA* II/1. 2, S. 237 f.). Im zwar erst 1936 erschienenen, aber bereits 1934 entstandenen Aufsatz 1936 b *Meaning* ging Schlick noch wesentlich gründlicher auf das Sinnkriterium ein (*MSGA* I/6, S. 712). Dort wollte er ebenfalls die Falsifikation ausdrücklich mit berücksichtigt wissen. Diese Ergänzung geht wohl auf die Einwände Poppers gegen die Verifikation zurück (Popper, *Die beiden Grundprobleme der Erkenntnistheorie*, S. 290–314, sowie *Logik der Forschung*, S. 11 ff.). Siehe hierzu auch die weiteren Ausführungen der Vorlesung ab S. 497. Die Diskussion des Kriteriums ist in der Einleitung dieses Bandes ausführlicher zusammengefasst.

Carnap erwähnte in *Die Überwindung der Metaphysik*, S. 222, Wittgenstein hätte das Sinnkriterium zuerst ausgesprochen. Waismann überliefert uns ein Gespräch vom 22. Dezember 1929 bei Schlick zwischen diesem und Wittgenstein: „Um den Sinn eines Satzes festzustellen, müßte ich ein ganz bestimmtes Verfahren kennen, wenn der Satz als verifiziert gelten soll." (McGuinness, *Wittgenstein und der Wiener Kreis*, S. 47)

Rudolf Carnap formulierte das Sinnkriterium durch vier Fragen: „Zweitens muss für den Elementarsatz S des betreffenden Wortes [Dessen Bedeutung zu klären ist] die Antwort auf folgende Frage gegeben sein, die wir in verschiedener Weise formulieren können.
1. Aus welchen Sätzen ist S ableitbar, welche Sätze sind aus S ableitbar?
2. Unter welchen Bedingungen soll S, unter welchen falsch sein?
3. Wie ist S zu verifizieren?
4. Welchen Sinn hat S?" (*Die Überwindung der Metaphysik durch logische Analyse der Sprache*, S. 221 f.)

besser gesagt, auf die Regeln, die die Bedeutung der Worte und
die Kombination der Worte beherrschen. Wenn der Gebraucher
des Satzes behauptet, dass er mit diesem Satze etwas sagen will,
so muss er diese Regeln angeben können. *Wir müssen auf die*
Verifikation zurückgehen, nicht nur um festzustellen, ob ein Satz
wahr oder falsch ist, sondern auch, ob er überhaupt sinnvoll ist
(er könnte ja auch gar keine Aussage sein); dies letztere ist gerade
für die Philosophie wichtig. *Für die Philosophie ist es grundle-*
gend, ob ein Satz Sinn hat, für die Wissenschaft, ob der Satz
wahr oder falsch ist. – Wenn der Gebraucher der Sprache Regeln
für seine Sätze angeben kann, dann kann er sie ja beliebig aussprechen (z. B. auch sagen: „Das Nichts nichtet", falls er sagen
kann, wie dieser Satz verifiziert werden soll).[123] Sogar diese einfache Situation aber ist auch missverstanden worden; es wurde
z. B. folgender Einwand gemacht: gegen die Behauptung, dass der
Satz einen Sinn hat, erst wenn er verifiziert werden kann, spricht,
dass der Satz selbst doch schon eine Anweisung geben muss, wie
eine solche Verifikation überhaupt zu versuchen ist; daher kann
der Sinn nicht erst in der Verifikations-Angabe liegen, sondern

---

123 Schlick folgte hier Carnaps Analyse dieses Satzes: „Im Satz II B 2 [‚Das
Nichts nichtet.'] kommt noch etwas Neues hinzu, nämlich die Bildung des bedeutungslosen Wortes ‚nichten'; der Satz ist also aus doppeltem Grunde sinnlos.
Wir haben früher dargelegt, daß die bedeutungslosen Wörter der Metaphysik
gewöhnlich dadurch entstehen, daß einem bedeutungsvollen Wort durch die me-
taphorische Verwendung in der Metaphysik die Bedeutung genommen wird. Hier
dagegen haben wir einen der seltenen Fälle vor uns, daß ein neues Wort eingeführt wird, das schon von Beginn an keine Bedeutung hat. [...] Denn selbst,
wenn es zulässig wäre, ‚nichts' als Name oder Kennzeichnung eines Gegenstandes
einzuführen, so würde doch diesem Gegenstand in seiner Definition die Existenz
abgesprochen werden, in Satz (3) [‚Es gibt das Nichts nur, weil...'] aber wieder
zugeschrieben werden. Dieser Satz würde also, wenn er nicht schon sinnlos wäre,
kontradiktorisch, also unsinnig sein." (Carnap, *Überwindung der Metaphysik*,
S. 230 f.)
   Carnap entnahm dieses Beispiels Martin Heideggers Antrittsvorlesung von
1927: „Diese im Ganzen abweisende Verweisung auf das entgleitende Seiende
im Ganzen, als welche das Nichts in der Angst das Dasein umdrängt, ist das
Wesen des Nichts: die Nichtung. Sie ist weder eine Vernichtung des Seienden,
noch entspringt sie einer Verneinung. Die Nichtung läßt sich auch nicht in Vernichtung und Verneinung aufrechnen. Das Nichts selbst nichtet." (Heidegger,
Was ist Metaphysik?, S. 15)

der Satz muss schon früher einen Sinn haben. – Es liegt hier das Missverständnis vor, dass man meint, es dem Satze ansehen zu können, ob er Sinn habe oder nicht, verifizierbar sei oder nicht; das ist aber nicht der | Fall; es hängt dies alles vom Gebrauche ab, von den Regeln, die für die Anwendung gegeben sind. (Kommt ein Verbum wie z. B. „nichten" vor, so muss angegeben werden, wie das zu verstehen ist, was das ist). Der Satz selbst sagt niemals etwas über sich aus – auch nicht, ob er verifizierbar ist: das sagen nur die Regeln, die zu dem Satze gehören. Bei den Sätzen des tägl[ichen] Lebens brauchen diese Regeln nicht extra mitgeteilt zu werden, da man sie ohnedies kennt. Anders ist es aber, wenn man wissenschaftl[ich] oder speziell wenn man philos[ophische] Sätze aufstellt; da muss sich der Philosoph bewusst sein, dass es notwendig ist, diese Anwendungsregeln seperat zu geben. In den wissenschaftl[ichen] Werken ist es so, dass diese Regeln, die Definitionen, am Anfang stehen, so dass man immer darauf zurück kann; es geschieht dies in diesen Werken nach Massgabe der Notwendigkeit. – Wenn ein philos[ophisches] Werk mit Definitionen beginnt, so ist dies immer schon ein Zeichen philos[ophischer] Besinnung (z. B. Spinozas „Ethica");[124] es bleibt in der Philos[ophie] aber meist leider nur bei den guten Absichten (wie oben auch bei Spinoza, denn seine Definitionen sagen uns nichts, würden neuer bedürfen).

Die Regeln des Gebrauches kann man entweder vermuten, wenn man sich an die gewöhnl[iche] Sprache hält, oder man kann sie nur direkt durch Befragen des Gebrauchers der Sätze, deren Sinn man feststellen will, erfahren. Es ist eigentlich etwas ganz Selbstverständliches, dass der Sinn eines Satzes darin besteht, dass man die Art und Weise seiner Verifikation angeben kann, dass also der Satz nur dann etwas sagt, wenn es einen prüfbaren Unterschied ergibt, ob der Satz wahr oder falsch ist. Wenn der Satz wahr ist, muss die Welt anders aussehen, als wenn er falsch

---

124 Spinoza orientierte sich in der *Ethica* an den *Elementen* des Euklid und ging wie in der Mathematik jener Zeit von Definitionen aus, aus denen die philosophischen Sätze streng logisch gefolgert werden sollen. Vgl. z. B. Spinoza, *Ethica*, S. 86; siehe dazu auch in diesem Bd. S. 91.

ist. Diese einfache Feststellung hat grosse philos[ophische] Konsequenzen. Es wurden von Philosophen z. B. Sätze ausgesprochen wie: „Alles in der Welt ist Materie", oder „Alles in der Welt ist Geist", oder „Alles in der Welt | geschieht notwendig", u. ä. m. –

5 Was wäre anders in der Welt, wenn ein solcher Satz nicht wahr wäre? Wenn alles wieder bleibt, wie es ist, kann man kein Resultat sehen und das Ganze überhaupt nicht verstehen; man müsste wenigstens prinzipiell prüfen können, was in der Welt anders wäre, wenn der Satz falsch wäre.

10 Oder wenn behauptet wird: „Es gibt eine ganz ferne, andere Welt, von der man prinzipiell nichts erfahren kann", so hat man mit diesem Satze einfach nichts behauptet; *dieser Satz sagt gar nichts, weil durch den, der den Satz ausspricht, der seine Wahrheit behauptet, die Verifikationsmöglichkeit selbst ausgeschlossen*

15 *wird.*

Ein anderes Beispiel dafür ist der Begriff des „Dinges-an-sich", so wie Kant es definiert hat: es wird da prinzipiell ausgeschlossen, dass wir über dieses Ding-an-sich etwas sagen können; es ist also die Philos[ophie] von Kant so durchgeführt, dass in der

20 Welt kein Unterschied besteht, ob dieses Ding-an-sich da wäre oder nicht. Die Aufstellung solcher Begriffe ist unsinnig, denn sie führen zu Sätzen, die man nicht prüfen kann, die also unseren früheren Erläuterungen gemäss keinen Sinn haben.[125]

25 (Kant verschleiert dies dadurch, dass an der ursprüngl[ichen] Definition nicht genau festgehalten wird; es wird an irgendeiner Stelle zugegeben, dass über die „Dinge-an-sich" doch Aussagen gemacht werden können; es wird gesagt, dass diese Dinge-an-sich in einer Ordnung existieren, die unserer Raumordnung ent-

30 spricht; damit aber wird es sinnvoll, von einem Ding-

---

125 Kant beschrieb das Ding an sich so, „daß uns die Gegenstände an sich gar nicht bekannt seien, und, was wir äußere Gegenstände nennen, nichts anders als bloße Vorstellungen unserer Sinnlichkeit seien, deren Form der Raum ist, deren wahres Correlatum aber, d. i. das Ding an sich selbst, dadurch gar nicht erkannt wird, noch erkannt werden kann, nach welchem aber auch in der Erfahrung niemals gefragt wird". (Kant, *KrV*, B 45/A 30)

an-sich zu sprechen; hingegen ist nun wieder die ursprüngl[iche] Definition dieses „Dinges-an-sich" verlassen, das doch prinzipiell unerkennbar sein sollte).[126]

Die Sätze haben dann keinen Sinn, wenn der Erfinder des Be-   5
griffes versäumt hat, ihm eine Grammatik zu geben; denn er hat
nicht gesagt, wie der Satz geprüft werden soll, wie man seine
Wahrheit oder Falschheit feststellen kann, welcher Unterschied
in der Welt dadurch getroffen wird. *Die Möglichkeit der Verifika-*
84 *tion besteht nur dann nicht, wenn sie | sozus[agen] durch unsere*   10
eigene Schuld nicht besteht, wenn wir diese Möglichkeit nicht ge-
schaffen haben durch die Festsetzungen, mit denen wir unseren
Worten Bedeutung verliehen haben.

Wir müssen uns also den Ausdruck „Möglichkeit der Verifikation" recht klar machen: denn hier sind oft grosse Missverständ-   15
nisse entstanden, weil es oft so scheint, dass in vielen Fällen, in
denen man nicht imstande ist, einen Satz auf seine Wahrheit oder
Falschheit zu prüfen, die Bedingung der Verifikationsmöglichkeit
nicht erfüllt ist und der Gebraucher des Satzes doch behauptet,
dass dieser einen guten Sinn habe.   20

Wir wollen am besten an Beispielen, die verschiedenen Sphä-
ren entnommen sind, zeigen, was wir unter der Möglichkeit der
Verifikation verstehen, wie man zum Sinne eines Satzes kommen
kann:

> 1.) Frage: „Gibt es auf der Rückseite des Mondes   25
> 2000 m hohe Berge?" Wir werden diese Frage für sinn-
> voll halten und sie ist es auch, trotzdem es in einem
> gewissen Sinne unmöglich ist, diesen Satz zu veri-
> fizieren. Der Mond wendet uns bekanntlich immer
> dieselbe Seite zu und wird sich voraussichtlich nie   30
> umdrehen, da er im Gleichgewichtszustand ist. Mit
> unseren jetzigen techn[ischen] Mitteln ist es ausge-
> schlossen, ein Raumschiff zu konstruieren, das uns
> auf den Mond bringen würde und wir können als

---

126 Vgl. Kant, *KrV*, B 328.

wahrscheinlich annehmen, dass die Erde zugrunde-
geht, bevor jemals ein menschl[iches] Wesen dahinge-
kommen ist, über die Rückseite des Mondes Angaben machen zu können. Aber diese Wahrscheinlichkeit ist ⟨un⟩⸗ᵏwesentlich; d. h. wir könnten uns doch
vorstellen, was man ungefähr unternehmen müsste,
um auf den Mond gelangen zu können oder dass dies
möglich wäre, wenn die Naturgesetze zufällig anders
beschaffen wären, etz. Also eine Behauptung über die
Rückseite des Mondes ist in gewissem Sinne nicht
verifizierbar und dennoch sinnvoll: denn in diesem
Satze kommen räumliche Bestimmungen vor und alle räumlichen Bestimmungen haben durch die Art
schon, in der wir sie verwenden, einen bestimmten
Sinn bekommen; es handelt sich also dennoch um
Prüfbares, wenn auch um technisch Unmögliches. Man
kann sich vorstellen, dass, wenn die Naturgesetze anders wären als sie sind, wir die techn[ischen] Mittel
hätten, die Aussage verifizierbar würde; es besteht
also nur im *empirisch-praktisch-techn[ischen] Sinne,*
aber nicht im log[ischen] Sinne Verifikations-Unmög-
lichkeit.

Ein anderes Beispiel: „Was hat Napoleon I. jetzt in
diesem Augenblicke vor 135 Jahren getan?" Auch diese Frage ist sinnvoll, denn Napoleon hat um diese
Zeit gelebt und in diesem Augenblicke sicher irgendetwas getan. Nun ist dies entweder schon bekannt,
oder wenn | keine Aufzeichnungen bestehen, man es
nicht indirekt erschliessen kann, so werden wir mit allen auf der Erde existierenden Mitteln nie mehr diese
Frage beantworten können; wir besitzen keine derart
detaillierten Mittel, um solche Angaben über die Vergangenheit machen zu können. Wenn man dies aber
auch nie feststellen kann, so liegt hier dennoch kein

85

---

k Die Klammern sind nachträglich mit Bleistift eingefügt

Fall von Unmöglichkeit der Verifikation vor, weil man ja auf diese Frage nach Napoleon eine ganze Reihe *möglicher Antworten* geben kann; der Maler z. B., der Napoleon nach der Phantasie in jenem Augenblicke dargestellt, malte, gibt schon eine dieser möglichen Antworten. Die Frage ist also sinnvoll.

Es hat Philosophen gegeben, die behaupteten, dass Aussagen über die Vergangenheit nie verifiziert werden können:[127] einer solchen Philosophie müssen wir entgegenhalten, dass unsere Sprache so nicht beschaffen ist; wir müssen ja mit dem Worte Sinn selbst wieder einen Sinn verbinden und diese Bedeutung haben wir eben unseren Fragen nach historischen Ereignissen nicht gegeben, dass sie sinnlos sein sollen. –

Auch die Frage, wie unsere Erde vor 10 Billionen Jahren beschaffen war, hat guten Sinn, auch wenn kein Wesen da war, das über diese Erde aussagen könnte.

Man kann auch auf diese Frage mögliche Antworten geben und die Wissenschaft tut es ja, die Astronomie beschreibt ja, wie die Erde damals ungefähr ausgesehen hat. Man kann sicher auch beschreiben, wie es auf der Welt aussehen würde, wenn z. B. das Energieprinzip nicht gelten würde. Könnte man nicht angeben, wie sich eine Welt, in der das Energieprinzip gilt, unterscheiden würde von eine Welt, in der das Energieprinzip nicht gilt, so hätte die Aussage des Energieprinzips selbst keinen Sinn.

Alle diese Fragen sind nicht sinnlos, denn die Unmöglichkeit, durch die eine Antwort auf diese Fragen ausgeschlossen ist, ist eine gleichsam zufällige, eine praktische, physikalische; die Umstände der Welt sind es, die verhindern, diese Fragen zu lösen. Man kann sich aber Umstände denken, unter denen diese Fragen beantwortbar wären; wir könnten Wege angeben, die praktisch wohl unmöglich, aber logisch nicht unsinnig wären.

---

127 In der Vorlesung *Grundzüge der Erkenntnistheorie und Logik* von 1911 diskutierte Schlick an dieser Stelle die Rolle des Gedächtnisses für die Verifikation und setzt sich mit Descartes' Positionen auseinander (Inv.-Nr. 2, A. 3 a , Bl. 76 f., *MSGA* II/1, 1).

| *Also die Sinnlosigkeit einer Frage* (und man kann ja jeden Satz   86
in eine Frage verwandeln), *erkennt man daran, wenn man nicht
einmal mögliche Antworten auf sie geben kann.* Weiss man nicht,
wie die Antwort aussehen könnte, so ist das ein deutliches Zeichen
dafür, dass man noch keine richtige Frage gestellt hat.

Es muss also *prinzipiell* die Möglichkeit der Verifikation bestehen, wenn eine Aussage Sinn haben soll. Diese Möglichkeit
besteht darin, dass man *sagen* kann, wie der Satz verifiziert wird
(Voraussetzung dabei ist, dass die Worte scharf definiert sind).

Wenn man von „prinzipiell" möglich oder ausgeschlossen
spricht, so muss man sich klar machen, dass Prinzipien Sätze
sind, dass man also die Festsetzungen meint, die wir getroffen haben. (entweder durch ausdrückliche Festlegung, oder durch Usus
angenommen, etz.)

Es hat grosse Bedeutung, sich klar zu machen, dass es nur
dann geschehen kann, dass ein Satz sinnlos ist, wenn der Denker
nicht die Massnahmen getroffen hat, die seinem Satze Sinn verleihen; ist also *ein Problem „prinzipiell unlösbar",* so kann es das
nur durch eigene Schuld des Denkers sein; das Problem ist dann
eben keine echte Frage, sondern nur eine Wortverbindung mit einem Fragezeichen dahinter, die aber nach nichts frägt, weil man
sich die Möglichkeit dazu selbst genommen hat. Eine solche Reihe
von Worten, die nach nichts frägt, nennt man in der Philosophie
gewöhnlich ein „unlösbares Problem". Da wir aber festgestellt
haben, *dass man solche Sätze lösbar machen kann, dadurch, dass
man ihnen Sinn verleiht, so* kann man aussprechen, *dass es keine
prinzipiell unlösbaren Probleme gibt.*[128]

---

128 Vgl. dazu Wittgenstein: „Wir sehen in der Philosophie dort Probleme, wo keine sind. Und die Philosophie soll zeigen daß dort kein Problem ist." (Ms 114, 40 r)
Ähnlich äußerte sich auch Carnap: „Wenn die Bedeutung eines Wortes nicht
angebbar ist, oder die Wortreihe nicht syntaxgemäß [gemeint ist logische Syn-
tax] zusammengestellt ist, so liegt nicht einmal eine Frage vor." (Carnap, *Überwindung der Metaphysik,* S. 232)
Und etwas weiter im selben Aufsatz: „Was aber bleibt denn für die Philosophie
noch übrig, wenn alle Sätze, die etwas besagen, empirischer Natur sind und zur
Realwissenschaft gehören? Was bleibt, sind nicht Sätze, keine Theorie, kein

Es gibt wohl sehr viele Fragen, die wir wohl nie werden beantworten können; das ist aber die Schuld einer zufälligen Einrichtung der Welt, z. B. unserer Naturgesetze; diese Fragen sind daher wohl empirisch, aber nicht prinzipiell, d. h. logisch unlösbar.

87 Dass wir an einem bestimmten | Raum des Weltalls sind, mit bestimmten Sinnesorganen ausgestattet, zu einer bestimmten Zeit leben, etz., das alles ist nichts Logisches, sondern etwas Empirisches, also Zufälliges und es ist *für die empirisch-technisch-praktische Unmöglichkeit charakteristisch, dass wir sie immer als überwunden wenigstens denken können,* wir uns immer Wege vorstellen können, wie das zu machen wäre.

Für den Sinn eines Satzes kommt nur die Angabe der logischen Möglichkeit der Verifikation in Betracht.[129]

Sehr wichtig ist es, sich klar zu sein, *dass*[l] *zwischen empirischer und logischer Verif[ikations]-Möglichkeit eine absolut scharfe Grenze besteht,* eine völlige Wesensverschiedenheit. Daher

---

l im Original: ⟨das*s* *zwischen...*⟩

System, sondern nur eine Methode, nämlich die der logischen Analyse. [...] Sie dient hier zur Ausmerzung bedeutungsloser Wörter, sinnloser Scheinsätze. [...] Die angedeutete Aufgabe der logischen Analyse, der Grundlagenforschung, ist es, die wir unter ‚wissenschaftlicher Philosophie' im Gegensatz zur Metaphysik verstehen." (a. a. O., S. 237 f.)

129 Schlick schrieb hierzu 1935 an Carnap: „Was Deine Auffassung von der Verifizierbarkeit betrifft, wie Du sie mir in dem letzten Briefe mitteilst, so bin ich, wie Du aus dem M[anu]S[kript] dann wirst schliessen können, damit immer noch nicht einverstanden. Ich vermag absolut nicht einzusehen, warum ein Satz nur dann als prinzipiell verifizierbar gelten soll, wenn die Bedingungen für Beobachtungssätze, die aus ihm ableitbar sind, ohne Widerspruch gegen die bekannten Naturgesetze erfüllbar sind. Ich bin überzeugt, dass die Bedingungen sehr viel umfassender, ohne jede Bezugnahme auf Naturgesetze, definiert werden müssen." (Moritz Schlick an Rudolf Carnap, 20. Januar 1935)

Carnap antwortete am 23. Januar: „Meine Bemerkung zur Frage der *Verifizierbarkeit* war nicht als Sinnkriterium gemeint, sondern als Vorschlag einer Präzisierung, was wir unter ‚grundsätzlich verifizierbar' verstehen wollen. *Nach* dieser Präzisierung kann dann erst darüber diskutiert werden, ob jeder wissenschaftliche Satz diese Eigenschaft haben muss. Dein Vorschlag den Begriff weiter zu fassen, ist gewiss auch durchführbar; aber mein Vorschlag scheint mir doch besser zum üblichen Sprachgebrauch zu passen." – Eine Antwort Schlicks ist nicht überliefert.

gibt es zwischen beiden keine graduellen Übergänge, wie manche
Philos[ophen] und Schriftsteller irrtümlich angenommen haben.
Solche Unterschiede bestehen natürlich innerhalb der empirischen
Verif[ikations]-Möglichkeit: es kann schwerer oder leichter sein,
einen Satz zu verifizieren: die logische Möglichkeit aber ist in al-
len diesen Fällen dieselbe. – Im Praktischen gibt es auch keine
Verwechslung zwischen diesen beiden Arten der Möglichkeit, sie
entsteht nur durch philos[ophische] Überlegung.

Dass eine solche scharfe Grenze zwischen log[ischer] und em-
p[irischer] Verifikationsmöglichkeit besteht, wollen wir uns an verschiedenen Beispielen klar machen:

Sagt jemand, dass ganz ferne von uns noch eine zweite Welt existiert, von der es prinzipiell ausgeschlossen
sei, irgend eine Kenntnis zu erlangen, dann behaupten wir, dass die Aussage, dass eine solche Welt existiere, sinnlos ist. Diese unsere Behauptung ist vielleicht nicht ganz leicht einzusehen, denn es scheint
mit diesem Satze dennoch etwas gesagt zu sein, die
Gleichung zwischen Sinn und Prüfbarkeit, die wir aufgestellt haben, hier doch nicht zu bestehen. Dieser
Anschein aber ist wie folgt zu erklären: die Voraussetzung, dass es *prinzipiell* unmöglich sein soll, etwas
von dieser Welt zu erfahren, wird nicht ernst genug
genommen: denn schon dadurch, dass man sagt „da
ferne irgendwo im Raume ist etwas ....“ wird gegen
das Prinzip verstossen. Wenn man von einer Entfernung im Raume spricht, so ist das eine in der Sprache eingeführte Redeweise, die immer einen Sinn hat;
allein mit dieser Sprechweise ist eine gewisse Verifizierbarkeit mitgegeben (näml[ich] „wäre die Lichtgeschwindigkeit nicht die oberste Grenze der Signalsge-
schwindigkeit, ... etz.“). Spricht man aber von prin-
zipiell ausge|ᵐschlossen, so darf man nicht mehr an-

88

m Im Original setzt sich der Einzug dieses Abschnittes auf der Folgeseite nicht
fort.

geben, dass sich etwas im Raume befinde; dieses An-
gebenkönnen, Beschreibenkönnen der Umstände, gibt
dem Satze schon Sinn; was man beschreiben kann, ist
eo ipso verifizierbar, es sind uns dadurch Mittel angegeben, um zu prüfen, wann der Satz wahr und wann   5
er falsch ist – oder die Beschreibung beschreibt nichts,
die Worte haben noch keinen Sinn. Kann man z. B.
überhaupt angeben, was ein „Ding-ansich" sein soll,
dann muss es auch schon in irgendeinem Sinn erkenn-
bar sein. Das liegt eben schon in der Beschreibung   10
eingeschlossen (gerade das aber haben frühere Philosophen immer übersehen); unsere Worte beschreiben
nur dann etwas, wenn man ihnen einen gewissen Sinn
gegeben hat. (Hat man z. B. gesagt, das „Ding-an-
sich" sei der Grund der Erscheinungen, so ist damit   15
schon sehr viel gesagt, was Kant auch stellenweise zugegeben hat).[130]

---

[130] Kant, *Prolegomena zu einer jeden künftigen Metaphysik.*, S. 32: „In der
That, wenn wir die Gegenstände der Sinne wie billig als bloße Erscheinungen
ansehen, so gestehen wir hiedurch doch zugleich, daß ihnen ein Ding an sich
selbst zum Grunde liege, ob wir dasselbe gleich nicht, wie es an sich beschaffen
sei, sondern nur seine Erscheinung, d. i. die Art, wie unsre Sinnen von diesem
unbekannten Etwas afficirt werden, kennen."
An anderer Stelle räumt Kant ein: „Diese dem Naturforscher nachgeahmte
Methode besteht also darin: die Elemente der reinen Vernunft in dem zu suchen,
was sich durch ein Experiment bestätigen oder widerlegen läßt. Nun läßt sich zur
Prüfung der Sätze der reinen Vernunft, vornehmlich wenn sie über alle Grenzen
möglicher Erfahrung hinaus gewagt werden, kein Experiment mit ihren Objecten machen (wie in der Naturwissenschaft): also wird es nur mit Begriffen und
Grundsätzen, die wir a priori annehmen, thunlich sein, indem man sie nämlich so
einrichtet, daß dieselben Gegenstände einerseits als Gegenstände der Sinne und
des Verstandes für die Erfahrung, andererseits aber doch als Gegenstände, die
man bloß denkt, allenfalls für die isolirte und über Erfahrungsgrenze hinausstre-
bende Vernunft, mithin von zwei verschiedenen Seiten betrachtet werden können.
Findet es sich nun, daß, wenn man die Dinge aus jenem doppelten Gesichtspunkte betrachtet, Einstimmung mit dem Princip der reinen Vernunft stattfinde, bei
einerlei Gesichtspunkte aber ein unvermeidlicher Widerstreit der Vernunft mit
sich selbst entspringe, so entscheidet das Experiment für die Richtigkeit jener
Unterscheidung." (Kant, *KrV*, Anm. von A 13)

Auguste Comte (der der Richtung des Positivismus den Namen gegeben hat, und als deren Gründer angesehen wird) hat behauptet, dass der Mensch niemals imstande sein würde zu sagen, aus welchen Substanzen Sterne bestehen;[131] er hielt dies für eine prinzipielle Unmöglichkeit und deshalb die Beschäftigung mit solchen Fragen für sinnlos. Bald aber nach der Zeit Comte's wurden durch die Bunsen-Kirchhoff'sche Spektralanalyse[132] die wissenschaftl[ichen] Mittel gefunden, um die Bausteine, aus denen Sterne bestehen, mit ebensolcher Sicherheit zu bestimmen, wie Stoffe in einem Laboratorium. Es wurde|also eine empirische Möglichkeit gefunden und es ist klar, dass die Frage, die zur Zeit von Bunsen und Kirchhoff sinnvoll war, zur Zeit von Comte nicht sinnlos gewesen sein konnte. Schon Comte hätte sehen müssen, dass es nicht angeht, zeitliche Bestimmungen mit dem Sinn in Verbindung zu bringen. Wir wissen, was es heisst, dass ein Stern aus gewissen Stoffen besteht und schon zu Comte's Zeit hat man auf eine diesbezügliche Frage mögliche Antworten geben können; daraus allein folgt, dass die Frage sinnvoll war, obzwar damals keine technischen Wege (oder Möglichkeiten) bekannt waren, um die Antwort zu finden. *Das Kriterium des Sinnes ist, dass man auf eine Frage mögliche Antworten geben kann.* Die Auffassung von Comte ist ein Zeichen, dass der Philosoph eher den Mut verliert als der Einzelforscher und mehr dazu geneigt ist, die herr-

131 Vgl. Comte, *Cours de philosophie positive*, S. 8: «Nous concevons la possibilité de déterminer leurs formes, leurs distances, leurs grandeurs et leurs mouvements; tandis que nous ne saurions jamais étudier par aucun moyen leur composition chimique, ou leur structure minéralogique, et, à plus forte raison, la nature des corps organisés qui vivent à leur surface, etc.»
Übers: „Wir haben die Möglichkeit, ihre Formen, Entfernungen, Größen und Bewegungen zu bestimmen, während wir niemals durch irgendein Mittel ihre chemische Zusammensetzung oder ihre mineralische Struktur und erst recht nicht das Wesen der organischen Körper, die auf ihrer Oberfläche leben, kennenlernen werden [...]."

132 Bunsen und Kirchhoff haben entdeckt, dass jedes chemische Element, in einem ganz bestimmten Farbspektrum leuchtet. Das lässt sich ausnutzen, um zu bestimmen, welche chemischen Elemente in einem Stern vorhanden sind. Vgl. Kirchhoff/Bunsen, *Über zwei neue durch die Spectralanalyse aufgefundene Alkalimetalle, das Caesium und Rubidium.*

461

schenden Zustände der Wissenschaft für $\langle\rangle^n$ endgültig dafür zu nehmen, was prinzipiell möglich oder unmöglich ist. Wir finden weiters bei Kant die Frage, ob das Universum endlich oder unendlich sei;[133] zu Kants Zeit war man sich darüber nicht klar, dass man bei einer solchen Frage die Termini „endlich" und „un-   5 endlich" ganz genau präzisieren müsse. Da es bei den damaligen Mitteln der Mathematik, die spärliche waren, schwer fiel, sich darüber zu einigen, was man unter „unendlich" zu verstehen habe, so wurde diese Frage als eine prinzipiell unlösbare bezeichnet.[134] Aber „unentscheidbares Problem" ist ein schlechter   10 Name für eine „schlechte Frage", d. h. für eine Wortzusammensetzung, die noch keine Frage ist. Heute können wir in genauer Weise angeben, dass wir unter ganz bestimmten Umständen sagen würden, dass die Welt endlich ist und die gegenwärtig in der Astronomie vorliegenden Umstände drängen uns eher dazu,   15 diesen Weg zu beschreiten. Hier ist die Frage also zu einer wissenschaftlichen geworden, wir können von einer prinzipiellen Verifikationsmöglichkeit sprechen, wenn die Methoden praktisch auch

90 noch nicht oder kaum ausführbar sind. Es ist dies ein | typisches Paradigma, wie ein bestimmter Satz (die Frage nach der End-   20

---

n $\langle$möglich$\rangle$

133 Für Kant hing die Beantwortung dieser Frage von folgender Voraussetzung ab: „Wenn man die zwei Sätze: die Welt ist der Größe nach unendlich, die Welt ist ihrer Größe nach endlich, als einander contradictorisch entgegengesetzte ansieht, so nimmt man an, daß die Welt (die ganze Reihe der Erscheinungen) ein Ding an sich selbst sei. Denn sie bleibt, ich mag den unendlichen oder endlichen Regressus in der Reihe ihrer Erscheinungen aufheben. Nehme ich aber diese Voraussetzung, oder diesen transscendentalen Schein weg, und leugne, daß sie ein Ding an sich selbst sei, so verwandelt sich der contradictorische Widerstreit beider Behauptungen in einen bloß dialektischen; und weil die Welt gar nicht an sich (unabhängig von der regressiven Reihe meiner Vorstellungen) existiert, so existiert sie weder als ein an sich unendliches, noch als ein an sich endliches Ganzes. Sie ist nur im empirischen Regressus der Reihe der Erscheinungen und für sich selbst gar nicht anzutreffen. Daher wenn diese jederzeit bedingt ist, so ist sie niemals ganz gegeben, und die Welt ist also kein unbedingtes Ganzes, existiert also auch nicht als ein solches, weder mit unendlicher, noch endlicher Größe." (Kant, *KrV*, B 531/A 503)

134 Siehe dazu auch in diesem Bd. S. 100 sowie S. 189 ff.

462

lichkeit oder Unendlichkeit), der früher prinzipiell sinnlos war, zu einer wissenschaftlichen Frage werden kann; daher, weil man sich jetzt über den Gebrauch der Worte geeinigt, ihn festgelegt hat.

5   Da die Frage der Festsetzung willkürlich ist, bleibt natürlich offen, ob ein Satz sinnvoll werden kann oder nicht. So ist es prinzipiell bei allen Fragen; bei den meisten aber wird tatsächlich der Vorzug gewisser Bezeichnungsweisen von allen Beteiligten bereitwillig anerkannt.

10   In der Philosophie handelt es sich also immer um die Prüfung, ob ein bestimmter vorliegender Satz Sinn hat oder nicht; dies ist gerade die Aufgabe der Philosophie den Einzelwissenschaften, wie auch den Aussagen des tägl[ichen] Lebens gegenüber. Das ist aber nicht so aufzufassen, dass etwas Geheimnisvolles zu finden wäre,
15 das der Satz einschliesst, etwas Verborgenes aufzudecken ist; ein solches Gleichnis wäre ganz irreführend; denn die Prüfung des Sinnes besteht in dem aufzeigen der offen darliegenden Regeln des Gebrauches. Die philosophische Analyse deckt nicht verborgen Tiefliegendes auf, sondern es geht alles sozus[agen] im hellsten
20 Tageslichte vor sich. Wir brauchen nicht in dunkle Tiefen hinabzusteigen, sondern wir bewegen uns auf dem Boden der Sprache, die nichts verhüllt, ihre Regeln liegen offen da. Es verhält sich diesbezügl[ich] also in der Philos[ophie] anders als bei manchen naturwissenschaftl[ichen] Problemen (wo es sich oft um sehr
25 schwer Zugängliches handelt, man komplizierte Apparate bauen muss, u[nd] d[er]gl[eichen] m[ehr]). In der Philosophie ist gleichsam schon alles vorhanden, was man braucht, um die Fragen zu-lösen°. Die Schwierigkeit der philos[ophischen] Probleme liegt ganz wo anders als die der wissenschaftl[ichen] Probleme. Als Au-
30 gustinus sich mit dem Problem der Zeit abmühte, hat er das sehr charakteristische philosophische Wort ausgesprochen: „Si non roga scio, si rogas, nescio“.[135] Wir wissen sonderbarerweise keine Antwort darauf, wenn man frägt, | was die Zeit ist. Das kommt   91

---

o Der Bindestrich folgt dem Original

135 Augustinus, *confessiones* XI, 14: „Quid est ergo tempus? Si nemo ex me qua-

aber nur daher, dass diese Frage unzweckmäßig gestellt ist. Denn wenn wir von Zeit sprechen, nach „heute", „gestern", „morgen" fragen, ist das nicht dunkel, wir verstehen es. Die Schwierigkeit liegt nur darin, deutlich zu sagen, was wir wissen; ist das aber geschehen, so verschwindet das Problem. Wir müssen die Frage danach, was die Zeit sei, nach dem Wesen der Zeit, auf die Frage reduzieren, wie die Worte verwendet werden, die sich mit sogenannten zeitlichen Bestimmungen befassen. (Wie wird Zeit gemessen? Wie werden Sätze verifiziert, in denen Worte wie „heute, übermorgen" etz. vorkommen?) Die Frage: „Was ist die Zeit?" ist noch kein Problem; es liegt dahinter vielleicht ein Problem verborgen, das aber erst richtig formuliert werden muss. Es liegt alles an der richtigen Problemstellung; schon in der Wissenschaft und in noch viel höherem Masse in der Philosophie. Der Philosoph muss die Fragen richtig stellen; ihre Beantwortung liegt dann schon in der Wissenschaft oder im tägl[ichen] Leben.

Es handelt sich beispielsweise um die in der Geschichte der Philosophie oft gestellte *Frage, ob die Tiere ein Bewusstsein haben?* Bei dieser Frage kann man noch nicht sehen, was sie will; man kann sie mit „ja" oder „nein" beantworten; ist aber eine Frage so gestellt, dass sie nur dieserart beantwortet werden kann, so kann man noch nicht unterscheiden, ob sie Sinn hat oder nicht; das liegt an ihrer grammatischen Form. Die Frage muss derart formuliert sein, dass man die Umstände beschreiben kann, unter denen dieser Satz wahr oder falsch ist. Descartes hat behauptet, dass die Tiere kein Bewusstsein hätten;[136] von seinen Mitmenschen aber nahm er an, dass sie Bewusstsein hätten. Aus denselben Gründen aber, aus denen Descartes annimmt, dass

erat, scio; si quaerenti explicare uelim, nescio." – Übers: „Was also ist Zeit? Wenn mich keiner fragt, weiß ich es; wenn ich es aber einem Fragenden erklären soll, weiß ich es nicht."

136 Bei Descartes heißt es: «Et cecy ne tesmoigne pas seulement que les bestes ont moi de raison que les hommes, mais que'elles n'en ont point du tout.» (*Discours de la Méthode*, S. 58) – Übers. „Und dies [die Sprachunfähigkeit der Tiere] bezeugt nicht nur, dass die Tiere weniger Vernunft [raison] haben als die Menschen, sondern dass sie gar keine haben [...]."

die Tiere blosse Automaten ohne Seele seien (Maschinentheorie)
hätte er es auch von seinen Mitmenschen annehmen können, da
der einzelne Mensch doch seinen Mitmenschen nicht anders ge-
genübersteht als den Tieren. | Die Frage, ob ein Tier eine blosse   92
5   Maschine ist, oder auch Bewusstsein besitzt, scheint prinzipiell
unlösbar zu sein (hier bedienen wir uns der üblichen Terminologie, die auch erst klargestellt werden müsste); denn wie will
man das feststellen? Man kann sich immer auf den Standpunkt
stellen, dass das ungebare^p Verhalten eines Tieres kein Beweis
10 dafür sei, dass es Bewusstsein habe; wenn ein Wurm, den man
tritt, sich krümmt, der geschlagene Hund heult, kann man das
zweifach auffassen. Man kann z. B. auch verschiedene Theorien
darüber aufstellen, warum ein Mensch in der Narkose stöhnt: ob
er Schmerzen hat und das durch die Narkose nur vergisst, oder
15 der Schmerz nicht gefühlt wird, etz. – Man kann sich auf eine bestimmte Sprechweise festlegen, derart, dass man kein Kriterium,
das eine andere Person für das Vorhandensein von Bewusstsein
gibt, anerkennt; stellt man sich auf diesen Standpunkt, dann haben wir tatsächlich eine nicht entscheidbare Frage vor uns, ein
20 sogen[anntes] unlösbares Problem. (Dieses Problem ist jedenfalls
theoretischer Natur, denn rein praktisch kommt uns nie der Gedanke, an fremden Schmerzen zweifeln zu wollen; das ist nur
Überlegung und Redeweise des Philosophen). Diese Frage aber
ist nur deshalb nicht zu beantworten, weil wir die Neigung ha-
25 ben, anzunehmen, dass es prinzipiell undenkbar ist, tatsächlich
ein Mittel zur Feststellung zu finden, also ein Kriterium angeben zu können; die Frage wird so gedreht, dass es schlechterdings
unmöglich ist, darauf zu antworten, weil wir selbst die Verifikationsmöglichkeit ablehnen. Die Regeln der Sprache sind in diesem
30 Falle durch die Bestimmungen, die getroffen wurden, so eingerichtet, *dass durch den Fragenden selbst schon jede Verifikationsmöglichkeit ausgeschlossen* wird, eben *seinen eigenen Festsetzungen gemäss. Es ist sehr wichtig einzusehen, dass die Frage
nur aus diesem Grunde sinnlos wird.* Eigentlich könnte man gar
35 nicht mehr fragen, da man die Antwort | selbst ausgeschlossen   93

p Im Original: ⟨ungebbare⟩

465

hat; es liegt dann eine prinzipielle, also logische Unmöglichkeit vor, die Frage zu beantworten. *Es liegt an uns selbst, die Frage so zu stellen, dass sie Sinn hat; wir müssen sagen können, auf welchem Wege die Frage beantwortet werden könnte.*

Die Bewusstseinsfrage kann natürlich auch in Bezug auf den Menschen gestellt werden und reduziert sich dann auf die Frage des sog[enannten] *Solipsismus* (solus ipse; gibt es überhaupt etwas ausser den eigenen Bewusstseinsinhalten?); dann kann man noch weitergehen und fragen, ob der Mitmensch überhaupt existiert, ob es überhaupt eine Aussenwelt gibt, ob nicht alles nur ein Traum ist ... Als Überlegungen gegen den Solipsismus wird dann vorgebracht, dass es doch sehr unwahrscheinlich ist, dass alles nur ein Traum sein soll; es wird per analogiam auf das Bewusstsein des Mitmenschen geschlossen und auf ausser uns existierende Dinge. In allen diesen Überlegungen ist grosse Konfusion, da man gar nicht bedenkt, was eigentlich tatsächlich vorliegt, wonach überhaupt gefragt ist. Die Lösung dieser Frage besteht wie in allen diesen Fällen darin, dass man sich ihren Sinn klar macht. Wir wissen, dass es irgendwie an unseren eigenen Regeln liegen muss, wenn eine Frage unentscheidbar ist; wir haben dann eben keine Regeln angegeben; das ist aber notwendig, um zum Sinne des Satzes zu gelangen. Man muss sich wieder in die Situation hineinversetzen können, in der die Worte erstmals erläutert wurden, als man sie erlernt hatte, indem man letzten Endes aus der Wortsprache heraus und in eine Gebärdensprache hineintritt; diese Situation muss wieder beschreibbar sein, man muss sie sich vorstellen können; man muss auf eine Frage mögliche Antworten wissen. Wir wollen uns die Möglichkeit, zum Sinne eines Satzes zu gelangen, an folgendem Beispiel vergegenwärtigen: es wird die *Frage* aufgeworfen, *ob ein Mensch, der verletzt wird, Schmerz empfindet oder nicht?* Was heisst diese Frage eigentlich? Es heisst, wenn gewisse Umstände eintreten, gewisse Anzei|chen vorliegen, die ich beschreiben kann, dann sage ich, er erlebt Schmerz; tritt etwas anderes, ebenfalls Beschreibbares ein, dann sage ich, er hat keinen Schmerz. Wir haben im tägl[ichen] Leben also Kriterien, um diese Frage zu beantworten. Der Arzt kann sich sehr wohl die Frage vorlegen, ob ein Mensch wirklich Schmerzen hat oder nur

simuliert; der Arzt hat bestimmte Kriterien, diese Frage zu beantworten, die Frage ist also eine sinnvolle. Wir haben im tägl[ichen]
Leben auch ohne Arzt schon Kriterien dafür; durch Verhaltens-
weisen (ob jemand lacht und herumspringt oder stöhnt und sich
nicht bewegen will, etz.) durch psychologische Methoden; es gibt
auch negative Kriterien (dass z. B. die Zähne intakt sind u. ä.).[137]
Es kommt nur darauf an, dass bestimmte Situationen vorliegen,
damit wir sagen, dass jemand Schmerzen hat oder nicht. Die Kriterien, um diese beiden Fälle zu unterscheiden, können wir im
tägl[ichen] Leben mit grosser Sicherheit angeben; das schliesst
aber nicht Fälle praktischer Unfähigkeit aus, die auf zufälliger
Unzulänglichkeit unserer Fähigkeiten beruht. Es liegt hier jedenfalls in keiner Weise ein dunkles philos[ophisches] Problem vor.
– Der Philosoph aber stellt diese Frage mit viel weitergehender
Absicht, als wir sie im tägl[ichen] Leben stellen und frägt, wenn
auch unsere Kriterien zutreffen: „Hat der Mensch aber wirklich
Schmerz?" Diese Frage verstehen wir nun nicht mehr, denn es
wird damit der gewöhnliche Gebrauch der Worte „dieser Mensch
hat Schmerz" verlassen, es liegt also eine verschiedene Anwen-
dungsweise des Satzes vor. Der Philosoph meint nicht die Unterscheidung zwischen wirklichen Schmerzen und Zustand der Simulation, sondern will noch einen weiteren Unterschied machen;
er sagt, dass, wenn auch keine Simulation vorliegt, es doch sein
könne, dass ich es mir aus der Verhaltensweise des Menschen

---

137 Dieses Beispiel geht auf Diskussionen vom 22. Dezember 1929 zwischen
Schlick und Wittgenstein zurück: „Ist es nun auch eine Erfahrung, dass ich nicht
Ihren Schmerz fühlen kann? Nein! ,Ich kann nicht in Ihrem Zahn Schmerz fühlen.'
,Ich kann nicht Ihren Zahnschmerz fühlen.'
   Der erste Satz hat Sinn, er drückt eine empirische Erkenntnis aus. Auf die
Frage: Wo tut es weh? würde ich auf Ihren Zahn deuten. Wenn man an Ihren
Zahn ankommt, zucke ich zusammen. Kurz, es ist *mein* Schmerz und würde selbst
dann noch mein Schmerz sein, wenn Sie ebenfalls die Symptome des Schmerzes
an dieser Stelle zeigten, also auch zusammenzuckten wie ich, wenn man den
Zahn drückt. Der zweite Satz ist reiner Unsinn. Ein solcher Satz ist durch die
Syntax verboten." (McGuinness, *Wittgenstein und der Wiener Kreis*, S. 49)
   Das Beispiel findet sich im Zusammenhang mit dem Solipsismus auch im ge-
samten Wittgenstein-Nachlass der 1930er Jahre, vgl. z. B. Ms 114, 16 r, v sowie
Ts 212, 498, Ts 212, 612 und Ts 212, 1335.

nur einbilde, dass er Schmerzen habe, ich könne die Schmerzen
nicht direkt feststellen, es sei nur ein Analogieschluss aus meinen
95 Erfahrungen; man könne eben in einem anderen nichts | mit Si-
cherheit feststellen ... und diese Schlussweise geht dann so fort, 5
bis man beim Solipsismus landet, der nur das Existieren der eigenen Bewusstseinsinhalte zugibt. Da aber keine Kriterien für
diese Behauptungen gegeben werden, können wir das nicht mehr
als sinnvoll ansehen.

Der Philosoph meint also, dass der Satz „Diese Person fühl⟨t⟩^{q}
Schmerz" auf eine andere Weise erläutert werden muss, er erkennt 10
die guten Kriterien des tägl[ichen] Lebens nicht an; er sagt, dieser Satz solle heissen, dass (bei wahrheitsgemässer Aussage) die
andere *Person dasselbe fühlt* wie ich bei gleichem Verhalten. Nun
kann aber das Wort „dasselbe" verschiedene Bedeutungen haben;
es kann identisch heissen, was aber beim Schmerze offenbar nicht 15
gemeint ist; man kann auch sagen: „Ich habe dasselbe, das Du
gestern gehabt hast", z. B. du hast die Uhr gestern gehabt, da
du sie mir aber geschenkt hast, habe ich sie heute; und wenn
man selbst daran zweifeln wollte, dass die Uhr von gestern die
von heute ist, so hat es doch guten Sinn, zu sagen, dass gestern 20
du und heute ich der Besitzer der Uhr war; hier wird durch das
Wort „dasselbe" also ein Besitz ausgedrückt. In diesem Sinne
aber können zwei Personen nicht denselben Schmerz haben; es
kann mit der Redensart von demselben Schmerz also nur gemeint
sein, dass es sich um Gleiches handelt. Wenn wir den solipsisti- 25
schen Philosophen nun fragen, unter welchen Umständen er sich
entschliessen würde zu sagen, dass jemand wirklich Schmerz empfindet, welche Kriterien er dafür anerkennen würde, so wäre die
charakteristische Antwort, dass es sich hierbei um etwas prinzipiell nicht Feststellbares handle. Der Philosoph führt also einen 30
Satz ein („Ich kann nur meine eigenen Schmerzen fühlen"), von
dem er nicht nur weiss, sondern sogar mit grösstem Nachdruck
behauptet, dass seine Wahrheit nicht geprüft werden kann; der
Schmerz lässt sich nicht mitteilen, nicht übertragen (wie der Be-

q Im Original mit Bleistift ergänzt

sitz einer Uhr z. B.), das wird ja direkt ausgeschlossen; dieser Satz wird also als solcher aufgestellt, an dem von vornherein | nicht 96 gezweifelt werden kann.

Aus der Erfahrung kann dieser Satz nicht genommen sein; denn jeder Satz sagt nur etwas, wenn er tatsächlich beschreibt, wenn etwas geschildert wird, das auch anders sein könnte, man müsste also, wenn dieser Satz ein Erfahrungssatz wäre, angeben können, wie es sich verhielte, wenn man den Schmerz des anderen fühlte und der Satz nur deshalb ausgesprochen wird, weil dies erfahrungsgemäß nie eintreten kann; das „kann" würde hier eine empirische Möglichkeit darstellen, weil es hiesse, dass unsere Naturgesetze eben so beschaffen sind, dass es nie eintritt, dass wir den Schmerz des anderen fühlen (ebenso wie der Mensch die Erde nicht verlassen „kann", weil die empirischen Umstände eben so beschaffen sind, z. B. die Gravitation so stark, etz. – aber man sich doch vorstellen könnte, dass es auch anders möglich wäre). Der Philosoph aber, der sich mit dieser Frage beschäftigt, ist nicht bereit zu beschreiben, wie es auch anders sein könnte, wenn z. B. die (gewiss immer zufällig) herrschenden Naturgesetze andere wären: alle diejenigen, die sagen, dass man nur seine eigenen Bewusstseinszustände kennt (der Solipsist, der Idealist), stellen sich auf diesen Standpunkt unbedingt; wie immer die empirischen Umstände auch wären (auch bei Herstellung einer nervösen Verbindung, o. ä.) würden sie sich nie entschliessen zu sagen, dass der Schmerz des anderen wirklich mein Schmerz geworden ist und angeben, dass eben im „Wesen des Fühlens" oder im „Wesen des Ich" gelegen sei, etz. –

Darauf ist zu sagen: *wenn man von vornherein alle empirisch denkbaren Möglichkeiten ausschliesst, also unter keinen Umständen den Schmerz des anderen feststellen kann, dann ist der Satz „Ich fühle meinen Schmerz" eine blosse Festsetzung.* Es wurde dann eben die Grammatik der Worte Schmerz, Freude, etz. so eingerichtet, dass der Schmerz seinen Besitzer nicht wechseln kann; wenn etwas von Natur aus zu einem gewissen Besitzer | gehört, 97 dann hat es keinen Sinn, überhaupt von Besitzer oder Träger zu sprechen. Dies letztere ist nur dort sinnvoll, wo es logisch möglich ist, dass der Besitzer gewechselt werden kann.

Sagt also der Solipsist „Ich fühle Schmerz", oder „Ich besitze Bewusstsein", so ist mit einem solchen Satze gar nichts mehr gesagt, weil dem einen Tatbestand kein anderer gegenübergestellt ist, den man damit vergleichen kann;[138] dieser Satz ist nichts als die Wiederholung einer Festsetzung (ein analytisches Urteil), die man getroffen hat.[139] Daher ist der *Solipsismus nur die Einführung einer Sprechweise und keine Behauptung über die Wirklichkeit.* Wie aber kommt man zu derlei Sprechweisen, zu Sätzen, wie „Jeder kennt nur seine eigenen Bewusstseinsinhalte", die prinzipiell nicht verifizierbar sind? Der Philosoph, der solche Festsetzungen trifft, ist sich selbst über ihren Charakter nicht klar; er meint damit eine richtige Aussage über die Wirklichkeit gemacht zu haben; wird bei dieser Unklarheit auch die empirische Erfahrbarkeit geleugnet, so wird andrerseits gesehen, dass man gewissermassen doch durch Erfahrungen zu Sätzen dieser Art gelangt. So ist es tatsächlich; *aber die Erfahrungen werden durch diese Sätze nicht ausgedrückt, sondern die Sätze werden durch die Erfahrungen nur nahegelegt.*

(Wenn man sagt, dass die auf der Erde herrschende Geometrie die euklidische ist, so ist das kein Erfahrungssatz, sondern eine Festsetzung; wir verwenden diese Geometrie, weil gewisse Erfahrungen sie uns nahelegen; es ist die bequemste Ausdrucksweise. Man kann die Wirklichkeit aber auch anders als euklidisch beschreiben. Die Geometrie ist auch nur eine Sprechweise, um von räumlichen Verhältnissen zu sprechen. Wir können sagen, die Geometrie ist die Grammatik der Raumworte).[140]

---

138 Siehe dazu in diesem Bd. ab S. 270, Block (8)–(10).

139 Dass Festsetzungen analytische Urteile sind, erklärte Schlick 1913 im Zusammenhang der Axiomatisierung der Arithmetik, siehe dazu in diesem Bd. ab S. 175.

140 Die These von der bequemsten Ausdrucksweise vertritt Schlick bereits seit den 1910er Jahren, siehe dazu in diesem Bd. ab S. 129.
Zur Geometrie als Grammatik heißt es bei Wittgenstein 1932: „Die Geometrie ist nicht die Wissenschaft (Naturwissenschaft) von den geometrischen Ebenen,

Durch die Erfahrung wird eine gewisse Sprechweise eingeführt.
So ist das Wort „Bewusstsein" auch schon eine durch die Erfahrung nahegelegte Einführung, stellt nur eine Festsetzung dar.
– Wir empfinden aber die Festsetzung des Solipsismus nicht als
5 praktisch, sondern als unzweckmäßig, weil sie grosse Verwirrung
stiftet und merkwürdige Probleme hervorruft, die dann in diesem Standpunkt münden. *Welche Erfahrungstatsachen sind es* | 98
denn, die eine solche Sprechweise nahelegen? Es sind solche sehr
einfacher Art, wie z. B., dass man nur dann Schmerz fühlt, wenn
10 ein Teil desjenigen Körpers verletzt wird, den man den eigenen
nennt. Oder, dass ich nur meine eigenen Sinnesempfindungen
habe heisst, dass ich nur sehe, wenn mein Körper die Augen offen hat, nur höre, wenn meine Ohren nicht verstopft sind, etz.
Das alles sind Erfahrungen deshalb, weil man sich sehr gut vor-
15 stellen kann, dass es auch anders sein könnte. Wären die Erfahrungen andere, so würden wir dadurch veranlasst, vielleicht
zu ganz anderen Sprechweisen gelangen. Die Ausmalung anderer
möglicher Situationen ist eine sehr gute Methode (um die sich
speziell Wittgenstein verdient gemacht hat), um sich betreffs bestehender Situationen klar zu werden.[141] *Das ganze Geschäft der*

geometrischen Geraden und geometrischen Punkten, im Gegensatz etwa zu einer anderen Wissenschaft, die von den groben, physischen Geraden, Strichen, Flächen etc. handelt und deren Eigenschaften angibt. Der Zusammenhang der Geometrie mit Sätzen des praktischen Lebens, die von Strichen, Farbgrenzen, Kanten und Ecken etc. handeln, ist nicht der, dass sie über ähnliche Dinge spricht, wie diese Sätze, wenn auch über ideale Kanten, Ecken, etc.; sondern der, zwischen diesen Sätzen und ihrer Grammatik. Die angewandte Geometrie ist die Grammatik der Aussagen über die räumlichen Gegenstände. Die sogenannte geometrische Gerade verhält sich zu einer Farbgrenze nicht wie etwas Feines zu etwas Grobem, sondern wie Möglichkeit zur Wirklichkeit. (Denke an die Auffassung der Möglichkeit als Schatten der Wirklichkeit.)" (Ts 212, 1452)

141 Wittgenstein schrieb hierzu 1933: „Noch einfacher aber wird die Sache wenn ich alle Körper meinen, sowie die fremden, überhaupt nicht aus Augen sehe & sie also, was ihre visuelle Erscheinung betrifft alle auf gleicher Stufe stehen. Dann ist es klar, was es heißt, daß ich im Zahn des Andern Schmerzen haben kann; – wenn ich dann überhaupt noch bei der Bezeichnung bleiben will, die einen Körper ,meinen' nennt & also einen andern den ,eines Andern'. Denn es ist nun vielleicht praktischer die Körper einfach nur mit Eigennamen zu bezeichnen. – Es gibt also jetzt eine Erfahrung, die der Schmerzen in einem Zahn eines der

Philosophie besteht darin, sich die Wirklichkeit auf einem Hintergrunde von Möglichkeiten zu malen und sie dadurch zu verstehen. Wenn man bestehende Tatsachen mit anderen vergleicht, die nicht bestehen, dann wird man sich eher klar, was damit gemeint ist. Wenn ich sage „Auf dem Tisch liegt ein Buch", so versuche ich mir die Situation dadurch klar zu machen, dass ich mir den Unterschied dazu vergegenwärtige, der dadurch gegeben ist, wenn auf dem Tische nichts oder etwas anderes liegt). *Sprechweisen werden niemals notwendig durch die Wirklichkeit aufgezwungen, sondern sind immer willkürlich; sie werden nur durch gewisse Erfahrungen nahegelegt* (wenn ich auch einen Gegenstand fortwährend sehe, täglich wiedersehe, so muss ich ihn deshalb nicht mit demselben Namen bezeichnen; ich könnte ihn auch täglich anders benennen, bloss wäre es unpraktisch, das zu tun.)

Wir machen also die Erfahrung, dass, wenn wir die Augen schliessen, wir nicht sehen, wenn wir unsere Ohren verstopfen, nicht hören, etz. – man könnte sich aber gut vorstellen, dass es auch anders sein könnte; z. B. dass wir immer sehen würden, wenn ein anderer Mensch die Augen offen | hält, die eigenen aber geschlossen sind und dass man nur dann nicht sieht, wenn dieser andere seine Augen schließt, u. a. m.; das würde heissen, dass meine Gesichtswahrnehmungen nicht mit meinen Organen zusammenhängen; es wären dann wohl die Naturgesetze andere, aber eine solche Situation ist durchaus vorstellbar. Wir würden dann weniger leicht zu Sprechweisen verleitet werden wie der, von der ausschliesslichen Existenz der eigenen Bewusstseinsinhalte.

existierenden menschlichen Körper; das ist nicht die die ich in der gewöhnlichen Ausdrucksweise mit den Worten ‚A hat Zahnschmerzen' beschriebe, sondern mit den Worten ‚ich habe in einem Zahn des A Schmerzen'. Und es gibt die andere Erfahrung einen Körper, sei es meiner oder eine andrer sich winden zu sehen. Denn, vergessen wir nicht: Die Zahnschmerzen haben zwar einen Ort in einem Raum, sofern man z.B. sagen kann, sie wandern oder seien an zwei Orten zugleich, etc.: aber ihr Raum ist nicht der visuelle oder physikalische. Und nun haben wir zwar eine neue Ausdrucksweise, sie ist aber nicht mehr asymmetrisch. Sie bevorzugt nicht einen Körper, einen Menschen zum Nachteil der andern, ist also nicht solipsistisch." (Ms 114, 26 r, v)

Man könnte sich auch bezüglich des Schmerzes verschiedene
Möglichkeiten vergegenwärtigen; z. B. könnte es sich so verhalten,
dass man immer dann Schmerz fühlt, wenn man selbst verletzt
wird, aber ebenso, wenn ein anderer verletzt wird; dann würden
alle ganz genau auch das fühlen, was den anderen zustösst; so etwas ist vorstellbar. Wir könnten dann verschiedene Konventionen
treffen; ob wir in diesem Falle sagen wollen: „Ich fühle meinen
Schmerz in seinem Körper", oder „Ich fühle seinen Schmerz".
Oder wir könnten z. B. Schmerz empfinden, wenn der Arzt im
Zahne des anderen bohrt und umgekehrt, der andere Schmerz
fühlen, wenn mein Zahn nicht intakt ist.[142]
Oder es wird mir der Arm abgenommen und meinem Freunde
angesetzt; mein Arm befindet sich nun also am Körper des anderen. Es soll nun so sein, dass ich alles (Muskelempfindungen,
Schmerzen, etz.) fühle, was in diesem Arme vorgeht (gleichgültig,
ob ich annehme, dass der andere es auch fühlt oder nicht); würde
nun dieser Arm verwundet und ich dabei Schmerzen empfinden,
was würde ich sagen? „Ich fühle Schmerz in seinem Arm", denn
es ist eben der Arm, der nun an seinem Körper sitzt und deshalb
würde man sagen „seiner", wenn man den Arm auch durchaus
als den eigenen betrachten würde. Oder man könnte auch sagen:
„Mein Arm befindet sich an seinem Körper", und würde dadurch
den Tatbestand ausdrücken, der dem Philosophen Anlass gibt
zu glauben, dass mit dem Satze „Ich kann nur mein[e] Schmerzen fühlen" auch ein Tatbestand getroffen wird. Wenn wir uns

---

142 In 1918/1925a *Erkenntnislehre*, S. 350 (MSGA I/1, S. 778) führte Schlick
die prinzipielle Möglichkeit noch auf psychische Umstände zurück: „Die Aussage
‚dies Ereignis ist möglich‘ ist also kein Urteil über das objektive Geschehen, es
bezeichnet vielmehr nur den unsicheren Stand unserer Kenntnis der Verhältnisse,
die das Ereignis bedingen. Mit anderen Worten: das problematische Urteil ‚Q
kann P sein‘ ist äquivalent einem kategorischen Urteil ‚Q ist R‘, wo nun die
Begriffe Q und R sich auf einen bestimmten psychischen Zustand des Urteilenden
Beziehen." Damit orientierte sich Schlick an Frege (*Begriffsschrift*, § 4).
Hiervon unterschied Schlick einen Absatz weiter die Möglichkeit als Vereinbarkeit mit den Naturgesetzen: „Außer diesem ursprünglichen Sinn, des Wortes
Möglichkeit kann man nun freilich für besondere Zwecke noch einen anderen
durch Definition festlegen; und das hat man getan; indem man darunter die
‚Vereinbarkeit mit den Naturgesetzen‘ versteht." (a. a. O.)

100 durch diese ver|schiedenen Beispiele die (empirische) Tatsache
der ausgezeichneten Stellung unseres eigenen Leibes aufgehoben
denken, so wird uns klarer, wie man zur Einführung einer Reihe
von eigentümlichen Sprechweisen gekommen ist (Wir müssen ja
nicht glauben, dass das durch unsere Beispiele Illustrierte ein-   5
treten werde; das können wir auch schwer glauben, weil wir an
die Geltung unserer Naturgesetze gewöhnt sind; es genügt völlig,
dass wir *denken*, dass es eintritt; wir wollen uns nur die *logische*
Möglichkeit vergegenwärtigen).

Wir sind uns nun klar, was die Ausdrucksweise bedeutet: „Ich   10
fühle Schmerz im Arm des anderen"; wir können uns nun diese
Ausdrucksweise übersetzt denken, indem wir das Possessivpronomen anwenden: da gibt es nun zwei mögliche Sprechweisen: „Ich
fühle meine Schmerzen in seinem Arme" oder „Ich fühle seine
Schmerzen". Diese letztere Sprechweise kann durchaus nicht ver-   15
boten sein; der solipsistische Philosoph aber behauptet, dass nur
die erste Sprechweise erlaubt ist; er will die zugefügten Schmerzen immer nur „seine" nennen; zu dieser Sprechweise von „meinem" Schmerze, also der Hinzufügung des Possessiv-Pronomens
zu Schmerz, wird man verleitet durch die andere Sprechweise   20
von „meinem" Körper, welche aber eine berechtigte ist, denn
man fühlt es immer, wenn dieser Körper berührt oder verletzt
wird; dieser Körper ist eben ein ausgezeichneter Körper. Wäre
das nicht so, dann hätte man den Begriff „meines" Körpers nicht
so gebildet, wie er de facto immer verwendet wird; auch der Be-   25
griff des „Ich" wäre dann ein ganz anderer, hätte eine andere
Funktion, wenn der Körper nicht mehr der Träger aller dieser
Gefühle wäre.

Wie wir an verschiedenen Beispielen gezeigt haben, könnte
man sich aber die einzigartige Stellung des eigenen Körpers auf-   30
gehoben denken; sie ist nicht Notwendiges; es wäre ganz gut
101 auch anders vorstellbar, | wenn die Welt anders beschaffen wäre;
das „Ich" wäre dann über viele Körper verteilt – und es würde
die Gefahr der solipsistischen Sprechweise nicht eintreten. Sie
kommt daher, dass die rein empirische Tatsache der Sonderstel-   35
lung des eigenen Körpers fälschlich zu einer logischen Notwendigkeit gemacht wurde. In dem Satze: „Ich kann nur meinen eige-

nen Schmerz fühlen" soll das „kann" eine prinzipielle Möglichkeit
darstellen. In der solipsistischen Auffassung ist dies „kann" wohl
prinzipiell, weil man durch die eigenen Festsetzungen anderes
ausgeschlossen hat. Der Satz „Ich kann nur meinen eigenen
Schmerz fühlen", lässt sich aber auch sinnvoll auffassen, wenn
das „kann" als empirische Möglichkeit erklärt wird; dann bedeutet dieser Satz „Wenn der Körper eines anderen verletzt wird,
so empfinde ich nichts" und das ist ja richtig; es ist blosse Erfahrungstatsache und müsste nicht so sein; dieser Satz ist also
nicht a priori, nicht logisch notwendig. *Es ist nicht prinzipiell,
sondern nur erfahrungsmässig unmöglich, den Schmerz eines anderen zu fühlen.* Damit aber fallen alle Argumente des Solipsismus fort. Die Naturgesetze sind solche, dass nur dieser besondere
Leib der Träger der Schmerzen ist und kein anderer. Auf diese Art hat man eine Verifikationsmöglichkeit angegeben. – Der
Fehler des Solipsisten liegt also darin, nicht zu sehen, auf welcher Erfahrungsgrundlage es ruht, dass man sich dazu entsch-
liesst, die bestimmte Sprechweise: „ich kann nur meinen eigenen
Schmerz fühlen", einzuführen. Identifiziert man diesen Satz mit
„Ich fühle Schmerz", so wird er tautologisch. Unserer Auffassung
nach ist der Satz: „Ich kann nur meinen Schmerz fühlen", eine
grammatische Festsetzung, die besagt, dass die Sätze „Ich fühle
meinen Schmerz" und „Ich fühle Schmerz" gleichbedeutend sind.
Das Possessiv-Pronomen ist hier überflüssig, erfüllt nicht seinen
Zweck, ist sinnlos. (Das Possessiv-Pronomen soll Besitz anzeigen;
es hat nur da Sinn, wo es möglich wäre, dass ich den Besitz auch
nicht hätte. | „Ich kann nur meinen Schmerz fühlen" setzt vor- 102
aus, dass auch der Satz „Ich kann auch deinen Schmerz fühlen",
Sinn hat.) (Platon spricht schon über die verschiedene Bedeutung des Possessiv-Pronomens. Beispiel: „der Sklave gehört mir,
was dem Sklaven gehört, gehört auch mir – also ist der Vater des
Sklaven auch mein Vater."ʳ Das Wort „mein" wird hier einmal

ʳ Anführungszeichen öffnen im Original nicht

zur Bezeichnung des Verwandtschaftsgrades, das andere Mal als Possessiv-Pronomen verwendet.)[143]

Jede sprachliche Festsetzung ist in letzter Linie willkürlich, aber sie wird doch nicht ohne Ursache getroffen; einen Grund bedürfen wir für eine sprachliche Festsetzung nicht, aber eine Ursache, d. h. wir müssen irgendwie dazu veranlasst sein. Ein solcher Anlass, die besprochene Festsetzung zu treffen, ist auch tatsächlich vorhanden, nur ist sich der Philosoph, der diese Sprechweise einführt, dessen nicht bewusst; und es wird auch die Erfahrungstatsache, die zur Aufstellung des Satzes „Ich kann nur meinen Schmerz fühlen" Anlass gibt, (nämlich die ausgezeichnete Stellung des eigenen Körpers) durch diesen Satz nicht etwa ausgedrückt, der, wie schon gesagt, seinem Wesen nach eine Festsetzung ist. *Der Philosoph macht nun den Fehler, dass er diesen Satz, der eine durch eine Tatsache veranlasste Festsetzung ist, für den Ausdruck einer Tatsache hält.*

(Überdies ist die Tatsache, die diesen Satz veranlasst, keineswegs dieselbe wie diejenige, von der der Philosoph glaubt, dass der Satz sie ausdrückt.)

Es werden auch noch andere derartige Sätze ausgesprochen, wie: „Das Ich ist der Träger des Bewusstseinsinhaltes", „Das Ich ist der Träger der Empfindungen, der Sinnesdaten, ..." etc. – Auch diese Sätze werden in einem solchen Sinne ausgesprochen, dass sie etwas darstellen sollen, was *prinzipiell* nicht anders sein könnte. Aber auch hier verliert das Possessiv-Pronomen seinen Sinn. *Man darf von einem „Träger" der Sinnesdaten etc. | nur dann sprechen, wenn der Träger auch ein anderer sein könnte.* Die Erfahrungstatsachen zeigen, dass die Sinnesdaten mit dem eigenen Körper zusammenhängen (wenn ich die Augen schliesse,

143 Diese Analyse des Possessivpronomens stammt von Theodor Gomperz (*Geschichte der antiken Philosophie*, S. 434). Bei Platon heißt es: „Sage mir, hast du einen Hund? – Und das einen recht bösen, sprach Ktesippos. – Hat er auch Junge? – Ja, sprach er, ebensolche. – Deren Vater ist also doch der Hund. – Jawohl sprach er, ich habe selbst gesehen, wie er die Hündin beschwängerte. – Wie nun, ist der Hund nicht dein? – Freilich sagte er. – Und so wie dein, ist er auch Vater; so daß der Hund dein Vater wird und auch der jungen Hunde Bruder." (Platon, *Euthydemos*, 298 d–e)

sehe ich nicht, wenn ich die Ohren zuhalte, höre ich nicht, etz.)
aber das muss nicht so sein, es könnten beispielsweise auch die
Augen eines anderen mit meinen Gesichtsfeld zusammenhängen.
Dessen wird sich der naive Mensch aber gar nicht bewusst. Durch
dieses Auftreten und Verschwinden der Sinnesdaten in Bezug auf
den eigenen Körper wird dann erst vom Psychologen oder Phy-
siologen der komplette Begriff der Wahrnehmung gebildet. Diese
Erfahrungstatsachen aber waren jedenfalls der Anlass, vom eigenen Körper zu sprechen. *Nicht ein vom Philosophen konstruiertes
und gesetztes Ich ist der Träger des Bewusstseins, sondern der
Körper ist erfahrungsgemäss der Träger der Sinnesdaten.* Diese empirische Tatsache aber wird Anlass zur Aufstellung einer
Festsetzung, die wiederum irrtümlich als Aussage über die Wirklichkeit gedeutet wird. –

Bei all dem ist am wichtigsten die Frage, ob es wahr ist,
dass eine Aussage nur dann Sinn hat, wenn sie verifiziert werden
kann und dass sie denjenigen Sinn hat, der durch die Verifikation festgestellt wird. Mit Verifikation meinen wir die besonderen Massnahmen, mit deren Hilfe wir tatsächlich eine Entscheidung über die Wahrheit oder Falschheit des Satzes herbeiführen
könnten. Dabei heisst „könnten", wenn es die zufälligen empirischen Zustände in der Welt zulassen. Es kommt nicht darauf
an, dass der gegenwärtige Zustand der Welt so ist, dass wir die
Verifikation wirklich durchführen können, sondern es kommt allein auf die Möglichkeit an und zwar auf die Möglichkeit nicht
empirischen, sondern in logischem Sinne. Wir haben an verschiedenen Beispielen gezeigt, dass in den meisten Fällen die Nicht-
Verifizierbarkeit nicht prinzipieller, sondern zufälliger Natur ist.
In einigen Fällen aber ist die Nichtverifikation | prinzipieller Na- 104
tur und es scheint doch, dass die Frage Sinn habe: wie z. B.
„hat ein Mitmensch wirklich Schmerz?" Diese Frage wird selbstverständlich als sinnvoll genommen und der Philosoph behauptet, dass der Satz in einer solchen Weise verstanden werden muss,
dass er nicht verifizierbar sei. Wir haben gesehen, dass dies ein
Irrtum ist, dass der Satz, soweit er sinnvoll ist, doch verifizierbar ist und zwar indem wir in ganz einfacher empirischer Weise
Kriterien angeben, mit Hilfe derer wir zwischen echten Schmer-

zen und z. B. Simulieren unterscheiden. Auf diesen Fall können
wir auch die Redeweise von einem Analogieschluss anwenden.
Wo aber kommt das vor, was wir in Wirklichkeit einen Analogieschluss nennen? Da, wo eine Ähnlichkeit zwischen verschiedenen
Tatsachen oder Fällen vorliegt. Wenn ich z.B. aus dem Neben-   5
zimmer die entsprechenden Geräusche vernehme, so nehme ich
an, dass ich in dem Zimmer ein Billard und spielende Menschen
sehen werde. Dieser Analogieschluss hat denselben Sinn, weil ich
in das Zimmer hineingehen und wirklich nachsehen kann, ob das
stimmt. *Ist eine Nachprüfung prinzipiell ausgeschlossen, so liegt*   10
gar kein gewöhnlicher Analogieschluss, sondern etwas ganz an-
deres vor. Für unser Beispiel vom Schmerze trifft das Schema
zu, solange wir es mit der empirischen Tatsache allein zu tun
haben, dass jemand Schmerz hat; ich schliesse das ja aus seinem Verhalten und man kann auch nachträglich Feststellungen   15
machen, z. B. den Betreffenden befragen und das ist ein weiterer Schritt der Verifikation und man kann noch andere machen –
man bewegt sich hier also ganz in der Sphäre der empirischen Verifikationsmöglichkeit. Man kann vom Schmerz des anderen nur
deshalb sprechen, weil man es auch prüfen kann und nur dies   20
heisst es, wenn man sagt, der andere habe Schmerz. *Hat man es*
nachgeprüft, dann weiss man es nicht nur durch Analogie, son-
dern man hat festgestellt, dass der Analogieschluss zutrifft. Hier
105 ist es sinnvoll und gerecht|fertigt, von einem Analogieschluss zu
sprechen (eben weil man nachher die Möglichkeit hat, die Rich-   25
tigkeit des Schlusses zu prüfen). *Sagt der Philosoph aber, dass er*
durch Analogieschluss feststellt, dass der Mensch ein Bewusstsein
hat, so ist diese Redeweise nicht gerechtfertigt, da es sich dabei
ja gerade um eine Sprechweise handeln soll, die prinzipiell nicht
nachprüfbar ist.   30

Was man prinzipiell nicht prüfen kann, das kann man auch
nicht vermuten. Vermuten heisst ja, eine spätere Entscheidung
vorwegnehmen; es heisst, ich weiss es noch nicht, aber ich könnte
es unter den und den Umständen wissen. Wird aber prinzipiell ausgeschlossen, dass diese Umstände eintreten, dann bedeutet   35
das Wort „vermuten" nicht mehr dasselbe, denn es steht ihm
kein „wissen" mehr gegenüber. Die Grammatik des Wortes „ver-

478

muten", wie es im gew[issen] Sinne gebraucht wird, ist solcherart, dass dem Vermuten als Grenzfall ein Wissen gegenübersteht. Sagt man also, dass man nie wissen *kann* (was Unmöglichkeit im logischen Sinne bedeuten soll), dann hat es auch keinen Sinn, das Wort „vermuten" zu gebrauchen – oder man müsste ihm einen anderen Sinn geben. Es ist etwas ganz anderes, ob man sagt „Ich weiss aus Analogie, ob jemand Schmerz hat", im gewöhnlichen Sinne, oder ob man sagt „Ich kann nie wissen, ob ein anderer Schmerz hat, ich kann es nur vermuten."

Weiterhin ist zu bemerken: Wenn man den Satz: „Ich kann den Schmerz des anderen nicht fühlen" oder „Ich kann seinen Schmerz nicht fühlen" ausschliesst, dann hat man damit eigentlich auch den Satz: „Ich kann meinen Schmerz nicht fühlen" aus der Grammatik ausgeschlossen. Denn wenn das Wort „sein" nicht durch das Wort „mein" ersetzt werden kann, so hat es selbst keinen Sinn; *kann man an Stelle eines Wortes gar kein anderes einsetzen, dann verliert dieses Wort seine Bedeutung, denn es hat nur dann eine Funktion, wenn es im Satze eine spezifische Rolle spielt*; und | das ist eben dann der Fall, wenn an seiner Stelle auch ein anderes Wort stehen könnte, das den Satz falsch machen würde; *dadurch wird das Besondere des Sachverhaltes herausgehoben*.

Der Philosoph erklärt es also als Unsinn zu sagen: „Ich kann den Schmerz des anderen fühlen"; er erklärt nur das Possessivpronomen „mein" für zulässig. Dieses Wort wird aber, wenn es durch nichts anderes ersetzt werden kann, seiner Funktion beraubt, es sagt nichts mehr aus. Darum sind der Satz: „Ich fühle meinen Schmerz" und der Satz: „Ich fühle Schmerz" äquivalent.

Die Ausdrücke „Träger" und „Besitzer" des Schmerzes sind nur andere Ausdrücke, um die Anwendungen des Possessivpronomens klar zu machen. Wenn ich sage: „Mein Körper ist der Träger der Schmerzen", so ist dies ein sinnvoller Satz, der der empirischen Tatsache Ausdruck verleiht, die Anregung gab zur Aufstellung des Satzes „Ich fühle nur meinen Schmerz". Soll aber dieser letztere Satz etwas anderes heissen, soll der Träger des Schmerzes nicht der Körper sein, sondern ein „Ich", ein „Bewusstsein" im metaphysischen Sinne, dann wird der Satz sinnlos, wird zu einer

106

blossen Festsetzung. (Um uns das klar zu machen, haben wir Fiktionen aufgestellt, wie es wäre, wenn wir Schmerzen im Körper eines anderen hätten –) Es ist *eine sehr wesentliche Einsicht, dass man nicht mehr von einem Träger sprechen darf, wenn man die Worte so verwendet, dass das besitzanzeigende Fürwort sinnlos wird.* Es handelt sich um die Sprechweise, dass ein bestimmtes „Ich", ein „Bewusstsein", der Träger irgendeines Bewusstseinsdatums ist. Wir können diese Redeweise wohl gebrauchen, sie heisst dann aber nur, dass die Bewusstseinsdaten in einem bestimmten Körper beobachtbar sind; es handelt sich da um eine Erfahrungstatsache. Wollen wir aber das nicht sagen, sondern etwas anderes oder „mehr", so sagt der Satz gar nichts aus, weil die Rede vom Träger oder Besitzer sinnlos wird. Wenn man den | Satz „Ich fühle seinen Schmerz" aus der Sprache ausgeschlossen hat, dann wird auch der Satz „Ich fühle meinen Schmerz" sinnlos, dann hat es auch keinen Sinn, vom „Ich" als vom Träger dieses Schmerzes zu sprechen. Diese Neutralität der Daten ist wesentlich und auch schon früher gesehen worden, wenn auch nicht vollkommen ausgesprochen (so von Ernst Mach und von R[ichard] Avenarius, Zürich).[144] Durch diese Einsicht werden gewisse Formen des metaphysischen Idealismus und auch der Solipsismus unmöglich gemacht. Der Solipsismus gründet seine ganze Ansicht auf die Behauptung, dass alles nur von einem Ich ausgeht oder zu ihm gehört, alles darunter fällt, dass man ausser dem Ich sonst nichts weiss. Das ist aber ein sinnleerer Satz, es ist kein [Satz][s] über

---

[s] Der Satz ist im Original unvollständig, vermutlich ist ⟨Satz⟩ gemeint.

[144] Mach schrieb Avenarius in *Erkenntnis und Irrtum*, S. 12 f., Anm. 1, folgenden Ausspruch zu und kommentierte ihn: „,Ich kenne weder Physisches noch Psychisches, sondern nur ein Drittes.' Diese Worte würde ich sofort unterschreiben, wenn ich nicht fürchten müsste, daß man unter diesem Dritten ein *unbekanntes* Dritte, etwa ein Ding an sich oder eine andere metaphysische Teufelei versteht. Für mich ist das Physische und Psychische dem Wesen nach *identisch*, unmittelbar *bekannt* und *gegeben*, nur der Betrachtung nach verschieden."
Schlick diskutierte das Problem bereits in seiner Vorlesung *Grundzüge der Erkenntnistheorie und Logik*, wo er sich mit dem psychophysischen Parallelismus beschäftigte (Inv.-Nr. 2, A. 3a, Bl. 101, *MSGA* II/1. 1). Noch ausführlicher ging er darauf in 1918/1925a *Erkenntnislehre* ein (*MSGA* I/1, S. 490–495).

Erfahrungstatsachen, sondern die Festlegung einer sehr unpraktischen Sprechweise. Würde man sagen „Alles gehört zu meinem Körper" so wäre der Satz ja falsch und doch hat nur die Erfahrungstatsache der Abhängigkeit gewisser Daten von diesem Körper zur Aufstellung dieser Sätze Anlass gegeben. Würde die erfahrungsmässige Beziehung zwischen den Sinnesdaten und meinem Körper aufgehoben sein, dann könnte man auch sagen, dass alles der Bewusstseinsinhalt eines anderen ist. Es kann ja diese Erfahrungstatsache, dass der eigene Körper in der Welt eine Rolle spielt, als aufgehoben gedacht werden, dadurch, dass man andere Erfahrungstatsachen beschreiben kann (z.B. eine Art Seelenwanderung, etz.) und dadurch macht man die Ausdrucksweise des Solipsismus unmöglich.

Der zum Solipsismus neigende Philosoph will also alles mit dem Index „zum Ich gehörig" bezeichnen; damit aber ist nichts über die Wirklichkeit gesagt. Es ist dies keine gute Sprechweise und durch eine andere können wir dem Possessivpronomen seinen Sinn bewahren. Die logische *Sonderstellung des Ich*, die der Philosoph fälschlich eingeführt hat (dazu verführt durch die Sonderstellung des eigenen Körpers in der Erfahrungswelt) wird durch unsere Betrachtungen aufgehoben und gezeigt, dass sie *nichts ande|res ist, als eine irrtümlich formulierte Behauptung der Sonderstellung des eigenen Körpers.* Damit fällt die unsinnige Sprechweise des Solipsismus weg und die damit zusammenhängenden Sprechweisen von der Realität der Aussenwelt, die gewöhnlich auch als sinnlose Fragen aufgestellt werden. (Ich habe einen Schilling, aber ich kann ihn nicht wahrnehmen, mit keinem Mittel beschreiben .... diese unsinnige Sprechweise entspricht der ebenso unsinnigen: es gibt eine Aussenwelt, die man aber in keiner Weise feststellen, nicht beschreiben kann).

Es wird meist aus einer empirischen eine logische Unmöglichkeit konstruiert und daraus ergeben sich viele Irrtümer. Es ergibt sich aus unseren Überlegungen immer wieder: *Ein Satz hat nur Sinn, wenn er verifiziert werden kann und er hat nur den Sinn, der durch die Verifikation festgestellt wird.* Dies ist eine der wich-

108

481

tigsten Feststellungen der Erkenntnis–Theorie.[145] Schliesst man durch seine eigenen Festsetzungen eine Verifikation aus, so haben gewisse Sätze keinen Sinn, sondern sind nur Einführungen von Sprechweisen, mit denen über die Welt nichts ausgesagt wird. *Sinn und Verifikation fallen also zusammen.*

Ein Satz hat dann Sinn, wenn bei seiner Formulierung die Regeln der Sprache beachtet wurden, wenn er also so gebaut ist, dass die für diese Ausdrucksweise festgesetzten Regeln erlauben, dass er auf die Wirklichkeit angewendet wird (wir sehen ab von der Ausdrucksweise, dass „der Satz mit der Wirklichkeit übereinstimmt", weil der Terminus „übereinstimmen" sehr vieldeutig ist). Die *Untersuchung über die Anwendbarkeit der Sprache ist eben die philosophische Untersuchung.*[146] Die Regeln laufen in letzter Linie hinaus auf sogenannte „hinweisende" Definitionen, d.h. sie müssen in letzter Linie dadurch erklärbar sein, dass man auf die Wirklichkeit hinweist. Jede Sprachregel geht auf solche hinweisende Definitionen hinaus und wenn man diesen Weg zurück verfolgt, so gelangt man eben zu dem, was man die Möglichkeit der Verifikation nennt. *Die Verifikation ist gleichsam das Umgekehrte der Definition.* Durch die Definition schliesse ich die Sprache in die Wirklichkeit ein.[147] Dass ein Satz Sinn

---

145 Vgl. zu dieser Einschätzung in diesem Bd. S. 271, Block (9).

146 Carnap *Überwindung der Metaphysik*, S. 237 f.: „Was bleibt für die *Philosophie* überhaupt noch übrig, wenn alle Sätze, die etwas besagen empirischer Natur sind und zur Realwissenschaft gehören? Was bleibt sind nicht Sätze, keine Theorie, kein System, sondern nur *eine Methode*, nämlich die der logischen Analyse. Die Anwendung dieser Methode haben wir in ihrem negativen Gebrauch im Vorstehenden gezeigt: Sie dient hier zur Ausmerzung bedeutungsloser Wörter, sinnloser Scheinsätze. In ihrem positiven Gebrauch dient sie zur Klärung der sinnvollen Begriffe und Sätze, zur logischen Grundlegung der Realwissenschaften und Mathematik."

147 Bei Wittgenstein heißt es dagegen: „Wenn durch einen andern Satz, so gewinnen wir nichts dabei; wenn aber durch ein Faktum der Außenwelt, dann gehört dieses als Erklärung der Sprache mit zur Sprache. D. h.: es gibt keine hinweisende Definition eines Satzes oder richtiger: die hinweisenden Erklärungen werden vor der Anwendung des Satzes gegeben & sind verschieden von der Anwendung. || von der Anwendung ad hoc. |||| Von der Anwendung im besondern Fall. || Die Verbindung zwischen ‚Sprache & Wirklichkeit' ist durch die Wort-

hat, erkennt man an dem Bestehen einer logischen Verifikationsmöglichkeit und der Sinn ist dann die Methode der Verifikation, d. h. man gibt den Sinn dadurch an, dass man wirklich den Weg beschreibt, wie man zu diesem Sinn kommt; kann man das nicht, so hat man dem Satze keinen Sinn gegeben. Die Sprachregeln sind in letzter Linie willkürlich, daher kann man die Sprachregeln in der Logik auch abändern.[148] – Wir führen in der Logik eine eigene Sprache ein, die uns unabhängig von der Wortsprache machen soll, denn die gewöhnliche Wortsprache ist nicht für schwierige philosophische Fragen geschaffen und wir geraten durch sie leicht in Irrtümer. Wir nennen denjenigen Gebrauch der Sprache den philosophischen, bei dem die Sprache durch unvorsichtigen Gebrauch kompliziert und undurchsichtig gemacht worden ist.[149] Wir haben als Beispiele für diese Art Gebrauch verschiedene Sätze der Metaphysik oder Theologie angeführt; wie z. B. die Frage *„Existiert Gott?"* (Soll dieser Satz Sinn haben, so muss er als eine prüfbare Eigenschaft der Welt aufgezeigt werden; wie würde eine Welt anders sein, in der es keinen Gott gäbe?) oder der Satz: *„Der Mensch hat eine Seele"* (dieser Satz wird für uns durch das Verhalten, das Mienenspiel des Menschen verifiziert, woraus wir darauf schliessen. Oder wir könnten auch sagen: „Wenn die Welt diese und diese Eigenschaften aufweist, dann sprechen wir von einer Weltseele") oder andere irrtümliche Fragen der Philosophie, wie die Frage nach der *Realität der Aussenwelt* (die Frage des Solipsismus) und die sich daraus ergebende Spezialfrage nach der Existenz fremden Seelenlebens überhaupt. – Wir können mit einem Satze nur | den Sinn verbinden, den wir prüfen können. In der Form, wie der Philo- ¹¹⁰

erklärungen gemacht, – welche zur Sprachlehre gehören; so daß die Sprache in sich geschlossen, autonom, bleibt." (Ms 114, 68 v)

148 Vgl. dazu auch Schlicks Aufsatz 1931a *Kausalität* (*MSGA* I/6, S. 270).

149 Carnap, *Überwindung der Metaphysik*, S. 233: „Die Beispiele metaphysischer Sätze, die wir analysiert haben, sind alle nur einer Abhandlung entnommen. Aber die Ergebnisse gelten in gleicher, zum Teil in wörtlich gleicher Weise auch für andere metaphysische Systeme [...] wenn auch die Art ihrer Sprachwendungen und damit die Art der logischen Fehler mehr oder weniger von der Art der besprochenen Beispiele abweicht."

soph diese Fragen stellt, handelt es sich meist um sinnlose Fragen. *Woher kommt dieser eigentümliche Übergang von den sinnvollen zu den sinnlosen Fragen?* Seine Ursache liegt in der empirischen Auszeichnung unseres eigenen Körpers; der Tatbestand, dass es in gewisser Weise von uns abhängt, was wir von den Gegenständen wissen, verleitet dazu, falsche Sätze aufzustellen, wie z. B. den Schopenhauer's: „Die ganze Welt ist meine Vorstellung" u. a.) [150] – Der empirisch richtige Satz aber: „Alles was ich sehe, hängt von meinen Augen ab, ... etz." ist nicht identisch mit dem metaphysischen Satze: „Die ganze Welt ist mein Bewusstseinsinhalt". Warum sagt der Solipsist nicht, dass nur mein Körper existiert und kein anderer? Deshalb, weil er dies selbst gleich als Unsinn ansehen würde; derselbe Unsinn aber ist es zu sagen, dass nur mein eigenes „Ich" existiert. Wir haben schon gezeigt, wieso man geneigt ist, so zu sprechen; es hängt dies nur mit gewissen empirischen Zufälligkeiten zusammen, die ebensogut nicht bestehen könnten. Wir haben schon gesagt, dass die Sprechweise des Solipsisten keine Ausssage über die Welt ist, sondern bloss eine Festsetzung. – Es gibt gewiss eine Aussenwelt und zwar in dem einzigen Sinne, in dem wir davon sprechen, denn da ist es eine Tatsache der Erfahrung. Philosophische Probleme kommen in die Welt durch Fehler, die in der Verletzung der Sprachregeln bestehen. Das richtige Verhalten solchen Sätzen gegenüber ist einzusehen, dass man nicht so fragen darf oder dass die Frage einen anderen Sinn haben muss, als den man in der Philosophie für gewöhnlich dafür annimmt.

Wahrheit und Sinn müssen auf diese Weise beschrieben werden, wie dies in den vorhergehenden Kapiteln geschehen ist. Dabei handelt es sich nicht um Aufstellung einer neuen Theorie des Sinnes, sondern wir | konstatieren bloss, was im tägl[ichen] Leben

---

150 Schopenhauer, *Wille und Vorstellung*, § 5: „Die ganze Welt der Objekte ist und bleibt Vorstellung, und eben deswegen durchaus und in alle Ewigkeit durch das Subjekt bedingt: d. h. sie hat transcendentale Idealität. Sie ist aber dieserwegen nicht Lüge, noch Schein: sie gibt sich als das, was sie ist, als Vorstellung, und zwar als eine Reihe von Vorstellungen, deren gemeinschaftliches Band der Satz vom Grunde ist."

und der Wissenschaft tatsächlich geschieht, wenn wir den Sinn
eines Satzes feststellen.

3. Kapitel: Erfahrung und Denken.

Es soll nun gezeigt werden, wie wir überhaupt dazu kommen,
5   so etwas zu betreiben, wie es in der formalen Logik geschieht.
Die Logik soll ja etwas mit dem Denken zu tun haben; bisher
haben wir mehr vom Erkennen gesprochen. Zum Erkennen ist
Denken, Nachdenken, sicher sehr notwendig. Nun aber müssen
wir *feststellen, was in einem prägnanten Sinne unter „Denken"*
10   *zu verstehen ist,* wobei das Denken nicht im psychologischen Sinne beschrieben werden soll, sondern das, was das Denken erreicht,
was es für einen Zweck hat.
      Wir vergegenwärtigen uns vorerst, wie die Wissenschaft auf-
gebaut ist: „Wissenschaft" ist nur ein Wort für ein System von
15   Erkenntnissen; man spricht hier von einem „System" deshalb,
weil es für die Wissenschaft charakteristisch ist, dass die einzelnen Wahrheiten, die sie ausspricht, nicht unverbunden nebeneinander stehen, sondern zusammenhängen. Die Wahrheiten oder
Erkenntnisse bestehen (wie wir uns überzeugt haben) darin, dass
20   die Welt auf eine besondere Art und Weise bezeichnet wird: so
nämlich, dass wir mit einer geringen Menge von Zeichen, sehr Vieles von der Welt beschreiben können.[151] *Erkenntnis ist also eine*
besondere Art der Wirklichkeitsbeschreibung. Wir wollen das an

---

[151] Diese immer wieder betonte Position vertrat Schlick bereits seit seinen Studien *Über das Prinzip der logischen Induktion* von 1909: „Jede Wissenschaft
ist ein System von Urteilen. Für die Unterschiede der Wissenschaften und ihre Abgrenzung voneinander ist am meisten charakteristisch die Art und Weise,
wie dieses System von Urteilen in sich zusammenhängt, und zwar in höherem
Grade charakteristisch als der Inhalt der Wissenschaften, d. h. der Stoff, der Gegenstand, den sie bearbeiten, obgleich man dies vielleicht auf den ersten Blick
nicht erwarten sollte." (Inv.-Nr. 151, A. 98-1 bis A. 98-6, *MSGA* II/1. 1) Vgl. dazu auch Schlicks frühere Vorlesung *Die Grundzüge der Erkenntnislehre und Logik*
(Inv.-Nr. 2, A. 3a, Bl. 63, *MSGA* II/1. 1). Zur geringsten Menge an Zeichen, siehe
auch in diesem Stück S. 392 und dort besonders Fußnote 53.

einer spezifischen Wissenschaft erläutern und richten unser Augenmerk jetzt auf den Zusammenhang, aus dem eine geschlossene Wissenschaft entsteht. *Das, was den Zusammenhang der Sätze ausmacht,* ist gerade *der eigentliche Gegenstand, mit dem sich die Logik beschäftigt.* Die Logik stellt also den Zusammenhang der Wahrheiten untereinander dar; es ist dies ein für die Wissenschaft selbst äusserst wichtiges Unternehmen; wir können die Wissenschaft überhaupt | nicht verstehen, ohne Logik zu betreiben. Hierbei ist der Zusammenhang, auf den es hauptsächlich ankommt, derjenige, bei dem wir sagen können, dass der eine Satz aus dem anderen ableitbar ist. *Den Prozess, durch den ein Satz aus einem anderen abgeleitet wird, nennen wir einen Schlussprozess.* Die formale Logik hat es hauptsächlich damit zu tun, die Regeln des Schliessens aufzustellen; was sie sonst noch tut, ist mehr oder weniger Mittel zu diesem Zwecke. Den Zusammenhang, der sich darin äussert, dass wir gewisse Sätze von anderen ableiten können (so dass wir dann die, von denen sie abgeleitet sind, gar nicht mehr brauchen), findet man in den einzelnen Wissenschaften mehr oder weniger stark ausgeprägt. Am geringsten ist dieser Zusammenhang in den historischen Wissenschaften; man kann da am schwersten eine Verbindung zwischen den einzelnen Ereignissen herstellen. Ganz anders ist das in den Naturwissenschaften, die sich dadurch allein von den historischen unterscheiden. *Durch den engeren Zusammenhang der Erkenntnisse* in den Naturwissenschaften *entsteht die exakte Form dieser Wissenschaften.* Dieser exakte Zusammenhang äussert sich z. B. in der Physik dadurch, dass man nicht irgendeines ihrer Gesetze nach Belieben weglassen kann; es würden dadurch alle übrigen Sätze in Mitleidenschaft gezogen werden, das ganze Weltbild sich ändern. – Auch im täglichen Leben müssen wir fortwährend Schlüsse ziehen. Z. B. schliessen wir daraus, dass ein Haus abgebrannt ist, in dem sich drei Menschen befanden, darauf, dass die drei Menschen darin verbrannt sind. Die alte Aristotelische Logik enthält keine Regeln, die erlauben würden, einen solchen Schluss zu ziehen; eine vollständige Logik aber hätte wohl die Aufgabe, einen im tägl[ichen] Leben so häufigen Schluss durchsichtig zu machen;

486

das zeigt uns, dass die Aristotelische Logik nur ein verschwindend kleiner Abschnitt des ganzen grossen Bereiches der Logik ist.[152]

Ein Beispiel des Schliessens aus historischen Sätzen ist das folgende: | Wenn man liest, dass während der Regierungszeit Kaiser 113
5 Friedrich III., der im Jahre 1888 während 90 Tagen regiert hat, jemand gestorben ist, so schliesst man, wenn diese beiden Sätze (dass Kaiser Friedrich dann und dann regiert hat und dass der Mann während einer Regierungszeit gestorben ist) wahr sind, mit Sicherheit, dass dieser Mann innerhalb dieser 90 Tage im Jahre
10 1888 gestorben ist. Zu diesem Schluss braucht man weiter nichts als diese beiden Sätze.[153]

Nur die exakten Naturwissenschaften sind logisch so vollendet, dass man sich von dem allgemeinen Aufbau dieser Wissenschaften ein Bild machen kann und darüber, was diesen Aufbau
15 der einzelnen Sätze zusammenhält, eben die Logik.[154] – *Wir betrachten* nun also *ein Beispiel aus einer exakten Naturwissenschaft* (wir müssen als exakte Wissenschaft eine solche wählen und nicht etwa die Mathematik, weil diese den besonderen Charakter hat, nicht[s] über die Wirklichkeit auszusagen. Es gibt die
20 Zahl nicht in demselben Sinne in der Natur, wie es Menschen auf der Erde gibt, oder Himmelskörper im Weltraum) und zwar *aus der Astronomie als der Lehre von der Bewegung der Himmelskörper*; im besonderen ein *Beispiel aus der Newton'schen Mechanik* (ist diese heute auch schon überholt, so stört dies bei
25 unserem Beispiel nicht; überdies ist die Newton'sche Astronomie noch mit so grosser Annäherung gültig, dass sie mit sehr wenigen Ausnahmen als richtig betrachtet werden kann). Wir können heute die Bewegung der Himmelskörper innerhalb unseres Sonnensystems auf Teile von Bogensekunden genau voraus-

---

152 Anfang der 1920er Jahre fertigte Schlick eine Übersicht über die Aristotelische Logik an und stellte sie derjenigen Freges und Russells gegenüber. Siehe dazu in diesem Bd. ab S. 337.

153 1888 war das sogenannte Dreikaiserjahr. Am 9. März starb der damalige Kaiser Wilhelm I, am 15. Juni starb Friedrich III. nach nur 99-tägiger Regentschaft und am selben Tag folgte ihm Wilhelm II. auf den Thron.

154 Zur selben Einschätzung kommt Schlick bereits 1910 in seinem Aufsatz 1910a *Begriffsbildung*, S. 124 (*MSGA* I/4).

sagen. Im Altertum war die Natur der Planeten noch ganz unbekannt; man machte nur die Beobachtung von leuchtenden Punkten am Himmel, die man für alles mögliche hielt (Löcher in der Erde, etz.). – In Babylonien, das sehr klare Nächte hat, wurden sehr brauchbare Tabellen über die Planetenbewegung angelegt, aus denen man bereits Sonnen- und Mondesfinsternisse vorhersagen konnte. Dann entwickelte Ptolomäus sein astronomisches System | und später folgte das Kopernikanische, das sich durch die Keplergesetze, die schon viel genauer sind, erhalten hat. Das erste Keplergesetz sagt, dass die Planetenbahnen Ellipsen sind, in deren einem Brennpunkt die Sonne steht. Es setzt schon eine lange Beobachtungs- und Denkreihe voraus zu diesem Satze zu gelangen. *In dem Übergang von der blossen tabellenmässigen Aufzeichnung* der Himmelskörper und ihrer Bahnen *bis zu dem* Kepler'schen *Gesetz liegt ein grosser Erkenntnisfortschritt.* Durch das Gesetz sind wir imstande, die einzelnen Tabellen zu entbehren. Dieses *Gesetz* also *ist eine Zusammenfassung von unendlich vielen Einzelaussagen*; es ist eine typische allgemeine Aussage, eine solche also, die in einem Satze eine grosse Menge von Einzelaussagen zusammenfasst. *Man macht da von dem mathematischen Funktionsbegriff Gebrauch, der darin besteht, dass man einen Ausdruck hat, für dessen Werte man verschiedene andere Werte einsetzen kann.* Aus einer Tabelle ist auch ersichtlich, wo der Planet zu jeder einzelnen Zeit steht; das zu verzeichnen, ist aber sehr umständlich und dessen ist man durch das Kepler-Gesetz enthoben. Wenn man z. B. weiss, dass der Saturn zu einer bestimmten Zeit an einem bestimmten Punkte gestanden hat und dort eine bestimmte Geschwindigkeit hatte, so ist man mittels einer einzigen Formel imstande, alle seine zukünftigen Bahnpunkte vorauszusagen. Das Gesetz ist also der Ersatz für eine Tabelle, für eine große Menge von Einzelaussagen; und das gilt für *jedes Naturgesetz: es ist immer eine Zusammenfassung für eine grosse Menge von Einzelaussagen: und das ist typische Erkenntnis.* Es ist der für jede Erkenntnis typische Fall, dass viele verschiedene Fälle mit Hilfe weniger Symbole einzelner Grundbegriffe beschrieben werden; dass man imstande ist, an Stelle vieler einzelner Beschreibungen eine allgemeine Beschreibung zu setzen. –

Was verstehen wir unter einer Zusammenfassung von einzelnen Beobachtungen? Heisst das, dass alle diese Beob|achtungen vorher angestellt werden? Offenbar nicht; denn es lagen ja nur einzelne, wenige solcher Beobachtungen vor. (Z. B. die Aufzeichnungen von Tycho de Brahe, nach denen Kepler sein Gesetz formuliert hat). Der von Kepler *gemachte Fortschritt besteht zunächst darin,* dass er *die Vermutung aufstellte,* dass die Planetenbahnen Ellipsen sind (denn Kopernikus hat sie für Kreise gehalten). Wie man zur Aufstellung einer solchen Vermutung kommt, das hat nichts mit Logik zu tun, ist eine rein psychologische Frage. Auf logischem Wege wäre es nie möglich, aus Einzelbeobachtungen ein allgemeines Gesetz aufzustellen.[155] Es ist dies eben das Kennzeichen des Genies, dass es richtig errät. Auf welche Weise die einzelnen, besonderen Sätze zu *einem* allgemeinen Satze zusammengefasst werden, das ist eben das *Problem der Induktion.* Man hat da immer fälschlich nach einem logischen Prinzip gesucht, ein solches aber gibt es nicht und dies aus leicht zu durchschauenden Gründen, die schon in der Aristotelischen Logik ihren Ausdruck gefunden haben. *Die Naturgesetze entstehen nur durch geniales Erraten.* In diesem – nur in diesem Sinne kann man von einer intuitiven Erkenntnis sprechen; *in der Tat aber stellen auch die Naturgesetze discursive Erkenntnis dar, die nur durch einen intuitiven Prozess entsteht.* Ist die Vermutung einmal da, dann kann man sie nachprüfen; stimmt sie mit den jedesmaligen Beobachtungen überein, dann sagen wir, dass die Hypothese – eine solche ist jedes Naturgesetz – verifiziert ist. *Jedes allgemeine Gesetz ist eine Hypothese; es wird nicht logisch aufgestellt, sondern erraten.*[156] Auch wenn die Vermutung sich bestätigt, können wir

---

155 Die hier vertretene Ansicht, findet sich fast wortgetreu in Schlicks Aufsatz 1934a *Fundament* (*MSGA* I/6, S. 505). Zum Induktionsproblem vgl. 1918/1925a *Erkenntnislehre* (*MSGA* I/1, S. 785 f. und S. 335–346).

156 Die prägnante Formulierung „erraten" findet sich in diesem Zusammenhang in 1934a *Fundament* (*MSGA* I/6, S. 505–507). Sie tritt im Zusammenhang mit intuitiv entstandener Erkenntnis kurz Mitte der zwanziger Jahre in 1926a *Erleben* auf (*MSGA* I/6, S. 50). An Eino Kaila schrieb Schlick: „Die Logik sagt schlechthin nichts über die Wirklichkeit; durch Induktion und Hypothesenbildung, die uns zu wahrscheinlichen Urteilen führen, wollen wir aber die Wirklichkeit erkennen;

daraus kein streng logisches Recht ableiten, dass sie auch in Hinkunft gültig sein wird. Wir glauben aber fest daran, dass gewisse allgemeine Verhaltensweisen der Natur sich nicht ändern, unser ganzes Leben baut darauf auf. *Die Naturgesetze sind also keine Beschreibungen von beobachteten Tatsachen, sondern Vermutungen darüber, wie diese Beschreibungen ausfallen.* Obwohl | also jede Hypothese aus gewissen Einzelbeobachtungen angelegt wird, ist sie doch nicht aus diesen Beobachtungen abgeleitet, nicht aus ihnen erschlossen; die Hypothesen werden aufgestellt aus einer Vermutung an Hand von Einzeltatsachen. (Und deshalb gibt es auch keine „induktive" Logik, von der so viel gesprochen wird). [157]

116

5

10

dies geschieht nicht auf logischem Wege, sondern durch den realen Prozess des Ratens." (Kaila zitiert Schlick so in seinem Brief an Schlick vom 13. Januar 1929.) In 1918/25a *Erkenntnislehre* oder anderen frühen Schriften lässt sich die Formulierung in diesem Zusammenhang nicht nachweisen.

157 Reichenbach forderte Schlick 1920 auf, zu dem Problem der Induktion und Wahrscheinlichkeit zu arbeiten (Hans Reichenbach an Moritz Schlick, 29. November 1920). Daraus entstand eine Debatte, an der ab Ende der 1920er Jahre neben Schlick und Reichenbach unter anderem auch Carnap, Waismann, Kaila und später indirekt auch Wittgenstein beteiligt waren (vgl. Herbert Feigl an Moritz Schlick, 21. Juli 1929). Reichenbach und Kaila verteidigten die Möglichkeit einer Wahrscheinlichkeitslogik (Reichenbach, *Die Kausalstruktur der Welt* sowie Reichenbach et al., *Diskussion über Wahrscheinlichkeit*).

Schlick setzte sich Mitte der zwanziger Jahre damit auseinander (siehe dazu in diesem Bd. ab S. 251). In 1931a *Kausalität* ging Schlick darauf genauer ein und erklärte sich prinzipiell mit Waismanns Ansichten einverstanden (*MSGA* I/6, S. 254 f.). Waismann führte aus: „Das Wort Wahrscheinlichkeit hat zwei verschiedene Bedeutungen. Entweder man spricht von der Wahrscheinlichkeit eines Ereignisses – in diesem Sinn wird das Wort in der Wahrscheinlichkeitsrechnung verwendet – oder man spricht von der Wahrscheinlichkeit einer Hypothese oder eines Naturgesetzes. In diesem letzten Sinn ist die Wahrscheinlichkeit nur ein anderes Wort für die Zweckmäßigkeit dieser Hypothese oder dieses Naturgesetzes, [...]." (Waismann, *Logische Analyse des Wahrscheinlichkeitsbegriffs*, S. 228)

Waismann überlieferte uns dazu eine Diskussion zwischen Wittgenstein und Schlick vom 22. September 1930. Darin führte Wittgenstein noch genauer aus: „Die ‚Wahrscheinlichkeit' kann zwei ganz verschiedene Bedeutungen haben. 1. Wahrscheinlichkeit eines Ereignisses; 2. Wahrscheinlichkeit der Induktion. [...] Es ist eine Erfahrungstatsache: Wenn ich mit einem Würfel 100mal werfe, kommt eine 1 vor. Wenn ich nun 99mal geworfen habe und keine 1 vorgekommen ist, so werde ich sagen: Höchste Zeit, daß eine 1 vorkommt; ich wette daß jetzt eine 1 kommt. Die Wahrscheinlichkeitsrechnung sagt, daß dieser Schluß nicht berechtigt

Wir gelangen also zu den allgemeinen Sätzen durch einen komplizierten psychologischen Prozess, den wir nicht näher beschreiben können (wir können uns nur darüber freuen); wir besitzen keine Psychologie des Genies, das Genie besitzt sie selber nicht,
d. h. es weiss nicht, wie und wieso ihm dies oder jenes eingefallen ist. Nachdem diese Vermutungen nun einmal aufgestellt sind, können wir die Wissenschaft als System von Sätzen betrachten, von denen man annehmen kann, dass sie wahr sind, wobei wir absehen können davon, auf welche Art und Weise diese Sätze
zustandegekommen sind. Wir betrachten sie nur ganz für sich allein und ihr Verhältnis zueinander. Wir betrachten wieder unser voriges Beispiel: die Astronomie hat in erster Linie durch Newton über die Kepler'schen Gesetze hinaus Fortschritte gemacht. Die *Kepler'schen Gesetze* standen *unverbunden nebeneinander*;
Kepler kam ja zu ihnen auf die uns heute sonderbar erscheinende Art, dass er nach einfacheren Beziehungen, nach innewohnenden Harmonien suchte. Tatsächlich bestehen solche einfache Beziehungen nicht: die Planeten üben aufeinander eine Störung aus und deshalb sind die Kepler'schen Gesetze nicht ganz richtig: zu
Kepler's Zeit aber hatte man nicht die Möglichkeit so genauer Beobachtungen, dass man die Falschheit dieser Gesetze hätte sehen können. *Newton's Gesetz stimmt schon mit viel grösserer Annäherung; es fasst alle die Kepler'schen Gesetze zusammen;* Newton konnte zeigen, dass jeder Planet um die Sonne laufen
muss, wenn er nicht gestört ist; das ergibt sich aus seinem Gesetze heraus.

Für unsere Analyse von Sätzen in einem Erkenntniszusammenhang ist dies | Newton'sche Gesetz schon ein besseres Beispiel. *Logisch gesehen* ist es wieder nichts anderes als eine *Zusammenfassung vieler Gesetze* (der Kepler'schen Gesetze, Fallgesetze, etz.). Eine irreführende Ausdrucksweise ist die oft gebrauchte, 117

ist. Ich glaube, daß er doch berechtigt ist: Es ist nämlich sehr ‚wahrscheinlich‘, daß jetzt eine 1 kommt, aber wahrscheinlich nicht im Sinne der Wahrscheinlichkeitsrechnung, sondern im Sinne der Wahrscheinlichkeit einer Induktion." (Mc Guinness, *Wittgenstein und der Wiener Kreis*, S. 98 f.) Noch etwas ausführlicher arbeitete Wittgenstein diese Überlegung in dem Typoskript Ts 212, 415–435 aus.

zu sagen, dass der Fortschritt, den Newton Kepler gegenüber erzielt hat, darin besteht, dass er eine Erklärung der Gravitationskraft gegeben habe. Die Sprechweise von einer „Kraft" ist nichts anderes als wieder nur eine Zusammenfassung; der Begriff der Kraft hat nur die Funktion der Zusammenfassung vieler verschiedener Situationen, dient dazu, eine gewisse Gesetzmäßigkeit darzustellen. Wir können den Fortschritt Newton's über Kepler hinaus also so formulieren: Newton hat eine Reihe von unabhängig nebeneinanderstehenden Sätzen zu einem einzigen Ausdruck zusammengefasst, gezeigt, dass alle diese Gesetze nichts anderes sind als ein Ausdruck seiner Mechanik; diese fasst in drei oder vier Gleichungen die Beobachtungen über sämtliche Fälle auf der Erde, den Planeten, etz. zusammen. (*Eine solche Zusammenfassung erfolgt mittels eines Kunstgriffes, des mathematischen Funktionsbegriffes.*)[158] Aus dem Newton'schen Gravitationsgesetz und den übrigen Sätzen seiner Mechanik kann man alle Sätze der Astronomie ableiten, alle Bewegungen innerhalb des Sonnensystems erklären. Das heisst, dass in *der Newton'schen Formel alle diese Fälle enthalten sind; dabei heisst „enthalten", dass die Formel zeigt, was allen diesen Bewegungen gemeinsam ist.* In der mathematischen Sprechweise wird das durch die verschiedenen Konstanten der Bewegung ausgedrückt. – Wo sich die Planeten einmal, zu einer bestimmten Zeit befinden, das kann keiner Formel entnommen werden, das muss man beobachten; weiss man aber dies eine, dann kann man alle weiteren Stellungen aus der Formel ableiten dadurch, dass man spezielle Werte in sie einsetzt. Um also alle Bewegungen der Planeten vorauszusagen, braucht man

---

158 Schlick erläuterte das in 1931a *Kausalität*: „Wir brauchen ja, so scheint es, nur nachzusehen, auf welche Weise die Physik tatsächlich Naturgesetze darstellt, in welcher Form sie die Abhängigkeit von Ereignissen beschreibt. Nun, diese Form ist die mathematische Funktion. Die Abhängigkeit eines Ereignisses von anderen wird dadurch ausgedrückt, daß die Werte eines Teiles der Zustandsgrößen als Funktionen der übrigen dargestellt werden. Jede Ordnung von Zahlen wird mathematisch durch eine Funktion dargestellt [...]." (*MSGA* I/6, S. 243) Er entwickelt diese Ansicht aber bereits in 1918/1925a *Erkenntnislehre* durch seine Auseinandersetzung mit Mach (*MSGA* I/1, S. 493–496), vgl. dazu auch seinen Aufsatz 1926b *E. Mach* (*MSGA* I/6, S. 67).

prinzipiell nichts anderes, als die Newton'sche Mechanik (wobei wir das Gravitationsgesetz zur Mecha|nik rechnen). Diese Grund- 118 gesetze der Mechanik sind die Axiome der Astronomie. *Die Axiome sind also ein Minimum von Sätzen, die die Eigenschaft haben,* 5 *dass man daraus alle übrigen Lehrsätze des betreffenden Gebietes der Wissenschaft ableiten kann; aus den Lehrsätzen werden dann wieder die Einzelaussagen abgeleitet.*

Die Wissenschaft der Astronomie besteht also, wie jede andere Wissenschaft auch, aus diesen drei Arten von Sätzen: *Axio-* 10 *me*, *Lehrsätze*, *Einzelaussagen* und noch einer, den *Definitionen*, welch[e] letztere logisch einen anderen Charakter haben; diese sehen äusserlich den anderen Sätzen gleich, vermitteln aber keine Erkenntnisse, sondern erfüllen in der Wissenschaft einen praktischen Zweck: sie sind Abkürzungen, Sprechweisen, neue Namen 15 für Kombinationen von alten Namen. Es kommt ja oft vor, dass gewisse Zusammenstellungen von Grundbegriffen häufig wiederkehren, so dass sie durch ein neues Zeichen ersetzt werden und dieses ist dann die Definition. *Ob ein Satz Erkenntnischarakter besitzt oder bloss Definition ist, kann man ihm einzeln nicht an-* 20 *sehen, das geht nur aus dem Zusammenhang hervor.*

Wir können eine Wissenschaft auch so betrachten, dass wir davon absehen, dass in den Sätzen gewisse Buchstaben, z. B. Himmelskörper bedeuten; bei dieser Art von Betrachtung handelt es sich uns [*sic!*] bloss um die Verhältnisse dieser Buchsta- 25 ben oder Zahlen zueinander. – In der Tat arbeitet der Forscher auch oft lange in dieser Art mit Buchstaben oder Zahlen und sieht erst dann wieder zu, ob das, was er errechnet hat, auch in der Natur wirklich zutrifft. In den exakten Wissenschaften ist es immer so, dass die logische Betrachtung mathematische 30 Form annimmt. *Die mathematische Form ist die Form, die die logische Betrachtung immer annimmt, wo wir imstande sind, die einzelnen Glieder streng miteinander in Verbindung zu setzen.* Wir werden später sehen, dass die *Mathematik nichts anderes als eine logische Methode* ist, die eingeführt wurde, um gewisse 35 logische | Betrachtungen zu übersehen. Wir ziehen also keine 119 scharfe Grenze zwischen mathematischer und logischer Betrachtung, denn die liesse sich auch gar nicht ziehen, *da die mathema-*

493

tische eine logische Methode ist neben anderen logischen Methoden.[t]

Wir sehen also davon ab, was die auftretenden Zeichen in der Wirklichkeit bedeuten; von einem gewissen Teil der Bedeutung der Zeichen sehen wir aber nicht ab, nämlich von den Bedeutungen, sofern sie sich innerhalb des Systems bewegen; denn das gerade bildet den Gegenstand unserer Betrachtungen.[159]

Wir können also einen Teil der Sätze aus dem anderen ableiten. Die Lehrsätze können deswegen aus den Axiomen abgeleitet werden, weil diese nichts anderes sind als Zusammenfassungen der Lehrsätze; so können wir sagen, dass die Lehrsätze schon in den Axiomen enthalten sind. *Diese Arten von Sätzen stehen vollkommen gleichwertig nebeneinander* und deshalb verhält es sich so, dass man ebensogut die Axiome aus den Lehrsätzen ableiten kann. *Es ist bis zu einem gewissen Grade in unser Belieben gestellt, also willkürlich, was wir als Axiome und was als Lehrsätze bezeichnen wollen.* (Man könnte z. B. auch bei den Kepler'schen Gesetzen und noch anderen Sätzen als den Axiomen stehenbleiben und daraus die Newton'schen Grundgleichungen der Mechanik als Lehrsätze ableiten). Bei der Frage, welche Sätze man als Axiome an die Spitze stellen soll, wird man also von rein praktisch und nicht von logischen Gesichtspunkten geleitet; es handelt sich einfach um die bessere Übersicht (das hat also nichts mit jenen „einleuchtenden" Sätzen zu tun, die man früher als die Axiome

---

t Hervorhebung im Original rot unterstrichen

159 Vgl. dazu auch in diesem Bd. ab S. 270, Block (9). In Wittgensteins Arbeiten der 1930er Jahre heißt: „Die Erklärung der Bedeutung erklärt den Gebrauch des Wortes. Der Gebrauch des Wortes in der Sprache ist seine Bedeutung." (Ms 114, 120 v)

Am Beispiel der Negation erläuterte Wittgenstein das genauer: „Die Bedeutung eines Zeichens liegt ja in den Regeln nach denen es verwendet wird, die seinen Gebrauch vorschreiben. Welche dieser Regeln machen das Zeichen ,$\sim$' zur Verneinung? Denn es ist klar daß gewisse Regeln die sich auf ,$\sim$' beziehen für beide Fälle die gleiche sind; z. B. ,$\sim\sim p = p$'. [...] Wenn die Logik allgemein von der Verneinung redet, oder einen Kalkül mit ihr treibt, so ist die Bedeutung des Verneinungszeichens nicht weiter festgelegt, als die Regeln seines Kalküls." (ebd., Ms 114, 4 r und fast identisch in Ts 212, 376)

in der Philosophie bezeichnet hat). Will man also den *Begriff des Axioms* definieren, so ist zu sagen, dass dies *ein relativer Begriff* ist. Die Axiome sind *nicht von vornherein festgelegt* und *durch die Wahl als Axiome wird über die Herkunft dieser Sätze überhaupt nichts gesagt. Die Axiome sind nur durch ihre Stellung im System* (an der Spitze desselben) *gekennzeichnet. Die Eigenschaft, Axiom | zu sein, ist also eine willkürlich gewählte*; die Beschränkung besteht nur darin, dass es möglich sein soll, *alle* übrigen Sätze aus den Axiomen abzuleiten.[160] Wir werden später über die Frage zu sprechen haben, ob vielleicht die Logik ein solches System ist, das Axiome aufstellt, von denen man die übrigen Sätze der Wissenschaft ableiten kann. Dies ist eine Auffassung, die viel Verwirrung gestiftet hat, um sie zu prüfen und als gänzlich undurchführbar abweisen zu können, haben wir eben das Beispiel vom Zusammenhang der Sätze in der Astronomie gegeben)[u].

Es ist für die Erkenntnistheorie von grosser Wichtigkeit, einzusehen, wie wir zu den allgemeinen Sätzen gelangen und das ist immer (wie wir schon gezeigt haben) durch Erraten, also durch einen psychischen Prozess. Anregung dazu geben gewisse Einzelbeobachtungen und -aussagen; diese führen dazu, Aussagen allgemeiner Art zu versuchen; dann kann geprüft werden, ob die so versuchsweise aufgestellten Allgemeinaussagen die Einzelaussagen umfassen. Der Prozess des Erratens selbst und seine Entstehung soll hier nicht weiter untersucht werden, er gehört ins Gebiet der Psychologie. Will man dieses Erraten als Denkprozess bezeichnen, so kann das ja geschehen; jedesfalls ist das Denken in diesem Sinne nicht Gegenstand der Logik. Die Logik hat es gerade mit dem umgekehrten Prozess zu tun; wenn die allgemeinen Gesetze schon gefunden sind, versucht man nun, ob die aus diesen allgemeinen Grundsätzen zu erschliessenden Lehrsätze und Einzelsätze mit der Erfahrung übereinstimmen. *Dieser Übergang von*

u Klammer öffnet im Original nicht

160 Diese These vertrat Schlick für die Geometrie bereits 1913, vgl. dazu in diesem Bd. S. 149–159.

einem Satz oder Satzsystem zu einem anderen, der ganz streng nach Regeln vor sich geht (in vielen Fällen nach mathematischen Formeln) ist es, den wir zu betrachten haben und zwar nicht dieser Prozess selber, denn der ist psychologischer Art, sondern *die Regeln, die bei diesem Übergang befolgt werden.* Man nennt diese Ableitung von Sätzen aus allgemeinen | Sätzen *Deduktion. Die Regeln, die wir in der Logik betrachten, sind die Regeln, nach denen die Deduktion vor sich geht;* wenn wir sagen, dass es die Logik mit den Regeln des Denkens zu tun hat, so meinen wir damit besonders Schliessen. Denken in dem Sinne der Ableitung von Sätzen aus anderen Sätzen, der Deduktion.

Gewöhnlich wird gesagt, dass die allgemeinen Sätze durch Induktion zustandekämen, als ein Pendant zur Deduktion; man kann das wohl so darstellen, aber es ist nicht zweckmässig es zu tun, da man dann leicht glauben könnte, dass es sich hie[r]bei um einen der Deduktion analogen Prozess handle und das ist falsch; denn die Induktion ist ein psychologischer Prozess des Erratens, für den wir keine Regeln angeben können (oder die Regeln sind ganz anderer Art); wenn man Deduktion (d. i. logische Ableitung) und den Prozess, durch den die allgemeinen Gesetze gewonnen werden, in eine Parallele stellt, bekommt man einen ganz falschen Begriff; deshalb sprechen wir nur vom „Erraten" der allgemeinen Sätze. *Die Deduktion kommt nur vor bei dem Übergang von den allgemeinen zu den speziellen Sätzen.* Die allgemeinen Sätze (Axiome oder die Lehrsätze) sind immer Hypothesen.[161] Die Einzelaussagen sind für die Wissenschaft, für die sie gemacht werden, dann allerdings keine Hypothesen mehr, aber von einem mehr

---

161 In der ersten Auflage der *Allgemeinen Erkenntnislehre* (1918) heißt es: „3. Hypothesen, d. h. aus bekannten Begriffen gebildete Urteile, die man versuchsweise zur Bezeichnung von Tatsachen einführt, in der Hoffnung, dadurch eine eindeutige Zuordnung zu denselben zu gewinnen. Wenn es 4. Urteile gibt, die sich von den Hypothesen dadurch unterscheiden, daß bei ihnen an Stelle der Hoffnung eine berechtigte Überzeugung auftritt, von welcher wir zugleich die Gewähr hätten, daß sie uns niemals täuschen kann, so würden diese Urteile nicht mehr Hypothesen, sondern Axiome heißen müssen." (1918, *MSGA* I/1, S. 268) In der zweiten Auflage sind für Schlick dagegen alle Urteile der Wissenschaft Definitionen oder Hypothesen (1925a *Erkenntnislehre*, *MSGA* I/1, S. 278).

allgemeinen Standpunkte aus (psychologisch) kann man auch die Einzelaussagen in diesem Zusammenhange wieder bloss als Hypothesen betrachten. Wenn man also von den Einzelaussagen angibt, dass sie keine Hypothesen seien, sondern Darstellungen von Tatsachen, so muss man das mit einiger Vorsicht tun.

Die Deduktion findet allgemein in der Wissenschaft allein dazu Anwendung, um die Hypothesen durch die Erfahrung zu prüfen; sie ist keine Methode, um Erkenntnisse zu gewinnen, Erklärungen zu geben. (Die einzige Methode in der Welt, um Erklärungen zu geben, ist das Erraten). *Das Denken ist kein Vorgang, durch den wir zu Erkenntnissen kommen; die Erkenntnisse stammen nicht aus dem Denken im streng logischen Sinne.*

| Wir können mit Hilfe der Logik nur eine Methode aufbauen, um die Richtigkeit der gefundenen Sätze zu prüfen (indem wir aus ihnen Einzelaussagen ableiten und sie durch Vergleichen mit der Wirklichkeit prüfen). Finden wir die Einzelaussagen bestätigt, so bezeichnen wir das als die Verifikation der Hypothese; im Grunde genommen ist es aber nur eine Verifikation dieser einzelnen Sätze.[162] Die Hypothese ist doch eine versuchsweise Zusammenfassung sehr vieler Einzelaussagen, also ist durch Verifikation einiger dieser Aussagen noch nicht die ganze Hypothese verifiziert: man hat jedesfalls noch kein strenges Recht von einer Verifikation der Hypothese zu sprechen.[163] Nun scheint es – da ein Satz

122

---

[162] Sehr ähnlich heißt es bereits in 1918/1925a *Erkenntnislehre*: „Wirklich fällt dem Syllogismus im Leben und in der Erfahrungswissenschaft meist nicht die Aufgabe zu, aus absolut gültigen Wahrheiten neue, völlig sichere abzuleiten; seine nützlichsten Anwendungen findet er vielmehr dort, wo die Wahrheit wenigstens der einen Prämisse noch gar nicht feststeht. Diese Prämisse ist dann gewöhnlich eine Hypothese, während die Konklusion in einem an der Erfahrung prüfbaren Urteil besteht. Wird dieses Urteil dann wirklich durch die Erfahrung bestätigt, so darf darin eine Verifikation jener Hypothese erblickt werden, denn es ist ein Anzeichen dafür, daß in dem untersuchten Falle wenigstens der durch die Hypothese versuchten Zuordnung in der Tat Eindeutigkeit zukommt." (*MSGA* I/1, S. 334)

[163] Zur Verifizierbarkeit von Hypothesen ist aus Gesprächen zwischen Wittgenstein und Schlick vom 22. September 1930 Folgendes überliefert: „Eine Hypothese ist keine Aussage, sondern ein Gesetz zur Bildung von Aussagen. [...] Ein Naturgesetz lässt sich nicht verifizieren und nicht falsifizieren. Vom Naturgesetz

ja nur Sinn hat, wenn er verifiziert werden kann – dass Hypothesen keinen Sinn haben, weil sie nie ganz verifiziert werden können. Es handelt sich hier aber nur um eine Wortschwierigkeit und in der Gegenwart werden übertriebene Bedenken dagegen vorgebracht, dass man die Hypothese bezüglich der Verifikation   5
auf eine Stufe mit Sätzen anderer Art stellt. – Leichter scheint es zu sein, eine Hypothese zu falsifizieren: findet man nur einen einzigen Satz, der dem allgemeinen Satz widerspricht, so ist dieser widerlegt. Es gibt in der Gegenwart Theorien, die sagen, dass Hypothesen solche Sätze seien, die man niemals verifizieren, wohl   10
aber falsifizieren kann.[164] Im Grunde genommen ist das aber nicht richtig, denn man könnte einen widersprechenden Fall auch anders erklären, als dass dadurch die Hypothese falsifiziert werde; z. B. durch eine neue Hypothese dieses Irrtums (dass der Planet z. B. aus einem bestimmten Grunde wo anders zu stehen schien,   15
in Wahrheit aber doch in der Ellipsenbahn stand, u. a.). – Man kann also eigentlich auch nicht von der Falsifikation einer Hypothese sprechen; ihre Verifikation aber ist prinzipiell ausgeschlossen, da die Hypothese unendlich viele Fälle darstellen soll und diese sind prinzipiell nicht prüfbar. Es ist eben so, dass *die Hy-*   20

---

kann man sagen, daß es weder wahr noch falsch, sondern ‚wahrscheinlich' ist, und ‚wahrscheinlich' bedeutet dabei: einfach bequem." (McGuinness, *Wittgenstein und der Wiener Kreis*, S. 101)

164 Hier ist Karl Popper gemeint. Dieser zitierte die bereits genannten Stellen aus 1931a *Kausalität* (*MSGA* I/6) und schrieb: „Wendet man das Wittgensteinsche Sinnkriterium konsequent an, so sind auch die Naturgesetze, [...], sinnlos, d. h. keine echten legitimen Sätze." (Popper, *Logik der Forschung*, S. 9, vgl. dort aber auch S. 11 und dort besonders die Fußnoten 4 und 7)

Popper kritisierte mit direktem Hinweis auf Schlick und Waismann: „[...] die Abgrenzung durch den positivistischen Sinnbegriff ist äquivalent mit der Forderung, daß alle empirisch-wissenschaftlichen Sätze (alle ‚sinnvollen Aussagen') *endgültig entscheidbar* sein müssen. [...] Wollen wir den positivistischen Fehler, die naturwissenschaftlich-theoretischen Systeme durch das Abgrenzungskriterium auszuschließen, vermeiden, so müssen wir dieses so wählen, daß auch Sätze, die nicht verifizierbar sind, als empirisch anerkannt werden können. [...] Diese Überlegung legt den Gedanken nahe, als Abgrenzungskriterium nicht die Verifizierbarkeit, sondern die *Falsifizierbarkeit* des Systems vorzuschlagen [...]" (a. a. O., S. 13)

pothesen nur in einem ganz bestimm|ten Sinne verifizierbar sind   123
– und sie haben auch nur diesen Sinn. Hypothesen haben den
Sinn, dass gewisse Einzelaussagen wahr sein sollen, dass sie zeigen, wie man zu diesen Einzelaussagen kommen kann. Man muss
5   sich die Hypothese wieder durch die einzelnen Aussagen ersetzt
denken und als Abkürzung dieser Einzelaussagen ist sie dann verifizierbar. *Der allgemeine Satz, die Hypothese ist also eine allgem[eine] Vorschrift, eine Anweisung zur Verifizierung der Einzelaussagen;*[v][165] und weiter ist auch nichts erforderlich, man kann
10   die Hypothese b[e]z[ü]gl[ich] ihrer Verifikation also ganz gut auf
eine Stufe mit anderen Sätzen stellen.

   Wir wollen nun von all' den Gegenständen, von denen Sätze
handeln können, absehen, um auf das Logische zu kommen, das
System der Sätze ganz für sich, losgelöst von der Wirklichkeit
15   betrachten; (natürlich ist so ein System selbst eine Wirklichkeit).
Wir betrachten also nur die Beziehungen der Sätze unter sich,
ohne darauf zu achten, was die darin auftretenden Zeichen bedeuten. Es genügt uns also zu wissen, dass die Zahl eine Zahl ist
(wir fragen nicht, ob sie eine Masszahl irgendwelcher Art ist), das
20   Wort eben ein Wort. Innerhalb einer Rechnung ist es dem Kauf-
mann z. B. auch gleichgültig, was die Zahlen bedeuten; erst das
Resultat wird dann wieder mit der Wirklichkeit verglichen. Wir
können uns also sehr gut denken, dass wir von der Bedeutung
dieser Zeichen abstrahieren können; das, was uns bei den Zah-
25   len geläufig ist, gilt nun auch für alle übrigen Zeichen, z. B. für
Worte und Sätze. Man kann mit Worten und Sätzen operieren,
ohne Rücksicht darauf zu nehmen, was die Zeichen bedeuten (wir
kennen das schon von Aristoteles her: „Alle α sind β, alle β sind

---

v Hervorhebung im Original mit rotem Stift unterstrichen

165 Sehr ähnlich auch heißt es auch Nachlass Wittgensteins: „Eine Hypothese
ist ein Gesetz zur Bildung von Sätzen. Man könnte auch sagen: Eine Hypothese ist ein Gesetz zur Bildung von Erwartungen. Ein Satz ist sozusagen ein
Schnitt durch eine Hypothese in einem bestimmten Ort." (Ts 212, 395) Fast
identische Formulierungen finden sich bei Schlick in 1931a *Kausalität* (*MSGA*
I/6, S. 254 ff.).

γ, dann sind auch alle α γ"^{w}; d. h. wenn nur die Prämissen richtig sind, dann gilt auch der Schlusssatz). Man kann so nicht nur den Syllogismus, sondern ein ganzes wissenschaftliches System betrachten, als *rein formales System*. Ein solches System hat beliebig viele Anwendungsmöglichkeiten, je nachdem, was man an Stelle der | Zeichen einsetzt.

Man kann z. B. ein Atom, den positiven Kern um den die negativen Elektronen kreisen, als Planetensystem betrachten. Das Coulomb'sche Gesetz ist identisch mit dem Kepler'schen Gesetz;[166] man kann von beiden ebenso wahre Sätze ableiten, die für das eine, wie für das andere System gelten. Dem Physiker ist dieses Verfahren geläufig, er weiss, dass auf den verschiedenen Gebieten der Physik dieselben Systeme vorkommen. Nur die in den Gleichungen auftretenden Grössen bedeuten eben in verschiedenen Systemen Verschiedenes. Aber man kann denselben Formalismus der Gleichungen auf verschiedenen Gebieten anwenden. Der Physiker macht diesen Gebrauch und wendet z. B. Gleichungen aus der Elektrizitätslehre auf ganz anderen Gebieten an, die mit Elektrizität nichts zu tun haben.

Wir betrachten also die *blossen Denkbeziehungen*, die eben *die logischen Beziehungen* sind. Wir wollen die logischen Daten von den empirischen (denen, die mit der Bedeutung zusammenhängen), abheben. Wir können auch sagen, dass wir von den hinweisenden Definitionen absehen und nur die Zeichen als Zeichen auf dem Papier ansehen, gleichgültig, wofür sie stehen. Uns interessiert nur *die Reihenfolge-Beziehung dieser Zeichen untereinander*, die ja dieselben bleiben müssen, ganz unabhängig davon, was diese Zeichen bedeuten. *Diese Reihenfolge-Beziehungen richten sich nur nach den Operationsregeln*. So leiten wir aus den

w Anführungszeichen schließen im Original nicht

166 Das Coulomb'sche Gesetz beschreibt die Kraft zwischen Punktladungen. Sie ist proportinal zum Produkt beider Ladungen und umgekehrt proportional zum Quadrat des Abstandes. Es entspricht aber nicht dem Kepler'schen, sondern dem Newton'schen Gravitationsgesetz. Demnach sind die Kräfte zwischen zwei Punktmassen proportional zum Produkt der beiden Massen und umgekehrt proportional zum Quadrat des Abstandes.

Axiomen Lehrsätze ab und aus diesen wieder Einzelsätze, ohne zu beachten, was diese Sätze eigentlich aussagen. *Das Resultat dieser Ableitung hängt gar nicht davon ab, was diese Sätze bedeuten, sondern nur, wie sie miteinander in Beziehung stehen.* Das kommt eigentlich schon in der Logik des Aristoteles zum Ausdruck, der die formalisierende Redeweise eingeführt hat, indem er anstatt Worten Zeichen (α, β, γ) setzt. Dadurch wollte Aristoteles zeigen, dass er von nichts Bestimmtem sprechen wolle, dass die von ihm aufgestell|ten Beziehungen von diesen Gegenständen unabhängig sind, man sie von der Wirklichkeit loslösen kann.

Die formal-logischen Beziehungen sind also *die zwischen Zeichen geltenden.* Man nennt ein solches System nach dem italienischen Mathematiker Pieri ein *hypothetisch-deduktives System.*[167] Die allgemeinen Annahmen sind Hypothesen; von diesen nimmt man nur an, dass ihnen irgendetwas in der Welt entspricht, wobei es aber gleichgültig ist, ob es in der Welt so etwas gibt oder nicht.

Es gibt z. B. in der Physik Gleichungen, die von räumlichen Beziehungen handeln, wie die Gleichungen der Einstein'schen Relativitätstheorie. Diese Gleichungen hat dann Schrödinger auf Farben, also etwas ganz Verschiedenes angewendet.[168]

Auch in der Mathematik wird es so gemacht, dass man Systeme in Hinblick auf ihre möglichen Anwendungen aufstellt. Man hat es erst sehr spät eingesehen, dass man sich in der Geometrie von den zufälligen Anwendungen loslösen kann und dann Geometrien aufstellt, die man nur in übertragenem Sinne so nannte, da man sie in der Welt nicht anwenden kann. – Man stellt ein solches System auf und interessiert sich nur für den deduktiven Zusammenhang, das Resultat, das man unter Benützung der für diese Zeichen aufgestellten Regeln herausbringen kann. Bei solchen hypothetisch deduktiven Systemen kann man sich dann die Frage vorlegen, welche Gruppe von Sätzen man herausgreifen kann, um sie zu Axiomen zu erheben, aus welcher man also alle

---

167 Vgl. Pieri, *I principii della geometria di posizione composti in un sistema logico-deduttivo.*

168 Vgl. hierzu Schrödinger, *Grundlinien einer Theorie der Farbenmetrik im Tagessehen.*

übrigen Sätze ableiten kann. *Man versteht unter der Axiomatik einer Wissenschaft die Aufsuchung solcher Satzgruppen innerhalb des Systems, aus denen man alle übrigen Sätze ableiten kann.* Dazu sind oft sehr komplizierte Betrachtungen nötig, da die Gesamtheit der Sätze eines solchen Systems unendlich ist. Für die gewöhnliche Euklidische Geometrie wurde diese Aufgabe zum ersten Mal von dem berühmten Mathematiker Hilbert gestellt. –

126 Versteht man unter Geometrie | die Lehre von den räumlichen Beziehungen der wirklichen Körper, dann ist diese Geometrie ein Teil der Physik. Sieht man aber davon ab, dann betreibt man die rein mathematische Geometrie. An diesem Beispiel hat man sich diese Art Verhältnisse zum ersten Mal klar gemacht. [169]

Die Verknüpfung eines hypothetisch-deduktiven Systems mit der Erfahrung geschieht dann durch die hinweisende Definition. Lässt man diese weg, so bleiben die logischen Beziehungen, eben die der Deduktion. Der wesentlichste Punkt, an dem das ganze System mit der Erfahrung zusammenhängt, ist die Prüfung. Der Übergang von den allgemeinen zu den speziellen Sätzen aber geschieht dann durch den Prozess des Denkens.

In der Geschichte der Philosophie haben oft Gedankengänge eine Rolle gespielt, vor denen wir uns hüten müssen, wenn wir das Logische richtig verstehen wollen: Es ist oft Gegenstand des Staunens gewesen, dass der Mensch z. B. die astronomischen Verhältnisse auf Bruchteile von Sekunden genau im Vorhinein berechnen kann. Dies ist aber nur ein Spezialfall der *allgemeinen Verwunderung darüber, dass wir die Welt so nachbilden können, dass wir sie durch unsere Voraussagen beherrschen.* Die ältere Philosophie brachte diese Verwunderung dadurch zum Ausdruck, dass

---

169 Einstein, *Über Geometrie und Erfahrung*, S. 124: „Insofern sich die Sätze der Mathematik auf die Wirklichkeit beziehen, sind sie nicht sicher, und in sofern sie sicher sind, beziehen sie sich nicht auf die Wirklichkeit. Die volle Klarheit über diese Sachlage scheint mir erst durch diejenige Richtung der Mathematik Besitz der Allgemeinheit geworden zu sein, welche unter dem Namen ‚Axiomatik' bekannt ist. Der von der Axiomatik erzielte Fortschritt besteht nämlich darin, daß durch sie das Logisch-Formale vom sachlichen bzw. anschaulichen Gehalt sauber getrennt wurde [...]" Ähnlich äußert sich Schlick bereits 1911 über Hilbert, siehe dazu in diesem Bd. S. 161.

gesagt wurde, es bestehe eine verwunderliche Harmonie, *eine Art prästabilierter Harmonie,* eine Parallelität zwischen Denken und Sein. Diese Parallelität, die man da festzustellen glaubte, versuchte man bei den metaphysischen Systemen so zu erklären, dass man sagte, es handle sich bei Denken und Sein gar nicht um zwei verschiedene Dinge, sondern um eine Identität (so entstand Hegels System aus dem Gedanken einer metaphysischen Einheit von Denken und Sein. Bei Hegel ist die Wirklichkeit aus Begriffen aufgebaut.)[170]

170 Schlick spielte hier auf den psychophysischen Parallelismus an, mit dem er sich auch in 1918/1925a *Erkenntnislehre* umfassend beschäftigte (*MSGA* I/1, S. 636–704 sowie S. 713 ff.). Er fasste seine Position dort wie folgt zusammen: „So führen uns rein erkenntnistheoretische Gründe auf den Standpunkt des psychophysischen Parallelismus. Über den Charakter dieses Parallelismus aber wollen wir uns ganz klar sein: er ist nicht metaphysisch, bedeutet nicht ein Parallelgehen zweier Arten des Seins [...], noch zweier Attribute einer einzigen Substanz [...], noch zweier Erscheinungsarten eines und desselben Wesens, sondern es ist ein erkenntnistheoretischer Parallelismus zwischen einem psychologischen Begriffssystem einerseits und einem physikalischen Begriffssystem andererseits. Die physische Welt ist eben die durch das System der quantitativen Begriffe der Naturwissenschaft bezeichnete Welt." (ebd., S. 654; siehe dazu auch Schlicks Vorlesung *Grundzüge der Erkenntnislehre und Logik,* Inv.-Nr. 2, A. 3a, Bl. 101 ff., *MSGA* II/1.1).

Die Diskussion hierzu ist jedoch weit älter. Bei Leibniz heißt es z. B. in der *Monadologie:* «(78) [...] L'ame suit ses propres loix et le corps aussi les siens; et ils se cencontrent en vertu de L'harmonie préétablie entre toutes les Substances, piusqu'elles sont toutes des representations d'un même univers. (79) Les ames agissent selon les loix des causes finales par appetitions, fins et mïens. Les corps agissent selon les loix des causes efficientes ou des mouvemens. Et les dues regnes, celui des causes efficientes, et celui des causes Finales son harmonique entre eux.» – Übers: „(78) [...] Die Seele folgt den ihren Gesetzen, so wie der Körper den seinen, und sie treffen aufeinander vermöge der prästabilierten Harmonie zwischen allen Substanzen, weil sie die Vorstellungen ein und desselben Universums sind. (79) Die Seelen handeln nach den Zweckursachen durch Begierden, Zwecke und Mittel. Die Körper handeln nach den Gesetzen der Wirkursachen oder Bewegungen. Die beiden Reiche, dasjenige der Zweckursachen und das der Wirkursachen, sind harmonisch."

Auch Kant machte eine ähnliche Zweiteilung (vgl. *KrV,* B 840). Bei Hegel heißt es dann jedoch: „Diejenigen, welche von der Philosophie nichts verstehen, schlagen zwar die Hände über den Kopf zusammen, wenn sie den Satz vernehmen: Das Denken ist das Sein. Dennoch liegt allem unserem Tun die Voraussetzung der Einheit des Denkens und des Seins zugrunde. Diese Voraussetzung machen wir

Diese Auffassung beruht auf einem sehr grossen Irrtum. Das Staunen über die Übereinstimmung des Denkens mit der Wirklichkeit, das wir so oft finden, hat natürlich seine Berechtigung: nur muss man an der richtigen Stel|le staunen! Welche Rolle die mathematischen Sätze spielen, hatten wir uns schon überlegt; wie steht es nun z. B. mit der sog[enannten] Parallelität von Denken und Wirklichkeit bei einer mathematischen Rechnung? Wir staunen, dass der Mensch imstande ist, mit Hilfe mathematischer Formeln Aussagen zu machen; findet in unserem Geiste wirklich ein Rechenprozess statt, der z. B. der Bewegung der Planeten parallel läuft? Offenbar nicht. Aber bei Systemen wie dem Hegel'schen hört es sich so an, wie wenn die Natur ihrerseits auch gerechnet hätte, wie wir das im Kleinen machten, was die Natur im Grossen macht.[171] Das ist natürlich eine gänzlich falsche Auffassung der Tatsachen: durch die Rechnung wird ja das Resultat nicht erst erzeugt; denn die Deduktion (die die Rechnung ist) stellt nur eine Verbindung zwischen allgemeinen und besonderen Sätzen her und ist gar keine Erkenntnis; es ist nur ein Herausstellen dessen, was im allgemeinen Satze schon enthalten war und nur der Prozess des Ratens, im Augenblicke, wo man dazu übergeht, neue Vorgänge durch alte Zeichen darzustellen, ist Erkenntnis. Mit anderen Wor-

als vernünftige, als denkende Wesen." (Hegel, *Enzyklopädie*, S. 284) An anderer Stelle: „Die Logik des Begriffs wird nach ihrer gewöhnlichen Behandlung als eine bloße formelle Wissenschaft verstanden, d. h. daß es auf die Form als solche des Begriffs, des Urtheils und Schlusses, aber ganz und gar nicht darauf ankomme, ob Etwas wahr sey; sondern dieß hänge ganz allein vom Inhalte ab. Wären wirklich die logischen Formen des Begriffs tote, unwirksame und gleichgültige Behälter von Vorstellungen oder Gedanken, so wäre ihre Kenntnis eine für die Wahrheit sehr überflüssige und entbehrliche Historie. [...] In der That aber sind sie umgekehrt als Formen des Begriffs der lebendige Geist des Wirklichen, und von dem Wirklichen ist wahr nur, was Kraft dieser Formen, durch sie und in ihnen wahr ist." (a. a. O., S. 110)

Noch dichter an der von Schlick gewählten Formulierung ist Eislers *Wörterbuch der philosophischen Begriffe* unter „Begriff": „Der Begriff ist ‚nicht bloß eine subjektive Vorstellung, sondern das 'Wesen' des Dinges selbst, dessen 'An-sich'‘, die ‚an sich seiende Sache'. [...] Auf dem Begriffe beruht alle Wahrheit und Wirklichkeit."

171 Eine solche Formulierung ließ sich bei Hegel nicht nachweisen, vgl. dazu S. 503.

ten: das Aufstellen einer Hypothese ist eine Vermutung über das Verhalten der Natur – und wenn wir mit dieser Vermutung das Richtige treffen, so ist das allerdings bewunderungswürdig. Das Verdienst des Menschen dabei ist das Gewinnen der Erkenntnis, dass in der Natur alles gesetzmäßig vor sich geht. In der Hypothese aber stecken die Aussagen der Einzelsätze schon drin. Will man von einer Parallelität von Denken und Sein sprechen, so liegt diese nur darin, dass wir erraten, was geschehen wird, dass unsere Rechnungen dann darum stimmen, weil wir die Gesetzmässigkeit der Natur vermuteten. *Die Übereinstimmung ist schon im Augenblicke der Aufstellung der richtigen Hypothese gegeben: also stimmt nicht unsere Rechnung mit dem Laufe der Natur überein, sondern es verhält sich so, dass unsere Annahmen, die wir den Rechnungen über die Natur zugrundelegen, richtig getroffen sind. Die Übereinstimmung besteht also gar nicht zwischen | Denken* 128 *und Sein, sondern sie besteht schon vorher* und das ist nur insofern verwunderlich, als es überhaupt verwunderlich ist, dass die Natur gesetzmäßig vorgeht: ebensogut aber könnte man sich wundern, wenn es anders wäre. – Will man damit auf einen wesentlichen Tatbestand hinweisen, wenn man sagt, dass unsere Aussagen mit der Wirklichkeit übereinstimmen, so darf man jedesfalls *nicht* von der *Übereinstimmung unseres Denkens mit der Wirklichkeit sprechen, da es sich ja um die Übereinstimmung zweier Wirklichkeiten handelt, nämlich zwischen dem Erraten und den Naturvorgängen, die erraten werden.*

Von einer Parallelität einer gegenseitigen Entsprechung von Denken und Sein kann also in keinem Sinne die Rede sein. Eine derartige Aussageweise (wie die Hegels etwa) trägt nichts zur wirklichen Auffassung der Welt bei, sondern verirrt sich nur in metaphysischen Spekulationen; diese Sprechweise klingt so, wie wenn die Wirklichkeit einen logischen Charakter hätte. *Die Wirklichkeit aber ist weder logisch, noch unlogisch,* sondern einfach irgendwie; *die Logik stimmt mit jeder Wirklichkeit überein, sie ist die Zusammenfassung aller Regeln, mit deren Hilfe wir über die Wirklichkeit sprechen.* Die Logik ist prinzipiell an keine bestimmte Wirklichkeit, keine bestimmte Sprache gebunden, wir können mit ihr in jedem Falle auskommen. Wie immer die Wirklichkeit

505

auch beschaffen wäre, so würde die Logik in keiner Weise dadurch tangiert werden. – Bei Systemen aber, wie z. B. dem Hegel'schen, ist die Logik gleichsam ein Teil der Wirklichkeit. – Z. B. heisst es, dass der Satz des Widerspruches etwas über die Welt aussagt.[172] Eine solche Redeweise ist unsinnig, weil ja der Satz des Widerspruchs (wie alle Sätze der Logik) gar nichts über die Wirklichkeit aussagt; es ist eine Sprache, mit Hilfe deren wir uns über jede irgendwie beschaffene Wirklichkeit unterhalten. – Ebenso verhält es sich mit dem Schlagwort der „irrationalen Elemente in der Welt"; so als ob die Logik an bestimmten Stellen der Welt lo|kalisiert wäre, nämlich dort, wo es vernünftig zugeht! Alle diese Sprechweisen verkennen das Wesen der Wirklichkeit von Grund aus: *die Wirklichkeit ist weder rational noch irrational, sie gehorcht weder der Logik, noch widerspricht sie ihr, denn die Logik hat mit dem Verhalten der Wirklichkeit absolut nichts zu tun.*[x] Es handelt sich bei der Logik um etwas ganz anderes, um die Regeln unserer Sprache, mit deren Hilfe wir beliebige, irgendwie beschaffene Wirklichkeiten beschreiben können. Wir müssen mit unserer Logik, unserer Sprache ja eben sagen können, wie beschaffen diese Wirklichkeiten eigentlich sind. Wären wir mit unserer Logik an eine bestimmte Wirklichkeit gebunden, so könnten wir nicht einmal diese Wirklichkeit beschreiben, denn dann könnten wir keinen Unterschied angeben, nicht sagen, dass es so und nicht anders ist, dann müsste jeder Satz sinnlos sein. *Nur, wenn man auch von Tatbeständen der Welt sprechen kann, die nicht vorhanden sind, kann man von jenen sprechen, die vorhanden sind.* Daraus geht hervor, dass unsere logischen Regeln nicht irgendwie von der Wirklichkeit bedingt sein können.[173]

---

x Hervorhebung im Original rot unterstrichen

172 Hegel meinte dagegen, dass es in er Erfahrung Widersprüche gibt: „Die gemeine Erfahrung aber spricht es selbst aus, daß es wenigstens eine Menge widersprechender Dinge, widersprechender Einrichtungen u. s. f. gebe, deren Widerspruch nicht bloß in einer äusserlichen Reflexion, sondern in ihnen selbst vorhanden ist." (Hegel, *Wissenschaft der Logik*, S. 287)

173 Wittgenstein schrieb dazu Anfang der 1930er Jahre: „Zur Grammatik gehört nicht, daß dieser Erfahrungssatz wahr, jener falsch ist. Zu ihr gehören alle Be-

Es sind in diesem Zusammenhange noch Bemerkungen mehr terminologischer Natur zu machen: wir haben schon gesagt, dass es sich beim reinen Denken, mit dessen Vorgängen sich die Logik beschäftigt, um eine Deduktion handelt, die darin besteht, dass man gewisse Sätze aus gewissen anderen ableitet. Es ist klar, dass die abgeleiteten Sätze gegenüber denen, aus denen sie abgeleitet sind, nichts Neues darstellen. Die Deduktion holt die Sätze, die schon vorhanden sind, nur heraus und deshalb ist sie keine Aufstellung neuer Erkenntnisse, sondern ist eine Zergliederung, hat eine *analytische* Funktion. Das Denken ist nur ein Mittel der Darstellung (es hat darzustellen, was in den Hypothesen darin liegt); durch das Denken werden die allgemeinen Sätze nur aufgelöst, nur erläutert, es wird nicht zu etwas Neuem übergegangen. Der Gegensatz zum analytischen ist das *synthetische* Verfahren; es ist ein Zu|sammenstellen, Zusammenbauen. Der einzige Fall, wo beim Erkenntnisprozess wirklich eine Synthese stattfindet, ist die Aufstellung der allgemeinen Sätze, jener psychologisch und nicht logisch beschreibbare Prozess des Ratens.

Die Ausdrücke „analytisch" und „synthetisch" spielen in der Kant'schen Philosophie eine grosse Rolle; Kant erklärt die analytischen Sätze als solche, bei denen das Prädikat schon im Subjekt enthalten ist (z. B. ist das Urteil „Alle Körper sind ausgedehnt" ein analytisches, wenn Körper durch Ausdehnung definiert wurde). Kant nennt diese analytischen auch „Erläuterungsurteile", denn sie erläutern eben nur, was im Subjekt schon definitionsgemäss enthalten ist. Der Gegensatz zu den analytischen, die synthetischen Urteile, drücken etwas aus, das im Subjektsbegriff noch nicht enthalten ist (sondern erst nachträglich durch die Erfahrung festzustellen ist, wie „Die Kreide liegt auf dem Tisch", „Es hat geschneit", etz.).[174] *Der Rechtsgrund für die Synthese*

dingungen (die Methode) des Vergleichs des Satzes mit der Wirklichkeit. Das heißt, alle Bedingungen des Verständnisses (des Sinnes)." (Ms 114, 60 v) „Wie alles Metaphysische ist die Harmonie zwischen Gedanken & Wirklichkeit in der Grammatik der Sprache aufzufinden." (a.a.O., 107 r) Siehe aber auch in diesem Bd. S. 332.

174 Kant, *KrV*, B 10 f.: „Analytische Urtheile [...] sind also diejenige, in wel-

stammt aus der Erfahrung. Wir stellen im Gegensatz zu Kant fest, dass man zu einem synthetischen Urteil nur durch die Erfahrung gelangen kann (ʸwas ja natürlich und selbstverständlich ist.[175] – Wir verwenden die Ausdrücke „analytisch" und „synthetisch" nicht nur auf Urteile bezogen, sondern allgemeiner. Wir nennen ein ganzes Verfahren dann ein analytisches, wenn das, was erschlossen wird, schon irgendwie in dem, woraus geschlossen wird, enthalten ist. Wir lassen die Begriffe „analytisch" und „synthetisch" also von ganzen Verfahrensweisen gelten und nicht bloss von Urteilen. *Ein analytisches Verfahren also ist ein reines Denkverfahren, das Schliessen aus vorliegenden*ᶻ *Sätzen* (den Axiomen oder Lehrsätzen) *und nur dieses rein analytische Verfahren wird von der Logik betrachtet* (und nie die Gewinnung neuer Erkenntnisse, die immer etwas Synthetisches ist.) Jeder Satz, der über die Welt irgend etwas aussagt, muss ein synthetischer sein. Definitionen | aber sagen nicht über die Welt aus; man kann ja definieren, was man will, auch etwas, das es gar nicht gibt. Wir müssen also festhalten, dass *„Denkverfahren", „analytisches Verfahren"* und *„Deduktion" nur verschiedene Ausdrücke für ein- und dasselbe sind.*

Die „formale Logik" in moderner Gestalt:
Kant hat einmal gesagt, dass die Logik seit 2000 Jahren, also seit Aristoteles, keinen Schritt vorwärts gemacht hat, aber auch keinen Schritt rückwärts hat machen müssen.[176] – Der Fortschritt

---

y Klammer schließt im Original nicht   **z** Die Hervorhebung endet im Original wegen eines Zeilenumbruchs: ⟨... *vorlie*-genden⟩.

chen die Verknüpfung des Prädicats mit dem Subject durch Identität, diejenige aber, in denen diese Verknüpfung ohne Identität gedacht wird, sollen synthetische Urtheile heißen. Die ersteren könnte man auch Erläuterungs-, die anderen Erweiterungsurtheile heißen [...]."

175 Diese These findet sich bereits in Schlicks frühesten Schriften. Siehe dazu in diesem Bd. S. 97, S. 105–113 sowie S. 127–147 und besonders S. 149. Vgl. dazu aber auch die Vorlesung *Grundzüge der Erkenntnislehre und Logik*, Inv.-Nr. 2, A. 3a, Bl. 72 f. sowie Bl. 84, *MSGA* II/1. 1). Siehe weiterhin 1918 *Erkenntnislehre* (*MSGA* I/1, S. 279 ff.).

176 Vgl. Kant, *KrV*, B VIII.

der Logik in neuester Zeit aber ist ein ungeheurer. – *Die formale Logik bedeutet die Anwendung einer symbolischen Schreibweise:* diese ist der formalen Logik eigentümlich; sie ist verschieden von dem gewöhnlichen Symbolismus der Wortsprache. – Die Regeln
5 der formalen Logik sehen mathematischen Gleichungen ähnlich; die Auffassung aber, dass die moderne formale Logik, die sogen[annte] Logistik, eine Anwendung der Mathematik auf die Logik sei, ist eine vollkommen irrtümliche. Ihr einer Grund ist ein historischer: die ersten Denker, die versucht haben, die logische
10 Schreibweise in einer anderen Symbolik zu fassen, sind in der Tat zu ihren Versuchen durch die Mathematik angeregt worden (in erster Linie hat *Leibniz* die Einführung einer besonderen Schreibweise als Symbolik für die neue Logik getroffen).[177] Man hatte zuerst den Weg eingeschlagen, mathematische Gedanken auf die
15 Logik übertragen zu wollen. Wäre dieses Verfahren durchführbar gewesen, so hätte man ein gewisses Recht gehabt, von einer „mathematischen" Logik zu sprechen. In dieser Art aber ist es nicht durchgeführt worden und konnte das auch nicht, wie wir bald einsehen werden. Ein weiterer Grund für diese Bezeichnung ist,
20 dass diese neue Art der Logik hauptsächlich von Mathematikern gepflegt wurde; das hat wohl seine inneren Gründe, berechtigt jedoch nicht, diese Logik „mathematische" zu nennen.

|Auch der Name „Logistik" ist kein guter; handelt es sich 132 doch um nichts Besonderes, von der Logik Verschiedenes, son-
25 dern nur um eine besondere Art und Weise, logische Regeln hinzuschreiben. Diese Art ist eine äusserst praktische und ist mit den grossen Fortschritten, die in der Logik gemacht wurden, parallel gegangen. Nur im Sinne dieses Parallelgehens könnte man von einer Logistik sprechen; man hat ansonsten kein Recht, zwi-
30 schen einer Logik und einer Logistik zu unterscheiden. Die Logistik ist Logik, sie ist eben die moderne Form der Logik, in einer neuen Schreibweise.[178] – Der Gedanke, eine andere als die Wortsymbolik einzuführen, ist nicht ganz neu. Schon Aristoteles hat allgemeine Begriffe durch Buchstaben ersetzt, also eine so-

---

177 Vgl. dagegen in diesem Bd. S. 269, Block (7).

178 Vgl. dagegen in diesem Bd. S. 172 f.

genannte „Variable" verwendet. Die Anwendung ist damals aber auf die bekannten einfachen Fälle beschränkt geblieben (alle α sind β etc.), während man jetzt ausser den Buchstaben noch ausdrücklich konstruierte Zeichen verwendet. Die Verwendung dieser Zeichen aber ist nichts Prinzipielles. – Die ersten Versuche, in der Logik eine neue Methodik zu finden, waren dadurch ausgelöst, dass man über verschiedene Schwierigkeiten in der Philosophie und ihrer Fragestellung hinwegkommen wollte. Leibniz war es, der zuerst eine Ahnung davon hatte, dass man in der Philosophie weiterkommen würde, wenn man in ihr eine Methode einführen könnte, die der der Mathematik ähnlich sei.[179] Trotzdem aber ist, wie schon erwähnt, der Name „mathematische" Logik falsch und irreführend und führt auch zu den schlimmsten Fehlurteilen über die moderne Logik. Man meint nämlich, es handle sich um die fälschliche Übertragung einer mathematischen Schreibweise auf logische und philosophische Probleme, auf Gebiete also, für die die Mathematik nicht passt. Dem ist aber gar nicht so, es verhält sich vielmehr eher umgekehrt: *Nicht die Mathematik wird auf die Logik angewendet, sondern die moderne Logik erlaubt es, die Mathematik nach|träglich strenger zu begründen.* Man bildet eine neue Methodik der Logik aus und diese wird dann auf die Mathematik übertragen. Auch hier darf das Missverständnis nicht gemacht werden, zu meinen, dass es die Logik überhaupt mit Aussagen über die Wirklichkeit zu tun hätte. Die Logik handelt, allgemein gesprochen, von unserer Sprache, von der Art, wie wir über die Wirklichkeit reden und da gibt es eben gewisse Sprachmethoden; unter anderen ist auch die Mathematik eine solche Sprachmethode, die natürlich nur auf gewisse Verhältnisse anwendbar ist.[180] Die moderne Logik ist also keine Anwendung der Mathematik auf andere Fragen, sondern sie ist etwas viel allgemeineres als die Mathematik selbst.[181] Dass sich gerade Mathe-

179 Siehe in diesem Bd. S. 91 und S. 269, Block (7).

180 Wittgenstein schrieb dazu 1928: „Ist es nicht klar: Die Sätze der reinen Mathematik können nur als Zeichenregeln angewendet werden. // können in ihrer Anwendung nur Zeichenregeln sein." (Ms 212)

181 Vgl. dagegen Schlicks frühere Positionen in diesem Bd. S. 196 f.

matiker damit beschäftigt haben, die moderne Logik aufzubauen, liegt daran, dass die meisten Voraussetzungen für jemand, der moderne Logik treiben will, ungefähr dieselben sind wie für jemanden, der Mathematik treiben will; beide erfordern strenge Denkkräfte und es verhält sich nicht etwa so (das wäre ein weiterer bedeutsamer Irrtum!), dass durch die Anwendung der mathematischen Methode unser Denken exakt würde. Die logischen und mathematischen Formeln sind keine Zauberformeln, die etwas leisten, das wir sonst nicht zu tun imstande wären; es sind einfach praktische Massnahmen, erst anwendbar, wenn man in sein Denken Ordnung und Klarheit gebracht hat. Die mathematische Methode ist kein Mittel, sondern post festum ein Anzeichen dafür, dass man exakt gedacht *hat*. Man benützt die Symbole allerdings zur Erleichterung des Denkens. *Die mathematischen und logischen Zeichen sind also nur Anzeichen dafür, dass wir auf diesen Gebieten exakt zu denken imstande sind.*

Die Einführung von Symbolen in der Logik war weitaus schwieriger als sie es in der Mathematik war, weil unsere Sprache zu diesem Behufe erst viel weiter durchdrungen, in ihre Elemente aufgelöst werden musste. Man kann also erst Symbole einführen, bis alles klar durchdrungen ist; die Einfüh|rung einer neuen Sprech- und Schreibweise setzt schon voraus, dass man klar gedacht hat. – Es lässt sich dies in Analogie setzen zu seinem Übergang bei den Zahlzeichen: dem von den römischen zu den arabischen Zahlen (allerdings war der Fortschritt in der Logik doch nicht so ungeheuer gross wie dieser). Auch auf dem Gebiete der Logik handelt es sich um einen solchen Unterschied. Die Methode selbst, der eigentliche geistige Kern dieser Methode, ist von den Zeichen unabhängig immer derselbe; nur die Darstellungsform wird den Anforderungen angepasst. Prinzipiell geht es auch mit den alten Zeichen; nur sind diese umständlich und so geht es praktischerweise mit ihnen nicht.

Man hat geglaubt, jedes Urteil in Form einer mathematischen Gleichung schreiben zu müssen;[182] das war aber ein Weg, der zu nichts führte; ⟨denn eine Gleichung ist schon etwas Kompliziertes

---

182 Vgl. dazu in diesem Bd. S. 267, Block (4).

und⟩ᵃ man muss viel weiter unten anfangen, bei ganz einfachen logischen Formen. Man kann da auf verschiedene Art und Weise beginnen und es liegt in der modernen Logik noch kein einheitliches und abgeschlossenes System vor (etwa dem Aristotelischen vergleichbar), wie auch noch keine einheitliche Schreibweise. Die Grundzüge aber sind festgelegt.

*Das Hauptmotiv für den Gedanken, an Stelle der Wortsprache eine andere Sprache einzuführen, ist das, sich von den Unzulänglichkeiten der Sprache womöglich zu befreien.*ᵇ Es entstehen ja viele der philosophischen Schwierigkeiten und Irrtümer dadurch, dass unsere Sprache, die für ganz bestimmte Verhältnisse des täglichen Lebens geschaffen ist, für Dinge und Fragen verwendet wird, für die sie eben nicht geschaffen ist. Es bestehen aber weitaus grössere Schwierigkeiten, für die Worte mit ihren schwankenden Bedeutungen ein System einzuführen, als dies bei zahlen der Fall ist. In der Art, wie sich dies Leibniz vorgestellt hatte, war es auch nicht möglich, im Sinne eines grossen Inventars nämlich, mit dem sich dann rechnen liesse (ᶜ so dass man den über philos[ophischen] Fragen | Streitenden zurufen könne: „Calculemus!"; von diesen Illusionen des Leibniz sind wir gänzlich abgekommen. Ist es aber auch nicht möglich, die höchsten Anforderungen zu stellen, so hat sich doch gezeigt, dass wir bei der Bearbeitung der logischen Probleme auf die neue Weise gleichzeitig über philosophische Probleme Klarheit gewinnen.[183]

Welch grosse Vorteile die neue Logik bietet, werden wir z. B. sofort daran erkennen, indem wir mit einem Bezirk der Logik beginnen werden, der in der Aristotelischen Logik überhaupt nicht vorkommt. Die Aristotelische Logik beschäftigt sich mit der Zergliederung eines Gebildes, das aus Subjekt und Prädikat besteht und betrachtet in einem Syllogismus die Art und Weise, wie Subjekt und Prädikat mit einander verbunden sind. Es werden hier

---

a Im Original mit einer anderen Schreibmaschine zwischen den Zeilen geschrieben.   **b** Liest man „ist das" als „ist dasjenige", wird der Satz verständlich.   **c** Klammer schließt im Original nicht

183 Vgl. dazu in diesem Bd. S. 91, S. 230 sowie S. 269, Block (7).

nur die wesentlichen Begriffe zum Urteil vereint gedacht und das auch nur in sehr fragmentarischer Weise.

[4.] Kapitel: *Satz – Logik* (Aussagenkalkül). [184]

Wir gehen von dem Gedanken aus, dass wir für die Zwecke der
5 logischen Analyse, bei der es sich darum handelt, komplizierte Gebilde in ihre Elemente zu zergliedern, zunächst diese Elemente zusammensetzen wollen. Die Wissenschaft besteht, wie wir gesehen haben, aus einem System von Sätzen, ist also ein kompliziertes Gebilde, das sich in Sätze auflösen lässt. [185] Wir betrachten die
10 einzelnen Sätze der Aussagen als die letzten Elemente, in die kompliziertere Gebilde zerlegt werden können und wollen diese Sätze selbst hier noch nicht weiter zerlegen. Wir gehen, um uns von den komplizierten Vorgängen der Analyse besser Rechenschaft geben zu können, zunächst in umgekehrter Weise vor, nämlich von den
15 einfachen Elementen aus. Wir wollen uns also über die Zusammensetzung und Auflösung von Sätzen klar werden, die Art und Weise behandeln, wie man mit Sätzen rechnet.

|Wir bezeichnen jede Aussage, also jeden Satz (propositio) 136 mit einfachen Buchstaben und zwar mit p, q, r, s. So kann p also
20 ein Satz sein, wie z.B. „Es schneit draussen" oder „Wir haben heute den 17. Jänner" etz. (Es werden heutzutage in der Logik auch mathematische Sätze als Beispiele angeführt, wie z.B. $3 \cdot 3 = 9$, das ist wohl zulässig, wenn man vorsichtig genug zu Werke geht. Hier soll dies aber prinzipiell nicht geschehen, um
25 den Irrtum zu vermeiden, dass es sich bei Sätzen der Mathematik auch um Sätze über die Wirklichkeit handle).

Da wir für die Sätze nun Buchstaben eingeführt haben, um bequemer von ihnen sprechen zu können, legen wir uns nun die

---

184 Dieses Kapitel ist wohl durch Überarbeitung des Wiener Stücks zur Logik (Inv.-Nr. 15, A. 48) entstanden, vgl. dazu in diesem Bd. S. 274–281.

185 Die Position, nach der es Erkenntnis nur in Satzform gibt und Wissenschaft demnach aus Sätzen besteht, diskutiert Schlick bereits früher, siehe dazu in diesem Bd. S. 270, Block (8).

Frage vor, wie man solche Aussagen zusammenstellen, aus ihnen also ein zusammengesetztes Gebilde herstellen kann. Wir haben die Sätze p und q. p ist z. B. der Satz: „Auf dem Tisch steht ein Tintenfass", q ist z. B. der Satz: „Draussen scheint die Sonne".

Um in unserer gewöhnlichen Sprache zusammengesetzte Gebilde herstellen zu können, haben wir in der Grammatik unserer Sprache *eine ganze Reihe von verbindenden Worten*, deren bekanntestes das Wort „und" ist. In der gewöhnlichen Sprechweise gebrauchen wir dieses Wort nur dann, wenn wir einen besonderen Zweck damit verfolgen, nämlich gerade das Zusammenstellen zweier spezieller Aussagen wünschen (z. B. „Ich bin zu Hause geblieben und mein Freund ist fortgegangen"). Diese beiden Aussagen haben insofern etwas miteinander zu tun, als man durch ihre Zusammenstellung z. B. auf einen Gegenstatz hinweisen will.

Wir nennen derartige verbindende Worte *logische Partikel. Beim Gebrauche dieser logischen Partikel können wir auch von den Besonderheiten absehen, in denen wir sie im tägl[ichen] Leben verwenden und einen ganz allgemeinen Gebrauch von ihnen machen*, derart, dass wir z. B. Aussagen verbinden, die nichts miteinander zu tun haben („Draussen scheint die | Sonne und Cäsar wurde im Jahre 44 ermordet." [d])

Wir wollen nun die *Funktion des Wortes „und" in einem ganz allgemeinen Sinne betrachten und führen dafür das besondere Zeichen & ein.* Wir können uns nun die Frage stellen, was dieses & (und) eigentlich bedeutet? Der Versuch einer Definition würde auf grosse Schwierigkeiten stossen [e]; es lässt sich jedoch sagen, wann man dieses Wort verwendet und das würde im allgemeinen einer Definition entsprechen. [186] *Hier wird nur die Verbindung von Sätzen mittels & ins Auge gefasst.* (Man kann auch Worte durch „und" verbinden, jedoch lässt sich diese Sprechweise meist in zwei Sätze auflösen, in der Art wie z. B. „Karl und Peter sind meine Freunde" in „Karl ist mein Freund" und „Peter ist mein

---

d Anführungszeichen schließen im Original nicht   **e** Im Original: ⟨stössen⟩.

186 Vgl. in diesem Bd. ab S. 275, Block (18).

Freund"; in Fällen, wo eine solche Auflösung nicht möglich ist, hat das Wort „und" eine etwas andere Bedeutung.)

Ein weiteres Wort unserer Sprache, durch welches wir Sätze mit einander verbinden können, ist das Wort „*oder*", für welches wir das Zeichen ∨ einführen. (Dieses Zeichen wird gewählt, weil es dem latein[ischen] „vel" entspricht). Das Wort „oder" kann in zwei ganz verschiedenen Bedeutungen gebraucht werden: $p \lor q$ kann heissen, dass die beiden Glieder des Satzes einander ausschliessen sollen. In diesem Sinne aber, der in unserer Sprache der weitaus gebräuchlichere ist, wollen wir das Zeichen ∨ nicht gebrauchen; *wir verwenden das nicht-ausschliessende oder, d. h. der zusammengesetzte Satz soll auch dann wahr sein, wenn beide Teilsätze, die durch ∨ verbunden sind, wahr sind.*[f]

Wir können noch nach weiteren verbindenden Worten in unserer Sprache suchen; es wäre da z. B. das Wort „weil"; dafür aber wird kein Zeichen eingeführt, da es sich hierbei nicht um eine logische Partikel handelt; das Wort „weil" bedeutet vielmehr einen realen, nämlich einen kausalen Zusammenhang an[187] (z. B. ist bei dem Satze: „Ich gehe nach Hause, weil | ich müde bin" der Tatbestand „ich gehe nach Hause" die Wirkung des anderen Tatbestandes).

Eine weitere und wichtige Verknüpfung ist diejenige, dass ein Satz aus einem anderen folgt; also aus dem Satz p folgt der Satz q oder *wenn p wahr ist, dann ist auch q wahr. Es ist dies die uns am meisten interessierende Verbindung zwischen Sätzen, nämlich das Schliessen.* Auch dafür führen wir ein Zeichen ein: $p \to q$ (zu lesen: wenn p so q)[188]
Russell schreibt anders: $p \supset q$[189]

138

---

f Hervorhebung im Original schwarz unterstrichen

187 Gemeint war wohl „... deutet ... an".

188 Vgl. dazu Behmann, *Mathematik und Logik*, S. 9 sowie in diesem Bd. S. 280, Block (27).

189 Gemeint ist die Notation aus Russells und Whiteheads *Principia Mathematica*, siehe dazu in diesem Bd. ab S. 268.

(Wir geben diesem Zeichen erst später Bedeutung, lassen es vorläufig offen, ob diese Bedeutung die des gewöhnlichen Sprachgebrauches ist). Die Bedeutung dieses Zeichens kann man jedenfalls als *logische Abhängigkeit* bezeichnen.

In der gewöhnlichen Logik, die sich an die Sprache anschliesst, haben wir gar keinen Fingerzeig dafür, ob es noch mehrere Arten gibt, um Urteile zu verbinden, ob das bisher Aufgezählte vollständig ist oder nicht. Wir machen aber jetzt einen Schritt, der uns eine neue Perspektive eröffnet und zeigt, wie man die im gewöhnlichen Gebrauch ganz ungeordneten Dinge in einen systematischen Zusammenhang bringen kann. Dazu ist es notwendig, uns klar zu machen, was eine „Verbindung von Sätzen" eigentlich heissen soll: „*Ich verknüpfe Sätze*" heisst, *ich bilde aus ihnen eine neue Aussage.* – In der Logik, wo es sich darum handelt, nur die formalen Beziehungen zwischen den Aussagen zu untersuchen, kümmern wir uns gar nicht darum, ob diese Aussagen wahr oder falsch sind. Die Bedeutung der Worte „wahr" und „falsch" tangiert uns in der Logik nicht, denn wir sehen hier von der Beziehung zur Wirklichkeit ab. Es genügt zu wissen, dass ein solcher Satz entweder wahr oder falsch ist, also entweder das eine oder das andere im ausschliessenden Sinne.

Wir überlegen nun, was eine Verknüpfung von Aussagen in Bezug auf die Begriffe „wahr" und „falsch" bedeutet: die Verbindung $p \,\&\, q^g$ *heisst* offenbar nichts anderes, *als dass jede dieser Aussagen für sich wahr ist.* („Das Tintenfass steht auf dem Tisch und die Sonne scheint" ist nur wahr, wenn beide Teile dieses Satzes wahr sind). Es kommt gar nicht darauf an, was die verschiedenen Sätze aussagen, welchen Inhalt sie haben. Das Wort „und" wird also nur verwendet, wenn beide Einzelaussagen wahr sind; die Aussage $p \,\&\, q$ hängt also in gewisser Weise von den Einzelaussagen p und q ab und zwar ist der Sinn der Zusammensetzung $p \,\&\, q$ der, dass die Wahrheit oder Falschheit dieser Aussage nur abhängt von der Wahrheit oder Falschheit der einzelnen Sätze p und q. – Die logische Partikel $\&$ ist nun dadurch definiert, dass

g Formel im Original hervorgehoben.

sie etwas darüber aussagt, wie die Wahrheit oder Falschheit des Satzes $p \& q$ von der Wahrheit oder Falschheit der Einzelaussagen p und q abhängt.

Wir führen nun abkürzende Bezeichnungen ein (die uns aus der Mathematik geläufig sind) und nennen eine zusammengesetzte Aussage eine Funktion (weil sie aus zwei von einander abhängigen Grössen besteht) und die sie bildenden Einzelaussagen oder Variablen die Argumente; ferner die Werte „wahr" und „falsch" Aussagewerte. – *Die Aussagefunktion oder Wahrheitsfunktion ist eine solche Aussage, deren Aussagewert* (Wahrheit oder Falschheit)[h] *nur von der Wahrheit, bezw. Falschheit der in der Aussage enthaltenen Sätze abhängt, nicht aber von deren Sinn.* Die logischen Partikel sind Zeichen für Wahrheitsfunktionen.[190]

$p \& q$ ist also nur wahr, wenn p und q beide wahr sind.

$p \vee q$ ist auch eine Aussage, die eine Wahrheitsfunktion der beiden Argumente p und q darstellt; d. h. ihr Aussagewert hängt nur vom Aussagewert der Argumente ab, nicht von ihrem Sinn.

$p \vee q$ ist wahr, wenn mindestens eines der beiden wahr ist, also p wahr und q falsch oder q wahr und p falsch ⟨oder beide wahr⟩[i]
ist nur dann falsch, wenn beide, p und q falsch sind.

Wir sehen nun einen Weg, uns die verschiedenen Möglichkeiten der Verknüpfung von Aussagen vor Augen zu führen und wir wollen nun systematisch überlegen, wie wir verschiedene Wahrheitsfunktionen bilden können, aus einzelnen Sätzen aufbauen, so dass man vollkommen überblicken kann, was für zusammengesetze Gebilde sich aus zwei Sätzen herstellen lassen. Es scheinen deren unendlich viele zu sein, da es ja eine Menge von Bindeworten gibt und man jedes beliebig oft anwenden könnte. *Es gibt*

---

h Klammer schließt im Original nicht   **i** Von fremder Hand eingefügt

190 Das stimmt nur, wenn alle Aussagen wie bei Wittgenstein Wahrheitsfunktionen nicht weiter zerlegbare Elementarsätze sind. Siehe dazu in diesem Bd. S. 271, Block (9).

aber nur eine endliche Anzahl von Wahrheitsfunktionen, die sich aus zwei Sätzen bilden lassen.

Vorerst fragen wir noch, ob es auch *Wahrheitsfunktionen von einem Argument* gibt? Wir haben z. B. den Satz p und bilden nun $p \,\&\, p$; dadurch wird aber das, was ich sage, nicht verändert,   5
denn $p \,\&\, p = p$ (zum Unterschied von der Mathematik); ebenso verhält es sich mit $p \lor p$. Es lässt aber noch auf andere Weise eine Wahrheitsfunktion bilden, wenn man nämlich sagt, dass der Satz p falsch ist; das schreibt man $\bar{p}$ und dies ist nun eine Wahrheitsfunktion. Wir erklären also die *Verneinung* als *Wahrheitsfunktion*   10
eines Argumentes. p kann entweder wahr oder falsch sein; wenn wir p nun einmal wahr und einmal falsch sein lassen und dazu vermerken wollen, welcher Wahrheitswert in jedem der beiden Fälle seiner Verneinung $\bar{p}$ zukommt, so ist dadurch $\bar{p}$ definiert. *Definition der Negation:*   15

$$
\begin{array}{c|c}
p & \bar{p} \\
\hline
\mathcal{W} & \mathcal{F} \\
\mathcal{F} & \mathcal{W}
\end{array}
$$

Wir definieren die Negation dadurch, dass wir die Wahrheitswerte angeben, die ihr im Verhältnis zu den Wahrheitswerten des Argumentes zukommen.

(Wie schon gesagt, kommt es uns in der Logik nicht darauf   20
141   an, ob | ein Satz wahr oder falsch ist, sondern nur darauf, dass er wahr oder falsch sein *kann*; wir unterscheiden aber natürlich die Fälle, in denen der Satz wahr ist und in denen er falsch ist).

Wir lassen nun aus $\bar{p}$ eine neue Wahrheitsfunktion entstehen und führen dazu die Definition ein: 25

$$
\begin{array}{c|c|c|c}
\multicolumn{4}{c}{\bar{p} \equiv q, \text{ dann ist } p \equiv \bar{q}} \\
p & \bar{p} & \bar{\bar{p}} & \lfloor \bar{q} \rfloor^{\text{j}} \\
\hline
\mathcal{W} & \mathcal{F} & \mathcal{W} & \mathcal{F}^{191} \\
\mathcal{F} & \mathcal{W} & \mathcal{F} & \mathcal{F}
\end{array}
$$

j $\langle \bar{p} \rangle$

191 Die Ersetzung in der letzten Spalte deutet darauf hin, dass es sich hier

518

Da unsere Funktionen nur dadurch definiert sind, ob sie wahr oder falsch sind,[192] so ist damit eigentlich der Satz *bewiesen, dass die doppelte Negation gleich dem Satze selbst ist.*

Die Negation ist die Wahrheitsfunktion eines einzigen Arguments. *Russell* verwendet *für die Negation das Zeichen ∼ p. Die Darstellung der Wahrheitsfunktion wurde erstmalig von Wittgenstein* gegeben (schon Weyl aber hat sie unabhängig von Wittgenstein gefunden und auch schon Frege einige dieser Art.)[193]

Für das Verständnis der Logik ist es nicht nur wichtig, sich die neue Schreibweise einzuprägen, sondern vor allem sich ihre Bedeutung klar zu machen. Wir systematisieren das Schliessen, mit dem sich Logik hauptsächlich beschäftigt. Der systematische Wert dieser Darstellungsweise liegt in der Sicherheit, die sie gibt, dass keine Möglichkeit ausgelassen wird. Wir wollen also zu gegebenen Argumenten Wahrheitsfunktionen herstellen: wenn wir 2 Argumente, *p* und *q* gegeben haben, können wir leicht übersehen, wieviele mögliche Kombinationen von Wahrheitswerten das ergibt; jedes einzelne hat 2, wahr oder falsch und dann kann man jeden einzelnen mit jedem anderen verbinden. Das ergibt für 2 Argumente 4 Wahrheitswerte; bei drei Argumenten also 8, d.i. 2^3 u.s.f. –

---

um einen Abschreibfehler handelt. Unter der vorausgesetzten Definition müsste eigentlich gelten:

p	$\bar{p}$	$\bar{\bar{p}}$	$\bar{q}$
$\mathcal{W}$	$\mathcal{F}$	$\mathcal{W}$	$\mathcal{W}$
$\mathcal{F}$	$\mathcal{W}$	$\mathcal{F}$	$\mathcal{F}$

192 Diese Stelle scheint den Ausführung ab S. 516, Z. 14 zu widersprechen. Gemeint ist wohl, dass die Wahrheitsfunktionen nur dadurch definiert sind, welche ihrer Argumente wahr oder falsch sind.

193 Wahrheitswerttabellen als Beweismittel wurden von Wittgenstein im *Tractatus* eingesetzt. Weyl nutzte sie in *Philosophie der Mathematik und Naturwissenschaft* im Kapitel zur mathematischen Logik. Bei Frege ließen sich keine Wahrheitswerttabellen nachweisen, da dieser überhaupt keine Semantik für die Aussagenlogik ausarbeitete. Womöglich meinte Schlick Booles *The Mathematical Analysis of Logic*, dort werden Tabellen ab S. 60 verwendet.

p	q	Man erhält also bei		
$\mathcal{W}$	$\mathcal{W}$	Argumente mögl.		Aussagefunktionen
$\mathcal{W}$	$\mathcal{F}$	2	2^2	2^{2^2}
$\mathcal{F}$	$\mathcal{W}$	3	2^3	2^{2^3}
$\mathcal{F}$	$\mathcal{F}$	n	2^n	2^{2^n}

142

Wir sehen, dass die möglichen Wahrheitsfunktionen mit der Zahl der Argumente an Zahl bedeutend anwachsen, für drei Argumente sind es 256, für 4 Argumente schon 65.536.[194]

Wir bilden uns nun ein Schema für die möglichen Wahrheitsfunktionen von zwei Argumenten (lt. nebenstehender Tabelle) und wollen uns einzeln über ihre Bedeutungen klar werden.

(1)[195] heisst, wir bilden eine solche Kombination von p und q, dass diese unter allen Umständen wahr ist. Es ist dies also keine Wahrheitsfunktion im eigentlichen Sinne mehr, denn ihr Aussagewert ist immer Wahrheit, hängt also nicht mehr vom Wahrheitswert der einzelnen Argumente ab. Ein solcher Satz ist eine Entartung, der Grenzfall einer Wahrheitsfunktion und wir nennen ihn eine Tautologie. *Die Tautologie ist vom Wahrheitswerte der sie bildenden Sätze unabhängig; sie ist vermöge ihrer blossen Form immer wahr.*[196]

194 Vgl. in diesem Bd. S. 276, Block (19).

195 Zum Verständnis dieser und der folgenden Abschnitte siehe die entsprechend nummerierte Spalte in Abb. 11 auf S. 521.

196 Vgl. dazu in diesem Bd. S. 278, Block (22) und S. 291, Block (50).

p	q	Tautologie 1	Disjunktion 2	q→p Implikation 3	p→q Implikation 4	Inkompatibilität 5	ausschließendes oder 6	q̄ 7	p̄ 8	p 9	q 10	Äquivalenz 11	Konjunktion 12	p̄&q̄ 13	p̄&q 14	p&q̄ 15	Kontradiktion 16
$\mathcal{W}$	$\mathcal{W}$	$\mathcal{W}$	$\mathcal{W}$	$\mathcal{W}$	$\mathcal{W}$	$\mathcal{F}$	$\mathcal{F}$	$\mathcal{F}$	$\mathcal{F}$	$\mathcal{W}$	$\mathcal{W}$	$\mathcal{W}$	$\mathcal{W}$	$\mathcal{F}$	$\mathcal{F}$	$\mathcal{F}$	$\mathcal{F}$
$\mathcal{W}$	$\mathcal{F}$	$\mathcal{W}$	$\mathcal{W}$	$\mathcal{W}$	$\mathcal{F}$	$\mathcal{W}$	$\mathcal{W}$	$\mathcal{W}$	$\mathcal{F}$	$\mathcal{W}$	$\mathcal{F}$	$\mathcal{F}$	$\mathcal{F}$	$\mathcal{W}$	$\mathcal{F}$	$\mathcal{F}$	$\mathcal{F}$
$\mathcal{F}$	$\mathcal{W}$	$\mathcal{W}$	$\mathcal{W}$	$\mathcal{F}$	$\mathcal{W}$	$\mathcal{W}$	$\mathcal{W}$	$\mathcal{F}$	$\mathcal{W}$	$\mathcal{F}$	$\mathcal{W}$	$\mathcal{F}$	$\mathcal{F}$	$\mathcal{F}$	$\mathcal{W}$	$\mathcal{F}$	$\mathcal{F}$
$\mathcal{F}$	$\mathcal{F}$	$\mathcal{W}$	$\mathcal{F}$	$\mathcal{W}$	$\mathcal{W}$	$\mathcal{W}$	$\mathcal{F}$	$\mathcal{W}$	$\mathcal{W}$	$\mathcal{F}$	$\mathcal{F}$	$\mathcal{W}$	$\mathcal{F}$	$\mathcal{F}$	$\mathcal{F}$	$\mathcal{W}$	$\mathcal{F}$

Abb. 11. Diese Übersicht über die Wahrheitsfunktionen befindet sich im Original auf einem seperaten kleinerem Papier mit der Nummer 142 a, das zwischen Bl. 142 und Bl. 143 eingelegt ist. Eien ähnliche Tabelle findet sich auch in Wittgensteins *Tractatus*, 5.101 sowie dadurch angeregt in Schlicks Aufzeichnungen zur Logik von 1928 in diesem Bd. S. 277.

142 a

Es ist dies die strenge Definition dessen, was Kant als „analytische Sätze" bezeichnet;[197] es ist der exakte Ersatz dafür. Hier ist nicht mehr wie bei Kant davon die Rede, dass das Prädikat im Subjekt „enthalten" sei (dieser letztere Begriff des „Analytischen" ist ein etwas verschwommener). – Es können sehr viele verschiedene Aussagen den gleichen logischen Charakter haben, nämlich Tautologien sein. Ob eine gegebene Kombination tautologisch ist oder nicht, lässt sich streng log|ᵏisch *berechnen*. Es ist z. B.

143

$$(p \vee \overline{p}) \,\&\, (q \vee \overline{q})$$

immer wahr, was immer man dafür einsetzt. Und solche Ausdrücke könnte man noch sehr viele bilden. Jeder einzelne der

k Hier wird im Original Abb. 11 von S. 521 als eigenes Blatt eingeschoben. Der Übersichtlichkeit halber ist diese Seite verschoben.

197 Siehe S. 507, Z. 19.

Sätze p und q ist wohl eine Aussage über die Wirklichkeit; der ganze Ausdruck aber ist so gefasst, dass er der Wirklichkeit einen so weiten Spielraum lässt, dass damit über die Wirklichkeit nichts mehr ausgesagt ist. *Die Tautologie ist durch ihre blosse Form wahr; d. h. die Sätze sind durch die logischen Zeichen so mit einander verbunden, dass jede Aussage über die Wirklichkeit ausgeschaltet wird.*[198] – Diese *formale Wahrheit* ist ein etwas weiterer Begriff der Wahrheit; sie besteht also darin, dass durch die logischen Zeichen, die logischen Verbindungen eine Form hergestellt wird, die durch sich selbst schon immer wahr ist.[199] Die materiale Wahrheit hingegen besteht in der Übereinstimmung mit den Tatsachen. Die Tautologie stimmt insoferne mit der Wirklichkeit überein, dass sie gar nichts mehr über die Wirklichkeit aussagt, also setzt sie sich mit der Wirklichkeit auch nicht in Widerspruch. In dieser letzten Beziehung stimmen die formale und die materiale Wahrheit miteinander überein; ansonsten sind sie jedoch verschieden zu verstehen. Man kann eine solche Kombination von Zeichen, die immer wahr ist, auch „richtig" nennen. Wir haben nun die Tautologie streng definiert und gesehen, dass solche immer wahren Sätze nicht „einleuchtend" sind, oder wir auch keine besondere Evidenz dafür besitzen, etz. Es steckt überhaupt kein Problem dahinter, wie man früher immer meinte.

(2) in unserer Tabelle bedeutet, dass eine Wahrheitsfunktion, die man auf diese Weise gebildet hat, immer wahr sein soll mit

---

198 Wittgenstein, *Tractatus*: „4.462 Tautologie und Kontradiktion sind nicht Bilder der Wirklichkeit. Sie stellen keine mögliche Sachlage dar. Denn jene lässt jede mögliche Sachlage zu, diese keine. In der Tautologie heben die Bedingungen der Ubereinstimmung mit der Welt – die darstellenden Beziehungen – einander auf, so dass sie in keiner darstellenden Beziehung zur Wirklichkeit steht.

6.12 Dass die Sätze der Logik Tautologien sind, das zeigt die formalen – logischen – Eigenschaften der Sprache, der Welt. Dass ihre Bestandteile so verknüpft eine Tautologie ergeben, das charakterisiert die Logik ihrer Bestandteile. Damit Sätze, auf bestimmte Art und Weise verknüpft, eine Tautologie ergeben, dazu müssen sie bestimmte Eigenschaften der Struktur haben. Dass sie so verbunden eine Tautologie ergeben, zeigt also, dass sie diese Eigenschaften der Struktur besitzen."

Siehe dazu auch in diesem Bd. S. 291, Block (50).

199 Vgl. dagegen 1910b *Wesen der Wahrheit*, S. 430 (*MSGA* I/4).

Ausnahme des Falles, wenn p und q beide falsch sind. Man kann das mit den Worten ausdrücken: „p und q sind nicht beide falsch", d. h. nichts anderes als die *Definition des nicht-ausschliessenden „oder"*; denn entweder sind beide wahr, oder es ist p wahr, oder es ist q wahr. $p \vee q$ *die Disjunktion.*

| In der alten Logik wurde die Disjunktion in das Prädikat mit   144
hineingenommen; z. B. „S ist entweder schwarz oder rot"; „S ist entweder P oder Q". Nur in dieser beschränkten Weise ist das disjunktive Urteil in der alten Logik behandelt worden; in der neuen Logik geschieht es viel allgemeiner.

(3) ist nur dann falsch, wenn p falsch und q wahr ist; jedesmal wenn q wahr ist, ist auch p wahr.

Diese Art der Verknüpfung zweier Sätze miteinander entspricht dem „wenn ... so"; es ist *die Implikation oder das Folgeverhältnis* $q \rightarrow p$ oder *wenn q so p*, oder aus q folgt p, oder q impliziert p. Wir haben die Implikation hier auf eine Art und Weise definiert, dass diese Definition nicht ganz dem entspricht, was man sonst in der Logik unter der „Folgebeziehung" zu verstehen gewohnt ist; denn es ist hier nicht so, dass p wirklich aus dem q folgen würde, da die hier definierte Implikation immer wahr ist, wenn q falsch ist; das entspricht der Folge doch in einer Weise; denn wir wissen aus der Mathematik, dass aus einer falschen Prämisse alles folgen kann. Die so definierte Implikation entspricht also nicht der Folgebeziehung des tägl[ichen] Lebens, wohl aber einer Folgebeziehung aus der Mathematik, die uns erlaubt, auf diese Weise zu schliessen. – Die Implikation wurde in dieser Form zum ersten Mal von Gottlob Frege definiert (u. zw. in Worten: „Unter der Implikation $p \rightarrow q$ will ich einen Satz verstehen, dessen Wahrheit oder Falschheit von der Wahrheit oder Falschheit der Sätze p und q so abhängig ist, dass er wahr ist, wenn p und q beide wahr sind oder wenn p und q beide falsch sind und nur dann falsch ist, wenn p wahr und q falsch ist.")[200]

---

200 Der Wortlaut lässt sich bei Frege nicht nachweisen. Eine ähnliche Stelle mit dem Terminus „Bedingungspfeil" statt „Implikation" findet sich in den *Grundgesetzen der Arithmetik*, Bd. I, S. 20: „Um nun die Unterordnung der Begriffe und andere wichtige Beziehungen bezeichnen zu können, führe ich die Function mit den Argumenten $\zeta \rightarrow \xi$ durch die Bestimmung ein, dass ihr Werth das Falsche

Viele Logiker waren mit der so definierten Implikation nicht
einver|standen und haben noch eine Implikation eingeführt, die
unserer Folgebeziehung im tägl[ichen] Leben entspricht; die sogen[annte] „strikte Implikation" (Lewis). Gegen diese aber lassen
sich logische Einwände erheben (es existiert eine ganze Literatur über die Frage der Implikation); wir brauchen diese letztere
Implikation in unserem Aussagenkalkül nicht und verbleiben bei
der zuerst definierten; Frege hat diese Form mit Bewusstsein so
eingeführt, es ist die Form, die wir in der Mathematik immer
gebrauchen, um Schlüsse durchführen zu können (auch Russell
und Whitehead gebrauchen nur diese Form.)[201] Wir führen hier
also eine allgemeinere Bedeutung ein, als sie das „folgt aus" im
tägl[ichen] Leben hat und das Recht dazu ergibt sich aus der
praktischen Anwendung, die man davon machen kann, wie auch
aus den Schwierigkeiten, die sich ergeben, wenn man in der Logik
den Sprachgebrauch, des tägl[ichen] Lebens genau nachahmt; dies
liegt daran, dass die Worte im tägl[ichen] Leben eine Bedeutung
haben, die stören könnte.

(4) ist derselbe Fall wie der vorige, die Implikation, nur dass
jetzt p und q vertauscht sind; also $p \rightarrow q$ oder *wenn p so q* oder
aus p folgt q.

(5) hier ist nur der Fall ausgeschlossen, dass p und q zugleich
wahr sind; wir bezeichnen dieses Verhältnis in unserer Sprache
so, dass wir sagen, *p und q sind miteinander unverträglich.* Dafür
ist in der logischen Literatur ein eigenes Zeichen eingesetzt (von

sein soll, wenn als ζ-Argument das Wahre und als ξ-Argument irgendein Gegenstand genommen wird, der nicht das Wahre ist; dass in allen anderen Fällen der
Functionswerth das Wahre sein soll. [...] Den Pfeil nenne ich Bedingungspfeil."

201 Lewis unterschied in *Symbolic Logic* die strikte von der materialen Implikation (S. 243–262). Die materiale Implikation entspricht derjenigen Schlicks. Sie ist
nur falsch, wenn das Vorderglied wahr und das Hinterglied falsch ist (S. 243 f.).
Die strikte Implikation verlangt dagegen, dass es *unmöglich* ist, dass das Vorderglied wahr und das Hinterglied falsch ist (S. 244). Wegen dieser Verschärfung
handelt es sich dabei nicht um eine Wahrheitsfunktion oder wie Schlick sich im
Folgenden ausdrückt, eine Aussagefunktion. Zu Russell und Whitehead siehe in
diesem Bd. ab S. 278, Block (23).

dem wir aber kaum Gebrauch machen werden): $p \mid q^{\text{l}}$ *die Unver-träglichkeit oder Inkompatibilität.* Diese Wahrheitsfunktion spielt (neben einer andern) die Rolle, dass es *möglich* ist, *alle übrigen Wahrheitsfunktionen auf diese einzige zurückzuführen.*[202]

5   (6) hier werden die beiden Fälle ausgeschlossen, dass beide Argumente wahr oder dass beide Argumente falsch sein könnten; d. h. also, dass eines | von beiden wahr sein muss. Entweder p oder 146 q, aber nicht beide. p *aut* q es ist dies das „ausschliessende oder", für das wir aber kein eigenes Zeichen einführen.

10   (7) hier wird ausgeschlossen, dass p und q beide wahr sind, ebenso wie dass q wahr und p falsch sein soll. Der Wahrheitswert dieser Verbindung hängt offenbar nur von q und gar nicht von p ab; es ist die *Negation von* q, also $\overline{q}$. Fasst man $\overline{q}$ als eine Wahrheitsfunktion von p und q auf, so ist es eben ein Grenzfall.

15   (8) ist, analog zu (7), die *Negation von* .. $\overline{p}$.

Wir bemerken nun, dass hier von der Mitte der Tabelle[m] an sich die Wahrheitsfunktionen im gegenteiligen Sinne wiederholen; also (9) ist das Gegenteil von (8), (10) ist das Gegenteil von (7), etz.[203]

20   (9) ist der Fall der Wahrheitsfunktion, die nur vom Wahrheitswerte von p und nicht von q abhängt; es ist dies p; auch ein Grenzfall betreffs einer Wahrheitsfunktion von $p \,\&\, q$.[204]

(10) derselbe Grenzfall in Bezug auf $q : q$.

(11) hier besteht die Wahrheitsfunktion nur dann, wenn p und 25 q entweder beide wahr oder beide falsch sind; die Wahrheitsfunktion besteht nicht, wenn eines von beiden wahr ist, das andere falsch. p und q sollen also denselben Aussagewert haben. Man

---

l Im Original: $\langle / \rangle$. Zur Vereinheitlichung mit den vorangegangen Stücken wird dieses Zeichen als „|" wiedergegeben.   **m** Abb. 11 auf S. 521

202 Der Shefferstrich „|" ist funktional vollständig. Siehe dazu in diesem Bd. S. 279, Block (25).

203 Gemeint ist hier, dass die Wahrheitsfunktion in Spalte (9) die Negation derjenigen in (8) sowie die in (10) die Negation derjenigen in (7) ist, usw.

204 p ist äquivalent zu $p \,\&\, p$.

nennt dieses Verhältnis in der Logik die *Äquivalenz* $p \equiv q$[n] (bei Hilbert $p \sim q$ geschrieben, was aber leicht zu Verwechslungen mit dem Russell'schen Negationszeichen führt).

Wir verwenden hier den Ausdruck „Äquivalenz" in einem äusserst weiten Sinn: es soll nicht heissen, dass p und q dasselbe Urteil, dieselbe Aussage sind; wir sehen in der Logik ja ganz vom Inhalt ab. *Das Äquivalenzzeichen kann zwischen zwei beliebigen Aussagen stehen, wenn nur beide wahr oder beide falsch sind.* Es ist sehr wichtig, sich gleich anfangs von den | Eigenschaften unserer Sprache loszumachen, da wir sonst leicht zu Irrtümern verführt werden. Dadurch z. B., dass man ganz verschiedene Dinge auf dieselbe Weise ausdrücken kann, könnte man den Fehler machen, sie für gleichwertig zu halten; sie sind aber logisch gar nicht gleich. Bei Aristoteles ist die logische Struktur der Aussagen ganz unklar geblieben; es sind bei Aristoteles die Aussagen „Alle Menschen sind sterblich" und „Sokrates ist ein Mensch" Urteile von der gleichen logischen Form, sog[enannte] a-Urteile. In der Tat sind das gar nicht zwei logisch gleiche Urteile, sondern ergeben durch die Analyse grosse Unterschiede;[205] es ist dies für die Gültigkeit der Aristotelischen Schlussfolgerungen ohne Bedeutung, zeigt aber, dass die Aristotelische Logik nur ein kleiner Ausschnitt ist und vieles Logische unklar und undurchgearbeitet lässt.[206]

Diese Eigenschaft zweier Urteile, dass sie beide wahr oder beide falsch sind, ist sogar sehr auszeichnend und wichtig. Frege hatte die richtige Einsicht, dass es eine grosse Gemeinsamkeit ausdrücke, wenn zwei Urteile beide wahr sind. Frege hat diese Einsicht bloss falsch formuliert, indem er sagte, dass alle wahren Urteile dieselbe Eigenschaft haben, näml[ich] die Wahrheit auszudrücken und ferner, dass alle wahren Urteile die Wahrheit

---

n Im Typoskript steht ⟨≡⟩, gelegentlich auch ⟨≡⟩. Beides ist hier stets als $\equiv$ wiedergegeben.

205 „Sokrates ist ein Mensch" ist für Aristoteles weder universell (a-Urteil) noch partikulär (i-Urteil). Urteile mit Eigennamen kommen in der Syllogistik gar nicht vor.

206 Vgl. dagegen in diesem Bd. S. 196.

bezeichnen (also ob [*sic!*] die Wahrheit ein Gegenstand wäre)[207] – das ist eine ganz unmögliche Auffassung der Wahrheit. Ein solcher Fehler kann aber unter Umständen das Anzeichen für tiefes Denken sein. – $p \equiv q$ bedeutet also nicht dasselbe in dem Sinne, dass beide die Wahrheit bedeuten. p und q sind vielmehr gänzlich verschiedene Sätze und das Äquivalenzzeichen sagt nur, dass sowohl p als auch q wahr sind. Auf Grund der Bedeutung der Äquivalenz und daraus, dass sie das Gegenteil der Wahrheitsfunktion (6) ist, des ausschliessenden oder näml., können wir nun schon eine Formel *ableiten*:

$$(p \equiv q) \equiv (p \,\&\, q) \vee (q \,\&\, \overline{p})^{208}$$

| (12) heisst, es wird alles andere ausgeschlossen und es gilt nur, dass p und q beide wahr sind; es ist dies gleichbedeutend mit $p \,\&\, q$ und die Negation der Wahrheitsfunktion (5), der Imkompatibilität. Wir können daraus schliessen, dass: 148

$$\overline{p \,\&\, q} \equiv p \mid q \quad \text{oder} \quad \overline{p \mid q} \equiv p \,\&\, q$$

(13) heisst, dass nur wahr sein soll, dass p wahr und q falsch sein soll; alles andere soll falsch sein; es ist das Gegenstück zur Wahrheitsfunktion (4), der Implikation, wenn p so q; wir können also schreiben: $p \,\&\, \overline{q}$ und daraus folgt:

$$(p \to q) \equiv \overline{p \,\&\, q}$$

(14) heisst $\overline{p} \,\&\, q$, ist also das Gegenstück der Implikation, wenn q so p; daher:

$$\overline{(q \to p)} \equiv \overline{p} \,\&\, q$$

(15) heisst, dass nur bejaht wird, wenn p und q beide falsch sind; also $\overline{p} \,\&\, \overline{q}$; es ist das Gegenstück zur Wahrheitsfunktion (2), der Disjunktion und wir können daher schreiben:

$$\overline{p} \,\&\, \overline{q} \equiv \overline{p \vee q}$$

207 Vgl. dazu in diesem Bd. S. 328, Block (111).

208 Es sollte wohl heißen: $(p \equiv q) \equiv (p \,\&\, q) \vee (\overline{q} \,\&\, \overline{p})$.

(16) ist das Gegenteil von der Kombination (1), der Tautologie; wir betrachten also hier eine solche Kombination der Aussagen p und q, die auf jeden Fall falsch ist; es ist $p \& \bar{p}$ *die Kontradiktion.* Hier sind die einzelnen Aussagen also auf eine Art verbunden, dass sie auf keine Weise zur Übereinstimmung mit der Wirklichkeit gebracht werden können: es ist *die formale Falschheit,* d. h. wir können aus der blossen Form dieser Aussage sehen, dass sie falsch sein muss. Man kann durch keine Zusammenstellung der Wahrheitswerte von p und q erreichen, dass ihre Kombination wahr ist; z. B. $p \& \bar{p} \ \& \ q \& \bar{q}$ ist | jedesfalls eine Kontradiktion, ganz unabhängig davon, ob p oder q wahre Aussagen sind oder falsche.

Bei der Kontradiktion ist die Wirklichkeit draussen gelassen, sie ist ausgeschlossen. *Die Kontradiktion sagt gar nichts über die Wirklichkeit; sie ist allein ihrer Form wegen falsch, d. h. weil sie den Regeln nicht entspricht, durch die wir die Aussagen bilden, mit denen wir die Wirklichkeit beschreiben.* (Wir sehen daher ein, wie unsinnig es war zu sagen, dass „der Satz des Widerspruchs in der Wirklichkeit vielleicht gar nicht gilt.")[209]

Der Gegensatz von Kontradiktion und Tautologie gibt uns einen wichtigen Fingerzeig, wie wir alle übrigen Kombinationsmöglichkeiten der Wahrheitswerte einzuschätzen haben: diese übrigen Kombinationen oder Wahrheitsfunktionen lassen einen Teil der Wirklichkeit offen, sie geben ihr einen gewissen Spielraum (einen umso grösseren, je mehr zugelassen, also je weniger ausgeschlossen ist). Es ist wichtig, dies zu sehen, dass alle unserer Aussagen über die Wirklichkeit dieser einen solchen gewissen Spielraum lassen. Z. B. gibt der Satz: „Es sind hundert Personen im Zimmer" der Wirklichkeit diesen Spielraum, d. h. die Wirklichkeit wird durch diesen Satz nicht vollkommen festgelegt. Ebenso der Satz: „Das Tintenfass steht auf dem Tisch" (denn damit steht noch nicht fest, auf welchem Platze des Tisches das Tintenfass steht); man kann diesen Satz in eine Reihe von Disjunktionen auflösen: „Das Tintenfass steht entweder hier,

---

209 Vgl. in diesem Bd. S. 505.

oder da, oder da ......" und die ganze Disjunktion gibt diesen einen Satz wieder.

Wir können daraus ersehen, dass wir durch die rein formalen Überlegungen doch gewisse Einsichten gewinnen über die Art und Weise, wie wir unsere Aussagen machen, welches Wesen unsere Sprache diesbezüglich hat.

Wir wollen nun einzelne Formeln ineinander überführen und zeigen, dass es sich dabei nur um verschiedene Ausdrucksweisen für ein- und dasselbe | handelt.

Z. B. $p \vee q$, $\bar{p} \& \bar{q}$ das eine ist die Negation des anderen
wir können nun bilden:

$$\overline{p \vee q} \equiv \bar{p} \& \bar{q} \quad oder\, p \vee q \equiv \overline{\bar{p} \& \bar{q}}$$

Die beiden Wahrheitsfunktionen haben dieselbe Verteilung der Aussagewerte, d. h. es handelt sich um dieselbe Wahrheitsfunktion, nur in verschiedenen Zeichen geschrieben. (Ebenso verhält es sich in der Mathematik: bei Gleichungen unterscheiden sich linke und rechte Seite nur durch die Bezeichnungsweise).

Man nennt *zwei durch $\vee$ verbundene Sätze* die *logische Summe* (schon seit langem; es stammt das aus der Mengenlehre), weil das $\vee$ eine gewisse Analogie zu dem $+$ Zeichen der Arithmetik hat.

Hingegen nennt man *zwei durch $\&$ verbundene Sätze das logische Produkt,* weil das $\&$ Zeichen eine ähnliche Funktion hat wie das mal-Zeichen in der Algebra.

Es sind das aber keine festliegenden Ausdrucksweisen. Hilbert z. B. verwendet (mit demselben Recht) den Ausdruck logische Summe für zwei durch $\&$ verbundene Sätze, den Ausdruck logisches Produkt für zwei durch $\vee$ verbundene Sätze; dies ist aber praktisch unzweckmässig.[210]

---

210 Vgl. dazu Hilberts Aufsatz über *Logische Grundlagen der Mathematik.* Dort führt er die logische Summe auf die Vereinigungsmenge und das logische Produkt auf die Schnittmenge zurück.

Bei Russell wird das logische Produkt $p \cdot q$ geschrieben, also die äussere Ähnlichkeit mit der Arithmetik mehr betont, durch den Punkt.[211]

Die Formel $\langle\rangle°$ $\overline{\overline{p} \,\&\, \overline{q}}$ (und ihre Umkehrung)[212] dient dazu, an Stelle der logischen Konstanten $\vee$ das $\&$ zu setzen (und umgekehrt).

Die nächste Formel $\overline{p \vee q} \equiv \overline{p} \,\&\, \overline{q}$ dient zur Auflösung einer verneinten Disjunktion (es werden also die einzelnen Argumente verneint und durch $\&$ verbunden) diese Formel spielt bei Beweisen eine grosse Rolle.

151 |Wir haben ferner die Implikation $p \to q$ und ihre Negation $p \,\&\, \overline{q}$; *daraus* leiten wir ab:

$$p \to q \equiv \overline{p \,\&\, \overline{q}} \equiv \overline{p} \vee q$$

(man kann p auch als die Verneinung von $\overline{p}$ auffassen, also als $\overline{\overline{p}}$ und kann daher weiter schliessen auf $\overline{p} \vee q$). So hat man *die Implikation durch eine Disjunktion ersetzt,* was auch sehr wichtig ist. Russell zieht es überhaupt vor, die Implikation in dieser Weise zu definieren (entweder ist p nicht wahr oder q ist wahr); diese Schreibweise hat praktisch einen gewissen Vorteil: man verwechselt die Implikation in dieser Form nicht so leicht mit der Folgebeziehung, wie wir sie im tägl[ichen] Leben gebrauchen (denn nicht immer, wenn eine Implikation gilt, ist auch eine Folgebeziehung im Sinne des tägl[ichen] Lebens vorhanden). Man kann gleich so definieren: die Wortverbindung „wenn p so q" soll in unserer Logik nichts anderes heissen, als wenn $\overline{p}$ nicht wahr ist, dann ist q wahr (hier ist also von einer Folgebeziehung nicht mehr die Rede.) –

Aus den beiden Wahrheitsfunktionen $p \mid q$ und $p \,\&\, q$ schliessen wir weiter:

o $\langle \overline{p \cdot q} \rangle$

211 Vgl. dazu in diesem Bd. S. 268, Block (5).

212 Gemeint sind wohl die De Morganschen Gesetze, nach denen gilt: $(p \vee q) \equiv \overline{\overline{p} . \overline{q}}$ sowie $(p.q) \equiv \overline{\overline{p} \vee \overline{q}}$

$$p \mid q \equiv \overline{p \,\&\, q} \equiv \overline{p} \vee \overline{q} \quad \text{(das erhalten wir, wenn wir anstatt } p$$
$$\text{und } q \;\overline{\overline{p}} \text{ und } \overline{q} \text{ setzen).}$$

Diese Formel ist sehr wichtig, sie ist die *Auflösung der Negation einer Konjunktion* (und das duale Gegenstück zur Formel $p \vee q \equiv \overline{\overline{p} \,\&\, \overline{q}}$)

Wir könnten auch durch Überlegung über die Bedeutung der einzelnen Formeln zu den entsprechenden Resultaten kommen; es ist aber der Vorteil dieses Rechnens, dass es uns der komplizierten Denkarbeit überhebt, daher schneller geht und Irrtümer leichter vermieden werden. Beim Schliessen aus der Wortsprache im tägl[ichen] Leben werden unaufhörlich die gröbsten Fehler gemacht.

Man kann auch *das logische Produkt in eine logische Summe verwandeln*: | 152

$$p \,\&\, q = \overline{\overline{p} \vee \overline{q}} \quad \text{(Umwandlung der Konjunktion in verneinte Disjunktion).}$$

Durch die im Vorigen eingeführten Äquivalenzen sehen wir, dass wir nicht alle Zeichen, die wir eingeführt haben, unbedingt brauchen und werden uns im Folgenden die Frage vorlegen, welche von ihnen wir entbehren können.

Andere Schreibweise der Äquivalenz:

$$p \,\text{aut}\, q \equiv \overline{p \equiv q} \equiv (p \,\&\, \overline{q}) \vee (q \,\&\, \overline{p}) \equiv \overline{(p \rightarrow q) \,\&\, (q \rightarrow p)}$$

Man kann die *Äquivalenz* daher *auch so definieren, dass man sagt,* sie bestehe darin, *dass wenn aus unserer Schreibweise sowohl p aus q folgt, wie auch q aus p, dann kann man sie immer beide durcheinander ersetzen. Über das Rechnen mit diesen Zeichen und Formeln:*

Als Antwort auf die Frage, woher wir wissen, dass diese Formeln richtig sind, weisen wir darauf hin, dass wir dies direkt aus der Tabelle der Wahrheitswerte abgelesen haben: also direkt aus den Definitionen der einzelnen Aussagefunktionen. *(Wir haben nicht etwa Naturgesetze abgelesen oder analysiert). Wir haben die Zeichen also nicht anders gebraucht, als wir uns geeinigt hatten, sie definitionsgemäss zu benützen;*[p] die weiteren Umformungen erfolgten dann unter Zuhilfenahme der früheren Formeln. *Alles geht also direkt auf das Ablesen der Tabelle zurück. Es ist dies in der Logik die übersichtlichste Beweismethode*[q] (diese Tabellen stammen von Wittgenstein; Russell aber verwendet z. B. andere Methoden zum Beweis der verschiedenen Formeln).

Wir schreiben also die Definitionen der betreffenden Wahrheitsfunktionen in die Form der Wahrheitstabellen. Wir haben so unsere bisher aufgestellten Formeln gewonnen; nur die Formel

$$(p \to q) \,\&\, (q \to p) \equiv (p \equiv q)$$

haben wir durch Überlegungen und nicht direkt aus der Tabelle gewonnen.

153 |Wir wollen nun als *Beispiel eines allgemeinen Beweises mit Hilfe der Wahrheitstabelle* uns klar machen, was diese letzte Formel definitionsgemäss bedeutet:

p	q	$p \equiv q$	$p \to q$	$q \to p$	$(p \to q) \,\&\, (q \to p)$
$\mathcal{W}$	$\mathcal{W}$	$\mathcal{W}$	$\mathcal{W}$	$\mathcal{W}$	$\mathcal{W}$
$\mathcal{W}$	$\mathcal{F}$	$\mathcal{F}$	$\mathcal{F}$	$\mathcal{W}$	$\mathcal{F}$
$\mathcal{F}$	$\mathcal{W}$	$\mathcal{F}$	$\mathcal{W}$	$\mathcal{F}$	$\mathcal{F}$
$\mathcal{F}$	$\mathcal{F}$	$\underline{\mathcal{W}}$	$\mathcal{W}$	$\mathcal{W}$	$\underline{\mathcal{W}}$

Da die Aussagefunktionen dadurch definiert sind, dass für sie die Tabelle der Wahrheitswerte eine bestimmte Form hat, so ist durch Obiges bewiesen, dass die Aussagefunktionen $p \equiv q$ und $(p \to q) \,\&\, (q \to p)$ dasselbe sind.

Wir geben nun ein anderes Beispiel und zwar wollen wir die Formel beweisen $\bar{p} \to (p \to q)$ die uns sagt, *dass aus einem falschen Satze jeder beliebige Satz folgt* (folgt das Implikat $p \to q$ aus dem Implicans $\bar{p}$, so können wir q als wahren Satz schreiben):

p Im Original rot unterstrichen   **q** Im Original rot unterstrichen

p	q	$\overline{p}$	$p \to q$	$\overline{p} \to (p \to q)$
$\mathcal{W}$	$\mathcal{W}$	$\mathcal{F}$	$\mathcal{W}$	$\mathcal{W}$
$\mathcal{W}$	$\mathcal{F}$	$\mathcal{F}$	$\mathcal{F}$	$\mathcal{W}$
$\mathcal{F}$	$\mathcal{W}$	$\mathcal{W}$	$\mathcal{W}$	$\mathcal{W}$
$\mathcal{F}$	$\mathcal{F}$	$\mathcal{W}$	$\mathcal{W}$	$\underline{\mathcal{W}}$

unsere Formel ist also für jede Werteverteilung wahr
oder eine Tautologie.

(q folgt nicht sachlich oder kausal aus p). Was für die Implikation
5 wahr ist, ist a priori für das gewöhnliche Folgeverhältnis wahr,
daher können wir die Regeln der Implikation auf die gewöhnliche
Folge, wie sie in Wissenschaft und tägl[ichen] Leben vorkommt,
stets gut anwenden (denn sie sind weiter gefasst).
Anderes Beispiel: $p \to (p \vee q)$ | (z. B wenn es wahr ist, dass es   154
10 schneit, so ist es wahr, dass es regnet oder schneit)

p	q	$p \vee q$	$p \to (p \vee q)$
$\mathcal{W}$	$\mathcal{W}$	$\mathcal{W}$	$\mathcal{W}$
$\mathcal{W}$	$\mathcal{F}$	$\mathcal{W}$	$\mathcal{W}$
$\mathcal{F}$	$\mathcal{W}$	$\mathcal{W}$	$\mathcal{W}$
$\mathcal{F}$	$\mathcal{F}$	$\mathcal{F}$	$\underline{\mathcal{W}}$

Damit ist bewiesen, dass diese Kombination unter allen Umständen wahr, also eine Tautologie ist.

Einen wichtigen Schluss in der Logik stellt auch der bekannte
15 Satz dar, *dass wenn mit dem Grunde die Folge gesetzt ist, mit*
der Folge auch der Grund aufgehoben ist:

$$(p \to q) \to (\overline{q} \to \overline{p}) \quad \textit{Satz der „Wendung“}$$

(weil das Implicans das Implicat beweist und mit dem aufgeho-
benen Implicat auch das Implicans aufgehoben erscheint).
20 Beweis dieser Formel:

p	q	A $p \to q$	$\overline{q}$	$\overline{p}$	B $\overline{q} \to \overline{p}$	$A \to B$
$\mathcal{W}$	$\mathcal{W}$	$\mathcal{W}$	$\mathcal{F}$	$\mathcal{F}$	$\mathcal{W}$	$\mathcal{W}$
$\mathcal{W}$	$\mathcal{F}$	$\mathcal{F}$	$\mathcal{W}$	$\mathcal{F}$	$\mathcal{F}$	$\mathcal{W}$
$\mathcal{F}$	$\mathcal{W}$	$\mathcal{W}$	$\mathcal{F}$	$\mathcal{W}$	$\mathcal{W}$	$\mathcal{W}$
$\mathcal{F}$	$\mathcal{F}$	$\mathcal{W}$	$\mathcal{W}$	$\mathcal{W}$	$\mathcal{W}$	$\underline{\mathcal{W}}$

Das ist eine Tautologie, daher immer richtig, womit dieser Satz bewiesen ist.

Wir beweisen jetzt den Fall, dass man eine logische Konstante durch eine andere ersetzen kann, *nämlich das $\vee$ durch $\to$ die*   5 *Implikation:*

$p \vee q \equiv (p \to q) \to q$

p	$[q]^r$	$p \vee q$	$p \to q$	$(p \to q) \to q$	$(p \vee q) \equiv (p \to q) \to q$
$\mathcal{W}$	$\mathcal{W}$	$\mathcal{W}$	$\mathcal{W}$	$\mathcal{W}$	$\mathcal{W}$
$\mathcal{W}$	$\mathcal{F}$	$\mathcal{W}$	$\mathcal{F}$	$\mathcal{W}$	$\mathcal{W}$
$\mathcal{F}$	$\mathcal{W}$	$\mathcal{W}$	$\mathcal{W}$	$\mathcal{W}$	$\mathcal{W}$
$\mathcal{F}$	$\mathcal{F}$	$\mathcal{F}$	$\mathcal{W}$	$\mathcal{F}$	$\mathcal{W}$

bewiesen   10

155 | Wir haben nun verschiedene Formeln bewiesen; was unter Beweis zu verstehen ist, ist klar: wir haben gezeigt, dass diese Formeln für alle Werte, wahr und falsch, denselben Wert „wahr" behalten. *Der Beweis besteht in einer Vergegenwärtigung der Bedeutung der Ausdrücke, also im Zurückgehen auf die Definitio-*   15 *nen und das ist das eigentliche Wesen des analytischen Verfahrens überhaupt.* Wir sehen also einen analytischen Satz, eine rein logische Folge dadurch ein, dass wir uns seine Bedeutung vergegenwärtigen, also auf die Definitionen zurückgehen; *die blosse Besinnung, was diese Sätze bedeuten, geben gleichzeitig die Ein-*   20 *sicht in ihre Wahrheit.*– Ganz verschieden ist das bei einem Satze über die Wirklichkeit: auch da müssen wir uns den Sinn vergegenwärtigen, um zu wissen, was gesagt ist; wir wissen damit aber

r Im Original wurde fälschlich $\langle p \rangle$ geschrieben.

noch nicht, ob der Satz wahr ist; um das zu erfahren, müssen wir erst in der Wirklichkeit nachsehen. Bei der Synthese also, wo zwei verschiedene Dinge zusammengesetzt werden, genügt die Vergegenwärtigung des Sinnes nicht zur Vergegenwärtigung der Wahrheit oder Falschheit des Satzes: man muss erst in der Wirklichkeit nachsehen, was da der Fall ist. Es besteht also ein *fundamentaler Unterschied zwischen der Feststellung einer logischen Wahrheit und der Feststellung der Wahrheit eines Satzes über die Wirklichkeit*. Diese Feststellungen sind deshalb verschieden, weil es sich, wie wir uns schon früher klar gemacht haben, bei diesen beiden Arten von Sätzen um gänzlich verschiedene Gebilde handelt. – Bei den logischen Sätzen weiss man von vornherein, dass sie mit der Wirklichkeit in Übereinstimmung bleiben müssen oder wahr sind, aus dem einfachen Grunde, weil sie über die Wirklichkeit nichts aussagen.²¹³ Man nennt diese *analytischen Sätze* deshalb „*a priori*". Die *synthetischen Sätze* aber sind *empirisch* oder „*a posteriori*", weil sie erst nachträglich geprüft, mit der Wirklichkeit verglichen werden müssen, um ihre Wahrheit festzustellen.

| Damit ist ein berühmtes Problem gelöst, das Kant in seiner ganzen Philosophie beschäftigt hat: wie sind synthetische Urteile a priori möglich?²¹⁴ Wir müssen sagen, dass sie eben nicht möglich sind. – Kant glaubte solche Sätze, die etwas über die Wirklichkeit aussagen und dennoch ihren a priorischen Charakter bewahren (die uns „einleuchten") in der Wissenschaft zu finden in den Sätzen der Mathematik und Geometrie. Bezüglich der Geometrie verhält es sich wie folgt:

Wir können die Geometrie auf verschiedene Weise verstehen; werden die Sätze auf die eine Art interpretiert, dann sind sie synthetisch und hängen von der Erfahrung ab, sind a posterio-

---

213 Vgl. dazu in diesen Bd. S. 271, Block (9) sowie S. 296, Block (59).

214 Zur Möglichkeit synthetischer Urteile a priori in der Mathematik und besonders in der Geometrie siehe in diesem Bd. S. 149–164. In 1918/1925a *Erkenntnislehre* werden sie ganz und gar abgelehnt: „Grund genug für uns, im folgenden den Versuch zu machen alle Wirklichkeitserkenntnis zu erklären als ein System, das *nur* aus Urteilen der beiden beschriebenen Klassen [synthetisch a posteriori und analytisch a priori] aufgebaut ist." (*MSGA* I/1, S. 279–284 und besonders S. 281)

ri. In der anderen Art sind sie rein mathematisch; wir kümmern uns da nicht, wie diese Sätze auf die Wirklichkeit angewendet werden, sondern nur darum, dass in der Geometrie bestimmte Sätze aus bestimmten rein logischen abgeleitet werden: diese Sätze sind dann a priori, aber nur rein analytisch; d. h. sie sagen nichts über die Wirklichkeit aus; in diesem letzteren Sinne ist die Geometrie ein hypothetisch-deduktives System. – Kant konnte es entgehen, dass „Geometrie" in zwei ganz verschiedenen Arten gebraucht wird, da zu seiner Zeit der Unterschied zwischen der Geometrie als einer rein logischen Wissenschaft und Geometrie als einer empirischen Wissenschaft noch nicht in dieser Weise gemacht wurde. [215] – Ebenso verhält es sich in der Arithmetik; da ist es noch leichter einzusehen, dass die Beweise, die Kant dafür zu erbringen glaubte, dass die arithmetischen Sätze synthetische Natur haben, also Tatsachen der Welt wiedergeben, keine Beweise sind. – Schon Leibniz hat gesehen, dass es sich bei den arithmetischen Sätzen bloss um logische Umformungen handelt. [216] –

215 Vgl. dazu in diesem Bd. S. 164. Sehr ähnlich heißt es in Einsteins Vortrag *Über Geometrie und Erfahrung*, S. 123 f.: „An dieser Stelle taucht nun ein Rätsel auf, das Forscher aller Zeiten so viel beunruhigt hat. Wie ist es möglich, daß die Mathematik, die doch ein von aller Erfahrung unabhängiges Produkt des menschlichen Denkens ist, auf die Gegenstände der Wirklichkeit so vortrefflich paßt? Kann denn die menschliche Vernunft ohne Erfahrung durch bloßes Denken Eigenschaften der wirklichen Dinge ergründen?

Hierauf ist nach meiner Ansicht kurz zu antworten: Insofern sich die Sätze der Mathematik auf die Wirklichkeit beziehen, sind sie nicht sicher, und insofern sie sicher sind, beziehen sie sich nicht auf die Wirklichkeit. Die volle Klarheit scheint mir erst durch diejenige Richtung der Mathematik Besitz der Allgemeinheit geworden zu sein, die unter dem Namen ‚Axiomatik' bekannt ist. Der von der Axiomatik erzielte Fortschritt besteht nämlich darin, daß durch sie das Logisch-Formale vom sachlichen bzw. anschaulichen Gehalt sauber getrennt wurde; nur das Logisch-Formale bildet gemäß der Axiomatik den Gegenstand der Mathematik, nicht aber der mit dem Logisch-Formalen verknüpfte anschauliche oder sonstige Inhalt."

216 Es ist unklar, was Schlick hier meinte. Denkbar wäre, dass er sich wieder auf das berühmte Calculemus bezog, allerdings betonte Leibniz in dieser Passage, dass die philosophische Logik auf die Arithmetik zurückgeführt werden kann. Vgl. dazu in diesem Bd. S. 91, S. 230 sowie S. 269, Block (7).

Der strenge Beweis dafür, dass wir es bei Zahlenrechnungen mit analytischen Sätzen zu tun haben, ist wegen der verschiedensten hierbei auftretenden Fragen keineswegs einfach und gilt gegenwärtig als Hauptproblem | der ganzen Grundlagenforschung 157
5 der Arithmetik (dieser Beweis muss einzeln und schrittweise aus Definitionen aufgebaut werden).[217] Dieser Aufgabe hat sich erstmals Frege mit Hilfe der modernen Mittel gestellt und ihr ist das grosse Werk der „Principia mathematica" von Russell und Whitehead gewidmet. Es soll also die Arithmetik als rein logische
10 Wissenschaft dargestellt werden; das ist mit grossen Schwierigkeiten auch prinzipieller Natur verbunden und die diesbezüglichen Forschungen sind noch keineswegs abgeschlossen. Dennoch besteht kein Zweifel, dass wir es in der reinen Mathematik mit rein logischen Ableitungen, im Kant'schen Sinne also mit ana-
15 lytischen Sätzen zu tun haben. – Die ganze moderne Logik ist ja aus dem Wunsche entstanden, die mathematischen Grundlagen zu erklären und zu erforschen und dabei hat sich als Gewinn die moderne Logik eben ergeben, die an sich als bedeutender Fortschritt betrachtet werden muss. – Der besondere Vorteil der
20 modernen Methode besteht auch darin, dass durch sie Schwierigkeiten aufgezeigt werden, über die man früher hinweggegangen

Es wäre auch möglich, dass er Leibnizens Entdeckung der Binärzahlen und die Rückführung auf diese beiden im Sinn hatte, vgl. dazu Leibnizens Aufsatz *Explication de l'Arithmétique Binaire.*

217 Bei Frege heißt es dazu: „Die Wahrheiten der Arithmetik würden sich dann [wenn sie aus logischen Gesetzen bewiesen sind] zu denen der Logik ähnlich verhalten wie die Lehrsätze zu den Axiomen der Geometrie. [...] Angesichts der gewaltigen Entwicklung der arithmetischen Lehren und ihrer vielfachen Anwendungen wird sich dann freilich die weit verbreitete Geringschätzung der analytischen Urteile und das Märchen von der Unfruchtbarkeit der reinen Logik nicht halten lassen." (Frege, *Grundgesetze der Arithmetik,* § 17).
    Schlick argumentierte jedoch bereits früher dafür, dass die arithmetischen Urteile deshalb nicht analytisch sind, weil sie weiterentwickelte Logik seien, sondern weil sie auf Konventionen beruhen. Sie dazu in diesem Bd. ab S.175. Siehe hierzu auch die Abschnitt zum Logizismus und zum Hilbert-Programm in der Einleitung.

ist; dazu gehören Trugschlüsse und Paradoxien (die auch in der modernen[s][218]

Wir haben schon das Verhältnis der verschiedenen logischen Konstanten (oder Partikel) zueinander betrachtet und gesehen, dass sie nicht von einander unabhängig sind, sondern dass man die einen durch die anderen ausdrücken kann. Die Frage der Verminderung der Zeichen ist eine theoretische; die Frage, welche Zeichen man letzten Endes wählen soll, eine rein praktische. – Wir hatten die Zeichen:

$$\&, \equiv, {}^-, \vee, |, \rightarrow$$

Russell führt, bei Erklärungen, alles zurück auf die beiden Zeichen $\vee, {}^-$. Bei Frege könnte alles durch die beiden Zeichen $\rightarrow, {}^-$ ausgedrückt werden; Man kann auch alles auf die Zeichen $\&, {}^-$ zurückführen.[219]

Dass wir die Äquivalenz durch $\vee$ und ${}^-$ ausdrücken können, lässt sich | leicht beweisen:

$$
\begin{array}{ccccc}
(p \equiv q) & = & (p \rightarrow q) & \& & (q \rightarrow p) \\
& & \downarrow & & \downarrow \\
& & (\bar{p} \vee q) & \& & (\bar{q} \vee p)
\end{array}
$$

das ist die beste Form der Implikation

Wir setzen nun ein:

$$p \,\&\, q = \overline{\bar{p} \vee \bar{q}} \quad \text{und erhalten:} \quad \overline{(\bar{p} \vee q)} \vee \overline{(\bar{q} \vee p)}$$

Wollte man diesen Ausdruck in Worten wiedergeben, so wäre das sehr kompliziert und man wäre nicht imstande, das zu verstehen; so ist die symbolische Schreibweise eine Erleichterung.

s Hier bricht der Satz ab, es wurde jedoch eine Aussparung gemacht.

218 Freges Ansatz führte zu Paradoxien. Siehe dazu in diesem Bd. S. 314, Block (95). Um diese zu lösen, entwickelten Russell und Whitehead die Typentheorie. Schlick bezweifelt deren rein logischen Charakter, siehe dazu in diesem Bd. S. 314, Block (89) sowie S. 325, Block (109).

219 Siehe dazu auch in diesem Bd. S. 279, Block (25).

Wir hatten auch schon gezeigt, dass man das $\vee$ durch $\rightarrow$ ersetzen kann: $p \vee q \equiv (p \rightarrow q) \rightarrow q$ und das bewiesen.

Ansonsten können wir ohne die Negation nicht auskommen. Wir haben auch den interessanten Fall, dass man *mit einem einzigen Zeichen auskommt kann, mit der Imkompatibilität.* Das System, das nur mit einer einzigen logischen Konstanten auskommt, ist das des amerikanischen Logikers Sheffer (Harvard University):[220]

$$p \mid q \equiv \overline{p \,\&\, q} \text{ also } p \text{ und } q \text{ können nicht beide wahr sein.}$$

(Das Zeichen $p \mid q$ wird aber manchmal auch in anderer Bedeutung verwendet und zwar: $p \mid q \equiv \overline{p} \,\&\, \overline{q}$ und auch durch dieses Zeichen kann alles ausgedrückt werden; hier wird davon abgesehen, um Irrtümer zu vermeiden).
Wir überlegen nun, was der Ausdruck $q \mid p$ bedeutet:
Wir lesen das wieder an unserem Wahrheitsschema ab:
es soll beidemale dasselbe p sein:

p	p	$p \mid p$
$\mathcal{W}$	$\mathcal{W}$	$\mathcal{F}$
$\mathcal{F}$	$\mathcal{F}$	$\mathcal{W}$

es bedeutet also die Negation von p, daher: $p \mid p \equiv \overline{p}$

Diese Beziehung hat Ähnlichkeit mit dem sogen[annten] indirekten Beweis in der Wissenschaft, bei dem nachgewiesen wird, dass aus dem Satz sein Gegen|teil folgt und er darum widerspruchsvoll sein muss.
Setze ich p voraus und folgt daraus irgendwie, dass $\overline{p}$ gilt, so folgt aus dem Ganzen $\overline{p}$

$$(p \rightarrow \overline{p}) \rightarrow \overline{p}$$

Mit Hilfe des $p \mid q \equiv \overline{p \,\&\, q}$ können wir auch sehr leicht die *Konjunktion ausdrücken*:

$$p \,\&\, q \equiv \overline{p \mid q}$$

---

220 Siehe dazu in diesem Bd. S. 279, Block (25).

Ferner heisst: $(p \mid q) \mid (p \mid q)$ nichts anderes, als dass p und q beide gelten.

Oder: $p \mid q \equiv \bar{p} \vee \bar{q}$, $\bar{p} \mid \bar{q} \equiv p \vee q \equiv (p \mid p) \mid (q \mid q)$

Die *Implikation*: $p \rightarrow q \equiv \bar{p} \vee q$ kann ausgedrückt werden durch:

$$[(p \mid p) \mid (p \mid p)] \mid (q \mid q)$$

oder: $p \rightarrow q \equiv p \mid \bar{q} \equiv p \mid (q \mid q)$ sehr einfache Darstellung.

Wir sehen also, dass die Zahl der verwendeten Konstanten eigent-   5
lich willkürlich ist: das ist eben eine Eigenschaft unseres Symbolismus, dass wir z. B. alles auf die Inkompatibilität zurückführen
können; es wäre aber falsch, deswegen zu denken, dass die Un-
vereinbarkeit zweier Aussagen etwas Grundlegendes sei. – In der
Logik ist nicht irgendein Zeichen, z. B. irgendeine Zahl 1 aus-   10
gezeichnet; eine solche Ausdrucksweise wäre ein Überrest unzweckmässiger logischer Verhältnisse. Wir dringen durch den
Symbolismus nicht etwa in irgendwelche tiefe[n] Geheimnisse des
Denkens ein, sondern *der Symbolismus ist eine praktische Bezeichnungsweise; es handelt sich dabei um Schreibformeln, wie*   15
es sich in der Sprache um Sprachformeln handelt. Es wäre aber
falsch, eine weitere Bedeutung damit verbinden zu wollen. (Wir
werden später sehen, dass sich sämtliche Sätze, die wir in der
Logik aufstellen, aus einem einzigen ableiten lassen; aber auch
darin darf man keine Mystik vermuten.)   20

160 |Bei dem nun Folgenden handelt es sich um Überlegungen,
die mit gewissen Überlegungen der früheren Logik parallel laufen
und auch heute noch in verschiedener Form auftreten:

Wir hatten die Wahrheitsfunktionen $p \vee q$ und $p \,\&\, q$ mit Hilfe
unseres Wahrheitsschemas angegeben; darin sind p und q voll-   25
kommen symmetrisch aufgetreten, d. h. es kam bei unseren Definitionen nur auf das an, was im Wahrheitsschema abzulesen war
und nicht auf die Ordnung der Symbole. In dem Schema kommt
also zum Ausdruck, dass die beiden Aussagen p und q gleichwertig sind. – Jedes Symbol aber ist ein räumlich-zeitlicher Körper   30
und daher an Raum und Zeit gebunden; es hat daher Eigenschaf-

ten, von denen wir nur einige zum Symbolisieren benützen und andere wieder nicht. Die Zeichen bestehen, z. B. aus Kreide, aus Tinte oder anderem – das aber ist unwesentlich und es soll davon abstrahiert werden, wie auch von der Grösse und Zufälligkeit
5 der Form dieser Zeichen, etz. – Man sieht diese Zeichen doch als gleiche Zeichen an. Es kann aber in der Schreibweise nie so zum Ausdruck kommen, dass in der Art und Weise gar kein Unterschied gemacht wird zwischen p und q, so wie diese in die Definitionen der Wahrheitsfunktionen eingehen; es soll das eine Zeichen
10 dem anderen nicht logisch vorangehen, trotz der gewissen Asymmetrie, die eine blosse Eigenschaft unserer Schreibweise ist. Wir müssen die Zeichen immer irgendwie neben – oder übereinander schreiben, so wie wir beim Sprechen einen Satz nach dem anderen sprechen müssen, auch wenn wir gar nicht meinen, dass der eine
15 früher und der andere später ist; wir sind in der Wirklichkeit eben an die räumlich-zeitliche Folge gebunden. Um nun nachträglich diese Eigenheit von Schreiben und Sprechen, diese Asymmetrie aufzuheben, kann durch eine Formel ausgedrückt werden, dass im Symbolismus die Reihenfolge der Zeichen nichts bedeutet, nichts
20 ausdrücken soll. Es handelt sich also um eine nachträgliche Korrigierung der Zufälligkeiten unseres Symbolismus | und diese wird 161 gegeben durch die Formeln:

$$p \vee q \equiv q \vee p \text{ und } p \,\&\, q \equiv q \,\&\, p$$
die kommutativen Gesetze

25 (Diese Formeln also würde man gar nicht brauchen, wenn man ein Mittel hätte, p und q so zu schreiben, dass sie gar nicht vor einander ausgezeichnet wären).

Der Symbolismus hat diese Unzweckmässigkeit, weil er eben eine Wirklichkeit bedeutet (Kreidekörperchen u[nd] d[er]gl[ei-
30 chen]), doch lässt sich diese wieder durch eine Formel aufheben. *Die kommutativen Gesetze* sind also *nur Festsetzungen darüber, wie man mit dem Symbolismus etwas bezeichnen will.* („Gesetz" hat hier also eine andere Bedeutung als Naturgesetz; es ist eine *Schreibregel*). [221]

---

221 Wittgenstein erläuterte am Beispiel: „Wozu brauchen wir denn das kom-

Ferner sind für das Rechnen mit den Zeichen wichtig die *asso-ziativen Gesetze* (die den assoziativen Gesetzen in der Arithmetik entsprechen): dass associative Gesetz der Disjunktion:

$$(p \lor q) \lor s \equiv p \lor (q \lor {}^{\mathrm{t}}s) \equiv p \lor q \lor s$$

das associative Gesetz der Konjunktion:

$$(p \,\&\, q) \,\&\, s \equiv p \,\&\, (q \,\&\, s) \equiv p \,\&\, q \,\&\, s$$

Die wichtigsten dieser Art sind die *distributiven Gesetze*; sie han-deln von der Verwendung der Klammern, wenn die Zeichen & und ∨ gemischt vorkommen; man kann gemäss diesen Gesetzen eine Operation mit den Zeichen durchführen, die dem Ausmultiplizie-ren in der Arithmetik analog ist:

$$p \,\&\, (q \lor s) \equiv (p \,\&\, q) \lor (p \,\&\, s)$$

dasselbe gilt auch für:

$$p \lor (q \,\&\, s) \equiv (p \lor q) \,\&\, (p \lor s)$$

Aus diesen beiden Formeln ist zu ersehen, dass *eine vollkommene Parallelität zwischen den Zeichen & und ∨ besteht, eine Dualität; man rechnet mit | ihnen ganz in der gleichen Weise;* das gilt in der Arithmetik nicht:
In der Arithmetik gilt wohl $a.(b + c) = (a.b) + (a.c)$
aber nicht: $a + b.c = (a + b).(a + c)$.
Das arithmetische Gesetz muss aus dem Wesen, d. h. aus der De-finition der Zahlen abgeleitet werden, während keine Rede davon

t Wurde handschriftlich korrigiert.

mutative Gesetz? Doch nicht, um die Gleichung $4 + 6 = 6 + 4$ anschreiben zu können, denn diese Gleichung wird durch ihren besonderen Beweis gerechtfertigt. Und es kann freilich auch der Beweis des kommutativen Gesetzes als ihr Beweis verwendet werden, aber dann ist er eben jetzt / (hier) ein spezieller (arithme-tischer) Beweis. Ich brauche das Gesetz also, um danach mit Buchstaben zu operieren." (Ts 212, 1757)

ist, dass diese Gesetze in der Logik aus dem Wesen der Aussagen abgeleitet sind; diese Gesetze sind einfach Rechenregeln.

Bei den distributiven Gesetzen kommen drei Argumente vor, d. s. 2^3 verschiedene Wahrheitsmöglichkeiten und die daraus folgenden Wahrheitsfunktionen sind 2^{2^3} also 256.

Wir wollen eines dieser Gesetze beispielshalber beweisen; wir gehen also auf die Definitionen des & und des ∨ zurück:

$$p \vee (q \,\&\, s) \equiv (p \vee q) \,\&\, (p \vee s)$$

(hätten wir z. B. $[s]^? \,\&\, p \vee (q \,\&\, s)$, so bedeutet $r \,\&\, p$ eine Aussage, die man für p einsetzen kann; man führt so eine Verbindung auf die andere zurück).

p	$[q]^{\text{u}}$	s	$q \,\&\, s$	$p \vee (q \,\&\, s)$	$p \vee q$	$p \vee s$	$(p \vee q) \,\&\, (p \vee s)$
$\mathcal{W}$	$\mathcal{W}$	$\mathcal{W}$	$\mathcal{W}$	$\mathcal{W}$	$\mathcal{W}$	$\mathcal{W}$	$\mathcal{W}$
$\mathcal{W}$	$\mathcal{F}$	$\mathcal{W}$	$\mathcal{F}$	$\mathcal{W}$	$\mathcal{W}$	$\mathcal{W}$	$\mathcal{W}$
$\mathcal{F}$	$\mathcal{W}$	$\mathcal{W}$	$\mathcal{W}$	$\mathcal{W}$	$\mathcal{W}$	$\mathcal{W}$	$\mathcal{W}$
$\mathcal{F}$	$\mathcal{F}$	$\mathcal{W}$	$\mathcal{F}$	$\mathcal{F}$	$\mathcal{F}$	$\mathcal{W}$	$\mathcal{F}$
$\mathcal{W}$	$\mathcal{W}$	$\mathcal{F}$	$\mathcal{F}$	$\mathcal{W}$	$\mathcal{W}$	$\mathcal{W}$	$\mathcal{W}$
$\mathcal{W}$	$\mathcal{F}$	$\mathcal{F}$	$\mathcal{F}$	$\mathcal{W}$	$\mathcal{W}$	$\mathcal{W}$	$\mathcal{W}$
$\mathcal{F}$	$\mathcal{W}$	$\mathcal{F}$	$\mathcal{F}$	$\mathcal{F}$	$\mathcal{W}$	$\mathcal{F}$	$\mathcal{F}$
$\mathcal{F}$	$\mathcal{F}$	$\mathcal{F}$	$\mathcal{F}$	$\underline{\mathcal{F}}$	$\mathcal{F}$	$\mathcal{F}$	$\underline{\mathcal{F}}$

Wir sehen, dass beide Verbindungen in gleicher Weise vom Aussagewert der Argumente abhängen, daher stimmt obige Formel (diese selbst also ist | eine Tautologie.)

[5. Kapitel:] *Weitere Beweismethoden des Aussagenkalküls:*[222]

Im Grunde ist es merkwürdig, von verschiedenen Beweismethoden zu sprechen, da man, wie es scheint, doch nur von einem Beweis sprechen kann, dem Zurückgehen auf die Definitionen

u Im Original wurde fälschlich ⟨p⟩ geschrieben.

222 Siehe dazu auch in diesem Bd. S. 274–290.

nämlich. In der Tat handelt es sich bei diesen anderen Beweismethoden nur um eine verschiedene Art der Darstellung und nicht
etwa um logisch Verschiedenes; es wird nur rein äusserlich eine
andere Schreibweise verwendet, d. h. der Prozess ist psychologisch
ein verschiedener, was damit getan wird aber bleibt immer das- 5
selbe. Es gibt im Grunde also immer nur einen Beweis und das
gilt sogar, wenn man die Beweise genau auf ihren Sinn betrachtet, auch für die Mathematik (nur ist dies für die verschiedenen
Beweise in der Mathematik oft schwer einzusehen und schwer zu
beweisen). 10

Wir hatten bis nun die Beweismethode des Zurückgehens auf
das Wahrheits- und Falschheitsschema und das direkte Ablesen
davon.

Man kann nun als andere Beweismethode in der Weise vorgehen, dass man, wenn man den Wahrheitswert einer Formel oder 15
Verbindung erkennen will, die einzelnen Werte für die Argumente der Wahrheitsfunktion der Reihe nach durch die Buchstaben
$\mathcal{W}$ und $\mathcal{F}$ ersetzt und so alle Möglichkeiten durchgeht; es ist
eigentlich dasselbe Vorgehen wie früher beim Schema. Zeile für
Zeile, bloss geschieht hier *durch Überlegung*, was wir früher direkt 20
aufgeschrieben haben. Es werden also *die einzelnen Argumente*
als Variable betrachtet, für die wir verschiedene Werte einsetzen
können; es sind das für n Variable immer 2^n Möglichkeiten (das
ist praktisch nur durchführbar, wenn die Zahl der Variablen nicht
zu gross ist). 25

Wenn wir uns in Bezug auf die verschiedenen logischen Kon-
stanten die Ver|bindungen der Wahrheitswerte genau überlegen,
können wir äusserlich die Form anders darstellen; z. B wenn ich
die Aussage p habe und die Aussage $\bar{p}$, so kann p wahr sein, dann
ist $\bar{p}$ falsch oder es kann p falsch sein, dann ist $\bar{p}$ wahr (denn das 30
war eben die Definition der Negation); wir können also schreiben
$\mathcal{W} = \overline{\mathcal{F}}$ und $\mathcal{F} = \overline{\mathcal{W}}$.

Wir können diese Abkürzungen dann wieder rückwirkend aufheben und erhalten die gewöhnlichen Formeln.

Weiter: $p \,\&\, q$ ist nur eine Abkürzung für die vier verschiede- 35
nen Möglichkeiten:

544

$$\begin{array}{cc} \mathcal{W} & \mathcal{W} \\ \mathcal{W} & \mathcal{F} \\ \mathcal{F} & \mathcal{W} \\ \mathcal{F} & \mathcal{F} \end{array}$$ Wir sehen also p und q als Variable an, die die Werte wahr und falsch erhalten können und keine anderen;

Wir können also schreiben:

$$\mathcal{W} \& \mathcal{W} = \mathcal{W}, \ \mathcal{W} \& \mathcal{F} = \mathcal{F}, \ \mathcal{F} \& \mathcal{W} = \mathcal{F}, \ \mathcal{F} \& \mathcal{F} = \mathcal{F}$$

$$\begin{array}{llll} p \vee q & \mathcal{W} \vee \mathcal{W} = \mathcal{W} & p \to q & \mathcal{W} \to \mathcal{W} = \mathcal{W} \\ & \mathcal{W} \vee \mathcal{F} = \mathcal{W} & & \mathcal{W} \to \mathcal{F} = \mathcal{F} \\ & \mathcal{F} \vee \mathcal{W} = \mathcal{W} & & \mathcal{F} \to \mathcal{W} = \mathcal{W} \\ & \mathcal{F} \vee \mathcal{F} = \mathcal{F} & & \mathcal{F} \to \mathcal{F} = \mathcal{F}\,^{223} \end{array}$$

5 Mit Hilfe dieser Überlegungen können wir nun auch unsere Formeln beweisen; z. B. die sehr wichtige Formel (deren Bedeutung
wir später einsehen werden):

$$p \to [(p \to q) \to q]$$

d. h. wenn q aus p folgt und p eine wahre Aussage ist, dann gilt q.
10 Wir setzen nun erst ein:

$$\begin{array}{ll} p = \mathcal{W} & q = \mathcal{W} \quad \text{und sehen durch Überlegung ein,} \\ & \qquad\quad \text{dass alles wahr ist} \\ p = \mathcal{W} & q = \mathcal{F} \quad \text{dtto.} \\ p = \mathcal{F} & q = \mathcal{W} \quad \text{dtto.} \\ p = \mathcal{F} & q = \mathcal{F} \quad \text{dtto.} \end{array}$$

daher ist die ganze Verbindung eine Tautologie, also immer richtig. Diese Einsetzung von wahr und falsch in die Gleichungen ist
im Grunde nichts anderes als eine Benützung der Wahrheitssche-
15 mata, durch Substitution. *Diese Beweise können nur dann als*
Beweise gerechnet werden, wenn wir zu | dem Resultat kommen, 165
dass die vorliegende Aussage entweder eine Tautologie oder ei-
ne Kontradiktion ist; andernfalls ist nichts bewiesen, denn dann
ist die Aussage eben eine Wahrheits-Funktion, die irgendwie von
20 den Wahrheitswerten der Argumente abhängt.

---

223 Hier sollte es wohl „$\mathcal{F} \to \mathcal{F} = \mathcal{W}$" heißen.

Die *3. Beweismethode* besteht darin, dass wir den Ausdruck, um dessen Prüfung es sich handelt, durch Umformen auf eine ganz bestimmte Form bringen, der wir es sofort ansehen können, ob sie wahr, also eine Tautologie ist oder nicht. Wir nennen eine solche Form *Normalform* und unterscheiden deren zwei:

1) Die *konjunktive Normalform* besteht darin, dass wir den ganzen Ausdruck in eine Konjunktion von Disjunktionen umformen: $(.\vee.) \& (.\vee.) \& (.\vee.)$ ..... und zwar sollen die Zeichen nur zwischen den Argumenten selbst oder ihren Verneinungen stehen, nicht aber zwischen irgendwelchen Aussagefunktionen.

Diese Form ist immer dann eine Tautologie, wenn in jeder einzelnen Disjunktion ein Argument zugleich mit seiner Verneinung vorkommt; denn dann ist jeder Klammerausdruck bestimmt wahr und die ganze Verbindung ein Produkt von lauter wahren Aussagen, also selbst wahr; d. i. der *Beweis der Widerspruchslosigkeit.*

2) Die *disjunktive Normalform* besteht aus einer Disjunktion von lauter Konjunktionen:

$$(.\&.)\vee(.\&.) \vee (.\&.) .....$$

diese Normalform dient dazu, um zu erkennen, ob ein Ausdruck immer falsch oder eine Kontradiktion ist. Dies ist dann der Fall, wenn sämtliche einzelnen Glieder dieser Form falsch sind und das wieder, wenn in jedem Glied die Konjunktion einer Aussage und ihres Gegenteils vorkommt. Ist das der Fall, dann gibt es keine Möglichkeit, einen Ausdruck zu erfüllen. *Mit Hilfe der disjunktiven Normalform beweist man die Nichterfüllbarkeit eines*

166 | *Ausdruckes.*

Mit Hilfe der konjunktiven Normalform beweist man die Widerspruchslosigkeit eines Ausdrucks.

Wir geben nun ein Beispiel, um die Methode zu erläutern: wir wollen eine auch sachlich wichtige Formel

$$(p \to q) \to [(p \vee s) \to (q \vee s)]$$

prüfen, indem wir sie auf die Normalform bringen. (Diese Formel sagt aus, dass eine Implikation wahr bleibt, wenn wir sowohl mit dem Implicans, als auch mit dem Implicat eine neue Aussage disjunktiv verbinden).

Wir wissen, dass gilt: $p \rightarrow q \equiv \overline{p} \vee q$ und wenden dies nun dreimal auf obige Aussage an:

$$(\overline{\overline{p} \vee q}) \vee (\overline{p \vee s}) \vee (q \vee s)$$

Wir müssen nun jedes Argument isolieren, daher lösen wir die über einer Gruppe stehenden Nicht-Zeichen auf, indem wir sie weglassen und statt dessen die einzelnen Argumente verneinen und $\vee$ durch $\&$ ersetzen:

$$(p \,\&\, \overline{q}) \vee (\overline{p} \,\&\, \overline{s}) \vee q \vee s$$

nun multiplizieren wir aus, nach den distributiven Formeln:

$$[(p \,\&\, \overline{q}) \vee \overline{p}] \,\&\, [(p \,\&\, \overline{q}) \vee \overline{s})^{\text{v}}] \vee q \vee s$$

Wir wiederholen das Ausmultiplizieren:

$$[(p \vee \overline{p}) \,\&\, (\overline{q} \vee \overline{p}) \,\&\, (p \vee \overline{s}) \,\&\, (\overline{q} \vee \overline{s})] \vee q \vee s$$

So erhalten wir dann die *Normalform*:

$$(p \vee \overline{p} \vee q \vee s) \,\&\, (\overline{q} \vee \overline{p} \vee q \vee s) \,\&\, (p \vee \overline{s} \vee q \vee s) \,\&\, (\overline{q} \vee \overline{s} \vee q \vee s)$$

Wir stellen hier nun eine Art Beweisüberlegung an:
In jeder Klammer, die eine Disjunktion der einzelnen Argumente ist, kommt eines der Argumente mit seiner Negation vor; das bedeutet, dass jede dieser Disjunktionen wahr ist, welchen Wahrheitswert die übrigen Glieder der Disjunktionen auch haben (denn [laut] Definition ist eine Disjunktion immer dann wahr, wenn eines ihrer Glieder wahr ist; mindestens eines). Würde in der | Normalform dieses besondere Glied, das einmal bejaht und einmal verneint nicht vorkommen, dann könnte man an Stelle der einzelnen Aussagen ihr Gegenteil einsetzen und es so erreichen, dass die einzelnen disjunktiven Glieder voneinander unabhängig sind. Es muss daher in der Normalform einer Tautologie in jedem einzelnen Glied die Disjunktion eines Argumentes und seiner Negation vorkommen, denn damit wird die Falschmachung eines

v Klammer öffnet im Original nicht

Gliedes auf jeden Fall aufgehoben und die Disjunktion also unter allen Umständen wahr gemacht.

Es ist dies eine selbstverständliche und allgemeine *Regel, dass man bei einer wahren Disjunktion nach Belieben ein wahres oder falsches Glied hinzufügen kann, ohne dass sich etwas ändert. Bei einer Konjunktion hingegen kann man ein wahres Glied hinzufügen oder weglassen, ohne dass der Wahrheitswert der ganzen Konjunktion geändert wird.*

Die Umformung eines Ausdrucks in eine Normalform ist nicht ganz eindeutig, da es verschiedene Arten gibt, denselben Ausdruck in einer Normalform darzustellen; das spielt aber prinzipiell keine Rolle. Als Beispiel eines logischen Beweises dafür betrachten wir im Folgenden die *Normalform der Äquivalenz*:

$$p \equiv q \text{ bedeutet, dass entweder } p \text{ und}$$
$$q \text{ gilt oder } \overline{p} \text{ und } \overline{q};$$

also erstens $(p \to q) \,\&\, (q \to p)$ oder
$(\overline{p} \vee q) \,\&\, (\overline{q} \vee p)$ konjunkt[ive] Normalf[orm] d[er] Äquivalenz

oder $(p \,\&\, q) \vee (\overline{p} \,\&\, \overline{q})$ disjunkt[ive Normalform der Äquivalenz]

Der erste Ausdruck ist schon in der Normalform, wenn auch nicht in jedem Glied ein Argument mit seiner Verneinung disjunktiv verbunden ist, da die ganze Verbindung keine Tautologie ist, sondern wahr oder falsch sein kann, je nachdem was p und q für Aussagen sind.

Wir wollen nun den zweiten Ausdruck aus seiner disjunktiven Form auf eine konjunktive bringen:|

$$[p \vee (\overline{p} \,\&\, \overline{q})] \,\&\, [q \vee (\overline{p} \,\&\, \overline{q})]$$

wir multiplizieren aus:

$$(p \vee \overline{p}) \,\&\, (p \vee \overline{q}) \,\&\, (q \vee \overline{p}) \,\&\, (q \vee \overline{q})$$

lässt man in diesem Ausdruck nun das erste und vierte Glied weg (was bei einer Konjunktion erlaubt ist, wenn es sich um wahre

548

Glieder handelt), so erhält man wieder die obige konjunktive Normalform der Äquivalenz $(p \vee \overline{q}) \,\&\, (q \vee \overline{p})$.

Beispiel, wie wir die disjunktive Normalform zur Erkennung einer Kontradiktion benützen können; wir verkehren z. B. eine Tautologie in ihr Gegenteil: wir hatten den Satz der Wendung $(p \rightarrow q) \rightarrow (\overline{q} \rightarrow \overline{p})$, d. h. wenn die Folge mit dem Grund gegeben ist, so ist mit dem Aufheben der Folge auch der Grund aufgehoben; die Kontradiktion dieses Satzes ist nun:

$$\overline{(p \rightarrow q) \rightarrow (\overline{q} \rightarrow \overline{p})}$$

das lässt sich nun anders schreiben, indem wir auflösen:

$$\overline{(\overline{\overline{p} \vee q}) \vee (q \vee \overline{p})} \equiv (\overline{p} \vee q) \,\&\, (\overline{q \vee \overline{p}}) \equiv (\overline{p} \vee q) \,\&\, (\overline{q} \,\&\, p)$$

nun wird ausmultipliziert:

$$(\overline{p} \,\&\, \overline{q} \,\&\, p) \vee (q \,\&\, \overline{q} \,\&\, p)$$

dies ist nun eine disjunktive Normalform, bei welcher jedes einzelne Glied falsch ist, daher ist die Verbindung auch falsch und damit bewiesen, dass es sich um eine Kontradiktion handelt.

Bei dem sogen[annten] *Dualitätsprinzip in der Logik* handelt es sich um Folgendes: haben wir einen Ausdruck, dessen Elemente nur mittels Disjunktion und Konjunktion verbunden sind, dann können wir ihn derart umformen, dass wir die einzelnen Argumente negieren und die logischen Partikel $\&$ und $\vee$ vertauschen. Durch diese Operation erhalten wir allerdings eine nicht der ursprünglichen Aussage, sondern eine ihrer Negation äquivalente Aussage. – Der Gedanke der Dualität schliesst sich an gewisse (schon oft benützte) Formeln an, näm[lich] an die Auflösung der | 169 Negation:

$$\overline{p \,\&\, q} \equiv \overline{p} \vee \overline{q}, \qquad \overline{p \vee q} \equiv \overline{p} \,\&\, \overline{q}$$

der Verneinungsstrich kann also auf die einzelnen Argumente übertragen werden, wenn man gleichzeitig das $\&$ durch $\vee$ ersetzt (und umgekehrt): für drei Argumente ergibt das:

$$\overline{p\,\&\,q\,\&\,s} \equiv \overline{p\,\&\,q} \vee \overline{s} \equiv \overline{p} \vee \overline{q} \vee \overline{s}$$

das ist das allgemeine Prinzip.

Wir wollen nun zeigen, dass man speziell *in einer Äquivalenz*, bei der die beiden Aussagen nur durch & und ∨ Zeichen verbunden sind, bloss dieses Zeichen vertauschen kann und wieder einen richtigen Ausdruck erhält: wir nehmen zwei Ausdrücke an, P und Q, von denen gilt: $P \equiv Q$; dann folgt aus der Bedeutung der Äquivalenz, dass auch gelten muss $\overline{P} \equiv \overline{Q}$; wir gehen nun vor wie folgt: wir bilden zunächst das Gegenteil des Ausdruckes P, indem wir nach der Dualitätsregel die einzelnen Argumente negieren und die Zeichen & und ∨ miteinander vertauschen; dasselbe machen wir mit dem Ausdruck Q; dann sind $\overline{P}$ und $\overline{Q}$ äquivalent; schliesslich vertauschen wir wieder $\overline{P}$ mit P und $\overline{Q}$ mit Q, worauf die Formel auch richtig sein muss: damit sind aber die ursprünglichen Negationen aufgehoben und es ist nur die Vertauschung von & und ∨ geblieben.

$$P(p, q, \ldots\ldots \vee, \&) \equiv Q(p, q, \ldots\ldots \vee, \&)$$

(diese Reihenfolge soll bedeutsam sein, d. h. nicht umgekehrt werden) Wir wenden nun die Dualitätsregel an und bilden $\overline{P}$, indem wir vertauschen:

$$P(\overline{p}, \overline{q}, \ldots\ldots \&, \vee) \equiv \overline{P}(p, q, \ldots\ldots \vee, \&)$$

von dieser Verneinung der ursprünglichen Form aber gilt, dass sie gleich ist $\overline{Q}(p, q, \ldots\ldots \vee, \&)$, denn es ist ja Voraussetzung, dass die Äquivalenz besteht; man wendet nun dieselbe dualistische Operation auf Q an und erhält: $Q(\overline{p}, \overline{q}, \ldots\ldots \&, \vee)$ das ist nun gleich der Negation des ursprüngli|chen Q, daher:

$$Q(\overline{p}, \overline{q}, \ldots\ldots \&, \vee) \equiv P(\overline{p}, \overline{q}, \ldots\ldots \&, \vee)$$

und das gilt auch allgemein für die Negation der Argumente, da man in einer Äquivalenz für jedes der Argumente durchlaufend ein bestimmtes anderes setzen darf (l[au]t Substitutionsregel); so erhalten wir:

550

$$Q(p, q, ... \,\&,\, \vee) \equiv P(p, q, ... \,\&,\, \vee)$$

Ein Beispiel dafür sind die beiden distributiven Gesetze:

$$p \vee (q \,\&\, s) \equiv (p \vee q) \,\&,\, (q \vee s)$$

daraus können wir sofort durch Vertauschung von $\&$ und $\vee$ das andere distributive Gesetz ableiten:

$$p \,\&\, (q \vee s) \equiv (p \,\&\, q) \vee (p \,\&\, s)$$

(Die Richtigkeit dieses Gesetzes haben wir bereits gezeigt).

5 Wir beweisen hier nicht, ob die beliebige Anwendung der Rechenregeln nicht zu Widersprüchen führen kann. Dieser Beweis ist nicht einfach zu führen, ist aber eine der wichtigsten Aufgaben der modernen Logik, eine derjenigen, deretwillen diese moderne Logik überhaupt erfunden wurde. – In der Mathematik (darunter
10 ist jede rein deduktive Disziplin verstanden) ist es eine der wichtigsten Fragen, ob die Axiome zusammen mit den Rechenregeln zu einem Widerspruch führen können oder nicht; denn nur wenn dies nicht der Fall ist, handelt es sich um analytische Sätze. Das ist aber besonders schwer zu zeigen und noch nicht ganz durch-
15 geführt.[224]

Wir beschäftigen uns nun mit einer ganz anderen Beweismethode, die von prinzipieller Wichtigkeit ist, da hier Grundgedan-

---

[224] Mit einer ähnlichen Bemerkung schloss Schlick bereits seine Vorlesung über die philosophischen Grundlagen der Mathematik ab (siehe dazu in diesem Bd. S. 220). Zuvor erörtert er die Widerspruchsfreiheit der Mengenlehre (S. 198 und S. 208), der Arithmetik (S. 212) sowie der Geometrie (S. 157). Die Widerspruchs-freiheit der *Principia Mathematica* von Russell und Whitehead, an der sich Schlick noch Ende der zwanziger Jahre stark orientierte (in diesem Bd. ab S. 265), kann wegen Kurt Gödels Unvollständigkeitssatz nicht mit ihren eigenen Mitteln bewiesen werden (Gödel, *Über formal unentscheidbare Sätze der Principia Mathematica und verwandter Systeme*). Für die an Zermelo orientierte Mengenlehre (Zermelo, *Untersuchungen über die Grundlagen der Mengenlehre*) ohne Unendlichkeitsaxiom hat Abraham Fraenkel 1930 ein Modell angegeben und damit ihre Widerspruchslosigkeit bewiesen (Fraenkel, *Axiomatische Theorie der geordneten Mengen*). Siehe hierzu auch die Einleitung dieses Bandes.

ken zur Sprache kommen, die für das Verständnis des Wesens der Logik von grosser Bedeutung sind. Diese Beweismethode besteht darin, dass man die einzelnen Sätze der Logik auf die sogenannten Axiome zurückführt; d. h. man ver|sucht in der Logik eine Methode des Beweises anzuwenden, die analog der in den deduktiven Wissenschaften sonst üblichen ist. – Es scheint nun paradox, dass man zwischen Logik und deduktiven Wissenschaften eine Analogie herstellen kann, da die deduktiven Wissenschaften solche eben deshalb sind, weil die Verknüpfung ihrer Sätze eine logische ist, d. h. mit Hilfe der Regeln der Logik hergestellt wird. Haben wir einmal Axiome angenommen, so steht deren Wahrheit nicht mehr in Frage und die einzelnen Sätze werden von den Axiomen mit Hilfe der logischen Regeln abgeleitet. Diese Regeln sind gleichsam das Verbindende und dies will man nun wieder für sich als System auffassen, das gleicherweise zu interpretieren wäre – da brauchte man nun wieder etwas Verbindendes und deshalb ist es ein merkwürdiger Gedanke, dass wir für die Logik dasselbe machen wollen, wie für die deduktive Wissenschaft, obgleich also die Logik gerade das Mittel ist, vermöge dessen die deduktive Wissenschaft erst zu einer solchen wird. Also eine Logik der Logik, eine *Meta–Logik*, wie Hilbert sie nennt. [225]

Nun ist aber dieses meta-logische Verfahren dem der Deduktion in der Wissenschaft (diesem inhaltlichen Erschliessen) nur äusserlich ähnlich und es muss von vornherein ein Unterschied

---

225 Schlick hatte hier vermutlich Hilberts Vortrag „Über die logischen Grundlagen der Mathematik" gedacht, den dieser 1922 auf der Tagung der *Gesellschaft Deutscher Naturforscher und Ärzte* hielt. Dort hielt auch Schlick seinen Vortrag 1923a *Relativitätstheorie* (*MSGA* I/5, S. 521–550). Siehe zur Auseinandersetzung mit dieser Arbeit Hilberts auch in diesem Bd. S. 291, Block (50) sowie die Einleitung.

Zur Metalogik heißt es bei Wittgenstein: „Wie es keine Metaphysik gibt, so gibt es keine Metalogik. Das Wort ‚Verstehen', der Ausdruck ‚einen Satz verstehen', ist auch nicht metalogisch, sondern ein Ausdruck wie *jeder* andre der Sprache." (Ts 212, 5 f. und sehr ähnlich auch Ms 114, 32 r)

Der bereits in der vorigen Anmerkung erwähnte Gödel'sche Unvollständigkeitssatz besagt jedoch, dass der Widerspruchsfreiheitsbeweis für die Arithmetik nur in einer gegenüber der Arithmetik echt reicheren Metalogik geführt werden kann.

zwischen den Methoden der Wissenschaft und der logischen Beweismethode vorhanden sein. (In dieser Beziehung sind einige der modernen logischen Verfahren nicht richtig.) – In dieser modernen Logik werden die Beweise nun tatsächlich nicht durch Überlegung dessen geführt, was da vorgenommen wird, nicht durch inhaltliche Schlussweise also, sondern an deren Stelle tritt eine Beweismethode, bei der jede Besinnung auf das, was damit getan wird, vermieden werden soll: man führt eine logische Überlegung also, ohne zu überlegen, man verfährt rein mechanisch.

Dieser Gedanke liegt im Zuge der modernen Entwicklung der deduktiven Wissenschaft überhaupt. Er resultiert aus dem Streben, die Beweise|so streng als möglich zu gestalten; mit dieser Forderung aber ist es unverträglich, auf die Anschauung zu rekurieren, *denn es soll gar keine unausgesprochene Voraussetzung in die Beweismethode eingehen.* Dieser Weg, das Schliessen so vorzunehmen, dass es *fast mechanisch* vor sich geht, wurde zuerst in der Geometrie eingeschlagen; man wollte sich nun nicht länger auf Figuren berufen, wie in dem bekannten Satze z. B., dass eine Gerade, die eine Seite eines Dreiecks schneidet, immer noch eine andere Seite des Dreiecks schneiden muss; denn dieser Satz enthält einen Appell an die Anschauung, ohne dass dies direkt ausgesprochen wird; er würde immer stillschweigend vorausgesetzt und erst Hilbert hat ihn explizit unter die Axiome der Geometrie aufgenommen.[226] Solange man sich nicht bewusst ist, dass man diesen Satz vorausgesetzt hat, ohne ihn bewiesen zu haben, ist die logische Situation unbefriedigend; denn dann folgt das, was man de facto ableitet, nicht *nur* aus den angegebenen Voraussetzungen, sondern auch aus anderem, stillschweigend angenommenem. Es sollte nunmehr kein stillschweigend angenommener Satz in die Beweise der Mathematik eingehen. (Im tägl[ichen] Leben wäre dies allerdings niemals möglich, denn da sind die Voraussetzungen, die wir bei allen unseren Schlüssen, unserem Denken machen müssen, so zahlreich, dass es unmöglich wäre, sie stets ausdrücklich anzuführen).

172

226 Siehe dazu auch in diesem Bd. S. 157.

Hilbert hat gezeigt, dass alle Beweise in der Mathematik auf die arithmetischen Beweise zurückführbar sind und es sich nun darum handle, die Arithmetik in dieser neuen Art und Weise zu behandeln. Diese Methode wurde von Hilbert also zuerst für die Arithmetik ausgebildet, es gibt aber noch eine Reihe anderer Systeme.[227]

Das Streben geht bei Aufstellung dieser neuen Beweismethode also dahin, in die Beweise keine Voraussetzungen aufzunehmen, ohne sie ausgesprochen zu haben: der Beweis soll gar keinen Appell mehr an etwas enthal|ten, das nicht explizit hingeschrieben wurde; den einmal als Axiome angenommen und hingeschriebenen Zeichen oder Formeln ist somit die Eigenschaft verliehen, dass man keine Überlegung mehr damit verbinden muss und soll. Man sieht also eine Beweismethode als ideal an, die vollkommen mechanisch verfährt. Sind die Axiome einmal festgelegt, dann sind die Beweise nichts als eine fortlaufende Reihe von Zeichen, die eine aus der anderen folgen, nach den zugrundegelegten Regeln, ohne dass sich noch Überlegungen daran schliessen können. Es kommt bei diesen Beweisgängen gar nicht mehr auf den Inhalt an, sondern man operiert bloss mit den Zeichen; daher spricht man im Falle dieser Methode von einer *Formalisierung des Beweises*. Diese Beweismechanik strebt man nun auch für die logischen Beweise an; die grossen Systeme von Hilbert[228] und von Russell und Whitehead sind solche, die von Axiomen ausgehen.[229] Über das vorausgesetzte Axiomensystem hat man sich zumeist geeinigt; es ist nach dem gebildet, das man für die Arithmetik gehabt hat.

227 In den Kapiteln V–VII seiner *Grundlagen der Geometrie* zeigte Hilbert mit Hilfe des Desargueschen Satzes, dass die von ihm axiomatisierte Geometrie auf Zahlensysteme abgebildet werden kann. Der Hilbert'sche Nullstellensatz erlaubt es, geometrische Formen eindeutig durch Nullstellen von Polynomringen zu bestimmen. Siehe dazu Hilbert, *Über die vollen Invarianzsysteme*.

228 Siehe dazu Hilberts Schriften *Die logischen Grundlagen der Mathematik*, *Über die vollen Invarianzsysteme*, *Neubegründung der Mathematik*, *Grundlegung der elementaren Zahlenlehre* und besonders *Axiomatisches Denken*.

229 Russell/Whitehead, *Principia Mathematica*. Vgl. dazu auch in diesem Bd. S. 281, Block (28).

Peano hat vier Axiome aufgestellt, aus denen alle Sätze der Arithmetik gefolgert werden; doch hat er selbst eingesehen, dass man damit nicht auskommen kann, um alle Sätze der Arithmetik streng zu beweisen (Peano hat auch schon einen Symbolismus eingeführt). [230]

Das System von Frege ist unabhängig davon ein anderes gewesen. [231]

Die von uns bisher verfolgte logische Beweismethode war eine vollkommen korrekte; es sind daran keine Mängel aufzuzeigen und es liegt dennoch das Streben vor, die logischen Sätze rein formalistisch abzuleiten, sich auch in dieser Art klar zu werden, was die Logik eigentlich leistet. Bevor wir uns nun als Philosophen überlegen, wie wir diese Methode und die ganze Logik einzuschätzen haben, betrachten wir diese Methode genauer, die in den heutigen Untersuchungen die grösste Rolle spielt. Man hatte von den verschiedensten Seiten her gestrebt und kam | immer zu | 174 demselben Resultat: der formalistischen Methode in der Logik; alle modernen Logiker verwenden sie und es hat sich daraus die Wissenschaft der Meta-Logik entwickelt. – Man stellt also ein System von Regeln so auf, dass sich dieses System rein mechanisch verwenden lässt, ohne über den Sinn nachzudenken; man behandelt die Zeichen so, wie wenn sie nichts bedeuten würden und die einzige Denktätigkeit beschränkt sich darauf, wie man

---

230 Siehe dazu Peano, *Arithmetices principia, nova methodo exposita*. Er stellt dort jedoch nicht vier, sondern neun Axiome auf. Eine Stelle, in der er sich so äußert, dass die Axiome nicht zum Beweisen der arithmetischen Sätze genügen, konnte nicht nachgewiesen werden. Womöglich spielte Schlick mit dieser Bemerkung darauf an, dass die Peano'schen Axiome nicht genügen, um die natürlichen Zahlen vollständig zu charakterisieren. Es gibt nämlich mehrere Modelle, die Peanos Axiome erfüllen.

Schlick bezog sich hier jedoch gar nicht so sehr auf Peano, sondern auf Richard Dedekind, der die natürlichen Zahlen als ein einfaches unendliches System (modern: Menge) beschreibt, das durch eine Abbildung geordnet ist und ein Anfangselement dieser Ordnung hat. Hierfür stellt Dedekind tatsächlich vier weitere Axiome auf. Siehe dazu Dedekind, *Was sind und was sollen die Zahlen*, S. 71. Aber auch Dedekind äußerte sich nicht so, wie Schlick hier schreibt.

231 Gemeint sind Freges *Grundgesetze der Arithmetik*.

diese Zeichen verwendet [232] (mittels zweier Einsetzungsregeln, die wir im Folgenden kennenlernen werden).

Die Axiome werden einfach als Formeln aufgestellt, von denen wir nicht zu wissen brauchen, ob sie wirklich wahr sind; es wird einfach festgesetzt, dass sie gelten (dass wir gerade solche auswählen, von denen wir schon wissen, dass sie gelten, ist prinzipiell nicht wichtig, es müsste nicht so sein).

Der Sinn der Axiome besteht darin, dass sie keinen Sinn haben, das heisst, dass sie in keiner Weise interpretiert werden sollen. Wir sollen an ihnen nur ablesen, dass diese Zeichenverbindung als wahr festgesetzt ist, dass alles in Ordnung ist, wenn eine solche Zeichenverbindung dasteht; dadurch macht man sich von allen Nebengedanken unabhängig, die doch unaufgeschriebene Voraussetzungen hineinbringen könnten –

Die vier Axiome lauten:

1) $(p \lor p) \to p$
2) $p \to (p \lor q)$
3) $(p \lor q) \to (q \lor p)$
4) $(p \to q) \to [(s \lor p) \to (s \lor q)]$

Bei Russell und Whitehead tritt noch ein fünftes Axiom hinzu: [233]

$$({}^{w}p \lor (q \lor r) \to q \lor (p \lor r)$$

w Klammer schließt im Original nicht, wird aber auch nicht gebraucht

232 Carnap, *Logische Syntax der Sprache*, S. 9: „Die Begründung der Wahl des Terminus ‚(logische) Syntax‘ ist im Vorstehenden gegeben. Den Zusatz ‚logisch‘ wird man fortlassen können, wo keine Verwechslung mit der linguistischen Syntax (die nicht rein formal verfährt und nicht zur Aufstellung eines strengen Regelsystems gelangte) zu befürchten ist [...] Die ersten Kalküle im angegebenen Sinn sind [...] in der Mathematik entwickelt worden. Als erster hat Hilbert die Mathematik als Kalkül im strengen Sinn aufgefasst, d. h. ein System von Regeln aufgestellt, das die mathematischen Formeln in ihrer formalen Struktur zum Objekt hat. Diese Theorie hat er Metamathematik genannt; [...]"
233 Vgl. Russell/Whitehead, *Principia*, S. 12 ff.

Von diesem aber hat Bernays (Hauptmitarbeiter von Hilbert) gezeigt, dass | es entbehrt werden kann; wir arbeiten also nicht damit.[234] Es ist nicht falsch, mehr Axiome festzusetzen, nur überflüssig; es ist der Ehrgeiz des Axiomatikers, mit einem Minimum auszukommen. Diese vier Axiome aber sind notwendig und auch hinreichend, um die Sätze des Aussagenkalküls abzuleiten.

Wenn wir eines dieser vier Axiome wegliessen, erhielten wir nicht die Formeln der Logik, die wir ableiten wollen.

Führen wir aber andere Zeichen ein, z. B. nur das einzige |, die Inkompatibilität, wie Sheffer, dann brauchen wir nur ein einziges Axiom, um sämtliche Formeln der Logik abzuleiten. Dieses komplizierte Axiom aufzustellen, ist dem französischen Logiker Nicod gelungen:[235]

$$[(p \mid (q \mid r))] \mid (\{t \mid (t \mid t)\} \mid [(s \mid q) \mid \{(p \mid s) \mid (p \mid s)\}])$$

(Die Klammern sind dabei keine logischen Zeichen, sie dienen nur zur übersichtlichen Schreibweise.

Die verschiedenen Buchstaben sollen anzeigen, an welche Stellen der Formel man verschiedene Aussagen einsetzen kann; es könnte aber auch überall dieselbe Aussage, z. B. durchweg nur p sein).

Russell hat sich gewisser Vorteile bedient, die das System von Sheffer hat, um bestimmte Teile der Principia mathematica umzuformen.[236]

Wir sehen also, dass es bei der Zahl der Axiome, die nötig sind, darauf ankommt, welche Schreibweise man verwendet.

Das dritte Axiom lautet also: $(p \lor q) \to (q \lor p)$.

Bei unserer früheren Art der Betrachtung mussten wir dieses Axiom nicht eigens aufschreiben, denn es ging aus den Überlegungen hervor, dass es auf die Reihenfolge von p und q nicht ankommt; es war schon aus der Bedeutung ersichtlich, die wir $p \lor q$ gegeben hatten. Wir haben bei diesem 3. Axiom wohl anstatt des $\equiv$ das Zeichen $\to$, aber ersteres könnte ja aus | dem Implikationszeichen abgeleitet werden; man würde durch Setzung des $\equiv$

---

234 Vgl. Hilbert/Bernays, *Grundlagen der Mathematik.*

235 Siehe dazu in diesem Bd. S. 290, Block (47).

236 Ebenfalls in diesem Bd. S. 279, Block (25).

Zeichens mehr voraussetzen als nötig ist, um später die Beweise der Logik führen zu können; das Implikationszeichen sagt weniger. Es ist also nichts weiter als die Einführung einer Schreibregel, die Einführung eines Zeichens anstatt zwei, also eine Abkürzung; $p \rightarrow q \equiv \overline{p} \vee q$

$$(4) \quad (p \rightarrow q) \rightarrow [(s \vee p) \rightarrow (s \vee q)]$$

diese Kombination ist also als Axiom festgesetzt, d. h. wenn wir auf Formeln treffen, die daraus abgeleitet sind, so sind wir zufrieden.

Da diese Axiome keine Bedeutung haben sollen, so kann man mit ihnen nur arbeiten, wenn ausserdem noch eine Anweisung dazu gegeben ist; denn blosse Formeln, blosse Zeichengruppen auf dem Papier kann man nur anschauen und weiter nichts; bei dieser Anweisung aber kann es sich nicht wieder um blosse Formeln handeln: wir kommen also nicht darum herum, über die blosse Formalisierung hinauszugehen und doch wieder inhaltliche Angaben zu machen. Es handelt sich dabei *um zwei Regeln, sogen[annte] inhaltliche Regeln* (die wir nicht in Form von Formeln aufschreiben können) und diese sind nichts anderes als die unaufgeschriebenen Voraussetzungen, die wir bei unseren Ableitungen schon immer gemacht haben; jetzt aber werden sie explizit immer gegeben; es ist:

1.) Die *Substitutionsregel*, die besagt, dass wir an Stelle der lateinischen Buchstaben $p, q, r, s, ..$ irgend einen beliebigen anderen Ausdruck einsetzen können; es handelt sich bei diesen Buchstaben also um sogen[annte] Variable[n]. Unser ganzes Denken und Rechnen besteht ja darin, dass man immer eines für das andere einsetzt.

2.) Die *Implikationsregel*, die gestattet, einfach nur q zu schreiben, wenn q aus p folgt und p wahr ist. Es handelt sich dabei um den schon seit langem bekannten modus ponens, der besagt, dass mit dem | Grunde die Folge gesetzt ist (aus p folgt q, p gilt, folglich gilt q).

Die tautologische Formel $[(p \rightarrow q) \mathbin{\&} p] \rightarrow q$ drückt das eben Dargestellte wohl aus, kann aber die Rechenregel nicht ersetzen.

Wir kehren also doch wieder zu einer Interpretation zurück; wir kommen über inhaltliche Angaben nicht hinaus. Der reine Formalismus kann nur als Mittel zum Zweck betrachtet werden, der zur Strenge der Beweise unbedingt nötig ist, also als eine reine Technik und nicht als für das Wesen der Logik im Speziellen relevant.

Wir haben gesagt, dass die im Vorigen aufgestellten vier Axiome für die Abteilung der Sätze der Satz-Logik (des Aussagenkalküls) notwendig und hinreichend sind; für eine vollständige Logik bedarf es noch derjenigen Sätze, die sich auf die Zerlegung von Sätzen beziehen, auf den sogen[annten] Funktionen-Kalkül (der im Folgenden entwickelt werden wird).

Die weitere Aufgabe der Durchführung einer Logik würde darin bestehen, aus diesen Sätzen die üblichen logischen Formeln abzuleiten; die für die Praxis notwendigen und im Besonderen die für die Grundlegung der Mathematik nötigen (Russell hat in seinen Principia mathematica die gesamten Sätze der Arithmetik aus den vier Axiomen abgeleitet).[237]

Die Ableitung aller Sätze der Logik aus den Axiomen ist sowohl kompliziert, wie auch langwierig und kann hier nicht durchgeführt werden. Wir wollen mit Hilfe der Axiome nur einen einfachen Satz ableiten und dabei auf den rein mechanischen Prozess des Einsetzens des einen für das andere achten (die Frage nach der Art und Weise, wie man daraufkommt, welche Einsetzungen gerade notwendig sind, ist eine psychologische, an der die Logik nicht interessiert ist).

Wir leiten also den *Satz vom ausgeschlossenen Dritten* ab: $p \lor \overline{p}$. Dieser Satz besagt, dass von zwei kontradiktorischen Sätzen zumindest einer wahr sein muss (dieser Satz sagt aber nicht, dass nur einer dieser Sätze | wahr sein kann, da die beiden kontradiktorischen Sätze durch das nicht ausschliessende oder verbunden sind; diese letztere Einschränkung macht erst der Satz des Widerspruchs).

Wir beweisen nun also $p \lor \overline{p}$ mit Hilfe der Axiome:

---

237 Vgl. in diesem Bd. ab S. 281, Block (28).

(das Wichtigste dabei ist, dass kein einziger Schritt unhinge-
schrieben bleibt; eine Zeile unterscheidet sich von der anderen
nur dadurch, dass eine Substitution durchgeführt wird oder von
einer richtigen Implication das Implicans weggelassen wird).
Das vierte Axiom lautet:

$$(p \to q) \to [(s \vee p) \to (s \vee q)]$$

Dieses Axiom soll als richtige Zeichenkombination betrachtet werden; wir machen uns nicht klar, dass es eine Tautologie ist)[x].

Wir setzen in dieser Formel nun für $s/\overline{s}$ ein:

$$(p \to q) \to [(\overline{s} \vee p) \to (\overline{s} \vee q)]$$

Wir wenden nun die Abkürzung an: $\overline{p} \vee q \equiv p \to q$, die wir als
richtig voraussetzen:

$$(p \to q) \to [(s \to p) \to (s \to q)]$$

nun setzen wir anstatt $p\ s \vee s$ ein und anstatt $q\ s$

$$((s \vee s) \to s) \to [(s \to (s \vee s)) \to (s \to s)]$$

Wir setzen nun anstatt s wieder p:

$$((p \vee p) \to p) \to [(p \to (p \vee p)) \to (p \to p)]$$

wir haben hier eine wahre Formel, können also das Implicans
weglassen:

$$(p \to (p \vee p)) \to (p \to p)$$

nun gehen wir auf die anderen Axiome zurück: wir ersetzen im
Axiom (2): $p \to (p \vee q)$ das q durch p und erhalten:

$$p \to (p \vee p)$$

das ist also eine wahre Formel; diese steht oben als Implicans,
kann daher weggelassen werden und das gibt |

---

x Klammer öffnet im Original nicht

$$p \to p$$

dafür schreiben wir nach der Abkürzungsregel wieder

$$\overline{p} \vee p$$

Wir wenden nun noch das 3. Axiom (Vertauschungsregel) an und setzen im 3. Axiom statt $p\,\overline{p}$, statt $q\,p$
dann geht unsere Formel über in:

$$(\overline{p} \vee p) \to (p \vee \overline{p})$$

das Implicans haben wir schon als richtig bewiesen, daher kann man es wieder weglassen und es bleibt

5     $p \vee \overline{p}$ der Satz vom ausgeschlossenen Dritten nun vollständig bewiesen.

Kürzer ist dieser Beweis nicht durchführbar und es ist wichtig, sich das klar zu machen, dass man nicht etwa direkt aus dem 3. Axiom schliessen darf; denn man würde sonst nicht den strengen

10   Anforderungen entsprechen, von dem einen Satz zum anderen nur auf dem Wege über die Schlussregeln überzugehen, wenn man streng formal beweisen will.

Damit wurde das Prinzip der Formalisierung gezeigt.

Zwischen diesen vier Axiomen der formalen Logik und den so-

15   gen[annten] Axiomen der älteren Logik ist schon rein äusserlich ein grosser Unterschied. Früher pflegte man als Axiome anzugeben: den Satz des ausgeschlossenen Dritten, den Satz des Widerspruchs und meist auch noch den Satz der Identität. Dieser letztere kommt in der Logik gar nicht vor und ist, wie er gewöhnlich

20   ausgesprochen wird, reiner Unsinn (er wurde meist in einer sinnlosen Formel ausgedrückt: $a = a$; eine ebenso sinnlose Schreibweise wie $p \to p$ wäre). Dieser Satz ist kein grundlegendes Axiom, auch nicht „einleuchtend", sondern eine blosse Zeichenregel, die besagt, dass ein- und dasselbe Zeichen immer ein- und dasselbe

25   bezeichnen soll; das ist aber selbstverständlich, denn andernfalls würde man die Zeichen ja gar nicht brauchen können.[238]

---

238 Hier nahm Schlick Wittgensteins Kritik an der Identität aus dem *Tractatus*

Im Laufe der weiteren Entwicklung der Logik kamen dann
noch andere Sä|tze zu diesen, wie z. B. der modus ponens $[(p \to q) \& p] \to q$, d. i. die Anweisung, für diese Formel q allein zu setzen (Auflösung der Implikation) oder die Regel des modus tollens, der die Formel entspricht $((p \to q) \& \overline{q}) \to \overline{p}$, die ebenfalls eine Tautologie ist.

Die Axiome spielen also gar keine ausgezeichnete Rolle, sondern stellen nur unter vielen Tautologien einige bestimmte dar.

Überall kann man anstatt eines Zeichenkomplexes einen anderen einsetzen, der auch eine Aussage darstellt (aber natürlich immer nur denselben einen anstatt desselben anderen). *Sehr wichtig ist der Unterschied zwischen hingeschriebenen Formeln und Einsetzungsregeln* (d. s. die inhaltlichen Schlussregeln); denn erst durch Handeln gelangen wir von den Axiomen irgendwie weiter. *Ohne inhaltliche Regeln kann man keine Logik betreiben.*

Wir hatten früher festgestellt, dass der Satz des Widerspruchs und der Satz vom ausgeschlossenen Dritten verschiedenen Inhalt haben, d. h. verschiedenes aussagen.

Satz vom ausgeschl[ossenen] Dritten: $p \vee \overline{p}$

Satz des Widerspruchs: $\overline{p \& \overline{p}}$

Es erscheint nun paradox, dass man mittels unserer Regeln (Auflösung der Negation) von dem einen zum anderen Satze übergehen kann, da sie doch verschieden sind (der eine Satz lässt noch eine Möglichkeit offen, der andere nicht mehr)

$$\overline{p \& \overline{p}} \equiv \overline{p} \vee p$$

$$\overline{p} \vee p \equiv p \vee \overline{p} \equiv \overline{\overline{p} \& p}$$

Auch in älteren Systemen der Logik sind diese beiden Sätze immer als verschiedene Grundsätze angesehen worden; wie also ist dieser Übergang möglich?

---

auf: „5.5303 Beiläufig gesprochen: Von zwei Dingen zu sagen, sie seien identisch, ist ein Unsinn, und von Einem zu sagen, es sei identisch mit sich selbst, sagt gar nichts." Vgl. dagegen Schlicks frühere Position in diesem Bd. ab S. 300, Block (69).

Wir sehen die Möglichkeit leicht ein, wenn wir bedenken, dass das logi|sche Schliessen doch immer nur herausholt, was in dem ersten Satze schon darinsteckt; es ist nur eine andere Form des Schreibens.

5 Wie aber kann es sich um eine blosse Umformung handeln, wenn die Sätze doch Verschiedenes enthalten?

Es ist das einfach damit zu erklären, dass in den zur Überführung benützten Regeln (in der Auflösung der Negation) der Satz des Widerspruchs bereits drin steckt; er ist also in den ablei-
10 tenden Regeln bereits enthalten: wir kommen zu diesen Regeln ja durch das Wahrheitsschema und dieses enthält bereits alles durch die Definition der Negation.

Die Methode des Ablesens aus dem Wahrheitsschema ist die philosophisch allein befriedigende, weil man durch sie allein auf
15 *die Bedeutung der Zeichen, ihre Definition zurückgeht.* Wir setzen also bei Ableitung der Formeln durch unsere Regeln immer das ganze Wahrheitsschema voraus.

Anders verhält es sich bei der axiomatischen Behandlung, da muss man den Übergang erst allmählich durch rein mechanisches
20 Zurückgehen auf die Axiome konstruieren, auf die man dann die Schlussregeln (Substitution und Implikationsregel) anwendet.

Diese formale Methode lässt sich in der Satzlogik noch einfach durchführen, viel schwieriger schon in der Funktions- oder Begriffs-Logik. Der Grundgedanke aber bleibt derselbe: es han-
25 delt sich darum, die Schlüsse rein mechanisch durch Zeichen zu verwandeln und eigentlich nicht mehr logisch zu schliessen. In der deduktiven Wissenschaft dienen dazu die Regeln der Logik selbst und nun sollen, wie schon ausgeführt wurde, diese Regeln der Logik selbst nach einem analogen Verfahren behandelt werden;
30 man kann hier die Verbindungen zwischen den voneinander abzuleitenden Sätzen nicht mehr in derselben Weise ableiten, wie das in der deduktiven Theorie geschieht, sondern man muss das rein mechanische Schliessen einführen. Diese Meta-Logik ist ein System reiner formaler Rechen|vorschriften, bei denen es überhaupt
35 nicht mehr darauf ankommt, was man unter den Zeichen versteht. Es handelt sich dabei darum, vollkommen von irgendwelchen Überlegungen oder Interpretationen loszukommen, die die

181

182

563

Reinheit und Strenge des Beweises beeinträchtigen würden (wie wir das in der Mathematik gelernt haben).

Diese Meta-Logik ist nicht im eigentlichen Sinne eine Begründung der Logik. Wenn man diese Formeln aufstellt, zeigt es sich wohl, dass man rein mechanisch ausführen kann, was man in der Inhaltslogik durch Überlegungen durchführt; man kann also die Inhaltslogik durch rein formale Verhaltungsweisen ersetzen; diese rein formalen Regeln sind Spielregeln gleich, so dass man die ganze Logik als ein Spiel betrachten kann (und es ist von Bedeutung, die Möglichkeit dieser Auffassung zu zeigen); bloss als solches ist die Logik für den Logiker auch von grossem Interesse und die Beschäftigung mit ihr bereitet Vergnügen, was an sich schon einen Wert darstellt. –

Man kommt aber nicht darüber hinweg, dass man mit all dem nichts anderes will, als Logik im eigentlichen Sinne betreiben. Das rein mechanische Verfahren hat aber grosse Vorteile, da es sich zur Lösung schwieriger Fragen eignet, die unsere psychologischen Fähigkeiten übersteigen würden, so dass man in solchen Fällen nur ohne inhaltliche Überlegungen, mit rein mechanischen Formeln arbeiten kann. Es ist dies die modernste Methode in der Mathematik, um schwierige Probleme zu lösen (durch die sich speziell die Wiener Schule Weltruf verschafft hat); da ist z. B. die allgemeine Frage, ob es arithmetische Formeln (also Formeln der Zahlen) gibt, die nicht mit Formeln der Arithmetik beweisbar sind, u. a.

Andrerseits sind durch die Einführung der formalistischen Methode in der Logik verschiedene Missverständnisse nahegelegt worden, die von manchen auch begangen wurden. Betrachtet man z. B. den Satz des Widerspruches und den Satz vom ausgeschlossenen Dritten als blosse Zeichen|regeln dafür, was man schreiben darf und was nicht, dann könnte man meinen, dass man auch andere Axiome gleicherweise betrachten darf oder diese Festsetzungen so abändern könne, wie man z. B. durch Weglassen des Parallelenaxioms von der Euklidischen zur Nicht-Euklidischen Geometrie übergeht; so meinen also manche, dass man durch Weglassen oder Änderung von Axiomen zu anderen Logiken gelangen könne. Die Möglichkeit ist nun aus den verschiedensten äusseren

Anlässen tatsächlich ergriffen worden. – Ein erster dieser Anlässe war die Begründung der Arithmetik aus der Theorie der Beweise der Zahlentheorie.

Es schien, dass der Satz vom ausgeschlossenen Dritten in gewissen Fällen nicht als richtig betrachtet werden dürfe; denn es gibt ganz einfache arithmetische Sätze, von denen man nicht weiss, ob sie wahr oder falsch sind, da bisher weder für ihre Wahrheit, noch ihre Falschheit ein Beweis erbracht werden konnte. Dass gerade in der Mathematik, in der Zahlentheorie, solche Sätze vorliegen, hat seinen Grund darin, dass da unendliche Zahlenreihen auftreten und für diese muss man allgemeine Beweise fordern, um endgültig über ihre Wahrheit oder Falschheit zu entscheiden (für endliche Gebilde kann man prinzipiell jeden einzelnen Fall nachrechnen, für unendliche Gebilde prinzipiell nicht und somit ist für diese durch einzelnes Nachprüfen nichts bewiesen). Ein solcher Satz ist z. B. der Goldbach'sche Satz, der besagt, dass jede gerade Zahl auf mindestens eine Weise als die Summe zweier Primzahlen darstellbar ist (dieser Satz hat für jeden einzelnen Fall, für den man ihn bisher nachprüfte, gestimmt).[239] Wenn dieser Satz nicht beweisbar ist, so können wir niemals sagen, ob der Satz wahr oder falsch ist; in diesem Falle also steht neben wahr und falsch noch ein Drittes – unentscheidbar. Durch diese Erwägungen wurde man zu dem Gedanken gedrängt, es doch einmal mit einer neuen Logik zu versuchen, bei der der Satz vom ausgeschlossenen Dritten nicht gilt; dieser Standpunkt | 184 wird von den intuitionistischen Mathematikern vertreten (Brouwer, Holland).[240] Diesen Überlegungen aber könnte man entge-

---

239 Siehe dazu Goldbachs Brief an Euler vom 7. Juni 1742.

240 Siehe dazu in diesem Bd. S. 238. Hilbert hatte in seinem Vortrag „Mathematische Probleme" (S. 257) gefordert, dass jedes mathematische Problem einer Lösung herbeigeführt werden kann. Brouwer erwiderte, „daß das von Hilbert 1900 formulierte Axiom von der Lösbarkeit jedes Problems mit dem logischen Satz vom ausgeschlossenen Dritten äquivalent sei, mithin, weil für das genannte Axiom kein zureichender Grund vorliege und die Logik auf der Mathematik beruhe und nicht umgekehrt, der logische Satz vom ausgeschlossenen Dritten ein unerlaubtes mathematisches Beweismittel sei [...]" (Brouwer, *Intuitionistische Mengenlehre*, S. 203 f.)

genhalten, dass die Sätze p und $\bar{p}$, q, e, etz. in der Mathematik eine ganz andere Struktur haben; sie erfüllen da nicht die Bedingung, Sätze über die Wirklichkeit zu sein, sondern sind als wahre Sätze bloss Tautologien. Es kommt in der Mathematik also nur der formale Wahrheitsbegriff vor und nicht der andere, materiale (Übereinstimmung mit der Wirklichkeit); wahr bedeutet hier also nur tautologisch und das ist ein Grenzbegriff der Wahrheit (wie wir schon früher ausgeführt haben); wir nennen das eben noch Wahrheit, obgleich von Übereinstimmung mit der Wirklichkeit nicht mehr die Rede sein kann (ausser in dem Sinne, dass der Wirklichkeit nicht widersprochen werden kann, da über sie nichts ausgesagt wird). [241] Verhielte es sich nun in der Mathematik auch nach der Behauptung der Intuitionisten, so würde damit keineswegs unser ursprünglicher Wahrheitsbegriff tangiert sein. Diese Betrachtungen zu Ende zu führen, wäre schwierig und würden eine ganze Philosophie der Mathematik voraussetzen. Da es sich dabei ohnedies nur um die formale Wahrheit, also die der Tautologien handelt, so wollen wir dieses Motiv für die Einführung einer neuen Logik, in der der Satz vom ausgeschlossenen Dritten nicht gelten sollte, ganz beiseite lassen.

Man könnte auch bloss um des Interesses willen den ganzen Formalismus als ein Spiel betrachten, die Regeln abändern und dies dann eine neue Logik nennen, obzwar es in diesem Falle zweckmässiger ist, von einem anderen Kalkül zu sprechen.

Es liegt aber noch ein anderes Motiv vor, zu einer neuen Logik durch Abänderung übergehen zu wollen; es führte nämlich ein Irrtum dazu, den Satz vom ausgeschlossenen Dritten von einer anderen Seite her anzuzweifeln: es ist oft der Fall, dass man von einem Satze nicht | sagen kann, dass er wahr ist, noch dass er falsch ist, sondern dass man ihn als wahrscheinlich bezeichnet. Es ist nun sehr wichtig, sich über die Bedeutung des Begriffes der Wahrscheinlichkeit klar zu werden, da mit diesem Begriffe auch Systeme der Logik zusammenhängen, die von dem unseren

---

241 Hier griff Schlick einen Gedanken auf, den er bereits Ende der 20er Jahre in einer Auseinandersetzung mit Wittgenstein entwickelte. Vgl. dazu in diesem Bd. S. 271, Block (9).

abweichen und betrachtet werden müssen, wenn man sich über den heutigen Stand der Logik Rechenschaft geben will.

[6.] Kapitel: *Von der Wahrscheinlichkeit.*

Der Begriff der Wahrscheinlichkeit ist für viele Bezirke des Denkens grundlegend und man hat in der neueren Zeit gesehen, dass er in der Logik seine entsprechende Behandlung findet. In der Gegenwart aber ist vielleicht etwas zu grosses Gewicht darauf gelegt worden, in dem Sinne nämlich, dass man eben meinte, mit Hilfe dieses Begriffes eine neue Logik konstruieren zu müssen? Da man seine Festsetzungen willkürlich treffen kann, so wird der Formalismus als das eigentlich Wesentliche betrachtet und man nennt jede Abänderung dieses Formalismus eine neue Logik, wo es sich doch besser gesagt um einen anderen Kalkül handelt (man kann sagen, dass mit dem Plural des Wortes Logik viel Unfug getrieben wird). Im Anschluss an die Einsicht, dass wir über die Welt nie ein empirisch sicheres Urteil aufstellen können, pflegt man manchmal zu sagen, dass Wahrheit und Falschheit nichts anderes als Grenzfälle der Wahrscheinlichkeit sind.

Wir sprechen ja auch im täglichen Leben oft so, als ob es zwischen Wahrheit und Falschheit noch Mittelstadien gäbe (und dass wir das tun, ist ein Anlass zur Aufstellung der Wahrscheinlichkeitslogik gewesen); wir sagen z. B. „Es ist beinahe wahr, dass der Schütze ins Zentrum der Scheibe getroffen hat"; oder auf die Behauptung, dass es sehr kalt sei: „Ja, das ist beinahe wahr, denn es ist ziemlich kalt". Oder ein Schüler hat eine | Aufgabe gerechnet und der Lehrer sagt, dass sie beinahe richtig sei, etz. – Ist das aber gleichsam eine Angabe von Zwischenstellen der extremen Werte „wahr" und „falsch"? Es scheint deshalb so zu sein, da in der Wahrscheinlichkeitsrechnung die Wahrscheinlichkeiten ja durch echte Brüche dargestellt werden, durch solche also, die zwischen 0 und 1 liegen. Wenn die Wahrscheinlichkeit 0 ist, so heisst das, dass der Satz überhaupt nicht mehr wahrscheinlich ist, das Eintreffen des Ereignisses, das dieser Satz voraussagt,

186

567

unmöglich. Wenn aber der Wahrscheinlichkeitsbruch 1 wird, so pflegt dies so ausgedrückt zu werden, dass das Ereignis notwendig eintreten muss und das heisst, der Satz, der dies voraussagt, ist wahr. Es wird also die Wahrscheinlichkeit 1 mit der Wahrheit, die Wahrscheinlichkeit 0 mit der Falschheit identifiziert.

Unter normalen Verhältnissen ist die Wahrscheinlichkeit mit einem Würfel eine der Zahlen 1 bis 6 zu werfen 1; die Wahrscheinlichkeit aber, die Zahl 7 zu werfen, ist 0; hingegen ist die Wahrscheinlichkeit, die Zahl 6, oder die Wahrscheinlichkeit, die Zahl 4 zu werfen, $\frac{1}{6}$, weil es auf dem Würfel 6 verschiedene Zahlen gibt. – Es gibt verschieden viele Grade von Wahrscheinlichkeit; alles, was zwischen 0 und 1 liegt, macht den Satz wahrscheinlich, daher (so wird argumentiert) kann der Satz des ausgeschlossenen Dritten nicht gelten;[242] die Begriffe wahr und falsch verlieren ihre Bedeutung, sie sind als blosse Grenzfälle aufzufassen, die in der Praxis nicht vorkommen. Somit wird „Wahrheit" nur eine Bezeichnung für die Wahrscheinlichkeit 1 (und es ist plausibel, dass man eine solche Bezeichnungsweise einführen kann). So werden also Wahrheit und Falschheit als Grenzfälle der Wahrscheinlichkeit dargestellt. – Die Wahrscheinlichkeit pflegt man als den Quotienten aus den günstigen Fällen durch die möglichen Fälle zu definieren.

| Diese Betrachtungsweise hat also dazu geführt, den beschriebenen Sachverhalt durch eine neue Logik darzustellen und diese Darstellungsversuche spielen in der Gegenwart eine gewisse Rolle.

Zwischen wahr und falsch liegen also viele verschiedene Fälle oder nur ein dritter Fall von Möglichkeit. Führt man für dieses Mögliche nur einen einzigen Wert ein, so kommt man zur sogenannten dreiwertigen Logik, die speziell von dem polnischen Logiker Łukasiewicz[y] entwickelt wurde; unsere Werte wahr und falsch werden hier noch durch einen dritten Wert, eben das Mögliche

---

y Im Original: ⟨Lukasievic⟩

242 Siehe hierzu auch 1931a *Kausalität*, in: *MSGA* I/6, S. 279 f.

ergänzt; in diesem Kalkül wird „wahr" mit 1 bezeichnet, „falsch" mit 0 und „möglich" mit $\frac{1}{2}$; also:[243]

$\mathcal{F}$	$\mathcal{M}$	$\mathcal{W}$	Mp	heisst möglich
0	$\frac{1}{2}$	1	Np	$\bar{p}$

(Auch Reichenbach, derzeit in Konstantinopel, ist ein bekannter Wahrscheinlichkeitstheoretiker).[244]

Wir wollen nun kritisch überlegen, was ein solcher Kalkül bedeutet, ob der Begriff der Wahrscheinlichkeit uns wirklich Anlass dazu gibt, zwischen wahr und falsch noch einen oder viele Werte der Möglichkeit einzuführen. – Bei einem derartigen Kalkül hört die Möglichkeit auf, ein Schema für die Wahrheitswerte aufzustellen, was man aber eigentlich tun müsste, wenn man die Wahrscheinlichkeit als besonderen Wert einführt; diese Tatsache allein macht einen solchen Kalkül schon bedenklich, wenn er mit dem Anspruch aufgestellt wird, als eine neue Logik zu gelten. Unsere Überlegungen werden zeigen, dass man keineswegs berechtigt ist, diesem Kalkül die Bedeutung einer Logik zu unterlegen. –

Es ist durch einfache Beispiele leicht klarzustellen, was Wahrscheinlichkeit wirklich bedeutet und zu zeigen, dass es sich nur um eine laxe Ausdrucksweise handelt für ein Verhältnis, das tatsächlich ganz anders dargestellt werden muss, wenn wir sagen, dass Wahrheit und Falschheit Grenzwerte der Wahrscheinlichkeit sind. Nimmt man eine dreiwertige Logik | an, in der ein Satz entweder wahr oder falsch oder möglich sein kann und wo die Wahrheit nur einen Grenzwert der Möglichkeit bedeutet, dann ist es klar, dass ein Satz nicht wahr sein kann und ihm noch ausserdem die Möglichkeit $\frac{1}{2}$ zugeschrieben werden kann; denn sind $F\ M\ W$ die drei Werte, die einem Satz zugeschrieben werden können, so muss das eine ausschliessende Disjunktion sein. Wir wollen nun aber überlegen, wie wir den Begriff der Wahrscheinlichkeit tatsächlich

---

243 Vgl. Łukasiewicz, *Philosophische Bemerkungen zu mehrwertigen Systemen des Aussagekalküls.*

244 Hans Reichenbach wurde 1933, direkt nach der Machtergreifung durch die NSDAP, entlassen. Von da an bis 1938 war er Professor für Philosophie an der Universität Istanbul. Siehe dazu *Erkenntnis*, Bd. 35, 1991.

anwenden: wenn auch die Wahrscheinlichkeit 1 der Wahrheit und die Wahrscheinlichkeit 0 der Falschheit zu entsprechen scheint, so können wir entschieden und endgültig ersehen, dass das nicht dasselbe ist, daran, *dass ein Satz wahr sein kann und ihm dennoch eine bestimmte Wahrscheinlichkeit ausserdem zukommen kann.* Ist dem aber so, dann wird die Behauptung hinfällig, dass Wahrheit und Falschheit Grenzfälle der Wahrscheinlichkeit sind; denn der Satz kann nicht zugleich Grenzpunkt einer Reihe sein und in ihrer Mitte liegen.

Wenn z. B. jemand im Nebenzimmer würfelt und ich weiss, dass er schon gewürfelt hat, so kann ich gut fragen, wie wahrscheinlich es ist, dass eine der Zahlen 1 bis 6 gewürfelt wurde. Ich kann also nach der Wahrscheinlichkeit des Satzes fragen, wenn dieser Satz zu dem betreffenden Zeitpunkt auch schon bestimmt wahr oder falsch ist.

An diesem Beispiel ist ersichtlich, dass die Grammatik des Begriffes Wahrscheinlichkeit von wesentlich anderer Art sein muss als die der Begriffe Wahrheit und Falschheit und zwar von solcher Art, dass die Wahrscheinlichkeit mit der Wahrheit oder Falschheit eines Satzes wohl verträglich ist. Wir sehen das an diesem Beispiel bereits mit solcher Sicherheit, dass sich jede weitere Diskussion erübrigt.

Das müssen wir uns vor Augen halten, wenn wir in wissenschaftlichen Werken die Behauptung finden, dass eine Wahrscheinlichkeitslogik vonnö|ten sei, um die Theorie der Wissenschaft zu begründen.

Wahrheit und Falschheit können nicht als Extrempunkte einer Reihe von Wahrscheinlichkeiten aufgefasst werden, denn dann könnte man eben von diesen Extrempunkten keine Rechenschaft geben.

Es ist auch nicht richtig, dass man die alte Logik in die Wahrscheinlichkeitslogik „übersetzen" kann, wie es die Wahrscheinlichkeitstheoretiker behaupten, denn die alte Logik können wir keinesfalls entbehren, schon wegen des Wortes „nicht", also des Gegensatzes von Ja und Nein, d. i. die Einführung des Satzes vom Widerspruch, den aufzugeben wir nicht gesonnen sind. Wir können nur verschiedene Worte mit Hilfe eines Kalküls ausdrücken, in dem wir vorübergehend „wahr" und „falsch" so behandeln, wie die Endpunkte einer Warscheinlichkeitsreihe.

Wir haben bisher schon gesehen, dass das Wort „Wahrscheinlichkeit" eine andere Grammatik haben muss als die Worte „wahr"
5 und „falsch" und wollen nun über die Bedeutung des Wortes „Wahrscheinlichkeit" ganz ins Klare kommen. Wir haben durch frühere Überlegungen *wiederholt gezeigt, dass ein Satz wahr oder falsch sein kann* und dabei bleiben wir auch, d. h. *wir halten den Satz vom Widerspruch aufrecht.* Ausserdem muss man noch
10 imstande sein, einem Satze eine gewisse Wahrscheinlichkeit zuzuschreiben. So verhält es sich tatsächlich im Sprechen des tägl[ichen] Lebens wie auch in den exakten Naturwissenschaften (wo man häufig mit Wahrscheinlichkeiten rechnet).

Über die Grundlagen der Wahrscheinlichkeit wurde ein jahr-
15 zehntelanger Streit (schon im 19. Jahrhundert) ausgefochten, der sich um folgende Frage drehte: *Wird, wenn wir einem Satze eine gewisse Wahrscheinlichkeit zuschreiben, damit eine Aussage gemacht, die sozusagen objektiv gültig ist, oder wird damit nur etwas Subjektives ausgedrückt?*

20 Es liegt nahe, anzunehmen, dass wir mit der Wahrscheinlichkeit von irgend etwas nur ein Gefühl, so etwas wie eine subjektive Erwartung, bezw. ein | subjektives Wissen zum Ausdruck bringen, dass sich also die Behauptung der Wahrscheinlichkeit auf den Grad der Sicherheit bezieht, mit welcher wir einen bestimm-
25 ten Satz wissen. Dass dies de facto der Gebrauch ist, den wir von dem Worte „Wahrscheinlichkeit" machen, darauf scheinen viele Tatsachen hinzuweisen.

Nehmen wir wieder unser Beispiel von Würfeln:

Es ist richtig, dass man mit der Wahrscheinlichkeit eine be-
30 stimmte Zahl werfen kann. Nun könnte aber der Würfel präpariert sein, z. B. eine seiner Seiten [beschwert; der davon Kenntnis hat, weiss nun, dass][z] die Wahrscheinlichkeit, die auf dieser Seite verzeichnete Zahl zu werfen, jetzt größer ist als $\frac{1}{6}$. Dennoch hat derjenige Recht, der die Wahrscheinlichkeit $\frac{1}{6}$ annimmt, unter der
35 Voraussetzung, dass der Würfel normal ist, oder selbst wenn er

190

z Mit Schreibmaschine oberhalb des Textes an dieser Stelle eingefügt

wüsste, dass der Würfel irgendwie präpariert sei, ohne zu wissen wie. – Welches ist nun der Unterschied zwischen den beiden Behauptungen? Der, dass der Eine mehr weiss, also die Aussage von der grösseren Wahrscheinlichkeit machen kann.

Bei oberflächlicher Betrachtung dieses Beispieles könnte man nun gerade sagen, dass dadurch die Subjektivität der Wahrscheinlichkeit klar erwiesen sei, denn es werde eben der besondere Grad der Sicherheit des Wissens ausgedrückt. Dennoch kann das nicht gesagt werden, denn der Übergang von der Einsicht, welche Wahrscheinlichkeit wir einem Satze zuschreiben, zu der Behauptung, dass die Wahrscheinlichkeit etwas Subjektives sei, ist nicht berechtigt.

Der Streit zwischen subjektiver und objektiver Auffassung der Wahrscheinlichkeit hat lange gewährt und dennoch gibt es hier nicht verschiedene zu rechtfertigende Meinungen: die Frage ist eindeutig dahin zu entscheiden, dass die Wahrscheinlichkeit etwas Objektives ist. Die Wahrscheinlichkeit betrifft nicht den mehr oder weniger grossen Grad der Erwartung oder des Wissens, wenn dies auch dem Wahrscheinlich|keitsbruch parallel gehen kann. Dieser Wahrscheinlichkeitsbruch drückt etwas ganz anderes aus, wie wir uns sofort an unserem Beispiel vom Würfeln klar machen werden: die verschiedenen Aussagen über die Wahrscheinlichkeit, eine bestimmte Zahl zu werfen, sind in gewissem Sinne wohl durch das verschiedene Wissen bedingt; nicht aber die Wahrscheinlichkeitsaussagen durch die verschiedenen Persönlichkeiten, denn beide stellen eine ganz objektive Behauptung auf. Der eine geht von der Voraussetzung eines normalen Würfels aus, d. h. er bezieht seine Wahrscheinlichkeitsaussage (auch ohne dies ausdrücklich zu bedenken) darauf, dass er dabei an einen normalen Würfel denkt; der andere bezieht seine Wahrscheinlichkeitsaussage auf einen einseitig beschwerten Würfel.

Der Satz: „Ich würfle mit einem normalen Würfel" gibt dem Satze „Ich werde eine 6 werfen" eine gewisse Wahrscheinlichkeit, nämlich $\frac{1}{6}$. Der andere Satz: „Ich werfe mit einem auf der Sechser-Seite beschwerten Würfel" gibt dem Satze „Ich werde eine 6 werfen" eine andere Wahrscheinlichkeit, nämlich eine grössere. – Es handelt sich also nicht um die Abhängigkeit des Satzes von einem bestimmten Wissen bei der Wahrscheinlichkeitsaussage, sondern diese hat den objektiven Sinn, ein bestimmtes Verhältnis eines Satzes zu anderen festzulegen.

Wahrscheinlichkeit bedeutet also ein Verhältnis zwischen Sätzen und das ist etwas ganz Objektives.[245]

Wir nennen diese Beziehung, die einem Satze durch einen oder mehrere andere Sätze gegeben wird, eben Wahrscheinlichkeit. Dabei ist von einem subjektiven Wissen nicht die Rede. Wir kommen zu der Verwechslung dadurch, dass die Wahrscheinlichkeit immer in Bezug auf solche Sätze betrachtet wird, die man weiss; aber das müsste nicht so sein, man kann auch Bezug auf andere Sätze nehmen, von denen man nicht weiss, ob sie wahr sind. *Es handelt sich bei der Wahrscheinlichkeit also um den Ausdruck des Ver|hältnisses von Sätzen zueinander und nicht um das Verhältnis eines Satzes zum Wissen*; wir benützen nur für

245 Zur Wahrscheinlichkeit gab es zwei einander widersprechende Positionen. Schlick wird auf den folgenden Seiten versuchen, eine vermittelnde einzunehmen.
 Dass Wahrscheinlichkeit ein Verhältnis zwischen Sätzen ist, stammt ursprünglich von Bolzano. In Bd. II, § 161, seiner *Wissenschaftslehre* behandelte er das „Verhältnis der vergleichungsweisen Gültigkeit oder der Wahrscheinlichkeit eines Satzes in Hinsicht auf andere Sätze". Die Wahrscheinlichkeit, die ein Satz einem anderen gibt, wird darin als das Verhältnis der Mengen beschrieben, die die Fälle enthalten, unter denen die Sätze wahr sind. Wittgenstein übernahm diese Auffassung in seinen *Tractatus*: „5.15 Ist Wr die Anzahl der Wahrheitsgründe des Satzes ‚r', Wrs die Anzahl derjenigen Wahrheitsgründe des Satzes ‚s', die zugleich Wahrheitsgründe von ‚r' sind, dann nennen wir das Verhältnis: $Wrs:$ Wr das Maß der Wahrscheinlichkeit, welche der Satz ‚r' dem Satz ‚s' gibt."
 Hans Reichenbach vertrat eine andere Ansicht. Er stimmte zwar Bolzano und Wittgenstein darin zu, dass Wahrscheinlichkeit ein Verhältnis zwischen Sätzen ist, doch bestimmte er sie anders, nämlich durch die relative Häufigkeiten. Bei ihm soll einfach gezählt werden wie oft s wahr ist, wenn r wahr ist. Daraus ergäbe sich dann eine Folge, deren Grenzwert die Wahrscheinlichkeit ist, die r dem s gibt:„Die Auffassung, dass die Wahrscheinlichkeit einer einzelnen Aussage zukommt, ist vor tieferer Kritik nicht haltbar, weil der Wahrscheinlichkeitsgrad für eine Einzelaussage nicht verifiziert werden kann; und man hat ja deshalb die Häufigkeitsdeutung der Wahrscheinlichkeit entwickelt, in welcher die Wahrscheinlichkeit durch den Limes einer Häufigkeit gemessen wird. Gewöhnlich sagt man, dass man hier die Häufigkeit von Ereignissen zählt; aber indem man jedem Ereignis den Satz zuordnet, dass das betreffende Ereignis eintrifft, kann man hier auch von der H-Häufigkeit von Sätzen sprechen." (Reichenbach, *Wahrscheinlichkeitslogik*, S. 39)

gewöhnlich unser Wissen dazu, um dies auszudrücken und das legt die Verwechslung nahe. Und damit ist auf einfache Weise diese ganze Streitfrage erledigt.

Also der Wahrscheinlichkeitsbruch ist eine objektive Feststellung über das Verhältnis von Sätzen und nicht der Ausdruck einer subjektiven Erwartung, ob etwas eintreffen wird oder nicht. Dieser Wahrscheinlichkeitsbruch kann zugleich auch ein gewisses Mass für die Erwartung sein, aber nur ein ungefähres; meist wird es nicht stimmen.

Beim Roulette-Spielen z. B. ist die subjektive Erwartung zu gewinnen, grösser als die zu verlieren; man kann dies direkt ein psychologisches Gesetz nennen. Sonst würde man ja nicht spielen; dennoch ist die Wahrscheinlichkeit des Gewinnens geringer als die des Verlierens; sie beträgt $\frac{18}{37}$, ist also kleiner als $\frac{1}{2}$.

Die subjektive Erwartung kann wohl irgendwie auf empirische Weise mit der objektiven Wahrscheinlichkeit zusammenhängen; wir können aber nicht den exakten Bruch der Wahrscheinlichkeitsrechnung als ein Mass der subjektiven Erwartung ansehen.

Das Wort „Wahrscheinlichkeit" wird, wie auch alle anderen Worte im tägl[ichen] Leben, nicht immer in ganz fester Weise gebraucht; man kann das Wort „Wahrscheinlichkeit" gewiss auch zum Ausdruck für persönliche Erwartungen und Hoffnungen verwenden. In dieser Bedeutung aber interessiert uns das Wort hier nicht. Wir betrachten hier Wahrscheinlichkeitsaussagen, die eine objektiv vorhandene Tatsache ausdrücken, eine solche also, die auch von anderen Personen festgestellt werden kann und zwar übereinstimmend genau in derselben Weise. Das ist dann der Fall, wenn wir das Wort „Wahrscheinlichkeit" in strengerem Sinne gebrauchen, wie es in der Wissenschaft üblich ist.

| Der Begriff der Wahrscheinlichkeit ist ein beliebtes Übungsfeld der Logik gewesen; Philosophen der verschiedensten Richtungen haben sich darüber auseinandergesetzt. Jedenfalls ist er ein Begriff, über den man sich völlig klar werden muss, wenn man Erkenntnis-Theorie betreibt. Wir haben erst die logische Seite dieses Begriffes betrachtet; er bezeichnet eine objektive Tatsache, die darin besteht, dass ein Verhältnis zwischen zwei Aussagen ausgedrückt wird. Um dieses Verhältnis charakterisieren zu

574

können, müssen wir die wissenschaftliche Bedeutung des Wortes Wahrscheinlichkeit ermitteln. Dass es sich dabei um ein Verhältnis handle, wurde öfter schon von Philosophen ausgesprochen; erst in der Gegenwart aber finden wir klarere Erkenntnis der Struktur dieses Begriffes. – Worin das Wesen des Begriffes der Wahrscheinlichkeit eigentlich besteht, wurde schon von einem Logiker vergangener Zeiten klar und deutlich ausgesprochen, von *Bernard Bolzano* (1781–1848, Priester in Prag; seine „Wissenschaftslehre", 1837 erschienen, ist seit Aristoteles das bedeutendste Werk der Logik und ist es bis zu Russells „Principia mathematica" auch geblieben. Bolzano ist auch der Verfasser der „Paradoxien des Unendlichen", die nichts anderes sind als der Anfang der jetzt am meisten grundlegenden Disziplin der Mathematik, der Mengenlehre).[246]

Bolzano hat schon gesagt, dass einem Satze eine bestimmte Wahrscheinlichkeit zuschreiben, heisst, ihm ein Verhältnis in Bezug auf verschiedene andere Aussagen zuschreiben.

Wir schliessen uns an die Darstellung von Bolzano nicht an, sondern geben eine allgemeinere Darstellung. – Die Verwechslung der objektiven Wahrscheinlichkeitsauffassung mit der subjektiven ist dadurch entstanden, dass die Wahrscheinlichkeit der Aussagen wohl auf andere Sätze bezogen wurde, dass man aber unter diesen anderen Sätzen diejenigen verstand, die man zufällig weiss. Wählt man nur solche Sätze aus, von denen man zufällig | weiss, dass sie wahr sind, dann hängt die Wahrscheinlichkeit in diesem Sinne (aber nur in diesem) wohl vom Wissen ab – doch hat das mit dem Begriffe selbst nichts zu tun; es handelt sich dabei nur darum, die Wahrscheinlichkeit praktisch nützlich zu machen. – Wir bezeichnen also mit Wahrscheinlichkeit das Verhältnis eines Satzes zu einem oder mehreren anderen und nur daher, dass man die Sätze, die man gewöhnlich voraussetzt,

194

---

246 Dieses Lob kontrastiert sehr mit der Kritik vom Anfang dieser Vorlesung (siehe in diesem Bd. S. 381). Zum Wahrscheinlichkeitsbegriff bei Bolzano siehe Bolzano, *Wissenschaftslehre*, Bd. II, § 161 und Bd. III, § 317. In den *Paradoxien des Unendlichen* baute Bolzano eine am Platonismus orientierte Mengenlehre auf. Mengen sind dort Inbegriffe, bei denen es auf die Anordnung ihrer Teile nicht ankommt. Siehe dazu auch die Einleitung des Bandes.

nicht ausspricht oder nicht auszusprechen braucht (weil sie als selbstverständlich vorausgesetzt werden) kommt es, dass man die Wahrscheinlichkeit als eine Aussage allein für sich betrachten konnte. Aus dieser Ansicht resultierte die Aufstellung einer Wahrscheinlichkeitslogik und die Stellung, die man den Betrachtungen dieser „mehrwertigen" Logik einräumte, beruht eben auf dem Missverständis, dass man glaubt, ein Satz könne ausser wahr und falsch noch andere Werte haben. Wenn es einen Gegensatz zwischen Wahrscheinlichkeitslogik und der sogen[annten] Alternativlogik geben sollte, dann müsste die Wahrscheinlichkeit etwas aussagen, das zu Wahrheit und Falschheit in einen Gegensatz tritt; das ist aber nicht der Fall. *Der Unterschied zwischen Wahrscheinlichkeit und Wahrheit-Falschheit ist tatsächlich so einzuführen, dass der Satz des Widerspruchs bestehen bleibt.* Also nicht Wahrheit oder Wahrscheinlichkeit oder Falschheit, sondern *Wahrheit oder Falschheit und ausserdem noch Wahrscheinlichkeit.* Wir leiten die Wahrscheinlichkeit hier also unter Voraussetzung der gewöhnlichen Alternativlogik ab, die sagt, dass jeder Satz wahr oder falsch sein kann (und entweder das eine oder andere sein muss, wenn er nicht sinnlos sein soll). Wahrheit und Falschheit kommen einem Satze an sich, d. h. unabhängig von allen übrigen Sätzen (es seien denn Definitionen) zu. Für die Wahrheit oder Falschheit kann man keine Bedingungen angeben, man kann nicht fragen, ob ein Satz in Bezug auf andere Sätze wahr oder falsch ist. Von Wahrscheinlichkeit aber kann man nur in Bezug auf andere Aussagen spre|chen; wahrscheinlich kann ein Satz für sich nicht sein. *Man kann den Wahrscheinlichkeitsbegriff also nicht mit dem Wahrheits- oder Falschheitsbegriff auf eine Stufe stellen.* Das aber tut die Wahrscheinlichkeitslogik; indem sie Wahrheit und Falschheit als Grenzfälle der Wahrscheinlichkeit auffasst, verkennt sie die Struktur dieser Begriffe.[247]

---

[247] Wahrheit und Falschheit wurden von einigen Autoren als Grenzwerte der Wahrscheinlichkeit aufgefasst, so z. B. zeitweise von Reichenbach in seinem Aufsatz „Die Kausalstruktur der Welt und der Unterschied zwischen Vergangenheit und Zukunft" (siehe dazu in diesem Bd. ab S. 251). Schon in seiner Habilitationschrift entgegnete Schlick dieser Auffassung, „daß niemals den Wahrheiten,

Wir haben schon bei der Aufstellung der Wahrheitstabelle darauf hingewiesen, dass jeder Satz, den wir über die Wirklichkeit aussprechen, diese Wirklichkeit nie vollkommen, restlos beschreibt; es wird kein bestimmter Teil der Wirklichkeit durch
5 diese Beschreibung endgültig festgelegt, sondern der Satz lässt einen gewissen Spielraum; d. h. dass eine Menge, meist unendlich vieler, Tatbestände denkbar sind, die alle durch diesen Satz beschrieben werden; wenn einer dieser Tatbestände besteht, so macht es den Satz wahr; es gibt als eine Unmenge verschiedener
10 Umstände, die einen und denselben Satz wahr machen.

Wir können die Umstände, unter welchen ein Tatbestand besteht, mehr oder weniger datailliert beschreiben und je weniger detailliert diese Umstände sind, umso mehr Sätze werden durch ihre Angabe wahr gemacht. Die Zahl der Umstände, also der
15 Spielraum der Aussage, wird umso kleiner, je mehr man andere Möglichkeiten ausschliesst; der Satz „$p \lor q$ ist wahr" wird z. B. durch mehr Umstände bewahrheitet als der Satz „p ist wahr" (das ist natürlich nicht der Fall, wenn p und q dieselben Sätze sind oder wenn man q aus p schliessen kann); im Falle der Wahrheitstabel-
20 le kann man die Möglichkeiten sogar abzählen; damit haben wir schon einen Hinweis auf ein zahlenmässiges Verhältnis der verschiedenen Fälle zueinander, das den Ausgangspunkt dafür geben kann, eine Zahl als Ausdruck desselben einzuführen, wie es auch tatsächlich gemacht wird.

25 Z. B. machen dieselben Umstände den Satz wahr:

„Das Tintenfass steht auf dem Tisch", wie auch den Satz: „Das Tintenfass | befindet sich im Hörsaal"; ebenso den Satz: 196
„Das Tintenfass befindet sich innerhalb der Universität"[a] und schliesslich die Sätze, dass sich das Tintenfass in Wien, auf der
30 Erde, etz. befinde.

---

a Anführungszeichen öffnen im Original nicht

sondern nur den Wahrscheinlichkeiten verschiedene Grade zukommen. Wer die Wahrheit so definiert, daß sie diesem Postulat nicht entspricht, der hat nicht wirklich *den* Begriff definiert, den man in Wissenschaft und Leben immer meinte, wenn man von Wahrheit sprach, und den man auch fürder meinen wird." (1910b *Wesen der Wahrheit*, S. 424, *MSGA* I/4).

Ferner machen unendlich viele Tatbestände den Satz wahr: „Das Tintenfass befindet sich im Hörsaal", wie auch den Satz: „Das Tintenfass befindet sich in Wien", man kann das Verhältnis zwischen diesen beiden Möglichkeiten also nicht zahlenmässig angeben (denn $\frac{00}{00}$ ist zunächst nicht zahlenmäßig bestimmt; dieser Form muss erst durch besondere Vorschrift ein Sinn gegeben werden); man weiss nur, dass in dem einen Fall mehr Möglichkeiten vorhanden sind.

Nehmen wir nun an, es sei nur der Satz gegeben: „Das Tintenfass ist irgendwo in der Universität", und wir betrachten daneben die beiden Aussagen: „Das Tintenfass ist im Hs 38" und „Das Tintenfass befindet sich in Hs 38 oder Hs 39".

Der erste Satz ist wahrscheinlicher wahr als die beiden anderen Sätze, der letzte Satz ist wahrscheinlicher wahr als der mittlere, dessen Aussage beschränkter ist. Es besteht hier also ein deutlicher Fall, wo man von Wahrscheinlichkeit sprechen kann. (Das Tintenfass auf einem Gange anzutreffen, ist schon viel unwahrscheinlicher; die Möglichkeit, es in einem Hörsaal zu finden, viel größer, da man es da eher hinzustellen pflegt – und es ist nicht unwichtig, das zu überlegen, da dadurch die Ungleichwertigkeit dieser Fälle zum Ausdruck gebracht ist).

Es handelt sich nun um die Frage, ob es ebenso wahrscheinlich ist, das Tintenfass im Hs 38 zu finden, wie im Hs 39 und das kommt auf das Verhältnis der Möglichkeiten an. Weiss man nur, dass sich das Tintenfass eben in einem dieser beiden Hörsäle befindet, somit die Möglichkeit, es da oder dort zu finden, dieselbe und durch die gleiche Wahrscheinlichkeitszahl zum Ausdruck zu bringen.

197 | *Dieser Begriff der gleichen Wahrscheinlichkeit* wird im Folgenden eingehender zu betrachten sein, denn er bildet die *eigentliche Schwierigkeit logischer Art im Wahrscheinlichkeitsproblem.* Weiss man, wann Ereignisse als gleich wahrscheinlich zu betrachten sind, dann ist damit die ganze Wahrscheinlichkeitsrechnung begründet; der *Begriff der Gleichwahrscheinlichkeit also bildet die Grundlage.* – Beispiel für gleiche Wahrscheinlichkeit:

Jemand merkt z. B., dass er seinen Schirm vergessen hat und weiss, dass es bestimmt im Hs 38 oder 39 gewesen sein muss;

also ist der Satz: „Der Schirm befindet sich im Hs 38 oder im Hs 39" wahr (wenn der Schirm nicht etwa gestohlen ist). Die beiden Sätze: „Der Schirm befindet sich im Hs 38"[b] und „Der Schirm befindet sich im Hs 39" erhalten also Wahrscheinlich-keit dadurch, dass einer von beiden wahr sein muss; es besteht die gleiche Möglichkeit, man betrachtet diese beiden Wahrschein-lichkleiten als gleich.

(Wir führen nun die Zahlen 38, 39 und 38 ∨ 39 als Symbole für die eben angeführten Sätze ein).

Es kann also 38 wahr oder falsch sein, ebenso 39; von 38 ∨ 39 aber weiss man, dass er wahr ist.

38	W	F
39	F	W
38 ∨ 39	W	

Man kann nun auch fragen, wieviele Fälle es gibt, die zugleich den Satz 38 wahr machen und den Satz 38 ∨ 39; das ist *ein* Fall.

Ebenso mach *ein* Fall die Sätze 39 und 38 ∨ 39 zugleich wahr.

Der Satz 38 ∨ 39 ist also in zwei Fällen wahr.

Wir definieren nun als die Wahrscheinlichkeit, die der Satz 38 ∨ 39 dem Satze 38 gibt, das Ergebnis aus der Anzahl der Fälle, welche Satz 38 und Satz 38 ∨ 39 wahr machen, dividiert durch die Anzahl der Fälle, die | den Satz 38 ∨ 39 wahr machen; so erhalten wir in diesem Falle als Wahrscheinlichkeit $\frac{1}{2}$ (Dasselbe gilt für die Sätze 39 und 38 ∨ 39).

198

(Wir haben als einzigen Fall den Umstand betrachtet, dass der Schirm sich überhaupt in einem Hörsaal befindet und haben die unendliche Mannigfaltigkeit innerhalb desselben ausgeschlos-sen, indem wir diese Fälle unter sich als gleich betrachtet haben; in der Wirklichkeit aber würde es wohl noch darauf ankommen, wo im Hörsaal sich der Schirm befände (am Kleiderhacken oder unter einer Bank).

Würde man verallgemeinern und sagen: „Ich habe den Schirm irgendwo auf der Universität vergessen, weiss aber nicht mehr,

b Anführungszeichen öffnen im Original nicht

wo", so liessen sich schon viel schwerer einzelne Fälle unterscheiden, die man als gleich möglich charakterisieren könnte und man wird in diesen Falle schon kaum mehr angeben können, wie gross die Wahrscheinlichkeit ist, ihn an einem bestimmten Platze zu finden; ausser in Bezug auf diese Plätze, die ich sonst noch weiss, z. B. den Platz, wo man ihn abstellen könnte. –

Es ist sehr wichtig, dass wir *hier den Begriff der logischen Möglichkeit* haben, *den wir abgrenzen können durch die logische Notwendigkeit* (versinnbildlicht in der Tautologie) *und die logische Unmöglichkeit* (versinnbildlicht in der Kontradiktion). *Alles zwischen diesen Grenzen Liegende ist der Bereich der Möglichkeit*; Dies festzustellen, ist wichtig anderen Systemen gegenüber, die den Bereich des Möglichen als neuen Grundbegriff einführen (und dadurch auch viel komplizierter sind).

Wir müssen zwecks logischer Erläuterung überlegen, wie wir dazu gelangen, diese Zahlen anzugeben. Zur Aufstellung einer bestimmten Zahl (in der Wahrscheinlichkeitsrechnung) kann man nur gelangen, wenn man die Umstände, die den Satz wahr machen, irgendwie in fest | begrenzte Bezirke einteilen kann. Man teilt derart in einzelne Räume ein, dass man sagen kann, es bestehe kein Grund, dass sich der Gegenstand in einem bestimmten dieser vielen Räume eher befinde, als in irgendeinem anderen. Weiss man also, dass sich der Gegenstand irgendwo hier im Raum befindet, dann kann man den Raum in lauter gleiche Abteilungen teilen und überlegen, dass es gleich wahrscheinlich ist, dass sich der Gegenstand in dem einen oder anderen dieser kleinen Räume befindet. Man hat hier also die unendliche Anzahl der Fälle oder Möglichkeiten in eine discrete Anzahl von Möglichkeiten eingeteilt: das ist immer nötig, um zu einem Wahrscheinlichkeitsbegriff zu gelangen, der sich genau präzisieren lassen soll: Der Wahrscheinlichkeitsbegriff wird überall dort seine natürliche Anwendung finden, wo von Natur aus schon eine solche Einteilung in discrete Fälle vorliegt.

Beim Würfel haben wir z. B. 6 verschiedene Klassen (deren jede wieder unendlich viele Möglichkeiten einbegreift), die nur dadurch unterschieden sind, welche Fläche des Würfels oben liegt. Die unendlich vielen Möglichkeiten dafür, dass eine Fläche oben

580

liegen kann, fasst man alle in eine einzige zusammen und betrachtet sie als Klasse, als einen einzigen Fall, einen Satz. Man hat dann nur die beiden Sätze, die besagen, dass eine der Zahlen von 1 bis 6 nach oben kommt und dass eine bestimmte dieser Zahlen nach oben kommt. Ist der Satz „Ich habe gewürfelt" wahr, so gibt er dem Satze „Es liegt die Zahl 6 oben" Wahrscheinlichkeit; diese beiden Sätze werden durch die eine Tatsache wahr gemacht, dass tatsächlich 6 oben liegt. Der Satz aber, dass eine der Zahlen von 1 bis 6 oben liegt, wird durch 6 verschiedene Tatsachen wahr gemacht. Daher ist die Wahrscheinlichkeit, die der Satz: „Es liegt die Zahl 6 oben", hat, $\frac{1}{6}$.

Wir definieren nun allgemein als Wahrscheinlichkeit eines Satzes p bezogen auf einen anderen Satz q (od. die Wahrscheinlichkeit, die ein Satz q | einem Satze p gibt) den Quotienten aus der Anzahl der Fälle, welche den Satz p und den Satz q wahr machen und der Anzahl der Fälle, welche den Satz q wahr machen; und das ist immer ein echter Bruch.[248]

Wenn wir die Anzahl der Fälle z nennen und diesem z als Indices p und q hinzufügen für die Fälle, in denen diese Sätze wahr sind, so erhalten wir als Wahrscheinlichkeitsbruch:

$$\frac{^z p.q}{^z q}$$

d. i. die *Wahrscheinlichkeit von p in Bezug auf q* (od. die Wahrscheinlichkeit, die der Satz q dem Satze p verleiht)

In der Wahrscheinlichkeitsrechnung nennt man den Zähler ($^z p.q$) die *Zahl der günstigen Fälle*, den Nenner ($^z q$) die *Zahl der möglichen Fälle*.

(Der hier erörterte Fall ist einfach, weil die Fälle, die den Satz p wahr machen, in denen Fällen, die den Satz q wahr machen, gänzlich enthalten sind; das ist aber nicht immer so, denn es könnte auch Fälle geben, die p wahr machen, nicht aber q.

248 Bolzano, *Wissenschaftslehre*, Bd. II, § 161: „Die Vergleichungsweise Gültigkeit der Wahrscheinlichkeit eines Satzes hat als Verhältnis zweier Mengen [der Fälle in denen die Sätze wahr sind] eine gewisse Größe, und wird sich überhaupt, so oft sie bestimmbar ist, durch einen Bruch darstellen lassen, dessen Nenner und Zähler sich wie jene zwei Mengen verhalten."

Wir geben noch ein anderes Beispiel für den Ausdruck der Wahrscheinlichkeit durch diesen echten Bruch: In einer Urne befinden sich 100 weisse und 50 rote Kugeln.

Für den Satz q: „Ich ziehe eine Kugel aus der Urne" gibt es 150 verschiedene Möglichkeiten (es können hier wohl unendlich viele physikalische Prozesse stattfinden; diese unendlich vielen Fälle aber werden in 150 discrete Fälle eingeteilt).

Wie gross ist nun die Wahrscheinlichkeit, eine rote Kugel zu ziehen? Also Satz p: „Die Kugel ist rot". Der Satz q gibt dem Satz p die Wahrscheinlichkeit $\frac{50}{150} = \frac{1}{3}$

201 Wir haben schon festgestellt, dass die Worte „wahr", „falsch" und „wahrscheinlich" durch Einführung der Wahrscheinlichkeitslogik eine an|dere Bedeutung erhalten als gewöhnlich und daher ein solcher Kalkül als irreführend zu bezeichnen ist.

Diese Wahrscheinlichkeitslogik unterscheidet sich von der sogen[annten] Alternativlogik speziell durch ihre Stellungnahme zum Satze des Widerspruchs. Diese *Anzweiflung des Satzes vom Widerspruch der mehrwertigen Logik bezieht sich auf die Aussagen über die Zukunft*. Es wird gesagt, dass, wenn die Zukunft durch die Gegenwart noch nicht bestimmt ist, es auch noch nicht festliege, ob eine Aussage über Zukünftiges wahr oder falsch ist. Dies behauptet Łukasiewicz[c] im Anschluss an einige Bemerkungen von Aristoteles. Aristoteles hat folgende Argumentation angestellt: wenn ich sage, der Satz ist jetzt schon wahr oder falsch, dann heisst das, dass es jetzt schon bestimmt ist, was morgen geschieht. Łukasiewicz[d] schliesst sich dieser Auffassung an, dass die Behauptung, dass ein Satz über Zukünftiges wahr oder falsch sei, gleichbedeutend mit einer deterministischen Weltauffassung ist. In diesem Falle könne man den Satz des Widerspruchs auch auf Aussagen über Zukünftiges anwenden. Ist es aber jetzt noch nicht bestimmt, ob es z. B. morgen schneien wird, ist also die Welt indeterministisch, dann könne man den Satz des Widerspruchs auf Aussagen über Zukünftiges nicht anwenden.[249]

c Im Original: ⟨Lukasievic⟩   d Im Original: ⟨Lukasievic⟩

249 Schlick spielte hier auf das sogenannte Seeschlachtproblem aus Aristoteles'

Es würde sich dieser Auffassung gemäss also ergeben, dass man den Satz des Widerspruchs für Aussagen über Zukünftiges nur anwenden kann, wenn die Welt deterministisch ist, dass dieser Satz des Widerspruchs aber falsch wäre, wenn das Kausalgesetz nicht allgemein gilt. *Es ist nun aber eine rein empirische Frage, ob das Kausalgesetz durchgängig gilt;* wir wissen das nicht (denn wir sind nicht allwissend).

Es scheint also, dass man eine Voraussetzung über die Welt machen müsse (näml[ich] die, dass das Kausalprinzip keine Ausnahme erleide), wenn der Satz des Widerspruchs auch für Zukünftiges gelten soll; das aber steht in | schärfsten Widerspruch zur Art der logischen Sätze, über die wir uns vollkommen klar geworden waren: *die logischen Sätze sind Sprachregeln* über die Art und Weise, wie wir über die Wirklichkeit sprechen wollen

neuntem Kapitel von *De Interpretatione* an. Die von ihm dargestellte Argumentation gibt es dort so nicht. Am ehesten passt folgender Absatz: „Und überdies muss, wenn von etwas wahrheitsgemäß behauptet werden kann, dass es weiß und groß ist, beides auf es zutreffen; und wenn für beides gilt, dass es morgen auf es zutreffen wird, so muss es morgen darauf zutreffen. Wenn aber etwas morgen weder der Fall sein noch nicht der Fall sein würde, so wäre es nicht etwas, das je nachdem, wie es sich gerade trifft, der Fall oder nicht der Fall sein wird; denn im Falle einer Seeschlacht beispielsweise müsste es ja dann so sein, dass sie morgen weder stattfindet noch nicht stattfindet [...] nicht notwendigerweise für jede bejahende und ihr kontradiktorisch entgegengesetzte verneinende Aussage gilt, dass die eine von ihnen wahr und die andere falsch ist. Denn so wie bei dem, was nicht ist, aber in Zukunft sein oder nicht sein kann, sondern hier verhält es sich so, wie es von uns dargelegt wurde." (*De Interpretatione*, 18 b–19 b)

Łukasiewicz interpretierte die Stelle so, dass Aristoteles das Tertium Non Datur für Sätze über zukünftiges aufheben wollte. Er schrieb dazu in *Philosophical Remarks on Many-Valued Systems of Propositional Logic*, § 6: "I can assume without contradiction that my presence in Warsaw at a certain moment of next year, e. g. at noon on 21 December, is at the present time determined neither positively nor negatively. Hence it is *possible*, but not *necessary*, that I shall be present in Warsaw at the given time. On this assumption the proposition 'I shall be in Warsaw at noon on 21 December of next year', can at the present time be neither true nor false. For if it were true now, my future presence in Warsaw would have to be necessary, which is contradictory to the assumption. Therefore the proposition considered is at the moment *neither true nor false* and must possess a third value, different from '0' or falsity and '1' or truth. This value we can designate by '$\frac{1}{2}$'. It represents 'the possible', and joins 'the true' and 'the false' as a third value."

und diese Regeln sind davon, was in der Welt geschieht und wie sie aussieht, also *von der Geltung des Kausalgesetzes vollkommen unabhängig.* Der Satz des Widerspruchs hat bloss die Grammatik des Wortes „nicht" oder die der Worte „wahr" und „falsch" zum Inhalt; er muss also ganz unabhängig davon gelten, ob das Kausalgesetz gilt oder nicht (welch letzteres eine rein empirische Frage darüber ist, wie die Welt beschaffen ist); wäre er vom Kausalgesetz abhängig, so würde das ja voraussetzen, dass dieser Satz etwas über die Wirklichkeit aussagt, was aber gemäss allen unseren Überlegungen, betreffs des Wesens der logischen Sätze, nicht der Fall sein kann. Die logischen Regeln sind Festsetzungen und das einzige Gebot der Logik (wenn wir es so nennen wollen) ist, dass wir an den von uns selbst festgesetzten Regeln festhalten sollen; man kann auch hier von keinem „Gebote" sprechen, es ist vielmehr ein Entschluss, den wir fassen, um uns überhaupt ausdrücken zu können.

Der Satz des Widerspruchs ist ein Fundamentalsatz unserer Logik; wäre er von der Giltigkeit des Kausalprinzips abhängig, dann würde die ganze Logik dort nicht gelten, wo das Kausalprinzip keine Anwendung hat und wir könnten uns über die Tatsachen, die sich dem Kausalgesetz nicht fügen, überhaupt nicht ausdrücken. – Es liegt also in den angeführten Überlegungen von Aristoteles und der Wahrscheinlichkeitslogiker ein Fehler vor, den wir aufzeigen müssen. (Wären diese Überlegungen richtig, dann würden wir die dreiwertige Logik annehmen: denn die Behauptung, dass wir von Sätzen über die Zukunft nur dann sagen können, ob sie wahr oder falsch sind, wenn wir wissen, dass die Welt determini|stisch ist, ist keine Voraussetzung der Logik, weshalb man diesen Satz nur als möglich bezeichnen kann).

Der fehlerhaften Auffassung gemäss wird behauptet, dass z. B. der Satz: „Am 15. 11. wird es schneien" heute weder wahr, noch falsch ist, dass dieser Satz aber wahr wird, wenn es am 15. 11. schneit. Wir haben schon bei der Erläuterung der Grundbegriffe darauf hingewiesen, dass jeder Satz wahr oder falsch sein muss und dass mit der Hinzufügung einer Zeitbestimmung zu den Worten wahr oder falsch überhaupt kein Sinn verbunden werden kann. Entweder es ist wahr, dass es am 15. 11. schneit, oder es ist

584

nicht wahr; aber das stellt sich eben erst an jenem Zeitpunkte heraus; nach den Regeln, nach denen wir unsere Worte gebrauchen,
können wir die grammatische Form: „Es ist jetzt schon wahr",
oder „Es ist jetzt schon nicht wahr" überhaupt nicht anwenden.
5   In eine Aussage über Wahrheit oder Falschheit eines Satzes kann
eine Zeitbestimmung überhaupt nicht eingehen; das folgt aus dem
Sinn, den man den Worten „wahr" und „falsch" gegeben hat und
in dem das nicht vorgesehen ist; (ebenso unsinnig wäre die Frage:
„Ist $2 \cdot 2 = 4$ auch auf dem Mars richtig?", weil in diese Frage
10 keine Ortsbestimmung eingehen kann).

Ein Satz kann auch nicht „wahr werden", denn *der Satz spricht
ja von einem ganz bestimmten Ereignis oder einer Ereignisgrup-
pe und diesbezüglich ist der Satz wahr oder falsch, unabhängig
davon, ob wir es wissen oder nicht.*

15 Der Irrtum, der darin liegt, dass man glaubt, vom Wahr-
werden eines Satzes sprechen zu können, stammt daher, dass
tatsächlich ein- und derselbe sprachliche Ausdruck einmal wahr
und einmal falsch sein kann: dann handelt es sich aber eigentlich
nicht mehr um ein- und denselben Ausdruck, denn die Worte ha-
20 ben dann eben eine andere Bedeutung bekommen. *Es ist durch
die Grammatik der Worte ausgeschlossen, dass ein falscher Satz* | 204
wahr werden kann.

In der Geschichte scheint es manchmal, dass man sagen könne,
dass ein bestimmter Satz, z. B. „Cäsar ist im Jahre 44 ermordet
25 worden" heute wahr ist und morgen, bei eventueller Auffindung
neuer, genauerer Daten, falsch. Dann ist der tatsächliche Sachverhalt aber der, dass dieser Satz eben nie wahr war; es war ein
Irrtum, ihn dafür zu halten und der *Grund dieses Irrtums ist die
Verwechslung des Führ-wahr-haltens mit dem Wahr-sein.*

30 Der Fehler, um den es sich handelt, ist der, dass man die
zeitlichen (resp[ektiven] räumlichen) Bestimmungen, die für die
Vorgänge oder Gegenstände gelten, von denen der Satz spricht,
mit in die Wahrheit oder Falschheit des Satzes hineinzubringen
sucht; und gerade dieser Fehler wird in der Wahrscheinlichkeits-
35 logik immer gemacht.

*Es verhält sich nicht so, dass derselbe Satz einmal wahr und
einmal falsch sein kann, je nachdem[, wie] man die Worte oder*

*Wortverbindungen, die ihn bilden, interpretiert oder definiert –
sondern es handelt sich da jedesmal um einen anderen Satz und
diese verschiedenen Sätze sind entweder wahr oder falsch.*

Es ist auch wohl zu unterscheiden, ob man einschränkende
Worte mit in die Grammatik der Eigenschaftsworte hineinnimmt
(durch die die im Satze dargestellten Vorgänge oder Gegenstände
beschrieben werden) oder ob man sie den Worten „wahr" und
„falsch" zuordnet (dies letztere tut aber die mehrwertige Logik).
Durch das erstere werden graduelle Unterschiede ausgedrückt, die
in den Eigenschaften der Wirklichkeit bestehen; zu dem zweiten,
irrtümlichen Verfahren wird man auch dadurch verführt, dass wir
oft von einer Wortverbindung nicht sagen können, ob sie wahr
oder falsch ist. Jedenfalls haben diese Übergänge in keiner Weise zu tun mit dem scharfen und unüberbrückbaren Gegensatz
zwischen wahr und falsch, ja und | nein. Nur die Definition eines
Wortes oder einer Wortverbindung kann schwanken; ist sie aber
einmal gewählt, so sind die verschiedenen Sätze, die man je nachdem erhält, bestimmte Sätze, die entweder wahr oder falsch sind.
*In der Wahrscheinlichkeitslogik werden diese Übergänge anstatt
in die Gegenstände, von denen gesprochen wird, fälschlich in die
Wahrheit oder Falschheit der Sätze verlegt. Und das gilt auch
vom Satze des Widerspruchs in seiner Anwendung auf Aussagen
über die Zukunft.*

Sagt man, dass der Satz des Widerspruchs nur gilt, wenn
das Kausalprinzip gilt, so zeugt diese Aussage von einer falschen
Auffassung des Determinismus. Der Determinismus sagt, dass
die Zukunft durch die Gegenwart vollkommen bestimmt ist. Wir
müssen nun erläutern, was „bestimmt" heissen soll; es heisst,
dass es Naturgesetze gibt, die erlauben, aus dem gegenwärtigen
Zustand der Welt schon heute abzulesen oder zu schliessen, was
künftig geschehen wird. Der Determinismus sagt also, wenn mir
der gegenwärtige Zustand der Welt genau bekannt wäre, so könnte
ich daraus die zukünftigen Zustände voraussagen: d. h. dass man
jetzt schon wissen kann oder doch könnte, was zukünftig geschieht. Der Determinismus sagt aber nichts, was nur im geringsten mit dem Satze des Widerspruchs zu tun hätte; er behauptet

205

5

10

15

20

25

30

35

586

ja nur, dass es eine Möglichkeit gibt, es jetzt schon zu wissen, ob ein Satz über Zukünftiges wahr ist oder nicht.

Der Indeterminismus sagt hingegen, dass wir das heute noch nicht wissen können. Determinismus und Indeterminismus sagen
5 also, dass man heute schon wissen, resp[ektive] nicht wissen kann, was geschehen wird. Der Satz über Zukünftiges ist wahr, wenn das, was er aussagt, eintritt – und zwar ist dieser Satz zeitlos wahr; der Satz ist falsch, wenn das, was er aussagt, nicht eintritt – und zwar zeitlos falsch. Der Indeterminismus sagt also nicht,
10 dass der Satz des Widerspruchs nicht für die Zukunft gelte, sondern er sagt nur, dass aus dem gegenwärtigen Zustand der Welt noch nicht vorauszusagen ist, dass man es jetzt noch nicht wissen kann, ob der Satz | wahr oder falsch ist. Er sagt überhaupt   206 nichts darüber aus, ob bestimmte Sätze der Zukunft wahr oder
15 falsch sein werden, sondern nur darüber, dass diese Wahrheit oder Falschheit jetzt schon erkannt werden kann oder nicht. *Determinismus und Indeterminismus haben also mit dem Satz des Widerspruchs, mit der Logik, nichts zu tun.*

Man hat diese Schlussweise auch umkehren wollen und von
20 einem „logischen Determinismus" gesprochen; man meinte, da der Satz des Widerspruchs gilt, müsse auch der Determinismus gelten. Hier ist der Irrtum augenscheinlich: man will da aus einer bloss logischen Schlussweise, einem Satz der Logik, etwas über die Zukunft, die Wirklichkeit wissen![250]

---

250 Es ist unklar, auf wen sich Schlick hier genau bezog. Die Position wurde aber bereits seit der Antike, so z. B. vom Megariker Diodoros von Kronos, vertreten und ist durch die *Metaphysik* des Aristoteles (1046 b) überliefert: „Es gibt einige Megariker, welche behaupten, ein Ding habe nur dann ein Vermögen, wenn es wirklich tätig sei, wenn jenes aber nicht wirklich tätig sei, habe es auch das Vermögen nicht; z. B. derjenige, der eben nicht baut, vermöge auch nicht zu bauen, sondern nur der Bauende."

Carl Prantl schrieb dazu in seiner *Geschichte der Logik im Abendlande*, S. 39: „So konnte Diodoros es näher zu begründen versuchen, dass für das Urtheil schlechthin nur das jeweilig Factische als wahr gelten könne; er hob nemlich, sowie die Bewegung, so auch folgerichtig den Begriff der Möglichkeit überhaupt auf, denn war einmal der Reichthum der Verbindungen, welche eine Substanz mit den Prädikaten eingehen kann, mit Füssen getreten, so fiel jeder mögliche Übergang von einem Potentiellen zu einem Actuellen natürlich weg."

Ein Satz *ist* wahr oder falsch, aber ich kann mehr oder weniger genau wissen, ob er wahr oder falsch ist. (Der Determinismus sagt, dass man es immer wissen kann, der Indeterminismus sagt, dass man es oft nicht wissen kann).

Die angeführten fehlerhaften Argumentationen können nicht unterscheiden zwischen der Behauptung des Indeterminismus, dass wir jetzt nicht feststellen können, ob Sätze über die Zukunft wahr sind und der Behauptung, dass diese Sätze jetzt wahr sind oder nicht.

Die Unbestimmtheit der Zukunft hängt von den tatsächlichen Beziehungen ab, die in der Welt existieren; so wie die Bestimmtheit eines Satzes von der Definition der in ihm auftretenden Worte. –

Wenn wir einem Satze Wahrscheinlichkeit zuschreiben (Wahrscheinlichkeit einer besonderen Stufe oder eines bestimmten Grades), so ist das eine Behauptung ganz anderer Rangordnung, als wenn wir einem Satze Wahrheit zusprechen.

Der Unterschied ist, dass wir bei der Wahrscheinlichkeit tatsächlich zu Grenzwerten, 0 oder 1, übergehen können; d. h. der Satz q gibt dem | Satze p dann die Wahrscheinlichkeit 1, wenn p aus q folgt, also $q \to p$.

Beispiel: Der Satz „Herr *X*. befindet sich in der Universität" gibt dem Satze „Herr *X* ist im Hörsaal 38" (zu einer bestimmten Zeit) eine gewisse

Wahrscheinlichkeit. Gibt man nun aber einen bestimmten Punkt im Hörsaal 38 an, mittels geometr[ischer] Begriffs-Beschreibung, geograph[isches] Koordinatensystem, Höhe über dem Meeresspiegel und sagt in einem Satze aus, dass sich Herr *X* an diesem Punkte befindet, so gibt nun dieser Satz dem Satze „Herr *X* befindet sich im Hörsaal 38" die Wahrscheinlichkeit 1; denn diese beiden Sätze sagen dasselbe, einer folgt aus dem anderen. *Die Wahrscheinlichkeit 1 bedeutet, dass sämtliche Wahrheitsmöglichkeiten von q auch solche von p sind,* denn dann folgt ja p aus q; *Wahrscheinlichkeit 1 heisst also, dass zwischen den*

Sätzen (es können auch mehrere sein) *eine bestimmte Implikation besteht.*

Ein Satz hat also diese Eigenschaft in Bezug auf gewisse andere Sätze; das hat aber mit der Wahrheit des Satzes nichts zu tun. Wir drücken die Wahrheit des Satzes p durch p aus; die Wahrscheinlichkeit aber drücken wir aus durch $q \to p$. *Es ist daher falsch zu sagen, dass die Wahrheit der Grenzfall der Wahrscheinlichkeit wird, wo diese* 1 *wird*; denn das wäre jedenfalls in dem Falle unzutreffend, wo q nicht wahr wäre.

Es ist nicht dasselbe, zu sagen: „Ich werfe jetzt die Zahl 1", oder zu sagen „Die Wahrscheinlichkeit, mit einem Würfel eine der Zahlen 1 bis 6 zu werfen ist 1" (denn ich müsste ja gar nicht werfen !) Wahrscheinlichkeit ist also immer das Bestehen einer Implikation. Um die Parallelität zwischen Wahrheit und Wahrscheinlichkeit durchzuführen, hat der Naturphilosoph und Wahrscheinlichkeitstheoretiker *Reichenbach*, dessen ganzer Kalkül auf dieser Parallelität beruht, ein eigenes Zeichen eingeführt, dass dem Implikationszeichen (von Russell) äusserlich sehr ähnlich ist $\ni$ und dieses Zeichen wird dann noch[e]

| mit einem Index versehen; es ist die sogenn[annte] *Wahrscheinlichk[eits-]Implika*tion $q \ni_w p$ heisst; q impliziert p mit der Wahrscheinlichkeit w.[251]

Mit diesem Zeichen soll angedeutet werden, dass es sich um ein von der Implikation nur wenig verschiedenes Verhältnis handelt. Die Einführung dieses Zeichens ist von Übel, weil es eben

---

e Die Einrückung endet hier mit dem Seitenwechsel

251 Vgl. zur Funktionsweise des Junktors Reichenbach „Die Kausalstruktur der Welt und der Unterschied zwischen Vergangenheit und Zukunft". Siehe außerdem in diesem Bd. ab S. 247.

Anzeichen für das Gesagte sein soll, also dazu verführt, Gleichheiten oder Ähnlichkeiten zu sehen, die nicht existieren. Es ist vielmehr mit allen Mitteln zu vermeiden, Ähnlichkeiten, die nur rein äusserlicher Natur sind, mit solchen innerl[icher] Natur zu verwechseln, da dies zu Irrtümern führt. – Wenn w gleich 1 wird, dann soll ja dieses Zeichen dasselbe sein wie das Implikationszeichen, also ein Zeichen in das andere übergehen; das ist *etwas ganz Irreführendes*; es hiesse:

$$q_{m1} \ni p \;\equiv\; q \to p^{\mathrm{f}}$$

demnach wäre die Wahrheit gleich der Wahrscheinlichkeitsimplikation für $w = 1$ und wir haben früher ausgeführt, dass es ganz falsch ist, so etwas anzunehmen.

Bei Frege und mehreren seiner Nachfolger (auch bei Russell) finden wir noch ein spezielles Zeichen eingeführt, das sogen[annte] *Behauptungszeichen*: ⊢ Dieses Behauptungszeichen wird vor jede Tautologie gesetzt; z. B. ⊢ $p \vee \bar{p}$. Bei den Axiomen finden wir durch dieses Zeichen angedeutet, dass sie eben Axiome sind, d. h. dass man ihre Richtigkeit festsetzt, behauptet. (Vor Kontradiktionen darf dieses Zeichen nie gesetzt werden). – Dieses Zeichen wurde hier nicht eingeführt, da wir uns vor dem Irrtum bewahren wollten, es als logisches anzusehen; *ein logisches Zeichen ist dieses Behauptungszeichen nicht*. Es kommt ja in der Logik gar nicht darauf an, ob die Sätze, mit denen operiert wird, wahr oder falsch sind; und für die Sätze, die immer wahr sind, die Tautologien, | braucht man das Zeichen nicht, denn da sieht man die Wahrheit schon mit Hilfe der logischen Regeln ein. Handelt es sich aber nicht um Tautologien oder Kontradiktionen, dann ist es gleichgültig zu wissen, ob die Sätze wahr sind, denn es werden nur die rein formalen Beziehungen betrachtet.[252]

---

f Vermutlich liegt hier ein Abschreibfehler vor. Mit Bezug auf die vorher gemachten Erläuterungen müsste es wohl heißen: $\langle q_{\supset 1} p \;\equiv\; q \to p \rangle$

252 Frege, *Grundgesetzte der Arithmetik*, S. 9: „Wir bedürfen also noch eines besonderen Zeichens, um etwas als wahr behaupten zu können. Zu diesem Zwecke

*Dieses Zeichen ist also entweder überflüssig oder es sagt uns
Belangloses. Dieses Zeichen bringt etwas Psychologisches zum
Ausdruck*, näml[ich] dass der Gebraucher des Zeichens von der
Wahrheit des Satzes, dem er es zugefügt hat, überzeugt ist; *das
ist aber in der Logik nicht von Interesse.* (Die Einführung solcher
Zeichen ist wohl zulässig, aber nur mit grosser Vorsicht zu hand-
haben, oder zu unterlassen, da meist Irrtümer dadurch verursacht
werden).

Wir haben den Wahrscheinlichkeitsbegriff begründen können,
ohne den Satz des Widerspruchs n zu müssen, ohne ihn als neu-
en Aussagewert aufzufassen, der in der Mitte zwischen wahr und
falsch liegt. Es ist also nicht notwendig, eine neue Logik, re-

---

lasse ich dem Namen des Wahrheitswerthes das Zeichen ‚⊢' vorhergehen, so dass
z. B. in ⊢ $2^2 = 4$ behauptet wird, dass das Quadrat von 2 4 sei."

Frege *Begriffsschrift*, § 2: „Ein Urtheil werde immer mit Hilfe des Zeichens ⊢
ausgedrückt, welches links von dem Zeichen oder der Zeichenverbindung steht,
die den Inhalt des Urtheils angiebt. Wenn man den kleinen senkrechten Strich am
linken Ende des wagerechten *fortlässt*, so soll dies das Urtheil in eine *blosse Vor-
stellungsverbindung* verwandeln, von welcher der Schreibende nicht ausdrückt,
ob er ihr Wahrheit zuerkenne oder nicht. [...] Wir *umschreiben* in diesem Falle
durch die Worte *„der Umstand, dass"* oder *„der Satz, dass"*. Nicht jeder Inhalt
kann durch das vor sein Zeichen gesetzte ⊢ ein Urtheil werden, z. B. nicht die
Vorstellung „Haus". Wir unterscheiden daher *beurtheilbare* und *unbeurtheilbare*
Inhalte. *Der wagerechte Strich*, aus dem das Zeichen ⊢ gebildet ist, *verbindet die
darauf folgenden Zeichen zu einem Ganzen, und auf dies Ganze bezieht sich die
Bejahung, welche durch den senkrechten Strich am linken Ende des wagerechten
ausgedrückt wird.* Es möge der wagerechte Strich *Inhaltsstrich*, der senkrechte
Urtheilsstrich heissen. Der Inhaltsstrich diene auch sonst dazu, irgendwelche Zeichen zu dem Ganzen der darauf folgenden Zeichen in Beziehung zu setzen. *Was
auf den Inhaltstrich folgt, muss immer einen beurtheilbaren Inhalt haben.*"

Russell/Whitehead, *Principia*, S. 8: "The sign '⊢,' called the 'assertion-sign',
means that what follows is asserted. It is required for distinguishing a complete
proposition, which we assert, from any subordinate propositions contained in it
but not asserted. In ordinary written language a sentence contained between full
stops denotes an asserted proposition, and if it is false the book is an error. The
sign '⊢' prefixed to a proposition serves this same purpose in our symbolism.
For example, if '⊢ $(p \supset p)$' occurs, it is to be taken as a complete assertion
convicting the authors of error unless the proposition '$p \supset p$' is true (as it
is). Also a proposition stated in symbols without this sign '⊢' prefixed is not
asserted, and is merely put forward for consideration, or as a subordinate part of
an asserted proposition."

sp[ektive] einen neuen Kalkül einzuführen, um den Begriff der Wahrscheinlichkeit klar festzulegen.

Der *Begriff der Wahrscheinlichkeit* spielt auch *in der Erkenntnis eine ausserordentlich wichtige Rolle*; seine Analyse ist von Bedeutung, weil die Wahrscheinlichkeit mit der Sicherheit der Erkenntnis in Zusammenhang steht. *Alle unsere Aussagen, die wir über die Wirklichkeit machen, sind von der Art, dass wir ihre Wahrheit nicht mit absoluter Sicherheit behaupten können; sie alle bringen nur Wahrscheinlichkeit zum Ausdruck, tragen den Charakter von Hypothesen.* An Stelle des Wissens um vollkommene Wahrheit oder Falschheit tritt die Wahrscheinlichkeit, dass diese Aussagen wahr sind, wenn andere Aussagen als wahr vorausgesetzt sind.

Wir wenden uns nun einer neuen Fragestellung zu und zwar dem *erkenntnistheoretischen Problem, wie es sich mit der Anwendung dieses | Begriffes der Wahrscheinlichkeit auf die Wirklichkeit verhält.*

Wir hatten uns bisher mit der Definition der Wahrscheinlichkeit beschäftigt, als dem Quotienten eines Bruches, dessen Zähler und Nenner zahlenmässig eine gewisse Wahrscheinlichkeit wiedergibt. Das ist eine Festsetzung, die man ja trifft, um mit ihr etwas anfangen zu können.

Wir haben diese Definition der Wahrscheinlichkeit an gewisse Fälle der Wirklichkeit angeschlossen, wie man das ja tun muss.

Das Problem wird leicht durch die Art und Weise verschleiert, wie man über den Begriff der Wahrscheinlichkeit zu sprechen pflegt. Es ist schwierig, den Sinn einer Wahrscheinlichkeitsaussage anzugeben, obgleich wir im tägl[ichen] Leben mit dem Begriffe der Wahrscheinlichkeit ständig arbeiten und auch in der Wissenschaft die exakte Anwendung davon machen (kinetische Gastheorie).[253] Es ist schwierig, diesen Sinn logisch anzugeben, d. h. *diese Schwierigkeit tritt bei den verschiedenen Formulierungen auf, durch die man den Wahrscheinlichkeitsbegriff zu definie-*

---

253 Die kinetische Gastheorie erklärt die Eigenschaften von Gasen, insbesondere die Gasgesetze, durch die Vorstellung, dass Gase aus einer sehr großen Anzahl von Teilchen bestehen, die in ständiger zufälliger Bewegung sind.

ren sucht. Es ist nicht leicht zu sagen, wie man einen Satz, der Wahrscheinlichkeit aussagt, verifiziert.

Das oft erwogene eigentümliche Problem entsteht dadurch, dass man überlegt, in welchen Fällen der Begriff der Wahrscheinlichkeit seine exakte Anwendung findet; das ist überall da der Fall, wo wir es mit den sogenannten *Zufallserscheinungen* zu tun haben. Der Begriff des Zufalls ist die Negation des Gesetzesbegriffes (und umgekehrt); daher muss der Begriff des Gesetzes so erklärt werden, dass damit zugleich die Gesetzlosigkeit erklärt ist.

Es gibt nun in der Welt sehr viel Zufälliges und wo das vorliegt, pflegt man die Wahrscheinlichkeitsrechnung anzuwenden: das scheint nun selbst für den Laien ein Paradoxon; denn einerseits spricht man | von Zufall dort, wo kein Gesetz vorliegt und andrerseits erfasst man den Zufall in gesetzmässiger Weise durch die Wahrscheinlichkeitsrechnung, was ein Widerspruch zu sein scheint; durch die Wahrscheinlichkeitsrechnung sollen also die Gesetzmässigkeiten des Zufalls festgehalten werden! Diese paradoxe Lage kann auf verschiedene Art formuliert werden; z. B. auch, wie es kommt, dass wir von einer Gesetzmässigkeit des Zufalls sprechen können, da ja Gesetzmässigkeit gerade als Gegenteil des Zufalls definiert ist; oder wie wir aus dem Nichtwissen gleichsam Schlüsse ziehen können, wie es die Wahrscheinlichkeitsrechnung zu tun scheint? Die Wahrscheinlichkeitsrechnung ist etwas Mathematisches; es ergibt sich daher die allgemeine Frage, wie es kommt, dass wir logische Konstruktionen auf die Wirklichkeit anwenden können?

Die Wahrscheinlichkeitsüberlegungen beziehen sich auf Fälle, von denen wir nichts wissen, d. h. deren Gesetzmässigkeit wir nicht kennen – und wir sind dennoch imstande, allgemein gültige Aussagen zu machen, deren Gültigkeit sich in analoger Weise bewährt, wie jede andere natürliche Gesetzmässigkeit.

(Das ganze Fürstentum Monaco ist auf der Gesetzmässigkeit der Wahrscheinlichkeit aufgebaut!)[254]

---

254 Das Fürstentum Monaco war zu Schlicks Zeiten ein Zentrum des Glücksspiels in Europa und deckte seine Einnahmen fast vollständig aus den Gewinnen

Es ist ausserdem bekannt, dass die Wahrscheinlichkeitsrechnung auf die Gasgesetze der kinetischen Theorie d[er] Wärme angewendet wird; die Gasgesetze sind Wahrscheinlichkeitsgesetze und ergeben vollkommen sichere Resultate. – Überdies gibt es in der Gegenwart Versuche, die logischen Grundlagen der Wahrscheinlichkeitsrechnung aufzustellen, also den Wahrscheinlichkeitsbegriff logisch zu rechtfertigen[255] und auch deshalb ist es wichtig, eine Lösung des erwähnten Paradoxons zu suchen.

Wir hatten bisher Gedankengänge verfolgt, die uns zu einer vollkommenen objektiven Auffassung des Wahrscheinlichkeitsbegriffes führten. Wir | suchten im Anschluss an Bolzano den Begriff der Wahrscheinlichkeit durch gemeinsame Wahrheitsmöglichkeit von verschiedenen Sätzen zu erläutern, durch das Verhältnis zwischen mehreren Sätzen; dann führt der Wahrheitskreis der möglichen Umstände, die zu jedem Satz gehören, zur Aufstellung des Wahrscheinlichkeitsbegriffes. (Diese rein objektive Auffassung wurde dennoch oft als Modifikation der subjektiven Wahrscheinlichkeitsauffassung betrachtet; als Modifikation deshalb, weil diese Auffassung sich auf das Verhältnis zwischen Sätzen bezieht). Die objektive Auffassung sagt nicht, wie gross das Maß einer Erwartung ist, sondern wie berechtigt eine solche Erwartung ist; sie sagt, wie wir die objektiven Chancen beurteilen müssen, dass eine Hoffnung erfüllt werden wird. Das ist etwas ganz Objektives (man kann ja eine sehr grosse Hoffnung haben und der Rechtsgrund dafür kann sehr klein sein; die Wahrscheinlichkeit gibt eben diesen Rechtsgrund an). – Dieser Auffassung steht eine andere gegenüber, die sich ersterer gegenüber selbst als verschieden fühlt; es ist dies die Auffassung, dass die Wahrscheinlichkeitssätze von der Häufigkeit des Eintretens von Ereignissen handeln, dass die Wahrscheinlichkeitregeln nichts anderes sind als empirische Na

der Spielbanken, da die direkte Besteuerung 1869 per Gesetz abgeschafft wurde.

255 Zu jener Zeit haben beispielsweise Waismann in „Logische Analyse des Wahrscheinlichkeitsbegriffs" (in: *Erkenntnis*, Bd. 1, 1930/1931, S. 228–248) und Reichenbach in „Die logischen Grundlagen des Wahrscheinlichkeitsbegriffs" (in: *Erkenntnis*, Bd. 3, 1932/1933, S. 401–425) derartige Versuche durchgeführt. Zur Möglichkeit einer Wahrscheinlichkeitslogik siehe in diesem Bd. S. 251.

turgesetze, die wir aus der Wirklichkeit ablesen, wie andere Naturgesetze auch, die wir also nicht logisch ableiten können. Es wird so argumentiert: man beobachtet, dass in der Natur gewisse Ereignisreihen eine bestimmte Häufigkeit zeigen (dass z. B. beim Würfeln, wenn man nur lange genug würfelt, die Zahl der Fälle, in denen wir 6 werfen, sich zu Fällen, wo die anderen Zahlen fallen, wie 1:6 verhält; das ist eine Erfahrungstatsache, die dann eintritt, wenn der Würfel richtig, also ganz symmetrisch gebaut ist.)

Der Wahrscheinlichkeitsbruch, der gemäss der objektiven Auffassung als der Quotient zweier Anzahlen von gleichen Wahrheitsmöglichkeiten defi|niert wurde, *wird der zweiten Auffassung* 213 *gemäss als die empirisch festgestellte Zahl des Verhältnisses zweier Häufigkeiten, also als eine relative Häufigkeit definiert.* – Dieser Gedanke, dass die Wahrscheinlichkeit dort, wo sie exakt verwendbar ist, nichts anderes ist als eine relative Häufigkeit, wurde erstmals von dem Mathematiker *Mises* konsequent durchgeführt. [256]

Diese beiden Auffassungen scheinen nun etwas ganz Verschiedenes darzustellen und es frägt sich, wie sie zusammen bestehen können. Diese Frage tritt in der Erkenntnistheorie ganz allgemein

---

256 Von Mises baute in seinen *Grundlagen der Wahrscheinlichkeitsrechnung* ($\S$ 1) die Wahrscheinlichkeitstheorie auf der Mengenlehre auf. Er geht von beliebigen Folgen aus, denen Punkte in einem Raum zugeordnet werden. Das sind die Merkmale der Elemente der Folge. Die Folge mit ihren Merkmalen nannte er „Kollektiv". Man könnte sich vorstellen, und das tut von Mises auch ($\S$ 2), dass die Folge eine Reihe von Messungen und die Merkmale die Messwerte sind, oder dass die Folge eine Reihe von Würfen mit einem Würfel ist, dessen sechs Seiten den Merkmalen entsprechen. Mises forderte nun: „Es sei A eine beliebige Punktmenge des Merkmalraumes und N_A die Anzahl derjenigen unter den ersten N Elementen der Folge, deren Merkmal ein Punkt von A ist; dann existiere für jedes A der Grenzwert:

$$\lim_{n \to \infty} \frac{N_A}{N} = W_A$$

Diesen Grenzwert nennen wir [...] die ‚Wahrscheinlichkeit für das Auftreten eines zu A gehörigen Merkmals innerhalb des Kollektives K'." (*Grundlagen der Wahrscheinlichkeitsrechnung*, $\S$ 1)

in den verschiedensten Situationen auf; es ist die Frage, wie sich rein logische Konstruktionen bei Anwendung auf die Wirklichkeit verhalten. So wird auch oft gefragt, wieso sich mathematische Geometrie oder Arithmetik auf die Wirklichkeit anwenden lassen; woher es komme, dass Rechnungen, die in abstracto ausgeführt werden, dann in der Wirklichkeit stimmen.

Ich weiss z. B., dass ich in der linken Tasche 5 Schillinge habe und in der rechten Tasche 7 S[chillinge]; da muss ich also zusammen 12 S[chillinge] haben; ich sehe nach und es stimmt tatsächlich!

Das ist aber nicht wunderbar, sondern selbstverständlich, da es sich hier gar nicht um zwei verschiedene Tatbestände handelt, die merkwürdigerweise übereinstimmen; es erübrigt sich von der Übereinstimmung der Logik mit der Wirklichkeit zu sprechen, um von so einfachen Tatbeständen Rechensacft zu geben; schwieriger ist es bez[üglich] der Geometrie: die eine ist eine rein mathem[atische]-Disziplin, ein rein logisches Gebäude, die andere eine Erfahrungswissenschaft, von der wir nicht wissen, ob ihre Sätze richtig sind. Die erste kann dazu dienen, mit der Erfahrungswissenschaft zur Deckung gebracht zu werden; sind die Hypothesen dieser letzteren richtig, dann sind die Voraussetzungen dazu erfüllt und die Übereinstimmung selbstverständlich.

214 |Es ist nun wichtig zu sehen, dass bei den Wahrscheinlichkeitsbetrachtungen dasselbe Problem vorliegt, worüber man sich merkwürdigerweise meist nich klar gewesen ist, denn es wurde von dem sogen[annten] „Anwendungsproblem" gesprochen, das darin bestehen soll, dass sich die Wahrscheinlichkeitsrechnung bei ihrer Anwendung tatsächlich bewährt; wir finden hier wieder dasselbe Staunen, wie es denn komme, dass die Rechnung stimmt, obgleich hier keine gesetzmässigen Fälle vorliegen. (Und hier staunt auch derjenige noch, der das Staunen über Mathematik und Geometrie bereits verlernt hat).

Die Schillinge sind einzelne, empirisch feststellbare Gebilde; diesen wird nun jedem einzeln eine Nummer zugeordnet und wenn die Schillinge so beschaffen sind, dass dies möglich ist, so ist für den Fall des Rechnens mit diesen Schillingen das „Anwendungsproblem" gelöst.

Das Problem der Anwendung besteht darin, unsere Bezeichnungsweise für die Wirklichkeit zu wählen, um über sie sprechen zu können. Wir müssen uns immer fragen, wie wir die Gegenstände eigentlich geordnet haben, um sie dann durch Worte zu bezeichnen; *wir müssen also überlegen, welche Zuordnungen von Worten oder Bezeichnungen man zum Bestimmen der Wirklichkeit getroffen hat.* Es ist das eine Frage von ganz allgemeiner Bedeutung für die gesamte Theorie der Erkenntnis und Überlegungen dieser Art spielen in der ganzen philosophischen Literatur eine grosse Rolle.

Von eben diesen Überlegungen ausgehend, kann es uns also nicht allzu schwer fallen, die beiden Definitionen der Wahrscheinlichkeit in Übereinstimmung zu bringen. Wir stellen uns dabei nicht auf den Standpunkt, dass zwei verschiedene Ansichten über das Wesen der Wahrscheinlichkeit vorliegen, sondern nur zwei verschiedene Gesichtspunkte eines und desselben, so dass man zeigen kann, wie eines aus dem an|deren folgt.

Um das zeigen zu können, müssen wir vorerst zu dem Punkte übergehen, der in unseren früheren Betrachtungen noch unerledigt geblieben war; wie kommen wir zu den einzelnen zu zählenden Fällen, deren wir zur Aufstellung unseres Wahrscheinlichkeitsbruches bedürfen? Es ist dies *die Frage nach den gleichmöglichen oder gleich-wahrscheinlichen Fällen.* (Hier wird nur der Grundgedanke angegeben, zwecks Überblickes über den Zusammenhang, ohne die Wahrscheinlichkeitsrechnung zu betreiben!)

Der Wahrscheinlichkeitsbruch ist $\frac{^z p.q}{^z q}$ d. i. die Wahrscheinlichkeit, die der Satz q dem Satze p erteilt, wenn $^z pq$ die Anzahl derjenigen Umstände ist, die beide Sätze wahr machen und die $^z q$ wahr machen.

Wir müssen also zählen können; zählen aber kann man nur Gleichartiges. Daher muss man sich vorerst klar werden, was man unter gleichartig oder gleichwahrscheinlich verstehen soll. Hat man diesen Begriff der Gleichwahrscheinlichkeit einmal erklärt, dann folgt der Begriff der übrigen Wahrscheinlichkeiten leicht daraus. Man darf den Begriff der Gleichwahrscheinlichkeit aber nicht als bekannt voraussetzen, wenn man den logischen Begriff der Wahrscheinlichkeit sucht. – Die Schwierigkeit der Bolzanoschen Definition der Wahrscheinlichkeit liegt darin, dass keine Regel dafür angeben ist, wie wir die Einteilung in einzelne Bezirke treffen sollen, wenn wir die unendlich vielen Fälle (die wir als gleich möglich charakterisieren wollen) in eine discrete Anzahl von gleich wahrscheinlichen Gruppen oder Klassen einordnen. Wir haben für diese gleich möglichen Fälle bloss eine Art Plausibilitätsbetrachtung (wir wissen z. B. nicht, warum beim Würfeln die eine Zahl öfter fallen sollte als die anderen; es könnte sich ja um ein für uns verborgenes Naturgesetz handeln oder dgl.), kommen daher zu keiner logisch präzisen Defi|nition der Gleichwahrscheinlichkeit; dieser Begriff aber ist der Bolzano'schen Definition zugrundegelegt.

Die zweite Definition, nach Mises, bezeichnet die Wahrscheinlichkeit als eine relative Häufigkeit; das entspricht der Ansicht, dass z. B. beim Würfeln das Auffallen der verschiedenen Zahlen gleichwahrscheinlich ist, weil die Erfahrung lehrt, dass im Durchschnitt die Anzahl der einzelnen auffallenden Zahlen gleich wird, soferne man nur lange genug würfelt.[257] – Diese Definition ist nun aber logisch gar nicht befriedigend, denn sie gilt nur bei einer großen Anzahl von beobachteten Fällen und nicht bei einer geringen Anzahl. Man muss also sehr viele einzelne Fälle nehmen, um sich danach richten zu können, sonst erhielte man in der Wahrscheinlichkeitsrechnung gewiss ganz falsche Resultate. Nun erhebt sich aber die Frage: wie viele Fälle? Wie gross muss ihre Anzahl sein?

---

257 Von Mises, *Grundlagen der Wahrscheinlichkeitsrechnung*, § 2: „Man macht die Beobachtung an einem sog. ‚richtigen' Würfel, d. h. bei einem, der möglichst genau, nach Gestalt und Massenverteilung, die Würfelsymmetrie besitzt und bei dem sich daher aus Symmetriegründen jeder der sechs Konstanten gleich, also vom betrage $\frac{1}{6}$ herausstellen muß. Aber auch mit Würfeln, die dieser Bedingung nicht entsprechen, sind Versuche gemacht worden, die unsere Behauptung bestätigen. Wie groß die annähernd konstant bleibenden relativen Häufigkeiten sind, ist für uns hier ganz gleichgültig; es genügt, daß man in dem Verlauf der Häufigkeitszahlen bei wachsender Zahl der Würfe immer ein Verhalten erkennt, das in der Annahme der Existenz eines Grenzwertes für eine ins Unendliche ausgedehnte Wurfreihe einen angemessenen Ausdruck findet."

(Man pflegt bekanntlich von einem „Gesetz der grossen Zahlen" zu sprechen; diese Ausdrucksweise aber ist schlecht; warum sollten bei grossen Zahlen Gesetzmäßigkeiten vorliegen und bei kleineren nicht?)

Man weiss es aus Erfahrung, dass es sich so verhält, dass Beobachtung sehr vieler Fälle vonnöten ist, damit die durchschnittliche Häufigkeit gleich wird. Auf die Frage nach der Anzahl dieser Fälle aber gibt es keine Antwort.

Es könnte durch Zufall vorkommen, dass beim Würfeln eine und dieselbe Zahl 1000mal hintereinander fällt und wenn das auch sehr unwahrscheinlich ist, der Wahrscheinlichkeitsbruch dafür

$$\frac{1}{6^{1000}}$$

also sehr klein wird, so ist er doch nicht unendlich klein, keinesfalls 0.

Die Wahrscheinlichkeit, dass einmal etwas abweichend von den Durchschnittszahlen eintritt, bleibt immer eine endliche Zahl. Daher ist die | Art, die Häufigkeit empirisch zu zählen, unzweckmäßig; und wenn wir auch in der Praxis keinen anderen Weg haben, so darf doch die Zählung der Häufigkeit, wenn man zu einem exakten Wahrscheinlichkeitbegriff kommen will, nicht durch „oftmaliges-Ausprobieren-müssen" formuliert werden. Es wurde daher von manchen versucht, den mathematischen Limesbegriff zu dieser Definition heranzuziehen; dadurch aber wird die Schwierigkeit nicht aufgehoben, denn dieser Begriff ist hier nicht anwendbar. Man sagt wohl, dass die Zahl des Auftreffens der einen Zahl (im Falle des Würfelns) im Verhältnis zum Auftreten der anderen Zahlen sich immer mehr $\frac{1}{6}$ nähere, je öfter man würfelt: daher sagt man nun, dass der Limes die Wahrscheinlichkeit definiere. (Es gibt in der Wahrscheinlichkeitsrechnung Theoreme, die sagen, in welcher Weise die Fälle nacheinander auftreten). *Hier kommt also der Unendlichkeitsbegriff hinein:* man kann mit diesem Begriff aber nur dort arbeiten, wo man ihn definiert hat, nämlich in der reinen Mathematik, nicht aber in der Wirklichkeit. Ein Limes setzt Gesetzmäßigkeiten gewisser Art voraus, die in der Wirklichkeit nicht vorliegen; unendlich viele Fälle gibt es in der

Natur ganz streng genommen nicht und daher ist es sinnlos, davon zu sprechen (dies ist mit eine Schwierigkeit des sogen[annten] Anwendungsproblems). Der Unendlichkeitsbegriff ist in der Mathematik nur dort anwendbar, wo er vermöge der immanenten Gesetze der Reihe erreicht wird; es hat jedoch keinen Sinn, von der Konvergenz einer empirischen Reihe und daher von einem Limes zu sprechen. – Also auch die empirische Definition der Wahrscheinlichkeit hat eine Lücke und sagt streng genommen eigentlich gar nichts.

Es ist uns bisher also weder mit der logischen, noch mit der empirischen Definition gelungen zu sagen, was wir meinen, wenn wir behaupten, dass ein Ereignis eine bestimmte Wahrscheinlichkeit hat: denn | nach der ersten Definition (von Bolzano) wissen wir nicht, wie wir den ihr zugrunde gelegten Begriff der gleichen Wahrscheinlichkeit streng präzisieren sollen und nach der zweiten Definition (von Mises) geben wir einen Grenzbegriff an, von dem wir nicht wissen, wie wir zu ihm gelangen können.

Dass wir bei beiden Definitionen Fehler finden, können wir vielleicht als günstiges Zeichen dafür ansehen, dass sich eine Definition finden lässt, welche die beiden anderen umfasst, dass sich diese beiden Definitionen also vielleicht gar nicht widersprechen; und es ist interessant zu sehen, wie die eine auftretende Schwierigkeit mit der Schwierigkeit zusammenhängt die vorliegt, wenn wir in der anderen Weise über die Wahrscheinlichkeit sprechen.

Bei unserem weiteren Vorgehen kommen wir doch wieder auf die logische Definition der Wahrscheinlichkeit zurück, denn es gibt Fälle, in denen die Möglichkeiten abgegrenzt werden können, so dass wir den Wahrscheinlichkeitsbruch anschreiben können; wobei diese möglichen Fälle noch die Bedingung erfüllen sollen, dass sie gleich wahrscheinlich sind. Wir sagen also, dass es gewisse Fälle gibt, in welchen die Bedingungen erfüllt sind, dass wir den Wahrscheinlichkeitsbruch anschreiben können und diese nennen wir eben die gleichwahrscheinlichen Fälle; wir sprechen von diesen Fällen also, ohne eigentlich streng zu sagen, was das für Fälle sind, bei denen gleichberechtigte Spielräume abgezählt werden können. Und überall, wo diese abzählbaren Gleichwahrscheinlichkeiten vorliegen, definieren wir die Wahrscheinlichkeit gemäss der objektiven Wahrscheinlichkeitsdefinition durch den Wahrscheinlichkeitsbruch. Wir können diese Überlegungen aber auch umkehren und sagen: überall da, wo wir in der Wirklichkeit finden, dass die Regeln der Wahrscheinlichkeit gelten, sagen wir, dass gleichwahrscheinliche Fälle vorliegen; wir | haben keinen strengen Beweis dafür, wir sind überzeugt davon, ohne uns Rechenschaft geben zu können, weshalb – aber wir haben doch eine praktische Handhabe, *um das Vorliegen dieses eigentümlichen Falles der Gleichwertigkeit zu erkennen*, den die logische Definition voraussetzt; *wir haben also kein strenges Kriterium dafür, aber ein Indicium und dieses Indicium ist das Auftreten der relativen Häufigkeit.* Wir sehen die empirisch gefundenen Fälle als ein Anzeichen dafür an, dass die logisch angenommenen Fälle in der Wirklichkeit realisiert sind.

Wir betrachten die relative Häufigkeit nicht als Definition der Wahrscheinlichkeit, sondern als Indicium dafür, dass gewisse objektive Verhältnisse vorliegen, als Anregung dazu, die Bolzano'sche Definition anzunehmen; durch die Beobachtung der relativen Häufigkeit werden wir angeregt, als „Gleichwahrscheinliche Möglichkeiten" für die objektive Wahrscheinlichkeit diejenigen Ereignisse zu definieren, deren durchschnittliche Häufigkeiten gleich gross sind.

Wenn man z. B. aus einer Urne, die man schüttelt, unter 2000 maligem Ziehen 500 mal eine rote Kugel und 1500 mal eine weisse Kugel zieht, so sieht man das als Indicium dafür an, dass sich die Anzahl der roten Kugeln in der Urne zu der Anzahl der weissen Kugel wie 1 : 3 verhält (und wenn ausserdem die empirischen Umstände solche sind, dass man sagen kann, das Ziehen einer Kugel ist immer der gleiche Vorgang, d. h. immer denselben Gesetzmässigkeiten unterworfen).

Wir benützen also die Bolzano'sche Angabe des Wahrscheinlichkeitsbruches und lassen die Frage, was unter „gleichmöglich" zu verstehen ist, zunächst offen;[258] dann sagen wir, dass wir in der Wirklichkeit ein Indicium für die Gleichwahrscheinlichkeit haben, nämlich den Eintritt von Häufigkeiten. Wir fühlen uns dann be-

258 Vgl. in diesem Bd. S. 573.

rechtigt, die Hypothese aufzustellen, dass die Gleichwahrschein-
220 lichkeiten so verteilt sind, dass z. B. beim Würfeln | auf die Zahl
der günstigen Fälle 1 kommt, wenn auf die Zahl der möglichen
Fälle 6 kommt. – Es verhält sich bei Hypothesen immer so, dass
die Wirklichkeit eine Anregung zu ihrer Aufstellung gibt (das   5
ist ein psychologischer Prozess). Es handelt sich hier um jenen
Prozess des Ratens, den man früher in der Logik als den sogen[annten] Prozess der Induktion zu behandeln suchte. Die Induktion aber hat mit Logik nichts zu tun; sie besteht darin, dass
wir nach Beobachtung vieler Fälle diese in einen allgemeinen Satz 10
zusammenfassen, von dem wir annehmen, dass er wahr ist. Die
Wahrscheinlichkeit ist eben ein Fall von Induktion (hier wird die
hypothetische Wahrscheinlichkeit aber nicht besprochen, da sie
nichts zu tun hat mit dem rein objektiven Verhältnis der logischen Wahrscheinlichkeit.)   15
Die Definition der Wahrscheinlichkeit als eines bestimmten
Bruches beruht nicht auf der Beobachtung der Häufigkeit, weil
es ausser der Häufigkeit noch andere Indicien gibt, die uns dazu
anregen, anzunehmen, dass in diesen Fällen gleiche Wahrscheinlichkeiten vorliegen.   20
Wir hätten z. B. eine Urne, die 50 rote und 150 weisse Kugeln
enthält; jemand, der nicht weiss, was die Urne enthält, wird nach
oftmaligem Ziehen nun die Aussage machen, dass das Verhältnis
der Anzahl der roten zu der Anzahl der weissen Kugeln 1 : 3 sei
und dies bloss auf Grund der gemachten Versuche.   25
Man könnte andrerseits aber auch die Urne umschütten, nachsehen und nachzählen und nun auf Grund dieser Beobachtung
wieder sagen, dass die Wahrscheinlichkeit, eine rote Kugel zu
ziehen, $\frac{1}{3}$ ist. Hier bewegt uns zu der Aussage also nicht das Indicium der Häufigkeit, sondern die Beobachtung, dass die Urne   30
50 rote und 150 weisse Kugeln enthält.
(Aber auch hier ist ein hypothetisches Moment dabei, indem
221 wir | annehmen, dass sich die einzelnen Ziehungen der Kugeln
nicht voneinander unterscheiden, in einem Sinne, den wir nicht
präzise angeben können. Sind die Kugeln z. B. gleich gross, so   35
sagt man, dass kein Grund bestehe anzunehmen, dass die eine eher gezogen werden solle als eine andere; u. a. – Man hat

diesen Tatbestand damit erfassen wollen, dass man sagte, die Wahrscheinlichkeit beruhe auf der „Eigenschaft des mangelnden Grundes"; das ist aber eine verfehlte Sprechweise).

Die Abzählung der Häufigkeiten ist also eine der Möglichkei- *ten, um auf die gleich möglichen Fälle zu kommen*, aber es ist nicht die einzige Art. Als Definition der Wahrscheinlichkeit ist die Mises'sche Theorie nicht zu benützen, weil falsch; wir nehmen sie als Definition der gleich möglichen Fälle und so zur Ergänzung der Wahrscheinlichkeitsdefinition von Bolzano.

Die beiden Definitionen sind also nicht miteinander unver- *einbar, sondern wir benützen sie beide*; wir halten an der Bolzano'schen Definition fest und erläutern sie gleichsam dadurch, dass wir annehmen, dass gleich mögliche Fälle da vorliegen, wo wir die relativen Häufigkeiten beobachten.

Die Lösung der Schwierigkeit besteht, wie alle logischen Lösungen also darin, dass wir keine neue Hypothese einführen, wie das in den Spezialwissenschaften oder im tägl[ichen] Leben geschieht (da erklärt das, was uns wundert, ein allgemeiner Satz: er beantwortet unsere Frage), sondern darin, dass wir uns klar machen, was wir meinen, was wir wissen, wenn wir von bestimmten Dingen sprechen; dass wir ganz schlicht das tatsächliche Verfahren beschreiben, dessen logische Theorie wir gleichsam suchen. Das ist nicht immer leicht, aber das Wesen der philosophischen Lösung von Problemen überhaupt.

Wir haben nun *gezeigt, wie die eine Definition der Wahr-* *scheinlich|keit mit der anderen zusammenhängt und so den Wahr-* *scheinlichkeitsbegriff vollkommen geklärt.*

Schon im Vorhergehenden wurde der Übergang vom Begriff der Wahrscheinlichkeit zum Gesetzesbegriff gezeigt; der Begriff der Wahrscheinlichkeit tritt dort in seine Rechte, wo wir von Zufall sprechen und von Zufall sprechen wir dort, wo wir keine Gesetzmässigkeiten finden können. Wir haben des sogen[annten] „Anwendungsproblems" Erwähnung getan, das auf verschiedenste Art formuliert werden kann, was meist in sehr unzweckmässiger Ausdrucksweise geschieht („Wie kommt es, dass man den Zufall durch Gesetze beherrschen kann?", „Welche Macht ist es, die den Zufall regiert?" etc.), die der Anlass zum Auftreten logischer Paradoxien ist. – Z. B. lässt sich in der Zahl der Geburten oder der Selbstmorde eine gewisse Regelmässigkeit beobachten, trotzdem der einzelne Selbstmörder, die einzelne Geburt, von dieser Zahl gewiss ganz unabhängig ist. – Die Wahrscheinlichkeit mit einem guten Würfel eine der Zahlen 1 bis 6 zu werfen, ist nach der Wahrscheinlichkeitsrechnung $\frac{1}{6}$; beim Aufwerfen einer Münze ist die Wahrscheinlichkeit für das Auffallen von Kopf oder Wappen $\frac{1}{2}$; wie kommt es, dass sich das in der Praxis immer bestätigt findet?

Die *Auflösung der Paradoxien* ist, wie in solchen Fällen immer, durch die Überlegung gegeben, dass wir unsere Begriffe schon so definiert haben, dass das uns so verwunderlich Erscheinende eintreten muss. *In die allgemeinen Gesetze ist schon alles hineingelegt, was wir später aus ihnen ableiten.* Beim Werfen einer Münze gibt es keinen Vorzug für das Auffallen einer bestimmten Seite, daher setzt man die beiden Fälle (Kopf oder Wappen) als gleichwahrscheinlich an und erhält mittels der Bolzano'schen Regel für die Wahrscheinlichkeit $\frac{1}{2}$; finden wir dies dann durch die Beobachtung bestätigt, so *können* wir | nur *sagen, dass sich unsere Voraussetzungen bewährt haben, dass eben tatsächlich solche Verhältnisse vorliegen, wie sie durch die Gesetze der Wahrscheinlichkeitsrechnung beschrieben werden.* Wir müssen uns aber darüber klar sein, dass es falsch wäre zu sagen, dass sich die Wahrscheinlichkeitsrechnung bewährt habe; denn sie ist etwas rein Logisches, eine Ableitung aus Voraussetzungen, die in die Sätze schon hineingelegt sind; die ganze Wahrscheinlichkeitsrechnung folgt aus den Definitionen von Bolzano schon von selbst als ein logisches Spiel. Kann man nun sagen, dass sich die Logik bewährt habe? Offenbar nicht; ebensowenig wie man z. B. beim richtigen Zutreffen astronomischer Berechnungen sagen kann, dass sich die Arithmetik bewährt habe; es haben sich bloss die allgemeinen Voraussetzungen über den Lauf der Planeten bewährt. Bei unserem Beispiel vom Aufwerfen einer Münze gibt es kein Naturgesetz, das den einen vor dem anderen Wurf bevorzugt, das können wir stets beobachten; es hat sich also bewährt, dass diese Würfe rein zufällig sind und die Zufälligkeit eines Ereignisses erkennen wir eben daran, dass sein Auftreten gerade die relativen

Häufigkeiten aufweist, deren Beobachtung der Anlass zur Aufstellung der objektiven Wahrscheinlichkeitsdefinition durch den Wahrscheinlichkeitsbruch wird.

Bezeichnen wir das Eintreten eines Ereignisses als zufällig, so könnte die Frage gestellt werden, wieso etwas eintreten kann, das durch keine Gesetzmässigkeiten bestimmt ist, wo doch alles in der Welt gesetzmässig vor sich geht: hier liegt nur eine Schwierigkeit der Sprechweise vor, denn man kann sich leicht klar machen, dass man ein Ereignis nur in Bezug auf ein ganz bestimmtes anderes als zufällig bezeichnet und nicht in Bezug auf alles und jedes (etwas ist zufällig, heisst also, dass es von einem bestimmten Naturgesetz unabhängig, aber nicht überhaupt von der Naturgesetzlichkeit ausgenommen ist.)

| Fällt jemandem beim Spazierengehen ein Ziegelstein auf den Kopf, so besteht gewiss keine Abhängigkeit zwischen Ziegelstein und Spazierengehen, wohl aber kann sie bestehen zu fallendem Ziegelstein und dem eben herrschenden Wind oder anderen Gegebenheiten. 224

Die Definition der Gesetzmässigkeit und ihre Anwendung auf die Natur setzt eine Behandlung der Kausalgesetzlichkeiten voraus (ist im Rahmen dieser Vorlesung nicht vorgesehen; gehört ins Gebiet d[er] Naturphil[osophie]).

Wir wollen uns hier nur den Zusammenhang der Gesetzmässigkeit mit den Zufallsfragen vergegenwärtigen. Aus der Definition des Gesetzesbegriffes müssen wir schon ablesen können, was Zufall ist, denn das eine ist die Negation des anderen. Bei einer Definition des Zufalls müssen wir auf die Wahrscheinlichkeit Bezug nehmen, sonst könnte die Wahrscheinlichkeitsrechnung nicht die Regeln des Zufalls darstellen. Wir können jede beliebige Regelmässigkeit in der Natur, die uns dazu führt, in der Zukunft bestimmte Ereignisse zu erwarten, eine Gesetzmässigkeit nennen.

Wir kommen zur Aufstellung von Gesetzmässigkeiten dadurch, dass wir beobachten, dass auf einen bestimmten Vorgang, den wir meist die Ursache nennen, ein bestimmter anderer Vorgang folgt, den wir dann die Wirkung nennen; (z. B. dass ein Stein, den wir loslassen, immer zu Boden fällt, dass sich Zink in Schwefelsäure immer auflöst, etc. – Wir kennen jedesfalls keine

Ausnahme davon.) Es gibt aber auch Fälle, in denen nicht immer dieselbe Wirkung eintritt (beschimpft man z. B. einen Menschen, so kann er sowohl ärgerlich werden, als auch ruhig bleiben).

Man beobachtet z. B. in 90 von 100 Fällen, dass die Wirkung W auf die Ursache U folgt; in den übrigen 10 Fällen lässt sich dann entweder keine weitere Ursache finden, die verhindert, dass 225 W auf U folgt, | oder es kann auch sein, dass wir bei näherer Untersuchung einen Faktor (wir nennen ihn v) finden, der das Eintreten der Wirkung verhindert hat. Schematisch:

$$100\,U \quad 90\,U_1 \quad \ldots\ldots\ldots \quad 90\,W$$
$$10\,U\text{-}v \quad \ldots\ldots\ldots \quad /\,W$$

Dass der für das Nichteintreten der Wirkung verantwortliche Faktor nicht immer gefunden werden kann, wird von der modernen Physik, die sich darüber klar ist, durch die Aussage zum Ausdruck gebracht, dass „die letzten Gesetze der Natur statistischer Art" seien;[259] d. h., dass sich nicht alles, was beobachtet wird, auf ein streng kausales Gesetz zurückführen lässt. Man kann also rein die Häufigkeit von $90\,W$ auf $100\,U$ feststellen, was auch so ausgedrückt werden kann, dass man sagt, es ist mit $90\,\%$ wahrscheinlich, dass W auf U folgt. In diesem Falle würden wir uns im tägl[ichen] Leben allgemein mit einer gewissen Sicherheit darauf verlassen (z. B. wetten; wenn wir andererseits auch nicht direkt überrascht wären durch ein Nicht-Eintreffen von W); wir würden

---

259 Schlick bezog sich hier auf den von ihm selbst rezensierten Aufsatz „Dynamische und statistische Gesetzmäßigkeit" von Max Planck, in dem es auf S. 96 heißt: „So werden wir durch Theorie und Erfahrung gleichmäßig genötigt [...] bei jeder beobachteten Gesetzmäßigkeit zu allererst zu fragen, ob sie dynamischer oder ob sie statistischer Art ist. Dieser Dualismus [...] will manchem unbefriedigend erscheinen, und man hat daher schon den Versuch gemacht [...], dass man die absolute Gewissheit bzw. Unmöglichkeit überhaupt leugnet und nur noch größere oder geringere Grade von Wahrscheinlichkeit zulässt. Danach gäbe es in der Natur gar keine dynamischen Gesetze mehr, sondern nur noch statistische [...]. Eine solche Auffassung muss sich aber sehr bald als ein ebenso verhängnisvoller wie kurzsichtiger Irrtum herausstellen [...]. Denn so wenig wie irgend eine andere Wissenschaft der Natur oder des menschlichen Geistes kann die Physik der Voraussetzung einer absoluten Gesetzmäßigkeit entbehren [...]." Schlicks Rezension findet sich in *MSGA* I/5, S. 579–585.

unsere praktischen Verhaltungsmassregeln auf das Eintreffen von
W einstellen.

Wir sprächen aber auch von einer Gesetzmäßigkeit, wenn W
nur in 50 Fällen auf U folgen würde; dann wären das Eintreffen
5 und das Nichteintreffen von W eben gleichwahrscheinlich (und
wir würden unser Verhalten nicht mit Sicherheit nach W einrichten).

Wenn W nur in 10 Fällen (alles das durchschnittlich gesprochen) auf U folgen würde, so würden wir auch das eine Ge-
10 setzmässigkeit nennen, falls dies nur regelmässig einträfe; u. s. f. –
Wie dieses Verhältnis zwischen Ursache und Wirkung auch sein
möge, so können wir es immer als eine Gesetzmässigkeit formulieren (als eine statistische Gesetzmässigkeit eben).

Es ist eine willkürlich zu wählende Sprechweise, wenn man
15 von | einem Gesetz sprechen will und es gibt vielleicht auch For- 226
scher, die den Ausdruck „Gesetzmässigkeit" für eine statistische
Regelmässigkeit ablehnen würden. Das Eintreffen von W auf U
in allen 100 Fällen ist kausale Gesetzmässigkeit. Wir haben aber
unsere Sprechweise nicht so eng gewählt, weil in den moder-
20 nen Naturwissenschaften auch statistische Regelmässigkeiten als
„Gesetzmässigkeiten" bezeichnet werden. Die Definition der Gesetzmässigkeit aber oder ihres Gegenteiles, des Zufalls, scheint
nicht ganz leicht zu finden zu sein.

Unsere Frage galt eigentlich dem Falle, in dem keine Ge-
25 setzmässigkeit vorliegt; wann also würden wir sagen, dass Zufall
herrscht? Dann, wenn W auf U niemals eintritt? Das wäre aber
sogar ein Fall von strenger Gesetzmässigkeit. – Wenn wir „Zufall"
eine vollständige Unregelmässigkeit der Aufeinanderfolge von U
und W nennen wollen, so müssen wir erst definieren, was unter
30 Unregelmässigkeit zu verstehen ist.

Wir beobachten z. B. in	1000	Fällen	90	mal	W
in den weiteren	1000	”	50	”	W
in den nächsten	1000	”	10	”	W
	u. s. f.				

Angenommen, dass sich die Prozentzahlen der W, die auf U
entfallen, fortwährend ändern würden, so könnte man doch die

607

Art der Aufeinanderfolge dieser Zahlen in bestimmter Weise ausdrücken; oder wir könnten ein Ansteigen der Wahrscheinlichkeit beobachten, ein Abflauen, ein Auf- und Abschwanken in gleichen oder ungleichen Perioden, in Reihen von Perioden, etz. – Immer liesse sich jedoch eine gewisse Gesetzmässigkeit herausfinden.

Wir wollen uns an dem Beispiel vom Aufwerfen einer Münze klar machen, wann wir sagen, dass das Eintreffen von W_1 und W_2 in Bezug auf U vollkommen zufällig ist: Man darf nicht etwa sagen, dass das Vorkom|men des einen durchschnittlich 50 % der gesamten Fälle betragen muss (obzwar es in diesem Falle zufällig so ist). Sollte man vielleicht das Verhältnis $\frac{3}{4}$ finden, so fände man das verwunderlich und würde fragen, ob die Münze vielleicht einseitig beschwert ist; bei Beobachtung des öftern Auftreffens von W_1 als W_2 (oder umgekehrt) fragen wir also nach einem Grunde dafür; ist das Verhältnis gleich, so geben wir uns zufrieden, fragen nicht mehr nach einem Grunde; das zeigt aber, dass wir gar keine Gesetzmässigkeiten des Zufalls suchen; es ist ein Fehler, davon zu sprechen; bloss je kleiner die beobachteten Serien sind, desto seltener müssen W_1 und W_2 gleich oft eintreffen (denn würden sie immer gleich oft eintreffen, hätten wir wieder eine strenge Gesetzmässigkeit).

Das Vorkommen einer solchen Begrenzung der Häufigkeiten wurde von dem Psychologen Marbe sogar als Naturgesetzmässigkeit behauptet; näml[ich] dass die Natur empirisch so eingerichtet sei, dass grössere Serien überhaupt nicht vorkommen. Marbe's Tabellen (von Geburten, der Spielergebnisse von Monte Carlo, etz.); es hat sich aber herausgestellt, dass doch zu wenig große Serien untersucht wurden und die Resultate dieser Behauptung falsch sind.[260]

Wie die Aufeinanderfolge der W_1 und W_2 sein muss, damit wir sie eine schlechthin zufällige nennen, darauf gibt uns nur die Wahrscheinlichkeitsrechnung eine Antwort: wir setzen nach der Bolzano'schen Wahrscheinlichkeitsdefinition die beiden Fälle W_1 und W_2 als gleichwahrscheinliche Fälle ein und erhalten für

---

260 Vgl. Marbe, *Naturphilosophische Untersuchungen zur Wahrscheinlichkeitslehre*, S. 19–30.

die Wahrscheinlichkeit $\frac{1}{2}$. Wir können dann nach dieser Regel genau berechnen, welche Wahrscheinlichkeit für das Eintreten gleichwertiger Serien besteht; diese vier Fälle[g] sind vollkommen gleichberechtigt; eine solche Serie der Aufeinanderfolge zweier be-
5 stimmter (gleicher oder verschiedener) W hat die Wahrscheinlichkeit $\frac{1}{4}$.|

$$\begin{array}{cc} W_1 & W_1 \\ W_1 & W_2 \\ W_2 & W_1 \\ W_2 & W_2 \end{array}$$

Für eine Serie von 3 best. W hintereinander ist die

						Wahrscheinlichkeit	$\frac{1}{8}$
”	”	”	”	4	” W	Wahrscheinlichkeit	$\frac{1}{16}$
”	”	”	”	10	” ”	”	$\frac{1}{2^{10}}$

u. s. f.

Das folgt aus der Bolzano'schen Definition.
10 Dafür, wann man von vollkommener Regellosigkeit oder Zufall sprechen will, kann man eine bestimmte Regel angeben und die-se wird uns geliefert durch die Bolzano'sche Wahrscheinlichkeits-Definition, durch die Wahrscheinlichkeitsrechnung. *Um von Zu-fall zu sprechen, wählen wir gerade die Verteilung, die uns die*
15 *Wahrscheinlichkeitsrechnung angibt; wir nennen also diejenige Verteilung die zufällige, die den Gesetzen der sogen[annten] Wahrscheinlichkeitsrechnung entspricht.* Es ist also kein Wunder, dass die Wahrscheinlichkeitsrechnung die zufälligen Ereignisfol-gen beschreibt, denn wir haben die Wahrscheinlichkeit gerade so
20 definiert, wir nennen gerade das Zufall, ⟨wo⟩ wir die Wahrschein-lichkeitsrechnung anwenden können.

Ist also die Verteilung gerade diese, die wir aus dem logi-schen Wahrscheinlichkeits-Verhältnis abgeleitet haben, dann nen-nen wir sie eine zufällige; ist das bestimmte Eintreffen häufiger
25 oder seltener, dann nennen wir es nicht mehr zufällig, sondern sa-gen, dass eine Ursache dafür vorhanden sein muss. Unregelmässig,

g Die der nachfolg. Tabelle

vollkommen untergeordnet, heisst eben in dieser angegebenen Reihe. Es verhält sich nicht so, | dass die Fälle zufällig wären und wir nachträglich sehen, dass für diese Fälle die Wahrscheinlichkeitsrechnung gilt; sondern *wo die Wahrscheinlichkeitsgesetze gelten, sagen wir, dass Zufall herrscht.* Wo in der Wirklichkeit ein solcher Fall realisiert ist, wir von Zufall sprechen, heisst das, dass für das Eintreten des einen oder anderen die gleiche Möglichkeit im Bolzano'schen Sinne besteht. Wir nennen Zufall den grösstmöglichen Zustand von Gesetzlosigkeit, die wir definieren können, wenn Abhängigkeit nur von der Anzahl der Glieder besteht, die vorkommen können. Dass die Wahrscheinlichkeitsrechnung für die Wirklichkeit gilt, hat denselben Grund wie die Geltung der Mathematik für die Wirklichkeit, nämlich, dass wir sie so definiert haben, dass sie gelten muss.

(Wir haben in der Euklidischen Geometrie Punkte, Gerade etz. so definiert, dass sie der Anwendung auf die Wirklichkeit entsprechen müssen. Die Euklidische Geometrie gilt nur deshalb für eine Gerade, weil wir nur das eine Euklidische Gerade nennen, das[h] die gewissen Bedingungen erfüllt).

Nur durch die Art und Weise, wie die verschiedenen Begriffe eingeführt zu werden pflegen, werden die tatsächlichen Sachverhalte oft verschleiert; hat man sich die wirklichen Verhältnisse durch Überlegung klar gemacht, so kann man in dem „Gelten des Denkens für die Wirklichkeit" nie mehr ein Paradoxon sehen.

Wir hatten Kombinationen von Aussagen betrachtet, die durch logische Partikel verbunden sind und waren so auf die Wahrscheinlichkeitsbetrachtung gekommen, dass wir ihre Zusammenstellung in Bezug auf die möglichen Wahrheitsfunktionen darstellten. Der Aussagewert der Kombination hängt von Wahrheit und Falschheit der Argumente in bestimmter Weise ab. Bei einer Kontradiktion führt jede einzelne Kombination der Elemente zur Falschheit.

Bei einer Tautologie führt jede mögliche Verteilung der Argumente immer | zur Wahrheit.

---

h Im Original: ⟨dass⟩

Alles, was dazwischen liegt, hat Möglichkeit (d. h. dann kann p oder q wahr sein); dieser Begriff der Möglichkeit, wie er in der Logik vorkommt, ist gleich dem Begriffe der Wahrscheinlichkeit, den wir in der Wahrscheinlichkeitsrechnung haben.

Es ist deshalb wichtig, darauf hinzuweisen, weil vielfach die Meinung herrschte, dass die damit entwickelte Logik noch nicht vollständig sei und man noch einen Begriff der Möglichkeit, Notwendigkeit etz. einführen müsse. Wir haben aber gezeigt, dass diese Betrachtungen abwegig sind und wir die Begriffe der Wahrscheinlichkeit, der Möglichkeit auch mit Hilfe der zweiwertigen Logik darstellen können.

Diese zweiwertige Logik nennt man auch Modalitäts-Logik (nach den Begriffen „notwendig", „möglich", etz., die man auch als „Modalitäten" bezeichnet, schon bei Kant und Aristoteles).[261]

Die Aufstellung verschiedener Logiken ist nichts anderes als die Aufstellung verschiedener Kalküle und nicht notwendig; denn man kann auch den Begriff der gewöhnlichen Folge mit der zweiwertigen Logik einführen: hat man z. B. $p \rightarrow q$, so kann man die gewöhnliche Folgebeziehung so definieren, dass $p \rightarrow q$ eine Tautologie ist. –

| [7.] Kapitel: *Funktionskalkül oder Begriffslogik.*   231

In der Satzlogik (Aussagenkalkül) hatten wir die Verbindung der Sätze untereinander untersucht. Nun wenden wir uns einer weiteren wichtigen Aufgabe der Logik zu: der *Zerlegung oder Analyse von Sätzen*. Dies geschieht in der Begriffs- oder Namenlogik, um die Verbindung der Begriffe untereinander zu untersuchen. In der älteren Logik wurde mit dieser Aufgabe begonnen, so geht Aristoteles bald zu dem Problem über, den Aufbau der Aussa-

---

261 Vgl. hierzu die Urteilstafel bei Kant, *KrV*, B 106 und Aristoteles, *De interpretatione*, Kap. 12 und 13.

ge aus ihren Bestandteilen zu untersuchen,[262] während es sich in der neueren Logik darum handelt, die Sätze in Begriffe zu zerlegen. In der traditionellen Logik wird gerade auf das so wichtige Verständnis der verschiedenen Art und Weise, wie die einzelnen Glieder eines Satzes zusammenhängen, keine Rücksicht genommen. Es wird in dieser Logik sehr umfangreich die sogen[annte] Urteilstheorie (ist an sich schon ein schlechter Ausdruck) behandelt, die darüber Auskunft geben soll, wie im Urteil die Begriffe miteinander verknüpft werden: es werden im Zusammenhang damit merkwürdige Irrlehren verbreitet, die in einer verwirrenden Vermengung psychologischer und logischer Gesichtspunkte ihren Ursprung haben. (So behandeln Sigwart und Erdmann in ihrer Logik die Art und Weise, in welcher die Gedanken tatsächlich in uns ablaufen;[263] das sind aber keine logischen, sondern psychologische Einsichten und auch diese können da nicht von Interesse sein, wo sie zu einer unzweckmässigen Darstellung logischer Formen verwendet werden. Diese Art der Darstellung ist als der sogen[annte] „Psychologismus" bekannt. Um unsere Ansicht scharf davon abzuheben, werden wir Beispiele dieser Art der Behandlung der Urteilslehre geben.)

---

262 Aristoteles formulierte das so nicht. Zu Schlicks Auseinandersetzung mit der Aristotelischen Logik siehe in diesem Bd. S. 231.

263 Bei Sigwart heißt es dagegen: „Von der Tatsache aus, dass ein wesentlicher Teil unseres Denkens den Zweck verfolgt, zu Sätzen zu gelangen, welche gewiss und allgemeingültig sind, und dass dieser Zweck durch die natürliche Entwicklung des Denkens häufig verfehlt wird, entsteht die Aufgabe sich über die Bedingungen zu besinnen, unter welchen jener Zweck erreicht werden kann, und danach die Regeln zu bestimmen, durch deren Befolgung er erreicht wird. Wäre diese Aufgabe gelöst, so würden wir im Besitze einer Kunstlehre des Denkens sein, welche Anleitung gäbe zu gewissen und allgemeingültigen Sätzen zu gelangen. Diese Kunstlehre nennen wir Logik." (*Logik*, § 1)

Und ähnlich auch bei Erdmann: „Die Logik lehrt demnach in dieser Rüsckicht, wie wir denken sollen, in ähnlicher Weise wie die Ethik, die Gesetzgebung, die Pädagogik für ihre Gebiete festsetzen, wie wir handeln sollen. Das richtige Denken ist also von diesem Gesichtspunkte aus betrachtet, ein Können, wie das richtige Handeln, und die Logik entsprechend eine Kunstlehre. Die Logik ist also die allgemeine, formale und normative Wissenschaft von den methodischen Voraussetzungen des wissenschaftlichen Denkens." (*Logik*, S. 25)

(Die diesbezüglichen Ausführungen von Bolzano und auch von Aristoteles sind nicht von der gleichen abwegigen Art).

| Die Form, in der schon bei Aristoteles das Urteil darge-   232
stellt wird, ist die, dass von einem Subjekt ein Prädikat aus-
5 gesagt wird (z. B. „Die Rose ist rot" oder allgemein: S ist P).
Vom rein sprachgrammatischen Standpunkte aus treten solche
drei Bestandteile (Subjekt-Wort, Prädikat-Wort und dazwischen
eine Kopula) sehr oft auf; immerhin ist dies nur ein besonderes
Beispiel einer sprachlichen Aussage (wir haben auch Aussagen
10 von der Form: „Karl schlägt den Peter" u. a.).[264]

In der traditionellen Logik war man nun der Meinung, alle
Aussagen von anderer Form in die Subjekt-Prädikat-Form, die
ist-Form, bringen zu müssen. (Z. B. „Karl ist jemand, der den
Peter schlägt" oder „A ist jemand, der dem B ein C gibt" anstatt
15 „A gibt dem B ein C").

Dadurch nun, dass alles in das Prädikat hineingenommen
wird, wird die eigentliche komplizierte Struktur des Satzes, für
die man sich in der Logik interessieren sollte, nicht weiter untersucht; durch das Hineinzwängen aller Arten von Aussagen in
20 die eine künstliche Form S ist P hatte man sich die Möglichkeit
versperrt, andere Formen, die doch auch auftreten, zu untersuchen (denn Wortbildungen wie „dem Peter ein Buch geben" u. a.
gehören doch auch zu den in der Logik zu untersuchenden logischen Formen).

25 In diesem Sinne ist die traditionelle Logik als theoretisches
System ganz fragmentarisch geblieben; es ist in ihr unmöglich, gewisse Schlüsse abzuleiten. Die übliche Zergliederung von Sätzen
in Subjekt und Prädikat stellt nur einen primitiven äusseren Prozess dar, der uns logisch nicht befriedigen kann.

30 Nachdem in der älteren Logik die Subjekt-Prädikat-Form als
die Grundform der Aussagen hingestellt war, fragte man, was
eine solche Aussage „S ist P" eigentlich bedeute. H. Lotze („Mi-
krokosmos") philo|sophiert in folgender Weise darüber: 233

---

264 Schlick exzerpierte die Satzlehre des Aristoteles gründlich in diesem Bd. ab
S. 229.

„Die Rose ist rot";[265] also die Rose *ist* rot: da wird eine Gleichheit behauptet. Die Rose wird aber mit dem Rot nicht in der Weise gleichgesetzt, als ob sie dasselbe wäre; denn es gibt noch andere rote Dinge, die nicht Rosen sind und auch Rosen, die nicht rot sind. Es handelt sich also bestenfalls um eine partielle Gleichheit. Auch nicht jedes beliebige Rot kommt in Betracht, denn es gibt auch an anderen Stellen Rot, wo keine Rosen sind; es ist also nur das Rot gemeint, das dieser und zwar dieser roten Rose zukommt. Das Urteil kann also so interpretiert werden, dass das Subjekt gerade diese rote Rose und gerade dieses Rot, das der Rose eigentümlich ist, das Prädikat ist; nach dieser Auffassung aber geht das Urteil dann in eine Identität über.

Daher sagt Lotze, dass jedes Urteil eine Identität ausdrückt, dass *S.* und *P.* identisch sind.[266]

Es ist von vornherein klar, dass eine solche Ansicht verkehrt ist; es kann nicht der Sinn des Satzes sein, eine Identität zum Ausdruck zu bringen; wäre dies der Fall, dann brauchten wir überhaupt nicht zu sprechen. *Der Fehler liegt in der falschen Auffassung des „ist", der Kopula als Gleichheitsbehauptung.*

Es gibt in der Tat auch Aussagen, bei denen das „ist" diese Bedeutung hat (z. B. „Kochsalz ist Chlornatrium"; denn „Koch-

---

265 In Lotzes *Mikrokosmus*, Bd. II, S. 290 f. heißt es: „[...] so wird jeder in Bezug auf dasselbe den Satz der Identität richtig aussprechen, und behaupten, dass Blau stets Blau und Roth nie etwas anderes als Roth sei. Aber neben dieser Einsicht gehen ganz unbekümmert Vorstellungen einher von Dingen, die verändert werden und in der Veränderung bleiben, was sie sind, von Substanzen, die sich umwandeln, ohne aufzuhören, von einem Wesen, das erscheint und ebenso sehr diese Erscheinung selbst, als auch von ihr verschieden ist, von Subjecten endlich, die bald handeln bald ruhen, ohne durch diese Verschiedenheit des von Ihnen behaupteten ihre Identität mit sich selbst einzubüßen."

Das Beispiel mit den Rosen lässt sich dort nicht nachweisen. Schlick kritisierte Lotze aber bereits 1927/28 und verwendete dort selbst ein anderes Beispiel. Siehe dazu in diesem Bd. S. 267, Block (4) sowie S. 274, Block (11). Lotze führt auch nicht jedes Urteil auf Identität zurück, sondern nur die katgeorischen Urteile auf partikläre Identitätsurteile. Siehe dazu Lotze, *Logik*, S. 82, aber vor allem S. 75–82.

266 Siehe dazu in diesem Bd. S. 267, Block (4)

salz" und „Chlornatrium" sind nur verschiedene Namen für ein- und dieselbe Sache.

Auch bei „$2 \cdot 2 = 4$" hat das „ist" die Bedeutung einer Gleich- heit oder Identität (in der Arithmetik ist Identität dasselbe wie Gleichheit). Bei der Kopula aber ist das „ist" nur das sprachliche Instrument, um die Aussage zu vollenden; eine Kopula ist keine Identität. (Solche Verwechslungen zeigen eine für einen Logiker (wie bei Lotze) befremdene Fahrlässigkeit des Denkens).

| Das Wort „ist" hat drei voneinander ganz verschiedene Be- deutungen (was manche Philosophen nicht gehindert hat, dies gar nicht zu bemerken) wie Hegel)[i] oder gerade zu behaupten, dass alle drei dasselbe bedeuten)[j].

In der traditionellen Logik wurde zwischen einer Inhalts- und einer Umfangstheorie der Aussagen unterschieden:

Unter dem „Inhalt" eines Begriffes verstand man „die Ge- samtheit der Merkmale, durch die man den Begriff definiert" (z. B. alle Eigenschaften, die ein Pferd haben kann).[267]

Den „Umfang" des Begriffes nannte man die verschiedenen Gegenstände, welche unter eben diesen Begriff fallen (sämtliche Pferde).[268]

Nun ging die eine Auffassung dahin, dass ein Urteil etwas über die Gegenstände behauptet, die unter den Subjektbegriff fallen und über die Gegenstände, die unter den Prädikatsbegriff fallen (z. B. „Lipizzaner sind weiss" ([k] hier spreche ich von Pferden, hier von weissen Gegenständen.

Ich spreche also von den Gegenständen der Welt).

Man stellte das in folgender Art dar.

weisse Pf[erde]

alle Pferde   weisse Gegenstände   Umfangstheorie

---

i Klammer öffnet im Original nicht   j Klammer öffnet im Original nicht   k Klammer schließt im Original nicht

267 Vgl. hierzu Erdmann, *Logische Elementarlehre*, § 24.

268 A. a. O., § 26.

Man ging in dieser für kleine Kinder geeigneten Auffassung sogar so weit, dass es Logiker gab, die glaubten, dass dies nicht nur eine mögliche Darstellung, sondern der Sinn einer Aussage überhaupt sei, etwas über solche Figuren auszusagen (Auffassung von Th. Albert Lange, dem Verfasser von „Theorie des Materialismus"). [269]

Wenn wir die Aussage machen: „Lipizzaner sind weiss", denken wir aber nicht an alle Pferde und an alle weissen Gegenstände, sondern wir denken an die Merkmale eine Pferdes und an die Merkmale des Weiss und | betrachtet diese beiden zusammen. –

Die andere Auffassung ging dahin, dass eine Aussage über die Beziehungen der Merkmale aussage (Inhalts-Theorie); so sagt Benno Erdmann: „Der Sinn der Aussage besteht darin, dass man die Merkmale des Prädikatsbegriffes in die Merkmale des Subjektbegriffes einordnet". Es wird dies durch eine Symbolik zum Ausdruck gebracht (mit der dann nicht weiter gerechnet wird) und gesagt, dass jedes Urteil die Form habe: $S - P$.

Diese Beispiele sollten zeigen, wie in der traditionellen, aber durch psychologische Betrachtungen verfälschte Logik, die „Urteilstheorie" behandelt wurde; diese Art, die sehr verbreitet war, hilft aber in keiner Weise das Verständnis logischer Verhältnisse zu fördern. Es ist noch bemerkenswert, dass gerade Vertreter dieser Art Logik die merkwürdigste Auffassung von der modernen formalen Logik haben (so meint man, ein Urteil habe eine mathematische Gleichung darzustellen, wie $S = P$ oder $S–P$, d. h., dass S in P irgendwie enthalten sei). Es ist aber gänzlich verfehlt, die symbolische Logik als eine Art Modifikation der traditionellen Urteilslehre aufzufassen. –

Wenn man sich die Aufgabe stellt, Sätze zu analysieren, Begriffe festzustellen, dann ist es wichtig, vorerst zu trachten, sich von den Irrtümern der Sprache frei zu machen. Wir müssen die Herrschaft des Wortes über den menschlichen Geist brechen, denn es kommt uns ja auf die Gedanken an. Wir können in der Wort-

235 (left margin, line 10)
5, 10, 15, 20, 25, 30 (right margin line numbers)

---

[269] Schlick meinte wohl Friedrich Albert Langes Werk *Geschichte des Materialismus und Kritik seiner Bedeutung in der Gegenwart*. Die von Schlick kritisierten Ausführungen finden sich jedoch in Lange, *Logische Studien*, S. 14–18.

sprache Verschiedenes durch Kunstgriffe gleich ausdrücken, was zu Verwirrungen Anlass gibt. Die Sprache führt auch dazu, dasjenige, das sprachlich am einfachsten ist, logisch für das Elementare zu halten, was aber nicht immer zutrifft. Wir können denselben
5 Tatbestand sprachlich verschieden ausdrücken: |

       z. B.   „A ist der Vater von B"
               „B ist das Kind von A"

Zwischen diesen Sätzen ist logisch nicht der geringste Unterschied und eine verständige Logik muss sofort ersichtlich machen, dass es sich hier um denselben Satz handelt und rein die sprach-
10 liche Ausdrucksweise verschieden ist. Die Konversionsregeln der Aristotelischen Logik sagen, wie man durch einen Vorgang des Schliessens das Subjekt zum Prädikat macht und das Prädikat zum Subjekt:
„Alle *S* sind *P*" conversio in pura: „Einige *P* sind *S*". Man kann
15 also anstatt z. B. zu sagen: „Brutus tötete den Cäsar" auch sagen: „Cäsar wurde von Brutus getötet"; hier ist absolut kein Unterschied des Sinnes; wäre aber die Betrachtung der traditionellen Logik richtig, dann müsste hier eine Verschiedenheit vorliegen. Diese Verschiedenheit ist aber nicht logischer Art, sondern
20 nur rein sprachgrammatisch (der Satz beginnt entweder mit dem einen oder dem anderen Wort) oder psychologisch (wir setzen dasjenige an den Anfang, das wir besonders hervorheben wollen). Inhalt und logischer Bau des Satzes aber sind bei beiden Ausdrucksweisen gleich.[270]
25   Wir überlegen nun, wie man überhaupt dazu kommt, an ein- und demselben Gebilde verschiedene Teile zu unterscheiden, in welcher Weise ein Satz zerlegt werden kann; wir gehen dabei von der Art der Darstellung aus, wie sie schon von Frege in vorbildlicher Weise gegeben wurde.
30   Wir vergleichen die verschiedenen Teile oder Bestimmungsstücke eines Satzes untereinander und sehen, dass ihre Unterscheidung am besten dadurch zutreffen ist, dass wir Gemeinsam-

---

[270] Vgl. dazu in diesem Bd. ab S. 239.

keiten und Verschiedenheiten herausgreifen und für sich zusammenfassen.

Vergleich mit der Zerlegung einer Reihe verschiedener Kugeln: es haben z. B. alle dieselbe Grösse, aber verschiedene Farben, oder auch alle | dieselbe Farbe, aber verschiedene Grössen; sie können auch in beiden Merkmalen verschieden sein. Grösse und Farbe der Kugeln sind nun Bestimmungsstücke, wie es auch noch diverse andere gibt.

Man kann nun in der Weise bei einer zu treffenden Unterscheidung vorgehen, dass man die Farben ändert und die Grösse konstant lässt, oder umgekehrt und auf dieselbe Weise mit ev[entuellen] anderen Bestimmungsstücken verfährt.

In der Wirklichkeit treffen Unterscheidungen immer dadurch ein, dass uns konstante, wie auch variable Bestimmungsstücke gegeben sind: ändern sich nun zwei Bestimmungsstücke immer gemeinsam, so haben wir weder die Möglichkeit, noch die Tendenz, sie zu unterscheiden.

Ein gutes Beispiel dafür sind Geruch und Geschmack, die wir nicht genau zu unterscheiden vermögen, ein psycholog[isches] Experiment mit einer Zwiebel liefert uns den Beweis dafür.

Wir gelangen zur Unterscheidung gewisser Merkmale also durch die Beobachtung der Bestimmungsstücke, die unabhängig von einander variabel sind.

Wir gehen nun in derselben Weise bezüglich der zu analysierenden Sätze vor und beginnen bei ganz einfachen Sätzen (wie dies auch in der tradit[ionellen] Logik immer geschah):

Haben wir den Satz: „Sokrates ist weise", so können wir an Stelle des Namens Sokrates einen anderen setzen. z. B. „Kant ist weise". Wir können auch den Namen Sokrates beibehalten und den anderen Teil des Satzes ändern: z. B. „Sokrates ist alt". (Das Vornehmen einer solchen Vertauschung ist nicht mit Anwendung der Konversionsregel d[er] Aristotelischen Logik zu verwechseln, weil etwas ganz Verschiedenes).

Dieses Schema ist immer anwendbar: wir können auch komplizierte Sätze auf diese Weise untersuchen: |

618

Brutus	*tötete*	*den*	*Cäsar*	
Cato	„	„	„	falsch, aber sinnvoll
Pompejus	„	„	„	
Brutus	„	„	Brutus	
Cato	„	„	Cato	wahr, denn Cato hat sich selbst getötet

u. s. f., oder:

Brutus	hasste	den	Cäsar
	etz.		

Wir können die Worte eines Satzes also einzeln ändern und wir unterscheiden die einzelnen Bestandteile des Satzes voneinander, sofern wir sie unabhängig voneinander variieren können.

5 Wir können auch ein Element variieren lassen und die übrigen konstant halten.

Frege hat hierfür nach Analogie der Mathematik Bezeichnungen eingeführt, die seither in der Logik erhalten geblieben sind:

das Element, das *geändert wird*, nennen [wir] das *Argument*

10 das Element, das *konstant* gehalten wird, nennen wir die *Funktion*.[271]

Wir können die Worte des Satzes also beliebig als Funktion oder Argument auffassen; schaffen wir eine „Leerstelle", so können wir durch Einsetzen verschiedener anderer Worte Sätze

15 bilden, die wahr oder falsch, oder auch sinnlos sein können.

> Brutus ermordete –   ist eine Satzfunktion
> mit einer Leerstelle

solche Satzfunktionen mit einer Leerstelle kann man auch als einen *Begriff* bezeichnen; wir können auch noch ein Wort löschen und erhalten dann:

---

271 Frege, *Funktion und Begriff*, S. 21 f.: „Daraus ist zu ersehen, daß in dem Gemeinsamen jener Ausdrücke das eigentliche Wesen der Funktion liegt; d. h. also in dem, was in ‚$2 \cdot x^3 + x$' noch außer dem ‚x' vorhanden ist, was wir etwa so schreiben könnten ‚$2 \cdot ( )^3 + ( )$'. Es kommt mir darauf an, zu zeigen, daß das Argument nicht mit zur Funktion gehört, sondern mit der Funktion zusammen ein vollständiges Ganzes bildet; denn die Funktion für sich allein ist unvollständig, ergänzungsbedürftig oder ungesättigt zu nennen."

– ermordete –	eine Satzfunktion
	mit zwei Leerstellen.

oder eine Funktion von zwei Variablen; diese wird in der gewöhnlichen Sprache und auch in der alten Logik eine *Beziehung* genannt. „Ermorden" ist eine sogen[annte] zweigliedrige Beziehung (denn es gehört jemand dazu, der mordet und jemand, der ermordet wird) und das ist in gewissem Sinne | auch ein Begriff; der Spezialfall eines Begriffes.

Der Einfachheit halber führen wir aber die Sprechweise ein, dass wir mit „*Begriff* " nur eine Satzfunktion mit einer Leerstelle bezeichnen. Eine Satzfunktion entspricht einem Begriff; sie entsteht dadurch, dass man von einem Satze etwas weglässt und wird zu einem Satze erst durch Einsetzen von Gleichem oder Verschiedenem in die Leerstellen.[272]

Eine Satzfunktion ist noch kein Satz, kann daher nicht wahr oder falsch sein.

Wir hatten das Beispiel der zweigliedrigen Beziehung – ermorden – ; davon muss man nun die eingliedrige Beziehung „sich ermorden" unterscheiden können; wir *kennzeichnen solche Unterschiede in der Symbolik durch Buchstaben.*

In unserem Beispiel:

x ermordete y	Begriff der Ermordung, Satzfunktion mit 2 Variablen
x ermordete x	Begriff des Selbstmordes, Satzfunktion mit 1 Variable

Wir können in beliebigen Sätzen auch viel mehr Leerstellen haben, die wir durch beliebige Worte ersetzen können: z. B.

Karl gab das Buch dem Peter	"geben" ist also eine
x gab z dem y	dreigliedrige Beziehung,

---

272 Vgl. dagegen Frege, *Funktion und Begriff*, S. 28: „Ja, man wird geradezu sagen können: ein Begriff ist eine Funktion, deren Wert immer ein Wahrheitswert ist."

eine Funktion von drei Argumenten und lässt sich auf einfachere Weise nicht darstellen.

Diese Beziehung zwischen mehreren Worten kommt in der einfachen Aristotelischen Logik gar nicht zum Ausdruck: die ältere Logik stand Begriffen wie „geben" und anderen hilflos gegenüber. Eine Satzfunktion kann $2, 3 \ldots \ldots, n$ gliedrig sein, je nachdem wieviele Leerstellen vorkommen; ob in diese Leerstellen Gleiches oder Verschiedenes einzusetzen ist, wird mittels gleicher oder verschiedener Variablen symbolisiert.

| Diese Schreibweise wird der mathematischen noch mehr angenähert, wenn der konstante Bestandteil auch durch einen Buchstaben bezeichnet und als die Funktion der beiden Argumente dargestellt wird:

$f(x, y)$. *(Hier spielt die Reihenfolge der Argumente eine Rolle,*
   denn wenn $f(x, y)$ heisst: "x ermordete den y", so heisst
       $f(y, x)$ dass y den x ermordete).

Hilbert spricht von diesen Beziehungen als von Begriffen; das ist aber nur ein Unterschied in der Terminologie.[273]

Die Darstellung einer Funktion von einer Variablen wäre in dieser Schreibweise $f(x, x)$ das kann z. B. heissen, dass x sich selbst ermordete; in solchen Fällen aber wählt man die Schreibweise:

$f(x, x) = \varphi(x)$ Funktion von einer Variablen.

Wir können nun noch zu komplizierteren Verhältnissen übergehen, d. h. zu verschiedenen anderen möglichen Sätzen; so können wir *auch f als variabel betrachten*; damit erhalten wir eine sogen[annte] *variable Funktion.* –

Mit allen diesen Grössen können wir auf bestimmte Weise rechnen und die Schlüsse wiedergeben, wie sie im tägl[ichen] Leben und in der Wissenschaft vorkommen. Bei schwierigen und dunklen Fällen erweist sich dann die Nützlichkeit einer solchen Symbolik; denn zur Lösung von Paradoxien (denen die alte Logik

---

273 Zum Beispiel bei der Beziehung „ist kleiner als", vgl. Hilbert, *Logische Grundlagen der Mathematik*, S. 163.

machtlos gegenüberstand) bedarf es einer ganz festen Schreibweise. Diese Paradoxien entstehen meist dadurch, dass ein verborgener Missbrauch unserer gewöhnlichen Sprache zu Widersprüchen führt.

Wir beginnen unsere Betrachtungen bei dem einfachsten Fall: $\varphi(x)$, der Funktion von einem Argument (hier können wir an die Beispiele der alten Logik anknüpfen, die von vornherein nur so simple Fälle von Sätzen betrachtet hat): z. B. die Sätze:

Sokrates war weise	bei allen diesen Sätzen bleibt
Sokrates war ein Grieche	das Subjekt konstant, das Prä-
Sokrates war hässlich	dikat variiert;
etz.	

(die Unterschiede zw[ischen] Subjekt und Prädikat wurden nur in der tradition[ellen] Logik als relevant betrachtet; diese Unterscheidung ist rein sprachgrammatisch oder psychologisch von Wichtigkeit).
Man kann auch das Prädikat konstant und das Subjekt variieren lassen:

Sokrates ist weise	also x ist weise, d. i. eine
Kant ist weise	Satzfunktion, den Begriff des
Plato ist weise	Weiseseins darstellend
etz.	

In diesem Sinne kann also eine Satzfunktion als Begriff aufgefasst werden; $\varphi(x)$ *heisst also, dass x die Eigenschaft φ hat.*
Dann können wir die variable Funktion darstellen

durch	z. B.	$m(x)$	x ist ein Mensch
	oder	$g(x)$	x ist ein Grieche
	etz.		

Durch die Funktion $\varphi(x)$ können wir z. B. einen Satz darstellen wie:

„Brutus ermordete Cäsar"; denselben Satz können wir aber auch so ausdrücken, dass Cäsar zum Subjekt wird: „Cäsar wurde von Brutus ermordet"; dieser Satz wird ebenfalls durch $\varphi(x)$ dargestellt (denn logisch ist kein Unterschied zwischen diesem und dem ersten Satz.)

In unserer Schreibweise wird also kein Unterschied gemacht zwischen Subjekt und Prädikat (wie ihn die traditionelle Logik machte); wir unterscheiden anstatt dessen zwischen Funktion und Argument, denn nur diese Unterscheidung ist logisch relevant.

$\varphi(x)$ vertritt in unserer Schreibweise die Stelle eines Begriffes, ist eine Satzfunktion; in mathematischer Sprechweise kann das so ausgedrückt werden: es gibt gewisse Werte von x, die die Funktion erfüllen; d. h. für gewisse Einsetzungen kommt mehrmals ein wahrer Satz zustande.

(In der alten Logik sprach man von den Kategorien, den Prädikativen; | alles was Prädikat werden kann, war der alten Auffassung nach ein Universale oder Allgemeinbegriff. Wir können da nur von einer Analogie sprechen, da die Verwechslung mit dem sprachgrammatischen Prädikat vermieden werden muss). 242

Wir drücken in der Logik durch die Anfangsbuchstaben des Alphabets Namen aus.

Setzen wir nun in $\varphi(x)$ anstatt x einen Namen ein, z. B. a,b, etz., so entsteht aus der Satzfunktion $\varphi(x)$ ein Satz $\varphi(a)$, $\varphi(b)$, etz. der wahr oder falsch sein kann, jenachdem a, b, etz, die Aussagefunktion erfüllen oder nicht.

Wir hatten bisher wahre und falsche Sätze mit p, q, r, etz. bezeichnet. Nun haben wir diese Sätze in einer Funktion und ein Argument zerlegt; also:

$$p = \varphi(a), \qquad q = \varphi(b), \qquad r = \varphi(c), \qquad \text{etz.}$$
$$f(x, y, z, ...) \qquad \text{die Satzfunktion}$$
$$f(a, b, c, ...) \qquad \text{irgend ein Satz } p \text{ oder } q \text{ oder } r$$

Sehr wichtig ist es nun, sich darüber klar zu sein, dass wir in einer beliebigen Satzfunktion nicht irgend einen beliebigen Namen einsetzen dürfen, sonst entsteht manchmal nur der äusseren Form nach ein Satz, der aber gar keine Aussage darstellt, ein sinnloser Satz also. *Es ist eine selbstverständliche Bedingung, dass in die Leerstellen nur solche Namen eingesetzt werden, die einen sinnvollen Satz ergeben:* dadurch wird die Bedeutung von x definitionsgemäss auf einen bestimmten Wortbereich eingeschränkt.

Durch solche und andere Betrachtungen ist uns erst mit der modernen Logik die Möglichkeit gegeben, Widersprüche zu vermeiden, in die man sich durch die Anwendung der alten Logik verwickeln würde.

| Z. B. „Sokrates ist weise". Bei dieser Satzfunktion $\varphi(x)$ können natürlich nur Namen von Menschen eingesetzt werden, damit $\varphi(a)$ gleich dem angeführten Satz, ein sinnvoller Satz werde.

Nehmen wir unerlaubte Einsetzungen vor, so entstehen nicht etwa falsche, sondern sinnlose Sätze; das erkennen wir daran, dass wir in der Erfahrung gar nicht nachzusehen brauchen, ob das, was der Satz „aussagt", zutrifft oder nicht; man weiss von vornherein, dass dieser Satz überhaupt nichts aussagt, eine sprachlich unerlaubte Zusammenstellung ist, da wir keine Festsetzung getroffen haben, die es ermöglichen würden, dass eine solche Kombination verwendet wird. Die verschiedenen Paradoxien, auf die man in der Logik gestossen ist, stammen daher, dass man nicht überlegt hatte, dass nicht beliebige Einsetzungen sinnvoll sind, dass immer zu beachten ist, das Einzusetzende so zu wählen, dass es wirklich dem Wortbereich der Variablen angehört.

Einer der interessantesten Irrtümer, die in dieser Beziehung gemacht werden können, ist der, dass man anstatt der Variablen x wieder die Funktion f einsetzt, was keinesfalls einen Sinn ergeben kann.

(Dies zeigte *B[ertrand] Russell* in seiner *Typentheorie*, durch welche die Paradoxien, die schon im Altertum eine Rolle gespielt haben, ihre Auflösung fanden. Russell hat auch in Frege's grossem System einen Widerspruch nachgewiesen; ein Widerspruch darf keinesfalls zugelassen werden, da man ansonsten nicht mehr zwischen wahren und falschen Sätzen unterscheiden kann. – Frege konnte die Auflösung selbst nicht finden, die Russell dann gegeben hat).[274]

---

274 Schlick hatte 1927/28 eine umfangreiche Liste mit Paradoxien angefertigt,

Ein altes Vorurteil ist es auch, dass alles, was man benennen kann, sinnvoll sei; so scheint es, dass z. B. Sätze wie: „Es gibt keinen eckigen Kreis" oder „Es gibt kein rundes Viereck" dennoch etwas aussagen; Meinong dachte, dass Begriffe, wie „rundes Viereck" u. ä. in der Sphäre│des Unmöglichen Existenz haben, sonst 244 könnte man nicht davon sprechen. – Man kann von den Worten „rund" und „Viereck" sprechen, aber Begriffe, wie „rundes Viereck", die wir überhaupt nicht definiert haben, ergeben in einem Satze keinen Sinn, ein solcher Satz stellt überhaupt keine Aussage dar. Man kann wohl von einem „runden Viereck" sprechen, ohne dass es ein solches vorher geben muss; aber sinnvoll davon sprechen kann man nicht.

Wir unterscheiden nicht zwischen wahren, falschen und sinnlosen Sätzen, sondern zwischen wahren und falschen Sätzen; sinnlose Sätze gibt es überhaupt nicht, das sind nur unerlaubte Wortverbindungen.

Auf solche Überlegungen, die uns gerade die wichtigsten Unterschiede vor Augen führen, wurde in der alten Logik gar nicht eingegangen, sondern mehr formal-oberflächlich operiert; daher ist diese ältere Logik zur Lösung vieler Probleme unbrauchbar.

Es muss also *für die Variable von vornherein ein Wortbereich festgesetzt sein, der aus der Definition der Funktion hervorgehen muss.* Wenn z. B. f räumliche Angaben bedeutet, so kann man für x nur Werte einsetzen, bei denen die Angabe räumlicher Beziehungen zulässig ist.

(Diese Bemerkung ist nicht trivial, denn bei verschiedenen Bedeutungen der Funktion ist es oft nicht möglich zu fragen, welche Eigenschaften vorliegen.)

Bei dem Satze $\varphi(a)$ ist nur eine Leerstelle vorgesehen; dieser Satz kann in die gewöhnliche Wortsprache übersetzt werden durch: a hat die Eigenschaft φ. Das ist aber nicht *die* Übersetzung, sondern nur eine der möglichen Übersetzungen; es könnte ja auch

und bespricht dort auch die hier genannte Russell'sche Menge aller Mengen, die sich nicht selbst enthalten. Russells Auflösung bestand darin, solche Mengenbildungen mit Hilfe der Typentheorie zu unterbinden. Siehe dazu in diesem Bd. ab S. 314.

$\varphi(a_1)$ gelten, oder $\varphi(a_2)$. Diese Sätze haben das Gemeinsame, dass sie Funktionen desselben Arguments sind. Die a_1, a_2,.. sind Namen, die einge|setzt, die Aussage entweder wahr oder falsch machen; es sind also verschiedene Werte der Funktion φ, wobei nur solche erlaubt sind, d. h. nur solche einen Sinn geben, bei denen gewisse Bedingungen erfüllt sind, die vorher festgesetzt werden müssen. Diese Festsetzung stellt die Definition von φ dar.

Die a, b, c, gehören also einem bestimmten Wortbereich an. Es könnte nun sein, dass φ *erfahrungsgemäss* eine Eigenschaft bedeutet, die sämtlichen Personen zukommt (oder sämtlichen zulässigen Argumente einer Funktion). Wir wissen nicht bestimmt, ob das wahr ist, aber wir nehmen es an und in einem solchen Falle sagt man dann „alle"; z. B. „Alle Organismen sind sterblich".

Wie es sich mit Organismen verhält, die sich eventuell auf anderen Plantenen befinden, wissen wir nicht; aber gemäss unseren Beobachtungen auf der Erde halten wir es für wahr, dass alle Organismen sterblich sind. Sterben-müssen kann man nur von lebenden Wesen aussagen; findet man nun durch empirische Beobachtungen, dass alle lebenden Wesen sterben, so wird das in der symbolischen Darstellung so zum Ausdruck gebracht, dass man in $\varphi(x)$ für x nur Namen lebender Wesen einsetzen kann und dass φ für alle x gilt:

Eine solche Aussage wie „Alle Organismen sind sterblich", bedeutet ja, das $\varphi(a_1)$, $\varphi(a_2)$, $\varphi(a_3)$, ... , $\varphi(a_n)$ wahr sind; dass dies alles ein einziger Satz, eine einzige Aussage sein soll, muss nun wie folgt ausgedrückt werden:

$$\varphi(a_1) \ \& \ \varphi(a_2) \ \& \ \varphi(a_3) \ \& \ ...... \ \& \ \varphi(a_n)$$

dafür wird nun *definitionsgemäss ein Symbol eingeführt*, dass eben besagt, dass φ für alle x gilt (für alle x nämlich, die eingesetzt, den Satz zu einem sinnvollen machen).

$$\varphi(a_1) \ \& \ \varphi(a_2) \ \& \ \varphi(a_3) \ \& \ ...... \ \& \ \varphi(a_n) = (x)\varphi\,x$$

| [8. Kapitel:] *All-Operator oder Generalisierungszeichen.*

Es ist wichtig festzustellen, dass wir das Wort „alle" nur durch diese Definition eingeführt haben; d. h. nämlich, dass es sich bei einem „alle"-Satze nur um eine empirische Aussage handeln kann (um einen Satz also, der auf Grund von Erfahrung, Beobachtung, aufgestellt wurde).

Streng genommen können wir dieses Symbol nur dann als Definition schreiben, nur dann in ein logisches Produkt auflösen, wenn wir die *Hinzufügung* machen, dass die a_1, a_2, a_3, ... , a_n *alle x sind.*

Das Symbol allein stellt uns eigentlich einen neuen *Grundbegriff* dar und zwar den *der empirischen Allgemeinheit.*

Schema unserer Definition:

$\varphi(a_1)$	$\varphi(a_2)$	$\varphi(a_3)$	....	$\varphi(a_n)$	$(x)\varphi\,x$
$\mathcal{W}$	$\mathcal{W}$	$\mathcal{W}$	....	$\mathcal{W}$	$\mathcal{W}$
					$\mathcal{F}$
					$\mathcal{F}$
					$\mathcal{F}$

('In der traditionellen Logik hatte man sich über die Grammatik des Wortes „alle" nicht so streng Rechenschaft gegeben; das Wort „alle" wurde eingeführt, ohne sich über die damit verbundenen Schwierigkeiten klar zu sein. Bei Aristoteles tritt dieses Wort bei der Definition der sogen[annten] allgemeinen Urteile auf („alle S sind P").[275]

Es ist wichtig, auf die Art hinzuweisen, in der wir den *All–Operator eingeführt* haben, *so* nämlich, *dass seine Bedeutung die*

I Klammer schließt im Original nicht

275 Eine ausführlichere Auseinandersetzung mit der aristotelischen Quantorenlogik findet sich in diesem Bd. ab S. 239. Eine Auseinandersetzung mit der These, der Allquantor könnte eine Konjunktion von Einzelaussagen ausdrücken, findet sich ebenfalls in diesem Bd. ab S. 291, Block (50).

empirische Allgemeinheit ist. Denn das Wort „alle“ lässt sich auch noch anders verwenden, so zwar, dass es die logische Allgemeinheit bedeutet.

247 |Wenn man die Körper mit Hilfe der Ausdehnung definiert hat, dann ist der Satz „Alle Körper sind ausgedehnt“ immer richtig und zwar auf Grund der Definition; es handelt sich um einen analytischen Satz. Es hat aber keinen Sinn, solche analytische Sätze mit dem Generalisationszeichen zu verbinden; z. B. Sätze der Mathematik wie „Alle Zahlen sind gerade oder ungerade“ u. a. oder Sätze der Logik, wie $p \lor \overline{p} - -$

Man könnte wohl auch schreiben $(p)(p \lor \overline{p})$ und so hat es auch Russell geschrieben; aber der All-Operator ist bei logischen Sätzen überflüssig und daher hat es keinen Sinn, ihn einzuführen.[276]

Sinnvoll kann dieses Zeichen nur dort eingeführt werden, wo es tatsächlich gebraucht wird und das ist nur bei der empirischen Allgemeinheit der Fall. (Bei solchen Sätzen aber ergibt sich wieder die Schwierigkeit, dass sie in der Wissenschaft streng genommen nicht vorkommen). – Bezüglich dieses Zeichens müssen wir also streng zwischen empirischer und logischer Allgemeinheit unterscheiden.

(Beispiel einer logischen Allgemeinheit ist z. B. auch der Satz: „Alle Kreise sind rund“.[m] Diese Aussage aber heisst nichts anderes als: Der Kreis ist rund).

Husserl nennt die empirische Allgemeinheit „individuelle Allgemeinheit“ und die logische Allgemeinheit „spezifische Allgemeinheit“; diese Bezeichnungsweise aber ist unzweckmässig und überdies macht Husserl selbst keine scharfe Unterscheidung bei Anwendung seiner beiden Bezeichnungweisen, indem er „spezifische Allgemeinheit“ manchmal auch für die empirische verwendet.[277]

---

m Anführungszeichen öffnen im Original nicht.

276 Vgl. dazu Russell/Whitehead, *Principia*, S. 44 ff.

277 Husserl, *Logische Untersuchungen*, § 2: „Dem Unterschied der individuellen und spezifischen Einzelheiten entspricht der nicht minder wesentliche der indi-

Die Allgemeinheit, die in der Logik und der Mathematik vor-kommt, ist stets die logische; verwendet man den All-Operator trotzdem in diesen Bereichen, so ist das ein Zeichen, dass man sich darüber noch keine Klarheit verschafft hat. In der Mathe-matik kann (wie in der Logik) vermöge der Natur | der Sache (es handelt sich bloss um von uns selbst Definiertes) die empirische Allgemeinheit keinen Platz haben und deshalb ist jeder Versuch, die Mathematik in derselben Weise zu begründen, wie die Wis-senschaften, von vornherein zum Scheitern verurteilt.[278]

Man könnte wohl einen Satz wie: „Alle Zahlen sind gerade oder ungerade" äusserlich in der Form hinschreiben $(z)\{g(z)\vee u(z)\}$ und so wird es auch oft gemacht; das ist aber äusserst[n] irreführend, weil der Allheitsoperator hier in einer Weise ge-braucht wird, die unserer Erklärung nicht entspricht. Man kann nicht alle Zahlen durchgehen und prüfen und darauf beruht bei diesem Satze die Allgemeinheit auch nicht, sondern nur auf der Definition, dem Bildungsgesetz der Zahlen.

Es könnte ja so scheinen, als ob in der Mathematik doch so etwas wie empirische Allgemeinheit vorkäme; z. B. der Gold-bach'sche Satz, der besagt, dass sich jede gerade Zahl mindestens auf eine Art in die Summe zweier Primzahlen zerlegen lässt. Die-ser Satz ist nicht bewiesen, andrerseits kennt man keine gerade Zahl, für welche das nicht zutrifft. Man könnte nun sagen, dass man es empirisch feststellen kann, dass es vielleicht keinen Beweis für diesen Satz gibt: das ist aber in keiner Weise ein empirisches Verfahren der Art, wie es unsere Erklärung der empirischen All-

n Hier ist der Satz mitten im Wort unterbrochen und wird in der nächsten Zeile fortgeführt.

viduellen und spezifischen Allgemeinheiten (Universaltität). Diese Unterschiede übertragen sich ohne weiteres auf das Urteilsgebiet und durchsetzen die ganze Logik: die singulären Urteile zerfallen in individuell singuläre, wie *Sokrates ist ein Mensch*, und spezifisch singuläre wie *2 ist eine gerade Zahl, rundes Vier-eck ist ein unsinniger Begriff*; die universellen Urteile in individuell universelle, wie *alle Menschen sind sterblich*, und spezifisch universelle, wie *alle analytischen Funktionen sind differenzierbar, alle rein-logischen Sätze sind apriorisch*."

278 Gegen eine empirische Begründung der Mathematik wandte sich Schlick bereits in den 1910er Jahren, vgl. dazu in diesem Bd. S. 113 f. sowie S. 180 f.

gemeinheit fordert; unsere Sätze handeln von der Wirklichkeit, bei welcher es nur von der Beobachtung abhängt, ob diese Sätze wahr oder falsch sind. In diesem Sinne aber ist es keine empirische Eigenschaft einer geraden Zahl, dass sie sich in die Summe zweier Primzahlen zerlegen lässt; denn damit, dass die Zahl gegeben ist, ist es schon mitgegeben, dass sie sich in der angegebenen Weise zerlegt lässt.

Wir holen die Zahl ja nicht aus der Erfahrung heran (suchen sie | nicht z. B. aus Büchern irgendwo heraus) und prüfen dann nach; sondern wir schreiben die Zahl selbst hin und können schon entscheiden, ob sie sich in der beobachteten Weise darstellen lässt. – Dieses Nachprüfen des Goldbach'schen Satzes[279] in den einzelnen Fällen ist also keine Feststellung durch die Erfahrung, sondern selbst wieder ein Beweis. – Es wäre eine falsche Ausdrucksweise, diese Art des Verfahrens eine empirische Feststellung zu nennen; man kann sich da nur so ausdrücken, dass man sagt, dass der Beweis nur in einzelnen Fällen und nicht allgemein erbracht werden kann.

(Wir nennen in dem Ausdruck $(x)\varphi(x)$

(x) den Operator und $\varphi(x)$ den Operanden)

Die Ausdrücke $(x)\varphi(x)$ und $\varphi(x)$ sind dadurch von einander unterschieden, dass $(x)\varphi(x)$ einen wirklichen Satz darstellt, während $\varphi(x)$ nur eine Satzfunktion, also eine leere Form für einen Satz ist. – Da also $(x)\varphi(x)$ eine wirkliche Aussage ist, tritt hier keine Variable, keine Leerstelle mehr auf; das x ist nur scheinbar eine solche, denn man kann dafür nichts mehr einsetzen, also eine Scheinvariable (in der Mathematik ist der Fall einer Scheinvariablen auch häufig, z. B. beim Integral;

$$\int_{a}^{b} \varphi(x)dx \text{ ist von } x \text{ unabhängig})°$$

---

o Klammer öffnet im Original nicht

279 Goldbach hat vermutet, dass die Summe jeder geraden Zahl größer als Zwei als Summe zweier Primzahlen geschrieben werden kann. Goldbach hat seine Vermutung nie publiziert, sondern sie Leonhard Euler 1742 in einem Brief mitgeteilt.

Der Unterschied zwischen diesen beiden Ausdrücken kann aber auch anders aufgefasst werden, wie es z. B. Russell in seinen Principia Mathematica tut; Russell stellt die Behauptung auf, dass es in der Logik gar keine echten Variablen gibt; d. h. er interpretiert den Ausdruck $\varphi(x)$ so, dass er schon eine Aussage darstellt, es werden in diesem System also die beiden Symbole $(x)\varphi(x)$ und $\varphi(x)$ gleichbedeutend gebraucht. $\varphi(x)$ hat also immer die Bedeutung von $(x)\varphi(x)$.

Diese Interpretation aber muss man nicht akzeptieren; man kann umgekehrt | besser sagen, dass der Alloperator in der reinen Logik (Mathematik) überflüssig ist. Wie wir schon ausgeführt haben, handelt es sich in der Logik bei den sogen[annten] „falschen" Sätzen immer nur um unsinnige Sätze; denn in der Logik gibt es nur Tautologien und Kontradiktionen und diese letzteren sind eben sinnlos. Diese Überlegung sagt uns, dass in der reinen Logik bei unserer Schreibweise φ immer für alle x gilt; denn die x, für die φ nicht gilt, sind keine erlaubten Argumente. (Nur diese Art der Betrachtungsweise zeigt uns den Weg, der bei Begründung der Mathematik zur Lösung der Schwierigkeiten führt).[280]

Die einzige Möglichkeit, wie *falsche Sätze* überhaupt entstehen können, ist *das Einsetzen eines unerlaubten x als Argument, wenn es sich um eine Aussage über die Wirklichkeit handelt.*

(Russell hat in der Schreibweise eine weitere Unterscheidung eingeführt, indem er die eigentliche Aussagefunktion, die Satzfunktion mit einer Leerstelle, besonders bezeichnete durch das Zeichen $\frown$ über dem x; also:

$\varphi(\widehat{x})$ reine Aussagefunktion[281]

(x) irgend ein Wert der Aussagefunktion

(a) ein bestimmter Wert der   "   )

---

280 Die Überlegung, in der Logik nur unquantifizierte Variablen zu verwenden, geht vermutlich auf die Auseinandersetzung mit echten und scheinbaren Variablen bei Russell/Whitehead und Peano zurück. Siehe dazu in diesem Bd. ab S. 293, Block (54).

281 „$\varphi\hat{x}$" kann als Menge all dessen, was φ erfüllt, verstanden werden. Vgl. Russell/Whitehead, *Principia*, S. 25.

Da wir nur mit Sätzen rechnen wollen, die sich auf die Wirklichkeit beziehen, mussten wir den Alloperator in der vorher beschriebenen Weise einführen; wir haben uns die Definition des Wortes „alle" mit Hilfe der Tabelle der Wahrheitswerte veranschaulicht. Ebenso können wir dies bezügl[ich] einer anderen Eigenschaft tun und *so das Wort „einige"* definieren; dieses Wort besagt, dass es x gibt, für die φ wahr ist, wir wissen aber nicht wieviele; es könnte vielleicht auch für alle x gelten; ausgeschlossen ist nur, dass alle (x) falsch sind.[282]

---

282 Es ließ sich nicht rekonstruieren, ob die Vorlesung hier tatsächlich endete oder nur die verfügbaren Mitschriften abbrechen.

Literaturangaben:[283]

Hilbert und Ackermann: „Grundzüge der theoretischen Logik"
R. Carnap: „Abriss der Logik"
Russell u[nd] Whitehead: „Principia mathematica"
Band I.: „Die Logik als Einleitung für die strenge Begründung
der Mathematik"

Augenblicklich gibt es in deutscher Sprache noch sehr wenige
Darstellungen dieser Lehre; viel mehr im Englischen.

In dieser Vorlesung werden die Zeichen mit wenigen Ausnahmen im Anschluss an die Bezeichnungsweise von Hilbert und
Ackermann verwendet.

Russell hat sich seinerseits an die Bezeichnungsweise des italienischen Logikers und Mathematikers *Peano* angeschlossen.

Carnap bezeichnet „und" im Anschluss an Russell mit einem
Punkt: .

Bei den ersten Versuchen hatte man ganz andere Bezeichnungsweisen verwendet: so z. B. im 19. Jahrhdt. das System von
Boole und die sogenn. „Algebra der Logik" von *Schröder*. Weiters
besitzen wir das Werk des scharfsichtigsten unter den modernen
Logikern, *Gottlob Frege*, der die grundlegendsten Einsichten vermittelte und erst durch Russell überholt wurde; Frege hat eine
sehr ausführliche Begriffsschrift entwickelt und auf die Arithmetik angewendet.

Alle diese Schreibweisen sind insofern miteinander verwandt,
als sie alle für dasselbe nur verschiedene Figuren verwenden.

---

283 Hierbei handelt es sich um eine einzelne Seite aus dem Konvolut Inv.-Nr. 38,
B. 19, das einige lose Blätter enthält. Siehe dazu den editorischen Bericht (in
diesem Bd. ab S. 337).

Anhang

© Springer Fachmedien Wiesbaden GmbH, ein Teil von Springer Nature 2019
M. Lemke und A.-S. Naujoks (Hrsg.), *Moritz Schlick. Vorlesungen und Aufzeichnungen
zur Logik und Philosophie der Mathematik*, Moritz Schlick. Gesamtausgabe,
https://doi.org/10.1007/978-3-658-20658-1

Verzeichnis der verwendeten Formelzeichen und Symbole

$\alpha \mid \beta$	Shefferstrich, verknüpft zwei Sätze zu einem, der wahr ist, gdw. wenigstens einer der verknüpften falsch ist.
α/β	Shefferstrich, verknüpft zwei Sätze zu einem, der wahr ist, gdw. wenigstens einer der verknüpften falsch ist.
$\sim \alpha$	Negation, negiert den direkt folgenden Satz.
$\overline{\alpha}$	Negation, negiert den Satz unter dem Strich.
$\alpha \vee \beta$	Disjunktion, verknüpft zwei Sätze zu einem, der wahr ist, gdw. wenigstens einer der verknüpften wahr ist.
$\alpha.\beta$	Konjunktion, verknüpft zwei Sätze zu einem, der wahr ist, gdw. keiner der verknüpften falsch ist.
$\alpha\&\beta$	Konjunktion, verknüpft zwei Sätze zu einem, der wahr ist, gdw. keiner der verknüpften falsch ist.
$\alpha \to \beta$	Konditional, verknüpft zwei Sätze zu einem, der wahr ist, gdw. es nicht der Fall ist, dass der vordere wahr und der hintere falsch ist.
$\alpha \supset \beta$	Implikation, verknüpft zwei Sätze zu einem, der wahr ist, gdw. es nicht der Fall ist, dass der vordere wahr und der hintere falsch ist.
$\alpha \subset \beta$	Echte Teilmenge, wenn $x \in \alpha$, dann $x \in \beta$.
$f(\alpha)$	Funktion von Aussagen; Aussagen sind wahr oder falsch.
$\alpha \equiv \beta$	Bikonditional, Äquivalenz, verknüpft zwei Sätze zu einem, der wahr ist, gdw. beide wahr oder beide falsch sind.
$\alpha \sim \beta$	Bikonditional, Äquivalenz bei Hilbert, verknüpft zwei Sätze zu einem, der wahr ist, gdw. beide wahr oder beide falsch sind.

637

© Springer Fachmedien Wiesbaden GmbH, ein Teil von Springer Nature 2019
M. Lemke und A.-S. Naujoks (Hrsg.), *Moritz Schlick. Vorlesungen und Aufzeichnungen zur Logik und Philosophie der Mathematik*, Moritz Schlick. Gesamtausgabe,
https://doi.org/10.1007/978-3-658-20658-1

$\mathcal{W}$	Aussagewert, Wahrheit einer Aussage, Wahrscheinlichkeit 1.
$\mathcal{F}$	Aussagewert, Falschheit einer Aussage, Wahrscheinlichkeit 0.
$\mathcal{M}$	Aussagewert, Möglichkeit einer Aussage, Wahrscheinlichkeit $\dfrac{1}{2}$.
$\{\alpha\}$	Klammern.
$[\alpha]$	Klammern..
$\curlyvee$	Aussagewert, Wahrheit einer Aussage.
$\curlywedge$	Aussagewert, Falschheit einer Aussage.
$\varphi\hat{x}$	Aussagefunktion, Menge alldessen, was φ erfüllt.
φx	Aussagefunktion mit einem beliebigen Wert.
φa	Aussagefunktion mit einem bestimmten Wert.
$(\exists x)$	Operator, Existenzquantifikation
(x)	Operator, Allquantifikation
xRy	Relation, x steht in der Beziehung R zu y.
$R(x, y, z)$	Relation, x gibt dem y das z.
$\breve{R}$	Converse Relation
$\alpha \in \xi$	α ist eine Klasse.
$x \in \alpha$	x ist Glied der Klasse α.
$\alpha \cup \beta$	Vereinigung, ist die logische Summe zweier Klassen.
$\alpha \cap \beta$	Durchschnitt, ist das logische Produkt zweier Klassen.
$-\alpha$	Negation einer Klasse, Glieder für welche $x \in \alpha$ falsch ist.
$\bigvee$	Allklasse, definiert durch irgendeine Aussagefunktion, die immer wahr ist.
$\bigwedge$	Nullklasse, definiert durch irgendeine Aussagefunktion, die immer falsch ist.
$\dot{\bigvee}$	Immer bestehende Relation.
$\dot{\bigwedge}$	Nie bestehende Relation.
$\overrightarrow{R'y}$	Klasse der Referenten von y hinsichtlich R.
$\overleftarrow{R'x}$	Klasse der Relata von x hinsichtlich R.
$\alpha \uparrow \beta$	Zerlegbare Relation, x hat eine von y unabhängige Eigenschaft und y eine von x.

$\alpha \ni_w \beta$	Wahrscheinlichkeitsimplikation, α impliziert β mit der Wahrscheinlichkeit w.
$\vdash \alpha \vee \overline{\beta}$	Behauptungszeichen vor Tautologie gesetzt und deutet Axiome an.

Literaturverzeichnis

Von Schlick zitierte bzw. erwähnte Literatur

Adamson, Robert, *A short History of Logic*. Edinburgh/London: William Blackwood and Sons 1911.

Archimedes, *Opera Omnia*. hrsg. von I. L. Heiberg, Leipzig: Teubner 1880.

Aristoteles, *Werke in deutscher Übersetzung*. Begründet von E. Grumach, hrsg. von H. Flashar, Berlin: Akademie-Verlag 1956.

Aristoteles, *Metaphysik*. Übersetzung von Adolf Lasson, Jena: Eugen Diederichs 1907.

Aristoteles, *Erste Analytiken oder Lehre vom Schluss*. Übersetzung von J. H. v. Kirchmann, Leipzig: Dürr 1877.

Aristoteles, *Kategorien oder Lehre von den Grundbegriffen: Hermeneutica oder Lehre vom Urtheil; (des Organon 1. u. 2. Teil)*. Übersetzung von J. H. v. Kirchmann, Leipzig: Dürr 1876.

Avenarius, Richard, *Der menschliche Weltbegriff*. 2. Aufl., Leipzig: O. R. Reisland 1905.

Avenarius, Richard, *Kritik der reinen Erfahrung*. 2. Aufl., 2 Bde., Leipzig: O. R. Reisland 1908.

Baader, Franz, *Schriften und Aufsätze*. Bd. 1, Münster: Theissing 1831.

Bacon, Frances, *Novum Organum*. hrsg. von Joseph Devey, New York: P. F. Collier & Son 1902.

Behmann, Heinrich, *Mathematik und Logik*. Leipzig/Berlin: B. G. Teubner 1927.

Beltrami, Eugenio, „Sulla Teoria delle Linee Geodetiche." In: *Opere Matematiche di Eugenio Beltrami*. Bd. 1, Milano: Ulrico Hoepli 1902, S. 366–373.

Bergson, Henri, *Einführung in die Metaphysik*. Jena: Eugen Diederichs 1916.

© Springer Fachmedien Wiesbaden GmbH, ein Teil von Springer Nature 2019
M. Lemke und A.-S. Naujoks (Hrsg.), *Moritz Schlick. Vorlesungen und Aufzeichnungen zur Logik und Philosophie der Mathematik*, Moritz Schlick. Gesamtausgabe,
https://doi.org/10.1007/978-3-658-20658-1

Bergson, Henri, *Zeit und Freiheit*. Jena: Eugen Diederichs 1920.

Bergson, Henri, *Die seelische Energie – Aufsätze und Vorträge*. Jena: Eugen Diederichs 1928.

Berkeley, George, „A Treatise concerning the Principles of Human Knowledge." In: *The Works of George Berkeley*. Bd. 1, Oxford: Clarendon Press 1901.

Bonola, Roberto, *Die nichteuklidische Geometrie. Historisch-kritische Darstellung ihrer Entwicklung*. Leipzig/Berlin: B. G. Teubner 1908.

Bolzano, Bernard, *Paradoxien des Unendlichen*. Leipzig: Reclam 1851.

Bolzano, Bernard, *Wissenschaftslehre*. 4 Bde. in je drei Teilbde., hrsg. von Jan Berg, Stuttgart/Bad Cannstatt: Frommann 1985–2000 (= Bernard Bolzano Gesamtausgabe, hrsg. von Eduard Winter, Jan Berg, Friedrich Kambartel, Jaromír Loužil, Bob van Rootselaar, Bd. 11–14).

Brentano, Franz, *Psychologie vom empirischen Standpunkte*. Bd. 1, Leipzig: Felix Meiner 1924.

Cantor, Georg, „Über unendliche, lineare Punktmannigfaltigkeiten." 2. Teil, In: *Mathematische Annalen*. 17, Leipzig: B. G. Teubner 1883.

Cantor, Georg, „Beiträge zur Begründung der transfiniten Mengenlehre." In: *Mathematische Annalen*. Bd. 46, Nr. 4, Berlin/Heidelberg: Springer 1895, S. 481–512.

Carnap, Rudolf, *Abriss der Logistik: mit besonderer Berücksichtigung der Relationstheorie und ihrer Anwendungen*. Wien: Springer 1929.

Cohn, Jonas, *Voraussetzungen und Ziele des Erkennens. Untersuchungen über die Grundfragen der Logik*. Leipzig: Wilhelm Engelmann 1908.

Couturat, Louis, *Die philosophischen Prinzipien der Mathematik*. übersetzt von Carl Siegel, Leipzig: Alfred Kröner 1908.

Couturat, Louis, *De l'infini mathématique*. Paris: Félix Alcan 1896.

Couturat, Louis, *La logique de Leibniz*. Paris: Félix Alcan 1901.

Couturat, Louis, „La philosophie des mathématiques de Kant." In: ders., *Les principes des mathématiques*. Mit einem Anhang über die Philosophie der Mathematik bei Kant, Paris: Félix Alcan 1905, S. 235–308.

Dedekind, Richard, *Was sind und was sollen die Zahlen?*. 2. Aufl., Braunschweig: Friedrich Vieweg und Sohn 1893.

Einstein, Albert, „Die Grundlage der allgemeinen Relativitätstheorie." In: *Annalen der Physik*. 354, Nr. 7, 1916, S. 769–822.

Eisenlohr, August, *Ein mathematisches Handbuch der alten Aegypter*. Papyrus Rhind des British Museum, Leipzig: J. C. Hinrichs' Buchhandlung

1877.

Engel, Friedrich; Stäckel, Paul [Hrsg.], *Die Theorie der Parallellinien von Euklid bis auf Gauß*. Leipzig: B. G. Teubner 1895.

Erdmann, Benno, *Die Axiome der Geometrie. Eine philosophische Untersuchung der Riemann-Helmholtz'schen Raumtheorie*. Leipzig: Leopold Voss 1877.

Euklid, *Opera Omnia*. hrsg. von I. L. Heiberg, Leipzig: B. G. Teubner 1883.

[Frege, *Grundlagen*]: Frege, Gottlob, *Grundlagen der Arithmetik – Eine logisch-mathematische Untersuchung über den Begriff der Zahl*. Breslau: W. Köbner 1884.

[Frege, *Grundgesetze*]: Frege, Gottlob, *Grundgesetze der Arithmetik*. Jena: Hermann Pohle, Bd. 1 1893, Bd. 2 1903.

Frege, Gottlob, „Über Sinn und Bedeutung." In: *Zeitschrift für Philosophie und philosophische Kritik*. Bd. 100/1, 1892, S. 25–50.

Frege, Gottlob, *Begriffsschrift, eine der arithmetischen nachgebildete Formelsprache des reinen Denkens*. Halle a. S.: Louis Nebert 1879.

Gomperz, Theodor, *Griechische Denker – Eine Geschichte der antiken Philosophie*. 3 Bde., Leipzig: Veit & Comp. 1896–1909.

Hankel, Hermann, *Vorlesungen über die Complexen Zahlen und ihre Funktionen*. 2 Bde., Leipzig: Leopold Voss 1867.

Hartmann, Eduard von, *Eduard von Hartmanns ausgewählte Werke*. 13 Bde., Leipzig: Haacke 1885–1901.

Hegel, Georg Wilhelm Friedrich, „Enzyklopädie der philosophischen Wissenschaften im Grundrisse." In: *Hegel. Gesammelte Werke*. Bd 13, hrsg. von der Rheinisch-Westfälischen Akademie der Wissenschaft, Hamburg: Felix Meiner 2000.

Hegel, Georg Wilhelm Friedrich, „Wissenschaft der Logik – Erster Band: Die objektive Logik." In: *Hegel. Gesammelte Werke*. Bd 11, hrsg. von der Rheinisch-Westfälischen Akademie der Wissenschaft, Hamburg: Felix Meiner 1978.

Hegel, Georg Wilhelm Friedrich, *Vorlesungen über die Geschichte der Philosophie 1*. 2. Aufl., Frankfurt am Main: Suhrkamp 1993.

Heidegger, Martin, *Was ist Metaphysik?*. Bonn: Friedrich Cohen 1931.

Helmholtz, Hermann, „Ueber den Ursprung und Sinn der geometrischen Sätze; Antwort gegen Herrn Professor Land." In: *Wissenschaftliche Abhandlungen*. Bd. 2, Leipzig: Barth 1883.

Helmholtz, Hermann, „Zählen und Messen, erkenntnistheoretisch betrachtet." In: *Philosophische Aufsätze. Eduard Zelle zum 50. Doctorjubiläum gewidmet.* Leipzig: Fues (R. Reisland) 1887, S. 17–52.

Heymans, Gerard, *Gesetze und Elemente des wissenschaftlichen Denkens.* 2. Aufl., Leipzig: Johann Ambrosius Barth 1905.

Hilbert, David, *Grundlagen der Geometrie.* Leipzig: B. G. Teubner 1903.

Hilbert, David, „Die logischen Grundlagen der Mathematik." In: *Mathematische Annalen.* Bd. 88, 1923, S. 151–165.

Hilbert, David; Ackermann, Wilhelm, *Grundzüge der theoretischen Logik.* Berlin: Springer 1928.

Hilbert, David; Bernays, Paul, *Grundlagen der Mathematik.* Berlin: Bd. 1 1934, Bd. 1 1939.

Hippo, Augustinus, „Bekenntnisse." In: *Die Bekenntnisse des heiligen Augustinus.* übersetzt von Otto F. Lachmann, Leipzig: Reclam 1888.

Höfler, Alois, *Grundlehren der Logik und Psychologie.* Leipzig/Wien: Freytag/Tempsky 1906.

James, William, *Der Pragmatismus.* Leipzig: Dr. Werner Klinkhardt 1908.

Kirchhoff, Gustav, *Vorlesungen über mathematische Physik.* Leipzig: B. G. Teubner 1876.

Kronecker, Leopold, „Über den Zahlbegriff." In: Ders., *Werke.* hrsg. auf Veranlassung der Königlich Preussischen Akademie der Wissenschaften von K. Hensel, Bd. 3, 1. Teilbd., Leipzig: B. G. Teubner 1899.

Laas, Ernst, *Idealismus und Positivismus.* Bd. 3, Berlin: Weidmannsche Buchhandlung 1884.

Lambert, Johann Heinrich, „Theorie der Parallellinien." In: *Leipziger Magazin für reine und angewandte Mathematik.* 1786, 2. Teil: S. 137–164, 3. Teil: S. 325–358, auch in: *Die Theorie der Parallellinien. Von Euklid bis auf Gauß, eine Urkundensammlung zur Vorgeschichte der Nichteuklidischen Geometrie.* In Gemeinschaft mit Friedrich Engel herausgegeben von Paul Stäckel, Leipzig: B. G. Teubner 1895, S. 152–208.

Leibniz, Gottfried Wilhelm, *Die philosophischen Schriften.* Berlin: Weidmannsche Buchhandlung 1890.

Leibniz, Gottfried Wilhelm, *Die philosophischen Schriften.* 7 Bde, hrsg. von C. I. Gerhardt, Berlin 1875–1890, repr. Hildesheim: Olms 1978.

Lewis, Clarence Irving; Langford, Copper Harold, *Symbolic Logic.* 2. Aufl., New York: Dover Publications, Inc. 1932/1959.

Lewis, Clarence Irving, *A Survey of Symbolic Logic.* Berkley: University of California Press 1918.

Locke, John, *An Essay concerning Human Understanding*. Oxford: Clarendon Press 1975.

Mach, Ernst, *Die Analyse der Empfindungen und das Verhältnis des Physischen zum Psychischen*. 9. Aufl., Jena: Gustav Fischer 1922.

[Newton, *Principia*] Newton, Isaac, *Principia Mathematica Philosophiae Naturalis*. London: S. Pepys 1686.

Nicod, Jean, „A Reduction in the number of the Primitive Propositions of Logic." In: *Proceedings of the Cambridge Philosophical Society*. Bd. 19, 1920, S. 32–41.

Olbers, Wilhelm, *Wilhelm Olbers, sein Leben und seine Werke*. hrsg. von C. Schilling, Berlin: Springer 1894.

Oppenheim, Lassa; Körner, Otto, „Fahrlässige Behandlung und fahrlässige Begutachtung von Ohrenkranken." In: *Zeitschrift für Ohrenheilkunde*. Bd. 35, 1899, S. 225–259.

Ostwald, Wilhelm, „Das System der Wissenschaften." In: *Annalen der Naturphilosophie*. Bd. 8, Leipzig: Veit und Companion 1909, S. 266–272.

Pasch, Moritz, *Vorlesungen über neuere Geometrie*. Leipzig: B. G. Teubner 1882.

Peano, Guiseppe, *Arithmetices principia, nova methodo exposita*. Rom: Fratres Bocca 1889.

Peano, Guiseppe, *Formulaire de Mathematique*. Paris: G. Carré; C. Naud 1901.

Pieri, Mario, „I principiidella di posizione in sistema logico deduttivo." In: *Memorie della reale Accademia delle Scienze di Torino*. 2. Serie, Bd. 48, Torino: Carlo Clausen 1899, S. 1–62.

Poincaré, Henri, *Science et Méthode*. Paris: Ernest Flammarion 1920.

Poincaré, Henri, *Wissenschaft und Methode*. Leipzig/Berlin: B. G. Teubner 1914.

Poincaré, Henri, *Wissenschaft und Hypothese*. 2. Aufl., Leipzig: B. G. Teubner 1906.

Popper, Karl, *Logik der Forschung*. Wien: Springer 1935.

Prantl, Carl, *Geschichte der Logik im Abendlande*. Bd. 1, Berlin: Akademie-Verlag 1855/1955.

Proclus Diadochus, *Kommentar zum ersten Buch von Euklids „Elementen"*. hrsg. von L. Schönberger, Halle a. S.: Deutsche Akademie der Naturforscher 1945.

Proclus Diadochus, *In primum Euclidis Elementorum Librum Commentarii*.

hrsg. von G. Friedlein, Leipzig: B. G. Teubner 1873.

Riemann, Bernhard, „Ueber die Hypothesen, welche der Geometrie zu Grunde liegen." In: *Abhandlungen der Königlichen Gesellschaft der Wissenschaften zu Göttingen.* Bd. 13, 1868, S. 133–150.

[Russell, *Mathematical Logic*] Russell, Bertrand, „Mathematical Logic as based on the Theory of Types." In: *American Journal of Mathematics.* Bd. 30, Nr. 3, 1908, S. 222–262.

[Russell, *Principia 1. Aufl.*] Russell, Bertrand; Whitehead, Alfred North, *Principia Mathematica.* Cambridge: Cambridge University Press 1910.

[Russell, *Principia 2. Aufl.*] Russell, Bertrand; Whitehead, Alfred North, *Principia Mathematica.* Cambridge: Cambridge University Press 1925-1927.

[Russell, *Introduction*] Russell, Bertrand, *Introduction to mathematical Philosophy.* London: George Allen & Unwin, Ltd. 1919.

Saccheri, Giovanni Girolamo, *Euclides ab omni nævo vindicatus: sive conatus geometricus quo stabiliuntur prima ipsa universæ gometriæ principia.* Mailand: Montani 1733.

Schiller, Ferdinand Canning Scott, *Studies in Humanism.* London/New York: Macmillan and Co. 1907.

Schopenhauer, Arthur, *Züricher Ausgabe. Werke in zehn Bänden.* hrsg. von A. Hübscher, Zürich: Diogenes 1977 [Text folgt der histor.-krit. Ausg. von A. Hübscher, 3. Aufl., Wiesbaden: Brockhaus 1972].

Schröder, Ernst, „Die sieben algebraischen Operationen." In: *Lehrbuch der Arithmetik und Algebra für Lehrer und Studirende.* Bd. 1, Leipzig: B. G. Teubner 1873.

Schröder, Ernst, *Vorlesungen über die Algebra der Logik.* 3 Bde., Leipzig: B. G. Teubner 1890–1905.

Schrödinger, Erwin, „Grundlinien einer Theorie der Farbenmetrik im Tagessehen." In: *Annalen der Physik.* 4. Folge, Bd. 63, Nr. 21 1920, S. 397–456 & Nr. 22 1920, S. 481–520.

Sheffer, Henry Maurice, „A set of five independent postulates for Boolean algebras, with application to logical constants." In: *Transactions of the American Mathematical Society.* Nr. 14, 1913, S. 481–488.

Sigwart, Christoph, *Logik.* 5. Aufl., 2 Bde, Tübingen: J. C. B. Mohr 1924.

Spinoza, Baruch de, „Ethica Ordine Geometrico Demonstrata." In: *Spinoza Opera.* hrsg. von Konrad Blumenstock, Bd. 2, Darmstadt: Wissenschaftliche Buchgesellschaft 1989, S. 84–557.

Ueberweg, Friedrich, *Grundriss der Geschichte der Philosophie.* 4. Teil, Berlin: E. S. Mittler & Sohn 1923.

[Ueberweg, *System der Logik*] Ueberweg, Friedrich, *System der Logik und Geschichte der logischen Lehren*. Bonn: A. Marcus 1882.

Voss, Aurel, *Über das Wesen der Mathematik*. Leipzig/Berlin: B. G. Teubner 1908.

Waismann, Friedrich, „Logische Analyse des Wahrscheinlichkeitsbegriffs." In: *Erkenntnis*. Bd. 1, 1930/1931, S. 228–248.

Weber, Heinrich; Wellstein, Josef [Hrsg.], *Encyclopädie der Elementar-Mathematik. Ein Handbuch für Lehrer und Studierende, in drei Bänden*. Bd. 2: *Elemente der Geometrie*, Leipzig: B. G. Teubner 1905.

[Wittgenstein, *Tractatus*] Wittgenstein, Ludwig, *Tractatus logico-philosophicus*. London: Routledge and Kegan Paul 1922.

Wundt, Wilhelm, *Logik*. 2 Bde, Stuttgart: Ferdinand Enke 1893–1895.

[Ziehen, *Lehrbuch der Logik*] Ziehen, Theodor, *Lehrbuch der Logik auf positivistischer Grundlage mit Berücksichtigung der Geschichte der Logik*. Bonn: A. Marcus/E. Webers 1920.

Vom Herausgeber zitierte Literatur[1]

Adamson, Robert, *A short History of Logic*. Edinburgh/London: William Blackwood and Sons 1911.

Archimedes, *Opera Omnia*. hrsg. von I. L. Heiberg, Leipzig: B. G. Teubner 1880.

Aristoteles, *Werke in deutscher Übersetzung*. Begründet von E. Grumach, hrsg. von H. Flashar, Berlin: Akademie-Verlag 1956.

Aristoteles, *Metaphysik*. Übersetzung von Adolf Lasson, Jena: Eugen Diederichs 1907.

Aristoteles, *Erste Analytiken oder Lehre vom Schluss*. Übersetzung von J. H. v. Kirchmann, Leipzig: Dürr 1877.

Aristoteles, *Kategorien oder Lehre von den Grundbegriffen: Hermeneutica oder Lehre vom Urtheil; (des Organon 1. u. 2. Teil)*. Übersetzung von J. H. v. Kirchmann, Leipzig: Dürr 1876.

Augustinus, Aurelius, *S. Aurelii Augustini Confessiones*. London: J. H. Parker, J. G. Rivington und F. Rivington 1838.

---

1 Bereits im Verzeichnis der von Schlick zitierten Literatur aufgeführte Titel sind hier nicht berücksichtigt.

Avenarius, Richard, *Der menschliche Weltbegriff.* 2. Aufl., Leipzig: O. R. Reisland 1905.

Avenarius, Richard, *Kritik der reinen Erfahrung.* 2. Aufl., 2 Bde., Leipzig: O. R. Reisland 1908

Awodey, Steve; Carus, A. W., „The Turning Point and the Revolution – Philosophy of Mathematics in Logical Empiricism from *Tractatus* to *Logical Syntax.*" In: *The Cambridge Companion to Logical Empirism.* hrsg. von Alan Richardson und Thomas Uebel, Cambridge: Cambridge University Press 2007, S. 165–192.

Baader, Franz, *Schriften und Aufsätze.* Bd. 1, Münster: Theissing 1831.

Bacon, Frances, *Novum Organum.* hrsg. von Joseph Devey, New York: P. F. Collier & Son 1902.

Baker, Gordon [Hrsg.], *The Voices of Wittgenstein: The Vienna Circle. Ludwig Wittgenstein and Friedrich Waismann.* Übersetzung von Gordon Baker, Michael Mackert, John Connolly und Vasilis Politis, London/New York: Routledge 2003.

Bayes, Thomas; Price, Richard, „An Essay towards solving a Problem in the Doctrine of Chances." In: *Philosophical Transactions of the Royal Society of London.* Nr. 53, 1763, S 370–418.

Behmann, Heinrich, *Mathematik und Logik.* Leipzig/Berlin: B. G. Teubner 1927.

Beltrami, Eugenio, „Sulla Teoria delle Linee Geodetiche." In: *Opere Matematiche di Eugenio Beltrami.* Bd. 1, Milano: Ulrico Hoepli 1902, S. 366–373.

Bergson, Henri, *Einführung in die Metaphysik.* Jena: Eugen Diederichs 1916.

Bergson, Henri, *Zeit und Freiheit.* Jena: Eugen Diederichs 1920.

Bergson, Henri, *Die seelische Energie – Aufsätze und Vorträge.* Jena: Eugen Diederichs 1928.

Berkeley, George, „A Treatise concerning the Principles of Human Knowledge." In: *The Works of George Berkeley.* Bd. 1, Oxford: Clarendon Press 1901.

Bonola, Roberto, *Die nichteuklidische Geometrie. Historisch-kritische Darstellung ihrer Entwicklung.* Leipzig/Berlin: B. G. Teubner 1908.

Bolzano, Bernard, *Paradoxien des Unendlichen.* Leipzig: Reclam 1851.

Bolzano, Bernard, *Wissenschaftslehre*, 4 Bde. in je drei Teilbde., hrsg. von Jan Berg, Stuttgart/Bad Cannstatt: Frommann 1985–2000 (= Bernard Bolzano Gesamtausgabe, hrsg. von Eduard Winter, Jan Berg, Friedrich

Kambartel, Jaromír Loužil, Bob van Rootselaar, Bd. 11–14).

Brentano, Franz, *Psychologie vom empirischen Standpunkte.* Bd. 1, Leipzig: Felix Meiner 1924.

Brouwer, L. E. J., „Intuitionistische Mengenlehre." In: *Jahresbericht der Deutschen Mathematiker-Vereinigung.* Bd. 28, 1919, S. 203–208.

Brouwer, L. E. J., „Intuitionistische Zerlegung mathematischer Grundbegriffe." In: *Jahresbericht der Deutschen Mathematiker-Vereinigung.* Nr. 33, 1925, S. 251–256.

Brouwer, L. E. J., *Over de grondslagen der wiskunde.* Amsterdam/Leipzig: Maas & Van Suchtelen 1907.

Brouwer, L. E. J., „Über die Bedeutung des Satzes vom ausgeschlossenen Dritten in der Mathematik, insbesondere in der Funktionentheorie." In: *Journal für die reine und angewandte Mathematik.* Nr. 154, 1924, S. 1–7.

Bruhns, K. [Hrsg.], *Briefe zwischen A. v. Humboldt und Gauss.* Zum hundertjährigen Geburtstage von Gauss am 30. April 1877, Leipzig: Wilhelm Engelmann 1877.

Busse, Adolf [Hrsg.], *Eliae in Porphyrii isagogen et Aristotelis categorias commentaria.* Berolini: Georg Reimer 1900 [Commentaria in Aristotelem Graeca, Vol. 18,1].

Cantor, Georg, „Über unendliche, lineare Punktmannigfaltigkeiten." 2. Teil, In: *Mathematische Annalen.* 17, Leipzig: B. G. Teubner 1883.

Cantor, Georg, „Beiträge zur Begründung der transfiniten Mengenlehre." In: *Mathematische Annalen.* Bd. 46, Nr. 4, Berlin/Heidelberg: Springer 1895, S. 481–512.

Cantor, Georg; Dedekind, Richard, *Gesammelte Abhandlungen mathematischen und philosophischen Inhalts.* hrsg. von Ernst Zermelo, Berlin: Springer 1932.

Carnap, Rudolf, *Abriss der Logistik: mit besonderer Berücksichtigung der Relationstheorie und ihrer Anwendungen.* Wien: Springer 1929.

Carnap, Rudolf, „Die physikalische Sprache als Universalsprache der Wissenschaft." In: *Erkenntnis.* Bd. 2, 1931/32, S. 432–465.

[Carnap, *Überwindung der Metaphysik*] Carnap, Rudolf, „Überwindung der Metaphysik durch logische Analyse der Sprache." In: *Erkenntnis.* Bd. 2, 1931/32, S. 219–241.

Cohen, Paul J., *Set Theory and the Continuum Hypothesis.* Mineola, New York: Dover Publications 2008.

Cohn, Jonas, *Voraussetzungen und Ziele des Erkennens. Untersuchungen über die Grundfragen der Logik*. Leipzig: Wilhelm Engelmann 1908.

Comte, Auguste, *Cours de philosophie positive*. Bd. 2, Paris: Bachelier, Imprimeur-Libraire 1835.

Comte, Auguste, *Rede über den Positivismus*. Hamburg: Felix Meiner 1994.

Comte, Auguste, *System of positive Polity*. Bd. 4, London: Longman 1877.

Couturat, Louis, *Die philosophischen Prinzipien der Mathematik*. übersetzt von Carl Siegel, Leipzig: Alfred Kröner 1908.

Couturat, Louis, *De l'infini mathématique*. Paris: Félix Alcan 1896.

Couturat, Louis, *La logique de Leibniz*. Paris: Félix Alcan 1901.

Couturat, Louis, „La philosophie des mathématiques de Kant." In: ders., *Les principes des mathématiques*. Mit einem Anhang über die Philosophie der Mathematik bei Kant, Paris: Félix Alcan 1905, S. 235–308.

Dedekind, Richard, *Was sind und was sollen die Zahlen?*. 2. Aufl., Braunschweig: Friedrich Vieweg und Sohn 1893.

Descartes, René, „Discours de la Méthode." In: *Oevres de Descartes*. hrsg. von Ch. Adam und P. Tannery, Vol. VI, Paris: 1996.

Einstein, Albert, „Die Grundlage der allgemeinen Relativitätstheorie." In: *Annalen der Physik*. Nr. 49, 1916, S. 769–822.

Einstein, Albert, „Lichtgeschwindigkeit und Statik des Gravitationsfeldes." In: *Annalen der Physik*. Bd. 387, 1912, S. 355–369.

Einstein, Albert, „Über Geometrie und Erfahrung." In: *Sitzungsberichte der Preussischen Akademie der Wissenschaften*. Berlin: Verlag der Akademie der Wissenschaften 1921, S. 123–130.

Eisenlohr, August, *Ein mathematisches Handbuch der alten Aegypter*. Papyrus Rhind des British Museum, Leipzig: J. C. Hinrichs' Buchhandlung 1877.

Eisler, Rudolf, *Wörterbuch der philosophischen Begriffe*. 2 Bde., 2. Aufl., Berlin: Ernst Siegfried Mittler und Sohn 1904.

Engel, Friedrich; Stäckel, Paul [Hrsg.], *Die Theorie der Parallellinien von Euklid bis auf Gauss*. Leipzig: B. G. Teubner 1895.

Enriques, Federigo, *Probleme der Wissenschaft*. 2 Bde., übersetzt von Kurt Grelling, Leipzig/Berlin: B. G. Teubner 1910.

Erdmann, Benno, *Die Axiome der Geometrie. Eine philosophische Untersuchung der Riemann-Helmholtz'schen Raumtheorie*. Leipzig: Leopold Voss 1877.

Erdmann, Benno, *Logik – Logische Elementarlehre*. 3. Aufl., Berlin/Leipzig: Walter de Gruyter & Co. 1923.

Erdmann, Benno, *Logische Elementarlehre*. Halle a. S: Max Niemeyer 1892.

Euklid, „Elemente." hrsg. von C. Thaer, *Ostwalds Klassiker der exakten Wissenschaften*, Bd. 235, Frankfurt am Main: Harry Deutsch 2003.

Euklid, *Opera Omnia*. hrsg. von I. L. Heiberg, Leipzig: B. G. Teubner 1883.

Fölsing, Albrecht, *Galileo Galilei – Prozeß ohne Ende*. Reinbek bei Hamburg: Rowohlt 1996.

Fraenkel, Adolf Abraham Halevi, „Axiomatische Theorie der geordneten Mengen." In: *Journal für die reine und angewandte Mathematik*. Bd. 155, 1926, S. 129–158.

Fraenkel, Adolf Abraham Halevi, *Einleitung in die Mengenlehre*. Berlin: Springer 1919.

Fraenkel, Adolf Abraham Halevi, *Zehn Vorlesungen über die Grundlegung der Mengenlehre*. Leipzig: B. G. Teubner 1927.

Frege, Gottlob, *Begriffsschrift, eine der arithmetischen nachgebildete Formelsprache des reinen Denkens*. Halle a. S.: Louis Nebert 1879.

[Frege, *Grundlagen*]: Frege, Gottlob, *Grundlagen der Arithmetik – Eine logisch-mathematische Untersuchung über den Begriff der Zahl*. Breslau: W. Köbner 1884.

[Frege, *Grundgesetze*]: Frege, Gottlob, *Grundgesetze der Arithmetik*. Jena: Hermann Pohle Bd. 1 1893, Bd. 2 1903.

Frege, Gottlob, *Logical Investigations*. ins Englische übersetzt von P. T. Geach und R. H. Stoothoff, New Haven, Connecticut: Yale University Press 1977.

Frege, Gottlob, „Über Sinn und Bedeutung." In: *Zeitschrift für Philosophie und philosophische Kritik*. Bd. 100/1, 1892, S. 25–50.

Galilei, Galileo, *Il Saggiatore*. Bologna: Virginio Cesarini 1655.

Gauß, Carl Friedrich, *Theoria combinationis observationum erroribus minimis obnoxiae*. Göttingen: Henri Dieterich 1825.

Briefwechsel zwischen Gauß und Bessel. hrsg. auf Veranlassung der Königlich Preussischen Akademie der Wissenschaften, Leipzig: Wilhelm Engelmann 1880.

Genzten, Gerhard, „Die Widerspruchsfreiheit der reinen Zahlentheorie." In: *Mathematische Annalen*. Bd. 112, 1936, S. 493–565.

Gödel, Kurt, „Diskussion zur Grundlegung der Mathematik am Sonntag, dem 7. September 1930." In: *Erkenntnis*. Bd. 2, 1931/32, S. 135–151.

Gödel, Kurt, „The Consistency of the Axiom of Choice and of the generalized Continuum-Hypothesis with the Axioms of Set Theory." In: *Annals of Mathematics Studies.* Bd. 3, Princeton, New Jersey: Princeton University Press 1940.

Gödel, Kurt, „Über formal unentscheidbare Sätze der Principia Mathematica und verwandter Systeme." In: *Monatshefte für Mathematik und Physik.* Bd. 38, 1931, S. 173–198.

Goethe, Johann Wolfgang, „Faust – Erster Theil." In: *Goethes Werke.* 133 in 143 Bde., hrsg. im Auftrag der Großherzogin Sophie von Sachsen, Weimar: Böhlau 1887–1919 [= Weimarer Ausgabe WA I/14].

Goldbach, Christian, „Brief an Leonhard Euler vom 7. Juni 1742." In: *Correspondance mathématique et physique de quelques célébres géométres du XVIIIème siècle.* St. Petersburger Akademie der Wissenschaften 1834, S. 125–129.

Goldschmidt, Ludwig, *Die Wahrscheinlichkeitsrechnung. Versuch einer Kritik.* Hamburg/Leipzig: Leopold Voss 1897.

Gomperz, Theodor, *Griechische Denker – Eine Geschichte der antiken Philosophie.* 3 Bde., Leipzig: Veit & Comp. 1896–1909.

Hahn, Hans, „Die Krise der Anschauung." In: *Krise und Neuaufbau in den exakten Wissenschaften. Fünf Wiener Vorträge.* Wien: Deuticke 1933, S. 41–64.

Hankel, Hermann, *Vorlesungen über die Complexen Zahlen und ihre Funktionen.* 2 Bde., Leipzig: Leopold Voss 1867.

Hansen, Frank-Peter, *Geschichte der Logik des 19. Jahrhunderts: Eine kritische Einführung in die Anfänge der Erkenntnis- und Wissenschaftstheorie.* Würzburg: Königshausen & Neumann 2000.

Hartmann, Eduard von, *Eduard von Hartmanns ausgewählte Werke.* 13 Bde., Leipzig: Haacke 1885–1901.

Hartmann, Eduard von, *Philosophie des Unbewussten.* Bd. 2, 10. Aufl., Leipzig: Friedrich 1890.

Hegel, Georg Wilhelm Friedrich, *Enzyklopädie der philosophischen Wissenschaften im Grundrisse (1830) – Dritter Teil: Die Philosophie des Geistes mit mündlichen Zusätzen.* Frankfurt am Main: Suhrkamp 1986.

Hegel, Georg Wilhelm Friedrich, *Enzyklopädie der Philosophie Wissenschaften im Grundrisse (1827).* hrsg. von Wolfgang Bonsiepen und Hans-Christian Lucas, Hamburg: Felix Meiner 1989.

Hegel, Georg Wilhelm Friedrich, „Enzyklopädie der philosophischen Wissenschaften im Grundrisse." In: *Hegel. Gesammelte Werke.* Bd 13, hrsg. von der Rheinisch-Westfälischen Akademie der Wissenschaft, Hamburg: Felix Meiner 2000.

Hegel, Georg Wilhelm Friedrich, „Wissenschaft der Logik – Erster Band: Die objektive Logik." In: *Hegel. Gesammelte Werke.* Bd 11, hrsg. von der Rheinisch-Westfälischen Akademie der Wissenschaft, Hamburg: Felix Meiner 1978.

Hegel, Georg Wilhelm Friedrich, *Vorlesungen über die Geschichte der Philosophie 1.* 2. Aufl., Frankfurt am Main: Suhrkamp 1993.

Heidegger, Martin, *Was ist Metaphysik?.* Bonn: Friedrich Cohen 1931.

Helmholtz, Hermann, „Ueber den Ursprung und Sinn der geometrischen Sätze; Antwort gegen Herrn Professor Land." In: *Wissenschaftliche Abhandlungen.* Bd. 2, Leipzig: Barth 1883.

[Helmholtz, *Ursprung und Bedeutung der geometrischen Axiome*] Helmholtz, Hermann von, „Über den Ursprung und die Bedeutung der geometrischen Axiome." In: *Vorträge und Reden.* 4. Aufl., Bd. 2, Braunschweig: Friedrich Vieweg und Sohn 1896, S. 1–31.

Helmholtz, Hermann, „Zählen und Messen, erkenntnistheoretisch betrachtet." In: *Philosophische Aufsätze. Eduard Zelle zum 50. Doctorjubiläum gewidmet.* Leipzig: Fues (R. Reisland) 1887, S. 17–52.

Henning, Björn, „Moritz Schlicks Weg zur Zweisprachentheorie – Psychologie zwischen Philosophie und Naturwissenschaft." In: *Die europäische Wissenschaftsphilosophie und das Wiener Erbe.* hrsg. von E. Nemeth und F. Stadler, Veröffentlichungen des Instituts Wiener Kreis 18, Wien: Springer 2013, S. 153–185.

Herodot, *Historien.* hrsg. von Josef Feix, Düsseldorf: Artemis Winkler/Patmos 2001.

Heymans, Gerard, *Gesetze und Elemente des wissenschaftlichen Denkens.* 2. Aufl., Leipzig: Johann Ambrosius Barth 1905.

Hilbert, David, „Axiomatisches Denken." In: *Mathematische Annalen.* 1918, Bd. 78, S. 405–415.

Hilbert, David, *Grundlagen der Geometrie,* Leipzig: B. G. Teubner 1903.

Hilbert, David, „Grundlegung der elementaren Zahlenlehre." In: *Mathematische Annalen.* 1931, Bd. 104, S. 485–494.

Hilbert, David; Bernays, Paul, *Grundlagen der Mathematik.* Berlin: Bd. 1 1934, Bd. 1 1939.

Hilbert, David; Ackermann, Wilhelm, *Grundzüge der theoretischen Logik.* Berlin: Springer 1928.

Hilbert, David, „Die logischen Grundlagen der Mathematik." In: *Mathematische Annalen.* Bd. 88, 1923, S. 151–165.

Hilbert, David, „Mathematische Probleme." In: *Nachrichten von der könig-*

lichen Gesellschaft der Wissenschaften zu Göttingen. Mathematisch-physikalische Klasse, 1900, Heft 3, S. 253–297.

Hilbert, David, „Neubegründung der Mathematik." In: *Abhandlungen aus dem mathematischen Seminar der Universität Hamburg.* 1922, Bd. 1, S. 157–177.

Hilbert, David, „Über den Zahlbegriff." In: *Jahresbericht der Deutschen Mathematiker-Vereinigung.* Bd. 8, 1900, S. 180–184.

Hilbert, David, „Über die vollen Invarianzsysteme." In: *Mathematische Annalen.* 1893, Bd. 43, S. 313–373

Hildebrand, Dietrich von, *Der Sinn philosophischen Fragens und Erkennens.* Bonn: Peter Hansen 1950.

Hippo, Augustinus, „Bekenntnisse." In: *Die Bekenntnisse des heiligen Augustinus.* übersetzt von Otto F. Lachmann, Leipzig: Reclam 1888.

Höfler, Alois, *Grundlehren der Logik und Psychologie.* Leipzig/Wien: Freytag/Tempsky 1906.

Husserl, Edmund, *Philosophie als strenge Wissenschaft.* Frankfurt am Main: Klostermann 1981.

[Husserl, *Prolegomena*] Husserl, Edmund, *Logische Untersuchungen, Erster Teil: Prolegomena zur reinen Logik.* 6. Aufl., unveränd. Nachdr. d. 2., umgearb. Aufl. 1913, Tübingen: Max Niemeyer 1980.

James, William, *Pragmatism.* London: Longmans, Green & Co. 1907.

James, William, *Der Pragmatismus.* Leipzig: Dr. Werner Klinkhardt 1908.

Kant, Immanuel, *Briefwechsel.* hrsg. von Otto Schöndörffer, 3. Aufl., Hamburg: Felix Meiner 1986.

[Kant, *KrV*] Kant, Immanuel, „Kritik der reinen Vernunft." In: *Kants gesammelte Schriften.* hrsg. von der Königlich Preußischen Akademie der Wissenschaften, 1. Abt., Bd. 3, Berlin: Georg Reimer 1911 und ebenda, Bd. 4, S. 1–252.

Kant, Immanuel, „Prolegomena zu einer jeden künftigen Metaphysik, die als Wissenschaft wird auftreten können." In: *Kants gesammelte Schriften.* hrsg. von der Königlich Preußischen Akademie der Wissenschaften, 1. Abt., Bd. 4, Berlin: Georg Reimer 1911, S. 253–383.

[Kant, *Anfangsgründe*] Kant, Immanuel, „Metaphysische Anfangsgründe der Naturwissenschaft." In: *Kants gesammelte Schriften.* hrsg. von der Königlich Preußischen Akademie der Wissenschaften, 1. Abt., Bd. 4, Berlin: Georg Reimer 1911, S. 465–565.

Keicher, Peter, „Untersuchungen zu Wittgensteins ‚Diktat für Schlick.'" In: *Arbeiten zu Wittgenstein.* hrsg. von Wilhelm Krüger und Alois Pichler,

Bergen: Working Papers from the Wittgenstein Archives at the University of Bergen, Nr. 15, 1998, S. 43–90.

Kirchhoff, Gustav; Bunsen, Robert, „Über zwei neue durch die Spectralanalyse aufgefundene Alkalimetalle, das Caesium und Rubidium." In: *Sitzungsberichte der kaiserl. Akademie der Wissensch. Mathematisch-naturwissenschaftl. Classe.* Bd. 43, Sitzung vom 10. Mai 1861.

Kirchhoff, Gustav, *Vorlesungen über mathematische Physik.* Leipzig: B. G. Teubner 1876.

Klein, Felix, *Nicht-Euklidische Geometrie.* Bd. 2, Leipzig: B. G. Teubner 1890.

Köhnke, Klaus Christian, *Entstehung und Aufstieg des Neukantianismus: Die deutsche Universitätsphilosophie zwischen Idealismus und Positivismus.* Frankfurt am Main: Suhrkamp 1986.

Koriako, Darius, „Kants Philosophie der Mathematik." In: *Kant-Forschungen.* Bd. 11, Hamburg: Felix Meiner 1999.

Kries, Johannes von, *Logik. Grundzüge einer kritischen und formalen Urteilslehre.* Tübingen: Mohr 1916.

Kronecker, Leopold, „Über den Zahlbegriff." In: *Journal für die reine und angewandte Mathematik.* Bd. 101, 1887, S. 337–355.

Kronecker, Leopold, „Über den Zahlbegriff." In: Ders., *Werke.* hrsg. auf Veranlassung der Königlich Preussischen Akademie der Wissenschaften von K. Hensel, Bd. 3, 1. Teilbd., Leipzig: B. G. Teubner 1899.

Laas, Ernst, *Idealismus und Positivismus.* Bd. 3, Berlin: Weidmannsche Buchhandlung 1884.

Lambert, Johann Heinrich, „Theorie der Parallellinien." In: *Leipziger Magazin für reine und angewandte Mathematik.* 1786, 2. Teil: S. 137–164, 3. Teil: S. 325–358, auch in: *Die Theorie der Parallellinien. Von Euklid bis auf Gauß, eine Urkundensammlung zur Vorgeschichte der Nichteuklidischen Geometrie.* In Gemeinschaft mit Friedrich Engel herausgegeben von Paul Stäckel, Leipzig: B. G. Teubner 1895, S. 152–208.

Lange, Ludwig, „Das Inertialsystem vor dem Forum der Naturforschung." In: *Philosophische Studien.* Bd. 20, 1902, S. 1–71.

Leibniz, Gottfried Wilhelm, „De Logica nova condenda." In: *Die Grundlagen des logischen Kalküls.* hrsg. von Franz Schupp, Hamburg: Felix Meiner 2000, S. 3–14.

Leibniz, Gottfried Wilhelm, *Die philosophischen Schriften.* Berlin: Weidmannsche Buchhandlung 1890.

Leibniz, Gottfried Wilhelm, *Die philosophischen Schriften.* 7 Bde, hrsg. von

C. I. Gerhardt, Berlin 1875–1890, repr. Hildesheim: Olms 1978.

Leibniz, Gottfried Wilhelm, *Leibnizens mathematischen Schriften.* hrsg. von Carl Immanuel Gerhardt, 7 Bde., Bd. 1: Berlin: A. Ascher & Comp., Bd. 2.–7. Halle: H. W. Schmidt 1849–1860.

Lewis, Clarence Irving; Langford, Copper Harold, *Symbolic Logic.* 2. Aufl., New York: Dover Publications, Inc. 1932/1959.

Lewis, Clarence Irving, *A Survey of Symbolic Logic.* Berkley: University of California Press 1918.

Lipschitz, Rudolf, „Untersuchung eines Problems der Variationsrechnung, in welchem das Problem der Mechanik enthalten ist." In: *Journal für reine und angewandte Mathematik.* Bd. 74, 1872, S. 116–149.

Lipschitz, Rudolf, „Untersuchungen in Betreff der ganzen homogenen Funktionen von n Differentialen." In: *Journal für reine und angewandte Mathematik.* Bd. 70, 1869, S. 71–102 und Bd. 72, 1870, S. 1–56.

Locke, John, *An Essay concerning Human Understanding.* Oxford: Clarendon Press 1975.

Lotze, Hermann, *Mikrokosmus. Ideen zur Naturgeschichte und Geschichte der Menschheit. Versuch einer Anthropologie.* Leipzig: S. Hirzel 1856–1864.

Łukasiewicz, Jan, „The Philosophical Remarks on Many-Valued Systems of Propositional Logic." In: *Jan Łukasiewicz – Selected Works.* hrsg. von Ludwig Borkowski, Amsterdam/London: North-Holland Publishing Company 1970.

Mach, Ernst, *Die Analyse der Empfindungen und das Verhältnis des Physischen zum Psychischen.* 9. Aufl., Jena: Gustav Fischer 1922.

Mach, Ernst, *Erkenntnis und Irrtum.* 4. Aufl., Leipzig: Johann Ambrosius Barth 1920.

Manning, Henry Parker, *Non-Euclidean Geometry.* Boston: Ginn & Company 1901.

Mauthner, Fritz, „Sprache und Logik." In: *Beiträge zu einer Kritik der Sprache.* Bd. 3, Hildesheim: Georg Olms 1967, S. 261–642.

Meinong, Alexius von, *Untersuchungen zur Gegenstandstheorie und Psychologie.* Leipzig: Johann Ambrosius Barth 1915.

Meinong, Alexius von, *Über Möglichkeit und Wahrscheinlichkeit.* Leipzig: Johann Ambrosius Barth 1904.

Menger, Karl, „Die neue Logik." In: *Krise und Neuaufbau in den exakten Wissenschaften. Fünf Wiener Vorträge.* Wien: Deuticke 1933, S. 93–122.

Menger, Karl, *Moral, Wille und Weltgestaltung: Grundlegung zur Logik der Sitten*. Frankfurt a. M.: Suhrkamp 1997.

[Mill, *Logic*] Mill, John Stuart, „A System of Logic. Ratiocinative and Inductive. Being A Connected View of the Principles of Evidence and the Methods of Scientific Investigation." In: *Collected Works of John Stuart Mill*. Bd. 7/8, Toronto: University of Toronto Press 2001.

Neumann, John von, „Eine Axiomatisierung der Mengenlehre." In: *Journal für die reine und angewandte Mathematik*. Bd. 154, 1925, S. 219–240.

[Newton, *Principia*] Newton, Isaac, *Principia Mathematica Philosophiae Naturalis*. London: S. Pepys 1686.

Newton, Isaac, *The Method of Fluxions and Infinite Series: With Its Application to the Geometry of Curve-lines*. London: Henry Woodfall / John Nourse 1736.

Nicod, Jean, „A Reduction in the number of the Primitive Propositions of Logic." In: *Proceedings of the Cambridge Philosophical Society*. Bd. 19, 1920, S. 32–41.

Olbers, Wilhelm, *Wilhelm Olbers, sein Leben und seine Werke*. hrsg. von C. Schilling, Berlin: Springer 1894.

Oppenheim, Lassa; Körner, Otto, „Fahrlässige Behandlung und fahrlässige Begutachtung von Ohrenkranken." In: *Zeitschrift für Ohrenheilkunde*, Bd. 35, 1899, S. 225–259.

[Ostwald, *Betrachtungen*] Ostwald, Wilhelm, „Betrachtungen zu Kants Metaphysischen Anfangsgründen der Naturwissenschaft." In: *Annalen der Naturphilosophie*. Bd. 1, 1. Heft, 1902, S. 50–61.

Ostwald, Wilhelm, „Das System der Wissenschaften." In: *Annalen der Naturphilosophie*. Bd. 8, Leipzig: Veit und Companion 1909, S. 266–272.

Pasch, Moritz, *Vorlesungen über neuere Geometrie*. Leipzig: B. G. Teubner 1882.

Peano, Guiseppe, *Arithmetices principia, nova methodo exposita*. Rom: Fratres Bocca 1889.

Peano, Guiseppe, *Formulaire de Mathematique*. Paris: G. Carré; C. Naud 1901.

Pieri, Mario, „I principiidella di posizione in sistema logico deduttivo." In: *Memorie della reale Accademia delle Scienze di Torino*. 2. Serie, Bd. 48, Torino: Carlo Clausen 1899, S. 1–62.

Planck, Max, „Dynamische und statistische Gesetzmäßigkeit." In: *Physikalische Rundblicke. Gesammelte Reden und Aufsätze*. Leipzig: S. Hirzel, 1922, S. 82–102.

Platon, „Euthydemos." In: *Werke*. Bd. 2, Griechischer Text von Alfred Croiset, Louis Bodin, Maurice Croiset und Louis Méridier, deutsche Übersetzung von Friedrich Schleiermacher, Darmstadt: WBG 1973.

Platon, „Kratylos." In: *Werke*. Bd. 3, Griechischer Text von Léon Robin und Louis Méridier, deutsche Übersetzung von Friedrich Schleiermacher, Darmstadt: WBG 1974.

Poincaré, Henri, *Science et Méthode*. Paris: Ernest Flammarion 1920.

Poincaré, Henri, *Wissenschaft und Methode*. Leipzig/Berlin: B. G. Teubner 1914.

Poincaré, Henri, *Wissenschaft und Hypothese*. 2. Aufl., Leipzig: B. G. Teubner 1906.

Popper, Karl, *Die beiden Grundprobleme der Erkenntnistheorie*. Tübingen: J. C. B. Mohr (Paul Siebeck) 1979.

Popper, Karl, *Logik der Forschung*. Wien: Springer 1935.

Prantl, Carl, *Geschichte der Logik im Abendlande*. Bd. 1, Berlin: Akademie-Verlag 1855/1955.

Proclus Diadochus, *Kommentar zum ersten Buch von Euklids „Elementen"*. hrsg. von L. Schönberger, Halle a. S.: Deutsche Akademie der Naturforscher 1945.

Proclus Diadochus, *In primum Euclidis Elementorum Librum Commentarii*. hrsg. von G. Friedlein, Leipzig: B. G. Teubner 1873.

Rehbein, Johann Heinrich Ernst, *Versuch einer neuen Grundlegung der Geometrie*. Göttingen: Johann Christian Dieterich 1795.

Reichenbach, Hans et al., „Diskussion über Wahrscheinlichkeit." In: *Erkenntnis*. Bd. 1, 1930/31, S. 260–285.

Reichenbach, Hans, „Die Kausalstruktur der Welt und der Unterschied zwischen Vergangenheit und Zukunft." In: *Sitzungsberichte, Bayrische Akademie der Wissenschaft*. Sitzung vom 7. November 1925, S. 133–175.

Reichenbach, Hans, „Die logischen Grundlagen des Wahrscheinlichkeitsbegriffs." In: *Erkenntnis*. Bd. 3, 1932/1933, S. 401–425.

Riehl, Alois, *Beiträge zur Logik*. 2. Aufl., Leipzig: O. R. Reisland 1912.

Riemann, Bernhard, „Ueber die Hypothesen, welche der Geometrie zu Grunde liegen." In: *Abhandlungen der Königlichen Gesellschaft der Wissenschaften zu Göttingen*. Bd. 13, 1868, S. 133–150.

[Russell, *Introduction*] Russell, Bertrand, *Introduction to mathematical Philosophy*. London: George Allen & Unwin, Ltd. 1919.

[Russell, *Mathematical Logic*] Russell, Bertrand, „Mathematical Logic as based on the Theory of Types." In: *American Journal of Mathematics*. Bd. 30, Nr. 3, 1908, S. 222–262.

Russell, Bertrand, *Philosophy of Logical Atomism*. London/New York: Routledge 2010.

[Russell, *Principia 1. Aufl.*] Russell, Bertrand; Whitehead, Alfred North, *Principia Mathematica*. Cambridge: Cambridge University Press 1910.

[Russell, *Principia 2. Aufl.*] Russell, Bertrand; Whitehead, Alfred North, *Principia Mathematica*. Cambridge: Cambridge University Press 1925-1927.

Saccheri, Girolamo, *Euclides ab omni nævo vindicatus: sive conatus geometricus quo stabiliuntur prima ipsa universæ gometriæ principia*. Mailand: Ex Typographia Pauli Antonii Montani 1733.

[Schelling, *Münchener Vorlesungen*] Drews, Arthur [Hrsg.], *Schellings Münchener Vorlesungen: Zur Geschichte der neueren Philosophie und Darstellung des philosophischen Empirismus*. Leipzig: Dürr'sche Buchhandlung 1902.

Schiller, Ferdinand Canning Scott, *Studies in Humanism*. London/New York: Macmillan and Co. 1907.

Schmidt, Franz; Stäckel, Paul [Hrsg.], *Briefwechsel zwischen Carl Friedrich Gauß und Wolfgang Bolyai*. Leipzig: B. G. Teubner 1899.

Schnerb, Robert, *Das Bürgerliche Zeitalter. Europa als Weltmacht (1815–1914)*. München: Kindler 1971.

Schopenhauer, Arthur, *Züricher Ausgabe. Werke in zehn Bänden*. hrsg. von A. Hübscher, Zürich: Diogenes 1977 [Text folgt der histor.-krit. Ausg. von A. Hübscher, 3. Aufl., Wiesbaden: Brockhaus 1972].

Schröder, Ernst, „Die sieben algebraischen Operationen." In: *Lehrbuch der Arithmetik und Algebra für Lehrer und Studirende*. Bd. 1, Leipzig: B. G. Teubner 1873.

Schröder, Ernst, *Vorlesungen über die Algebra der Logik*. 3 Bde., Leipzig: B. G. Teubner 1890–1905.

Schrödinger, Erwin, „Grundlinien einer Theorie der Farbenmetrik im Tagessehen." In: *Annalen der Physik*. 4. Folge, Bd. 63, 1920, Nr. 21: S. 397–456, Nr. 22: S. 481–520.

Schuppe, Wilhelm, *Erkenntnistheoretische Logik*. Bonn: Eduard Weber 1878.

Sheffer, Henry Maurice, „A set of five independent postulates for Boolean algebras, with application to logical constants." In: *Transactions of the*

American Mathematical Society. Nr. 14, 1913, S. 481–488.

Sigwart, Christoph, *Logik*. 5. Aufl., 2 Bde, Tübingen: J. C. B. Mohr 1924.

Spinoza, Baruch de, „Ethica Ordine Geometrico Demonstrata." In: *Spinoza Opera.* hrsg. von Konrad Blumenstock, Bd. 2, Darmstadt: Wissenschaftliche Buchgesellschaft 1989, S. 84–557.

Spinoza, Baruch de, „Ethik". In: *Werke.* 4. Aufl., Bd. 2, hrsg. von Konrad Blumenstock, Darmstadt: Wissenschaftliche Buchgesellschaft 1989.

Stadler, Friedrich, *Studien zum Wiener Kreis. Ursprung, Entwicklung und Wirkung des Logischen Empirismus im Kontext.* Frankfurt am Main: Suhrkamp 1997.

Stöltzner, Michael; Uebel, Thomas [Hrsg.], *Wiener Kreis.* Stuttgart: Reclam 1976.

Tapp, Christian [Hrsg.], *Kardinalitäten und Kardinäle. Wissenschaftshistorische Aufarbeitung der Korrespondenz zwischen Georg Cantor und katholischen Theologen seiner Zeit.* Wiesbaden/Stuttgart: Franz Steiner 2005.

Ueberweg, Friedrich, *Grundriss der Geschichte der Philosophie.* 4. Teil, Berlin: E. S. Mittler & Sohn 1923.

[Ueberweg, *System der Logik*] Ueberweg, Friedrich, *System der Logik und Geschichte der logischen Lehren.* Bonn: A. Marcus 1882.

Voss, Aurel, *Über das Wesen der Mathematik.* Leipzig/Berlin: B. G. Teubner 1908.

Waismann, Friedrich, „Logische Analyse des Wahrscheinlichkeitsbegriffs." In: *Erkenntnis.* Bd. 1, 1930/1931, S. 228–248.

Waismann, Friedrich, *Logik, Sprache, Philosophie.* Stuttgart: Reclam 1976.

Weber, Heinrich; Wellstein, Josef [Hrsg.], *Encyclopädie der Elementar-Mathematik. Ein Handbuch für Lehrer und Studierende, in drei Bänden.* Bd. 2: *Elemente der Geometrie,* Leipzig: B. G. Teubner 1905.

[Weber, *Kronecker*] Weber, Heinrich, „Leopold Kronecker". In: *Jahresbericht der Deutschen Mathematiker-Vereinigung.* Bd. 2, 1891–92, Berlin: Georg Reimer 1893, S. 5–31.

Weyl, Hermann, *Philosophie der Mathematik und Naturwissenschaft.* München: Oldenbourg 1926.

Wilson, Edwin; Lewis, Gilbert, „The Space-Time Manifold of Relativity. A Non-Euclidean Geometry of Mechanics and Electromagnetics." In: *Proceedings of the American Academy of Arts and Sciences.* Bd. 48, Nr. 11, 1912, S. 389–507.

[Wittgenstein, *Tractatus*] Wittgenstein, Ludwig, *Tractatus logico-philosophicus*. London: Routledge and Kegan Paul 1922.

Wittgenstein, Ludwig, *Wittgenstein und der Wiener Kreis: Gespräche*. (= Werkausgabe Bd. 3) aufgez. von Friedrich Waismann, aus dem Nachlass hrsg. von Brian McGuinness, Frankfurt am Main: Suhrkamp 1984.

Wundt, Wilhelm, *Logik*. 2 Bde, Stuttgart: Ferdinand Enke 1893–1895.

Wilhelm Wundt, *Psychologismus und Logizismus. Kleine Schriften*. Bd. 1, Leipzig: Engelmann 1910.

Zermelo, Ernst, „Untersuchungen über die Grundlagen der Mengenlehre." In: *Mathematische Annalen*. Bd. 65, 1908, S. 261–281.

[Ziehen, *Lehrbuch der Logik*] Ziehen, Theodor, *Lehrbuch der Logik auf positivistischer Grundlage mit Berücksichtigung der Geschichte der Logik*. Bonn: A. Marcus/E. Webers 1920.

Zilsel, Edgar *Das Anwendungsproblem. Ein philosophischer Versuch über das Gesetz der großen Zahlen und Induktion*. Leipzig: Johann Ambrosius Barth 1916.

Zitierte Bände der *Moritz Schlick Gesamtausgabe*

[*MSGA* I/1] *Moritz Schlick Gesamtausgabe*, Abt. I: Veröffentlichte Schriften, Bd. 1: *Allgemeine Erkenntnislehre*. Hrsg. und eingeleitet von Hans Jürgen Wendel und Fynn Ole Engler, Wien/New York: Springer 2009.

[*MSGA* I/3] *Moritz Schlick Gesamtausgabe*, Abt. I: Veröffentlichte Schriften, Bd. 3: *Lebensweisheit. Versuch einer Glückseligkeitslehre / Fragen der Ethik*. Hrsg. und eingeleitet von Mathias Iven, Wien/New York: Springer 2006.

[*MSGA* I/4] *Moritz Schlick Gesamtausgabe*, Abt. I: Veröffentlichte Schriften, Bd. 4: *Zürich – Berlin – Rostock. Aufsätze, Beiträge, Rezensionen 1907–1916*. Hrsg. und eingeleitet von Fynn Ole Engler, Wien/New York: Springer [in Vorbereitung].

[*MSGA* I/6] *Moritz Schlick Gesamtausgabe*, Abt. I: Veröffentlichte Schriften, Bd. 6: *Die Wiener Zeit. Aufsätze, Beiträge, Rezensionen 1926–1936*. Hrsg. und eingeleitet von Johannes Friedl und Heiner Rutte, Wien/New York: Springer 2008.

[*MSGA* II/1.1] *Moritz Schlick Gesamtausgabe*, Abt. II: Nachgelassene Schriften, Bd. 1.1: *Erkenntnistheoretische Schriften*. Hrsg. und eingeleitet von Jendrik Stelling, Wien/New York: Springer [in Vorbereitung].

[*MSGA* II/2.1] *Moritz Schlick Gesamtausgabe*, Abt. II: Nachgelassene Schriften, Bd. 1.1: *Erkenntnistheoretische Schriften*. Hrsg. und eingeleitet von Nicole Kutzner und Michael Pohl, Wien/New York: Springer [in Vorbereitung].

[*MSGA* II/5.1] *Moritz Schlick Gesamtausgabe*, Abt. II: Nachgelassene Schriften, Bd. 5.1: *Nietzsche und Schopenhauer (Vorlesungen)*. Hrsg. und eingeleitet von Mathias Iven, Wien/New York: Springer 2013.

Stücke aus dem Nachlass von Schlick[2]

„Grundzüge der Erkenntnistheorie und Logik", Inv.-Nr. 002, A. 3a.

„Die philosophischen Grundlagen der Mathematik", Inv.-Nr. 004, A. 5a.

„Logik", Inv.-Nr. 007, A. 11.

„Logik", Inv.-Nr. 010, A. 23.

„Philosophie der Mathematik", Inv.-Nr. 010, A. 25.

„Philosophie der Mathematik", Inv.-Nr. 015, A. 49.

„Membra Disiecta", Inv.-Nr. 015, A. 49–1.

„Membra Disiecta", Inv.-Nr. 015, A. 49–2.

„Membra Disiecta", Inv.-Nr. 015, A. 49–3.

„Membra Disiecta", Inv.-Nr. 015, A. 49–4.

„Membra Disiecta", Inv.-Nr. 021, A. 82.

„Notizhefte ", Inv.-Nr. 118, A. 193–198.

„Notizhefte ", Inv.-Nr. 148, A. 213–215.

„Membra Disiecta", Inv.-Nr. 021, A. 82.

„Membra Disiecta", Inv.-Nr. 028, B. 7.

„Membra Disiecta", Inv.-Nr. 038, B. 18a–d.

„Membra Disiecta", Inv.-Nr. 039, B. 19.

---

2 Die Nummerierung und Betitelung der hier aufgeführten Nachlassstücke (der Briefwechsel wird nicht gesondert ausgewiesen) basieren auf dem von Reinhard Fabian im Jahre 2007 für das *Wiener-Kreis-Archiv* (Noord-Hollands Archief, Haarlem/NL) erarbeiteten *Inventarverzeichnis des wissenschaftlichen Nachlasses von Moritz Schlick* (online abrufbar unter: www.moritz-schlick.de).

Moritz Schlick Bibliographie.
Zu Lebzeiten veröffentlichte Schriften[1]

(1904 *Reflexion des Lichtes*) *Über die Reflexion des Lichtes in einer in-homogenen Schicht. Inaugural-Dissertation zur Erlangung der Doktor-würde genehmigt von der Philosophischen Fakultät der Friedrich-Wilhelms-Universität zu Berlin.* Berlin: G. Schade 1904. 51 S.

(1907 *Anhang/Nicolai*) „Theoretischer Anhang" [zu: Nicolai, Georg Fried-rich, „Die Gestalt einer deformierten Manometermembran, experimen-tell bestimmt"], in: *Archiv für Anatomie und Physiologie / Physiolo-gische Abteilung* Heft I und II, 1907, S. 139/140.

(1908 *Lebensweisheit*) *Lebensweisheit. Versuch einer Glückseligkeitslehre.* München: Beck 1908. VI + 341 S.

(1909 *Ästhetik*) „Das Grundproblem der Ästhetik in entwicklungsge-schichtlicher Beleuchtung", in: *Archiv für die gesamte Psychologie* 14, 1909, S. 102–132.

(1910a *Begriffsbildung*) „Die Grenze der naturwissenschaftlichen und philosophischen Begriffsbildung", in: *Vierteljahrsschrift für wissen-schaftliche Philosophie und Soziologie* 34, 1910, S. 121–142.

(1910b *Wesen der Wahrheit*) „Das Wesen der Wahrheit nach der moder-nen Logik", in: *Vierteljahrsschrift für wissenschaftliche Philosophie und Soziologie* 34, 1910, S. 386–477.

(1911a *Rezension/Natorp*) [Rezension von:] Natorp, Paul, *Die logischen Grundlagen der exakten Wissenschaften*, Leipzig/Berlin: Teubner 1910. In: *Vierteljahrsschrift für wissenschaftliche Philosophie und Soziologie* 35, 1911, S. 254–260.

(1911b *Rezension/Voß*) [Rezension von:] Voß, Aurel, *Über das Wesen der Mathematik. Rede gehalten am 11. März 1908 in der öffentlichen Sit-zung der K. bayerischen Akademie der Wissenschaften. Erweitert und*

---

[1] Die Bibliographie reicht bis in das Jahr 1937, da die letzten für den Druck vorbereiteten Veröffentlichungen erst nach Schlicks Tod erschienen sind.

© Springer Fachmedien Wiesbaden GmbH, ein Teil von Springer Nature 2019
M. Lemke und A.-S. Naujoks (Hrsg.), *Moritz Schlick. Vorlesungen und Aufzeichnungen zur Logik und Philosophie der Mathematik*, Moritz Schlick. Gesamtausgabe, https://doi.org/10.1007/978-3-658-20658-1

mit Anmerkungen versehen, Leipzig/Berlin: Teubner 1908. In: *Viertel-jahrsschrift für wissenschaftliche Philosophie und Soziologie* 35, 1911, S. 260/261.

(1911c *Rezension/Goldschmidt*) [Rezension von:] Goldschmidt, Ludwig, *Zur Wiedererweckung Kantscher Lehre. Kritische Aufsätze*, Gotha: Perthes 1910. In: *Vierteljahrsschrift für wissenschaftliche Philosophie und Soziologie* 35, 1911, S. 261/262.

(1911d *Rezension/Bilharz*) [Rezension von:] Bilharz, Alfons, *Descartes, Hume und Kant. Eine kritische Studie zur Geschichte der Philosophie*, Wiesbaden: Bergmann 1910. In: *Vierteljahrsschrift für wissenschaftliche Philosophie und Soziologie* 35, 1911, S. 262/263.

(1911e *Rezension/Mannoury*) [Rezension von:] Mannoury, Gerrit, *Metho-dologisches und Philosophisches zur Elementar-Mathematik*, Haarlem: Visser 1909. In: *Vierteljahrsschrift für wissenschaftliche Philosophie und Soziologie* 35, 1911, S. 263–265.

(1911f *Rezension/Schröder*) [Rezension von:] Schröder, Ernst, *Abriß der Algebra der Logik*. Bearbeitet im Auftrag der Deutschen Mathematiker-Vereinigung von Dr. Eugen Müller. I. Teil: *Elementarlehre*, Leipzig/Ber-lin: Teubner 1909; II. Teil: *Aussagentheorie, Funktionen, Gleichungen und Ungleichungen*, ebd. 1910. In: *Vierteljahrsschrift für wissenschaft-liche Philosophie und Soziologie* 35, 1911, S. 265/266.

(1911g *Rezension/Enriques*) [Rezension von:] Enriques, Federigo, *Pro-bleme der Wissenschaft*. Übersetzt von Kurt Grelling, zwei Bände (mit durchgehender Paginierung). Bd. I: *Wirklichkeit und Logik*; Bd. II: *Die Grundbegriffe der Wissenschaft* (= *Wissenschaft und Hypothese*, Bd. 11,1 und 11,2), Leipzig/Berlin: Teubner 1910. In: *Vierteljahrsschrift für wissenschaftliche Philosophie und Soziologie* 35, 1911, S. 266–269.

(1911h *Rezension/Stöhr*) [Rezension von:] Stöhr, Adolf, *Lehrbuch der Logik in psychologisierender Darstellung*, Leipzig u. a.: Deuticke 1910. In: *Vierteljahrsschrift für wissenschaftliche Philosophie und Soziologie* 35, 1911, S. 269/270.

(1911i *Rezension/Haas*) [Rezension von:] Haas, Arthur E., *Die Entwick-lungsgeschichte des Satzes von der Erhaltung der Kraft*, Wien: Hölder 1909. In: *Vierteljahrsschrift für wissenschaftliche Philosophie und So-ziologie* 35, 1911, S. 270/271.

(1911j *Rezension/Eisler*) [Rezension von:] Eisler, Rudolf, *Grundlagen der Philosophie des Geisteslebens* (= *Philosophisch-soziologische Bücherei*, Bd. 6), Leipzig: Klinkhardt 1908. In: *Vierteljahrsschrift für wissenschaft-liche Philosophie und Soziologie* 35, 1911, S. 271/272.

(1911k *Rezension/Wundt*) [Rezension von:] Wundt, Wilhelm, *Die Prinzipien der mechanischen Naturlehre. Ein Kapitel aus einer Philosophie der Naturwissenschaften.* Zweite, umgearbeitete Auflage von *Die physikalischen Axiome und ihre Beziehung zum Kausalprinzip*, Stuttgart: Enke 1910. In: *Vierteljahrsschrift für wissenschaftliche Philosophie und Soziologie* 35, 1911, S. 439–441.

(1911l *Rezension/Boelitz*) [Rezension von:] Boelitz, Otto, *Die Lehre vom Zufall bei Emile Boutroux. Ein Beitrag zur Geschichte der neuesten französischen Philosophie* (= *Abhandlungen zur Philosophie und ihrer Geschichte*, Bd. 3), Leipzig: Quelle & Meyer 1907. In: *Vierteljahrsschrift für wissenschaftliche Philosophie und Soziologie* 35, 1911, S. 441.

(1911m *Rezension/Petersen*) [Rezension von:] Petersen, Julius, *Kausalität, Determinismus und Fatalismus*, München: Lehmann 1909. In: *Vierteljahrsschrift für wissenschaftliche Philosophie und Soziologie* 35, 1911, S. 442/443.

(1911n *Rezension/Stumpf*) [Rezension von:] Stumpf, Carl, *Philosophische Reden und Vorträge*, Leipzig: Barth 1910; ders., *Die Wiedergeburt der Philosophie. Rede zum Antritt des Rektorates der Königlichen Friedrich-Wilhelms-Universität in Berlin am 15. Oktober 1907*, ebd. 1908; ders., *Vom ethischen Skeptizismus. Rede, gehalten in der Aula der Berliner Universität am 3. August 1908*, ebd. 1909. In: *Vierteljahrsschrift für wissenschaftliche Philosophie und Soziologie* 35, 1911, S. 443/444.

(1912a *Rezension/Volkmann*) [Rezension von:] Volkmann, Paul, *Erkenntnistheoretische Grundzüge der Naturwissenschaften und ihre Beziehungen zum Geistesleben der Gegenwart* (= *Wissenschaft und Hypothese*, Bd. 9), Leipzig/Berlin: Teubner 1910. In: *Vierteljahrsschrift für wissenschaftliche Philosophie und Soziologie* 36, 1912, S. 293/294.

(1912b *Rezension/Volkmann*) [Rezension von:] Volkmann, Paul, *Die Eigenart der Natur und der Eigensinn des Monismus. Vortrag, gehalten in Kassel und in Königsberg i. Pr. im Herbst 1909*, Leipzig/Berlin: Teubner 1910. In: *Vierteljahrsschrift für wissenschaftliche Philosophie und Soziologie* 36, 1912, S. 294/295.

(1912c *Rezension/James*) [Rezension von:] James, William, *Psychologie.* Übersetzt von Dr. Marie Dürr, mit Anmerkungen von Prof. Dr. Ernst Dürr, Leipzig: Quelle & Meyer 1909. In: *Vierteljahrsschrift für wissenschaftliche Philosophie und Soziologie* 36, 1912, S. 295.

(1912d *Rezension/Kreibig*) [Rezension von:] Kreibig, Joseph Klemens, *Die intellektuellen Funktionen. Untersuchungen über Grenzfragen der*

Logik, Psychologie und Erkenntnistheorie, Wien: Hölder 1909. In: *Vierteljahrsschrift für wissenschaftliche Philosophie und Soziologie* 36, 1912, S. 296/297.

(1913a *Intuitive Erkenntnis*) „Gibt es intuitive Erkenntnis?", in: *Vierteljahrsschrift für wissenschaftliche Philosophie und Soziologie* 37, 1913, S. 472–488.

(1913b *Rezension/Rubner*) [Rezension von:] Rubner, Max, *Kraft und Stoff im Haushalte der Natur*, Leipzig: Akademische Verlagsgesellschaft 1909. In: *Vierteljahrsschrift für wissenschaftliche Philosophie und Soziologie* 37, 1913, S. 142/143.

(1913c *Rezension/Schneider*) [Rezension von:] Schneider, Karl Camillo, *Vorlesungen über Tierpsychologie*, Leipzig: Engelmann 1909. In: *Vierteljahrsschrift für wissenschaftliche Philosophie und Soziologie* 37, 1913, S. 143–145.

(1913d *Rezension/Frischeisen-Köhler*) [Rezension von:] Frischeisen-Köhler, Max, *Wissenschaft und Wirklichkeit* (= *Wissenschaft und Hypothese*, Bd. 15), Leipzig/Berlin: Teubner 1912. In: *Vierteljahrsschrift für wissenschaftliche Philosophie und Soziologie* 37, 1913, S. 145–148.

(1913e *Erklärung Lehrstühle*) [Mitunterzeichner der:] „Erklärung [gegen die Besetzung philosophischer Lehrstühle mit Vertretern der experimentellen Psychologie]", in: *Logos. Internationale Zeitschrift für Philosophie der Kultur* 4, 1913, S. 115/116; nochmals in: *Archiv für Geschichte der Philosophie* 26, 1913, S. 399/400 sowie in: *Archiv für systematische Philosophie* 19, 1913, S. 273/274 bzw. in: *Kant-Studien* 18, 1913, S. 306/307 und [mit Zusatz von Paul Barth] in: *Vierteljahrsschrift für wissenschaftliche Philosophie und Soziologie* 37, 1913, S. 341–343.

(1913f *Erklärung Lehrstühle Zusatz*) [Mitunterzeichner des:] „Zusatz" [zu 1913e], in: *Akademische Rundschau. Zeitschrift für das gesamte Hochschulwesen und die akademischen Berufsstände* 1912/1913, 2. Halbbd. (1. Jg., Heft 10, Juli 1913), S. 607; nochmals in: *Vierteljahrsschrift für wissenschaftliche Philosophie und Soziologie* 37, 1913, S. 499/500.

(1914a *Rezension/Lourié*) [Rezension von:] Lourié, Samuel, *Die Prinzipien der Wahrscheinlichkeitsrechnung. Eine logische Untersuchung des disjunktiven Urteils*, Tübingen: Mohr 1910. In: *Vierteljahrsschrift für wissenschaftliche Philosophie und Soziologie* 38, 1914, S. 276/277.

(1914b *Rezension/Lüdemann*) [Rezension von:] Lüdemann, Hermann, *Das Erkennen und die Werturteile*, Leipzig: Heinsius 1910. In: *Vierteljahrsschrift für wissenschaftliche Philosophie und Soziologie* 38, 1914, S. 277/278.

(1914c *Vaterland*) „Lieb Vaterland!", in: *Rostocker Anzeiger*, 34. Jg., Nr. 207, 5. September 1914.

(1914d *Erklärung Hochschullehrer*) [Mitunterzeichner der:] *Erklärung der Hochschullehrer des Deutschen Reiches*. Berlin: *Kaiser-Wilhelm-Dank. Verein der Soldatenfreunde*, 16. Oktober 1914.[2]

(1915a *Relativitätsprinzip*) „Die philosophische Bedeutung des Relativitätsprinzips", in: *Zeitschrift für Philosophie und philosophische Kritik* 159, 1915, S. 129–175.

(1915b *Rezension/Dingler*) [Rezension von:] Dingler, Hugo, *Die Grundlagen der Naturphilosophie*, Leipzig: Unesma 1913. In: *Vierteljahrsschrift für wissenschaftliche Philosophie und Soziologie* 39, 1915, S. 374–376.

(1916a *Idealität des Raumes*) „Idealität des Raumes, Introjektion und psychophysisches Problem", in: *Vierteljahrsschrift für wissenschaftliche Philosophie und Soziologie* 40, 1916, S. 230–254.

(1916b *Rezension/Becher*) [Rezension von:] Becher, Erich, *Weltgebäude, Weltgesetze, Weltentwicklung. Ein Bild der unbelebten Natur*, Berlin: Reimer 1915. In: *Vierteljahrsschrift für wissenschaftliche Philosophie und Soziologie* 40, 1916, S. 255–257.

(1916c *Rezension/Driesch*) [Rezension von:] Driesch, Hans, *Die Logik als Aufgabe. Eine Studie über die Beziehung zwischen Phänomenologie und Logik, zugleich eine Einleitung in die Ordnungslehre*, Tübingen: Mohr 1913. In: *Vierteljahrsschrift für wissenschaftliche Philosophie und Soziologie* 40, 1916, S. 257–259.

(1916d *Rezension/Raab*) [Rezension von:] Raab, Friedrich, *Die Philosophie von Richard Avenarius. Systematische Darstellung und immanente Kritik*, Leipzig: Meiner 1912. In: *Vierteljahrsschrift für wissenschaftliche Philosophie und Soziologie* 40, 1916, S. 259/260.

(1916e *Rezension/Lehmann*) [Rezension von:] Lehmann, Alfred, *Die Hauptgesetze des menschlichen Gefühlslebens*. Zweite, völlig umgearbeitete Auflage, Leipzig: Reisland 1914. In: *Vierteljahrsschrift für wissenschaftliche Philosophie und Soziologie* 40, 1916, S. 372–374.

(1916f *Rezension/Bechterew*) [Rezension von:] Bechterew, Wladimir von, *Objektive Psychologie oder Psychoreflexologie. Die Lehre von den As-*

---

[2] Zuerst (ohne Auflistung der Unterzeichner) in: *Berliner Akademische Nachrichten*, Nr. 3 (Wintersemester 1914/15), S. 34/35.

soziationsreflexen. Autorisierte Übersetzung aus dem Russischen, Leipzig/Berlin: Teubner 1913. In: *Vierteljahrsschrift für wissenschaftliche Philosophie und Soziologie* 40, 1916, S. 374–376.

(1916 g *Rezension/Burnet*) [Rezension von:] Burnet, John, *Die Anfänge der griechischen Philosophie.* Nach der zweiten englischen Auflage übersetzt von Else Schenkl. Leipzig/Berlin: Teubner 1913. In: *Vierteljahrsschrift für wissenschaftliche Philosophie und Soziologie* 40, 1916, S. 376/377.

(1916 h *Rezension/Herbertz*) [Rezension von:] Herbertz, Richard, *Prolegomena zu einer realistischen Logik*, Halle: Niemeyer 1916. In: *Vierteljahrsschrift für wissenschaftliche Philosophie und Soziologie* 40, 1916, S. 377–380.

(1916 i *Rezension/Kries*) [Rezension von:] Kries, Johannes von, *Logik: Grundzüge einer kritischen und formalen Urteilslehre*, Tübingen: Mohr 1916. In: *Vierteljahrsschrift für wissenschaftliche Philosophie und Soziologie* 40, 1916, S. 380–384.

(1916 j *Rezension/Cornelius*) [Rezension von:] Cornelius, Hans, *Transcendentale Systematik. Untersuchungen zur Begründung der Erkenntnistheorie*, München: Reinhardt 1916. In: *Vierteljahrsschrift für wissenschaftliche Philosophie und Soziologie* 40, 1916, S. 384–386.

(1917 a *Raum und Zeit*) „Raum und Zeit in der gegenwärtigen Physik. Zur Einführung in das Verständnis der allgemeinen Relativitätstheorie", in: *Die Naturwissenschaften* 5 (Heft 11 und 12), 1917, S. 161–167 und S. 177–186.

(1917 b *Raum und Zeit*) *Raum und Zeit in der gegenwärtigen Physik. Zur Einführung in das Verständnis der allgemeinen Relativitätstheorie.* Berlin: Springer 1917. IV + 63 S.

(1918 *Erkenntnislehre*) *Allgemeine Erkenntnislehre* (= *Naturwissenschaftliche Monographien und Lehrbücher*, Bd. 1). Berlin: Springer 1918. IX + 346 S.

(1919 a *Raum und Zeit*) *Raum und Zeit in der gegenwärtigen Physik. Zur Einführung in das Verständnis der Relativitäts- und Gravitationstheorie.* Zweite, stark vermehrte Auflage, Berlin: Springer 1919. VI + 86 S.

(1919 b *Erscheinung*) „Erscheinung und Wesen", in: *Kant-Studien* 23, 1919, S. 188–208.

(1919 c *Zeitgeist*) „Zeitgeist und Naturwissenschaft", in: *Frankfurter Zeitung*, Jg. 64, Nr. 649 (Erstes Morgenblatt), 2. September 1919, S. 1.

(1919d *Entgegnung*) „Entgegnung", in: *Frankfurter Zeitung*, Jg. 64, Nr. 680 (Erstes Morgenblatt), 13. September 1919, S. 1.

(1919e *Selbstanzeige*) [Selbstanzeige von:] Schlick, Moritz, *Raum und Zeit in der gegenwärtigen Physik. Zur Einführung in das Verständnis der allgemeinen Relativitäts- und Gravitationstheorie.* Zweite, stark vermehrte Auflage, Berlin: Springer 1919. In: *Die Naturwissenschaften* 7 (Heft 26), 1919, S. 463.

(1919f *Rezension/Kraus*) [Rezension von:] Kraus, Oskar, *Franz Brentano. Zur Kenntnis seines Lebens und seiner Lehre, mit Beiträgen von Carl Stumpf und Edmund Husserl*, München: Beck 1919. In: *Die Naturwissenschaften* 7 (Heft 26), 1919, S. 463/464.

(1920a *Raum und Zeit*) *Raum und Zeit in der gegenwärtigen Physik. Zur Einführung in das Verständnis der Relativitäts- und Gravitationstheorie.* Dritte, vermehrte und verbesserte Auflage, Berlin: Springer 1920. VI + 90 S.

(1920b *Space and Time*) *Space and Time in Contemporary Physics. An Introduction to the Theory of Relativity and Gravitation.* Rendered into English by Henry L. Brose, with an introduction by Frederick A. Lindemann, Oxford: Clarendon Press / New York: Oxford University Press 1920. X + 89 S. [englische Übersetzung von 1920a *Raum und Zeit*].

(1920c *Kausalprinzip*) „Naturphilosophische Betrachtungen über das Kausalprinzip", in: *Die Naturwissenschaften* 8 (Heft 24), 1920, S. 461–474.

(1920d *Einstein*) „Einsteins Relativitätstheorie", in: *Mosse Almanach 1921*, Berlin: Mosse 1920, S. 105–123.

(1920e *Bestätigung*) „Einsteins Relativitätstheorie und ihre letzte Bestätigung", in: *Elektrotechnische Umschau* 8, 1920, S. 6–8.

(1920f *Rezension/Kroner*) [Rezension von:] Kroner, Richard, *Das Problem der historischen Biologie* (= *Abhandlungen zur theoretischen Biologie*, Heft 2), Berlin: Bornträger 1919. In: *Die Naturwissenschaften* 8 (Heft 32), 1920, S. 636/637.

(1920g *Rezension/Driesch*) [Rezension von:] Driesch, Hans, *Der Begriff der organischen Form* (= *Abhandlungen zur theoretischen Biologie*, Heft 3), Berlin: Bornträger 1919. In: *Die Naturwissenschaften* 8 (Heft 32), 1920, S. 637.

(1920h *Ehrendoktor*) „Rostocker Ehrendoktoren. III. Albert Einstein", in: *Norddeutsche Zeitung. Landeszeitung für Mecklenburg, Lübeck und Holstein*, Nr. 8, 11. Januar 1920, 2. Beiblatt.

(1920 i *Kundgebung*) [Mitunterzeichner der:] „Kundgebung deutscher Hochschullehrer", in: *Frankfurter Zeitung*, Jg. 64, Nr. 406 (Erstes Morgenblatt), 5. Juni 1920, S. 1/2.[3]

(1921 a *Neue Physik*) „Kritizistische oder empiristische Deutung der neuen Physik? Bemerkungen zu Ernst Cassirers Buch ‚Zur Einsteinschen Relativitätstheorie‘", in: *Kant-Studien* 26, 1921, S. 96–111.

(1921 b *Vorrede/Helmholtz*) „Vorrede" [gemeinsam mit Paul Hertz], in: Helmholtz, Hermann von, *Schriften zur Erkenntnistheorie*. Herausgegeben und erläutert von Paul Hertz und Moritz Schlick, Berlin: Springer 1921, S. V–IX.

(1921 c *Erläuterungen/Helmholtz*) „Erläuterungen" [zu: Helmholtz, Hermann von, „Über den Ursprung und die Bedeutung der geometrischen Axiome" und ders., „Die Tatsachen in der Wahrnehmung"], in: Helmholtz, Hermann von, *Schriften zur Erkenntnistheorie*. Herausgegeben und erläutert von Paul Hertz und Moritz Schlick, Berlin: Springer 1921, S. 25–37 und S. 153–175.

(1921 d *Espacio y tiempo*) *Espacio y tiempo en la física actual. Introducción para facilitar la inteligencia de la teoría de la relatividad y de la gravitación.* Traducido de la tercera edición alemana por Manuel García Morente, con once apéndices explicativos, Madrid: Calpe 1921. 158 S. [spanische Übersetzung von 1920 a *Raum und Zeit*].

(1921 e *Rezension/Bloch*) [Rezension von:] Bloch, Werner, *Einführung in die Relativitätstheorie* (= *Aus Natur und Geisteswelt*, Bd. 618), Leipzig/Berlin: Teubner 1918. In: *Kant-Studien* 26, 1921, S. 174/175.

(1921 f *Rezension/Weyl*) [Rezension von:] Weyl, Hermann, *Raum, Zeit, Materie. Vorlesungen über allgemeine Relativitätstheorie*, Berlin: Springer 1918. In: *Kant-Studien* 26, 1921, S. 205–207.

(1921 g *Rezension/Dingler*) [Rezension von:] Dingler, Hugo, *Physik und Hypothese. Versuch einer induktiven Wissenschaftslehre nebst einer kritischen Analyse der Fundamente der Relativitätstheorie*, Berlin u. a.: Vereinigung wissenschaftlicher Verleger 1921. In: *Die Naturwissenschaften* 9 (Heft 39), 1921, S. 778/779.

---

[3] In gekürzter Fassung und ohne Schlicks Unterschrift zuvor u. d. T. „Für die demokratische Verfassung. Ein Aufruf der Hochschullehrer", in: *Vossische Zeitung*, Nr. 271, 30. Mai 1920, S. 1 sowie u. d. T. „Kundgebung deutscher Hochschullehrer für die republikanische Verfassung. Gegen die ‚unfruchtbare Ablehnung des neuen politischen Zustandes‘", in: *Berliner Tageblatt*, Nr. 250 (Ausgabe A Nr. 136), 30. Mai 1920, S. 1.

(1921h *Rezension/Gehrcke*) [Rezension von:] Gehrcke, Ernst, *Physik und Erkenntnistheorie* (= *Wissenschaft und Hypothese*, Bd. 22), Leipzig/ Berlin: Teubner 1921. In: *Die Naturwissenschaften* 9 (Heft 39), 1921, S. 779.

(1921i *Rezension/Einstein*) [Rezension von:] Einstein, Albert, *Geometrie und Erfahrung*, Berlin: Springer 1921. In: *Die Naturwissenschaften* 9 (Heft 22), 1921, S. 435/436.

(1922a *Raum und Zeit*) *Raum und Zeit in der gegenwärtigen Physik. Zur Einführung in das Verständnis der allgemeinen Relativitäts- und Gravitationstheorie.* Vierte, vermehrte und verbesserte Auflage, Berlin: Springer 1922. VI + 107 S.

(1922b *Helmholtz*) „Helmholtz als Erkenntnistheoretiker", in: *Helmholtz als Physiker, Physiologe und Philosoph. Drei Vorträge gehalten zur Feier seines 100. Geburtstags im Auftrage der Physikalischen, der Physiologischen und der Philosophischen Gesellschaft zu Berlin von E. Warburg, M. Rubner und M. Schlick.* Karlsruhe: Müllersche Hofbuchhandlung 1922, S. 29–39.

(1922c *Rezension/Aster*) [Rezension von:] Aster, Ernst von, *Geschichte der neueren Erkenntnistheorie (von Descartes bis Hegel)*, Berlin u. a.: Vereinigung wissenschaftlicher Verleger 1921. In: *Die Naturwissenschaften* 10 (Heft 39), 1922, S. 873.

(1922d *Rezension/Reichenbach*) [Rezension von:] Reichenbach, Hans, *Relativitätstheorie und Erkenntnis apriori*, Berlin: Springer 1920. In: *Die Naturwissenschaften* 10 (Heft 39), 1922, S. 873/874.

(1922e *Rezension/Jaspers*) [Rezension von:] Jaspers, Karl, *Psychologie der Weltanschauungen*, Berlin: Springer 1919. In: *Die Naturwissenschaften* 10 (Heft 39), 1922, S. 874.

(1923a *Relativitätstheorie*) „Die Relativitätstheorie in der Philosophie", in: Witting, Alexander (Hrsg.), *Verhandlungen der Gesellschaft Deutscher Naturforscher und Ärzte. 87. Versammlung zu Leipzig, Hundertjahrfeier vom 17. bis 24. September 1922.* Leipzig: Vogel 1923, S. 58–69.

(1923b *Rezension/Thirring*) [Rezension von:] Thirring, Hans, *Die Idee der Relativitätstheorie.* Zweite, durchgesehene und verbesserte Auflage, Berlin: Springer 1922. In: *Monatshefte für Mathematik und Physik* 33, 1923, S. 55.

(1923c *Rezension/Winternitz*) [Rezension von:] Winternitz, Josef, *Relativitätstheorie und Erkenntnislehre. Eine Untersuchung über die erkenntnistheoretischen Grundlagen der Einsteinschen Theorie und die Bedeutung ihrer Ergebnisse für die allgemeinen Probleme des Naturerken-*

nens (= *Wissenschaft und Hypothese*, Bd. 23), Leipzig/Berlin: Teubner 1923. In: *Monatshefte für Mathematik und Physik* 33, 1923, S. 55.

(1923 d *Relativitätstheorie und Philosophie*) „Relativitätstheorie und Philosophie", in: *Neue Freie Presse*, Nr. 21265 (Morgenblatt), 22. November 1923, S. 17/18.

(1923 e *Raum und Zeit, russisch*) „Время и пространство в современной фисике", in: *Теория относительности и ее философское истолкование*. Москва: Издание товарищества „Мир" 1923, S. 3–66 [russische Übersetzung von 1922 a *Raum und Zeit* von Pawel S. Juschkewitsch].

(1924 *Rezension/Planck*) [Rezension von:] Planck, Max, *Physikalische Rundblicke. Gesammelte Reden und Aufsätze*, Leipzig: Verlag von S. Hirzel 1922. In: *Deutsche Literaturzeitung* 45, 1924, Sp. 818–823.

(1925 a *Erkenntnislehre*) *Allgemeine Erkenntnislehre* (= *Naturwissenschaftliche Monographien und Lehrbücher*, Bd. 1). Zweite Auflage, Berlin: Springer 1925. X + 375 S.

(1925 b *Naturphilosophie*) „Naturphilosophie", in: Dessoir, Max (Hrsg.), *Lehrbuch der Philosophie*, Bd. 2: *Die Philosophie in ihren Einzelgebieten*. Berlin: Ullstein 1925, S. 393–492.

(1925 c *Rezension/Busco*) [Rezension von:] Busco, Pierre, *Les cosmogonies modernes et la théorie de la connaissance*, Paris: Alcan 1924. In: *Psychologische Forschung* 6, 1925, S. 417/418.

(1926 a *Erleben*) „Erleben, Erkennen, Metaphysik", in: *Kant-Studien* 31, 1926, S. 146–158.

(1926 b *E. Mach*) „Ernst Mach, der Philosoph", in: *Neue Freie Presse*, Nr. 22 177 (Morgenblatt), 12. Juni 1926, Chronikbeilage S. 11/12.

(1927 a *Popper-Lynkeus*) „Enthüllung des Popper-Lynkeus Denkmals", in: *Zeitschrift Allgemeine Nährpflicht* 10, 1927, Heft 40, S. 2.

(1927 b *Rezension/Russell*) [Rezension von:] Russell, Bertrand, *Die Probleme der Philosophie*. Autorisierte Übersetzung aus dem Englischen von Paul Hertz, Erlangen: Weltkreis-Verlag 1926. In: *Die Naturwissenschaften* 15 (Heft 30), 1927, S. 626.

(1927 c *Vorbemerkung/Money-Kyrle*) [Vorbemerkung zu: Money-Kyrle, Roger, „Belief and Representation"], in: *Symposion* 1, 1927, S. 315.

(1927 d *Sinn des Lebens*) „Vom Sinn des Lebens", in: *Symposion* 4, 1927, S. 331–354.

(1927 e *Sinn des Lebens*) *Vom Sinn des Lebens* (= *Sonderdrucke des Symposion*, Heft 6). Berlin-Schlachtensee: Weltkreis-Verlag 1927. 24 S. [inklusive Paginierung identisch mit 1927 d *Sinn des Lebens*].

(1928a *Rezension/Birkemeier*) [Rezension von:] Birkemeier, Wilhelm, *Über den Bildungswert der Mathematik* (= *Wissenschaft und Hypothese*, Bd. 25), Leipzig/Berlin: Teubner 1923. In: *Monatshefte für Mathematik und Physik* 35, 1928, S. 4 (der „Literaturberichte").

(1928b *W. Jerusalem*) „Wilhelm Jerusalm zum Gedächtnis", in: *Neue Freie Presse*, Nr. 22 935 (Morgenblatt), 22. Juli 1928, S. 27/28.

(1928c *Rezension/Frisch*) [Rezension von:] Frisch, Karl von, *Aus dem Leben der Bienen* (= *Verständliche Wissenschaft*, Bd. 1), Berlin: Springer 1927. In: *Die Naturwissenschaften* 16 (Heft 44), 1928, S. 824.

(1928d *Rezension/Goldschmidt*) [Rezension von:] Goldschmidt, Richard, *Die Lehre von der Vererbung* (= *Verständliche Wissenschaft*, Bd. 2), Berlin: Springer 1927, und ders., *Einführung in die Wissenschaft vom Leben oder „Ascaris"*, zwei Bände (= *Verständliche Wissenschaft*, Bd. 3, 1 und 3, 2), ebd. 1927. In: *Die Naturwissenschaften* 16 (Heft 44), 1928, S. 824.

(1929a *Erkenntnistheorie*) „Erkenntnistheorie und moderne Physik", in: *Scientia* 45, 1929, S. 307–316.

(1929b *Théorie de la connaissance*) „La théorie de la connaissance et la physique moderne", in: *Scientia* 45, 1929, Supplement, S. 116–123 [französische Übersetzung von 1929a *Erkenntnistheorie* von Marcel Thiers].

(1929c *Rezension/Reichenbach*) [Rezension von:] Reichenbach, Hans, *Philosophie der Raum-Zeit-Lehre*, Berlin: de Gruyter 1928. In: *Die Naturwissenschaften* 17 (Heft 27), 1929, S. 549.

(1929d *Rezension/Bridgman*) [Rezension von:] Bridgman, Percy W., *The Logic of Modern Physics*, New York: Macmillan 1927. In: *Die Naturwissenschaften* 17 (Heft 27), 1929, S. 549/550.

(1929e *Rezension/Carnap*) [Rezension von:] Carnap, Rudolf, *Der logische Aufbau der Welt*, Berlin-Schlachtensee: Weltkreis-Verlag 1928. In: *Die Naturwissenschaften* 17 (Heft 27), 1929, S. 550/551.

(1929f *Espace et le temps*) *Espace et le temps dans la physique contemporaine. Introduction à la théorie de la relativité et de la gravitation.* Traduit sur la quatrième édition allemande par M. Solovine, Paris: Gauthiers-Villars 1929. 94 S. [französische Übersetzung von 1922a *Raum und Zeit*].

(1930a *Ethik*) *Fragen der Ethik* (= *Schriften zur wissenschaftlichen Weltauffassung*, Bd. 4). Wien: Springer 1930. VI + 152 S.

(1930b *Wende*) „Die Wende der Philosophie", in: *Erkenntnis* I, 1930/31, S. 4–11.

(1930c *Rezension/Russell*) [Rezension von:] Russell, Bertrand, *Die Philosophie der Materie* (= *Wissenschaft und Hypothese*, Bd. 32), übersetzt von Kurt Grelling, Leipzig/Berlin: Teubner 1929. In: *Monatshefte für Mathematik und Physik* 37, 1930, S. 5/6 (der „Literaturberichte").

(1930d *Wende*) „Die Wende der Philosophie", in: *Der Volkslehrer*, Jg. 12, Nr. 26 vom 21. Dezember 1930, S. 335/336 (Beilage: *Die Schule des Proletariats*, Nr. 5) [Nachdruck von 1930b *Wende*].

(1930e *Relativité de l'espace*) „La relativité de l'espace", in: *Les Nouvelles littéraires, artistiques et scientifiques*, Nr. 415, 27. September 1930, S. 8 [Auszug aus dem 3. Kapitel von 1929f *Espace et le temps*, mit einer Vorbemerkung von Marcel Boll].

(1931a *Kausalität*) „Die Kausalität in der gegenwärtigen Physik", in: *Die Naturwissenschaften* 19 (Heft 7), 1931, S. 145–162.

(1931b *Future*) „The Future of Philosophy", in: Ryle, Gilbert (Ed.), *Proceedings of the Seventh International Congress of Philosophy, held at Oxford, England, September 1–6, 1930*. Oxford University Press / London: Milford 1931, S. 112–116.

(1931c *Rezension/Weinberg*) [Rezension von:] Weinberg, Siegfried, *Erkenntnistheorie. Eine Untersuchung ihrer Aufgabe und ihrer Problematik*, Berlin: Heymann 1930. In: *Erkenntnis* II, 1931, S. 466/467.

(1932a *Positivismus*) „Positivismus und Realismus", in: *Erkenntnis* III, 1932/33, S. 1–31.

(1932b *Future*) „The Future of Philosophy", in: *College of the Pacific Publications in Philosophy* 1, 1932, S. 45–62.

(1932c *Philosophy*) „A New Philosophy of Experience", in: *College of the Pacific Publications in Philosophy* 1, 1932, S. 107–122.

(1932d *Causality*) „Causality in Everyday Life and in Recent Science", in: *University of California Publications in Philosophy* 15, 1932, S. 99–125.

(1932e *Apriori*) „Gibt es ein materiales Apriori?", in: *Wissenschaftlicher Jahresbericht der Philosophischen Gesellschaft an der Universität zu Wien – Ortsgruppe Wien der Kant-Gesellschaft für das Vereinsjahr 1931/1932*. Wien: Verlag der Philosophischen Gesellschaft 1932, S. 55–65.

(1933 *Rezension/Bavink*) [Rezension von:] Bavink, Bernhard, *Ergebnisse und Probleme der Naturwissenschaften. Eine Einführung in die heutige Naturphilosophie*. Fünfte, neu bearbeitete und erweiterte Auflage, Leipzig: Verlag von S. Hirzel 1933. In: *Monatshefte für Mathematik und Physik* 40, 1933, S. 19.

(1934a *Fundament*) „Über das Fundament der Erkenntnis", in: *Erkennt-nis* IV, 1934, S. 79–99.

(1934b *Philosophie*) „Philosophie und Naturwissenschaft", in: *Erkenntnis* IV, 1934, S. 379–396.

(1934c *Les énoncés*) *Les énoncés scientifiques et la réalité du monde extérieur.* Traduction du Général Ernest Vouillemin, revue et mise à jour par l'auteur, introduction de Marcel Boll (= *Actualités scientifiques et industrielles*, vol. 152). Paris: Hermann 1934. 53 S. [französische Übersetzung von 1930b *Wende* und 1932a *Positivismus*].

(1935a *Ganzheit*) „Über den Begriff der Ganzheit", in: *Erkenntnis* V, 1935, S. 52–55.

(1935b *Facts*) „Facts and Propositions", in: *Analysis* 2, 1935, S. 65–70.

(1935c *Notions psychologiques*) „De la relation entre les notions psycho-logiques et les notions physiques", in: *Revue de Synthèse* 5, 1935 (Un-terreihe *Sciences de la Nature et Synthèse générale*, vol. 10), S. 5–26.

(1935d *Bemerkungen/Jordan*) „Ergänzende Bemerkungen über P. Jor-dans Versuch einer quantentheoretischen Deutung der Lebenserschei-nungen", in: *Erkenntnis* V, 1935, S. 181–183.

(1935e *Questions*) „Unanswerable Questions?", in: *The Philosopher* 13, 1935, S. 98–104.

(1935f *Geleitwort/Schächter*) „Geleitwort", in: Schächter, Josef, *Prolego-mena zu einer kritischen Grammatik* (= *Schriften zur wissenschaft-lichen Weltauffassung*, Bd. 10). Wien: Springer 1935, S. III–IV.

(1935g *Fondement*) *Sur le fondement de la connaissance.* Traduction du Général Ernest Vouillemin (= *Actualités scientifiques et industrielles*, vol. 289). Paris: Hermann 1935. 55 S. [französische Übersetzung von 1934a *Fundament* und 1935b *Facts* sowie – als Originalbeiträge – 1935h *Introduction* und 1935i *Constatations*].

(1935h *Introduction*) „Introduction", in: 1935g *Fondement*, S. 3–7.

(1935i *Constatations*) „Sur les ‚constatations'", in: 1935g *Fondement*, S. 44–54.

(1935j *Ganzheit*) „Über den Begriff der Ganzheit", in: *Wissenschaftlicher Jahresbericht der Philosophischen Gesellschaft an der Universität zu Wien – Ortsgruppe Wien der Kant-Gesellschaft für die Vereinsjahre 1933/1934 und 1934/1935.* Wien: Verlag der Philosophischen Gesell-schaft 1935, S. 23–37 [auch als Sonderabdruck mit eigener Paginierung (S. 3–17); weitgehend identisch mit 1936a *Ganzheit*].

(1936 a *Ganzheit*) „Über den Begriff der Ganzheit", in: *Actes du Huitième Congrès International de Philosophie à Prague*, 2–7 Septembre 1934. Prag: Orbis 1936, S. 85–99 [weitgehend identisch mit 1935 j *Ganzheit*].

(1936 b *Meaning*) „Meaning and Verification", in: *The Philosophical Review* 45, 1936, S. 339–369.

(1936 c *Naturgesetze*) „Sind die Naturgesetze Konventionen?", in: *Actes du Congrès International de Philosophie Scientifique, Sorbonne, Paris 1935*, fasc. 4: *Induction et probabilité* (= *Actualités scientifiques et industrielles*, vol. 391). Paris: Hermann 1936, S. 8–17.

(1936 d *Gesetz*) „Gesetz und Wahrscheinlichkeit", in: *Actes du Congrès International de Philosophie Scientifique, Sorbonne, Paris 1935*, fasc. 4: *Induction et probabilité* (= *Actualités scientifiques et industrielles*, vol. 391). Paris: Hermann 1936, S. 46–57.

(1936 e *Philosophie*) [„Philosophie en Natuurwetenschap"], in: *Synthese* 1 (Heft 3 und 4), 1936, S. 84–88 und S. 108–112 [niederländische Übersetzung – in Auszügen – von 1934 b *Philosophie*].

(1937 a *Quantentheorie*) „Quantentheorie und Erkennbarkeit der Natur", in: *Erkenntnis* VI, 1936, S. 317–326.

Aufbau und Editionsprinzipien der Moritz Schlick Gesamtausgabe

1. Grundsätzliches zur Edition

In der *Moritz Schlick Gesamtausgabe* werden die veröffentlichten und die nachgelassenen Schriften Moritz Schlicks unter Berücksichtigung von Exzerpten, Marginalien, Korrekturen, Streichungen und Anstreichungen in einer textkritischen Bearbeitung mit erläuternden Kommentierungen wiedergegeben.

Die Ausgabe informiert, soweit dies möglich ist, vermittels eines textkritischen Apparates über alle überlieferten autorisierten Fassungen eines von Schlick zu Lebzeiten veröffentlichten Textes und über alle Varianten eines nachgelassenen Textes.

Texte Schlicks, die erst nach seinem Tode gedruckt worden sind, gehen nur dann in die Ausgabe ein, wenn entsprechende von Schlick autorisierte Fassungen den Herausgebern vorgelegen haben.

Nachgelassene Texte Schlicks, die aufgrund bestimmter Passagen als Vorarbeiten von zu Lebzeiten Schlicks veröffentlichten Texten angesehen werden müssen, die aber von Schlick ursprünglich zu einem anderen Zweck angefertigt wurden, sind in den erläuternden Kommentaren angeführt. Ihre Bedeutung für den Entstehungsprozess eines veröffentlichten Textes wird ferner im editorischen Bericht dargelegt.

Im Falle von veröffentlichten fremdsprachigen Texten, zu denen sich eine oder mehrere deutschsprachige Vorlagen im Nachlass befinden, werden die fremdsprachigen Texte wiedergegeben und signifikante Unterschiede im textkritischen Apparat angeführt. Die deutschsprachigen Vorlagen werden in den entsprechenden Nachlassband aufgenommen.

Der Herausgebertext wird in allen Bänden hinsichtlich der verwendeten Rechtschreibung konsistent verfasst.

Nach Abschluss der Edition erscheint ein Registerband, in dem u. a. ein Gesamtpersonenverzeichnis abgedruckt ist, das über alle von Schlick angeführten Personen informiert.

677

© Springer Fachmedien Wiesbaden GmbH, ein Teil von Springer Nature 2019
M. Lemke und A.-S. Naujoks (Hrsg.), *Moritz Schlick. Vorlesungen und Aufzeichnungen zur Logik und Philosophie der Mathematik*, Moritz Schlick. Gesamtausgabe,
https://doi.org/10.1007/978-3-658-20658-1

Die *Moritz Schlick Gesamtausgabe* ist in vier Abteilungen gegliedert:

Abteilung I: Veröffentlichte Schriften
Abteilung II: Nachgelassene Schriften
Abteilung III: Briefe
Abteilung IV: Varia, Register

Die Abteilung I beinhaltet die von Schlick veröffentlichten Schriften, d. h. seine Monographien, Aufsätze, Beiträge und Rezensionen.

Die Abteilung II beinhaltet Schlicks nachgelassenen Schriften. Dazu zählen u. a. seine Vorlesungen und Vorlesungsnachschriften, Vorträge, Vorarbeiten zu Aufsätzen und Monographien. Die Abteilung II ist in folgende thematische Schwerpunkte untergliedert. Jeder Schwerpunkt umfasst in der Regel mehrere Bände:

1. Schriften zur Erkenntnistheorie und Logik
2. Schriften zur Naturphilosophie
3. Schriften zur Ethik und Pädagogik
4. Schriften zur Kulturphilosophie
5. Schriften zum Begriff und zur Geschichte der Philosophie

Die Abteilung III umfasst den Briefwechsel Schlicks. Die Abteilung IV beinhaltet Dokumente zur Biographie Schlicks sowie Register.

2.   Zur Edition der Schriften der Abteilung II

Allgemeines zur Struktur und Gestaltung der Bände

Struktur der Bände   In der Regel enthält jeder Band der Abteilung II der *Moritz Schlick Gesamtausgabe* eine Titelei, ein Inhaltsverzeichnis, ein Verzeichnis der Siglen, Abkürzungen, Zeichen und Indizes, eine Bandeinleitung, einen editorischen Bericht, den kritisch edierten Text Schlicks, ein Literaturverzeichnis, eine Bibliographie der zu Lebzeiten veröffentlichten Schriften Schlicks, die Editionsprinzipien sowie ein Personen- und ein Sachregister. Beinhaltet ein Band mehrere Texte Schlicks, so geht jedem Text in der Regel ein editorischer Bericht voran. Die Bandherausgeber entscheiden, ob dem jeweiligen Text ein Anhang beigefügt wird. Gleichfalls besteht die Möglichkeit, ein Glossar zu erstellen.

Gestaltung der Bände   Die Bände wurden so gestaltet, dass der Text Schlicks und der zugeordnete Apparat gemeinsam auf jeder Seite erscheinen, wobei sich der Apparat unter dem Text befindet. Der Apparat ist in einen textkritischen Apparat und einen darunter angeordneten Erläuterungsapparat gegliedert. Treten Fußnoten Schlicks auf, so stehen diese zwischen dem Text und dem Apparat.

Schriftarten und -grade Schlicks Text erscheint im Druckbild in derselben Serifenschrift wie seine Fußnoten und der textkritische Apparat. Der Haupttext ist in einer Schrift von elf Punkt gesetzt, die Fußnoten Schlicks und des textkritischen Apparates jeweils um zwei Punkte kleiner. Die erläuternden Kommentierungen werden in einer serifenlosen Schrift wiedergegeben. Der Schriftgrad beträgt zehn Punkt.

Beziehungen zwischen dem Text, den Fußnoten Schlicks und den Apparaten Dem Text Schlicks ist der textkritische Apparat über fortlaufende kleine lateinische Buchstaben zugeordnet. Schlicks Text und die erläuternden Kommentare der Herausgeber sind durch arabische Ziffern ohne Klammern miteinander verbunden. Schlicks Fußnoten wurden mit seinem Text durch fortlaufende arabische Ziffern mit Klammern in der Schriftart des Textes aufeinander bezogen.

Verzeichnisse und Querverweise Enthält ein Nachlassstück ein Inhaltsverzeichnis, so wird dies an derselben Stelle wie im Original abgedruckt, wobei die Seitenzahlen auf die jeweiligen Stellen in der *Moritz Schlick Gesamtausgabe* verweisen. Außerdem werden in diesem Fall nach Möglichkeit die beiden höchsten Gliederungsstufen des Textes in die Kolumnentitel aufgenommen. Bei Querverweisen Schlicks wird die von Schlick angegebene Seitenzahl belassen, eventuelle Seitenangaben aus Textvarianten werden im textkritischen Apparat angegeben.

Kopf- und Fußzeile In der Kopfzeile steht der Kolumnentitel links- und rechtsseitig außen. Auf den Textseiten Schlicks erscheint linksseitig der Titel des Nachlassstückes, rechtsseitig gegebenenfalls die beiden höchsten Gliederungsstufen des Textes. Für alle anderen Einheiten der Bände mit Ausnahme der Titelei gilt, dass links- und rechtsseitig die Einheitsüberschrift steht. Die jeweils erste Seite einer Einheit erscheint immer ohne Kolumnentitel. Die Fußzeile enthält links- und rechtsseitig außen die Seitenzählung.

Zeilenzählung Auf dem jeweils inneren Rand einer Textseite befindet sich eine Zeilenzählung. Diese beginnt auf jeder Seite neu. Überschriften werden mitgezählt, Leerzeilen nicht. Die Fußnoten Schlicks, der textkritische Apparat und der erläuternde Herausgebertext weisen keine Nummerierung der Zeilen auf. Eine Zeilenzählung entfällt ebenfalls bei allen Verzeichnissen, Registern und Anhängen, der Titelei, der Bandeinleitung und dem editorischen Bericht.

Seitenzählung und Seitenumbruch in Originalen Auf dem jeweils äußeren Rand einer Textseite erscheint die Originalpaginierung des Nachlassstückes. Ein senkrechter Strich im Textkörper auf gleicher Höhe bezeichnet den genauen Seitenumbruch im Original. Erfolgt ein Seitenumbruch in einer Textvariante, so wird dieser durch einen senkrechten Strich, gefolgt von der Angabe der Seitenzahl im Original, wiedergegeben. Bei mehreren Fassungen nachgelassener Texte ist vor der Seitenzahl eine Sigle gesetzt, welche die jeweilige Fassung kennzeichnet. Handelt es sich um unpaginierte Texte, so folgt die Angabe der Zählung der Herausgeber. Ist die Paginierung Schlicks fehlerhaft oder inkonsistent, so wird diese in der Marginalie durch eine Zählung der Herausgeber ergänzt. Seitenumbrüche in Fußnoten Schlicks bleiben unberücksichtigt.

Hervorhebungen Ein von Schlick hervorgehobener Text erscheint in Kursivschrift. Von einer einfachen Unterstreichung abweichende Hervorhebungen werden im textkritischen Apparat erläutert.

Anführungszeichen Bei Zitationen werden ab Satzlänge abweichend von der Schlickschen Notation generell die Anführungszeichen der zitierten Sprache verwendet. Für Anführungszeichen in Zitaten sind einfache Anführungszeichen gesetzt.

Überschriften In allen Bänden werden Überschriften zentriert gesetzt und typographisch vereinheitlicht.

Verteilung der Texte Die Texte der Abteilung II werden zunächst nach thematischen Gesichtspunkten zusammengefasst. Die Anordnung der Texte innerhalb der einzelnen Bände erfolgt dabei in chronologischer Reihenfolge, soweit sich diese rekonstruieren lässt. Es gibt Texte, wie etwa Vorschriften für Vorlesungen, die Schlick im Laufe der Jahre regelmäßig überarbeitet hat, oder solche, bei denen Vor- und Naschriften zu verschiedenen Zeiten enstanden sind. In solchen Fällen richtet sich die Reihenfolge nach dem ältesten edierten Stück. Die Abhängigkeiten der für einen Text verwendeten Stücke werden im editorischen Bericht erläutert.

Bandtitel

Als Bandtitel für die Abteilung II wird einheitlich „Nachgelassene Schriften" festgelegt. Im Untertitel folgt eine nähere Beschreibung des Inhaltes (z. B. „Erkenntnistheoretische Schriften 1926–1936").

Bandeinleitung

Jedem Band ist in der Regel eine Einleitung der Herausgeber vorangestellt, in welcher über die thematischen Schwerpunkte der abgedruckten

Texte Schlicks und ihren unmittelbaren zeit- und wissenschaftsgeschicht-
lichen Kontext informiert wird. Die weitergehende Problem-, Rezeptions-
und Wirkungsgeschichte wird nicht behandelt, ebensowenig werden Hinweise auf die diesbezügliche Literatur angeführt. Bei Bänden, die mehrere
Texte Schlicks enthalten, ist darüber hinaus die Beziehung dieser Texte
zueinander erläutert.

Editorischer Bericht

Allen Texten ist jeweils ein editorischer Bericht vorangestellt, in dem über
die Textentstehung und -überlieferung berichtet wird, und der über die
editorischen Entscheidungen der Herausgeber informiert.

Entstehung   Dieser Abschnitt stellt die unmittelbaren wissenschaftlichen
und biographischen Kontexte dar, die für die Textgenese relevant sind. Die
Textentstehung und -entwicklung wird nach Möglichkeit unter Berücksichtigung aller überlieferten Fassungen eines Textes beschrieben und erläutert.
Ferner sind bei der Erläuterung des Entstehungszusammenhanges bereits
veröffentlichte und andere nachgelassene Texte Schlicks mit zu berücksichtigen.

Überlieferung   In diesem Teil des editorischen Berichts wird dargelegt, in
welcher Form (Textstruktur, Umfang, verwendete Schreibwerkzeuge etc.),
in welchem physischen Zustand (Format, Papierqualität, Einband etc.) und
unter welchen Überlieferungsumständen (Manuskripte, Typoskripte etc.)
der Text erhalten ist. Sofern der Text in mehreren Fassungen überliefert
ist, wird der Bericht erläutern, welche davon der Edition zugrunde gelegt
wurde und welche als Variante verstanden wird.

Editorische Entscheidungen   Der Bericht erläutert in diesem Teil die jeweiligen editorischen Entscheidungen (dazu zählen u. a. Umgang mit Abkürzungen, grammatikalischen Eigenheiten etc.) in bezug auf einen Text
und begründet diese.

Texte

Die kritische Bearbeitung und erläuternde Kommentierung der Texte geschieht vermittels dreier Apparate: dem textkritischen Apparat, dem Erläuterungsapparat, sowie durch den Blockapparat, falls erforderlich.

Textkritischer Apparat

Der textkritische Apparat teilt die überlieferten Fassungen eines Textes mit
und informiert über die Veränderungen im Text.

681

Textentwicklung Ist ein Text Schlicks in mehreren Fassungen überliefert, wird eine dieser varianten Fassungen zum edierten Text bestimmt. In der Regel ist dies die Fassung letzter Hand. Die Fassungen eines Textes sind durch Siglen ausgezeichnet.

In einigen Fällen die eine Fassung letzter Hand nicht genau zu bestimmen. Z. B. können die von Hörern angefertigten Nachschriften von Vorlesungen teilweise umfangreicher als die Vorschrift von Schlicks Hand sein, weil sie z. B. auch Tafelbilder enthalten. Andererseits sind die Nachschriften womöglich zu schlecht ausgearbeitet, um sie eigenständig zu edieren. Ein ähnlicher Befund ergibt sich, wo Schlick einzelne stichwortartige Notizen zu größeren Stücken zusammenfasste. In solchen Fällen kann das edierte Stück um Auszüge aus den Vorlagen ergänzt werden. Die Ergänzungen können, wenn sie weniger umfangreich sind, im erläuternden Apparat und bei größerem Umfang mit Hilfe des Blockapparats in den Haupttext eingeschoben werden. Der Zusammenhang der Ergänzung mit dem übrigen Text wird editorischen Bericht erläutert und zusätzlich im Apparat beschrieben.

Edierter Text und alle varianten Fassungen werden gleichwertig behandelt. Dies geschieht vermittels eines negativen Apparats, indem allein die vom edierten Text abweichenden Stellen in bezug auf die varianten Fassungen verzeichnet werden.

Handelt es sich bei einem Text um die deutschsprachige Vorlage für eine in Abteilung I als autorisierte Übersetzung erschienene Publikation, so werden in dem vollständig wiedergegebenen Nachlassstück nur die signifikanten Unterschiede zwischen dem nachgelassenen Text und der fremdsprachigen Publikation verzeichnet.

Textveränderungen Eingriffe der Herausgeber in den Text Schlicks werden auf ein Minimum beschränkt. Seine sprachlichen Eigentümlichkeiten sind unverändert übernommen, das gilt auch für die abgedruckten Nachschriften mündlicher Vorträge, die nicht aus Schlicks Hand stammen. Korrigiert und im textkritischen Apparat vermerkt werden lediglich eindeutige grammatikalische Fehler, falsch wiedergegebene Namen und Datumsangaben. Eine stillschweigende Korrektur erfolgt bei Tippfehlern. Von den Herausgebern eingefügten Satzzeichen stehen in eckigen Klammern. Abkürzungen Schlicks werden, insofern sie schwer verständlich oder heute ungebräulich sind, in eckigen Klammern ergänzend ausgeschrieben.

Offensichtliche Sofortkorrekturen Schlicks werden nicht textkritisch behandelt. Keine Eingriffe erfolgen bei zitierten Passagen anderer Autoren.

Erläuterungsapparat

Der Apparat liefert den Nachweis, die Ergänzung oder die Berichtigung der Zitate und der Literaturangaben Schlicks und gibt sachliche Erläuterungen.

Zitate   Die Zitate Schlicks werden überprüft. Gibt Schlick ein Zitat unvollständig oder fehlerhaft an, so wird in einer entsprechenden Erläuterungsfußnote das vollständige Zitat richtig wiedergeben. Bei indirekter Zitation Schlicks wird nach Möglichkeit der Entstehungszusammenhang dokumentiert. Liegt ein nicht belegtes Zitat vor, so verweist die zugeordnete Erläuterungsfußnote auf seine Quelle. Konnte ein Zitat von den Herausgebern nicht nachgewiesen werden, so steht in der entsprechenden erläuternden Fußnote: „Als Zitat nicht nachgewiesen".

Literaturangaben   Alle Literaturangaben Schlicks werden einer Überprüfung unterzogen. Nach Möglichkeit werden nicht eindeutige oder fehlerhafte Angaben vermittels der von Schlick angegebenen Literatur ergänzt oder berichtigt. Anderenfalls erfolgt die Vervollständigung oder Berichtigung der Literaturangaben Schlicks in der Regel durch gängige Referenzausgaben. In jedem Fall werden Klassikerzitate durch eine entsprechende Referenzausgabe nachgewiesen. Die vollständige bibliographische Angabe erfolgt im Verzeichnis der von Schlick angegebenen Literatur. Gibt Schlick ohne nähere Angaben den Hinweis auf eine Literatur, so wird diese ebenfalls im Verzeichnis der von Schlick angegebenen Literatur vollständig nachgewiesen.

Die Literaturangaben der Herausgeber können im Erläuterungsapparat bei wiederholtem Auftreten mittels Kurztitel erfolgen. Diese sind dann im Verzeichnis der Herausgeberliteratur aufgelöst.

Erläuternde Kommentare   Neben Begriffen werden Ereignisse erläutert, die in einem sachlichen Zusammenhang mit dem Text stehen und deren Kenntnis für das Textverständnis erforderlich erscheint. Auch wenn Schlick augenscheinlich falsche oder überholte eigene Positionen oder auch Interpretationen anderer Autoren vertrat, werden diese im Kommentar nicht korrigiert, sondern nur erläutert und nachgewiesen.

Die Kommentare geben darüber hinaus Standpunkte und Ansichten unter Heranziehung der entsprechenden Literatur wieder, in deren Umfeld Schlicks Denken nachhaltig beeinflusst wurde. Die Angabe und die Zitation von nachgelassenen Texten sowie veröffentlichten Schriften Schlicks unterstützen die Überlegungen im Hinblick auf die thematischen Schwerpunkte und die Problemkreise, die zur Entstehung und Entwicklung des Textes beigetragen haben. Daneben dienen sie zur Betonung und weiterer Darlegung der im Text von Schlick zum Ausdruck gebrachten Positionen.

Blockapparat

Texte können ganz in einem Blockapparat gegliedert sein oder so gegliederte Einschübe enthalten. Ein Block beginnt mit einem Trennstrich und einer Marginalie mit der Nummer des Blocks. Mit Hilfe der Nummern, wird im textkritischen und erläuternden Apparat auf die Blöcke eines Stückes verwiesen. Zusätzlich können sich rechts am Trennstrich Verweise auf den textkritischen und erläuternden Apparat befinden. Ein Block endet entweder mit dem Trennstrich des nachfolgenden Blockes oder einem unnummerierten Trennstrich, wenn der Haupttextkörper fortgesetzt wird.

Der Blockapparat wird immer dort verwendet, wo die von Schlick verfassten Manuskripte keinen Haupttextkörper aufweisen. Z. B. bestehen einige Stücke ganz oder teilweise aus Rahmen, Kästen und durch verschieden farbige Striche getrennte Bereiche, die mit Text, Grafiken, Übersichten usw. gefüllt sein können. Diese werden jeweils als eigene Blöcke wiedergegeben. Ist im Manuskript eine intendierte die Reihenfolge der jeweils abgetrennten Bereiche zu erkennen, dann wird sie berücksichtigt und dies im textkritischen Apparat beschrieben. Wenn nicht, folgt die Reihenfolge der Blöcke der Anordnung auf dem Blatt von rechts nach links und von oben nach unten.

Mit Hilfe des Blockapparates, können auch, wie oben bereits ausgeführt, Teile anderer Manuskripte in das zu edierende Manuskript eingeschoben werden. Ähnliche Einschübe in einen Haupttextkörper können sich durch Rückseiten ergeben. In der Regel beschrieb Schlick die Blätter nur einseitig. Auf den Rückseiten finden sich trotzdem häufig meist später hinzugefügte Ergänzungen, Anmerkungen und Notizen, deren Verhältnis zum Haupttextkörper nicht rekonstruiert werden kann. In solchen Fällen kann der Haupttextkörper am Ende der Vorderseite unterbrochen werden und die Rückseite als Block in den Textkörper eingeschoben werden. Größere Tabellen, Schaubilder und Skizzen, die nachträglich in Manuskripte eingelegt wurden eingefügt wurden, können ebenfalls als Einzelblöcke abgedruckt werden.

Wird ein Stück mit einem Blockapparat versehen, dann ist dies im editorischen Bericht unter den editorischen Entscheidungen erläutert. Die Blöcke werden durch den Textkritischen und wenn nötig durch den erläuternden Apparat kommentiert, um nachvollziehbar zu machen, wie sich der Text innerhalb des Blockes zum übrigen Text oder vorangehenden Blöcken verhält. Ziel dieses Apparates ist, eine lesbare Fassung auch korrupter Texte zu erstellen und zugleich Überarbeitungsschichten, Ergänzungen und Einfügungen für den Leser nachvollziehbar zu machen.

Verzeichnisse und Register

Jedem Band sind in der Regel folgende Verzeichnisse und Register beigefügt:

Inhaltsverzeichnis

Verzeichnis der Siglen, Abkürzungen, Zeichen und Indizes

Verzeichnis der von Schlick zitierten Literatur   In diesem wird die von Schlick verwendete Literatur unter Angabe der vollständigen bibliographischen Daten in alphabetischer Reihenfolge der Autorennamen aufgeführt.

Verzeichnis der Herausgeberliteratur   Dieses Verzeichnis erfasst die von den Herausgebern verwendete Literatur mitsamt den bibliographischen Angaben. Die Literatur ist dabei geordnet nach der Reihenfolge der Autorennamen. Wurden Kurztitel verwendet, so werden diese in eckigen Klammern vor der vollständigen Angabe aufgeführt.

Verzeichnis der von den Herausgebern herangezogenen Bände der Moritz Schlick Gesamtausgabe

Verzeichnis der verwendeten Stücke aus dem Nachlass von Schlick

Moritz Schlick Bibliographie

Personenregister   Dieses führt die in der Bandeinleitung, den editorischen Berichten und im edierten Text vorkommenden Personennamen auf, wobei die Seitenzahlen, die auf von Schlick genannte Personen hinweisen, gerade gesetzt sind. Alle Seitenzahlen, die von den Herausgebern verwendet, auf Personen verweisen, sind kursiv gesetzt. Hinter dem Namen der Person stehen jeweils, soweit bekannt, in Klammern deren Geburts- und Sterbejahr.

Sachregister   Dieses führt relevante Begriffe und Sachverhalte an, die in der Bandeinleitung, den editorischen Berichten und dem edierten Text verwendet werden, wobei die Seitenzahlen, die auf von Schlick genannte Begriffe und Sachverhalte hinweisen, gerade gesetzt sind. Alle Seitenzahlen, die von den Herausgebern verwendet, auf Begriffe und Sachverhalte verweisen, sind kursiv gesetzt.

Personenregister

© Springer Fachmedien Wiesbaden GmbH, ein Teil von Springer Nature 2019
M. Lemke und A.-S. Naujoks (Hrsg.), *Moritz Schlick. Vorlesungen und Aufzeichnungen zur Logik und Philosophie der Mathematik*, Moritz Schlick. Gesamtausgabe,
https://doi.org/10.1007/978-3-658-20658-1

Sachregister